HISTOIRE DES TECHNIQUES
sous la direction d'Anne-Françoise Garçon,
André Grelon et Virginie Fonteneau
13

L'Histoire de la construction / Construction History

Ouvrage publié avec le soutien de l'Association francophone
d'histoire de la construction

L'Histoire de la construction / Construction History

Relevé d'un chantier européen / Survey of a European Building Site

Tome I

Sous la direction d'Antonio Becchi,
Robert Carvais et Joël Sakarovitch

PARIS
CLASSIQUES GARNIER
2018

Antonio Becchi est chercheur au *Max Planck Institute for the History of Science* (Berlin). Il est cofondateur de l'Association E. Benvenuto et membre correspondant de l'*International Academy of the History of Science*. Il a récemment publié *Naufragi di terra e di mare* (Rome, 2017) et codirigé les ouvrages *Guidobaldo del Monte* (Berlin, 2013) et *Philippe de La Hire* (Paris, 2013).

Robert Carvais est directeur de recherches au CNRS (CTAD – université Paris – Nanterre). Historien du droit, il confronte sa discipline avec l'histoire des sciences et des techniques. Il a publié en ligne les *Cours* d'Antoine Desgodets. Récemment il a coédité *Penser la technique autrement* (Paris, 2017). Il dirige un projet ANR sur « les experts et les expertises parisiennes du bâtiment (1690-1790) ».

Joël Sakarovitch (1949-2014), mathématicien, architecte et docteur en histoire des sciences, était professeur à l'université Paris-Descartes et à l'École d'architecture Paris-Malaquais. Il fut le premier président de l'Association francophone d'histoire de la construction (2010-2014). Ses travaux de recherche ont porté sur l'histoire de la construction et l'origine de la géométrie descriptive. Il est notamment l'auteur de *Épures d'architecture* (Bâle, 1998).

ISBN 978-2-406-08240-8 (livre broché)
ISBN 978-2-406-08241-5 (livre relié)
ISSN 2118-8181

À Joël Sakarovitch,
savant européen, et ami…

PRÉFACE

Ce travail, pensé initialement comme un état des lieux de l'histoire de la construction, s'est rapidement transformé en une réflexion plus large. Nous lui avons ajouté une seconde partie, imposante et importante, composée de publications déjà parues principalement en Europe, au cours de ces trente dernières années. Celles-ci représentent les différentes facettes d'appréhension du champ, non pas des textes fondateurs – car ceux-ci sont plus anciens et encore à découvrir – mais des compositions clés pour une raison ou pour une autre, de natures diverses, qui ont scandé la progression de l'histoire de la construction dans la communauté scientifique.

La première partie constitue désormais une référence incontournable pour savoir ce qui s'est déroulé en Europe durant la période 2004-2014, en termes de publications, d'enseignement et de recherche, de thèses, de thèmes labourés, de projets financés. Elle est le témoignage de l'effervescence de cet échange disciplinaire.

L'Anthologie, placée en seconde partie, présente une quarantaine de textes bruts choisis parmi la littérature scientifique abondante parue dès la parution du premier numéro de *Construction History* aux plus récents actes de congrès, rangés selon leur ordre chronologique de parution. Ils ont été réunis ici afin de susciter des débats entre professionnels, d'initier les étudiants à de nouvelles recherches, de constituer un vivier de textes à discuter.

Cette publication, qui mentionne le nom de Joël Sakarovitch sur la page de titre, lui est dédiée. Notre ami l'avait imaginée avec nous en 2013. Nous la lui offrons aujourd'hui à titre posthume. Elle constitue une des initiatives qui honoreront sa mémoire et qui nous aideront à faire avancer l'étude de l'histoire de la construction dans la ligne de sa pensée, comme des hommes libres, avec curiosité et générosité, sans jamais oublier l'importance du chemin parcouru ensemble en tant qu'amis, pensant aux générations suivantes.

Alors donnons-nous rendez-vous en 2024, année bissextile commençant un lundi pour laquelle il est prévu une éclipse totale du soleil le 8 avril visible de l'Océan Pacifique et des Amériques. Il est également prévu cette année-là une première mission habitée du Programme Aurora sur la lune. Une nouvelle mission pour l'histoire de la construction !

Nous tenons à remercier les auteurs qui nous ont fait confiance sur ce projet et qui ont contribué, avec ténacité et rigueur, à rendre ce travail cohérent et homogène, permettant des lectures comparatives. Nous tenons également à remercier les auteurs, les associations et les éditeurs qui n'ont pas hésité à nous autoriser à publier, à nouveau et gracieusement, des textes référents sur notre champ, composant ainsi une première anthologie d'histoire de la construction.

Antonio BECCHI et Robert CARVAIS
Berlin – Paris, octobre 2017

PREMIÈRE PARTIE

UNE DIZAINE D'ANNÉES DE DÉVELOPPEMENT (2004-2014) / TEN YEARS OF PROGRESS (2004-2014)

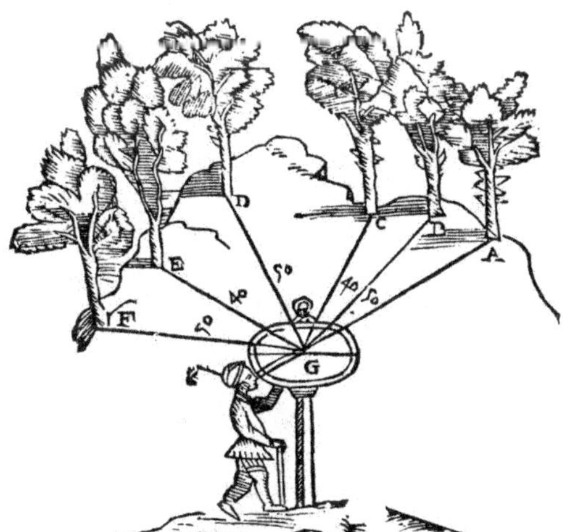

Cosimo Bartoli, *Del modo di misurare le distantie, le superficie, i corpi, le piante, le provincie, le prospettive, & tutte le altre cose terrene, che possono occorrere a gli huomini*, Venetia, Per Francesco Franceschi Sanefe, 1564, p. 45 r°.

L'HISTOIRE DE LA CONSTRUCTION

Un chantier européen

L'idée d'un rapport sur l'histoire de la construction en Europe est née à la fin de 2013, quelques semaines après le premier congrès international portugo-brésilien d'histoire de la construction (Vitória, Espírito Santo – Brésil, 4-6 septembre 2013), le huitième congrès national espagnol d'histoire de la construction (Madrid, 9-12 octobre 2013) et le premier congrès national de la *Gesellschaft für Bautechnikgeschichte* (Aix-la-Chapelle, 7-9 novembre 2013), qui avait été fondée à Berlin en juin 2013. Nous étions à la veille du deuxième congrès francophone d'histoire de la construction (Lyon, 29-31 janvier 2014), mais aussi de la *First national conference* organisée par la *Construction History Society* (Cambridge, 11-12 avril 2014).

Tout ce bouillonnement de manifestations rendait évidente une mise à jour radicale de l'ouvrage *Construction History. Research Perspectives in Europe*, paru en 2004 (Becchi et al.). C'est la raison pour laquelle nous avons décidé, avec Joël Sakarovitch (1949-2014), de lancer le projet d'un nouveau rapport, avec le but de recueillir les informations les plus détaillées sur l'histoire de la construction pratiquée en Europe sur une période d'une dizaine d'années (2004-2014) et de partager celles-ci avec nos collègues. Ce travail pouvait également servir à promouvoir la recherche dans ce champ émergent, si tant est qu'il suscite des intérêts convergents, des possibilités pragmatiques et des promesses d'innovations. Un objectif complémentaire de cette action, mais non des moindres, était de jeter les bases de futures collaborations internationales, dans le champ de la recherche, de l'enseignement, de la promotion de l'étude de l'histoire de la construction à tous niveaux.

Comme éditeurs et promoteurs de ce projet nous avons donc choisi, en janvier 2014, les rapporteurs, auxquels nous avons envoyé une lettre dans laquelle étaient décrits le but et les modalités du projet éditorial[1], en laissant les collègues libres de choisir la langue d'écriture, l'angle d'attaque, le point de vue et la structure du rapport[2]. En raison de cette liberté, il résulte une grande hétérogénéité d'approche et de style dans l'exposition des rapports nationaux, que nous avons intentionnellement sauvegardée. Ces différences dans la forme et les contenus des rapports s'expliquent non seulement par la personnalité des rapporteurs, mais aussi par les traditions culturelles propres à chaque pays pris en considération. Ces dissemblances sont évidentes dans les textes et dans les bibliographies et pourront faire l'objet de réflexions au-delà du contenu spécifique des rapports. Elles soulignent la variété des usages scientifiques à l'intérieur de l'Europe et l'importance de les considérer comme une richesse, sans oublier que ces mêmes spécificités, parfois étonnantes, sont souvent la cause de profondes incompréhensions et de malentendus. Cependant, le constat est saisissant. En une dizaine d'années, l'histoire de la construction est devenue une œuvre européenne. Nous le pressentions. Le fait est désormais avéré et s'impose. Ce champ de recherche est guidé par les Européens tel un méridien invisible servant à mesurer temps et espace.

Nous avons donc recueilli ici douze rapports, préparés par vingt-et-un collègues, parmi lesquels les présidents et vice-présidents des cinq sociétés

1 « *There are different definitions of construction history. We have to collect information coming from many disciplines that should be mentioned into this European report because they cross our principal field of research. We wish that the national reports took into account the variety of the different approaches to construction history, in order to have a large overview on research and teaching, between theory and practice. Below please find a list of possible topics, feel free to add others that you think are pertinent : – Research in Construction History (CH) and other fields of research such as History of Architecture, History of Science and Technology, Economic History, Social History, History of Institutions, History of Ideas, Archaeology, Building Archaeology, Industrial Archaeology, Building Restoration, Conservation and Maintenance, Human and Social Sciences (Philosophy, Anthropology, Ethnology, Law, etc.) ; – Construction History sources, archives, bibliographies, publishing (book series, magazines etc.) ; – Construction History Associations/ Societies : facts, aims, and projects ; – Doctoral theses, teaching, workshops, learning by doing, etc. (people, places, topics) ; Universities (architecture, engineering, history etc.) ; Schools ; Research centres ; Experimental laboratories ; – Research programmes (at national and international level ; collective or individual proposals) ; – Museums, exhibitions, festivals, etc.* »

2 Tous les collaborateurs contactés ont répondu positivement. Nous tenons à les remercier ici chaleureusement pour le remarquable travail qu'ils ont mené à bien malgré leurs tâches de recherche et d'enseignement que nous savons chronophages. Nous en profitons pour remercier Alicia Leblanc et Juliette Hernu pour le travail ingrat de relecture, Juliette Sanson et Léonore Losserand pour leur aide à la réalisation de l'index et Emmanuel Château pour la mise en forme du document et pour les conseils toujours bienveillants et éclairés qu'il nous prodigue.

d'histoire de la construction qui ont un siège en Europe (Allemagne, Espagne, France, Portugal et Royaume Uni[3]), respectivement Werner Lorenz, Santiago Huerta, Robert Carvais, João Mascarenhas Mateus[4] et James Campbell. Les pays traités par le présent ouvrage sont l'Allemagne, l'Autriche, la Belgique, l'Espagne, la France, l'Italie, les Pays-Bas, le Portugal, le Royaume-Uni, la Russie, la « Scandinavie » (qui inclut le Danemark, la Suède, la Norvège et la Finlande) et la Suisse. Les écarts avec le livre publié en 2004 sont pour le moins surprenants. Le volume *Construction History. Research Perspectives in Europe* était composé de six contributions consacrées aux rapports nationaux et une dédiée à *What is the meaning of 'Between Mechanics and Architecture' ?*, écrite par Patricia Radelet de Grave. Huit collègues avaient alors collaboré : Bill Addis, Anne Coste, Riccardo Gulli, Santiago Huerta, Karl-Eugen Kurrer, Patricia Radelet de Grave, Joël Sakarovitch, Dirk Van de Vijver. Les pays considérés étaient les suivants : Allemagne (rapport commun avec la Suisse et l'Autriche), la Belgique, l'Espagne, la France, le Royaume-Uni et l'Italie. Presque tous les auteurs des rapports nationaux de 2004 ont aussi contribué aux rapports présentés ici.

Les contributions mettent en relief la position particulière des pays où une association s'occupe déjà d'histoire de la construction (Allemagne, Espagne, France, Portugal, Royaume-Uni), dans deux cas depuis longtemps (Espagne, Royaume-Uni). Ce sont aussi les pays dans lesquels les quatre premiers congrès internationaux ont été organisés (Madrid 2003, Cambridge 2006, Cottbus 2009, Paris 2012) et dans lesquels se déroulent aussi régulièrement des congrès qui dépassent les frontières nationales des pays organisateurs pour se fédérer autour des langues. En effet, les congrès nationaux espagnols connaissent une moyenne de 11 % de participants étrangers, les congrès francophones accueillent de 26 à 57 % d'étrangers européens. Les congrès germaniques se partagent principalement en trois nationalités (allemande, suisse et autrichienne). Quant à ceux de Cambridge, ils réunissent jusqu'à plus de 50 % d'étrangers. Les travaux y sont d'une grande diversité et de qualité avérée[5].

---

3 La *Construction History Society of America* est une société sœur de la CHS britannique.

4 La *Sociedade Portuguesa de Estudos de História da Construção* (SPEHC) est fondée en 2015. António Sousa Cago en était le président, João Mascarenhas Mateus le vice-président. Aujourd'hui, leurs fonctions sont inversées.

5 Ces pourcentages ont été calculés à partir des actes de congrès parus jusqu'en 2016.

À la lecture des rapports qui figurent ci-après, il nous est apparu naturellement un certain nombre de défauts d'hétérogénéité que nous n'avons pu éviter dans le cadre des modalités choisies pour cet ouvrage et qui pourraient constituer des freins à une évolution satisfaisante de l'histoire de la construction. En effet, d'un côté, certains points négatifs purement formels pourraient être facilement corrigés dans l'avenir en raison de leur fondement circonstanciel. Cependant, il ne peut en être de même à l'égard d'autres questions à cause de leurs assises structurelles. En revanche, d'un autre côté, d'autres éléments, entièrement positifs, constitue une réelle promesse d'espoir.

LES INCOHÉRENCES CONJONCTURELLES ET LES MANQUES STRUCTURELS

L'hétérogénéité constatée dans l'écriture des rapports s'explique probablement par la disparité des savoirs mobilisés et des traditions culturelles développées dans chaque pays à propos de l'histoire de la construction, mais également par les appréhensions potentiellement plurielles de l'objet étudié par chacun des rédacteurs dans leur propre individualité. Dans plusieurs cas les rapports sont le fruit d'un travail collectif. De fait, la multiplicité des auteurs rend les résultats des rapports quelque peu disparates malgré un effort certain d'harmonisation finale. Laisser une grande liberté aux auteurs, gage d'une reconnaissance de professionnalisme intellectuel de ceux-ci, est source d'un certain désordre. Ce travail à plusieurs mains n'est utile que s'il permet d'une part des débats et des comparaisons mais d'autre part aussi de rebondir et d'aller de l'avant. Peut-être eût-il fallu contraindre les auteurs à répondre à certaines questions simples, dans la mesure du possible afin de pouvoir esquisser des parallèles et des croisements ? Sans doute, mais nous aurions perdu en spontanéité.

Un autre obstacle à la réalisation d'un rapport cohérent dans chaque pays européen réside dans la difficulté dans chacun des ceux-ci de recueillir des données rigoureuses et fiables en matière de bibliographie. Des bases de données interrogeables à partir du critère « histoire de la construction » manquent. Ce vocable est soit la plupart du temps inexistant, soit il provoque trop de « bruit ». Certains auteurs ne se sont même pas servi de bases de données bibliographiques, sans avoir l'assurance d'une quelconque exhaustivité de résultat, se basant sur leur propre connaissance de la bibliographie de leur pays en histoire de la construction, établie par accumulation. Les autres corpus du travail n'ont été réalisés qu'à partir d'un « bricolage » individuel d'interrogations croisées sur plusieurs critères disciplinaires existants, qui n'en sont pas moins utilisables à titre expérimental en attendant une introduction dans les critères d'indexation des publications de celui d'« histoire de la construction ». Cette solution ne pourra être envisagée que collectivement auprès des instances compétentes quand un long travail de réflexion et d'élaboration épistémologiques, auquel nous contribuons tous, parviendra à se mettre en place en faveur de l'histoire de la construction. Au surplus faudrait-il convaincre l'ensemble des collègues de saisir les références bibliographiques de manière – ose-t-on le rappeler – à ce que l'ouvrage ou l'article cité soit facilement repérable et consultable !

Pour un champ de recherche en pleine expansion, il apparaît nettement un manque de publications scientifiques dédiées ou de projets éditoriaux récurrents en histoire de la construction, à l'exception notable, entre autres, de la revue britannique *Construction History*, de la collection « Nouvelle histoire de la construction » initiée par Roberto Gargiani aux Presses polytechniques et universitaires romandes de Lausanne, des nombreuses publications de l'institut espagnol Juan de Herrera dont les congrès nationaux espagnols initiés par Santiago Huerta, ainsi que de la collection des congrès francophones aux éditions Picard. Mais ce n'est déjà pas si mal.

La revue internationale multilingue *Ædificare*[6] a rejoint en 2017 *Construction History*, fondée en 1985, pour se consacrer spécifiquement à l'histoire de la construction, tandis que les actes des congrès nationaux et internationaux sont les publications dans lesquelles se donne rendez-vous régulièrement la communauté des historiens de la construction. L'absence de maison d'édition réservée spécifiquement à l'histoire de la construction représente également un problème aigu, particulièrement

6 D'initiative française, cette revue est publiée, semestriellement, en ligne et sur papier par les éditions Classiques Garnier, avec le soutien du ministère de la Culture et de la communication et de l'Association francophone d'histoire de la construction.

à l'égard des jeunes chercheurs. La publication de travaux sur des plateformes digitales devrait faciliter la diffusion des ouvrages et articles de recherche des jeunes doctorants ou post-doctorants en histoire de la construction, cependant les tentatives de modalités numériques sont limitées dans notre champ. Les sites des cinq sociétés d'histoire de la construction (*Construction History Society* pour le Royaume-Uni[7], *Sociedad Española de Historia de la Construcción* pour l'Espagne[8], *Gesellschaft für Bautechnikgeschichte* pour l'Allemagne[9], *Sociedade Portuguesa de Estudos de História da Construção* pour le Portugal[10], Association francophone d'histoire de la construction pour la France et les pays francophones[11] auxquels il convient de rajouter l'*Association Edoardo Benvenuto*[12] et la *Bibliotheca Mechanico-Architectonica*[13] pour l'Italie) constituent une base dont on pourrait se servir pour réaliser ces publications de doctorants et post-doctorants ainsi que des projets internationaux.

Les exemples vertueux du Royaume-Uni, avec la revue *Construction History*, et de l'Espagne, avec l'Institut Juan de Herrera et les dizaines d'excellentes publications dirigées par Santiago Huerta et ses collègues, démontrent les potentialités du marché éditorial. D'ailleurs, la nouvelle revue *Ædificare* vient de voir le jour en France et on envisage une nouvelle revue espagnole. Pour l'instant il faut souligner l'absence d'une efficiente coordination internationale et les difficultés liées aux différentes langues latines et germaniques, qui encore aujourd'hui créent des murs invisibles, mais bien efficaces, dans la communication scientifique.

La question des langues est déterminante quand on sait la difficulté pour les Français de communiquer en anglais, comme la facilité pour les Italiens ou les Espagnols et les Portugais à s'exprimer en français ou celle des Hollandais, Belges ou Allemands à s'exprimer et écrire en anglais. Mais le problème existe aussi entre les langues scandinaves. La rédaction des rapports de cet ouvrage en deux langues en porte témoignage. C'est la même question qui est évoquée par la problématique de la traduction. S'il peut être important de donner à lire et à faire comprendre des textes

---

7 http://www.constructionhistory.co.uk/.
8 http://www.sedhc.es/.
9 http://www.bautechnikgeschichte.org.
10 http://www.spehc.pt/index.htm.
11 http://www.histoireconstruction.fr/.
12 http://www.associazionebenvenuto.org/.
13 http://www.bma.arch.unige.it/.

phares, quel qu'en soit le champ scientifique, dans une autre langue que celle d'origine, il n'est pas nécessaire de tout traduire systématiquement. Nombre de chercheurs pensent aujourd'hui qu'il est préférable de lire une contribution écrite dans la langue maternelle de l'auteur que de la faire traduire, à l'exception toutefois des langues peu répandues. En revanche, tout autre est la communication orale et les débats qui, quelle qu'en soit la langue, permettent d'échanger et de croiser les idées et les arguments. Il est pour le moins étonnant de refuser de parler en anglais – selon les adversaires de la suprématie linguistique anglaise – sous le prétexte de son usage dominant en Europe.

Malgré les liens amicaux existant entre les historiens de la construction du fait des congrès internationaux, des conférences, des séminaires, des associations savantes, notre champ de recherche a du mal à trouver des collaborations scientifiques sauf exceptions. La construction de réseaux de recherche n'apparaît pas dans les rapports entre historiens de la construction ou très peu. En ce qui concerne la recherche, hormis la tenue de séminaires pratiques et scientifiques, de journées d'études, d'enseignements qui suscitent la réalisation de thèses de grande qualité scientifique et les publications qui s'en suivent, nous sommes contraints de constater la pénurie de collaborations internationales financées par l'Union européenne. L'histoire de la construction est un champ de recherche jeune. Le réseau international n'est pas encore suffisamment consolidé, même s'il se renforce chaque année davantage. Parmi les projets financés par l'Union européenne, ou pas d'ailleurs, mais d'envergure européenne en fonction des partenaires engagés provenant de pays différents, il convient de citer notamment[14] :

– La tenue d'une « École européenne d'été d'histoire de la construction » de 2011 à 2013, mise en place par l'Allemagne (BTU Cottbus, sous la coordination de Werner Lorenz) en 2010 dans le cadre du

14 Nous ne citons ici que ceux mentionnés dans le présent ouvrage. D'autres coopérations existent entre pays dont il est difficile de retracer les sources de financement, à moins qu'il s'agisse de projets soutenus par les laboratoires universitaires eux-mêmes, comme la journée d'études sur les poutres armées organisée par le Politecnico de Milan, le Lamop de Paris-Sorbonne et l'Université de Gênes en 2012 ou celle sur « Des maisons métalliques pour l'Afrique, la maison tropicale de Jean Prouvé » organisée par le Centre Pompidou, le musée de l'histoire du fer et le laboratoire d'histoire de l'architecture contemporaine (Lhac) de l'ENSA Nancy en 2014 ou encore celles sur les ponts organisées avec le soutien de l'Académie des sciences de la République tchèque en 2016.

Lifelong Learning Programme entre le Royaume-Uni (Cambridge, sous la direction de James Campbell en 2011 sur les voûtes), la Belgique (Bruxelles, ULB, sous la direction de Bernard Espion, en 2012 sur le métal, l'acier et le béton) et l'Allemagne (Munich sous la direction de Stefan Holzer en 2013 sur les charpentes). Y étaient associées la Vrije Universiteit Brussel (Belgique), la Politechnika Wroclawska (Pologne), l'université de Bologne (Italie) et la Technische Universität Graz (Autriche).

- Le financement par l'Union européenne du projet intitulé « *Design principles in Late Gothic vault construction – a new approach based on surveys, reverse geometric engineering and a reinterpretation of the sources (REGothicVaultDesign)* » dirigé par David Wendland de l'université technique de Dresde (ERC Starting Grant, 2012-2017).
- Le financement également par l'union européenne d'un projet sur « *Twentieth Century Structural Engineering : The Italian Contribution* » dirigé par Sergio Porettti et Tulli Iori (ERC Advanced Grant 2011).
- Plusieurs recherches actuellement en cours en Suisse (Lausanne, EPFL, Roberto Gargiani), dont la plus importante est consacrée depuis 2009 aux « Surfaces de ciment et de béton armé. Une histoire des coffrages et du traitement des surfaces » (ERC).
- Les financements français (ANR) du projet international « Reconstruire après un séisme. Expériences antiques et innovantes à Pompéi » dirigé par Hélène Dessales (ENS Paris) et du projet français « Pratiques des savoirs entre jugement et innovation. Experts, expertises du bâtiment, Paris 1690-1790 » dirigé par Robert Carvais (CNRS) mais qui devrait avoir des prolongements internationaux.

Il est presque certain que l'indexation de ces projets n'est pas passée par l'histoire de la construction, mais par le biais d'autres domaines comme celui du patrimoine culturel (*cultural heritage*) dont se servent les historiens de la construction pour financer leurs recherches[15].

De plus, bien que les rapports personnels entre les collègues des différents pays soient souvent excellents et constants, rares sont les relations

15 Voir la liste des projets « Culture 2000 » retenus par la Commission européenne dans laquelle on reconnaîtra le projet belge « Les toits de l'Europe » ou le projet italien « Monastiraki, a nursery of European Culture » : http://www.kulturpont.hu/letolt/2006/eredmeny/listA1.pdf.

institutionnelles fortes entre laboratoires, équipes, voire chercheurs isolés étrangers. Il y a un manque cruel d'institutions de soutien, que ce soit à l'université ou dans les institutions de recherche. Toutes initiatives viennent pour la plupart d'institutions associatives privées (Royaume-Uni, France, Espagne et Italie). Et les quelques laboratoires d'universités ou de centres de recherche dédiés ne sont pas labellisés « histoire de la construction » ni directement, ni même indirectement. Nous pouvons seulement noter un accroissement sensible des chaires d'enseignement dédiées à l'histoire de la construction en Europe (Cottbus, Zurich, Cambridge et Anvers).

Enfin des zones entières de l'Europe restent quasiment muettes à l'histoire de la construction, comme les pays de l'Est, la Grèce, la Turquie alors que la recherche s'y déroule de manière encore moins structurée que dans les pays représentés dans cet ouvrage. Dire que leur situation politique est quelque peu perturbée n'est pas suffisant.

LES FACTEURS D'ESPOIR
Une dynamique humaine

Depuis 2004, une communauté internationale soudée, fraternelle, se constitue en histoire de la construction. Elle élabore par la régularité de ses rencontres internationales et nationales, puis par celle des publications correspondantes, une réflexion de plus en plus poussée à partir d'études de cas, souvent issues de recherches plus conséquentes, individuelles dans le cadre de thèses ou de projets de recherche mais aussi collectives dans le cadre d'un laboratoire d'école, d'université ou d'institution de recherche ou d'un projet soutenu financièrement par un organisme gestionnaire de recherche. Cet ouvrage dévoile ce qui a été produit durant la dizaine d'années qui séparent 2004 et 2014[16]. C'est assurément beaucoup.

16 Il convient de préciser que la Suisse a signalé des travaux postérieurs à 2014. La Grande-Bretagne a fait de même mais a de plus renvoyé dans ses annexes à des travaux antérieurs à 2004. Au regard de sa situation politique particulière, la Russie fait remonter ses premiers travaux d'histoire de la construction en 1990.

Comment alors juger de la qualité de toute cette recherche ? Certainement pas en utilisant tous les critères cumulatifs du chiffre, mais en s'assurant de rester vigilants afin de n'accepter de publier que des travaux de qualité, choisis par le système du *peer review* qui a fait ses preuves depuis longtemps. Tous les travaux réalisés en histoire de la construction en totalité ou en partie, ne sont pas tous excellents, ni innovants, ni même intéressants pour toute la communauté. Cependant, beaucoup le sont. À la façon d'un puzzle, les savoirs et les pratiques constructives se mettent en place et nourrissent notre imagination pour rebondir et produire de nouvelles réflexions incisives, pertinentes, inventives, nous incitant à repenser à nouveau, à réinterpréter les sources, à reformuler des hypothèses, à découvrir de nouvelles pratiques, à échafauder de nouvelles méthodes d'investigation, bref à faire de la bonne recherche. Il serait intéressant de pouvoir souligner que :

– Souvent les membres de notre communauté sont reconnus et distingués par leur propre discipline d'origine. Cela ne peut que rejaillir sur la qualité de leur recherche en histoire de la construction. Les leaders européens d'histoire de la construction sont souvent et de plus en plus sollicités pour apprécier et juger dans le cadre d'institutions européennes des projets élaborés dans des disciplines classiques.
– De nombreuses thèses et habilitations sont couronnées par des prix d'institutions scientifiques, voire d'associations privées reconnues sur le plan scientifique pour la rigueur de leur attribution. Il en est qui appartiennent à notre champ.

De plus, il est satisfaisant de constater une sincère acceptation au plus haut niveau d'une véritable interdisciplinarité de notre champ malgré les différences culturelles clairement affichées entre les différentes écoles européennes.

L'agrégation de nouveaux pays à la communauté des historiens de la construction est loin d'être terminée. Durant la décennie passée, cette montée en puissance au-delà de l'Europe est constante et toujours vaillante. La langue joue sur ce terrain un rôle déterminant. Le Royaume-Uni s'est associé avec les États-Unis, le Portugal avec le Brésil[17] et l'Espagne prépare

17 Le premier congrès international Luso-brésilien (I Congresso Internacional História da Construção Luso-brasileira) s'est tenu à Vitória, Espírito Santo, Brésil, du 4 au 6 septembre

déjà pour 2019 le troisième congrès hispano-américain[18]. L'expansion vers l'ouest fait un peu oublier que des pays entiers à l'est et au sud restent vierges dans la recherche en histoire de la construction.

Dans notre champ de recherche nous avons conservé cette volonté de collaborer et de travailler ensemble malgré les difficultés susvisées de quête de financements. Sauver cette conscience malgré les difficultés contemporaines demeure exceptionnel. Cela correspond à la mentalité des pionniers capables de tout donner pour leur passion, et pas seulement de prendre. Cet état d'esprit devient rare à trouver dans notre environnement parsemé de communautés organisées en chapelles corporatives. C'est la voie que pratiquait Joël Sakarovitch lorsqu'il enseignait aux étudiants, lorsqu'il cherchait par l'expérimentation, lorsqu'il discutait avec nous dans un esprit de partage sans perdre cette faculté inouïe d'humilité qui appartient au vrai savant.

Si l'histoire de la construction est notre passion, ne faut-il pas omettre de susciter des vocations ! Il s'agit désormais de ne pas reculer devant cette question car si l'histoire de la construction fournit bien des sujets captivants à traiter, ne sont-ils pas en même temps trop savants ? Est-ce que finalement l'histoire de la construction sera capable de fournir aux jeunes docteurs mais aussi aux praticiens, architectes, ingénieurs, artisans, tailleurs de pierre, du travail et des opportunités pour réfléchir sur leurs savoirs ? Tel est le sujet essentiel à discuter. C'est la raison pour laquelle le présent ouvrage représente une initiative particulièrement propice au débat et à la réflexion pour la communauté scientifique dans son intégralité. Ainsi convient-il d'apprendre à valoriser nos résultats. Les historiens, de quelque discipline qu'ils soient à l'origine, afin de nous rejoindre devront s'intéresser à la pratique de chantier, aux matériaux et aux techniques de construction dans des finalités les plus diverses[19] : bien sûr l'enrichissement des connaissances, quête encore si importante,

---

2013, le second à la faculté d'architecture de l'université de Porto, du 14 au 16 septembre 2016.

18 Le second congrès hispano-américain a été couplé avec le 10e congrès national espagnol à Donastia-San Sebastián du 3 au 7 octobre 2017.

19 Ces rapports sont complétés dans la seconde partie de cet ouvrage par une anthologie de textes de natures diverses qui nourrissent la réflexion sur les fondements de notre champ de recherche. Ce florilège pourrait servir pour l'enseignement. Nous l'avons voulu particulièrement souple et large, empruntant à plusieurs disciplines et à plusieurs traditions culturelles.

mais aussi la conservation et la restauration du patrimoine, le sauvetage des techniques vernaculaires de construction, une meilleure couverture du risque dans l'art de bâtir…

Antonio Becchi et Robert Carvais
Berlin-Paris, octobre 2017

RÉFÉRENCE

Becchi, Antonio, Massimo Corradi, Federico Foce et Orietta Pedemonte, dir. 2004. *Construction History. Research Perspectives in Europe*. Florence : Kim Williams Books/Associazione Edoardo Benvenuto, Between Mechanics and Architecture, VI. (www.kimwilliamsbooks.com)

CONSTRUCTION HISTORY IN AUSTRIA

When Karl-Eugen Kurrer wrote in 2004 that "Construction History has not yet become an institutionalised discipline at Austrian universities or polytechnics" (Kurrer 2004, 64), one may say that, after ten years, the situation does not seem to have changed very much. Unfortunately, construction history is still far from an institutionalised academic discipline. But, due to the series of international conferences on construction history (Cambridge 2006, Cottbus 2009, Paris 2012, and Chicago 2015), an increasing number of smaller and larger research projects concerning construction history is to be noted. Their main focus is still on practice-oriented research and analysis for the protection of historic monuments and on refurbishment projects.

GRAZ UNIVERSITY OF TECHNOLOGY

Starting in alphabetical order, with Graz, the Institute for Urban and Architectural History headed by Simone Hain offered an interesting project situated between university and conservation practices: taking care of the Badlwandgalerie's preservation, a historic falling-rock gallery on the southern railway from Vienna to Trieste [near Badl, some 30 km north of Graz]. Within the framework of a seminar and an academic thesis, Hain and her team had researched the severe damage of this important, mid-19th-century monument and developed a plan for its preservation.

Harald Unterweger from the Institute for Steel Construction is researching a "more economic forecast of the remaining life span of steel railway bridges with open roadway". As he writes, "many open-track steel railway bridges erected in the 1950s and 60s will soon reach the end of their design service life according to common, conservative assessment methods. The objective of this research project is the development of practical, methodically unambiguous procedures" for determining the remaining life of open-track, steel-railway bridges. The project started in October 2014 and will run until September 2016.

Furthermore, we note a very specialised study at the Institute for Applied Geosciences on "Geochemical and isotopic composition of historical mortar and plaster in Styria [Austria]", done mainly between 2003 and 2006 by Martin Dietzel and Barbara Kosednar-Legenstein. The study is focused on dated and well-characterized Roman, Medieval, and early modern carbonate mortar and plaster, all from Styria's pre-industrial era (Dietzel et al. 2008). Already, between 2003 and 2005/06 Martin Dietzel did a research project on "Historic mortar and plaster in Austria".

UNIVERSITY OF INNSBRUCK

Rainer Graefe, long-time professor of the Institute for History of Architecture and Preservation of Monuments and head of the Archive of Architecture, both Faculty of Architecture, was followed in 2013 by Klaus Tragbar, author of this article. Irrespective of his retirement, Rainer Graefe is still active and working on Antonio Gaudì and the use of the catenary curve before him. Concerning Gaudì's church in the Colonia Güell, both the PhD theses by Ekaterina Lyubimkin on the role of light and colour in this building and by Anton Lyubimkin on Gaudì's preliminary drafts for it should be mentioned. Furthermore, Graefe works on undulant lines, on bluff in construction history and, primarily, on the research project "Construction Knowledge of Early Modernism. Shukhov's Strategies for Economical Steel Structures". Within this project, two PhD theses are in progress: Thomas Ferk is working on "Shukhov's light weight tower constructions and the development of tower construction in the 19th and 20th century", and Daria Dellai on "The Allrussian Exposition in Nižnij Novgorod of 1895 in its national and international context". Also involved in this extensive project are: Uta Hassler, formerly ETH Zurich, who also has a particular historical-context project regarding in-context industrialization and transformation history; Manfred Schuller, Munich University of Technology, with his subproject on building archaeology, documentation and analysis of objects; and Rainer Barthel, Munich University of Technology, with another subproject on design processes and structural behaviour.

Rainer Graefe's project takes place at the Archive of Architecture, a research institute that he founded in 2005. Its main task is collecting the estates of Tyrolean architects and civil engineers.

Klaus Tragbar continues working on issues concerning construction history; his focus is on the medieval building site, especially in Italy. He also is the second chairman of the German-speaking Construction History Association [Gesellschaft für Bautechnikgeschichte], founded in Berlin in 2012. Since 1 January 2014, Klaus Tragbar is member of the Editorial Advisory Panel of the Journal of Construction History.

At the same Institute for History of Architecture and Preservation of Monuments, Christiane Weber follows the paths of knowledge transfer between Germany and France with a project focusing on the city of Strasbourg, which has changed its nationality four times since 1850.

Klaus Hanke, professor of surveying and geo-information at the Faculty of Technical Sciences, the former Faculty of Civil Engineering, brings his technical experiences to projects on architecture history and construction history; since 1 January 2012, he is a member of the Journal of Cultural Heritage editorial board, a multidisciplinary journal of science and technology for conservation and awareness, published entirely in English.

In the university's multi-disciplined research centre, "The History of Mining Activities in the Tyrol and adjacent areas. Consequences for environment and society" touches on aspects of construction history as well. In another of the university's research centres called "Computational Engineering", which develops computer-based planning and analysis methods for civil engineers, one smaller part is dedicated to the analysis of historic buildings' bearing capacity.

VIENNA UNIVERSITY OF TECHNOLOGY

Vienna University is traditionally one of the centres of construction history in Austria. In 2004, at the Institute for History of Art, Building Survey and Preservation of Monuments of the Faculty of Architecture and Planning, the in the meantime retired Manfred Wehdorn supervised the PhD thesis of Claudia Bonora on "Engineer–and Military architecture in the Mantovano during the first Habsburg government (1707-1797).

The Institute's Unit History of Architecture and Building Survey researched, in 2006 with a 3D laser scanner, the cupola profile of the collegiate church in Melk as a base analysis of its structural behaviour due to some damage. In 2009, they used the same laser scanning method to survey the Adlitzgraben viaduct of the Semmering railway. This railway line, of which the central section is a unique and pioneering construction, was build between 1848 and 1854 and is listed as a UNESCO World Heritage site. The entire survey was ordered and financed by the Austrian Federal Railway [Österreichische Bundesbahnen ÖBB]. In 2008, Gerold Eßer finished his PhD thesis on *opus testaceum*, especially on the chronology of the brickwork at Emperor's times in Rome, and in 2014 Gudrun Styhler-Aydın finished hers on the *cavea* of the theatre in Ephesus and its construction techniques. Of course, construction history's aspects were touched as well in the PhD theses of Barbara Thuswaldner on the octagon in Ephesus, and of Reinhard Heinz on the mausoleum in Belevi. In 2015, Hermann Schlimme submitted his habilitation on "Construction workers and construction culture. Practical knowledge in Italian architecture from Renaissance to Modernity". Eßer and Styhler-Aydın are researching the wooden roofs of the Emperor's castle in Vienna, the Hofburg, which is intended to be finished and published too in 2017/18, and the iron structures in both the Michaeler cupolas at the same place. Hermann Fuchsberger is elaborating some different research projects on medieval roofs in Austria; together Eßer and Fuchsberger are planning a project on roofs in Lower Austria [Niederösterreich]. In this context, a prior project by Philipp Caston on roofs in the so called Mur-Mürz-Furche, a region in Styria, should be mentioned (Caston 1998). Out of the unit's long list of research projects both the one on the strongholds of Hisn al-Bab in Assuan, Egypt, and the one on the Maiden Tower in Baku, Aserbaijan, should be mentioned due to their international character and their joint subject of analysing historic masonry. Finally, Hanna Liebich now from the state's Monument Office [Bundesdenkmalamt] is working on a register of roofs in Vienna, currently the 1st District is short before finishing, and Gregor Radinger is working on his thesis on "The structural-physical intelligence of Austrian vernacular farm houses". Concerning the unit's teaching concept, the lecture series on "Construction History" should be mentioned as well as the awesome long list of courses and tutorials to this area.

Of special interest may be the unit's research project "Points, Beams and Structures" together with the Institute for Photogrammetry, which is intended to optimize the computer-aided analysis of historic wooden trusses.

At the Institute's Unit for Preservation of Monuments and Contextual Architecture, Gerhard A. Stadler published his habilitation on the industrial heritage of Lower Austria (Stadler 2006). Since 2009, he runs a research project on molybdenum mining in Vals, together with his colleague Gerold Eßer and Johannes Sima from the state's Monument Office [Bundesdenkmalamt]. The project reconstructs the mining activities in the Zillertal Alps during WWII, an example of the inhuman wartime economy of National Socialism. Furthermore, Gerhard A. Stadler supervises diploma theses on construction history, e.g. Peter Pernicka's 2012 "The Textile Factory Eisenberger. Industrial Heritage in Gmünd/České Velenice" and Martha Wiesbauer's 2010 "Historical Analysis of Water Towers and Revitalisation of the Watertower of Amstetten", and the 2008 PhD thesis of Johannes Sima, "The Horse Railway Budweis–Linz–Gmunden. An Example of Construction History from the Monument Office's Point of view", only to name a few. Since 2014, Jelica Jovanović is working on her PhD Thesis "South-Eastern Europe. Housing programs in SFR Yugoslavia", supervised by Nott Caviezel, where she researches possibilities for sustainable restoration of those prefabricated and industrialized mass housing.

Alfred Pauser, who retired in 1997 from the Institute for Building Construction and Technology, published his book on Vienna's bridges (Pauser 2005) and, in 2008, was awarded the 1st Viennese Engineer's

Award, and then received the distinguished Fritz Leonard-Preis in 2012. Unfortunately, his interest in construction history was only carried forward on a smaller scale after his retirement from the Faculty of Civil Engineering. In 2014, Viktor Dunjic performed shear tests in flatwise planes on so called "Dippelbaumdecken", a historic wood construction type for floors and ceilings, mainly used in southern Germany and Austria until 1900. In Vienna alone, there are roughly 200,000 apartments to be restored, and an eco-friendly method for their restoration could be the use of layers of steel fibre concrete for reinforcement. The project was privately financed by Novotny Bauer & Partner Civil and Consulting Engineers, Vienna. The Institute still runs a Research Center of Building Construction and Maintenance.

VIENNA UNIVERSITY OF NATURAL RESOURCES AND LIFE SCIENCES

Dirk Proske from the Institute of Alpine Natural Hazards worked with construction history, albeit from a slightly different point of view, for both of his projects: "Historical stone arch bridges under horizontal mudflow impact" (2009-2013) and "Security concept with grey numbers for buildings under mudflow impact" (2009-2012).

BOZEN/BOLZANO, CURATION AGENCY FOR TECHNICAL HERITAGE

Although South Tyrol no longer belongs to Austria, since 1919, the Curation Agency for Technical Heritage [Kuratorium für Technische Kulturgüter/Curatorium per la Salvaguardia dei Beni Culturali Tecnici] located in Bozen/Bolzano should be mentioned due to its astonishing and committed activities connected to construction history. Since its foundation in 1995, the organisation has constantly worked to create awareness of Alpine technical heritage such as cable cars, bridges, galleries and power stations. With the Tecneum (www.tecneum.eu), the Curation Agency established in 2005 a comprehensive virtual museum of this particular heritage, which is worth seeing.

Klaus TRAGBAR
University of Innsbruck, Austria

REFERENCE LIST

Caston, Philip. 1998. "Dachwerkstopographie für die Steiermark. Ein Survey der historischen Dachwerkskonstruktionen in der Mur-Mürz-Furche." Österreichische Zeitschrift für Kunst und Denkmalpflege 52: 518-536.

Dietzel Martin, Barbara Kosednar-Legenstein, Albrecht Leis, and Karl Stingl. 2008. "Stable carbon and oxygen isotope investigation in historical lime mortar and plaster–Results from field and experimental study." *Applied Geochemistry* 23 no. 8: 2425-2437.

Kurrer, Karl-Eugen. 2004. "Report on the state of Construction History in Austria, Germany and Switzerland." In *Construction History. Research Perspectives in Europe*, edited by A. Becchi et al., 61-112. Florence: Kim Williams Books.

Pauser, Alfred. 2005. *Brücken in Wien. Ein Führer durch die Baugeschichte*, edited by Österreichischer Ingenieur- und Architekten-Verein. Vienna: Springer Verlag.

Stadler, Gerhard A. 2006. *Das industrielle Erbe Niederösterreichs. Geschichte–Technik–Architektur.* Vienna, Cologne, Weimar: Böhlau.

CONSTRUCTION HISTORY IN BELGIUM (2004-2014)[1]

From Attas to Zastavni

INTRODUCTION

It is tempting to plunge into the Belgian academic historiography on construction, to indicate the various lacunas therein and to argue that construction history is still 'under construction'. But that argument would only be partially true. Indeed, construction history in Belgium is still a young field of research and no formal construction history society or full training program exists. But gradually a growing number of scholars related to various disciplines ranging from architecture, engineering over (art) history, archaeology and literature to economy is contributing to the development of 'the knowledge on the technique of the art of building', both by means of research as through educational programmes. Topics of construction history are increasingly 'infiltrating' official academic courses. And partially in consequence thereof, at least a dozen doctoral theses in the field of construction history were successfully defended during the last decade at various Belgian universities. Taking the participation at the (international) congresses on construction history as a barometer, the number of Belgian researchers in this field steadily increases. Simultaneously, via publications, exhibitions and public lectures, serious efforts are undertaken to stimulate the exchange

1 I would like to thank all colleagues who contributed to the development of construction history in Belgium. Special thanks to the editors of this ambitious project as well as Thomas Coomans, Jeroen Cornilly, Marc de Bie, Michael de Bouw, Sofie De Caigny, Heidi Deneweth, Rika Devos, Jelena Dobbels, Bernard Espion, Stefaan Grieten, Karima Haoudy, Dirk Laureys, Serge Migom, Philippe Sosnowska, Patricia Radelet-de Grave, Peter Scholliers, Stephanie Van de Voorde, Ellen Van Impe, Linda Van Santvoort, Ine Wouters and Denis Zastavni.

of knowledge between academics, policy makers and field experts as well as people interested in history and heritage. Hence, construction history in Belgium is making headway.

This contribution will explore the (historiographical) evolution of construction history in Belgium in the period 2004-2014, by means of indicative examples rather than by being exhaustive. Evidently, to this end Dirk Van de Vijver's state of the art of Construction History in Belgium (2004) and the proceedings of the international conferences on construction history are taken as point of departure. In addition, as the history of construction strongly intertwines with architectural and engineering research in Belgium no less than in many other countries, the research developments in these fields will also be taken into account. Especially overviews on the Belgian research tradition in architectural history offer interesting reflections and methodological explorations for contemporary scholars (Verpoest 1986; Heynen and De Jonge 2002). This contribution will also refer to recent historiographical reflections on the interaction between construction history and urban history (Bertels and Tritsmans 2011; Horemans 2014) as well as heritage studies (Onroerend Erfgoed 2008; Scholliers 2009), as these affiliated disciplines reflect upon various subcomponents of construction history.

Taken together an enormous amount of research into the history of construction in Belgium is produced in the past decade, written by a broad variety of authors ranging from 'Attas tot Zastavni'. In this contribution, following the by now almost classical approach of Summerson in the Journal of the Construction History Society in 1985, these research results and activities will be structured around two complementary approaches that are still prominent today: the history of structural design on the one hand and the history of building practice on the other (Summerson 1985, 1). The overview will be preceded by a concise reflection on the institutional and organisation landscape in Belgium and concluded with a bibliography of construction history in Belgium for the period 2004-2014.

INSTITUTIONAL AND ORGANISATIONAL LANDSCAPE

In 2009 Peter Scholliers reworked and updated his highly interesting contribution on "Material heritage: buildings, machines, tools and objects", which was published in the Dutch reference work on sources of the study of the contemporary Belgium edited by Patricia Van den Eeckhout and Guy Vanthemsche in 2009 and is of utmost relevance for construction historical research (Scholliers 2009, 1339-1368). In his review Scholliers starts with at bibliographical overview which is mainly focussing on nineteenth and twentieth century industrial heritage, but this is followed by a very complete and relevant overview of libraries and catalogues, building inventories, as well as museums, their collections and documentation centres related to the built environment. Scholars may also want to scrutinize other chapters of the reference work dealing with public institutions (e.g. ministries, provinces, municipalities, juridical institutes or universities), private institutions (e.g. companies, professional organisations or socio-cultural movements), private persons and media (press and periodicals, cartographical and topographical sources or photos and films).

In academic context construction history in Belgium is strong imbedded architectural and engineering faculties. But increasingly also in faculties with related disciplines as touched upon above (overview in alphabetic order and including both professors and post-doctoral researchers): Katholieke Universiteit Leuven, Faculty of Engineering Science–Department of Architectural Engineering (ASRO) and the Raymond Lemaire Centre for Conservation (Thomas Coomans de Brachère, Krista De Jonge, Barbara Van der Wee); Universiteit Antwerpen, Faculty of Design Sciences–Masters of Monuments and Landscape architecture (Michael de Bouw, Maria Leus and Marieke Jaenen); Universiteit Gent, Faculty of Faculty of Engineering and Architecture–Department of Architecture and Urban Planning (Ronny De Meyer, Johan Lagae and for Urban planning Pieter Uyttenhove) and Faculty of Arts and Philosophy–Department of Art History, Music and Theater (Linda Van Santvoort); Université de Liège, Faculty of Philosophy–Department of Historical Sciences / Labo de dendrochronologie (Patrick Hoffsummer) and the Centre of History of Sciences and Techniques (Robert Halleux); Université catholique de Louvain, Faculty of Philosophy and Arts (Philippe Bragard) and Faculty of Sciences–École Polythechnique (Patricia Radelet-de-Grave and Dennis Zastavni); Université Libre de Bruxelles, Faculty of Architecture (Véronique Boone); École polytechnique–Department of Building, Architecture and Town Planning (Rika Devos, Bernard Espion, Michel Provost and Yves Rammer) and Faculty of Philosophy and Arts –Department of History, Arts and Archaeology (Kenneth Bertrams, Paulo Charruadas, Christophe Loir and Philippe Sosnowska) and the Vrije Universiteit Brussels, Faculty of Engineering–Architectural Engineering (Inge Bertels, Stephanie Van de Voorde, Ann Verdonck and Ine Wouters) and the Faculty of Arts and Philosophy–Department of History (Heidi Deneweth). Yet, research topics are often more related to people than to institutions, so because of changes in employment programs, increasing interdisciplinary composition of teaching and research staff and dynamic cooperations, such an overview of who works where on construction history is in a constant state of change. As such, the given overview only reflects the current situation as it would lead us to far to deconstruct the allocation of researchers in the past ten years. Most of these universities have their proper academic bibliographies to retrieve the research publication of their academic staff. On the Flemish level the initiative was taken to develop a Flemish Academic Bibliographic Database for the Social Sciences and Humanities (VABB-SHW), including the publications of researchers related to architectural(-engineering) departments (https://www.ecoom.be/en/services/vabb). Besides, since 2011 UniCat is online, which is the union catalogue of Belgian university and the Royal Libary (http://www.unicat.be).

The rapid development of digital media also strongly impacted the administrations of monuments and sites. As well the Flemish, Brussels as Walloon region worked and continue to work on the knowledge transfer and valorisation of the built heritage via the development of online inventories (Flanders: https://inventaris.onroerenderfgoed.be; Brussels: http://www.monument.irisnet.be and Walloon Region: http://www.institutdupatrimoine.be). Besides, the department of monuments in sites published in 2008 an online bibliography and 'onderzoeksbalans' or state of the art of the research related to monuments and sites, including various aspects of the history of materials, technologies and building practices (https://onderzoeksbalans.onroerenderfgoed.be). Each of these administrations has its own library and documentation centre as well as publications series and journals (e.g. M&L, Relicta, Brussels Erfgoed/Bruxelles Patrimoine), which increasingly publish on construction historical topics.

Finally, also the Centrum voor Vlaamse Architectuurarchieven / Centre for Flemish Archives (CVA/a) strongly invested in the (digital) knowledge circulation in relation to archives and actors related to the building sector by adding various entries of private archives to the online database Archiefbank Vlaanderen (http://www.cvaa.be/en/architectural-archives-database) and the ODIS-database, a database developed by a set of "Flemish heritage insitutions working towards the provision of a centralised access point for the study of 19th and 20th century intermediary structures in Flanders" (http://www.odis.be).

Recently, the CVA/a launched a building industry program for 2015-2016 including a publication on nineteenth –and twentieth-century archives of building contractors in Flanders. Also one of the principal architectural archives in Flanders, the Architectuurarchief Provincie Antwerpen, broadened its scope of prospection in the past decade towards building contractors (as the archive of Natuursteen Vlaminck NV) and historical constructional and material periodicals and publications. As similar evolution is taking place in the Brussels and Walloon context. Recently, Archives d'Architecture Moderne (AAM) received the very extensive archives of the Brussels construction Cit. Blaton and published the Cellule architecture of the Fédération Wallonie-Bruxelles togeterh with the Faculty of Archicture La Cambre (ULB) in 2012 a white book on architectural archives in the Brussels-Walloon region which pays also attention to the broader construction context. Evolutions that only can be applauded. Yet, with the acquisition of these individuals gems, archivist as well as scholars recognised that still a lot of works needs to be done. If one is convinced of the fact that 'architecture is more than the built result', and that it includes not only the result, but also the process of building, it has a major impact on the policy in relation to protecting and preserving 'architectural' archives today and on the possibilities of further research and knowledge. A study of the building process, in all its diversity, is indeed only possible if a broad and 'a-typical' set of architectural sources is preserved and made accessible.

RESEARCH ON THE HISTORY OF STRUCTURAL DESIGN IN BELGIUM

Internationally, research focussing on the history of structural design "tends to resolve itself into the study of consecutive innovations and their impact on practice" (Summerson 1985, 1). This subfield of construction history offers countless research topics ranging from the typology of structures and materials, their evolution and application, over the relations between theory and practice, towards methods of analysis. In general, as Andrew Saint observed, "most of these studies are practical in nature, bearing on the understanding of historic structures or materials in order to repair them" (Saint 2006, 25). The same is valid for the majority of the research in Belgium: the interest of a large group of researchers –mainly architects, engineers or architect-engineers– is not just historical but also practical and structural, intending to gain knowledge how to build, protect, restore and to teach about historic structures and materials.

While internationally many construction historians have prioritized the study of earlier periods, such as Antiquity and the Middle Ages, Belgian researchers in recent decades strongly focuses on the nineteenth and twentieth century. Notwithstanding this focus on (late) modern history, structural analyses of historical structures and traditional materials are still being pursued energetically. Hence, Patricia Radelet-de Grave steadily continued to investigate the various relationships 'between mechanics and architecture' (Radelet-de Grave 2004 and later publications). Patrick Hoffsummer published for instance a synthetic overview on historical roof frames (from the eleventh up to the nineteenth century) in Northern France and Belgium (Hoffsummer 2009; see also Hoffsummer 2008) and in the Brussels Capital Region in particular (Weitz et al. 2014; on historic roof structures in wood see also Heymans and Sosnowska 2011 and Coomans T. 2011b). Moreover, Thomas Coomans continued –among other topics– his research on the evolution of medieval architecture in general (Coomans and Van Royen 2007; Coomans and Van Royen 2008; Coomans 2011c; Coomans 2011d). In cooperation with Coomans, Vincent Debonne analyses the introduction, diffusion and evolution of mould bricks and brick architecture in the former county of Flanders (1200-1380) (Debonne 2008; Debonne 2009). Also Marie Demelenne and Philippe Sosnowska focus on construction materials: Demelenne studies lime and mortars in the Walloon region (Demelenne 2013) and Sosnowska focuses specifically on those applied in urban dwellings in the Southern Netherlands and particularly in Brussels from the thirteenth till the nineteenth century. His investigations cover on the one hand the issues of supply, manufacturing and technology and on the other hand the evolution of habitats and ways of living (Sosnowska 2011a; Sosnowska 2011b; Sosnowska 2013; Sosnowska 2014). Sosnowska also collaborates with his colleague Paul Charruadas, who studies the supply of building materials with a specific focus on timber in Brussels during the ancien regime (Charruadas and Sosnowska 2013; Charruadas et al. 2013).

Next to this continued and new research programmes on 'early history', there has been a resurgence of work in more recent areas: since the 1970s and the 1980s, scholars strongly focus on the rise and evolution of (new) nineteenth and early twentieth-century building materials, techniques, and features. And although there are always gaps to be filled, profound expertise has been gained on the evolution and application of iron and steel (Collette et al. 2012c-e; Collette et al. 2014a-c; de Bouw et al. 2007; de Bouw et al. 2009; de Bouw 2012; Petit 2009; Wouters et al. 2012; Wouters 2014), concrete, reinforced and prestressed concrete (Denoël 2013; Hellebois 2010a; Hellebois 2013a-c; Hellebois and Espion 2013d; Hellebois and Espion 2014; Van de Voorde 2011a-c), glass (Lauriks 2009a; Lauriks 2012a-b), marble (Petit 2012), as well as ventilation and heating techniques (Van Der Tempel 2011; Van Der Tempel et al. 2012) and finishing materials and techniques (De Keyser et al. 2011a-b; De Keyser et al. 2012; Dekeyser et al. 2013; Dekeyser & Verdonck 2014; Govaerts et al. 2014; Verdonck and Dekeyser 2010; Verdonck and Deceuninck 2012). Recently also research on the development of nineteenth and twentieth century timber structures is started up by Louis Vandenabeele, in collaboration with Ine Wouters, Inge Bertels and Stefan Holzer (Germany). Gradually, post-war construction materials and building techniques gain interest. As many of the still existing post-war buildings and structures (approx. 1945-1975) are in a varying state of decay or even threatened with demolition, it is urgent to define well-founded evaluation and restoration strategies. To do so, the knowledge on modern construction materials and techniques needs to increase substantially. For instance, the 2008 'research review' of Heritage in Flanders (Onroerend Erfgoed 2008) gives a good overview of the Belgian historiography on post-war architecture. The review clearly demonstrates that many of these publications focus on the designers and their oeuvres, mostly neglecting the technical and constructional aspects. However at the time, materiality and technology were key-aspects in design and construction (Leloutre and Provost 2012), enhancing the link between construction history and architectural history. Despite some recent research on other post-war building materials and techniques as insulation, hollow core slabs or concrete prefabricated façade panels (Van de Voorde, Bertels and Wouters 2014), Van de Vijver's statement of 2004 that "a Belgian history on almost any [other than concrete] new material is still lacking" (Van de Vijver 2004, 169) is still valid.

Together with the research on the development and application of nineteenth and twentieth century building materials and techniques, the interest in the social and cultural context in which technological innovations took place increases (Devos and Van de Voorde 2010; Devos 2012a; Devos and Espion 2012b; Devos and Espion 2014; Hellebois and Espion 2013d; Hellebois and Espion 2014; Van de Voorde 2011b; Van de Voorde and Devos 2012). That way the foundation has been made for further research on the production and evolution of Belgian materials, in order to proceed with comparative research and knowledge exchange with other (neighbouring) countries. Simultaneously intriguing research on the valorisation, dissemination, acceptance and assimilation of (Belgian) materials and techniques throughout the world develops (Coomans 2014a; Coomans 2014b; Lagae 2010). These examples, enhancing social, cultural or geographical aspects within the research, are often situated at the interface between the research on the history of structural design and the research on the history of the building practice, which can be considered as the second major approach within the discipline of construction history.

RESEARCH ON THE HISTORY OF THE BUILDING PRACTICE IN BELGIUM

The history of the building practice "involves the total process of getting a building up on the site, including everything from the recruitment of labour, selection of materials, transport of materials and equipment on the site, down to the supply of drawing materials for the office, the method of payment to builder and architect and so on and so on. It is the history of a complicated process always in a state of change which it is the historian's business to investigate and expound" (Summerson 1985, 1). Internationally, within this wide scope, the financial-economic aspects of the building industry (building finance, property transaction, building, and the national economy) was from the start an important research priority. Simultaneously, historians started to scrutinize the various actors involved in the processes of building and production of materials. Yet in all, this second approach within construction history remained marginal for decades within both construction historical studies and in general studies concerning manufacturing and industrialization (Picon 2006). Also in Belgium, the economic aspects of building have received minor attention in the past decade and were primarily studied by historians outside the field of construction history, e.g. the work of Michael Limberger on governmental financing (2005). A fine exception is Heidi Deneweth's study on the interaction and evolution of living, building, investing and borrowing in Bruges from the Middle Ages until the nineteenth century (2008a; 2009b; 2009) and her current research on the strategies of building contractors in Antwerp (1490-1670).

On the occasion of the Second International Congress on Construction History in Cambridge in 2006, Antoin Picon underlined the importance of the study of the building practice and formulated a strong plea for incorporating the concerns of the social and cultural historian into this branch of construction history. That way, construction history could or would become a more autonomous historical discipline, one that also includes less professionally oriented questions: "from the study of the emergence and diffusion of new materials to the analysis of the social dynamics at play in the building industry, historical processes are far more present and the precedence given to objects has greatly diminished" (Picon 2006, 7). In the last decade, the impact of this 'socio-cultural turn' is also becoming strongly visible in Belgian research. Researchers focussing on the architecture of the Modern Times already stressed the importance of the relation between the architect and the patron (including religious, private and public patrons) and influence of this relation on both construction organisation, stylistic vocabulary and building types (De Jonge and Ottenheym 2007; De Jonge and Ottenheym 2010b; De Jonge et al. 2011; De Jonge and Ottenheym 2013). Furthermore, a growing interest in the institutional and administrative context of construction practice is clearly evident. The organization of public works and the division of responsibilities between (public) clients, architects, engineers as well as contractors and craftsmen are highly debated. In consequence, the (supposedly) dominant role of architects in the construction process is reinterpreted (Bertels 2008; Cornilly 2013a; Grieten et al. 2006; Vandeweghe 2013).

As the research perspective changes and includes more socio-cultural aspects, the diverse spectrum of actors in the construction industry has (re-)emerged as a particular point of interest. Especially in architectural history, the usual suspects are still designers and their (realized) oeuvre. In consequence the others, such as engineers, contractors, craftsmen, material suppliers are strongly neglected in leading architectural publications (e.g. Van Loo 2003). But in reaction, various researchers started to investigate from the ground up how various actors participated in the construction process within changing geographical, political and socio-cultural contexts. Initially, scholars directed their interest especially towards engineers. In relation to sixteenth and seventeenth-century military architecture the work of Pieter Martens on the Low Countries (Martens 2006; Martens 2007; Martens 2009; Martens 2011) and Philip Bragard (Bragard 2011) is highly relevant. In line with the earlier work of Dirk Van De Vijver (e.g. Van de Vijver 2003) on eighteenth and early nineteenth-century engineers, Willemijne Linssen and Pieter Raymaekers analysed the professional position of engineers in the course of the nineteenth and early twentieth century (Linssen 2013; Raymaekers 2013b). An important event in Brussels was the organisation of the exhibition 'Bruxelles, prouesses d'ingenieurs / Brussel, een sterk staaltje van engineering', completed with a joint publication on the (built) work of civil engineers in Brussels (Attas 2011) as well as the conference on 150 years old structural innovations in Brussels (Attas and Provost 2011a; Attas and Provost 2012). These events, organized in cooperation by the Université Libre de Bruxelles, the Vrije Universiteit Brussel and the Centre International pour la Ville, l'Architecture et le Paysage (CIVA), inspired the Direction of Monuments and Sites of the Brussels Region to take up the topic for the 'Open Monument Days' in 2012, which were dedicated to the 'art of building' and highlighted the work of engineers rather than architects in construction (e.g. Espion 2012a).

Gradually, via the study of the building practice and especially public buildings and infrastructure, also surveyors (Van de Vijver 2006) and (general) contractors received attention in historiography (Bertels 2008; Bertels 2009b; Bertels 2012; Cornilly 2012; Van de Voorde 2011). For the contractors, initially focus was put on the importance of contractors in relation to the introduction of new materials and technologies on site, but gradually also the contractors themselves were investigated, including the professionalization of the profession and the development of technical and vocational training (Bertels 2006c; Bertels 2009c). The evolution of general contractors in Belgian in 1870-1970, including the professionalization and their position within the construction industry, is the subject of the recently started doctoral research of Jelena Dobbels. Other 'commercial' actors within the construction industry that are also (occasionally) studied are material producers, craftsmen and firms (Dekeyser, Verdonck, De Clercq and Wouters 2012; Devos and Floré 2009; Halleux 2009; Haoudy 2008; Herman and Mayeur 2006; Horemans 2013; Van de Voorde and De Meyer 2008; Van de Voorde 2011a; Verswijver and De Meyer 2008).

With the changing perspectives, not only the number of actors but also the number of sources and objects of study increased considerably. Technical 'writings' as well as a series of primary sources (the mass of publications, notebooks, diaries, movies, drawings, letters, lectures, reports, specifications, patents speeches, office accounts, etc.) are now popular objects of study (Bertels and De Jonge 2009a; Coomans 2014a-b; Collette, Peters and Wouters 2014; Dekeyser, Verdonck and De Clercq 2011a; Van de Voorde 2011d; Van de Voorde, Bertels and Wouters 2014; Van de Vijver 2005; Van de Vijver 2008a). In addition, also aspects related to education and its practical and institutional context (e.g. Saint

2006 or Carvais and Nègre 2006) are crucial in the understanding of the building practice. The development and evolution thereof, both in qualitative and quantitative way, became specific points of interest in Belgium as well (Bertels 2006c; Bertels 2009c; Linssen and De Jonge 2012; Linssen 2013; Van de Voorde et al. 2012).

This contribution will be concluded by a bibliography on Construction History in Belgium, 2004-2014. And although this bibliography is fundamental to this contribution, it is impossible to mention all the contributions and writings in the field: unpublished papers, master theses or reports are not included, neither are the individual contributions to Belgian book publications or the large number of related articles in heritage journals as Brussels Erfgoed/Bruxelles patrimoine, M&L, Relicta or Erfgoed van Industrie en Techniek. Although multiple efforts were done to include all key publications, lacunas may still exist. Henceforth, this contribution is also a warm call to other researchers to suggest additional publications and projects, to chair their expertise and to improve the scientific communication in the field of construction history in Belgium and beyond.

Inge BERTELS
Architectural-engineering
lab [ae-lab], Vrije Universiteit
Brussel, Brussels, and Universiteit
Antwepren, Antwerp, Belgium

REFERENCE LIST

Attas, David, Michel Provost and Philippe Bouillard. 2009. "Definition and identification of an engineering heritage: Application to the region of Brussels." In *Proceedings of the Third International Congress on Construction History*, edited by Karl-Eugen Kurrer et al., 1: 61-66. Cottbus, Brandenburg University of Technology.

Attas, David, and Michel Provost, eds. 2011a. *Bruxelles sur les traces des ingénieurs bâtisseurs*. Brussels: Editions CIVA.

Attas, David, Michel Provost, and Bernard Espion. 2011b. "Civil and structural engineering landsmarks in Brussels." *Steel Construction* 4/3: 203-205.

Attas, David, and Michel Provost, eds. 2012. *Le patrimoine d'ingénierie: 150 ans d'innovations structurales à Bruxelles/Engineering Erfgoed. 150 jaar structuurinnovatie in Brussel*. Brussels: Ministère de la Région de Bruxelles-Capitale.

Avermaete, Tom, Annelies Nevejans, and Bregje Provo. 2006. *Architectuurarchieven in Vlaanderen. Kwalitatieve veldbeschrijving en analyse van het Vlaamse architectuurarchieflandschap*. Antwerpen: VAi/CVAa.

Baerts Alex, and Robin Engels. 2009. *Ingenieurs en hun erfgoed. Een educatieve verkenningstocht naar de technische relicten van Belgische ingenieurs*. Leuven: SIWE.

Basyn, Jean-Marc. 2009. "The Protection of the Public Swimming Pools in Brussels-Capital Region." In *Proceedings of the Third International Congress on Construction History*, edited by Karl-Eugen Kurrer et al., 1: 143-150. Cottbus, Brandenburg University of Technology.

Bertels, Inge. 2006a. "Defunct defenses: Antwerp's Sixteenth-Century Fortifications." *Future Anterior, Journal of Historic Preservation. History, Theory and Criticism* 3/2: 45-53.

Bertels, Inge. 2006b. "Gelieve de bouwwerf te betreden: aannemers voor openbare werken in het negentiende-eeuwse Antwerpen." *Erfgoed van industrie en techniek* 15/3: 78-89.

Bertels, Inge. 2006c. "The contractors' intellectual profile: knowledge and training of nineteenth-century public works' contractors in

Antwerp, Belgium." In *Proceedings of the Second International Congress on Construction History*, edited by Malcom Dunkeld et al., 1: 379-391. Cambridge: Construction History Society.

Bertels, Inge. 2007. "Technical discourses on primary educational buildings: governmental publications in Belgium in the 19th century." In *Les avatars de la 'Littérature' technique. Formes 'imprimées' de la diffusion des savoirs liés à la construction*, edited by Valérie Nègre et al., 233-241. Paris: Picard, INHA.

Bertels, Inge, and Dirk Van de Vijver, 2008a. "Belgian City Architects and Engineers; The Rise of a New Local Elite, 1850-1880." In *In control of the city: local elites and the dynamics of urban policy, 1800-1960*, edited by Stefan Couperus et al., 121-132. Leuven: Peeters.

Bertels, Inge. 2008. "Building the City, Antwerp 1819-1880." PhD diss., Katholieke Universiteit Leuven.

Bertels, Inge, and Krista De Jonge. 2009a. "Building specifications and the Growing Standardizing of Public Building Regulation in Nineteenth-Century Belgium." In *Proceedings of the Third International Congress on Construction History*, edited by Karl-Eugen Kurrer et al., 1: 197-204. Cottbus: Brandenburg University of Technology.

Bertels, Inge. 2009b. "De uitvoerders op het terrein: een braakliggend onderzoeksdomein." In *Bouwen aan wederopbouw 1914/2050: architectuur in de Westhoek*, edited by Jeroen Cornilly et al., 175-191. Ieper: CO7.

Bertels, Inge. 2009c. "Tussen theorie en praktijk: opleiding in de bouwsector in het negentiende-eeuwse Antwerpen." *Trajecta* 2/17: 129-144.

Bertels, Inge, and Bart Tritsmans. 2011. "Stad en architectuur. Recente evoluties in het historisch onderzoek naar stedelijke architectuur in het negentiende-eeuwse België." *Stadsgeschiedenis* 5/1: 125-129.

Bertels, Inge. 2012. "Building Contractors in late-Nineteenth-century Belgium: from Craftsmen to Contractors." *Construction History. Journal of the Construction History Society* 26: 1-18.

Bertels, Inge, Sara Wermiel, and Ine Wouters. 2013. "Entrepôts Bruxellois. Un avenir incertain?" *Bruxelles patrimoines/Brussels Erfgoed* 8: 4-19.

Bragard, Philippe. 2011. *Dictionnaire biographique des ingénieurs des fortifications Pays-Bas espagnols, principauté de Liège, Franche-Comté, 1504-1713*. Namur: Amis de la Citadelle de Namur.

Carvais, Robert, and Valérie Nègre. 2006. "The Conservatoire National des Arts et Métiers and the Preservation, Dissemination and Innovation of Construction Know-How (1794-1971)." In *Proceedings of the Second International Congress on Construction History*, edited by Malcom Dunkeld et al., 1: 7-33. Cambridge: Construction History Society.

Charruadas, Paulo, Stephane Demeter, Michel De Waha, Vincent Heymans and Philippe Sosnowska. 2013a. "Cepi incendioque delevi…: Enjeux politiques et réalité matérielle des destructions architecturales intentionnelles en Brabant méridional (XIIe-XVIIe siècles)." In *La destruction à travers l'histoire: pratiques et discours*, edited by Didier Martens et al., 185-213. Brussels: Peter Lang.

Charruadas, Paulo, and Philippe Sosnowska. 2013b. "Petrification' of Brussels architecture. An attempted explanation between construction methods, supply of building materials and social changes (13th-17th centuries)." In *17th Vienna Conference on Cultural Heritage and New Technologies: Urban archaeology and Excavations*. Vienna: Museen der Stadt Wien–Stadtarchäologie, online publication online: http://www.stadtarchaeologie.at/?page_id=5326.

Collette, Quentin, Stephane Vanbeveren, and Pierre Stoffel. 2012a. "Structural analysis of historical reinforced concrete structure: case study of the Dotremont house (1932)." In *Proceedings of the International Congress on Structural Analysis of Historical Constructions*, edited by J. Jasienko, 1: 226-234. Wroclaw: DWE.

Collette, Quentin, Ine Wouters, Leen Lauriks, and Koen Verswijver. 2012b. "Brussels Cinquantenaire Park halls: a structural revolution or evolution?" *Engineering History and Heritage* 165/3: 145-155.

Collette, Quentin, Ine Wouters, Corentin de Favereay, and Arnaud Peters. 2012c. "Development of riveting technology through an analysis of Belgian patents (1830-1940)." In *Proceedings of the International Congress on Structural Analysis of Historical Constructions*, edited by Jerzy Jasienko, 2: 1071-1079. Wroclaw: DWE.

Collette, Quentin, Ine Wouters, Leen Lauriks, and Koen Verswijver. 2012d. "Morphogenesis of the theory and design principles of riveted connections in historical iron and steel structures." In *Proceedings of the International Congress on Structural Analysis of Historical Constructions*, edited by Jerzy Jasienko, 2: 1080-1088. Wroclaw: DWE.

Collette, Quentin, Ine Wouters, Lauriks Lauriks, and Koen Verswijver. 2012e. "Riveted connections in historical iron and steel structures:

one turbulent century of technological, structural and geometrical considerations (1840-1940)." *Matériaux et Techniques* 100/2: 137-154.

Collette, Quentin, Stéphane Sire, William J. Vermes, Vernon J. Mesler and Ine Wouters. 2014a. "Experimental investigations on hot-driven structural rivets in historical French and Belgian wrought-iron structures (1880s-1890s)." *Construction and Building Materials* 54: 258-269.

Collette, Quentin, Arnaud Peters, and Ine Wouters. 2014b. "Les machines à fabriquer les rivets en construction métallique: une analyse des brevets belges (1830-1940)." *Matériaux et techniques* 101/702: 1-10.

Collette, Quentin. 2014c. "Riveted connections in historical metal structures (1840-1940). Hot-driven rivets: technology, design and experiments." PhD diss., Vrije Universiteit Brussel.

Coomans, Thomas. 2006. "De oudste dakconstructie in de Leuvense binnenstad: bouwhistorisch onderzoek in de predikherenkerk (prov. Vlaams-Brabant)." *Relicta. Archeologie, Monumenten- en Landschapsonderzoek in Vlaanderen* 1: 183-212.

Coomans, Thomas, and Harry van Royen, eds. 2008. *Medieval Brick Architecture in Flanders and Northern Europe: The Question of the Cistercian Origin?* Ghent: Academia Press.

Coomans, Thomas. 2010. "Van kapittelkerk tot priorijkerk: De Romaanse Sint-Hilariuskerk van Bierbeek in nieuw perspectief naar aanleiding van de dendrochronologische datering van de sporenkap (prov. Vlaams-Brabant)." *Relicta. Archeologie, Monumenten- en Landschapsonderzoek in Vlaanderen* 6: 69-98.

Coomans, Thomas. 2011a. "Belgique: Bierbeek (Brabant flamand). Mise en contexte de l'église romane Saint-Hilaire à partir de la datation dendrochronologique de sa charpente [Actualité]." *Bulletin Monumental* 169/3: 245-254.

Coomans, Thomas. 2011b. "How Tree Ring Dating Can Provide Historical Contexts to Buildings 'Without History'." In *Tree Rings, Art, Archaeology. Proceedings of the Conference, Brussels, Royal Institute for Cultural Heritage*, edited by Pascale Fraiture, 173-186. Brussels: Royal Institute for Cultural Heritage.

Coomans, Thomas, and Jeroen Westerman. 2011c. "L'architecture médievale aux Pays-Bas: vingt-cinq années de recherches et de problématiques." *Perspective: la Revue de l'INHA* 4: 783-791.

Coomans, Thomas. 2011d. "'Produits du terroir' et 'appellations contrôlées': le rôle des pierres à bâtir dans la définition des écoles régionales d'architecture médiévale en Belgique." In *Ex quadris lapidibus. La Pierre et sa mise en œuvre dans l'art médiéval. Mélanges d'histoire de l'art offerts à Éliane Vergnolle*, edited by Yves Gallet, 221-232. Turnhout: Brepols Publishers.

Coomans, Thomas. 2014a. "A pragmatic approach to church construction in Northern China at the time of Christian inculturation: The handbook "Le missionnaire constructeur", 1926." *Frontiers of Architectural Research* 3/2: 89-107.

Coomans, Thomas. 2014b. "China Papers: The architecture archives of the building company Crédit Foncier d'Extrême-Orient (1907-1959)." *ABE Journal–Architecture Beyond Europe* 5, art. no. 689 (English) / art. nr. 742 (French).

Cornilly, Jeroen. 2012. "Contractors of 19th-century Public Works in Belgium: Looking for a Research Approach for the Rural Areas." In *Nuts & Bolts of Construction History. Culture, Technology and Society*, edited by Robert Carvais et al., 1: 519-526. Paris: Picard.

Cornilly, Jeroen. 2013. "Architect/Ambtenaar. De betekenis van het ambt van provinciaal architect voor de 19e-eeuwse architectuur in West-Vlaanderen." PhD diss., Katholieke Universiteit Leuven.

Debonne, Vincent. 2008. "Bouwen met baksteen in het Kortrijkse en het Oudenaardse tijdens de middeleeuwen." *Novi Monasterii* 7: 185-202.

Debonne, Vincent. 2009. "Production of Moulded Bricks on a Gothic Building Site. The Case of the Thirteenth-Century Abbeys of the Dunes and Boudelo (Belgium)." In *Proceedings of the Third International Congress on Construction History*, edited by Karl-Eugen Kurrer et al., 1: 459-464. Cottbus: Brandenburg University of Technology.

de Bouw, Michael, Ine Wouters, Jean Vereecken, and Leen Lauriks. 2007. "Iron and steel varieties between 1860 and 1914: survey of the Belgian nomenclature." In *Proceedings of the International Conference on Structural Studies, Repairs and Maintenance of Heritage Architecture X*, edited by Carlos A. Brebbia, 267-277. Southampton: WITpress.

de Bouw, Michael, and Ine Wouters. 2008. "IJzer en Staal: van smeden tot gieten." *Erfgoed van Industrie en Techniek* 4/4: 184-194.

de Bouw, Michael, Ine Wouters, Jean Vereecken, and Leen Lauriks. 2009. "Iron and steel varieties in building industry between 1860 and 1914? A complex and confusing situation resolved." *Construction and Building Materials* 8/23: 2775-2787.

de Bouw, Michael. 2010a. "Brussels Model Schools–Structural Analysis of the Metal Roof Trusses." PhD diss., Vrije Universiteit Brussel.

de Bouw, Michael, Ine Wouters, Jean Vereecken, and Leen Lauriks. 2010b. "Le vrai sens des mots fer et acier en Belgique entre 1860 et 1920." In *Premier congrès francophone de l'histoire de la construction*, edited by Robert Carvais et al., 377-387. Paris: Picard.

de Bouw, Michael, Ine Wouters, Leen Lauriks, Quentin Collette, and Younes Abdelrahman Hussein. 2010 c. "The Ardant truss: a forgotten rival of the well-known Polonceau truss." *Steel Construction* 2/3: 83-89.

de Bouw, Michael, and Ine Wouters. 2011. "Polonceau versus Ardant: efficiency versus aesthetics?" In *Proceedings of International conference on Structural Studies, Repairs and Maintenance of Heritage Architecture XII*, edited by Carlos A. Brebbia et al., 319-331. Southampton: WITpress.

De Jonge, Krista, Marcel Capouillez, Didier Dehon, Robert Didier, Ethan Kavaler, Isabelle Lecocq, Patrice Dartevelle, and Christiane Pierard, eds. 2005. *Jacques Du Broeucq de Mons (1505-1584). Maître artiste de l'empereur Charles Quint.* Mons: Ville de Mons.

De Jonge, Krista, and Koen Ottenheym, eds. 2007. *Unity and discontinuity. Architectural relationships between the Southern and Northern Low Countries (1530-1700).* Turnhout: Brepols.

De Jonge, Krista, Luc Verpoest, Herman Neuckermans, and Koen Van Balen. 2008. "An intercultural and interdisciplinary teaching approach to conservation." In *Teaching Conservation/Restoration of the Architectural Heritage–Goals, Contents, Methods*, edited by S. Musso et al., 34-37. Genoa: EAAE.

De Jonge, Krista, Piet Geleyns, and Markus Hörsch. 2009a. *Gotiek in het hertogdom Brabant.* Leuven: Uitgeverij Peeters–Provincie Vlaams Brabant.

De Jonge, Krista, and Joris Snaet. 2009b. "Innovation and Tradition in Seventeenth- and Early Eighteenth-Century Vaulting Techniques in the Southern Low Countries: A First Assessment." In *Proceedings of the Third International Congress on Construction History*, edited by K.E. Kurrer et al., 1: 445-452. Cottbus: Brandenburg University of Technology.

De Jonge, Krista. 2010a. "Chantiers dans le milieu de la Cour des anciens Pays-Bas méridionaux aux XVIe-XVIIe siècles: organisation et innovations techniques." In *Edifice & Artifice. Histoires constructives. Recueil de textes issus du Premier congrès francophone d'histoire de la construction*, edited by Robert Carvais et al., 917-925. Paris: Picard.

De Jonge, Krista, and Koen Ottenheym, eds. 2010b. *Public Buildings in Early Modern Europe*. Turnhout: Brepols.

De Jonge, Krista, Monique Chatenet, Matt Kavaler, and Norbert Nussbaum, eds. 2011. *Le Gothique de la Renaissance*. Paris: Picard.

De Jonge, Krista, and Koen Ottenheym, eds. 2013. *The Low Countries at the Crossroads. Netherlandish Architecture as an Export Product in Early Modern Europe (1480-1680)*. Turnhout: Brepols.

Dekeyser, Liesbeth, Ann Verdonck, and Hilde De Clercq. 2011a. "Historical patents reveal original formulas and application methods of cimorné cladding." *WTA schriftenreihe, from Building materials and building technology to preserve the built heritage* 36/2: 184-192.

Dekeyser, Liesbeth, Ann Verdonck, and Hilde De Clercq. 2011b. "Pierre-simili and cimorné cladding: from modern craftsmanship to contemporary renovation techniques." In *Structural Studies, Repairs and maintenance of Heritage Architecture XII*, edited by Carlos A. Brebbia et al., 601-612. Southampton: WITpress.

Dekeyser, Liesbeth, Ann Verdonck, Hilde De Clercq, and Hilde Wouters. 2012. "Marbrite Fauquez opalescent and mass coloured glass: history, production and composition." In *Proceedings of the International Conference on Structural Analyses of Historical Constructions*, edited by J. Jasienko, 2: 1106-1113. Wroclaw: DWE.

Dekeyser, Liesbeth, Ann Verdonck, and Hilde De Clercq. 2013. "Cimorné cement render with opalescent glass granules: a decorative façade finish developed by innovative craftsmanship in the interwar period." *Journal of Architectural Conservation* 19/2: 86–102.

Dekeyser, Liesbeth, and Ann Verdonck. 2014. "Knowledge transfer of vernacular finishing techniques in the interwar period: on the history of cimorné render." In *Proceedings of the First Conference of the Construction History Society*, edited by James W.P. Campbell et al., 91-100. Cambridge: Construction History Society.

Demelenne, Marie. 2013. "Brûler de caillou. Histoire et archéologie de la chaux et des mortiers en Wallonie: de la villa de Merbes au palais de Mariemont." PhD diss., Université libre de Bruxelles.

De Meyer, Ronny, and Marcel Smets. 1982. "De recente stedebouwkundige geschiedschrijving in België omtrent negentiende en begin twintigste eeuw." *Belgisch Tijdschrift voor Nieuwste Geschiedenis / Revue Belge d'Histoire Contemporaine* 12: 467-517.

De Munck, Bert. 2008. *Technologies of Learning. Apprenticeship in Antwerp from the 15th century to the end of the Ancien Regime.* Turnhout: Brepols.

Deneweth, Heidi. 2008a. "Houses and people. Living, building, investing and borrowing in three neighbourhoods of Bruges from the late middle ages until the nineteenth century." PhD diss., Vrije Universiteit Brussel.

Deneweth, Heidi. 2008b. "The economic situation and its influence on building and renovating in Bruges during the 16th-18th centuries." *Mélanges de l'École Française de Rome, Italie et Méditerannée (MEFRIM)* 119/2: 537-550.

Deneweth, Heidi. 2009. „De wisselwerking tussen bouwtechnische veranderingen en evoluerende samenlevingsvormen in drie Brugse buurten, late middeleeuwen tot negentiende eeuw." *Huizenonderzoek & Stadsgeschiedenis*, edited by J. D'hondt, 41-55. Bruges: Levend Archief– Leven in Oude Huizen VII.

Denoël, Jean-François, Bernard Espion, Armande Hellebois, and Michel Provost. 2013. *Histoires de béton armé: patrimoine, durabilité et innovations.* Brussels: FEBELCEM and FABI.

De Voght, Maud, and Krista De Jonge. 2012. "Foundation techniques in the early modern Low Countries (1600-1750): A problematic case– St. Walpurgis in Antwerp." In *Nuts & Bolts of Construction History. Culture, Technology and Society*, edited by Robert Carvais et al., 3: 29-36. Paris: Picard.

Devos, Rika, and Mil De Kooning, eds. 2006. *Moderne Architectuur van Expo 58. 'Voor een Humaner Wereld.'* Brussels: Mercatorfonds/Dexia.

Devos, Rika. 2008. "Modern at Expo 58. Discussions on post-war architectural representation." PhD diss., Universiteit Gent.

Devos, Rika, and Fredie Floré. 2009. "Modern wood. De Coene at Expo 58." *Journal of the Construction History Society* 24: 103-120.

Devos, Rika, and Stephanie Van de Voorde. 2010. "Collaboration and rivalry at Expo 58: authorship in the building industries' landmarks." In *Structures and Architecture. Proceedings of the 1st International conference on Structures and Architecture*, edited by Paola Cruz, 1944-1951. Boca Raton: CRC Press /Balkema.

Devos Rika. 2012a. "De wereldtentoonstellingen van 1935 en 1958. Voor en achter de schermen." *Erfgoed Brussel* 3-4: 117-127.

Devos, Rika, and Bernard Espion. 2012b. "The hanging roofs of Expo 58: knowledge, prestige and ideals." *ICE Engineering Heritage and History* 165: 187-196.

Devos, Rika. 2013. "Technology and science as tool and image. Questioning "innovation" in construction at Expo 58." *Territorio* 67: 76-82.

Devos, Rika, and Bernard Espion. 2014. "Paduart, André, Arthur Louis Henri." In *Nationaal Biografisch Woordenboek* 21: 847-857.

Espion, Bernard. 2009. "Early applications of prestressing to bridges and footbridges in Brussels area." In *Proceedings of the Third International Congress on Construction History*, edited by Karl-Eugen Kurrer et al., 2: 535-541. Cottbus: Brandenburg University of Technology.

Espion, Bernard. 2012a. "Avant le temps des ingénieurs: L'histoire de quelques dômes." In *Bruxelles Patrimoines: Dossier l'Art de Construire/ Erfgoed Brussel: Dossier De kunst van het Bouwen* vol. 3: 6-23.

Espion, Bernard. 2012b. "The Vierendeel bridge at its heyday: rational design, experiments and brittle failure." In *Nuts & Bolts of Construction History. Culture, Technology and Society*, edited by Robert Carvais et al., 3: 253-260. Paris: Picard.

Espion, Bernard. 2012c. "The Vierendeel bridges over the Albert Canal, Belgium: their significance in the story of brittle failures." *Steel Construction* 5/4: 238-243.

Fédération Wallonie-Bruxelles–Cellule architecture et Université Libre de Bruxelles–Faculté d'Architecture La Cambre-Horta, ed. 2012. *Archives: pour une (re)connaissance de l'architecture. Livre blanc des archives de l'architecture en Fédération Wallonie-Bruxelles*. Brussels: Fédération Wallonie-Bruxelles–Cellule architecture.

Fivet, Corentin, and Denis Zastavni. 2012. "Robert Maillart's key methods from the Salginatobel bridge design process (1928)." *Journal of the International association for shell and spatial structures* 53/171: 39-47.

Grieten, Stefan, Serge Migom, Bart Sas, and Dirk Van de Vijver. 2006. *Sterk gebouwd & makkelijk in onderhoud: ambt en bouwpraktijk van de provinciaal architecten in de Provincie Antwerpen (1934-1970)*. Bruges: Van de wiele.

Govaerts, Yves, Ann Verdonck, Michael de Bouw, and Wendy Meulebroeck. 2014. "The introduction of ready-mix rendering mortars for stone imitation in Belgium [1920-1940]." In *Proceedings of the First Conference of the Construction History Society*, edited by James W.P. Campbell et al., 181-190. Cambridge: Construction History Society.

Halleux, Robert. 2009. *Le savoir de la main. Savants et artisans dans l'Europe préindustrielle*. Paris: Armand Colin.

Halleux, Robert, Jan Vandersmissen, and Philippe Tomsin. 2014. *Histoire des techniques en Belgique. La période préindustrielle/Geschiedenis van de techniek in België. De pre-industriële periode*. Liège: Les éditions de la province de Liège.

Haoudy, Karima, ed. 2008. *Baume & Marpent: de la Haine au Nil, itinéraire d'un géant*. La Louvière: Écomusée du Bois-du-Luc.

Hellebois, Armande. 2009. "The influence of rock-workers on early reinforced concrete constructions. Study case of the villa of Alphonse Vasanne in Brussels." In *WTA Schriftenreihe, Building Materials and Building Technology to Preserve the Built Heritage*, edited by Luc Schueremans, 99-115. WTA Report Series.

Hellebois, Armande, and Jean-Jacques Van Mol. 2010a. "Les Trois Canadas, une villa pittoresque à Watermael-Boitsfort." In *L'avenue Van Becelaere au passé recomposé*, edited by HISCIWAB, 160-161. Brussels: HISCIWAB. Histoire et Sciences à Watermael-Boitsfort.

Hellebois, Aramande, and Raymond Balau. 2010b. "Namur 1893-1913: La S.A. Namur Citadelle et le projet urbain de Georges Hobé." *Études et documents. Aménagement et Urbanisme* (Special issue: *Le béton armé, un matériau novateur pour les ponts en arc Exemples sur la Meuse*) 9: 80-81.

Hellebois, Armande, et al. 2013a. "100-year-old Hennebique concrete, from composition to performance." *Construction & building materials* 44: 149-160.

Hellebois, Armande, Bernard Espion, and Michel Provost. 2013b. "Le système Hennebique et les constructions en béton armé de première génération." *La lettre du patrimoine* 32: 10.

Hellebois, Armande. 2013c. "Theoretical and experimental studies on early reinforced concrete structures. Contribution to the analysis of the bearing capacity of the Hennebique system." PhD diss., Université libre de Bruxelles.

Hellebois, Armande, and Bernard Espion. 2013d. "The role of the Belgian engineer Paul Christophe on the development of reinforced concrete at the turn of the 20th century." *Beton- und Stahlbetonbau* 108/12: 899-907.

Hellebois, Armande, and Bernard Espion. 2014. "Paul Christophe." *Nouvelle Biographie nationale*. Brussels: Académie Royale des Sciences, des Lettres et des Beaux-Arts de Belgique, vol. 12: 60-62.

Henrion, Pierre. 2014. *René Greisch. Ingénieur. Architecte*. Brussels: Prisme éditions.

Herman, Frank, and Ruben Mayeur, eds. 2006. *Les Ateliers d'art de Courtrai De Coene frères*. Bruxelles: Le Livre Timperman.

Heymans, Vincent, and Philippe Sosnowska. 2011. "Around the Brussels carpentry (15th-18th centuries AD) Contribution of dendrochronology in the study of building." In *Tree Rings, Art, Archaeology*, edited by Pascale Fraiture, 255-269. Brussels: Institut royal du Patrimoine artistique.

Heymans, Vincent, and Laetitia Cnokaert, eds. 2014. *Le Palais du Coudenberg à Bruxelles. vie et destin d'une cour d'Europe*. Liège: Éditions Mardaga.

Heynen, Hilde, and Krista De Jonge. 2002. "The teaching of Architectural History and Theory in Belgium and the Netherlands." *Journal of the Society of Architectural Historians* 61/3: 335-345.

Hoffsummer, Patrick, and Jérôme Eeckhout. 2008. *Matériaux de l'architecture et toits de l'Europe, Mise en œuvre d'une méthodologie partagée*. Namur: Institut du patrimoine wallon (Les dossiers de l'IPW 6).

Hoffsummer, Patrick, ed. 2009. *Roof Frames from the 11th to the 19th Century: Typology and development in Northern France and in Belgium: Analysis of CRMH Documentation*. Turnhout: Brepols.

Horemans, Boris. 2013. "Van alle markten thuis? Ondernemers en ambachtsmeesters in de Brusselse bouwsector tijdens de tweede helft van de achttiende eeuw." *Low Countries Journal for Social and Economic History* 10/2: 3-27.

Horemans, Boris. 2014. "Een historische werf: de premoderne bouwsector als verwaarloosd onderzoeksdomein." *Tijdschrift voor Stadsgeschiedenis* 9/1: 72-84.

Lagae, Johan. 2010. "Henri Lacoste et la 'charpente à lamelles' à l'exposition coloniale internationale de Paris, 1931: chronique d'une construction en bois préfabriquée." In *Édifice & Artifice. Histoires constructives. Recueil de textes issus du Premier congrès francophone d'histoire de la construction*, edited by Robert Carvais et al., 781-790. Paris: Picard.author.

Lagae, Johan, Sofie Boonen, and Maarten Liefooghe. 2013. "Fissures dans le 'cordon sanitaire': architecture hospitalière et ségrégation urbaine à Lubumbashi, 1920-1960." In *Lubumbashi: cent ans d'histoire*, edited by Maurice Amuri Mpala-Lutebele, 247-261. Paris: L'Harmattan, 247-261.

Lubumbashi: cent ans d'histoire Lubumbashi: cent ans d'histoire Lubumbashi: cent ans d'histoire Lubumbashi: cent ans d'histoire Lubumbashi: cent ans d'histoire.

Laureys, Dirk. 2003. *Bouwen in beeld: de collectie van het Architectuurarchief van de provincie Antwerpen*. Turnhout: Brepols.

Lauriks, Leen, and Ine Wouters. 2008. "Balat's Wintertuin te Laken: geniale constructie of gezichtsbedrog?" *Erfgoed van Industrie en Techniek* 4: 176–182.

Lauriks, Leen, Michael de Bouw, and Ine Wouters. 2009a. "Glass in roofs. Study of 19th century literature on building technology." In *WTA Report Series*, edited by Luc Schueremans, 83–98.

Lauriks, Leen, Michael de Bouw, and Ine Wouters. 2009b. "Understanding the structural concept of the design of the Winter Garden at the Royal Glasshouses of Laeken (Brussel, Belgium) by three-dimensional structural analysis." In *Proceedings of International Conference on Structural Studies, Repairs and Maintenance of Heritage Architecture XI*, edited by Carlos A. Brebbia et al., 131-140. Southampton: WITpress, 131-140.

Lauriks, Leen, Michael de Bouw, Quentin Collette, and Ine Wouters, 2012a. "19th century iron and glass architecture: Common construction details of cylinder and crown glass on iron sash bars." *Annales du 18e congrès de l'association internationale pour l'histoire du verre*, edited by D. Ignatiadou et al., 469-474. Thessaloniki: Ziti Publishing.

Lauriks, Leen. 2012b. "Contribution of the glass cladding to the overall structural behaviour of 19th-century iron and glass roofs." PhD diss., Vrije Universiteit Brussel.

Lauriks, Leen, Quentin Collette, Ine Wouters, and Jan Belis. 2012c. "Technical improvements in 19th-century Belgian window glass production." In *Proceedings of SPIE, Integrated Approaches to the Study of Historical Glass (IAS12)*, edited by Hugo Thienpont et al.

Bellingham: SPIE, vol. 8422, publication online: http://proceedings.spiedigitallibrary.org/proceeding.aspx?articleid=1359572.

Limberger, Michael. 2005. *Antwerpen en de centrale overheid gedurende de onderzoeksperiode 1815-1830*, Report NWO-Aspasia-project.

Linssen, Willemijne, and Krista De Jonge. 2012. "How Belgian engineers passed on their knowledge between 1830 and 1865: Education, association and publication." In *Nuts & Bolts of Construction History. Culture, Technology and Society*, edited by Robert Carvais et al., 1: 565-574. Paris: Picard.

Linssen, Willemijne. 2013. "Ingenieurs in België 1830-1865. Archeologie van een beroepsgroep." PhD diss. Katholieke Universiteit Leuven.

Loze, Pierre. 2012. *Les missions de l'ingénieur: le bureau Greisch*. Brussels: Mardaga et Prisme éditions.

Loir, Christophe. 2009. *Bruxelles néoclassique: mutation d'un espace urbain (1775-1840)*. Brussels: CFC-Éditions.

Loir, Christophe. 2013. "Le patrimoine néoclassique à Bruxelles." *Bruxelles Patrimoines/Brussels Erfgoed* 6-7: 97-117.

Maclot, Petra. 2009. "Towards on Alternative Solution for the Detection of Historic Structures in Antwerpen (Belgium)." In *Proceedings of the Third International Congress on Construction History*, edited by Karl-Eugen Kurrer et al., 2: 967-974. Cottbus: Brandenburg University of Technology.

Maclot, Petra. 2014. "The Status of Stone. Urban Identity and the Typological Discourse of Private Houses in the Antwerp City during the Long Sixteenth Century." PhD diss., Katholieke Universiteit Leuven.

Maes, Amke, Anne Verledens, and Serge Migom. 2008. *Het Atoomdorp Mol. Bouwen voor het kerntijdperk. Erfgoedgids 8*. Antwerpen: Provincie Antwerpen–Openbaar Kunstbezit Vlaanderen.

Maggi, Christophe, Gaspard Pages, Anne Mertens, and Patrick Hoffsummer. 2012. "Utilisation et technique de production du fer et du bois dans les charpentes de comble mosanes: premiers jalons d'une évolution du XIIe au XVIIIe siècle." *Archéosciences* 36: 95-115.

Martens, Pieter. 2006. "Construction and Destruction of Military Architecture in the Mid-16th-Century Low Countries: Some Observations on Labour Force." In *Proceedings of The Second International Congress on Construction History*, edited by Malcolm Dunkeld et al., 2: 2111-2123. Cambridge: Construction History Society.

Martens, Pieter. 2007. "La destruction de Thérouanne et d'Hesdin par Charles Quint en 1553." In *La forteresse à l'épreuve du temps. Destruction, dissolution, dénaturation, XIe-XXe siècle*, edited by G. Blieck et al., 63-117. Paris: Éditions du CTHS.

Martens, Pieter. 2009. "Militaire architectuur en vestingoorlog in de Nederlanden tijdens het regentschap van Maria van Hongarije (1531-1555). De ontwikkeling van de gebastioneerde vestingbouw." PhD diss., Katholieke Universiteit Leuven.

Martens, Pieter. 2011. "La puissance de l'artillerie de Charles Quint au milieu du XVIe siècle: le siège de Thérouanne en 1553." In *Artillerie et fortification, 1200-1600*, edited by N. Prouteau et al., 119-142. Rennes: Presses Universitaires de Rennes.

Meganck, Leen. 2004. "Un matériau ignoble? L'emploi du béton armé pendant l'entre-deux-guerres." In *Proceedings of the VII Congrès de l'Association des cercles Francophones d'Histoire et d'Archéologie de Belgique et LVIe Congès de la Fédération des Cercles d'Archéologie et d'Histoire de Belgique*, 2: 63-64. Brussels: Éditions Safran.

Migom, Serge. 2004. *Baksteengotiek in de Kempen van klei tot kerk. Erfgoedgids 1.* Antwerpen: Provincie Antwerpen–Openbaar Kunstbezit Vlaanderen.

Migom, Serge. 2010. *Een harnas van baksteen en beton. De Antwerpse fortengordels.* Antwerpen: Provincie Antwerpen.

Nègre, Valérie. 2006. *L'ornement en série. Architecture, terre cuite, et carton-pierre.* Sprimont: Pierre Mardaga.

Pasquasy, F. 2013. *La sidérurgie au Pays de Liège. Vingt siècles de technologie, De la preparation du minerai à la coulée du metal.* Liège: Société des bibliophiles Liégois.

Petit, Joëlle. 2009. "La métallurgie du fer, du bas-foyer au haut fourneau: évolution des foyers et étude des matériaux composant les fours, première partie." *Chroniques de l'Écomusée du Viroin* 43: 8-20.

Petit, Joëlle. 2012. "Private Archives of the 18th and 19th Centuries: Sources for the History of Marble-Working in Belgium." In *Nuts & Bolts of Construction History. Culture, Technology and Society*, edited by Robert Carvais et al., 2: 73-80. Paris: Picard.

Picon, Antoine. 2006. "Construction history: between technological and cultural history." *Construction History. Journal of the Construction History Society* 21: 5-19.

Provost, Michel, David Attas, and Bernard Espion. 2011. "A la découverte du patrimoine d'ingénierie de la construction." *Le journal des ingénieurs* 134: 4-13.

Radelet-de Grave, Patricia. 2004. "What is the meaning of "Between Mechanics and Architecture"." In *Construction History. Research in Europe*, edited by A. Becchi et al., 113-137. Genua: Associazione Edoardo Benvenuto.

Radelet-de Grave, Patricia. 2005a. "Cemento precompresso e sperimentazione, il ruolo di Gustave Magnel." In *Teoria e pratica del costruire: saperi, strumenti, modelli, Esperienze didattiche e di ricerca a confronto*, 2: 849-857. Ravenna: Edizioni Moderna.

Radelet-de Grave, Patricia. 2005b. "Gustave Magnel (1889-1955), a scientific biograph." In *Essays in the history of the theory of structures, In honour of Jacques Heyman*, edited by Santiago Huerta, 389-427. Madrid: EECA.

Radelet-de Grave, Patricia. 2006. "Matematica, architettura e meccanica nella scuola di François d'Aguillon e di Grégoire de Saint-Vincent." In *Matematica, arte e technica nella storia, in memoria di Tullio Viola*, edited by Livia Giacardi et al., 275-292. Turin: Kim Williams Book.

Radelet-de Grave, Patricia. 2008a. "L'entasis de Blondel à Lagrange, du jeu mathématique à la recherche de la plus grande stabilité." In *La colonne, Nouvelle histoire de la construction*, edited by R. Gargiani, 192-201. Lausanne: Presses polytechniques et universitaires romandes.

Radelet-de Grave, Patricia. 2008b. *Liber amicorum Jean Dhombres*. Turnhout: Brepols.

Radelet-de Grave, Patricia, 2009a. "Guarino Guarini et la structure de l'univers." *Nexus Network Journal, Architecture and mathematics* 11/3: 393-414.

Radelet-de Grave, Patricia, 2009b. "The Problem of the Elastica Treated by Jacob Bernoulli and the Further Development of This Study by Leonhard Euler." In *Proceedings of the Third International Congress on Construction History*, edited by Karl-Eugen Kurrer et al., 3: 1209-1217. Cottbus: Brandenburg University of Technology.

Radelet-de Grave, Patricia. 2012a. "La voûte plate est-elle une proposition perdue dans l'œuvre de Wallis?" In *L'architrave, le plancher, la plate-forme, Nouvelle histoire*, edited by Roberto Gargiani. Lausanne: Presses polytechniques et universitaires romandes.

Radelet-de Grave, Patricia. 2012b. "Newtonian Scientists on the Relation between a Catenary Curve and an Arch Supported by its Own Weight." In *Nuts & Bolts of Construction History. Culture, Technology and Society*, edited by Robert Carvais et al., 1: 237-242. Paris: Picard.

Radelet-de Grave, Patricia. 2013. "La mécanique de Philippe de La Hire." In *Philippe de La Hire, 1640-1718, entre architecture et sciences*, edited by Antonio Becchi et al. Paris: Picard.

Raymaekers, Pieter, and Willemijne Linssen. 2013a. "Engineering institutions and networking in nineteenth-century Belgium and Britain." *Proceedings of the ICE–Engineering History and Heritage*, 166 (1): 25-35.

Raymaekers, Pieter. 2013b. "Makers van een nieuwe wereld. De socioprofessionele geschiedenis van ingenieurs in België 1850-1914." PhD diss., Katholieke Universiteit Leuven.

Saint, Andrew. 2006. "The Architect and Engineer. A Study in Construction History." *Construction History. The Journal of the Construction History Society* 21: 21-30.

Scholliers, Peter. 2009. "Materieel erfgoed: gebouwen, (werk)tuigen en voorwerpen." In *Bronnen voor de studie van het hedendaagse België, 19e-21e eeuw*, edited by Patricia Van Den Eeckhout and Guy Vanthemsche, 1339-1368. Brussels: Koninlijke Commissie voor Geschiedenis–Commission Royale d'Histoire.

Smars, Pierre, and Krista De Jonge. 2009. "Geometry and Construction Techniques of Gothic Vaults in Brabant (Belgium)." In *Proceedings of the Third International Congress on Construction History*, edited by Karl-Eugen Kurrer et al., 3, 1347-1354. Cottbus: Brandenburg University of Technology.

Somers, Dominique. 2004. "Antwerpen, werf van de eeuw." *FotoMuseum magazine*, special issue: 31.

Sosnowska, Philippe. 2011a. "De la maison ordinaire à l'hôtel particulier." In *Medieval and Modern Matters, Archaeology and Material Culture in the Low Countries*, edited by Frans Thews et al., 2: 167-202. Turnhout: Brepols.

Sosnowska, Philippe. 2011b. "Le patrimoine bâti du centre historique de Bruxelles. Approche archéologique et étude des matériaux." In *Les maisons de la Grand-Place de Bruxelles*, edited by Vincent Heymans, 4: 87-88. Brussels: CFC-Éditions.

Sosnowska, Philippe. 2013. "De briques et de bois. Contribution à l'histoire de l'architecture à Bruxelles. Étude archéologique, technique et historique des matériaux de construction (XIIIe-XVIIIe s.)." PhD diss., Université libre de Bruxelles.

Sosnowska, Philippe. 2014. "Approaches on Brick and its use in Brussels from the 14th to the 18th Century." In *Fresh Approaàches to the Brick Production and Use in the Middle Ages. Proceedings of the session 'Utilization of Brick in the medieval period–Production, Construction, Destruction' at the European Association of Archaeologists (EAA)*, edited by Tanja Ratilainen et al., 27-38. Helsinki: British Archaeological Report 2611.

Stevens, Tarcis, and Teresa Patricio. 2013. "De overdekte markt te Anderlecht. Voorstudie van de restauratie." *Brussels Erfgoed/ Bruxelles patrimoines* 8: 20-39.

Summerson, John. 1985. "What is the history of construction?" *Construction History. Journal of the Construction History Society* 1: 1-2.

Valcke, Sybille. 2013. "De voormalige Godinfabrieken in Brussel." *Brussels Erfgoed/ Bruxelles patrimoines* 8: 40-49.

Vanderhulst, Guido et al. 2011. *Tour & Taxis un quartier en mouvement = a district in motion = een wijk in beweging*. Brussels: Racine.

Van Der Tempel, Maike. 2011. "Ventilation techniques in the 19th century: learning from the past." In *Proceedings of the International Congress on Structural Studies, Repairs and Maintenance of Heritage Architecture XII*, edited by Carlos A. Brebbia et al., 271-281. Southampton: WITpress.

Van Der Tempel, Maaike, Ine Wouters, Filip Descamps, and Dorien Aerts. 2012. "Innovations in Ventilation: Wind cowls in the 19th century." In *Nuts & Bolts of Construction History. Culture, Technology and Society*, edited by Robert Carvais et al., 3: 317-324. Paris: Picard.

Van de Voorde, Stephanie, and Ronny De Meyer. 2005. "De Preflex-balk (1951) van Abraham Lipski." *Erfgoed van Industrie en Techniek* 14/3: 80-87.

Van de Voorde, Stephanie. 2006a. "Magnels Heizeltoren." *A+: Belgisch tijdschrift voor architectuur/ Revue belge de l'architecture* 198: 100.

Van de Voorde, Stephanie, Ronny De Meyer, Mil De Kooning, Luc Taerwe, and Rik Van de Walle. 2006b. "Sculpture house in Belgium by Jacques Gillet." In *Design and Nature III: Comparing Design in Nature with Science and Engineering*, edited by Carlos A. Brebbia et al., 49-59. Southampton: WITpress.

Van de Voorde, Stehphanie, and Ronny De Meyer. 2008. "On the Interface between Architecture, Engineering and Technology. Two Case Studies in Concrete Construction in Belgium." *Construction History. Journal of the Construction History Society* 23: 77-98.

Van de Voorde, Stephanie. 2009a. "Hennebique's journal 'Le Béton armé': a close reading of the genesis of concrete construction in Belgium." In *Proceedings of the Third International Congress on Construction History*, edited by Karl-Eugen Kurrer et al., 3: 1453-1461. Cottbus: Brandenburg University of Technology.

Van de Voorde, Stephanie. 2009b. "Reassembling design and construction." In *Networks of design. Proceedings of the 2008 Annual International Conference of the Design History Society*, edited by Jonathan Glynne et al., 512-517. Boca Raton: Universal Publishers.

Van de Voorde, Stephanie, and Ronny De Meyer. 2010a. "Innovations ans Experiments in Modern Belgian Architecture: Abraham Lipski's Preflex beam." In *Docomomo Conference Proceedings. IXth International Conference: 'Other Modernisms'*, 321-329. New York: DOCOMOMO.

Van de Voorde, Stephanie, and Ronny De Meyer. 2010b. "L'application innovatrice du béton armé dans la construction d'églises en Belgique. Béton sacré ou usine à prière?" In *Edifice & Artifice. Histoires constructives. Recueil de textes issus du Premier congrès francophone d'histoire de la construction*, edited by Robert Carvais et al., 587-595. Paris: Picard.

Van de Voorde, Stephanie. 2011a. *Architectonic 1958-1980. Façades en béton/Betongevels/Concrete walls*. Brussels: Atomium.

Van de Voorde, Stephanie. 2011b. "Bouwen in beton in België (1890-1975): samenspel van kennis, experiment en innovatie." PhD diss., Universiteit Gent.

Van de Voorde, Stephanie. 2011c. "Hennebique, François." In *Nationaal Biografisch Woordenboek* vol. 20: 458-471.

Van de Voorde, Stephanie, Sofie De Caigny, Ellen Van Impe, Annelies Nevejans and Eva Van Regemortel. 2012a. *Bronnengids Architectuuronderwijs Vlaanderen*. Antwerp: Centrum voor Vlaamse Architectuurarchieven.

Van de Voorde, Stephanie, and Rika Devos. 2012. "The scientification of reinforced concrete in Belgium during the interwar period: development and dissemination of scientific, theoretical and technical knowledge." In *Nuts & Bolts of Construction History. Culture, Technology and Society*, edited by Robert Carvais et al., 2: 637-645. Paris: Picard.

Van de Voorde, Stephanie. 2013. "The development of architectural concrete in Belgium during the 1960s and 1970s." In *Structures and Architecture: New concepts, applications and challenges*. Leiden: CRC Press/Balkema, 430-438.

Van de Voorde, Stephanie, Inge Bertels and Ine Wouters. 2014. "The emergence of a new generation of building products in post-war Belgium. The case of lightweight concrete." In *Proceedings of the First Conference of the Construction History Society*, edited by James Campbell et al., 423-433. Cambridge: Construction History Society.

Van de Vijver, Dirk. 2003. *Ingenieurs en architecten op de drempel van een nieuwe tijd (1750-1830)*. Leuven: Universitaire Pers.

Van de Vijver, Dirk. 2004. "Construction History in Belgium." In *Construction History. Research in Europe*, edited by Antonio Becchi et al., 157-196. Genua: Associazione Edoardo Benvenuto.

Van de Vijver, Dirk. 2005. "Demanet's 1848/9 general building specification for the Belgian Ministry of War." In *Theory and practice of construction: knowledge, means, models. Didactic and research experiences*, edited by Giovania Mochi, 905-914. Bologna/Ravenna: Fondazione Flaminia.

Van de Vijver, Dirk. 2006. "'Mesurer la solidité'. The Art of Measuring Buildings in Belgium, 1451-1960." In *Proceedings of The Second International Congress on Construction History*, edited by Malcom Dunkeld et al., 3: 3171-3190. Cambridge: Construction History Society.

Van de Vijver, Dirk. 2007. "La ville en chantier: l'espace urbain sécularisé et la 'nouvelle place', 1780-1830." In *La place publique urbaine du Moyen Âge à nos jours*, 225-234. Arras: Presses de l'université d'Artois.

Van de Vijver, Dirk. 2008a. "'Cahier des charges' et 'conditions générales'. Evolution d'une forme d'écrit technique à travers l'architecture publique en Belgique, 1750-1930." In *Les avatars de la 'Littérature' technique. Formes 'imprimées' de la diffusion des savoirs liés à la construction*, edited by Valérie Nègre et al., 113-121. Paris: CNAM-INHA.

Van de Vijver, Dirk. 2008b. "De architectuur van de Zuidelijke Nederlanden en het prinsbisdom Luik tijdens de lange 18de eeuw." In *Rococo en neoclassicisme. Van De Munt tot Fort Napoleon*, edited by Dirk Van de Vijver et al., 7-18. Tielt: Lannoo.

Van de Vijver, Dirk. 2008c. "Description génerale de la géometrie praticale. Les fortifications des villes et places et plusieurs aultres belles parties des mathematiques (1605). Un manuscrit d'ingénierie des anciens Pays-Bas." In *Edifice & Artifice. Histoires constructives. Recueil de textes issus du Premier congrès francophone d'histoire de la construction*, edited by Robert Carvais et al., 159-166. Paris: Picard.

Van de Vijver, Dirk. 2012. "Hygiene in Belgian Architecture: The Case of Victor Horta (1861-1947)." In *Nuts & Bolts of Construction History. Culture, Technology and Society*, edited by Robert Carvais et al., 3: 325-332. Paris: Picard.

Vandevyvere, Han, Herman Neuckermans, and Krista De Jonge. 2006. "Digital historical reconstruction: Case studies of an interdisciplinary task." *International Journal of Design Sciences & Technology* 13/1: 51-65.

Vandeweghe, Evert. 2013. "De verouderde steden of hoe de historische stad vorm kreeg in een eeuw van modernisering (1860-1960): Aalst, Dendermonde, Oudenaarde en Veurne." PhD diss., Universiteit Gent.

Van Loo, Ann, ed. 2003. *Repertorium van de architectuur in België van 1830 tot heden/ Dictionnaire de l'architecture en Belgique de 1830 à nos jours*. Antwerp: Mercatorfonds.

Verdonck, Ann, and Liesbeth Dekeyser. 2010. « Illusion ou réalité? Fausses pierres et enduits décoratifs. » In *Pierre & co/Steen & co*, 142-165. Brussels: Direction des Monuments et des sites de la Région de Bruxelles-Capitale.

Verdonck, Ann, and Marjolein Deceuninck. 2012. "The interior decoration of the Japanese Tower at the Royal Castle Domain in Laeken." *Journal of Architectural Conservation, from The international journal for historic buildings, monuments and places* 18/2: 77–99.

Verdonck, Ann, Marjolein Deceuninck, and Yves Govaerts. 2014. "The Gelmel Castle in Hoogstraten (Belgium): Towards visual perfection of the brickwork facades." In *Proceedings of the 9th International Conference on Structural Analysis of Historical Constructions, issue Case studies*. Mexico City: SAHC2014 (digital proceedings).

Verpoest, Luc. 1986. "Architectuurgeschiedenis in Belgie." *Archis 6 Architectuurhistorisch onderzoek in Nederland* 29/3: 31-33.

Verswijver, Koen, and Ronny De Meyer. 2008. "De ontwikkeling van buisvormige profielen in staal." *Erfgoed van Industrie en Techniek* 17/4: 196-203.

Verswijver, Koen, et al. 2009a. "Development of the Vierendeel: calculation, aesthetics, welding, concrete." In *Sustainable construction and design*, 206-211. Ghent: Universiteit Gent.

Verswijver, Koen et al. 2009b. "The writings of Belgian engineer Arthur Vierendeel (1852-1940): homo universalis or contemporary propagandist?" In *Proceedings of the Third International Congress on Construction History*, edited by Karl-Eugen Kurrer et al., 3: 1463-1470. Cottbus: Brandenburg University of Technology.

Verswijver, Koen, and Ronny De Meyer. 2010. "Past and present characteristics of Vierendeel's poutre à arcades." In *Structures and architecture, 1st International conference on Structures and Architecture (ICSA 2010)*, 1968-1975. Leiden: CRC Press/Balkema.

Verswijver, Koen, Ine Wouters, Inge Bertels, and Mil De Kooning. 2011. "Cast-iron girder bridges of Belgian industrialist Charles Marellis (1798-1864)." In *Proceedings of the International Conference on Structural Studies, Repairs and Maintenance of Heritage Architecture XII*, edited by Carlos A. Brebbia et al., 209-220. Southampton: WITpress.

Verswijver, Koen, Quentin Collette, Ronny De Meyer, Inge Bertels, and Ine Wouters. 2012a. "Charles Marcellis and Arthur Vierendeel: a century of Belgian Bridge Building (1835-1940)." In *Proceedings of the International Congress on Structural Analysis of Historical Constructions*, edited by Janio Jasienko, 2: 1332-1338. Wroclaw: DWE.

Verwijver, Koen, Inge Bertels, Ine Wouters, and Quentin Collette. 2012b. "The Development of Belgian Ironworks in the 19th Century: Case Studies and Reflections on Sources and Historiography." In *Nuts & Bolts of Construction History. Culture, Technology and Society*, edited by Robert Carvais et al., 2: 81-90. Paris: Picard.

Villaggio, Piero, and Patricia Radelet-de Grave (ed.). 2008. *Die Werke von Johann Bernoulli und Nicolaus II, Bd. 6, Mechanics and Elasticity.* Basel: Birkhäuser.

Weitz, Armelie, Paolo Charruadas, Sarah Crémer, Pascale Fraiture, P. Gerienne, Patrick Hoffsummer, Philippe Sosnowska, and Sarah Modrie. 2014. "Réalisation d'un inventaire typologique et dendrochronologique des charpentes anciennes en région de Bruxelles-Capitale." *Archaeologia Mediaevalis* 37: 123-125.

Wouters, Ine, Michael de Bouw, and Georges Nieuwmeijer. 2006a. "Nineteenth-Century Iron Suspension Footbridges in Flanders

(Belgium)." In *Proceedings of the Second International Congress on Construction History*, edited by Malcolm Dunkeld et al., 3: 3389-3402. Cambridge: Construction History Society.

Wouters, Ine, and Michael de Bouw. 2006b. "The development of fireproof construction in Brussels between 1840-1870." *Industrial Archaeology Review* 2006/1:17-31.

Wouters, Ine, and Maria Leus. 2009a. "Refurbishment of industrial buildings in early reinforced concrete." In *Proceedings of the Third International Congress on Construction History*, edited by Karl-Eugen Kurrer et al., 3: 1517-1524. Cottbus: Brandenburg University of Technology.

Wouters, Ine, Michael de Bouw, Sigrid Adriaenssens, and Ann Verdonck. 2009b. "Upgrading mainland Europe's oldest iron suspension footbridge." *Steel Construction. Design and Research* 2009/2: 36-41.

Wouters, Ine. 2012. "Fer ou béton armé? Protection contre l'incendie comme moteur au XIXe siècle." In *Ruimtelijke Ordening aan de Orde. Akten van Colloquia. Engineering Erfgoed. 150 jaar structuurinnovatie in Brussel*, 13-18. Brussels: Ministerie van het Brussels Hoofdstedelijk Gewest.

Wouters, Ine, and Inge Bertels. 2014. "Production and assembly marks in wrought iron structures." In *Proceedings of the First Conference of the Construction History Society*, edited by James W.P. Campbell et al., 469-474. Cambridge: Construction History Society.

Zastavni, Dennis. 2008. "The structural design of Maillart's Chiasso Shed (1924): A graphic procedure." *Structural Engineering International* 18/3: 247-252.

Zastavni, Dennis. 2009. "What was truly innovative about Maillart's designs using reinforced concrete?" In *Proceedings of the Third International Congress on Construction History*, edited by Karl-Eugen Kurrer et al., 3: 1539-1546. Cottbus: Brandenburg University of Technology.

Zastavni, Dennis. 2011. "Robert Maillart's Innovative use of Concrete." *Docomomo Journal* 45: 12-21.

Zastavni, Dennis. 2012a. "Géométrie et conception de la dalle en béton chez Maillart: une simplicité toute relative." In *L'architrave le plancher la plate-forme: Nouvelle histoire de la construction*, edited by Roberto Gargiani, 595-601. Lausanne: Presses polytechniques et universitaires romandes.

Zastavni, Dennis. 2012b. "Maillart's practices for structural design." In *Nuts & Bolts of Construction History. Culture, Technology and Society*, edited by Robert Carvais et al., 1: 89-96 Paris: Picard.

Zastavni, Dennis. 2013. "Typological decision-making tree for the design of arch bridges from historical studies." In ARCH'13, 325-332. Zagreb: Secon-CSSE.

OVERVIEW OF DOCTORAL THESES 2004-2014

Bertels, Inge. 2008. "Building the City, Antwerp 1819-1880." PhD diss., Katholieke Universiteit Leuven.

Collette, Quentin. 2014c. "Riveted connections in historical metal structures (1840-1940). Hot-driven rivets: technology, design and experiments." PhD diss., Vrije Universiteit Brussel.

Cornilly, Jeroen. 2013. "Architect/Ambtenaar. De betekenis van het ambt van provinciaal architect voor de 19e-eeuwse architectuur in West-Vlaanderen." PhD diss., Katholieke Universiteit Leuven.

de Bouw, Michael. 2010a. "Brussels Model Schools–Structural Analysis of the Metal Roof Trusses." PhD diss., Vrije Universiteit Brussel.

Deneweth, Heidi. 2008a. "Houses and people. Living, building, investing and borrowing in three neighbourhoods of Bruges from the late middle ages until the nineteenth century." PhD diss., Vrije Universiteit Brussel.

Devos, Rika. 2008. "Modern at Expo 58. Discussions on post-war architectural representation." PhD diss., Universiteit Gent.

Hellebois, Armande. 2013c. "Theoretical and experimental studies on early reinforced concrete structures. Contribution to the analysis of the bearing capacity of the Hennebique system." PhD diss., Université libre de Bruxelles.

Lauriks, Leen. 2012b. "Contribution of the glass cladding to the overall structural behaviour of 19th-century iron and glass roofs." PhD diss., Vrije Universiteit Brussel.

Linssen, Willemijne. 2013. "Ingenieurs in België 1830-1865. Archeologie van een beroepsgroep." PhD diss., Katholieke Universiteit Leuven.

Maclot, Petra. 2014. "The Status of Stone. Urban Identity and the Typological Discourse of Private Houses in the Antwerp City during the Long Sixteenth Century." PhD diss., Katholieke Universiteit Leuven.

Martens, Pieter. 2009. "Militaire architectuur en vestingoorlog in de Nederlanden tijdens het regentschap van Maria van Hongarije (1531-1555). De ontwikkeling van de gebastioneerde vestingbouw." PhD diss., Katholieke Universiteit Leuven.

Raymaekers, Pieter. 2013b. "Makers van een nieuwe wereld. De socioprofessionele geschiedenis van ingenieurs in België 1850-1914." PhD diss., Katholieke Universiteit Leuven.

Sosnowska, Philippe. 2013. "De briques et de bois. Contribution à l'histoire de l'architecture à Bruxelles. Étude archéologique, technique et historique des matériaux de construction (XIIIe-XVIIIe s.)." PhD diss., Université libre de Bruxelles.

Van de Voorde, Stephanie. 2011b. "Bouwen in beton in België (1890-1975): samenspel van kennis, experiment en innovatie." PhD diss., Universiteit Gent.

Vandeweghe, Evert. 2013. "De verouderde steden of hoe de historische stad vorm kreeg in een eeuw van modernisering (1860-1960): Aalst, Dendermonde, Oudenaarde en Veurne." PhD diss., Universiteit Gent.

UNE HISTOIRE DE LA CONSTRUCTION À LA FRANÇAISE, 2004-2014

Le grenier

Toute maison comporte, entre plafonds et toit, sa nef profane sur la longueur totale de ses pièces. Lorsque l'homme en pousse la porte, la lumière entre avec lui. La vastitude l'en étonne. Quelques pierres noircies au fond signalent le mur de l'âtre.

Allongé sur la poutre de l'A, il poursuit volontiers un songe à la gloire du charpentier. À défaut de ce firmament brillent cent étoiles de jour. Du fond de la cale aérienne, il écoute les vagues du vent battre les flancs de tuile rose ou ruisseler par le zinc.

À l'intérieur, à peine frémissent quelques hamacs de toile fine, voilettes pierreuses d'araignées, qui s'enroulent autour du doigt comme autour des visages d'automobiles jadis aux temps héroïques du sport.

Marc filtré de la pluie aux tuiles, une poudre assez précieuse s'y dépose sur tous objets.

C'est là, loin du sol avide, que l'homme entrepose le grain pour l'usage contraire à germer. Séchez, distinctes et rassies, idées dès lors sans conséquences pour la terre dont vous naquîtes. Permettez plutôt la farine et ses banales statues grises, au sortir du four adorées.

Francis PONGE, *Pièces*, Paris, Gallimard, 1962.

Joël Sakarovitch aimait beaucoup rappeler que parmi les pionniers de l'histoire de la construction se trouvaient de nombreux français, que ce soit Philibert De l'Orme, Jean-Baptiste Rondelet ou Auguste Choisy, même s'ils avaient été rejoints par de nombreux autres européens par la suite.

La période qui s'ouvre après le premier congrès international de Madrid (2003), sous l'égide de Joël comme président de l'Association francophone (2010), a été pour la France fructueuse et dynamique.

En fréquentant les manifestations internationales qui se mettaient en place régulièrement, d'autres journées d'études ponctuelles à Gênes ou à Madrid, au regard de la dynamique des congrès nationaux espagnols et de la vigueur de la *Construction History Society* britannique avec sa déjà ancienne et unique revue dans le champ qui nous intéresse, nous avons décidé à quatre, Joël Sakarovitch, André Guillerme, Valérie Nègre et l'auteur de ces lignes d'organiser à Paris en 2008 le Premier Congrès francophone d'histoire de la construction. De retour de Cambridge (2ICCH), nous nous y sommes attelés. Nous avions chacun une idée précise de ce que nous entendions par « histoire de la construction », chacun tenant compte de ses disciplines d'origine : se rencontraient les histoires des sciences, des techniques, de l'architecture et du droit. Nous nous sommes mis d'accord rapidement sur trois principes essentiels :

- Une définition large de notre champ d'étude, mais avec des limites qui tombaient sous le sens sur lesquelles nous reviendrons plus loin. Finalement au regard des sélections réalisées par les comités scientifiques des congrès internationaux, l'histoire de la construction est, à quelques nuances et exceptions près[1], entendue de la même manière.
- Une volonté de rassembler dans cet ordre d'idée tant des enseignants-chercheurs, des chercheurs que des praticiens, du compagnon tailleur de pierre à l'architecte, en passant par l'ingénieur et l'entrepreneur. Toutes les nuances des activités étaient souhaitées, de la technique de construction à la conservation en passant par la recherche savante. L'idée de rassembler autour de la langue française où manifestement il y avait un manque était déterminante, mais nous désirions aller plus loin et marquer notre volonté de rendre notre entreprise internationale, d'où notre accord pour nous fédérer autour de la

1 Ces nuances sont propres aux différentes positions tenues par les cultures en la matière. Nous développons ces différences plus loin.

francophonie, d'autant que nombre de pays du sud entretiennent des relations culturelles avec la France. Nous n'avions pas alors imaginé la part de francophonie existante en Europe (Belgique, Suisse, mais aussi Espagne et surtout Italie). Au final, nous avons été comblés. Le congrès fut véritablement international (Picon 2010) et ce fut une réussite.

– Enfin, nous voulions produire un véritable ouvrage – et non des *proceedings* – après le congrès, avec une relecture des textes et une attention toute particulière à la qualité de l'édition. Cela nous obligeait à penser l'ouvrage, à l'organiser, à réaliser des index, à intéresser une maison d'édition, etc. *Édifice & Artifice* et *Nuts & Bolts* édités chez Picard ont été favorablement accueillis par la communauté et la critique (Etlin 2012 ; Belot 2011 ; Noblet 2014 ; Ybert 2011 ; Passalacqua 2014).

Forts du succès du premier congrès francophone qui s'est déroulé à Paris en juin 2008, nous avons décidé de constituer une association francophone d'histoire de la construction le jour de la parution d'*Édifice & Artifice*. À l'occasion d'une table-ronde autour de la/des définition(s) de l'histoire de la construction, avec quatre invités Antonio Becchi, Roberto Gargiani, Santiago Huerta et Antoine Picon, le 14 décembre 2010 nous avons fondé cette association devant une cinquantaine d'adhérents rassemblés dans l'amphithéâtre d'honneur du Palais des études de l'École nationale des Beaux-Arts. Mise en sommeil pendant la préparation du 4ICCH que nous avions été chargés d'organiser, l'association a repris ses activités dès le début 2013 pour mettre en place le 2CFHC avec plusieurs collègues lyonnais. Celui-ci s'est ainsi tenu les 29, 30 et 31 janvier 2014 dans la capitale des Gaules.

L'association a décidé de mettre en place un programme énergique d'actions. Elle a convenu d'abord de fidéliser cette manifestation à échéances régulières, tous les trois ans entre deux congrès internationaux. Ainsi le prochain devrait avoir lieu à Nantes en 2017, un an avant le 6ICCH qui doit se tenir à Bruxelles. Elle s'est de suite dotée d'un outil de communication utile : un site web dédié, régulièrement mis à jour, qui présente les nouvelles parutions, les manifestations (congrès, séminaires), les soutenances de thèses et d'HDR, les expositions, les programmes de recherche, etc. Il permet aux personnes intéressées d'adhérer en ligne et présente un annuaire des membres de l'association ainsi que les comptes rendus d'assemblée générale. Elle a envisagé trois opérations collectives d'envergure :

- La création d'*Ædificare*, une revue multilingue d'histoire de la construction, fonctionnant selon le système du *peer review*, en ligne et en version papier.
- La réalisation d'un dictionnaire encyclopédique d'histoire de la construction dont les notices seront mises en ligne au fur et à mesure de leur écriture[2]. Celui-ci devrait se construire autour d'un comité scientifique couvrant l'intégralité des disciplines convoquéees par notre champ de recherche ainsi que sur une ère temporelle la plus large possible, de l'Antiquité au XXe siècle.
- La constitution progressive d'un guide des sources d'histoire de la construction afin d'éclairer voire de suggérer les recherches au vu de l'éparpillement des fonds d'archives dans ce domaine, tant publiques que privées.

Ainsi s'est mise en place ce que nous dénommons une histoire de la construction « à la française » dont la principale caractéristique réside dans le fait qu'elle ne soit pas une discipline authentifiée comme telle. Tout au plus serait-elle un « objet frontière »[3] !

Les Français qui se sont investis dans l'association ne se reconnaissent semble-t-il pas dans la *vision espagnole* strictement technicienne, principalement aux mains des architectes ingénieurs, qui ne s'intéressent qu'aux questions clés : « Comment l'édifice tient-il ? » et « Pourquoi tombe-t-il ? » Ils ne se reconnaissent pas non plus dans le *courant anglo-saxon*, beaucoup plus ouvert, influencé par les *cultural studies* américaines mais aussi par le marxisme[4], qui sollicite des approches recouvrant de

2 Un projet concurrent de dictionnaire historique de la construction a été mis en place par André Guillerme sur des périodes plus contemporaines, n'englobant ni le Moyen Âge, ni l'archéologie. Ne rejoignant ni l'aspect pluridisciplinaire, ni la méthode scientifique envisagés par le projet de l'association, il se réalise en dehors de celle-ci.

3 « Espace permettant la communication entre mondes différents, afin de servir un objectif commun » mis au jour par Suzan Leigh Star et James Griesemer (1989). Sur une mise à jour récente du concept lire Trompette et Vinck 2009.

4 Nous n'ignorons pas l'influence indéniable du marxisme dans tout le monde européen. Néanmoins, dans le champ qui nous concerne ici, seuls les anglo-saxons affichent clairement cette référence.

très nombreuses disciplines et pourrait appartenir à ce que l'« histoire culturelle » à la française recouvre, une « histoire des formes de représentation du monde au sein d'un groupe d'humains [...] qui en analyse la gestation, l'expression et la transmission » (Rioux et Sirinelli 1996, 16). Celle-ci se veut sociale par définition, mais se distingue de l'histoire politique et de l'histoire économique, et malgré tout se voudrait à tort une « histoire totale » (A. Picon). Le courant *francophone*, quant à lui, n'exclut d'emblée aucune approche. Il sollicite bien évidemment l'histoire des sciences et des techniques, l'histoire de l'architecture, mais aussi les sciences humaines et sociales dans leur pluralité. N'étant ni une discipline, ni une histoire sectorielle, *l'histoire de la construction serait une histoire matérielle et humaine*, mais ne serait pas une histoire de l'art, ni une histoire de l'architecture qui par définition conserve une tendance esthétique basée sur l'analyse des formes, ni une histoire de la conservation du patrimoine qui se concentre avant tout sur l'exceptionnel et non l'ordinaire, ni une histoire urbaine qui a un tout autre objet. Cependant, ces différents terrains apportent parfois à l'histoire de la construction des contributions décisives au point de la rejoindre pleinement dans ces situations.

Par exemple, si Jean-Marie Guillouët, qui est maître de conférences en histoire de l'art médiéval, a fait porter ses travaux sur la sculpture gothique « flamboyante », il adopte une démarche soucieuse des questions techniques[5] et interroge des notions qui sont liées directement à l'histoire de la construction, comme celle de « programme » (Guillouët et Rabel 2012[6]), de « transferts culturels » qui s'attachent à la circulation des artistes, des œuvres et des savoir-faire (Dubois, Guillouët et Van den Bossche 2014).

De même, si un travail sur l'histoire de l'agence d'architecture des Franque au XVIIIe siècle appartient sans aucun doute à l'histoire de

5 Voir son mémoire d'habilitation à diriger des recherches sur le refouillement d'ardoise, technique décorative qui consiste à faire glisser des petites plaques d'ardoise ou de verre dans des refouillements habilement ménagés derrière les réseaux miniatures des dais surplombant des niches intérieures des édifices ou ornant les voussures des portails (décembre 2014).

6 Nous ne voulons pas, par ce bref exemple, ignorer les nombreuses recherches des historiens de l'art médiévistes dans le champ des matériaux, des techniques et des savoir-faire, qu'il s'agisse de celles de Bruno Phalip, Nicolas Reveyron, Andréas Hartmann-Virnich, Géraldine Mallet et Arnaud Timbert.

l'architecture (Gaillard 2011)[7], hormis le fait que le rattachement à cette discipline se justifie institutionnellement, elle permet à l'historien de la construction de trouver du grain à moudre sur la question des rapports pratiques entre les fonctions d'architecte et celles d'entrepreneur, ou sur celle de toiles tissées par la constitution de réseaux familiaux, professionnels, institutionnels, sociétaux et géographiques dans le monde de la bâtisse du sud de la France en particulier.

De même, tout ce qui se réclame de la restauration, de l'entretien et de la conservation du patrimoine appartient depuis longtemps à l'histoire de l'art, d'une part en raison de la définition de ce qu'il faut entendre par « patrimoine », matériel, immatériel[8], et d'autre part en raison du rattachement du sujet au cursus universitaire même de cette discipline[9]. Or, tous les programmes de protection obligent les architectes en charge des dossiers à envisager leur restauration technique et, par-là, à décortiquer le processus de fabrication, à apporter les solutions en tenant compte des nouvelles normes énergétiques et de choix politiques souhaitables au regard des connaissances environnementales[10], ce qui relève de l'histoire de la construction telle que nous l'entendons.

Enfin, l'histoire urbaine, dont les plus récentes percées concernent la fabrication des villes et des quartiers, pénètre des questions d'histoire de la construction, soit qu'elles relèvent du domaine purement technique comme la construction des infrastructures urbaines, voire l'approvisionnement en matériaux constituant le bâti, soit qu'elles relèvent – à une échelle macro – de l'analyse du marché immobilier par les structures juridiques ou les critères économiques (opérations de lotissement, modalités juridiques d'occupation des biens, procédures

7 Voir sur l'agence d'architecte en général Cojannot 2014.

8 Voir entre autres les œuvres de Françoise Choay de *L'allégorie du patrimoine* (1970) au *Patrimoine en question : anthologie pour un combat* (2009).

9 Tous les cours d'histoire du patrimoine, en ce qui concerne le bâti architectural, consistent à valoriser l'importance des bâtiments présentés comme à protéger. Rares sont les constructions ordinaires qui suscitent un tel intérêt, hormis le logement social du XXe siècle dont la préservation a été longtemps controversée.

10 Voir la remarquable étude de l'équipe suisse dirigée par Franz Graf sur les stratégies d'intervention pour la Cité du Lignon à Genève (1963-1971), qui a donné lieu à une publication dans la revue *Patrimoine et architecture* (2012), éditée depuis chez Infolio à l'occasion de l'attribution au Laboratoire des Techniques et de la Sauvegarde de l'Architecture Moderne (TSAM – ENAC – EPFL) du Prix Europa Nostra, 2013.

d'expropriation, prix du foncier face aux investisseurs, filières locales de la construction)[11].

Comment dresser alors un état des lieux de ce champ multipolaire ? Il s'est agi de mettre nos compétences plurielles en commun. Dans chacune des disciplines dont nous sommes issus, l'angle constructif apparaît, voire existe depuis longtemps. Cependant, certaines disciplines sont plus sollicitées que d'autres. Il va sans dire que l'histoire de l'architecture est principale nourricière de l'histoire de la construction, d'autant qu'elle subit une crise de légitimité sans précédent depuis une dizaine d'années et qu'elle est fondée et exploitée selon deux axes : celui de l'histoire de l'art, qui ayant besoin de se renouveler cherche de nouveaux terrains d'investigation[12], et celui des écoles d'architecture pour lesquelles l'enseignement de la construction demeure – et depuis longtemps – une discipline difficile et complexe à transmettre. L'histoire de la construction deviendrait la méthode susceptible de réaliser des miracles : faire apprécier aux étudiants l'art de bâtir. Il resterait à démontrer l'efficacité d'une telle attente bien qu'elle soit répétée à l'envi. Dans les écoles, l'enseignement des techniques de l'ingénieur suscite quelques vocations qui permettent de débattre sur le terrain historique. Le caractère patrimonial de certains édifices permet de recourir lui aussi à l'histoire des techniques de la construction jusqu'à solliciter les sciences physiques ou chimiques nécessaires pour proposer et réussir une restauration[13]. Il en est de même à propos des normes

11 Voir la thèse de Charlotte Worms (2012) ou celle de Julien Puget qui vient d'être soutenue à l'université d'Aix-Marseille (2015).

12 Plusieurs indicateurs de ce phénomène ont été mis au jour : colloques sur le chantier, journées d'étude sur les ingénieurs, participation d'historiens de l'art aux congrès d'histoire de la construction, travaux qui abordent la question de l'architecture par le biais de l'architecture ordinaire donc de sources juridiques constructives, ou par un changement de paradigme : nouvel intérêt pour les figures de l'artisan, de l'entrepreneur, de l'ingénieur. Cette nouvelle orientation est davantage marquée chez les modernistes et contemporanéistes que chez les médiévistes dont une partie au début des années 1980 avec Barral i Altet a largement prospecté du côté des questions de construction et de production afin de mieux comprendre la création architecturale.

13 Le Laboratoire de recherches des monuments historiques (LRMH), créé en 1970 par Jean Taralon, inspecteur général des monuments historiques, sous l'égide du Ministère de la culture et de la communication, est chargé d'apporter une aide aux maîtres d'œuvre des restaurations, aux maîtres d'ouvrage comme aux restaurateurs eux-mêmes. Il est constitué de huit pôles scientifiques axés sur les matériaux et les techniques : bois, peinture murale et polychromie, pierre, grottes ornées, métal, béton, textile,

de construction dans un contexte à risque lorsque la conservation du patrimoine nécessite une révision ou une adaptation des normes en vigueur lors de l'édification originelle[14].

L'histoire classique et l'archéologie sont également grosses pourvoyeuses de travaux en histoire de la construction. L'archéologie se transforme au point d'invoquer la naissance d'une « discipline ». Nous l'examinerons en premier (I).

Les autres composantes de l'histoire de la construction sont plus discrètes bien qu'aussi importantes selon les cultures des pays, mais aussi selon l'intérêt des chercheurs pour ce champ : le droit, l'économie, mais c'est également vrai pour la géologie, la sociologie, l'anthropologie, etc. Il existe pour le droit comme pour l'économie, mais dans une moindre proportion pour cette dernière, des cours de spécialité en droit de la construction[15], ou en économie de la construction[16].

Il s'avère quasiment impossible aujourd'hui de repérer dans notre champ de prédilection la production des articles de revues multiples et variées[17], des ouvrages collectifs français[18] et étrangers (Chauvard et Mocarelli 2007) ou des mémoires de M2[19], d'autant que notre définition de l'histoire de la construction est ouverte. De plus, il faut reconnaître

---

vitrail; de deux pôles scientifiques transversaux : microbiologie, pôle analytique et de trois pôles complémentaires, techniques et documentaires et fait travailler une quarantaine de chercheurs et ingénieurs de disciplines variées (géologues, chimistes, biochimistes, microbiologistes, ingénieurs matériaux, conservateurs du patrimoine, documentalistes, photographes, informaticien, secrétaires). Le Centre de recherche et de restauration des Musées de France (C2RMF) créé en 1998 est chargé de mettre en œuvre, en liaison avec les conservateurs responsables des collections, la politique du service des musées de France de la direction générale des patrimoines en matière de recherche, de conservation préventive et de restauration des collections des musées de France.

14 Voir la remarquable initiative vouée à se perpétuer de Roberta Grignolo (2014).

15 Enseignement mis en place dans les années 1960 au Cnam par Georges Liet-Veaux et qui s'est développé dans l'ensemble des facultés de droit à partir des années 1970-1980 (voir Carvais 2015).

16 Ces cours sont dispensés dans les écoles d'ingénieurs dans le cadre de la spécialité « BTP » et dans une très faible mesure dans les écoles d'architecture.

17 Comme par exemple Van Staëvel 2001 ; Giorgi et Moscadelli 2007 ; Jambard 2009 ; L'Héritier et al. 2005 ; Martini 2009 ; Potofsky 2009 ; Schoonbaert 2010.

18 Par exemple, au XLIIe Congrès de la Société des historiens médiévistes de l'Enseignement supérieur public, *Experts et expertise au Moyen Âge. Consilium quaeritur a perito* (2012), trois papiers concernent le champ de la construction. Il en est de même dans Denjean et Feller (2013) ou encore dans Beck, Bernardi et Feller (2014).

19 Comme par exemple Dumoulin 2008.

que nombre d'historiens de la construction en font sans le savoir, comme Monsieur Jourdain de la prose. Beaucoup ne se réclament pas de ce champ ou l'abordent en conscience sans pouvoir s'y raccrocher puisqu'il ne fait pas partie des disciplines officielles de l'université. Il en est de même dans les écoles d'architecture ou d'ingénieurs où ni l'histoire, ni la construction ne sont plus valorisées – si tant est qu'elles l'aient été un jour. Cependant, afin de parvenir à mesurer la production scientifique française, nous avons établi trois corpus significatifs de la recherche sur le thème de l'histoire de la construction plus faciles à constituer que ceux signalés ci-dessus. Le choix et l'indexation des travaux de la responsabilité de leur auteur y sont subjectifs. Nous analyserons successivement ces trois corpus : la bibliographie d'ouvrages édités et réédités en France (II) ; la bibliographie des thèses et habilitations à diriger des recherches françaises (III) et les travaux présentés par des Français aux manifestations collectives tant nationales qu'internationales (IV) ; les trois corpus étant respectivement édités, soutenus et communiqués entre 2004 et 2014.

Dans chacun de ces trois corpus nous avons réparti les travaux selon les cinq catégories récurrentes rencontrées : l'histoire de la construction comme champ d'étude ; la conception (ou *ratiocinatio*) de l'objet à bâtir, les savoirs et l'apport de la théorie ; les acteurs de l'art de bâtir : personnes et organisations ; les matériaux et les processus techniques. Nous obtenons le tableau et le graphique suivant[20] [Fig. 1] :

	Bibliographie	Thèses	Congrès
Histoire de la construction, un champ d'étude	18	10	20
Conception, Savoir & Théorie	49	49	49
Personnes & Organisations	120	135	37
Matériaux	61	23	45
Techniques	175	84	74

20 À la différence des ouvrages et des thèses qui ont pu faire l'objet chacun d'une indexation sous plusieurs critères thématiques, chaque participation française au congrès n'a reçu qu'une seule indexation.

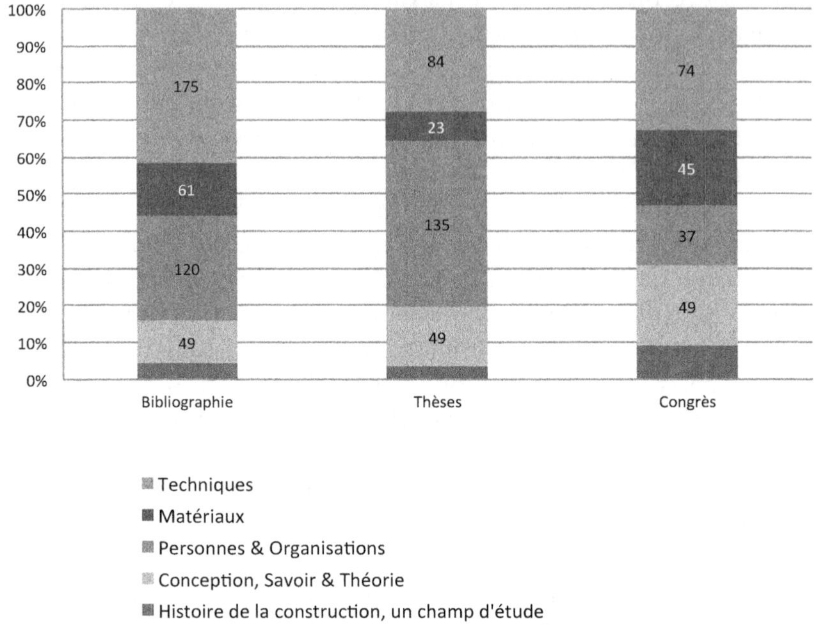

FIG. 1 – Répartition des thèmes entre les ouvrages, les thèses et les participations françaises aux congrès (en quantité et en pourcentage).

Rapportés en pourcentages, les trois corpus permettent une comparaison parlante. Si les thèmes ont été mis en place à l'occasion des congrès et sont à cette occasion répartis de manière équilibrée, nous nous apercevons qu'à propos de la bibliographie et des sujets de thèses la hiérarchie des thèmes se trouve bouleversée. En ce qui concerne les ouvrages parus sur la période d'étude, la grande majorité des sujets traités appartiennent aux techniques et aux acteurs de la construction ; viennent ensuite, dans une proportion moindre, la question de la conception constructive et celle des matériaux, le thème général du champ restant très peu abordé. Un schéma quasiment identique se présente pour les thèses qui traitent surtout de sujets sur les techniques et les acteurs, dans une moindre proportion de la conception ou des questions théoriques, n'abordant que très accessoirement les matériaux sous l'angle historique voire rarement le champ d'étude. De plus, alors que dans les ouvrages publiés, les processus techniques dominent les acteurs de la construction, en ce qui concerne les thèses, c'est l'inverse. Cette remarque souligne l'importance du regard des sciences humaines et sociales davantage sur les personnes que sur les objets, même si les cartes sont brouillées par le fait que tant les ouvrages que les thèses abordent souvent les deux aspects de la construction : sujets et objets.

Enfin, la question de l'enseignement de l'histoire de la construction dans les écoles d'architecture fera l'objet d'une étude particulière (V). Celle du traitement de l'histoire de la construction à l'université est plus complexe, en raison du difficile repérage des unités de recherche abordant le champ (VI).

I. L'archéologie de la construction comme nouvelle orientation
II. Une bibliographie française nourrie mais en baisse
III. Des thèses et habilitations aux quatre coins des disciplines
IV. Une participation mitigée aux réunions de la communauté
V. Un enseignement renforcé dans les écoles d'architecture
VI. Une recherche à l'université et dans les institutions dédiées

RÉFÉRENCES

Beck, Patrice, Philippe Bernardi et Laurent Feller, dir. 2014. *Rémunérer le travail au Moyen Âge. Pour une histoire sociale du salariat.* Paris : Picard.

Belot, Robert. 2011. « Review of *Édifice & Artifice* ». *Journal of the International Committee for the History of Technology* 17 : 117-118.

Carvais, Robert. 2015. « L'élaboration d'un nouveau champ juridique à travers ses manuels. Des Loix des bastimens au droit de la construction ». Dans *Histoire des manuels de droit. Une histoire de la littérature juridique comme forme du discours universitaire.* Dirigé par Anne-Sophie Chambost, 235-251. Paris : LGDJ/lextenso éditions.

Chauvard, Jean-François et Luca Mocarelli, dir. 2007. *L'économie de la construction dans l'Italie moderne.* Rome : Mélanges de l'École française de Rome, MEFRIM, 119-2.

Choay, Françoise. 1970. *L'allégorie du patrimoine.* Paris : Seuil.

Choay, Françoise. 2009. *Patrimoine en question : anthologie pour un combat.* Paris : Seuil.

Cojannot, Alexandre. 2014. « Du maître d'œuvre isolé à l'agence : l'architecte et ses collaborateurs en France au XVIIe siècle ». *Perspective* 1|2014 : 121-128.

Denjean, Claude et Laurent Feller, dir. 2013. *Expertise et valeur des choses au Moyen Âge. 1/- Le besoin d'expertise.* Madrid : Casa de Velázquez.

Dubois, Jacques, Jean-Marie Guillouët et Benoît Van den Bossche, dir. 2014. *Les Transferts artistiques dans l'Europe gothique.* Paris : Picard.

Dumoulin, Sabrina. 2008. *Expertise judiciaire sur le fait du bâtiment. L'apport des artisans de la construction à Aix-en-Provence au cours de la seconde moitié du XVIe siècle.* Mémoire / M.A., Faculté des études supérieures de l'Université de Laval, département d'histoire.

Etlin, Richard. 2012. « A Review of *Édifice & Artifice* ». *Journal of the Society of Architectural Historians* 71 (1), mars 2012 : 114-116.

Gaillard, Béatrice. 2011. *Les Franque : une dynastie d'architectes avignonnais au XVIIIe siècle.* Thèse d'histoire de l'art, université Paris-Sorbonne.

Giorgi, Andréa et Stefano Moscadelli. 2007. « La cathédrale comme *produit du terroir.* Ressources naturelles et matières premières dans la construction de la cathédrale de Sienne : choix et approvisionnements (XIIIe-XIVe siècles) ». *Médiévales* 2007/2, n° 53 : 109-122.

Graf, Franz, dir. 2012. *La cité du Lignon 1963-1971. Étude architecturale et stratégies d'intervention.* Hors-série de *Patrimoine et architecture.* Gollion : Infolio.

Grignolo, Roberta, éd. 2014. *Diritto e salvaguardia dell'architettura del XX secolo / Law and the Conservation of 20th Century Architecture.* Mendrisio : Mendrisio Academy Press, SilvanaEditoriale.

Guillouët, Jean-Marie et Claudia Rabel, dir. 2011. *Le programme, une notion pertinente en histoire de l'art médiéval*, Paris, Éditions du Léopard d'or (12).

Jambard, Pierre. « La construction des grands ensembles, un échec des méthodes fordistes ? Le cas de la Société Auxiliaire d'Entreprises (1950-1973) ». *Histoire, économie & société* 2009/2 (38e année) : 133-147.

L'Héritier, Maxime, Amélie Juhin, Philippe Dillmann, Régis Aranda et Paul Benoît. 2005. « Utilisation des alliages ferreux dans la construction monumentale du Moyen Âge. État des lieux de l'avancée des études métallographiques et archéométriques ». *ArchéoSciences. Revue d'archéométrie* 2005/1, n° 29 : 117-132.

Martini, Manuela. 2009. « Médecins du travail et travailleurs immigrés dans le Bâtiment en France (1946-1975) ». *Revue historique* 2009/3, n° 651 : 595-619.

Noblet, Julien. 2014. « Compte rendu de *Édifice & Artifice* ». *Histara. Les comptes-rendus, histoire de l'art, histoire des représentations et archéologie* (http://histara.sorbonne.fr/cr.php?cr=1317).

Passalacqua, Arnaud. 2014. « Compte-rendu de *Nuts & Bolts* ». *Revue historique* 2014/4 (672) : 1000-1002.

Picon, Antoine. 2010. « L'Histoire de la construction : entre cadres culturels nationaux et problématiques internationales ». Dans *Édifice & Artifices. Histoires constructives.* Sous la direction de R. Carvais, A. Guillerme, V. Nègre et J. Sakarovitch, 45-51. Paris : Picard.

Potofsky, Allan. 2009. « L'État révolutionnaire et les corporations du bâtiment à Paris, 1789-1792 ». *Histoire urbaine* 2009/1, n° 24 : 47-70.

Puget, Julien. 2015. *Les agrandissements d'Aix et de Marseille (1646-1789). Droits, espaces et fabrique urbaine à l'époque moderne.* Thèse d'histoire, université d'Aix-Marseille.

Rioux, Jean-Pierre et Jean-François Sirinelli. 1996. *Pour une histoire culturelle*. Paris : Le Seuil.

Schoonbaert, Sylvain. 2010. « Mesurer la construction en ville. Le revenu des matrices cadastrales à Bordeaux (1835-1890) ». *Histoire & mesure* 2010/1, vol. XXV : 87-126.

SHMESP. 2012. *Experts et expertise au Moyen Âge. Consilium quaeritur a perito*. Paris : Publication de la Sorbonne.

Star, Suzan Leigh et James Griesemer. 1989. « "Institutional ecology, 'Translations', and Boundary objects : amateurs and professionals on Berkeley's museum of vertebrate zoologie, 1907-1939 ». *Social Studies of Science* 19 (3) : 387-420.

Trompette P. et Vinck D. 2009. « Retour sur la notion d'objet-frontière ». *Revue d'anthropologie des connaissances* 2009/1, vol. 3, n° 1 : 5-27.

Van Staëvel, Jean-Pierre. 2001. « Savoir et le faire savoir : l'expertise judiciaire en matière de construction d'après un auteur tunisois du VIIIe / XIVe siècle ». *Annales islamologiques* 35 : 627-662.

Worms, Charlotte. 2012. *Bâtisseurs de banlieue à Madrid. Le quartier de la prosperidad (1860-1936)*. Paris : Créaphis éditions.

Ybert, Arnaud. 2011. « Compte rendu de *Édifice & Artifice* ». *Archiscopie* 104 : 25-27.

Robert CARVAIS
CNRS, Centre de théorie
et analyse du droit – UMR 7074 /
Université de Paris Nanterre,
École nationale supérieure
d'architecture de Paris-Malaquais
et de Paris-La-Villette

I. L'ARCHÉOLOGIE DE LA CONSTRUCTION COMME NOUVELLE ORIENTATION
Un bilan des recherches en France (août 2014)

LA DÉFINITION D'UNE DISCIPLINE

Définie dans les années 2000 au sein d'un réseau de recherche européen, l'archéologie de la construction s'est désormais imposée comme une démarche scientifique à part entière (Dessales 2008 ; Pizzo 2009 ; Camporeale 2010). Elle se définit comme l'étude des traces matérielles de tous les processus de construction en œuvre, du cycle productif des matériaux à la conception et à la réalisation d'un bâtiment, permettant ainsi de restituer l'organisation fonctionnelle d'un chantier, dans ses aspects culturels, sociaux et économiques. En cela, ses objectifs se distinguent de ceux de « l'archéologie du bâti », développée en France à partir des années 1980 et destinée à mettre en évidence la chronologie relative d'un édifice, par l'analyse de ses diverses stratifications (Arlaud et Burnouf 1993 ; Esquieu 1997 ; Reveyron 2002 ; Parron-Kontis et Reveyron 2005). Bien évidemment, il ne s'agit pas d'une frontière hermétique entre deux approches qui restent complémentaires, mais dont les orientations diffèrent, comme l'indique clairement le choix des substantifs qui les désignent. En effet, loin de se limiter à l'étude d'un processus achevé, envisagé comme « bâti », l'archéologie de la construction aborde une pratique active, la construction, dont elle essaie de restituer toute la chaîne opératoire. Par là-même, c'est le chantier, envisagé de façon multiforme dans toutes ses étapes, qui constitue son objet d'étude privilégié (Baud et al. 1997 ; Mannoni et Boato 2002), tandis que l'archéologie du bâti se focalise davantage sur l'édifice, analysé dans ses transformations successives. En d'autres termes, il s'agit de passer de la vision stratigraphique et chronologique de la chose construite à la vision dynamique et globale d'une construction, par la mise en évidence de ses modalités de réalisation (Pizzo 2009, 36-37 ; Camporeale 2010, 172).

LES ÉCHELLES D'APPROCHE

Les échelles d'approche sont variées, allant de l'individuel, avec l'étude spécifique d'un chantier de construction, au collectif, avec des synthèses régionales ou thématiques consacrées à des techniques de construction. C'est dans le cadre de l'étude d'un monument romain singulier, le grand château d'eau d'Ostie antique, que le concept d'« archéologie de la construction » a été appliqué pour la première fois par une équipe française, associant l'École française de Rome et l'Institut de Recherche sur l'Architecture Antique (USR 3155), en collaboration avec la Surintendance d'Ostie, de 2002 à 2006 (Bukowiecki, Dessales et Dubouloz 2008). En conclusion de ce projet de recherche, une table ronde réunissant différents partenaires européens a été présentée à Paris en 2006 sur l'étude des chantiers de construction dans l'Occident romain[21], permettant de préciser le socle méthodologique, avec un protocole d'étude des élévations, et les orientations de la recherche. Par ailleurs, des opérations de fouilles programmées ont apporté de nouvelles connaissances sur les chantiers romains, par la mise en évidence de traces matérielles ténues, jusqu'alors peu considérées. Ainsi, la fouille du sanctuaire de Mars Mullo en France, de 1993 à 2013, par l'équipe du laboratoire Archéologie et philologie d'Orient et d'Occident (AOROC, UMR 8546, ENS-CNRS), à Allonnes près du Mans, a révélé de façon spectaculaire tout le chantier de construction du bâtiment, avec la découverte de sa chaîne de production, comme un atelier métallurgique et un atelier de taille de pierre (Brouquier-Reddé et Gruel 2004). La même approche a été appliquée plus récemment à Pompéi, de 2008 à 2014, avec la fouille du chantier de construction du temple de Fortuna Augusta, dans le cadre d'un programme de recherche commun dirigé par l'École française de Rome et l'Université de Lille / Halma Ipel (UMR 8164), en collaboration avec la société Eveha et le musée Oiasso d'Irun (Van Andringa 2011). Toujours à Pompéi, mais dans un contexte différent, celui d'une grande villa aristocratique suburbaine, a été entreprise depuis 2012 l'étude de la construction de la villa dite de Diomède, coordonnée par l'École normale supérieure (UMR 8546), en partenariat avec le Centre Jean Bérard (USR 3133, EFR-CNRS), l'Inria (UMR 8548), le Centre de recherche commun Inria-Microsoft Research et la société Iconem (Dessales et al. 2014). Site privilégié pour explorer cette dynamique de recherche, Pompéi fait actuellement l'objet d'un programme du Centre Jean Bérard à Naples sur l'artisanat et l'économie de la construction, de l'étude de la taille de la pierre à la restitution des chantiers.

---

21 Vidéoconférences en ligne : http://www.diffusion.ens.fr/index.php?res=cycles&idcycle=276.

À l'échelle collective, différentes synthèses sur les techniques de construction, d'ordre régional ou thématique, ont permis de faire considérablement progresser la recherche. Il faut tout d'abord citer des travaux pionniers sur la taille de la pierre (Varène 1974 ; Bessac 1986), qui ont suscité une véritable réflexion sur l'évolution et l'interprétation des gestes. Appuyés sur l'observation des pratiques professionnelles actuelles, ils ont conduit à une véritable « anthropologie de la construction » (Bessac 2005). D'autres techniques de construction ont donné lieu à de nouvelles explorations, souvent appuyées sur une orientation ethnologique, en particulier la construction en terre crue (Chazelles-Gazzal 1997), la production des mortiers de chaux, ingrédient essentiel de la construction romaine (Coutelas 2009), la mise en œuvre de matériaux spécifiques, comme briques et tuiles (Boucheron, Broise et Thébert 2000 ; Clément 2013), métal (Timbert 2009) ou encore les échafaudages (Baud et al. 1996).

Ces différentes données permettent de reconstituer des métiers et des partages de savoirs, sur lesquels les textes anciens restent finalement peu prolixes (Dessales 2011), par rapport aux riches corpus médiévaux évoqués précédemment (voir la bibliographie ci-jointe ; Reveyron 2005). Enfin, les synthèses régionales permettent d'appréhender les innovations, comme les transferts de connaissances, de l'Italie aux provinces romaines, mais aussi de l'époque antique à médiévale (Robin et al. 2007). Le développement des systèmes d'information géographique, comme des bases de données[22], permet un stockage et une consultation des informations facilitée, en particulier sur le territoire de la France.

LES CENTRES DE RECHERCHE ET DE FORMATION

Trois colloques internationaux consacrés à l'archéologie de la construction dans le monde romain en 2007, 2008 et 2009, portés par l'École normale supérieure en France, l'Université de Sienne en Italie et l'Institut d'archéologie de Mérida (IAM/ CSIC) en Espagne, ont réuni les différents chercheurs spécialistes, à travers les soixante-six contributions présentées, et ont délimité un nouveau maillon de la recherche à l'échelle européenne (Camporeale, Dessales, Pizzo 2008 ; 2010 ; 2012). L'archéologie de la construction constitue l'identité de différents centres de recherche

22 Voir par exemple la base OPUS (Outils Pour Unités Stratigraphiques Construites), développée par l'UMR 8546/ Labex Transfers.

français, portés par des établissements d'enseignement supérieur et le Centre National de la Recherche Scientifique (CNRS, INSHS), dont il ne sera possible de citer que les principaux. L'Institut de Recherche sur l'Architecture Antique (IRAA, USR 3155), avec quatre antennes à Aix-en-Provence, Lyon, Pau et Paris, déploie une activité établie de longue date sur plusieurs sites à l'étranger et en France, comme le théâtre d'Orange dans un projet en cours, et maintient la spécificité de l'étude de la taille de pierre. À Paris, le laboratoire Archéologie et philologie d'Orient et d'Occident (AOROC, UMR 8546, ENS-CNRS) héberge une équipe spécialisée dans l'archéologie et l'économie de la construction antique, avec un champ de recherche géographique très large. Il anime un séminaire de formation spécifique sur l'archéologie de la construction romaine et organise des stages de formation spécialisés sur la discipline, destinés à des étudiants inscrits en Master et en thèse (sites d'Arles, Genainville, Ostie, Pompéi, Itálica). Le laboratoire s'est aussi spécialisé dans l'étude des techniques du décor, mosaïques et enduit peint, entretenant des liens privilégiés avec le Centre d'étude des peintures murales romaines de Soissons. Le Centre d'études médiévales d'Auxerre et l'UMR 6298 ARTeHis (Archéologie, Terre, Histoire, Sociétés) complètent cette thématique par l'analyse des techniques du décor médiéval. À Aix-en-Provence, le Laboratoire d'Archéologie Médiévale et Moderne en Méditerranée (LAM3M, UMR 7298) concentre une grande partie des recherches sur le bâti médiéval dans le bassin méditerranéen, avec plusieurs fouilles programmées portées par des équipes spécialisées dans l'histoire des techniques. Enfin, il faut aussi souligner le rôle moteur développé par l'Institut National de Recherche en Archéologie Préventive (INRAP), en France mais aussi à l'étranger, dans les études de terrain et la communication au public[23]. D'autres sociétés d'archéologie préventive apportent aussi des compétences particulières sur l'analyse des matériaux (ArkeMine, Eveha).

VERS DES ÉCHANGES DISCIPLINAIRES

L'archéologie de la construction a connu au cours de ces dernières années un élargissement de ses objets d'étude grâce aux développements

23 Exposition *Quel chantier ! L'art de la construction au Moyen Âge*, organisée par l'INRAP et l'Université de Lorraine (Maison natale de Jeanne d'Arc, Domrémy-la-Pucelle, jusqu'au 30 septembre 2015).

des techniques archéométriques qui lui sont appliquées. On citera principalement l'IRAMAT, une unité de recherche multisite, avec une spécialité dans la datation et l'analyse des archéomatériaux, le laboratoire Archéologie et Archéométrie (Arar, UMR 5138), à Lyon, sur l'origine, la datation et la technologie des matériaux, ainsi que le Laboratoire de Recherche des Monuments Historiques (LRMH) à Champs-sur-Marne, généralement associé à des programmes de restauration. Ainsi, l'intégration de ces données concourt à une interprétation des techniques de construction à toutes les échelles (Timbert 2014).

Cette lecture renouvelée de l'ensemble des vestiges matériels du chantier, du site d'édification aux matériaux constitutifs, s'intègre pleinement à l'histoire de la construction. Dans le cas de l'Antiquité, pour laquelle les corpus textuels sont bien moins fournis que pour le Moyen Âge pour proposer une approche globale des opérations de construction (Reveyron 2005), l'archéologie demeure la principale source de connaissances sur l'histoire des techniques et des hommes qui les développent.

BIBLIOGRAPHIE

Arlaud, C. et J. Burnouf. 1993. « L'archéologie du bâti médiéval urbain ». *Les Nouvelles de l'archéologie* 53-54 : 5-69.

Baud, A. et al., dir. 1997. *Au fil du chantier. Archéologie de la construction au Moyen Âge* (catalogue de l'exposition, Lyon). Lyon : Bibliothèque municipale de Lyon.

Baud, A. et al. 1996. *L'échafaudage dans le chantier médiéval*. Documents d'Archéologie en Rhône-Alpes 13. Lyon : DRAC.

Bessac, J.-C. 2005. « Anthropologie de la construction : de la trace d'outil au chantier ». In Parron-Kontis et Reveyron 2005, 53-61.

Bessac, J.-Cl. 1986. « L'outillage traditionnel du tailleur de pierre de l'Antiquité à nos jours ». *Revue archéologique de Narbonnaise* suppl. 14. Paris : CNRS.

Boucheron, P., H. Broise et Y. Thébert, dir. 2000. *La brique antique et médiévale : production et commercialisation d'un matériau* (Actes du colloque, Saint-Cloud, 16-18/11/1995). Collection de l'École française de Rome 272. Rome : École française de Rome.

Brouquier-Reddé, V. et K. Gruel, dir. 2004. « Le sanctuaire de Mars Mullo chez les Aulerques Cenomans (Allonnes, Sarthe) Ve siècle av. J.-C. – IVe siècle ap. J.-C., état des recherches actuelles ». *Gallia* 61 : 291-396.

Bukowiecki, E., H. Dessales et J. Dubouloz. 2008. *Ostie. L'eau dans la ville : le château d'eau de la Porta Romana et autres éléments du réseau d'adduction*. Collection de l'École française de Rome 402. Rome : École française de Rome.

Camporeale, S. 2010. « Archeologia dei cantieri di età romana ». *Archeologia dell'Architettura* 15 : 171-179.

Camporeale, S., H. Dessales et A. Pizzo, dir. 2008. *Arqueología de la construcción I. Los procesos constructivos en Italia y en las provincias romana : Italia y provincias occidentales (Mérida, 25-26/10/2007)*. Anejos de Archivo Español de Arqueología, suppl. 50. Mérida : CSIC.

Camporeale, S., H. Dessales et A. Pizzo, dir. 2010. *Arqueología de la construcción II. Los procesos constructivos en Italia y en las provincias romanas : Italia y provincias orientales (Siena, 13-15/11/2008)*. Anejos de Archivo Español de Arqueología, suppl. 57. Madrid : CSIC.

Camporeale, S., H. Dessales et A. Pizzo, dir. 2012. *Arqueología de la construcción III. Los procesos constructivos en Italia y en las provincias romanas : la economía de las obras* (Paris, 10-11/12/2009). Anejos de Archivo Español de Arqueología, suppl. 64. Madrid : CSIC.

Clément, B. 2013. *Les couvertures de tuiles en terre cuite en Gaule du Centre-Est (IIe s. av. – IIIe s. ap. J.-C.)*. Monographies Instrumentum 46. Montagnac : M. Mergoil.

Chazelles-Gazzal, C.-A. de. 1997. *Les maisons en terre de la Gaule méridionale*. Monographies Instrumentum 2. Montagnac : M. Mergoil.

Coutelas, A., dir. 2009. *Le mortier de chaux*. Collection Archéologiques. Paris : Errance.

Dessales, H. 2008. « L'archéologie de la construction : un essai de définition ». In Bukowiecki, Dessales et Dubouloz 2008, 19-24.

Dessales, H. 2011. « Les savoir-faire des maçons romains, entre connaissance technique et disponibilité des matériaux. La connaissance des roches et son application par les *structores*. Le cas pompéien ». In *Les savoirs professionnels des hommes de métier romain* (École française de Rome, 12-13 octobre 2009), Collection du Centre Jean Bérard 37. Sous la direction de N. Monteix and N. Tran, 41-63. Naples : Centre Jean Bérard.

Esquieu, Y. 1997. « L'archéologie du bâti en France. » *Archeologia dell'architettura* 23 : 133-140.

Mannoni, T. et A. Boato. 2002. « Archeologia e storia del cantiere di costruzione ». *Arqueología de la aquitectura* 1 : 39-53.

Parron-Kontis, I. et N. Reveyron, dir. 2005. *Archéologie du bâti : pour une harmonisation des méthodes* (Actes de la table ronde 9-10/11/2001, Musée archéologique de Saint-Romain-en-Gal). Archéologie d'-aujourd'hui. Paris : Errance.

Pizzo, A. 2009. « La arqueología de la construcción. Un laboratorio para el análisis de la arquitectura de época romana ». *Arqueología de la arquitectura* 6 : 31-45.

Reveyron, N. 2002. « L'apport de l'archéologie du bâti dans la monographie d'architecture ». *In situ* 2 [http://insiturevues.org/1200].

Reveyron, N. 2005. « Chantiers lyonnais du Moyen Âge (Saint-Jean, Saint-Nizier, Saint-Paul). Archéologie et histoire de l'art ». *Documents d'Archéologie en Rhône-Alpes-Auvergne* 28. Lyon : ALPARA.

Robin, S. et al. 2007. *Construire à Lutèce* (Catalogue de l'exposition à la Crypte archéologique du parvis de Notre-Dame, Paris, 11/4-25/5/2007). Paris : Paris-Musées.

Timbert, A., dir. 2009. *L'homme et la matière. L'emploi du plomb et du fer dans l'architecture gothique.* Actes du colloque de Noyon, 16-17 novembre 2006. Paris : Picard.

Timbert, A., dir. 2014. *Chartres, Construire et restaurer la cathédrale XIe-XXIe siècles.* Villeneuve d'Ascq : Presses Universitaires du Septentrion.

Van Andringa, W. 2011. « Architecture et archéologie d'un lieu de culte romain : le temple de Fortune à Pompéi ». In *Archéologie des religions antiques. Contributions à l'étude des sanctuaires et de la piété en Méditerranée (Grèce, Italie, Sicile, Espagne).* Sous la direction de F. Quantin, 141-150. Pau : Presses de l'Université de Pau et des pays de l'Adour (Cahiers d'histoire, d'archéologie et de littérature antiques de l'UPPA. Archaia I).

Varène, P. 1974. *Sur la taille de la pierre antique, médiévale et moderne.* Dijon : Centre de recherches sur les techniques gréco-romaines.

Hélène Dessales,
École normale supérieure,
AOROC – UMR 8546,
Paris, France

II. UNE BIBLIOGRAPHIE FRANÇAISE NOURRIE MAIS EN BAISSE

Nous avons constitué une bibliographie décennale à partir de celle que nous avions réalisée collectivement en 2008 à l'occasion du Premier congrès francophone d'histoire de la construction. Nous avons alors constaté que la production des ouvrages d'histoire de la construction chutait brutalement en 2009. Par acquis de conscience, nous avons complété cette bibliographie par une interrogation en ligne de la base « ArchiRès. Portail francophone des bibliothèques d'écoles d'architecture et du paysage » [https://www.archires.archi.fr/fr/revues_archires][24]. Malgré ce complément d'information, le déséquilibre persiste [Fig. 2]. Comment expliquer cette situation ?

2004	21
2005	29
2006	21
2007	28
2008	30
2009	7
2010	6
2011	9
2012	13
2013	14
2014	16
	194

24 Cette bibliographie se trouve en annexe 1 à la fin de l'article.

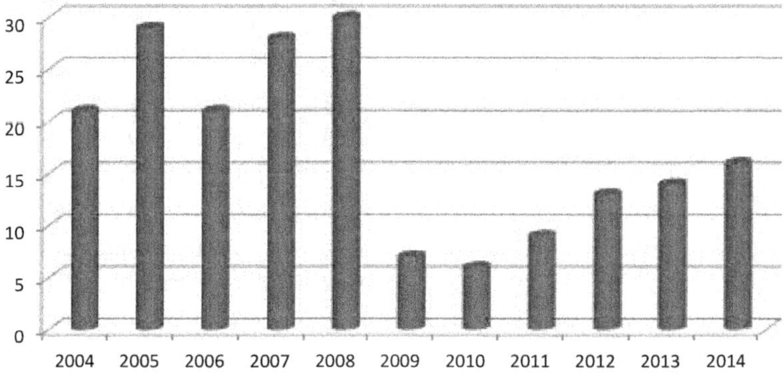

FIG. 2 – Évolution du nombre d'ouvrages d'histoire de la construction ou ayant abordé des aspects d'histoire de la construction[25], parus en France sur la période 2004-2014.

Bien sûr il est toujours possible de penser que des ouvrages nous ont échappé étant donné que le critère « histoire de la construction » n'est réellement pertinent dans aucune base bibliographique. Sur la base susvisée ArchiRès, l'interrogation avec ce critère provoque trop de « bruit ». De plus, si le choix des ouvrages est subjectif, il est clair que nous n'avons pas conservé que des livres consacrés à 100 % à l'histoire de la construction. Nombre d'ouvrages d'histoire de l'architecture contiennent souvent des passages d'histoire de la construction. Le critère de la sélection s'est opéré en pensant à l'utilité de l'ouvrage pour un historien de la construction, ne serait-ce qu'en partie. Cependant cette explication n'est pas suffisante.

La seconde et pertinente raison de cette rupture est sans doute une baisse sensible des publications papier dans le contexte de crise financière que connaît l'Europe dans cette niche que constitue l'édition scientifique. Cela mérite d'être rapproché également de la percée de l'édition numérique – davantage à l'étranger et surtout dans l'édition de la littérature.

La troisième raison qui resterait à examiner serait enfin une percée de la publication de travaux d'histoire de la construction dans des revues que nous n'avons pu prendre en compte étant donné leur éparpillement disciplinaire.

25 Que nous nommerons par la suite « ou assimilés ».

À propos de la répartition des ouvrages retenus sur la période 2004-2014, précisons que chaque ouvrage a pu être indexé sous plusieurs rubriques. Nous pouvons constater une forte disparité en fonction des aspects abordés. La nomenclature de classement reprend celle qui nous a servi pour l'édition d'*Edifice & Artifice* et de *Nuts & Bolts*, avec quelques aménagements rendus nécessaires par les circonstances. Au cours de ces dix dernières années, la production d'ouvrages se répartit principalement entre les questions purement techniques (41 %) et le champ mettant en scène les hommes et les organisations (28 %). Les 31 % restant sont répartis entre les matériaux (15 %), les questions théoriques de conception du projet et des savoirs (12 %). Il est tout à fait significatif que les ouvrages sur l'histoire de la construction en tant que champ d'étude, exposant plutôt des généralités, ne représentent que 4 % de l'ensemble des ouvrages, mais ce n'est déjà pas si mal [Fig. 3].

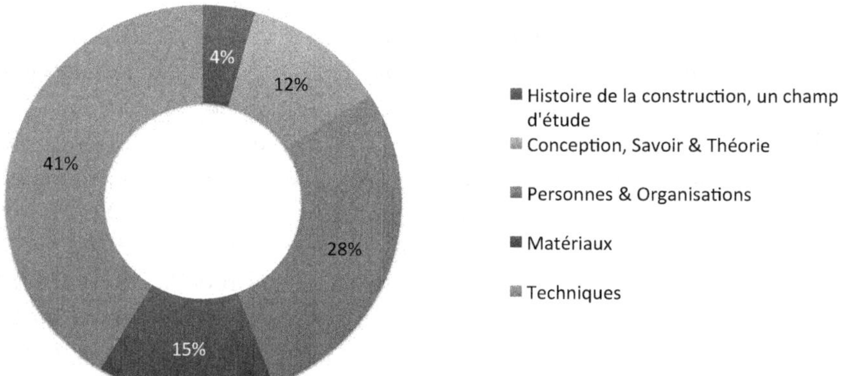

FIG. 3 – Répartition par thèmes des ouvrages d'histoire de la construction ou assimilés parus en France de 2004 à 2014.

Quand on analyse plus en détail chacun des thèmes abordés dans les ouvrages d'histoire de la construction, d'autres éléments apparaissent.

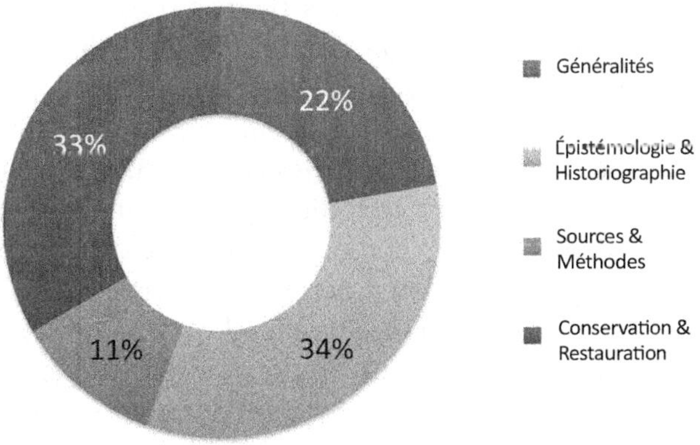

FIG. 4 – Analyse du thème « Histoire de la construction » comme champ d'étude dans les ouvrages d'histoire de la construction.

Les 4 % d'ouvrages traitant d'histoire de la construction comme sujet global [Fig. 4] ne sont pas, comme nous le pensions, généralistes (uniquement 22 %). 78 % d'entre eux se répartissent entre des travaux d'épistémologie et d'historiographie (34 %), de sources et de méthodes (11 %) et de réflexion sur la conservation et la restauration dans ses éléments constructifs (33 %).

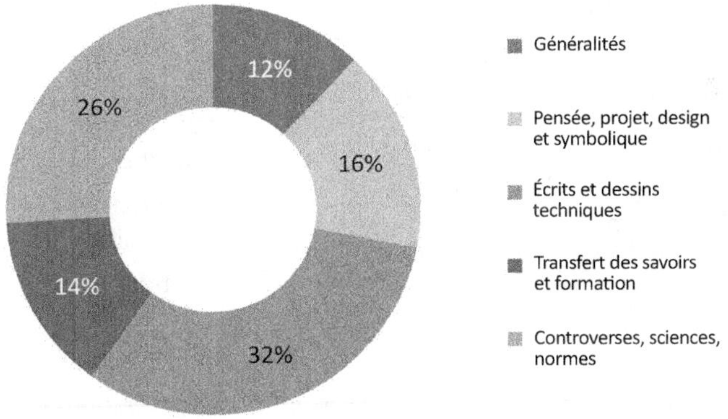

FIG. 5 – Analyse du thème « Conception, savoirs & théorie » dans les ouvrages d'histoire de la construction.

Les 12 % d'ouvrages qui traitent ces thèmes considérés davantage comme théoriques [Fig. 5], encore que nombre des sujets qui sont abordés y sont examinés et étudiés dans leur phase d'application pratique[26], se répartissent en cinq catégories qui accueillent assez équitablement tous les sujets. Pour cela nous avons réparti les sujets peu représentés dans des catégories qui pouvaient les assimiler. Ainsi, nous avons placé les travaux sur le symbolisme dans la catégorie « pensée, projet, design ». De même, il peut paraître légitime que les transferts de savoir soient assimilables à l'enseignement et à la formation. Enfin, toutes les questions de normalisation des savoirs, comme les normes et les règles, le calcul, sont regroupées avec leurs modes d'application, telles les controverses, ce qui relève des sciences appliquées et les analyses structurelles, les modélisations et les expérimentations. Les travaux généraux sur cette catégorie de la conception (12 %), comme les deux questions de l'idée de projet (16 %) et du transfert du savoir (14 %) regroupent sensiblement le même nombre de travaux, alors que la normalisation juridique et mathématique occupe plus d'un quart de la catégorie « Conception, savoir & théorie », soit exactement 26 %. Le tiers des travaux de ce champ, soit 32 %, est dévolu à l'étude des sources qui demeurent une préoccupation prioritaire de tout historien.

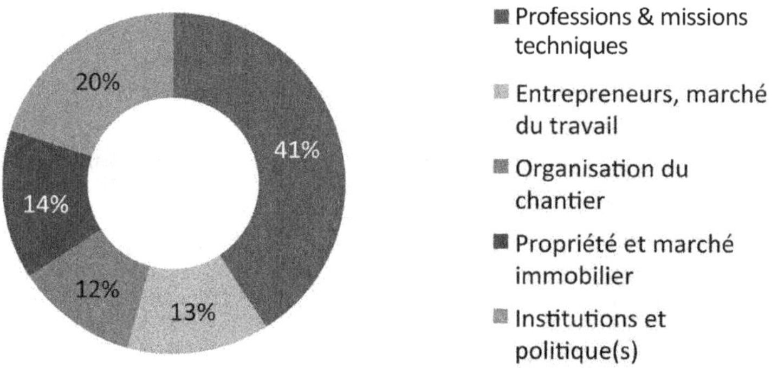

FIG. 6 – Analyse du thème « Personnes & organisations » dans les ouvrages d'histoire de la construction.

26 Les calculs de structure en étant modélisés ou enseignés par exemple peuvent être considérés comme théoriques. En revanche, lorsqu'ils sont mis en application sur un chantier, il s'agit bien de pratique. Il en va de même de tout savoir.

Les 28 % des ouvrages traitant des hommes et des organisations [Fig. 6] s'intéressent pour 41 % et avant tout aux professions, et métiers de la construction (architectes, artisans, ingénieurs). Environ un autre 39 % se partage équitablement entre le marché du travail et sa gestion (13 %), l'organisation du chantier (12 %) et les questions de la propriété et du marché immobilier (14 %). Les 20 % restants sont dédiés aux institutions et aux politiques de construction publique et privée.

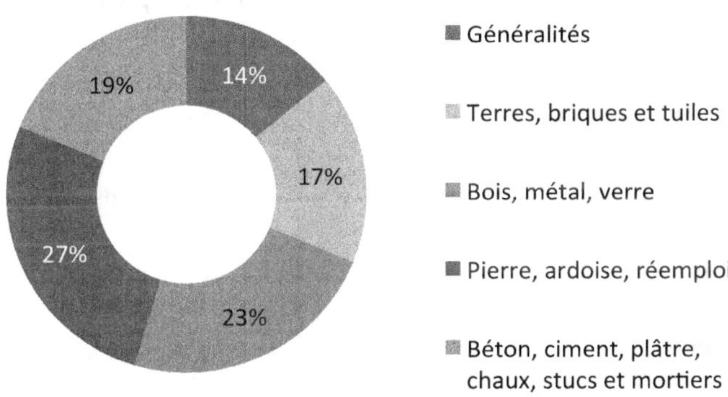

FIG. 7 – Analyse du thème « Matériaux » dans les ouvrages d'histoire de la construction.

Les 15 % d'ouvrages portant sur les matériaux de construction [Fig. 7] se répartissent, hormis les ouvrages généraux (14 %), selon leur usage dans l'histoire et selon le volume d'utilisation dans la construction elle-même entre la pierre (ardoise et réemploi) (27 %), le bois, le métal et le verre (23 %)[27], la terre, incluant briques et tuiles (17 %), le béton, le ciment et les liants (plâtre, chaux, mortiers) (19 %).

Les 41 % des ouvrages d'histoire de la construction qui traitent de techniques [Fig. 8] se répartissent pour plus de 60 % d'entre eux en deux catégories dominantes : de généralités pour 29 % et de travaux de structure pour 33 %. Dans cette dernière catégorie, nous avons rassemblé les ouvrages sur la technologie vernaculaire, les travaux de

27 Dans cette sous-catégorie qui rassemble des matériaux hétérogènes pour des raisons de facilité de lecture du tableau, précisons que les ouvrages sur le bois représentent environ 11 %, le métal 7,5 % et le verre 4,5 %, ces deux derniers matériaux ne devenant structurants qu'assez tardivement dans l'histoire.

fondations et de maçonnerie, ceux de voûtes et stéréotomie, les travaux de structures bois et métal, la taille des pierres et les ouvrages sur les machines et les outils. La sous-catégorie des travaux publics (barrages, ponts, fortifications, travaux hydrauliques) représente 28 % des ouvrages techniques. Les travaux sur la question des ambiances auxquels nous avons associé le décor, ne représentent que 6 % des ouvrages techniques alors que les sujets sur l'innovation et la recherche, la préfabrication et l'industrialisation ainsi que les techniques de prévention des risques, pourtant essentiels, ne couvrent que 4 % des livres parus sur la période.

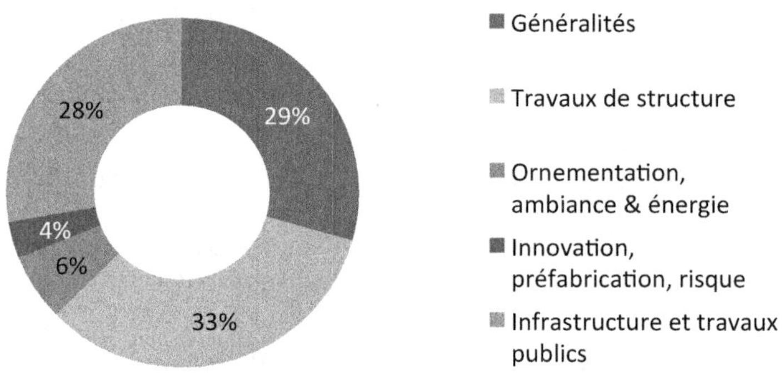

FIG. 8 – Analyse du thème « Techniques » dans les ouvrages d'histoire de la construction.

Ces analyses seraient plus intéressantes si l'on pouvait opérer des comparaisons avec la production des autres pays, ne serait-ce que pour vérifier les domaines d'intérêt privilégiés des chercheurs français en histoire de la construction qui sont : la littérature technique, l'histoire des métiers, l'étude de la pierre, l'histoire des techniques ainsi que les infrastructures et travaux publics.

Robert CARVAIS

III. DES THÈSES ET HABILITATIONS SOUTENUES AUX QUATRE COINS DES DISCIPLINES

Sélectionner les thèses françaises sur un champ qui n'est pas une discipline académique relève du parcours du combattant. Bien qu'il existe un site dédié (www.theses.fr), ce dont il faut se féliciter, son maniement n'est pas très pratique. Nous avons dû choisir des mots clés et regarder une à une les thèses sélectionnées automatiquement – à travers leur titres, directeurs et résumés – pour les retenir ou les rejeter. Nous avons ainsi, malgré tout, relevé les thèses soutenues entre 2004 et 2014 qui traitent d'histoire de la construction. Parfois, la thèse traite par son sujet d'un thème relevant pleinement du champ. Parfois, la thèse n'aborde le champ que dans une partie de son corps. Étant donné la marginalisation du champ, il nous est apparu indispensable d'en conserver trace. Toutes les thèses d'architecture n'ont pas été retenues du fait de la différence fondamentale entre les deux champs qui s'entrecroisent parfois mais pas toujours. Enfin, nous avons dans le cercle des travaux des disciplines de sciences humaines et sociales, conservé les thèses qui ont un rapport avec notre champ de recherche, parfois même sur de (rares) sujets traités non historiquement car ceux-ci devraient pouvoir croiser, malgré tout, les préoccupations des historiens de la construction. Nous avons assimilé aux thèses les habilitations à diriger des recherches (HDR) qui sont en France – et dans certains pays européens – une sorte de seconde thèse qui « sanctionne la reconnaissance du haut niveau scientifique du candidat, du caractère original de sa démarche dans un domaine de la science, de son aptitude à maîtriser une stratégie de recherche dans un domaine scientifique ou technologique suffisamment large et de sa capacité à encadrer de jeunes chercheurs. Elle permet notamment d'être candidat à l'accès au corps des professeurs des universités[28] ». Enfin, certaines thèses françaises réalisées en cotutelle n'apparaissent pas dans la base et n'ont donc pas été conservées dans le présent travail[29].

28 Art. 1er de l'arrêté du 23 novembre 1988 relatif à l'habilitation à diriger des recherches.

29 Comme par exemple Blain 2011. En revanche nous avons inclus 7 thèses réalisées en cotutelle principalement avec l'Italie, le Portugal, l'Allemagne et la Suisse.

Nous avons répertorié sur la période de dix années 203 thèses et 9 habilitations, soit 212 travaux de recherche couronnés par une soutenance[30]. Sur dix ans, une moyenne de 20 thèses par an abordent l'histoire de la construction [Fig. 9].

2004	18
2005	11
2006	15
2007	21
2008	15
2009	22
2010	22
	17,71

2011	26
2012	18
2013	24
2014	20
	22

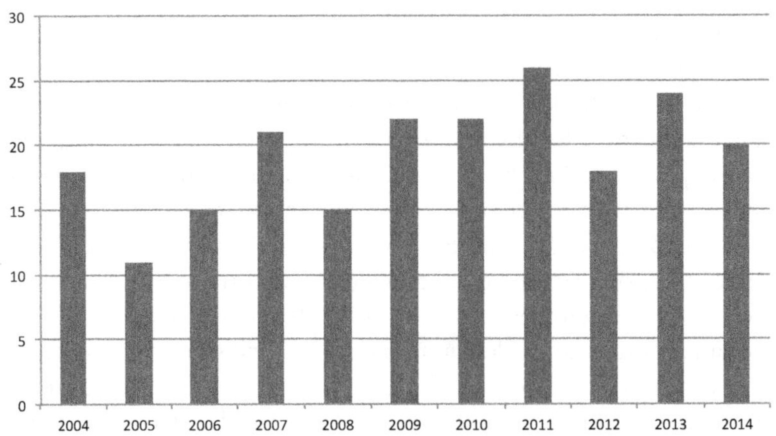

FIG. 9 – Évolution du nombre de thèses et habilitations abordant un sujet d'histoire de la construction.

Nous constatons une tendance nette de croissance progressive jusqu'en 2011 (moyenne de dix-huit travaux), puis une légère chute jusqu'en

30 Voir la liste de ces travaux dans l'annexe 2 *infra*.

2014 qui se traduit malgré tout par une hausse moyenne de vingt-deux travaux par an. Sur les 212 thèses, plus de 40 % sont dirigées par vingt-sept des spécialistes principalement d'histoire de l'architecture et d'histoire des techniques [Fig. 10]. L'urbanisme et l'économie y sont faiblement représentées.

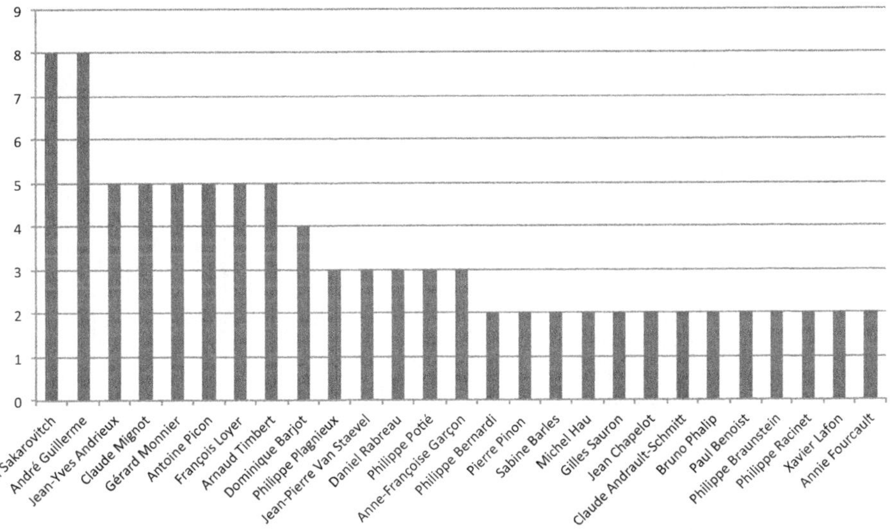

FIG. 10 – Répartition du nombre de thèses et d'habilitations en fonction de leur directeur.

Plus de la moitié des travaux sont soutenus devant seulement huit établissements d'enseignement supérieur (5 principalement parisiens : Paris 1, Paris 4, l'EHESS, le Cnam et Paris Est[31] ; trois de province : Aix-Marseille, Grenoble et Rennes). [Fig. 11].

31 L'Université Paris-Est regroupe plusieurs institutions dont l'École nationale des ponts et chaussées, l'université Paris Est-Marne la Vallée, les ÉNSA Paris Malaquais, de Belleville, de Marne la Vallée, etc.

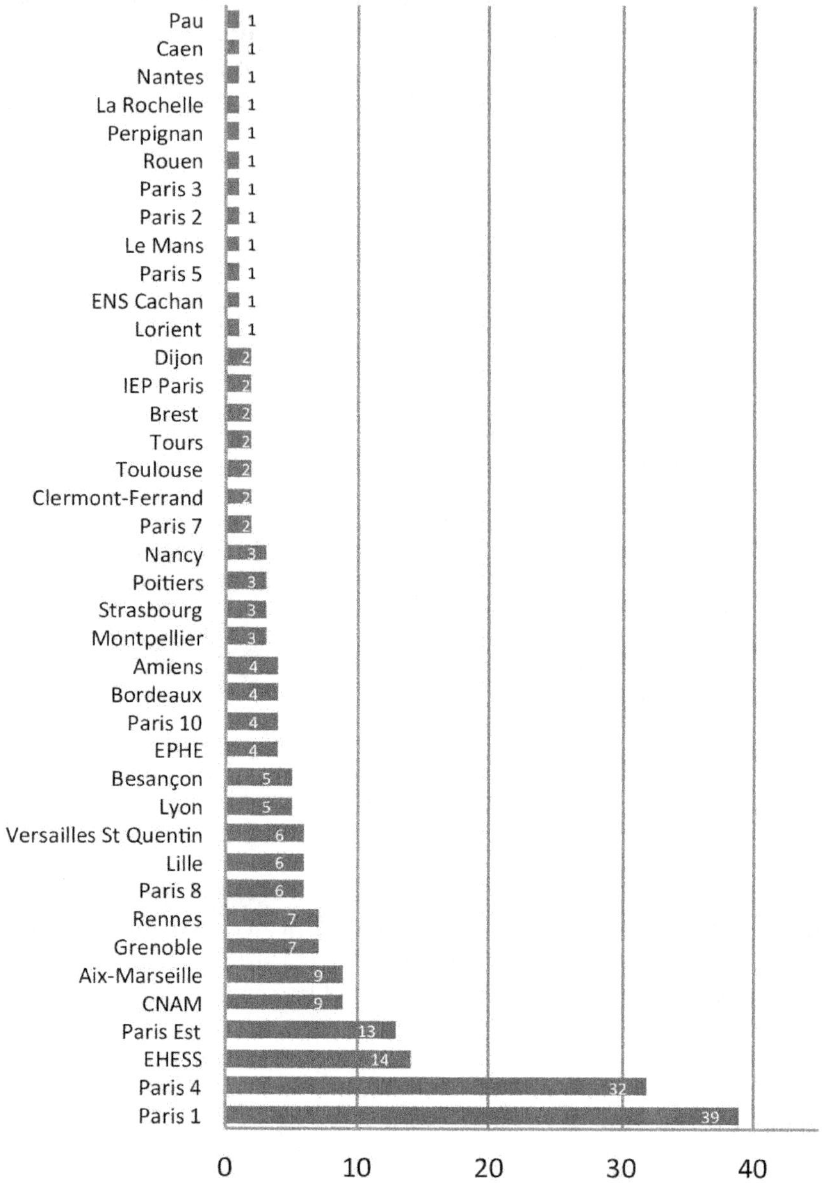

FIG. 11 – Répartition des thèses en fonction de l'établissement d'inscription et de soutenance.

Près de la moitié des travaux portent sur la période contemporaine, les autres se répartissent approximativement entre l'Antiquité, le Moyen Âge, l'époque moderne et les exceptions (à cheval sur plusieurs périodes, critère non renseigné) [Fig. 12].

Antiquité	33
Moyen Âge	32
Époque moderne	34
Époque contemporaine	87
À cheval sur périodes	18
Non documenté	8
	212

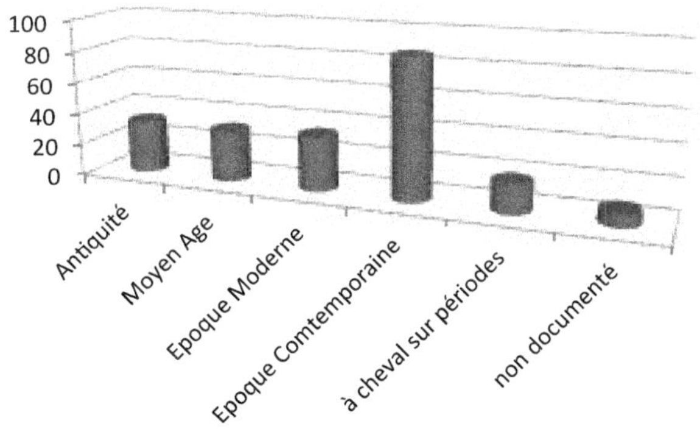

FIG. 12 – Répartition des thèses en fonction de la période sur laquelle elles portent.

Ce surcroît d'intérêt pour la période contemporaine n'est pas étonnant. La survivance d'un nombre équilibré de thèses sur les autres périodes l'est davantage et reste encourageant.

Plus de la moitié des travaux appartiennent aux disciplines d'histoire de l'art et d'histoire. Un grand quart provient de l'archéologie, de l'histoire des sciences et des techniques et de l'architecture. Le dernier petit quart regroupe des disciplines de sciences humaines comme la sociologie, l'anthropologie, le droit, l'économie, la géographie et l'urbanisme. [Fig. 13].

Histoire de l'art	62
Histoire	54
Archéologie	24
Histoire des sciences et des techniques	19
Architecture	16
Sociologie	11
Urbanisme & Aménagement	7
Économie	6
Droit	5
Langue	4
Géographie	2
Psycologie	1
Anthropologie	1
	212

62
54
24
19
16
175

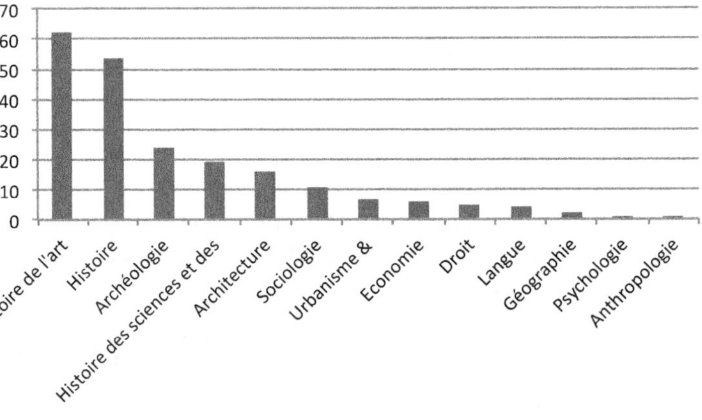

FIG. 13 – Répartition des thèses selon la discipline d'inscription.

Enfin, en ce qui concerne les thèmes couverts par les différents travaux universitaires, nous avons opéré le classement des thèses selon les mêmes critères que pour les ouvrages. Là encore plusieurs critères ont pu être affectés aux thèses et habilitations le cas échéant. [Fig. 14]

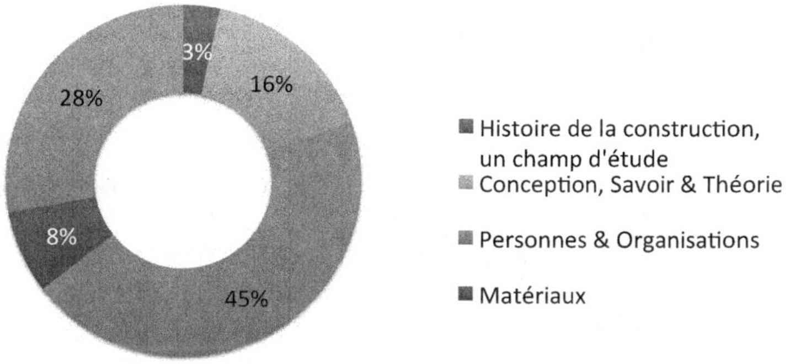

Fig. 14 – Répartition par thèmes des thèses et habilitations d'histoire de la construction et assimilés soutenues en France de 2004 à 2014.

Durant la période décennale étudiée, les thèses et habilitions portent pour près des trois quarts sur les hommes et institutions (45 %) et les techniques (28 %), le quart restant se partageant la théorie (16 %), les matériaux (8 %) et le champ lui-même d'histoire de la construction (3 %). Ces proportions confirment un encrage classique de l'histoire sociale, savante et institutionnelle par rapport à une recherche davantage technicienne. Mais l'analyse serait sans doute plus pertinente sur une plus longue durée.

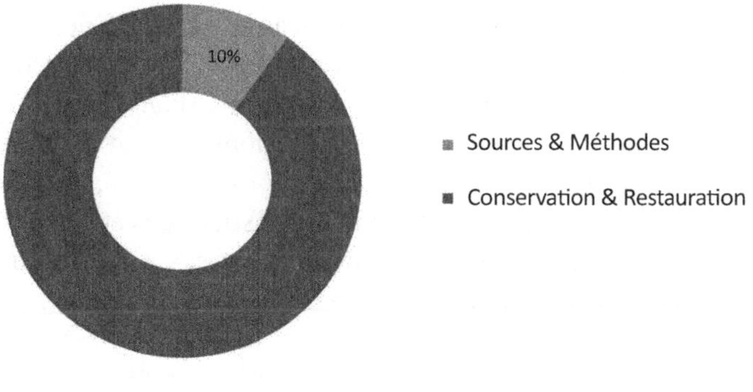

Fig. 15 – Analyse du thème « Histoire de la construction » comme champ d'étude dans les thèses et habilitations soutenues.

Dans le détail des thèmes, les thèses épistémologiques [Fig. 15] portent essentiellement sur la conservation et la restauration (90 %).

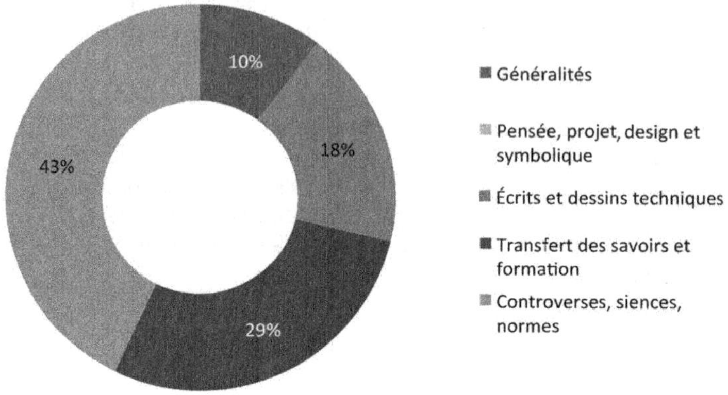

FIG. 16 – Analyse du thème « Conception, savoirs et théorie » dans les thèses et habilitations soutenues.

Dans les 16 % d'ouvrages de cette catégorie qui s'intéressent davantage à la théorie [Fig. 16], les sujets portent essentiellement sur deux thèmes privilégiés : la normalisation tant juridique que mathématique *via* les sciences appliquées et les controverses (43 %) et les transferts de savoirs, incluant tous les systèmes de formation, d'enseignement (29 %). Le reste se répartit entre la littérature technique écrite et dessinée (18 %) et des généralités (10 %). Nous remarquerons qu'aucune thèse n'est menée sur la conception du projet sous l'angle constructif alors que ce thème pourrait se révéler assez prometteur, ne serait-ce qu'au regard des progrès des sciences cognitives. Il est davantage envisagé dans le cursus architectural.

Représentant 45 % de l'ensemble du corpus [Fig. 17], les très nombreuses thèses sur les personnes et organisations traitent essentiellement et en dégression de l'organisation des chantiers (34 %), des métiers et professions de la construction (28 %) et des institutions et des politiques[32] (18 %) les autres thèmes se répartissant à peu près équitablement entre le marché du travail (11 %), et le thème de la propriété et du logement (9 %).

32 Les thèmes des institutions et de la ou des politiques sont souvent mêlés. Néanmoins, ils sont à l'intérieur de la catégorie équitablement répartis, ce qui signifie que chacun de ces deux thèmes est traité en thèse autant que le marché du travail ou que la question de la propriété et du logement aux alentours de 10 %.

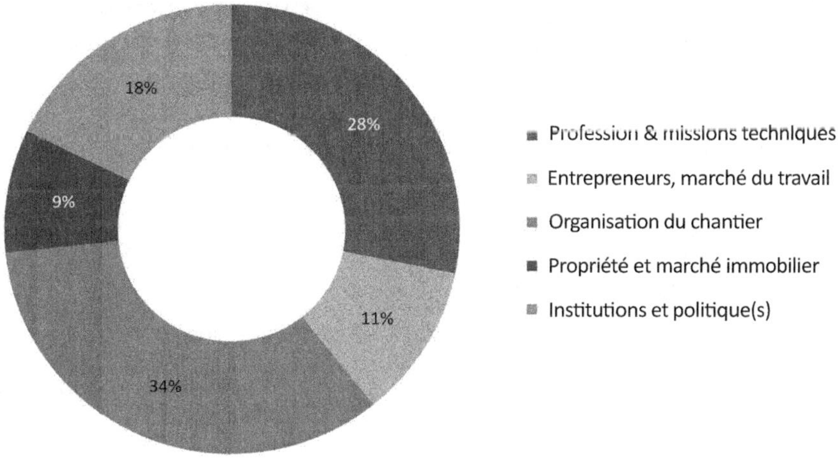

FIG. 17 – Analyse du thème « Personnes et organisations » dans les thèses et habilitations soutenues.

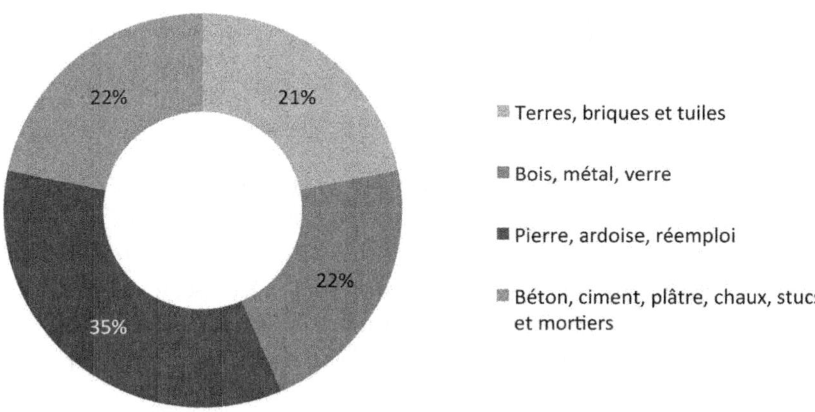

FIG. 18 – Analyse du thème « Matériaux » dans les thèses et habilitations soutenues.

Étant donné le peu de thèses (8 % de l'ensemble du corpus) portant directement sur un matériau [Fig. 18], il n'y a pas de place pour des études comparées ou des réflexions sur la perception des matériaux ou des matières premières par les professionnels, voire les sociétés. En dehors des études sur la pierre et ses usages qui dominent ce thème (35 %), les travaux sur la terre (briques et tuiles) (21 %), sur les matériaux à base de liants (ciment, plâtre chaux, sable, etc.) (21 %) et sur le métal avec le verre (22 %) occupent pour chacune de ces trois catégories environ un cinquième de l'ensemble. Nous remarquerons qu'une seule thèse a été soutenue sur le verre et qu'aucune thèse n'a porté sur le bois.

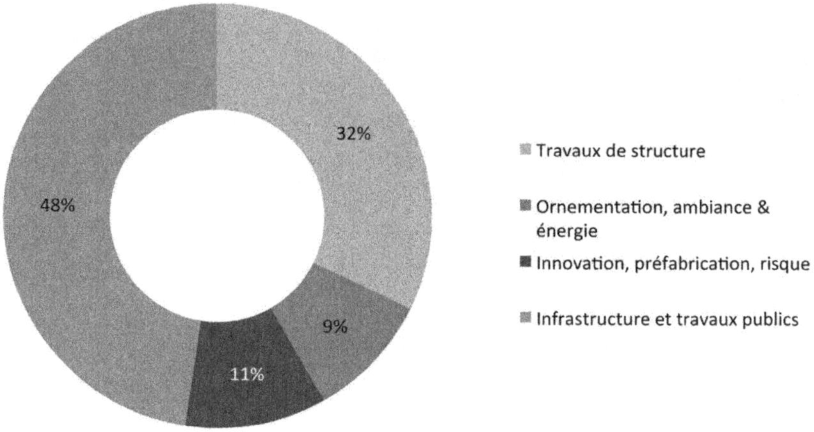

FIG. 19 – Analyse du thème « Techniques » dans les thèses et habilitations soutenues.

Les thèses et habilitations portant sur les techniques (28 %) [Fig. 19] se répartissent à 80 % sur les travaux de structure en bois ou métal (32 %) et d'infrastructures (28 %), incluant aussi bien la technologie vernaculaire que l'hydraulique et la maçonnerie. Deux secteurs proposent un nombre honorable de thèses : l'ambiance et l'énergie que nous avons couplées avec l'ornementation (9 %) et la question de l'innovation, de la préfabrication et du risque (11 %).

RÉFÉRENCES

Blain, Sophie. 2011. *Les terres cuites architecturales des églises du haut Moyen Âge dans le nord-ouest de la France et le sud-est de l'Angleterre.* Thèse en archéologie sous la direction de Ian Bailiff et Pierre Guibert, University of Durham et Université de Bordeaux-Montaigne.

Robert CARVAIS

IV. UNE PARTICIPATION MITIGÉE AUX RÉUNIONS DE LA COMMUNAUTÉ

Nous savons la réticence des Français à participer aux manifestations internationales particulièrement en raison de leur difficulté à l'égard des langues étrangères – une sorte de timidité diraient certains. Nous savons aussi leur diatribe presque naturelle à l'encontre de la domination anglo-saxonne dans le monde scientifique. Néanmoins, il faut convenir que cette position tend à disparaître et ne subsiste qu'en tant qu'idée reçue.

Quelle participation pour les chercheurs Français (incluant les étrangers ayant une attache institutionnelle en France) aux congrès internationaux d'histoire de la construction de 2004 à 2014 ? Et sur quels thèmes travaillent-ils ? Nous avons choisi de dépouiller les actes des congrès internationaux de Cambridge (2006), de Cottbus (2009) et de Paris (2012), les actes des congrès francophones mais pour autant internationaux (en n'y retenant que les contributions des Français ou étrangers travaillant en France[33]) de Paris 2008 et Lyon 2014[34], soit 222 articles qui ont mobilisé en tout 297 chercheurs.

Sur le plan quantitatif, nous constatons [Fig. 20] une participation croissante des Français aux réunions internationales dans notre champ. De six communications présentées à Madrid au 1ICCH aux dix-neuf retenues potentiellement[35] à Chicago au 5ICCH, l'écart est très important, d'autant que vingt-quatre chercheurs sont en réalité mobilisés pour Chicago. La participation est multipliée par 4. La progression a été croissante. Les écarts entre Cambridge (2ICCH, 2006), Cottbus (3ICCH, 2009) et Paris (4ICCH, 2012) s'expliquent par la plus ou moins grande attraction pour les villes accueillant les manifestations et le fait pour Paris d'être sur le territoire français, ce qui facilite la participation

33 Nous utiliserons le terme « assimilés » pour désigner cette population sans aucune connotation bien évidemment.

34 Nous n'avons pas retenu les congrès nationaux espagnols qui sont eux aussi internationaux mais dans lesquels la participation française est infinitésimale. Voir le corpus retenu en annexe 3 du présent article.

35 Au moment où nous écrivons ces lignes, la manifestation n'ayant pas eu lieu, nous savons l'écart qui peut exister entre les intentions et la réalité des présences.

des Français. La baisse de participation entre les deux manifestations francophones n'a pas entaché la participation globale et internationale des acteurs et s'explique par l'effet « premier événement » de 2008.

	Nb de papiers en français	Nb d'auteurs français	Nb de papiers en général
2ICCH Cambridge 2006	13	4	199
1CFHC Paris 2008 / *Édifice* & Artifice	90	25	125
3ICCH Cottbus 2009	11	2	194
4ICCH Paris 2012 / *Nuts & Bolts*	37	28	237
2CFHC Lyon 2014	70	16	108
	222	75	

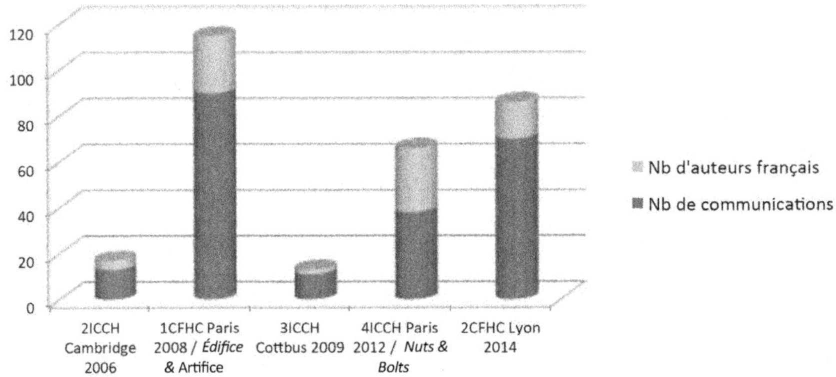

FIG. 20 – Évolution des participations françaises aux manifestations internationales.

En ce qui concerne la permanence de la participation française aux congrès [Fig. 20], une communauté d'une cinquantaine de chercheurs se distingue par des interventions répétées de deux à sept fois [Fig. 21], ce qui ne doit pas exclure la participation accrue de nouveaux chercheurs dans le domaine, ni celle de chercheurs occupés par d'autres disciplines ou champs de recherche qui occasionnellement traversent l'histoire de la construction.

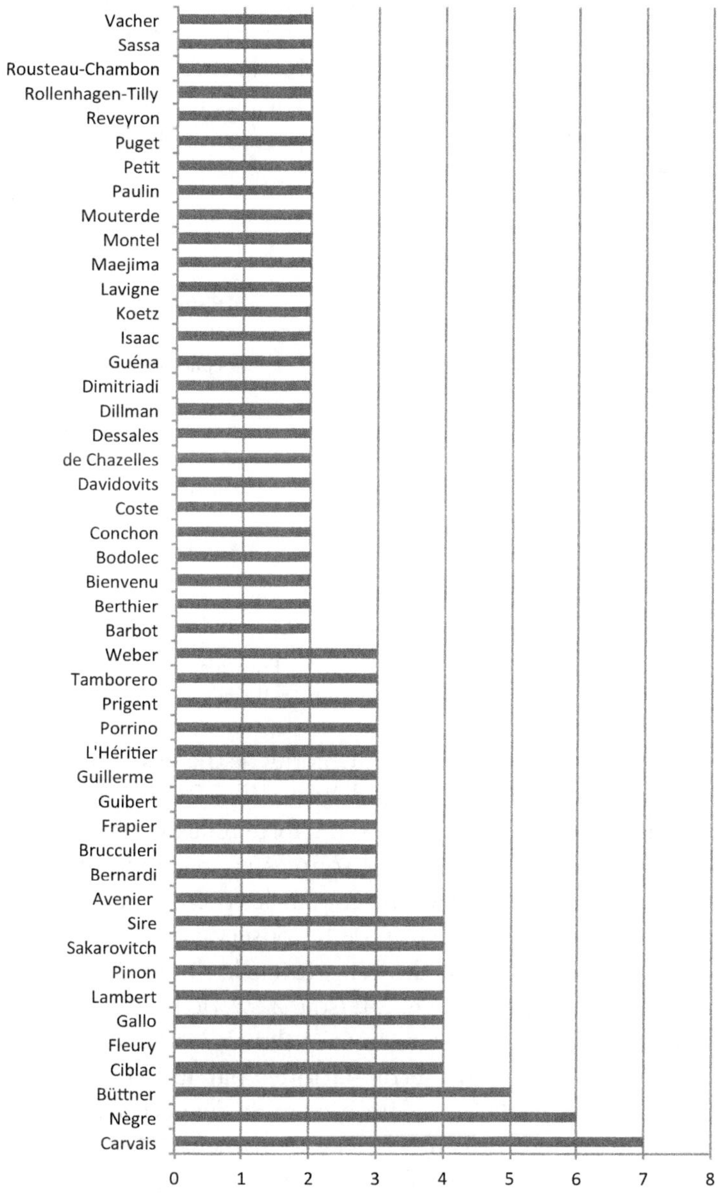

FIG. 21 – Fréquence des participations françaises aux congrès.

Si l'on examine les interventions sur le plan qualitatif, il faut convenir que l'intérêt des Français est assez bien réparti entre tous les secteurs partagés[36] [Fig. 22]. Les techniques (33 %), la théorie (22 %), les matériaux (20 %) puis les hommes et institutions (16 %). Seuls 9 % des communications françaises aux congrès portent sur l'analyse du champ à proprement parler.

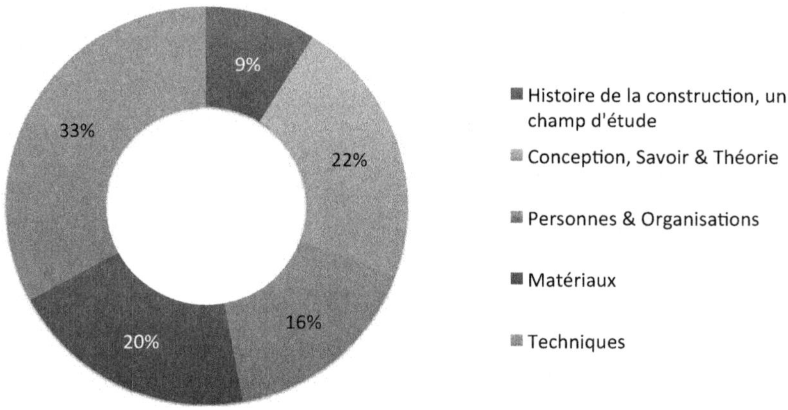

FIG. 22 – Thèmes travaillés par les Français ou assimilés lors des manifestations collectives.

Lors de l'examen des différentes catégories de thèmes traités en congrès, celui peu nourri de notre champ d'étude [Fig. 23] fait l'objet de près de 55 % soit de travaux généraux, soit à forte réflexion épistémologique ou historiographique. L'étude des sources et méthodes occupe 25 % des travaux, les derniers 20 % portent sur les préoccupations d'histoire de la construction dans le champ de la conservation et la restauration.

Les travaux présentés lors des congrès sur le thème de la conception, des savoirs et de la théorie [Fig. 24] (soit 22 % de la totalité du corpus) privilégient la régulation des normes et des règles *via* les controverses, entre autres modèles, des mathématiques par le biais du calcul, de l'analyse structurelle, de la modélisation et de l'expérimentation (45 %). Le transfert des savoirs qui englobe l'enseignement et la formation porte sur 27 % des communications françaises. Les écrits et dessins techniques

36 Dans les figures suivantes, chaque article n'a été indexé qu'avec un mot-clé à la différence des ouvrages et des thèses.

sont des sujets pour 22 % des communications. Quant à l'idée de projet elle n'est débattue que dans 6 % des communications françaises.

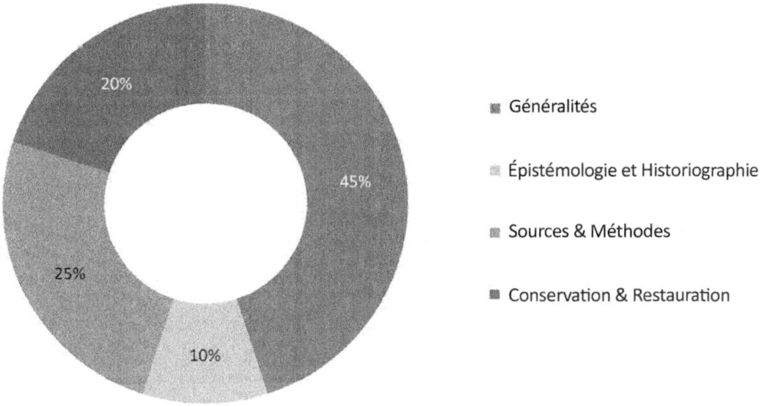

FIG. 23 – Analyse du thème « Histoire de la construction » comme champ d'étude dans les participations françaises aux congrès.

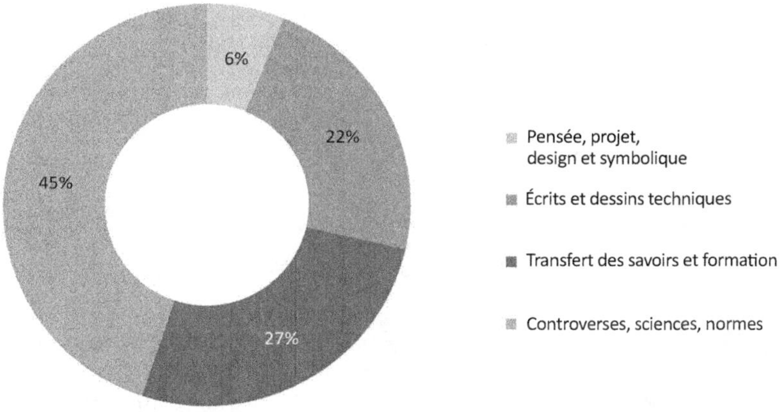

FIG. 24 – Analyse du thème « Conception, savoirs et théorie » dans les participations françaises aux congrès.

Dans le thème des hommes et des institutions [Fig. 25], près de 50 % des travaux (43 %) portent sur l'organisation des chantiers. Cette proportion importante se justifie entre autres par l'approche matérielle des bâtisses, de quelque nature qu'elles soient. Les autres sujets abordés dans cette catégorie se répartissent entre les métiers et professions techniques (22 %), les institutions et le ou les politiques (16 %), la propriété et le marché immobilier (11 %) et le marché du travail (8 %).

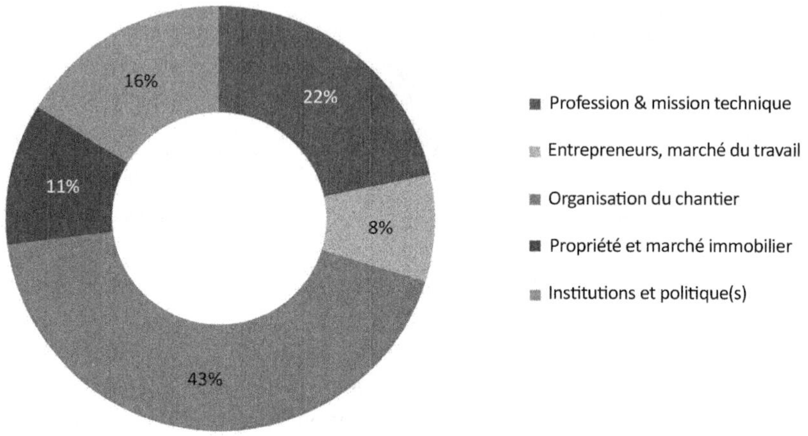

FIG. 25 – Analyse du thème « Personnes & organisation » dans les participations françaises aux congrès.

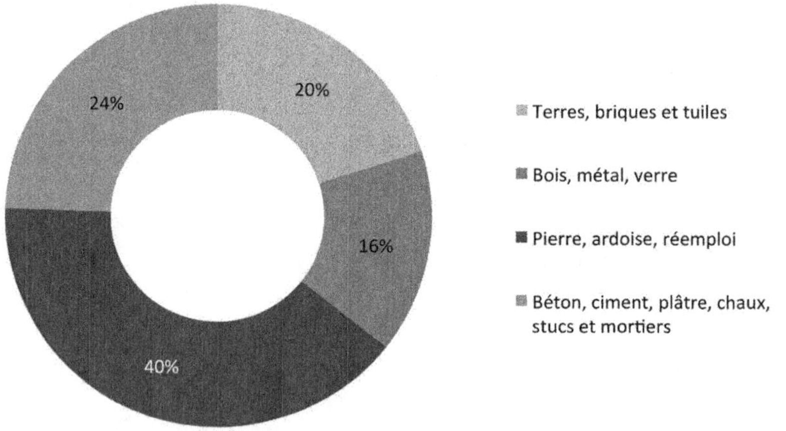

FIG. 26 – Analyse du thème « Matériaux » dans les participations françaises aux congrès.

Dans cette rubrique des matériaux traités lors des congrès (20 % de l'ensemble du corpus) [Fig. 26], deux thèmes dominent les travaux : la pierre (avec le réemploi) pour 40 % et la terre pour 20 %, c'est dire tout l'intérêt que portent les chercheurs à ces deux matériaux traditionnels de la construction. Le béton, pourtant très contemporain, n'est concerné que par 15 % des travaux en congrès. Les liants (9 %), le métal (7 %), le bois (7 %) et le verre (2 %), pourtant d'utilisation ancienne, mériteraient sans doute des études plus nombreuses.

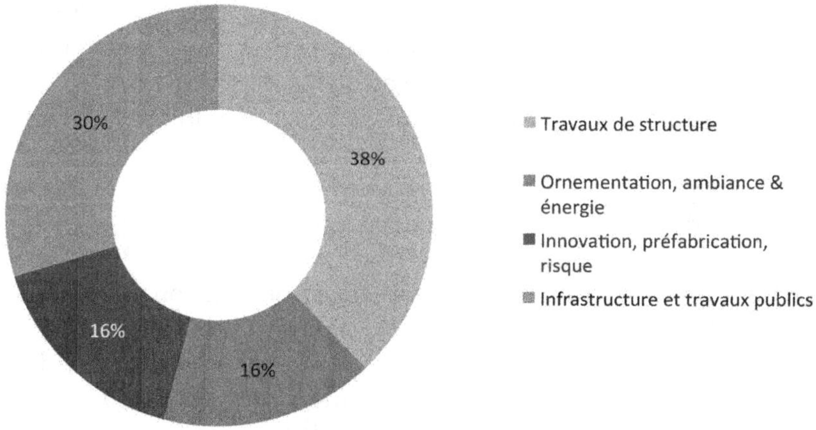

FIG. 27 – Analyse du thème « Techniques » dans les participations françaises aux congrès.

Le champ des techniques dominant lors des congrès (33 % de l'ensemble du corpus) [Fig. 27] se répartit entre trois secteurs importants internationalement travaillés : les travaux de structure (38 %), les infrastructures et travaux publics (30 %), le dernier tiers se partageant équitablement entre l'ornementation, l'ambiance et l'énergie (16 %) et l'innovation, la préfabrication et le risque (16 %).

Robert CARVAIS

V. UN ENSEIGNEMENT RENFORCÉ DANS LES ÉCOLES D'ARCHITECTURE

Depuis une quinzaine d'années environ, les cours d'histoire de la construction se multiplient dans les écoles d'architecture françaises alors qu'ils restent rares dans les écoles d'ingénieurs. Les raisons qui expliquent le développement de ces cours sont multiples. On peut y voir l'essor du nouveau champ d'étude de l'histoire de la construction, comme un intérêt croissant pour la « tectonique » de l'architecture (Frampton 1995). Bruno Reichlin affirmait récemment que l'enseignement très scientifique de la statique et des équipements techniques (dits « ambiances » en France) devait passer par une approche « historico-critique de ces disciplines » afin de montrer « les modalités par lesquelles elles sont devenues constitutives de l'architecture en tant que poétique : la statique s'incarnant dans la tectonique » (Reichlin 2002, 174). Pour certains enseignants donc, les cours d'histoire de la construction permettent de relier le domaine dit des « sciences et techniques de l'architecture » – un domaine qui n'a cessé de s'autonomiser et de se « scientifiser » depuis l'apparition du béton armé – à l'architecture. Pour d'autres, qui intitulent leurs cours « Histoire de l'architecture » à la manière d'Auguste Choisy, l'histoire de la construction et l'histoire de l'architecture se mêlent et se confondent parfois. Force est de constater qu'il n'est pas toujours aisé de mettre en évidence un champ qui est souvent intimement mêlé à l'histoire et à la théorie de l'architecture. Le premier cours français officiellement nommé « Histoire de la construction », assuré par l'historien de l'art Jean Ache au Conservatoire national des arts et métiers entre 1950 et 1979, en est un bon exemple[37].

Les remarques qui suivent portent sur l'examen de cours magistraux abordant explicitement la construction dans une perspective historique et non sur d'autres formes pédagogiques telles que les activités de reconstruction ou de restitution (pratiquées par exemple aux Grands Ateliers

37 Le souhait de Jean Ache était d'attirer l'attention des divers auditeurs du Conservatoire national des arts et métiers sur l'importance de la construction, mais l'histoire des techniques n'est pas toujours au centre de son attention. Voir à ce sujet Valérie Nègre (2011, en particulier p. 77 et suiv.).

de l'Isle d'Abeau), les analyses techniques et structurelles ou encore les mémoires réalisés dans le cadre de séminaires, même si ces exercices conduisent, comme on le sait, à une compréhension intime des techniques du passé. Il s'agit moins de dresser une liste exhaustive des cours, que de repérer différentes manières d'enseigner l'histoire de la construction. Trois approches nous semblent ainsi pouvoir être distinguées.

La première est centrée sur les interactions entre forme et technique. Dans son cours intitulé « Introduction à l'architecture » (Antiquité-XXe siècle)[38], un titre qui évite de manière significative le mot « construction » (pour affirmer sans doute que « l'architecture c'est la construction »)[39] l'architecte-historien Philippe Potié entend montrer « comment l'architecture a pensé son rapport à la matière à travers quelques grandes figures qui structurent l'imaginaire de la discipline ». Les séances prennent pour point de départ des structures (en particulier les voûtes), des matériaux ou – pour le XXe siècle – de grandes figures de l'architecture telles Le Corbusier ou Jean Prouvé. Pour les voûtes par exemple, les cours portent sur : « Rome et Byzance, le mur et la coupole » ; « Roman et Gothique, voûte d'appareil et voûte nervurée », « Renaissance française, la stéréotomie[40] ». C'est dans une perspective comparable que sont pensés les cours de Joël Sakarovitch et de Matteo Porrino à l'École d'architecture Paris-Malaquais. L'objectif est de mettre à jour les « rapports entre conception constructive et structurale des bâtiments et le langage de l'architecture européenne[41] ». Ce sont les grands « systèmes constructifs » que l'architecte-historien des sciences et des techniques Joël Sakarovitch présente – à la manière d'Auguste Choisy – de l'Antiquité à la fin du XVIIIe siècle. Les cours portent sur « le système constructif des pyramides », « le franchissement et le

---

38 École d'architecture de Marne-la-Vallée, puis de Versailles, « Introduction à l'architecture ». Licence 1, semestre 1, cours magistral obligatoire.

39 Selon un *topos* de l'architecture bien connu, voir l'aphorisme de Karl Friedrich Schinkel : « Architektur ist Konstruktion » ou les commentaires du disciple de Jean Rondelet, Abel Blouet, qui écrivait : « l'architecture, c'est la construction ; la construction, c'est l'architecture » (Blouet 1847, I, vi).

40 Pour les matériaux : « Éclectisme et Rationalisme : le métal » ; « Éclectisme et Rationalisme : le béton » ; pour les grandes figures de l'architecture : « Le projet constructif des Modernes », « Le Corbusier » ; « Prolégomènes à une architecture "postindustrielle" », Jean Prouvé.

41 École d'architecture Paris-Malaquais, « Histoire de la construction 1 » (Joël Sakarovitch jusqu'en 2014), Licence 1, semestre 2, cours magistral obligatoire, et « Histoire de la construction 2 » (2013-2015, Matteo Porrino), L2, semestre 3-5, cours magistral optionnel. .

couvrement dans l'antiquité gréco-romaine », « les coupoles : du Panthéon de Rome à Saint Paul de Londres », « le Moyen Âge et les systèmes constructifs développés pendant les périodes romanes et gothiques ». L'optique change en fonction des périodes. L'époque contemporaine est traitée à partir de thèmes plus larges : « l'émergence d'une science de la construction », « l'industrialisation du bâtiment », « les ponts en pierre, en fer et en béton ». Une approche comparable prévaut encore dans les cours d'« Histoire de la construction » (Antiquité-XXe siècle) de Christel Frapier, puis de Guy Lambert à l'École d'architecture de la ville et des territoires à Marne-la-Vallée[42]. À travers l'analyse de types de structures (entablement, voûtes, coupoles) « emblématiques » des périodes évoquées jusqu'au XVIIIe siècle, puis celle des « systèmes techniques » (au sens que Bertrand Gille donne au terme) pour les périodes postérieures (depuis l'ère de « l'architecture métallique » jusqu'à « l'industrialisation du bâtiment »), il s'agit de montrer les « continuités et les ruptures » de l'histoire de la construction. Dans son cours d'« Histoire de la construction » (Préhistoire-XXIe siècle), Anne Coste cherche pour sa part à mettre en évidence différents « modèles constructifs » (« masse / ossature », « poteau/poutre », « arc ») à l'œuvre dans le projet[43]. Du point de vue de la méthode, on le voit, cette approche de l'histoire de la construction, proche de celle de ses « pères fondateurs » (Eugène Viollet-le-Duc, Auguste Choisy pour la France) s'appuie plutôt sur l'analyse d'objets construits (grandes structures, grands projets) et éventuellement de figures de constructeurs. Pensée pour traiter la longue durée, elle semble correspondre à des cours dispensés en première année.

Une deuxième approche, plus « matérielle », accorde à la fabrication et à la mise en œuvre des matériaux une place centrale. Jean-François Belhoste part de l'histoire de la fabrication, qu'il s'agisse de matériaux structurels (le bois, la brique, la fonte, le fer, l'acier, les bétons) ou de matériaux de second œuvre (les tuiles et les éléments de terre cuite, le verre, le plomb, le cuivre et le zinc)[44]. L'examen va des caractéristiques

42 École d'architecture de la Ville et des Territoires, Marne-la-Vallée, « Histoire de la construction », (Ch. Frapier 2010-2013 et depuis 2014 G. Lambert, en remplacement), L1, semestre 1, cours magistral obligatoire.

43 École d'architecture de Grenoble, « Histoire de l'architecture et de la construction », Licence 1, cours magistral obligatoire.

44 École d'architecture de Normandie, « Histoire de la construction » (2006-2015), Licence 3, semestre 1 et 2.

techniques et de la mise en œuvre à l'analyse d'éléments, de parties d'édifices voire d'édifices en totalité. L'historien des techniques relie par exemple la diffusion du vitrage au développement de la fenêtre et examine l'évolution du couple verre/fenêtre à partir de la Renaissance. Les exemples sont essentiellement normands et parisiens afin de pouvoir observer *in-situ* ce qui est montré à l'écran. Cette approche plus « matérielle », se concrétise par l'examen d'échantillons apportés en fin de séance. À cette approche se rattache également le cours d'Hubert Guillaud qui porte sur la construction en terre[45] et celui que Cyrille Simonnet donnait à l'École d'architecture de Grenoble, articulé autour de quatre matériaux (pierre, bois, fer, béton)[46]. C'est ce même cheminement partant des matériaux et des techniques (bois, pierre, plâtre, mortier, argile, fer, béton, réseaux) pour aboutir aux formes, que suit Valérie Nègre[47] ; il s'agit d'observer le va-et-vient entre contraintes matérielles, valeurs politiques, sociales, culturelles des techniques et formes ou dispositifs spatiaux. Trois séances sont consacrées aux savoirs et aux savoir-faire des différents acteurs du bâtiment : artisans, architectes, entrepreneurs. Dans tous les cas on le voit, ce parti conduit souvent à élargir la gamme des techniques étudiées – éventuellement à des matériaux « pauvres » – et à étendre les exemples à des architectures anonymes. À l'École d'architecture Paris-Malaquais, l'historien des techniques André Guillerme[48] couple cette approche « matérielle » à des thèmes plus larges : « la construction légère (bois, fonte, acier) », « la construction lourde (pierre, béton, béton armé) », « les énergies (chauffage, éclairage) de la maison », « l'eau dans la maison », « l'industrialisation ». Signalons également le cours d'« Histoire des techniques pour le projet d'intervention » de Remy Mouterde et Michel Paulin, dispensé pendant

45 École d'architecture de Grenoble, « Introduction à l'histoire de la construction et de l'architecture de terre ». Le cours entre dans le cadre du Post Master « Architecture de terre ». Quatre journées intensives, de cinq heures par jour. Une cinquième journée est réservée à la découverte de la construction en pisé sur le territoire du Nord Isère.

46 École d'architecture de Grenoble, « Histoire de la construction », Licence 3, 2e semestre, cours obligatoire. Deux séances sur la pierre (Antiquité et période moderne) ; deux séances sur le bois (techniques traditionnelles et techniques modernes) ; deux séances sur le métal (âge de la fonte/âge du fer et constructions métalliques) ; deux séances sur le béton (avant et après 1906). Ce cours a été récemment repris par Cédric Avenier.

47 École d'architecture Paris La Villette, « Histoire de la construction » (2006-2015), Licence 1, semestre 2, cours obligatoire.

48 École d'architecture Paris-Malaquais (2014, en remplacement de Joël Sakarovitch), L1, semestre 2, cours obligatoire.

une quinzaine d'années à l'École d'architecture de Lyon. Ce cours qui procédait par matériau, « depuis l'extraction au chantier », avait pour but de préparer les étudiants aux techniques de restauration[49].

La troisième approche qu'il semble utile de distinguer est une approche plus « intellectuelle » et/ou « culturelle », reliant l'approche des techniques constructives à une histoire des idées, des savoirs et des représentations. Certains cours accordent une grande place à la théorisation des techniques. Les séances se focalisent alors sur les discours. Antonio Brucculeri examine par exemple, dans son cours d'« Histoire des techniques de construction » (Moyen-Âge – XIXe siècle), la manière dont les grands architectes de la Renaissance et de la période Baroque discutent et abordent les questions constructives[50], comparant deux manières de concevoir la construction, selon l'idée d'une « construction expérimentale » (à la manière de Filippo Brunelleschi) ou selon l'idée d'une « construction à l'ancienne » (selon Michelozzo di Bartolomeo). Valérie Nègre propose l'analyse de textes (et d'images) qui accordent une place essentielle à la construction[51]. On peut aussi considérer le cours d'« Histoire de la résistance des matériaux » d'Antonella Mastrorilli[52], comme un cours d'histoire des idées ou des théories. Il s'agit de retracer une histoire de la théorie des structures ou des sciences de la construction (du XVIe au XXe siècle). Progressant de manière chronologique, l'architecte-historienne examine successivement les « origines de la mécanique », « le changement de paradigme : de la géométrie à la mécanique », les « développements anciens et récents du problème de Galilée », les « courbes flexibles et élastiques », la

49 École d'architecture de Lyon, « Histoire des techniques pour le projet d'intervention » (1999-2013), Master. Cet enseignement est assez comparable à la partie du cours intitulée « Historic development of Structural Analysis », donné par Werner Lorenz à la Brandenburgische Technische Universität Cottbus. Le cours est intitulé : « Geschichte-Konstruktiver Ingenieurbau » / « History of Structural Engineering ».

50 École d'architecture de Normandie, « Histoire des techniques de construction », (2005-2008), Licence 2, semestre 4. Pour la période Baroque, les séances portent par exemple sur « Le chantier baroque romain et la construction des coupoles dans l'architecture de Francesco Borromini. Le cas de l'église San Carlino alle Quattro Fontane », « Guarino Guarini, la culture stéréotomique et la construction de voûtes et coupoles entre France et Piémont. De la chapelle du Saint-Suaire au palais Carignano à Turin ».

51 École d'architecture Paris La Villette, « Penser la construction (XVIIIe-XXe siècle) » (2006-2010), Master 1, cours magistral optionnel. Textes de : Laugier, Durand, Ruskin, Viollet-le-Duc, Semper, Wagner, Le Corbusier, Wright, Nervi, Bill, Saarinen, Breuer, Piano.

52 École d'architecture de Lyon, « Histoire de la résistance des matériaux », (2010-2012), Master 2, semestre 9.

« naissance et développement de la mécanique des solides ». Le cours de Guy Lambert, portant sur « L'innovation dans les techniques de l'architecture, du siècle des Lumières aux Trente Glorieuses »[53] examine la production de celles-ci comme un processus collectif impliquant un large éventail d'acteurs qui ne se cantonne pas aux architectes, aux entrepreneurs et aux ingénieurs, concepteurs et constructeurs, mais inclut aussi les industriels, les institutions éducatives et plus largement le public. L'intérêt porté à « l'innovation » permet ici sur le mode d'une histoire symétrique de confronter les vecteurs d'encouragement comme de résistance aux renouvellements techniques, qui sont tour à tour d'ordre économique, politique, social et culturel. Ainsi, de grands chantiers comme celui du Panthéon ou plus tard ceux de la préfabrication lourde peuvent apparaître comme des lieux de confrontations de cultures productives tandis que l'émergence de la construction métallique, puis celle du béton armé peuvent être interprétées en termes de « substitution », d'« expérimentation » et de « normalisation ».

Ces différentes approches peuvent se conjuguer comme dans le cours « Architecture, science and technology. 18th Century-Present »[54], qu'Antoine Picon donne à l'université d'Harvard. Les séances visent à montrer comment la science et la technique dialoguent avec l'architecture et la renouvellent. Mais l'examen prend tantôt pour point de départ des idées (comment les sciences influencent la théorie architecturale ou la manière de penser la discipline) tantôt des matériaux et les procédés de construction. L'ingénieur-historien montre ainsi comment le béton accompagne le développement des structures tridimensionnelles ou comment le développement des réseaux de ventilation, conduit à l'éclectisme technologique d'Archigram[55]. Les cours mêlent, pour les XIXe et XXe siècles une histoire des matériaux et des structures à une histoire des grands constructeurs et des grands édifices (« Nineteenth-Century iron. Construction, from Ironbridge to Crystal Palace », « Concrete

53 École d'architecture Paris Belleville, « L'innovation dans les techniques de l'architecture. Du siècle des Lumières aux Trente Glorieuses » (2009-2014), Master 1, semestre 7, cours magistral obligatoire.

54 Harvard University Graduate School of Design, Cambridge, MA, « Architecture, science and technology. 18th Century-Present », Master, cours magistral.

55 Par exemple : « Twentieth-Century concrete engineering : Robert Maillart, Eduardo Torroja, Felix Candela, Eugène Freyssinet » ; « Archigram and technological utopia in the 1960's ».

architecture, Auguste Perret, Le Corbusier, Frank Llyod Wright, and Marcel Breuer »). Une place importante est faite aux technologies du XXIe siècle, traitées à partir de questions scientifiques larges : « Digital culture and architecture today », « The rise of the environmental dimension », « Nature, design and technology ».

Occupant aujourd'hui une place significative dans les écoles d'architecture françaises, ces cours d'histoire de la construction s'inscrivent souvent à la croisée de plusieurs champs de l'enseignement, encouragés notamment par le domaine des « Sciences et techniques pour l'architecture » comme dans le cas des écoles de Paris La Villette et de Paris-Belleville par exemple. Pour autant, ces cours ne sont pas forcément très pérennes : dépendant en grande partie des centres d'intérêt des enseignants, leur contenu et leur orientation évoluent quand ces derniers changent au point que leur existence est parfois remise en question.

Dans quelle mesure la diversité des approches observées ici reflète-t-elle la diversité de formation des enseignants ayant élaboré ces cours : historiens de l'art, architectes, ingénieurs, historiens des techniques ? L'histoire de la construction enseignée dans les écoles d'architecture en France porte davantage sur le bâtiment que sur les infrastructures et les grands travaux. L'histoire de la théorie des structures y occupe une place assez faible. La période très contemporaine, l'histoire du temps présent et la question des nouveaux matériaux récents y est peu traitée d'un point de vue historique.

Élargir ce panorama de l'enseignement de l'histoire de la construction, centré ici sur les cours magistraux, à d'autres formes pédagogiques comme les séminaires de master conduirait sans doute à enrichir à la fois l'éventail des approches, mais aussi celui des contenus. Certains de ces séminaires sont en effet spécifiquement consacrés à ces questions, invitant les étudiants à consacrer leur mémoire à des infrastructures ou des structures[56]. Cette autre forme d'enseignement de l'histoire de la construction fait volontiers dialoguer ce champ avec d'autres et permet d'interroger les rapports entre histoire et pratique.

56 Ainsi, à l'École d'architecture de Bretagne par exemple, Gilles Guezo assure depuis 2013 un séminaire de Master « Histoire de la construction ». Les thèmes de « mémoires » portent sur les infrastructures (chemin de fer, autoroutes, ponts, etc.) ou sur les grandes structures (espaces d'exposition, de commerce ou de sport, Grand Palais, CNIT, halles, piscines, etc.).

RÉFÉRENCES

Blouet, Abel. 1847. *Traité théorique et pratique de bâtir, de Jean Rondelet [...] Supplément.*

Frampton, Kenneth. 1995. *Studies on Tectonic Culture*, Cambridge MA, MIT Press.

Nègre, Valérie. 2011. « L'enseignement de l'architecture au Conservatoire national des arts et métiers (1854-1971) », dans Guy Lambert et Estelle Thibault, dir.), *L'atelier et l'amphithéâtre, les écoles de l'architecture, entre théorie et pratique*, Liège, Mardaga, 2011, p. 65-97.

Reichlin, Bruno. 2002. « Quelle histoire peut nous aider à travailler sur l'architecture moderne et contemporaine ? Une opportunité de redéfinition de la discipline », *Les Cahiers de la recherche architecturale et urbaine*, n° 9-10, 2002.

Valérie Nègre,
Université Paris 1
Panthéon-Sorbonne
(UMR IHMC 8066)

Guy Lambert,
ÉNSA de Paris-Belleville,
IPRAUS (UMR AUSser 3329)

VI. UNE RECHERCHE DANS LES INSTITUTIONS UNIVERSITAIRES ET AU CNRS

L'origine professionnelle d'une grande partie des membres de l'Association francophone d'histoire de la construction comme des contributeurs français aux congrès francophones ou internationaux consacrés à cette thématique atteste de la forte implication des universitaires et des chercheurs du CNRS dans ce domaine de la recherche[57]. À ne consulter que la liste des contributeurs aux *Congrès francophones d'histoire de la construction*, ces derniers représentent entre un quart et un cinquième des auteurs[58]. Tenter d'apprécier la place exacte dévolue à l'histoire de la construction dans ces institutions s'avère toutefois bien malaisé. Cela tient pour partie au fait que cette approche se présente comme transversale aux grands champs académiques qui structurent fortement la recherche, et ceci à deux niveaux : celui des divisions entre sciences humaines et sociales, sciences de l'ingénieur ou sciences de la vie et de la terre, d'une part ; celui d'une répartition entre disciplines voisines et parfois concurrentes (histoire de l'art, archéologie, histoire, histoire des techniques, histoire du droit, histoire de l'économie, par exemple, pour n'évoquer que celles dépendantes des sciences humaines et sociales). Le caractère interdisciplinaire de l'histoire de la construction, que l'on peut considérer comme une de ses forces, s'avère être, en ce sens, une forme de faiblesse dans la mesure où il limite sa lisibilité sur le plan institutionnel. Et ceci d'autant plus que, même si l'on peut faire remonter les prémices de l'histoire de la construction au XIXe, voire au XVIIIe siècle, son développement récent en France ne lui donne pas encore réellement droit de cité. Que l'on prenne, par exemple, la Société des historiens médiévistes de l'enseignement supérieur public (SHMESP),

57 Le cas particulier des écoles d'architecture est envisagé dans un autre chapitre, même si celles-ci peuvent se trouver associées, via une Unité Mixte de Recherche (UMR), à des université et au CNRS, comme dans le cas du laboratoire LAURE de l'École Nationale Supérieure d'Architecture de Lyon, composante de l'UMR 5600 Environnement, Ville et Société, aux côtés de laboratoires des universités de Lyon 2 et Lyon 3, entre autres, voir http://umr5600.cnrs.fr/fr/le-laboratoire/.

58 Le reste de la population participant à ces congrès se partage entre les étrangers, les enseignants des écoles d'architecture et les personnes avec un rattachement non statutaire (post-doctorants, associés, etc.).

société qui regroupe la plus grande partie des historiens universitaires français travaillant sur le Moyen Âge. Une recherche menée dans la vaste bibliographie en ligne des travaux des membres de cette association permet de constater que les mots-clés sous lesquels se retrouvent des publications entrant dans le champ de l'histoire de la construction sont multiples : Architecture (189 résultats) ; Bâtiments religieux et laïques, aménagements (136) ; Procédés techniques et innovations (57) ; Entreprises industrielles et grands chantiers (16) ; construction et travail de la pierre (59) ; Travail du bois (14) ; etc. Le mot-clé *Histoire de la construction* n'y apparaît pas, cette dernière ne faisant littéralement pas encore référence.

Le problème pourrait être contourné en interrogeant directement les programmes des structures de base de la recherche que sont les laboratoires. Des références, sinon explicites à « l'histoire de la construction » du moins à une étude historique de la construction, s'y rencontrent. Ainsi, les renseignements disponibles en ligne sur le site du laboratoire AOROC (UMR 8546, CNRS-ENS), spécialisé en archéologie et philologie de l'Orient et de l'Occident (1000 av.-1500 ap. J.C.), nous permettent-ils, par exemple, de trouver des références claires à la construction dans sa thématique (n° 2) sur « La circulation des biens », à travers l'étude des matières premières destinées à la fabrication d'outils et d'ustensiles ou à la construction (métaux, verre importé des côtes levantines, pigments, pierres précieuses, marbres, meules, etc.), et dans sa thématique (n° 3) sur « L'immatériel, transfert de savoirs et savoir-faire dans le domaine des arts et des croyances », avec une réflexion conduite sur l'étude des nouvelles techniques de construction qui se répandent également sur le pourtour méditerranéen.

Une recherche systématique à ce niveau se révèle toutefois problématique sinon impossible du fait de l'absence d'outil fiable et global pour appréhender l'ensemble des recherches conduites au sein des quelques 80 universités françaises et des nombreux laboratoires[59] dans lesquels sont répartis les chercheurs du CNRS[60]. Car l'une des caractéristiques qu'il faut souligner pour la France – et qui n'a rien de spécifique à l'histoire de la construction – est l'absence de recouvrement exact entre

59 Chaque université peut en compter plusieurs dizaines.

60 Si le CNRS propose bien un annuaire en ligne (https://anuaire.cnrs.fr/l3c/owa/annuaire.recherche/index.html) qui recense ses différents laboratoires, la consultation de celui-ci s'avère très décevante, pour notre propos, dans la mesure où les informations qu'il renferme sont de précision inégale et où les présentations se révèlent incomplètes et non à jour, comme nous avons pu le vérifier pour plusieurs laboratoires.

enseignement et recherche ; une partie de la recherche pouvant, dans le cadre d'une institution comme le CNRS, s'effectuer sans liens directs ou réguliers avec la responsabilité d'un enseignement.

Dans ces conditions, aucune évaluation précise, aucune quantification, ne saurait être proposée. Notre présentation, ne prétendant aucunement à l'exhaustivité, ne prendra de ce fait pas la forme d'un véritable bilan mais cherchera à dégager à grands traits la place tenue par la recherche en histoire de la construction à l'université et au CNRS, en France.

UNE DIFFUSION AMPLE MAIS UNE VISIBILITÉ INSTITUTIONNELLE ENCORE MODESTE

Les dépouillements bibliographiques effectués dans l'optique de cette contribution permettent d'observer, au-delà de la richesse avérée de la production dans ce domaine, un large dispersement des auteurs sur tout le territoire français. À ce titre, aucun centre majeur ne peut être mis en évidence, mais il convient d'introduire deux nuances dans cette remarque. En effet, l'histoire de la construction peut, en premier lieu, se limiter à une voie empruntée de manière plus ou moins incidente par des chercheurs dont l'essentiel de l'activité est ailleurs. Nous pouvons en prendre pour exemple le cas, non isolé, d'un historien comme Patrick Boucheron, titulaire de la chaire d'Histoire des pouvoirs en Europe occidentale, XIIIe-XVIe siècle au Collège de France, dont l'ouvrage *Le pouvoir de bâtir. Urbanisme et politique édilitaire à Milan (XIVe-XVe siècles)*, publié à Rome en 1998, compte des pages majeures sur les chantiers milanais de la fin du Moyen Âge.

L'histoire de la construction occupe, à la croisée de plusieurs disciplines, une place particulière qui la fait apparaître plus comme une pratique, une méthode, que comme une spécialité. Ainsi la trouvons-nous convoquée dans des projets universitaires divers centrés sur « l'économie templière en Occident »[61], les notions d'expertise et de conseil[62] ou la place de l'université dans la ville[63] – pour n'en prendre que quelques exemples.

61 Ce colloque, dont le titre complet est « L'économie templière en Occident : patrimoines, commerce, finances », organisé à Troyes du 24 au 26 octobre 2012, avait pour objectif de « dresser le bilan des recherches sur l'économie templière », notamment à travers les « entreprises de construction et la conception des bâtiments économiques ».

62 Le 42e Congrès de la SHMESP intitulé *Expertise et conseil au Moyen Âge*, qui s'est tenu à Oxford du 31 mars au 2 avril 2011, a ainsi réservé une de ses sessions à « Experts et constructions ».

63 Un colloque international, organisé par l'université de Paris Est Créteil, celle de Marne-la-Vallée et l'École normale supérieure de Lyon, sur le thème « L'université dans la ville :

Une autre nuance à apporter à cette large diffusion est le fait que celle-ci est plus « individuelle » que « collective ». En d'autres termes, si de nombreux chercheurs et enseignants-chercheurs inscrivent une partie de leurs travaux dans le champ de l'histoire de la construction, cette inscription est plus rarement le fait d'équipes constituées, institutionnelles, et se retrouve moins souvent inscrite dans les programmes de recherche des laboratoires ou dans les descriptifs d'enseignements.

Le séminaire « Histoire de la construction » coorganisé par Le Laboratoire de médiévistique occidentale de Paris (LaMOP, UMR 8589, CNRS – Université Paris 1 Panthéon-Sorbonne), le Centre de théorie et analyse du droit (CTAD, UMR 7074, CNRS – Université Paris Nanterre) et le Laboratoire Archéologie et Philologie d'Orient et d'Occident (AOROC, UMR 8546, ENS-CNRS)[64], fait, ici, figure d'exception. Une exception qui doit beaucoup à une démarche que l'on pourrait qualifier de « militante » de ses organisateurs, par ailleurs tous impliqués fortement dans l'Association francophone d'histoire de la construction. L'histoire même de ce séminaire est révélatrice des difficultés rencontrées pour faire reconnaître cette approche. Lancé en 2009 par une historienne, un juriste et un historien des techniques[65] rapidement rejoints par un enseignant de l'école nationale supérieure d'architecture de Paris Malaquais[66], ce séminaire n'apparaît qu'à partir de 2016 comme Unité d'Enseignement dans le parcours du Master

les espaces universitaires et leurs usage en Europe du XIIIe au XXIe siècle » les 25-26 septembre 2014 à Créteil et Marne-la-Vallée, évoquait dans sa lettre de cadrage, parmi les sujets à traiter (point 4) : les « aspects matériels de la construction d'une université : les acteurs, les coûts, les moyens mis en œuvre ».

64 Ce séminaire initié en 2009 a été également codirigé la première année par Valérie Theis, Université de Paris-Est / Marne La Vallée, puis Joël Sakarovitch nous a rejoint jusqu'à sa disparition. Depuis fin 2014, Hélène Dessales nous y a rejoints. Il a été organisé pendant deux années en association avec la « Sapienza » Università di Roma, Dipartimento di storia dell'Architettura, restauro e conservazione dei beni architettonici, le Departamento de História – ICS, Universidade do Minho ; CITCEM et la Katholieke Universiteit Leuven, department Architektuer Stedenbouw en Ruimtelijke Ordening, puis occasionnellement en collaboration d'équipes étrangères ou françaises mais non parisienne. Voir *in fine* la liste des thèmes abordés.

65 En l'occurrence : Valérie Theis (alors enseignante à l'Université de Paris-Est / Marne La Vallée), Robert Carvais (alors chercheur au CNRS, CEHJ-IHD UMR 7184, CNRS-Université Paris 2) et Philippe Bernardi (chercheur CNRS, LaMOP, UMR 8589, CRNS-Université Paris1 Panthéon-Sorbonne).

66 Joël Sakarovitch, alors enseignant au Laboratoire *Géométrie-Structure-Architecture* (GSA), École nationale supérieure d'architecture Paris-Malaquais.

d'Histoire médiévale de l'université Paris 1. C'est à l'implication d'Hélène Dessales (enseignante à l'ENS) dans l'organisation du séminaire à partir de l'année universitaire 2015-2016 que l'on doit aussi son inscription dans la plaquette de l'UFR d'Histoire de l'art et d'Archéologie de cette université et le soutien reçu de la part du laboratoire d'excellence TransferS.

Notre approche peine le plus souvent, au sein des laboratoires et des établissements universitaires, à atteindre la masse critique de chercheurs et enseignants-chercheurs qui lui permettrait de s'imposer comme une thématique « à part entière ». Ainsi ne la voit-on s'affirmer à travers des références explicites à la « construction » que dans des centres relativement importants tels qu'à Lyon, Bordeaux, Toulouse ou Paris. C'est, du reste, parfois par le biais d'associations entre laboratoires que cette masse critique est atteinte, comme dans le cas du séminaire « Histoire de la construction », déjà mentionné.

L'histoire de la construction y est encore fréquemment recouverte par les notions beaucoup plus amples de « Monuments » ou « Architecture ». Le cas du Centre d'études supérieures de civilisation médiévale (CESCM), unité mixte de recherche (UMR 7302) entre l'université de Poitiers et le CNRS, en offre un bon exemple. L'un des axes principaux de recherche de ce laboratoire est dénommé « Territoires, monuments et techniques » qui envisage les thèmes suivants : Architecture religieuse ; Églises et cathédrales ; Monastères ; Monographies ; Art roman, art gothique ; Aquitaine et pays ligériens ; Limousin médiéval. Or cet axe, comme le précise le texte de présentation posté sur le site du laboratoire, comporte cinq programmes et s'intéresse aux « aspects iconologiques, formels, fonctionnels, économiques et techniques du 'monument' médiéval en élévation, mais aussi à ses vestiges, à la micro-société qu'il abrite, voire à ses traces infimes dans les textes ou le paysage ». Il s'agit ainsi, entre autres, de mener une réflexion sur « les techniques, depuis la statique du voûtement jusqu'à la moindre ferronnerie, en passant par la mise en œuvre de la pierre de taille ou les ouvertures de tir ».

La démarche mise en œuvre rejoint celle de l'histoire de la construction mais on peut objecter que les acteurs ne se reconnaissent pas nécessairement dans cette dernière. Ce peut être vrai dans certains cas, toutefois la responsable même de l'axe, Claude Andrault-Schmitt, compte parmi les contributeurs du premier Congrès francophone d'histoire de la construction et ne semble, de ce fait, pas opposée à l'émergence de ce nouveau champ. L'absence de référence à l'histoire de la construction paraît, dans ce cas comme dans beaucoup d'autres, liée au fait que cette appellation souffre encore d'un maque de reconnaissance ou de « lisibilité » dans notre communauté mais aussi qu'elle se trouve englobée dans des notions jugées comme plus larges et sous lesquelles plusieurs approches peuvent se côtoyer.

DIVERSITÉ DES PROFILS

La pluridisciplinarité qui fonde l'histoire de la construction va de pair avec la diversité des profils des chercheurs et enseignants-chercheurs qui contribuent à cette approche même à l'intérieur des structures universitaires et de recherche. Cette diversité est, en premier lieu, d'ordre statutaire. Outre les corps institutionnels de professeurs, maîtres de conférence, directeurs de recherche, chargés de recherche et ingénieurs de recherche entre lesquels les personnels se répartissent, il faut faire une place importante aux doctorants et post-doctorants, parfois issus de milieux et de formations très variés. Il convient également de prendre en considération le rôle d'encadrement de la recherche que les laboratoires peuvent être amenés à jouer à travers le rattachement comme chercheurs associés de personnels d'autres structures (Institut national de recherches archéologiques préventives ; services archéologiques départementaux, municipaux ou régionaux ; musées ; services culturels ; etc.) ou d'amateurs éclairés.

La diversité est, par ailleurs, manifeste si l'on considère les disciplines ou les formations des acteurs de la recherche en histoire de la construction. Juristes, géographes, ethnologues, architectes, historiens, historiens de sciences, historiens des techniques, archéologues, historiens de l'art, anthropologues, économistes… la liste doit, là encore, demeurer ouverte notamment en raison de la variété de profil des doctorants et chercheurs associés.

Pour le moment et à en juger par les contributions aux congrès comme par les inscriptions à l'Association francophone d'histoire de la construction, l'implication dans le champ qui nous intéresse s'avère, pour beaucoup de ces chercheurs, relativement ponctuelle voire opportuniste – sans donner à ce qualificatif d'acception négative. Cela tient vraisemblablement autant à la diversité des travaux ou des approches conduites qu'à l'inscription nécessaire, au niveau de nos tutelles, dans des champs de recherche bien identifiés et reconnus, ce que l'histoire de la construction n'est pas encore, il faut le reconnaître. La fidélisation de l'importante population des chercheurs « gyrovagues » ou des contributeurs ponctuels et leur implication dans la démarche engagée est un défi important pour le devenir de l'histoire de la construction.

UNE HISTOIRE DE LA CONSTRUCTION PROTÉIFORME

La diversité des acteurs qui mènent des travaux au sein même des institutions universitaires et de recherche débouche sur une multiplicité de produits. Aux côtés des cours et des séminaires, des congrès, colloques et autres journées d'études, des articles et des ouvrages, il faut, en effet, faire une place à des manifestations ou des produits moins « classiques » pour ce milieu. C'est le cas, par exemple, du film *Yaodong, petit traité de construction*, proposé par Élodie Brosseau et Caroline Bodolec[67], prix du Patrimoine culturel immatériel au Festival international du film ethnographique Jean Rouch (2012), prix Coup de Pouce du Festival du film de chercheur de Nancy (2014) et prix du documentaire de société au Festival du film chinois de Paris (2015). C'est le cas aussi d'une exposition comme *Quatre architectes pour une église : la controverse de Bédoin*, montée par plusieurs universitaires et chercheurs du CNRS avec le service Culture et Patrimoine de la Communauté de communes Ventoux Provence en 2015 à Carpentras, puis à Bédoin (Vaucluse), en 2016. Il faut aussi tenir compte de la place tenue par les universitaires et chercheurs du CNRS dans la mise en place d'une association dédiée à l'histoire de la construction, dans l'animation du site de cette dernière et dans la création de la revue *Ædificare* qui lui est dédiée.

La liste, là encore, ne prétend pas à l'exhaustivité.

Il a déjà été fait à plusieurs reprises mention de la diversité des approches sollicitées qui, de l'archéologie aux analyses physico-chimiques, donnent un caractère résolument pluridisciplinaire à l'histoire de la construction. Il nous faut encore y revenir pour souligner l'importance prise, dans ce domaine de recherche, par les objets singuliers que sont les matériaux de construction. Au croisement de l'archéologie, de l'archéométrie, de l'analyse économique ou juridique comme de celle conduite sur l'environnement ou les manifestations du pouvoir, les matériaux occupent une place singulière dans l'approche de l'histoire de la construction. Cela tient, pour une

67 Voir https://cecmc.hypotheses.org/6898.

bonne part, à l'importance accordée dès le XIXe siècle aux recherches sur la pierre de taille – élément majeur de la monumentalité des constructions alors prioritairement étudiées – et aux réactions apparues à partir des années 1970 face à cette domination du monumental. Le mouvement, particulièrement vif dans le monde universitaire[68], a conduit à une prise en compte des constructions plus modestes et, partant, des autres matériaux. L'interdisciplinarité valorisée par les tutelles universitaires et le CNRS a conduit au développement d'un dialogue entre sciences humaines et sciences dures à travers la prise en compte croissante des apports de l'archéométrie. L'étude des matériaux se présentant comme un des lieux privilégiés des échanges entre disciplines, elle occupe une place très importante en histoire de la construction. On en prendra pour exemple l'engagement de l'IRAMAT-CRP2A (Institut de recherche sur les Archéomatériaux – Centre de recherche en physique appliquée à l'archéologie) dans une structure fédérative des Sciences archéologiques avec l'UMR Ausonius (UMR 5607 associant des chercheurs et enseignants-chercheurs travaillant sur une vaste période chronologique (de la protohistoire à la fin du Moyen Âge) et comprenant des historiens, des historiens de l'art, des archéologues et des spécialistes des textes anciens) et l'UMR PACEA (UMR 5199 rattachée au CNRS, à l'université de Bordeaux et au Ministère de la Culture et de la Communication, associée à l'INRAP et accueillant du personnel de l'EPHE, dont les recherches s'inscrivent dans des thèmes et des axes méthodologiques adossés à des plateformes techniques).

L'archéologie pèse d'un poids particulièrement lourd dans ce domaine, et le développement de l'archéologie du bâti, là encore en grande partie porté par l'Université et le CNRS, marque profondément les recherches. Cela s'exprime notamment par l'intérêt porté, au-delà des matériaux, aux techniques de construction.

Techniques de construction et matériaux se présentent comme des points de rencontre particulièrement évidents entre les différents acteurs de la recherche en histoire de la construction, qu'ils soient historiens, archéologues, architectes ou ingénieurs. Il n'en va pas de même des

68 Il faut, ici, mentionner le caractère « fondateur » du congrès de la SHMESP tenu à Besançon en 1972 avec pour thème « La construction au Moyen Âge. Histoire et archéologie » et dont les actes, publiés l'année suivante, se présentent comme un manifeste pour le développement d'une archéologie du vernaculaire, c'est-à-dire des constructions faites en d'autres matériaux que la pierre de taille.

questions d'économie ou de droit liées à la construction qui demeurent, pour l'essentiel, traitées dans le cadre des établissements universitaires et du CNRS où elles occupent, du reste, une place très minoritaire.

On ne peut, pour conclure cette rapide présentation, que revenir sur le manque d'outils à notre disposition pour apprécier précisément ou quantitativement la place de l'histoire de la construction dans les institutions universitaires et au CNRS. Pour partielle qu'elle soit, l'appréhension que l'on peut avoir de ce domaine de recherche nous permet de pointer la diversité qui le caractérise. Diversité des approches, diversité des acteurs et diversité des productions mettent en évidence la diffusion que les questionnements issus de ce champ de recherche peut connaître à l'Université et au CNRS. Cette diffusion est incontestablement un atout, mais elle représente aussi une faiblesse dans la mesure où les effectifs sont inconstants et atteignent rarement, dans les structures considérées, la masse critique susceptible de procurer une réelle visibilité à notre approche. Le milieu universitaire comme le CNRS jouent un rôle dynamique dans la lisibilité progressive que semble acquérir l'histoire de la construction. Force est de constater que l'effort fait dans ce sens par les divers acteurs animant ce champ de recherche est à poursuivre.

LISTE DES THÈMES ABORDÉS
DANS LE SÉMINAIRE « HISTOIRE DE LA CONSTRUCTION »

2009-2010

- 18 janvier 2010 : le lieu du chantier
- 22 février 2010 : L'organisation du travail
- 15 mars 2010 : Les fondations (séance coordonnée par la « Sapienza » Università di Roma, Dipartimento di storia dell'Architettura, restauro e conservazione dei beni architettonici, Daniela Esposito)
- 3 mai 2010 : La population des bâtisseurs (séance coordonnée par l'Universidade do Minho, Departamento de História et CITCEM, Arnaldo Rui Azevedo de Sousa Melo)
- 31 mai 2010 : Projet et implantation (séance coordonnée par la Katholieke Universiteit Leuven, Departement Architektuur Stedenbouw en Ruimtelijke Ordening, Krista de Jonge)
- 21 juin 2010 : Regards sur l'histoire de la construction en Asie et premières conclusions sur la Controverse de Bédoin

2010-2011

- 14 décembre 2010 : « Qu'est-ce que l'histoire de la construction ? » table-ronde internationale / Création de l'Association Francophone d'Histoire de la Construction
- 31 janvier 2011 : Charpentes médiévales et modernes : quelques études récentes
- 14 mars 2011 : Droit et construction
- 4 avril 2011 : Économie et construction
- 16 mai 2011 : Déconstruction et démontage sur les chantiers médiévaux et modernes (séance coordonnée par la « Sapienza » Università di Roma, Dipartimento di storia dell'Architettura, restauro e conservazione dei beni architettonici)
- 20 juin 2011 : Autour de quelques expertises catalanes des XIVe-XVIIe s. : Gérone, Barcelone et Palma de Majorque (séance coordonnée par le Departament d'História de l'Art de l'Universitat de Barcelona, Joan Domenge i Mesquida)

2011-2012

Interruption pour cause de 4ICCH

2012-2013

Interruption pour cause de 4ICCH

2013-2014

- 2 décembre 2013 : Comment traiter la construction ? Traités de construction ou traités d'architecture
- 20 janvier 2014 : Le plâtre, matériau de construction
- 18 février 2014 : Conférence exceptionnelle : La construction du monastère de Batalha
- 24 mars 2014 : Filmer la construction des voûtes
- 2 juin 2014 : Entreprendre dans le bâtiment aux époques médiévale, moderne et contemporaine : Oser, risquer, gérer (séance coordonnée par Sandrine Victor)

2014-2015

- 8 décembre 2014 : Acoustique et architecture (séance coordonnée par B. Palazzo-Bertholon Archéologue, chercheur associé au CESCM, Poitiers)
- 9 février 2015 : La chaux : production et usages
- 23 mars 2015 : Controverses constructives
- 13 avril 2015 : Construire et démolir à Rome entre XVe et XVIe siècles « … *in dictis locis locatis fabricando seu destruendo et cavando…* ». (Séance coordonnée par D. Esposito et M. G. D'Amelio)
- 18 mai 2015 : Les architectures éphémères
- 29 mai 2015 : Les contrats de construction

2015-2016

- 14 décembre 2015 : Les métiers du bâtiment
- 11 janvier 2016 : L'administration des bâtiments
- 14 mars 2016 : La terre et le sable, matériaux insignifiants ?
- 9 mai 2016 : Une histoire des malfaçons : désordres, vices, lésions, défauts, ratés, repentirs, erreurs pathologiques, dégradations, détériorations et corruptions
- 20 juin 2016 : Modèles, maquettes et chefs d'œuvre

2016-2017

- 5 décembre 2016 : Construire face au risque sismique à travers le monde
- 9 janvier 2017 : La brique
- 6 février 2017 : La préfabrication en matière constructive
- 13 mars 2017 : Séance doctorale (organisée par les doctorants) : Le bâtiment, un chantier perpétuel ? Entretien, réparation, restauration
- 15 mai 2017 : Les sources du chantier

Philippe BERNARDI,
CNRS, Lamop – UMR 8589 /
Université de Paris 1
Panthéon-Sorbonne

ANNEXE 1
Bibliographie française d'histoire de la construction, 2004-2014

OUVRAGES ÉDITÉS ET RÉÉDITÉS EN FRANCE, TRADUCTIONS D'OUVRAGES ÉTRANGERS

A

Abram, Joseph. 2006. *Claude Prouvé, le tri postal de Nancy : œuvre majeure des années 70*. Paris : Éd. Jean-Michel Place.

Adam, Jean-Pierre. 2007. *La Construction romaine : Matériaux et techniques*. Paris : Picard (1re édition, 1984) 5e édition.

Adell-Gombert, Nicolas de. 2008. *Les Hommes de Devoir. Les compagnons du Tour de France (XVIIIe-XIXe s.)*. Paris : Éditions de la Maison des sciences de l'Homme (Ethnologie de la France).

Adjavou, Akolly. 2004. *Économie de la construction à Lomé*. Paris : Association pour la recherche et le développement en urbanisme, École africaine et mauricienne d'architecture et d'urbanisme, L'Harmattan.

Alix, Clément et Frédéric Épaud, dir. 2013. *La construction en pan de bois au Moyen Âge et à la Renaissance*. Rennes : Presses Universitaires de Rennes.

Allain, Yves-Marie. 2010. *Une histoire des serres : de l'orangerie au palais de cristal*. Versailles : Éd. Quae.

Allard, Jean-Marie, Alain Carof, Jean-Luc de Ochandino, Alain Faure, Jean Martin, Roland Nicoux et Louis Pérouas. 2009. *Les migrants limousins du bâtiment au tournant des XIXe et XXe siècles. Le feuilleton d'un anonyme et le rôle de l'Église. La vie des hommes et leur héritage bâti dans la Combraille*. Felletin : Association les Maçons de la Creuse.

Amato, Claudio d' et Giuseppe Fallacara. 2005. *L'art de la stéréotomie : les Compagnons du Devoir et les merveilles de la construction en pierre = L'arte della stereotomia : i Compagnons du Devoir e le meraviglie della costruzione in pietra (Exposition. Vérone)*. Paris : librairie du Compagnonnage.

Andia, Béatrice de et Caroline François, dir. 2006. *Les Cathédrales du commerce parisien. Grands magasins et enseignes*. Exposition. Paris, Musée Cognacq-Jay. Paris : Action artistique de la Ville de Paris.

Andrault-Schmitt, Claude, dir. 2006. *Saint-Martial de Limoges. Ambition politique et production culturelle (Xe-XIIIe siècles)*. Limoges : Presses universitaire de Limoges.

Andrault-Schmitt, Claude. 2010. *La cathédrale de Tours*. La Crèche : Geste éditions.

Andrault-Schmitt, Claude. 2013. *La cathédrale Saint-Pierre de Poitiers : enquêtes croisées*. La Crèche : Geste éditions.

Andrault-Schmitt, Claude et Philippe Depreux, dir. 2014. *Les chapitres séculiers et leur culture : Vie canoniale, art et musique à Saint-Yrieix (VIe-XIIIe siècle)*. Limoges : Presses universitaires de Limoges.

Antoine, Annie, Martine Cocaud et Daniel Pichot, dir. 2005. *La maison rurale en pays d'habitat dispersé de l'Antiquité au XXe siècle*, Colloque (Rennes, 2002). Rennes : Presses Universitaires de Rennes.

Architectures de brique en Île-de-France 1850-1950 / Inventaire général du patrimoine culturel, *Cahiers du Patrimoine*, nº 105, 2004. Région Île-de-France ; réd. Antoine Le Bas ; Photographe, Jean-Bernard Vialles ; dessins cartographie, Diane Betored, Sharareh Rezaï Amin. Paris : Somogy, éditions d'art.

Association des amis de L'Abbaye de Boscodon. 2007. *Nombre et lumière : Recherches sur l'architecture romane à l'Abbaye de Boscodon*. Crots : Abbaye de Boscodon.

Association Luneville Château des Lumières, 2005. *Lunéville : histoire du château*. Lunéville : Association Lunéville Château des Lumières.

Avenier, Cédric, dir. 2007. *Ciment naturel*. Grenoble : Glénat.

Avenier, Cédric. 2010. *Les ciments de l'Isère : deux siècles d'innovation*. Veurey : Éd. Le Dauphiné Libéré.

Ayats, Alain. 2005. *Les fortifications de Vauban : découverte guidée en pays catalan*. Canet : Éd. Trabucaire.

B

Barjot, Dominique. 2006. *La Grande entreprise française de Travaux Publics, 1883-1974*. Paris : Economica.

Barjot, Dominique et Jacques Dubreuil, dir. 2008. *150 ans de génie civil. Une histoire de centraliens*. Paris : PUPS.

Barjot, Dominique. 2014. *Bouygues. Les ressorts d'un destin entrepreneurial*. Paris : Economica.

Barjot, Dominique et Marco Bertilorenzi, dir. 2014. *Aluminium : du métal de luxe au métal de masse (XIXe-XXe siècle) / Aluminium : from Precious Metal to Mass Commodity (19th-20th Century).* Paris : Presses de l'Université Paris-Sorbonne.

Barles, Sabine. 2005. *L'Invention des déchets urbains. France 1790-1970.* Paris : Champ Vallon.

Barral I Altet, Xavier, dir. 2004. *Vivre au palais à Montpellier et en Languedoc au Moyen Age XIIe-XVe siècles.* Exposition. Gérone : Fundacio Caixa.

Barthes, Roland et André Martin. 2011. *La Tour Eiffel.* Paris : Éd. du Seuil.

Baudez, Basile. 2012. *Architecture & tradition académique au temps des Lumières.* Rennes : PUR.

Baudez, Basile, dir. 2008. *Grands chantiers et matériaux*, numéro thématique de la revue *Livraisons d'histoire de l'architecture*, n° 16, 2e semestre.

Bayard, Jean-Pierre. 2009. La tradition cachée des cathédrales : du symbolisme médiéval à la *réalisation architecturale.* Dangles : Escalquens.

Bea, Adeline, Philippe Poitou et Sonia Servant. 2011. *Aux sources du Canal du Midi. Son système d'alimentation.* Toulouse : Région Midi-Pyrénées.

Béchu, Philippe et Christian Taillard. 2005. *Les Hôtels de Soubise et de Rohan-Strasbourg : Marchés de construction et de décor.* Paris : Somogy.

Becchi, Antonio, Hélène Rousteau-Chambon et Joël Sakarovitch, dir. 2013. *Philippe de La Hire. Entre science et architecture.* Paris : Picard.

Belaval, Philippe et Bertrand-Pierre Galey, dir. 2011. *Les grands ensembles. Une architecture du XXe siècle.* Paris : Éd. Dominique Carré.

Belhoste, Jean-François, dir. 2004. *Le Paris des centraliens : Bâtisseurs et entrepreneurs.* Paris : Action artistique de la ville de Paris.

Bellanger, Emmanuel et Jacques Girault, dir. 2008. *Villes de banlieues. Personnel communal, élus locaux et politiques urbaines en banlieue parisienne au XXe siècle.* Paris : Créaphis.

Bernardi, Philippe, Andréas Hartmann-Virnich et Dominique Vingtain, dir. 2005. *Texte et archéologie monumentale. Approches de l'architecture médiévale.* Actes du colloque d'Avignon 30 nov.-2 déc. 2000. Montagnac : Éd. M. Mergoil.

Bernardi, Philippe, dir. 2007. *Forêts alpines et charpentes de Méditerranée.* L'Argentière-La Bessée : Éd. du Fournel.

Bernardi, Philippe. 2011. *Bâtir au Moyen Âge.* Paris : CNRS Éditions.

Bernardoni, Andréa et Alexander Neuwahl. 2014. *Construire à la Renaissance : les engins de chantier de Léonard de Vinci.* Tours / Rennes :

Presses universitaires François Rabelais de Tour / Presses universitaires de Rennes.

Bernouis, Philippe, Daniel Dufournier, Yannick Lecherbonnier. 2006. *Céramique architecturale en Basse-Normandie. La production de briques et de tuiles : XIXe-XXe siècles*. Cabourg : Cahiers du temps.

Berthonnet, Arnaud. 2005. *Un Siècle de construction routière : Une histoire d'entrepreneurs.* Paris : RGRA.

Berton, Claude, Alexandre Ossadzow et Christiane Filloles-Allex. 2007. *Fulgence Bienvenüe et la construction du métropolitain de Paris*. Paris : Presses des Ponts et Chaussées.

Bessac, Jean-Claude, Odette Chapelot et Raphaël de Filippo. 2004. *La Construction. Les matériaux durs : pierre et terre cuite.* Paris : Errance.

Bessac, Jean-Claude, Alain Ferdière, Odette Chapelot et Florence Journot. 2004. *La Construction*. Paris : Errance, édition revue et augmentée.

Bezancon, Xavier. 2004. *Dans les pas des bâtisseurs. Les cinquante plus belles histoires de la construction*. Boulogne-Billancourt : Timée.

Bezançon, Xavier, Daniel Devillebichot et Nagy Guersendre. 2006. *Deux siècles d'entreprise générale et de progrès dans la construction*. Paris : Timée-Éditions.

Bezançon, Xavier et Daniel Devillebichot. 2014. *Histoire de la construction : Moderne et contemporaine en France*. Paris : Eyrolles.

Bienvenu, Gilles et Géraldine Texier-Rideau, dir. 2006. *Autour de la ville de Napoléon*. Rennes : PUR.

Bocquet, Denis. 2007. *Rome ville technique (1870-1925), une modernisation conflictuelle de l'espace urbain*. Rome : École française de Rome, fasc. 334.

Bocquet, Denis et Samuel Fettah, dir. 2007. *Réseaux techniques et conflits de pouvoir. Les dynamiques historiques des villes contemporaines*. Rome : École française de Rome, fasc. 374.

Bodolec, Caroline. 2004. *L'Architecture en voûte chinoise, un patrimoine méconnu*. Paris : Maisonneuve et Larose.

Bonneval, Loïc et François Robert. 2013. *L'immeuble de rapport. L'immobilier entre gestion et spéculation. Lyon, 1860-1990*. Rennes : PUR.

Bordes, Jean-Louis. 2005. *Les Barrages-réservoirs : Du milieu du XVIIIe siècle au début du XXe siècle en France*. Paris : Presses des Ponts et Chaussées.

Bosman, Françoise, Martine Mille et Gersende Piernas. 2010. *Ponts d'ici et d'ailleurs. L'art du vide. Trois siècles de génie français, XVIIIe-XXe siècle*. Paris : Somogy.

Bouchet, Christophe. 2004. *La folle histoire de l'aménagement touristique du Pont du Gard ou Les Aventuriers des arches cossues.* Nîmes : Lacour.

Boucomont, Arnaud et al. 2005. *Le Viaduc de Millau : Le pont le plus haut du monde.* Paris : Romain Pages.

Bouiron, Marc, Françoise Paone, Bernard Silano, Colette Castrucci et Nadine Scherrer, dir. 2011. *Fouilles à Marseille. Approche de la ville médiévale et moderne.* « Études massaliètes » n° 10. Bibliothèque d'archéologie méditerranéenne et africaine – 7. Paris : Édition Errance, Centre Camille Jullian.

Bouvard, Josette. 2005. *Le Métro de Moscou : La construction d'un mythe soviétique.* Paris : Éditions du Sextant, Coll. Librairie de l'architecture de la ville.

Bouvier, Béatrice. 2004. *L'Édition d'architecture à Paris au XIX*[e] *siècle. Les maisons Bance et Morel et la presse architecturale.* Genève : Droz, École pratique des hautes études. Sciences historiques et philologiques. VI – Histoire et civilisation du livre, 27.

Bouvier, Yves. 2014. *Connexions électriques. Technologies, hommes et marchés dans les relations entre la Compagnie générale d'électricité et l'État, 1898-1992.* Bruxelles : PIE Peter Lang.

Brahem, Jean-Louis. 2011. *Histoires de géomètres… et de géométrie.* Paris : Le Pommier.

C

Cabestan, Jean-François. 2004. *La conquête du plain-pied. L'immeuble à Paris au XVIII*[e] *siècle.* Paris : Picard.

Cachau, Philippe, Xavier Salmon et Xavier Guenez. 2009. *La cathédrale Saint-Louis de Versailles : un grand chantier royal du règne de Louis XV.* Paris : Somogy.

Calame, François, dir. 2004. *Bouts de bois, bois debout, l'atelier de Normandie.* Die : Die éditions.

Campbell, James W.P. et Will Pryce. 2004. *L'art et l'histoire de la brique : bâtiments privés et publics du monde entier.* Paris : Citadelles & Mazenod.

Carbonnier, Youri. 2006. *Maisons parisiennes des Lumières.* Paris : Presses de l'Université de Paris-Sorbonne.

Carbonnier, Youri. 2008. *Les premiers logements sociaux en France.* Paris : Documentation française.

Carvais, Robert, André Guillerme, Valérie Nègre et Joël Sakarovitch, dir. 2010. *Édifice & Artifice. Histoires constructives.* Paris : Picard.

Carvais, Robert, André Guillerme, Valérie Nègre et Joël Sakarovitch, dir. 2012. *Nuts & Bolts of Construction History. Culture, Technology & Society*. Paris : Picard.

CAUE de la Somme. 2009. *Les maisons traditionnelles de la Somme*. Amiens : CAUE 80.

Ceccarini, Patrice. 2013. *La structure fondatrice gothique. Le système architectural gothique. Théologie, sciences et architecture au XIIIe siècle à Saint-Denis. Morphogénèse et modélisation de la basilique de Saint-Denis*. Paris : L'Harmattan, 2 vol.

Centre d'information sur le ciment et ses applications. 2009. *Cahier des modules de conférence pour les écoles d'architecture. Module 1 Histoire du béton : naissance et développement, 1818-1970*. Paris : CIMbéton.

CFTR (Comité Français pour les techniques routières). 2004. *Valorisation des matériaux locaux*. Paris : La Documentation française.

Chaline, Jean-Pierre. 2013. *Rouen, les maisons à pans de bois : au fil des siècles et des rues*. [Rouen] : Amis des monuments rouennais.

Chatenet, Monique et Fabrice Henrion, dir. 2004. *Maulnes. Archéologie d'un château de la Renaissance*. Paris : Picard.

Chatenet, Monique, dir. 2006. *Maisons des champs dans l'Europe de la Renaissance*. Actes des premières Rencontres d'architecture européenne, Château de Maisons 10-13 juin 2003. Paris : Éd. A. & J. Picard.

Chauvard, Jean-François. 2005. *La circulation des biens à Venise. Stratégie patrimoniales et marché immobilier*. Rome : École Française de Rome (BEFAR, 323).

Chazelles, Claire-Anne de et François Guyonnet. 2007. *La construction en pisé entre Languedoc et Provence du Moyen Âge au XIXe siècle*. Actes de la Table-ronde « IIe Echanges transdisciplinaires sur les architectures et les constructions en terre crue » Villefontaine, mai 2005. Montpellier : Édition de l'Espérou.

Chergui, Samia. 2011. *Les mosquées d'Alger. Construire, gérer et conserver (XVIe-XIXe siècles)*. Paris : Presses de l'université Paris-Sorbonne.

Chevalier, Fabienne. 2010. *Le Paris Moderne. Histoire des politiques d'hygiène (1855-1898)*. Paris : Presses universitaires de Rennes.

Chupin, Jean-Pierre, Cyrille Simonnet et Kenneth Frampton, dir. 2005. *Le Projet tectonique*. Gollion : Infolio, Coll. Archigraphy.

Ciblac, Thierry et Jean-Claude Morel. 2014. *Maçonneries durables : comportement mécanique et modélisation des structures*. Paris : Hermès Lavoisier.

Clabaut, Jean-Denis. 2007. *Les Caves de Douai : La construction civile au Moyen Âge*. Préface de Pierre Demolon, Lille : Presses Universitaires du Septentrion.

Cluzel, Jean-Sébastien, dir. 2014. *Hokusai, le vieux fou d'architecture.* Paris : Seuil.

Cojannot, Alexandre. 2012. *Louis Le Vau et les nouvelles ambitions de l'architecture française. 1614-1654*. Paris : Picard.

Cometta-Colas, Lucie, dir. 2007. *Le SITI. Paris/Issy-les-Moulineaux, Atelier de Montrouge 1960-1967*. Paris : Éd. Jean-Michel Place.

Compan, Éric. 2010. *Fontaines & jets d'eau : conception et réalisation*. Sète : Éd. Singulières.

Comps, Jean-Pierre, Monique Formenti, Gilbert Lannuzel et Jean Pedra. 2014. *Les canals. Le Canal royal de Perpignan et ses mas riverains (fin XVIIe siècle-début XIXe siècle)*. Perpignan : éd. Trabucaire.

Conceicao, Sabrina da, dir. 2005. *Gypseries. Gipiers des villes, gipiers des champs*. Association pour la valorisation du gypse et du plâtre, Groupe de recherche sur le plâtre dans l'art. Paris : Éd. Créaphis.

Contenay, Florence, Mireille Grubert, Benjamin Mouton, Chérazade Nafa et Jean-Marie Pérouse de Montclos, dir. 2012. *L'École de Chaillot. Une aventure des savoirs et des pratiques (Architecture & Patrimoine)*. Paris : Éd. des Cendres / Cité de l'Architecture et du Patrimoine.

Cotte, Michel. 2007. *Le Choix de la révolution industrielle, les entreprises de Marc Seguin et de ses frères (1815-1835)*. Rennes : PUR Fondation Carnot.

Cressier, Patrice. 2006. *La Maîtrise de l'eau en al-Andalus. Paysages, pratiques et techniques*. Madrid : Coll. de la Casa Velasquez, n° 93.

Croizé, Jean-Claude. 2009. *Politique et configuration du logement en France (1900-1980)*. Thèse d'HDR soutenue à Paris Ouest Nanterre La Défense, novembre 2009. Téléchargeable à partir de http://croizejc.com/.

Crosnier-Leconte, Marie-Laure, Jean-Philippe Garric, Stéphanie Guilmeau-Shala et Valérie Nègre, dir. 2011. *Bibliothèques d'atelier. Édition et enseignement de l'architecture, Paris 1785-1871*, catalogue d'exposition. Paris : INHA, Galerie Colbert.

D

Dardennes, Christian. 2006. *Dessins de chantier, la restauration du Petit Palais*. Paris : Paris-Musées.

Dartein, Fernand de. 2008. *Les Ponts étrangers : étude sur les ponts en pierre remarquables par leur décoration, antérieurs au XIXe siècle*. Paris : Picard.

Daumalin, Xavier. 2014. *Le patronat marseillais et la deuxième industrialisation 1880-1930.* Aix-Marseille : Presses universitaires de Provence, Coll. Le temps de l'Histoire.

Dauphant, Clotilde, dir. 2009. *Rêves de pierre et de bois. Imaginer la construction au Moyen Âge.* Paris : Presses de l'Université Paris-Sorbonne.

Del Bufalo, Dario. 2004. *Marbres de couleur : pierres et architecture de l'Antiquité au XVIIIe siècle.* Arles : Actes Sud/Motta.

Demouveaux, Jean-Pierre et Jean-Pierre Lebreton. 2007. *La Naissance du droit de l'urbanisme. 1919-1935.* Paris : Édition des Journaux officiels / GRIDAUH, coll. Les grands textes du droit de l'urbanisme.

Descat, Sophie, Eric Monin et Daniel Siret, dir. 2006. *La Ville durable au risque de l'histoire.* Lille : Jean-Michel Place / Éditions de l'École nationale supérieure d'architecture et du paysage de Lille.

Dessales, Hélène. 2013. *Le partage de l'eau. Fontaines et distribution hydraulique dans l'habitat urbain de l'Italie romaine.* Préface de P. Gros. Rome : École française de Rome, Bibliothèque des Écoles françaises d'Athènes et de Rome, 351.

Didier, Christelle. 2008. *Penser l'éthique des ingénieurs.* Paris : PUF.

Diot, Martine, dir. 2007. *Cheminées. Étude de structures du Moyen Âge au XVIIIe siècle.* Paris : Centre des Monuments Nationaux, Éd. du Patrimoine Paris.

Doménichino, Jean. 2007. *Une ville en chantiers : La construction navale à Port-de-Bouc, 1900-1966.* Paris : Édisud.

Domergue, Claude, dir. 2006. *Force hydraulique et machines à eau dans l'Antiquité romaine*, Colloque International (2006, Vers-Pont-Du-Gard). Vers-Pont-du-Gard : EPCC.

Dubarry de Lassale, Jacques. 2006. *Identification des marbres* (Préface : Marie-Anne Sire ; Photographe : Sylvie Barco). Dourdan : Vial.

Dubois, Jacques, Jean-Marie Guillouët et Benoît Van den Bossche, dir. 2014. *Les transferts artistiques dans l'Europe gothique. Repenser les circulations des hommes, des œuvres, des savoir-faire et des modèles (XIIe-XVIe siècle).* Paris : Picard.

Dubouloz, Julien et Alice Ingold, dir. 2012. *Faire la preuve de la propriété. Droits et savoirs en Méditerranée (Antiquité – Temps modernes).* Rome : École Française de Rome, Collection de l'École Française de Rome, 452.

Dugre, Geneviève. 2006. *Travailleuses de la construction.* Paris : Remue Menage.

E

Encyclopédie des métiers, éditée par l'Association ouvrière des Compagnons du Devoir du Tour de France, Paris, 1975-2012, publication par fascicule sous emboitage, plusieurs thèmes : *La maçonnerie et la taille des pierres, La charpente, La plâtrerie, le staff et le stuc, La couverture, La menuiserie, etc.*

Épaud, Frédéric. 2007. *De la charpente romane à la charpente gothique en Normandie.* Caen : Publications du CRAHM.

Experts et expertise au Moyen Âge. Consilium quaeritur a perito. Paris, Société des historiens médiévistes de l'Enseignement supérieur public, XLIIe Congrès de la SHMESP (Oxford, 31 mars – 3 avril 2011). Paris : Publications de la Sorbonne, 2012.

F

Fabiani, Gilbert. 2007. *Habitat rural en Provence. État des lieux, cadre de vie, restauration et savoir-faire.* Saint-Rémy-de-Provence : éd. Équinoxe.

Faucherre, Nicolas. 2007. *La place forte de Mont-Dauphin. L'héritage de Vauban.* Arles, Paris : Actes Sud, Cité de l'Architecture et du Patrimoine / IFA.

Faucherre, Nicolas, dir. 2007. *Vauban, la forteresse idéale.* Bruxelles : Éd. La maison d'à côté.

Faure, Alain et Claude Lévy-Vroelant. 2007. *Une Chambre en ville. Hôtels et garnis à Paris, 1860-1990.* Paris : Créaphis.

Fijalkow, Yankel. 2011. *Sociologie du logement.* Paris : La Découverte.

Fonkenell, Guillaume. 2010. *Le Palais des Tuileries.* Arles : Éd. Honoré Clair.

Frey, Pierre. 2010. *Learning from vernacular = Pour une architecture vernaculaire* (Préface Patrick Bouchain). Arles : Actes Sud.

G

Gady, Alexandre. 2005. *Jacques Lemercier. Architecte et ingénieur du Roi.* Paris : Éditions de la Maison des sciences de l'homme.

Gady, Alexandre et Jean-Pierre Jouve, dir. 2006. *Les Hôtels de Guénégaud et de Mongelas. Rendez-vous de chasse des Sommer au Marais.* Paris : Citadelles & Mazenod.

Gady, Alexandre. 2008. *Les hôtels particuliers de Paris du Moyen Âge à la Belle Époque.* Paris : Parigramme.

Gady, Alexandre, dir. 2010. *Jules Hardouin-Mansart. 1646-1708*. Paris : Éditions de la Maison des sciences de l'homme.

Galinié, Henri. 2007. *Tours antique et médiéval : lieux de vie, temps de la ville, 40 ans d'archéologie urbaine. Exposition. 2006-2007*. Tours, FERACF (Supplément à la *Revue archéologique du Centre de la France*, n° 30).

Galland-Seguela, Martine. 2008. *Les Ingénieurs militaires espagnols de 1710 à 1803. Étude prosopographique et sociale d'un corps d'élite*. Madrid : Casa de Velázquez.

Garric, Jean-Philippe, Valérie Nègre et Alice Thomine-Berrada, dir. 2008. *La Construction savante. Les avatars de la littérature technique*. Paris : Picard.

Gaudin, Pierre. 2004. *La maison que Pierre a bâtie : cinq autoconstructeurs*. Paris : Éd. Créaphis.

Gély, Jean-Pierre et Jacqueline Lorenz, dir. 2011. *Carriers et bâtisseurs de la période préindustrielle. Europe et régions limitrophes*. Paris : Éditions du Comité des travaux historiques et scientifiques, CTHS-Sciences 11.

Gillier, Bernard. 2010. *Arpenteur au siècle des lumières*. Paris : Adéquat éditions.

Girveau, Bruno, dir. 2010. *Charles Garnier. Un architecte pour un empire*. Exposition. Paris : École Nationale Supérieure des Beaux-Arts.

Gosset, Gilles et Janjac Leroy, dir. 2004. *Matériau et construction en Normandie du Moyen Âge à nos jours*. Actes du colloque organisé par la Société d'archéologie et d'histoire de la Manche, Saint-Lô (24-25 novembre 2000), Études et documents, vol. 21.

Gourbin, Patrice. 2008. *Les monuments historiques de 1940 à 1959 : administration, architecture, urbanisme*. Rennes : Presses Universitaires de Rennes, Collection « Art & Société ».

Gourbin, Patrice, dir. 2011. *L'architecture et l'urbanisme de la Reconstruction dans le Calvados. Du projet à la réalisation*. Caen : CAUE Calvados, DRAC Basse-Normandie.

Gouzevitch, Irina, André Grelon et Anousheh Karvar, dir. 2004. *La Formation des ingénieurs en perspective : Modèles de référence et réseaux de médiation : XVIIIe-XXe siècles*. Rennes : PUR.

Goyon, Jean-Claude, Jean-Claude Golvin, Claire Simon-Boidot et Gilles Martinet. 2004. *La Construction Pharaonique du Moyen Empire à l'époque gréco-romaine : Contexte et principes technologiques*. Paris : Picard.

Graber, Frédéric. 2009. *Paris a besoin d'eau : projet, dispute et délibération technique dans la France napoléonienne*. Paris : CNRS Éditions.

(Les) granges. Bien connaître pour mieux les restaurer. Paris : Eyrolles, 2 vol. 2004-2006.

Grésillon, Boris, Olivier Lambert et Philippe Mioche, dir. 2007. *De la terre & des hommes. La tuilerie des Milles d'Aix-en-Provence (1882-2006).* Mirabeau : REF.2G éditions.

Gros, Pierre. 2006. *Vitruve et la tradition des traités d'architecture. Fabrica et ratiocinatio, Recueils d'études.* Rome : Coll. de l'École française de Rome, nº 366.

Guillaud, Hubert, Hugo Hoube. 2006. *Traité de construction en terre.* Préface de Jean Dethier. Marseille : Parenthèses, 3e édition.

Guillaud, Hubert, Claire-Anne de Chazelles et Alain Klein, dir. 2007. *Les Constructions en terre massive pisé et bauge.* Actes de la table-ronde de Villefontaine, Isère, 28-29 mai 2005. Montpellier : Éditions de l'Espérou, Échanges transdisciplinaires sur les constructions en terre crue, vol. 2.

Guillerme, André, Gérard Jigaudon et Anne-Cécile Lefort. 2005. *Dangereux, insalubres et incommodes : Paysages industriels en banlieue parisienne, XIXe-XXe siècles.* Seyssel : Champ Vallon.

Guillerme, André. 2006. *Autophiles et autophobes au début du XXe siècle : la congestion du trafic urbain.* Montréal : Centre Canadien d'Architecture.

Guillerme, Jacques. 2008. *L'Art du Projet. Histoire, technique et architecture.* Liège : Mardaga.

H

Halpérin, Jean-Louis. 2008. *Histoire du droit des biens.* Paris : Economica, Collection Corpus Histoire du droit.

Hamon, Étienne. 2011. *Une capitale flamboyante. La création monumentale à Paris autour de 1500.* Paris : Picard.

Hamon, Étienne et Valentine Weiss, dir. 2012. *La demeure médiévale à Paris.* Paris : Somogy, Archives nationales.

Hardy-Hémery, Odette. 2008. *Éternit et l'amiante. 1922-2000. Aux sources du profit, une industrie du risque.* Lille : Presses universitaires du Septentrion.

Hawass, Zahi et Christiane Hachet. 2009. *La fantastique histoire des bâtisseurs de pyramides.* [Paris] : Éd. du Rocher.

Hislop, Malcolm. 2012. *Comment bâtir une cathédrale : la fascinante histoire des chefs-d'œuvre de l'architecture médiévale.* Paris : Guy Trédaniel.

Houdin, Jean-Pierre. 2006. *Kheops : Les Secrets de la construction de la Grande Pyramide.* Paris : Éditions du Linteau.

I

Icher, François. 2012. *Les œuvriers des cathédrales.* Paris : La Martinière.

Istria, Daniel. 2005. *Pouvoirs et fortifications dans le nord de la Corse XIe-XIVe siècle.* Ajaccio : A. Piazzola.

J

James-Raoul, Danielle et Claude Thomasset, dir. 2006. *Les ponts au Moyen Âge.* Paris : Presses de l'Université Paris-Sorbonne.

Jambard, Pierre. 2008. *Un Constructeur de la France du XXe siècle. La Société Auxiliaire d'Entreprises et la naissance de la grande entreprise française du bâtiment (1921-1974).* Rennes : Presses Universitaires de Rennes.

Chauderlot, Charles et Cyrille J.-D. Javary. 2004. *La Cité Interdite. Le Dedans dévoilé.* Rodez : Éd. du Rouergue.

Jestaz, Bertrand. 2008. *Jules Hardouin-Mansart.* Paris : Picard, 2 vol.

Jouberton, Guy. 2007. *Tracés et coupes des pierres.* Paris : Éditions Vial.

Jounin, Nicolas. 2008. *Chantier interdit au public. Enquête parmi les travailleurs du bâtiment.* Paris : Éditions de la Découverte, Coll. Textes à l'appui / enquêtes de terrain.

Julien, Pascal et Jean-Claude Lepert. 2006. *Marbres, de carrières en palais.* Manosque : Éd. Le bec en l'air.

K

Kerisel, Jean. 2004. *Pierre et hommes : des pharaons à nos jours.* Paris : Presses de l'École nationale des Ponts et Chaussées.

Krafft, Georges W. 2011. *Description et représentation exacte de la Maison de Glace, construite à Saint-Pétersbourg au mois de janvier 1740…* Postface d'Alexis Hadjiski. Paris : Éd. B2.

L

Lacroix, Roger. 2004. *Eugène Freyssinet. 1879-1962. Une révolution dans l'art de construire.* Paris : Association pour la mémoire et le rayonnement des travaux d'Eugène Freyssinet, École nationale des Ponts et Chaussées.

Lafon, Xavier et Gilles Sauron, dir. 2005. *Théorie et pratique de l'architecture romaine : la norme et l'expérimentation : études offertes à Pierre Gros.* Aix en Provence : Publications de l'Université de Provence.

Laporte, Luc et Charles-Tanguy Le Roux. 2004. *Bâtisseurs du néolithique. Mégalithismes de la France de l'Ouest.* Paris : La maison des roches.

Larcan, Alain et Bernard Legras. 2009. *Les hôpitaux de Nancy : l'histoire, les bâtiments, l'architecture, les hommes. Haroué : G. Louis, impr.*

Laurent, Jean-Marc. 2007. *Construction et restauration des bâtiments en pierre : histoire, technique, pratique*. Dourdan : H. Vial.

Laurent, Norbert, Jocelyne Féliot, Béatrice Rochefort et Édith Rouillard. 2006. *Lieux d'enseignement en Béton : Paroles d'architectes, paroles d'usagers, Trente et une réalisations au quotidien*. Paris : Éditions du Moniteur.

Le Goullon, Gwenaëlle. 2014. *Les grands ensembles en France. Genèse d'une politique publique (1945-1962)*. Préface d'Annie Fourcaut. Paris : CTHS.

Leiba-Dontenwill, Jean-François et Roselyne Bussière. 2011. *Escaliers parisiens sous l'Ancien Régime. L'Apogée de la serrurerie*. Paris : Somogy.

Leinekugel Le Cocq, Didier. 2010. *Ingénieurs des ponts : l'histoire de la famille Arnodin-Leinekugel Le Cocq de 1872 à 2002*. Paris : La Vie du Rail.

Leloup, Daniel. 2007. *Maisons à colombages de France*. Douarnenez : Chasse-Marée.

Lemoine, Bertrand. 2006. *Gustave Eiffel. La Tour de trois cents mètres*. Cologne : Taschen.

Le Pogam, Pierre-Yves. 2004. *Les Maîtres d'œuvre au service de la papauté dans la seconde moitié du XIIIe siècle*. Rome : École française de Rome (Collection de l'École française de Rome, 337).

Leroy, Victor. 2007. *Notice sur les constructions des maisons à Marseille au XIXe siècle*. Paris : Édisud.

Levi, Franco. 2006. *Cinquante ans d'histoire du béton armé, 1950-2000*. Paris : Presses de l'ENPC.

Lévy, Jean-Phillipe et André Castaldo. 2010. *Histoire du droit civil*. Paris : Dalloz, Collection Précis, 2e éd.

Lewis, Miles. 2010. *L'architecture. Élément par élément*. Paris : Citadelles & Mazenod.

Linlaud, Mathieu. 2014. *Serrures médiévales, VIIIe-XIIIe siècle*. Rennes : Presses universitaires de Rennes.

Loh, Évelyne, Geneviève Michel et Nicolas Pierrot, dir. 2009. *Les grands moulins de Pantin. L'usine et la ville*. Lyon : Éd. Lieux Dits.

Loppe, Frédéric. 2012. *Construire en terre pendant la Guerre de cent ans – Les fortifications de Castelnaudary (Aude) vers 1355-vers 1450*. Préface de Cl.-A. Chazelles. Carcassonne, Centre d'archéologie médiéval du Languedoc (CAML), collection « Archéologie du midi médiéval », supplément n° 7. Paris : Picard.

Lorenz, Jacqueline et Jean-Pierre Gély. 2004. *Carrières et constructions en France et dans les pays limitrophes*, vol. 4. Paris : CTHS.

Lorenz, Jacqueline, Françoise Blary et Jean-Pierre Gély, dir. 2014. *Construire la ville. Histoire urbaine de la pierre à bâtir.* Paris : CTHS.

Lyonnet du Moutier, Michel. 2009. *L'aventure de la tour Eiffel : réalisation et financement.* Paris : Publications de la Sorbonne.

M

Macaulay, David. 2004. *Naissance d'une mosquée.* Paris : École des loisirs.

Madeline, Philippe et Jean-Marc Moriceau, dir. 2007. *Bâtir dans les campagnes : Les enjeux de la construction de la Protohistoire au XXIe siècle.* Caen : Presses Universitaires de Caen.

(Les) maîtres de l'eau d'Archimède à la machine de Marly. Marly : Musée Promenade, 2006.

Majoral, Roger, Yves Escape, Noël Hautemaniere et Bernard Rieu, dir. 2011. *Le canal de Thuir. De la volonté royale à la gestion syndicale.* Canet : Conseil général des Pyrénées-Orientales, Conseil régional Languedoc-Roussillon, Canet, Éd. Trabucaire.

Mandoul, Thierry. 2008. *Entre raison et utopie. L'histoire de l'architecture d'Auguste Choisy.* Liège : Mardaga.

Marcilloux, Patrice, dir. 2005. *Le Travail en représentations.* Paris : Éditions du CTHS.

Martin, Maryline et Florian Renucci. 2014. *La construction d'un château fort : Guédelon.* Rennes : Ouest-France.

Martin, Philippe. 2007. *La route des fortifications dans l'Est. Les étoiles de Vauban.* Paris : Éd. du Huitième Jour.

Marrey, Bernard. 2006. *Le Grand Palais : Sa construction, son histoire.* Paris : Picard.

Marrey, Bernard. 2007. *Revers d'un chef-d'œuvre. La naissance du théâtre des Champs-Élysées 1910-1922.* Paris : Éd. A. & J. Picard.

Mathieu, Caroline, dir. 2009. *Gustave Eiffel, le magicien du fer* (préface Bertrand Delanoë). Exposition. Paris : Hôtel De Ville, Skira / Flammarion.

Mathonière, Jean-Michel. 2005. *La Tranquilité de Caux ; le chansonnier et le tour de France (1837-1842) de Jean-Jacques Laurès dit « La Tranquillité de Caux », Compagnon Passant tailleur de pierre.* Paris : éd. La Nef de Salomon.

Mathonière, Jean-Michel. 2013. *La Règle et le compas ou de quelques sources opératives de la tradition maçonnique.* Catalogue de l'exposition éponyme (21 mars-12 octobre 2012). Paris : Musée de la franc-maçonnerie.

Maugard, Alain et Mireille Heros. 2006. *Regards sur le bâtiment : Le futur en construction.* Paris : Éditions du Moniteur.

Maumi, Catherine. 2008. *Thomas Jefferson et le projet du Nouveau Monde.* Grenoble : ENSA Grenoble.

Medvedkova, Olga, dir. 2009. *Bibliothèques d'architecture / Architectural Libraries.* Paris : INHA, Alain Baudry et Cie.

Meirion-Jones, Gwyn, dir. (assisté de Pierre Garrigou Grandchamp, Edward Impey, Michaël Jones, Céline Piron, Catherine Laurent et Don Shewan). 2013. *La demeure seigneuriale dans l'espace Plantagenêt. Salles, chambres et tours.* Rennes : Presses Universitaires de Rennes.

Merger, Michèle, dir. 2006. *Les Transferts technologiques en Méditerranée.* Paris : Presses Universitaires Paris-Sorbonne.

Migayrou, Frédéric, dir. 2008. *Pol Abraham, architecte 1891-1966.* Exposition. Paris : Centre Pompidou.

Monier, Christiane. 2007. *Rapport sur Le Pont du Gard et son aqueduc.* Montpellier : École Nationale Supérieure d'Architecture de Montpellier.

Monin, Éric et Nathalie Simonnot, dir. 2012. *L'Architecture lumineuse au XXe siècle. Luminous Architecture in the 20th Century.* Gand : Snoeck.

Monnier, Gérard et Évelyne Cohen, dir. 2010. *L'architecture et ses images.* Paris : Publications de la Sorbonne (n° 30, décembre 2010, revue *Sociétés et représentations*).

Monsaingeon, Guillaume, dir. 2007. *Vauban (1633-1707), un militaire très civil. Lettres.* Paris : Éd. Scala.

Montenat, Christian, Astrid Lemoine-Descourtieux et Nicolas Wasylyszyn. 2012. *Une pierre étrange… le grison dans l'histoire du bâti entre Val de Seine et bords du Loir.* Paris : Association des géologues du bassin de Paris, [Nojeon-en-Vexin], Association des amis des monuments et sites de l'Eure.

Motro, René. 2005. *Tenségrité.* Paris : Hermès Science Publications.

Mure, Véronique, dir. 2008. *Site du Pont du Gard. Chroniques d'un aménagement.* Paris : Somogy éditions d'art.

N

Nègre, Valérie. 2005. *L'Ornement en série. Architecture, terre cuite et carton pierre.* Liège : Mardaga.

Nègre, Valérie, dir. 2004. *Terre crue, terre cuite. Recueil d'écrits sur la construction.* Paris : Ibis Press.

Nicolas, Nathalie. 2005. *La Guerre et les fortifications du Haut-Dauphiné. Étude archéologique des travaux des châteaux et des villes à la fin du Moyen Âge.* Aix-en-Provence : Publications de l'Université de Provence.

Noël, Patricia. 2006. *Technologie de la pierre de taille : dictionnaire des termes couramment employés dans l'extraction, l'emploi et la conservation de la pierre de taille.* Paris : Société d'éditions du bâtiment et des travaux publics.

Nohlen Marie-Josée, Sabine Bengel et al. 2014. *Bâtisseurs de cathédrales. Strasbourg mille ans de chantiers*, Strasbourg.

O

Oblin-Briere, Mireille. 2008. *Histoire inédite du Canal du Midi : chapelles et bâtisseurs méconnus.* Le Coudray-Macouard : Cheminements.

Ochandino, Jean-Luc de. 2008. *Lyon, un chantier limousin. Les maçons migrants (1848-1940).* Lyon : Lieux-Dits Éditions.

Orgeix, Émilie d', Michèle Virol et Isabelle Warmoes. 2007. *Vauban, la pierre et la plume.* Paris : éd. du Patrimoine.

P

Paquot, Thierry. 2008. *La folie des hauteurs : pourquoi s'obstiner à construire des tours ?* Paris : Bourin.

Parasote, Bruno. 2011. *Autopromotion, habitat groupé, écologie et liens sociaux. Comment construire collectivement un immeuble en ville ?* Préface de Dominique Gauzin-Muller. Gap : Éd. Yves Michel.

Park-Barjot, Rang-Ri. 2005. *La Société de construction des Batignolles : Des origines à la Première Guerre mondiale (1846-1914).* Paris : Presses universitaires de la Sorbonne.

Parron-Kontis, Isabelle et Nicolas Reveyron. 2005. *Archéologie du bâti, Pour une harmonisation des méthodes.* Actes de la table ronde de Saint-Romain-en-Gal, 9 et 10 novembre 2001 – SRA Rhône-Alpes, Département du Rhône, CERIAH. Paris : Éditions Errance.

Paul-Cavallier, Gérard, Maurice Hamon et E. Levesque-Paturel, dir. 2005. *D'argile et d'hommes. Carnet de voyage au cœur de Terreal.* Paris : Somogy éditions d'art / Terreal.

Peneau, Jean-Pierre. 2007. *Sens, sensible aux premiers temps de Clairvaux.* Bernin : Éditions À la croisée.

Peter, Madeleine et Jean-Pierre Cuisinier. 2007. *La bataille du vent.* Paris : Centre scientifique et technique du bâtiment.

Phalip, Bruno. 2004. *Charpentiers et couvreurs. L'Auvergne médiévale et ses marges.* Lyon (DARA n° 26).

Piaton, Claudine, Ezio Godoli et David Peyceré, dir. 2012. *Construire au-delà de la Méditerranée. L'apport des archives d'entreprises européennes (1860-1970).* Arles : Honoré Clair.

Photographies à l'œuvre. Enquêtes et chantiers de la reconstruction. 1945-1958. Paris : Le Point du Jour / Jeu de Paume, 2011.

Planchenault, Gérard. 2008. *Marseille Saint-Charles. Histoire d'une grande gare 1847-2007.* Joué-lès-Tours : Alan Sutton.

Poinsot, Marie, dir. 2006. *Logés à la même enseigne ?* Paris : Cité nationale de l'histoire de l'immigration [n° 1264, novembre-décembre 2006 de la revue *Hommes & migrations*].

Poisson, Céline, dir. 2007. *Penser, dessiner, construire. Wittgenstein & l'architecture.* Paris : Éditions de l'éclat.

Polino, Marie-Noëlle, John Barzman et Hervé Joly, dir. 2008. *Les Transports dans la France en guerre.* Rouen : Presses universitaires de Rouen.

Pomerol, Charles, dir. 2006. *Terroirs et maisons. Les demeures traditionnelles et leur environnement géologique.* Nonette : Éd. CREER.

Poulain, Hugues. 2010. *Les menuiseries de fenêtres du Moyen Âge à la révolution industrielle.* Turquant : L'àpart vagabonde.

Pouvreau, Benoît. 2004. *Un Politique en architecture : Eugène Claudius-Petit (1907-1989).* Paris : Le Moniteur.

Pradervand, Brigitte, Magali Koenig et André Locher. 2009. *Le château d'Oron, histoire de sa construction et de ses restaurations (XIIIe-XXIe siècle).* Oron : Association pour la conservation du château d'Oron.

Prelorenzo, Claude et Dominique Rouillard. 2007. *Le Temps des infrastructures.* Paris : L'Harmattan.

Prina, Francesca. 2009. *Comment regarder l'architecture : éléments, formes, matériaux.* Paris : Hazan.

Pryce, Will et Odile Ménégaux. 2005. *L'Art et l'histoire du bois : Bâtiments privés et publics du monde entier.* Paris : Citadelles & Mazenod.

R

Rabreau, Daniel. 2007. *Le Théâtre de l'Odéon. Du monument de la nation au théâtre de l'Europe. Naissance du monument de loisir urbain au XVIIIe siècle.* Paris : Belin.

Raoult, Michel. 2005. *Histoire du chauffage urbain.* Paris : l'Harmattan.

Réhabiliter les édifices métalliques emblématiques du XXe siècle. Paris : l'Œil d'or, 2008.

Reveyron, Nicolas. 2005. *Chantiers lyonnais du Moyen Âge*, Lyon (DARA n° 28).

Reid, Donald. 2014. *Égouts et égoutiers de Paris*, traduit de l'anglais par Hélène Chuquet. Rennes : Presses universitaires de Rennes.

Rouillard, Dominique. 2009. *La Métropole des infrastructures.* Paris : Picard.

Roussel, Christiane. 2013. *Besançon & ses demeures du Moyen Âge au XIXe siècle.* Lyon : Lieux-dits.

S

Salvadori, Mario. 2005 [1980]. *Comment ça tient ?* Marseille : Parenthèses, Coll. Eupalinos.

Salvadori, Mario et Matthys Levy, 2009 [1992]. *Pourquoi ça tombe ?* Marseille : Parenthèses, Coll. Eupalinos.

Sanger, Victoria et Isabelle Warmoes, dir. 2007. *Vauban, bâtisseur du Roi-Soleil.* Exposition, Paris, Cité de l'Architecture et du Patrimoine, 2007-2008. Paris : Somogy éditions d'art / Cité de l'Architecture et du Patrimoine / IFA.

Sangue, Marcel et Jean Beaulieu. 2013. *La couverture en ardoise.* [Paris] : Librairie du Compagnonnage, 5e édition.

Sapin, Christian. 2007. *Stucs et décors de la fin de l'Antiquité au Moyen Âge (V^e^-XIIe siècles).* Turnhout : Brepols, Bibliothèque de l'Antiquité tardive, vol. 10.

Sapin, Christian, dir. 2011. *Saint-Étienne d'Auxerre. La seconde vie d'une cathédrale.* Paris : Picard.

Sauget, Jean-Michel, Isabelle Jonc et Samuel Vannier, dir. 2014. *Franchir le canal du Midi : les ponts sur la Grande Retenue.* Lyon : Lieux Dits.

Savet, Jean-Marie, Michel Virlogeux, Alain Journeault et S. Claude. 2006. *Les Ponts d'hier et d'aujourd'hui.* Paris : Mae-Erti.

Segaud, Marion. 2007. *Anthropologie de l'espace – Habiter, fonder, distribuer, transformer.* Paris : Armand Colin.

Schoonbaert, Sylvain. 2007. *La voirie bordelaise au XIXe siècle*. Paris : PUPS.

Segondy, Abbé Jean. 2005. *Une ancienne châtellenie royale du Saint-Ponais. Cessenon-sur-Orb*. Nîmes : Lacour.

Seitz, Frédéric. 2014. *Gustave Eiffel, le triomphe de l'ingénieur*. Paris : Armand Colin.

Simonnet, Cyrille. 2005. *Le Béton, histoire d'un matériau : Économie, technique, architecture*. Marseille : Parenthèse.

Sirot, Élisabeth. 2007. *Noble et forte maison. L'habitat seigneurial des campagnes médiévales, du milieu du XIIe au début du XVIe siècle*. Paris : Éd. A. & J. Picard.

Soulé, Jean-Sébastien. 2009. *Architecture des collèges : histoire-chantier-exemples*. Sceaux : CAUE 92.

Sroor, Musa. 2010. *Fondations pieuses en mouvement. De la transformation du statut de propriété des biens Waqfs à Jérusalem (1858-1917)*. Damas : Ifpo.

Stassen-Fayt, Paul. 2005. *Sainte Anne de Montpellier : son chapitre de Chanoines, sa paroisse, son quartier (mi-XIIe s.-1986)*. Nîmes : Lacour.

Stébé, Jean-Marc. 2007. *Le logement social en France : 1789 à nos jours*. Paris : PUF.

T

Teneur-Van Daele, Monique. 2004. *Patrimoine rural et métiers traditionnels du Nord de la France*, Musée De Plein Air de Lille-Métropole. Tournai : La Renaissance du Livre.

Théron, Roland. 2012. *Habiter la Terre. Des maisons et des hommes* (Préface Paul Virilio). Paris : Éd. de La Martinière.

Terrin, Jean-Jacques. 2006. *Coupoles*. Paris : Hazan.

Tiberghien, Frédéric. 2006. *Versailles le chantier de Louis XIV : 1662-1715*. Paris : Perrin.

Timbert, Arnaud. 2005. *Viollet-le-Duc : le chantier de restauration de La Madeleine de Vézelay. Correspondance (1840-1841)*. Meaux : SFAY « Documents & Travaux ».

Timbert, Arnaud, dir. 2008. *Les dépôts lapidaires de Picardie : l'architecture en objets*. Actes de la journée d'études d'Amiens, 22 septembre 2006. Centre d'archéologie et d'histoire des établissements Religieux, vol. 21.

Timbert, Arnaud. 2009a. *Le chevet de La Madeleine de Vézelay et le premier gothique bourguignon*. Rennes : PUR.

Timbert, Arnaud, dir. 2009b. *L'Homme et la matière. L'emploi du plomb et du fer dans l'architecture gothique*. Actes du colloque, Noyon. Paris : Picard.

Timbert, Arnaud. 2011. *La cathédrale Notre-Dame de Noyon : cinq années de recherches*. Avec la collaboration de Stéphanie-Diane Daussy (préf.). Mémoires de la Société historique et archéologique de Noyon vol. 39.

Timbert, Arnaud et Stéphanie Diane Daussy, dir. 2012. *Architecture et sculpture gothiques. Renouvellement des méthodes et des regards*. Actes du colloque, Noyon, 19-20 juin 2009. Rennes : PUR.

Timbert, Arnaud, dir. 2013. *Restaurer et bâtir. Viollet-le-Duc en Bourgogne*. Villeneuve d'Ascq : Presses universitaires du Septentrion, Collection « Architecture et urbanisme ».

Timbert, Arnaud, dir. 2014a. *Chartres. Construire et restaurer la cathédrale (XIe-XXIe s.)*. Villeneuve d'Ascq : Presses universitaires du Septentrion, Collection « Architecture et urbanisme ».

Timbert Arnaud, dir. 2014b. *Matériaux et techniques de construction chez Viollet-le-Duc – Materials and Techniques of Construction at Viollet-le-Duc*. Actes du IIe colloque international de Pierrefonds, 24-25 septembre 2010. Paris : CMN.

V

Vacher, Hélène, dir. 2005. *Villes coloniales au XIXe et XXe siècle. D'un sujet d'action à un objet d'histoire (Algérie, Maroc, Lybie et Iran), Essais et guide bibliographique*. Paris : Maisonneuve et Larose.

Van Damme, Stéphane, dir. 2005. « Discipliner la ville. L'émergence des savoirs urbains (XVIIIe-XXe siècle) ». *Revue d'histoire des sciences humaines* 12.

Van Ossel, Paul, dir. 2005. *Archéologie de la France antique. Aqueducs de la Gaule méditerranéenne*. Paris : CNRS.

Vellay, Dominique et François Halard. 2007. *La maison de verre. Le chef d'œuvre de Pierre Chareau*. Arles : Actes Sud.

Vigneron, Sylvain. 2007. *La pierre et la terre. Le marché foncier et immobilier dans les dynamiques sociales du Nord de la France aux XVIIe et XVIIIe siècles*. Lille : Presses universitaires du Septentrion.

Villanova, Roselyne de, dir. 2008. *Conjuguer la ville. Architecture, anthropologie, pédagogie*. Paris : L'Harmattan.

Viguié, Renan. 2014. *La traversée électrique des Pyrénées. Histoire de l'interconnexion entre la France et l'Espagne*. Bruxelles : Peter Lang.

Virol, Michèle et al. 2007. *Vauban et les voies d'eau. Les étoiles de Vauban.* Paris : Édition du Huitième jour.

Vorms, Charlotte. 2012. *Bâtisseurs de banlieue de Madrid. Le quartier de la Prosperidad (1860-1936).* Paris : Créaphis Éditions.

W

Weiss, Valentine. 2012. *La demeure médiévale à Paris. Répertoire sélectif des principaux hôtels.* Paris : Archives nationales.

Wissenberg, Christophe. 2007. *Beaumont, ancienne grange de l'abbaye cistercienne de Clairvaux : entre Champagne et Bourgogne.* Paris : Éd. A. & J. Picard.

ÉDITIONS OU RÉÉDITIONS DE SOURCES

Alberti, Léon Battista. 2004. *L'Art d'édifier.* Texte traduit du latin, présenté et annoté par Pierre Caye et Françoise Choay. Paris : Seuil.

Aviler, Augustin-Charles d'. 2013. *Cours d'architecture.* Présentation par Thierry Verdier. Montpellier : Éditions de l'Espérou, 3 vol. (Cours, Planches et Explication des termes d'architecture).

Bullet, Pierre. 2005. *Architecture pratique.* Fac-similé de l'édition de 1691, avec une présentation de Thierry Verdier. Montpellier : Publications de Montpellier 3 (Paul-Valéry) / Éditions de l'Espérou.

Burroughs, John. 2005 [1876]. *Construire sa maison.* Traduit d'un texte de 1874 par Joël Cornuault. Paris : Premières pierres.

Desgodets, Antoine. 2014. *Les Cours d'Antoine Desgodets, Une édition critique*, édités sous la direction de Robert Carvais [http://www.desgodets.net].

Roubo, André-Jacob. 2005. *L'art du menuisier ; suivi de L'art du layetier. Quatrième et dernière partie, l'art du treillageur ou menuiserie des jardins.* Fac-similé de l'édition de 1775 pour l'art du treillageur et de 1782 pour l'art du layetier. Paris : Bibliothèque des arts des sciences & des techniques.

Meyer, Alfred Gotthold. 2005. *Construire en fer. Histoire et esthétique.* Gollion : Infolio (1re éd. Eisenbauten : Ihre Geschichte und Aesthetik, von Dr Alfred Gotthold Meyer, 1907).

Morris, William. 2010. *L'Art et l'artisanat.* Paris : Rivages poche (*The Arts and Crafts of To-Day ; Art Under Plutocracy ; The Socialist Ideal : Art*).

Perret, Auguste. 2006. *Anthologie des écrits, conférences et entretiens.* Édition préparée par Joseph Abram, Guy Lambert et Christophe Laurent. Paris : Le Moniteur.

[Pussot Jean]. 2008. *Journalier de Jean Pussot maître-charpentier à Reims (1568-1626)*. Édité par Stefano Simiz, Jérôme Buridant et Patrick Demouy. Villeneuve d'Ascq : Presses universitaires du Septentrion.

Semper, Gottfried. 2007. *Du Style et de l'architecture. Écrits, 1834-1869*. Marseille : Parenthèses.

Semper, Gottfried. 2012. *Science, Industrie, Arts* (édité par Estelle Thibault). Gollion : Infolio.

Vauban. 2007. *Les Oisivetés de Monsieur de Vauban*. Première édition intégrale préparée sous la direction de Michèle Virol. Seyssel : Champ Vallon.

ANNEXE 2
Liste des thèses et habilitations à diriger des recherches françaises abordant le champ de l'histoire de la construction soutenues en France entre 2004 et 2014

A

Abachi, Farid. 2012. *Construire son chez-soi : dynamiques de l'espace domestique et mutations socio-familiales à Tozeur*. Thèse de doctorat en Sociologie, sous la direction de Christian Topalov, Paris, EHESS.

Abdulhadi Ahmed, Tarek Ibrahim. 2005. *L'habitat traditionnel au Caire et l'impact des influences occidentales (1863-1914)*. Thèse de doctorat en Histoire de l'art et archéologie, sous la direction de Marianne Barrucand, Université de Paris 4.

Aboulker, Delphine. 2007. *La construction de la valeur des maisons d'architectes du XXe siècle : de la patrimonialisation à l'émergence d'un marché*. Thèse de doctorat en Sociologie, sous la direction de Pierre-Michel Menger, Paris, EHESS.

Adgé, Michel. 2011. *La construction du canal royal de la jonction des mers en Languedoc (Canal du Midi)*. Thèse de doctorat en Histoire, sous la direction d'Henri Michel, Université de Montpellier 3.

Amghar, Julien. 2006. *Les petits ports et les usages du littoral, en Bretagne, au XIXe siècle*. Thèse de doctorat en Histoire, sous la direction de Gérard Le Bouëdec, Université de Lorient.

Ammar, Hakim. 2007. *Les monuments des eaux à Sala dans l'Antiquité.* Thèse de doctorat en Archéologie, sous la direction de Jean Andreau, Université de Paris 1.

Amraoui, Touatia. 2013. *L'artisanat dans les cités antiques de l'Algérie.* Thèse de doctorat en Langues, histoire et civilisations des mondes anciens, sous la direction de Jean-Pierre Brun, Université de Lyon 2.

Andolfatto-Ruebrecht, Christiane. 2012. *Le dessin technique en Alsace et en Lorraine : influences germaniques et italiennes de 1861 à 1975.* Thèse de doctorat en Histoire de l'art, sous la direction de Michel Hau, Université de Strasbourg.

Aspord-Mercier, Sophie. 2005. *Le monde des seigneurs pariers : Allègre, une coseigneurie en Languedoc, XIIe-XVe siècles.* Thèse de doctorat en Histoire de l'art et archéologie, sous la direction de Françoise Robin, Université de Montpellier 3.

Avenier, Cédric. 2004. *Ciments d'églises, semences de chrétiens : constructions religieuses et industrie cimentière en Isère au XIXe siècle.* Thèse de doctorat en Histoire de l'art, sous la direction de Thierry Dufrêne, Université de Grenoble 2.

Aycard, Julie. 2010. *Les chantiers flamboyants de la cathédrale Notre-Dame de Senlis : 1400-1550.* Thèse de doctorat en Histoire de l'art : histoire et archéologie des mondes médiévaux, sous la direction de Philippe Racinet et Arnaud Timbert, Université d'Amiens.

B

Ba, Li. 2008. *L'institution administrative moderne de la construction urbaine de la ville de Shanghai et son influence sur l'espace public.* Thèse de doctorat en Urbanisme et aménagement, sous la direction de Jean-Pierre Frey, Université de Paris Est.

Baillieul, Élise. 2012. *L'ancienne collègiale Notre-Dame d'Étampes, un monument du premier art gothique.* Thèse de doctorat en Histoire/civilisations : mondes anciens, sous la direction de Anne-Marie Legaré et de Philippe Plagnieux, Université de Lille 3.

Baradel-Vallet, Catherine. 2007. *Les toitures polychromes en Bourgogne : étude historique, technique, stylistique et symbolique du XIVe siècle au XXe siècle.* Thèse de doctorat en Histoire des arts, sous la direction de Jean Rosen, Université de Dijon.

Barreau, Élisabeth. 2004. *Le rôle de l'administration locale dans l'électrification de la Nièvre (1890-1939).* Thèse de doctorat en Histoire contemporaine de la France, sous la direction de Jean Tulard et de François Monnier, Paris EPHE.

Barrière, Vivien. 2012. *Les portes de l'enceinte antique d'Autun et leurs modèles (Gaule, Italie, provinces occidentales de l'empire romain).* Thèse de doctorat en Archéologie, sous la direction d'Olivier de Cazanove, Université de Dijon.

Bassi, Marie-Laure. 2013. *L'abbatiale de Baume-les-Messieurs à l'époque romane : histoire d'un chantier.* Thèse de doctorat en Histoire de l'art, sous la direction de Philippe Plagnieux, Université de Besançon.

Ben Mohamed, Sadok. 2011. *Palais du Bardo à Tunis : une histoire architecturale au temps des réformes.* Thèse de doctorat en Théorie et pratique de l'archéologie, sous la direction de Jean-Pierre Van Staëvel, Université de Paris 4.

Benachour, Berraho. 2008. *Les attributions et la responsabilité du conservateur de la propriété foncière depuis 1913 : Une construction historique au cœur d'une convergence normative entre droit musulman et droit romano-germanique.* Thèse de doctorat en Droit, sous la direction de François-Paul Blanc, Université de Perpignan.

Berger, Sabine. 2012. *Action édilitaire et artistique des conseillers du roi de France (1270-1328).* Thèse de doctorat en Histoire de l'art, sous la direction de Dany Sandron, Université de Paris 4.

Berretima, Abdel-Halim. 2008. *L'accident du travail et ses effets sur les trajectoires socioprofessionnelles des travailleurs immigrés maghrébins : le cas du BTP en France.* Thèse de doctorat en Sociologie, sous la direction de Gérard Noiriel, Paris EHESS.

Bertaud du Chazaud, Vincent. 2004. *Les architectures de la croissance innovante : 1965-1975 : aujourd'hui, entre mutation et destruction.* Thèse de doctorat en Art et archéologie. Histoire de l'art, sous la direction de Gérard Monnier, Université de Paris 1.

Bertolazzi, Angelo. 2013. *Modernismi litici (1922-1942) : la pietra nell' Architettura moderna*, Le revêtement en pierre dans l'architecture moderne (1922-1942). Thèse de doctorat en Architecture en co-tutelle, sous les directions de Joël Sakarovitch, Paris Est et de Giovanni Mocchi et Luisella Gelsomino, Università degli studi (Bologne, Italie).

Bidois, Anne. 2004. *La formation scientifique et technique dans l'enseignement supérieur à Rouen (1809-1985) : essai de sociologie historique.* Thèse de doctorat en Sociologie, sous la direction de Charles Gadéa, Université de Rouen.

Bienvenu, Gilles. 2013. *Les services d'architecture et d'urbanisme de la ville de Nantes du XVIIIe siècle au XXe siècle. De l'architecte voyer à l'architecte en chef des services techniques.* Thèse pour le doctorat d'histoire de l'art (histoire de l'architecture), sous la direction de Gérard Monnier, Université de Paris 1.

Blanc, Fabien. 2007. *Archéologie du bâti médiéval et moderne en Provence orientale.* Thèse de doctorat en Archéologie, sous la direction de Joëlle Burnouf, Université de Paris 1.

Blanc, Isabelle. 2006. *La reconstruction des bâtiments publics dans l'Aisne après la Grande Guerre.* Thèse de doctorat en Histoire et civilisations, sous la direction de Nadine-Josette Chaline, Université d'Amiens.

Blond, Stéphane. 2008. *L'atlas de Trudaine : pouvoirs, administrations et savoirs techniques (vers 1730 – vers 1780).* Thèse de doctorat en Histoire et civilisations, sous la direction de Daniel Nordman, Paris, EHESS.

Bonneric, Julie. 2013. *Lumière et mosquées en égypte et syrie médiévales, des conquêtes arabes à la dynastie mamelouk (634-1250) : gestion de l'éclairage et portée symbolique.* Thèse de doctorat en Histoire médiévale, sous la direction de Jean-Michel Mouton, Paris, EPHE.

Bonnier, Julie. 2009. *Développement de la sécurité et activités médiatisantes : le cas du travail de gros-œuvre sur les chantiers du bâtiment.* Thèse de doctorat en Psychologie, sous la direction d'Yves Clot, Paris, CNAM.

Borau, Laetitia. 2010. *Les structures hydrauliques chez les Éduens à l'époque antique. Les sites de Bibracte et d'Augustodunum-Autun. Analyse complémentaire des sites éduens de Bourgogne.* Thèse de doctorat en Archéologie romaine, sous la direction de Gilles Sauron, Université de Paris 4.

Botté (Gruyer), Agnès. 2011. *Les hôtels particuliers dijonnais de 1610 à 1715.* Thèse de doctorat en Histoire de l'Art, sous la direction de Claude Mignot, Université de Paris 4.

Bouticourt, Émilien. 2014. *Construire des charpentes autrement : le Midi rhodanien à la fin du Moyen Âge.* Thèse de doctorat en Archéologie médiévale sous la direction de Philippe Bernardi, Université Paris 1.

Bouvier, Armel. 2011. *Production et utilisation des terres cuites architecturales au début du haut Moyen Âge : apport de la chronologie par luminescence.*

Thèse de doctorat en Sciences archéologiques, sous la direction de Pierre Guibert, Université de Bordeaux 3.

Bukowiecki, Évelyne. 2008. *La brique dans l'architecture impériale à Rome : étude de quelques grands chantiers du Palatin.* Thèse de doctorat en Espaces, cultures, sociétés, sous la direction de Xavier Lafon, Université d'Aix-Marseille 1.

C

Caldeira Cabral Santiago Faria, Alice. 2011. *L'architecture coloniale portugaise à Goa : le Département des Travaux Publics, 1840-1926.* Thèse de doctorat en Histoire de l'art, sous la direction de Gérard Monnier, Université de Paris 1.

Cachau, Philippe. 2004. *Jacques Hardouin-Mansart de Sagonne, dernier des Mansart (1711-1778).* Thèse de doctorat en Histoire de l'art, sous la direction de Daniel Rabreau, Université de Paris 1.

Cache, Bernard. 2009. *Fortuito supra acanthi radicem... Par hasard sur une feuille d'acanthe...* Thèse de doctorat en Architecture, sous la direction de Philippe Potié, Université de Grenoble 2.

Cadeau, Ivan. 2010. *L'action du génie pendant la guerre d'Indochine (1945-1956). Une action entravée par le manque de moyens et une méconnaissance de l'arme.* Thèse de doctorat en Histoire contemporaine, sous la direction de Jacques Frémeaux, Université de Paris 4.

Caimi, Annalisa. 2014. *Cultures constructives vernaculaires et résilience. Entre savoir, pratique et technique : appréhender le vernaculaire en tant que génie du lieu et génie parasinistre.* Thèse de doctorat en Aménagement, sous la direction d'Hubert Guillaud, Université de Grenoble.

Cappronnier, Jean-Charles. 2007. *L'agence d'architecture de Charles Duval et Emmanuel Gonse (1905-1937) et les enjeux de la première reconstruction.* Thèse de doctorat en Histoire de l'architecture, sous la direction de François Loyer, Université de Versailles St Quentin.

Cardona Gil, Emmanuel. 2009. *Les ingénieurs militaires de la Délégation générale pour l'armement : trajectoires subjectives et identités professionnelles.* Thèse de doctorat en Sociologie, sous la direction de Charles Gadéa, Paris, EHESS.

Castaldo, Inès. 2009. *Habiter noblement ? : L'édification du quartier Mazarin d'Aix-en-Provence aux XVIIe et XVIIIe siècles.* Thèse de doctorat en Histoire de l'art, sous la direction de Pascal Julien, Université de Toulouse 2.

Castrucci, Colette. 2010. *Le quartier du port à Marseille à l'époque moderne et contemporaine : essai de reconstitution d'un paysage urbain disparu*. Thèse de doctorat d'histoire sous la co-direction de Philippe Bernardi et Régis Bertrand, Université de Aix-Marseille.

Cauchard, Lionel. 2010. *Les collèges d'experts et la fabrique de la normalisation technique. Hybridation Normative et Performation de la Haute Qualité Environnementale (HQE) des Bâtiments en France.* Thèse de doctorat en Sociologie, sous la direction de Catherine Paradeise, Université de Paris Est.

Charbonnier, Julien. 2011. *Les systèmes d'irrigation en Arabie méridionale (IVe millénaire av. J.-C. – Ier millénaire ap. J.-C.).* Thèse de doctorat en Archéologie, sous la direction de François Villeneuve, Université de Paris 1.

Charlier, Fabrice. 2011. *Technologie des tuiliers gallo-romains (Gaules et Germanies) : analyse comparative et régressive des structures de production des matériaux de construction en terre cuite de l'époque contemporaine à l'Antiquité.* Thèse de doctorat en Histoire ancienne, sous la direction de Antonio Gonzales et de Thierry Luginbühl, Université de Besançon.

Chateaudon, Jean-Luc. 2005. *La Question routière dans le département du Haut-Rhin (1800-1870)*. Thèse de doctorat en Histoire, sous la direction de Bernard Vogler, Université de Strasbourg 2.

Chauvin-Michel, Marion. 2012. *Architectures solaires et politiques énergétiques en France de 1973 à 1985.* Thèse de doctorat en Histoire de l'art, sous la direction de Claude Massu, Université de Paris 1.

Chergui, Samia. 2007. *Construire, gérer et conserver les mosquées en El-Djazair ottomane (XVIe-XIXe siècles).* Thèse de doctorat en Histoire de l'art et archéologie, sous la direction de Marianne Barrucand, Université de Paris 4.

Cloquier, Christophe. 2012. *Les installations fluviales médiévales et modernes du cours de la Somme : approche archéologique et documentaire de l'équipement et de l'exploitation d'un fleuve côtier du début du XIIe siècle à la Révolution.* Thèse de doctorat en Archéologie, sous la direction d'Éric Rieth, Université de Paris 1.

Coadic, Sophie. 2009. *Les machines d'élévation dans le monde romain, du IIe s. A. C. Au VIe s. P. C.* Thèse de doctorat en Histoire, langues, littérature anciennes, sous la direction de Francis Tassaux, Université de Bordeaux 3.

Cojannot, Alexandre. 2011. *Louis Le Vau et les nouvelles ambitions de l'architecture française (1634-1654).* Thèse de doctorat en Histoire de l'art, sous la direction de Claude Mignot, Université de Paris 4.

Collet, Brice. 2010. *La fortification de Troyes en Champagne : un grand chantier urbain fin* XV*e – première moitié du* XVI*e siècle.* Thèse de doctorat en Histoire et civilisations, sous la direction de Jean Chapelot, Paris, EHESS.

Comet, Catherine. 2004. *Réseaux et chantiers : performance et capital social des entrepreneurs du bâtiment.* Thèse de doctorat en Sociologie, sous la direction d'Emmanuel Lazega, Université de Lille 1.

Conchon, Anne. 2013. *L'Économie de la circulation dans la France moderne. Dynamiques, institutions et espaces*, avec un mémoire inédit intitulé « Entre travail et impôt. La corvée des grands chemins au XVIIIe siècle ». Habilitation à diriger des recherches, sous la direction de Dominique Margairaz, Université de Paris 1.

Costanzo, Maria Cristiana. 2004. *I progetti di prosciugamento delle paludi litorali francesi redatti dagli ingegneri del Corps des Ponts et Chaussées all'inizio del XIX secolo : tesi di dottorato in co-tutela Italia Francia.* Thèse de doctorat en Technologies de l'architecture, sous la direction de Giorgio Muratore et de Pierre Pinon, Université de Paris 8.

Couton, Loïc. 2014. *Les enjeux de la question constructive dans le processus de conception architecturale des architectes constructeurs.* Thèse de doctorat en architecture, sous la direction de Joël Sakarovitch, ENSA Paris Malaquais.

Croizé, Jean-Claude. 2009. *Politique et configuration du logement en France (1900-1960).* Habilitation à diriger des recherches, sous la direction de Colette Vallat, Université de Paris Nanterre.

Croizier-Varillon, Isabelle. 2012. *L'art sacré en Béarn et en Pays Basque dans la période de l'entre-deux-guerres.* Thèse de doctorat en Histoire de l'art, sous la direction de Dominique Dussol, Université de Pau.

Cuccoli, Lorenzo. 2012. *Le armi dotte tra Francia e Italia 1796-1814.* Thèse de doctorat en Histoire, sous la direction de Bernard Gainot et de Francesca Sofia, Université de Paris 1 en cotutelle avec l'Universitá di Bologna.

Curien, Émeline. 2012. *L'architecture suisse alémanique 1979-2007 : pensées constructives.* Thèse de doctorat en Histoire de l'art, sous la direction de Claude Massu, Université de Paris 1.

D

Darò, Carlotta. 2007. *La dimension sonore en architecture : l'expérience du « paysage sonore » (1969-1982).* Thèse de doctorat en Histoire de l'art, sous la direction de Dominique Rouillard, Université de Paris 1.

Daudigeos, Thibault. 2009. *Rendre l'entreprise néolibérale responsable : rôle des logiques institutionnellles et des experts fonctionnelles : étude de la gestion du risque accident du travail dans le secteur de la construction.* Thèse de doctorat en Sciences de gestion, sous la direction de Pierre-Yves Gomez, Université de Lyon 3.

Dautrey, Philippe. 2006. *Des comptes aux œuvres : les travaux de l'église des Bernardins de Paris (1339-1342) et du Palais des Papes d'Avignon (1344-1345).* Thèse de doctorat en Histoire et civilisations, sous la direction de Philippe Braunstein, Paris, EHESS.

Davidovits, Frédéric. 2007. *Géologie et construction dans le de architectura de Vitruve.* Thèse de doctorat en Langues et littératures anciennes, sous la direction de Louis Callebat, Université de Caen.

De Castro Coelho de Oliveira e Sousa, Maria Luísa. 2013. *A mobilidade automóvel em Portugal. A construção do sistema socio-técnico, 1920-1950.* Thèse de doctorat en Histoire artistique et culturelle, sous la direction de Catherine Bertho-Lavenir et de Maria Paula Diogo, Université de Paris 3.

Decommer, Maxime. 2014. *Les architectes au travail. Les conditions d'apparition, d'évolution et d'uniformisation des lieux et des structures d'activités des architectes, 1795-1940.* Thèse de doctorat d'architecture, sous la direction de Monique Eleb, École nationale supérieure d'architecture de Paris-Malaquais.

Delaunay, Bernard. 2013. *La pensée technique de l'Académie royale des sciences (1699-1750).* Thèse d'histoire des techniques, sous la direction d'Anne-Françoise Garçon, Université de Paris 1.

Delemontey, Yvan. 2009. *Le béton assemblé : préfabriquer la France de l'après-guerre (1940-1955).* Thèse de doctorat en Architecture, sous la direction de Jean-Louis Cohen et de Bruno Reichlin, Université de Paris 8 – Université de Genève.

Denizeau, Valentine. 2010. *Conduire l'eau dans Le Caire mamlûk : installations hydrauliques et politiques d'aménagements dans la capitale égyptienne (1250-1517).* Thèse de doctorat en Espaces, cultures, sociétés. Mondes arabe, musulman et sémitique, sous la direction de Sylvie Denoix, Université d'Aix-Marseille.

Depondt-De Ruidiaz, Anne-Charlotte. 2004. *La construction métallique : le parcours de Paul Depondt, architecte.* Thèse de doctorat en Art et archéologie, sous la direction de Gérard Monnier, Université de Paris 1.

Désabres, Pascal. 2007. *Le chantier du chemin de fer métropolitain de Paris, de 1898 à 1946*. Thèse de doctorat en Histoire contemporaine, sous la direction de Dominique Barjot, Université de Paris 4.

Desrondiers, Carine. 2014. *L'art de la Serrurerie en Bretagne aux* XVIIe *et* XVIIIe *siècles.* Thèse de doctorat en Histoire de l'art, sous la direction de Marianne Grivel, Université de Paris 4.

Destable, Philippe. 2006. *Les chantiers du roi : la fortification du « pré carré » sous le règne de Louis XIV.* Thèse de doctorat en Histoire, sous la direction de Gérard Gayot, Université de Lille 3.

Diètre, Stéphanie. 2012. *L'émergence du visible interrogée par les architectes : le dessin de note et la construction du regard de Charles-Édouard Jeanneret, Paul Tournon et Jean-Charles Moreux.* Thèse de doctorat en Architecture, sous la direction de Catherine Maumi, Université de Grenoble.

Dimitriadi, Léda. 2008. *Du flexible au transformable : ruptures et transitions de l'évolution technologique dans la conception architecturale.* Thèse de doctorat en Arts et sciences de l'art, sous la direction de Jac Fol, Université de Paris 1.

Dreyer, Francis. 2008. *Les constructeurs d'optiques de phares, 1764-1984 : catoptrique et lentilles de Fresnel : histoire des industriels français de la signalisation maritime.* Thèse de doctorat en Histoire des techniques, sous la direction de Pascal Griset, Université de Paris 4.

Driaux, Delphine. 2010. *Les Aménagements hydrauliques en contexte urbain dans l'Égypte ancienne.* Thèse de doctorat en Égyptologie, sous la direction de Dominique Valbelle, Université de Paris 4.

Dubourg-Glatigny, Pascal. 2014. *L'Europe moderne et la fabrique des savoirs : les arts et l'architecture entre science et technique*, avec un mémoire inédit sur « L'architecture morte ou vive. Les infortunes de la coupole de Saint-Pierre de Rome au XVIIIe siècle ». Habilitation à diriger des recherches, sous la direction de Joël Sakarovitch, Paris Est.

Dumasy, François. 2006. *Ordonner et bâtir : construction de l'espace urbain et ordre colonial à Tripoli pendant la colonisation italienne, 1911-1940.* Thèse de doctorat en Histoire, sous la direction de Robert Ilbert, Université de Aix-Marseille 1.

E

Émery, Astrid. 2007. *Concevoir et bâtir dans la Mésopotamie protohistorique : l'utilisation de schémas architecturaux au* IVe *millénaire av. J.-C.* Thèse de doctorat en Archéologie, sous la direction de Jean-Daniel Forest, Université de Paris 1.

Esteban, Élisabeth. 2004. *Le permis de construire du* XVIIIe *siècle à nos jours.* Thèse de doctorat en Droit, sous la direction de Jean-Louis Harouel, Université de Paris 2.

F

Faisant, Étienne. 2013. *L'architecture à Caen du règne de Charles VIII au début du règne de Louis XIII.* Thèse de doctorat en Histoire de l'art, sous la direction d'Alexandre Gady, Université de Paris 4.

Fakharian Ghom, Behrang. 2013. *De l'emploi des techniques ancestrales dans la construction et l'urbanisme contemporains : la réinterprétation d'anciennes techniques relatives au confort thermiques des régions (semi-) arides et chaudes.* Thèse de doctorat en Géographie, sous la direction de Sabine Barles, Université de Paris 1.

Falise, François. 2010. *L'action de la Fédération française du Bâtiment dans le champ de la formation professionnelle.* Thèse de doctorat en Science administrative, sous la direction de Yann Tanguy, Université de Nantes.

Fares, Kinda. 2012. *L'industrialisation du logement en France (1885-1970) : de la construction légère et démontable à la construction lourde et architecturale.* Thèse de doctorat en Histoire des techniques, sous la direction d'André Guillerme, Paris, CNAM.

Ferhi, Mustapha. 2009. *Les installations hydrauliques dans les Hautes Steppes tunisiennes à l'époque romaine.* Thèse de doctorat en Archéologie, sous la direction de Jean-Paul Morel, Université d'Aix-Marseille 1.

Fernandez, Mathieu. 2014. *Approche topographique historique du sous-sol parisien. La ville épaisse : genèse et évolutions morphologiques.* Thèse de doctorat en histoire des techniques, sous la direction d'André Guillerme, Paris, CNAM.

Fiorentino, Fabio. 2004. *L'architecture comme construction mnémonique : le Panthéon de Rome et l'église de Sainte Marie ad Martyres.* Thèse de doctorat en Études urbaines, sous la direction d'Augustin Berque, Paris, EHESS.

Fleury, François. 2009. *Réflexions épistémologiques, historiques et pédagogiques sur l'usage des modèles de mécanique des structures dans le champ de l'architecture*, habilitation à diriger des recherches, sous la direction de Joël Sakarovitch, Paris, Université Paris Est-Marne la Vallée.

Foulquier, Laura. 2008. *Dépôts lapidaires, réutilisations et remplois (Antiquité-haut Moyen Âge).* Thèse de doctorat en Histoire de l'art et archéologie, sous la direction de Bruno Phalip, Université de Clermont-Ferrand 2.

Frapier, Christel. 2009. *Les ingénieurs-conseils dans l'architecture en France, 1945-1975 : réseaux et internationalisation du savoir technique.* Thèse de doctorat en Histoire de l'art. Histoire de l'architecture, sous la direction d'Antoine Picon, Université de Paris 1.

Frémaux, Céline. 2005. *Construire des églises en France dans la seconde moitié du XXe siècle : de la commande à la réalisation : Nord-Pas-de-Calais (1945-2000).* Thèse de doctorat en Histoire de l'art, sous la direction de Jean-Yves Andrieux, Université de Rennes 2.

G

Gaillard (Vire), Béatrice. 2011. *Les Franque : une dynastie d'architectes avignonnais au XVIIIe siècle.* Thèse de doctorat en Histoire de l'art / Histoire de l'Architecture Moderne, sous la direction de Claude Mignot, Université de Paris 4.

Gaillard, Jacques. 2007. *L'exploitation antique de la pierre de taille dans le bassin de la Charente.* Thèse de doctorat en Histoire et archéologie, sous la direction de Michel Bochaca, Université de La Rochelle.

Galletti, Sara. 2004. *Marie de Médicis et le Palais du Luxembourg.* Thèse de doctorat en Histoire de l'art, sous la direction de Claude Mignot et de Howard Burns, Université de Paris 4.

Gallo, Emmanuelle. 2006. *Modernité technique et valeur d'usage : le chauffage des bâtiments d'habitation en France.* Thèse de doctorat en Histoire de l'art, sous la direction de Gérard Monnier, Université de Paris 1.

Gaugain, Lucie. 2011. *Le château et la ville d'Amboise à la fin du Moyen Âge et au début de la Renaissance (1421-1525) : architecture et société.* Thèse de doctorat en Histoire de l'Art, sous la direction de Alain Salamagne, Université de Tours.

Gessner, Samuel. 2006. *Mathématiques et applications : les mathématiques dans les écrits d'architecture italiens 1545-1570.* Thèse de doctorat en Épistémologie, histoire des sciences et techniques, sous la direction de Roshdi Rashed, Université de Paris 7.

Giudice, Christophe. 2006. *La construction de Tunis, « ville européenne » et ses acteurs de 1860 à 1945*. Thèse de doctorat en Histoire, sous la direction de Daniel Rivet, Université de Paris 1.

Gleyze, Emmanuel. 2010. *Pour une sociologie des pierres : étude sociohistorique du rapport de l'homme à la pierre. L'exemple de l'édification d'un château médiéval au XXIe siècle (Guédelon, Bourgogne)*. Thèse de doctorat en Sociologie, sous la direction de Jean-Bruno Renard, Université de Montpellier 3.

Goubin, Yann. 2012. *Les monuments publics en Asie Mineure à l'époque flavienne*. Thèse de doctorat en Histoire de l'art, sous la direction de Nathalie de Chaisemartin, Université de Paris 4.

Graber, Frédéric. 2004. *La délibération technique : disputes d'ingénieurs des Ponts et Chaussées sous le Consulat : l'affaire du Canal de l'Ourcq*. Thèse de doctorat en Histoire et civilisations, sous la direction de Dominique Pestre, Paris EHESS.

Grosjean, Catherine. 2005. *Construire en Lorraine : les entrepreneurs entre 1871 et 1914*. Thèse de doctorat en Histoire de l'art, sous la direction d'Antoine Picon, Université de Paris 1.

Groussard, David. 2010. *La gestion de l'eau dans les villes bretonnes aux XVIIe et XVIIIe siècles*. Thèse de doctorat en Histoire, sous la direction de Serge Bianchi et d'Anne-Françoise Garçon, Université de Rennes 2.

Guezo, Gilles. 2010. *Les ponts métalliques routiers sur les estuaires bretons, 1830-1930 : Contre vents et marées : légèreté et rigidité*. Thèse de doctorat en Histoire de l'architecture, sous la direction de Jean-Yves Andrieux, Université de Rennes 2.

Guillouët, Jean-Marie. 2014. *La sculpture monumentale à la fin du Moyen Âge : construction des savoir-faire et circulation des formes*. Mémoire inédit sur « Un gothique hyper-technique ? Micro-histoire d'une procédure décorative de la fin du Moyen Âge : le refouillement d'ardoise ». Habilitation à diriger des recherches en histoire, sous la direction de Philippe Bernardi, Université de Paris 1.

H

Haïdar-Boustani, Maya. 2004. *Les ateliers de taille de la Béqa (Liban) dans le contexte proche-oriental : le façonnage des macrolithes néolithiques*. Thèse de doctorat en Langues, histoire et civilisations des mondes anciens, des origines à l'antiquité tardive, sous la direction de Danielle Stordeur, Université de Lyon 2.

Hanquiez, Delphine. 2008. *La priorale de Saint-Leu-d'Esserent et le début de l'architecture gothique.* Thèse doctorat d'histoire de l'art sous la direction de Christian Heck et Arnaud Timbert, Université de Lille III.

Hendel, Malek. 2011. *Qualité, qualité architecturale et démarche qualité dans le secteur de la construction en Algérie, 2000-2011.* Thèse de doctorat en Aménagement de l'espace, urbanisme, sous la direction de Daniel Le Couédic, Université de Brest.

J

Jalais, Savitri. 2013. *Développement des ghâts à Bénarès : dispositif architectural et espace urbain.* Thèse de doctorat en Architecture, sous la direction de Pierre Clément, Université de Paris Est.

Jambard, Pierre. 2006. *La Société Auxiliaire d'Entreprises et la naissance de la grande entreprise française de bâtiment (1924-1974).* Thèse de doctorat en Histoire contemporaine, sous la direction de Dominique Barjot, Université de Paris 4.

Jean, Alain Michel. 2011. *Les architectes de l'eau en Basse Provence de la Renaissance au XXe siècle.* Thèse de doctorat en Histoire, sous la direction de Bernard Cousin, Université d'Aix-Marseille 1.

Jeanvoine, Luc. 2005. *L'usine de constructions mécaniques de Graffenstaden (1960-1986).* Thèse de doctorat en Histoire, sous la direction de Michel Hau, Strasbourg, Université Marc Bloch.

Jounin, Nicolas. 2006. *Loyautés incertaines : les travailleurs du bâtiment entre discrimination et précarité.* Thèse de doctorat en Anthropologie, sous la direction d'Alain Morice, Université de Paris 7.

K

Kamache-Ouzidane, Dalila. 2013. *Irriguer l'urbanité : les eaux d'Alger (XVIe-XIXe siècles).* Thèse de doctorat en Histoire des techniques, sous la direction de André Guillerme, Paris, CNAM.

Koch, Jacky. 2012. *L'art de bâtir dans les châteaux forts en Alsace (Xe-XIIIe siècle).* Thèse de doctorat en Histoire, sous la direction de Gérard Giuliato, Université de Lorraine.

Kohl, Sebastian. 2014. *Homeowner nations or nations of tenants : how historical institutions in urban politics, housing finance and construction set Germany, France and the US on different housing paths.* Thèse de doctorat en Sociologie, sous la direction de Jens Beckert et de Pierre

François, Paris, IEP / Max-Planck-Institut für Gesellschaftsforschung (Cologne, Allemagne).

Kürkçü, Mehmet. 2014. *L'urbanisme et les aménagements hydrauliques de Termessos*. Thèse de doctorat en Archéologie romaine, sous la direction de Gilles Sauron, Université de Paris 4.

L

Lafarge, Ivan. 2013. *Le plâtre dans la construction en Ile de France ; techniques, morphologie et économie avant l'industrialisation.* Thèse de doctorat en Histoire des techniques, sous la direction de Anne-Françoise Garçon, Université de Paris 1.

Lamare, Nicolas. 2014. *Les fontaines monumentales en Afrique romaine.* Thèse de doctorat en Histoire de l'Art et Archéologie – Théorie et pratique de l'archéologie, sous la direction de François Baratte, Université de Paris 4.

Lambert, Guy. 2007. *L'architecte et la figure de l'expert, au service de l'État sous la IIIe République. Cultures et stratégies professionnelles. Autour de Paul Guadet (1873-1931).* Thèse de doctorat d'histoire sous la direction de François Loyer, Université de Versailles-Saint-Quentin-en-Yvelines.

Landauer, Paul. 2004. *La caisse des dépôts et consignations face à la crise du logement (1953-1958) : histoire d'une maîtrise d'ouvrage.* Thèse de doctorat en Histoire de l'art, sous la direction de Danièle Voldman, Université de Paris 1.

Laureau, Vincent. 2014. *La ville et la terre, apprendre de Bamako : le cas de Bozobuguni, un quartier autoconstruit.* Thèse de doctorat en Géographie, sous la direction de Philippe Gervais-Lambony et de Philippe Potié, Université de Paris Nanterre.

Le Bihan, Jean. 2005. *Fonctionnaires intermédiaires au XIXe siècle : étude de trois corps en Ille-et-Vilaine (« gradés » de préfecture, percepteurs, conducteurs des Ponts et chaussées).* Thèse de doctorat en Histoire, sous la direction de Patrick Harismendy, Université de Rennes 2.

Lecomte, Laurent. 2004. *L'architecture de l'Ordre de la Visitation en France au XVIIe et XVIIIe siècles.* Thèse de doctorat en Histoire de l'art moderne, sous la direction de Claude Mignot, Université de Paris 4.

Lefebvre, Émeline. 2014. *L'emploi du fer et du plomb dans l'architecture gothique en Picardie (XIIe-XVIe s.).* Thèse de doctorat d'histoire de l'art, sous la direction de Philippe Racinet et Arnaud Timbert, Université de Picardie.

Le Goullon, Gwenaëlle. 2010. *Les grands ensembles en France : genèse d'une politique publique (1945-1962).* Thèse de doctorat en Histoire contemporaine, sous la direction d'Annie Fourcaut, Université de Paris 1.

Lemonnier, Aline. 2008. *Les embellissements du Havre au XVIIIe siècle : projets, réalisations : 1719-1830.* Thèse de doctorat en Histoire de l'art, sous la direction de Daniel Rabreau, Université de Paris 1.

Lenoir-Quintard, Magalie. 2007. *Entretenir un monument gothique sous l'Ancien Régime : la Sainte Chapelle du Palais.* Thèse de doctorat en Histoire de l'art, sous la direction de Jean-Michel Leniaud, Paris, EPHE.

Léon, Cécile. 2006. *Le château de Saint-Germain-en-Laye (Yvelines) au Moyen Âge : étude historique et archéologique d'une résidence royale (XIIe-XIVe siècles).* Thèse de doctorat en Histoire et civilisations, sous la direction de Jean Chapelot, Paris, EHESS.

L'Héritier, Maxime. 2007. *L'utilisation du fer dans l'architecture gothique : les cas de Troyes et de Rouen.* Thèse de doctorat en Archéologie, sous la direction de Paul Benoît, Université de Paris 1.

Lhermite, Xavier Bruno. 2007. *La construction religieuse à Limoges de 1170 à 1273 : enquête sur les monuments du premier siècle de l'architecture gothique.* Thèse de doctorat en Histoire de l'art, sous la direction de Claude Andrault-Schmitt, Université de Poitiers.

Lochoshvili, Maksym. 2009. *Les technologies nouvelles ont-elles un rôle à jouer sur un marché très concurrentiel de la Russie postsoviétique, le marché du chauffage ? (Période étudiée 1991-2008).* Thèse de doctorat en Commerce international et Europe, sous la direction de Liliane Gallet, Véronique Jobert et de Jean-Yves Fargues, Université de Paris 4.

Loiseau, Christophe. 2009. *Le métal dans l'architecture publique de l'ouest de la Gaule Lyonnaise : approches méthodologiques, techniques de construction et structures de production (Ier-IIIe siècles après J.-C.).* Thèse de doctorat en Histoire, sous la direction de Marie-Claude L'Huillier et de Jean-Paul Guillaumet, Université du Mans.

Loizeau, Emmanuelle. 2009. *Louis et Clément Métézeau, architectes du Roi.* Thèse de doctorat en Histoire de l'art, sous la direction de Claude Mignot, Université de Paris 4.

Loriette, Nicolas. 2008. *Les édifices de stockage des céréales dans les grands départements céréaliers français : 1929-1969.* Thèse de doctorat en

Histoire de l'art, sous la direction de Jean-Yves Andrieux, Université de Rennes 2.

M

Machkova, Élena. 2009. *Intérim : risques au travail, risques de l'emploi : Le cas des travailleurs intérimaires du bâtiment en France.* Thèse de doctorat en Sociologie, sous la direction de Anne-Marie Guillemard, Université de Paris 5.

Madeline, Fanny. 2009. *La politique de construction des Plantagenêt et la formation d'un territoire politique, 1154-1216.* Thèse de doctorat en Histoire médiévale, sous la direction de Jean-Philippe Genet, Université de Paris 1.

Maejima, Michiko. 2014. *Édifier et équiper les bases de l'armée japonaise. Transferts de technologie, France-Japon, 1868-1930.* Thèse de doctorat d'histoire des techniques, sous la direction d'André Guillerme, Paris, CNAM.

Malservisi, Franca. 2005. *La restauration architecturale en France : deux siècles de pratique ordinaire.* Thèse de doctorat en Histoire de l'architecture, sous la direction de François Loyer, Versailles St Quentin.

Mandoul, Thierry. 2004. *L'« Histoire de l'architecture » d'Auguste Choisy : entre raison et utopie.* Thèse de doctorat en Architecture, sous la direction de Jean-Louis Cohen, Université de Paris 8.

Mariani, Louis. 2006. *Les règles de construction et d'ornementation architectonique des façades des immeubles parisiens de la seconde moitié du* XIXe *siècle.* Thèse de doctorat en Histoire contemporaine, sous la direction de François Loyer, Université de Versailles St Quentin.

Marmorat, Marion. 2006. *Controverse socio-technique autour des barrages danubiens Gabčikovo-Nagymaros, 1977-2004 (Hongrie/Slovaquie) : étude microsociologique des relations internationales.* Thèse de doctorat en Science politique. Relations internationales, sous la direction de Bertrand Badie, Paris, Institut d'études politiques.

Marouard, Grégory. 2010. *Archéologie, architecture et images de la maison urbaine d'époque hellénistique et romaine dans la chôra égyptienne.* Thèse de doctorat en Histoire de l'art et archéologie, sous la direction de Pascale Ballet, Université de Poitiers.

Martini, Manuela. 2013. *Parcours professionnels, famille et mobilités. Une histoire sociale du travail et de l'entreprise familiale* (XIXe-XXe *siècles)*, avec un mémoire inédit intitulé « Du travail et des hommes. Migrations et petite entreprise du bâtiment dans la banlieue parisienne au XXe siècle ». Habilitation à diriger des recherches, sous la direction de Catherine Omnès, Université de Versailles-St Quentin.

Mastrorilli, Antonella. 2013. *Architecture, mécanique et représentation du monde*, avec un mémoire inédit sur « Architecture, mécanique et représentation du monde : nécessité ou contingence ? XIVe-XVIIIe siècles ». Habilitation à diriger des recherches, sous la direction de Joël Sakarovitch, ENSA Paris Malaquais.

Medina-Jaouen, Cécile. 2012. *Le français parlé dans les Bâtiments et les Travaux Publics : de l'analyse interactionnelle à la constitution d'un parcours d'apprentissage*. Thèse de doctorat en Sciences du langage, sous la direction de Michael Rinn, Université de Brest.

Mathé, Virginie. 2010. *Le prix de la construction en Grèce aux IVe et IIIe siècles avant J.-C. : étude sur les chantiers financés par les sanctuaires de Delphes, d'Épidaure et de Délos*. Thèse de doctorat en Langues, histoire et civilisations des mondes anciens, sous la direction de Jean-Charles Moretti, Léopold Migeotte, Patrick Marchetti, Michèle Brunet et de Véronique Chankowski, Université de Lyon 2.

Mele, Giampiero. 2004. *Della geometria una regola per il disegno delle chiese medievali tra XIIe XIVe secolo.* Thèse de doctorat en Architecture, sous la direction de Maria Teresa Bartoli et de Pierre Pinon, Paris 8 en cotutelle avec l'Università degli studi di Firenze.

Mélot, Géraldine. 2007. *Les églises romanes du XIIe siècle en Franche-Comté.* Thèse de doctorat en Histoire de l'art, sous la direction de Philippe Plagnieux, Université de Besançon.

Millot, Caroline. 2010. *Jacques-Philippe Mareschal (1689-1778), ingénieur du roi et architecte au XVIIIe siècle.* Thèse de doctorat en Histoire de l'art et archéologie, sous la direction de Daniel Rabreau, Université de Paris 1.

Moatti, Alexandre. 2011. *Gaspard-Gustave de Coriolis (1792-1843) : un mathématicien, théoricien de la mécanique appliquée.* Thèse de doctorat en Histoire des sciences, sous la direction de Bruno Belhoste, Université de Paris 1.

Morel, David. 2009. *Tailleurs de pierre, sculpteurs et maîtres d'œuvre dans le Massif Central*. Thèse de doctorat en Histoire de l'art et archéologie, sous la direction de Bruno Phalip, Université de Clermont-Ferrand 2.

Morera, Raphaël. 2008. *Les assèchements de marais en France au XVIIe siècle (1599-1661) : technique, économie, environnement.* Thèse de doctorat en Histoire, sous la direction de Paul Benoît, Université de Paris 1.

Morozova, Tatiana. 2013. *Modernisation urbaine et transfert de technologies en Europe au XIXe siècle : la construction du Pont Troitski à Saint-Pétersbourg par la Société de construction des Batignolles à la fin du XIXe-début du XXe siècle.* Thèse de doctorat en Histoire contemporaine, sous la direction de Annie Fourcaut, Université de Paris 1.

Morvan Becker, Frédéric. 2010. *L'école gratuite de dessin de Rouen, ou la formation des techniciens au XVIIIe siècle.* Thèse d'histoire, sous la direction de Philippe Minard, Université de Paris VIII-Saint-Denis.

Moulin, Fabrice. 2010. *Embellir, bâtir, demeurer. Représentations de l'architecture et du geste architectural dans la littérature de la deuxième moitié du dix-huitième siècle en France (1748-1788).* Thèse de doctorat en Littérature et civilisation françaises, sous la direction de Pierre Frantz, Université de Paris 4.

Moulin, Marie-Anne. 2007. *Argentan au Moyen Âge : aspects urbains, sociaux et économiques.* Thèse de doctorat en Histoire et civilisations, sous la direction de Philippe Braunstein, Paris, EHESS.

Mouterde, Rémy. 2011. *Morphogenèse des charpentes à chevrons formant fermes : évolution morphologique, comportement mécanique et principes constructifs.* Thèse de doctorat en Architecture, sous la direction de Joël Sakarovitch, Université de Paris Est.

N

Nasi, Sophie. 2007. *Un architecte et une ville à la fin du XIXe siècle : Louis-Charles Sauvageot (1842-1908) à Rouen : constructions, restaurations.* Thèse de doctorat en Histoire de l'art et archéologie, sous la direction de Françoise Hamon, Université de Paris 4.

Nègre, Valérie. 2013. *Architecture et culture technique au tournant des XVIIIe et XIXe siècles*, avec un mémoire inédit intitulé « L'Art et la matière. Les artisans, les architectes et la technique ». Habilitation à diriger des recherches, sous la direction d'Antoine Picon, Université de Paris-Est.

Nejrotti, Luca Mario. 2009. *Installations hydrauliques dans le Marquisat de Saluces : formes de gestion économique et administrative du territoire entre XIIe et XVIe siècle.* Thèse de doctorat en Archéologie, sous la direction de Michel Fixot, Université d'Aix-Marseille 1.

Njoto, Hélène. 2014. *Innovations architecturales à Java du XVIe siècle au début du XIXe siècle*. Thèse de doctorat en Histoire et civilisations, sous la direction de Claude Guillot, Paris, EHESS.

O

Okalla Bana, Edy-Claude. 2010. *L'industrie française du terrassement (1830-1991)*. Thèse de doctorat en Histoire contemporaine, sous la direction de Dominique Barjot, Université de Paris 4.

Ouriachi, Marie-Jeanne. 2009. *Habitat, terroirs et territoire en Languedoc oriental durant l'Antiquité : Approche spatio-temporelle d'un système de peuplement*. Thèse de doctorat en Histoire, sous la direction de François Favory, Université de Besançon.

P

Parvu, Sandra. 2008. *Relation de l'objet au territoire : les grands ensembles d'habitation en France (1958-1961)*. Thèse de doctorat en Études urbaines, sous la direction de Rémi Baudouï et de Marie-Vic Ozouf-Marignier, EHESS et Université de Genève.

Perrot, Laure. 2011. *Le logement social à Bordeaux de 1944 à 2009 : problématiques architecturales et urbaines*. Thèse de doctorat en Histoire de l'art, sous la direction de Marc Pierre Saboya, Université de Bordeaux 3.

Petit, Joëlle. 2014. *Le rayonnement des marbriers wallons (1800-1920)*. Thèse de doctorat en histoire des techniques, sous la direction d'André Guillerme, Paris, CNAM.

Pinon, Matthieu. 2013. *Une lecture architecturale d'archives du bâtiment : L'exemple de chantiers havrais du XVIe au XVIIIe siècle*. Thèse de doctorat en architecture, sous la direction de Joël Sakarovitch, ENSA Paris Malaquais.

Piquet, Caroline. 2006. *La Compagnie Universelle du Canal Maritime de Suez en Égypte, de 1888 à 1956 : une concession française dans la tourmente d'une nation en marche*. Thèse de doctorat en Histoire contemporaine, sous la direction de Dominique Barjot et de Jacques Frémeaux, Université de Paris 4.

Plugaru, Rodica. 2013. *Transferts internationaux et changements institutionnels dans les anciens pays soviétiques : l'évolution des normes techniques de construction des hôpitaux en Ukraine et en Moldavie (1991-2011)*. Thèse de doctorat en Science politique, sous la direction de Sabine Saurugger et d'Alan Hennessy, Université de Grenoble.

Pont, Anne-Valérie. 2005. *Orner la cité : les enjeux culturels, sociaux et politiques de la construction et de la restauration des monuments publics dans les cités d'Asie et de Pont-Bithynie, du Ier au IVe siècle ap. J.-C.* Thèse de doctorat en Histoire romaine, sous la direction de Jean-Pierre Martin, Université de Paris 4.

Pretalli, Michel. 2011. *Les dialogues des ingénieurs militaires italiens au XVIe siècle : transmission des savoirs et aspirations littéraires*. Thèse de doctorat en Études italiennes, sous la direction d'Alfredo Perifano, Université de Besançon.

Prouteau, Nicolas. 2005. *Bâtisseurs, ingénieurs et fortifications au temps des Croisades : contribution à l'étude des échanges entre Orient et Occident (XIIe-XIIIe siècles).* Thèse de doctorat en Histoire médiévale, sous la direction de Philippe Sénac, Université de Toulouse 2.

Puppi, Marcelo. 2013. *La dimension culturelle du rationalisme structurel : architecture, histoire et utopie chez Léonce Reynaud, Fernand de Dartein et Auguste Choisy.* Thèse de doctorat en Histoire de l'art, sous la direction d'Antoine Picon, Université de Paris 1.

Q

Quéré, Bernard. 2005. *La communication scientifique et technique par les outils graphiques, de 1750 à 1850, dans le contexte de la Bretagne.* Thèse de doctorat en Histoire et civilisations, sous la direction de Jean Dhombres, Paris EHESS.

R

Rannou, Nolwenn. 2004. *L'exercice de l'architecture et de la restauration en France au XIXe siècle : la carrière de Joseph Bigot (1807-1894), architecte finistérien.* Thèse de doctorat en Histoire de l'art, sous la direction de Jean-Yves Andrieux, Université de Rennes 2.

Rapin, Thomas. 2010. *Les chantiers de Jean de France, duc de Berry : maîtrise d'ouvrage et architecture à la fin du Moyen Âge.* Thèse de doctorat en Histoire de l'art, sous la direction de Claude Andrault-Schmitt, Université de Poitiers.

Rege, Adeline. 2011. *Les voyages en Europe de l'architecte Simon-Louis Du Ry : Suède, France, Hollande, Italie (1746-1777).* Thèse de doctorat en Histoire moderne et contemporaine, sous la direction de Jean-Pierre Poussou, Université de Paris 4.

Resendiz-Vazquez, Aleyda. 2010. *L'industrialisation du bâtiment : le cas de la préfabrication dans la construction scolaire en France (1951-1973).* Thèse de doctorat en Histoire des techniques, sous la direction d'André Guillerme et de Sabine Barles, Paris, CNAM.

Revenu, Marine. 2010. *Ressources et utilisations de la pierre dans le Bassin parisien à l'époque romaine.* Thèse de doctorat en Histoire et archéologie des mondes anciens, sous la direction de Paul Van Ossel, Université de Paris Nanterre.

Rousteau-Chambon, Hélène. 2011. *L'enseignement à l'Académie royale d'architecture. De Philippe de La Hire à Louis-Adam Loriot (1687-1762).* Habilitation à diriger des recherches, sous la direction de Joël Sakarovitch, Université de Paris-Est.

Rouyer, Rémi. 2006. *Architecture et procès techniques : les figures de l'imaginaire.* Thèse de doctorat en Art et archéologie, sous la direction d'Antoine Picon, Université de Paris 1.

Ruellet, Aurélien. 2014. *La maison de Salomon : contribution à l'histoire du patronage scientifique et technique, France et Angleterre, ca.1600-ca.1660.* Thèse de doctorat en Histoire, sous la direction de Pascal Brioist, Université de Tours.

S

Saadaoui, Lotfi. 2014. *Les modes de construction au Maghreb médiéval d'après la pratique et les textes juridiques.* Thèse de doctorat en Histoire, sous la direction de François Déroche, Paris, EPHE.

Sabatier, Benjamin. 2009. *Urbanisme et architecture à Rennes dans la première moitié du XXe siècle : de Jean Janvier à François Chateau, maires (1908-1944).* Thèse de doctorat en Histoire de l'art, sous la direction de Jean-Yves Andrieux, Université de Rennes 2.

Sallé-Hoyet, Nadia. 2007. *Conception de la matérialisation en architecture : l'expérimentation comme facteur d'innovation industrielle.* Thèse de doctorat en Architecture, sous la direction de Jean-Claude Bignon, Université de Nancy.

Salwa, Abou Bakr (Ahmed). 2009. *L'architecture domestique de Rashîd du XVIe siècle au XIXe siècle (Étude comparatives).* Thèse de doctorat en Architecture, sous la direction de Jean-Pierre Van Staëvel, Université de Paris 4.

Samba, Anatole. 2011. *Les églises nancéiennes du XVIIIe siècle : de l'outil à l'édifice.* Thèse de doctorat en Histoire, sous la direction de Philippe Martin, Université de Nancy 2.

Samuel-Gohin, Véronique. 2007. *Les traités allemands d'architecture bourgeoise (Bürgerliche Baukunst) des Lumières à la veille de l'ère industrielle, 1750-1830.* Thèse de doctorat en Histoire de l'architecture, sous la direction de François Loyer, Université de Versailles St Quentin.

Sassia, Akio. 2009. *Le Béton armé au Japon (1903-1945).* Thèse de doctorat en Histoire des techniques, sous la direction d'André Guillerme, Paris, CNAM.

Saudraix, Philippe. 2011. *Dresde et les Wettin (1697-1756) : ascension d'une dynastie, construction d'une capitale.* Thèse de doctorat en Histoire moderne, sous la direction de Olivier Chaline, Université de Paris 4.

Sebag, Deborah. 2011. *Recherches sur l'architecture en Palestine au Bronze ancien.* Thèse de doctorat en Archéologie, sous la direction de Pierre de Miroschedji, Université de Paris 1.

Sen Gupta, Jean-Dilip. 2011. *Appariement sur le marché du travail et filière migratoire en Inde : le cas des ouvriers du bâtiment.* Thèse de doctorat en Sciences économiques, sous la direction de Laurent Cordonnier, Université de Lille 1.

Shakouri, Reza. 2008. *Habitat résidentiel durable en Iran : savoir-faire traditionnels et les technologies nouvelles à Yazd.* Thèse de doctorat en Urbanisme, sous la direction de Philippe Potié, Université de Grenoble 2.

Soullard, Éric. 2011. *Les eaux de Versailles (XVIIe-XVIIIe siècles).* Thèse de doctorat en Histoire, sous la direction de Gérard Sabatier, Université de Grenoble.

Sun, Zhe. 2014. *Marché du logement et construction d'une société de propriétaires. Le cas de Shanghai contemporaine.* Thèse de doctorat en Sociologie, sous la direction de Pierre-Paul Zalio, École normale supérieure, Cachan.

T

Temam, Saida. 2012. *Stratégies de gestion du risque inondation, ouvrages d'art et ingénieurs en Loire Nivernaise depuis le XVIIIe siècle.* Thèse de doctorat en Géographie, sous la direction de Francoise Plet et d'Emmanuelle Gautier, Université de Paris 8.

Tricoit, Mathieu. 2011. *La collégiale de Saint-Quentin (Aisne) et sa place dans le paysage architectural du XIIIe siècle.* Thèse de doctorat en Histoire de l'art et archéologie médiévale, sous la direction d'Anne-Marie Legaré et Arnaud Timbert, Université de Lille 3.

U

Urgu, Alessandra. 2014. *Le chiese rurali del nord-ovest della Sardegna. Il contributo dell'archeologia dell'architettura allo studio dei villaggi medievali scomparsi.* Thèse de doctorat en Langues, histoire et civilisations des mondes anciens, sous la direction de Nicolas Reveyron, Université de Lyon 2.

V

Vaschalde, Christophe. 2013. *L'art de cuire la pierre en France méditerranéenne à la fin du Moyen Âge : Approche interdisciplinaire d'un artisanat méconnu : la chaufournerie.* Thèse de doctorat en Archéologie, sous la direction d'Aline Durand et de Jacques Thiriot, Université d'Aix-Marseille.

Vaz, Céline. 2013. *Le franquisme et la production de la ville : politiques du logement et de l'urbanisme, mondes professionnels et savoirs urbains en Espagne des années 1930 aux années 1970.* Thèse de doctorat en Histoire, sous la direction de Michel Lescure, Université de Paris Nanterre.

Vergnaud, Baptiste. 2012. *Recherches sur les fortifications d'Anatolie occidentale et centrale au début du premier millénaire av. J.-C. (X^e-VIe s.).* Thèse de doctorat en Histoire, langues, littérature anciennes, sous la direction de Jacques Des Courtils, Université de Bordeaux 3.

Vigouroux, Élodie. 2011. *Damas après Tamerlan : Étude historique et archéologique d'une renaissance (1401-1481).* Thèse de doctorat en Histoire de l'Art et Archéologie, sous la direction de Jean-Pierre Van Staëvel, Université de Paris 4.

W

Wannous, Samaher. 2013. *Les économies d'énergie provoquées par la crise pétrolière de 1974 dans les bâtiments publics franciliens.* Thèse de doctorat en Histoire des techniques, sous la direction d'André Guillerme, Paris, CNAM.

Watai, Yoko. 2012. *Les maisons néo-babyloniennes d'après la documentation textuelle.* Thèse de doctorat en Histoire, sous la direction de Francis Joannès, université de Paris 1.

Wurmser, Hélène. 2008. *Étude d'architecture domestique : la maison en Grèce à l'époque impériale.* Thèse de doctorat en Histoire de l'art et archéologie, sous la direction d'Alexandre Farnoux, Université de Paris 4.

Y

Yasmine, Jean. 2007. *Complexes culturels ruraux d'époque romaine dans la Beqaa (Liban) : le cas de Hosn-Niha : problèmes d'architecture et d'archéologie.* Thèse de doctorat en Archéologie, sous la direction de Jean-Marie Dentzer, Université de Paris 1.

Ybert, Arnaud. 2013. *La voûte d'ogives : Technicité de mise en œuvre et approche matérielle. Contribution à l'étude de la cathédrale Notre-Dame de Noyon.* Thèse de doctorat d'histoire de l'art, sous la direction de Philippe Racinet et Arnaud Timbert, Université de Picardie.

Z

Zugmeyer, Stéphanie. 2011. *L'amphithéatre d'Arles.* Thèse de doctorat en Archéologie, sous la direction de Xavier Lafon, Université Aix-Marseille 1.

ANNEXE 3
Participation française aux Congrès d'histoire de la construction[69], 2004-2014

A

Claude Andrault-Schmitt, Bénédicte Fillion-Braguet, Anne Pantet, Jacques Texereau, *La Singularité des voûtes de la cathédrale de Poitiers et ses implications* (1CFHC).

Sylvain Aumard, Christophe Perrault, *Quand le bâtiment vacille : lecture archéologique de reprises en sous œuvre à travers l'exemple de la nef de Perrecy-les-Forges (Saône-et-Loire)* (2CFHC).

Cédric Avenier, *Ciment naturel, la matière des moulages d'architecture au* XIX*e* *siècle* (1CFHC).

69 Chaque titre de communication est suivi par l'acronyme de la manifestation dans laquelle elle a été prononcée, soit 2ICCH pour Cambridge en 2006, 1CFHC pour Paris en 2008, 3ICCH pour Cottbus en 2009, 4ICCH pour Paris en 2012 et 2CFHC pour Lyon en 2014.

Cédric Avenier, Anne Coste, *Auguste Perret : The Grenoble Orientation Tower – Architecture, Art and the Press* (4ICCH).

Cédric Avenier, *Les bétons de la tour Perret de Grenoble* (2CFHC).

B

Alain Badie et Stéphanie Zugmeyer, *Trois chantiers de construction en Narbonnaise gallo-romaine : le temple de Vernègues, le théâtre d'Orange et l'amphithéâtre d'Arles* (1CFHC).

Michela Barbot, *Quand les droits charpentent les espaces. Formes architecturales et formes de la propriété à Milan du* XVI*e* *au* XVIII*e* *siècle* (1CFHC).

Michela Barbot, *Between Market and Architecture : The College of Engineers, Architects and Land Surveyors in Real Estate Pricing in 16th-18th Century Milan* (4ICCH).

Laurent Baridon, *Le Pisé de François Cointeraux (1740-1830) : la terre pour utopie* (1CFHC).

Élydia Barret, *Gestion de l'eau et construction : réflexions autour de l'habitat provençal (*XIII*e – début* XVI*e siècles)* (1CFHC).

Sophie A. de Beaune, *Aux Origines de la construction* (1CFHC).

Roland Bechmann, *Comment la standardisation et la préfabrication, développées aux* XII*e-*XIII*e siècles dans le système de construction, ont permis l'extraordinaire floraison des cathédrales « gothiques » ?* (1CFHC).

Pierre Belli-Riz, *Le Béton armé à la recherche d'un style : à chacun ses vérités ?* (1CFHC).

François Bérenger, *Édifier une capitale : le fonctionnement des grands chantiers de construction de la première Naples angevine* (1CFHC).

Philippe Bernardi, Daniela Esposito, *For a History of Deconstruction* (4ICCH).

Emmanuel Bernot, Victoria Kilgallon, *L'habitat civil lyonnais au* XVII*e siècle : approche préliminaire de l'évolution des formes et des techniques de construction* (2CFHC).

Karine Berthier, *L'Aqueduc Médicis : organisation et gestion de la construction d'un ouvrage hydraulique,* XVII*e*-XVIII*e siècles* (1CFHC).

Karine Berthier, Matthieu Beghin, *L'édification des boulevards de la porte de Montrescu à Amiens sous Louis XI et François Ier et son impact urbain* (2CFHC).

Angelo Bertolazzi, *Stone Cladding Techniques in French Modern Architecture [1920-1940]* (4ICCH).

Gilles Bienvenu, *Du Dicible et de l'indicible. Expertise et pratique de chantier à Nantes au XVIIIe siècle* (1CFHC).

Gilles Bienvenu, *Ingénieur ou architecte, qui est le plus apte à diriger un service des travaux publics ?* (2CFHC).

Anna Boato, Philippe Bernardi, Joan Domenge *Mesquida, Le vocabulaire technique de la charpente : enquête sur le nord de la Méditerranée* (2CFHC).

Caroline Bodolec, *Miaofeng (1540-1613), moine bouddhique et bâtisseur de voûtes dans la Chine impériale* (1CFHC).

Caroline Bodolec, *Uncommon Public Buildings with Vault with Abutments in the Chinese Landscape of Wooden Construction (Sixteenth-Eighteenth Centuries)* (2ICCH).

Véronique Boone, *Les films publicitaires de construction des années 1930* (2CFHC).

Jean-Louis Bordes, *Barrage et méthode expérimentale* (1CFHC).

Adrien Bossard, *Les techniques de construction traditionnelles dans la région du Jiangnan : transmission et reconstruction* (2CFHC).

Julie Boustingorry, *L'Idéologie pavillonnaire des autoconstructeurs Castors aquitains comme utopie réaliste et réalisée, productrice de ville et d'urbanité* (1CFHC).

Maurizio Brocato, Lucia Mondadini, *An Insight into Abeille's Flat Vault through Numerical Analyses* (4ICCH).

Antonio Brucculeri, *Renewal and Tradition in the Teaching of Building Construction in the École des Beaux-Arts of Paris : the Course of Edouard Arnaud, 1920-1934* (2ICCH).

Antonio Brucculeri, *Classifier la construction : les matériaux dans les expositions universelles de Paris sous le Second Empire* (2CFHC).

Antonio Brucculeri, *Building Construction and Architectural Practice : The Teaching of François Marie Jaÿ at the École des Beaux-Arts of Paris (1824-1863)* (3ICCH).

Évelyne Bukowiecki, *L'Usage de la brique dans l'architecture impériale à Rome* (1CFHC).

Stéphane Büttner, *Production et utilisation des pierres bourguignonnes de l'Antiquité à l'époque moderne. L'intérêt d'une base de données* (1CFHC).

Stéphane Büttner, *The Use of the "Already There" : Reuse and Recycling for Monumental Building in the West in Late Antiquity and the Medieval Period* (4ICCH).

Stephane Büttner, *Carrières et constructions en Bourgogne : une plateforme numérique mutualiste pour une histoire économique et technique de la pierre* (2CFHC).

C

Bernard Cache, *Construction paramétrique dans le De Architectura : entre proportion et fonction* (1CFHC).

Youri Carbonnier, *Usages urbains du bois d'œuvre, des Lumières à Haussmann : évolutions et pesanteurs* (1CFHC).

Anne-Laure Carré, *Verre coulé, verre imprimé, de nouveaux produits pour les architectes au* XIX*e siècle* (1CFHC).

Robert Carvais, Valérie Nègre, *The Conservatoire National des Arts et Métiers and the Preservation, Dissemination and Innovation of Construction Know-How (1794-1971)* (2ICCH).

Robert Carvais, *Plaidoyer pour une histoire humaine et sociale de la construction* (1CFHC).

Robert Carvais, *Germain Boffrand, un juriste de la construction* (1CFHC).

Robert Carvais, *Creating a Legal Field : Building Customs and Norms in Modern French Law* (3ICCH).

Robert Carvais, André Guillerme, Valérie Nègre, Joël Sakarovitch, *On Construction History* (4ICCH).

Robert Carvais, *For a Comparative Study of Construction Laws* (4ICCH).

Robert Carvais, *Une relecture de l'œuvre écrite de Philibert De l'Orme ou la résolution de l'expertise* (2CFHC).

Colette Castrucci, *De la coutume à la règle : techniques de construction et utilisation des matériaux à Marseille à la lumière d'une ordonnance du* XVIII*e siècle* (1CFHC).

Alain Chassagnoux, *Évolution des voûtes dans l'architecture iranienne* (1CFHC).

Emmanuel Château, *L'Administration des bâtiments civils face aux questions constructives dans la première moitié du* XIX*e siècle en France* (1CFHC).

Konstantinos Chatzis, *Écrire la statique graphique « en grec », 1890-1990* (1CFHC).

Claire-Anne de Chazelles, *Terre modelée et terre moulée, deux conceptions de la construction en terre* (1CFHC).

Claire-Anne de Chazelles, Laure-Hélène Gouffran, *Construire en pisé en Provence au* XVIII*e siècle. Prix-faits, dessins et bâtiments conservés* (2CFHC).

Hervé Chopin, *Les comptes de construction médiévaux : une source documentaire sur les techniques de construction, l'outillage et les matériaux. L'exemple du clocher de Saint-Paul de Lyon (XVe siècle)* (2CFHC).

Thierry Ciblac, Apostolia Oikonomopoulou, François Guéna, *Approches numériques pour l'étude du comportement des structures maçonnées anciennes* (1CFHC).

Thierry Ciblac, *Analysis of Philippe de La Hire's Arch Theory Using Graphic Statics* (3ICCH).

Thierry Ciblac, Mathias Fantin, *Analyse de la stabilité des dômes maçonnés à l'aide de la méthode des réseaux de forces* (2CFHC).

Béatrice Cicuttini, Ayed Ben Amara, Françoise Bechtel, *Les Carreaux de pavement estampés bicolores de l'Aquitaine médiévale (XIIIe-XIVe siècles) : production et techniques de fabrication* (1CFHC).

Sandrine Claude, *L'Église des Observantins d'Aix-en-Provence : le chantier d'une construction entre prédication mendiante et dévotions privées (XVe-XVIIe siècles)* (1CFHC).

Benjamin Clément, *Évolution du savoir-faire des maçons de Lugdunum/ Lyon : nouvelle approche typologique et résultats préliminaires* (2CFHC).

Jean-Sébastien Cluzel, *Hokusai Manga as a Reference Construction Book* (2CFHC).

Sandrine Conan, *Les voûtes d'ogives du bâtiment des moines de l'abbaye cistercienne de Vaucelles (1166-1179) : un exemple précoce d'une utilisation systématique* (2CFHC).

Anne Conchon, *Road Construction in Eighteenth Century France* (2ICCH).

Anne Conchon, Katherine McDonough, *Road Construction Sites in 18th Century France : Labor and Administration in Action* (4ICCH).

Anne Coste, *De la région du Vorarlberg au Parc régional naturel de Chartreuse : mutation des pratiques et reconfiguration des acteurs autour de la filière bois* (1CFHC).

Michel Cotte, *Le Pont transbordeur de Vizcaya à Bilbao : du projet novateur d'hier au patrimoine d'aujourd'hui* (1CFHC).

Arnaud Coutelas, *Les Chantiers de construction en Gaule romaine : apports de l'étude des mortiers de chaux et des terres cuites architecturales* (1CFHC).

Jean-Claude Croizé, *A Time When France Chose to Use Prefabricated Panel Construction Systems : the "4 000 Logements de la Région Parisienne" Programme (1952-1958)* (2ICCH).

Jean-Claude Croizé, *Academic Views on the Economics of Construction : French Variations (1920-1970)* (3ICCH).

Émeline Curien, *Références au passé et choix constructifs dans l'architecture suisse alémanique des années 1980* (2CFHC).

D

Frédéric Davidovits, *Geological Origin of the Reagents Constituting Roman Mortar, According to Vitruvius* (4ICCH).

Fréderic Davidovits, *Des études scientifiques confirment l'hypothèse philologique selon laquelle les pyramides égyptiennes sont en matière artificielle* (2CFHC).

Gwenaël Delhumeau, *Le Béton Coignet : matière, invention, recyclage* (1CFHC).

Christiane Demeulenaere-Douyère, *La « vie parisienne » de l'architecte François Cointeraux (1740-1830)* (2CFHC).

Pascal Désabres, *Le plus grand chantier de Paris : la construction du Métro, 1898-1946* (1CFHC).

Hélène Dessales, *Les Usages de l'opus reticulatum dans la construction romaine : le cas des enceintes et des aqueducs* (1CFHC).

Hélène Dessales, *Not Built in a Day : Awareness of Vulnerability and Construction Techniques in Roman Times* (4ICCH).

Philippe Destable, *L'Économie des chantiers militaires : la gestion des ressources dans la construction du « pré carré » sous le règne de Louis XIV* (1CFHC).

Nicolas Détry, *La renaissance d'une icône de la Renaissance : l'exemple du chantier de reconstruction du temple de Malatesta à Rimini, bombardé en 1944* (2CFHC).

Leda Dimitriadi, *Post-War Industrialized Construction Processes in France and Architectural Flexibility* (4ICCH).

Leda Dimitriadi, Maro Katsika, *Méthodes mathématiques de conception des formes et industrialisation chez les premiers constructivistes soviétiques* (2CFHC).

Philippe Duffieux, *Pisé et béton à l'heure de la modernité : Un prieuré pour les missionnaires des campagnes en Dombes par François-Régis Cottin* (2CFHC).

Liliane Dufour, *Le Chantier d'Avola : la reconstruction d'une bourgade sicilienne après le séisme de 1693* (1CFHC).

F

Kinda Fares, *The Dismantled War : Barracks and Industrialization of Light Construction [1914-1918]* (4ICCH).

Vanessa Fernandez, *The Simplification of the Frame : Window Experiments in the Work of Le Corbusier in the 1920s* (4ICCH).

François Fleury and Alexandre Lacroix, *Analysis of the Sub-Rafter (Sous-Arbalétrier) in French Medieval Timberworks* (2ICCH).

François Fleury, *Les Idées sous-jacentes à la conception de la voûte plate perpendiculaire* (1CFHC).

François Fleury, *Some Aspects of John Wallis's Structural Mechanics* (4ICCH).

François Fleury, *Evaluation of the Perpendicular Flat Vault Inventor's Intuitions Through Large Scale Instrumented Testing* (3ICCH).

Guillaume Fonkenell, *The Roof Frame of the Salon Carré* (4ICCH).

Marion Foucher, *La pierre à bâtir sur les chantiers bourguignons : l'évolution des pratiques du choix du Moyen Âge à aujourd'hui* (2CFHC).

Laura Foulquier, *De la destruction à la reconstruction. Réflexions sur les pratiques de récupération en Auvergne et Velay au Moyen Âge* (1CFHC).

Jean-Pascal Fourdrin, *Les techniques de construction en grand appareil à la fin de l'Antiquité : l'exemple de Périgueux* (2CFHC).

Sara Franceschelli, Antonella Mastrorilli, *Firmitas and the Status of the Laws of Statics and Mechanics* (4ICCH).

Christel Frapier, *Réseaux et échanges techniques des ingénieurs-conseils français avec la Pologne (1945-1975)* (1CFHC).

Christel Frapier, *Conceiving the Industrialization of Construction in France in the 1950s* (4ICCH).

G

Béatrice Gaillard, *La correspondance des Franque : nouveaux éclairages sur les acteurs de la construction dans le sud-est de la France* (2CFHC).

Emmanuelle Gallo, *Jean Simon Bonnemain (1743-1830) and the Origins of Hot Water Central Heating* (2ICCH).

Emmanuelle Gallo, *La Contribution du marquis de Chabannes (1762-1836) à l'innovation en matière de construction, de chauffage et d'urbanisme* (1CFHC).

Emmanuelle Gallo, *Scientific Developments of Heating and Ventilation Professional Unions and Learned Societies in France during the First Part of the 20th Century* (4ICCH).

Emmanuelle Gallo, *André Missenard, un surdoué au service du génie climatique (1901-1989)* (2CFHC).

Éric Gervreau, *Les Formules de dimensionnement des fondations superficielles utilisées pour les bâtiments courants en Europe depuis le* XVIe *siècle* (1CFHC).

Patrice Godier and Guy Tapie, *The Contemporary French Model of Architecture and Construction Professions (1970-1990)* (2ICCH).

Gouzouguec, S. and Rapin, T, *Architecture in Paris in the Second Half of the14th Century. The Middle Ages Seen through the Eyes of Accountants* (2ICCH).

Philippe Gresset, *Le Contrôle du milieu en architecture, à l'âge du romantisme* (1CFHC).

Gilles Guézo, *La Force du vent : 1825-1840, les débuts d'une longue quête* (1CFHC).

Pierre Guibert, Christian Sapin, Sophie Blain, Maylis Baylé, Philippe Lanos, Emmanuelle Vieillevigne, Philippe Dufresne, Annick Chauvin, Stéphane Büttner, Daniel Prigent, *Les Terres cuites architecturales comme sources d'information chronologique et technique des édifices avant l'an mil* (1CFHC).

Pierre Guibert, Sophie Blain, Armel Bouvier, Ian Bailiff, Maylis Baylé, Stéphane Büttner, Christian Sapin, Annick Chauvin, Philippe Dufresne, Anna Gueli, Philippe Lanos, Marco Martini, Emanuela Sibilia, Daniel Prigent, Giuseppe Stella, Olindo Troja, *The Use of Dating Methods for Studying Building Materials and Constructions : State of the Art and Current Challenges* (4ICCH).

André Guillerme, *Une spécificité de l'histoire* (1CFHC).

André Guillerme, *Constructions légères en pied de guerre à la fin du XVIIIe siècle* (1CFHC).

Dimitri Gouzévitch et Irina Gouzévitch, *Ponts suspendus et couvertures à grande portée en Russie : une collaboration internationale (1810-1840)* (1CFHC).

David Groussard, *Concevoir et concrétiser les adductions d'eau dans les villes bretonnes aux XVIIe et XVIIIe siècles* (1CFHC).

H

Amina Harzallah, Daniel Siret, *Le Plafond lumineux d'Augustin Rey* (1CFHC).

Juliette Hernu-Bélaud, *The Architecture pratique by Pierre Bullet [1691] and the Normalisation of the Construction Process* (4ICCH).

I

Catherine Isaac, *Reconsidering the "Considerable Expense" Involved in Building the Lavaur Bridge in Languedoc [1769-1791]* (4ICCH).

Catherine Isaac, *Voyager, observer, publier : une mission des ingénieurs languedociens du XVIII*e *siècle* (2CFHC).

J

Mariem Jabloun, Abdelkader Ben Saci, *Morphologie et histoire de la construction autoproduite à Djbal Kasdaghli – Tunisie 1870-2012* (2CFHC).

Florence Journot, *La haute technicité du pan-de-bois des maisons urbaines médiévales en région Centre (XV*e*-XVI*e *siècles)* (1CFHC).

K

Sotaro Kagami, *Le Métier des ornemanistes et des artistes industriels au XIX*e *siècle* (1CFHC).

Laurent Koetz, *Nineteenth Century Invention under Scrutiny : Louis Auguste Boileau's Frame Construction Systems of around 1850* (4ICCH).

Laurent Koetz, *Louis Auguste Boileau et le principe des « fermes éclairantes »* (2CFHC).

L

Raphaël Labrunye, Benoît Carrié, *Ingénierie de projet sur l'existant : le cas des ensembles de logements de l'après-guerre en France* (2CFHC).

Guy Lambert, *De l'expertise à la spécification : l'examen des produits du bâtiment par les sociétés professionnelles d'architectes en France (1880-1940)* (1CFHC).

Guy Lambert, *Promises and Disappointments in the Representations of Innovation in Architecture. The Goods Lifts in the Hôtel des Postes of Paris (1878-1888)* (3ICCH).

Guy Lambert, *"Purpose" and "Means" of Architectural Design : Construction in Julien Guadet's Teachings in Architectural Theory* (4ICCH).

Guy Lambert, *Préfabrication et standardisation chez Perret dans les années 1920. Performance de l'outillage et circulation des savoir-faire* (2CFHC).

Sylvain Laubé et Stéphane Sire, *Histoire du paysage industriel portuaire de Brest au XIX*e *siècle : l'exemple du premier pont (tournant) de Recouvrance* (1CFHC).

Xavier Laumain, *Les apports de l'étude comparée pour les systèmes constructifs historiques. Le cas particulier de l'opus craticium* (2CFHC).

Xavier Laumain, Angela Lopez Sabater, Diana Sanchez Mustieles, *Les structures en bois dans l'industrie chimique historique. Le cas de S.A. Cros de Valencia (Espagne)* (2CFHC).

Olivier Lavigne, *Tool Marks and Construction in Ancient Tanis* (2ICCH).

Olivier Lavigne, *Traces d'outils et constructions à Tanis* (2CFHC).

Frédérique Lemerle, *Construction et second œuvre dans les traités de la Renaissance* (1CFHC).

Nicolas Lestringuez, *Actualité de la voûte catalane, l'escalier voûté en briques* (1CFHC).

Maxime L'Héritier et Philippe Dillmann, *L'Approvisionnement en fer des chantiers de construction médiévaux : coût, quantités et qualité* (1CFHC).

Maxime L'Héritier, Philippe Dillmann, Arnaud Timbert, Philippe Bernardi, *The Role of Iron Armatures in Gothic Constructions : Reinforcement, Consolidation or Commissioner's Choice* (4ICCH).

Maxime L'Héritier, *Première approche du comportement mécanique des fers de construction anciens* (2CFHC).

Léonore Losserand, *Levage et transport des pierres au chantier de l'église Saint-Sulpice de Paris. Un témoignage sur le quotidien d'un chantier au milieu du* XVIIIe *siècle* (2CFHC).

M

Michiko Maejima, *L'Origine des mess de l'armée de l'Air japonaise* (1CFHC).

Michiko Maejima, *Édifier et équiper les bases de l'armée japonaise – Transferts de technologie France-Japon (1868-1930)* (2CFHC).

Jean-Michel Mathonière, *Jean-Paul Douliot (1788-1834), compagnon passant tailleur de pierre, « professeur d'architecture » et auteur du Cours élémentaire, pratique et théorique de construction* (2CFHC).

Nicolas Maughan, *Le bassin de décantation de Saint-Christophe et la clarification des eaux du Canal de Marseille* (Bouches-du-Rhône, 1877-1882) (2CFHC).

Tricia Meehan, *Critical Regionalism : La tectonique phénoménologique de Kenneth Frampton* (2CFHC).

Jean-Marc Mignon, *Au Démarrage du chantier de construction du théâtre antique de Vaison-la-Romaine (France)* (1CFHC).

Laetitia Mongeard, Vincent Veschambre, *Éléments pour une histoire de la déconstruction : évolutions techniques, normatives et communicationnelles autour de la démolition de logements sociaux (agglomération lyonnaise : 1978-2013)* (2CFHC).

Éric Monin, *La Naissance des premiers spectacles son et lumière :* Les Très riches heures de Chambord (1CFHC).

Nathalie Montel, *Les Ponts et Chaussées à l'épreuve d'un projet de Dictionnaire pour l'Encyclopédie méthodique (1782-1832)* (1CFHC).

Nathalie Montel, *Formation, savoirs et pratiques de l'ingénieur des ponts et chaussées du XIX*e *siècle, au prisme de son portefeuille* (2CFHC).

Bruno Morel, *Les sols dans l'histoire de la construction, des programmes fonctionnels ?* (2CFHC).

Raphaël Morera, *L'Architecture hydraulique en France, XVI*e*-XVII*e *siècles. Le cas des fondations* (1CFHC).

Kambiz Mosthtaghe Gohari, *The Morphological Evolution of the Vertical Axle Windmill between the Second and the 18*th *Centuries A.D.* (4ICCH).

René Motro, *La Conception des structures légères architecturales : continuités et ruptures* (1CFHC).

Isabelle Moulis, *Murs en damiers de terre crue du Magnoac : renouer le fil de l'histoire des constructions paysannes* (2CFHC).

Rémy Mouterde, *The Stiffening System of Medieval Timberwork in the Cathedral of Saint Pierre de Poitiers* (2ICCH).

Rémy Mouterde, *La Charpente de l'église Saint-Pierre de Montmartre* (1CFHC).

N

Valérie Nègre, *Pour une histoire technologique de l'architecture* (1CFHC).

Valérie Nègre, *Some Considerations on Traité de l'Art de Bâtir by Rondelet and the Technical Literature of His Time* (3ICCH).

Valérie Nègre, *Oral Transmission and the Use of Models in the Teaching of Architecture and Construction at the Turn of the 19*th *Century* (4ICCH).

Valérie Nègre, *La « Stabilité » et l'équilibre de Louis Lebrun (1770 – c.1840)* (2CFHC).

O

Ishanlosen Odiaua, Abraham A. Taiwo, Rosemary Ajayi, *Use of Modern Materials in the Conservation of Traditional African Buildings* (4ICCH).

Apostolia Oikonomopoulou, Thierry Ciblac, François Guéna, *Modeling Tools for the Mechanical Behaviour of Historic Masonry Structures* (3ICCH).

Élyne Olivier-Valengin, *Hommes de technique et hommes de savoir : les experts jurés et l'expertise des bâtiments à Lille (1667-1790)* (1CFHC).

P

Christel Palant-Frapier, *Du génie civil à la construction civile : les stratégies d'implantation et d'expansion de la firme Hennebique dans les pays du bassin méditerranéen* (2CFHC).

Michel Paulin, *« La Méchanique abrégée des Arts et Métiers » de Gaspard Grollier de Servières. Communications à l'Académie des Sciences, Belles-Lettres et Arts de Lyon, 1739-1741* (1CFHC).

Michel Paulin, *L'anthologie historique de la construction lyonnaise de F.R. Cottin* (2CFHC).

Jean-Pierre Péneau, Pascal Joanne, Dominique Groleau, *La Restitution des ambiances physiques d'un monastère cistercien appliquée à Clairvaux* (1CFHC).

Joëlle Petit, *Private Archives of the 18th and 19th Centuries : Sources for the History of Marble-Working in Belgium* (4ICCH).

Joëlle Petit, *Contribution à l'étude des cheminées posées par Jules Cantini (1882-1889)* (2CFHC).

Claudine Piaton, *Quatre phares pour un canal : fer et béton en compétition* (2CFHC).

Antoine Picon, *L'Histoire de la construction : entre cadres culturels nationaux et problématiques internationales* (1CFHC).

Georges Pilot et Pierre Lauroua, *Infrastructures et bâtiments emblématiques du génie civil aéronautique* (1CFHC).

Matthieu Pinon, *Le Moulin de Tauvais : une dictée architecturale comme méthode de relevé* (1CFHC).

Matthieu Pinon, *Graville Castle : Evolutions and Conversions of a Defensive Building in France in the XVIIth and XVIIIth Centuries* (3ICCH).

Mathieu Pinon, *L'activité des architectes fontainiers au* XVIIIe *siècle* (2CFHC).

Matthieu Pinon, *The Building of the Arsenal of Le Havre in the 17th and 18th Centuries* (4ICCH).

Matteo Porrino, *L'Imaginaire technique du Neues Bauen à travers les livres, 1921-1931* (1CFHC).

Matteo Porrino, *Typological, Formal and Structural Elements of the Industrial Architecture of Paul Friesé. The Electricity Generating Station and Sub-Station of Paris, 1889-1912* (3ICCH).

Matteo Porrino, *Notes on Technological and Architectural Aspects of London Transport Power Stations and Substations, 1880-1915* (4ICCH).

Philippe Potié, *Les Temporalités de l'histoire de la construction* (1CFHC).

Daniel Prigent, *Le « Petit appareil » et son évolution* (1CFHC).

Marion Provost, *Réflexions sur l'architecture religieuse au tournant du* XII*e siècle dans les anciens diocèses de Bordeaux et de Bazas* (2CFHC).

Julien Puget, *Construction Market Organization in the 17th century : Norms, Actors and Practices – Examples of Extension Plans in Aix and Marseille* (4ICCH).

Julien Puget, *Les chantiers de construction privés à Aix-en-Provence à l'époque moderne : organisation, pratiques sociales, droit(s)* (2CFHC).

R

Dominique Raynaud, *L'application des sections coniques au tracé de l'arc rampant par Nicolas-François Blondel : sur l'utilité des mathématiques* (2CFHC).

Cécile Regnault, *Entre utopies et expérimentations. L'histoire des curiosités acoustiques d'Athanasius Kircher (1601-1680)* (2CFHC).

Aleyda Reséndiz-Vázquez, *Typologies des procédés de préfabrication. Le cas des bâtiments scolaires en France (1956-1973)* (1CFHC).

Nicolas Reveyron, *Remarques sur la technologie des fondations au Moyen Âge (*XI*e-*XII*e siècles)* (1CFHC).

Nicolas Reveyron, *Les fondations en grille dans l'architecture religieuse du Moyen Âge* (2CFHC).

Gilbert Richaud, *Des matériaux pour la Cité industrielle : Tony Garnier (1869-1948) et les premiers bétons* (2CFHC).

Linnéa Rollenhagen Tilly, *Les Quais de Toulouse, déroulement d'un chantier public dans la seconde moitié du* XVIII*e siècle* (1CFHC).

Linnéa Rollenhagen Tilly, *Knowledge of Architecture and Building Technologies in 18th Century Sweden* (4ICCH).

Linnea Rollenhagen Tilly, *Construire un pont en Suède au milieu du* XVIII*e siècle* (2CFHC).

Hélène Rousteau-Chambon, *Teaching Construction in the Académie Royale d'Architecture* (4ICCH).

Hélène Rousteau-Chambon, *« Le bois » dans les discours académiques (1671-1792)* (2CFHC).

Rémi Rouyer, *Les Figures de transposition du projet architectural* (1CFHC).

S

Steeve Sabatto, *L'organisation de l'effort de modélisation de la superstructure tridimensionnelle de l'USAir Force Hangar (Wachsmann, 1951-1954) : Témoin d'une archéologie de la concrétisation de l'objet technique* (2CFHC).

Joël Sakarovitch, *Construction History and Experimentation* (2ICCH).

Joël Sakarovitch, *L'Histoire de la construction et l'histoire des sciences* (1CFHC).

Joël Sakarovitch, *Gaspard Monge Founder of "Constructive Geometry"* (3ICCH).

Jean-Luc Salagnac, *Les Opérations expérimentales du Plan Construction : une politique originale de soutien à l'innovation dans le logement* (1CFHC).

Akio Sassa, *Les Poutrelles métalliques enrobées de béton au Japon* (1CFHC).

Akio Sassa, *The First Earthquake-Resistant Structures in Japan : Lessons from the Forgotten Earthquake of Ischia [1883], Nobi [1891] and San Francisco [1906]* (4ICCH).

Frédéric Saunier, *Le Pont de Tancarville, de l'occasion manquée à l'exploit* (1CFHC).

Lise Serra, *Plaidoyer pour une histoire des chantiers à l'usage des constructeurs* (2CFHC).

Françoise Sioc'han, Stéphane Sire, *Analyse d'une ingénierie des matériaux innovante au début du* XX*e* *siècle. Toupin, un viaduc de l'ingénieur Harel de la Noë* (2CFHC).

Stéphane Sire, *Les Maquettes virtuelles au service de l'histoire des techniques : l'exemple du viaduc de Lambézellec de Louis Harel de la Noë et Armand Considère* (1CFHC).

Stéphane Sire, *La restauration de la Gare de Versailles-Château : évolution et comparaison des techniques et des matériaux* (2CFHC).

T

Luc Tamboréro, *La Voûte de l'hôtel de ville d'Arles. Approche historique et technique du chantier (1673-1677)* (1CFHC).

Luc Tamborero, *The "Vis Saint-Gilles", Symbol of Compromise between Practice and Science* (2ICCH).

Luc Tamborero, *Curves Mastery at the Royal Academy of Architecture : The Case of Jules Hardouin-Mansart* (4ICCH).

Marine Tixier, *La référence constructive : historique et positionnement dans le processus d'enseignement du projet, une interdisciplinarité possible* (2CFHC).

U

Petra Urbanova, Pierre Guibert, *Datation des mortiers de chaux par luminescence optiquement stimulée (OSL) : une nouvelle approche de la chronologie de construction* (2CFHC).

Alessandra Urgu, *La « mensiocronologia » des éléments en pierre : la création d'un atlas mensio-chrono-typologique pour l'étude des églises médiévales dans le contexte sarde* (2CFHC).

V

Hélène Vacher, *Construire en mosaïque : les ingénieurs des villes-ports, l'innovation technique et la gestion du territoire municipal au Danemark, 1900-1920* (1CFHC).

Hélène Vacher, *Research and Construction in the Late Colonial Settings : Institutions, Technology and Development Programs in Africa, 1948-1958* (4ICCH).

Marie-Laure Ville, *La Construction des maisons locatives par les ordres religieux à l'époque moderne : analyse comparative de la production de l'habitat multirésidentiel* (1CFHC).

Catherine Vuillermot, *Du Tuyau à l'habitat ; le groupe multinational Pont-à-Mousson (de l'après-guerre à la nationalisation)* (1CFHC).

W

Samaher Wannous, *The Thermal Insulation of Facades after the Oil Crisis of 1974 to the 80s* (4ICCH).

Isabelle Warmoes, Fabien Jonquois, *Création et restauration des citadelles de Lille et d'Arras dans les plaines inondables de Flandre. Modes constructifs et évolution des solutions techniques des ingénieurs militaires français (XVIIe-XIXe siècles)* (2CFHC).

Christiane Weber, *Fritz Leonhardt's Contribution to the Construction of New Main Station of Munich (1939-1942)* (3ICCH).

Christiane Weber, *Construction Material Testing at MPA Stuttgart during the Third Reich* (4ICCH).

Christiane Weber, *Eduard Züblin à Strasbourg – une contribution en matière de transfert technologique dans la zone frontalière franco-allemande* (2CFHC).

Y

Arnaud Ybert, *Les croix de marquage : un indice de l'évolution de la pensée technique des bâtisseurs de voûtes d'ogives à la fin du XIIe siècle* (2CFHC).

Julien Yenny, *L'Architecture militaire chez l'ingénieur du prince de Montbéliard, Claude Flamand (vers 1570-1626) : entre modélisation et pratique* (1CFHC).

Z

Milan Zacek, *Histoire de la construction parasismique* (1CFHC).

CONSTRUCTION HISTORY IN GERMANY

CONSTRUCTION HISTORY IN GERMANY– SELF-CONCEPTION AND RECENT DEVELOPMENTS

A new chapter in construction history for Germany and its German-speaking neighbours was written on 28 June 2013 when 85 professionals from various backgrounds gathered in Berlin to establish the "Gesellschaft für Bautechnikgeschichte" [German Construction History Society] (Fig. 1). Discussions paving the way for this event were often lively, sometimes even controversial, centring on the very name and charter of this new association. The discourse that was to form the foundation for its terms and practices focused on how construction history sees itself at the beginning of the 21st century. What is the position of such a discipline with regard to traditional distinctions between the humanities, cultural studies and social sciences? In particular, where do we see ourselves in relation to structural engineering, architecture and heritage preservation? Where do we want to leave our mark within the vast field of construction practice and its products? What is the role of construction history when it comes to the ever increasing task of building within existing historical settings? Where do we position ourselves in relation to fundamental science (theory) and applied science (practice)? And, finally, how do we define our epistemological interests, our communication forms and our goals?

There is a surprising variety among those in Germany who feel connected with construction history, with some working as teachers or researchers, others as practitioners or authors. By tradition, construction history is already firmly anchored in those disciplines directly tied to construction, such as structural engineering, architecture, heritage preservation and archaeology, plus, more specifically, the tasks and issues directly related to construction. However, construction history is prone to transcend the realms of each of these individual disciplines. Our research may address the history of the science of construction. At other times we will employ methods from the history of art to investigate the technical iconologies or the production conditions shaping architecture. Then again, when research is focused on the history of an individual company, the field of economic or social history comes into play. At times we may employ current approaches or methods developed in cultural studies to explore the cultural factors influencing constructional operations of individual agents or social groups.

FIG. 1 – Foundation of the Gesellschaft für Bautechnikgeschichte in Berlin, June 28, 2013 (Photo: Bernhard Heres).

In the preliminary discussions for founding our society we ruled out definitions tying construction history too rigidly to any individual discipline in the field of construction. There was a wide consensus that the richness of approaches and the potential for synthesis accumulated by people with different academic and professional backgrounds is an inherent strength of construction history. Our very name represents this idea: Although quite a few members favoured the designation "Gesellschaft für Konstruktionsgeschichte", in the end the majority decided against it. For the German term "Konstruktion" (in marked contrast to the English word "construction") would have been too narrow for the wide scope of our different disciplines. So we agreed on "Gesellschaft für Bautechnikgeschichte" instead.

Establishing such an association means more than merely defining an academic subject in relation to existing disciplines. During the past decade, construction history has become a vital force in the German-speaking countries. Compared with the first status report from 2004 (Kurrer 2004), construction history has gained in significance and clarity in all areas within the German scientific community – in research and teaching as well as publications, conferences and courses of lectures. Construction history in theory and practice also embraces private companies for building research and planning, which analyse structural issues posed by specific historical structures in order to produce conservationist reports or assessments, or suggestions for the preliminaries of projected developments. Output in this field has gained considerably in both quality and quantity in recent years as well. We are glad that quite a few players from this field have also joined the "Gesellschaft für Bautechnikgeschichte".

The key contributors to construction history in Germany are outlined below; they are centres of research and teaching at universities and scientific institutions, certain individuals, learned societies, associations, museums and research clusters carrying out work relevant to this field. The paper will introduce the main forums for communication, with a special emphasis on a significant and successful campaign by the "Bundesingenieurkammer" [Federal Chamber of Engineers] to establish the award "Historisches Wahrzeichen der Ingenieurbaukunst in Deutschland" [Monuments to the Art of Engineering in Germany]. It will conclude by listing some of the recent publications pertinent to the theme.

CENTRES OF RESEARCH AND TEACHING

The number of scientific institutions in Germany with an established emphasis on construction history is only small. Whereas almost every faculty of architecture includes a professorial chair for the history of building and architecture, there are only two chairs for teaching construction history at university level in Germany – one in Cottbus and one in Potsdam. However, construction history is a theme for research and teaching in a number of institutions – universities as well as specialist research institutes – despite lacking an official designation. Research themes, research methods and the curricula differ everywhere. We believe construction history cannot but benefit from this heterogeneity. With many institutions possessing unique features, this young discipline will be practised from a variety of conceptual and methodological angles. Some of the key contributors to German construction history are introduced below (in alphabetical order).

BRANDENBURGISCHE TECHNISCHE UNIVERSITÄT COTTBUS-SENFTENBERG [BTU], COTTBUS

Implementing a chair for construction history (www.tu-cottbus.de/bautechnikgeschichte) had already been suggested in the founding document for BTU Cottbus in 1990. For the first time, the historic dimension of structural engineering was to be investigated and taught at a German university. Three years later, Werner Lorenz became head of the institute. He subsequently introduced new subjects into the curriculum, e.g. appropriate measures for the restoration and strengthening of historical loadbearing structures, subjects not previously taught in the Faculty of Architecture, Structural Engineering and Urban Planning. This strengthened the chair at the university and in 2003 this widened scope led to it being renamed the "Chair of Construction History and Structural Preservation". Today, it is one of the most productive institutes at the faculty, both in terms of teaching and its research output.

The concepts for both teaching and research regard work on historic themes as being closely related to issues faced by contemporary construction theory and practice. Historical work and current building practice are intensely interconnected. The themes and problems of construction history are evolving in a dialogue with contemporary forms of construction; the former is also meant to comment on and enhance the latter.

Teaching focuses on the degrees in structural engineering and architecture as well as on the postgraduate course "Bauen und Erhalten" [Building and Maintaining]. In addition, there is some tuition in "Industrial Engineering", for the master's degree "World Heritage Studies" and for "Science and Technology Studies" (STS). International teaching cooperations have been established with VUB and ULB (Brussels), Wrocław University of Technology and others. The full curriculum can be seen on the website under the heading "Teaching". The structural engineering course serves to illustrate the approach: A 6 CP project is mandatory for all first-year students, to acquaint them with construction history. The student has to comprehend, document and analyse (albeit tentatively) a historical building in situ both structurally and in detail in a systematic case study. During the third year the study regulations oblige students to participate in a 6 CP module called "History". The introductory lecture "Construction History" is complemented by in-depth modules such as the compulsory seminar "History of Theory of Structures". Master students can select "Konstruktive Tragwerkserhaltung" [Structural Preservation] as one of their three major fields of study. Teaching with a range of up to 30 CPs entails lectures, seminars and a practical project, all increasing the in-depth knowledge of construction history and familiarizing students with specific engineering methods for assessing damage, analysing, restoring and strengthening structures, often protected by law as historic monuments. A thesis for a Bachelor (12 CPs) or a Master (30 CPs) is a further means of consolidating in-depth knowledge. Master students can acquire as much as half of the 120 CPs required in this field. In particular, connecting history with structural preservation attracts a great many students. (Summaries of some 50 theses are available on the institute's website.) In 2010 the chair initiated a series of "European Summer Schools on Construction History", the details of which are presented in the section "Forums for communication".

In contrast to teaching, research concentrates more on subjects from construction history and less on themes related to structural preservation.

Some research projects have investigated the processes and/or the results of construction history, the act of construction as much as the artefacts themselves. Others have tackled the evolution processes of specific construction methods and design languages or the interdependence of construction, science and architecture or history and historicity in the self-conception and attitudes of structural engineers as a basis for a historically founded critique and the enhancement of current construction practices. So far, research on history performed at the chair has concentrated on the past two centuries and the concomitant construction methods shaped by industrial production. Thus, the main concern was with construction methods involving iron, steel or reinforced concrete and the corresponding structures. Currently, however, there is a new branch emerging that deals with construction techniques in antiquity. The methodology encompasses working with literature and other first-hand sources as well as the methods of building archaeology backed up by the techniques and working methods of structural engineering plus structural and constructional analyses.

The most prominent research projects from the last ten years are outlined on the website under the heading "Research/Projects"; those among them funded by the German Research Foundation [DFG] are of particular note (dates in brackets refer to the period of funding):

- Reinforced brick floors – historical and structural development, typology, structural analysis (2003–2007)
- The iron structures of the State Hermitage, St. Petersburg (2008–2013) (Fig. 2)
- Historical bridge bearings – history and preservation options (2010–2013)
- Franz Dischinger – his life and works in the context of contemporary implications (2009–2014)

Setting up Research Training Group 1913 [DFG-Graduiertenkolleg[1]] "Cultural and Technological Significance of Historic Buildings" has established another focus of research. The chair (as one of the main applicants) has secured funds for two PhD projects and a post-doctoral research fellowship (see "Collaborative research" below).

1 http://www.dfg.de/en/research_funding/programmes/list/projectdetails/index.jsp?id=222613918.

FIG. 2 – Research at BTU Cottbus-Senftenberg: Ceiling structure from 1842 over the Winterpalace's throne room, St. Petersburg (Photo: Bernhard Heres).

Among the publications produced under the supervision of the chair (see the list on the website under the heading "Publications"), the doctoral dissertations (Fischer 2009; Wetzk 2010) and the collaborative work with Fachhochschule Potsdam [FHP] (Kaiser 2006) are particularly relevant. In addition, a series of monographs (May 2011; Lorenz and Kaiser 2011; Lorenz, May and Stritzke 2013; Lorenz 2014) and a wealth of scientific papers, e.g. (Heres 2006; May 2012 a,b, 2016; Wetzk 2012) have been published. Furthermore, output appears constantly in the internet encyclopaedia www.great-engineers.de and the online archive www.hivobau.de.

In 2009 the chair (and BTU Cottbus) hosted the 3rd International Congress on Construction History, and the widely acclaimed symposium "Shell Pioneers" was staged in cooperation with TU Berlin in 2012. Finally, the chair has shouldered some of the responsibility for the ongoing series of lectures "Praktiken und Potenziale von Bautechnikgeschichte" [Practices and Potential of Construction History] at Deutsches Technikmuseum Berlin since 2007.

The work of the chair has received quite a few awards; among them "Best Doctoral Dissertation at BTU Cottbus" in 2006 and 2009, the "Brandenburg Engineering Award" in 2008, the "Max Grünebaum Prize" in 2010 and the "Teaching Award at BTU Cottbus" in 2010.

DEUTSCHES ARCHÄOLOGISCHES INSTITUT [DAI], BUILDING ARCHAEOLOGY DIVISION, BERLIN

Matters of construction history are, by tradition, central to the work of the Building Archaeology Division of the German Archaeological Institute [DAI] in Berlin (http://www.dainst.org/meldungen). The following case studies may serve as examples:

- Early neolithic construction in Asia Minor (as investigated in a doctoral dissertation and as part of the research project "Epistemic History of Architecture" by the Max Planck Institute for the History of Science, Berlin (see "Collaborative research" below) (Kurapkat 2010 and 2012).
- Construction knowledge. Construction drawings on clay tablets from ancient oriental cultures as sources of the historical scientific knowledge (as investigated in the context of the above research project) (Bührig 2010 and 2014).
- Construction details of the dome of Santa Maria del Fiore, Florence, in a web-based photographic documentation – research into the construction processes, the construction itself and the on-site logistics (as investigated in the context of the same research project in cooperation with "Kunsthistorisches Institut", Florence, Max Planck Institute) (Bührig and Casties 2006).

Currently, there are research projects studying Roman construction processes as part of the examination of Porta Nigra, Trier (Ulrike Wulf-Rheidt and Birte Geißler) as well as the subject of late Ottoman construction processes in Erbil, northern Iraq (Dietmar Kurapkat). A thematic focus that will shape future work addresses a core issue of building archaeology, i.e. examining structural knowledge. For this purpose, the international symposium "Traces of Building Technology. The Use of Materials and Technical Knowledge in Ancient Architecture" was held in Berlin (13th–15th May 2015).

FACHHOCHSCHULE POTSDAM [FHP]

When the Department of Civil Engineering at the Potsdam University of Applied Sciences was founded in 1992, implementing a professorial chair for the "Theory and History of Construction" (Andreas Kahlow) meant that construction history became a mandatory part of the degree in civil engineering. Among universities of applied sciences, this continues to be unique in Germany. A climate at FHP favourable to interdisciplinary approaches in the early 1990s saw the simultaneous introduction of "Architectural Documentation" in the civil engineering degree and close cooperation with the Department of Architecture and Urban Design, with the faculty's degree course "Restoration" in particular. The setting-up of laboratories at FHP and the founding of the master's degree "Building Preservation" some ten years ago have tied teaching more closely to issues of building preservation and building redevelopment. "Building Preservation" as an area of specialization was established for the degree in civil engineering. The subject labelled as "Construction History" resulted in an intensified cooperation between the Departments of Architecture, Restoration and Civil Engineering and a greater focus on historical themes and building preservation issues. Collaborations between FHP and the Prussian Palaces and Gardens Foundation, Berlin-Brandenburg, the City of Potsdam and external partners (e.g. the setting-up of an Uzbekistani-German master's study programme) have been very fruitful, thanks in particular to the influence of construction history.

Construction history is covered in many courses (www.fh-potsdam.de/studieren/bauingenieurwesen/studium/fachgebiete/geschichte/). A diploma in civil engineering requires completion of a one-year compulsory subject "Construction History" plus the optional subjects "History of

Bridge-Building" or "Engineering Project: Philipp Holzmann Image Archive" and "History of Structural Engineering" as an area of specialization. Other degrees are organized in a similar vein. The master's degrees in building preservation and restoration both require "Construction History" as a compulsory subject and offer "Construction history and cultural history of structural engineering" as an option. Construction history is also a compulsory part of the bachelor in architecture and urban design. Part of the Uzbekistani-German master's degree "Building Preservation" is a compact, one-week course in construction history in Uzbekistan. Furthermore, Andreas Kahlow regularly lectures in the "Structural engineering and heritage preservation" seminars held at Johannesburg Priory, where he covers "Historical structures made of iron and steel" and "Historical structures made of concrete and reinforced concrete".

FIG. 3 – Niagara Bridge 1855. While Roebling worked on his first designs for the Niagara Bridge he registered a patent for his air-spinning process. The cables were thereafter directly produces at the site. His method is used still today (Source: Illustrierte Zeitung Leipzig, 1860).

Research over the past decade has focused on the two DFG-funded projects "The Gerber Diaries" [2004–2006] and "Johann August Röbling" [2005–2008] (Güntheroth and Kahlow 2006 and 2011; Kahlow 2006) (Fig. 3) and the setting-up of the online image archive of the Philip Holzmann AG company, a project organized by students in cooperation with FHP's Department of Information Sciences (http://holzmann.fh-potsdam.de). For further subjects see (Kahlow 2007 and 2012). Among the conferences hosted by the chair, the symposium "Johann August Röbling 1806-1869. Vom preußischen Baukondukteur zum Konstrukteur der Brooklyn Bridge: Ingenieurbau zwischen Kunst und Wissenschaft" [Johann August Röbling 1806-1869. A Prussian surveyor who became the designer of Brooklyn Bridge: Structural engineering between art and science] is of particular note. It took place at the "Haus der Brandenburgisch-Preußischen Geschichte" [House of Brandenburg-Prussian History] in Potsdam in June 2006. Ongoing projects concern Heinrich Gerber's writings on the history of bridge-building as well as August Borsig's structures (bridges and his contribution to the pump house in Sanssouci).

MAX-PLANCK-INSTITUT FÜR KUNSTGESCHICHTE / BIBLIOTHECA HERTZIANA, ROME

Bibliotheca Hertziana in Rome, also known as the Max-Planck-Institut für Kunstgeschichte [Max Planck Institute for Art History], is investigating the history of art and architecture in Italy and its interaction with developments in Europe and beyond. Research is geared to analysing the complex interplay between design, function and structure, so construction history also plays a role. The most pertinent research is headed by Hermann Schlimme.

In a joint research project with Beijing Tsinghua Heritage Institute for Digitization THID (Tsinghua University, Beijing), he is currently exploring the Western Buildings of the Old Summer Palace in Beijing. Among the central issues to be elucidated are the questions as to how Western building forms interacted with Chinese conceptions of architecture, how Chinese builders constructed these palaces by combining indigenous and imported methods of construction and how this intercultural translation was received (Schlimme 2013). In recent years the institute was also a cooperating partner in the collaborative project

"Epistemic History of Architecture" (see "Collaborative research" below) (Renn, Osthues and Schlimme 2014).

The focus on construction history was central to the international workshop "Italy in China. The Western Buildings in the Old Summer Palace Yuanmingyuan in Beijing", organized by Hermann Schlimme in March 2014. Other conferences regularly touch upon issues of construction history, such as the symposia "'Inventor e luce della buona e vera Architettura': Bramante e gli ordini nuovi' nell'architettura del Cinquecento e oltre" and "Carlo Fontana 1638–1714. Celebrato architetto" (both held in Rome in 2014). Among the case studies from recent years pertinent to this field, the work on the international patents of François Hennebique (Schlimme 2012) (Fig. 4) and on the construction of domes in Italy in the early modern period should be mentioned (Schlimme 2011).

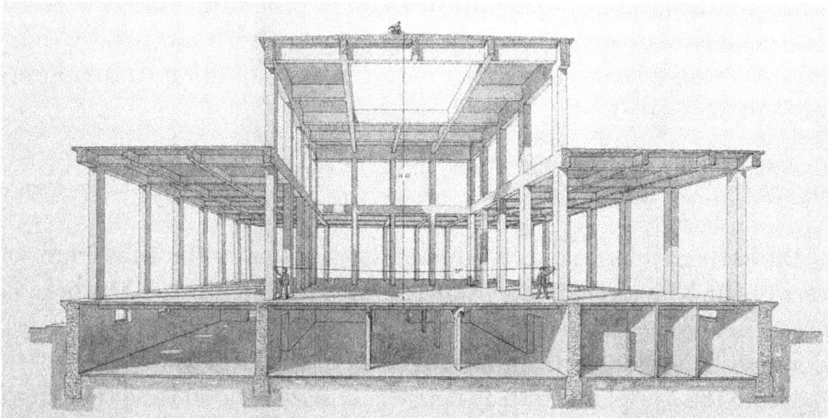

FIG. 4 – Mercato Orientale, Genoa, sectional perspective of the market's reinforced concrete construction, 1899 (Source: Römisches Jahrbuch 2009/2010 of Bibliotheca Hertziana, edited by Elisabeth Kieven and Sybille Ebert-Schifferer, Hirmer Verlag, München 2012).

MAX PLANCK INSTITUTE
FOR THE HISTORY OF SCIENCE [MPIWG], BERLIN

MPIWG (http://www.mpiwg-berlin.mpg.de/de/index.html) in Berlin, founded in 1994, engages in a broad range of projects studying scientific thinking and practice as historical phenomena. Research addresses the evolution of new categories of thought, proof and experience to produce a historic epistemology. This approach is exemplified, both in terms of the issues raised and the methods employed, by the integration of the institute into DFG Collaborative Research Centre 644 "Transformationen der Antike" [Transformations of Antiquity, www.sfb-antike.de]. This Berlin-based cooperation boasts some 90 researchers from MPIWG plus altogether six departments from the Humboldt-Universität, the Freie Universität and the Antikensammlung der Staatlichen Museen zu Berlin [collection of classical antiquities at Berlin's state museums]. The aim is the interdisciplinary contextualization of the productive appropriation and transformation of science and art from classical antiquity. Research projects will investigate the slow process of the consolidation of a system of sciences and the cultural self-construction of European civilizations between the Middle Ages and Modernity.

Construction, too, is a key theme for research at MPIWG. Experience is one category that plays a central role, for building has relied for thousands of years on the practical traditions of the knowledge accumulated by artisans and master-builders. One focus of the epistemological interest at the institute is how the actions of those artisans and master-builders imply a knowledge of how to plan the use of materials and construction methods and organise logistical operations, knowledge that was only handed down to the next generation through oral tuition and participation in the work.

The project "Epistemic History of Architecture" (see "Collaborative research" below) performed in cooperation with Bibliotheca Hertziana (Max-Planck-Institut für Kunstgeschichte) in Rome was a focus of research until its completion in 2014. Important contributions were provided by Hermann Schlimme (see above) and by Antonio Becchi with his work "Mechanik–Konstruktion–Architektur. Die Baustatik von Heron Alexandrinus bis Philippe de La Hire" [Mechanics–Construction–Architecture. Structural analysis from Heron Alexandrinus to Philippe de La Hire]. Antonio Becchi's research benefits from his excellent connections in the international scientific community for the history of the scientific side of construction. Among his recent publications are a monograph on Philippe de La Hire (Becchi et al. 2013) as well as a number of articles (Becchi 2009; 2010; 2012 and 2013) on construction history. As a proponent of an open distribution of scientific knowledge, he supports the free availability of ebooks. Hence, his own publications (Becchi 2004; 2007 and 2013) can be read online without any charges.

RWTH AACHEN UNIVERSITY

The Chair for Loadbearing Structures (head: Martin Trautz) at the Department of Architecture has implemented construction history in two directions. Firstly, historical and developmental aspects (formation of "structural analysis" as a discipline and the evolution of loadbearing structures) are embedded in the general teaching of structural theory and design. In addition, a separate teaching assignment on the "History of loadbearing structures" was established in 2011. Since then, Rolf Gerhardt has offered an accompanying one-semester optional subject as part of a master's degree in architecture.

Research focuses on historic vault and timber structures as well as historic iron bridges (Trautz and Voormann 2012; 2014a and 2014b). With regard to the latter, the chair is providing construction history expertise during the maintenance and restoration works at Müngsten Bridge and has joined the committee preparing the application to have long-span iron and steel structures from the 19th century (e.g. Garabit Viaduct and Müngsten Bridge) integrated into the UNESCO World Heritage scheme. In addition, the chair also hosted the first annual convention of the "Gesellschaft für Bautechnikgeschichte" in November 2013 (see: https://bautechnikgeschichte.files.wordpress.com/2016/04/bestandaufnahme-1-jahrestagung-der-gbtg.pdf).

TU BRAUNSCHWEIG

Strategies for renovating or modifying valuable heritage as well as everyday structures not only require knowledge of complex analytical methods, but also knowledge of current and historical building and renovation techniques plus a general familiarity with construction history (Bleszynski 2008). This is why the master's degrees in both structural engineering and business and engineering (course of study: construction) at TU Braunschweig have been enhanced since 2004 by the introduction of building preservation as an area of specialization and by intensified cooperation with the Faculty of Architecture. The aim is to provide students with comprehensive, thorough and applicable knowledge concerning all issues pertinent to the preservation of structures. The coordination of this special focus is organized by the Institute of Building Preservation and Loadbearing Structures [ibt] (http://www.ibt.tu-braunschweig.de/).

Courses in Construction History focus on historical developments, especially modern building technology and construction as well the epochal achievements of engineering. Students have to analyse selected structures with regard to methods of construction and design principles and place them in their historical contexts. The teaching module "Principles of heritage preservation and construction" was first introduced in the winter semester 2014/15 in cooperation with the Institut für Baugeschichte [Institute of Building History]. The emphasis in research is on the fundamentals of construction history since the beginning of industrialization in the 19th century. This led to the investigation of regional building types and selected buildings from the perspective of the history of their industrial construction history (Krafczyk 2011; 2013 and 2016); individual case studies were carried out on Fallersleben Gate Bridge in Braunschweig (documenting the demolition of the bridge –built by Max Möller in 1904– with one of the girders being kept) and on Otto Haesler's work in Celle (the 1930s Blumenläger Feld Estate, where building small units was combined with a very economic steel design).

TU DRESDEN

At TU Dresden, construction history plays a moderate role via the chair of History of Technology and Technical Sciences (Thomas Hänseroth). Research and teaching covers the full scope of construction history. Themes are, for example, the history of technological ideas, the comparative historical study of innovations (Hänseroth and Fraunholz 2012), the history of the engineering profession and the history of technological knowledge (Hänseroth 2010), the, as it were, "safetyfication" of risky technologies since the end of the 19th century (Hänseroth 2013a) and a comparative history of technology and science in National Socialist Germany and the GDR (Hänseroth 2013b).

Construction history has always been central to the research work of Thomas Hänseroth thanks to his training as a civil engineer, which has guaranteed his special focus on this theme since then (Hänseroth 2008). When researching general themes, he takes heed of construction history as much as possible. However, construction history plays only a marginal role in the curriculum because his chair is at the Faculty of Philosophy. Thus, his teaching addresses first and foremost students of the humanities, social sciences and pedagogy. The following activities of the chair are examples related to construction history:

- The conference "Risky Technologies. Perception and regulation in the modern age", which was hosted as part of DFG Collaborative Research Centre 804 in Dresden on 14 November 2012 and organized by Uwe Fraunholz and Thomas Hänseroth, presented the perception of structural failures and the ensuing acts of legislation to regulate dangerous technologies. The examples discussed were drawn from steel and reinforced concrete structures in the years between 1870 and 1914.
- The exhibition "[Mit]Gemacht? TH Dresden Engineers and scientists in the years of National Socialism" was prepared by students in project seminars under the guidance of Uwe Fraunholz and Swen Steinberg. One topic presented was the conduct of well-known civil engineers.
- The DFG-funded project "Willy Gehler (1876–1953): excellence in research, political self-mobilization and the reaction to an outstanding civil engineer and professor in the course of the 'Century of Extremes'" in cooperation with Manfred Curbach from the Faculty of Civil Engineering (duration: 2014–2017; research fellow: Falk Hensel).

TU MÜNCHEN [TUM]

The TUM boasts two professorships with significant research relevant to construction history: the Chair of Structural Design (http://www.lt.ar.tum.de), headed by Rainer Barthel, and the Chair of Building History, Building Archaeology and Heritage Conservation (http://www.baufo.ar.tum.de), headed by Manfred Schuller. Studies authorized by the latter focus on the areas of building history and building archaeology, whereas research at the former is part of the special focus "Historical Structures – Construction History, Structural Behaviour, Conservation and Restoration" (http://www.lt.ar.tum.de/en/research/historical-structures/).

Rainer Barthel was first supervisor of the dissertations of

- Christian Kayser (Kayser 2012),
- Matthias Beckh (Beckh 2012 and 2015),
- Eberhard Möller (Möller 2011)

and second supervisor of the dissertations of

- Anne Börrnert (Börrnert 2006),
- Christoph Duppel (Duppel 2009 and 2010),
- Alexander Wiesneth (2009 and 2011) and
- Bernd Köck (Köck 2011).

The year 2006 saw both chairs cooperate on the DFG-funded collaborative research project "Construction knowledge of early modernism. Shukhov's strategies for economical steel structures", which involved a host of other partners from Austria, Switzerland and, primarily, Russia (Beckh 2012 and 2015; Beckh et al. 2010; Beckh and Barthel 2009). In addition to this project, the Chair of Structural Design has another field of research on construction history, namely historical masonry. Although the predominant focus here is on the structural assessment and development of concepts for restoration or strengthening, such research inevitably has to tackle issues of construction history, see (Kayser 2012), for example.

UNIVERSITÄT DER BUNDESWEHR, MUNICH

Since 2002 the Chair of Mathematics and Informatics for Engineers (assigned to the Department of Civil Engineering and Environmental Sciences) at the University of the German Armed Forces has broadened the scope with regard to construction history issues. In addition to basic instruction in numerical mathematics and numerical mechanics, tuition began to extend into applications of numerical analysis and simulation not covered previously, namely "structural carpentry" (Holzer and Köck 2008; Holzer, Wünnemann and Voigts 2012) and "masonry, with a focus on vaults". Although Stefan M. Holzer was solely responsible for this foray into construction history, his initiative enjoyed the full recognition and support of his colleagues at the university. In 2016 Stefan M. Holzer was appointed full professor of construction history and building archaeology at the Swiss Federal Institute of Technology, Zurich.

The course "Assessment and strengthening of historical structures" has been offered since 2007 and constantly refined. Since the introduction of BSc/MSc degrees it has been established as a compulsory optional subject for master's degree students of all specialization areas in civil engineering. Consisting of three lectures, a tutorial lesson and a project and amounting to 5 CPs altogether, this teaching module is constantly chosen by 20 to 30 students every year. The course focuses on elucidating the construction and evolution of structural carpentry and structural masonry plus the in situ inspection of a historic structure (comprising four afternoons dedicated to a site survey, logging the results, structural modelling and analysis). Beyond the realm of the university, the chair has made substantial contributions to the three "European Summer Schools on Construction History" organized by BTU Cottbus-Senftenberg, in particular the 2011 sessions in Cambridge on "Vaulting"and in Munich in 2013 on "Timber Construction" (see "Forums for communication" below).

Research concentrates on analysing structures dating from the late Middle Ages to the beginning of the 20th century. Particular emphasis is placed on combining on-site measurements and subsequent documentation (primarily timber structures, vaults and arch bridges) with developing appropriate concepts for numerical modelling and stability assessments. In addition, there is work on collecting and cataloguing contemporary printed specialist literature. Archival research and metal structures play a lesser role.

The aim is to enhance the understanding of the phenotypes of structures as well as their evolution in history, with a focus on the procedures at the time of their construction and the visible consequences for their current state. Such a profound knowledge of historical structures ensures a realistic assessment of their stability and reliability and minimizes the misinterpretation of diagnoses (e.g. deformations). Furthermore, such knowledge yields minimally invasive, durable measures for preservation and strengthening. A particular concern is to identify flaws and deformations that occurred while the structure was being built, so that they are not misinterpreted as recent damage.

As part of strengthening measures performed on historic structures in Bavaria (Fig. 5), the chair has produced detailed examinations of the roof structures of the pilgrimage churches in Tuntenhausen (17th century) and Berchtesgarden (St. Bartholomew's, around 1700) as well as Neuschwanstein Castle (19th century) and the wooden bridge over the River Iller at Kempten (Holzer 2012). The monograph "Statische Beurteilung historischer Tragwerke" [Structural assessment of historical loadbearing structures] is to be published in two volumes, the first of which, on masonry structures, appeared in 2013 (Holzer 2013), and the second one, on timber structures, was published two years later (Holzer 2015b). Both will nourish the interrelation of construction history and practical application for assessing and upgrading structures. In addition, the following research projects are ongoing:

- "Structural design and loadbearing behaviour of 19th century roof structures in southern Germany" (funded by DFG, due for completion in 2015)
- "Structural design of late-Gothic figured vaults" (DFG funding applied for)
- "Structural design, material properties and loadbearing behaviour of wire plaster vaults"
- "History of the construction of bridges made of unreinforced concrete (1827–1914)"

FIG. 5 – Historic 19th century timber roof truss (Photo: Stefan M. Holzer).

The early history of modern structural concrete is the theme of three consecutive articles currently published by Stefan M. Holzer (Holzer 2014 and 2015a). Additional research in recent years has focused on the history of scaffolding, which was also the theme of an acclaimed conference hosted by the chair and attracted some 70 participants from all over Europe.

IMPORTANT INDIVIDUALS

Construction history in Germany thrives not only in universities and research institutes. Many substantial contributions stem from individuals not attached to any such institution. Some of them are named below (in alphabetical order and without any claim to exhaustiveness).

CENGIZ DICLELI, KONSTANZ

The motives behind Cengiz Dicleli's (http://www.dicleli.de/p-o-r-t-f-o-l-i-o/) engagement in construction history germinated during the early 1970s while cooperating with architects at Dortmund University. He saw that future architects received tuition in the history of building and architecture as well as on the theory of architecture, whereas none of this figured in the civil engineering degrees. Cengiz Dicleli realized the necessity of a history written for civil engineers, and for students in particular, and began his research.

Currently, he is working on the history of the design of engineered structures (Dicleli 2010b) as well as on the works and impact of important engineers (Dicleli 2010a and 2013), especially Ulrich Finsterwalder and his school (Fig. 6). For this purpose, Cengiz Dicleli, together with others, has organized the widely acclaimed conference "Ulrich Finsterwalder–Ein Leben für den Betonbau" [Ulrich Finsterwalder – A life dedicated to concrete construction].

FIG. 6 – Nibelungen bridge at Worms 1953 by Ulrich Finsterwalder and Gerd Lohmer, cantilever construction (Source: Archive Ulrich Finsterwalder).

SERGEJ FEDOROV, KARLSRUHE/COTTBUS

Sergej Federov's commitment to construction history goes back to the 1980s, when he participated in the DFG Collaborative Research Centres "Natural Constructions" (SFB 230, University of Stuttgart, sub-project "History of Construction") and "Preservation of Historically Important

Structures" (SFB 315, University of Karlsruhe, sub-project "Research into the History of Building Construction and Building Technology"). Sergej Fedorov regards construction history as being both integral to the architectural history of the industrial age and closely linked to the general cultural evolution. His research concentrates on construction history in Russia and the Soviet Union during the 19th and 20th centuries and its interconnections with Germany in this period (Fedorov 2005 and 2009). Over the last decade one of his projects involved cooperating with BTU Cottbus-Senftenberg within the scope of a DFG project on the early development of iron structures for the State Hermitage, St. Petersburg (Fedorov 2012).

KARL-EUGEN KURRER, BERLIN

The historiography of structural analysis in its manifold aspects – in the light of its history as a science, in its cultural contexts, as a set of applicable rules for engineers and as a subject for teaching – has played a central role in Karl-Eugen Kurrer's contributions to construction history (Kurrer 2008 and 2016). Related to this there is his historical analysis of the representation of structural engineering in the media (Kurrer 2011) as well as the further refining of the author's concept of a historically oriented engineering science (Kurrer 2012)., He is currently working on a second English edition of his monograph "Geschichte der Baustatik" [History of the Theory of Structures] (Fig. 7), scheduled for publication at the mid of 2018. Since 1996 he has been responsible for the study group "History of Technology" on behalf of the Berlin-Brandenburg district association of the VDI [Verein Deutscher Ingenieure / Association of German Engineers] (http://www.vdi-bb.de/ak/geschichte.php). Most notable is "Praktiken und Potenziale von Bautechnikgeschichte" [Practices and Potential of Construction History], a series of lectures (eight each year) held at Deutsches Technikmuseum Berlin, which Karl-Eugen Kurrer heads in cooperation with Werner Lorenz and which has become an established and well-attended forum for discussions.

Two of his international activities are prominent in this context. He was head of the International Scientific Committee for the 3rd International Congress on Construction History at BTU Cottbus (20–24 May 2009) and he is a member of the scientific committee of "Bibliotheca Mechanico-Architectonica" (http://www.bma.arch.unige.it/engl/engl_home.html).

Karl-Eugen Kurrer works as editor-in-chief for Wilhelm Ernst & Sohn (http://www.ernst-und-sohn.de/), a publishing house specializing in architecture and engineering sciences founded in 1851, which since 1996 has been part of John Wiley & Sons, an international New York-based publishing company for scientific literature. In this position he supports the public representation of construction history on many levels in scientific periodicals, books and electronic media such as the online magazine "momentum" (http://momentum-magazin.de/de/).

FIG. 7 – Cover of Kurrer's "*The History of the Theory of Structures. From Arch Analysis to Computational Mechanics*" (Source: Ernst & Sohn Berlin).

EBERHARD PELKE, WIESBADEN

Eberhard Pelke's contribution to construction history is fed by a double motivation: Firstly, he is keen to present the achievements of engineers and their personalities to a society quite critical of technology. Secondly, he sees construction history as a tool for the civil engineer to comprehend structures – to be appropriated in processes of assessment and protection so that the structures can be reinforced in an appropriate way – or as providing historical knowledge for detecting defects that may produce complications. Construction history, according to Eberhard Pelke, also has to face the task of contributing to the discussion as to what can count as meaningful progress these days.

As head of the "Planning of Engineering Structures Department" at Hessen Mobil (an agency of the federal state of Hesse), Eberhard Pelke is a practitioner cooperating with the relevant scientific institutions. He has promoted the appropriate strengthening of civil engineering works (e.g. Nibelungen Bridge, Worms) or the examination of their value in terms of construction history (e.g. the bridge crossing the River Main at Kostheim, in cooperation with Werner Lorenz). His published examinations of prestressed concrete bridges (Pelke 2011a,b), cable-stayed bridges (Pelke and Kurrer 2012) as well as steel and steel-concrete composite bridges (Pelke and Kurrer 2016) all have a construction history focus.

Currently, Eberhard Pelke is cooperating with Eugen Brühwiler (ETH Lausanne) to establish the "Construction History" working group within the International Association of Bridge and Structural Engineering (IABSE, www.iabse.org), where he will act as head. The group's aim is to make construction history feature on the agenda of IASBE-organized symposia. At the moment the group is preparing a "Structural Engineering Document" [SED] that charts existing construction history projects in terms of current status, relevance and practical implementation in specific projects.

KLAUS STIGLAT, KARLSRUHE

For many years Klaus Stiglat has been publishing works on the history of concrete construction (Stiglat 2012) and bridge-building (Stiglat 2008) as well as biographies of engineers (Stiglat 2004). His contributions to construction history are written from the point of view of a consulting structural engineer (Stiglat 2014) and mainly take the form of essays. In addition, Klaus Stiglat is assembling a private specialist library (books published after about 1790) and acts as head of the Scientific Advisory Board of the South-West German Archive for Architecture and Civil Engineering [saai], which is part of the Karlsruhe Institute of Technology [KIT].

JOS TOMLOW, ZITTAU

Jos Tomlow (http://web.hszg.de/~jtomlow) teaches "Principles of Design and Heritage Preservation" at the Hochschule Zittau/Görlitz [University of Applied Sciences]. Besides his focus on construction history in his teaching assignments, he has published articles in that field as well, covering regional themes from Upper Lusatia as well as international ones such as the history of building physics (Tomlow 2011a), (Tomlow 2011b), heritage preservation in the modern age (Tomlow, Dill and Pottgiesser 2014) and the history of the Zittau Building Trades School (Tomlow and Spitzner-Schmieder 2013). Another field of research for Jos Tomlow concerns Gaudí (Tomlow 2011b).

FRIEDMAR VOORMANN, KARLSRUHE

Friedmar Voormann bases his research on the premise that the creative and artistic characteristics of construction history have always been shaped by the technical and constructional ones and vice versa. Essential aspects of architectural history can only be described and analysed by considering construction history. In his lectures on building materials science for BA students of architecture at both the Karlsruhe Institute of Technology (KIT) (http://bup.ieb.kit.edu/287_893.php) und at the Hochschule Karlsruhe für Technik und Wirtschaft [Karlsruhe University of Applied Sciences], Friedmar Voormann shows the essential contributions of both construction history and building materials to the art of building. For the MA course at KIT, he offers optional seminars on themes such as "Building with brick between 1870 and 1940" or "Building with wood, examples from the 1920s and 1930s". His research has covered the histories of welding in structural engineering (Voormann 2009) and reinforced brick floors (Voormann 2012) as well as biographies (Voormann 2014). Friedmar Voormann is currently working on the subjects of "Crossing the Bosporus: unrealized infrastructural projects in the late Ottoman period" and "Spectacular failures in architecture in the late 19th century and their representation in specialist journals and popular journalism" (Fig. 8).

FIG. 8 – *The Fall of the Campanile di San Marco in Venice 1902* (Source: Illustrierte Zeitung Leipzig, 24 July 1902).

DAVID WENDLAND, DRESDEN

Since many years David Wendland has been working on the field of shape, design and construction of historic shells and vaults. His research on traditional free-vaulting techniques should be pointed out as well as his work on unreinforced brick shells. Recently his studies of the geometry and the processes of erecting cell vaults from the late Gothic have attracted great interest, particularly due to the methods of "experimental archaeology" that he developed for this purpose. His work has found a spectacular highlight in the scientifically based reconstruction of the historic "Schlingrippengewölbe" [loop shaped vault] of the Dresden palace chapel (2011-2013). Currently David Wendland is the head of a research project on design principles of Gothic vaults at the TU Dresden, which is financed by the European Union.

ORGANIZATIONS AND ASSOCIATIONS

Since it was founded in 2013, one society in the German-speaking world has been especially dedicated to construction history. However, quite a few other organizations and associations do exist covering particular aspects of this field.

GESELLSCHAFT FÜR BAUTECHNIKGESCHICHTE

The primary task of the Gesellschaft für Bautechnikgeschichte (www.bautechnikgeschichte.org/) is investigating all the technical aspects pertaining to the history of building – in research and teaching as well as in the practice of building and heritage preservation. The various tasks include:

- maintaining the scientific dialogue and fostering research by structural engineers, architects, preservationists, historians of technology, science and art pertaining to construction history,
- promoting the maintenance and documentation of material and immaterial records, practices and methods of construction history,
- integrating German research and teaching into the international scientific discourses, and
- establishing construction history in the curricula for degrees in civil engineering.

A special focus is directed at strengthening the integration of theory and practice by nurturing the dialogue between research and teaching on the one hand and the knowledge, experience and enthusiasm of practitioners working in fields such as building archaeology, heritage preservation and building redevelopment. The bi-annual conventions of the society (2013 in Aachen, 2015 in Innsbruck, 2017 in Potsdam) provide a communication platform; another means of achieving this is through local workshops, the first of which took place at Dresden Palace Chapel in autumn 2014 (Fig. 9).

In 2014 the society engaged in campaigns for the preservation of various structural monuments threatened with demolition, such as the

"Kantgaragen", a multi-storey car park in Berlin, and the Chemnitz Viaduct. In a joint effort with affiliate societies from Europe and the USA there was a petition for protecting the Shabolovka tower in Moscow by Vladimir Shukhov.

Werner Lorenz was elected first chairman of a board of five persons steering the course of the society. In the brief span of its existence up to now it has grown continuously, and currently has 150 members.

FIG. 9 – Workshop of the Gesellschaft für Bautechnikgeschichte at the rebuilt Dresden Palace Chapel, October 2014 (Photo: Friedmar Voormann).

KOLDEWEY-GESELLSCHAFT

The Koldewey-Gesellschaft (www.Koldewey-gesellschaft.de), on the other hand, was founded as early as 1926 as a registered charity for construction history [Vereinigung für baugeschichtliche Forschung e.V.]. It has settled for pursuing these tasks:

- To foster to promote work in all fields of building archaeology and archaeological excavation
- To enable qualified architects to take part in and share responsibility for such research projects
- To educate junior architects in the field of building archaeology
- To establish and maintain communications to pave the way for international cooperations

Quite naturally, such a charter gives wide scope for themes from construction. The association regularly hosts the bi-annual "Tagungen für Ausgrabungswissenschaft und Bauforschung" [Conventions for the science of archaeological excavation and building archaeology]. Papers presented at these conventions are published as reports in the *Berichte der Tagungen für Ausgrabungswissenschaft und Bauforschung*. Furthermore, the association supports the publication of pertinent literature. Manfred Schuller (TU München) is currently chairman.

INGENIEURBAUKUNST-VEREIN

The Berlin-based IngenieurBaukunst e.V. (www.ingenieur-baukunst.de) is a registered charity founded in the year 2008 with a clear focus on construction history. The intention is to promote public recognition for the achievements of civil engineers, in particular with regard to their cultural and artistic significance. Establishing the "Ingenieur Baukunst Museum", a museum dedicated to the art of engineering, at some time in the future is the ultimate goal of the association, and is being prepared by exhibitions, lectures and guided tours based on the expertise of its members. The chairman of the three-person board is Josef Seiler from the Berlin branch of the Karlsruhe-based company "Ingenieurgruppe Bauen".

DEUTSCHE WASSERHISTORISCHE GESELLSCHAFT [DWHG]

DWhG [German Water History Association] (http://www.dwhg-ev.com/) was founded in Mainz in 2002. Its background in both national and international terms as well as its agenda and aims have already been described (Kurrer 2004, 44). Since then, Vol. 22 of the publications of DWhG, Vol. 5 of the conference proceedings *Cura aquarum in...* as well as special volume No. 10 have been released. Furthermore, an association to promote the establishment of an archive dedicated to the history of German water management (http://www.dwhg-ev.com/über-die-dwhg/wasserarchiv/) was founded in 2008.

FORSCHUNGSGESELLSCHAFT FÜR STRASSEN- UND VERKEHRSWESEN [FGSV]

The history of the FGSV [Road and Transport Research Association] (http://www.fgsv.de/) goes back to its founding in the year 1924. The main purpose of this friendly society is to refine the technical knowledge pertaining to roads and transport. Government departments, companies and research institutes have cooperated by sending more than 2,100 delegates to the numerous expert panels. Interdisciplinary committee No. 5, headed by Alexander Thewalt, is working on road and transport history divided by regions (on the levels of federal government, federal states and city regions), on the history of German motorways and the concomitant evolution of technology (http://www.fgsv.de/geschichte.html). The FGSV library includes a collection on the history related to the subject. In 1970 the association began publishing the *Archiv für die Geschichte des Straßen- und Verkehrswesens* [Archive for the history of roads and transport], with 33 volumes dedicated to the history of road engineering in Germany (http://www.fgsv-verlag.de/catalog/index.php?cPath=22_33). Recently, the FGSV has published a monograph dealing with the history of the Reichsautobahn as designed and built in the Third Reich between 1933 and 1945 (Jäger 2013).

FRONTINUS-GESELLSCHAFT

The Frontinus-Gesellschaft (www.frontinus.de) was founded in 1976 to promote research and teaching on the history of piping, energy and water technology as well as technical education covering the whole field of water technology. This is being achieved by

- promoting at least one scientific institute,
- presenting scientific events and lectures,
- initiating, promoting and carrying out R&D projects,
- publishing specialist literature, and
- cooperating with others to achieve the above targets.

Many publications have appeared under the auspices of the Frontinus-Gesellschaft (http://www.frontinus.de/pdf/publikationsliste2014.pdf). In 1998 the association's library of more than 6000 works on the history of supplying gas and water and sanitary engineering was integrated into that of Deutsche Vereinigung des Gas- und Wasserfaches e.V. [DVGW, German Technical and Scientific Association for Gas and Water]. Since 1977 the Frontinus-Gesellschaft has awarded the Frontinus Medal to persons who have rendered outstanding service to the history of piping, energy and water technology.

VEREIN DEUTSCHER INGENIEURE [VDI]

Construction history plays only a minor role in the study groups on "History of Technology" among the 45 district associations of the VDI [Association of German Engineers] (http://www.vdi.de/). There is one exception, however: the study groups on "History of Technology" (http://www.vdi-bb.de/ak/geschichte.php) and "Construction technology" in the Berlin-Brandenburg district association have had construction history high on their agenda since 1996, in particular through presentations at Deutsches Technikmuseum Berlin. The periodical *Technikgeschichte* (http://www.tg.nomos.de/), steeped in tradition, is published jointly by the VDI and the Gesellschaft für Technikgeschichte [Society for the History of Technology]. Every now and then it contains articles or reviews pertaining to construction history.

COLLABORATIVE RESEARCH

In addition to research projects anchored in individual institutions or tied to individuals, the past decade has seen the inauguration of two larger collaborative research projects with a considerable focus on construction history.

"WISSENSGESCHICHTE DER ARCHITEKTUR", BERLIN / ROME

The collaborative research project "Wissensgeschichte der Architektur. Studien zu praktischen Wissensbeständen im Bauwesen" [Epistemic History of Architecture. Studies in the Knowledge of Building Practitioners] was launched in the year 2002 by Bibliotheca Hertziana

(Max-Planck-Institut für Kunstgeschichte) in Rome and the Max Planck Institute for the History of Science in Berlin (http://www.mpiwg-berlin.mpg.de/de/forschung/projects/DEPT1_600Osthues-Architecture). It focused on the period before building became a science, when it consisted of the practical knowledge of artisans, master-builders and architects, who developed their skills and passed them on mainly by participation in the work and by oral tuition. The "Epistemic History" project used the structure, mediation, enhancement and modification of this particular kind of knowledge immanent in actions as its guiding concept. Thus, new perspectives on and aspects of historical building technology and logistics were opened up. Case studies examined the building knowledge developed in early civilized cultures, in antiquity and in Italy in the early modern period. Among the various individual publications engendered by the project, (Becchi 2009; 2010; 2012 and 2013; Becchi et al. 2013), (Bührig 2010 and 2014) and (Schlimme 2006; 2011 and 2012) especially have strong links with construction history. The year 2014 saw the publication of three volumes summing up the findings (Renn, Osthues and Schlimme 2014) (Fig. 10).

FIG. 10 – A comprehensive study of the epistemic history of architecture, spanning the Neolithikum to Renaissance, was undertaken in a joint of the Max Planck Institute for the History of Science in Berlin and the Bibliotheca Hertziana in Rome. The results have been published (in German) in a three-volume work, which is freely available to download at Edition Open Access: http://www.edition-open-access.de/studies/index.html (Source: Max Planck Institute for the History of Science in Berlin).

"KULTURELLE UND TECHNISCHE WERTE HISTORISCHER BAUTEN", COTTBUS / BERLIN

The "DFG-Graduiertenkolleg 1913" [Research Training Group (RTG] "Cultural and Technological Significance of Historic Buildings" (http://www.b-tu.de/forschung/graduiertenkolleg) at BTU Cottbus-Senftenberg, on the other hand, was established only very recently. The collaborative research interprets historic buildings as units within systems of cultural values and as carrying meaning as architectural and technological accomplishments. The aim of the research is to analyse the interplay between art, technology and society in different historical epochs and cultures; issues concerning the buildings' technical and technological dimensions will be given particular emphasis when it comes to assessing their historical values and their meanings as documents of cultural history. The plan is to present colloquiums addressing, among other themes, the genealogies of different building cultures, the large construction site as a phenomenon of cultural history and questions of durability and sustainability. Studies of individual buildings, the history of their construction and subsequent modification from antiquity to the 20th century will form the basis of the research. Klaus Rheidt (BTU Cottbus-Senftenberg) is spokesman for the RTG, which will support ten doctoral candidates (each for three years) and two post-doctorate posts (each for two years).

MUSEUMS AND ARCHIVES

A museum dedicated solely to the art of engineering or construction history does not exist in Germany. However, some museums and archives present subjects from these areas on an ongoing basis.

ARCHITEKTURMUSEUM, MÜNCHEN

The Museum of Architecture (www.architekturmuseum.de) at TU München evolved from the study collection founded in 1868 for teaching the students of architecture at the Neue Polytechnische Schule (later to become the TUM). It boasts the biggest special collection for architecture in Germany, comprising approx. 500,000 drawings and plans of approx. 1,000 architects, over 200,000 original photographs and numerous models and documents. Over the last three decades it has regularly organized exhibitions on themes that often have a natural bearing on construction history. The recent exhibition dealing with the architect's profession is just one example (Nerdinger 2012).

DEUTSCHES ARCHITEKTURMUSEUM, FRANKFURT AM MAIN

The Deutsches Architekturmuseum in Frankfurt am Main (www.dam-online.de) also presents themes on construction history. The exhibition "Hinter den Kulissen" (2013), [Behind the Scenes] was the second one to feature the work of a construction engineering consultant; in displaying the gradual evolution of the design for the loadbearing structure in great detail, the catalogue (Schittich and Schmal 2013) presents a core theme from construction history.

DEUTSCHES MUSEUM, MÜNCHEN

Collecting, preserving, investigating and exhibiting – the tasks of the Deutsches Museum in Munich (http://www.deutsches-museum.de/) have always included construction history (Fig. 11) since it opened in 1903. Now belonging to the Leibniz-Gemeinschaft, and thus obliged to support research and education, the museum with its library, archive and huge collections of artefacts offers a wealth of opportunities for in-house researchers and visiting scholars alike to investigate construction history subjects. Studies authorized by the museum itself are tackling, for example, bridge-building and the history of concrete construction. Dirk Bühler is working on:

- an overview of concrete construction based on selected objects,
- producing a catalogue of the models of buildings and other structures in the collections,
- producing systematic catalogues of the bridges and hydraulic engineering exhibition, and
- construction technology in Latin America during the era of colonialism.

Furthermore, specifically in connection with construction history, the museum offers services such as guided tours of the exhibitions, conferences hosted in cooperation with external partners, training events for teachers (Kerschensteiner Kolleg) and lectures on special subjects by the curator which are held at TUM and the Münchener Zentrum für Wissenschafts- und Technikgeschichte [Munich Centre for the History of Science and Technology, www.mzwtg.mwn.tum.de/].

FIG. 11 – A view from the steel and glass bridge on the bridge exposition in the Deutsches Museum in Munich (Archive Deutsches Museum Munich).

DEUTSCHES TECHNIKMUSEUM BERLIN

The aim of Deutsches Technikmuseum Berlin (http://www.sdtb.de/Startseite.63.0.html), which opened in 1983 and was initially called the "Museum für Verkehr und Technik" [Museum of Transport and Technology], was to combine more than a hundred individual collections of technical and technological objects from all over Berlin in one building

– collections that had been growing for centuries. The comprehensive collection on hydraulic engineering, compiled by the former Museum of Transport and Construction at Berlin's Hamburger Station, is particularly worthy of note since it contains many models of high quality and rich in detail plus a vast number of drawings, paintings and maps. Regrettably, only a fraction of all the items can be exhibited. Nevertheless, what is shown represents a comprehensive overview of different bridge types, structures for water management, pumping stations and port facilities. The art of engineering is demonstrated in achievements from the fields of building canals, locks, road and bridges. The cooperation with VDI yields continuity in various lecture series, including "Praktiken und Potenziale von Bautechnikgeschichte" [Practices and Potential of Construction History] (see "Forums for communication" below).

DEUTSCHES STRASSENMUSEUM, GERMERSHEIM

The German Roads Museum in Germersheim (www.deutsches-strassenmuseum.de/), founded in 1989, has been included in the German register of museums since 1995 as a specialized museum for technology (Pelke 2003, 731). It boasts some 5,000 m^2 of exhibition space and a specialist library on the history of roadbuilding. The permanent exhibition entitled "Roads and bridges over the course of time" exemplifies how cultural history has been shaped by roads through the centuries.

KRAN- UND BAUMASCHINENMUSEUM, RATTELSDORF

In Rattelsdorf, close to Bamberg in Franconia, there is an open-air museum for cranes and construction plant (www.baumaschinenmuseum.eu/) which is operated by "Kran- und Baumaschinenmuseum e.V.", a registered charity. A detailed description of the history, inventory and aims of the museum can be found in (Moeller 2013).

SÜDWESTDEUTSCHES ARCHIV FÜR ARCHITEKTUR UND INGENIEURBAU [SAAI], KARLSRUHE

The saai archive is dedicated to collecting, cataloguing and preserving documents and records pertaining to the work of important architects, engineers, building historians, photographers of architecture, landscape gardeners and interior designers with a special focus on the

20th century and on people from south-west Germany, even if their field of activity has been somewhere else in the world (http://www.saai.kit.edu/). Members of the archive's staff actively engage in research on the collection, but scientists from outside are welcome as well. Another aim of the archive is to raise public awareness of building culture and cultural and construction history through conferences, publications and exhibitions. Two recent exhibitions are worthy of note: "Fritz Leonhardt 1909–1999. Die Kunst des Konstruierens" [Fritz Leonhardt 1909–1999. The Art of Creating Structures] (2009, at Landesbank Baden-Württemberg, Stuttgart) (Kleinmanns and Weber 2009), and "Friedrich Weinbrenner 1766–1826. Architektur und Städtebau des Klassizismus" [Friedrich Weinbrenner 1766–1826. Architecture and Urban Design in the Age of Classicism] (2015, at Städtische Galerie, Karlsruhe); the latter exhibition is based in part on research from the DFG project "Friedrich Weinbrenner. Kritische Edition der Schriften" [Friedrich Weinbrenner. Critical Edition of his Writings].

FORUMS FOR COMMUNICATION

It is fair to assume that the 3rd International Congress on Construction History, hosted by "Arbeitskreis Bautechnikgeschichte Berlin-Brandenburg" [Berlin-Brandenburg Construction History Study Group] (Andreas Kahlow, Karl-Eugen Kurrer, Werner Lorenz, Volker Wetzk) at BTU Cottbus-Senftenberg in May 2009, played a central role in terms of providing a forum for communicating construction history (Kurrer et al. 2009). But there were some other conventions, albeit on a smaller scale, that attracted international attention as well, such as the symposium "Shell Pioneers" in autumn 2012. Hosted by Roland May under the patronage of BTU Cottbus-Senftenberg and TU Berlin, it took the 125th anniversary of Franz Dischinger's birth as a cue for a number of well-known researchers from all over Europe to convene for discussions on early instances of shell structures in different European countries. In the lively debates triggered by the presentations it was possible to glimpse the contours of an overview that considered all the interdependencies in early European shell construction. A scientific comparison of this fascinating evolution promises exciting findings (http://momentum-magazin.de/de/von-pionieren-des-schalenbaus/). In February 2014 the Universität der Bundeswehr in Munich hosted "Baugerüste vom 16. bis ins frühe 19. Jahrhundert" [Scaffolds between the 16th and the early 19th centuries], another international conference to garner acclaim. Organizers Stefan M. Holzer (who is currently preparing a monograph on this subject) and Clemens Voigts drew attention to a subject that genuinely belongs to the field of construction history.

In addition to these individual events, two very different forums for communication have become established in Germany, both gaining in influence by virtue of their regularity:

The lecture series "Praktiken und Potenziale von Bautechnikgeschichte" [Practices and Potential of Construction History] has been organized by Karl-Eugen Kurrer and Werner Lorenz since its inception in 2007 and is held at Deutsches Technikmuseum Berlin. There are some eight presentations every year, each related to a special theme such as "The building site as a source of innovation" (2012), "Prestressing" (2013) and "Construction technology and war" (2014). Werner Lorenz and Karl-Eugen Kurrer presented 2015 a cooperative project with the Deutsches Archäologisches Institut [German Archaeological Institute] on the subject of "Construction Technology in Antiquity" (Fig. 12).

The initiative of the Bundesingenieurkammer [BIngK, Federal Chamber of Engineers] to have outstanding objects from the history of construction designated "Historisches Wahrzeichen der Ingenieurbaukunst in Deutschland" [Monuments to the Art of Engineering in Germany] proved hugely successful in terms of raising public awareness of achievements of construction history (www.wahrzeichen.ingenieurbaukunst.de/). Karl-Heinrich Schwinn, BIngK president at the time this project began in 2007, was instrumental in getting this scheme off the ground. The project's scientific advisory board has bestowed this prestigious distinction on 16 monuments so far (with some two or three objects joining their ranks every year). Every award procedure is accompanied by the publication of a monograph with some 100 pages, where the monument's history and significance are described by eminent authors (Fig. 13). The monographs, printed in runs of up to 3,000 copies, are surprisingly popular. No other medium in the field of construction history enjoys such a wide distribution. The success of this campaign appears to underline the growing significance of construction history within the practical field of designing and building.

FIG. 12 – Posters (2012-2015) of the Berlin lecture series „Praktiken und Potenziale von Bautechnikgeschichte" (Source: BTU Cottbus-Senftenberg).

FIG. 13 – Covers of *„Wahrzeichen der Ingenieurbaukunst"*, vols. 11, 14 and 15 (Source: Bundesingenieurkammer, Berlin).

Whereas that project mainly addresses interested laymen and engineers in practice, "CH.ESS" [European Summer Schools on Construction History] was directed at students. Planned and organized by BTU Cottbus-Senftenberg, the three summer schools were financed by the EU's ERASMUS programme and allowed 40 students and teachers from six different European countries to cooperate on different themes for two weeks. They were held in Cambridge (2011, "Vaulting"), Brussels (2012, "Iron, Steel and Concrete") and Munich (2013, "Timber Structures") (Lorenz and May 2012) (www.ch-summerschool.eu/) (Fig. 14).

FIG. 14 – European Summer School on Construction History (CH.ESS), organized by BTU Cottbus-Senftenberg: Testing reinforced concrete beams in the ULB laboratory, Brussels, July 2012 (Photo: Bernhard Heres).

RESULTS AND PROSPECTS

Without doubt, construction history as a movement (and maybe even as a discipline) has prospered in Germany in terms of quality, quantity and significance during the past decade. This holds true for theoretical research and other scientific work as well as for practical applications in teaching, communication and everyday engineering. However, the group of those dedicated to construction history is not large. The integration of construction history themes into the teaching of future civil engineers is by no means a matter of course, and the number of PhD theses remains small. This also means that valuable planning documents and other unique objects still get lost due to the absence of established procedures for archiving, and also that outstanding monuments to construction history continue to be demolished.

Construction history in Germany is but a tender shoot; although it may have gained strength and might even have produced some enchanting flowers, it will require a lot of care and nurturing if it is to keep growing. Intensified integration into teaching, thorough assimilation as a relevant criterion in heritage preservation and engineering practice, further professionalization of the scientific debate and the establishment of teaching and research associations are just some of the objectives that not only the Gesellschaft für Bautechnikgeschichte should feel obliged to pursue.

Karl-Eugen KURRER
Ernst & Sohn Publisher,
Berlin, Germany

Werner LORENZ
Brandenburg University
of Technology
Cottbus-Senftenberg [BTU],
Germany

REFERENCE LIST

Becchi, Antonio et al., eds. 2004. *Construction history. Research perspectives in Europe*. Florence: Kim Williams Books (freely available as e-book, see www.kimwilliamsbooks.com).

Becchi, Antonio. 2007. *I criteri di plasticità: cento anni di dibattito (1864-1964)* (PhD Diss., University of Genoa, 1994). Freely available as e-book, see www.bma.arch.unige.it.

Becchi, Antonio. 2009. "The Body of the Architect. Flesh, Bones and Forces between Mechanical and Architectural Theories." In *Proceedings of the Third International Congress on Construction History*, edited by K.-E. Kurrer et al., 1: 151-158. Berlin: Neunplus1.

Becchi, Antonio. 2010. "La doppia vita di una 'mauvaise règle'. La regola di Derand tra Leon Battista Alberti e Simone Stratico." In *Geometry and Proportion in Structural Design. Essays in Ricardo Aroca's Honour*, edited by P. Cassinello, S. Huerta, J. M. de Prada Poole and R. Sanchéz Lampreave, 123-139. Madrid: Ed. Lampreave.

Becchi, Antonio. 2012. "Ut unum sint: poutres, arcs, plates-bandes." In *L'architrave, le plancher, la plate-forme. Nouvelle histoire de la construction*, edited by R. Gargiani, 329-340. Lausanne: Presses polytechniques et universitaires romandes.

Becchi, Antonio. 2013. "Looking for an equilibrium point: Wilson, Machiavelli and the King of Siam." In *Construction History* 28, no. 3: 1-19.

Becchi, Antonio, Domenico Bertoloni Meli, and Enrico Gamba, eds. 2013. *Guidobaldo del Monte (1545-1607). Theory and Practice of the Mathematical Disciplines from Urbino to Europe*. Berlin: edition-open-access (freely available as e-book, see www.edition-open-access.de).

Becchi, Antonio, Hélène Rousteau-Chambon, and Joël Sakarovitch, eds. 2013. *Philippe de La Hire (1640-1718) entre architecture et sciences*. Paris: Picard.

Beckh, Matthias. 2012. *Hyperbolische Stabwerke. Šuchovs Gittertürme als Wegweiser in den modernen Leichtbau*. München: DETAIL.

Beckh, Matthias. 2015. *Hyperbolic Structures. Shukov's Lattice Towers– Forerunners of modern lightweight construction*. Oxford: Wiley.

Beckh, Matthias, Rainer Barthel, and Rainer Graefe. 2010. "Innovation und Ästhetik – der Leichtbaupionier Vladimir Grigor'evic Suchov." In *Detail* 11: 1142-1148.

Beckh, Matthias, and Rainer Barthel. 2009. "The first doubly-curved gridshell structure – Šuchov's building for the plate rolling workshop in Vyksa." In *Proceedings of the Third Congress on Construction History*, edited by K.-E. Kurrer et al., 1: 159-166. Berlin: Neunplus1.

Beiersdorf, Max Johann. 2015. „Undulating Mud Brick Walls In Ancient Pharaonic Egypt." In: *Proceedings of the 5th International Congress on Construction History*, edited by B. Bowen et al., 1: 171-179. Chicago: Construction History Society of America.

Bleszynski, Christina. 2008. "Langfriststrategien für kirchliche Baubestände." In *Erweiterte Nutzung von Kirchen – Modell mit Zukunft*, edited by M. Keller and J. Möller. Evangelische Hochschuldialoge, Bd. 3, 175-179. Berlin: Lit.

Börrnert, Anne. 2006. "Entwurfs- und Bautechnik der Ziegelgewölbe im Historismus – Beispielhafte Analyse der Kirchen St. Johannis und St. Paul zu Braunschweig." PhD diss., TU Braunschweig.

Bührig, Claudia, and Robert Casties. 2006. "Sicherung, Verwaltung und Präsentation elektronischer Quellen. Fallbeispiel ,Visualisierung der konstruktiven Details der Florentiner Domkuppel von Brunelleschi'." In *Von Handaufmaß bis High Tech II. Modellieren, Strukturieren, Präsentieren. Informationssysteme in der historischen Bauforschung*, edited by A. Riedel, K. Heine and F. Henze, 165-172. Mainz: Verlag Philipp von Zabern.

Bührig, Claudia. 2010. "Tradierung von Bauwissen im Alten Orient. Grundrißdarstellungen auf Tontafeln." In *Koldewey-Gesellschaft. Bericht über die 45. Tagung für Ausgrabungswissenschaft und Bauforschung*, 89-102. Dresden: Thelem.

Bührig, Claudia. 2014. "Fokus: Bauzeichnungen auf Tontafeln." In *Wissensgeschichte der Architektur. Band I: Vom Neolithikum bis zur griechischen Antike. Studies 3.*, edited by J. Renn, W. Osthues and H. Schlimme. Max Planck Research Library for the History and Development of Knowledge, 335-407. Berlin, Edition Open Access.

Dicleli, Cengiz. 2010a. "Der Bauingenieur Karl Bernhard–Erbauer der AEG-Turbinenhalle." In *Bautechnik* 87, Heft 4: 220-228.

Dicleli, Cengiz. 2010b. "Zur Geschichte der Gestaltung von Brückenbauten." In *Bautechnik* 87, Heft 10: 630-635.

Dicleli, Cengiz. 2013. "Ulrich Finsterwalder – Ein Leben für den Betonbau." In *Beton- und Stahlbetonbau* 106, Heft 9: 662-673.

Duppel, Christoph. 2009. "Ingenieurwissenschaftliche Untersuchungen an der Hauptkuppel und den Hauptpfeilern der Hagia Sophia in Istanbul." PhD diss., Universität Karlsruhe.

Duppel, Christoph. 2010. "Ingenieurwissenschaftliche Untersuchungen an der Hagia Sophia in Istanbul – Teil 1: Das Konstruktionsgefüge." In *Bautechnik* 87, Heft 11: 708-716.

Duppel, Christoph. 2010. "Ingenieurwissenschaftliche Untersuchungen an der Hagia Sophia in Istanbul – Teil 2: Zum Tragverhalten." In *Bautechnik* 87, Heft 12: 790-799.

Fauerbach, Ulrike. 2005. "Der große Pylon des Horus-Tempels von Edfu. Eine bauforscherische Untersuchung." PhD Diss. Universität Bamberg. http://opus4.kobv.de/opus4-bamberg/frontdoor/index/index/docId/198.

Fedorov, Sergej. 2005. *Carl Friedrich von Wiebeking und das Bauwesen in Russland. Zur Geschichte deutschrussischer Architekturbeziehungen 1800–1840*. München: Deutscher Kunstverlag.

Fedorov, Sergej. 2009. "Erich Mendelsohn's Red Banner Factory in Leningrad 1926–1928: Laboratory for Early Concrete Works in the Soviet Union." In *Procedings of the Third Congress on Construction History*, edited by K.-E. Kurrer et al., 1: 561-570. Berlin: Neunplus1.

Fedorov, Sergej. 2012. "Rebuilding St. Petersburg's Winter Palace in the Context of Early European Steel Structures 1838-1850s: Contemporary Sources and Documents." In *Nuts & Bolts of Construction History (Proceedings of the 4th International Congress on Construction History)*, edited by R. Carvais et al., 3: 203-213. Paris: Picard.

Fedorov, Sergej. 2015. "Early Prefabricated Iron-Ribbed Domes: St. Isaac's Cathedral In St. Petersburg, Russia. 1838-1841." In: *Proceedings of the 5th International Congress on Construction History*, edited by B. Bowen et al., 2: 61-71. Chicago: Construction History Society of America.

Fischer, Michael. 2009. "Steineisendecken im Deutschen Reich. 1892–1925." PhD diss., BTU Cottbus (https://opus4.kobv.de/opus4-btu/frontdoor/index/index/docId/624).

Fritzsch, Anke. 2015. "Innovation And Reception: Historic Heating

Systems In European Museum Architecture Of The 1st Half Of The 19th Century." In: *Proceedings of the 5th International Congress on Construction History*, edited by B. Bowen et al., 2: 103-111. Chicago: Construction History Society of America.

Fuhrmann, Roland. 2015. "The Evolution Of Streamlined Airship Hangars." In: *Proceedings of the 5th International Congress on Construction History*, edited by B. Bowen et al., 2: 119-127. Chicago: Construction History Society of America.

Güntheroth, Nele, and Andreas Kahlow. 2006. "Von Mühlhausen in die Neue Welt – Der Brückenbauer J. A. Röbling (1806-1869)." In *Mühlhäuser Beiträge*, Sonderheft 15, Mühlhausen/Thür.

Güntheroth, Nele, and Andreas Kahlow. 2011. "Zwischen Kunst und Wissenschaft. J. A. Röbling (1806-1869). Materialien." In *Mühlhäuser Beiträge*, Sonderheft 20, Mühlhausen/Thür.

Hänseroth, Thomas. 2008. "Geschichte der Bautechnik." In *Enzyklopädie des Mittelalters*, edited by G. Melville and M. Staub, 229-239. Darmstadt.

Hänseroth, Thomas. 2010. "Eine Gründungsschrift der Technikwissenschaftsgeschichte in Deutschland. Kommentar zu Gisela Buchheim: Zur Wechselwirkung von Naturwissenschaften und Technikwissenschaften in ihrer historischen Entwicklung (1978)." *NTM. Zeitschrift für Geschichte der Naturwissenschaften, Technik und Medizin N. S.* 18 (2010) 3: 409-420.

Hänseroth, Thomas, and Uwe Fraunholz. 2012. "Transzendierungen von Wissenschaft und Technik im Systemwettstreit: Innovationskulturen im deutsch-deutschen Vergleich." In *Ungleiche Pfade? Innovationskulturen im deutsch-deutschen Vergleich*, edited by U. Fraunholz and Th. Hänseroth, 9-26. Münster: Waxmann.

Hänseroth, Thomas. 2013a. "Technischer Fortschritt als Heilsversprechen und seine selbstlosen Bürgen: Zur Konstituierung einer Pathosformel der technokratischen Hochmoderne." In *Transzendenz und die Konstitution von Ordnungen*, edited by H. Vorländer, 267-288. Berlin, De Gruyter.

Hänseroth, Thomas. 2013b. "On the Path to Technical Design–DFG-Funded Research in Mechanical Engineering 1920-1970." In *The German Research Foundation 1920-1970. Funding Poised between Science and Politics*, edited by M. Walker et al., 119-134. Stuttgart, Franz Steiner Verlag.

Heres, Bernhard. 2006. "The Iron Roof Trusses of the New Hermitage in St. Petersburg." In *Proceedings of the 2nd International Congress on Construction History*, edited by M. Dunkeld et al., 2: 1555-1568. Cambridge: Construction History Society.

Holzer, Stefan M., and Bernd Köck. 2008. *Meisterwerke barocker Bautechnik. Kuppeln, Gewölbe und Kirchendachwerke in Südbayern*. Regensburg: Schnell und Steiner.

Holzer, Stefan M. 2012. *König-Ludwig-Brücke Kempten* (Historische Wahrzeichen der Ingenieurbaukunst in Deutschland; 11). Berlin: Bundesingenieurkammer.

Holzer, Stefan M., Anja Wünnemann, and Clemens Voigts. 2012. "Münchner Dächer des 19. Jahrhunderts." In *Bautechnik des Historismus*, edited by U. Hassler et al., 22-51. München: Hirmer.

Holzer, St. M. 2013. *Statische Beurteilung historischer Tragwerke. Bd. 1: Mauerwerkskonstruktionen*. Berlin: Ernst & Sohn.

Holzer, Stefan M. 2014. "Frühgeschichte des modernen Konstruktionsbetons. Teil 1: Molen und Wellenbrecher (1597-1850)." In *Bautechnik* 91, Heft 12: 884-891.

Holzer, Stefan M. 2015a. "Frühgeschichte des modernen Konstruktionsbetons. Teil 2: Schleusen und Docks." In *Bautechnik* 92, Heft 3: 230-237.

Holzer, Stefan M. 2015b. *Statische Beurteilung historischer Tragwerke. Bd. 2: Holzkonstruktionen.* Berlin: Ernst & Sohn.

Jäger, Wolfgang F. 2013. *Der Streckenentwurf der Reichsautobahnen 1933 bis 1945 – Eine ingenieurtechnische Analyse auf der Grundlage ausgewählter Archivbestände.* Köln: FGSV Verlag.

Kahlow, Andreas. 2006. "Johann August Roebling (1806-1869). Early Projects in Context." In *John A. Roebling. A Bicentennial Celebration of His Birth. 1806-1869*, edited by Theodore Green, P.E. Symposium October 27, 2006, Brooklyn, New York, 37-61. ASCE: Published by the American Society of Civil Engineers.

Kahlow, Andreas. 2007. "Einträge: J.A. Eytelwein, G. Monge, C.L.M.H. Navier und A. Wöhler." In *Lexikon bedeutender Naturwissenschaftler, Bd. 1-3*. Heidelberg, Berlin: Spektrum Akademischer Verlag.

Kahlow, Andreas. 2012. "Theory and Practice in timber construction 1800-1830." In *Nuts & Bolts of Construction History (Proceedings of the*

4th International Congress on Construction History), edited by R. Carvais et al., 1: 265-272. Paris: Picard.

Kaiser, Christiane. 2006. "Die Fleischbrücke in Nürnberg 1596-1598." PhD diss., BTU Cottbus.
(https://opus4.kobv.de/opus4-btu/frontdoor/index/index/docId/151).

Kayser, Christian. 2012. *Die Baukonstruktion gotischer Fenstermaßwerke in Mitteleuropa*. Petersberg: Imhof-Verlag.

Kleinmanns, Joachim, and Christiane Weber, eds. 2009. *Fritz Leonhardt 1909-1999. The Art of Engineering*. Stuttgart, London: Edition Axel Menges.

Köck, Bernd. 2011. "Barocke Dachwerke. Konstruktion und Tragverhalten." PhD diss., Universität der Bundeswehr München.

Krafczyk, Christina. 2011. "Wichtendahl und die Rüstungsindustrie im Nationalsozialismus." In *Wilhelm Wichtendahl 1902-1992. Architekt der Post, der Rüstung und des Wiederaufbaus*, edited by W. Nerdinger, 48-80. Berlin: Reimer.

Krafczyk, Christina. 2013. *Die Entwicklung des Möllerträgers in Braunschweig*. Manuskript zum Beitrag der 1. Jahrestagung der Gesellschaft für Bautechnikgeschichte. Aachen.

Krafczyk, Christina. 2016. "Constantin Uhde. Bauen in Braunschweig." In *Quellen und Forschungen zur Braunschweigischen Landesgeschichte*, Band 50, edited by Braunschweigischer Geschichtsverein. Braunschweig: Appelhans Verlag.

Kuban, Sabine. 2015. "Innovation And Standstill–Early Application And Development Of The „MONIER System" In Berlin." In *Proceedings of the 5th International Congress on Construction History*, edited by B. Bowen et al., 2: 431-439. Chicago: Construction History Society of America.

Kurapkat, Dietmar. 2010. "Zu den Ursprüngen baubezogenen Wissens im Neolithikum Vorderasiens. Möglichkeiten und Grenzen der Rekonstruktion des Bauwissens schriftloser Kulturen." In Koldewey-Gesellschaft (ed.), *Bericht über die 45. Tagung für Ausgrabungswissenschaft und Bauforschung 2008 in Regensburg*, 79-88. Dresden: Thelem.

Kurapkat, Dietmar. 2012. "A Roof under One's Feet. Early Neolithic Roof Constructions at Göbekli Tepe, Southeastern Turkey." In *Nuts & Bolts of Construction History, Proceedings of the 4th International Congress on Construction History*, edited by R. Carvais et al., 3: 157-165. Paris: Picard.

Kurrer, Karl-Eugen. 2004. "Report on the state of Construction History in Austria, Germany and Switzerland." In *Construction History. Research Perspectives in Europe*, edited by A. Becchi, M. Corradi, F. Foce and O. Pedemonte, 61-112. Florence: Kim Williams Books.

Kurrer, Karl-Eugen. 2008. *The History of the Theory of Structures. From Arch Analysis to Computational Mechanics*. Berlin: Ernst & Sohn.

Kurrer, Karl-Eugen, Werner Lorenz, and Volker Wetzk, eds. 2009. *Proceedings of the Third International Congress on Construction History*. Berlin: Neunplus1.

Kurrer, Karl-Eugen. 2011. "Baustatik: Vier Fallstudien zur medialen Präsentation der Stahlbetonbemessung von den Anfängen bis ins frühe 20. Jahrhundert." In *Die Medien der Architektur*, edited by W. Sonne, 195-229. Berlin, München: Deutscher Kunstverlag.

Kurrer, Karl-Eugen. 2012. "Grundriss zu einer Historischen Technikwissenschaft." In *Ingenieure in der technokratischen Hochmoderne*, edited by U. Fraunholz and S. Wölfel, 45-63. Münster: Waxmann Verlag.

Kurrer, Karl-Eugen. 2016. *Geschichte der Baustatik. Auf der Suche nach dem Gleichgewicht*. Berlin: Ernst & Sohn.

Lorenz, Werner, and Christiane Kaiser. 2011. *Die Fleischbrücke in Nürnberg* (Historische Wahrzeichen der Ingenieurbaukunst in Deutschland; 9). Berlin: Bundesingenieurkammer.

Lorenz, Werner, and Roland May. 2012. "CH.ESS: European Summer Schools on Construction History." In *Nuts & Bolts of Construction History, Proceedings of the 4th International Congress on Construction History*, edited by R. Carvais et al., 1: 105-112. Paris: Picard.

Lorenz, Werner, Roland May, and Jürgen Stritzke. 2013. *Die Großmarkthalle Leipzig* (Historische Wahrzeichen der Ingenieurbaukunst in Deutschland; 14). Berlin: Bundesingenieurkammer.

Lorenz, Werner. 2014. *Das Neue Museum Berlin* (Historische Wahrzeichen der Ingenieurbaukunst in Deutschland; 15). Berlin: Bundesingenieurkammer.

Lorenz, Werner, and Bernhard Heres. 2015. The Demidov Ironworks In Nevyansk (Ural Mountains) – Iron Structures In Building From The First Half Of The 18th Century. In *Proceedings of the 5th International Congress on Construction History*, edited by B. Bowen et al., 2: 505-517. Chicago: Construction History Society of America.

May, Roland. 2011. *Pontifex maximus. Der Architekt Paul Bonatz und die Brücken*. Münster: MV-Wissenschaft.

May, Roland. 2012a. "Ingenieur. Bau. Kunst. Zum 125. Geburtstag von Franz Dischinger." In *Ingenieurbaukunst – made in Germany 2012/2013*, edited by U. Schwarz, 150-157. Hamburg: Junius.

May, Roland. 2012b. "Shell Wars: Franz Dischinger and Ulrich Finsterwalder." In *Nuts & Bolts of Construction History, Proceedings of the 4th International Congress on Construction History, Paris, July 3-7, 2012*, edited by R. Carvais et al., 3: 133-141. Paris: Picard.

May, Roland. 2015. "Shell Sellers. The international dissemination of the Zeiss-Dywidag System, 1923-1939." In: *Proceedings of the 5th International Congress on Construction History*, edited by B. Bowen et al., 2: 557-565. Chicago: Construction History Society of America.

May, Roland. 2016. "Von Biebrich in die ganze Welt–Zur Verbreitung des Zeiss-Dywidag-Schalenbaus bis zum Ende des Zweiten Weltkriegs." In *Beton- und Stahlbetonbau* 111, Heft 6: 385-396.

Möller, Dirk P. 2013. "Kran- und Baumaschinenmuseum: Von der Idee zur Wirklichkeit." In *Stahlbau* 82, Heft 4: 302-308.

Möller, Eberhard. 2011. "Die Konstruktion in der Architekturtheorie – Positionen und Entwicklungen von 1950 bis heute." PhD diss., TU München.

Nerdinger, Winfried, ed. 2012. *Der Architekt – Geschichte und Gegenwart eines Berufsstandes*. München: Prestel Verlag.

Pelke, Eberhard. 2003. "Die Geschichte der Brücken im Deutschen Straßenmuseum Germersheim." In *Bautechnik* 80, Heft 10: 731-737.

Pelke, Eberhard. 2011a. "Pre-Stressing of Bridges in Germany up to 1965 Part I and Part II." In *Engineering History and Heritage*, 164 (2): 99-108 and 164 (4).

Pelke, Eberhard. 2011b. "Willy Stöhr–Ein Ingenieurleben zwischen Diktatur und Demokratie." In *Beton- und Stahlbetonbau* 106, Heft 5: 332-342.

Pelke, Eberhard, and Karl-Eugen Kurrer. 2012. "The Art of Major Bridge Building–Hellmut Homberg and his Contribution to Multi-Cable-Stayed Spans." In *Steel Construction*, 4: 251-265.

Pelke, Eberhard, and Karl-Eugen Kurrer. 2016. "Zur Entwicklungsgeschichte des Stahlverbundbaus." In *Stahlbau* 85, Heft 11: 764-779.

Prokop, Ines. 2012. *Vom Eisenbau zum Stahlbau. Tragwerke und ihre Protagonisten in Berlin 1850-1925*. Berlin: Mensch und Buch Verlag.

Renn, Jürgen, Wilhelm Osthues, and Hermann Schlimme, eds. 2014. *Wissensgeschichte der Architektur.* 3 Bände. Berlin: Edition Open Access.

Schittich, Christian, and Peter Cachalo Schmal, eds. 2013. *Bollinger + Grohmann*. München: DETAIL.

Schlimme, Hermann, ed. 2006. *Practice and Science in Early Modern Italian Building. Towards an Epistemic History of Architecture*. Mailand: Electa.

Schlimme, Hermann. 2011. "Santa Margherita in Montefiascone: Carlo Fontana und das Wissen um den Kuppelbau." In *Ordnung und Wandel in der römischen Architektur der Frühen Neuzeit. Kunsthistorische Studien zu Ehren von Christof Thoenes*, edited by Hermann Schlimme und Lothar Sickel, 121-149. München: Hirmer.

Schlimme, Hermann. 2012. "Das internationale Hennebique-Patent zur Herstellung von Stahlbetonbauten und seine Anwendung in Italien: Der Mercato Orientale in Genua von Giovanni Antonio Porcheddu (1896–99). Ein Beitrag zur Wissensgeschichte der Architektur." In *Römisches Jahrbuch der Bibliotheca Hertziana* 39 (2009/2010): 391-426.

Schlimme, Hermann. 2013. "Italien in China. Die Westlichen Bauten im Alten Sommerpalast Yuanmingyuan in Beijing." In *Max-Planck-Gesellschaft. Jahrbuch 2013* [Forschungsbericht 2013–Bibliotheca Hertziana–Max-Planck-Institut für Kunstgeschichte] (Stand: 7. November 2016, URL: http://www.mpg.de/6842909/BH_JB_2013?c=7291695).

Stegmann, Knut. 2014. *Das Bauunternehmen Dyckerhoff & Widmann. Zu den Anfängen des Betonbaus in Deutschland 1865-1918*. Tübingen/Berlin: Wasmuth.

Stiglat, Klaus. 2004. *Bauingenieure und ihr Werk*. Berlin: Ernst & Sohn.

Stiglat, Klaus. 2008. "Schwebefähren: Triumphbögen zwischen Festland und Meer – Versuch einer Chronologie." In *Stahlbau* 77, Heft 8: 575-587.

Stiglat, Klaus. 2012. "Aus der Frühzeit des Betonbaus." In *Bautechnik* 89, Heft 7: 484-491.

Stiglat, Klaus. 2014. "Geschichte der Bautechnik: Anmerkungen eines Beratenden Ingenieurs." In *Bautechnik* 91, Heft 4: 292-297.

Tomlow, Jos. 2011a. "Building Physics and its Performance in Modern

Movement Architecture." In *Modern and Sustainable*, edited by T. Prudhon, DOCOMOMO Journal 44–2011/1: 24-31.

Tomlow, Jos. 2011b. "Gaudí's reluctant attitude towards the inverted catenary." In *Engineering History and Heritage* 164, Issue EH4, Nov. 2011: 219-233.

Tomlow, Jos, and Sabine Spitzner-Schmieder. 2013. "Die Baugewerkeschule Zittau und das Schülerverzeichnis 1840-1877." In *Wissenschaftliche Berichte der Hochschule Zittau/Görlitz*, Sonderheft 116, No. 2616, edited by F. Albrecht, Zittau.

Tomlow, Jos, Alex Dill, and Uta Pottgiesser, eds. 2014. "Perceived Technologies in the Modern Movement 1918-1975, preservation technology dossier 13, September 2014." In *Proceedings of the 13th International DOCOMOMO Technology Seminar*, january 25/26, 2013, Karlsruhe. Wissenschaftliche Berichte der Hochschule Zittau/Görlitz Heft 120 (Sonderheft), No. 2635-2645, edited by F. Albrecht, Zittau.

Trautz, Martin, and Friedmar Voormann. 2012. "Der Bau eiserner Brücken im Südwesten Deutschlands 1844 bis 1889." In *Stahlbau* 81, Heft 1: 57-62, Heft 2: 133-141 and Heft 3: 233-242.

Trautz, Martin, and Friedmar Voormann. 2014a. "Die Gebrüder Benckiser–Führende Brückenbauanstalt im Südwesten." In *Neue Beiträge zur Pforzheimer Stadtgeschichte* 4, Heidelberg: 141-172.

Trautz, Martin, and Friedmar Voormann. 2014b. "Die Gebrüder Benckiser – ein vergessenes Pionierunternehmen des Stahlbrückenbaus der Gründerzeit." In *VDI-Bautechnik* – Jahresausgabe 2014/2015, Düsseldorf: 161-168.

Voormann, Friedmar. 2009. "The use of welding in civil engineering. Conditions of a technological innovation in the 1920s." In *Proceedings of the Third International Congress on Construction History*, edited by K.-E. Kurrer et al., 3: 1471-1478. Berlin: Neunplus1.

Voormann, Friedmar. 2012. "Utilisation de planchers en briques creuses." In *L'architrave, le plancher, la plate-forme. Nouvelle histoire de la construction*, edited by R. Gargiani, 537-543. Lausanne: Presses polytechniques et universitaires romandes.

Voormann, Friedmar. 2014. "Julius Naeher. Eine gescheiterte Ingenieurlaufbahn." In *Neue Beiträge zur Pforzheimer Stadtgeschichte*, edited by Chr. Groh, Band 4: 107-140. Heidelberg: Regionalkultur.

Wendland, David. 2008. *Lassaulx und der Gewölbebau mit selbsttragenden*

Mauerschichten. Neumittelalterliche Architektur um 1825-1848. Petersberg: Michael Imhof.

Wendland, David. 2013. "Zum Bau von figurierten Gewölben der Spätgotik: Planung, Formkontrolle, Konstruktion, Herstellungsprozess." In *Das Schlingrippengewölbe der Schlosskapelle Dresden*, edited by J. U. Anwand et al., 119-127. Altenburg: Kamprad.

Wendland, David, and Katja Schröck, eds. 2014. *Traces of Making. Entwurfsprinzipien von spätgotischen Gewölben / Shape, Design, and Construction of Late Gothic Vaults*. Petersberg: Michael Imhof.

Wetzk, Volker. 2010. "Brückenlager 1850–1950." PhD diss., BTU Cottbus (https://opus4.kobv.de/opus4-btu/frontdoor/index/index/docId/2006).

Wetzk, Volker. 2012. "Historic Bridge Bearings–Material Research on Cast Steel." In *Nuts & Bolts of Construction History, Proceedings of the 4th International Congress on Construction History*, edited by R. Carvais et al., 3: 243-252. Paris: Picard.

Wetzk, Volker. 2015. "The Use Of Stell Castings In Mechanical And Civil Engineering–Germany. 1850-1950." In *Proceedings of the 5th International Congress on Construction History*, edited by B. Bowen et al., 3: 585-593. Chicago: Construction History Society of America.

Wiesneth, Alexander. 2009. "Gewölbekonstruktionen Balthasar Neumanns." PhD diss., TU München.

Wiesneth, Alexander. 2011. *Gewölbekonstruktionen Balthasar Neumanns*. Berlin: Deutscher Kunstverlag.

CONSTRUCTION HISTORY IN ITALY

To represent the state of Construction History in Italy is a challenge facing an unavoidable failure, for two primary reasons: the first one is related to the difficulty of identifying its disciplinary field; the second reason, which is a direct derivation of the first, is the absence of a shared cultural orientation in the present academic corpus, both in method and practice. This fact translates into the lack of research lines following shared and interrelated paths, often being the outcome of partial interests, of singular approaches, of highly differentiated research tools.

Finding a thread to reconnect these fragments –which are scattered in a field able to accept many outlines, forming the current framework of disciplinary statutes– is an operation that leaves a large margin of uncertainty; at the same time it acquires its significance when it is read within the wider panorama characterizing similar European experiences.

For this purpose, the study followed two investigation paths.

The documentary sources represented by the papers presented at the Italian and International Congresses on Construction History and the funded research projects were the starting point. Secondly, summary documents have been arranged to organize the essential information deemed to outline the research activities, and they were transmitted to individual contacts for its compilation.

The following articulated and multiform framework necessarily needed the identification of a key interpretation to represent the collected data in a structured form. The choice was to refer to the disciplinary sectors because their large number is indicative of the transversal nature of the topics related to the field of construction history.

Both in the Congresses on Construction History and in the research projects, the most represented sectors are included in the disciplinary scientific fields of the disciplinary Area 08, which identifies the Civil Engineering and Architecture (ICAR): Restoration (ICAR 19), Technical

Architecture (ICAR 10), History of Architecture (ICAR 18), Engineering Science and Structural Engineering (ICAR 08-09). Other contributions come from researchers belonging to other subject areas, but these are episodic situations.

In the Restoration field (ICAR 19) we can cite the researches by Anna Boato (University of Genoa), Alberto Grimoldi, Stefano della Torre, Alberta Cazzani (Polytechnic University of Milan), Donatella Fiorani, Daniela Esposito, Lia Barelli (Sapienza University of Rome), Fabrizio De Cesaris (University of Rome Tor Vergata), Aldo Aveta, Andrea Pane, Renata Picone (University of Naples Federico II), Maria Rosaria Vitale (University of Catania), Claudio Varagnoli (University of Chieti-Pescara), Stefano Musso (University of Genoa).

In the sector of Technical Architecture (ICAR 10) we highlight the researches by Tullia Iori and Sergio Poretti (University of Rome Tor Vergata), Riccardo Gulli (University of Bologna), Renato Morganti (University of L'Aquila), Antonello Sanna (University of Cagliari), Antonio Cottone (Kore University of Enna), Giovanni Fatta (University of Palermo), Pier Giovanni Bardelli (Polytechnic University of Turin), Franco Nuti (University of Florence), Giorgio Cacciaguerra (University of Trento), Riccardo Nelva (Polytechnic University of Turin).

In the sector of History of Architecture (ICAR 18), we indicate the researches by Claudia Conforti (University of Rome Tor Vergata), Alessandro De Magistris, Carlo Togliano (Polytechnic University of Milan), Alfredo Buccaro, Maria Gabriella Pezzone (University of Naples Federico II), Roberto Parisi (University of Molise), Annarosa Cerutti Fusco (Sapienza University of Rome), Giustina Irene (University of Brescia), Marco Pagacnik (IUAV University of Venice), Maria Teresa Como (Suor Orsola Benincasa University of Naples).

In the sector of Engineering Science and Structural Engineering (ICAR 08-09) we highlight the studies by Federico Foce, Massimo Corradi, Sergio Lagomarsino, Chiara Calderini (University of Genoa); Mario Como, Ugo Ianniruberto, Donato Abruzzese (University of Rome Tor Vergata) and the activities by A.I.S.I.–Associazione Italiana di Storia dell'Ingegneria (Association of Italian Engineering History) presided by Salvatore D'agostino.

In the research projects funded by MIUR (Programs of Scientific Research having a Relevant National Interest–PRIN; see http://prin.

miur.it) in the last decade for this area and for topics related to the field of Construction History, we can mention: the PRIN 2005 entitled "Conoscenza delle tecniche costruttive storiche: protocolli e strumenti innovativi per la diffusione e l'applicabilità al processo di conservazione" (Historical building techniques knowledge: protocols and innovative tools for the diffusion and applicability to preservation process) with the participation of ICAR 19 Sapienza University of Rome research groups (Giovanni Carbonara), University of L'Aquila (Donatella Fiorani), University of Chieti-Pescara (Claudio Varagnoli), Polytechnic University of Milan (Stefano della Torre). The studies carried out by research groups in ICAR 10 sector, nationally coordinated by Sergio Poretti, including "La costruzione dell'architettura in Italia nel dopoguerra (1945-1965). Modi e tecniche di conservazione e recupero", PRIN 2006 (The construction of architecture in Italy in the postwar period, 1945-1965). Methods and techniques for conservation and rehabilitation) and "La costruzione industrializzata in Italia tra gli anni '60 e gli anni '80. Modi e tecniche di conservazione e recupero", PRIN 2008 (The industrialized construction in Italy in the 60s and 80s. Methods and techniques for conservation and rehabilitation); finally, "La concezione strutturale. Ingegneria e architettura in Italia negli anni cinquanta e sessanta: una ricerca multidisciplinare"; PRIN 2006 (The structural design. Engineering and architecture in Italy in the 50s and 60s: a multi-disciplinary research) with the participation of Polytechnic University of Milan (Alessandro De Magistris–ICAR 19), Roma Tre University (Paolo Desideri–ICAR 14), University of Udine (Stefano Sorace–ICAR 09), IUAV University of Venice (Marco Pogacnik–ICAR 18), Polytechnic University of Turin (Carlo Olmo–ICAR 18).

Sergio Poretti, together with Tullia Iori, was awarded the ERC Advanced Grant in 2011 for the research project "SIXXI", focused on structural engineering history in Italy in the twentieth century funded by the European Research Council (see http://www.tulliaiori.com/SIXXI/). The study investigates the activity of Italian engineers (the most famous are Pier Luigi Nervi and Riccardo Morandi, but it refers also to less known designers as Silvano Zorzi, Sergio Musmeci, Giulio Krall, Gino Covre and many others), who gave a fundamental contribution to modern engineering development in the world. In particular, we advise the lecture series "La scuola di Ingegneria Italiana" (The Italian

Engineering School) held as part of the exhibition "Strutture Romane. Montuori, Musmeci, Nervi" (Roman structures. Montuori, Musmeci, Nervi) at MAXXI (National Museum of XXI Century Arts, Rome 17.04-05.10 2014, http://www.fondazionemaxxi.it).

The interest in the conservation practices for Modern Italian Architecture is included in this branch of research, as the study of the building methods related to the architectural expressions of the Italian construction in the XX century The researches carried out by University of Bologna (see Annex card n.11-ICAR 10), by the University of Calabria (see card n. 07-ICAR 10), University of Padova (see card n.08-ICAR 10) University of L'Aquila (see card n. 09-ICAR 10), Kore University of Enna (see card n.06 ICAR-10) belong to this sector.

The studies conducted on ancient buildings have a different content; they involve both an analysis of the technological characteristics and investigations aimed at identify the evolution of building methods in their relationship with the material culture of the period.

The research interests of the University of Chieti-Pescara (see card n. 01-ICAR 19) and of the Polytechnic University of Milan (see card n. 02-ICAR 19) belong to the first category; in the first case, the study is focused on pre-modern Roman construction yard, with particular attention to the use of bricks, coatings and finishing, through the comparison between the archival sources and the buildings; the interest is also related to construction materials in a restoration point of view, extended to the Abruzzo area, with studies on stone walls and brick, on the use of wood, on vaults, on manufacturing techniques. The research interests concerning the history of building services, of climate in the historic buildings and of the "historic climate", of the history of building elements, both on masonry and wooden structures, of "second oeuvre" (windows, plasters, finishings, etc.) and in general of the components and historic building materials, in terms of production too, belong to the second category.

The studies conducted by the University of Ancona (see card n. 10-ICAR 10) and Brescia (see card n. 04–ICAR 18) have a different intent, anyway oriented to the study of historical building techniques in the relationship with the architectural expressions of building. In the first case, the study of building characteristics is associated with laboratory experimentation of their performance requirements, both mechanical and environmental. In the second case, the interest is mainly oriented to a critical analysis of modern and contemporary architecture, with a particular attention on construction site, materials, pre-industrial building construction practices, to explore the complexity of historical buildings and to increase awareness for the preservation of architectural heritage, and to sustainable building renovation.

The research studies conducted by the University of Naples (see card n. 03-ICAR 18) and by the University of Salento (see card n. 05-L ANT 09) belong to the second area. In the first case the interest is focused on the critical analysis of ancient and modern architecture in terms of the mutual relationship between construction and form, thank to data sources and documents, to direct survey, graphic processing, and static analysis. In the second case, the researches concern the analytical study of documentations on ancient buildings aimed at their real reconstruction, also through virtual 3D models, highlighting the structural and architectural features and construction techniques related to their cultural belonging.

An essential contribution comes from the Benvenuto Association dedicated to research fields around Construction History; it is represented by the precious project Bibliotheca Mechanico-Architectonica, (http://www.bma.arch.unige.it/IT/it_home.html), created by Antonio Becchi, Federico Foce and Santiago Huerta as a meeting place dealing with the history "Between mechanics and architecture". The provided material facilitates the sources consultation and it allows a continuous bibliographic update around the themes of mechanics applied to architecture.

The research conducted by Anna Boato belongs to the same cultural environment of Edoardo Benvenuto and Tiziano Mannoni; they focus on archeology and architecture, as the "Istituto di Storia della Cultura Materiale" (ISCUM; www.iscum.it, Institute of the History of Material Culture).

Another initiative focusing on Engineering History in Italy is represented by the "Associazione italiana di Storia dell'Ingegneria" (Italian Association for Engineering History) established in 2004, which promoted five national congresses, one every two years, since 2006 (http://www.aising.it).

Within the PhD studies, we report the curricula "History of construction" in the Doctorate of Polytechnic University of Turin, "PhD in History of Architecture and Urbanism" (https://didattica.polito.it/pls/portal30/sviluppo.scudo_new.dott?li=IT&cod=112&sez=Curricula).

In the following, we list documents summarising the research studies. Their partiality, as mentioned in the introduction, is also due to the interest shown by the contacted scholars who provided their contribution to this initiative, the aims of which seem to be shared only by some of them.

Riccardo GULLI
Department of Architecture,
University of Bologna, Italy

ANNEX

CARD N.0 1 / ICAR 19

Research Group

Representative: Claudio Varagnoli (Department of Architecture, University of Chieti-Pescara).

Research Group: Lucia Serafini, Stefano Cecamore, Clara Verazzo, Mariangela Bitondi, Gabriella Mazzone, Ottavia Miglietta (Department of Architecture, University of Chieti-Pescara); Rossella de Cadilhac (Polytechnic University of Bari); Aldo Pezzi (Superintendence for Architectural Heritage of Ravenna); Enza Zullo (Superintendence for Architectural Heritage of Foggia); Anna Di Nucci (self-employed professional).

Topics of Interest

The pre-modern Roman construction site is a specific field of study, with particular attention to the use of bricks, coatings and finishing, through the comparison between the archival sources and buildings. Another topic is the building materials from a restoration point of view, particularly in the Abruzzo area, with studies on stone walls and brick, on the use of wood, of vaults, and manufacturing techniques. Particular efforts have been devoted to traditional anti-seismic systems, especially after the earthquake in L'Aquila (2009). Other research themes are related to these topics: the preservation of contemporary architecture; the techniques and the theory of restoration; the relationship between old and new; the post-earthquake reconstruction. On these issues, several degree and PhD theses have been developed, aiming primarily to deepen issues related to Abruzzo and close areas.

Scientific Production 2004-2014

– Monographs

Di Nucci, Anna. 2009. *L'arte di costruire in Abruzzo: tecniche murarie nel territorio della diocesi di Valva e Sulmona*. Rome: Gangemi.

de Cadilhac, Rossella. 2008. *L'arte della costruzione in pietra. Chiese di Puglia con cupole in asse dal secolo XI al XVI*. Rome: Gangemi.

– Papers

Varagnoli, Claudio. 2004. "Il cantiere ritrovato. Costruzione e restauro nei documenti settecenteschi per S.Croce in Gerusalemme a Roma." *Palladio* XVII, n. 34, Jul.-Dec. 2004: 69-94.

Varagnoli, Claudio. 2006. "La costruzione tradizionale in Molise e l'esperienza del terremoto 2006." In *Città e architettura in Molise nell'Ottocento preunitario*, edited by A. Antinori, 81-102. Rome: Gangemi.

Varagnoli, Claudio, and Lucia Serafini. 2006. "Tecnica e arte delle pavimentazioni storiche in Abruzzo 2006. Pavimentazioni storiche: uso e conservazione." In *Atti del XXII convegno internazionale "Scienza e beni culturali"* (Bressanone 11-14 luglio 2006), 629-638. Venice.

Varagnoli, Claudio, Fabio Armillotta, Anna Di Nucci, and Clara Verazzo. 2007. "Arte y cultura de la construcción histórica del Abruzzo 1: las structuras verticales 2007." In *Actas del V Congreso Nacional de Historia de la Construcción*. Burgos, 7-9 junio 2007, 2: 915-924. Madrid.

Varagnoli, Claudio, Lucia Serafini, Aldo Pezzi, and Enza Zullo. 2007. "Arte y cultura de la construcción histórica del Abruzzo 2: las structuras horizontales. » In *Actas del V Congreso Nacional de Historia de la Construcción*. Burgos, 7-9 junio 2007, 2: 925-934. Madrid.

Varagnoli, Claudio. 2008. "Costruzione e ricostruzione in Abruzzo: Albe Vecchia e la chiesa di S. Nicola." In *Il Reimpiego in Architettura. Recupero, Trasformazione, Uso*, École Française de Rome, La Sapienza University of Rome, 8-10 November 2007, 469-485. Rome: École Française de Rome.

Varagnoli, Claudio. 2009. "Tecniche costruttive tradizionali e terremoto. Riflessioni per la ricostruzioni in Abruzzo, 2009." *Ricerche di storia dell'arte* 99: 64-75.

Varagnoli, Claudio, Lucia Serafini, and Clara Verazzo. 2009. "Earthquake resistant solutions of the traditional yard in Abruzzo, 2009." In *Third Hazards & Modern Heritage International Conference*, Leros, Greece, 22-24 April 2009, 281-293. S.l., s.d.

Varagnoli, Claudio, and Lucia Serafini. 2011. "Costruzione e funzione delle fontane storiche in Abruzzo." In *Le fontane storiche: eredità di un passato recente: restauro, valorizzazione e gestione di un patrimonio complesso*, edited by M. Pretelli and A. Ugolini, 64-71. Florence: Alinea.

Varagnoli, Claudio, Lucia Serafini, and Clara Verazzo. 2014. "Costruir contra el terremoto en los Abruzos. Las medidas anti sísmicas tradicionales." In *Messico Italia restauro. Le Università di Città del Messico (UNAM) e Chieti-Pescara (Ud'A) in venti anni di collaborazione*, edited by M. D'Anselmo, 139-160. Rome: Gangemi.

– Edited works

Varagnoli, Claudio, ed. 2008. *Terre murate. Ricerche sul patrimonio architettonico in Abruzzo e in Molise.* Rome: Gangemi.

Varagnoli, Claudio, ed. 2008. *La costruzione tradizionale in Abruzzo. Fonti materiali e tecniche costruttive dalla fine del Medioevo all'Ottocento.* Rome: Gangemi.

Varagnoli, Claudio, ed. 2009. *Muri parlanti. Prospettive per l'analisi e la conservazione dell'edilizia tradizionale.* Atti del convegno. Pescara, 26-27 settembre 2008. Florence: Alinea.

Research Activities

– PhD Theses

Bitondi, Mariangela. 2014. "Analisi tipologica del costruito storico abruzzese. Prospettive di conservazione e restauro." PhD diss., University of Chieti–Pescara.

Cecamore, Stefano. 2014. "Struttura e rivestimento nella costruzione in pietra nell'Abruzzo aquilano dal XII al XVIII secolo: metodi per l'analisi e la schedatura delle tipologie murarie e dei relativi comportamenti sotto l'azione di scosse sismiche." PhD diss., University of Chieti–Pescara.

Di Nucci, Anna. 2005. "L'arte di costruire in Abruzzo: tecniche murarie nel territorio della diocesi di Valva e Sulmona." PhD diss., University of Chieti–Pescara.

Verazzo, Clara. 2007. "La costruzione tradizionale in Abruzzo Citeriore dall'età angioina al 'decennio francese'." PhD diss., University of Chieti–Pescara.

– Events

"Muri parlanti. Prospettive per l'analisi e la conservazione dell'edilizia tradizionale", University of Chieti–Pescara, Faculty of Architecture (in collaboration with the Research Group COFIN 2005), 26-27 September 2008, Pescara, Faculty of Architecture.

"Architettura, legno e terremoto", University of Chieti–Pescara, Faculty of Architecture, Assolegno e Edilegno Arredo, Ca' Zorzi Edizioni, "Tetto e pareti", 19 june 2009, Pescara, Faculty of Architecture.

Participation to "Cantiere Nervi. La costruzione di un'identità", CSAC, Faculty of Architecture of Ferrara, Faculty of Engineering of Bologna, 24-26 November 2010, Parma–Ferrara–Bologna.

– Research Projects

"Atlante regionale delle tecniche costruttive tradizionali (sec. XV-XIX)". MURST/COFIN 2000 research, Pescara.

"Architetture italiane del secondo Novecento", Direzione Generale per l'Architettura e l'Arte Contemporanee 2004, Pescara–Abruzzo.

"Conoscenza delle tecniche costruttive storiche nelle regioni adriatiche: strutture murarie, coperture e finiture in Emilia-Romagna, Abruzzo, Molise, Puglia". MURST/COFIN 2005 research, Pescara, "Interlab".

Regione Abruzzo and University of L'Aquila and Chieti-Pescara, consultation to 6 municipalities in the area of the earthquake in the 6th of April 2009, Pescara-Abruzzo.

Educational Activities and Trainig offers

C. Varagnoli, Theory and history of restoration, 4 CFU; Laboratory of Architectural Restoration,12 CFU, University of Chieti–Pescara.

L. Serafini, Theory and history of restoration, 4 CFU; Laboratory of Architectural Restoration,12 CFU, University of Chieti–Pescara.

R. de Cadilhac, Theory and history of restoration, 4 CFU; Laboratory of Architectural Restoration,12 CFU, Polytechnic University of Bari.

University Master in "Conservation and rehabilitation of historical buildings", set in a.a. 2004-2005 at the University of Chieti-Pescara (I ed. 2004-2005; II ed. 2005-2006; III ed. 2006-2007).

Notes

The attention to conservative issues and to the overall organization of the building, avoiding taxonomies and classifications not corresponding to the construction situation, is a feature of the research group. Among the various members of the group, we highlight Professor Serafini, who dedicate himself particularly to the case of Abruzzo, and Professor De Cadilhac, who carries out researches on stone building techniques in the Puglia Region. The research is currently focused on the post-earthquake reconstruction in Abruzzo, also following the advice of some municipalities.

The best doctoral dissertations have been published in the series "Antico/Futuro" edited by Claudio Varagnoli (Gangemi Publisher).

CARD N.02 / ICAR 19

Research Group

Representative: Alberto Grimoldi (Polytechnic University of Milan)
Research Group: Carlo Manfredi, Angelo Landi, Juri Badalini, Silvia Dandria, Marco Cofani, Andrea Luciani, Mathias Legner.

Topics of Interest

The history of building services, the climate in historical buildings and the "historic climate", the history of building elements, both of masonry and wooden structures and of "second oeuvre" (windows, plasters, finishings, etc.) and, in general, of the components and materials of historical building. Dissemination, circulation of know-how, of construtction knowledge and building elements at a European scale. History of urban networks and of the elements composing them. In particular, historical mortars and plasters (among others, Lombard mud mortars, very different in their components and behavior) and their constituents and additives (particularly organic), "adhesives". Technical literature, and its spread, both ancient, medieval (especially for mortars) of the Modern Age and of the nineteenth century; literature on the research topics, in particular on the transcription of empirical experience in science and "technology" in the Eighteenth century, in comparison with the innovation determining the industrial revolution.

Scientific Production 2004-2014

– Monographs

Landi, Angelo, ed. 2014. *La luce artificiale nel Settecento: fra sistemi di illuminazione e percezione dell'architettura*. Turin: Allemandi.

Manfredi, Carlo. 2013. *La scoperta dell'acqua calda. Nascita e sviluppo dei sistemi di riscaldamento centrale (1777-1877)*. Sant'Arcangelo di Romagna: Maggioli.

Manfredi, Carlo, ed. 2014. *Architettura e impianti termici: soluzioni per il clima interno in Europa fra XVIII e XIX secolo*. Turin: Allemandi.

– Papers

Badalini, Juri, and Silvia Dandria. 2009. "Diffusion of a technological model along the Adige Path. The composite Beams." In *Proceedings of Third International Congress on Construction History*, edited by K.E. Kurrer et al., 75-83. Cottbus: Brandenburg University of Technology.

Cofani, Marco. 2012. "The Knowledge and the Development of Mortars between the 18th and 19th Centuries: The case study of the Verona Amphitheatre Restoration." In *Nuts & Bolts of Construction History. Culture, Technology and Society. Proceedings of the Fourth International Congress on Construction History*, edited by R. Carvais et al., 2: 216-224. Paris: Picard.

Dandria, Silvia. 2009. "Una tecnologia per le travi nei solai a doppia orditura, tra XIV e XV secolo, a Verona." In *Conservare e restaurare il legno: conoscenze, esperienze, prospettive. Atti del XXV Convegno Scienza e Beni Culturali*, 185-195. Venice: Arcadia.

Del Curto, Davide, and Francesco C. Toso. 2012. "Technical Systems and Networks for a Modern High Altitude Settlement: The construction of the Sanatorium Village in Sondalo (1932-1946)." In *Nuts & Bolts of Construction History. Culture, Technology and Society. Proceedings of the Fourth International Congress on Construction History*, edited by R. Carvais et al., 3: 675-684. Paris: Picard.

Del Curto, Davide. 2007. "Das Raumbuch zwischen Bauforschung und Schadenskartierung: Zeiträume und Ursachen für Schäden von Burg Trostburg bei Waidbruck bis Mantua". In *Naturwissenschaft und*

Denkmalpflege, Akten des Internationalen Kolloquiums, Naturwissenschaft und Denkmalpflege: Materialkundliche und interdisziplinäre Untersuchungen an ausgewählten Baudenkmälern als Schlüsselbeispiele zur optimierenden Planung von Erhaltungsmaßnahmen, Innsbruck, 22-23 März 2007, edited by A. Djekamp and T. Bidner, 79-90. Innsbruck: Innsbruck University Press.

Grimoldi, Alberto. 2009. "The frame vaults of North Italy between the Sixteenth and the Eighteenth Century." In *Proceedings of Third International Congress on Construction History*, edited by K.E. Kurrer et al., 753-759. Cottbus: Brandenburg University of Technology.

Grimoldi, Alberto. 2010. "La diffusion de la littérature sur la stéréotomie dans l'Italie du Nord de la première moitié du XVIIIe siècle et ses traces bâties." In *Edifice & Artifice. Histoires constructives*, edited by R. Carvais et al., 196-206. Paris: Picard.

Grimoldi, Alberto. 2011. "Anamorphosis of the Window, or Building of a Volume. Figures of the Curved Glass from Biedermaier to the Modern Movement." In *Glass in the 20th Century Architecture. Preservation and restauration*, edited by F. Graf and F. Albani, 97-127. Lugano: Mendrisio Academy Press.

Grimoldi, Alberto. 2012. "Guarini flat vaults and thin vaults on wooden beams in the Duchy of Modena." In *Nuts & Bolts of Construction History. Culture, Technology and Society. Proceedings of the Fourth International Congress on Construction History*, edited by R. Carvais et al., 1: 115-123. Paris: Picard.

Landi, Angelo. 2011. "La fontaine lumineuse tra applicazioni pratiche e letteratura tecnica nel XIX secolo." In *Le fontane storiche: eredità di un passato recente*, edited by Marco Pretelli et al., 270-277. Florence: Alinea.

Landi, Angelo. 2011. "Sviluppo delle reti urbane e trasformazioni del volto architettonico: l'incanalamento delle acque pluviali e le gronde "all'uso moderno" in Cremona tra XIX e XX secolo." In *Patrizi, notabili, costruzione della città. Fabbrica e tutela di Palazzo Grasselli a Cremona*, edited by A. Landi, 173-188. Turin: Allemandi.

Luciani, Andrea, and Mathias Legner. 2013. "The historical indoor climate. A long-term approach to conservation environments within heritage buildings." In *Online Proceedings of the Conference Built Heritage 2013–Monitoring Conservation and Management*, Milan, 18-20 November

2013, edited by M. Boriani et al., 1321-1328. Milan: Polytechnic University of Milan.
Manfredi, Carlo. 2012. "Confort versus industry: maintenance of the Royal Palaces in Milan during the 1860s." In *Nuts & Bolts of Construction History. Culture, Technology and Society. Proceedings of the Fourth International Congress on Construction History*, edited by R. Carvais et al., 3: 289-298. Paris: Picard.

Research Activities

– PhD Theses

Albani, Francesca. 2006. "L'architettura a Milano, i materiali delle facciate. Le superfici trasparenti e traslucide." PhD diss. (Alberto Grimoldi, Franz Graf), Milan.
Antonini, Aanna Maria. 2014. "Architettura in terra e legno in Italia Settentrionale dall'età romana all'età comunale: la trasmissione dei saperi attraverso il dato archeologico." PhD diss. (Alberto Grimoldi, Fabio Saggioro), Milan.
Badalini, Juri. 2010. "Solai lignei complessi e travi composte fra tardo medioevo ed età moderna: elementi per un repertorio nel Mantovano e nei territori contermini." PhD diss. (Alberto Grimoldi), Milan.
Brun, Giulia. 2014. "L'architettura e le tecniche artistiche tra antico e medioevo. Nuove proposte interpretative dalla lettura della tradizione manoscritta di Vitruvio e Corpus artium." PhD diss. (Alberto Grimoldi), Milan.
Castiglioni, Giovanni. 2008. "Nel mito dell'antico. L'Arena di Verona, vicende della manutenzione nei secoli XIX e XX." PhD diss. (Alberto Grimoldi), Milan.
Cofani, Marco. 2011. "Pro instaurando amphitheatro pratiche storiche di restauro e conservazione dell'arena di Verona (1450-1866)." PhD diss. (Alberto Grimoldi), Milan.
Conte, Maria. 2010. "Modernità alla finestra: La produzione dei serramenti metallici in Italia, 1920-1940." PhD diss. (Alberto Grimoldi), Milan.
Dandria, Silvia. 2011. "Commercio del "legname da opera" nella valle dell'Adige fra e il XVII secolo: assortimenti e impieghi in relazione alla diffusione delle travi composte." PhD diss. (Alberto Grimoldi), Milan.

Frignani, Verena. 2012. "Amministrazione e uso delle fabbriche camerali a Mantova nel Settecento." PhD diss. (Alberto Grimoldi), Milan.

Landi, Angelo. 2011. "Impianti di illuminazione a gas nel xix secolo: Considerazioni sulla genesi e sullo sviluppo delle reti urbane nel regno Lombardo-veneto." PhD diss. (Alberto Grimoldi), Milan.

Luciani, Andrea. 2013. "Historical climates and conservation environments. Historical perspectievs on climate control strategies within museums and heritage buildings." PhD diss. (Alberto Grimoldi, Tor Bronstrom), Milan.

Manfredi, Carlo. "La scoperta dell'acqua calda. Fenomenologia del riscaldamento centrale fra XVIII e XIX secolo." PhD diss. (Alberto Grimoldi), Milan.

Travaglio, Paola. 2014. "Tecniche di decorazione a encausto degli intonaci e procedimenti di encausticatura: letteratura tecnica e realizzazioni tra XVIII e XIX secolo." PhD diss. (Marica Forni, Alberto Grimoldi), Milan.

Toso, Francesco C. 2014. "Centrale di Fraele: Percorsi interpretativi tra conservazione dell'archeologia industriale e paesaggio idroelettrico." PhD diss. (Alberto Grimoldi), Milan.

Zerbi, Carlotta. 2009. "L'ossalato di calcio sulle pietre e sugli intonaci degli edifici storici." PhD diss. (Giovanna Alessandrini, Alberto Grimoldi).

– Events

Conoscere e conservare i serramenti storici, SSBAP Milano, DAStU, Doctoral Program in Preservation of the Architectural Heritage, 2013. Polytechnic University of Milan.

Illuminazione artificiale negli interni del Settecento, SSBAP Milano, Department of Culture, Municipality of Milan, 2011. Villa Belgiojoso – Gam, Milan.

Between Architecture and Building Services Engineering: Answering the Climate in the Modern Age's Construction History. SSBAP Milano, DAStU, Doctoral Program in Preservation of the Architectural Heritage, 2014. Polytechnic University of Milan.

Travi armate in Europa fra Medioevo ed Età Moderna: tradizioni costruttive, reti commerciali, rapporti culturali. Graduate School in Architectural and Landscape Heritage of Polytechnic University of Milan, Graduate School in Architectural and Landscape Heritage of the University Genova, Lamop (Laboratoire de médiévistique occidentale. Paris), CNRS-Université Paris1 (Panthéon-Sorbonne), Polo Territoriale of Mantova, Polytechnic University of Milan, Doctoral Program in Preservation of the Architectural Heritage at the Polytechnic University of Milan, ISCUM–Istituto di Storia della cultura materiale of Genoa, Department of Science for Architecture at the University of Genova. 2012. Polytechnic University of Milan, Regional Pole of Mantua.

Tecniche murarie in laterizio e mensiocronologia, esperienze a confronto, SSBAP Milano, SSBAP Genova, ISCUM 2013. Genoa, Faculty of Architecture.

Ricostruire per meglio comprendere: la riproduzione di una gru medioevale. SSBAP Milan, Czech Cultural Institute, 2012. Polytechnic University of Milan.

Trattati e ricettari per colori, SSBAP Milano, Society for the history and criticism of art, Doctoral Program in Preservation of the Architectural Heritage, 2013. Polytechnic University of Milan.

– Research Projects

Fasi e tecniche costruttive nel palazzo del Podestà a Mantova. Municipality of Mantua, 2006. Mantua.

Le fasi sette-ottocentesche della costruzione della basilica di Sant'Andrea a Mantova: fonti documentarie e materiali. Diocese of Mantua. 2009. Mantua.

L'Arena di Verona, il paramento e la costruzione lapidea e la manutenzione della cavea: ricerche sulla manutenzione dall'età Moderna al Novecento a supporto delle attuali pratiche manutentive. Municipality of Verona 2003-2012. Verona.

La villa Belgiojoso oggi GAM a Milano. Impianti storici e funzioni museali. Municipality of Milan–CARIPLO Foundation, 2009–2012. Milan.

Il patrimonio edilizio del Comune di Cremona. Consistenza e tecniche costruttive storiche, Municipality of Cremona–CARIPLO Foundation. 2009–2014, Cremona.

Educational Activities and Trainig offers

Basic courses at University Level
Building characteristics in historical construction, bachelor's degree, 4 credits
Building services and networks in historical building, master's degree, 4 credits.

Seminars/Master

Material history of the built heritage (Doctoral Program in Preservation of the Architectural Heritage).
History of building services and networks in historical building (Graduate School in Architectural and Landscape Heritage).
Archeologia dell'architettura (Graduate School in Architectural and Landscape Heritage).
Construction characters of historical buildings (Graduate School in Architectural and Landscape Heritage).

Notes

The issues involve interdisciplinary tools, thanks to the comparison and continuous cooperation with them. The basis of the history of institutions are essential for the study of documentary sources; the same is for archeological sources, including experimental archeology, and more generally the natural sciences and their methods of investigation; philology and history of science are essential for technical literature. It is also necessary, even deepening local issues, the knowledge of the main European language literary. The local environment mainly considered was also characterized by a lively exchange of knowledge and know-how, and without this it would be impossible to understand the real dynamics.

CARD N. 03 / ICAR 18

Research Group

Representative: Maria Teresa Como, Suor Orsola Benincasa University of Naples.

Research Group: The Minoan studies are part of the researches carried out by the *Centro Mediterraneo Preclassico* of the Suor Orsola Benincasa University of Naples, dir. M. Marazzi, and by the *Archaeological Institute for Cretological Studies*, in Heraklion (Crete), dir. A. Kanta.

Topics of Interest

The scientific research activity is mainly focused on the critical analysis of the ancient and modern architecture, in accordance with the mutual relationship between construction and shape, thanks to data sources and documents, to direct survey, to graphic processing and static analysis. In ancient architecture, the main issues are the Minoan and Mycenaean architecture: the architectural and constructive analysis of the Mycenaean tholoi led to the identification of the distinctive characters of its architectural style and its static identity; a critical analysis of structural systems; and the study of the architectural site of the Protopalatial Monastiraki, where the analysis of the layout and of the construction techniques led to the comprehension of its architectural parts and transformations. In modern architecture, other issues were addressed, again starting from the analysis of the relationship between shape and construction and in continuity with the methods developed on tholoi: for example, the study of the beginning of the construction of S. Maria del Fiore Dome in Florence, which led in 1426 to the modification of the construction program. This study was conducted through the integration of documentary data, of shape, of design characteristics, and static conditions in the gradual elevation of the dome.

Scientific Production 2004-2014

– Monographs

Como, Maria Teresa. 2004. "Aspetti costruttivi e statici delle tholoi micenee." In *Centro Mediterraneo Preclassico–Studi e Ricerche*, edited by I.M. Marazzi, 12-49. Naples: Suor Orsola Benincasa University.

Como, Maria Teresa. 2006. "Tecniche esecutive delle strutture architettoniche." In *Monastiraki I. Missione Monastiraki, Campagne 2002/2004*, edited by A. Kanta and M. Marazzi, 169-177. Naples: Suor Orsola Benincasa University.

Como, Maria Teresa. 2007. *L'Architettura delle tholoi micenee. Aspetti costruttivi e statici.* Naples: Suor Orsola Benincasa University.

Como, Maria Teresa. 2012. "Monolithic lintels and false arches: horizontal stone structural systems in Mycenaean construction." In *L'architrave, le plancher, la plate-forme. Nouvelle histoire de la construction*, edited by R. Gargiani, 23-29. Lausanne: Presses polytechniques et universitaires romandes.

Como, Maria Teresa. 2012. "The Architecture of the Central Area." In *Monastiraki III. Studies of the Protopalatial Architectural Remains in Monastiraki (Amari Valley). Part I. The East Quarter of Monastiraki*, edited by A. Kanta and M. Marazzi, 167-206. Naples: Suor Orsola Benincasa University.

– Papers

Como, Maria Teresa. 2004. "Sull'apparecchiatura muraria dei pilastri del Colosseo." In *Rileggere l'Antico. Architetture di epoca imperiale: metodi, tecniche e modelli a confronto.* Rome.

Como, Maria Teresa. 2005. "Aspetti costruttivi e statici delle tholoi micenee." In *Teoria e Pratica del costruire: saperi, strumenti, modelli. Esperienze didattiche e di ricerca a confronto*, edited by G. Mochi, 1433-1443. Ravenna: Edizioni Moderna.

Como, Maria Teresa. 2006. "Analysis of the Statics of Mycenaean Tholoi." In *Proceedings of the Second International Congress on Construction History, Cambridge 29 marzo-2 aprile 2006*, edited by M. Dunkeld et al., 1: 777-790. Exeter.

Como, Maria Teresa, and Massimiliano Marazzi. 2006. "Analysis of the Masonry of the Eastern Area of the Protopalatial Site of Monastiraki, Crete." *CHS Newsletter* 75: 15-17.

Como, Maria Teresa. 2008. "Le perizie tecniche utilizzate per la stabilità della tholos micenea. Storia dell'Ingegneria." In *Atti del 2° Convegno Nazionale, Napoli 7-8-9 aprile 2008*, edited by S. D'Agostino, 717-726. Naples: Cuzzolin Editore.

Como, Maria Teresa. 2009. "The Construction of Mycenaean Tholoi." In *Proceedings of the Third International Congress on Construction History*, Brandenburg University of Technology Cottbus, May 20-24 2009, edited by K.E. Kurrer, W. Lorenz and V. Wetzk, 1: 385-391. Berlin: Neunplus.

Como, Maria Teresa, et al. 2009. "The Architectural Investigation of the Protopalatial Site of Monastiraki, Crete." In *Byzas 9, Bautechnik im antiken und vorantiken Kleinasien*, edited by M. Bachmann, 225-243. Istanbul: DIA.

Como, Maria Teresa. 2012. "Structural Devices Concerning the Progressive Outer Shell Construction in Brunelleschi's Dome." In *Nuts and Bolts of Construction History. Culture, Technology and Society*, edited by R. Carvais, et al., 1: 331-339. Paris: Picard.

Como, Maria Teresa, et al. 2013. "The Contribution of GIS Technology to Archaeological Research: the Case of the Protopalatial Site of Monastiraki (Crete)." In *SOMA 2012. Identity and Connectivity. Proceedings of the 16th Symposium on Mediterranean Archaeology*, Florence, Italy, 1-3 March 2012, 389-396. Oxford: BAR International Series 2581(I).

Como, Maria Teresa. 2014. "Il Contesto invisibile della Cappella Pontano." In *VI Congresso AISU. VisibileInvisibile: percepire la città tra descrizioni e omissioni. II. Visibilità dell'antico: patrimonio e istituzioni culturali*, edited by S. Adorno et al., 329-341. Catania: Scrimm Edizioni.

Research Activities

– Events

Setting up of the Multimedia Exhibition: *Monastiraki e la valle di Amari: viaggio virtuale nell'isola di Creta ai tempi degli antichi palazzi minoici.* Suor Orsola Benincasa University of Naples, Archaeological Institute for Cretological Studies, at the Suor Orsola Benincasa University, Naples 2007.

– Research Projects

Study of a Protopalatial Centre in a Cretese Valley III-II millennium a.C., M. Marazzi Research Unit, Suor Orsola Benincasa University of Naples, in *Economia e Potere*. PRIN 2006. PRIN Scientific Coordinator: M. Frangipane, La Sapienza University of Rome.

Monastiraki: a Nursery of European Culture. Cultura 2000. Suor Orsola Benincasa University of Naples (M. Marazzi), Archaeological Institute for Cretological Studies (A. Kanta), Universidad de Cordoba (J. Martin de La Cruz). 2007.

Formazione e modi di funzionamento dei sistemi di 'governo centrale' in Anatolia e nell'Egeo: dalle società pre e protostatali allo Stato imperiale, e alla sua disgregazione. Analisi comparativa e degli aspetti evolutivi. M. Marazzi Research Unit, Suor Orsola Benincasa University of Naples, PRIN Scientific Coordinator: M. Frangipane, La Sapienza University of Rome, 2008.

Educational Activities and Trainig offers

The study of ancient and modern monuments through a critical analysis of the buildings, in the issues of construction and shape, and in their mutual relationship, with an analysis including the architectural shape in its physical and material form, has been the starting point in the teaching the different disciplines included in the degree courses about Conservation, Archaeology and Restoration. The history of Architecture has been directed towards Construction history and archaeological survey, by the use of tools to understand shape and construction and conservation, in accordance with the principles and the aims of restoration, through the identification of the architectural identity, of static and construction characteristics.

CARD N.04 / ICAR 18

Research Group

Representative: Irene Giustina, Dipartimento di Ingegneria Civile, Architettura, Territorio, Ambiente e Matematica–DICATAM (Department of Civil Engineering, Architecture, Land, Environment and Mathematics), University of Brescia.

Participant: ing. Elisa Sala.

Topics of Interest

The studies are mainly aimed at the critical analysis of modern and contemporary architecture, and they are developed with an emphasis on the construction site, the materials, the construction practices of pre-industrial building, to explore the complexity of historical buildings and to increase the sensitivity for the conservation of architectural heritage and for the sustainability of building renovation. The group has an interdisciplinary approach, with extensive connections with Structural Analysis, Rehabilitation of Structures, Seismic Engineering (with Profs. E. Giuriani, G. Plizzari, A. Gubana), Architectural Restoration (with Prof. G.P. Treccani), Geology (with Prof. Alberto Clerici), according to the peculiar orientation of DICATAM-Brescia. Specific themes are: the art of building vaults and brick domes in the Lombard constructions (XVII-XVIII sec.); construction techniques in Brescia and Lombardy between the XV and XIX centuries; multidisciplinary paths for architectural conservation –such as the case of Palazzo della Loggia in Brescia and Brescia Castle; historic lime mortars and their mechanical characterization; seismic risk and conservation of the built heritage– for example, the case of Salò; wooden roofs and floors in the modern age.

Scientific Production 2004-2014

– Monographs

Giustina, Irene. 2012. *Il Castello di Brescia. Il Falcone d'Italia. Percorsi didattici e scientifici per la conoscenza e la valorizzazione del Castello di Brescia e del colle Cidneo.* Brescia: Massetti Rodella Editori.

Giustina, Irene, and Gian Paolo Treccani, eds. 2007. *Il palazzo della Loggia di Brescia. Indagini e progetti per la conservazione.* Atti del Convegno (Brescia 2000). Brescia: Starrylink Editrice.

Sala, Elisa. 2008. *Calce e pozzolana naturale, un binomio antico e moderno. Caratterizzazione meccanica di miscele leganti desunte dalla trattatistica d'architettura (I sec. a.C.-1864).* Brescia: Starrylink Editrice.

– Papers

Gelfi, Piero, and Irene Giustina. 2009. "I solai a travi corte e la soluzione "alla Serlio"." In *Atti del XXV Convegno Internazionale Scienza e Beni Culturali* (Bressanone, 2009), edited by G. Biscontin and G. Driussi, 17-26. Venice: Edizioni Arcadia Ricerche.

Giustina, Irene, and Gian Paolo Treccani. 2005. "Rischio sismico e conservazione del patrimonio costruito. Una ricerca sul centro storico di Salò." In *Rischio sismico, territorio e centri storici*, edited by S. Lagomarsino, P. Ugolini, 103-117. Milan: Franco Angeli.

Giustina, Irene, Ezio Giuriani, and Elide Tomasoni. 2006. "The Early Dome of Sant'Alessandro in Milan (1627): a First Study of the Behaviour of the Structural Core with a Dome Resting on Four Free-Standing Pillars." In *Proceedings of the Second International Congress on Construction History*, edited by M. Dunkeld, et al., 2: 1271-1292. Cambridge: Construction History Society.

Giustina, Irene, Ezio Giuriani, and Alessandra Gubana. 2006. "Il Palazzo della Loggia di Brescia: un percorso multidisciplinare per la conservazione." In *Multi-Quality Approach to Cultural Heritage*, Workshop CNR–Dipartimento Patrimonio Culturale, pubblicazione telematica http://sij07.cnr.it/pubblicazioni/prog_post.htm. Rome: Consiglio Nazionale delle Ricerche.

Giustina, Irene. 2010. "Presentazione." In *La geologia nella pratica edilizia. Materiali lapidei: caratteristiche, attività estrattive, durabilità e processi di degrado*, edited by A. Clerici, F. Sfratato, IX-X. Palermo: Editore Flaccovio.

Giustina, Irene. 2012. "Percorsi di studio su Antonio e Giovanni Tagliaferri tra architettura e tecnica. Presentazione." In *Dalla Donazione dell'Archivio di Antonio e Giovanni Tagliaferri. Anticipazioni, studi e approfondimenti*, Quaderni della Fondazione Ugo da Como–Monografie. Marzo: 19-20.

Giustina, Irene, and Elisa Sala. 2014. "Filippo Juvarra e l'architettura religiosa a Brescia nel primo Settecento. Il caso esemplare del Duomo nuovo tra architettura e tecnica." In *Filippo Juvarra (1678-1736): architetto dei Savoia, architetto in Europa*, Atti del Convegno internazionale (Torino 2011), edited by E. Kieven and C. Ruggero, 2: 121-132. Rome: Campisano Editore.

Sala, Elisa. 2006. "Reproducing Ancient Masonry for Improving Ductility: A Preliminary Study, Abstract." In *Proceedings 6th International PdD Symposium in Civil Engineering* (Zurich, 2006), 128-129.

Sala, Elisa. 2008. "Ancient Masonry Buildings: a Technique for Increasing Ductility and Mechanical Behavior of Lime Mortar with Natural Pozzolana." In *Proceedings of the 7th Fib International Ph.D. Symposium in Civil Engineering*, University of Stuttgart.

Sala, Elisa. 2008. "Experimental investigation on mechanical behavior of natural pozzolana lime mortars as a fundamental step for the design of structural repair of historical buildings." In *TECHA 2008, Proceedings of Workshops and technology transfer day, Technologies exploitation for the cultural heritage advancement*, edited by S. Di Marcello and L. Cessari, 250-251. Rome.

Sala, Elisa. 2008. "La vicenda dei restauri della basilica Giulia al Foro Romano. Riflessioni sulle miscele pozzolaniche per la conservazione." In *Atti del Convegno di Studi Restaurare i Restauri, Metodi, Compatibilità, Cantieri* (Bressanone, 2008), 1075-1084. Venice: Arcadia Ricerche.

Sala, Elisa, Irene Giustina, and Giovanni Plizzari. 2008. "Lime mortar with natural pozzolana: historical issues and mechanical behavior." In *Proceedings of the 6th International Conference on Structural Analysis of Historic Construction* (University of Bath, 2008), 2: 957-963. London: CRC Press, Taylor & Francis.

Sala, Elisa, Irene Giustina, and Giovanni Plizzari. 2009. "Natural Pozzolanic Mortars. Ancient Indications for Modern Working Capacity." In *Proceedings of the International Conference on Protection of Historical Building, PROHITECH09* (Rome 2009), 2: 1245-1250. London: Taylor & Francis.

Sala, Elisa. 2010. "Caratterizzazione meccanica di malte di calce e pozzolana naturale." *Arkos, scienza e restauro*, ottobre-dicembre 25: 83-88.

Sala, Elisa. 2011. "Impianto metodologico e approfondimenti normativi per la messa a punto di innovativi premiscelati a base di calce. L'esperienza dell'Università degli Studi di Brescia." In *Atti del Convegno Governare l'innovazione. Processi, strutture, materiali e tecnologie tra passato e futuro* (Bressanone, 2011), 353-366. Venice: Arcadia Ricerche.

Sala, Elisa. 2011. "Giacomo Coltrino e il "taglio del sasso" a Brescia." In *Il Castello di Brescia. In il Falcone d'Italia. Percorsi didattico scientifici per la conoscenza e la valorizzazione del Castello di Brescia e del suo colle Cidneo*, edited by I. Giustina, 60-71. Brescia: Masetti Rodella Editori.

Sala, Elisa. 2012. "Antonio e Giovanni Tagliaferri. Progetti, materiali e tecniche." In *Dalla donazione dell'archivio di Antonio e Giovanni Tagliaferri. Anticipazioni, studi e approfondimenti*, Fondazione Ugo da Como–Monografie. Marzo: 155-174.

Sala, Elisa, Alberto Clerici, Luca Cominoli, and Irene Giustina. 2014. "Proposta di riutilizzo degli scarti delle lavorazioni in laboratorio del Marmo di Botticino: la sostenibilità come risparmio ambientale e economico." In *Atti del XXX Convegno Internazionale Scienza e Beni*

Culturali (Bressanone, 2014), edited by G. Biscontin and G. Driussi, 585-595. Venice: Arcadia Ricerche.

Research Activities

– PhD Theses

Nolli, Ilaria. 2005. "I terrazzi alla veneziana. Orientamenti teorici, prassi esecutive, principali fenomeni di degrado, prove sperimentali e metodi di conservazione." PhD diss. (prof. A. Bellini, prof. I. Giustina, prof. E. Giuriani), Specialization Schools of Monument Restoration, Polytechnic University of Milan.

Sala, Elisa. "Murature storiche in laterizio: studio di una tecnica di confinamento per l'incremento della duttilità in campo sismico e caratterizzazione meccanica di miscele di malte pozzolaniche desunte dalla trattatistica d'architettura." PhD diss. (prof. E. Giuriani, co-tutor prof. I. Giustina), doctorate school in Engineering of Civil and Mechanical Structural Systems, University of Trento.

Tomasoni, Elide. "Le volte in muratura negli edifici storici: tecniche costruttive e comportamento strutturale." PhD diss. (prof. E. Giuriani, co-tutor prof. I. Giustina), doctorate school in Engineering of Civil and Mechanical Structural Systems, University of Trento.

– Research Projects

Materiali, strutture, tecnologie sostenibili ed ecocompatibili per il progetto, il recupero e la riqualificazione edilizia e ambientale. Scientific Referee: Dote Ricercatori Regione Lombardia, Lombardy Region–DICATA, Department of Civil Engineering, Architecture, Land and Environment, Faculty of Engineering, University of Brescia. 2010-2013. Brescia.

NHL-PREM. Premiscelati a base di NHL con idraulicizzanti naturali: alte prestazioni e efficienza energetica per uno sviluppo sostenibile ed ecocompatibile, (SSD ICAR/18-ICAR/09) Scientific Referee of the project for SSD ICAR/18: Dote Ricercatori Regione Lombardia, Lombardy Region–DICATA, Department of Civil Engineering, Architecture, Land and Environment, Faculty of Engineering, University of Brescia. 2010-2013. Brescia.

Storia, tecniche costruttive e analisi strutturali delle murature di età preindustriale nel territorio bresciano e lombardo, University of Brescia. 2007-2008. Brescia.

Cultura architettonica, pratiche del costruire e arte muraria in Lombardia tra tardo XVI e primo XX secolo, University of Brescia. 2009-2012. Brescia.

Educational Activities and Trainig offers

Since 2005: History of architectural techniques (9 CFU, 120 h)–SSD ICAR/18 History of Architecture–5th year, Master Degree Building Engineering, DICATAM, University of Brescia (internal substitution).

Vaults and masonry domes in preindustrial architecture. Design, construction and consolidation of masonry domes in Lombardy area between the fifteenth and seventeenth century (10 hours, 3 CFU PhD). Doctorate School in design, preservation and control of structures, University of Trento AA AA 2004/05 2005/06. University of Brescia, Faculty of Engineering, 2004; University of Udine, Faculty of Engineering, Udine 2005.

Knowledge and conservation of architecture, (10 h, 2.5 CFU. Doctorate School in Structural Rehabilitation of Historical and Modern Buildings, Faculty of Engineering, University of Brescia. AA 2009/10. University of Brescia, Faculty of Engineering, July 2010.

CARD N. 05 / L ANT. 09

Research Group

Representative: Carla Maria Amici. University of Salento. Department of Cultural Heritage

Topics of Interest

Research topics: Analytical study and documentation on ancient buildings aimed at the correct reconstruction, also through virtual 3D models, on monuments, highlighting the structural and architectural features and on construction techniques, related to the cultural belonging.

Scientific Production 2004-2014

– Monographs

Amici, Carla Maria. 2005. *Privernum: l'edificio termale.* Museo Archeologico di Privernum, Latina.

Amici, Carla Maria, et al. 2006. *The Basilica of Maxentius: the Monument, its Building, Materials and structural Stability.* Rome: Erma di Bretschneider.

– Papers

Amici, Carla Maria. 2004-2005. "Evoluzione architettonica del Comizio a Roma." *Rend. Pont. Acc.*, LXXVII: 351-389.

Amici, Carla Maria. 2006. "Innovative Solutions in the Organization of Construction Process." In *Proceedings of the Second International Congress on Construction History*, edited by M. Dunkeld et al., 167-178. Cambridge: Construction History Society.

Amici, Carla Maria. 2007. "A critical approach to the 3D modelling of ancient monuments." In *Layers of perception, CAA 2007*, edited by H. Ziemssen. Berlin.

Amici, Carla Maria. 2008. "Survey and technical analysis: a must for understanding ancient monuments." In *ARCHAIA* BAR S 1877, 29-41. Oxford.

Amici, C.M. 2008. "Dal monumento all'edificio: il ruolo delle dinamiche di cantiere." In *Arqueologia de la Construccion I*, edited by S. Camporeale et al., 13-31. Merida.

Amici, Carla Maria. 2009. "Il rilievo e l'analisi tecnica nella progettazione del restauro degli edifici monumentali." In *Quaderni Laboratorio Restauro Architettonico, Univ. Salento 1*, 17-30. Rome: De Luca editore.

Amici, Carla Maria. 2009. "Selinunte, Tempio C: analisi tecnica per la ricostruzione." *Palladio* 44: 1-30.

Amici, Carla Maria. 2011. "L'utilizzazione delle catene metalliche nei sistemi voltati di età romana." In *Archeometallurgia: dalla conoscenza alla fruizione*, 222-238. Bari: Congedo.

Amici, Carla Maria. 2012. "A Cloaca maxima in the roman town of Privernum, Italy: the project, the plan, the construction." In *Proceedings*

of the Fouth International Congress on Construction History, edited by R. Carvais et al., 565-581. Paris: Picard.
Amici, Carla Maria. Forthcoming. "Unusual examples of sophisticated iron technology in the heating systems of Romans imperial baths." *European Journal of Archaeology*.

Research Activities

– PhD Theses

Blanco, Alessandro. 2013. "Impianti termali di Villa Adriana a Tivoli." PhD diss., Roma.
De Giosa, Dario. 2012. "Le mura di Roca nel panorama dell'architettura militare messapica." PhD diss., Lecce.
Ferrari, Ivan. 2013. "I Ponti della via Traiana." PhD diss., Lecce.
Marchi, Silvia. 2012. "Il Mausoleo di Teodorico a Ravenna." PhD diss., Udine.
Muscatello, Giovanna. 2014. "Abbazia di S. Nicola di Casole." PhD diss., Lecce.
Vitti, Paolo. 2013. "Roman vaulted construction in the Peloponnese." PhD diss., Salonicco.

– Research Projects

"Sistemi Informativi Territoriali integrati per il patrimonio archeologico nazionale: strutture operative per la ricerca e di servizio per la gestione, la tutela e la valorizzazione dei Beni Culturali" PRIN 2006-2007.
"Cartografia archeologica e sistemi informativi integrati per il patrimonio archeologico del territorio: innovazione tecnologica e applicazioni funzionali alla conoscenza, tutela e valorizzazione dei Beni Culturali in Puglia, Campania e Lazio". PRIN 2008-2009.
"Bacino dell'Adriatico: dalla città antica alla città moderna. Metodologie, tecniche e tecnologie avanzate di ricerca e rilevamento del costruito storico, sperimentazione, verifica ed elaborazione dei dati". FIRB 2009-2011.
"Tecnologie innovative per l'archeologia dei paesaggi: diagnostica e valutazione di impatto archeologico per la pianificazione e gestione

del territorio e la conoscenza, tutela e fruizione del patrimonio archeologico" ARCHAEOSCAPES, 2010-2011.

"IT@CHA–Tecnologie italiane per applicazioni avanzate nei Beni Culturali, "Porta Monumentale delle fortificazioni della media età del Bronzo del sito protostorico di Roca (Melendugno, LE). Innovazione tecnologica e applicazioni funzionali alla conoscenza, tutela e valorizzazione dei Beni Culturali in Puglia, Campania e Lazio". PON Puglia, 2007-2013.

"La conoscenza, la conservazione, il restauro e la fruizione del Molo cd di Adriano e del Porto antico di Lecce", Archeological Superintendency of Puglia, 2013-2014. S. Cataldo (Lecce).

IL FRANTOIO DIMENTICATO, Historical and archaeological investigation and enhancement of underground oil mill below the Caprarica Baronial Palace, CUIS Porject–Puglia, 2014. Caprarica (Lecce).

CARD N.06 / ICAR 10

Research Group

Representatives: Tiziana Basiricò, Antonio Cottone, "Kore" University of Enna (UNIKORE)

Topics o f Interest

Development of materials and construction techniques

Technological and typological features of the twentieth century Italian architecture

Scientific Production 2004-2014

– Monographs

Bardelli Pier Giovanni, et al. 2009. *La costruzione dell'architettura. Temi ed opere del dopoguerra italiano.* Rome: Gangemi.

Basiricò, Tiziana, and Silvia Pennisi. 2008. *Costruire la casa. L'edilizia residenziale pubblica a Palermo tra tradizione e innovazione.* Palermo: Fotograf.

Basiricò, Tiziana. 2009. *Architettura e tecnica nei borghi rurali della Sicilia occidentale*. Palermo: Fotograf.

Basiricò, Tiziana. 2009. *Degrado, manutenzione, recupero. Il caso del quartiere Zen 2 a Palermo*. Palermo: Fotograf.

Basiricò, Tiziana, and Simona Bertorotta. 2013. *L'industrializzazione nei quartieri di edilizia residenziale pubblica*. Rome: Aracne.

– Papers

Basiricò, Tiziana. 2005. "Un quartiere degli anni '70 a Palermo: lo ZEN 2 di Vittorio Gregotti." In *Atti del Convegno Il moderno tra Conservazione e Trasformazione*. Trieste.

Basiricò, Tiziana, and Antonio Cottone. 2005. "Studi per un museo della storia, dell'ingegneria e della tecnica a Palermo." In *Proceedings of Museums. Merely buildings for culture*. Naples.

Basiricò, Tiziana, and Antonio Cottone. 2007. "From the load-bearing masonry to the curtain masonry." In *Atti del Congresso Costruire in pietra fra innovazione e tradizione*. Naples.

Basiricò, Tiziana, and Simona Bertorotta. 2009. "L'area Villarosa a Palermo in due secoli di piani e progetti." In *La costruzione dell'architettura. Temi ed opere del dopoguerra italiano*, edited by A. Cottone at al. Rome: Gangemi.

Basiricò, Tiziana, and Simona Bertorotta. 2009. "La struttura in cemento armato del "grattacielo INA" a Palermo." In *Proceedings of The building techniques international congress-technological development of concrete, tradition, actualities, prospects*. Termoli.

Basiricò, Tiziana, and Antonio Cottone. 2009. "The first experimentation on the hollow tile floors in western Sicily." In *Proceedings of International Congress on Construction History*. Cottbus.

Basiricò, Tiziana. 2010. "The rural suburbs in Trapani–Fazio suburb." In *Proceedings of Regional architecture in the mediterranean area*. Napoli.

Basiricò, Tiziana. 2012. "The "mixed structures" of the sanatoriums built in the 30s in Italy." In *Proceedings of Structural Analysis of Historical Constructions*. Wroclaw.

Basiricò, Tiziana. 2013. "Proprietà ed uso degli intonaci. Classificazione e caratteristiche dei diversi tipi di intonaco." In *Osservatorio Regionale Prezzi 1*. Palermo: Dario Flaccovio.

Basiricò, Tiziana, and Katia Barbara Fazio. 2013. "A multidisciplinary approach to the sustainable restoration of historical buildings: the case study of the San Francesco ex-convent in Piazza Armerina in Italy." In *Proceedings of Built Heritage. Monitoring Conservation Management*. Milan.

Bertorotta, Simona, Tiziana Basiricò, and Carolin Clauss. 2009. "Il "grattacielo" INA a Palermo: una progettazione complessa." In *La costruzione dell'architettura. Temi ed opere del dopoguerra italiano*, edited by A. Cottone. Rome: Gangemi.

Vella, Giovanna, Simona Bertorotta, and Cottone Antonio. 2011. "Ricostruzione della Cupola della Chiesa del Gesu' a Casa Professa." *A.A.* Agrigento.

Cottone Antonio. 2013. "Edilizia ed industria nell'Italia del secondo dopoguerra." In *L'industrializzazione nei quartieri di edilizia residenziale pubblica*, edited by T. Basiricò, and S. Bertorotta. Rome: Aracne.

Research Activities

– PhD Theses

Bertorotta, Simona. 2007. "La Ricostruzione del Dopoguerra a Palermo: rovine, riparazioni, restauri, ricostruzioni, realizzazioni, ruderi." PhD diss. (A. Cottone), University of Palermo.

Vella, Giovanna. 2013. "L'edilizia ferroviaria nella Sicilia centrale di fine Ottocento. Analisi e proposte di intervento." PhD diss. (T. Basiricò and A. Cottone), "Kore" University of Enna.

– Events

La scuola italiana di Ingegneria. Origine, sviluppo, declino. C. Baglione, T. Basiricò, A. Cottone. 2013. Enna–UNIKORE.

– Research Projects

L'edilizia industrializzata tra gli anni '60 e '80 in Sicilia. I difficili quartieri di Palermo e Catania. Scientific Referee: Prof. Cottone. National Coordinator: Prof. S. Poretti, MIUR PRIN. 2008. Palermo–Enna.

L'Edilizia in Sicilia nel secondo dopoguerra. Tecniche innovative per il recupero.

Scientific Referee: Prof. Cottone. National Coordinator: Prof. S. Poretti, MIUR PRIN 2006. Palermo.

CARD N.07 / ICAR 10

Research Group

Representative: Laura Greco, Department of Civil Engineering–University of Calabria.

Topics of Interest

The research activity aims at investigate the relationship between architecture and construction in Italy in the twentieth century, through the evolution of construction techniques used in the national heritage, with particular reference to the fifties and sixties. The research is developed with the accurate reconstruction of the planning and building phases of individual works or corpus of homogeneous realizations, to document the national developmental framework and, therefore, the affinity and divergence points with the international context. The tools used for the reconstruction are, in particular, literature sources and specialized publications of the time, archival documents of designers and manufacturers.

Scientific Production 2004-2014

– Monographs

Greco, Laura. 2010. *Architetture autostradali in Italia. Progetto e costruzione negli edifici per l'assistenza ai viaggiatori*. Rome: Gangemi editore.

Greco, Laura, and Stefania Mornati. 2012. *La torre Galfa di Melchiorre Bega. Architettura e costruzione*. Rome: Gangemi editore.

– Papers

Greco, Laura. 2007. "L'architettura pubblicitaria sull'autostrada. Il caso del punto ristoro Pavesi sulla Milano-Laghi di Angelo Bianchetti." *L'industria delle costruzioni* 394: 104-107.

Greco, Laura. 2008. "Il Mottagrill di Pier Luigi Nervi e Melchiorre Bega a Limena sull'autostrada Torino-Trieste (1965-1967)." *L'industria delle costruzioni*, 401: 100-102.

Greco, Laura. 2009. "Building techniques and architectural quality of motorway restaurants in Italy. The case of Mottagrill by Pier Luigi Nervi and Melchiorre Bega." In *Proceedings of the third International Congress on Construction History*, edited by K. Kurrer et al., 745-751. Berlin: Neunplus.

Greco, Laura. 2010a. "Il palazzo Olivetti a Milano di G.A. Bernasconi, A. Fiocchi e M. Nizzoli." In *Proceedings of the 3th National Congress of Storia dell'Ingegneria*, edited by S. D'Agostino, 1089-1097. Naples: Cuzzolin.

Greco, Laura. 2010b. "The autogrills. A modern habitat on Italian post-war motorway system." In *Proceedings of the 11th international Docomomo conference. Living in the urban modernity*. Mexico City: Docomomo International.

Greco, Laura. 2011. "Il primo palazzo per uffici Eni a San Donato Milanese." *L'industria delle costruzioni* 420: 111-113.

Greco, Laura. 2012a. "Architetture autostradali di Pier Luigi Nervi. Il caso del Mottagrill a Limena e altri progetti." In *Cantiere Nervi. La costruzione di un'identità*, edited by G. Blanchino et al., 124-127. Milan: Skira.

Greco, Laura. 2012b. "Exhibitions in Italy: an expression of Italian engineering." *Engineering History and Heritage* 165: 167-177.

Greco, Laura. 2012c. "La Snam Progetti negli anni '50 e '60 in Italia. Note sull'attività di un servizio di progettazione edilizia." In *Proceedings of the 4th National Congress of Storia dell'Ingegneria*, edited by S. d'Agostino, 943-954. Naples: Cuzzolin editore.

Greco, Laura. 2012d. "The first Eni-Snam headquarters in San Donato Milanese: some features of industrialization in construction techniques applied to office buildings in the Post Second World War period in Italy." In *Nuts and bolts of construction history. Culture, technology and society*, edited by R. Carvais et al., 439-447. Paris: Picard.

Greco, Laura. 2014. "The evolution of building techniques in the Italian Alpine context from the 1950s-1960s. The case of the Church in Corte di Cadore by Edoardo Gellner and Carlo Scarpa (1956-1961)." In *Proceedings of the First Conference Construction History Society*, edited by J. Campbell et al., 191-199. Cambridge: Construction History Society.

CARD N.08 / ICAR 10

Research Group

Representative: Angelo Bertolazzi, University of Padova. ENSA Paris-Malaquais.

Topics of Interest

History of stone building techniques between the XIX and XX centuries. The case studies particularly developed the statement of the stone cladding in Italy and France in the 20s and 30s of the twentieth century. Diffusion of construction knowledge in the technical magazines of the 20s and 30s in Italy and France. Evolution of construction techniques in the Austrian military architecture in Verona (1838-1866), with particular attention to the relationship between geometry, materials and walls construction. Stone construction in the Verona area, with particular attention to the arch type (acute and round arches) which spread between the XVIII and XIX centuries.

Scientific Production 2004-2014

– Monographs

Bertolazzi, Angelo. 2009. *Masonries and Tectonic. The Gobierno Civil de Terragona 1957-1964*. Milan: Motta Architettura.

– Papers

Bertolazzi, Angelo. 2012. "Architecture in stone in Lessinia. Prospects for a re-use." In *Atti dell'International CIB Student Chapter Conference–Budapest*, edited by T. Bánky, 20-22. Budapest: ÉMI Publishing.

Bertolazzi, Angelo. 2012. "Stone cladding techniques in French modern architecture (1920-1940)." In *Atti del 4th International Congress on Construction History*, edited by R. Carvais et al., 443-451. Paris: Picard.

Bertolazzi, Angelo. 2013. "Artificial stone in France (1830-1930): a material between Modernity and Tradition." *Journal of Civil Engineering and Architecture* 7: 524-534.

Bertolazzi, Angelo. 2016. "La pierre artificielle en France (1830-1860). Les origines d'un lien entre la culture constructive de la pierre et du béton." In *Atti del 2e Congrès Francophone d'Histoire de la Construction*, Paris: Picard.

Bertolazzi, Angelo. 2014. "I "Cahiers Techniques de l'Architecture d'-Aujourd'hui" e il dibattito sulla tecnica in Francia negli anni'30." In *Atti del 5° Convegno di Storia dell'Ingegneria*, Naples, edited by S. D'Agostino and G. Fabbricatore, 755-768. Naples, Cuzzolin.

Research Activities

– PhD Theses

Bertolazzi, Angelo. 2013. "Modernismi Litici 1922-1942. La pietra nell'architettura Moderna [Le revêtement en pierre dans l'architecture moderne 1922-1942]." PhD diss. (Giovanni Mochi, Joël Sakarovitch), University of Bologna–University Paris-Est.

– Events

"I Magazzini Generali di Verona: Ingegneria e Costruzione" Exhibition, Order of Engineers of Verona, CariVerona Foundation, 2014, Verona.

"2e Congrès Interdisciplinaire d'Histoire de la Construction", ENSA Lyon, 2014, Lyon.

"4th International Congress on Construction History", ENSA Paris-La Villette, ENSA Paris Malaquais, ENSA Paris-Versailles, CNAM, ENSA Strasbourg, 2012, Paris.

« La pierre dans tous ses etats" Seminar, ENSA Paris Malaquais, 2011, Paris.

"Costruire il Moderno. L'Architettura Italiana tra le due guerre. Storia e recupero" Seminar, Department of Architecture, Town Planning and Surveying–University of Padova, 2010, Padova.

– Research Project

"Showing and dissembling of the construction in the Contemporary Architecture", within the research project "From the project to the Construction into the historical evolution of building techniques".

Department of Civil, Environmental and Architectural Engineering –University of Padova 2011-2013, Padova.
"Innovative applications to restore the stone cladding of the Modern Architecture (1920-1940)", Department of Architecture, Town Planning and Surveying–University of Padova. 2009-2011, Padova.

CARD N.09 / ICAR 10

Research Group

Representatives: Renato T.G. Morganti, Alessandra Tosone, University of L'Aquila.

Topics of Interest

The issues are especially addressed to buildings where the metal construction has a leading role, such as invention and development of Italian and imported construction systems, and their applications; technological innovation in the patent field and prototype; role of public and private clients in the dissemination and technological development within programs, projects, and "big events"; the evolution of computing and technical regulations; the role and contributions of public companies or public participation in research; the role of engineers and architects in the design and construction experimentation. All these themes are developed from a broad framework, where Italian architecture of the twentieth century widens to civil engineering. A particular emphasis is addressed to infrastructure, focusing on the production of systems, works and artifacts where the use of steel prevail for its resistance.

Scientific Production 2004-2014

– Papers

Morganti, Renato, and Alessandra Tosone. 2009. "The steel house, italian architecture of the twentieth century. Experimental proto-types and projects to the Triennale of Milano 1933-1954." In *Proceedings of Third International Congress on Construction History*. Berlin: NeunPlus Verlag+Service GmbH.

Morganti, Renato, and Alessandra Tosone. 2010. "Building for housing: Steel technologies." *International Journal for Housing Science and its Applications* 34: 127-138.

Morganti, Renato, and Alessandra Tosone. 2010. "La costruzione metallica per sistemi edilizi antisismici: l'istituto dei concorsi in Italia." In *Proceedings of III Convegno di Storia dell'Ingegneria.* Naples: Cuzzolin Editore.

Morganti, Renato, and Alessandra Tosone. 2011. "La casa metallica. Prototipi e progetti alla triennale di Milano 1933-1954." *Costruzioni Metalliche* 1: 65-74.

Morganti, Renato, et al. 2012. "Sperimentare con l'acciaio: temi costruttivi nell'architettura italiana per l'industria." In *Proceedings of XXIII Giornate Italiane della Costruzione in Acciaio.* Naples: Doppiavoce.

Morganti, Renato, et al. 2012. "Acciaio e architettura per l'industria. Sperimentazioni tecnologiche nell'Italia degli anni Sessanta." In *Proceedings of IV Convegno Nazionale Storia dell'Ingegneria. Opere e protagonisti tra antico e moderno.* Naples: Cuzzolin Editore.

Morganti, Renato, et al. 2012. "From the rib to the cable: tradition, modernity and the contemporary in the domes to metal structure in Italy." In *Proceedings of Domes in the world. Cultural Identity and Symbolism. Geometric and Formal Genesis. Construction, Identification, Conservation.* Florence: Nardini Editore.

Morganti, Renato, et al. 2013. "Il CLASP: un sistema costruttivo d'importazione in acciaio per le nuove scuole d'Italia." In *Proceedings of Giornate italiane della costruzione in acciaio. L'Acciaio e la sfida delle prestazioni.* Naples: Doppiavoce.

Morganti, Renato, Alessandra Tosone, and Danilo Di Donato. 2013. "L'acciaio e la fabbrica. Sperimentazioni tecnologiche nelle industrie Olivetti a Ivrea." *Costruzioni Metalliche* 3: 45-56.

Tosone, Alessandra, Renato Morganti, and Danilo Di Donato. 2011. "The finite light: symbol and constructive nature o foot bridge." In *Proceedings of Fourth International Conference Footbridge. Attractive structures at reasonable costs.* Wroctlaw: Dolnoslaskie Wydawnitwo Educayjne.

Zordan, Luigi, and Renato Morganti. 2003. "Large roofs, large spaces. Suspended cable roofing in Italy 1948-1970." In *Proceedings of First International Congress on Construction History.* Madrid: Instituto Juan de Herrera, SEHC, COAC, CAATC.

Research Activities

– PhD Theses

Cocco, Stefano. 2014. "Ricostruzione e acciaio. Normativa, innovazione e sperimentazione per la Residenza." PhD diss. (R. Morganti), c.s.
Di Donato, Danilo. 2012. "Costruire con l'acciaio. Sperimentazione tecnologica nell'architettura italiana del Secondo Novecento." PhD diss. (R. Morganti, A. Tosone), L'Aquila.
Franchi, Daniela. 2014/2015. "In verticale. Progettare, costruire, trasformare con l'acciaio nell'Italia del Novecento." PhD diss. (R. Morganti, A. Tosone).

– Research Projects

Materiali e tecniche dell'architettura. La costruzione metallica nell'edilizia residenziale italiana del '900, R. Morganti, 2007-2013. L'Aquila.
Two-year research fellowship: La costruzione metallica in Italia: tra primo e secondo novecento, R. Morganti, 2011-2013, c.s.
Materiali e tecniche dell'architettura. Evoluzioni tecniche e mutamenti linguistici dell'acciaio nel progetto dell'esistente. A. Tosone, 2010-2013, c.s.

CARD N. 10 / ICAR 10

Research Group

Representative: Enrico Quagliarini, Marche Polytechnic Univeristy

Topics of Interest

A. Architectural and Cultural Heritage:
A.1 Innovative technologies and non-conventional materials for the rehabilitation, conservation and the safety of historical buildings;
A.2 Assessing and reducing seismic risk in city centers and monumental buildings;
A.3 Evacuation of buildings and urban environments and human behavior;
A.4 Engineering methods applied to archeology;

A.5 Conservation of stucco and frescoes on vaulted light systems;
A.6 Clay construction;
A.7 Smart surfaces for architectural heritage;
A.8 Moisture buffering e moisture buffering materials and systems;
A.9 Timber construction in Italian theaters in the XVIII and XIX centuries;
A.10 Historic and traditional building techniques and intervention techniques;
A.11 Construction history and architectural technology;
A.12 NDT and monitoring;

B. Experimental characterizations and laboratory testing:
B.1 Mechanical characterization of materials and construction systems;
B.2 Hygrometric characterization of porous building materials;
B.3 Testing of durability of materials and construction systems;
B.4 On site testing and monitoring.

Scientific Production 2004-2014

– Monographs

Lenci, Stefano, Enrico Quagliarini, and Sara Vallucci, eds. 2013. *Corinaldo sotterranea. Gli ipogei della città murata e la loro influenza sulla vulnerabilità del costruito storico*. Rome: Aracne editrice s.r.l.

Quagliarini, Enrico. 2008. *Costruzioni in legno nei teatri all'italiana del '700 e '800. Il patrimonio nascosto dell'architettura teatrale marchigiana*. Florence: Editrice Alinea.

Quagliarini, Enrico, and Camilla Tassi, eds. 2008. *Architetture in terra a Macerata: il quartiere di Villa Ficana. Analisi conoscitiva per il recupero*. Florence: Editrice Alinea.

Quagliarini, Enrico, Stefano Lenci, and Quintilio Piattoni, eds. 2011. *Ingegneria ed Archeologia. Dalla planimetria di scavo alla terza dimensione dell'elevato. La chiesa paleocristiana di S. Maria in Portuno di Corinaldo (AN)*. Rome: Aracne editrice s.r.l.

– Papers

Quagliarini, Enrico. 2004. "Wooden arch structures between the XVI and the XIX century: evolution of the analysis criteria." In *Proceeding of the First International Conference on Innovative Materials and Technologies for Construction and Restoration*, edited by A. La Tegola and A. Nanni, 593-609. Napoli: Liguori Editore.

Quagliarini, Enrico, and Lamberto Ciarloni. 2005. "Strutture in legno nei teatri all'italiana tra '700 e '800. Tipologie e tecniche realizzative: il 'castello' dei palchetti e i soffitti plafonati." *Recupero E Conservazione* 65: 48-55.

Quagliarini, Enrico, and Cristiano Malatesta. 2005. "Strutture in legno nei teatri all'italiana tra '700 e '800. Tipologie e tecniche realizzative: le capriate di copertura, il 'pozzo' dei palchetti e il plafone sommitale. Tipologie di riferimento e correlazioni." *Recupero E Conservazione* 66: 36-41.

Quagliarini, Enrico, and Lamberto Ciarloni. 2006. "Strutture in legno nei teatri all'italiana tra '700 e '800. Il legno come materiale da costruzione della sala: l'acceso dibattito tra XVIII e XIX secolo." *Recupero E Conservazione* 68: 40-46.

Quagliarini, Enrico. 2006. "Earth construction in the Marche region (Italy): building techniques and materials." In *Proceedings of the Second International Congress on Construction History*, edited by Dunkeld M. et al., 2559-2572. Cambridge: Construction History Society.

Quagliarini, Enrico. 2007. "L'acustica delle sale teatrali. Conoscenza e pratica a fine '800." *Recupero E Conservazione* 74: 38-45.

Quagliarini, Enrico. 2007. "Strutture in legno nei teatri all'italiana tra '700 e '800. Costruzioni della sala e indicazioni manualistiche. Un caso di studio." *Recupero E Conservazione* 73: 64-70.

Quagliarini, Enrico et al. 2010. "Cob Construction in Italy: Some Lessons from the Past." *Sustainability* 2: 3291-3308.

Quagliarini, Enrico et al. 2012. "Experimental characterisation of Romanesque masonries: the reuse of fragments of roman tiles and bricks and the influence of the local constructive tradition." In *Proceedings of 5th International Congress on Science and Technology for the Safeguard of Cultural Heritage in the Mediterranean Basin*, 354-358. Rome: Valmar.

Quagliarini, Enrico et al. 2014. "Experimental analysis of Romanesque masonries made by tile and brick fragments found at the archaeological site of S. Maria in Portuno." *International Journal of Architectural Heritage* 8: 161-184.

Educational activities and training offer

History of construction techniques, Masters Degree II level in "Analysis, conservation and enhancement of the historical architecture", a.a. 2013/2014, Marche Polytechnic University, Marche Region, inserted in the Interregional Catalogue (www.altaformazioneinrete.it).

CARD 11 / ICAR 10

Research Group

Representatives: Riccardo Gulli, Giovanni Mochi, Luca Guardigli, Giorgia Predari.

Department of Architecture, Alma Mater University of Bologna.

Topics of Interest

Modern construction in Italy: studies on the construction techniques, on patents, projects, and works of the early twentieth century architecture. In particular, the interest is focused on the figures of A. Muggia, S. Canevazzi, I. Tabarroni and the architectural works of G. Vaccaro realized within the Emilia Romagna area.

Stone construction. In particular, the interest focused on theoretical and practical aspects of stereotomic construction, of armed lintels and coatings in the architecture of the early Italian twentieth century.

Scientific Production 2004-2014

– Monographs

Guardigli, Luca. 2012. *Libera professione e pratica del costruire. Ildebrando Tabarroni, ingegnere bolognese (1882-1958)*. Bologna: CLUEB.

Gulli, Riccardo. 2006. *La costruzione Coesiva. L'opera dei Guastavino nell'America di fine Ottocento*. Venezia: Marsilio.

Gulli, Riccardo. 2012. *Struttura e Costruzione / Structure and Construction*. Florence: FUP.

Gulli, Riccardo, and Paolo Clini. 2008. *Il San Giovanni di Girolamo Genga. Codici e strumenti per la conservazione*. Florence: Alinea.

Mochi, Giovanni, and Giorgia Predari. 2012. *La costruzione moderna a Bologna. Ragione scientifica e sapere tecnico nella pratica del costruire in cemento armato*. Milan: Bruno Mondadori.

– Papers

Gulli, Riccardo. 2006. "La vicenda costruttiva del Palazzo dell'Economia Corporativa di Pesaro (1932-1936)." In *Futuro del Novecento. Il Palazzo dell'Economia Corporativa di Pesaro*, 48-55. Urbino: Quattroventi.

Barozzi, Anna, and Luca Guardigli. 2009. "Italian construction in the First Half of the Twentieth Century between Materials Restrictions and Innovative Technology." In *Proceedings, Third International Congress on Construction History*, edited by K.E. Kurrer et al., 127-134. Cottbus: NEUNPLUS1.

Gulli, Riccardo. 2009. "Pre-fabricated school buildings in Italy. The experimental events of the '60." In *Proceedings, Third International Congress on Construction History*, edited by K.E. Kurrer et al., 775-782. Cottbus: NEUNPLUS1.

Mochi, Giovanni, and Predari, Giorgia. 2009. "The relationship between materials and tecniques; the use of brick in traditional bolognese building." In *Proceedings, Third International Congress on Construction History*, edited by K.E. Kurrer et al., 1049-1056. Cottbus: NEUNPLUS1.

Mochi, Giovanni, and Predari, Giorgia. 2009. "I contributi europei allo sviluppo del cemento armato entro la fine del 1800." In *Concrete 2009–The Building Techniques. Technological development of concrete*, 537-547. Naples: Luciano Editore.

Predari, Giorgia, and Giovanni Mochi. 2010. "G. Attilio Muggia, professionista del cemento armato." In *Attilio Muggia. Una storia per gli ingegneri*. Bologna: Editrice Compositori.

Predari, Giorgia, and Giovanni Mochi. 2010. "La Società Anonima per le Costruzioni Cementizie." In *Attilio Muggia. Una storia per gli ingegneri*, 100-109. Bologna: Editrice Compositori.

Gulli, Riccardo. 2012. "Les planchers à plates-bandes en fer et briques dans la construction américaine." In *L'architrave, le plancher, la plate-forme. Nouvelle histoire de la construction*, 522-528. Lausanne: Presses polytechniques et universitaires romandes.

Gulli, Riccardo. 2012. "Materiali per un cantiere di ricerca sulla Storia della Costruzione." In *La costruzione moderna a Bologna: 1875-1915. Ragione scientifica e sapere tecnico nella pratica del costruire in cemento armato*, edited by G. Mochi and G. Predari, 1-11. Milano: Bruno Mondadori.

Gulli, Riccardo, and Cecilia Mazzoli. 2012. "Il modello della piattabanda di Saint-Sulpice." *IN BO* 3(5): 289-308.

Gulli, Riccardo, and Giovanni Mochi. 2006. "The oblique bridges in Italy." In *The Second International Congress on Construction History*, edited by M. Dunkeld, 1455-1474. Cambridge: Construction History Society.

Gulli, Riccardo, Luca Boiardi, and Maria Regina Tedeschini. 2012. "History and technique of an italian wooden floor system based on reeds and gypsum plaster frames: the case of Reggio Emilia." In *Nuts and bolts of construction history*, 549-556. Paris: Picard.

Gulli, Riccardo, Giorgia Predari, and Luca Boiardi. 2012. "Criteri e metodi per l'adeguamento prestazionale del patrimonio architettonico degli anni trenta del Novecento. La Facoltà di Ingegneria di Bologna." *IN BO*, 203-226.

Mochi, Giovanni, Giorgia Predari, and Riccardo Gulli. 2012. "L'influenza della Scuola bolognese sui protagonisti dell'ingegneria del Novecento: l'esperienza di Nervi, Miozzi e Belluzzi." In *Storia dell'Ingegneria, Atti del 4° Convegno Nazionale*, 349-360. Naples: Cuzzolin.

Research Activities

– PhD Theses

Predari, Giorgia. 2011. "L'attività pionieristica della Scuola bolognese nello studio e nell'utilizzo del cemento armato: 1875–1924. Tecniche costruttive e tipologie architettoniche." PhD diss. (Giovanni Mochi), University of Bologna.

Bertolazzi, Angelo. 2013. "Modernismi Litici 1922-1942. La pietra nell'architettura Moderna / Le revêtement en pierre dans l'architecture moderne.1922-1942." PhD diss. (Giovanni Mochi, Joël Sakarovitch), University of Bologna–Università Paris-Est.

– Events

International Congress Ravenna, 2005. Teoria e Pratica del costruire.

Saperi, strumenti, modelli / Theory and practice of construction: knowledge, means, models.

– Reasearch Projects

Tutela e valorizzazione dell'edilizia di base e dell'architettura regionale: caratteri, tecniche e tipologia. PRIN 2004.

CONSTRUCTION HISTORY IN THE NETHERLANDS[1]

INTRODUCTION

Although the limited Dutch participation in International Congresses on Construction History might suggest otherwise, a vast body of knowledge on construction history in the Netherlands has been accumulated especially, but not exclusively within, the often-overlapping fields of history of architecture, history of technology, and the disciplines related to architectural conservation. With slight exaggeration one can state that, in the Netherlands, almost every topic that is part of or touches on the historical study of building as a technical task has been treated in an article or a book, as well as in a dissertation, foundation, newsletter or magazine[2]. Given that the Netherlands were not present in the 2004 report on the state of the art of construction history, one of the principal goals of this paper is to provide initial access to the field and to structure the abundance of information. Therefore, the paper will occasionally go further back in time than the last ten years. Inevitably, as is the case in this sort of exercise, the author's background will affect this exploration; in this case, the contribution of archeology and of the theory and practice of conservation and restoration will be kept out of the picture. Furthermore, in our conception of "construction history," the emphasis is not put on individual cases of buildings or civil engineering works, but on synthesis studies.

1 The author thanks Dr. Merlijn Hurx, Dr. Marie-Thérèse van Thoor and Jan van der Hoeve for their critical comments.

2 A List of PhD thesises at Dutch universities related to the field of construction history, understood in its broadest sense, 1997-2014, can be found at the end of this article.

The contribution will start off with an exploration of the adjacent areas of knowledge as they became available in recent synthesis publications, periodicals and publication series in the broad field of the history of engineering, architecture and urban planning in the Netherlands. The next two sections will focus mainly on knowledge of historic building materials and techniques in relation to historic buildings. The focus is both on the stimulating role of the Dutch Rijksdienst voor Monumentenzorg (RVMZ, Historical monuments agency; later Rijksdienst voor Archeologie, Cultuurlandschap en Monumenten [RACM, Agency for Archaeology, Culture Landscape and Monuments]; currently Rijksdienst voor Cultureel Erfgoed [RCE, Cultural Heritage Agency]) and on the emergence of the so-called "Bouwhistorie" [Archeological building research]. The subsequent section will discuss the history of civil engineering; or, more precisely, the contribution of civil engineers to the history of their own field of expertise. Finally, attention will be paid to other topics and disciplines, such as building in the Middle Ages, young monuments, the interior, architectural drawings, the history of building economics and building legislation; a brief look at the research libraries and archives closes the overview. As the major objective of this topography of the field is to give structure to available knowledge, it will only indirectly provide a "who's who" of construction history in the Netherlands.

SYNTHESIS PUBLICATIONS

The following synthesis publications in the fields of the history of engineering, architecture and urban planning provide a useful first overview of the Dutch situation, as well as a broader historical context and bibliography. For the last two centuries, the Stichting Historie der Techniek (SHT, °1988 www.histech.nl, Foundation for the History of Technology) furnished a revision of the history of the Netherlands from the perspective of technology with the publication series *Geschiedenis van de techniek in Nederland in de negentiende eeuw. De wording van een moderne samenleving 1800-1890* ([History of Technology in the Netherlands in the nineteenth century. The making of a modern society 1800-1890] Lintsen 1993-1994, 6 volumes), and *Techniek in Nederland in de twintigste eeuw* ([Technology in the Netherlands in the twentieth century] Schot 2003, 7 volumes). Both editorial teams furnished a summary of the developments in infrastructure, housing, utility and urban engineering, embedded in a broad social history of the Netherlands (Leeuwen in Lintsen 1993, Vol. 3; also Leeuwen 1993; Schot, Disco and Bervoets in Schot 2003, Vol. 5 and 6). In 2007, a new synthesis of the history of Dutch architecture saw the light, *Bouwen in Nederland 600-2000* ([Building in the Netherlands 600-2000] Bosma et al. 2007). The full professors of architectural history, Aart Mekking (U Leiden, 600-1500, assisted by Dr. Thomas von der Dunk for the Early Middle Ages, 600-1100), Koen Ottenheym (U Utrecht, 1500-1800), Auke van der Woud (University of Groningen, 1800-1900) and Koos Bosma (VU Amsterdam, 1900-2000), each directed the sections related to their core research periods. The development of building typologies within their social context constitutes the common research question in overview of 14 centuries of architectural history, deliberately downplaying the usual artist monographs and stylistic approaches that dominated the efforts of their predecessors. Besides recent city histories, the following synthesis publications on the history of Dutch urbanism must be mentioned: *Stedebouw*, directed by Ed Taverne (RU Groningen) and Irmin Visser (1993), and *Town Planning in the Netherlands since 1800* by Cor Wagenaar (TU Delft) (2011).

The subsequent description and inventory campaigns of Dutch monumental heritage resulted in several publication series. After an inventory of potential national monuments in the *Voorlopige lijst van monumenten van geschiedenis en kunst* [Preliminary list of monuments of history and art, 1912-1933], and more detailed descriptions in the *Monumenten van geschiedens in kunst* [Monuments of history and art, 1926-1986], followed summary volumes for each province in *Monumenten in Nederland* [Monuments in the Netherlands, 1996-2006]. The original restriction to pre-1800 buildings necessitated the Monumenteninventarisatie project (*Architectuur en stedebouw, 1850-1940* [Architecture and urban planning in 1850-1940], 1988-2006), and was followed by an inventory of the post-World War II reconstruction architecture (*Rapporten categoriaal onderzoek wederopbouw* [Reports of categorical research reconstruction],

2004-2007). In addition to these inventory publications, the studies on residential architecture in Amsterdam by Henk J. Zantkuijl (Zantkuijl [1973-1991] 1993) and the synthesis publications on the historical houses owned by the Stichting Hendrick de Keyser (Meischke et al. 1993-2000) must be mentioned. Numerous foundations inventoried specific areas of the Dutch monumental heritage (see below); particularly noteworthy here are the umbrella organizations, the Stichting Agrarisch Erfgoed Nederland (AEN, www.agrarischerfgoed.nl; [Dutch Agricultural Heritage Foundation]) and the Federatie Industrieel Erfgoed Nederland (FIEN, www.industrieel-erfgoed.nl; [Federation of industrial heritage in the Netherlands]).

The dominant Dutch peer-reviewed journal in the field, the *Bulletin van het KNOB*, has been edited since 1899 by the Koninklijke Nederlandse Oudheidkundige Bond [Dutch Royal Archaeological Association]. The description "landelijke vereniging ter bevordering van de kennis van architectuur en bouwgeschiedenis, archeologie, cultuurlandschap en monumenten" ["national association to promote the knowledge of architecture and building history, archeology, cultural landscapes and monuments"] clarifies the current orientation. The *Bulletin van het Cuypersgenootschap* focused initially on the 19th century, but presently also encompasses the 20th century. The Stichting Bibliografieën en Oeuvrelijsten van Nederlandse Architecten en Stedebouwkundigen (Stichting BONAS, [Foundation for bibliographies and works lists of Dutch architects and urban designers] provides monographs and works listings of Dutch architects, urbanists, and garden and landscape architects from the late 18th century onwards. Outside of this foundation, monographic studies constitute an important genre for the age of the Ancien Régime as well as for the 19th and 20th centuries, even for exhibition projects (see Cuypers, Rietveld).

THE RIJKSDIENST AND THE STUDY OF HISTORIC BUILDING MATERIALS AND TECHNIQUES

The Stafafdeling Bouwkundig Onderzoek en Documentatie [Department for architectural research and documentation] of the Rijksdienst voor de Monumentenzorg (RVMZ, later RACM, now RCE) played a key role in collecting and publishing knowledge on historical building materials and techniques. A brief panorama of the publications by their leading researcher and author Herman Janse (1926-2007) illustrates the major fields of study: historic building materials and techniques (natural stone: Slinger, Janse and Berends [1980] 1982; stained glass: Janse 1985; slates: Janse 1986), building components (windows: Janse [1971] 1977; wooden roofing frameworks: Janse and Devliegher 1963; Janse 1989; stairs: Janse 1995), crafts (stonemasons: Janse and Vries 1991), historical tools (Janse 1998), and architectural terminology (Haslinghuis and Janse 1997). The combined concentration on "building and builders" (Janse 1965), the "longue durée" and the urban case study (The Hague: Janse 1980) certainly had an inspiring influence on the dissertation topics of younger researchers (Kolman 1993; Vries 1994). The bibliography of RCE research staff members such as Dirk J. de Vries follow the line indicated by Janse, be it that they applied new material research methods such as dendrochronology.

After experimenting with the format of loose-leaf course folders for gathering the contributions of various authors in the broad field of restoration practices, monument legislation and historical knowledge, and with a similar syllabus on materials and techniques in historical buildings (van Hemert 1983), the *Restauratievademecum* (further mentioned as *RV* [Restoration Handbook], Janse 1985-1998) was launched in 1985. The loose-leaf installments were intended to encompass, in an encyclopedic way, the fields of knowledge required for the conservation and restoration of historical monuments in the Netherlands, including construction history knowledge on historic building materials, techniques, crafts and tools. More extensive studies in book form were assembled in the accompanying series *Restauratievademecum bijlagen* (*RV bijlagen* [Restoration Handbook] attachments). Examples are studies on historic exterior finishings (Denslagen and Vries 1984), on wooden houses (Hekker and Kolman 1989), and on window traceries (Tolboom 1998). The *RV* was succeeded by the *Praktijkboek Instandhouding Monumenten* (Veen 1998-2007 [Practice book for the conservation of historical monuments]) and the *Praktijkreeks Cultureel Erfgoed* (Stokroos 2007-2011 [Practice series on cultural heritage]); by now, the editorial board became external to the RCE. In addition, the RCE published a so-called *Erfgoedbalans* or Heritage balance in 2009 (Beukers 2009; for a reaction and supplement: Abrahamse, Boss and Rutte 2009). Meanwhile, the national umbrella organization of regional agricultural heritage foundations, which was founded in 2010 as Stichting Agrarisch Erfgoed Nederland [Dutch agricultural heritage foundation], plans an online version of Piet Bot's *Vademecum historische bouwmaterialen, installaties en infrastructuur* (2009 [Handbook of historic building materials, services and infrastructure]); which, upon publication, will become an online handbook.

Authors of contributions to the *Restauratievademecum bladen* and *RV bijlagen* were also recruited outside of the RCE; in this way, Janse integrated the available knowledge in the Netherlands beyond his own research institute. For example, one can observe a close collaboration with the Stichting Historisch Boerderij-Onderzoek (SHBO, 1960-2007 [Foundation for Historical Farm Research], formerly located in the Openluchtmuseum [Open Air Museum] in Arnhem, photographic documentation and archival drawings now in the RCE library), which played a central role in the research of Dutch rural architecture. This RCE-SHBO collaboration is further illustrated by the research and publications of G. Berends (1996) and R.C. Hekker, as well as by the documentation methods and survey drawings applied to the national documentation of historical farm buildings (*Documentatiemappen Landelijke Bouwkunst* [Documentation folders on rural architecture]), closely in line with the 432 data sheets published in folders 3a-3d of the *Restauratievademecum*.

The launch of the *Restauratievademecum* also coincided with the start of the previously mentioned Monumenten Inventarisatieproject [Monuments Inventory Project]. With the broadening of the field of architectural heritage to include younger patrimony, (a) the knowledge of younger building materials and techniques and (b) their related restoration practices became increasingly important. With regard to the second point, the Rijksdienst asked the founders of Docomomo to contribute a volume to the *RV bijlagen*. With regard to the first point, they teamed up with the Groep Geschiedenis van de Bouwtechniek [Group history of building technology] at TU Delft, of which it would financially support the publication series "Bouwtechniek in Nederland" ([Construction technology in the Netherlands], see infra), in which Janse's book on wooden roof constructions (1989) also found its place. The growing interest in more modern historical materials and structures can also be followed in the *Restauratievademecum* and its successors. For instance, the *RV* of 1998 contained a leaflet on the cavity wall (Kooij 1998), while the *Praktijkreeks Cultureel Erfgoed* recently published a detailed article by the same author on historical insulation practices (Kooij 2011); in the meantime, detailed contributions on concrete (Kuipers 2006; Hermans 2006) and on cement (rustic Meulenkamp 2006) also saw the light. Here, reference should also be made to Ronald Stenvert's research into materials and building techniques applied during the 1800/50-2000 period (for example, floors [2008], brick [2012, see also Huns 2012] and roof structure [2014]). The 4de Vlaams-Nederlandse natuursteendag [4th Flemish-Dutch natural stone day] organized in Delft focused on 20th-century stone heritage (van Hees, De Clercq and Quist ed. 2012).

"BOUWHISTORIE"

In the 1990s, archeological building research, often executed in preparation to the restoration of historical buildings, gained visibility and developed more and more into a field of its own; it even received a new name: "Bouwhistorie" (further translated as Archeological building research)[3]. After the foundation of the Stichting Bouwhistorie Nederland (SBN, www.bouwhistorie.nl [Dutch foundation for archeological building research]) in 1991, followed in 1996 the creation by the Rijksdienst of the Bouwhistorisch platform [Platform for archeological building research], directed by Dirk J. de Vries. The same year, the *Jaarboek Monumentenzorg* [Yearbook for conservation and restoration of historical

3 On "Bouwhistorie" in the Netherlands, see also Stenvert 2010. For another approach to this field, see Van Bommel 2008.

monuments], edited by the Rijksdienst, was dedicated to "Monumenten en bouwhistorie" [Monuments and Bauforshung]; the symposium "Archeologie en bouwhistorie: techniek-gebouw-structuur" [Archaeology and Building archeological research: technology-building-structure] was organized in Rotterdam, and published three years later as *Rotterdam papers 10: a contribution to medieval and post-medieval archeology and history of building* (1999). In September 1997, the HBO+ restoration training program Bouwhistorie, restauratie en monumentenzorg [Building archeological research, restoration and preservation of historical monuments] was established at the Hogeschool Utrecht (*SBN Newsletter* 45 (2008), 25-26; *Ibid.* 52 (2012), 71-72). In 2000, *Bouwhistorie in Nederland* [Building archeological research in the Netherlands] was published (Tussenbroek 2000), and Dr. Dirk Jan de Vries was appointed as the first Dutch professor of "Bouwhistorie".[4] Since 2004, the Convent van Gemeentelijke Bouwhistorici (CGB [Convent of Municipal Archeological Building Researchers]) united municipal administrators and researchers; and, in 2010, the Bond van Nederlandse bouwhistorici, (NBN, www. bouwhistorici.nl [Association of Dutch archeological building researchers]) was established.

The Stichting Bouwhistorie Nederland aspires to the further professionalization of archeological building research in the Netherlands and to stimulate the exchange of knowledge within the discipline. The *SBN Nieuwsbrief* [SBN Newsletter] reports on recent developments and the organized platforms, lists and discusses new publications, and publishes reflections on the field (especially: *SBN Newsletter* 11 [1994]; *ibid.* 51 [2011]). The most important publications of the SBN are undoubtedly the *Richtlijnen bouwhistorisch onderzoek* [Guidelines for Archaeological Building Research] of 2009 (Hendriks and Hoeve 2009) and *Inleiding in de bouwhistorie, opmeten en onderzoeken van oude gebouwen* (Stenvert and Tussenbroek 2007 [Introduction to Building archeological research, surveying and researching old buildings]). The latter is a true textbook for the field, with an introduction to the methods, available technologies (such as dendrochronology), fields of knowledge and extensive bibliographical references. Its thorough overview of historical building

4 In addition to being a prolific author on the history and theory of the preservation of historical monuments and a RCE staff member, Dr. Wim Denslagen was appointed as a professor at Utrecht University for the Master of Architectural History and Conservation.

materials and techniques also makes the book by far the best first access to the field of construction history in the Netherlands with regard to historical buildings.

Archeological building research is present as a discipline at Dutch universities with the mentioned RCE staff member Dr. Eng. Dirk Jan de Vries on the special chair of "Bouwhistorie" at the Faculty of Archaeology of Leiden University, Leiden; he also lectures within the Faculty of Humanities (Art History) and at TU Delft, Faculty of Architecture. There is also Dr. Eng. Ad van Drunen as a "bouwhistorie" professor at the University of Amsterdam and Dr. Gabri van Tussenbroek (2000, 2003, 2006a, 2006b, 2010, 2012, 2013) as an archeological building researcher at the Bureau Monumenten & Archeologie Amsterdam [Office for Monuments and Archaeology of Amsterdam], who is a prolific author as well as a lecturer for the master track of Architectuurgeschiedenis en Monumentenzorg [Architectural History and Conservation] at Utrecht University. Vries and Tussenbroek's personal tracks also testify to the close relationship of Dutch "bouwhistorie" with "Bauforshung" in Germany. For a long time, Dirk Jan de Vries was president of the Arbeit für Hausforschung (AHF); which, since its founding in 1950, has organized their annual Tagungen in the Netherlands four times (Zwolle in 1972; Utrecht and Den Bosch in 1988; Maastricht in 2001 and finally Amsterdam, Leiden and Hilversum in 2010 (Vries 1990; Tussenbroek 2010)). Gabri van Tussenbroek worked at the Technical University of Berlin.

Dutch municipal services for historic preservation and archeological building research also contribute(d) considerably to the publication of construction history knowledge, as their publications often transcend the case studies upon which they are built (even if the publication of measurement drawings itself remains of outmost importance (Drunen 2012)). The monographs on historic building materials and their use in the Netherlands by Meindert Stokroos of Amsterdam's Monumenten en Archeologie Amsterdam (BMAA [Bureau for historical monuments and archeology]) constitute an eloquent example of this phenomenon, filling in some gaps left by the *Restauratievademecum* (terra-cotta and artificial stone: Stokroos 1985; copper (1990); lead (1988); construction glass (1994)). In 2001, he drew attention to historical building services with a work on 19th-century heating and lighting in the Netherlands.

Currently, BMAA publishes a yearbook entitled *Amsterdam Monumenten & Archeologie* (since 2002) and a *Publicatiereeks Amsterdamse Monumenten* [Publication Series on Amsterdam Monuments]. Examples of other municipal publication series are the *Bouwhistorische reeks Hoorn* [Hoorn archeological building research series], *Bodemschatten en bouwgeheimen* [Soil treasures and construction secrets] and *Bodemhistorie en bouwhistorie in Leiden* [Soil history and archeological building research in Leiden] (both edited by the Department of monuments and archeology in Leiden), *Hervonden Stad* [Recovered City, Groningen], *Overijssels erfgoed: archeologische en bouwhistorische kroniek* [Overijssel heritage: archaeological and building archeological research chronicle], and the *Archeologische en bouwhistorische kroniek van de gemeente Utrecht* [Archaeological and archeological building research chronicle of the city of Utrecht]. In this way, synthesis studies of all kinds are available (for wood roofing frameworks, see, for instance, Orsel 2009 and Tussenbroek 2012; for natural stone, see Dubelaar [2007] 2012, Quist 2010, Tolboom 2012; for façades, van der Klooster 2011, etc.; reflections, Bakker and Hoekstra 1997 and Kipp 2010); moreover, methodical key publications (Drunen 2001) became available for several Dutch cities.

CIVIL ENGINEERING

The history of structural engineering course at TU Delft, which concentrates on 19th and 20th century load-bearing structures, goes back at least to the 1970s (Oosterhoff [1978] 2002; for construction engineering in the ancient world see Oosterhoff 1991). Under the direction of Prof. Jacob Oosterhoff (TU Delft, 1965-1985) the Groep Geschiedenis der Bouwtechniek [History of construction technology group] and their engineer members, such as G.M. Nieuwmeijer (1945-2008) and G.J. Arends, it conducted research on the history of their own field of expertise, often in close association with engineering and industry associations such as the Stichting Nederlandse Staalbouw (SNS; Ouden 1994 [Dutch Foundation for construction in steel]). In another instance, Prof. Oosterhof and later Eng. Nieuwmeijer presided over the Commissie

Erfgoed in Ijzer en Staal [Heritage commission on iron and steel] of the Staalbouwkundig Genootschap [Society for steel construction], which organized study days in 1992, 1994 and 1997. At the end of the 1980s, this team published four out of five volumes of the series "Bouwtechniek in Nederland" [Construction technology in the Netherlands]; their volumes were devoted in particular to load-bearing structures in iron and concrete from the 1800-1940 period (Arends et al. 1988), structural design (Oosterhoff [1990] 2007), and locks and weirs (Arends 1994; for more on this subject, see also Arends 2004), and contained the introductory *Compendium Constructies* (Arends, Eldik and Janse 1989). These engineers also played an important role in the foundations that were established to protect, study, restore and describe the monumental civil engineering heritage; consider the Nederlandse Gemalen Stichting (NGS, °1986 www.gemalen.nl), the Nederlandse Bruggen Stichting (NBS, °1992, www.bruggenstichting.nl [Foundation for Dutch bridges]; *NBS-Nieuws*, I-IX from 1993 through 2001 and *Bruggen*, 2002-) and the Stichting Historische Sluizen en Stuwen Nederland (HSSN, °2006 www.sluizenenstuwen.nl [Foundation for Dutch historical locks and dams]). Within this context, important synthetic publications appeared (Oosterhoff 1997-1999; Binkhorst et al. 2009; Coelman and Klooster 2008; Polderman and Rijn 2013).

The previously mentioned Stichting Historie der Techniek has published the synthesis *Twee eeuwen Waterstaat* (Bosch 1998 [Two centuries of Waterstaat]), which discusses in detail both their achievements in civil engineering landmarks as well as the administration and construction process (for an equivalent of the Dutch national architectural administration, see Peet and Steenmeijer 1995). The Vereniging voor Waterstaatsgeschiedenis (WG [Association for Waterstaat history]) also publishes the journal *Tijdschrift voor Waterstaatsgeschiedenis* (1992- [Journal for Waterstaat history]). During the last decade, Dutch engineers, who are internationally renowned for their civil engineering works (Lauwen 1995), were investigated with increased frequency in several PhD dissertations, especially regarding their active roles in municipal building companies ("stadsfabriekambt", planning and infrastructure of the 17th (Steenmeijer 2005; Essen 2011; also Essen and Hurx 2009; Essen, Hurx and Medema 2010), 18th (Medema 2011) and 19th centuries (Berens 2001; Hunter 2002).

OTHER ASPECTS

BUILDING IN THE MIDDLE AGES

As in other European countries, medieval architecture was long the preferred research topic of Dutch architectural historians. This interest was reflected in church monographs (especially in the series Monumenten van Geschiedenis en Kunst), in the *Bulletin van het KNOB* and in studies of wooden roof constructions, guilds and craft organizations, and building materials and techniques in the *Restauratievademecum*. Janse's study on the urban organization of buildings inspired PhD dissertations by Kolman (1993) and De Vries (1994). The evident dominance of this research field came to an end with the growing interest for the 19th century (*cf.* Cuypersgenootschap; van der Woud 2008, 44-76) and the international success of Dutch modernism (Fanelli 1978). However, it remains an active field in which disciplinary boundaries are often transgressed; see the building history and building economics sections below. Monographs on large churches now often result from multi-disciplinary collaboration on the occasion of important restorations, integrating new archeological building results and 3D digital reconstructions (for instance, Boekwijt et al. 2010; Veerman 2011; Kam, Kipp and Claessen 2014). The study of the stone trade's development in the PhD dissertations by Gabri van Tussenbroek ([2001] 2006b) and by Merlijn Hurx transcend previous syntheses (Meischke 1988) in their conclusions about the emergence of a top regional construction market and the status of the architect/contractor (Hurx 2012; also Essen and Hurx 2009; Essen, Hurx and Medema 2010). Currently, Hurx (Utrecht University) examines the medieval origins of modern architectural design in the Veni research project "Architects and bureaucrats: the court and the origins of architectural planning in Northern Europe (1370-1540)" (NOW, *Nederlandse Organisatie voor Wetenschappelijk Onderzoek / Netherlands Organisation for Scientific Research*, 2014-2016). New material research techniques also offer plenty of opportunities (Vries 2000). The recent results in dendrochronology often provide a younger date than previous analyses based on typological evolutions (Tussenbroek 2012).

Close examination of the surface finishing of natural stone used in medieval buildings by the Belgian expert Frans Doperé also specifies the construction chronology of Dutch churches, just as it does for the Belgian ones. The question of medieval brick architecture continues to fascinate researchers (Homestead 2005; Emmens 2008; Tussenbroek 2008a; Vermeer 1999; Gawroski & Veerkamp 2004). Consider also the Dutch contribution to the international publishing project *Corpus Vitrearum* (cfr. Ruyven-Zeman 2012).

YOUNG MONUMENTS

The Dutch division of the Documentation and Conservation of Buildings, Sites and Neighborhoods of the Modern Movement (Docomomo) founded by Hubert-Jan Henket and Wessel De Jonge (TU Eindhoven) in 1988 currently has its headquarters in the Research & Education in Modification Department of Intervention and Transformation (rMIT) at the Faculty of Architecture at TU Delft. The challenges of "conceptual" design and new materials in the restoration of this young patrimony are among their primary concerns (Henket and Young 1990; Heuvel et al. 2008). Recent rMIT publications address key Dutch restoration projects, such as those of Sanatorium Zonnestraat (Meurs and Thoor 2011) and the Rijksmuseum (Meurs and Thoor 2013). The 20th-century heritage and its materials are also well represented in the PhD-research projects at TU Delft (e.g., Osterman 2010; Heinemann 2013).

THE INTERIOR

Research on Dutch interiors is represented at the university level by Prof. Dr. C. Willemijn Fock (U Leiden; Fock 2001). Besides the richly illustrated synthesis publications (Burkom et al. 2001; Laan, Kolderweij and Krabbe 2012), the platforms and related publications are mainly organized under the direction of Eloij Kolderweij (RCE) and concentrated on floors (Hermans, Kolderweij and Snoodijk 2008) and stucco (Kolderweij 2010; see also Freling 1993), who needs to be mentioned. Research on historical wall finishing became closely linked to its conservation and restoration (Bohan, Harmanni and Maes 2011; older: Heesters 1988, Kolderweij, Knuijt and Adriaansz 1991). The Stichting Historische Behangsels en Wanddecoraties Nederland (SHBW, www.historischebehangsels.nl [Foundation for Dutch historical wallpapers and mural decorations]; *Nieuwsbrief Stichting Historische Behangsels en Wanddecoraties in Nederland* [Newsletter]) was established in 1992. Richard Harmanni wrote his PhD dissertation on the "behangselschilder" Jurriaan Adriessen (1742-1819) (U Leiden, 2006). As a key publication in the study of color finishing within modern architecture, the PhD by Jan De Heer on Le Corbusier (2008, TU Delft) is noteworthy.

ARCHITECTURAL DRAWINGS

In his inaugural speech at Delft University, Michiel Riedijk regarded drawings as the "reason for the architect" (2009). During the last decade, 17th and 18th century Dutch architectural drawings became the subject of PhD-dissertations (Gerritsen 2006; Roëll 2010). The investigations into medieval and early modern architecture drawings by Ruud Meischke (1923-2010) (1988) found succession in the above-mentioned research of Merlijn Hurx (U Utrecht). For the 19th and 20th centuries, this topic is well represented in numerous exhibition catalogs, as well as in the study of Prix-de-Rome drawings (Krabbe 2009) and of architectural training and education (Wendt 2008; Wendt and Tauber 2009). For building models, reference can be made to the (older) exhibition catalog and synthesis *Het kleine bouwen* (Tieskens, Snoep and van Wezel 1983).

BUILDING ECONOMICS

Economics is among the social aspects that are discussed in the reported synthesis works on the history of technology in the Netherlands in the 19th and 20th centuries (see above). However, for a more explicit economic history of construction in the Netherlands, one still has to rely on older studies, such as the overview by van der Wal ([1940] 1970) or on Amsterdam housing (Engberts 1977, Bolle and Snepvangers 1977). The PhD dissertation by Wim Vroom on church construction financing in the Low Countries during the Middle Ages (VU Amsterdam 1981) recently came out in an English translation (2010).

In addition to the reported studies on the trade in and the transport of building materials in the Middle Ages, comparable research was also conducted for wood in the 17th and 18th centuries (Tussenbroek 2008b). Historical studies of building firms, which often are situated on the disciplinary boundaries between industrial archeology and the history of technology, became an important source of documentation on the manufacturing of building materials in the 19th and 20th centuries (brick: Janssen and Timmers 1984; Janssen 1987; Janssen 1989; tiles: Schellingerhout 2009; Mombers and Veen 2006; Mombers 2010; laminated timber: Hengeveld 1979). Anniversary publications constitute another category of studies covering aspects of building construction that are rarely treated elsewhere: in fact, associations of building industries, contractors and workers write their own histories (Smit and Smolders 1985; Reinders 1995; Schippers 1996; Vlist 1998; Dijk and Slok 2000).

BUILDING LEGISLATION

For an introduction to the history of legal aspects related to private building construction, reference can be made to a recent brief overview by professor M.A.B. Chao-Duivis (2008, TU Delft). Kocken (2004) presents an overview of construction regulations between 1200 and 1500 in Dutch and Flemish cities. The impact of urban regulations in later centuries was the subject of the PhD dissertation by Jaap Evert Abrahamse (2010) and Ineke Peij (2004), respectively dedicated to 17th-century Amsterdam and 19th-century Dutch city expansions. Fountain's PhD (1988) discusses the evolution of the architect's legal status in the Netherlands during the 19th and 20th centuries. The recent synthesis study on historical building specifications by Gabri van Tussenbroek (2013) breaks with the previous individual treatment of these contractually binding documents. Contemporary studies; such as, for example, the 1968 report on the context and the application of the Uniforme Administratieve Voorwaarden (U.A.V. [uniform administrative conditions]; Vines [1969] 1974) can still serve as a valuable introduction to the history of general Dutch specifications. In the study of construction history arbitration in the 20th century, the mutual position of the contractor and contracting authority has been treated by Wijngaarden (1982).

LIBRARIES AND ARCHIVES

In the field of construction history in the Netherlands, two libraries are of major importance: the Central Library of the Rijksdienst voor Cultureel

Erfgoed in Amersfoort (www.cultureelerfgoed.adllibsoft.com) –which also houses the documentation and reports on historical buildings of the Rijkdienst and the SHBO– and the TU Delft library, the latter of which was the institutional library of the premier educational facility for Dutch construction and civil engineers. In addition, the library of Het Nieuwe Instituut (formerly Nederlands Architectuurinstituut, Nai), and those of the numerous foundations and municipal organizations mentioned above, should be mentioned. Increasingly, administration and foundation websites make their publications available in a digitalized format (*cf.* www.dbnl.org); many 19th- and 20th-century Dutch architectural magazines are now available online (www.tresor.tudelft.nl/tijdschrift/).

The aforementioned Het Nieuwe Instituut holds a significant collection of Dutch architects' archives. Additionally, national, provincial and municipal archives digitize numerous (planning) documents and contribute to facilitating research on private houses (*cf.* Pennings, Pietersma and Vogelzang 1998).

CONCLUSION

In comparison with the Netherlands' neighboring countries, such as Belgium (Van de Vijver 2004), obvious parallels in research tendencies (industrial archeology, economic and social history, history of technology) and research chronologies can be established. The available published research in the field of construction history in the Netherlands impresses by both its quantity and its quality. The present state of research in the broad field of construction history in the Netherlands seems to have all assets necessary to participate successfully in transnational research projects.

Dirk VAN DE VIJVER
Utrecht University,
The Netherlands

REFERENCE LIST

Abrahamse, Jaap Evert. 2010. *De grote uitleg van Amsterdam. Stadsontwikkeling in de zeventiende eeuw.* Bussum: Thoth.

Abrahamse, Jaap Evert, H. Baas, and R. Rutte. 2009. "Hollands erfgoed: De stand van onderzoek naar de geschiedenis van architectuur, stedenbouw en cultuurlandschap." *OverHolland* 8, 86-114.

Arends, Gerrit Jan. 1994. *Sluizen en stuwen: De ontwikkeling van de sluis- en stuwbouw in Nederland tot 1940* (Bouwtechniek in Nederland 5). Delft: Delftse universitaire Pers (verder: DUP).

Arends, Gerrit Jan. 2004. *Historische sluizen en stuwen waardering en instandhouding.* Utrecht: Matrijs.

Arends, Gerrit Jan, et al. 1988. *Constructies van ijzer en beton: Gebouwen 1800-1940: Overzicht en typologie* (Bouwtechniek in Nederland 1). Delft: DUP.

Arends, Gerrit Jan, C.H. van Eldik, and Herman Janse. 1989. *Compendium constructies; gebouwen 1800-1940* (Bouwtechniek in Nederland 3). Delft: DUP.

Bakker, Geeske, and Tarquinius Hoekstra, eds. 1997. *Het stenen geheugen. 25 jaar archeologie en bouwhistorie in Utrecht.* Utrecht: Centraal Museum.

Berends, Gerrit, 1996. *Historische houtconstructies in Nederland.* Arnhem: SHBO.

Berens, Hetty E.M.. 2001. *W.N. Rose (1801-1877): stedenbouw, civiele techniek en architectuur* (PhD UA). Rotterdam: NAi.

Beukers, E., ed. 2009. *Erfgoedbalans 2009: Archeologie, monumenten en cultuurlandschap in Nederland.* Amersfoort: RACM.

Binkhorst, Hans et al., eds. 2009. *Bruggen in Nederland 1940-2000, 1. Bruggen in Nederland 1940-1950. Vernieling en herstel, 2. Bruggen in Nederland 1950-2000.* Zutphen: Walburg Pers/NBS.

Boekwijt, Harry et al. 2010. *De Sint-Janskathedraal van 's Hertogenbosch. Geschiedenis van de bouw.* Alphen aan de Maas: Veerhuis.

Bohan, Judith, Richard Harmanni, and Bert Maes. 2011. *Papierbehang. Historie, conservering en restauratie* (Praktijkboek Cultureel Erfgoed aflevering 17 no. 49). Den Haag: Sdu Uitgevers.

Bolle, G., and C.A. Snepvangers, eds. 1977. *Spiegel van onroerend goed.*

Verhandeling over een aantal onderwerpen het onroerend goed betreffende, geschreven en gebundeld ter gelegenheid van het 100-jarig bestaan van de Makelaarsvereniging van Amsterdam. Deventer: Kluwer.

Bommel, Bert van. 2008. *Bouwhistorie als wetenschap. Over toegepast bouwhistorisch onderzoek*. Praktijkboek Cultureel Erfgoed Aflevering 4, no. 11. Den Haag: Sdu.

Bosch, Antoine, ed. 1998. *Twee eeuwen rijkswaterstaat: 1798-1998*. Zaltbommel: Europese Bibliotheek/SHT.

Bosma, Koos et al., eds. 2007. *Bouwen in Nederland 600-2000*. Amsterdam: Prins Bernhard Cultuurfonds/ Zwolle: Waanders.

Bot, P. 2009. *Vademecum historische bouwmaterialen, installaties en infrastructuur*. Alphen aan de Maas: Veerhuis.

Burkom, Frans van et al., eds. 2001. *Leven in Toen. Vier eeuwen Nederlands interieur in beeld*. Amsterdam: Stichting Manifestatie Historisch Interieur.

Chao-Duivis, M.A.B. 2008. "Capita selecta uit de geschiedenis van het privaatrechtelijke bouwrecht." In *R.W.M. Kluitenberg, 40 jaar Instituut voor Bouwrecht*, edited by R.W.M. Kluitenberg. Den Haag: Instituut voor Bouwrecht.

Coelman, Bernardus Hendricus, and H.P. Klooster, eds. 2008. *Nederlandse brugontwerpers en hun bruggen 1950-1985*. Utrect: Matrijs/NBS.

Denslagen, Wim F., and A. de Vries. 1984. *Kleur op historische gebouwen. De uitwendige afwerking met pleister en verf tussen 1200 en 1900*. 's-Gravenhage: Staatsuitgeverij.

Dijk, J.J. van, and J. Slok. 2000. *Samengesnoerd door eenen band: een eeuw hout- en bouwbond CNV, 1900-2000*. Odijk: Hout- en Bouwbond CNV.

Drunen, Ad van. 2001. *'s-Hertogenbosch 'van straet tot stroom': een bouwhistorische onderzoeksmethode betreffende de samenhang tussen percelering, bebouwing en bewoning in de zestiende-eeuwse stad*. Delft: Publicatiebureau Bouwkunde, TU.

Drunen, Ad van. 2012. "Documenteren! Document eren?" *SBN Nieuwbrief* 53: 32-37.

Dubbelaar, C.W., ed. 2007. *Utrecht in steen, Historische bouwstenen in de binnenstad*. Utrecht: Matrijs.

Emmens, Karel. 2008. "De oudste Friese baksteen. Een heroriëntatie op de introductie en vroege toepassing van baksteen in Friesland en Groningen." In *Medieval Brick Architecture in Flanders and Northern*

Europe: The Question of the Cistercian Origin, edited by T. Coomans and H. van Royen, 73-114. Koksijde: Abdijmuseum Ten Duinen (Novi Monasterii 7).

Engberts, Gerrit Engbertus. 1977. *De Nederlandse en Amsterdamse bouwactiviteiten 1850-1914*. Deventer: Kluwer.

Essen, Gea van. 2011. "Het stadsfabrieksambt. De organisatie van de publieke werken in de Noordelijke Nederlanden in de zeventiende eeuw." PhD diss., Universiteit Utrecht.

Essen, Gea van, and Merlijn Hurx. 2009. "Design and construction in the cities of Holland, Part I. Supraregional and municipal systems: the construction of large city churches and the earliest public works (14th-16th centuries)." *OverHolland* 8: 3-30.

Essen, Gea van, Merlijn Hurx, and Geert Medema. 2010. "Design and construction in the cities of Holland, Part II. Professionalisation of the municipal building company in times of expansion and contraction (17th-18th centuries)." *OverHolland* 9: 25-53.

Fanelli, Giovanni. 1978. *Architettura edilizia urbanistica Olanda 1917-1940*. Firenze: Papafava.

Fock, Cornelia Willemina, ed. 2001. *Het Nederlandse interieur in beeld, 1600-1900*. Zwolle: Waanders.

Fontein, Eric Maarten. 1988. *De rechtspositie van de architect 1850-1985: een onderzoek naar de relatie tussen ontwikkelingen in de maatschappelijke positie en rechtspositie*. Delft: DUP (PhD Maastricht).

Freling, Wijnand V.J. 1993. *Stucwerk in het Nederlandse woonhuis uit de 17^{e} en 18^{e} eeuw*. Leeuwarden/Mechelen: Eisma.

Gawronski, Jerzy, and J. Veerkamp. 2004. "Bakstenen. Bouwstenen van Amsterdam." In *Amsterdam. Monumenten & Archeologie* 3: 11-23.

Gerritsen, Elske E.O. 2006. *Zeventiende-eeuwse architectuurtekeningen: de tekening in de ontwerp- en bouwpraktijk in de Nederlandse Republiek* (PhD U Utrecht). Zwolle: Waanders.

Harmanni, Richard. 2006. "Jurriaan Andriessen (1742-1819), 'behangselschilder'." PhD diss., Leiden University.

Haslinghuis, Edward Johannes, and Herman Janse, eds. 1997. *Bouwkundige termen: verklarend woordenboek der westerse architectuurgeschiedenis en bouwhistorie*. Leiden: Primavera Pers.

Heer, Jan de. 2008. *De architectonische kleur. De polychromie in de puristische architectuur van Le Corbusier*. Rotterdam: 010.

Hees, R.P.J. van, H. De Clercq, and W.J. Quist, eds. 2012. *Stenen van binnen, stenen van buiten. Natuursteen in de Jonge Bouwkunst. Syllabus 4de Vlaams-Nederlandse Natuursteendag 15 februari 2012*. Delft: RCE/ Delft Centre for Materials DCMAT.

Heesters, J.H.P., ed. 1988. *Vier eeuwen behang: De geschiedenis van de wandbespanning in Nederland*. Delft: DUP.

Heinemann, H.A. 2013. *Historic Concrete: From concrete repair to concrete conservation* (PhD). Delft: TU Delft.

Hekker, Robert C., and Christian Jan Kolman. 1989. *'Ten voordele en cieraat van dese stad.' Studies over houten huizen in Nederlandse steden* (RV bijdrage 9). Zeist: RVMZ.

Hemert, M. van. 1983. *Materialen en technieken in oude bouwwerken*. Cursus-syllabus. Zeist: RDMZ.

Hendriks, L., and Jan van der Hoeve. 2009. *Richtlijnen bouwhistorisch onderzoek. Lezen en analyseren van cultuurhistorisch erfgoed*. Den Haag: RCE, SBN et al.

Hengeveld, D.J. 1979. *Het gelamineerde hout in Nederland; de geschiedenis van de Nemaho*. Delft: DUP.

Henket, Hubert-Jan, and Wessel De Jonge. 1990. *Het Nieuwe Bouwen en Restaureren* (RV Bijdrage 10). Zeist: RVMZ.

Hermans, Taco. 2006. *Vind en bind: de ontwikkeling van beton als bouwmateriaal* (Praktijkboek Instandhouding Monumenten, aflevering 29). Den Haag: Sdu Uitgevers.

Hermans, Taco, E. Kolderweij, and D. Snoodijk, eds. 2008. *Over de vloer: met voeten getreden erfgoed*. Zwolle: Waanders uitgevers.

Heuvel, Dirk van den et al., eds. 2008. *The challenge of Change: Dealing with the Legacy of the Modern Movement. Proceedings of the 10th International Docomomo Conference*. Rotterdam, Delft: TUDelft.

Hoeve, Jan van der. 2005. "Backstein in den Niederlanden." In *Technik des Backsteinbaus im Europa des Mittelalters* (Berliner Beiträge zur Bauforschung und Denkmalpflege, 2), edited by B. Perlich and Gabri Van Tussenbroek, 125-138. Petersberg: Imhof.

Hurx, Merlijn. 2012. *Architect en aannemer. De opkomst van de bouwmarkt in de Nederlanden 1350-1530* (PhD Utrecht). Nijmegen: Vantilt.

Hurx, Merlijn. 2013. "City Churches in Holland. Combining Ambition with Pragmatic Building Strategies (1350-1550)." In *Kirche als Baustelle.*

Grosse Sakralbauten des Mittelalters, edited by K. Schröck, B. Klein, and S. Bürger, 182-196. Köln: Böhlau Verlag.

Jager, Ida. 2002. *Hoofdstad in gebreke: manoeuvreren met publieke werken in Amsterdam, 1851-1901* (PhD VU Amsterdam). Rotterdam: 010.

Janse, Herman. 1965. *Bouwers en bouwen in het verleden; de bouwwereld tussen 1000 en 1650.* Zaltbommel: Europese Bibliotheek.

Janse, Herman. [1971] 1977. *Vensters.* Schiedam: Interbook.

Janse, Herman. 1980. *Zeven eeuwen bouwen. De bouwwereld in 's-Gravenhage van 1280 tot 1980.* 's-Gravenhage: Stafafdeling Bouwkundig Onderzoek en Documentatie van de RVMZ.

Janse, Herman. 1989. *Houten kappen in Nederland 1000-1940.* Bouwtechniek in Nederland 2. Delft: DUP.

Janse, Herman. 1995. *Trap en Trede.* RV bijdrage 15. Zeist: RVMZ.

Janse, Herman. 1998. *'Van aaks tot zwei'. Historische handgereedschappen in de Nederlandse en Vlaamse bouwwereld.* RV bijdrage 19. Zeist: RVMZ.

Janse, Herman, ed. 1985. *Keurig glas in monumenten. Conservering van gebrandschilderd glas.* 's-Gravenhage: Staatsuitgeverij.

Janse, Herman, ed. 1985-1998. *Restauratievademecum.* Zeist: RVMZ/'s-Gravenhage: Staatsuitgeverij.

Janse, Herman, ed. 1986. *Leien op monumenten.* Zeist: RVMZ/Baarn: Bosch & Keuning.

Janse, Herman, and Dirk Jan de Vries. 1991. *Werk en merk van de steenhouwer. Het steenhouwersambacht in de Nederlanden voor 1800.* Zwolle: WBooks/Zeist: RVMZ.

Janse, Herman, and L. Devliegher. 1963. *Middeleeuwse bekappingen in het vroegere graafschap Vlaanderen.* Brugge: Genootschap voor Geschiedenis Société d'Émulation.

Janssen, Gerardus Bernardus. 1987. *Baksteenfabricage in Nederland. Van nijverheid tot industrie 1850-1920* (PhD. Tilburg). Gelderse Historische reeks, XVII. Zutphen: De Walburg Pers.

Janssen, Gerardus Bernardus. 1989. "Stenen bakken in Holland. Enkele aspecten van een Zuidhollandse tak van nijverheid (c. 1800-c.1920)." *Holland* 21: 228-247.

Janssen, Gerardus Bernardus, and H.J. Timmers. 1984. *100 jaar geörganiseerde baksteenindustrie 1884-1984.* De Steeg: Koninklijk Verbond van Nederlandse Baksteenfabrikanten.

Kam, René de, A.F.E. Kipp, and Daan Claessen. 2014. *De Utrechtse Domtoren. Trots van de Stad*. Utrecht: Matrijs.

Kipp, F. 2010. "Bouwhistorie in Utrecht." *SBN Nieuwsbrief* 49: 42-49.

Klooster, O. van der. 2011. *Van Leidse schilders mette groote quast. Historische buitenkleuren in de Sleutelstad*. Bodemschatten en bouwgeheimen 7. Leiden: Primaverapers.

Kocken, Edmund Henry Antonius. 2004. *Van bouwen, breken en branden in de Lage Landen. Oorsprong en ontwikkeling van het middeleeuws stedelijk bouwrecht tussen +/ 1200 en +/1500. Een terreinverkennend onderzoek*. Bouwrecht monografieën, Geschrift nr. 24. Deventer: Kluwer/ Stichting instituut voor bouwrecht.

Kolderweij, Eloy, ed. 2010. *Stuc. Kunst en Techniek*. Amersfoort: RCE/ Zwolle: Waanders.

Kolderweij, Eloy F., Marieke J.F. Knuijt, and E.G.M. Adriaansz, eds. 1991. *Achter het Behang: Vierhonderd jaar wanddecoratie in het Nederlandse binnenhuis*. De Bilt: Cantecleer.

Kolman, Christiaan Jan. 1993. *Naer de eisch van 'twerck. De organisatie van het bouwen te Kampen 1450-1650* (PhD Utrecht). Utrecht: Matrijs.

Kooij, B.H.J.N. 1998. *De ontwikkeling van de spouwmuur in Nederland*. RVblad Spouwmuur. Zeist: RDMZ.

Kooij, B.H.J.N. 2011. *Geschiedenis en ontwikkeling van het isoleren in Nederland. Een eerste verkenning van historische isolatiematerialen en hun toepassingen in Monumenten*. Praktijkboek Cultureel Erfgoed aflevering 15, nr. 40. Den Haag: Sdu.

Krabbe, Coert Peter. 2009. *Droomreis op papier: De Prix de Rome en de Nederlandse architectuur (1808-1851)*. Leiden: Primavera Pers.

Kuipers, Marieke Cornelie. 2006. *Beton(t)wikkeling: Verkenning in vogelvlucht van de betongeschiedenis in Nederland, 1880-1955*. Deel 1, Algemeen. Praktijkboek Instandhouding Monumenten, Aflevering 29. Den Haag: Sdu.

Laan, Barbara, Eloy Koldeweij, and Coert Peter Krabbe. 2012. *Wonen in een monumentaal huis, 1875-1945, Toen en nu*. Nijmegen: Sun/Stichting Historisch Interieurs in Amsterdam-Zuid.

Lauwen, Toon, ed. 1995. *Nederland als kunstwerk: vijf eeuwen bouwen door ingenieurs*. Rotterdam: NAi.

Leeuwen, Wilfred R.F. van, ed. 1993. *Bouwen in Nederland in de negentiende eeuw*. Zutphen: Walburg Pers/ SHT.

Lintsen, Hendricus Wilhelmus, ed. 1993-1994. *Geschiedenis van de techniek in Nederland. De wording van een moderne samenleving.* Zutphen: Walburg Pers/ SHT.

Medema, Geert. 2011. *Achter de façade van de Hollandse stad: Het stedelijke bouwbedrijf in de achttiende eeuw* (PhD U. Utrecht). Nijmegen: Vantilt.

Meischke, Rudolph (Ruud). 1988. *De gothische bouwtraditie. Studies over opdrachtgevers en bouwmeesters in de Nederlanden.* Amersfoort: Bekking.

Meischke, Rudolph (Ruud) et al. 1993-2000. *Huizen in Nederland: architectuurhistorische verkenningen aan de hand van het bezit van de Vereniging Hendrick de Keyser.* Zwolle: Waanders.

Meulenkamp, Wim. 2006. *Kunst noch Kitsch: cementrustiek, een verloren stijl en ambacht.* Praktijkboek Instandhouding Monumenten, afl. 29. Den Haag: Sdu Uitgevers.

Meurs, Paul, and Marie-Thérèse van Thoor, eds. 2010. *Sanatorium Zonnestraal- Geschiedenis en restauratie van een modern monument.* Rotterdam: NAi Uitgevers.

Meurs, Paul, and Marie-Thérèse Thoor. 2013. *Rijksmuseum Amsterdam. Restauratie en transformatie van een nationaal monument.* Rotterdam: NAi.

Mombers, H. 2010. *Mombers Dakpannengids.* Akersloot: Mandate publishers.

Mombers, H.F.J.H., and E. van der Veen. 2006. *Historisch overzicht van de voormalige Nederlandse dakpannenfabrieken, 1594-2006: beknopte fabriekshistorie, overzicht van productiemodellen en technische voetnoten.* Druten: s.n.

Oosterhoff, Jacob. [1978] 2002. *Constructies momenten uit de geschiedenis van het overspannen en ondersteunen.* Delft: s.n.

Oosterhoff, Jacob. 1990. *Kracht en vorm: de draagconstructie van bouwwerken eenvoudig verklaard.* Bouwtechniek in Nederland 4. Delft: DUP.

Oosterhoff, Jacob. 1991. *Bouwtechniek in de oude tijd; een compendium.* Delft: DUP.

Oosterhoff, Jacob, ed. 1997-1999. *Bruggen in Nederland 1800-1940, 1. Vaste bruggen van ijzer en staal; 2. Bruggen van beton, steen en hout; 3. Beweegbare bruggen.* Utrecht: Matrijs/NBS.

Orsel, E.D. 2009a. "The Earliest development of Roof Construction in Leiden (NL)." In *Proceedings of the Third International Congress on Constuction History*, edited by Kurrer, K.E., W. Lorenz and V. Wetzk, 3, 1113-1120. Cottbus.

Orsel, E.D. 2009b. "Klassizistische Dachwerkkonstruktionen des 17. und 18. Jahrhunderts in Leiden." In *Dachconstruktionen der Barockzeit in Norddeutschland und im benachbarten Ausland*, edited by P. Zalewski, 124-135. Petersberg: Imhof.

Ostermann, Ingrid. 2010. *Fabrikbau und Moderne in Deutschland und den Niederlande der 1920er und 30er Jahre* (PhD TUDelft). Berlin: Mann.

Ouden, A. 1994. *Een hoekstaal van de maatschappij; constructiewerkplaatsen in Nederland van 1840 tot heden (1994).* Zoetermeer: Stichting Nederlandse Staalbouw.

Peet, C. van der, and Guido Steenmeijer, eds. 1995. *De rijksbouwmeesters: twee eeuwen architectuur van de Rijksgebouwendienst en zijn voorlopers.* Rotterdam: 010.

Pennings, Joyce Chrétien Marie, Arend Pietersma, and Fred Vogelzang. 1998. *Huizen vol historie. Gids voor huizenonderzoek in de provincie Utrecht.* Utrecht: Het Utrechts Archief.

Pey, Engelina Blanca Faustinia. 2004. *Bouwen voor gezeten burgers: herenhuizen en villa's in de nieuwe stadswijken van Utrecht, Groningen en Nijmegen (1874-1901)* (PhD TUDelft). Zwolle: Waanders.

Polderman Rutger, and Daan van Rijn. 2013. *Het water de baas, een overzichtswerk van de mechanische bemaling in Nederland.* Hilversum: Verloren/Nederlandse Gemalen Stichting.

Quist, W.J. 2010. *Natuursteen in Delft; Origineel? Vervanging, restauratie.* Praktijkboek Cultureel Erfgoed aflevering 12, nr. 31. Den Haag: Sdu.

Reinders, H. 1995. *Een eeuw verenigd bouwen in Nederland: 100 jaar NVOB.* Bunnik: Reinders.

Riedijk, M. 2009. *De tekening. De bestaansreden van de architect.* Rotterdam: TU Delft.

Roëll, Eva. 2010. *Tekenen ter verlichting. Architectuurtekeningen in de achttiende-eeuwse Republiek* (PhD Utrecht).

Schellingerhout, A., and I. van Eeden Petersman. 2009. *Dakpannen 2600 jaar terracotta of keramische dakpan.* Leiden: Primavera.

Schippers, H. 1996. *Bouwt in beton! Introductie en acceptatie van het gewapend beton in Nederland (1890-1940).* Gouda: Betonvereniging.

Schot, Johan Willem, ed. 2003. *Techniek in Nederland in de twintigste eeuw.* Zutphen: Walburg Pers/ SHT.

Slinger, A., Herman Janse, and Gerrit Berends. [1977] 1982. *Natuursteen in Monumenten*. Zeist/Baarn: RVMZ, Afdeling Bouwkundig Onderzoek en Documentatie.

Smit, Frank V. 2010. *Bruggen in Amsterdam. Infrastructurele ontwikkelingen en brugontwerpen van 1850 tot 2010*. Utrecht: Matrijs.

Smit, R.B., and F. Smolders, eds. 1985. *De geschiedenis van het beton in Nederland*. Symposium, Delft, okt. 1985. Delft: Betondispuut/Betonvereniging.

Steenmeijer, Guido Hendrik Pieter. 2005. *Tot cieraet ende aensien deser stede, Arent van 's-Gravesande, architect en ingenieur, ca. 1610-1662* (PhD ULeiden). Leiden: Primavera Pers.

Stenvert, Ronald. 1991. *Constructing the past; computer-assisted architectural-historical research* (PhD Rijksuniversiteit Utrecht). S.l.: S.n.

Stenvert, Ronald. 2008. "Hygiënische vloeren: Vloerentaxonomie 1850-1965." In *Over de Vloer: Met voeten getreden erfgoed*, edited by E. Kolderweij, 290-317. Zwolle: Waanders.

Stenvert, Ronald. 2010. "Marges van de bouwhistorie." *Bulletin KNOB* 109/4: 124-129.

Stenvert, Ronald. 2012. *Biografie van de baksteen 1850-2000*. Zwolle: Wbooks/Amersfoort: RCE.

Stenvert, Ronald. 2014. *Kerkkappen in Nederland 1800-1978*. Zwolle: Wbooks.

Stenvert, Ronald, and Gabri van Tussenbroek. 2007. *Inleiding in de bouwhistorie opmeten en onderzoeken van oude gebouwen*. Utrecht: Matrijs.

Stokroos, Meindert. 1985. *Terra cotta in Nederland; het gebruik van terra cotta en kunststeen in de 19e eeuw*. Amsterdam: Gemeentelijk Bureau Monumentenzorg.

Stokroos, Meindert. 1988. *Lood in Nederland; het gebruik van lood in voorbije eeuwen*. Amsterdam: Gemeentelijk Bureau Monumentenzorg.

Stokroos, Meindert. 1990. *Koper in Nederland; het gebruik van koper in de voorbije eeuwen*. Amsterdam: Gemeentelijk Bureau Monumentenzorg.

Stokroos, Meindert. 1994. *Bouwglas in Nederland. Het gebruik van glas in de bouwnijverheid tot 1940*. Amsterdam: Gemeentelijk Bureau Monumentenzorg.

Stokroos, Meindert. 2001. *Verwarmen en verlichten in de negentiende eeuw*. Zutphen: Walburg Pers.

Stokroos, Meindert. 2006. *Alles wat je al wilde weten over monumenten en bouwstijlen*. Bussum: Toth.

Stokroos, Meindert, ed. 2007-2011. *Praktijkreeks Cultureel Erfgoed, 2007-2011*. Den Haag: Sdu Uitgevers.

Taverne, Ed, and Irmin Visser. 1993. *Stedebouw: de geschiedenis van de stad in de Nederlanden van 1500 tot heden*. Nijmegen: SUN.

Tieskens, R.W., Derk Persant Snoep, and Q.W.C. van Wezel, eds. 1983. *Het kleine bouwen: vier eeuwen maquettes in Nederland*. Zutphen: Terra.

Tolboom, Hendrik Jan, ed. 2012. *Onvermoeide weelde; Natuursteengebruik in Rotterdam 1850-1965*. Utrecht: Matrijs.

Tolboom, Hendrik Jan. 1998. *Venstertraceringen in Nederland*. Restauratievademecum bijdrage 18. Den Haag: Sdu/ RVMZ.

Tussenbroek, Gabri, ed. 2000. *Bouwhistorie in Nederland: kennis en beschermen van gebouwen*. Utrecht: Matrijs.

Tussenbroek, Gabri, ed. 2010. *Hausbau in Holland: Baugeschichte und Stadtentwicklung*. Jahrbuch für Hausforschung 61. Marburg: Jonas Verlag.

Tussenbroek, Gabri van, ed. 2000. *Bouwhistorie in Nederland kennis en bescherming van gebouwen*. Utrecht: Matrijs.

Tussenbroek, Gabri van. 2003. *Onder de daken van zaltbommel. Bouwen en wonen in de historische binnenstad (1350-1650)*. Utrecht: Matrijs.

Tussenbroek, Gabri van. 2006a. *Grachten in Berlijn. Hollandse bouwers in de gouden eeuw*. Amsterdam: Veen.

Tussenbroek, Gabri van. 2006b. *The architectural network of the van Neurenberg family in the Low countries (1480-1640)*. Turnhout: Brepols.

Tussenbroek, Gabri van. 2008a. "Vroege baksteen in Holland tot 1300." In *Medieval Brick Architecture in Flanders and Northern Europe: The Question of the Cistercian Origin*, edited by T. Coomans and H. van Royen. Novi Monasterii 7, 115-132. Koksijde: Abdijmuseum Ten Duinen.

Tussenbroek, Gabri van. 2008b. "Geheimschrift in oude constructies. Amsterdam en de internationale houthandel in de 17de en 18de eeuw?" *SBN Nieuwsbrief* 45: 37-51.

Tussenbroek, Gabri van. 2012. *Historisch hout in Amsterdamse monumenten. Dendrochronologie-houthandel-toepassing*. Publicatiereeks Amsterdamse Monumenten 3. Amsterdam: Bureau Monumenten & Archeologie (BMAA).

Tussenbroek, Gabri van. 2013. *'Alzo zult gijlieden dat maken'. Gebruik en ontwikkeling van bouwconstracten en bestekken in de Noordelijke en Zuidelijke Nederlanden tot 1650*. Leiden: Primavera Pers.

Van de Vijver, Dirk. 2004. "Construction History in Belgium." In *Construction History. Research Perspectives in Europe*, edited by A. Becchi et al., 157-196. Fececchio: Kim Williams Books.

Veen, J.M. van der, ed. 1998-2007. *Praktijkboek Instandhouding Monumenten*. Den Haag: Sdu.

Veerman, John, ed. 2011. *De Pieterskerk in Leiden, bouwgeschiedenis, interieur en gedenktekens*. Zwolle: Wbooks.

Vermeer, Gerrit. 1999. *Kloosters van baksteen. De architectuur van de hervormingsorden in Nederland tot omstreeks 1300* (PhD UVA). Almere.

Vlaardingerbroek, Pieter. 2011. *Het paleis van de Republiek: Geschiedenis van het stadhuis van Amsterdam* (PhD U. Utrecht). Zwolle: Waanders.

Vlist, A.A. van der. 1998. *Tussen cement, zand en grind…en beton 50 jaar betonmortelindustrie in Nederland 1948-1998*. Driebergen: Vereniging van Ondernemingen van Betonmortelfabrikanten in Nederland (VOBN).

Vries, Dirk Jan de, ed. 1990. *Hausbau in den Niederlanden. Bericht über die Tagung des Arbeitskreises für Hausforschung in Utrecht von 6. Bis 10. Juni 1988*. Jahrbuch für Hausforschung, 39. Marburg: Jonas Verlag.

Vries, Dirk Jan de. 1985. "Over pannen en daktegels: traditie en innovatie in de late middeleeuwen." *Overijsselse Historische Bijdragen* (Verslagen en mededelingen van de Vereeniging tot beoefening van Overijsselsch Regt en Geschiedenis) 100: 83-144.

Vries, Dirk Jan de. 1992. "De bouwgeschiedenis van de Lebuinus tussen circa 1450 en de reformatie." In *De Grote en Lebuinuskerk te Deventer*, edited by A.J.J. Mekking, 71-101. Utrecht/Zutphen: Walburg Pers.

Vries, Dirk Jan de. 1994. *Bouwen in de late middeleeuwen; stedelijke architectuur in het voormalige Over- en Nedersticht*. Utrecht: Matrijs.

Vries, Dirk Jan de. 2000. "Vergelijkend natuurwetenschappelijk dateringsonderzoek." *Bulletin KNOB* 99/3: 74-84.

Vroom, Wilhelmus Hermanus. 2010. *Financing cathedral building in the Middle Ages: the generosity of the faithful*. Amsterdam: Amsterdam University Press.

Wagenaar, Cor. 2011. *Town Planning in the Netherlands since 1800. Responses to Enlightenment Ideas and Geopolitical Realities*. Rotterdam: 010.

Wal, Johannes Jacobus van der. [1940] 1974. *De economische ontwikkeling van het bouwbedrijf in Nederland*. Haarlem: Gottmer [Delft: Waltman. 1940].

Wendt, Dave. 2008. *Academie van Bouwkunst Amsterdam 1908-2008*. Rotterdam: 010.

Wendt, Dave, and Pieter Hedricus Tauber. 2009. *Ambachtsman en architect. Tekeningen uit de metselopleiding van Henricus Tauber.* Rotterdam: 010.
Wijngaarden, M.A. van. [1969] 1974. *Handleiding tot de U.A.V.* (PhD). Bouwrecht monografieën, Geschrift nr. 2. Deventer: Kluwer-Samso/ Stichting Instituut voor Bouwrecht.
Woud, Auke van der. 2008. *Sterrenstof. Honder jaar mythologie in de Nederlandse architectuur.* Rotterdam: 010.
Zantkuijl, Henk J. [1973-1991] 1993. *Bouwen in Amsterdam: het woonhuis in de stad, Het woonhuis in de stad.* Amsterdam: Architectura & Natura.

DOCTORAL THESES AT DUTCH UNIVERSITIES RELATED TO THE FIELD OF CONSTRUCTION HISTORY, UNDERSTOOD IN ITS BROADEST SENSE, 1997-2014

The list is compiled from the list of art history theses provided by the Onderzoeksschool Kunstgeschiedenis.

Abrahamse, Jaap Evers. 2010. "De grote uitleg van Amsterdam. Stadsontwikkeling in de zeventiende eeuw." PhD diss., Universiteit van Amsterdam.
Bax, Marty. 2004. "Het Web der Schepping. Theosofie en kunst in Nederland van Lauweriks tot Mondriaan." PhD diss., Vrije Universiteit Amsterdam.
Beeckmans, Luce. 2013. "Making the African city. Dakar–Dar es Salaam–Kinshasa, 1920-1980." PhD diss., Rijksuniversiteit Groningen.
Beekers, Wouter. 2012. "Het bewoonbare land. Geschiedenis van de volkshuisvestingsbeweging in Nederland.", PhD diss., Vrije Universiteit Amsterdam.
Berens, Hetty. 1999. "W.N. Rose (1801-1877): ingenieur en architect." PhD diss., Vrije Universiteit Amsterdam.
van den Berg, Bianca. 2008. "De Sint-Janskerk in Gouda. Een oude stadskerk volgens een nieuw ruimtelijk plan." PhD diss., Universiteit Utrecht.
Bertram, C.A.H.H. 2009. "Das niederländische Interesse an deutscher

Architektur und Architekturförderung im 19. Jahrhundert." PhD diss., Rijksuniversiteit Groningen.

Boerefijn, Willem Nicolaas Adrianus. 2010. "The Foundation, Planning and Building of New Towns in the 13th and 14th Centuries in Europe. An Architectural-historical Study of Urban Form and its Creation." PhD diss., Universiteit van Amsterdam.

Brand, Nikki. 2012. "The roots of the Randstad. Governmental impact and urban hierarchy in the western part of the Netherlands between the 13th and 20th centuries." PhD diss., TU Delft.

Breedveldt Boer, Inge. 2003. "Tekeningen en Vasseren; het bedrijf van Jan Peter Baurscheit (1699-1768) en de architectuur in het tweede kwart van de achttiende eeuw." PhD diss., Universiteit Utrecht.

Broekhuizen, Dolf. 2000. "De Stijl toen, J.J.P. Oud nu: de bijdrage van de architect J.J.P. Oud aan herdenken, herstellen en bouwen in Nederland (1938-1963)." PhD diss., Rijksuniversiteit Groningen.

Brouwer, Petra. 2009. "De wetten van de bouwkunst. Nederlandse architectuurboeken in de negentiende eeuw." PhD diss., Vrije Universiteit Amsterdam.

Clevis, Krien. 2013. "Herinnering en vergankelijkheid in de verbeelding van plaats: van Italische domus naar artistiek environment." PhD diss., Universiteit Leiden.

Cohen, Matthew. 2011. "Beyond beauty. Reexamining architectural proportion in the Basilicas of San Lorenzo and Santo Spirito in Florence." PhD diss., Universiteit Leiden.

Van Deinse, Hans. 2012. "Wind und Wand. De neoconstructievistische binnendecoratie van Gerhard in de St. Antoniuskirche te Düsseldorf-Oberkasse (1984-1986)." PhD diss., Universiteit Leiden.

Van Dullemen, Jan. 2008. "Op zoek naar de Tropenstijl. Leven en werk van prof. ir. C.P. Wolff Schoemaker, Indisch architect." PhD diss., Universiteit Utrecht.

Van Essen, Gea. 2011. "Het stadsfabrieksambt. De organisatie van de publieke werken in de Noordelijke Nederlanden in de zeventiende eeuw." PhD diss., Universiteit Utrecht.

Floor, Ros. 2012. "Architectuur van het recht. Nederlandse Justitiegebouwen 1870-1914." PhD diss., Rijksuniversiteit Groningen.

Geertse, Michel. 2012. "Defining the Universal city. The International Federation for Housing and Town Planning and transnational planning dialogue 1913-1945." PhD diss., Vrije Universiteit Amsterdam.

Geevers, Kees. 2014. "Stedenbouwkundige waardenstelling van industrieel erfgoed." PhD diss., TU Delft.

Gerritsen, Elske. 2004. "Architectuurtekeningen. De tekening van de zeventiende-eeuwse ontwerp- en bouwpraktijk in de Noordelijke Nederlanden." PhD diss., Universiteit Utrecht.

Goudeau, Jeroen J.W. 2005. "Nicolaus Goldmann (1611-1665) en de wiskundige architectuurwetenschap." PhD diss., Universiteit Utrecht.

Van Groningen, Catharina. 2003. "De wooncultuur op de Stichtse Lustwarande van de zeventiende tot de twintigste eeuw." PhD diss., Universiteit Utrecht.

de Groot, Arie. 2006. "De Dom van Utrecht in de zestiende eeuw. Inrichting, decoratie en gebruik van de katholieke kathedraal." PhD diss., Vrije Universiteit Amsterdam.

Groot, Marian. 2004. "Vrouwen in de vormgeving in toegepaste kunst en industriële vormgeving in Nederland 1880-1940." PhD diss., Universiteit Leiden.

de Haan, Johan. 2005. "'Hier ziet men uit paleizen'. Het Groninger interieur in de zeventiende en de achttiende eeuw." PhD diss., Radboud Universiteit Nijmegen.

Harmanni, Richard. 2006. "Jurriaan Andriessen (1742-1819) "Behangselschilder"." PhD diss., Universiteit Leiden.

Hermans, Taco. 2013. "Middeleeuwse woontorens in Nederland." PhD diss., Universiteit Leiden.

van den Heuvel, Dirk. 2013. "Alison and Peter Smithson: A Brutalist Story, Involving the House, the City and the Everyday (plus a Couple of Other Things)." PhD diss., TU Delft.

van der Hoorn, Mélanie Marie. 2005. "Indespensable eyesores. An anthropology of undesired buildings." PhD diss., Universiteit Utrecht.

Huang, En-Yu. 2012. "Comparing the Do's & Taboos in Chinese Feng-Shui and Indian Vāstu-Shāstra Architectural Traditions." PhD diss., Universiteit Leiden.

Hurx, Merlijn. 2010. "De particulliere bouwmarkt in de Nederlanden en de opkomst van de architect (1350-1530)." PhD diss., TU Delft.

Jagher, Ida. 2002. "Hoofdstad in gebreke. Manoeuvreren met publieke werken in Amsterdam 1851-1901." PhD diss., Vrije Universiteit Amsterdam.

de Jong, Sigrid D. 2010. "Rediscovering architecture. Paestum in eighteenth-century architectural experience and theory." PhD diss., Universiteit Leiden.

Klinkenberg, Emanuel. 2006. "Architectuuruitbeelding in de Middeleeuwen." PhD diss., Universiteit Leiden.

Koldeweij, Eloy F. 1998. "Goudleer in de Republiek der Zeven Verenigde Provincien. Nationale ontwikkelingen in de Europese context." PhD diss., Universiteit Leiden.

Koopmans, Ype. 1997. "Muurvast en gebeiteld. Nederlandse bouwbeeldhouwkunst 1840-1940." PhD diss., Vrije Universiteit Amsterdam.

Krabbe, Coert Peter. 1997. "Ambacht, kunst, wetenschap. De bevordering van de bouwkunst in Nederland (1775-1880)." PhD diss., Vrije Universiteit Amsterdam.

Kuipers, Marieke Cornelie. 1987. "Bouwen in beton: experimenten in de volkshuisvesting voor 1940." PhD diss., Universiteit Groningen.

Martin, Aurorra Marijke. 1997. "Ruimtelijke ordening van Maastricht, 1660-1915." PhD diss., Rijksuniversiteit Groningen.

Medema, Geert. 2008. "'In zo goede order als in eenige stad in Holland'. Het stedelijk bouwbedrijf in Holland in de achttiende eeuw." PhD diss., Universiteit Utrecht.

Melchers, Marisa J. 2011. "Nederlandse kerkarchitectuur in de twintigste eeuw. Functie en betekenis van het kerkgebouw in een veranderende samenleving." PhD diss., Universiteit Leiden.

Mertens, Wim J.J. 2008. "Meubeltapisserieën in de Nederlanden en Frankrijk vanaf de late middeleeuwen tot 1900." PhD diss., Universiteit Leiden.

Meurs, Paul. 2000. "De moderne historische stad: ontwerpen voor vernieuwing en behoud 1883-1940." PhD diss., Vrije Universiteit.

Nagelsmit, Eelco. 2014. "Venite et Videte: Art and Architecture in Brussels as Agents of Change during the Counter Reformation, c. 1609-1659." PhD diss., Universiteit Leiden.

Noldus, Badeloch V.C.M. 2002. "Handel in goede smaak. Architectuurbetrekkingen tussen Zweden en de Nederlandse Republiek (1635-1700)." PhD diss., Universiteit Utrecht.

Oorschot, Leo. 2014. "Conflicten over het Haagse stadsbeeld. Van Willemspark tot Spuiforum." PhD diss., TU Delft.

Oxenaar, Aart J. 2009. "P.J.H. Cuypers en het gotisch rationalisme. Architectonisch denken, ontwerpen en uitgevoerde gebouwen, 1845-1878." PhD diss., Universiteit van Amsterdam.

Palmaerts, Geert J.P. 2005. "Het eclecticisme. Over nieuwe opvattingen in de negentiende-eeuwse architectuur." PhD diss., Vrije Universiteit Amsterdam.

Paskaleva, E.G. 2010. "The Architecture of the Four-Iwan Building Tradition as a Representation of Paradise and Dynastic Power Aspirations." PhD diss., Universiteit Leiden.

Pijzel-Dommissie, H.H. 2000. "Het Hollandse pronkpoppenhuis: interieur en huishouden in de 17[de] en 18[de] eeuw." PhD diss., Universiteit Leiden.

Ploeg, Sophie Mireille. 2006. "Staged Experiences. Architecture and rhetoric in the work of Sir Henry Wotton, Nicholas Hawksmoor and Sir John Vanburgh." PhD diss., Rijksuniversiteit Groningen.

Pollmer, Almut. 2011. "Kirchenbilder. Der Kirchenraum in der holländischen Malerei um 1650." PhD diss., Universiteit Leiden.

Polman, Mariël. 2012. "De kleuren van het nieuwe bouwen tijdens het interbellum in Nederland. Materialisering van een ideaal." PhD diss., TU Delft.

van Poppel, Sanne. 2014. "Urbs et Augustus. Teh city of Rome in politics and representation of power during the Constantinian dynasty (306-361)." PhD diss., Radboud Universiteit Nijmegen.

Pouls, Jos. "Ware schoonheid of louter praal. De bisschoppelijke Bouwcommissie van Roermond en de kerkelijke kunst Limburg in de twintigste eeuw." PhD diss., Katholieke Universiteit Nijmegen.

Provoost, Michelle. 2004. "Hugh Maaskant. Architect van de vooruitgang." PhD diss., Universiteit Groningen.

Raimond-Waarts, Loes L. 2014. "Badkamers voor pausen en prelaten. Leven en welzijn aan het Vaticaanse hof in de renaissance." PhD diss., Rijksuniversiteit Groningen.

Rausch, Ch. 2013. "Rescuing modernity. Global heritage assemblages and modern architecture in Africa." PhD diss., Universiteit van Maastricht.

Reitz, B.L. 2013. "Building in Words: Representations of the Process of Construction in Latin Literature." PhD diss., Universiteit Leiden.

Rem, P.H. 1998. "Het interieur van de Grote Kerk van Dordrecht en van de Laurenskerk van Rotterdam van 1572 tot omstreeks 1625. Bijdrage tot de kennis van het kerkinterieur van de nederduits-gereformeerden in de eerste halve eeuw na de erkenning van hun gezindte als publieke kerk." PhD diss., Vrije Universiteit Amsterdam.

Rijken, Hendrik. 2003. "De Leidse lustwarande. De geschiedenis van de tuinkunst rond Leiden (1600-1900)." PhD diss., Universiteit Leiden.

Röell, Eva. 2010. "Tekenen ter verlichting. Architectuurtekeningen in de achttiende-eeuwse Republiek." PhD diss., Universiteit Utrecht.

Roose, Eric Reinier. 2009. "The Architectural Representation of Islam. Muslim-commissioned mosque design in the Netherlands." PhD diss., Universiteit Leiden.

van Roosmalen, Patricia K.M. 2008. "Ontwerpen aan de stad. Stedenbouw in Nederlands-Indië en Indonesië (1905-1950)." PhD diss., TU Delft.

Rulkens, A. 2013. "Means, motives and opportunities. The architecture of monasteries during the reign of Louis the Pious (814-840)." PhD diss., Universiteit van Amsterdam.

Santoso, J.T. 2010. "A study of architect Cosman Citroen (1881-1935) and his works in Surabaya." PhD diss., Universiteit Leiden.

Schiphorst, Lidwien. 2004. "'Een toevloed van werk, van wijd en zijd', de beginjaren van het atelier Cuypers-Stoltzenberg, Roermond 1852-ca. 1865." PhD diss., Katholieke Universiteit Nijmegen.

Schmidt, Freek H. 1997. "Pieter de Swart en prins Willem IV: hofarchitectuur in de Republiek." PhD diss., Universiteit van Amsterdam.

Scholten, Frits. 2003. "Sumptuous memories: studies in seventeenth-century Dutch tomb sculpture." PhD diss., Universiteit van Amsterdam.

Schraven, Minou. 2006. "Festive funerals. Funeral apparati in early modern Italy, particularly in Rome." PhD diss., Rijksuniversiteit Groningen.

Steenhuis, Marinke. 2007. "Stedenbouw in het landschap. Pieter Verhagen (1882-1950)." PhD diss., Rijksuniversiteit Groningen.

Steenmeijer, Guido Hendrik Pieter. 2001. "Tot cieraet ende aensien deser stede. Arent van 's Gravesande, architect en ingenieur (ca. 1610-1662)." PhD diss., Universiteit Leiden.

Stöver, Reitze. 1997. "De St. Salvatorkerk te Utrecht." PhD diss., Universiteit Leiden.

van Thoor, Marie-Thérèse. 1998. "Het gebouw van Nederland. Nederlandse paviljoens op de wereldtentoonstellingen 1910-1958." PhD diss., Universiteit Utrecht.

Tromp, Heimerick M.J. 1999. "'Et in Arcadia Ego'. Aspecten en achtergronden van de landschapsstijl in Nederland in de tijd van J.F.W. baron Spaen van Biljoen, 1760-1800." PhD diss., Universiteit Utrecht.

van Tussenbroek, Gabri I. 2001. "Bouwen voor stad en land: overzicht van het handelsnetwerk van de aannemersfamilie Van Neurenberg (1480-1640) in de Noordelijke en Zuidelijke Nederlanden." PhD diss., Universiteit Utrecht.

van Ulzen, Patricia. 2007. "Dromen van een Metropool. De creatieve klasse van Rotterdam 1970-2000." PhD diss., TU Delft.

van der Vaart, F.J. 1999. "Bedelordekloosters, 's-Hertogenbosch en de Bossche school." PhD diss., Katholieke Universiteit Nijmegen.

Verhoeven, Mariëtte. 2010. "The early Christian monuments of Ravenna. Transformations and memory." PhD diss., Radboud Universiteit Nijmegen.

Vermeer, Gerrit. 1999. "Kloosters van baksteen. De architectuur van de hervormingsorden in Nederland tot omstreeks 1300." PhD diss., Universiteit van Amsterdam.

Vlaardingerbroek, Pieter F. 2004. "Het stadhuis van Amsterdam. Bouw, verbouw en restauratie." PhD diss., Universiteit Utrecht.

Vredenburg, Jan. 2003. "Trotse Kastelen en Lichtende Hallen. Architectuur elektriciteitsbedrijven in Nederland tot 1960." PhD diss., Katholieke Universiteit Nijmegen.

THE STUDY OF THE HISTORY OF CONSTRUCTION IN PORTUGAL

Between the singular and the universal

INTRODUCTION

In writing about the state of the history of construction in Portugal we must begin by identifying the first studies and initiatives that can be considered to make up the field as a separate, independent discipline, prefigured in recent research and, above all, in the initial studies in modern construction history produced in the 1980s and the first international conference in this field held in Madrid in 2003.

Since this is the first time a report has been produced on the Portuguese situation, these studies and initiatives alone would not be enough to define the specific features of the discipline in Portugal. Thus, it is important to also set out the chapters or main branches of the discipline that should be studied, taking into account the country's singular history, its material resources, its periods of innovation and cultural hybridisation, consolidation and social and economic transformation.

For this reason, this work is divided into two main sections. The first section is dedicated to the current situation of the discipline in terms of organization, while the second part describes the specific themes related to the history of construction in Portugal, the historical sources used in its study and the most recent investigations undertaken in each of these themes.

ALIGNMENTS AND FOUNDATIONS

Although Portuguese researchers have presented papers at all of the international conferences that have been held on the history of construction since the first event of this kind was held in Madrid in 2003, the discussion of this field of knowledge as an independent discipline had not begun in Portugal until relatively recently.

The first doctoral theses focusing on the analysis of the evolution of the working methods employed in activities related to construction by means of the full integration of technologies, the science of construction, the social and economic organization of construction processes, the transfer of knowledge in construction and its relationship with culture in a broad sense, all date from the start of this century. These were pioneering works in the fields of history of technology and history of institutions (Diogo 1994), architectural conservation (Costa 1999) and civil engineering (Mascarenhas-Mateus 2001).

In relation to teaching, an initial unit called "Architecture and the History of Construction" ("Arquitectura e História da Construção", organized by Madalena Cunha Matos) appeared on the programme of the Master's in Construction of Lisbon's Instituto Superior Técnico (Lisbon Technical Institute) between 2001 and 2004. The seminar "Art and Science in the Construction of Common Heritages" ("Arte e Ciência na Construção de Patrimónios Comuns"), part of the PhD in Portuguese-Influenced Heritage of the University of Coimbra was available during the 2010-2012 and 2014 editions of the programme, while the seminar "History of Construction: Sources and Models" ("História da Construção: Fontes e Métodos") was also available on the course Advanced Studies in Architectural Heritage offered by the Architecture Faculty of the University of Porto, both organized by the author of this text.

The first scientific meeting in this field, entitled First Conference on the History of Construction in Portugal: Alignments and Foundations (Primeira Conferência sobre a História da Construção em Portugal– Alinhamentos e Fundações) was held on 19 February 2010 at the auditorium of Lisbon's Urban Information Centre (Centro de Informação

Urbana). The conference was also proposed and its contents coordinated by the author of this text in the context of the activities of the Cities, Cultures and Architecture research group of the Centre for Social Studies (Núcleo de Cidades, Culturas e Arquitetura do Centro de Estudos Sociais) of Coimbra University.

FIG. 1 – Poster of the First Conference on History of Construction in Portugal: Alignments and Foundations held on 19 February 2010 (Source: CES–University of Coimbra).

The event featured an inaugural speech given by Professor Santiago Huerta of the Polytechnic University of Madrid, which was followed by ten talks by Portuguese academic guest speakers in the spheres of social and economic history, the history of engineering and the history of architecture. The range of materials dealt with aimed to form a pretext for an initial discussion of some of the specific aspects of construction in Portugal through the ages.

This founding event resulted in a book of the same title which provides a first reference text setting out the research perspectives of this new discipline (Mascarenhas-Mateus 2011). Following two first chapters dedicated to more general aspects of the history of construction and providing an outline of the chronologies and themes to be explored in each of the main strands of the discipline in Portugal, the book set out six case studies. An examination of the late medieval Batalha Monastery at the dawn of the Portuguese expansion overseas was followed by a brief analysis of the complex and innovative characteristics of the anti-seismic reconstruction of Lisbon after the great earthquake of 1755 and an examination of the raising of the Royal Palace of Ajuda in that city in the neoclassical period. Having revisited these examples of construction from the pre-industrial era, the book then explored the creation of Portugal's railway network and discussed another determining factor in the radical transformation of traditional building forms: the introduction of Portland cement and registration of the first concrete patents. Finally, dealing with more recent times, the work explored the singular career of the engineer Edgar Cardoso, underlining the importance of creativity in the field of structural analysis and in the era of globalized construction.

In December 2010, the First International Colloquium on the History of Construction (I Colóquio Internacional História da Construção) was held by the Transdisciplinary Research Centre on Culture, Space and Memory (Centro de Investigação Transdisciplinar Cultura, Espaço e Memória) and the History Department of Minho University, coordinated by Arnaldo Sousa Melo and María do Carmo Ribeiro. Dedicated to the theme of constructors, other collaborators included Robert Carvais from Paris's École Nationale Supérieur d'Architecture, Valérie Theis from the Paris-Est Marne La Vallée University and Philippe Bernardi from the Laboratoire de Médiévistique Occidentale in Paris. The event featured 11 talks mainly dedicated to the Middle Ages (Melo and Ribeiro 2011).

FIG. 2 – Poster of the First International Congress on the History of Portuguese-Brazilian Construction held on 4-6 September 2013 in Vitória do Espírito Santo–Brazil (Source: Universidade Federal do Espirito Santo, Brazil).

That first Lisbon conference in February 2010 led directly to the formation of the History of Portuguese-Brazilian Construction (História da Construção Luso-Brasileira) research group, which took part in a three years project approved by the PRONEX Centres of Excellence programme promoted by the Fundação de Amparo à Pesquisa de Espírito Santo and Brazil's National Council for Scientific and Technological Development (Conselho Nacional de Desenvolvimento Científico e Tecnológico). The project began in January 2011, and has seen participation from the Federal University of Espírito Santo (UFES), the University of Coimbra (CES), the Federal University of Rio de Janeiro and the Architecture Faculty of the Technical University of Lisbon. Within the framework of the project, on 24 and 25 October 2011 a seminar was held on the History of Portuguese-Brazilian Construction on the UFES campus, which resulted in the publication of the book *Subsídios para uma História da Construção Luso-Brasileira* (*Sources for a History of Portuguese-Brazilian Construction*, (Ribeiro 2013a). On 24 October 2012, a workshop entitled "History of Construction: Contributions to Conservation" ("História da Construção, Contributos para a Conservação") was organized by José Aguiar Portela da Costa as part of the Second International Conference on Heritage with Portuguese Origins (II Encontro Internacional sobre o Património de Origem Portuguesa) held at the University of Coimbra and designed to give information on the aims of the Portuguese-Brazilian research project.

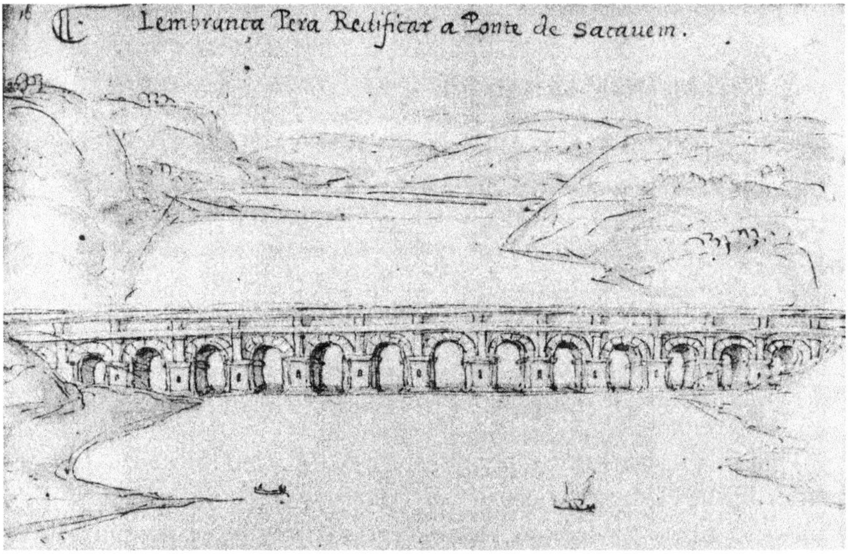

FIG. 3 – The Roman bridge at Sacavém in "Da fábrica que falece à cidade de Lisboa" by Francisco de Holanda, published in Lisbon in 1571.

This same research group also organized the First International Congress on the History of Portuguese-Brazilian Construction (Primeiro Congresso Internacional de História da Construção Luso-Brasileira) on 4 to 6 September 2013, also at the UFES (Ribeiro 2013b). It represented the first significant international event in the discipline to be held in Portuguese, featuring 120 talks and almost 300 participants.

In 2011, 2012 and 2013 the 2nd, 3rd and 4th International Colloquia on the History of Construction organized by the University of Minho followed, which explored the themes "Materials", "Architecture and Construction Techniques" and "Current Perspectives" respectively, and have so far resulted in two books featuring the presentations given in 2011 and 2012 (Melo and Ribeiro 2012 and 2013). These talks, focused primarily on themes related to Antiquity and the Middle Ages, regularly bring together French, Italian and Spanish researchers.

FIG. 4 – Measuring the height of a tower.
Detail from the book "Livro das Fortalezas",
produced between 1509 and 1510 by Duarte de Armas for King Manuel I.

The founding of the Portuguese History of Construction Society (Sociedade Portuguesa de Estudos de História da Construção) was achieved in 2015 with headquarters in the Higher Technical Institute of the University of Lisbon. The Second Conference on the History of Construction in Portugal: Consolidation of a discipline (Segunda Conferência sobre a História da Construção em Portugal–Consolidação de uma Disciplina) was held on 6 November 2015 at the auditorium of Lisbon's Urban Information Centre. The 2[d] International Congress on Luso-Brazilian Construction History–Shared Cultures, opened to territories with a Portuguese-influenced heritage, took place from 14 to 16 September 2016, at the University of Porto (Póvoas and Mascarenhas-Mateus 2016).

PERIODS, SOURCES AND STUDIES IN THE HISTORY OF CONSTRUCTION IN PORTUGAL

The territory that is today called Portugal has been witness and subject to the activity of construction since ancient times. The menhirs, dolmens, protohistoric fortifications, houses with thatched or slate roofs or built from blocks of stone, and dried hay huts were the main early types of structures to be found in Portugal. Particularly useful to gaining an understanding of those times are the studies produced between the end of the nineteenth century and the 1970s, the first of which were of an ethnographic nature while later studies began to incorporate elements of anthropology and human geography. Works such as those by José Leite de Vasconcelos (1933-1942), Orlando Ribeiro (1961) and Ernesto Veiga de Oliveira (1969) constitute valuable sources of details that help us to understand the most archaic construction cultures in the territory today called Portugal. There is a recent study that explores their use in the history of construction (Mascarenhas-Mateus 2012). Surveys of construction details, characteristic of particular regions of the country, have been carried out on a regular basis (Teixeira and Belém 1998) (Ribeiro 2008). Equally, numerous publications exist on vernacular architectural techniques, in particular the use of rammed earth or adobe. The work of the Portuguese researchers of the CRAterre network (Centre International de la Construction en Terre de Grenoble) has been especially noteworthy (Fernandes and Correia 2005) (Fernandes and Lopes 2011).

With the Romanization of the part of *Hispania* today known as Portugal, construction in the area underwent a significant transformation with the creation of a network of roads and bridges that can still be seen today. Settlements with *fora*, arenas, administration buildings and (beyond the town walls), *villae*, farming villages and fish-salting factories were now supplied by aqueducts and dams. This was a period in which Portuguese construction culture became fully integrated into a global context.

The surveying and description of construction details from this time –for example, the Sacavém bridge, no longer standing– interested the first Portuguese humanists such as Francisco de Holanda, who mentioned such structures in his work *Da fábrica que falece à cidade de Lisboa* (*From the Dying Factory to the City of Lisbon*), published in Lisbon in 1571. The drawings produced by Francisco Saverio Fabri in 1797 of Lisbon's ruined Roman theatre also mark a key moment in the study of Roman constructions in Portugal. This work continued in the form of articles published between 1877 and 1909 in the Official Gazette of the Royal Association of Portuguese Civil Architects (Real Associação dos Arquitectos Civis Portugueses) founded in 1863. Archaeological investigations undertaken from the 1980s onwards, such as those of Jorge Alarcão on the Roman bridge over the River Mondego (2012) or those of Virgílio Correia (2010) on the construction materials and processes employed at the Roman settlement of Conimbriga represent significant contributions to our understanding of the history of construction in that period. To cite yet more works dedicated to materials, technologies and work organization, we might mention Jorge Ribeiro's doctoral thesis (2010) in the sphere of research of Manuela Martins of Minho University.

Roman construction knowledge was partly forgotten and partly transformed by the southern Mediterranean tradition at the time of the Muslim occupation. Above all in the south of the territory, rammed earth in its many different forms or terraces supported on flat vaults left a deep mark on defensive construction and urban landscapes. An important work in this chapter of the History of Construction in Portugal can be found in the pioneering work of Pedro Dias on Mudéjar architecture (1994) and the publications and theses emanating from the Mértola Archaeological Campus (Torres, 2010).

With the Reconquest the largest undertakings in the territory were those of the Portuguese Crown, nobility and religious and military orders. Portugal would construct castles, cities, new bridges, aqueducts, monasteries and convents in the same way as the rest of Christian and Catholic Europe. Architects learned how to build stone groin vaults, rib vaults, ogives, lierne vaults and tracery windows. The stereotomy of domes and fan vaults in hall churches was the object of careful study. Quays and docks –in particular, the arsenal of Lisbon– were built along with lighthouses, windmills and tide mills. This intense activity was fed by a sustainable network of quarries and clay pits that supplied limestone, tile and brick kilns. Apart from these materials, local woods, metallic rods and nails and other reusable materials can also be found. The majority of these raw materials were distributed throughout the country via cabotage sea transport along the length of the coast, in tandem with the exchange of agricultural products. This situation continued until the start of the twentieth century.

FIG. 5 – "Methodo Lusitanico de Desenhar as Fortificações das Praças Regulares e Irregulares" by Luís Serrão Pimentel, published in Lisbon in 1680, frontispiece.

The first articles on medieval constructions in Portugal were published in the Official Gazette of the Portuguese Royal Association of Civil Architects and Archaeologists, in particular as part of the series "Resumo Elementar de Archeologia Christã" ("Elementary Summary of Christian Archaeology") published between 1886 and 1890, and the articles dedicated to Gothic architecture (1882 to 1887) and medieval architecture (1890). These texts represent the first analyses in Portuguese of the functions of various structural elements employed in Gothic systems. With regard to the legal and social organization of economic activities – including construction– the work of Henrique da Gama Barros, *História da Administração em Portugal nos séculos XII a XV* (*The History of Administration in Portugal in the Twelfth to Fifteenth Centuries*) is a landmark reference text.

Recent studies have opened up new perspectives on this period. The manuscript entitled *Livro das Fortalezas* (*The Book of Fortresses*) produced between 1509 and 1510 by Duarte de Armas for King Manuel I and featuring panoramic views of 56 border forts from the north to the south of the country and many other documents from the time have offered sources for the study of civil and military constructions (Conde 2011) on various themes such as the origins and processing of materials (Nunes 1988) and the units of measurement used in construction (Barroca 1992, 2003). Apart from innovative construction in the defence of military bases, research has also been carried out into the history of the construction of emblematic monastic complexes. The study of the guiding principles employed in Cistercian constructions (Real 1998) or the analysis of the work organization of the Batalha Monastery provide good examples of such work (Gomes 2010). The stereotomy of rib vaults has been analysed by Soraya Genin (Genin, Jorge and Palacios 2009) (Genin 2014), while the subject of monastic hydraulics has been explored by Virgolino Ferreira Jorge (Jorge 2012). Finally, it is worth highlighting the great efforts made to understand the legal schemes governing construction in Portuguese cities during this period of history (Carita 1999).

The Portuguese expansion brought with it new challenges in construction. Following the conquest of Ceuta in 1415, Portugal began to export materials and labour for the construction of castles, commercial factories and cities built along the African coastline applying the knowledge gained from domestic cabotage. These feats of construction included the early paradigms of the fortifications of Mazagan –and its cisterns– in

Morocco and the Castelo da Mina in Ghana, constructed partly with Portuguese lime and stone. Later, this exportation of construction technology was to reach Brazil and Asia. The network of fortresses erected in Brazil in line with successive territorial demarcation agreements between Portugal and Spain are a notable later example of such exports. These systematic, monumental construction efforts were also applied to the construction of cities and coastal defences on the continent during an initial phase, in the light of the more advanced knowledge of "modern fortification" expounded by Spanish and Italian writers during the times of the Philippine Dynasty. Subsequently, these efforts were also applied to the lines of defence on the inland Iberian border during a period in which the French theories of Vauban, as well as Dutch and German authors, were dominant.

It is precisely this variety of cultures, materials, techniques and climate conditions encountered by the Portuguese in the regions they discovered and colonized that leads to one of the richest chapters in the history of construction in Portugal. There are numerous situations and cases worth exploring with an assessment of the construction methods exported, imported and adapted to the territory now called Portugal and the other regions affected by its influence. The arrival and spread of exotic woods in Europe, the first depictions of peculiar fauna and flora in architectural elements, the supposedly oriental influence of the pyramid-shaped "tesouro" roofs in Tavira and other places in the country, as well as the relatively more recent import at the end of the nineteenth century of interpretations of Victorian constructions of revivalist currents in the Brazilian style that came with emigrants returning to Portugal provide just a few illustrative examples of this importation. As for exports, we might mention examples such as the implantation in Brazil of many construction elements now labelled traditional: rammed earth, tiling, traditional carpentry, woodcarving, and so on.

In studying this period we have to take into account that until the end of the twentieth century the reading of the first treatises and manuals in print on construction were sporadic and had a wide range of purposes. In Portugal, the work of Vitruvius was translated for the first time by Pedro Nunes between 1537 and 1541 in order to be used in teaching at the Escola Particular de Moços Fidalgos do Paço da Ribeira (Ribeira Palace school), founded in 1562. On the other hand, the first printed work on Vitruvius in Portugal was the reprinting of *Medidas del Romano* (*Roman Measurements*) by Diego Sagredo, with three editions in Lisbon printed by Luís Rodrigues between 1541 and 1542. The first translations into Portuguese of Perrault (Rua 1998) and the Latin manuscript *Harleianus* (Maciel 2006) are very recent works.

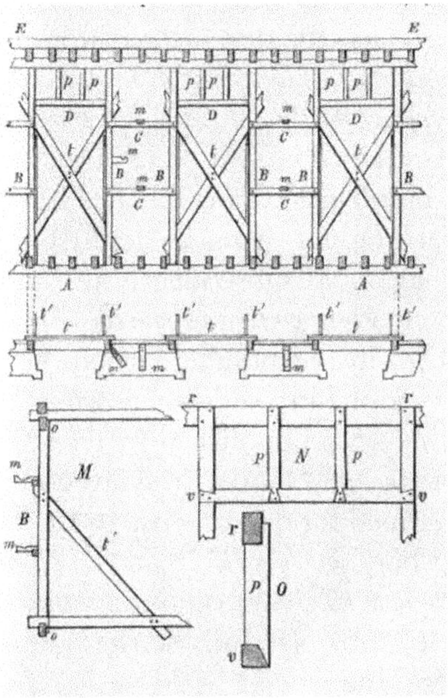

FIG. 6 – Anti-seismic system of wooden trusses and masonry, (so-called "gaiola" or "cage" work in Portuguese), from the "Curso Elementar de Construções" by Luís Augusto Leitão, published in 1896.

School teaching of Architecture and the concepts of military architecture were restricted in this period to the aforementioned Escola Particular de Moços Fidalgos and the Aula da Esfera (the so-called "Course on the Sphere" class) taught at the Santo Antão Jesuit School (c. 1580) founded during the mandate of João Baptista Lavanha, who was later appointed head of the Academy of Mathematics and Architecture (Academia de Matemática y Arquitectura) established in Madrid in 1582. From 1641 onwards, the teaching of military architecture began to take place in the Aula de Artilharia e Esquadria da Ribeira das Naus, which in 1647 became the Lisbon Military Academy (Academia Militar de Lisboa), housed in the Ribeira Palace.

The creation of the Lisbon Military Academy marked the beginnings of a new phase in the teaching of military architecture, with the publication of the first scientific works on construction written in Portuguese, as well as the translation of foreign works on the most advanced defence systems of the age. In fact, the first printed work in Portuguese of this kind, the *Methodo Lusitanico de Desenhar as Fortificações das Praças Regulares e Irregulares* (*The Portuguese Method of Designing Fortifications*, Lisbon, 1680) was, in essence, destined for the classrooms of the Academy, written as it was by its director, Luís Serrão Pimentel. The French systems of Pagan and Vauban had been taught using in the first instance the works in their original language, and subsequently through the translation of Antoine Deville's book *De la charge de gouverneur des places* (published as *O Governador de Praças* in Portuguese; Lisbon, 1708) and the German author Pfeffinger's work on fortifications known in Portuguese under the title *Fortificaçam moderna* and published in 1713. This was followed by the work of the Portuguese Manuel de Azevedo Fortes, chief engineer of King João V. Destined for didactic use in the Military Academy, it was published in Lisbon between 1728 and 1729. Its title, *O Engenheiro Português* (*The Portuguese Engineer*) echoes a work with a similar title, *L'ingénieur français* (1695) by Naudin, and the Spanish *El Ingeniero* (1687) by Fernández de Medrano.

When identifying Portuguese treatise writers, we should refer to the first articles of Rafael Moreira on the treatises in circulation in Portugal during the Renaissance (Moreira 1981) and on the first Portuguese treatise on architecture (Moreira 1998), as well as the studies hailing the knowledge contributed by the Portuguese Discoveries to European science (Polónia 2005). Systematic surveys of the construction processes used in fortifications and cities in the territories belonging to the Portuguese expansion, the identification of the relations between constructors, treatise writing, regulation, materials and technologies continue to be produced today following the pioneering works of Pedro Dias on North Africa (2000) and Brazil (2004) and by Rafael Moreira on other parts of the world (1989), the relationship between the Portuguese and European treatise tradition (Mascarenhas-Mateus 2001) and the regulation of the production of materials and urbanism (Carita 2013)

(Pinto 2014). Equally noteworthy is the work of the Brazilian researcher Beatriz Siqueira Bueno (2011), who situates Portuguese knowledge in relation to the best work being carried out in Europe in the period up to Brazilian independence. Her work is pioneering in its description of the *cultura de mão* (meaning "hand to hand" culture, knowledge that is passed on in an informal way), based on the notes of pupils and summaries of lectures in various fortification academies, which still require substantial interpretive analysis, and explain the low number of translations into Portuguese of foreign works specializing in this field.

The affirmation of absolute power involved the undertaking of complex and monumental construction projects not only in areas of the expansion but also in Portugal, which in turn required a large volume of materials and labour. During the first half of the eighteenth century, it is worth remembering that an estimated 30,000 labourers and 7,000 soldiers were employed to construct and maintain the order of the works undertaken at the Convent and Palace of Mafra between 1717 and 1730 (Pimentel 2002). On the subject of technical difficulties in execution, we might mention the pointed Great Arch of the Aguas Livres Aqueduct (1731) in Lisbon, more than 65 m tall and 21 m wide, or the 75 m tall Torre dos Clérigos in Porto (1732).

Apart from these masterworks, it was the earthquake of 1755 that represented the greatest challenge for Portuguese construction techniques of the period. The reconstruction of Lisbon transformed the city into one of the first modern cities in the western world, expressed in its metric standardization and the construction of innovative façades, as evidenced by the document entitled *Cartulário Pombalino* (*Pombaline Cartulary*), and also present in the regulation of the execution of works, such as the *Tratado de Ruação* (*Ruaçao Treaty*) by José de Figueiredo de Seixas, ca. 1790. This technical complexity included the creation of a new city constructed systematically with an anti-seismic system of wooden trusses and masonry, (so-called "gaiola" or "cage" work in Portuguese), the standardization of the dimensions of structures and secondary elements prefabricated on a large scale, the establishment of street widths and the limiting of building height, taking into account a hypothetical situation of risk of facades collapsing, the standardization of property ownership, the systematic use of firewalls and a rational system for the collection and transport of waste water and rainwater.

The works of Vitor Cóias e Silva (1997) and Jorge Mascarenhas (2004) go into further detail on this Portuguese system, while the work of Cláudio Monteiro (2010) explores the complex legal framework and property rights involved in the reconstruction.

FIG. 7 – Porto's Crystal Palace, by Thomas Dillen Jones, which hosted the World Exhibition of 1865 (Lisbon Municipal Photo Archive).

During the eighteenth century, the teachings of the Military Academy at the Ribeira Palace in Lisbon were complemented by the fortification academies of Elvas and Almeida during the reign of João V. In 1762 the Aulas de Náutica, Debuxo e Desenho (Maritime, Drawing and Design School) was founded in Porto. Following the reforms introduced by the Marquês de Pombal, the school Colegio dos Nobres saw the founding of its Aulas de Architectura e Desenho (Architecture and Design School). The University of Coimbra's School of Mathematics was created in 1772, while Lisbon's Royal Academy of Sciences (Real Academia das Sciencias) came into being in 1790. During that century, despite the creation of all these new institutions, very few monographic works were published in Portuguese, either in original language or translation, in the field of construction. In terms of general treatises, the translation into Portuguese of Vignola's classic work *Regola delli cinque ordini d'architettura* (in Portuguese, *Regras das Cinco Ordens de Architectura*, 1787) for the purposes of teaching is worth mentioning, as is the translation of part of the work of the Italian Ferdinando Galli da Bibiena (Mascarenhas-Mateus 2001, 39).

Throughout the nineteenth century, and despite the slow progress of the mechanization of production, improvements to lime and brick kilns contributed to the establishment of the industrial production of raw materials for use in construction. In the sphere of metalworks, some (short-lived) initiatives such as the blast furnace of the Iron & Coal Company of Pedernais formed a starting point for the implementation of the network of railways and the profound transformations they brought about.

Following the founding of the Companhia de Obras Públicas in 1845, the railways would employ residents of the areas where they had been constructed, and new communities grew up along the course of the new lines, in many cases replacing traditional road and river transport of people and goods, increasing mining explorations and the circulation of raw and processed materials. In this context, the industrial complex at Pampilhosa do Botão is an interesting case in point. Situated at the point where the Lisbon-Porto and Figueira da Foz-Vilar Formoso lines met, the zone was rich in clay pits and forestry plantations, well suited to the construction of an important centre for the production of building materials in the period spanning the foundation of a branch of the Porto-based Devesas ceramic company and the opening of the factory producing chemical and resin products in 1923.

The railway brought technical advances that can be seen in metal bridges and masonry arches. In reference to the emergence of the science of construction, descriptive geometry produced some important scholars, such as Souza Pinto, Castro Freire, Pina Vidal, Moreira d'Almeida, Motta Pegado and Schiappa Monteiro, although none of these dedicated their work specifically to its application in the field of stereotomy. During the second half of the nineteenth century, the discussion of the latest theories in structural calculus were published in the *Revista de Obras Públicas e Minas* (*Public Works and Mines Journal*), the *Revista de Engenharia Militar* (*Military Engineering Journal*) and the publications produced by Lisbon's Royal Academy of Sciences (Academia Real de Ciências). The discussion of these theories had taken place in the field of statics from an early stage, as in the report *Theoria da Composição das Forças* (*Theory of the Composition of Forces*, 1812), by Simões Margiochi and *Memória sobre a Rotação das Forças em torno dos Pontos d'Aplicação* (*Report on the Rotation of Forces around the Points of Application*, 1851), by Daniel da Silva. In terms of the calculation of arches and vaults applied above all in the construction of bridges we can mention the publication of *Guia do Engenheiro na Construção das Pontes de Pedra* (*An Engineer's Guide to the Construction of Stone Bridges*, 1844), followed between 1894 and 1896, by the publication of articles by Xavier Cordeiro and João Severo Cunha in the *Revista de Obras Públicas e Minas* and *Revista de Engenharia Militar.*

Engineers, who at first mainly came from abroad, were gradually replaced with Portuguese engineers graduates of the recently created advanced courses offered by the military academy Escola do Exército (1837) and Porto Polytechnic Academy (Academia Politécnica do Porto, 1836-1911), academies affiliated to the Corpo de Engenheiros Civis e Auxiliares (Civil and Auxiliary Engineers Corps) of the Ministry of Public Works, Commerce and Industry (1864-1868). In the field of civil construction, *Noções Theoricas de Architectura Civil* (*Theoretical Concepts of Civil Architecture*) by José da Costa Sequeira was published in 1839 with a reedition in 1858, destined for the class of Civil Architecture Drawing in the recently created Academy of Fine Arts (Academia de Belas Artes) in Lisbon. The same can be said of Moisy and Thiollet's *Vignole des propriétaires* of which three editions were published between 1853 and 1886. In the field of military engineering, we might highlight *Curso de Construção de Estradas* (*Course on Roadbuilding*, 1849) by José Coelho do Amaral, *Construção e Baterias* (*Construction and Batteries*) by Pedro Manuel Tavares (1884) and *Curso Elementar de Construções* (*Elementary Construction Course*), by Luís Augusto Leitão (1896).

The new materials used in industrial production had to be regulated and standardized. The Directorate for Studying and Testing Building Materials (Direcção dos Estudos e Ensaios de Materiais de Construção, 1886-1898) was created for this purpose during the construction of the new port of Lisbon (excavated using compressed air techniques), and the University of Porto's Materials Resistance Laboratory (1910) to support the construction of the Port of Leixões, while the later National Laboratory of Civil Engineering (1946) was created to perform large-scale public works in Portugal and its colonies at the time. In the field of materials science, the pioneering work *Estudo Chimico e Technologico sobre a Ceramica Portugueza* (*Chemical and Technological Study of Portuguese*

Ceramics, 1899) by Charles Lepierre of the Chemical Laboratory of Lisbon's Industrial School (Escola Industrial) is worth citing. The first systematic studies of hydraulic limes and pozzolans in Portugal emerged with the informative articles of J. F. d'Almeida published in the Gazette of the Portuguese Royal Association of Civil Architects and Archaeologists between 1875 and 1877. These were followed by the articles of Afonso Nogueira Soares, Castanheira das Neves and Pereira de Sousa published in the *Revista de Obras Públicas e Minas* between 1885 and 1914 and dedicated to the quality of magnesium limestone of Cabo Mondego, the pozzolans of the Azores, Portuguese cements, the first industrial facilities and laboratory trials involving mortars and concrete carried out in the Port of Leixões.

FIG. 8 – D. Maria I bridge under construction over the Douro River in Oporto. Designed by Gustave Eiffel and inaugurated in 1877 (postcard, private collection).

Of the manuals published, the series of manuals entitled *Manuais do Operário* by the library Biblioteca de Instrução Profissional, which was directed successively by Tomás Bordalo Pinheiro and João Emílio dos Santos Segurado, are a landmark, produced for use in the industrial and trade schools that were beginning to open around the country. These manuals were published from 1903 onwards, with re-editions up until the 1950s.

An age of building in glass and steel was fully established with the inauguration of Porto's Crystal Palace (Palacio de Cristal), by Thomas Dillen Jones, which hosted the World Exhibition of 1865. Steel was later used for industrial pavilions, tunnels and train stations, such as the Rossio Station in Lisbon, dating from 1890. The introduction of Portland cement began with the first foreign imports, as of 1867. National production got into full swing from 1894 onwards with the opening of the shaft kilns of the Tejo cement company in Alhandra and the Rasca factory in the area of Setúbal.

FIG. 9 – Shaft kiln of the Tejo Portland cement company in Alhandra (Lisbon Municipal Photo Archive).

Recent studies have been produced on the importance of the military engineers of the Escola do Exército to the science of construction and the great public works of the period (Macedo 2012). Works focusing on the history of industry have also made a contribution to an understanding of the technological development of the production of building materials in general (Mendes 1999), steel (Matos, Santos and Diogo 2004) and glass (Custódio 1997, 2000). With regard to the education and training of builders, a series of studies has been produced on pioneering works in general such as the *Dicionário Histórico e Documental dos Arquitectos,*

Engenheiros e Construtores Portugueses ao Serviço de Portugal (*Historical and Documental Dictionary of Architects, Engineers and Builders in the Service of Portugal*, 1899-1904) by Sousa Viterbo, the *História dos Estabelecimentos Científicos, Literários e Artísticos de Portugal nos sucessivos reinados da Monarquia* (*History of the Scientific, Literary and Artistic Institutions of Portugal under Successive Monarchs*, 1871-1914) by José Silvestre Ribeiro or the *História do Ensino em Portugal* (*History of Education in Portugal*, 1986) by Rómulo de Carvalho. In this sphere, the articulation between the training of military engineers and the use of new industrial materials in the works of the Ministry of Public Works during the second half of the nineteenth century has already been analysed in depth (Matos 1999) (Matos and Diogo 2007) (Matos 2013). An initial study has also been produced of the wealth of documentation available on the construction of new roads in the archives of that Ministry (Andrade 2002). The history of the construction of Portugal's railways has been analysed from the perspective of social and economic history (Pinheiro 2011), with much still to be said about the technology and machinery used during the various phases of construction of the country's railway lines. Portugal's network of ports was constructed as of the end of the nineteenth century, and has also been the subject of economic and social analysis (Dias and Alves, 2004), but there is still a lack of in-depth studies on the processes, technologies and work organization employed in their execution. Research into the construction of Portugal's first metal bridges, several of them designed by Gustavo Eiffel, was modelled on the work of Manuel Azeredo (2002). But there is still much to be said about the use of iron in buildings, despite the pioneering works in this field in the form of *História da Arquitetura* (*History of Architecture*) by José Coelho dos Santos (1989), *Arqueologia Industrial* (*Industrial Archaeology*) by Alfredo Tinoco and Jorge Custódio (1997), and *História Económica e Social* (*Economic and Social History*) by Ana Cardoso de Matos (1999) and the work of José Amado Mendes (2000).

The first Portuguese construction executed in reinforced concrete would date from 1896 with the Hennebique system in the reconstruction of a grinding factory in Caramujo. In 1904, the first regulations on the use of Portland cement were introduced, while the first national regulation was enacted by decree in 1918. The Estado Novo government used the new system to build on a grand scale, constructing –to cite some of the most important works– the new neighbourhoods of collective living quarters, the national electricity network and the national roads network, with the first stretch of motorway of the Costa de Estoril in concrete (1944), the first dams destined to the production of electricity (Póvoa, Ribeira de Nisa, 1928), bridges, above all in the north of the country, the expansion of the ports of Leixões and Lisbon, the new ports of Aveiro and Sines, and the naval shipyards of Margueira (1967) and Mitrena (1973). From the 1950s onwards, beams and other structural elements precasted in concrete, plastic paints, aluminium, stainless steel, tempered glass and an enormous variety of plastic materials would gradually invade the construction market. Maceira Lis, Secil, Companhia Portuguesa de Fornos Eléctricos, Siderurgia Nacional, Sacor, Solvay, and Covina were some of the companies responsible for the consolidation of these radical transformations.

Great ribbed structures in concrete such as the Rosa Mota Pavilion in Porto, the great suspension bridge over the Tagus river, shells and tensile structures in concrete such as the Portugal Pavilion in the Lisbon Expo 1998 Park of the Nations, increasingly daring solutions in projects such as the airports of Funchal and Macao, the Alqueva dam, the new Vasco da Gama and Lezíria bridges over the Tagus river, the São João bridge over the Douro river, the Fátima Church of Santísima Trinidad or the great articulated steel structures created for the stadiums for the 2004 UEFA European Championship are just some examples of recent constructions achieved through close collaboration between universities and industry.

FIG. 10 – Salazar / 25 April bridge over the Tagus under construction, inaugurated in 1966 (Lisbon Municipal Photo Archive).

The large-scale exhibition *Engenho e Obra–Engenharia em Portugal no século XX* (*Engineering and Work: Engineering in Portugal in the Twentieth Century*) held between January and March 2003 (Brito, Heitor and Rollo 2002) made an essential contribution to an understanding of this latest chapter in the history of construction in Portugal. The exhibition later led to a publication containing 140 texts covering all aspects of engineering in Portugal during that period. This ambitious vision of encompassing and integrating so many technological activities is an unmistakable feature of the contemporary history.

Other works published since then have dealt with aspects of different sectors of the construction industry. The first general work on the history of reinforced concrete and prestressed concrete in Portugal (Viseu 1993) was followed by various studies such as those dedicated to the first Portuguese works employing the Hennebique system (Tavares 2011). Worth mentioning in relation to the first Portuguese hydroelectric constructions arch and gravity dams are the pioneering studies of authors such as Ilidio Simões (1997) and Luís Madureira (2005), which also require a great deal of complementary investigation to be carried out on the materials and technologies employed in such works. The boost given by the Marshall Plan to hydroelectric constructions (Rollo 2007, 633-643) or the history of engineers' associations (Rollo and Pires 2013) have also provided themes studied in this wide-ranging spectrum.

FIG. 11 – Funchal airport runway extension platform, partly over the ocean, built in 2000, Madeira Island (postcard, private collection).

We should also mention other studies on cladding materials and techniques particularly linked to Portugal: the use of cork in traditional constructions (Silva and Vale 2010) and the first scientific studies in the field (Andrade 1952) and Portuguese roads (Henriques 2009) (Teixeira 2010) or global materials such as plastic (Callapez 2010).

In reference to studies on the culture of construction in lime, the art and rules of construction and how they related to technical literature, the works of Mascarenhas-Mateus (2001) and José Aguiar Portela da Costa (1999), the latter dedicated to coating techniques, are worth mentioning. And on the science of construction, various reference studies on the calculation of arch and vault systems are available (Mascarenhas-Mateus 2001, Lourenço 2001 and Gago 2004). The international project "Seismic Vulnerability of Old Masonry Buildings" initiated in 2008 and coordinated by Rita Bento of Lisbon's Technical Institute in collaboration with the engineering faculties and schools of the universities of Porto, Minho and Aveiro (Lopes et al. 2014) is a particularly noteworthy example of the many studies available on the *gaiola* wooden truss and masonry system of the Pombaline period.

CONCLUSIONS AND PROSPECTS

The history of construction in Portugal has its own distinctive features associated with the historical context of the country's cultural, technological, scientific, economic and social development. These particular characteristics have been contextualised and related to the history of construction in the rest of the world, global and local innovation, often in an indirect way and via many different disciplines.

Research teams are currently working in Lisbon, Porto, Coimbra, Minho, Évora, Aveiro and the Azores to make their contribution to the history of construction in Portugal through contemporary economic and social history, the history of science, heritage conservation and structural restoration, history of architecture and engineering and industrial archaeology. The Faculty of Architecture of the University of Lisbon, the Institute of Contemporary History of the Nova University of Lisbon, the Social Studies Centre of the University of Coimbra, the Culture, Space and Memory Research Centre of Minho University, the Higher Technical Institute of the University of Lisbon and the Architecture Faculty of the University of Porto have until now been the principal pillars of this multi-directional research.

Many of the themes dealt with in this text are still awaiting real research projects capable of studying the rich archives held in public and private libraries and administrative institutions to be found all over the country and abroad.

In relation to the history of construction in territories under Portuguese influence, the first solid bridges were built with Brazil while there is still much to be done in terms of the history of common construction of Portugal and African and Asian countries. The aim of the next Portuguese-Brazilian congress to be held in 2016 is to bring together all these disperse contributions from various continents. We might begin, for example, with the *cultura de mão* of the fortification academies, administrative documentation of the former colonies and the archives of ministries of public works, industry and economy or the old ministries of maritime, military, colonial and overseas affairs. There is a long road of research ahead.

In the fields of the mathematic modelling of structures, the analysis of stereotomic models, or the models of dams produced by the National Laboratory of Civil Engineering, many studies promise a rich development ahead. Other specific themes related to the principles and techniques of naval construction and buildings or full biographies of many Portuguese builders have yet to be analysed.

Equally, the history of traditional Portuguese materials and other more recently invented materials including linoleum, wallpaper or plastic paints also need to be investigated, to mention but a few fields.

Large-scale exhibitions such as those held on engineering in Portugal in the twentieth century or other smaller exhibitions such as the recent one held in the Lisbon National Library and dedicated to Luís Serrão Pimentel (February 2014), by Henrique Leitão and Miguel Soromenho, are model initiatives. The history of construction in Portugal has firm foundations and alignments on which a solid, durable body of knowledge, research and teaching must be raised.

The present analysis and survey is integrated in an ongoing research funded by the Portuguese FCT–Fundação para a Ciência e Tecnologia Researcher Programme.

João Mascarenhas-Mateus
FCT Investigator
CIAUD – Lisbon School
of Architecture,
University of Lisbon, Portugal

REFERENCE LIST

Alarcão, Jorge. 2012. *As Pontes de Coimbra que se Afogaram no Rio*. Lisbon: Ordem dos Engenheiros.

Andrade, Alfredo. 1952. *Le liège dans l'isolement de la construction urbaine. Separata from XXIe Congrès International de l'Habitation et l'Urbanisme*. Lisbon: Oficinas Gráficas Casa Portuguesa.

Azeredo, Manuel and Maria Azeredo. 2002. *As Pontes do Porto. História de uma Paixão*. Porto: FEUP.

Barroca, M. 1992. "Medidas Padrão Medievais Portuguesas." *Revista da Faculdade de Letras*, 2^d series, no. 9: 53-85.

Barroca, Mário. 2003. "Tempos de Resistência e de Inovação: a Arquitectura Militar Portuguesa no Reinado de D. Manuel I (1495-1521)." *Portugália Nova Série* XXIV: 95-112.

Brito, José, Manuel Heitor and Fernanda Rollo. 2002. *Engenho e Obra. Uma abordagem à História da Engenharia em Portugal no século XX*. Lisbon: Dom Quixote.

Bueno, Beatriz. 2011. *Desenho e Desígnio. O Brasil dos Engenheiros Militares (1500-1822)*. São Paulo: EDUSP.

Callapez, Maria. 2010. "Plásticos na Sociedade Portuguesa Rural." *Revista Brasileira de História da Ciência* 3, no. 2: 200-210.

Carita, Helder. 1999. *Lisboa Manuelina e a Formação de Modelos Urbanísticos da Época Moderna (1495-1521)*. Lisbon: Livros Horizonte.

Carita, Helder. 2013. "Sistemas Métricos e Normas construtivas em argamassas de cal implementadas pela Provedoria de Obras Reais/ Casa das Obras: séculos XVI a XVIII." In *Subsídios para uma História da Construção Luso-Brasileira*, 71-89. Rio de Janeiro: PoD.

Correia, Virgílio. 2010. "A Arquitectura Doméstica de Conimbriga e as Estruturas Económicas e Sociais da Cidade Romana." PhD diss. in History, specialization Archaeology, Universidade de Coimbra.

Costa, José. 1999. "Estudos Cromáticos nas intervenções de Conservação em Centros Históricos. Bases para a sua aplicação à realidade portuguesa." PhD diss. in Architectural Heritage Conservation, Universidade de Évora.

Costa, José. 2002. *Cor e Cidade Histórica. Estudos Cromáticos e Conservação do Património*. Porto: FAUP.

Custódio, Jorge. 1997. *A problemática do fabrico de vidraça em Portugal entre os séculos XV e XIX*. Marinha Grande: Museu Santos Barosa.

Custódio, Jorge. 2000. *A Real Fábrica de Vidros de Coina (1719-1747) e o vidro em Portugal nos séculos XVII e XVIII*. Lisbon: IPPAR.

Dias, Pedro. 1994. *Arquitectura Mudéjar Portuguesa. Tentativa de Sistematização*. Lisboa: Revista de História dos Mares, 1994.

Dias, Pedro. 2000. *A Arquitectura dos Portugueses em Marrocos: 1415-1769*. Lisbon: Minerva.

Dias, Pedro. 2004. *História da Arte Luso-Brasileira: Urbanização e Fortificação*. Coimbra: Almedina.

Diogo, Maria. 1994. "A Construção de uma Identidade Profissional: A Associação dos Engenheiros Civis Portugueses, 1869-1937." PhD diss. in History and Philosophy of Sciences, specialization Epistemology, Universidade Nova de Lisboa.

Fernandes, Maria and Maria Lopes. 2011. "L'adobe au Portugal. » In *Les Cultures Constructives de la Brique Crue*, edited by C.-A. de Chazelles et al. Grenoble: Éditions de l'Espérou.

Fernandes, Maria and Maria Lopes, eds. 2005. A Arquitectura de Terra em Portugal. Lisbon: Argumentum.

Gago, António. 2004. "Análise estrutural de arcos, abóbadas e cúpulas. Contributo para o Estudo do Património Construído." PhD diss. in Civil Engineering Civil, Lisbon, IST.

Genin, Soraya, Krista De Jonge, and José Palacios. 2009. "Portuguese Vaulting Systems at the Dawn of the Early Modern Period. Between Tradition and Innovation." In *Proceedings of the 3rd International Congress on Construction History*, edited by Karl-Eugen Kurrer et al., 671-678. Cottbus: Brandenburg University of Technology.

Genin, Soraya. « Voûtes à nervures manuélines. Le caractère innovant de João de Castilho (Manuelijnse ribgewelven. De innovatie van Joao de Castilho)." PhD diss. in Engineering Science, Katholieke Universiteit Leuven.

Gomes, Saul. "Um estaleiro medieval de excelência: o Mosteiro da Batalha." In *A História da Construção em Portugal. Alinhamentos e Fundações edited by João Mascarenhas-Mateus*, 127-156. Coimbra: Almedina.

Heitor, Manuel, José Brito and Fernanda Rollo, eds. 2004. *Momentos de Inovação e Engenharia em Portugal no Século XX*. Lisbon: Dom Quixote.

Henriques António et al. 2009. *Manual da Calçada Portuguesa / The Portuguese Pavements Handbook*. Lisbon: DGEG.

Ferreira-Jorge, Virgolino. 2012. "Os Cistercienses e a Água." *Revista Portuguesa de História* XLIII: 35-69.

Kouris, Leonidas et al. 2014. "Simple and complex modelling of timber-framed masonry walls in Pombalino buildings." *Bulletin of Earthquake Engineering*: 1-27. Doordrecht: Springer (published online 2014-01-19).

Lopes, Mário et al. 2014. "Pombalino Constructions: Description and Seismic Assessment." In *Structural Rehabilitation of Old Buildings*, edited by Aníbal Costa, João Guedes and Humberto Varum, 187-234. Berlin, Heidelberg: Springer Verlag.

Lourenço, Paulo. 2001. "Analysis of historical constructions: From thrust-lines to advanced simulations." In *Historical Constructions–Proceedings of the 3rd International Seminar*, edited by Paulo Lourenço and Pere Roca, 91-116. Guimarães: UMinho.

Macedo, Marta. 2012. *Projectar e Construir a Nação. Engenheiros, ciência e território em Portugal no Século XIX*. Lisbon: ICS.

Madureira, Luís, coord. 2005. *A História da Energia: Portugal 1890-1980*. Lisbon: Livros Horizonte.

Mascarenhas, Jorge. 2004. *Sistemas de Construção V–O Edifício de Rendimento da Baixa pombalina de Lisboa. Processo evolutivo dos edifícios; inovações técnicas; sistema construtivo*. Lisbon: Livros Horizonte.

Mascarenhas-Mateus, João, ed. 2011. *A História da Construção em Portugal. Alinhamentos e Fundações*. Coimbra: CES–Almedina.

Mascarenhas-Mateus, João. 2001. "Princípios e Técnicas Tradicionais de Construção de Alvenarias na Literatura Técnica publicada entre 1750 e 1900: o seu Contributo para a Conservação de Edifícios Históricos." PhD diss. in Civil Engineering, Universidade Técnica de Lisboa.

Maciel, Manuel, ed. 2006. *Vitruvio. Tratado de Arquitectura*. Lisbon: IST Press.

Matos, Ana, Maria Santos, and Maria Diogo. 2004. "Obra. Engenho e Arte nas Raízes da Engenharia em Portugal." In *Momentos de Inovação e Engenharia em Portugal no Século XX*, edited by Manuel Heitor, José Brito and Fernanda Rollo, II, 12-45. Lisbon: Centro de

Estudos e Inovação, Técnologia e Políticas de Desenvolvimento do IST: D. Quixote.

Matos, Ana. 1998. "A indústria metalúrgica e metalomecânica em Lisboa e no Porto na segunda metade do século XIX." *Arqueologia & Indústria* no. 1: 83-100.

Matos, Ana. 1999. "A utilização de novos materiais e estruturas no contexto do património urbano oitocentista." *Arqueologia & Indústria* no. 2/3: 109-127.

Melo, Arnaldo, and Maria Ribeiro, eds. 2013. *História da Construção. Arquitecturas e Técnicas Construtivas*. Braga: CITCEM, LAMOP.

Melo, Arnaldo, and Maria Ribeiro, eds. 2012. *História da Construção. Os Materiais*. Braga: CITCEM, LAMOP.

Melo, Arnaldo, and Maria Ribeiro, eds. 2011. *História da Construção. Os Construtores*. Braga: CITCEM.

Mendes, José, and Manuel Rodrigues. 1999. *História da Indústria Portuguesa: da Idade Média aos Nossos Dias*. Mem Martins: Europa América.

Mendes, José. 2000. "O Ferro na História: das Artes Mecânicas às Belas-Artes." *Gestão e Desenvolvimento* no. 9: 301-318.

Monteiro, Cláudio. 2010. *Escrever direito por Linhas retas. Legislação e Planeamento Urbanístico na Baixa de Lisboa (1755-1833)*. Lisbon: AAFDL.

Moreira, Rafael. 1981. "A Arquitectura Militar do Renascimento em Portugal. Separata de A introdução da Arte da Renascença na Península Ibérica." In *Actas do Simpósio Internacional organized by Instituto da Arte da Universidade de Coimbra*, 281-305. Coimbra: Epartur.

Moreira, Rafael. 1992. "Um tratado português de Arquitectura do século XVI (1576-1579)." In *Universo Urbanístico Português edited by Comissão para a Comemoração dos Descobrimentos Portugueses*, 353-398. Lisbon: CML.

Moreira, Rafael, coord. 1989. *História das Fortificações Portuguesas no Mundo*. Lisbon: Alfa.

Nunes, A. 1988. *O Castelo Estratégico Português e a Estratégia do Castelo Português*. Lisbon: DSHM.

Oliveira, Ernesto, and Fernando Galhano. 1969. *Construções Primitivas em Portugal*. Lisbon: IAC.

Pimentel, António. 2002. *Arquitectura e Poder: o Real Convento de Mafra*. Lisbon: Livros Horizonte.

Pinheiro, Magda. 2010. "A Construção dos Caminhos-de Ferro em Portugal no Século XIX." In *A História da Construção em Portugal. Alinhamentos e Fundações edited by João Mascarenhas-Mateus*, 127-156. Coimbra: Almedina.

Pinto, Sandra. 2014. "Da Almoçataria ao Código Civil: a mutação das normas jurídicas para o construtivo." In *Cidade e Espaço/City and Space*, Magda Pinheiro and Cecília Vaz (org.), 13-26. Lisbon: CEHC-IUL.

Polónia, Amélia. 2005. "Arte, Técnica e Ciência no Portugal Moderno. Contributos da sabedoria dos descobrimento para a Ciência Europeia." *Revista da Faculdade de Letras* série III, no. 6: 9-20.

Póvoas, Rui, and João Mascarenhas-Mateus, eds. 2016. *2º Congresso Internacional de História da Construção Luso-Brasileira, Culturas Partilhadas. Livro de Actas / I International Congress on Luso-Brazilian Construction History Proceedings*. Oporto: CEAU, Faculdade de Arquitetura, Universidade do Porto.

Real, Manuel. 1998. "A Construção Cisterciense em Portugal durante a Idade Média." In *Arte de Cister en Galicia y Portugal*, Jorge Rodrigues and Xosé Pérez (coord.). Lisbon: Fundação Calouste Gulbenkian.

Ribeiro, Jorge. 2010. "Arquitectura Romana em Bracara Augusta. Uma Análise das Técnicas Edilícias." PhD diss. in Archaelogy, Braga, Universidade do Minho.

Ribeiro, Nelson, org. 2013a. *Subsídios para uma História da Construção Luso-Brasileira*. Rio de Janeiro: PoD Editora.

Ribeiro, Nelson, org. 2013b. *Anais do 1º Congresso Internacional de História da Construção Luso-Brasileira/ I International Congress on Luso-Brazilian Construction History Proceedings* [CD ROM]. Rio de Janeiro: PoD.

Ribeiro, Orlando. 1961. *Geografia e Civilização*. Lisbon: Instituto de Alta Cultura.

Ribeiro, Vítor, ed. 2008. *Materiais, Sistemas e Técnicas de Construção Tradicional*. Porto: Afrontamento.

Rollo, Maria. 2007. *Portugal e a Reconstrução Económica do Pós-Guerra. O Plano Marshall e a economia portuguesa dos anos 50*. Lisbon: MNE-ID.

Rollo, Maria, and Ana Pires. 2013. *Ordem dos Engenheiros–75 anos de História. Inovação e Desenvolvimento em Portugal: O Lugar dos Engenheiros*. Lisbon: OE.

Rua, Helena, ed. 1998. *Vitruvio. Os Dez Livros de Arquitectura*. Lisbon: IST.

Santos, José. 1989. *O Palácio de Cristal e a Arquitetura do Ferro no Porto em Meados do século XIX*. Porto: FEAA.

Silva, Joana, and Clara Vale. 2010. "A Utilização da Cortiça em Paredes de Adobe, Contexto Histórico e Perspectivas Futuras." In *Proceedings 6º Seminário da Arquitectura da Terra em Portugal.*

Silva, Vítor. 1997. "Um novo modelo (e uma nova visão) do Edifício Pombalino." *Monumentos* no. 6: 80-85.

Simões, Ilídio. 1997. *Pioneiros da Electricidade em Portugal e outros Estudos.* Lisbon: EDP.

Tavares, André. 2011. "Os Efeitos do Betão Armado na Arquitectura Portuguesa. O Caso Moreira de Sá & Malevez (1906-1914)." In *A História da Construção em Portugal–Alinhamentos e Fundações*, edited by João Mascarenhas-Mateus, 157-184. Coimbra: Almedina.

Teixeira, Gabriela, and Margarida Belém. 1998. *Diálogos de Edificação.* Porto: CRAT.

Teixeira, José. 2010. *Tapetes de Pedra / Stone Carpets.* Rio de Janeiro: 19 Design.

Tinoco, Alfredo, and Jorge Custódio. 1997. *Alto Forno de Pedreanes, Marinha Grande.* Lisbon: APAI.

Torres, Cláudio. 2010. "Técnicas e formas de construção no sul islâmico." In *As Idades da Construção*, edited by. IEFP and CRAT, 87-91. Lisbon: IEFP.

Vasconcelos, Jorge. 1933-1942. *Etnografia Portuguesa.* Lisbon: Imprensa Nacional Casa da Moeda.

Viseu, Joaquim. 1993. *História do Betão Armado em Portugal.* Lisbon: ATIC.

OUTLINE OF THE CURRENT STATE OF CONSTRUCTION HISTORY IN RUSSIA SINCE 1990[1]

Describing the state of scientific research in the field of construction history in Russia during the period following the pivotal socio-political changes in 1990 is rather complicated.[2] In my opinion, the realistic assertion is that, if such research is being conducted, it is being done in a disjointed and random manner and is not considered part of the current, evident international tendency to view construction history as a scientific discipline engaged in a process of self-determination.

At the same time, extensive work is being carried out in Russia in the restoration and often unjustified reconstruction of architectural and technical monuments –concepts which, alas, are seldom differentiated in the professional practice of protecting cultural heritage and in public awareness– and the scale of this is only increasing. The relevant works, which deal with numerous well-known engineering structures (for example, the question of preserving Vladimir G. Shukhov's radio-broadcasting tower in Moscow) are usually not connected with construction history or a task of civil engineering monuments protection by design engineers or the general public. These categories, discreetly put, are still not part of scientific and architectural consciousness in the post-Soviet space. Brief explanations regarding this assessment are provided below.

---

1 The author expresses his profound gratitude to Thomas Moore Ph.D., a United Nations translator in New York, for translating this article, which was written in Russian and German.

2 This paper represents an attempt to bring up to date a survey on the development of construction history as an independent discipline in the Soviet Union since 1990, which had earlier been limited to the period up to 1990 (Fedorov 2005-2006).

CONSTRUCTION HISTORY AS A FIELD OF SCIENTIFIC RESEARCH AFTER THE CHANGES IN 1990

Since the early 1930s, research on construction history constantly expanded as part of the programs of Soviet academic institutions and departments of higher educational establishments. Research in this field reached its peak of development in the second half of the period from the 1950s through the 1980s within the framework of the "centralized scheduled work" by the scientific research institutes of the State Committee on Civil Engineering and Architecture [USSR GosGrazhdanStroy]. Maintaining their academic character and rather elaborate range of themes, such research had to validate and support the shift in the official Soviet construction strategy away from representational "Stalinist architecture" focusing on the use of the language of classical forms towards large-scale industrial construction methods. Wide state support promoting certain scientific research in the USSR had produced a range of specialists and led to rather in-depth work in the area of construction history, which was viewed as an independent research field on the border between history of architecture and history of technology. The publication, in 1962, of the comprehensive collective work *Construction History* (Ivanov et al., 1962) was a major factor in its establishment as an independent discipline. Prepared by the department heads of one of the oldest higher-education civil engineering institutions, the Leningrad Engineering and Construction Institute (founded in 1842 as a construction academy), the work was considered to be a textbook for higher-education training institutions focused on construction. The more detailed processes that led to the establishment of construction history as an independent discipline in the Soviet Union in the 1930s through the 1980s were described in a corresponding bibliography by the author of this survey in a number of papers (see note 1).

The major transformation of the structure of scientific research in Russia after the collapse of the Soviet Union in 1991 or, more exactly, the downsizing of scientific institutions into "applied sectors", including architecture and construction, led to the actual disappearance of the possibility of carrying out further research in the field of construction history.

Of the institutions actively engaged in such research works during the Soviet period, today only the Scientific Research Institute on the Theory and History of Architecture [CNIITIA Moscow] continues its work.[3] Until the beginning of the 1990s, a laboratory for technical architectural problems (headed by Dr. Alexander S. Lebedev) operated within the CNIITIA and dealt with problems relating to construction engineering and its connection with architecture. However, within the framework of current historical architectural research, questions relating to construction history are no longer directly dealt with here. Among the institutions of the Russian Academy of Sciences, with its traditional interests in the area of natural science, the Institute of the History of Natural Science and Technology, founded in 1932,[4] has continued its work. Since 1956, the Institute has been publishing a periodic journal, "Questions Relating to the History of Natural Science and Technology", which remains the basic authority on the history of science in the USSR and Russia.[5] The research work and publications conducted by the Institute over the past decade has, however, for the most part dealt with the history of science and only occasionally relates to single questions of construction history.

Against the background of the fewer possibilities of publishing material on construction history in Russia, of note is the appearance of individual articles on this subject by authors from different regions of the former Soviet Union in European periodicals and other publications. They include, for example, articles analyzing the failure of early reinforced concrete structures, the fate of the works by the Swiss bridge builder and pioneer in the use of reinforced concrete Robert Maillart in Russia and the development of reinforced concrete shells in Estonia

3 Formerly the Central Scientific Research Institute of the USSR GosStroj State Committee on Civil Engineering and Architecture, established in 1946 in the Office of the History of Architecture of the USSR Academy of Architecture. The Institute's numerous publications include the periodical collections "Архитектурное наследство" ([Architectural Heritage], from 1951 to the present) and "Архитектурное творчество СССР"([The Architectural Works of the USSR], from 1973 to 1990) as well as miscellany and theme monographs on construction history (1970 through the 1980s). http://www.niitag.ru/contacts/.

4 It is now the S. I. Vavilov Institute of the History of Natural Science and Engineering : http://www.ihst.ru (the central Moscow office) ; http:www.ihst.nw.ru (St. Petersburg branch).

5 "Вопросы истории естествознания и техники" ["Questions relating to the History of Natural Science and Technology"], the main periodic publication in the field of the history of science in the USSR and Russia, established 1956. Its editorial board is based in the Institute of the History of Natural Science and Technology.

during the Soviet period.[6] This last paper is the sole response to calls to participate in the work of international congresses (The International Congresses on Construction History [ICCH]), which are continually addressed to institutes and universities in the territory of the former Soviet Union. As a part of this phenomenon we can mention the appearance of diverse publications on the extensive heritage of the Russian Corps and the Institute of Way of Communication Engineers (founded in 1809 by Augustin de Betancourt) and the intensive Russian-French scientific contacts linked to the initial period of the work of these institutions. The authors Dimitri and Irina Gouzevich moved to France at the beginning of the 1990s and are continuing and expanding their earlier work on that topic. The results of this research have opened up for general use new archival material and sources –rather often in the framework of the limited French context– and are published more in the form of biographical publications, which is also "backwards" in Russia (Gouzevich et al. 2012).

CONSTRUCTION HISTORY MONUMENTS AND ENGINEERING STRUCTURES AS OBJECTS FOR PROTECTION AND RECONSTRUCTION

The extensive work in the restoration and reconstruction of historically significant monuments and sites that took place after 1990 is, in fact, related to a major reinterpretation of its own history, also dealing in an ongoing manner with a broad circle of construction history objects. The lack of a definition of construction history monuments referred above (also in terms of the 2003 Victoria Falls ICOMOS Charter) as well as the related absence of experience in developing corresponding preservation concepts causes serious damage to structures and their components being "restored" in most of the work projects being carried out.

Among similar examples relating to civil engineering works, mention could be made first of the prolonged discussion concerning the fate

6 See: Souponiski, Sniatkov and Grigoriev 2001 ; Kierdorf 2006 ; Kirikova 2005 ; Suits 2012 inter alia.

of the 148-metre tower by engineer Vladimir G. Shukhov in Moscow [1919-1922] (Graefe 1990), which became markedly exacerbated in the first half of 2014. The tower's unique steel grid structure was erected in the initial years of Soviet rule as a radio-broadcasting tower and was used as such until the 1960s.[7] The proposed alternate design consists of six grid hyperbolic paraboloids and represents one of the high points in the development of this type of structure (Fig. 1-1a).[8]

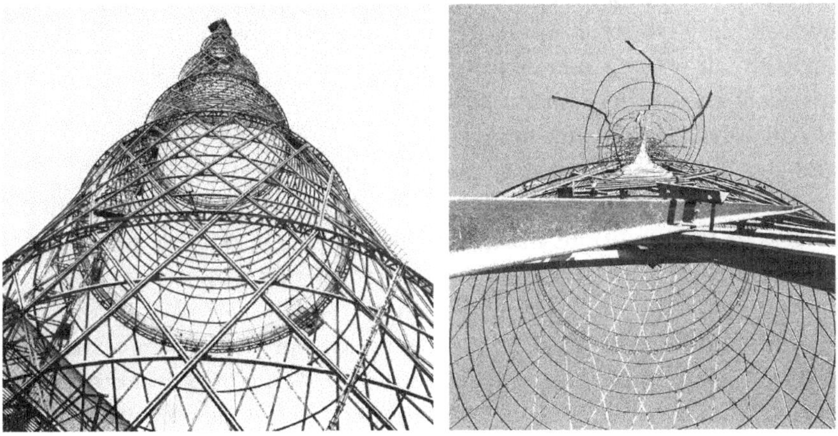

FIG. 1-1a – Left, "The Shukhov Tower" in Moscow, a 148-metre girder structure comprising six girder hyperbolic paraboloids, 1919-1922, engineer Vladimir Shukhov. Photograph from the end of 1980 (Graefe 1990, p. 97). In 2014 there was a proposal to dismantle and relocate the tower. Right, "The Shukhov Tower" in Moscow, an actual state of the part girder structure, 1919-1922, engineer Vladimir Shukhov. Photograph 2010 (Beckh 2012, p. 142).

In spite of the decision by the Russian Federation government on the restoration of the tower [2012] and the design drawn up, no attempt was made to implement it. At the beginning of 2014 the

7 After the introduction of television broadcasting, these functions were transferred to the pre-stressed concrete Ostankino Television Tower in Moscow (1963-1967, engineers N. V. Nikitin et al., architects D. I. Budrin et al.).

8 Initially built by Vladimir Shukhov for one of the sites of the 1896 All-Russian Nizhny Novgorod Trade and Industrial Fair (see inter alia the Album of Participants in the All-Russian industrial and Artistic Exhibition in Nizhny Novgorod, St. Petersburg, 1896).

Ministry of Communications, which today is in charge of the tower, in coordination with the Ministry of Culture, the Ministry of Finance, the Federal Property Management Agency and Moscow's government, proposed carrying out "a comprehensive two-stage accident-prevention restoration of the Shukhov Radio Tower".[9] The following proposals were considered as possibilities : a) to dismantle the structure made up of rolled angle riveted sections and re-assemble it at a new location with the use of modern joint connections ; b) to completely rebuild the tower with modern construction materials. However, owing in particular to the difficult accessibility of all its components, a detailed engineering survey of the tower's current condition objectively assessing the degree of corrosion and the undamaged condition of individual components and riveted joints has to date not been undertaken.

Extensive intervention by Moscow's general public and international professional institutions have, until now, made it possible to put these plans on hold. Nevertheless, the content of the proposals and official discussions have once again demonstrated, indeed in the country's capital, the current level of understanding of the principles for the preservation of monuments in general and of the cautious approach to engineering structures in particular. The further development of the situation regarding the Shukhov Tower in Moscow remains to be seen.

The most widespread approach to the reconstruction of engineering structures –as historic bridges defining the individuality of the centres of many Russian cities– seems to be similar. Thus, in St. Petersburg, located in the delta of the Neva River, there are approximately 800 bridges, not counting those on the grounds of factories and other enterprises.[10] The ongoing reconstruction of these bridge structures conducted with the Department for Monument Preservation has for now confirmed the principles of the rather free replacement or reinforcement of historic support structures and materials with modern ones "imitating" their historic appearance or, more exactly, the structures' basic geometry, and architectural décor elements (Figs. 2-4).

9 The explanatory note to the draft decision of the Government of the Russian Federation of 25 February 2014 "On measures to preserve the Shukhov Radio Tower, 10 Shukhov Street, Moscow, for the further use of this regional cultural heritage site".

10 They include 22 long-span drawbridges over the main channels (the Neva and the Nevka) and 218 pedestrian bridges. In the city's historic centre there are 342 bridges ; the remaining ones are located in the adjacent districts.

FIG. 2 – Blagoveshchensky Bridge across the Neva River in St. Petersburg, 1842-1850, engineer S. V. Kerbedz et al. The cast-iron arched bridge spans, Charles Baird iron works, 1843-1844. Photograph from the end of the 19th century (a postcard photo).

FIG. 3 – Blagoveshchensky Bridge (from 1855 –Nikolaevsky Bridge, from 1918– Lieutenant Schmidt Bridge, and since 2008 –once again Blagoveshchensky Bridge) in St. Petersburg. Photograph from 2014. "Restoration of the historical architectural appearance" from 2005 through 2007 (photograph by Andrej Fedotov).

FIG. 4 – Pevchesky Bridge across the Moyka River in St. Petersburg, 1838-1840, engineer E. A. Adam, arched span made up of cast-iron torsion box structures. Reinforcement of the span and river-bank sections of the bridge with moulded reinforced concrete, 2003-2004 (photograph by Ingo Fischer).

One of the most important examples of this approach was the reconstruction in 2005-2007 of the first permanent Blagoveshchensky Bridge across the Neva in St. Petersburg.[11] At the site of the six-span cast-iron arched girder bridge built in 1842-1850, in accordance with new navigational requirements, a virtually new six-span bridge reflecting the best architectural tendencies of those years was built in 1936-1938. In addition, the bridge's roadway was widened by 1.5 times during the complete

11 Blagoveshchensky Bridge (from 1855 –the Nikolaevsky Bridge, from 1918– the Lt. Schmidt Bridge, and from 2008 –again the Blagoveshchensky Bridge, built 1842-1850, engineers S. V. Kerbedz et al.). The cast-iron arched bridge spans were produced at the Charles Baird iron works (1843-1844). In 1936-1938 the bridge was completely reconstructed –the arched spans were replaced by steel girder spans (engineers G. P. Perederiy and V. I. Kryzhanovsky) and its architecture was modernized (K. M. Dmitriev and P. A. Noskov). As a result, only the cast-iron grid of the bridge superstructure resembled the original structure. The original bridge's old cast-iron arches were used in 1953-1956 in the construction of the Novovolzhsky Bridge across the Volga River at Kalinin (present-day Tver).

replacement of the swivel turning machinery and the bridge piers. The goal of "restoring its historic architectural appearance",[12] which is difficult to explain (the basic landmark on the adjoining square, Blagoveshchensky Church, was demolished in 1929), was achieved by replacing the span structures and the roadway and by using grid arches, which only vaguely resemble the original ones (Figs. 2 and 3). Parts of the architectural trim (also lantern) from the end of the 1930s, nevertheless, were preserved.

The actual approach to refurbishment and strengthening historical structures of civil and public buildings is mostly identical. As an example, one could bring the large-scale work to "repair and restore" the unique iron rafter roofs and the floor structures of the attic stories of the building complex of the Winter Palace in St. Petersburg [the State Hermitage Museum] conducted in 2010-2013. Manufactured in 1838-1842 on the basis of designs by engineer Matthew Clark at the state-owned Aleksandrovsky iron foundry managed by him (Fedorov 1997), they represent a rare example of the consequent search for new types of iron girder structures in Russian and European engineering practice during those years (Figs. 5 and 6).

FIG. 5 – Iron rafter girders in the Winter Palace (St. George's Hall), 1838-1839, engineer Matthew Clark (photograph by Bernhard Heres, 2008).

12 http://www.specmostostroy.ru/projects/8.

FIG. 6 – Iron rafter girders in the Winter Palace (St. George's Hall), 1838-1839, engineer Matthew Clark. Reinforcement of the upper boom (made of flat bar iron) by welding a modern steel component to it (photograph by Bernhard Heres, 2008).

In spite of the fact that the results of preliminary surveys –conducted simultaneously with German colleagues[13]– of the roof girders, practically all of which were made essentially of Ural flat iron, in most cases indicated sufficient load-bearing capacity, they were reinforced. One of the reasons for such undifferentiated reinforcement was the estimate that cold sheet-iron of the original roofs construction according to the reconstruction design received new rigid cladding panels, which must have increased the structure's estimated weight. The banded forged profiles of the roof girders were reinforced by welding the modern steel plates (Fig. 6), which, in cases involving historical forged iron, threatens to alter the mineralogical composition and durability of the material and runs counter to modern (also German) iron refurbishing standards.

13 Within the framework of the DFG-project „Die Eisenkonstruktionen in den Gebäuden der Staatlichen Eremitage St. Petersburg–Erfassung, Analyse und Bewertung im Kontext des frühen europäischen Stahlbaus", 2009-2012, Cottbus [BTU] and Karlsruhe [KIT] Universities of Technology.

An appraisal of the results of the "repair and restoration" work completed in 2014 on the roofs of the Winter Palace regrettably indicates a substantial, if not total, loss of the landscape of historical metal rafter structures that was unique to European practice in approximately 1840 in both qualitative and quantitative terms (Fedorov 2012 ; Fedorov and Lorenz 2014).

No less regrettable is the loss of unique examples of construction engineering that has occurred over the last two decades as a consequence of the irresponsible and unpunished treatment of architectural monuments that resulted in fires and structural collapse. This includes the large-span wooden rafters of the Moscow Manège building with a span of 42.5 m. [1817, engineer Augustin de Betancourt] (Betancourt 1819), which were destroyed by fire in 2004, and the wooden ribbed dome of the Trinity Cathedral of the Izmailovsky Regiment in St. Petersburg with a span of 32.5 m. [1828-1835, engineer Pierre Dominique Bazaine] (Fedorov 1996, 45-52), which suffered the same fate in 2006. Both structures, as well as the buildings as a whole, were reconstructed soon thereafter with the complete replacement of the materials –partially dimensions– of the principle buildings' covering structures.

QUESTIONS CONCERNING RUSSIAN CONSTRUCTION HISTORY AS A FIELD IN CURRENT GERMAN ARCHITECTURAL RESEARCH

Russian-German scientific contacts, which have a long-standing historical tradition, led, during the period of political changes after 1990, to the phenomenon of the emergence of the broadest range of themes related to Russia within the framework of German scientific research programmes.[14] Indeed, projects in the area of architectural and engineering research demonstrated an obvious interest in integrating materials already published and in an independent analysis of various aspects of the development of Russian construction engineering.

14 This can be seen primarily in the programs and projects of the main funder of German scientific research, the *Deutsche Forschungsgemeinschaft* [DFG / German Research Foundation], referred to in this paper.

Among the pioneers in this regard, mention should be made here of Frei Otto, an architect and professor at the University of Stuttgart, who, within the framework of the fund for special research under his direction [*Sonderforschungsbereich / SFB 230 Natürliche Konstruktionen –Leichtbau in Architektur und Natur* / Natural Structures– Lightweight Construction in Architecture and Nature], the sub-project C3 *Geschichte des Konstruierens* [History of Construction], as early as the 1980s initiated the study of the structural heritage of one of the most interesting and multifaceted representatives of Russian civil engineering at the turn of the 20th century, Vladimir Grigoryevich Shukhov [1853-1939]. It should be noted that for Frei Otto Shukhov's lattice structures –first of all the double curved vaults and the towers built on the geometrical basis of hyperbolic paraboloids– were an obvious prototype of modern structural design principles, including his own light lattice structures and tensile membrane. The thorough integration of knowledge about Shukhov's innovations not only into general contemporary European architectural history but also into architectural, engineering and university practice can be considered the main result of the study of the Russian construction history at the University of Stuttgart [subproject head : Prof. Dr. Rainer Graefe].

Recently, after an interval of more than 20 years, research into Shukhov's work was given further impetus within the framework of a new joint DFG project *Konstruktionswissen der frühen Moderne. Šuchovs Strategien des sparsamen Eisenbaus*, 2010-2013 [Munich, Innsbruck and Zurich]. It takes into account the different approaches and possibilities that came about during this period into the methodology issue of construction history and significantly deepened our understanding of structural principles and experiments in Russian/early-Soviet engineering practice.[15]

Within the frame of work conducted by the second largest German fund of special research in the field of architecture and construction, SFB 315 *Erhalten historisch bedeutsamer Bauwerke. Baugefüge, Konstruktionen, Werkstoffe* at the University of Karlsruhe, which focused on certain technical questions relating to the preservation of monuments, a separate program (subproject) was also set up in the field of construction

15 DFG-project *Konstruktionswissen der frühen Moderne. Šuchovs Strategien des sparsamen Eisenbaus*, 2010-2013 [Construction knowledge in early modern architecture : Shukhov's strategies in designing optimized steel structures]. Among the first published results of the project see : Barthel et al. 2009 and also the first monographic publication of the subproject *Entwurfsprozesse und Tragverhalten* (Beckh 2012).

history : *Baugeschichtliche Forschungen zu Baukonstruktion und Bautechnik*. Among other questions since 1991, here was conducted research on early metal dome structures in St. Petersburg [1806-1840s] (Fedorov 1996) and early Russian chain bridges [1823-1825]. The construction of the early suspension bridges were thereby immediately connected with the activities carried out over many years in St. Petersburg by Wilhelm von Traitteur (Fedorov 2000), an engineer of one of southwestern Germany's historical regions, the Grand Duchy of Baden. It marked on its part the beginning of a large number of studies and papers on topics concerning "Russian-German architectural and engineering relations".

Research work on early Russian civil metal structures was continued in another, recently completed, DFG project *Die Eisenkonstruktionen in den Gebäuden der Staatlichen Eremitage St. Petersburg – Erfassung, Analyse und Bewertung im Kontext des frühen europäischen Stahlbaus* [Iron structures in the Buildings of the St. Petersburg State Hermitage – Survey, Analysis and Evaluation in the Context of the Early European Steel Structure], carried out by the Brandenburg University of Technology [BTU] in Cottbus and the University of Karlsruhe [now KIT]. The work, which began already in 2002, can be described as the most detailed in situ research of a specific site, or, more exactly, of an extensive landscape of historic metal structures erected 1838-1850s, which was conducted jointly with Russian colleagues [the principal architect's office of the State Hermitage Museum]. The following questions, which are generally derived from the experience of German architectural research [historische Bauforschung / building archaeology], were here raised and analyzed :

- Detailed archival studies of construction history and structural design;
- Exemplary measurements of bearing structures with adequate (from hand to 3D-laser) methods;
- Documentation drawn in appropriate formats;
- Development of a typology of the executed structures;
- Reorganization of the design, construction and installation processes;
- Analysis of bearing capacity and structural quality;
- Evaluation of engineering innovations in the European context.

At the present time, a summary monograph with preliminary title *Die eiserne Eremitage* [The Iron Hermitage] is being prepared by BTU in

Cottbus and KIT in Karlsruhe. In general, the Chair of Construction History and Structural Preservation of the Brandenburg University of Technology [headed by Prof. Dr.-Ing. Werner Lorenz], the Department of Construction History and BTU are currently among the leading German university research centers that are continuing and coordinating research on individual issues pertaining to construction engineering in Russia. Since April 2014, there was established a new international post-graduate course *Kulturelle und technische Werte historischer Bauten* [DFG GRK; Cultural and Technical Values of Historic Buildings].

The examples cited above should not foster the impression that historic metal structures in Russia remain the basic subject matter of the research work being conducted in Germany. The gamut of such research actually includes a very broad range of topics and questions involving the participation of different disciplines. Thus, work on construction history of the early 20th century was also further developed at TU Berlin within the framework, again, of the DFG project *Die Bauten des russischen Konstruktivismus (Moskau 1920-1934)–Baumaterial, Baukonstruktion, Erhaltung* [Russian Constructivism Buildings, Moscow, 1920-1934, Construction Material, Structural Design and Preservation] at the Institute for Construction History of the Technical University of Berlin [Dr.-Ing. Anke Zalivako, 2010-2013].[16]

Separate questions concerning construction history are raised in the work carried out by the university departments and institutes dealing with Eastern European history that form part of the history departments of many of Germany's humanities universities. An example of such work is the fundamental cultural and historical research of the Moscow underground, which includes the period from the initial utopian proposals in 1897 up to the large-scale Stalinist construction site and the opening of the first lines in 1935 (Neutatz 2001).

Sergej FEDOROV
BTU Cottbus / Karlsruhe Institute of Technology [KIT], Germany

16 The results of this project [http://gepris.dfade/gepris/projekt/5434432] were presented in a book (Zalivako 2012).

REFERENCE LIST

Barthel, Rainer, Matthias Beckh, Andrij Kutnyi, and Manfred Schuller. 2009. *Ein Meilenstein im Schalenbau–Šuchovs Halle für das Blechwalzwerk in Vyksa*. In *Forschen, Lehren und Erhalten–Festschrift für Rainer Graefe*, edited by Juliane Mayer, 105-122. Innsbruck : IUP.

Beckh, Matthias. 2012. *Hyperbolische Stabwerke–Šuchovs Gittertürme als Wegweiser in den modernen Leichtbau*. Munich : Institut f. intern. Architektur-Dok.

Fedorov, Sergej. 1996. "Early Iron Domed Roofs in Russian Church Architecture : 1800-1840." *Construction History, Journal of the Construction History Society* 12 : 41-66.

Fedorov, Sergej. 1997. *Matthew Clark and the origins of Russian structural engineering, 1810-40s : an introductory biography*. In *Studies in the History of Civil Engineering 9 : Structural Iron, 1750-1850*, edited by R. J. M. Sutherland, 103-122 [Reprint from : *Construction History. Journal of the Construction History Society* 8, 1992 : 69-88]. Aldershot ; Brookfield, VT : Ashgate.

Fedorov, Sergej. 2000. *Wilhelm von Traitteur. Ein badischer Baumeister als Neuerer in der russischen Architektur 1814-1832*. Berlin : Ernst & Sohn.

Fedorov, Sergej. 2005-2006. "Construction History in the Soviet Union–Russia : 1930-2005. Emergence, Development and Disappearance of a Technical Discipline." *Construction History, Journal of the Construction History Society* 21 : 61-97 (with an expanded bibliography).

Fedorov, Sergej. 2006. "Construction History in the Soviet Union–Russia : 1930-2005. Emergence, Development and Disappearance of a Technical Discipline." In *Proceedings of the Second International Congress on Construction History*, 1 : 1093-1112. Cambridge : Construction History Society.

Fedorov, Sergej. 2012. "Rebuilding St. Petersburg's Winter Palace in the Context of Early European Steel Structures 1838-1850s : Contemporary Sources and Documents." In *Nuts & Bolts of Construction History*, edited by R. Carvais et al., 3 : 203-213. Paris : Picard.

Fedorov, Sergej, and Werner Lorenz. 2014. "Die Eisenkonstruktionen in den Gebäuden der Staatlichen Eremitage St. Petersburg–Historische

Bauforschung mit ingenieurwissenschaftlichem Schwerpunkt [abridged version].” In *Koldewey-Gesellschaft. Bericht über die 47. Tagung für Ausgrabungswissenschaft und Bauforschung vom 16. bis 20. Mai 2012, Trier*, 251-254. Dresden : Thelem.

Graefe, Rainer et al. 1990. *Vladimir G. Šuchov, 1853-1939. Die Kunst der sparsamen Konstruktion*. Stuttgart : Deutsche Verlags-Anstalt. [There is an authorized edition in Russian : *Vladimir G. Šuchov, 1853-1939*. Moscow : Iskusstvo konstruktsii, 1994].

Gouzevich, Dimitri et al. 2013. Карл Иванович (Шарль Мишель) Потье (1785-1855). Третий директор института Корпуса инженеров путей сообщения, Санкт Петербург 2013, 491 с., (библиография 898 пунктов). [*Charles Michel Potier (1785-1855) : Troisième directeur de l'Institut du Corps des ingénieurs des voies de communication*. St. Petersburg : PGUS].

Ivanov, Vladimir F. et al., ed. 1962. История строительной техники. Ленинград/Москва 1962 [Учебное пособие для инж.-строит. вузов] (560 с., илл., библиография в конце разделов). [*History of Construction Engineering* (textbook for Civil Engineering Institutes). Leningrad, Moscow].

Kierdorf, Alexander. 2008. “Early Mushroom Slab Construction in Switzerland, Russia and the USA.” In *Proceedings of the Second International Congress on Construction History*, 1793-1897. Cambridge : Construction History Society.

Kirikova, Olga. 2005. “Robert Maillart in St. Petersburg.” *Werk, Bauen + Wohnen* 94 (4) : 70-72.

Neutatz, Dietmar. 2001. *Die Moskauer Metro. Von den ersten Plänen bis zur Großbaustelle des Stalinismus (1897-1935)*. Cologne : Böhlau Verlag.

Souponitski, Semen Z., Sergej Sniatkov, and Sergej Grigoriev. 2001. “Early Reinforced Concrete Constructions in Russia : Specific Faults and Causes of Failure.” *Engineering Failure Analyses* 8 (2) : 201-212.

Suits, Maris. 2012. “Reinforced Concrete Shells in Estonia during the Soviet Period : Science and Practice.” In *Nuts & Bolts of Construction History*, edited by R. Carvais et al., 3 : 143-148. Paris : Picard.

Zalivako, Anke. 2012. *Die Bauten des russischen Konstruktivismus. Moskau 1919-1932. Baumaterial, Baukonstruktionen, Erhaltung*. Petersberg : Imhof.

CONSTRUCTION HISTORY IN SCANDINAVIA

Trying to describe construction history in Scandinavia is in many senses a pioneering work. As such, only a sketch can be provided. In the 2004 survey "Construction History. Research Perspectives in Europe", Scandinavia was completely absent. The possible reasons for this absence are in themselves worth reflecting upon.

My own way into construction history, which is fairly recent, could offer some insight into the background and state of the subject. It can perhaps not be called typical, but since the subject is more or less absent in Scandinavia, there probably are no typical ways into it yet. I am an architect and an architectural historian, specializing in 20th century architecture and, especially, Swedish post-war architecture. I have had an interest in the societal background of architecture, which can be seen as typical for my generation of architectural historians, educated in the late 1960s. But a focus on function and building categories, rather than technology or aesthetics and the great masters of architecture, has a long tradition in Swedish architectural history, probably since the 1930s at least. Modernist architects had the ambition to shape society and architectural history could be a tool in that work.

At the same time, my generation was educated in opposition to the late 1960s "record years" and "million program" (building one million apartments in ten years) in Sweden which, on the one hand, was a pragmatic political success but, on the other hand, had the consequence of strongly marginalising architects in the building process, which came to be controlled by the builders. The late 1960s architects' interest in history was a reaction against a building industry, which was seen to be geared toward rational production with no consideration of historical contexts. A polarised building trade with little shared knowledge was the result, both in practice and in academia.

When I became a professor of the theory and history of architecture at Chalmers University of Technology in Gothenburg in 1998, this was still the general background situation, but it had already started to cause considerable discontent among some architects as well as some engineers. One of my first doctoral students, Kristina Grange, came from engineering and had out of her own interest sought out master courses in architecture. This was possible, even if not exactly encouraged. She wrote a diploma thesis in architectural history on the relationship between architects and engineers and with that passed an exam in engineering. She then continued on to write a PhD in architectural history on the role of architects in the building trade during the 20th century, completed in 2006 and a subject to which I will return, as I find it to be a clear example of research in construction history.

In the autumn of 2006, there also started a new dual degree program in architecture and engineering at Chalmers. The aim was outspoken : to build bridges between the engineering and the design cultures. I was involved in a "travelling seminar" with some colleagues to find contacts and goals for study tours for the new program. I was also giving a course on the history of architecture and engineering during the new program's second year. Bill Addis' book *Building : 3,000 Years of Design, Engineering and Construction* came out in 2007 and was just the textbook we needed for the course. In researching material for this course, I found the International Conferences on Construction History, which were then unknown to me as well as to my colleagues.

In 2012, I participated in the Paris conference ICCH4, as a solitary Scandinavian among hundreds of participants from all over the world. As a result of this, I was also on the scientific committee for ICCH, I am on the editorial advisory panel of the British *Construction History* journal, and I have been asked to write this survey of construction history in Scandinavia. With little of my own research called construction history but with a keen interest in promoting the subject, I have rapidly become the Scandinavian connection in the field, a somewhat surprising experience.

A QUESTIONNAIRE

Given this background the task to write such a survey is a challenge. A search on the internet for "construction history Scandinavia" gives 138 million hits, but they are very unspecific and already a quarter of them is my own participation on the editorial advisory panel of *Construction History*. It is only too easy to look into a hall of mirrors.

What I have done to try to get out of that is to send a short questionnaire to a selected group of people that might possibly be interested, following the "clewing method" by asking some people for possible respondents and then again asking these respondents for other potential respondents. The answering percentage was not impressive, around 20 % (8 of 39). This might be taken as yet another sign of the lack of interest in the subject but also, with an only slightly different perspective, of the more easily recognisable lack of institutional contexts that feel a responsibility for the subject. But this clearly random and haphazard material is what I have so far to base my description on.

It might be worth noting that some important work has been done in history and social science institutions, obviously not well known to engineers and architectural historians. To the lack of institutional contexts can be added a lack of networking between institutions as well as between countries.

I will organize my material by country, starting with Sweden, followed by Denmark, Norway and Finland. There are yearly Nordic meetings of architectural technology teachers but publications are almost exclusively national. I have even participated in one of these meetings and asked how many (out of some 30 persons present) had heard about ICCH and the subject of construction history. No one had.

Language is here another cause of bias. I will mention publications both in English and in the national languages. Titles will be given in the language in which the publication is written. If it is a national language, my English translation will be provided. The answers to the questionnaire from Finland specifically excluded publications in Finnish (which I cannot read).

In the questionnaire, I asked for "material within the subject of construction history since 2004 (research projects, articles, exhibitions, consulting, etc.)" by the respondent or by others known to the respondent. The examples below follow the answers given, with some additions based on my own knowledge (mostly Swedish examples), which thus means the results are relatively heavily weighted.

SWEDEN

Swedish building has been known, and criticized, for its separation between different professions since the building boom of the 1960s. The background to this is given in the already mentioned dissertation by Kristina Grange, *Arkitekterna och byggbranschen : Om vikten av att upprätta ett kollektivt självförtroende* [*Architects and the building industry : On the importance of maintaining a collective self-confidence*] from 2006, which is architectural history but it clearly takes an institutional perspective on the whole building trade. It discusses the absence of architects and technical consultants in state commissions on building. The deteriorating social capital of the building industry is explained by "collective memories", institutionalised conditions and professional self-images. Grange has continued her research with studies of the profession of planners.

In 2013, I published a small study following Grange's argument, *Den dubbla rörelsen : Arkitekterna, byggbranschen och 1960-talet* [*The Twofold Movement : The Architects, the Building Trade and the 1960s*] (Caldenby 2013). It is a parallel reading of the main architectural and building journals, *Arkitektur* and *Byggnadsindustrin*, in the 1960s, showing somewhat surprisingly that builders were more interested in architecture than architects in building. The reason was most likely that architects already had lost their trust in the building industry. This study was published by CMB, a Centre for Management of the Built Environment, at Chalmers.

Another PhD at Chalmers is Bengt J.O. Johansson's *Betong i arkitekturen : Gestaltning och teknik 1930-1980* [*Concrete in Architecture : Design and Technology 1930-1980*] from 2008. It describes the development of concrete architecture with the aim of informing conservation work with buildings from this period, a task that has become more important recently with the coming of age of modernist buildings.

An indication of the popular interest in renovation and thus also in construction history is the book *Så byggdes husen* [*The Way Buildings Were Built*] from 1983 with new editions in 2008 and 2013 by Cecilia Björk, Per Kallstenius and Laila Reppen. A follow-up by Björk, Reppen and Lars Nordling is *Så byggdes villan* [*The Way Villas Were Built*] from 2009. Both books have pedagogical cutaway drawings of structures.

Sture Samuelsson is a retired professor in engineering design at KTH Royal Institute of Technology in Stockholm. He has written a book *Ingenjörens konst. Material och konstruktion ger form* [*The Art of the Engineer. Materials and construction provides the form*] to be published in the autumn of 2014. It is a book on the history of engineering based on his teaching experience. Samuelsson has also written several shorter articles on the same subject in professional magazines like *Väg- och Vattenbyggaren*, *Samhällsbyggaren* and *Stålbyggnad*.

Tim Anstey is an architect and researcher at KTH since 2013, in the AHO Oslo School of Architecture, with an interest in the history of the profession of the architect. He wrote a PhD dissertation, *Divinity and Difference : On Unity and Distortion in the work of Leon Battista Alberti*, at University of Bath in 1999, and this interest of his has continued. He has published a study "Things that Move : Domenico Fontana and the Vatican Obelisk" in *Nordic Journal of Architecture* (2013, Vol. 2) with a Latour-inspired perspective on construction history.

Atli Magnus Seelow is an architect and a postdoc at Chalmers School of Architecture. His 2009 PhD in Munich was on Icelandic modernism, but his current topic is technological progress as a basis for modern architecture. Seelow has taken over the course on the history of architecture and engineering at Chalmers, started by me in 2007 and, as far as I know, the only Scandinavian course on that specific subject.

Linnéa Rollenhagen-Tilly is a Swedish researcher in the history of architecture and construction living in France. She has a PhD from Paris-Sorbonne University in 2006 on *Paris : Ordinary Houses 1650-1790*. Presently, she is writing a biography on Carl Johan Cronstedt, a Swedish 18th century architect, famous for being the inventor of the tile stove, an early Swedish contribution to more sustainable energy, and a subject of several books in Swedish. Rollenhagen-Tilly published an article "Knowledge of architecture and building technologies in 18th century Sweden" in *Nuts & Bolts of Construction History* (2012, 1 : 409-417).

One of the few inter-Scandinavian studies that I know of is a paper in progress on the dismantling of prefabricated blocks of flats and subsequent reuse of concrete panels and slabs. It was initiated by Satu Huhka at the Tampere University of Technology and includes a Swedish case (which I am writing) as well as a German and a Dutch case.

Long-term research on the historical development of infrastructural systems has been done by Arne Kaijser, professor in the history of technology at KTH since 1999. His institution is called Division of History of Science, Technology and Environment and has grown into a very important research environment that focuses on environmental history and addresses today's major societal challenges. Recently, Kaijser and others have published the book *The Making of Europe's Critical Infrastructure : Common Connections and Shared Vulnerabilities* (Högselius et al., 2013). This work synthesizes the outcomes of ten years of European research cooperation in the field of technology history.

An important researcher at Kaijser's division was Marie Nisser (1937-2011), the first professor of industrial heritage, starting in 1992. She was one of the founders, in 1973, and the first chairman of TICCIH, The International Committee for the Conservation of Industrial Heritage. She published several books and papers on industrial heritage and building technology.

At Uppsala University, there is the Institute for Housing Research, started in 1994 in Gävle as compensation for the closed-down, state-run Swedish Institute for Building Research. It has professors in geography, economics, political science and sociology and covers a wide variety of issues concerning housing and the built environment from a social-science perspective. It has some 40 researchers and, like History of Science, Technology and Environment at KTH, it addresses politically important questions.

DENMARK

Denmark has a longer tradition than Sweden of highly cultivated engineers (Ove Arup being the most famous, internationally) and of the architect's presence on building sites. This may be traceable to the higher number of publications on construction history, but even in Denmark the subject does not seem to have a clear institutional base.

Lotte Bjerregaard Jensen is an architect and associate professor in building design at the Technical University of Denmark. She has a long list of publications, many of them on energy design. Publications within construction history include editorship of *B150 Civil Engineering Futures : The 150th Anniversary Celebrations of the Study of Civil Engineering in Denmark* from 2008 with several international contributions. She also published *Forsegling og symbiose : Naturvidenskab och naturromantik –en dialog i moderne arkitektur* [*Seal and Symbiosis : Natural Science and Natural Romanticism– A Dialogue in Modern Architecture*] in 2005, based on her 2001 PhD.

Ola Wedebrunn is an architect and associate professor at the Royal Danish Academy of Fine Arts. He has been a long-time coordinator of Danish Docomomo and member of the Docomomo Specialist Committee on Technology. His PhD from 2002, *Materialernes egenart og sprog* [*The Character and Language of Materials*] is an essayistic discussion of the history and artistic potentials of different materials. Together with Torben Dahl, he published *Modernismens bygninger* [*Buildings of Modernism*] in 2000, which gives a very useful introduction to modernism's building technology.

NORWAY

Norwegian contemporary architecture has been described as having a "constructive tendency", sometimes explained as a legacy from stave church buildings (Sweden also had stave churches, but they all disappeared in a richer and more densely populated country).

The Norwegian interest in wooden architecture is easily understood. Knut Einar Larsen, former professor at the Norwegian Technical University in Trondheim, has written extensively about this. His *Conservation of Historic Timber Structures* from 2000, written together with Nils Marstein, is a major publication in English.

Björn Sandaker, professor at Oslo School of Architecture, published the book *On Span and Space : Exploring Structures in Architecture* in 2007. It discusses different structural principles with the help of historic examples. Sandaker also, together with his now-retired predecessor and bridge architect Arne Eggen, published the widely read book *The Structural Basis of Architecture* ([2011] 2013), also with historical examples. Interestingly enough, when Sandaker answered the questionnaire, he did not consider himself to have published anything on construction history.

FINLAND

Many Finnish publications are in Finnish and thus inaccessible to other Scandinavians (whereas Swedes can easily read Danish or Norwegian). Even if the Finns have been better at answering the questionnaire, this obviously limits the list of publications suggested and is somewhat problematic for Nordic collaboration.

An ambitious, and seemingly much appreciated, book in Finnish is Petri Neuvonen's (ed.) *Kerrostalot 1880-2000 : Arkkitehtuuri, rakennustekniikka, korjaaminen* [*Apartment Houses 1880-2000 : Architecture, Building Technology, Repair*] from 2006. It looks much like the above-mentioned Swedish book *Så byggdes husen* with plans, sections and cutaway drawings of residential buildings.

Mikko Kylliäinen is an acoustic researcher at the Tampere University of Technology who has also been working on historic buildings. He is involved in a project modelling the acoustics of all vanished 19th century concert halls in Helsinki (see Takala & Kylliäinen, 2013).

WHY A LACK OF INTEREST IN SCANDINAVIA ?

Another question asked was, "The interest in or knowledge of construction history seems to be low in Scandinavia. Have you any idea as to why this is so ?"

Out of three Finnish, three Swedish, one Norwegian and one Danish answer, the Finns, interestingly enough, tended not to agree with the lack of interest, while the others more or less clearly did. The material is far too small to conclude anything about national differences within Scandinavia, even if I find this to be an interesting subject on which to speculate.

The Norwegian and Danish answers were very much in line with what I would say myself. Björn Sandaker answered thusly : "I have asked myself the same question. My answer is this : architects tend to take little particular interest in construction as such, isolated as an object of study, perhaps because a 'fragmentation' into parts of a work of architecture is contrary to architects' natural instinct. Secondly ; engineers I find to be overwhelmingly little concerned with history or any other humanistic aspect of their work ; it is the immediate presence that matters to them. This is even more pronounced in Scandinavia than in the big industrialized countries of Europe, where culture generally has a higher standing in the society and plays a more important role. Also, England, France and Germany have a much longer construction history that Norway, and a much greater awareness of the importance of that history".

Lotte Bjerregaard Jensen gives a similar answer : "In Denmark, engineers used to have a classical philosophicum that formed a very different attitude in that generation. This generation : Ove Arup, the founders of Rambøll : Mr. Hannemann etc., all painted and wrote poems as well as being great engineers. Part of this formation was also an historical interest. When Erik Reitzel (who has passed away) founded the architectural engineering line of study at the Technical University of Denmark, it was an explicit aim to revive interest in the history of technology, history of architecture, history of engineering". As I understand Bjerregaard Jensen, she indicates that this is no longer the case in Denmark, at least not to the same extent.

In my understanding, the same loss of a historical and humanistic perspective on engineering, as well as a loss of a technical interest and understanding among architects, happened earlier in Sweden than it did in the other Nordic countries, already in the first post-war decades. The engineers' lack of historical interest and, as a consequence, of a historical education, is given as the "obvious reason" by Sture Samuelsson, in his answer to the questionnaire. He was educated as an engineer in Gothenburg in the late 1950s and only two out of his 68 fellow students took the course in the history of architecture.

It seems as if the pragmatic rationalism of Sweden's boom years in the 1950s and 1960s left little space for humanistic and historic interests. Swedish politicians and businessmen are even today considered by their international peers to be "uncultivated" in the sense of often not being able to have a qualified conversation about the arts or culture. At the same time, efforts are made every now and then to find cures for this lack. Nobody with a deeper knowledge of the field would deny that engineers need the humanities as much as architects need technical insights and skills. A widespread culture of simplistic technical and economical thinking among developers, especially the very large and dominant ones, however, seems to hinder this insight from being effective.

TO BE CONTINUED…

As meagre as this description of construction history in Scandinavia is, it is never the less a large step forward from the non-existent report of 2004. There are tendencies towards an interest in construction history among researchers. A major problem is the lack of institutional bases for such an interest to spread. The network around ICCH is important, and I do my best to inform Scandinavians about it. But it also needs Scandinavian counterparts.

The already mentioned Nordic architectural technology teachers meetings in 2012 got a more formalised structure with the founding of NOSSA, the Nordic Society for Structures in Architecture. The statutes for the society are, as of July 2014, under construction. The preliminary statutes request "a rethinking of structural concepts, aiming at revitalizing the relationship between structures and architectural spaces", including in that "the broader physical, theoretical and historical context of structures". They talk about "learning from history" and "aiming for the future" and developing a "reflected repertoire" from existing buildings. This is all promising.

The subject of construction history is, however, wider than structures and architectural engineering. It also includes building management, a field where historical interest and understanding seems to be even more lacking. CMB, Centre for Management of the Built Environment, at Chalmers University of Technology, was founded in 1998 as a collaboration between the academy and the building trade. I have published a study there, mentioned above, but their interest is so far much more in "new knowledge and competence".

As for practices with a potential interest in construction history, we have the workers' movement, trade unions and the building industry, as well as technical consultants and architects. It is worth mentioning here that Elias Cornell's 1970 book *Byggnadstekniken : Metoder och idéer genom tiderna* [*Building Technology : Methods and Ideas of All Times*] was financed by Svenska Byggnadsindustriförbundet [The Swedish Building Industry Association] for its 50th anniversary. There have been publications financed by all of these organisations, but seemingly less in recent times than before.

Right now, I can only give this unsatisfactory report on the state of the art in Scandinavia, hoping that dissatisfaction with it can trigger a better overview as well as more research and other activities. I am already looking forward to the 2024 report on a more mature subject of construction history in Scandinavia.

Claes Caldenby
Chalmers University of Technology,
Gothenburg, Sweden

REFERENCE LIST

Bjerregaard Jensen, Lotte Marianne, and Jacob Steen Møller. 2008. *B150 –Civil Engineering Futures: The 150th Anniversary celebrations of the study of civil engineering in Denmark*. Copenhagen: DTU Civil Engineering.

Bjerregaard Jensen, Lotte Marianne. 2005. *Forsegling & symbiose : naturvidenskab og naturromantik-en dialog i moderne arkitektur*. Aarhus : Arkitektskolens Forlag.

Björk, Cecilia, Laila Reppen, and Per Kallstenius. [1983] 2013. *Så byggdes husen 1880-2000: arkitektur, konstruktion och material i våra flerbostadshus under 120 år*. Stockholm: Svensk Byggtjänst.

Björk, Cecilia, Lars Nordling, and Laila Reppen. 2009. *Så byggdes villan* [*The Way Villas Were Built*]. Stockholm: Formas.

Caldenby, Claes. 2013. *Den dubbla rörelsen: Arkitekterna, byggbranschen och 1960-talet* [*The Twofold Movement: The Architects, the Building Trade and the 1960s*]. Kortrapport om forskning 2013, no. 1.

Cornell, Elias. 1970. *Byggnadstekniken: Metoder och idéer genom tiderna* [*Building Technology: Methods and Ideas of All Times*]. Stockholm : Byggförlaget.

Dahl, Torben, and Ola Wedebrunn. 2001. *Modernismens bygninger : anvendt teknologi*. Copenhagen: Miljø- og Energiministeriet, Skov- og Naturstyrelsen.

Högselius, Per, Anique Hommels, Arne Kaijser and Erik van der Vleuten. 2014. *The Making of Europe's Critical Infrastructure: Common Connections and Shared Vulnerabilities*. Basingstoke: Palgrave Macmillan.

Larsen, Knut Einar, and Nils Marstein. 2000. *Conservation of Historic Timber Structures*. Oxford: Butterworth-Heinemann.

Neuvonen, Petri. 2006. *Kerrostalot 1880-2000: arkkitehtuuri, rakennustekniikka, korjaaminen*. Helsinki: Rakennustieto.

Rollenhagen-Tilly, Linnea. 2012. "Knowledge of architecture and building technologies in 18th century Sweden." In *Nuts & Bolts of Construction History* 1, 409-417. Paris : Picard.

Samuelsson, Sture. 2015. *Ingenjörens konst: material och konstruktion ger form*. Stockholm: Balkong Förlag.

Sandaker, Bjorn N., Arne P. Eggen, and Mark R. Cruvellier. 2013. *The Structural Basis of Architecture*. Hoboken: Taylor and Francis.

Sandaker, Björn. 2008. *On Span and Space: Exploring Structures in Architecture*. London : Routledge.

Takala, Joose, and Mikko Kylliäinen. 2013. "In search of lost acoustics : Nya Teatern in Helsinki, 1860-1863." In *Proceedings of the 42d International Congress on Noise Control Engineering*, 1-6. Innsbruck : International Institute of Noise Control Engineering.

DOCTORAL THESES

Anstey, Tim. 1999. "Divinity and Difference: On Unity and Distortion in the work of Leon Battista Alberti." PhD diss., University of Bath.

Bengt, J.O. Johansson's. 2008. "Betong i arkitekturen: Gestaltning och teknik 1930-1980 [Concrete in Architecture: Design and Technology 1930-1980]." PhD diss., Chalmers University of Technology in Gothenburg.

Grange, Kristina. 2006. "Arkitekterna och byggbranschen: Om vikten av att upprätta ett kollektivt självförtroende [Architects and the building industry: On the importance of maintaining a collective self-confidence]." PhD diss., Chalmers University of Technology in Gothenburg.

Wedebrunn, Ola. 2002. "Materialernes egenart og sprog [The Character and Language of Materials]." PhD diss., Kunstakademiets Arkitektskole in Copenhagen.

CONSTRUCTION HISTORY IN SPAIN

The Discipline's Foundation

In the past two decades, Construction History has started to become an independent discipline. The number of articles, theses and books that could be assigned to this field has grown exponentially, and there have been several and remarkably successful congresses : 12 national (eight in Spain ; two in France ; one in the United Kingdom ; one in Germany) and four international (Madrid 2003 ; Cambridge 2006 ; Cottbus 2009 ; Paris 2012) congresses, as shown in Table 1 further on. However, it is far from being a recognized discipline, such as Art History or the History of Science. There are no university chairs or departments and, in the reference databases, "Construction History" is not listed as a common descriptor. This is not surprising ; it reflects the inertia of academia to accept new disciplines.

In what follows, we will discuss the current state of discipline in Spain. Previous articles have tackled the matter.[1] We will try to avoid unnecessary repetitions and concentrate on : 1) The activities of the Spanish Society of Construction History and 2) its consequences on teaching and research, taking as a case study the experience in the School of Architecture of Madrid ; also we will 3) give a provisional list of dissertations on Construction History read in Spain in the last 40 years.

First, we will try to define with the least possible ambiguity the field and objectives of Construction History. The intention is not to enter into the actual debate on the "definition" of Construction History (see Carvais et al. 2012), but to show, in as detached a manner as possible, the ideas behind actions that have been made.

1 The first author has contributed several times on the topic (Huerta 2004, Huerta 2010a, Huerta 2010b).

WHAT IS THE HISTORY OF CONSTRUCTION ?

Construction History is a chronological study of the techniques applied to the construction of architecture and civil engineering. There are two aspects : "history" and "construction". It is the second which defines this field of study. To construct (or build) is "to make (something) by putting together parts or materials". The construction itself is directed toward a practical purpose : building a house, a church, a bridge, a dam, etc. Good construction is an "art" (from the Latin *ars*, skill or talent), a "skill acquired by experience, study, or observation". Studying the art of building throughout history is the main objective of Construction History.

A DIGRESSION

Before construction we must have a "design", a "project", a "plan". The master builder has never ventured to begin work without a plan, without a project. In Spanish the equivalent for "design" is "proyecto", which has a wider meaning : it is "the idea of something to be done and how to do it" (This comes from the Latin "proicio" which means, literally, "to throw"). The keyword is "how" ; this is the technical aspect. To project is to devise a complete plan and it involves a "jump", as there are infinite solutions to the same problem and it is impossible to calculate the consequences of every decision made. The design should not only include the form and disposition of the different elements which constitute the work, but also the way to actually build this work (a building, a bridge, a dam).

In any work of construction, many technical aspects are intertwined in a complex way (and technology is in the service of the architect or the engineer's ideas). Consider the building of a gothic church : It involved many different operations : surveying, soil mechanics, foundation design, centering, buttress and vault design, stereotomy, carpentry, lifting devices, water canalization, labour organization, etc. These are the modern keywords for some of the activities involved. The architect, master of the work, had to make decisions in all of these areas which were probably intertwined in a complex way. If we want to understand gothic design, we cannot put aside these technical issues.

Building services (water supply, heating, illumination, ventilation, air conditioning, etc.), though of ancient origin, took on great importance during the 19th century and are also part of Construction History. However, in the different national and international congresses that have been held, the number of contributions to these fields has so far been very limited.

We want to know more about all of these technical matters to better understand the final work. Choisy, the father of Construction History, rightly pointed out (referring to Roman construction) : "Les édifices de l'antiquité ont été bien des fois décrits au point de vue de l'architecture, mais les détails de leur construction sont encore très-vaguement connus" (Choisy 1873). Too often in history of architecture books, grand conclusions have been extracted from false (or incomplete) evidence.

Construction History, therefore, completes these views, but does not enter into competition with other disciplines already established such as art, architecture, archaeology, social, economic, etc. histories.

AN EMPIRICAL "PROOF"

We may agree that a discipline, defined in a certain way, exists when a large enough number of publications during a long enough period of time can be assigned to it. This was the approach taken by the first authors in the 1980s. Spending three years collecting a long list of references pulled from the then-available (printed) catalogues, lists of handbooks and encyclopedias, bibliographies on the history of technology, etc., showed that the field was vast and rich, and that an enormous amount of information was dispersed among several established disciplines (books, handbooks and journals on architecture, engineering, archaeology, medieval studies, Asiatic studies, engineering, etc.). It was evident that many scholars and professionals asked themselves about the history of some technical aspects of their research or work fields. The projected bibliography was never finished, but the conviction that Construction History was a definite discipline guided all posterior work.

DANGERS

A newborn discipline is very vulnerable. It lacks a structure to protect it. Moreover, it is a very attractive field for members of other disciplines who see it as an unspoiled countryside, full of possibilities and, it must be said, where there are far fewer barriers. When a discipline is born, the academic bar is necessarily "low" : little is known, and there lacks an organization of knowledge to facilitate reviews and criticism. George Sarton (1884-1956), who was fundamental in the formation of the History of Science, warned once and again about the dangers faced by a new discipline (Sarton 1921, Sarton 1952).

The first danger is that no one, or almost no one, is asked to teach a class or deliver a conference on Construction History. To lecture on Michelangelo's painting at a prestigious university, you have to be a renowned scholar ; at the same university, the task of imparting a conference on any topic pertaining to Construction History could be assigned to any teacher who ever manifested more than a vague interest in the discipline. We are paraphrasing Sarton who, in the 1940s, lamented such situations respecting the situation of the History of Science ; and this was 30 years after the publication of the first journal of the History of Science (*Isis*, Vol. 1 published in 1913) and when, in some universities, there were already chairs in this discipline (Sarton describes the same situation in the context of the History of Art and Religion in the late 19th century).

The second big danger of an emerging discipline is "amateurism". At the beginning, the first researchers are necessarily enthusiastic amateurs. But this initial enthusiasm may have a negative effect if it is not moderated. To explain this, Sarton quoted Voltaire : "Mon Dieu, gardez-moi de mes amis ! quant à mes ennemis, je m'en charge !" [God help me against my friends. I can take care of my enemies]. There are a number of Construction History enthusiasts, however, who think that this issue need not be considered. The enthusiast's genuine love of the discipline accepts uncritically any new contribution that appears ; their ignorance of the literature lead them to believe that any occurrence represents an advance in knowledge.

Another misconception is to consider Construction History as any particular history about some of the activities involved in it. Individual histories always precede the general history of the discipline. Before starting to create the History of Science, there were many books published on the history of chemistry, of physics, of mathematics, etc. Moreover, many handbooks or manuals began with a historical introduction of the topic. Quoting, again, Sarton : "The history of science is much more than the juxtaposition of all the stories of the individual sciences, since its main function is to explain the interrelationship among them". The same can be said about the History of Construction. It is false that simply adding the insights offered by the history of woodworking, of stereotomy, of drawing and tracing, of practical geometry, of machines and cranes, of scaffolding, of lifts, etc., we will reach an understanding of the complex process of designing and building a simple Gothic vault.

The primary role of Construction History is precisely to show the relationship between all of these activities. In the same way that, while drawing an object (a sculpture, for example), we must move to capture different angles so as to understand its complete form, the construction historian cannot remain at a fixed point without risking a distorted view of the subject of study.

A DISCIPLINE IN ITS OWN RIGHT AND FOR ITS OWN SAKE

Finally, we must insist that Construction History is not an "auxiliary science" without "a practical end". It has its own identity, and its study can be pursued purely for the sake of acquiring knowledge. It is true that its contents would be fundamental for anyone working seriously on the maintenance or restoration of historic buildings ; that it will help the archeologist to understand findings and draw plans ; widen the architectural historian's understanding… But its main purpose is not "to help" but "to know". This desire to know (which is at the origin of any science) about the building techniques of previous eras can be tracked throughout history, and this matter has already been discussed elsewhere. Finally, of course, construction occurs within a cultural and economic context, and this should be taken into account ; but these aspects do not constitute the "core" of the discipline. We will now concentrate on the activities of the Spanish Society of Construction History in order to establish the foundations of the discipline and the results of these activities.

THE SPANISH SOCIETY OF CONSTRUCTION HISTORY

The work to build the discipline of Construction History began in Spain in the 1990s. It was a deliberate effort born from the conviction that these studies, very numerous but dispersed in the most heterogeneous sources, formed a coherent field of knowledge. In previous articles, the origin of this idea and the probable causes of its warm acceptance have been discussed (Huerta 2004, Huerta 2010a, Huerta 2010b). The purpose of the present paper is to succinctly show the Spanish experience in the last ten years. We are concentrating on the activities related to the establishment of Construction History as a discipline, and not to particular studies within this field.

In Table 1, the main activities of the Spanish Society (congresses and symposia) are noted within the context of main events related to Construction History in other countries. We believe that the determination to work constantly during the last two decades in order to establish Construction History as an independent and organized discipline is evident.

The main objective of the Society, as formulated in the Statutes of 1997, is to create a link between the different professionals and scholars working in Construction History in Spain, to promote and diffuse studies and research on the topic and to begin a discussion on the definition of the discipline itself. To achieve this some concrete objectives were defined :

1. the publication of books ;
2. the organization of national congresses every two years ;
3. the promotion of the study of Construction History through seminars and exhibitions ;
4. the publication of a newsletter and a journal ;
5. the support of the discipline at a university level.

BOOKS. THE INSTITUTO JUAN DE HERRERA AND THE CEHOPU

The foundation of the Spanish Society was possible due to the support of two institutions : the Instituto Juan de Herrera and the CEHOPU [Centro de Estudios Históricos de Obras Públicas y Urbanismo]. The Society now has a firm relationship with the Instituto Juan de Herrera which helps in all organizational matters. The relationship with CEHOPU was intense and immensely productive while Antonio de las Casas was president. Since that time, it has diminished greatly. In any case, CEHOPU continues its activities within the restricted part of public works and civil engineering. The 1993 establishment, within the Instituto Juan de Herrera of a series of books on the history and theory of constructions, and the constant activity since then, has had, we believe, a significant impact on the discipline's diffusion in Spain (a list of books published in this series can be found in this article's Reference List) [Fig. 1, p. 394-397).

THE CONGRESSES

The best way to gauge the state of the art of a "new" topic is, probably, to organize a congress. Historically, congresses have demonstrated their importance during a discipline's formative phase. There is no time for the long review process of journals, which is necessarily alien to new topics. If the event's diffusion is good in relevant circles (scholars, universities, professionals), then the response, i.e. the number of contributions presented, would give a good picture of general interest on the topic.

In Spain, we were surprised by the warm reception and the true interest which was evident during the first congresses. A full Main Hall at the closing event, all certificates and proceedings already delivered ; these are very good signs, and these have been constants at all of the Spanish congresses (as well as the international congresses).

A congress is a meeting point of people with a common interest. Since the beginning, we have always considered congresses to be as such a place. We have not made any distinction among accepted papers (no poster sessions, no difference between recent graduates and old professors, etc.). The intention was to create the conditions for "something" to happen (even a disaster) ; to provide the place and the opportunity. Nothing else ; as few preconceptions as possible.

It turned out that what happened was a great surprise : people who had been working in isolation, presenting "freak" historical papers at other congresses, found a community of authentic interest. This interest has remained, as is shown in Fig. 2, which lists the accepted communications in national congresses and seminars. It is interesting that since the beginning there have been foreign participants, mainly from Latin languages (Italian, Portuguese…).

Year	Societies	Spanish national congresses on Construction History	International congresses on Construction History
1982	Construction History Society (England)		
1985	Geschichte des Konstruierens (Germany, Research Project)		
1993			
1995			
1996			
1997	Sociedad Española de Historia de la Construcción (Spain)	1st (Madrid)	
1998	Associazione Edoardo Benvenuto (Italy)	2nd (A Coruña)	
1999			
2000		3rd (Sevilla)	
2001			
2003			1st (Madrid)
2005		4th (Cádiz)	
2006			2nd (Cambridge)
2007	Construction History Society of America (USA)	5th (Burgos)	
2008			

Other national or international congresses and symposia	National symposia and other events
Symposium «Between Mechanics and Architecture» XIX, International Congress of History of Science (Zaragoza)	
	Grandes Bóvedas Hispanas (Madrid)
Symposium "Between Mechanics and Architecture" (Genoa)	
Symposium "Between Mechanics and Architecture" (Liège)	
Symposium "Between Mechanics and Architecture" (Pescara)	
Symposium in Honour of Edoardo Benvenuto (Genoa)	
	«Guastavino. La rein-vención de la bóveda» Exhibition (Madrid)
Seminario internazionale teoria e pratica del costruire: saperi, strumenti, modelli (Ravenna)	Historical Perspectives on Structural Analysis, Simposio en homenaje a Heyman (Madrid)
Symposium "Between Mechanics and Architecture" (Rome)	

Year	Societies	Spanish national congresses on Construction History	International congresses on Construction History
2008			
2009		6th (Valencia)	3rd (Cottbus)
2010	Association Francophone d'Histoire de la Construction (France)		
2011		7th (Santiago de Compostela)	
2012			4th (Paris)
2013	Gesellschaft für Bautechnik Geschichte (Germany)	8th (Madrid)	
2014			
2015		9th and 1st Hispanic-American (Segovia)	5th (Chicago)

Other national or international congresses and symposia	National symposia and other events
Inaugural Meeting of CHSA (Atlanta)	
Construction History: A One-Day Exploration (Washington)	Auguste Choisy 1841-1909, Colloque Centenaire (Madrid)
History of Construction in the Americas, 2nd CHSA Biennial Meeting (Pennsylvania); História da Construçao em Portugal, Fundações e alinhamentos, Lisboa.	
Inventions: The Roles of Disaster and Industrialization in Construction History (New York)	Simposio Internacional de Bóvedas Tabicadas (Valencia)
American Construction History, 1850-1950, CHSA's 3rd Biennial Meeting (Cambridge, MA)	Aprenent de la volta catalana (Girona); Albañilería vs. Cantería (Valencia)
I Congresso Internacional de História da Construçao Luso Brasileira; Skyscraper History: Looking Back While Looking Up (Chicago)	
Deuxième congrès francophone d'histoire de la construction; Baugerüste vom 16. bis ins frühe 19. Jahrhundert; Construction History Society: First National Conference; Primer coloquio mexicano de Historia de la Construcción; Construction History Society of America's Fourth Biennial Meeting (Minneapolis)	Historia, arquitectura y construcción fortificada (Madrid)
Construction History Society: Second National Conference	

FIG. 1 – Chronological register of main activities related to the building of Construction History as an independent discipline, with some emphasis on Spain.

The role of the Society and of the members of the Scientific Committee has been, of course, crucial. In some congresses, more than 50 % of abstracts were rejected. The three main reasons for rejection are : 1) the contribution, though of a high standard, was not pertinent to Construction History ; 2) low quality ; 3) there was no place for all submissions (in a three-day national congress, it is not possible to accommodate in a convenient way more than, say, 150 presentations), and the criterion was the importance in the context of the development of the discipline.

After selection, it was the task of the director and the Organizing Committee to arrange the accepted papers in a more or less systematic way, into sessions. (Of course, this was not always possible and a few sessions, say 5-10 %, were mixed).

Congress	Date	Place	Papers	Foreign authors	Foreign / national rate
1	1996 (19-21 September)	Madrid	74	4	5%
2	1998 (22-24 October)	A Coruña	65	6	9%
3	2000 (26-28 October)	Sevilla	129	16	12%
4	2005 (27-29 January)	Cádiz	109	9	8%
5	2007 (7-9 June)	Burgos	93	8	9%
6	2009 (21-24 October)	Valencia	136	22	16%
7	2011 (24-29 October)	Santiago de Compostela	148	20	13%
8	2013 (9-12 October)	Madrid	109	17	16%

FIG. 2 – Spanish national congresses.
Papers presented and published in the Proceedings. Foreign papers.

A consequence of the actual urgency for publishing was the reception of many multi-author abstracts. Quite often, the authors rotate throughout several abstracts of similar titles (sometimes evidently cut parts of a consistent whole) so that everyone is listed first in some abstract. Another situation that we have seen is that of a professor signing several papers with his/her PhD or graduate students. Aside from other (ethical) considerations, the artificial increase of papers was impossible to take on and, after the Fourth National Congress, we decided to accept only one person per contribution, i.e., only one person could sign (alone or with others) one paper. This has the beneficial effect of reducing redundant papers and, also, of giving independence to some young researchers.

All of the Proceedings were printed and ready for the congresses thank to the support of the Instituto Juan de Herrera. All the contributions are on the Society's website in PDF format, free to download.

TEACHING CONSTRUCTION HISTORY

Teaching a new discipline always presents problems. On one hand, the information available to the teacher is irregular and scattered, lacking the critical apparatus necessary to adequately prepare lessons (manuals, bibliographies, reference guides, etc.). This problem worried Sarton during his whole career; he dedicated four papers to discussing methods and problems, spanning from the beginning of his professional involvement in the History of Science to one of his last books, *Horus*.[2]

The next question concerns the selection of teachers.[3] What requirements should a teacher of Construction History have? Of course, he or she must have a technical background; without it, it would hardly be possible to interpret and understand various sources and then explain them to students. The teacher need not be a specialist in a particular field (carpentry, ancient mortars, stereotomy, bridges, etc.); ideally, he or she would be an expert in some particular field and have general background on the rest of the topics which inform the discipline.

2 Sarton published four essays on the teaching of the History of Science (Sarton 1918, Sarton 1921, Sarton 1930, Sarton 1952).

3 Sarton made also clever remarks about this topic : Sarton 1947, Sarton 1949.

Thirdly, the lecture syllabus should cover, chronologically, a broad span of time (say, from Antiquity to the Middle Ages, or from the Renaissance to the 19th century). As previously mentioned, the discipline of Construction History is much more than the sum of the individual histories on particular topics. Thus, although this involves considerable work, the teacher of Construction History must necessarily enter fields that may not match their field of specialization.

In the same way that a professor of art history covers, for example, the time from Antiquity to the Renaissance in a standard semester (depending on schedules, etc.), but perhaps is specialized in Impressionist painting, the teacher of Construction History should try to cover a similar period of time and a sufficient number of constructive aspects which enables students to understand the development of the whole art of construction. If specific periods or particular activities are the actual subject of the course, then this should be clearly stated in the title : it is understood that if the title is "Art History" students should not find a course whose actual content is "Florentine Renaissance painters".

Finally, a discipline is not a simple sum of independent lectures taught by different teachers. Due to the difficulty of the task, it becomes an almost irresistible temptation to chop the field into the same number of classes as available teachers. It should be stressed that this is a great danger because it makes it impossible to reach the desired degree of coherence ; besides, the students may suspect that the syllabus suits not their needs but the teachers' convenience.

This last comment refers to graduate studies. Of course, postgraduate and doctoral studies must necessarily be specific. The purpose of that work is original research. To do this, the researcher must know exactly what has been published in the restricted field of research chosen. It is essential to know research techniques and develop an instinct for locating the most relevant sources. As has been said, this is particularly difficult in the field of Construction History, and the teacher should, both in undergraduate and postgraduate courses, introduce students to the intricacies of documentary sources.

The lack of an adequate research apparatus, formed by (specific and general) bibliographies and reference guides makes the task difficult today and uncertain even for specialists.

TEACHING CONSTRUCTION HISTORY IN MADRID, 1998-2014

The new plan for studies in the School of Architecture of Madrid in 1996 offered the possibility to propose optimal syllabi. Madrid had been chosen as a case study for authors' ease of access to information. As will be seen when speaking of dissertations, the universities of Sevilla, Valencia and Barcelona also have been very active since the 1990s.

Two syllabi forming a complete set of lectures on Construction History were proposed : "Construction History I : from Antiquity to the Middle Ages" and "Construction History II : from the Renaissance to the Édition Century". The initiative came from three professors, S. Huerta, E. Rabasa and the late L. Villanueva, and from different departments (Structural Design, Graphic Ideation and Architectural Construction). The teaching of CH-I began in 1998-1999 and in 1999-2000 the next course, CH-II, both of which continue to today.

Each syllabus, CH-I and CH-II, consisted of 50 hours of teaching and seminars over 14 weeks. The total is, then, 100 hours in a course of 30 weeks divided in two semesters. Three weeks per semester were reserved for seminars, exposition of student work and exams. This leaves a total of 11+11 = 22 weeks for lectures. The hourly assignation for lectures was three hours per week. In the schedule, lectures were delivered the same day : two lectures of 1.25 hours, leaving half an hour's rest in-between.

The division into two courses was forced by the plan's structure and the limited number of teachers available at the beginning, but the intention from the beginning was to produce a complete course on Construction History from Antiquity to the Édition century. This led, eventually, to dispersion in teaching : several teachers participated and, for convenience, over the years some teachers specialized in different topics (Roman or Greek construction, stereotomy, etc.).

The first author always thought that a teacher of Construction History should be able to deliver most of the lectures of both syllabi. In this way, students, at least, receive a more or less coherent system of lectures. In Table 3 an outline of the program for the 2005-2006 course is given.

It was the only time that both syllabi were taught as a whole; usually, the syllabi have been taught in separate groups.

HISTORY OF CONSTRUCTION
PART I. FROM ANTIQUITY TO THE MIDDLE AGES
Mesopotamia. Ancient Near East

1. General. Prehistory. The invention of the brick.
2. Brick constructions. Walls, temples. Transport of colossi.
3. The invention of the arch. Vault construction. Tombs.

Ancient Egypt

4. General. Materials: wood, brick, stone.
5. Temple construction.
6. Vaults in Egyptian architecture.
7. Obelisks: extraction, transport and erection. The transport of colossi.

Ancient Greece

8. General. Materials: wood, brick, stone. Procedures.
9. Temple construction. Machines, auxiliary methods.
10. Temple structure: foundations, walls, columns, lintels, roofs.
11. Vaults in Greek architecture. Greek cranes.

Ancient Rome

12. General. The invention of the Roman concrete. Walls and foundations.
13. Vaulting . Theories about Roman vaults.
14. The Pantheon and the Therms.
15. The treatise of Vitruvius.

Byzantium

16. General. Materials: wood, brick, stone. Wall construction.
17. Vault construction without centering. Barrel and groined vaults.
18. Vault construction. Domes. Wooden chains. Buttressing.
19. Hagia Sophia. Design and construction. Influence.

Islamic architecture

20. General. Materials. The arch and the barrel vault. Complex vaults. Towers and bridges.

Middle Ages

21. Romanesque and gothic construction. Materials and auxiliary methods.
22. Vault erection. The gothic structure.
23. Medieval structural design. Late-gothic manuals.

PART II. FROM THE RENAISSANCE TO THE 20TH CENTURY
Renaissance

24. The construction of the dome of Santa Maria del Fiore.
25. The architect. Design methods. The treatise of Alberti.
26. The building of El Escorial (A. López).
27. Form and construction of Renaissance domes. Saint Peter's dome.

The 17th and 18th Centuries

28. Construction in wood. The carpentry treatises. Empirical rulles. Beginning os scientific calculations(I. Gómez).
29. The birth of scientific structural analysis. From Galileo to Coulomb.
30. Baroque and late-baroque domes. Oval domes. Guarini.
31. Theory of masonry arches and vaults in the 18th Century: from traditional to scientific design.
32. Building construction in Spain: the treatise of Fray Lorenzo de San Nicolás and its influence.

The 19th Century

33. The new materials: cast iron. Use in buildings and bridges.
34. The new materials: Wrought iron. Tensile jopints and the new trussed structures.
35. Great roofs. Structural theory trussed structures. Plane and spatial trusses.
36. Origins of framed construction. Industrial and office buildings.
37. Skyscraper construction (end of the 19th Century, beginning 20th Century).
38. New materials: the invention of reinforced concrete. First applications and tests.
39. Masonry vault and dome theory.
40. Tile vault construction: the work of Guastavino in Spain and America.

The 20th Century (until ca. 1950)

41. Reinforced concrete. Building frames, first shells, bridges.
42. Design of thin shell roofs. The work of F. Dischinger.
43. The structures of Torroja (J. Antuña).
44. Tensile structures. From their beginnings to Frei Otto.

FIG. 3 – A syllabus on Construction History for graduate students of the fourth and fifth years in the School of Architecture of Madrid (Huerta's 2005-2006 course).

The preferences of the first author are evident, as are an intent to cover the whole historic range. The difficulty in preparing the lectures depended on the available literature : Rome and the Middle Ages were easy, the difficulty being more in making a selection among the abundant literature ; about Islamic construction there is, as far as I know, no comprehensive handbook published yet, and the information had to be obtained by consulting numerous individual chapters of books, articles and dissertations. The program has defects and is exposed only as an example of actual teaching of the discipline.

It will be noted that, in the first part, the pattern of the lectures is more systematic, always incorporating the following parts : 1) general ; 2) materials (brick, stone, etc.) and tools ; 3) elements (walls, columns, vaults, etc.) ; 3) auxiliary means and building activities (cranes, scaffolding, transport, etc.) ; 4) building types (temples, churches, towers, etc.) ; 5) design procedures.

In the second part, it was found to be quite difficult to follow the same approach. Paradoxically, the abundance of printed information (the treatises) has lead to fewer general studies on building construction. It was decided to cover the periods by studying central topics (carpentry, masonry mechanics, etc.) or particular buildings (Santa Maria del Fiore) or types of buildings (baroque domed churches). In the 19th century, the appearance of "new" materials (cast and wrought iron, reinforced concrete, steel) and "new structural types" (continuous beams and frames, plane and spatial trusses), together with the formation of classical structural theory, almost give the lecture titles. The 20th century is a continuation with two new structural types : thin shell and tensile structures. Monographic studies on builders or treatises are interspersed.

The students were all graduates of the last courses (mainly in the fourth and fifth years of the five-year program in architecture). There was "research" course work on some particular topic. The students (in groups of two) were assigned a topic for which to prepare a brief research work. In Fig. 4, a list of topics for the first part (CH from Antiquity to the Middle Ages) is shown. Of course, the intent was not that the students do original research, but that they become familiar with documentation on a certain, concrete topic, acquire a limited amount of documentation (from a limited number of sources) and, then, be able to study this material critically and, eventually, to show the results of this critical study in a systematic way.

1. Transport of colossi and obelisks in ancient Egypt
2. Arches and domes in Greek architecture
3. Statics of Greek temples
4. Use of iron in the Greek construction
5. The architect in Roman times
6. The structure of the Pantheon
7. The construction of Roman bridges
8. The education of Byzantine architects
9. The structure of the dome of St. Sophia
10. Geometry: theory and practice in 11th C. Persia
11. The structure of the Mosque of Cordoba

12. Hispanic cross-arched vaults
13. Viollet-le-Duc and the medieval rationalism
14. The design of Milan Cathedral
15. The construction of medieval foundations
16. The practical geometry of medieval builders
17. On the layout and function of the Gothic ribs
18. The structure of Gothic cathedrals
19. The origin of the flying buttresses
20. The role of the flying buttresses
21. Construction of Spanish medieval cimborios
22. The education of the medieval architect
23. Fan vaulting: geometry and construction
24. Collapse of the vaults of Beauvais Cathedral

FIG. 4 – Examples of topics of "research" for student work in Construction History I (2006-2007 course, Huerta).

There were some lectures on sources and information research and intermediate seminars. At the end of the course, the groups would present their work orally (20 minutes) and also give written work (but not a printed form of the presentation !). Some years, a brief multiple-choice test of basic questions was given, to gauge the general level of assimilation.

The result has been most satisfying. Most students showed a great interest, and some every year did remarkable work. It should be understood that the objective was not original research, but to show the students the problems of facing limited research. The field was already covered but the students worked with limited time and, necessarily, documents. Nonetheless, every year some two or three presentations (out of, say, 20) were very good. Some students also at times showed great ingenuity (for example, using cardboard models to study and understand Islamic geometric problems or vault geometries).

In Fig. 5, the number of students who have participated in each of two the parts of Construction History is given.

Course	Construction History – I	Construction History – II	Total
1998-1999	44	-	44
1999-2000	56	41	97

Course	Construction History – I	Construction History – II	Total
2000-2001	45	45	90
2001-2002	66	1	67
2002-2003	94	45	139
2003-2004	93	112	205
2004-2005	74	98	172
2005-2006	63	89	152
2006-2007	72	56	128
2007-2008	96	68	164
2008-2009	78	34	112
2009-2010	79	59	138
2010-2011	76	18	94
2011-2012	57	54	111
2012-2013	68	44	112
2013-2014	11	49	60
Total	1072	813	1885

FIG. 5 – Number of students enrolled in the Construction History courses.

In the last 15 years, an average of 120 students per year has taken a course on Construction History. This was the result of the efforts of a group of teachers. As the syllabi were optional, this number reflects students' sustained interest in Construction History.

The bad news is that the new plan for 2010 removes the optional syllabi, and the formal teaching of Construction History at the School of Madrid would probably disappear. Though the situation is not stable, it appears that only some workshops on very particular aspects of Construction History will be taught. In the last course, the following were given : carpentry, tile vaulting, stereotomy and gothic vaulting.

This situation should be a warning about the fragility of a new-born discipline like Construction History.

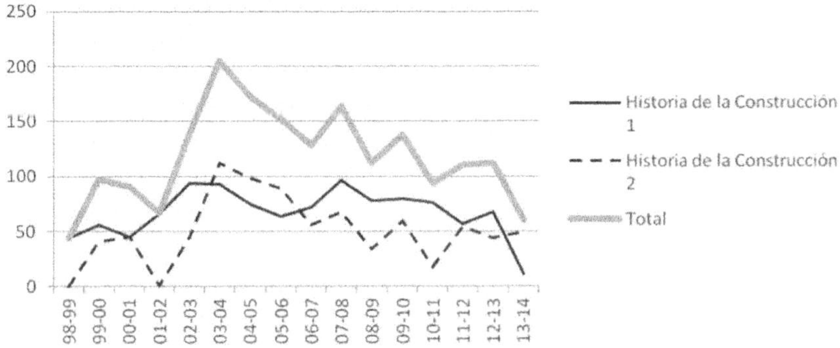

DISSERTATIONS ON CONSTRUCTION HISTORY

The search for doctoral dissertations on Construction History is neither easy nor immediate. In the main, official research portals, there is not an independent label or keyword for "construction history". So, it is necessary to search through other words belonging to the Thesaurus, such as architecture, history of architecture, construction technology, geometry, technology sciences, specialized histories, technology history, etc. Some dissertations have been found through some keyword in the titles : construction history, constructive analysis, vault, dome, *montea* [trace], masonry, stonework, stereotomy, brick work, rammed-earth, *tapiería* [rammed-earth craft], castle, fortification, military engineer, woodwork, *lazo* charpentry, *carpintería de lo blanco*, industrial architecture, enginery history, railway, etc. The main web searches for information about doctoral theses in Spain are :

- Teseo : Web of the Ministery of Education, Culture and Sport. It has the biggest database of doctoral theses read in Spain.
- TDR [tesis doctorales en red-online doctoral theses] : Cooperative repository of digital doctoral theses read in Catalunya and other regions of Spain.
- Dialnet : Database created by La Rioja Univesity in which can be found the doctoral theses of 45 public Spanish universities.

However, we have detected that these databases are not entirely trustworthy before, say 2000 ; some dissertations are missing, or present in one but not the others.

It was impossible to consult most of the dissertations. The selection has been made considering the title and the abstract (when available). Also, some dissertations were cited in books. This list should be considered, then, as provisional, giving an idea of the development of research in this field in the last 40 years in Spain.

In any case, the research has revealed a result of about 90 dissertations read in Spain in the last 40 years (1974-2014). It is possible that the number could be higher due to search restrictions, but at least is significant and representative. It may be, also, that a detailed inspection of their contents would lead to some of them being discarded.

In Fig. 6, we can see the result of grouping dissertations by periods of five years.

Period	Diss. Read
1974-1985	3
1986-1990	11
1991-1995	9
1996-2000	13
2001-2005	15
2006-2010	14
2011-2014 (through Sept.)	27
Total	92

FIG. 6 – Number of dissertations on Construction History read in Spain, 1974-2014. Distribution by periods of five years.

Spectacular growth can be appreciated in the last years. This may be explained by the discipline's success. Another factor may have had an influence : since 2007, Spanish university rules have shortened the period given to write a dissertation to three years and, also, having a PhD is now the first step in an academic career. Finally, the "quality assessment" of the universities takes into account the number of dissertations read, not their actual quality.

In Fig. 7, the distribution by university is shown.

University	Diss. Read
Politécnica de Madrid	22
Politécnica de Catalunya	20
Politécnica de Valencia	9
Sevilla	6
Complutense de Madrid	4
Autónoma de Madrid	3
Barcelona	3
Valladolid	3
Autónoma de Barcelona	2
Girona	2
Salamanca	2
Navarra	2
Granada	2
Zaragoza	2
Alicante	1
Oviedo	1
Castilla-La Mancha	1
Ramón Llull	1
Valencia	1
Jaume I de Castellón	1
Total	92

FIG. 7 – Number of dissertations on Construction History read in Spain, 1974-2014. Distribution by university.

CONCLUSIONS

Construction History is a discipline in its own right as it serves to explain and understand one of the oldest human activities : building construction. The awakening attention to this field, the growing number of publications, the demonstrated activity at congresses, etc., should make us optimistic about the future. However, this promising future will only become a reality if we work with a full awareness of the dangers and difficulties of building a new discipline.

The first task will be to achieve full university status, with core, full-time teachers, researchers, departments and research institutes. The difficulties concerning the training of teachers and formulation of syllabi have been very briefly discussed. They should be the matter of personal and collective (congresses, symposia) reflection and discussion in the future.

The second task is to form the critical apparatus of bibliographies, critical editions, detailed studies, reference guides, etc., which would place these different subjects within the discipline's context. This will improve understanding and, especially, eliminate errors and avoid repetitions.

Finally, a considerable work of original research is needed. This involves very hard work; as previously mentioned, a lot of effort must be dedicated to knowing the state of the art in every particular part of Construction History. We are breaking new ground; there is much to explore and discover. But the difficulties of an emerging discipline are almost insurmountable, when agencies on research quality arbitrarily require immediate publication "impact".

Santiago HUERTA
and Ignacio Javier GIL-CRESPO
Polytechnic University of Madrid,
Spain

REFERENCE LIST

Huerta, Santiago. 2004. "Construction History in Spain : Some notes on its current state, historical origins and future perspectives", in *Construction History. Research perspectives in Europe*, edited by A. Becchi, M. Corradi, F. Foce y O. Pedemonte, 43-59. Firenze : Kim Williams Book.

Huerta, Santiago. 2010a. "L'Histoire de la construction en Espagne : origines et état des recherches", in *Édifice et artifice. Histoires constructives* (Recueil de textes issus du premier congrès francophone d'histoire de la construction. Paris, 19-21 juin 2008), edited by R. Carvais et al., 65-75. Paris : Picard.

Huerta, Santiago. 2010b. "Historia de la Construcción : la fundación de una disciplina" in *A História da Construçao em Portugal*, edited by J. Mascarenhas Mateus, 31-48. Lisboa : Almedina.

Carvais, Robert, and al., eds. 2012. "On Construction History", in *Nuts and Bolts of Construction History. Culture, Technology and Society*, edited by R. Carvais et al., 1 : ix-xiv. Paris : Picard.

Choisy, Auguste. 1873. *L'art de bâtir chez les Romains*. Paris : Librairie générale de l'architecture et des travaux publics Ducher et Cie.

Sarton, George. 1921. "Introduction to the History and Philosophy of Science (Preliminary Note)". *Isis* 4 : 23-31.

Sarton, George. 1952. "Is it possible to teach the History of Science ?", in *Horus. A guide to the History of Science*, 44-66. New York : The Ronald Press Company.

Sarton, George. 1918. "The teaching of the History of Science", *The Scientific Monthly* 7 : 193-211.

Sarton, George. 1921. *Isis* 4 : 225-249.

Sarton, George. 1930. *Isis* 13 : 272-297.

Sarton, George. 1947. "Qualifications of teacher of the History of Science", *Isis* 37 : 5-7.

Sarton, George. 1949. *Isis* 40 : 311-313.

ANNEX 1

Series on "Textos sobre teoría e historia de las construcciones" –listed chronologically (edited by S. Huerta; including the Proceedings of congresses and symposia)

Heyman, Jacques. 1995. *Teoría, historia y restauración de estructuras de fábrica. Colección de ensayos*, edited by Santiago Huerta Fernández. Madrid : Instituto Juan de Herrera, CEHOPU.

Viollet-le-Duc, Eugène. 1996. *La construcción medieval*, edited by E. Rabasa Díaz and S. Huerta. Madrid : Instituto Juan de Herrera, CEHOPU.

Casas Gómez, Antonio de las, Santiago Huerta, and Enrique Rabasa Díaz, eds. 1996. *Actas del Primer Congreso Nacional de Historia de la Construcción* (Madrid, 19-21 September 1996). Madrid : SEdHC, Instituto Juan de Herrera, CEHOPU.

Choisy, Auguste. 1997. *El arte de construir en Bizancio*, edited by Santiago Huerta and J. Girón Sierra. Madrid : SEdHC, Instituto Juan de Herrera, CEHOPU.

Bores Gamundi, Fernando, José Fernández Salas, Santiago Huerta, and Enrique Rabasa Díaz, eds. 1998. *Actas del Segundo Congreso Nacional de Historia de la Construcción* (Coruña, 22-24 October 1998). Madrid : SEdHC, Instituto Juan de Herrera, CEHOPU, Universidad de la Coruña.

Choisy, Auguste. 1999. *El arte de construir en Roma*, edited by Santiago Huerta and J. Girón Sierra. Madrid : SEdHC, Instituto Juan de Herrera, CEHOPU.

Heyman, Jacques. 1999. *El esqueleto de piedra. Mecánica de la arquitectura de fábrica*. Madrid : Instituto Juan de Herrera, CEHOPU.

Graciani García, Amparo, Santiago Huerta, Enrique Rabasa Díaz, and Miguel Ángel Tabales Rodríguez, eds. 2000. *Actas del Tercer Congreso Nacional de Historia de la Construcción* (Sevilla, 26-28 October 2000). Madrid : SEdHC, Instituto Juan de Herrera, CEHOPU, Universidad de Sevilla.

Huerta, Santiago, ed. 2001. *Las bóvedas de Guastavino en América*. Madrid : Instituto Juan de Herrera, CEHOPU, COAC, UPV, Avery Library.

Heyman, Jacques. 2001. *La ciencia de las estructuras*. Madrid : Instituto Juan de Herrera.

Heyman, Jacques. 2002. *Vigas y pórticos*. Madrid : Instituto Juan de Herrera.

Huerta, Santiago, ed. 2003. *Proceedings of the First International Congress on Construction History* (Madrid, 20-24 January 2003). Madrid : Instituto Juan de Herrera, SEdHC.

Heyman, Jacques. 2004. *Análisis de estructuras. Un estudio histórico*. Madrid : Instituto Juan de Herrera.

Huerta, Santiago. 2004. *Arcos, bóvedas y cúpulas. Geometría y equilibrio en el cálculo tradicional de estructuras de fábrica*. Madrid : Instituto Juan de Herrera.

Truñó, Ángel. 2004. *Construcción de bóvedas tabicadas*, edited by S. Huerta, J. L. González and E. Redondo Martínez. Madrid : Instituto Juan de Herrera.

Huerta, Santiago, ed. 2005. *Actas del Cuarto Congreso Nacional de Historia de la Construcción* (Cádiz, 27-29 January 2005). Madrid : SEdHC, Instituto Juan de Herrera, Colegio Oficial de Arquitectos de Cádiz, Colegio Oficial de Aparejadores y Arquitectos Técnicos de Cádiz.

Huerta, Santiago, ed. 2005. *Essays in the History of the Theory of Structures, in honour of Jacques Heyman*. Madrid : SEdHC, Instituto Juan de Herrera, CEHOPU.

Perronet, Jean-Rodolphe. 2005. *La construcción de puentes en el siglo XVIII*, edited by A. Casas and E. Redondo. Madrid : Instituto Juan de Herrera, CEHOPU.

Choisy, Auguste. 2006. *El arte de construir en Egipto*, edited by Santiago Huerta and G. López Manzanares. Madrid : Instituto Juan de Herrera, CEHOPU.

Guastavino, Rafael. 2006. *Escritos sobre la construcción cohesiva y su función en la arquitectura*, edited by S. Huerta. Madrid : Instituto Juan de Herrera, CEHOPU.

Arenillas, Miguel, Cristina Segura, Francisco Bueno, and Santiago Huerta, eds. 2007. *Actas del Quinto Congreso Naciona de Historia de la Construcción* (Burgos, 7-9 June 2007). Madrid : SEdHC, Instituto Juan de Herrera, CEHOPU, COICCP.

Huerta, Santiago, Rafael Marín, Rafael Soler, and Arturo Zaragozá, eds. 2009. *Actas del Sexto Congreso Nacional de Historia de la*

Construcción (Valencia, 21-24 October 2009). Madrid : Instituto Juan de Herrera.

Girón Sierra, Javier, and Santiago Huerta, eds. 2009. *Auguste Choisy (1841-1909). L'architecture et l'art de bâtir.* Madrid : SEdHC, Instituto Juan de Herrera.

Heyman, Jacques. 2009. *Teoría básica de estructuras.* Madrid : Instituto Juan de Herrera.

Huerta, Santiago, Ignacio Javier Gil Crespo, Santiago García Suárez, and Miguel Taín, eds. 2011. *Actas del Séptimo Congreso Nacional de Historia de la Construcción* (Santiago de Compostela 26-29 October 2011). Madrid : SEdHC, Instituto Juan de Herrera.

Thunnissen, Henri J.W. 2012. *Bóvedas : su construcción y empleo en la arquitectura*, edited by S. Huerta. Madrid : Instituto Juan de Herrera.

Willis, Robert. 2012. *La construcción de las bóvedas en le Edad Media*, edited by S. Huerta. Madrid : Instituto Juan de Herrera.

Navascués Palacio, Pedro, and Santiago Huerta, eds. 2013. *Segovia, su catedral y su arquitectura. Ensayos en homenaje a José Antonio Ruiz Hernando.* Madrid : SEdHC, Instituto Juan de Herrera.

Huerta, Santiago, and Fabián López Ulloa. 2013. *Actas del Octavo Congreso Nacional de Historia de la Construcción* (Madrid, 9-12 October 2013). Madrid : SEdHC, Instituto Juan de Herrera.

Gil Crespo, Ignacio Javier, ed. 2014. Historia, arquitectura y construcción fortificada. Ensayos sobre investigaciones recientes. Madrid : SEdHC, Instituto Juan de Herrera.

ANNEX 2

Provisional list of dissertations on Construction History in Spanish universities, 1974-2014–listed chronologically

Sánchez Pro, Juan Luis. 1974. "Alternativa histórica al proceso deductivo del conocimiento del cálculo de la Resistencia de los Materiales." PhD diss., Escuela Técnica Superior de Arquitectura de Barcelona, Universidad Politécnica de Catalunya.

Pérez Arroyo, Salvador. 1980. "La moral constructiva : razón e historia de lo constructivo en la época moderna." PhD diss., Escuela Técnica Superior de Arquitectura, Universidad Politécnica de Madrid.

Cervera Bravo, Jaime. 1982. "Cálculo de estructuras y resistencia de materiales. Origen y desarrollo histórico de los conceptos utilizados." PhD diss., Escuela Técnica Superior de Arquitectura, Universidad Politécnica de Madrid.

Díaz Gómez, César. 1986. "Aproximació a l'evolució i al comportament derivat de les tècniques constructives utilitzades en els tipus edificatoris exempts destinats a habitatge econòmic a Catalunya (Període 1954-1976)." PhD diss., Departament de Construccions Arquitectòniques I. Universitat Politècnica de Catalunya.

Castro Villalba, Antonio. 1987. "Algunos aspectos de la ciencia cierta de la construcción medieval." PhD diss., Universidad Politécnica de Catalunya.

González Moreno-Navarro, José Luis. 1987. "Un estudio sobre el proceso de desvinculación de los contenidos de construcción en los tratados de arquitectura de los siglos XVI al XIX." PhD diss., Universidad Politécnica de Catalunya.

Palacios Gonzalo, José Carlos. 1987. "Intervención y convención en las técnicas constructivas del Renacimiento español (estereotomía renacentista del tratado de Vandelvira)." PhD diss., Universidad Politécnica de Madrid.

Rabanal Yus, Aurora. 1987. "Arquitectura industrial del siglo XVIII en España : las Reales Fundiciones." PhD diss., Universidad Autónoma de Madrid.

Souto Lasala, Juan Antonio. 1987. "Fortificación islámica en la Marca Superior de al-Andalus. Período Omeya. Testimonios de las fuentes escritas en lengua árabe." PhD diss., Universidad de Zaragoza.

Huerta Fernández, Santiago. 1990. "Diseño estructural de arcos, bóvedas y cúpulas en España (1500-1800). Estructuras de la Edificación." PhD diss., Universidad Politécnica de Madrid.

Martinena Ruiz, Juan José. 1990. "Castillos reales de Navarra (siglos XIII-XIV)." PhD diss., Pamplona : Universidad de Navarra.

Marzal Martínez, Amparo. 1990. "La ingeniería militar en la España del siglo XVIII. Nuevas aportaciones a la historia de su legado científico y monumental." PhD diss., Universidad Complutense de Madrid.

Muñoz Corbalán, Juan Miguel. 1990. "La labor profesional de los ingenieros militares "borbónicos" de Flandes a España (1691-1718). Formación y desarrollo de una nueva arquitectura moderna en Catalunya." PhD diss., Universidad de Barcelona.

Zaragozá Catalán, Arturo. 1990. "Iglesias de arcos diafragma y armadura de madera en la arquitectura medieval valenciana." PhD diss., Universidad Politécnica de Valencia.

Fernández Cabo, Miguel. 1991. "Armaduras de cubierta en la región leonesa : bases documentales y criterios para el análisis, clasificación y evolución de las tipologías estructurales de la cubierta en la región leonesa." PhD diss., Departamento de Construcciones Arquitectónicas, Universidad Politécnica de Madrid.

Godoy Puertas, Jesús. 1991. "La Razón de la estructura. Departament de Projectes Arquitectònics." PhD diss., Universitat Politècnica de Catalunya.

Martínez Prades, José Antonio. 1991. "El castillo de Loarre (Huesca). Sus orígenes, construcción y problemática artística." PhD diss., Universidad Complutense de Madrid.

Cabañero Subiza, Bernabé. 1992. "Los castillos catalanes del siglo X. Circunstancias históricas y problemas arqueológicos." PhD diss., Universidad de Zaragoza.

Fernández Blanco, Miguel. 1992. "Armaduras de cubierta en la región leonesa." PhD diss., Universidad Politécnica de Madrid.

Zamora Canellada, Alonso. 1992. "El castillo de Ayllón (Segovia)." PhD diss., Universidad Complutense de Madrid.

Gómez Martínez, Javier. 1994. "La boveda de crucería en la arquitectura española de la Edad Moderna." PhD diss., Universidad de Valladolid.

Fernández-Shaw Toda, María. 1994. "Carpintería de lo blanco en la provincia de Ávila (arquitectura religiosa)." PhD diss., Universidad Complutense de Madrid.

Maña Alvarenga, M. Tibisay. 1994. "Miguel Costanso : un ingeniero militar ilustrado en el Virreinato Novohispánico (1764-1814)." PhD diss., Universidad de Barcelona.

Galindo Diaz, Jorge Alberto. 1996. "El conocimiento constructivo de los ingenieros militares españoles del siglo XVIII." PhD diss., Departament de Construccions Arquitectòniques I. Universitat Politècnica de Catalunya.

Palomo Fernández, Gema. 1996. "La catedral de Cuenca en el contexto de las grandes canterías catedralicias castellanas en la Baja Edad Media." PhD diss., Universidad Autónoma de Madrid.

Rodríguez Estévez, Juan Clemente. 1996. "Los canteros de la catedral : organización y trabajo de los talleres de canteros de la catedral de Sevilla en la primera mitad del siglo XVI." PhD diss., Universidad de Sevilla.

Rosell Colomina, Jaume. 1996. "La construcció en l'arquitectura de Barcelona a final del segle XVIII." Departament de Composició Arquitectònica, Universitat Politècnica de Catalunya.

Soler Verdú, Rafael. 1996. "La cúpula en la arquitectura moderna valenciana. Siglos XVI a XVIII. Metodologías de estudios previos en los sistemas abovedados." PhD diss., Universidad Politécnica de Valencia.

Chapa Imaz, Álvaro. 1997. "La construcción de los saltos del Duero, 1903-1970. Historia de una epopeya colectiva." PhD diss., Universidad de Navarra.

Gordo Murillo, Carlos. 1997. "Bóvedas oblicuas en cantería : sus elementos y morfología como factores limitadores de su uso." PhD diss., Universidad Politécnica de Madrid.

Navarro Abrines, Mª Carmen. 1997. "Carlos de Beranger, un ingeniero militar en el Virreinato del Perú (1719-1793)." PhD diss., Universidad de Barcelona.

García Gamallo, Ana María. 1998. "La evolución de las cimentaciones en la Historia de la Arquitectura, desde la Prehistoria hasta la Primera Revolución Industrial. Estructuras de la Edificación." PhD diss., Universidad Politécnica de Madrid.

Nocito Marasco, Gustavo José. 1998. "Los cuerpos geométricos en la arquitectura de Gaudí : las chimeneas del Palau Güell construcción y geometría práctica en un ejemplo." PhD diss., Departament d'Expressió Gràfica Arquitectònica I. Barcelona : Universitat Politècnica de Catalunya.

Candelas Gutiérrez, Ángel Luis. 1999. "Análisis constructivo de la carpintería de armar en la provincia de Huelva. Su relación con los tratados de carpintería. Construcciones Arquitectónicas I." PhD diss., Universidad de Sevilla.

López Manzanares, Gema. 1999. "Estabilidad y construcción de cúpulas de fábrica : el nacimiento de la teoría y su relación con la práctica.

Estructuras de la Edificación." PhD diss., Universidad Politécnica de Madrid.

Calvo López, José. 2000. "Cerramientos y trazas de montea de Ginés Martínez de Aranda. Ideación Gráfica Arquitectónica." PhD diss., Universidad Politécnica de Madrid.

Narváez Cases, Carme. 2001. "El tracista fra Josep de la Concepció i l'arquitectura carmelitana a Catalunya." PhD diss., Departament d'Art, Barcelona, Universitat Autònoma de Barcelona.

Carrasco Hortal, José. 2002. "La estructura gótica catalana : sobre los conceptos de medida y espacio. El problema de la forma en la cubierta." PhD diss., Departament d'Expressió Gràfica Arquitectònica I, Barcelona, Universitat Politècnica de Catalunya.

Gómez Sánchez, María Isabel. 2002. "El proyecto de armaduras de madera : 1500-1810. De los métodos empíricos al cálculo científico : su evolución a través de los textos. Estructuras de la Edificación." PhD diss., Universidad Politécnica de Madrid.

Sanz Molina, Sara Elisabeth. 2002. "Tres fortificaciones en Nueva España. Estudio arquitectónico-constructivo." PhD diss., Construcciones Arquitectónicas I, Barcelona, Universidad Politécnica de Catalunya.

Cassinello Plaza, Pepa. 2003. "Trazado y estabilidad de la arquitectura gótica." PhD diss., Departamento de Construcciones Arquitectónicas, Universidad Politécnica de Madrid.

Martín Rodríguez, Ángel. 2003. "Evolución de la tipología estructural en la arquitectura industrial asturiana. Análisis comparativo de diseño y cálculo. Construcción e ingeniería de fabricación." PhD diss., Universidad de Oviedo.

Montero Ángel, Juan. 2003. "Diego Antonio Díaz y la iglesia parroquial de Umbrete : estudio técnico y analítico de su fábrica de ladrillo." PhD diss., Universidad de Sevilla.

Serrallonga Gasch, Jaume. 2003. "Geometria i mecànica en els models de Gaudi. Departament d'Estructures a l'Arquitectura." PhD diss., Universitat Politècnica de Catalunya.

Alawna, Shamikh. 2004. "Las técnicas constructivas empleadas en los castillos de la frontera norte del reino de Granada." PhD diss., Historia medieval y Ciencias Técnicas Histórico Gráficas, Universidad de Granada.

Chamorro Trenado, Miquel Àngel. 2004. "La construcció de l'església de Sant Feliu de Girona al segle XIV. Els llibres d'obra." PhD diss., Departament de Geografia, Història i Història de l'Art, Universitat de Girona.

Navarro Fajardo, Juan Carlos. 2004. "Bóvedas valencianas de crucería de los siglos XIV al XVI. Traza y montea." PhD diss., Historia del Arte, Universitat de Valencia.

Ordaz Tamayo, Marisol. 2004. "Arquitectura religiosa virreinal de Yucatán. El conocimiento histórico-técnico de las iglesias con estructura espacial conventual. El conocimiento de la arquitectura histórica como condicionante de la restauración." PhD diss., Construcción, restauración y rehabilitación arquitectónica, Universidad Politécnica de Catalunya.

Herráez Cubino, Guillermo. 2005. "El léxico de los tratados de cortes de cantería españoles del siglo XVI." PhD diss., Lengua Española, Universidad de Salamanca.

Sumozas García Pardo, Rafael. 2005. "Arquitectura industrial en Almadén. Antecedentes, génesis y extensión de un modelo." PhD diss., Universidad de Castilla-La Mancha.

Utrero Agudo, María de los Ángeles. 2005. "Iglesias tardoantiguas y altomedievales en la Península Ibérica. Análisis arqueológico y sistemas de abovedamiento." PhD diss., Prehistoria y Arqueología de la Península Ibérica, Universidad Autónoma de Madrid.

Fraile Delgado, Miguel José. 2006. "Materiales de construcción en los castillos de Castilla y León." PhD diss., Ingeniería y Morfología del Terreno, Universidad Politécnica de Madrid.

Rodriguez Lozano, Diego. 2006. "Sobre el oficio y la técnica en la obra de Josep Maria Jujol." PhD diss., Departament de Projectes Arquitectònics, Universitat Politècnica de Catalunya.

López Martínez, Francisco Javier. 2007. Tapiería en fortificaciones medievales. Región de Murcia, Composición Arquitectónica, Universidad Politécnica de Valencia.

García Jara, Francisco. 2008. "Las cúpulas de la arquitectura religiosa de la provincia de Alicante : del Renacimiento al siglo XIX." PhD diss., Expresión gráfica arquitectónica, Universidad Politécnica de Valencia.

Sureda, Marc. 2008. "Els precedents de la Catedral de Santa Maria de Girona. De la plaça religiosa del fòrum romà al conjunt arquitectònic de la seu romànica (ss. I aC – XIV dC)." PhD diss., Departament de Geografia, Història i Història de l'Art, Universitat de Girona.

Araújo Pais Vieira, Miguel Jaime. 2009. "Arquitectura e industrialización de la construcción. Sistemas constructivos y prefabricación de viviendas en la ciudad de Jena, Thüringen, República Democrática Alemana, 1945-1990." PhD diss., Urbanismo y representación de la Arquitectura, Universidad de Valladolid.

López Mozo, Ana. 2009. Bóvedas de piedra del Monasterio de El Escorial." PhD diss., Ideación Gráfica Arquitectónica, Universidad Politécnica de Madrid.

Sanjust i Latorre, Cristina. 2009." L'obra del Reial Monestir de Santa Maria de Pedralbes des de la seva fundació fins al segle XVI. Un monestir reial per a l'orde de les clarisses a Catalunya." PhD diss., Departament d'Art, Universitat Autònoma de Barcelona.

Soler Estrela, Alba. 2009. "La arquitectura de los despoblados moriscos en los valles de la Marina Alta." PhD diss., Expresión Gráfica Arquitectónica, Universidad Politécnica de Valencia.

Aljazairi López, Gloria. 2010. "La carpintería de lo blanco. Teoría, traza y reproducción : las cubiertas de lazo del Convento de la Merced." PhD diss., Historia del Arte, Universidad de Granada.

Casals Balagué, Albert. 2010. "La construcció arquitectònica i la crisi de la tradició (1875-1985) : un estudi sobre l'ensenyament de la construcció arquitectònica a l'Escola d'Arquitectura de Barcelona." PhD diss., Escola Tècnica Superior d'Arquitectura de Barcelona, Universitat Politècnica de Catalunya.

Morato Moreno, Manuel. 2010. "La representación gráfica en la América Hispana del siglo XVI. Fortificaciones y terrenos." PhD diss., Expresión gráfica y arquitectónica, Universidad de Sevilla.

Rodríguez Trujillo, Wilson Wladimir. 2010. "Arquitectura de madera en las misiones jesuíticas de chiquitos (Bolivia) del siglo XVIII y sus orígenes prehispánicos y europeos." PhD diss., Departament de Construccions Arquitectòniques I, Universitat Politècnica de Catalunya.

Albendea Ruz, María Esther. 2011. "La carpintería de lo blanco de la casa Pilatos de Sevilla." PhD diss., Escultura e Historia de las Artes Plásticas, Universidad de Sevilla.

Benito Pradillo, María Ángeles. 2011. "La catedral de Ávila : evolución constructiva y análisis estructural." PhD diss., Estructuras de la Edificación, Universidad Politécnica de Madrid.

Pérez Millán, María Isabel. 2011. "Historia del castillo de Santa Bárbara de Alicante desde sus orígenes hasta la Guerra de la Independencia." PhD diss., Construcciones Arquitectónicas, Universidad de Alicante.

Giner i Olcina, Josep. 2012. "El primer arquitecte Sant Pere de Rodes : projectar una església fa deu segles." PhD diss., Departament de Composició Arquitectònica, Universitat Politècnica de Catalunya.

Gómez Val, Ricardo. 2012. "La Construcción de templos parroquiales en Barcelona entre 1952 y 2000." PhD diss., Departament de Construccions Arquitectòniques I, Universitat Politècnica de Catalunya.

Guerra Pestonit, Rosana. 2012. "Bóvedas y contrarresto del Colegio de Nuestra Señora de la Antigua de Monforte de Lemos. Geometría, construcción y mecánica." PhD diss., Estructuras de la Edificación, Universidad Politécnica de Madrid.

Hurtado Valdez, Pedro Augusto. 2012. "Bóvedas encamonadas : origen, evolución, geometría y construcción entre los siglos XVII y XVIII en el Virreinato del Perú." PhD diss., Estructuras de la Edificación, Universidad Politécnica de Madrid.

Martin Saiz, Diego. 2012. "El Guggenheim Museum de New York. Interpretación del papel de la estructura a través de la colaboración entre Frank Lloyd Wright y Jaroslav J. Polivka." PhD diss., Departament de Construccions Arquitectòniques I, Universitat Politècnica de Catalunya.

Martínez Corral, Aurora María. 2012. "Estación de ferrocarriles de la Compañía de los Caminos de Hierro del Norte en Valencia. Génesis. De la idea al proyecto. De los materiales a la construcción." PhD diss., Construcciones Arquitectónicas, Universidad Politécnica de Valencia.

Merino Gómez, Elena. 2012. "Torres medievales en la Baja Moraña (Ávila) : análisis constructivo, histórico y artístico a partir de su documentación gráfica." PhD diss., Construcciones arquitectónicas, Ingeniería del terreno y mecánica de los medios continuos y teoría de estructuras, Universidad de Valladolid.

Recuenco Fernández, María José. 2012. "Verificación mecánica de reglas estructurales en bóvedas de planta poligonal centralizada del gótico tardío en España, Estructuras de la Edificación." PhD diss., Universidad Politécnica de Madrid.

Sánchez Orense, Marta. 2012. "La fortificación y el arte militar en los tratados renacentistas. Estudio lexicográfico." PhD diss., Lengua Española, Universidad de Salamanca.

Sica Palermo, Humberto Nicolás. 2012. "Forma y tectonicidad : estructura y prefabricación en la obra de Gordon Bunshaft." PhD diss., Departament de Projectes Arquitectònics, Universitat Politècnica de Catalunya.

Bravo Wagner, Carlos Antonio. 2013. "Estudio analítico de las tipologías y sistemas constructivo-estructurales de la vivienda del porfiriato en Guadalajara, Jalisco, México." PhD diss., Departament de Construccions Arquitectòniques I, Universitat Politècnica de Catalunya.

Fuentes González, Paula. 2013. "Bóvedas de arcos entrecruzados entre los siglos X y XVI. Geometría, construcción y estabilidad." PhD diss., Estructuras de la Edificación, Universidad Politécnica de Madrid.

Gil Crespo, Ignacio Javier. 2013. "Fundamentos constructivos de las fortificaciones fronterizas entre las coronas de Castilla y Aragón de los siglos XII al XV en la actual provincia de Soria." PhD diss., Construcción y Tecnología Arquitectónicas, Universidad Politécnica de Madrid.

Guardia Olmedo, José Jesús. 2013. "Estudio constructivo y caracterización de los materiales que han hecho posible la arquitectura del castillo-palacio de La Calahorra en la provincia de Granada (siglo XVI)." PhD diss., Construcciones Arquitectónicas II, Universidad de Sevilla.

López Patiño, Gracia. 2013. "Chimeneas industriales de fábrica de ladrillo en el Levante y Sureste español. Influencia sobre otros territorios. Estudio y análisis de las tipologías constructivas." PhD diss., Construcciones Arquitectónicas, Universidad Politécnica de Valencia.

Mateos Enrich, Jorge. 2013. "Persistencia de Santa Sofía en las mezquitas otomanas de Estambul, siglos XV y XVI : mecánica y construcción." PhD diss., Estructuras de la Edificación, Universidad Politécnica de Madrid.

Mrakic, Alessandro. 2013. "El desarrollo del conocimiento constructivo militar desde Vitruvio hasta el siglo XVII. Análisis de los tratados de arquitectura militar." PhD diss., Construcciones Arquitectónicas, Universidad Politécnica de Valencia.

Redondo Martínez, Esther. 2013. "La bóveda tabicada en España en el siglo XIX : la transformación de un sistema constructivo." PhD diss., Estructuras de la Edificación, Universidad Politécnica de Madrid.

Rentería Cano, María Isabel de. 2013. "Detalles en la arquitectura de J.A. Coderch." PhD diss., Enginyeria i Arquitectura La Salle, Universitat Ramon Llull.

Sáez Riquelme, Beatriz. 2013. "Iglesias salón valencianas del XVIII : levantamiento gráfico, análisis geométrico y constructivo, patología común." PhD diss., Ingeniería de Sistemas Industriales y Diseño, Universidad Jaume I de Castellón.

Aliberti, Licinia. 2014. "Pantheon y cúpulas clásicas romanas : geometría y construcción." PhD diss., Ideación Gráfica Arquitectónica, Universidad Politécnica de Madrid.

Garcia Fuentes, Josep M. 2014. "La construcció del Montserrat modern." PhD diss., Departament de Composició Arquitectònica, Universitat Politècnica de Catalunya.

Marín Sánchez, Rafael. 2014. "Uso estructural de prefabricados de yeso en la arquitectura levantina de los siglos XV y XVI." PhD diss., Programa de doctorado en Arquitectura, Edificación, Urbanística y Paisaje, Universidad Politécnica de Valencia.

Martín Talaverano, Rafael. 2014. "Bóvedas de crucería rebajadas hispanas : geometría, estructura y construcción." PhD diss., Construcción y Tecnología Arquitectónicas, Universidad Politécnica de Madrid.

L'HISTOIRE DE LA CONSTRUCTION EN SUISSE / CONSTRUCTION HISTORY IN SWITZERLAND

À l'image du pays, l'enseignement et la recherche en histoire de la construction en Suisse font preuve d'une grande diversité. Les travaux produits dans ce domaine sont en effet le fruit d'une pluralité d'acteurs (architectes, historiens, historiens des techniques, historiens de l'art, ingénieurs, etc.) et sont présents dans les trois principales aires linguistiques et culturelles du pays [Suisse alémanique, Romandie, Tessin]. Ce caractère protéiforme ne doit toutefois pas dissimuler certaines disparités avec une prédominance – comme dans bien d'autres domaines – de la Suisse germanophone. Une autre caractéristique de l'histoire de la construction en Suisse est qu'elle est exclusivement présente au sein d'institutions d'enseignement supérieur de très haut niveau, délaissant les HES et autres écoles techniques au profit des écoles polytechniques fédérales [Lausanne et Zurich] et des universités comme celles de Genève [Faculté des Lettres] ou du Tessin [Accademia di architettura di Mendrisio]. Un aspect très important est que si l'histoire de la construction n'apparaît pas à proprement parlé comme une branche de la connaissance constituée et autonome – aucune formation ou institution ne la revendique au cœur de son champ disciplinaire, hormis peut-être le laboratoire dirigé par le Professeur Roberto Gargiani à l'EPFL –, elle y est en quelque sorte présente « par défaut », l'enseignement et la recherche en histoire de la construction passant par le truchement d'autres disciplines comme la conservation, la construction, l'histoire de l'architecture, l'histoire des techniques, l'ingénierie des structures, la maintenance des ouvrages d'art ou encore la sauvegarde du patrimoine architectural ancien et moderne.

Loin de prétendre à l'exhaustivité, la liste ci-dessous dresse le portrait des différentes institutions au sein desquelles l'enseignement, la recherche ou la diffusion de l'histoire de la construction constituent une part essentielle et constitutive de leur activité. Ainsi, l'École polytechnique fédérale de Lausanne [EPFL], à travers sa faculté ENAC [Environnement naturel, architectural et construit], présente-t-elle pas moins de quatre laboratoires d'architecture et d'ingénierie [TSAM, ACM, LTH3, MCS] entretenant un lien étroit avec l'histoire de la construction, l'un d'eux [LTH3] l'ayant officiellement pour domaine principal de recherche dans le champ de l'architecture. De même, le Département d'architecture [D-ARCH] de l'École polytechnique fédérale de Zurich [ETHZ] dispose-t-il également de quatre chaires [Architecture and Construction, Historic Building Research and Conservation, Architecture and Structure, Structural Design] réunissant architectes, historiens de l'art et ingénieurs qui consacrent une grande partie de leur enseignement et de leurs recherches à l'histoire de la construction. De manière peut-être moins structurée qu'un laboratoire ou qu'une chaire, des enseignements sur ce thème sont dispensés à l'Université de la Suisse italienne [USI] au sein de l'Accademia di architettura di Mendrisio [AAM] où le professeur Franz Graf et ses assistants explorent les matériaux et les techniques de construction du XXe siècle. A la Faculté des Lettres de l'Université de Genève, le professeur Cyrille Simonnet introduit quant à lui le concept de « tectonique » dans l'histoire de l'architecture moderne. Il existe enfin différentes institutions privées [Société de génie civil, Société d'étude sur l'histoire de l'économie, Fondation pour la culture industrielle, Association suisse d'histoire de la technique et du patrimoine industriel] regroupant professionnels et amateurs autour de la promotion culturelle de l'ingénierie des structures, du rôle de la technique dans la société et de la préservation du patrimoine industriel. Principalement basées en suisse alémanique [Coire, Winterthur, Zurich], ces entités dont le rôle dépasse parfois les frontières nationales sont pour certaines d'entre elles actives depuis de très nombreuses années dans le champ de l'histoire de la construction, à travers notamment des publications, des visites, des colloques et des expositions.

La présentation qui suit commence par les institutions publiques d'enseignement supérieur pour finir par les entités de droit privé en lien avec l'histoire de la construction en Suisse. Pour chacune d'entre elles, le nom complet, les coordonnées, les membres et le domaine de compétences sont d'abord exposés brièvement. Un court texte résume ensuite les activités des différents laboratoires, instituts, chaires, sociétés, fondations, associations, en lien avec l'histoire de la construction et une bibliographie indicative permet enfin de se faire une idée, au travers de leur production éditoriale, de l'étendue et de la spécificité de leur champ disciplinaire. Pour finir, ce tableau est complété par une bibliographie regroupant les ouvrages publiés en Suisse dans le domaine de l'histoire de la construction ou en lien avec lui entre 2004 et 2015, ainsi qu'une liste des thèses soutenues dans le pays et abordant ce champs sur la même période.

ÉCOLE POLYTECHNIQUE FÉDÉRALE DE LAUSANNE [EPFL] ; FACULTÉ DE L'ENVIRONNEMENT NATUREL, ARCHITECTURAL ET CONSTRUIT [ENAC] ; LABORATOIRE DES TECHNIQUES ET DE LA SAUVEGARDE DE L'ARCHITECTURE MODERNE [TSAM]

EPFL-ENAC-IA-TSAM
BP 4126 (bâtiment BP)
Station 16
CH-1015 Lausanne
http://tsam.epfl.ch

Directeur : Franz Graf
Collaborateurs : Giulia Marino, Yvan Delemontey, Mélanie Delaune Perrin, Stephan Rutishauser, Germaine de Bazelaire, Margarida Gonçalves Quintã

Domaines de compétences : enseignement, recherche et expertise

Créé en 2007 par le professeur Franz Graf et Giulia Marino, architectes, le Laboratoire des techniques et de la sauvegarde de l'architecture moderne [TSAM] fait partie de l'Institut d'architecture [IA] qui dépend de la Faculté de l'environnement naturel, architectural et construit [ENAC] de l'EPFL. Les projets de recherche du TSAM sont axés sur la connaissance des systèmes constructifs et les dispositifs du confort qui caractérisent tous deux la production architecturale du XXe siècle, ainsi que sur les différentes stratégies de projet qu'y sont liées. Ces intérêts scientifiques sont d'ailleurs une thématique centrale dans l'enseignement développé au sein du laboratoire. Le projet dans l'existant, qu'il s'agisse d'interventions de récupération et/ou de reconversion fonctionnelle, de rénovation ou de restauration conservative ou d'expertises techniques et constructives, exige en effet la maîtrise théorique et pratique de stratégies de projet *ad hoc*, basée sur des instruments critiques et opératoires appropriés. Le projet commence par la connaissance historique, en considérant l'anamnèse de l'objet et en enquêtant sur les différents aspects qui en définissent les caractéristiques intrinsèques et sa contextualisation. L'« histoire matérielle du bâti » qui a trait à l'histoire des techniques et l'enquête historico-critique, complétés par un diagnostic des dégradations et des manques et d'élaborations à thématiques multiples, se révèlent donc les instruments spécifiques et appropriés pour la connaissance, utiles pour relever le potentiel de projet et définir les stratégies d'intervention.

Centrées sur la sauvegarde de l'architecture du siècle passé, les activités du TSAM se déclinent à travers des enseignements théoriques en master [Théorie et techniques du projet de sauvegarde, F. Graf, G. Marino], un atelier de projet en bachelor [Théorie et critique du projet, F. Graf, Y. Delemontey, S. Rutishauser], ainsi que le suivi des diplômes [Projet de master], que complète un solide engagement dans la recherche [Swiss Cooperation Programme in Architecture – Critical Encyclopaedia of Re-use and Restoration of Twentieth-Century Architecture]. Le laboratoire développe également ses compétences à travers de nombreuses expertises et études patrimoniales qui combinent histoire de la construction et recommandations de sauvegarde, et qui portent autant sur un patrimoine monumental et prestigieux [immeubles des Organisations internationales à Genève, appartement-atelier de Le Corbusier à Paris, ancienne usine SICLI à Genève, etc.] que sur un bâti plus diffus, mais aussi digne de la plus grande attention, comme le sont les grands ensembles d'habitation des *Trente Glorieuses* [étude architecturale et énergétique des enveloppes de la Cité du Lignon à Genève, recensement de l'œuvre architecturale du bureau Georges Addor, etc.]. Par ses compétences internationalement reconnues et sa situation privilégiée en Suisse et en Europe dans le champ de la sauvegarde, le Laboratoire se positionne enfin comme un observatoire des pratiques d'intervention sur le patrimoine bâti du XXe siècle.

Le TSAM a été lauréat du prestigieux Prix Europa Nostra en 2013 et a obtenu la même année la Distinction Umsicht-Regards-Sguardi de la

SIA [Société des ingénieurs et architectes] pour sa recherche exemplaire sur la cité-satellite du Lignon.

Publications représentatives :

Delemontey, Yvan. 2015. *Reconstruire la France. L'aventure du béton assemblé 1940-1955*. Paris : Éditions de la Villette.

Graf, Franz. 2014. *Histoire matérielle du bâti et projet de sauvegarde. Devenir de l'architecture moderne et contemporaine*. Lausanne : PPUR.

Graf, Franz (dir.), Francesca Albani, Yvan Delemontey, Giulia Marino. 2012. *Material History of Buildings and Conservation Design, Critical Encyclopedia of Restoration and Re-use of 20th Century Architecture*. Lausanne/Mendrisio : EPFL/USI.

Graf, Franz (dir.), Christian Bischoff, Yvan Delemontey, Philippe Grandvoinnet. 2010. *Honegger frères, architectes et constructeurs (1930-1969). De la production au patrimoine*. Gollion : Infolio.

Graf, Franz (dir.), M. Delaune Perrin, G. Marino. 2015. *Addor architecte*. Genève : Métispresses.

Graf, Franz et Giulia Marino. 2015. « Mirabilia ou ressource durable ? Le patrimoine récent à l'épreuve des enjeux énergétiques ». *Kunst+Architektur in der Schweiz* (2) : 58-65.

Graf, Franz et Yvan Delemontey, dir. 2015. *La sauvegarde des grandes œuvres de l'ingénierie du XXe siècle, Cahier du TSAM* n° 1. Lausanne : PPUR.

Graf, Franz (dir.), Giulia Marino. 2012. *La cité du Lignon 1963-1971 – Étude architecturale et stratégies d'intervention*, cahier hors-série de la revue *Patrimoine et architecture*. Gollion : Infolio.

Graf, Franz et Yvan Delemontey, dir. 2012. *Architecture industrialisée et préfabriquée : connaissance et sauvegarde / Understanding and Conserving Industrialised and Prefabricated Architecture*. Lausanne : PPUR.

Graf, Franz et Giulia Marino. 2014. Pour un « Observatoire du patrimoine moderne et contemporain ». De l'histoire matérielle du bâti à l'histoire matérielle du projet de sauvegarde. *Revue de l'Art* (186) : 31-35.

Marino, Giulia. 2014. *« Some Like It Hot ! » Le confort physiologique et ses dispositifs dans l'architecture du XXe siècle : histoire et devenir d'un enjeu majeur*. Thèse de doctorat en Architecture, Franz Graf (dir.), Lausanne, EPFL.

Marino, Giulia. 2009. *Un Monument historique controversé : la Caisse d'Allocations Familiales du XVe arr. à Paris – 1953-2008*. Paris : Picard.

ÉCOLE POLYTECHNIQUE FÉDÉRALE DE LAUSANNE [EPFL] ; FACULTÉ DE L'ENVIRONNEMENT NATUREL, ARCHITECTURAL ET CONSTRUIT [ENAC] ; ARCHIVES DE LA CONSTRUCTION MODERNE [ACM]

EPFL-ENAC-IA-ACM
SG 3311 (bâtiment SG)
Station 15
CH-1015 Lausanne
http://acm.epfl.ch

Directeur : Pierre Frey (jusqu'à fin 2014)
Collaborateurs : Antoine Baudin, Jean-Daniel Chavan, Sytse de Maat, Milo Hofmann, Maryam Jafarbegloo, Joëlle Neuenschwander Feihl

Domaines de compétences : conservation, enseignement et recherche

Créée en 1988 au sein de l'Institut de théorie et d'histoire du département d'architecture de l'École polytechnique fédérale de Lausanne [EPFL], les Archives de la construction moderne [ACM] entendaient répondre à un besoin spécifique en matière d'archives privées : celui des bureaux d'architectes, d'ingénieurs et d'entreprises des métiers de la construction, pour lesquels il n'existait, en Suisse romande, aucune structure de conservation. Fortes de plus de 170 fonds d'archives portant sur la période de 1850 à nos jours et réunissant des documents de nature très diverse (dessins, plans, photographies, maquettes, correspondance, périodiques, ouvrages, etc.), les ACM sont actuellement un laboratoire de l'Institut d'architecture [IA] qui dépend de la Faculté de l'environnement naturel, architectural et construit [ENAC].

Outre leur mission de conservation proprement dite, les ACM dispensent des cours au sein de la faculté ENAC et organisent des expositions accompagnées de catalogues, qui présentent le résultat de recherches menées sur les fonds qui lui sont confiés (voir ces dernières années les expositions consacrées à l'Expo 64, aux ingénieurs Pier Luigi Nervi et Alexandre Sarrasin ou encore aux architectes Julius Shulman, André Gaillard, Mirco Ravanne, Alphonse Laverrière, etc.).

Un programme de recherche scientifique est également mené qui se divise depuis 2009 en deux branches distinctes : la première, conduite par le professeur Pierre Frey, porte sur les architectures vernaculaires et consiste à mettre en relation des expériences issues des traditions vernaculaires et des pratiques contemporaines dans l'art de bâtir ; la seconde, conduite par l'historienne Joëlle Neuenschwander Feihl, consiste en des recherches thématiques ou monographiques fondées sur les fonds conservés aux archives.

Publications représentatives :

Baudin, Antoine. 2011. *Invention, construction, communication. Revues d'avant-garde de la collection Alberto Sartoris.* Lausanne : PPUR.

Bologna, Alberto. 2013. *Pier Luigi Nervi ou l'art de la structure. Photographies de la collection Alberto Sartoris.* Lausanne : PPUR.

Brühwiler, Eugen et Pierre Frey. 2002. *Alexandre Sarrasin – Structures en béton armé – audace et invention.* Lausanne : PPUR.

Frey, Pierre, Bruno Marchand, Angelica Bersano et Joëlle Neuenschwander Feihl. 2014. *Expo 64. Le printemps de l'architecture suisse.* Lausanne : PPUR.

Frey, Pierre et Deidi von Schaewen. 2013. *Simón Vélez. La maîtrise du bambou.* Arles : Actes Sud.

Frey, Pierre. 2010. *Learning from Vernacular.* Arles : Actes Sud.

Jaquet, Martine. 2005. *Des Alpes à la mer, l'architecture d'André Gaillard.* Lausanne : PPUR.

ÉCOLE POLYTECHNIQUE FÉDÉRALE DE LAUSANNE [EPFL] ;
FACULTÉ DE L'ENVIRONNEMENT NATUREL,
ARCHITECTURAL ET CONSTRUIT ; [ENAC] ;
LABORATOIRE DE THÉORIE ET D'HISTOIRE 3 [LTH3]

EPFL-ENAC-IA-LTH3
BP 4142 (bâtiment BP)
Station 16
CH-1015 Lausanne
http://lth3.epfl.ch

Directeur : Roberto Gargiani
Collaborateurs : Jean-Pierre Adam, Salvatore Aprea, Alberto Bologna, Marco De Michelis, Beatrice Lampariello, Anna Rossellini, Christine Tran, Khue Tran

Domaines de compétences : enseignement et recherche

Dirigé par le professeur Roberto Gargiani, architecte et historien de l'architecture, le Laboratoire de théorie et d'histoire 3 [LTH3] fait partie de l'Institut d'architecture [IA] qui dépend de la Faculté de l'environnement naturel, architectural et construit [ENAC] de l'EPFL. Ses centres d'intérêt tournent principalement autour de l'« histoire de la construction », du XVe au XXIe siècle, à travers l'étude de ses principes théoriques, des matériaux, des structures et des installations, dessinant ainsi le cadre culturel des recherches promues par le laboratoire.

Plusieurs recherches sont actuellement en cours, dont la plus importance est consacrée depuis 2009 aux surfaces de ciment et de béton armé [The surfaces of cement and reinforced concrete. A history of the formwork and processing of the surface – ERC-European Research Council]. Elle entend combler une lacune en retraçant l'évolution des techniques de mise en œuvre du ciment et du béton à partir des premières expériences menées à l'époque romaine jusqu'aux productions les plus récentes. Son objectif est d'offrir ainsi une documentation la plus étendue et la plus complète possible sur l'ensemble de la littérature et des exemples les plus significatifs de la production architecturale internationale en termes de coffrages et de surfaces du béton dans le vaste arc temporel considéré.

Par ailleurs, les cours dispensés par les enseignants du laboratoire visent à introduire les étudiants à la connaissance des principales thématiques qui caractérisent l'architecture sur une période très large – de l'Antiquité à nos jours –, avec un accent particulier sur les aspects relatifs aux techniques constructives et au chantier, aux structures, aux matériaux, aux formes de revêtement et à l'espace. Enfin, un cours plus spécifique sur l'histoire du béton et l'évolution de ses techniques de mise en œuvre est dispensé par le professeur Gargiani.

Publications représentatives :

Bologna, Alberto. 2013. *Pier Luigi Nervi negli Stati Uniti. 1952-1979. 'Master Builder of the Modern Age'*. Florence : Firenze University Press.

Bologna, Alberto. 2013. *Pier Luigi Nervi ou l'art de la structure. Photographies de la collection Alberto Sartoris*. Lausanne : PPUR.

Fanelli, Giovanni et Roberto Gargiani. 2008. *Histoire de l'architecture moderne. Structure et revêtement*. Lausanne : PPUR.

Gargiani, Roberto, dir. 2008. *La colonne. Nouvelle histoire de la construction*. Lausanne : PPUR.

Gargiani, Roberto, dir. 2012. *L'architrave, le plancher, la plate-forme. Nouvelle histoire de la construction*. Lausanne : PPUR.

Gargiani, Roberto. 2013. *Concrete, from archeology to invention 1700-1769*. Lausanne : EPFL Press.

Gargiani, Roberto. 2014. *Louis I. Kahn. Exposed Concrete and Hollow Stones, 1949-1959*. Lausanne : EPFL Press.

Gargiani, Roberto et Anna Rosellini. 2011. *Le Corbusier : Béton Brut and Ineffable Space 1940-1965. Surface Materials and Psychophysiology of Vision*. Lausanne : EPFL Press.

Rosellini, Anna. 2013. *Le Corbusier e la superficie, dal rivestimento d'intonaco al béton brut*. Rome : Aracne Editore.

ÉCOLE POLYTECHNIQUE FÉDÉRALE DE LAUSANNE [EPFL] ; FACULTÉ DE L'ENVIRONNEMENT NATUREL, ARCHITECTURAL ET CONSTRUIT [ENAC] ; LABORATOIRE DE MAINTENANCE, CONSTRUCTION ET SÉCURITÉ DES OUVRAGES / LABORATORY OF MAINTENANCE AND SAFETY OF STRUCTURES [MCS]

EPFL-ENAC-IIC-MCS
GC B2 402 (bâtiment GC)
Station 18
CH-1015 Lausanne
http://mcs.epfl.ch

Directeur : Eugen Brühwiler

Collaborateurs : Maléna Bastien Masse, Sylvain Demierre, Emmanuel Denarié, Léa Dubugnon, Vasileios Grigoriou, Christophe Loraux, Tohru Makita, Marina Rocha, Hamid Sadouki, Mark Treacy

Domaines de compétences : enseignement, recherche et expertise

Fondé en 1995 par le professeur Eugen Brühwiler, ingénieur civil, le laboratoire de maintenance, construction et sécurité des ouvrages [MCS] fait partie de l'Institut d'ingénierie civile [IIC] qui dépend de la Faculté de l'environnement naturel, architectural et construit [ENAC] de l'EPFL. La mission principale du laboratoire est le développement de méthodes d'examen des ouvrages de génie civil existant dans le but de limiter l'intervention sur la construction au strict minimum. Si des interventions sont nécessaires, leur but doit être d'améliorer la structure et pas seulement de la réparer, objectif qui se veut en accord avec les principes du développement durable. Les activités du laboratoire peuvent être divisées en trois catégories : le développement de nouvelles méthodes d'examen (Examineering) pour les structures d'ingénierie civile vers des approches de maintenance et de cycle de vie plus durables ; la diffusion de l'approche novatrice du MCS pour les interventions de maintenance durables sur les structures en béton existante à l'aide de ciment et d'autres matériaux de pointe améliorées ; l'examen d'indicateurs de développement durable, en particulier la perception de l'utilisateur, dans les stratégies de maintenance pour ce type de structures.

Les recherches menées actuellement au laboratoire concernent les bétons fibrés à ultra-haute performance [BFUP] et leur application dans des interventions de maintenance durables, le comportement dynamique, la fatigue et l'examen des ponts en béton pour la sécurité, les stratégies d'entretien des ponts en béton, et enfin la perception sociale de la vulnérabilité de l'infrastructure civile.

Hormis les cours sur les matériaux (en particulier le béton), la gestion des risques, la sécurité et la fiabilité des structures, certains portent – et c'est là l'originalité du laboratoire – sur l'intervention et la réhabilitation des ouvrages existants, ou encore sur leur esthétique « objectives ». Le but est ainsi de sensibiliser les futurs ingénieurs, à travers l'étude des œuvres de leurs plus illustres prédécesseurs (Gustave Eiffel, Eugène Freyssinet, Robert Maillart, Christian Menn, Alexandre Sarrasin, etc.), aux valeurs culturelle et patrimoniale des ouvrages (barrages, ponts, tunnels, etc.) des différentes périodes de l'histoire des structures.

Publications représentatives :

Brühwiler, Eugen. 2010. « Eminent Structural Engineers : Christian Menn – Bridge Designer and Builder ». *Journal of Structural Engineering International SEI* 20 (4) : 470-472.

Brühwiler, Eugen et Emmanuel Denarié. 2013. « Rehabilitation and Strengthening of Concrete Using Ultra-High Performance Fibre Reinforced Concrete ». *Structural Engineering International* 23 (4) : 454-457.

Brühwiler, Eugen et Pierre Frey. 2002. *Alexandre Sarrasin, Structures en béton armé – audace et invention*. Lausanne : PPUR.

Brühwiler, Eugen et Christian Menn. 2003. *Stahlbetonbrücken.* Vienne : Springer Verlag.

EIDGENÖSSISCHE TECHNISCHE HOCHSCHULE ZÜRICH [ETHZ], DEPARTEMENT ARCHITEKTUR, CHAIR OF ARCHITECTURE AND CONSTRUCTION

Prof. Annette Spiro
Professur für Architektur + Konstruktion
HIL G57 ETH Hönggerberg
Stefano-Franscini-Platz 5
CH-8093 Zürich
http://www.spiro.arch.ethz.ch

Enseignante : Annette Spiro

Domaine de compétence : enseignement

Architecture et construction (bachelor, master, atelier de projet)

Architecte, Annette Spiro est depuis 2007 professeur en architecture et construction à l'ETHZ.

Ses recherches (structures en bois, terre crue, etc.) l'amènent à considérer l'histoire de la construction comme un socle théorique indispensable à son enseignement.

Publications représentatives :

Spiro, Annette et David Ganzoni. 2013. *The Working Drawing, The Architect's Tool.* Zurich : Park Books.

Spiro, Annette, Hartmut Göhler et Pinar Gönül, dir. 2012. *Uber Putz. Oberflächen entwickeln und realisieren.* Zurich : gta Verlag.

EIDGENÖSSISCHE TECHNISCHE HOCHSCHULE ZÜRICH [ETHZ], DEPARTEMENT ARCHITEKTUR, INSTITUT FÜR DENKMALPFLEGE UND BAUFORSCHUNG [IDB] / CHAIR OF HISTORIC BUILDING RESEARCH AND CONSERVATION

Institut für Denkmalpflege und Bauforschung
Wolfgang-Pauli-Strasse 27
HIT H 23.3
CH-8093 Zürich
http://www.idb.arch.ethz.ch

Directrice : Uta Hassler

Collaborateurs : Erwin Emmerling, Manfred Schuller, Wiepke van Aaken, Mehmet Aksözen, Barbara Beckett, Iris Belle, Julia Berger, Barbara Bitterli, Claudia Bührig, Sebastian Burnell, Anna Büsching, Magdalena Daniel, Catherine Dumont d'Ayot, Ulrike Fauerbach, Jakob Fink, Janina Flückiger, Norbert Föhn, Margrit Gläss, Benjamin Graber, Pascale Haefeli, Arnd Hennemeyer, Jacob Jansen, Joris Jehle, Kilian Matthias Jost, Korbinian Kainz, Niklaus Kohler, Lisa Konrad, Henrietta Franziska Krüger, Melanie Langewort, Hadrien L'Hoste, Botian Li, Stephan Liebscher, Torsten Meyer, Ekaterina Nozhova, Jens Pflug, Katja Piesker, Andreas Putz, Christoph Rauhut, Gereon Rolvering, Stéphanie Savio, Daniel Schneider, Daniel Stockhammer, Sara Stroux, Marianne Tauber, Thijs ten Brummelhuis, Benjamin

Thommen, Martine Vernooij, Isabelle Warin, Conradin Weder, Christine Wilkening-Aumann, Stephan Zink

Domaines de compétences : enseignement, recherche et expertise

Dirigé par le professeur Uta Hassler, l'Institut de recherche historique et de conservation du bâtiment [Institut für Denkmalpflege und Bauforschung – IDB] appartient au département d'architecture de l'École polytechnique fédérale de Zurich [ETHZ]. Il fait le constat que les générations futures d'architectes et d'ingénieurs seront beaucoup plus qu'auparavant amenées à travailler dans les domaines de la conservation, de la rénovation et de la reconstruction, domaines qui aujourd'hui correspondent déjà au deux tiers du travail de ces professions en Suisse.

L'objectif de l'Institut est donc de fournir une expertise dans ces domaines à partir de méthodes de recherche sur les bâtiments historiques et d'analyse de leur cycle de vie, en passant par la connaissance historique, l'évaluation des risques et le contrôle des processus techniques et de construction. Ainsi, l'IDB possède quatre champs principaux de recherche que sont l'histoire des bâtiments et de leur conservation, l'histoire de la construction, la science des matériaux et la gestion des ressources. Les projets de recherche récents ou en cours – les constructions traditionnelles en bois en Appenzell, les structures métalliques de Vladimir Choukhov, l'histoire du développement, de la réception et de l'adaptation industrielle de la tradition du bois dans l'histoire de l'architecture suisse des XIXe et XXe siècles, la préservation des structures en béton, l'influence du style gothique sur les structures du XIXe siècle – reflètent une grande diversité des thèmes et des approches, convoquant le plus souvent l'histoire de la construction. En dehors de la recherche, les membres de l'Institut assurent des enseignements théoriques en « archéologie et conservation » au niveau bachelor et dirigent un atelier de projet « construction et conservation » en master.

Publications représentatives :

Dumont d'Ayot, Catherine et Tim Benton. 2013. *Le Corbusier's Pavilion for Zurich. Model and Prototype of an Ideal Exhibition Space.* Zurich : Institut für Denkmalpflege und Bauforschung der ETH Zürich / Lars Müller Publishers.

Hassler, Uta, dir. 2010. *Bauforschung – Zur Rekonstruktion des Wissens.* Zurich : vdf Hochschulverlag.

Hassler, Uta, dir. 2010. *Was der Architekt vom Stahlbeton wissen sollte.* Zurich : gta Verlag.

Hassler, Uta, dir. 2014. *Felsengärten, Gartengrotten, Kunstberge. Motive der Natur in Architektur und Garten.* Munich : Institut für Denkmalpflege und Bauforschung der ETH Zürich / Hirmer.

Hassler, Uta, Fredi Altherr et Alexander von Kienlin, dir. 2011. *Appenzeller Strickbau. Untersuchungen zum ländlichen Gebäudebestand in Appenzell Ausserrhoden.* Zurich : vdf Hochschulverlag.

Hassler, Uta et Catherine Dumont d'Ayot, dir. 2009. *Bauten der Boomjahre – Paradoxien der Erhaltung / Architectures de la croissance – Les paradoxes de la sauvegarde.* Institut Denkmalpflege und Bauforschung der ETH Zürich, Gollion : Infolio.

Hassler, Uta et Winfried Nerdinger, dir. 2010. *Das Prinzip Rekonstruktion.* Zurich : Hochschulverlag ETHZ.

Hassler, Uta et Christoph Rauhut, dir. 2012. *Bautechnik des Historismus. Von den Theorien über gotische Konstruktionen bis zu den Baustellen des 19. Jahrhunderts / Construction Techniques in the Age of Historicism. From Theories on Gothic Structures to Building Sites in the 19th Century.* Munich : Institut für Denkmalpflege und Bauforschung der ETH Zürich / Hirmer.

EIDGENÖSSISCHE TECHNISCHE HOCHSCHULE ZÜRICH [ETHZ], DEPARTEMENT ARCHITEKTUR, INSTITUTE FOR TECHNOLOGY IN ARCHITECTURE, CHAIR OF ARCHITECTURE AND STRUCTURE –BLOCK RESEARCH GROUP [BRG]

Block Research Group
Stefano-Franscini-Platz 5
HIL H 47
CH-8093 Zürich
http://www.block.arch.ethz.ch

Directeur : Philippe Block

Collaborateurs : Masoud Akbarzadeh, Marcel Aubert, Shajay Bhooshan, Gianni Birindelli, Claudio Brunier-Ernst, Michaela Burch, Cristián Calvo Barentin, Tomás Méndez Echenagucia, Ursula Frick, Lukáš Kurilla, David López López, Dave Pigram, Matthias Rippmann, Michael Stirnemann, Tom Van Mele, Diederik Veenendaal.

Domaines de compétences : enseignement et recherche

Dirigée par le professeur Philippe Block, ingénieur, le Block Research Group [BRG – Chair of Architecture and Structure] appartient à l'Institut de technologie de l'architecture [ITA] du département d'architecture de l'École polytechnique fédérale de Zurich [ETHZ]. Il possède trois principaux domaines de recherche : l'analyse de l'équilibre et de la conception des structures en maçonnerie voûtés, la recherche de formes et l'optimisation structurelle des surfaces courbes, et enfin l'innovation dans la fabrication et la construction de structures en coque. Inspiré par les maîtres d'œuvre et les leçons du passé (« Learning from the past to design a better future » est le credo du groupe), le BRG a pour objectif de fournir des stratégies d'évaluation appropriées pour le patrimoine architectural, de développer de nouvelles approches de conception structurelles efficaces et expressives, et de proposer et mettre en œuvre de nouveaux paradigmes économiques et constructifs. Les nouveaux concepts « à géométrie structurelle » introduits par le groupe à travers la recherche et l'enseignement, offrent des approches intuitives et géométriques à la conception structurelle, et propose de combler le fossé entre l'architecture et l'ingénierie.

Publications représentatives :

Block, Philippe. 2012. « Retrofitting and Redacting Masonry Engineering ». Dans *Building Systems : Technology, Design & Society*, éd. par K. Moe et R. Smith. Londres : Routledge / Taylor & Francis Group.

Block, Philippe, Matthew DeJong, Lara Davis et John Ochsendorf. 2010. « Tile vaulted systems for low-cost construction in Africa ». *Journal of the African Technology Development Forum* 7(1).

Block, Philippe et Lara Davis. 2014. « Earthen Masonry Vaulting – Mexican and Catalan Techniques ». Dans *Building SUDU : How to construct a sustainable urban dwelling unit*, éd. par Dirk E. Hebel et Melakeselam Moges. Berlin : Ruby Press.

Block, Philippe et Lorenz Lachauer. 2014. « Three-dimensional Equilibrium Analysis of Gothic Masonry Vaults ». *International Journal of Architectural Heritage* 8 : 312-335.
Block, Philippe et Lorenz Lachauer. 2014. « Three-dimensional Funicular Analysis of Masonry Vaults ». *Mechanics Research Communications* 56 : 53-60.
Block, Philippe et Matthias Rippmann. 2013. « Rethinking Structural Masonry : Unreinforced, Stone-cut Shells ». *Proceedings of the ICE. Construction Materials* 166 (6) : 378-389.

EIDGENÖSSISCHE TECHNISCHE HOCHSCHULE ZÜRICH [ETHZ], DEPARTEMENT ARCHITEKTUR, INSTITUTE FOR TECHNOLOGY IN ARCHITECTURE, PROFESSUR FÜR TRAGWERKSENTWURF / CHAIR OF STRUCTURAL DESIGN

Professur für Tragwerksentwurf
Departement Architektur
Wolfgang-Pauli-Strasse 15
HIL E 43.2
CH-8093 Zürich
http://www.schwartz.arch.ethz.ch

Directeur : Joseph Schwartz
Collaborateurs : Marco Bahr, Lara Borgonovi e Silva, Ting Cao, Juan Jose Castellon, Katerina Chalvatzi, Pierluigi D'Acunto, Lluis Enrique, Anil Erkan, Laura Favre-Bully, Juliana Felkner, Lukas Ingold, Ursula Jaray, Özgür Keles, Thomas Kohlhammer, Toni Kotnik, Lorenz Lachauer, Maider Llaguno, Patrick Ole Ohlbrock, Mario Rinke, Paula Schilliger, Maximilian Schrems, Maria Vrontissi.

Domaines de compétences : enseignement et recherche

Dirigée par le professeur Joseph Schwartz, ingénieur, la chaire de conception structurelle [structural design] appartient à l'Institut de technologie de l'architecture [ITA] du département d'architecture de l'École polytechnique fédérale de Zurich [ETHZ]. Elle est composée d'experts en architecture, en génie civil et en mathématiques. La désignation même de « Structural Design » signifie l'idée programmatique du rapprochement entre l'ingénieur et l'architecte par l'intégration à la structure du concept de design. L'accent est donc mis plus particulièrement sur l'interaction entre la conception architecturale, le concept structurel et les matériaux (béton, béton précontraint, acier, bois, maçonnerie, etc.).

Le principal centre d'intérêt de la recherche à la chaire de conception structurelle tourne autour de la question de la relation entre l'architecture et les sciences de l'ingénieur, avec un accent particulier sur la compréhension du rôle de la forme. Cette question est le point commun à tout un champ diversifié de recherches qui vont du rôle de l'expérimentation physique dans le processus de conception chez l'ingénieur Heinz Isler ou l'architecte Frei Otto au potentiel spatial des structures dites « poreuses », en passant par l'étude de la notion de gravitation dans l'œuvre de l'architecte et ingénieur brésilien João Vilanova Artigas ou celle de l'histoire et de l'évolution des méthodes de statique graphique depuis le XIXe siècle.

Enfin, des cours d'histoire de la conception structurelle explorant l'interaction entre la dynamique des forces et la forme concrète des structures (axés en particulier sur l'architecture en béton des années 1930-1950 à travers l'étude des œuvres de Nervi, Torroja, Candela, Arup ou Maillart) sont dispensés par les enseignants de la chaire.

Publications représentatives :

Borgonovi, Lara et Toni Kotnik. 2013. « Confrontation between building and ground : notions of force and gravity in the work of João Vilanova Artigas ». Dans *Structures and Architecture : Concepts, Applications and Challenges*, dir. par P. Cruz, 1836-1843. Londres : Taylor & Francis Group.

Kotnik, Toni et Joseph Schwartz. 2011. « The Architecture of Heinz Isler ». *Journal of the International Association for Shell and Spatial Structures* 52(3) : 185-190.

Rinke, Mario et Toni Kotnik. 2010. « The changing concept of truss design caused by the influence of science ». Dans *Structures and Architecture*, dir. par P. Cruz, 1959-1967. Londres : Taylor & Francis Group.

Rinke, Mario et Toni Kotnik. 2012. « Der entfesselte Baustoff. Zur Rezeption des frühen Eisenbetons und seiner Konstruktionsspezifik ». *Beton und Stahlbetonbau* 107(9) : 635-644.

Rinke, Mario et Toni Kotnik. 2013. « From construct to type – the transformation of constituents in the development of trusses ». Dans *Structures and Architecture : Concepts, Applications and Challenges*, dir. par P. Cruz, 1247-1254. Londres : Taylor & Francis Group.

Rinke, Mario et Joseph Schwartz, dir. 2010. *Before Steel. The introduction of structural iron and its consequences*. Sulgen : Niggli.

Rinke, Mario et Joseph Schwartz. 2013. « Force material form – transferring historical construction concepts into contemporary architectural design ». Dans *Structures and Architecture : Concepts, Applications and Challenges*, dir. par P. Cruz, 1255-1262. Londres : Taylor & Francis Group.

Schwartz, Joseph. 2012. « Structural Theory and Structural Design ». Dans *Cooperation : The Engineer and the Architect*, dir. par A. Flury, 243-247. Zurich : Birkhäuser.

UNIVERSITÉ DE GENÈVE, FACULTÉ DES LETTRES, HISTOIRE DE L'ART [MA3-TECHNIQUES ET PROCESSUS ARTISTIQUES]

Faculté des Lettres
Uni Bastions (Aile Jura 2e étage)
5, rue De-Candolle
CH-1211 Genève 4
http://www.unige.ch/lettres/fr

Enseignant : Cyrille Simonnet
Architecture moderne : tectonique et spatialité (master)

Domaine de compétence : enseignement

Architecte et historien de l'architecture, spécialiste de l'histoire du béton, Cyrille Simonnet présente dans son cours une série d'œuvres bâties des XIXe et XXe siècles au prisme des deux notions fondamentales que sont la tectonique et la spatialité. La « tectonique » est un concept introduit par le théoricien Gottfried Semper vers 1850. Dans la forme de l'édifice, il désigne la dimension structurante de la construction. La notion d'espace, qui appartient au vocabulaire architectural du XXe siècle essentiellement, a été développée à partir de la philosophie kantienne par des théoriciens comme Worringer et, plus tard, des historiens comme Bruno Zevi. Le cours aborde successivement le travail de quelques-uns des principaux protagonistes (architectes et ingénieurs) de l'histoire de l'architecture des deux siècles passés : Soufflot, Shinkel, Semper, Labrouste, Viollet-le-Duc, Gaudí, Loos, Wright, Le Corbusier, Mies van der Rohe, Kahn, Buckminster Fuller, Tange, Niemeyer, Nervi, Candela, etc.

Publications représentatives :

Chupin, Jean-Pierre et Cyrille Simonnet. 2005. *Le projet tectonique.* Gollion : Infolio.

Delhumeau, Gwenaël, Jacques Gubler, Réjean Legault et Cyrille Simonnet. 1993. *Le béton en représentation : les archives photographiques de l'entreprise Hennebique, 1890-1914*. Paris : Hazan.

Ferro, Sergio, Chériff Kebbal, Philippe Potié et Cyrille Simonnet. 1988. *Le Corbusier, le Couvent de la Tourette.* Marseille : Parenthèses.

Picon-Lefebvre, Virginie et Cyrille Simonnet. 2014. *Les architectes et la construction*. Marseille : Parenthèses.

Simonnet, Cyrille. 2005. *Le béton, histoire d'un matériau. Economie, technique, architecture*. Marseille : Parenthèses.

Simonnet, Cyrille. 2013. *Robert Maillart et la pensée constructive.* Gollion : Infolio.

UNIVERSITÀ DELLA SVIZZERA ITALIANA [USI], ACCADEMIA DI ARCHITETTURA / AREA DI CONSTRUZIONE E TECNOLOGIA

Accademia di Architettura
Largo Bernasconi 2
CH-6850 Mendrisio
http://www.arc.usi.ch

Professeur : Franz Graf
Collaborateurs : Francesca Albani, Carlo Dusi, Carlo Nozza, Giulio Sampaoli, Britta Buzzi-Huppert

Domaine de compétence : enseignement

The teaching is organised on two main directions :

In Bachelor, the courses are conceived as a preparation for the building project and as a conceptual reflection on the subject of construction. The different building systems, reduced to models, will be presented by retracing the radical changes they underwent last century. Construction techniques will be analysed. Parallel with the lectures the students will conduct a constructional analysis involving interpretation of a theme and relating construction, space and architecture to each other. On the basis of the plans, constructional details and other documents, students will present the analytical redesign or the model of part of a 20th-century building.

In Master, the objective of the courses is to provide an outline of the critical history of the leading ideas of construction systems in the 20th century with regard to technical characteristics (strength, inhabitability, comfort), materials (and their installation), their meanings and historical stratifications, through a complex process of analysis focused on the architectural heritage in its materiality. The course addresses issues related to the changes in the modern construction site as a result of the process of industrialization, the permanence of traditional or regional skills and practices, and the development of comfort (lighting, heating, ventilation, energy and information systems).

Publications représentatives :

Albani, Francesca. 2012. *Superficie del vetro negli anni Trenta. Storia e conservazione*. Santarcangelo di Romagna : Maggioli.

Albani, Francesca et Carolina Di Biase, dir. 2013. *Architettura minore del XX secolo. Strategie di tutela e intervento*. Santarcangelo di Romagna : Maggioli.

Graf, Franz (dir.), Francesca Albani, Yvan Delemontey, Giulia Marino. 2012. *Material History of Buildings and Conservation Design, Critical Encyclopedia of Restoration and Re-use of 20th Century Architecture*. Lausanne/Mendrisio : EPFL/USI.

Graf, Franz (dir.), Paolo Galliciotti et Massimo Cattaneo. 2011. *La costruzione delle scuole in Canton Ticino*. Mendrisio : Mendrisio Academy Press.

Graf, Franz et Francesca Albani, dir. 2015. *Angelo Mangiarotti. La tettonica dell'assemblaggio*. Mendrisio : Mendrisio Academy Press.

Graf, Franz et Francesca Albani, dir. 2011. *Il vetro nell'architettura del XX secolo : conservazione e restauro / Glass in the 20th Century Architecture : Preservation and Restoration*. Mendrisio : Mendrisio Academy Press.

Graf, Franz et Britta Buzzi-Huppert, dir. 2015. *Tita Carloni. Villa Gerosa, 1967-1971, Sistemi e processi della costruzione*. Mendrisio : Mendrisio Academy Press.

Graf, Franz et Britta Buzzi-Huppert, dir. 2014. *Biblioteca Cantonale, 1939-1941. Carlo e Rino Tami*. Mendrisio : Mendrisio Academy Press.

Graf, Franz et Britta Buzzi-Huppert, dir. 2013. *Deposito Avegno, 1953-1955. Officine Idroelettriche della Maggia S.A. Architetto Rino Tami*. Mendrisio : Mendrisio Academy Press.

Graf, Franz et Letizia Tedeschi, dir. 2009. *L'Istituto Marchiondi Spagliardi di Vittoriano Viganò*. Mendrisio : Mendrisio Academy Press.

GESELLSCHAFT FÜR INGENIEURBAUKUNST / SOCIÉTÉ POUR L'ART DE L'INGÉNIEUR CIVIL

Gesellschaft für Ingenieurbaukunst
c/o Sekretariat Conzett, Bronzini, Gartmann AG
Bahnhofstrasse 3
CH-7000 Chur
http://www.ingbaukunst.ch

Président : Jürg Conzett
Vice-président : Eugen Brühwiler
Président honoraire : Peter Marti
Conseil d'administration : Thomas Glanzmann, Gabriele Guscetti, Uta Hassler, Massimo Laffranchi, Markus Neukom

Domaines de compétence : diffusion, financement

Fondée en 1995 par le professeur Peter Marti [ETHZ], la Société pour l'art de l'ingénieur civil favorise la sensibilisation à l'importance culturelle du travail des ingénieurs civils. Placée actuellement sous la présidence de l'ingénieur Jürg Conzett, elle a pour but de contribuer à la renommée de la profession d'ingénieur dans la société, en particulier chez les jeunes. Ses activités comprennent des publications (livres, une revue : Guckloch), des expositions, des excursions et des colloques thématiques. Elle compte actuellement plusieurs centaines de membres.

Publications représentatives :

Bänziger, Dialma Jakob. 2009. *Brückenbau 1960-2005*. Wollerau : Gesellschaft für Ingenieurbaukunst/Teiler Druck Verlag.

Coll. 2013. *Schweizer Bahnbrücken*. Zurich : Scheidegger & Spiess Verlag.

Conzett, Jürg. 2008. « Ein Vierendeel-Träger im Prättigau ». *Gesellschaft für Ingenieurbaukunst und Bündner Heimatschutz. Sonderdruck aus Bündner Monatsblatt* 1.

Müther, Ulrich. 2008. *Schalenbauten in Mecklenburg-Vorpommern*. Sulgen : Niggli.

Par ailleurs, la société publie la revue Guckloch (2013, 2014) qui traite des édifices emblématiques du génie civil en Suisse et à l'étranger.

VEREIN FÜR WIRTSCHAFTSHISTORISCHE STUDIEN / SOCIETY FOR STUDIES ON THE HISTORY OF THE ECONOMY

Verein für wirtschaftshistorische Studien
Vogelsangstrasse 52
CH-8006 Zürich
http://www.pioniere.ch

Président : Kurt Moser
Bureau : Bernhard Ruetz, Susanna Ruf
Conseil d'administration : Hans Bollmann, Lukas Briner, Joseph Jung, Anna-Marie Kappeler, Christian Rogenmoser, Gerhard Schwarz

Domaines de compétence : diffusion

La Société d'étude sur l'histoire de l'économie [Verein für wirtschaftshistorische Studien] est un club fondé en 1950 dont l'objectif est de mettre en valeur et de diffuser le travail de personnalités suisses issues du monde des affaires, de l'industrie et de la technique (agriculture, chimie, commerce, énergie, génie civil, horlogerie, industrie lourde, médecine, transport, etc.), ayant contribué à la réussite, la renommée et la prospérité du pays. L'aventure de ces pionniers est retracée à travers une série de publications (trois numéros par an et une centaine au total parue à ce jour) intitulée « Pionniers suisses de l'économie et de la technique » et qui constituent autant de monographies sur des personnalités des différentes régions de Suisse. A cela s'ajoutent des publications thématiques (agriculture coopérative, histoire cultuelle du pétrole en Suisse, électrification du tunnel du Simplon, etc.) qui complètent la série précédemment citée.

Publications représentatives :

« Alfred Stucky (1892-1969). Un grand ingénieur et un réalisateur authentique ». *Pionniers. Pionniers suisses de l'économie et de la technique* 10.

« Arnold Bürkli (1833-1894), Aufbruch in eine neue Zeit ». *Pioniere. Schweitzer Pioniere der Wirtschaft und Technik* 64.

« Drei Generationen Geilinger : Abraham Geilinger (1820-1880), Gottlieb Geilinger (1853-1927), Eduard Geilinger (1885-1955) ». *Pioniere. Schweitzer Pioniere der Wirtschaft und Technik* 64.

« Drei Schweizer Wasserbauer : Conradin Zschokke (1842-1918), Eugen Meyer-Peter (1883-1969), Gerold Schnitter (1900-1987) ». *Pioniere. Schweitzer Pioniere der Wirtschaft und Technik* 53.

« Ernst Göhner (1900-1971) – Bauen in Norm ». *Pioniere. Schweitzer Pioniere der Wirtschaft und Technik* 49.

« Fünf Schweizer Brückenbauer : Othmar H. Ammann (1879-1965), Richard Coray (1869-1946), Guillaume-Henri Dufour (1787-1875), Hans Ulrich Grubenmann (1709-1783), Robert Maillart (1872-1940) ». *Pioniere. Schweitzer Pioniere der Wirtschaft und Technik* 41.

« Louis Favre (1826-1879). Constructeur du tunnel du Gothard ». *Pionniers. Pionniers suisses de l'économie et de la technique* 14.

« Ludwig von Tetmajer Przerwa (1850-1905), Gründer der EMPA. Pionier der Materialprüfung und Forschung ». *Pioniere. Schweitzer Pioniere der Wirtschaft und Technik* 66.

« Sechs Schweizer Alpenbahningenieure : Richard La Nicca (1794-1883), Pasquale Lucchini (1798-1892), Karl Emanuel Müller (1804-1869), Gottlieb Koller (1823-1900), Gustave Bridel (1827-1884), Ferdinand Rothpletz (1872-1949) ». *Pioniere. Schweitzer Pioniere der Wirtschaft und Technik* 69.

« Vom Holzkochherd zu Stahl-Glas-Konstruktionen : Jakob Tuchschmid-Zimmermann (1822-1895), Jakob Tuchschmid-Baumgartner (1858-1909), Walter Tuchschmid-Kull (1893-1963) ». *Pioniere. Schweitzer Pioniere der Wirtschaft und Technik* 78.

STIFTUNG INDUSTRIEKULTUR – ARIAS [ARCHITEKTUR, INDUSTRIE-ARCHÄOLOGIE, STADTENTWICKLUNG] / FONDATION POUR LA CULTURE INDUSTRIELLE – ARIAS [ARCHITECTURE, ARCHÉOLOGIE INDUSTRIELLE, DÉVELOPPEMENT URBAIN] / INDUSTRIAL CULTURE FOUNDATION – ARIAS [ARCHITECTURE, INDUSTRIAL ARCHAEOLOGY, URBAN DEVELOPMENT]

ARIAS-Industriekultur
Hans-Peter Bärtschi
Lokomotivdepot, Lindstrasse 35
CH-8400 Winterthur
http://www.arias-industriekultur.ch

Membres : Hans-Peter Bärtschi (fondateur), Sylvia Bärtschi-Baumann, Franziska Becker. Helen Girardier, Bettina Maechler, Karen Franklin, Chantal Maurus.

Domaine de compétence : diffusion, conservation, financement

Créée dans les années 1970 par Sylvia et Hans-Peter Bärtschi, la Fondation pour la culture industrielle [Stiftung Industriekultur] est une fondation privée consacrée à la connaissance et la sauvegarde du patrimoine industriel dans le monde. Son rôle est multiple : gestion des archives ARIAS sur le patrimoine industriel, promotion de projets de diffusion (expositions, publications, conférences, émissions de radio ou de télévision, etc.), organisation d'un réseau national et international d'institutions, sauvegarde et valorisation du patrimoine industriel, voyages et excursions à caractère culturel, etc. Traduits dans de nombreuses langues (français, anglais, italien, espagnol, flamand, polonais et japonais), les travaux de la fondation totalisent aujourd'hui une vingtaine d'ouvrages scientifiques, une centaine d'expositions sur les thèmes du transport et de la production industrielle, un millier d'articles et de programmes audiovisuels, quelque 10,000 objets inventoriés liées à la culture industrielle et 200,000 photos, dessins et plans d'archives [histoire sociale, chemins de fer à travers le monde, produits et histoire de l'industrialisation, sauvegarde des monuments et de l'architecture industrielle, développement urbain] accessibles en ligne. Son fondateur, Hans-Peter Bärtschi, est depuis de nombreuses années le représentant national du Comité international pour la conservation de la culture industrielle [TICCIH] auprès de l'ICOMOS.

Publications représentatives :

ARIAS Team et Hans-Peter Bärtschi. 2004. *Industriekultur, Schweiz – Europa – Global. Werke aus 25 Jahren Tätigkeit.* Zurich : ARIAS Industriekultur.

Bärtschi, Hans-Peter. 1983. *Industrialisierung, Eisenbahnschlachten und Städtebau.* Bâle/Boston : Birkhäuser.

Bärtschi, Hans-Peter. 1990. *Winterthur – Industriestadt im Umbruch.* Druckerei Wetzikon.

Bärtschi, Hans-Peter. 1998. *Das industrielle Erbe und die Schweiz / La Suisse et son patrimoine industriel.* Bâle/Boston : Birkhäuser.

Bärtschi, Hans-Peter. 2006. *Industriekultur im Kanton Bern. Unterwegs zu 333 Zeugen des produktiven Schaffens.* Zurich : Rotpunkt Verlag.

Bärtschi, Hans-Peter. 2009. *Industriekultur im Kanton Zürich. Unterwegs zu 222 Schauplätzen des produktiven Schaffens.* Zurich : Rotpunkt Verlag.

Bärtschi, Hans-Peter. 2009. *La ligne du Lötschberg. En dix étapes de Frutigen à Brigue.* Bussigny Rossolis.

Bärtschi, Hans-Peter, Sylvia Bärtschi, Peter Güller, Christian Jossi, Bruno Meier, Peter Niederhäuser et Jörg Thalmann. 2009. *Die Nationalbahn. Vision einer Volksbahn*, Winterthur : Profile Publishing GmbH.

SCHWEITZERISCHE GESELLSCHAFT FÜR TECHNIKGESCHICHTE UND INDUSTRIEKULTUR [SGTI] / ASSOCIATION SUISSE D'HISTOIRE DE LA TECHNIQUE ET DU PATRIMOINE INDUSTRIEL [ASHT]

Association suisse d'histoire de la technique
et du patrimoine industriel
Case postale 2408
CH-8401 Winterthur
http://www.asht.ch

Président : Markus Meier
Bureau : Hans-Peter Bärtschi, Adolf Müller, Andreas Fahrni, Lukas Frei, Hannes von Orelli, Rufolf Tanner

Domaine de compétence : diffusion, financement

Issue de la fusion de l'Association suisse d'histoire de la technique fondée en 1983 avec la Société pour le patrimoine industriel [Winterthur], la Société suisse d'histoire de la technique et du patrimoine industriel [ASHT] est créée en 1996. Elle cherche à éveiller l'intérêt du grand public pour les témoins du patrimoine industriel (usines, machines, objets techniques, etc.) et à sauvegarder les biens dignes de l'être. Le recensement de ce patrimoine compte parmi ses principales activités, tout comme la mise à disposition d'informations auprès du public et des professionnels (ingénieurs, historiens, etc.) par le biais d'expositions, de colloques ou de voyages thématiques. Elle compte environ 400 membres et a élaboré, en collaboration avec la Fondation pour la culture industrielle [Stiftung Industriekultur] et l'association Patrimoine Suisse, un portail d'informations pour la sauvegarde des objets industriels en Suisse (voir « Informationsplattform für Schützenswerte Industriekulturgüter der Schweiz-ISIS » sur www.industrie-kultur.ch). Elle compte à son actif la publication de plus de soixante-dix bulletins et l'organisation de diverses expositions et conférences, ainsi que de nombreuses visites guidées.

Publications représentatives :

Publication trois fois par an du bulletin d'informations In-Ku (dernier numéro paru : n° 71, octobre 2014) consacré à un objet du patrimoine.

RECHERCHES INTER-ÉCOLES

Sumi, Christian (dir.), Valentin Bearth, Marianne Burkhalter et Luigi Lorenzetti. 2012. Paesaggi, miti e tecnologia. Enciclopedia delle infrastuctture nella regione del San Gottardo e loro impatto sui mutamenti del paesaggio dal 1850. Swiss Cooperation Program in Architecture [SCPA], Swiss University Conference [CUS]. Laboratorio di Storia Alpi, Accademia di architettura de Mendrisio-USI/ Eidgenössische Technische Hochschule Zürich [ETHZ].

Graf, Franz (dir.), Francesca Albani, Yvan Delemontey et Giulia Marino, 2012. Material History of Buildings and Conservation Design, in Critical Encyclopedia of Restoration and Re-use of 20th Century Architecture. Swiss Cooperation Program in Architecture [SCPA], Swiss University Conference [CUS]. TSAM-ENAC-EPFL/Accademia di Architettura de Mendrisio-USI.

Franz GRAF
EPFL, Laboratoire des techniques
et de la sauvegarde de l'architecture
moderne, [TSAM], Lausanne, Suisse

Yvan DELEMONTEY
TSAM, Lausanne, Suisse

Giulia MARINO
TSAM, Lausanne, Suisse

ANNEXE 1
Bibliographie suisse d'histoire de la construction, 2004-2015

Andenmatten, Bernard, Laurent Ripart et Pierre-Alain Mariaux, dir. 2015. *L'Abbaye de Saint-Maurice d'Agaune 515-2015*. Gollion : Infolio.

Angelini, Piervaleriano et Nicola Navone, dir. 2007. *Album Rusca Grimani. Disegni di architettura dalla Russia di Caterina II / Architectural Drawings from Catherine II's Russia*. Mendrisio : Mendrisio Academy Press.

Angelini, Piervaleriano, Nicola Navone et Letizia Tedeschi, dir. 2008. *La cultura architettonica italiana in Russia da Caterina II a Alessandro I*. Mendrisio : Mendrisio Academy Press.

Architekturforum Biel, dir. 2013. *Max Schlup. Architekt*. Zurich : Niggli.

Bänziger Dialma, Jakob. 2009. *Brückenbau 1960-2005*. Wollerau : Gesellschaft für Ingenieurbaukunst/Teiler Druck Verlag.

Bärtschi, Hans-Peter. 2004. *Industriekultur, Schweiz – Europa – Global. Werke aus 25 Jahren Tätigkeit*. Zurich : ARIAS Industriekultur.

Bärtschi, Hans-Peter. 2006. *Industriekultur im Kanton Bern. Unterwegs zu 333 Zeugen des produktiven Schaffens*. Zurich : Rotpunkt Verlag.

Bärtschi, Hans-Peter. 2009a. *Industriekultur im Kanton Zürich. Unterwegs zu 222 Schauplätzen des produktiven Schaffens*. Zurich : Rotpunkt Verlag.

Bärtschi, Hans-Peter. 2009b. *La ligne du Lötschberg. En dix étapes de Frutigen à Brigue*. Bussigny : Rossolis.

Bärtschi, Hans-Peter, Sylvia Bärtschi, Peter Güller, Christian Jossi, Bruno Meier, Peter Niederhäuser et Jörg Thalmann. 2009. *Die Nationalbahn. Vision einer Volksbahn*. Winterthur : Profile Publishing GmbH.

Bärtschi, Hans-Peter. 2014. *Industriekultur beider Basel*. Zurich : Rotpunkt Verlag.

Bärtschi, Hans-Peter, Adolf Krischanitz et Axel Simon. 2015. *Superblock Winterthur. A Project with Architect Krischanitz*. Zurich : Park Books.

Bergdoll, Barry et Peter Christensen. 2008. *Home Delivery. Fabricating the Modern Dwelling*. Bâle : Birkäuser.

Berselli, Silvia. 2015. *Ionel Schein. Dall'habitat evolutivo all'architecture populaire*. Mendrisio : Mendrisio Academy Press.

Bischoff, Christian, Erwin Oberwiler et Isabelle Claden. 2007. *Paul Waltenspühl Architecte*. Gollion : Infolio.

Boga, Thomas. 2009. *Rudolf Olgiati*. Bâle : Birkäuser.

Bologna, Alberto. 2013. *Pier Luigi Nervi negli Stati Uniti. 1952-1979. 'Master Builder of the Modern Age'*. Florence : Firenze University Press.

Bologna, Alberto. 2013. *Pier Luigi Nervi ou l'art de la structure. Photographies de la collection Alberto Sartoris*. Lausanne : PPUR.

Caruso, Adam et Helen Thomas, dir. 2013. *The Stones of Fernand Pouillon, An Alternative Modernism in French Architecture*. Zurich : gta Verlag.

Caruso, Adam et Helen Thomas, dir. 2014. *Asnago Vender and the Construction of Modern Milan*. Zurich : gta Verlag.

Chupin, Jean-Pierre et Cyrille Simonnet, dir. 2005. *Le projet tectonique*. Gollion : Infolio.

Claus, Sylvia. 2006. *Harry Rosenthal 1892-1966. Architekt und Designer in Deutschland, Palastina, Grossbritannien*. Zurich : gta Verlag.

Claus, Sylvia, Dorothee Huber et Beate Schnitter, dir. 2004. *Lux Guyer (1894-1955), Architektin*. Zurich : gta Verlag.

Cohen, Jean-Louis, Jr G. Martin Moeller, dir. 2006. *Liquid Stone. New Architecture in Concrete*. Bâle : Birkäuser.

Coll. 2006. *Hallenstadion Zürich 1939/2005. Die Erneuerung eines Zweckbaus*. Zurich : gta Verlag.

Coll. 2013. *Schweizer Bahnbrücken*. Zurich : Scheidegger & Spiess Verlag, 2013.

Coll. 2014. *L'Opera sovrana. Studi sull'architettura del XX secolo dedicati a Bruno Reichlin / Etudes sur l'architecture du XXe siècle offertes à Bruno Reichlin / Studien über die Architektur des XX. Jh. Für Bruno Reichlin*. Mendrisio : Mendrisio Academy Press.

Conzett, Jürg. 2008. "Ein Vierendeel-Träger im Prättigau". *Gesellschaft für Ingenieurbaukunst und Bündner Heimatschutz, Sonderdruck aus Bündner Monatsblatt* 1/2008.

Courtiau, Catherine. 2006. *Zschokke. Un nom, une renommée*. Gollion : Infolio.

Curcio, Giovanna, Nicola Navone et Sergio Villari, dir. 2011. *Studi su Domenico Fontana*. Mendrisio : Mendrisio Academy Press.

Deplazes, Andrea, dir. 2013. *Construire l'architecture. Du matériau brut à l'édifice / Architektur konstruieren. Vom Rohmaterial zum Bauwerk / Constructing Architecture. Materials, Processes, Structures. A Handbook*. Bâle : Birkäuser.

Dumont D'ayot, Catherine, Tim Benton. 2013. *Le Corbusier's Pavilion for Zurich. Model and Prototype of an Ideal Exhibition Space*. Zurich : Institut für Denkmalpflege und Bauforschung der ETH Zürich / Lars Müller Publishers.

Eberhard, Katrin. 2011. *Maschinen zuhause. Die Technisierung des Wohnens in der Moderne*. Zurich : gta Verlag.

École suisse d'archéologie en Grèce. 2004. *Érétrie. Guide de la cité antique*. Gollion : Infolio.

Evangelisch-Reformierte Kirchgemeinde Zürich-Altstetten, Arthur Rüegg et Silvio Schmed, dir. 2012. *Evangelisch-reformiertes Kirchenzentrum Altstetten. Erneuerung und Erweiterung*. Zurich : gta Verlag.

Fanelli, Giovanni et Roberto Gargiani. 2008. *Histoire de l'architecture moderne. Structure et revêtement*. Lausanne : PPUR.

Flury, Aita, dir. 2011. *Cooperation : The Engineer and the Architect*. Bâle : Birkhäuser.

Frampton, Kenneth, dir. 2004. *Panos Koulermos. Opera completa*. Mendrisio : Mendrisio Academy Press.

Frampton, Kenneth, Aurelio Galfetti et Valeria Farinati. 2006. *Villa Girasole. La casa rotante / The Revolving House*. Mendrisio : Mendrisio Academy Press.

Frampton, Kenneth, Riccardo Bergossi, dir. 2008. *Rino Tami. Opera completa*. Mendrisio : Mendrisio Academy Press.

Frei, Anita, Gérard Duc et Olivier Perroux. 2009. *Eau, gaz, électricité. Histoire des énergies à Genève du XVIIIe siècle à nos jours*. Gollion : Infolio.

Frey, Pierre, Bruno Marchand, Angelica Bersano et Joëlle Neuenschwander Feihl. 2014. *Expo 64. Le printemps de l'architecture suisse*. Lausanne : PPUR.

Frommel, Bénédict. 2012. *SIP 1862-2012. 150 ans de mécanique de précision*. Gollion : Infolio.

Fux, Werner. 2008. *Die Chibrücke und die Ritibrücke in Stalden VS*. Coire : Casanova Druck und Verlag.

Gargiani, Roberto, dir. 2008. *La colonne. Nouvelle histoire de la construction*. Lausanne : PPUR.

Gargiani, Roberto et Anna Rosellini. 2011. *Le Corbusier : Béton Brut and Ineffable Space 1940-1965. Surface Materials and Psychophysiology of Vision*. Lausanne : EPFL Press.

Gargiani, Roberto, dir. 2012. *L'architrave, le plancher, la plate-forme. Nouvelle histoire de la construction*. Lausanne : PPUR.

Gargiani, Roberto. 2013. *Concrete, from archeology to invention 1700-1769*. Lausanne : EPFL Press.

Gargiani, Roberto. 2014. *Louis I. Kahn, Exposed Concrete and Hollow Stones, 1949-1959*. Lausanne : EPFL Press.

Gesellschaft für Ingenieurbaukunst. 2009. *Dialma Jakob Bänziger. Brückenbau 1960-2005*. Wollerau : Teiler Druck Verlag.

Giebeler, Georg, Florian Musso, Rainer Fisch, Karl-Heinz Petzinka, Harald Krause et Alexander Rudolphi. 2012. *Rénover le bâti. Maintenance, reconversion, extension*. Lausanne : PPUR.

Graf, Franz et Letizia Tedeschi, dir. 2009. *L'Istituto Marchiondi Spagliardi di Vittoriano Viganò*. Mendrisio : Mendrisio Academy Press.

Graf, Franz, dir., en collaboration avec Yvan Delemontey et Philippe Grandvoinnet. 2010. *Honegger frères, architectes et constructeurs (1930-1969). De la production au patrimoine*. Gollion : Infolio.

Graf, Franz et Francesca Albani, dir. 2011. *Il vetro nell'architettura del XX secolo : conservazione e restauro / Glass in the 20th Century Architecture : Preservation and Restoration*. Mendrisio : Mendrisio Academy Press.

Graf, Franz, Massimo Cattaneo et Paolo Galliciotti, dir. 2011. *La costruzione delle scuole in Canton Ticino 1953-1984*. Mendrisio : Mendrisio Academy Press.

Graf, Franz et Yvan Delemontey, dir. 2012. *Architecture industrialisée et préfabriquée : connaissance et sauvegarde / Understanding and Conserving Industrialised and Prefabricated Architecture*. Lausanne : PPUR.

Graf, Franz, dir. 2012. *La cité du Lignon 1963-1971 – Étude architecturale et stratégies d'intervention*, cahier hors-série de la revue *Patrimoine et architecture*. Gollion : Infolio.

Graf, Franz, Britta Buzzi-Huppert, dir. 2013. *Rino Tami. Deposito Avegno, 1953-1955. Officine Idroelettriche della Maggia, Sistemi e processi della costruzione, Cahier n° 1*. Mendrisio : Mendrisio Academy Press.

Graf, Franz. 2014. *Histoire matérielle du bâti et projet de sauvegarde. Devenir de l'architecture moderne et contemporaine*. Lausanne : PPUR.

Graf, Franz et Britta Buzzi-Huppert, dir. 2014. *Rino Tami. Biblioteca cantonale, 1939-1941, Sistemi e processi della costruzione, Cahier n° 2*. Mendrisio : Mendrisio Academy Press.

Graf, Franz et Britta Buzzi-Huppert, dir. 2015. *Tita Carloni. Villa Gerosa, 1967-1971, Sistemi e processi della costruzione, Cahier n° 3*. Mendrisio : Mendrisio Academy Press.

Graf, Franz, dir., en collaboration avec Mélanie Delaune Perrin et Giulia Marino. 2015. *Addor architecte*. Genève : MétisPresses.

Graf, Franz et Francesca Albani, dir. 2015. *Angelo Mangiarotti. La tettonica dell'assemblaggio*. Mendrisio : Mendrisio Academy Press.

Graf, Franz et Yvan Delemontey, dir. 2015. *La sauvegarde des grandes œuvres de l'ingénierie du* XXe *siècle, Cahier du TSAM* n° 1. Lausanne : PPUR.

Grandvoinnet, Philippe. 2014. *Architecture thérapeutique. Histoire des sanatoriums en France (1900-1945)*. Genève : Metis Presses.

Graser, Jürg. 2014. *Gefüllte Leere. Das Bauen der Schule von Solothurn. Barth, Zaugg, Schlup, Füeg, Haller*. Zurich : gta Verlag.

Greco, Claudio. 2008. *Pier Luigi Nervi. Von den ersten Patenten bis zur Ausstellungshalle in Turin 1917-1948*. Lucerne : Quart Verlag.

Grignolo, Roberta et Bruno Reichlin, dir. 2012. *Lo spazio interno moderno come oggetto di salvaguardia / Modern Interior Space as an Object of Preservation*. Mendrisio : Mendrisio Academy Press.

Grignolo, Roberta, dir. 2013. *Marco Zanuso Scritti sulle tecniche di produzione e di progetto*. Mendrisio : Mendrisio Academy Press.

Grignolo, Roberta et Bruno Reichlin, dir. *Diritto e salvaguardia dell'architettura del XX secolo / Law and the Conservation of 20th Century Architecture*. Mendrisio : Mendrisio Academy Press.

Gubler, Jacques. 2008. *Jean Tschumi. Architecture échelle grandeur*. Lausanne : PPUR.

Guillaume-Gentil, Nicolas. 2008. *Terra Archaeologica VI – Cinq mille ans d'histoire au pied des volcans en Équateur*. Gollion : Infolio.

Hammer-Tugendhat, Daniela, Ivo Hammer et Wolf Tegethoff. 2014. *Haus Tugendhat. Ludwig Mies van der Rohe*. Bâle : Birkäuser.

Hartmann Schweizer, Rahel. 2013. *Otto Kolb, Architekt und Designer*. Zurich : gta Verlag.

Hassler, Uta, dir. 2010. *Bauforschung – Zur Rekonstruktion des Wissens*. Zurich : vdf Hochschulverlag.

Hassler, Uta et Winfried Nerdinger, dir. 2010. *Das Prinzip Rekonstruktion*. Zurich : Hochschulverlag ETHZ.

Hassler, Uta et Catherine Dumont D'ayot, dir. 2009. *Bauten der Boomjahre – Paradoxien der Erhaltung / Architectures de la croissance – Les paradoxes de la sauvegarde*, Institut Denkmalpflege und Bauforschung der ETH Zürich. Gollion : Infolio.

Hassler, Uta, dir. 2010. *Was der Architekt vom Stahlbeton wissen sollte. Ein Leitfaden für Denkmalpfleger und Architekten*. Zurich : gta Verlag.

Hassler Uta, Fredi Altherr et Alexander Von Kienlin, dir. 2011. *Appenzeller Strickbau. Untersuchungen zum ländlichen Gebäudebestand in Appenzell Ausserrhoden*. Zurich : vdf Hochschulverlag.

Hassler, Uta et Christoph Rauhut, dir. 2012 *Bautechnik des Historismus. Von den Theorien über gotische Konstruktionen bis zu den Baustellen des 19. Jahrhunderts / Construction Techniques in the Age of Historicism. From Theories on Gothic Structures to Building Sites in the 19th Century*. Munich : Institut für Denkmalpflege und Bauforschung der ETH Zürich / Hirmer.

Hildebrand, Sonja, Bruno Maurer et Werner Oechslin, dir. 2007. *Haefeli Moser Steiger. Die Architekten der Schweizer Moderne*. Zurich : gta Verlag.

Jaquet, Martine. 2005. *Des Alpes à la mer, l'architecture d'André Gaillard*. Lausanne : PPUR.

Jenatsch, Gian-Marco et Bruno Krucker, dir. 2006. *Werk č Serie. Fritz Stucky Architekt und Unternehmer*. Zurich : gta Verlag.

Kessler, Andreas. 2011. *Salginatobelbrücke. Werdegang eines Meisterwerks*. Coire : Buchdruckerei Schiers Verlag.

Kind-Barkauskas, Friedbert, Bruno Kauhsen, Stegfan Polonyi et Jörg Brandt. 2006. *Construire en béton*. Lausanne : PPUR.

Knaack, Ulrich, Sharon Chung-Klatte et Reinhard Hasselbach. 2012. *Prefabricated Systems. Principles of Construction*. Bâle : Birkäuser.

Knaack, Ulrich, Tillmann Klein, Marcel Bilow et Thomas Auer. 2014. *Façades. Principles of Construction*. Bâle : Birkäuser.

Krohn, Carsten. 2014. *Mies van der Rohe. The Built Work*. Bâle : Birkäuser.

Kuo, Jeannette, dir. 2015. *Space of Production. Projects and Essays on Rationality, Atmosphere, and Expression in the Industrial Building*. Zurich : Park Books.

Lämmler, Rahel, Michael Wagner. 2008. *Ulrich Müther. Schalenbauten in Mecklenburg-Vorpommern*. Zurich : Niggli.

Langenberg, Silke, dir. 2013. *Das Marburger Bausystem. Offenheit als Prinzip / Open as a Matter of Principle*. Zurich : Niggli.

Latscha, Werner. 2005. "Sieben Bergbahnpioniere : Niklaus Riggenbach (1817-1899), Carl Roman Abt (1850-1933), Emil Strub (1858-1909), Eduard Locher (1840-1910), Franz Josef Bucher (1834-1906), Joseph Durrer (1841-1919), Karl Garaventa (1888-1965), Pioniere." *Schweitzer Pioniere der Wirtschaft und Technik* vol. 81.

Lebrun, Pierre. 2011. *Le temps des églises mobiles. L'architecture religieuse des Trente Glorieuses.* Gollion : Infolio.

Lensing, Till. 2015. *Livio Vacchini, Typologie – Tektonik – Transformation.* Zurich : Park Books.

Loi, Maria Cristina et Elena Triunveri, dir. 2011. *Oltre un rettangolo di cielo. Interni milanesi di Giulio Minoletti.* Mendrisio : Mendrisio Academy Press.

Marchand, Bruno, Michel Nemec et Sabine Nemec-Piguet. 2007. *Jean-Marc Lamunière. Regards sur son œuvre.* Gollion : Infolio.

Marchand, Bruno. 2009. *François Maurice, architecte.* Gollion : Infolio.

Marchand, Bruno, dir. 2014. *Renato Salvi Architect.* Bâle : Birkäuser.

Maurer, Bruno et Werner Oechslin, dir., en collaboration avec Almut Grunewald. 2010. *Ernst Gisel Architekt.* Zurich : gta Verlag (2e édition augmentée).

Maurer, Bruno, dir. 2014. *A Tropical House. The Embassy of Switzerland in New Delhi.* Zurich : gta Verlag.

Meissner, Irene, Eberhard Möller. 2015. *Frei Otto – A Life of Construction, Research and Inspiration.* Bâle : Birkäuser.

Meijs, Maarten et Ulrich Knaack. 2012. *Components and Connections. Principles of Construction.* Bâle : Birkäuser.

Moravánszky, Ákos, Bernhard Langer et Elli Mosayebi, dir. 2008. *Adolf Loos Die Kultivierung der Architektur.* Zurich : gta Verlag.

Moravánszky, Ákos. 2015. *Lehrgerüste. Theorie und Stofflichkeit der Architektur.* Zurich : gta Verlag.

Müther, Ulrich. 2008. *Schalenbauten in Mecklenburg-Vorpommern.* Sulgen : Niggli.

Navone, Nicola et Letizia Tedeschi, dir. 2004. *Dal mito al progetto. La cultura architettonica dei maestri italiani e ticinesi nella Russia neoclassica.* Mendrisio : Mendrisio Academy Press.

Navone, Nicola et Bruno Reichlin, dir. 2010. *Il Bagno di Bellinzona di Aurelio Galfetti, Flora Ruchat-Roncati, Ivo Trümpy.* Mendrisio : Mendrisio Academy Press.

Neder, Federico. 2008. *Les Maisons de Fuller. La Dymaxion House de R. Buckminster Fuller et autres machines à habiter.* Gollion : Infolio.

Nemec-Piguet, Sabine, dir. 2008. *Le temple de Chêne, 1758-2008.* Gollion : Infolio.

Nerdinger, Winfried, dir. 2005. *Frei Otto. Complete Works. Lightweight Construction – Natural Design*. Bâle : Birkäuser.

Neri, Gabriele. 2014. *Capolavori in miniatura. Pier Luigi Nervi e la modellazione strutturale*. Mendrisio : Mendrisio Academy Press.

Oechslin, Werner. 2008. *Palladianismus. Andrea Palladio, Kontinuität von Werk und Wirkung*. Zurich : gta Verlag.

Oechslin, Werner et Sonja Hildebrand, dir. 2010. *Karl Moser, Architektur für eine neue Zeit 1880 bis 1936*. Zurich : gta Verlag.

Parvu, Sandra. 2010. *Grands ensembles en situation : journal de bord de quatre chantiers*. Genève : Metis Presses.

Reichlin, Bruno et Bruno Pedretti. 2011. *Riuso del patrimonio architettonico*. Mendrisio : Mendrisio Academy Press.

Reinhardpartner Architekten und Planer AG, dir. 2013. *Hans und Gret Reinhard. Bauten und Projekte 1942-1986*. Zurich : Niggli.

Rinke, Mario et Joseph Schwartz, dir. 2010. *Before Steel. The introduction of structural iron and its consequences*. Sulgen : Niggli.

Rinke, Mario et Joseph Schwartz, dir. 2014. *Holz : Stoff oder Form : Transformation einer Konstruktionslogik*. Sulgen : Niggli.

Rosellini, Anna. 2014. *Louis I. Kahn. Towards the zero degree of concrete, 1960-1974*. Lausanne : EPFL Press.

Rüegg, Arthur et Reto Gadola, dir. 2007. *Kongresshaus Zürich 1937-1939. Moderne Raumkultur*. Zurich : gta Verlag.

Ruprecht, Heinz. 2004. "Vom Holzkochherd zu Stahl-Glas-Konstruktionen : Jakob Tuchschmid-Zimmermann (1822-1895), Jakob Tuchschmid-Baumgartner (1858-1909), Walter Tuchschmid-Kull (1893-1963), Pioniere." *Schweitzer Pioniere der Wirtschaft und Technik* vol. 78.

Schittich, Christian, Gerald Staib, Dieter Balkow, Matthias Schuler et Werner Sobek. 2012. *Construire en verre*. Lausanne : PPUR.

Schmed, Silvio, dir. 2006. *Villa Mooser-Nef. « Raumkunst » original*. Zurich : gta Verlag.

Schmidt, Wendelin, dir. 2014. *Ernst und Albert Schmidt, Ingenieure. Pioniere des Brückenbaus*. Zurich : Park Books.

Simonnet, Cyrille. 2013. *Robert Maillart et la pensée constructive*. Gollion : Infolio.

Smienk, Gerrit et Johannes Niemeijer. 2012. *Palladio, die Villa und die Landschaft*. Bâle : Birkäuser.

Spechtenhauserb, Klaus et Arthur Rüegg, dir. 2007. *Maison Blanche – Charles-Édouard Jeanneret, Le Corbusier. Histoire et restauration de la villa Jeanneret-Perret 1912-2005*. Bâle : Birkäuser.

Speich, Daniel. 2005. "Herren über wildes Wasser. Die Linthingenieure als Bundesexperten : Andrea Lanz (1740-1803), Jean Samuel Guisan (1740-1801), Hans Konrad Escher (1767-1823), Salomon Hegner (1789-1869), Heinrich Pestalozzi (1790-1857), Alois Negrelli (1799-1858), Richard La Nicca (1794-1883), Gottlieb Heinrich Legler (1823-1897), Adolf von Salis-Soglio (1818-1891), Pioniere." *Schweitzer Pioniere der Wirtschaft und Technik* vol. 82.

Spieser, Jean-Michel (textes réunis par). 2011. *Architecture paléochrétienne.* Gollion : Infolio.

Spiro, Annette, Hartmut Göhler et Pinar Gönül, dir. 2012. *Uber Putz. Oberflächen entwickeln ind realisieren*. Zurich : gta Verlag.

Spiro, Annette et David Ganzoni. 2013. *The Working Drawing, The Architect's Tool.* Zurich : Park Books.

Staib, Gerald, Andreas Dörrhöfer et Markus Rosenthal. 2013. *Elemente und Systeme. Modulares Bauen – Entwurf, Konstruktion, neue Technologien.* Bâle : Birkäuser.

Stalder, Laurent. 2008. *Hermann Muthesius 1861-1927. Das Landhaus als kulturgeschichtlicher Entwurf.* Zurich : gta Verlag.

Stalder, Laurent et Georg Vrachliotis, dir. 2015. *Fritz Haller. Architekt und Forscher.* Zurich : gta Verlag.

Stiftung Bibliothek Werner Oechslin, dir. 2010. *Eugène Emmanuel Viollet-le-Duc.* Zurich/Berlin : gta Verlag/Gebrüder Mann Verlag.

Sulzer, Peter. 1995-2008. *Jean Prouvé – Œuvre complète / Complete works.* Bâle : Birkäuser.

Sumi, Christian, Annalisa Viati Navone, dir. 2014. *Giulio Minoletti, architetto, urbanista e designer.* Mendrisio : Mendrisio Academy Press.

Swiss Federal Office of Culture, Landscape and Structures. 2012. *A personal Inventory of Jürg Conzett, Photographed by Martin Linsi.* Zurich : Park Books.

Tedeschi, Letizia et Francesco Repishti, dir. 2011. *Luigi Canonica 1764-1844. Architetto di utilità pubblica e privata.* Mendrisio : Mendrisio Academy Press.

Thönnissen, Udo. 2015. *Hebelstabwerke / Reciprocal Frameworks. Tradition und Innovation / Tradition and Innovation.* Zurich : gta Verlag.

Triunveri, Elena. 2014. *Giulio Minoletti (1910-1981). Inventario analitico dell'archivio*. Mendrisio : Mendrisio Academy Press.

Viati Navone, Annalisa. 2012. *La Saracena di Luigi Moretti fra suggestioni mediterranee, barocche e informali*. Mendrisio : Mendrisio Academy Press.

Vidler, Anthony. 2006. *Claude-Nicolas Ledoux, Architecture and Utopia in the Era of the French Revolution*. Bâle : Birkäuser.

Von Meiss, Pierre. 2014. *De la forme au lieu + de la tectonique. Une introduction à l'étude de l'architecture*. Lausanne : PPUR (3e édition).

Von Moos, Stanislaus, dir. 2010. *Chandigarh 1956. Le Corbusier, Pierre Jeanneret, Jane B. Drew, E. Maxwell Fry*. Zurich : Scheidegger & Spiess.

Wägli, Hans G. 2008. "Louis Favre (1826-1879), Erbauer des Gotthardtunnels, Pioniere." *Schweitzer Pioniere der Wirtschaft und Technik* vol. 86.

ANNEXE 2

Liste des thèses abordant le champ de l'histoire de la construction soutenues en Suisse entre 2004 et 2015

Almeida Gouveia Olivera Alves, Joana de. 2015. *Permanence and Persistence Conception, Construction and Conversion of Modern Cinema Theatres (1910-1939)*. Thèse de doctorat en Architecture, sous la direction de Bruno Marchand et Ana Tostoes, École polytechnique fédérale de Lausanne.

Asal, M. 2011. *Basel in spätrömischer Zeit : Konstanten und Veränderungen der Siedlungsweise im Uebergang von der Anitke zum frühen Mittelalter*. Thèse de doctorat en Archéologie, Université de Berne.

Ayan, Özlem. 2009. *Cardboard in architectural technology and structural engineering. A conceptual approach to cardboard buildings in architecture*. Thèse de doctorat en Architecture, sous la direction d'Andrea Deplazes, École polytechnique fédérale de Zurich.

Balmer, Margrit. 2009. *Zürich in der Spätlatène–und frühen Kaiserzeit. Vom keltischen Oppidum zum römischen Vicus Turicum*. Thèse de doctorat en Archéologie, Université de Berne.

Barone, Maria Chiara. 2010. *Origini costruttive della colonna greca : documenti*. Thèse de doctorat en Architecture, sous la direction de Roberto

Gargiani et Jean-Pierre Adam, École polytechnique fédérale de Lausanne.

Bionda, Davide. 2006. *Sustained Care of Sensitive Historical Monuments.* Thèse de doctorat en Architecture, sous la direction de Georg Mörsch, École polytechnique fédérale de Zurich.

Bosio, Arianna. 2012. *La statica delle strutture voltate, da Brunelleschi a Soufflot.* Thèse de doctorat en Architecture, sous la direction de Roberto Gargiani et Antonio Becchi, École polytechnique fédérale de Lausanne.

Buss, Andreas Michael. 2011. *Zur Systematik der Konstruktionen Jean Prouvés.* Thèse de doctorat en Architecture, sous la direction de Werner Oechslin, École polytechnique fédérale de Zurich.

Chemolli, Giulia. 2011. *Viollet-le-Duc, architetto.* Thèse de doctorat en Architecture, sous la direction de Roberto Gargiani, École polytechnique fédérale de Lausanne.

Dariz, Petra. 2014. *Industrielle Bauornamentik der Schweiz unter besonderer Berücksichtigung von Kunststein aus hochhydraulischen Gussmassen.* Thèse de doctorat en Architecture, sous la direction de Uta Hassler, École polytechnique fédérale de Zurich.

Delemontey, Yvan. 2009. *Le béton assemblé. Préfabriquer la France de l'après-guerre (1940-1955).* Thèse de doctorat en Architecture, sous la direction de Bruno Reichlin et Jean-Louis Cohen, Université de Genève / Université de Paris 8 Vincennes Saint-Denis.

Dorn, Andreas. 2009. *Arbeiterhütten im Tal der Könige. Ein Beitrag zur altägyptischen Sozialgeschichte aufgrund von neuem Quellenmaterial aus der Mitte der 20. Dynastie (ca. 1150 v. Chr).* Thèse de doctorat en Lettres (Archéologie), sous la direction d'Antonio Loprieno et de Guenther Burkhard, Université de Bâle.

Dumont D'ayot, Catherine. 2014. *Marc J. Saugey. L'espace, la ville et les affaires.* Thèse de doctorat en Architecture, sous la direction de Markus Peter, École polytechnique fédérale de Zurich.

Fellner, Robert. 2008. *Develier-Courtételle, un habitat rural mérovingien. Apports de l'étude des structures et de l'analyse spatiale à l'organisation et de l'histoire d'un hameau du Haut Moyen Âge.* Thèse de doctorat en Archéologie, Université de Berne.

Grandvoinnet, Philippe. 2010. *Histoire des sanatoriums en France (1919-1945) : une architecture en quête de rendement thérapeutique.* Thèse de doctorat en Architecture, sous la direction de Bruno Reichlin et

Anne-Marie Châtelet, Université de Genève / Université de Versailles-Saint-Quentin en Yvelines.

Grignolo, Roberta. 2006. *Dentro l'immagine tecnica : la tecnica nella ricerca architettonica dal dopoguerra ad oggi, un itinerario critico*. Thèse de doctorat en Architecture, sous la direction de Bruno Reichlin et Matilde Baffa, Université de Genève / Politecnico di Milano.

Gürtler Berger, Theresia. 2010. *Otto Rudolf Salvisberg – seine Schweizer Bauten*. Thèse de doctorat en Architecture, sous la direction de Uta Hassler, École polytechnique fédérale de Zurich.

Hofmann, Milo. 2015. *Le facteur séisme dans l'architecture vernaculaire : un décryptage entre déterminants culturels, types de structures et ressources cognitives parasismiques*. Thèse de doctorat en Architecture, sous la direction de Pierre Frey et Hubert Guillaud, École polytechnique fédérale de Lausanne.

Junghans, Lars Peter. 2005. *Klimagerechte Bürohausfassaden : Wege zur Reduzierung des Energiebedarfs in den Tropen und Subtropen*. Thèse de doctorat en Architecture, sous la direction de Dietmar Eberle, École polytechnique fédérale de Zurich.

Kriebus, Oliver. 2013. *Baumängel im Schweizer Wohnungsbau – Eine Ursachenanalyse auf Ebene der Entscheidungsträger*. Thèse de doctorat en Architecture, sous la direction de Sacha Menz, École polytechnique fédérale de Zurich.

Lampariello, Beatrice. 2013. Aldo Rossi : le opere del « razionalismo esaltato », thèse de doctorat en Architecture, sous la direction de Roberto Gargiani, École polytechnique fédérale de Lausanne.

Marino, Giulia. 2014. *« Some Like It Hot ! » Le confort physiologique et ses dispositifs dans l'architecture du XXe siècle : histoire et devenir d'un enjeu majeur*. Thèse de doctorat en Architecture, sous la direction de Franz Graf, École polytechnique fédérale de Lausanne.

Matter, Georg. 2008. *Das römische Theater von Avenches/Aventicum : Architektur, Baugeschichte, kulturhistorische Aspekte*. Thèse de doctorat en Lettres (Archéologie), sous la direction de Daniel Paunier, Université de Lausanne.

Meylan, François. 2005. *Les influences romaines dans l'architecture et l'urbanisme de l'« oppidum » de Bibracte (Mont Beuvray)*. Thèse de doctorat en Lettres (Archéologie), sous la direction de Daniel Paunier et Gilles Sauron, Université de Lausanne / Université de Bourgogne.

Mivelaz, Philippe. 2007. *Alexandre Sarrasin (1895-1976) et l'esthétique de l'ingénieur.* Thèse de doctorat en Architecture, sous la direction de Bruno Marchand, École polytechnique fédérale de Lausanne.

Moatsou, Olga. 2014. *Polykatoikia, 1960-2000 : Entrepreneurial Housing, from Athens to Rethymno.* Thèse de doctorat en Architecture, sous la direction de Bruno Marchand, École polytechnique fédérale de Lausanne.

Nozhova, Ekaterina. 2014. *Vladimir Schuchov – Networks of Construction.* Thèse de doctorat en Architecture, sous la direction de Uta Hassler, École polytechnique fédérale de Zurich.

Parvu, Sandra. 2008. *Relation de l'objet au territoire : les grands ensembles d'habitation en France (1958-1961).* Thèse de doctorat en Études urbaines, sous la direction de Rémi Baudouï et Marie-Vic Ozouf-Marignier, Université de Genève / EHESS.

Putz, Andreas Willy. 2015. *Der Bestand der Stadt. Leitbilder und Praktiken der Erhaltung der Zürcher Altstadt 1940-1970.* Thèse de doctorat en Architecture, sous la direction de Uta Hassler, École polytechnique fédérale de Zurich.

Rauhut, Chrisoph. 2014. *Die Praxis der Baustelle um 1900 : Das Zürcher Stadthaus Fraumünsteramt.* Thèse de doctorat en Architecture, sous la direction de Uta Hassler, École polytechnique fédérale de Zurich.

Rinke, Mario. 2013. *Wandel der strukturellen Form vom Konstrukt zum Typus im 18. und 19. Jahrhundert.* Thèse de doctorat en Structural Design, sous la direction de Joseph Schwartz, École polytechnique fédérale de Zurich.

Sandoz, Corinne. 2008. *Le grand nymphée de Leptis Magna : étude historiographique, urbanistique et architecturale.* Thèse de doctorat en Lettres (Archéologie), sous la direction de Daniel Paunier et André Laronde, Université de Lausanne / Université de Paris 4 Sorbonne.

Sanguigni, Giampiero. 2010. *Le strategie del rivestimento nell'architettura olandese contemporanea : Neutelings Riedijk Architecten, UNstudio, Wiel Arets.* Thèse de doctorat en Architecture, sous la direction de Roberto Gargiani, École polytechnique fédérale de Lausanne.

Sayah, Habib. 2007. *Construire à distance : les réalisations de l'agence immobilière genevoise Addor et Julliard à Beyrouth dans les années 1950-1960.* Thèse de doctorat en Architecture, sous la direction de Bruno Marchand et Sylvain Malfroy, École polytechnique fédérale de Lausanne.

Stegmann, Knut. 2010. *Das Bauunternehmen Dyckerhoff & Widmann. Zu den Anfängen des Betonbaus in Deutschland 1865-1918*. Thèse de doctorat en Architecture, sous la direction de Uta Hassler, École polytechnique fédérale de Zurich.

Stroux, Sara. 2009. *Die Wiederaufbaupolitik deutscher Industrieunternehmen – Konzernrepräsentation in der Nachkriegszeit*. Thèse de doctorat en Architecture, sous la direction de Uta Hassler, École polytechnique fédérale de Zurich.

Taparelli Portilla Kawamura, Cornelia. 2013. *Histoire d'une contamination : du « hangar décoré » à l'ornement structurel*. Thèse de doctorat en Architecture, sous la direction de Jacques Lucan, École polytechnique fédérale de Lausanne.

Tosoloni, Paola. 2009. *Contaminazioni linguistiche : il linguaggio vernacolare nella pratica architettonica moderna*. Thèse de doctorat en Architecture, sous la direction de Luca Ortelli, École polytechnique fédérale de Lausanne.

Verdan, Samuel. 2011. *Érétrie : le Sanctuaire d'Apollon Daphnéphoros à l'époque géométrique*. Thèse de doctorat en Lettres (Archéologie), sous la direction de Claude Bérard, Université de Lausanne.

Voellinger, Thierry. 2012. *Le mur à haute performance thermique : évolution et perspectives de la façade porteuse en béton préfabriqué à Genève dès 1973*. Thèse de doctorat en Architecture, sous la direction d'Andrea Bassi, École polytechnique fédérale de Lausanne.

Von Fischer, Sabine. 2014. *Häuser Hellhörige. Akustik als Funktion der Architektur 1920-1970*. Thèse de doctorat en Architecture, sous la direction de Laurent Stalder, École polytechnique fédérale de Zurich.

Wall Gago, Catarina. 2015. *Contemporary renovation of 19th century housing in Lisbon, Oporto and Geneva : comfort, typology and urban character*. Thèse de doctorat en Architecture, sous la direction de Luca Ortelli, École polytechnique fédérale de Lausanne.

Zerbi, Stefano. 2011. *Construction en pierre massive en Suisse*. Thèse de doctorat en Architecture, sous la direction de Luca Ortelli, École polytechnique fédérale de Lausanne.

CONSTRUCTION HISTORY IN THE UNITED KINGDOM

INTRODUCTION

The previous review of Construction History in Britain (Addis 2004) reported the much of the research and publication activity was conducted by enthusiasts who pursued their interests, either as individuals or through a number of societies devoted to the history of buildings, alongside their professional lives as conservation specialists, or practising architects and engineers and university academics in these two fields. There was very little formal teaching or funded research in construction history in the academic world. The only formal university-based activity was at post-graduate level in the form of courses taken by (mainly) architects and building surveyors in the field of building conservation.

In some ways this picture remains much the same but, there are positive signs that things are changing and, as this paper will show, the lack of a University Department of Construction History is not necessarily a sign of lack of interest. Indeed outside the Universities there is evidence of more interest in the subject than ten years ago. The situation in the UK is best understood in the light of a number of dichotomies.

AMATEUR AND PROFESSIONAL RESEARCH

With little in the way of funded research, Construction History has remained very much the preserve of individual researchers. Nevertheless, this situation has not in any way diminished the variety or the quality of the scholarship of the work. While most of the research is undertaken outside university departments, much has been carried out by practising or retired academics and construction professionals. Many published works have arisen out of research undertaken during refurbishment and conservation work on existing structures, both 'heritage projects' and less prominent ones, which has led the professionals involved to delve more deeply into the construction practices at the time the structures were built.

A significant consequence of this situation is that most of the research has necessarily been limited to work that can be completed by individuals working with small budgets such as library and archival work. Research that would have needed laboratory tests, manufacture of special equipment and use of expensive surveying techniques has been very limited, except when associated with a refurbishment or conservation project.

A significant body of interest in construction history has arisen out of industrial archaeology which developed during the 1950s and 1960s. This focused on the preservation of our industrial heritage in the form of canals, railways, water wheels, stationary and moving steam engines, mining and manufacturing works, and the various buildings and bridges associated with these industries. In those early days virtually all the work was undertaken by volunteer groups.

SOCIETIES AND UNIVERSITIES

Britain has over a 400 year old tradition of societies and clubs created and run by volunteers for the club members. They thrive in every facet of human activity, including history, architecture, engineering and many other fields that are embraced by construction history. Some of the societies became world-leading institutions. The Royal Society was formed in 1660 and became a leading research institution attracting the involvement of the greatest scholars of the day, including Christopher Wren, Robert Hooke and Robert Boyle. The Society of Civil Engineers, formed in 1771, met regularly at the King's Head tavern in Holborn in London. It changed its name to the Smeatonian Society in 1830 in recognition of John Smeaton, its founder. A group of young engineering in this society formed the Institution of Civil Engineers in 1818. This amateur tradition lives on in Britain, very much in parallel, but often linked with the academic world of universities.

CONSERVATION AND CONSTRUCTION HISTORY

There are, in Britain, around a hundred societies, institutions and organisations dealing with the conservation of our built heritage. Some are like English Heritage or Historic Scotland and professional bodies with vital roles as guardians of our heritage. Others, like the Victorian Society which is an amateur interest group in the period of history covered by Queen Victoria (1837-1901). Although an amateur body, it is highly respected and is a required consultee on conservation projects linked to this era.

With this huge range of organisations addressing conservation and heritage issues, the Construction History Society (CHS) was founded, and continues to focus on the *history* of construction; in other words, aspects of the broader theme that are not directly linked to conservation work. For this reason, this distinction between conservation and construction history is probably more pronounced in the UK than in other countries. Nevertheless, as a review of subjects covered in *Construction History*, the journal of the CHS, will show, the papers can often be of very great use to those engaged in conservation work.

RESEARCH AND TEACHING

Research is driven in the UK, by the Research Assessment Exercise introduced in 1986 under the then Prime Minister, Margaret Thatcher. The results of this exercise have become increasingly important to UK Universities in terms of funding and UK academics are continually rated according to their research outputs. Construction History sits between science and the humanities. Scientific research is strongly linked to large research grants with Principal Investigators (who are typically employed by Univeristies as lecturers) applying for grants and essentially managing teams of Post-docs. As there is no teaching to be done in Construcion History, University-based funding for construction history research has to be channelled through established disciplines such as architectural history, archaeology, economic history and various humanities subjects. In the Humantities research is still predominatly undertaken by lone scholars employed by University departments as lecturers writing articles and books. As this kind of research is not dependent on grants it is the most common funding for Construction

History Research, although it is fair to say that the research in the field is a mixture of the two models.

Education is increasingly driven by market forces, especially at post-graduate level. The general way new disciplines arise is as PhD topics and then becoming Masters courses if there is sufficient demand. You would not expect specialist subjects such as Haematology in Medicine or Construction History in building to have their own undergraduate courses but you might expect them to appear or be mentioned in courses at undergraduate level. As shown below, there are several successful building conservation courses at Masters level that do teach to varying degrees construction history; but there is sadly very little Construction History taught at undergraduate level. In Engineering, the Joint Board of Moderators which accredits undergraduate courses on behalf of the professional engineering institutions, contains the following recommends for degree courses:

- Develop an appreciation of the importance of the study of engineering history, the forces that have shaped that history and equally, how engineering developments have affected our material culture.
- Appreciate the relationships between art history, architecture and engineering, as part of the development of greater visual awareness.
- Through the study of past failures, develop an appreciation of the causes of failure and the need to "think failure to avoid it".

However, these recommendations are not enforced and engineering courses teach little, if any, history.

Even in architectural undergraduate degrees, where the history of architecture used to be a core subject, the historical content is starting to dwindle, although most courses will contain lectures on the history of architecture that touch on the history of technology. Most history in architecture schools, however, is taught as part of architectural theory.

SOURCES AND PUBLICATIONS

Britain has a long tradition of technical publications related to construction including the proceedings of the Royal Society dating back to the 1660s, the Institution of Civil Engineers, from 1836, and the Royal Institute of British Architects from 1834. The *Civil Engineer and Architect's Journal* was first published in 1839 and *The Builder* magazine in 1843. Apart from the major national collections in the British Library, the Science Museum in London and the universities of Cambridge and Oxford, many universities have rich collections of books, periodicals and archive material related to construction, building, architecture and engineering. The libraries of the Institution of Civil Engineers and the Royal Institute of British Architects have unique and world-class collections. The National Archives at Kew in London, the pubic archives of many local authorities, and material in the hands of private families and estates can provide rich sources of information for construction historians.

The output of construction history research is generally to be found in books, in peer-reviewed journals linked to the large number of learned societies, as well as in the publications of many local-history and special-interest societies in the United Kingdom. During the last decade, a growing number of papers are being published in the national and international conferences on construction history.

SOCIETIES AND PROFESSIONAL ORGANISATIONS

The United Kingdom has a huge number of special interest groups, local hobby societies and learned societies that range from professional and academic institutions of considerable wealth and influence to relatively modest amateur local-interest societies with only a few dozen members. These can be roughly divided into academies, professional bodies, historical societies, and other special interest societies with their own journals. To this can be added a number of museums devoted to buildings and some collections in larger, more general museums that are of interest to construction historians.

THE CONSTRUCTION HISTORY SOCIETY

The *Construction History Society* (CHS) is the central focus for those interested in the subject of construction history in the UK. It was founded in 1982 and was the first such society in the world, by a margin of around 10 years. The CHS now has a UK membership of around 250 and a further 200 or so members worldwide. The first issue of the *Construction History, the Journal of the CHS* was published in 1985. This has been published annually and, since 2013 twice yearly. In 2012 it was renamed *Construction History, the International Journal of the CHS*.

At the time of the First International Congress on Construction History held in Madrid in 2003, the CHS was not widely known outside the UK and most of its members were in Britain. Likewise, those in the UK knew little of the interest in Construction History outside the UK. This situation changed quickly and the CHS offered to host the Second International Congress on Construction History at Queens' College, Cambridge in 2006. The international profile has grown significantly since the Cambridge congress, with the formation of the affiliated Construction History Society of America in 2007, which now has around 150 members, a growing presence on through on-line information and the launch of the first annual Construction History Society conference in Cambridge in 2014.

Unfortunately, there are still many academics working in British Universities on topics which come under the umbrella of construction history who remain unaware of the society. The researchers may be working in departments of history, history of science and technology, architecture, engineering, archaeology, economics and various other humanities. Attracting more members from the UK academic world is one of the most important short-term goals for the society and much needs to be done to publicise its existence and to increase its membership.

ACADEMIES

The two most prestigious academic societies are the *Royal Society* and the *British Academy*. Being elected to a Fellowship of either is considered the pinnacle of achievement in an academic or professional career. When it was founded in 1660 the *Royal Society* had an interest in architecture when architecture was still seen as a branch of science, but today its remit is entirely in science and engineering. The history of technology is not an area of great interest and does not generally feature in its publications, except very occasionally in its journal *Notes and Records of the Royal Society*, which carries pieces of the history of the Society itself and its members. When some of its Fellows have been engaged with building and engineering construction (such as Wren and Hooke, for instance) there have been pieces that relate to the history of construction. The *British Academy* elects Fellows of distinction from the arts, including architectural historians and archaeologists, but has not published material on construction history.

The *Society of Antiquaries*, founded in 1717, is almost as old as the Royal Society and has produced a journal from the beginning. Its membership has a strong overlap with construction history, its remit being the study of archaeology, museum objects, artefacts and buildings and its Fellows generally drawn from architectural history, archaeology and related disciplines. Its journal does publish material on the history of building construction and its library –which is open by appointment to all researchers– contains an unparalleled collection of journals on archaeology and antiquarianism.

The *Royal Institution*, founded in 1799, supports the application of science and has an excellent library on many aspects of science and engineering, but it does not publish specifically on construction history.

PROFESSIONAL INSTITUTIONS

Most British building professionals are members of one of six professional bodies:

- Institution of Civil Engineers (ICE)
- Institution of Structural Engineers (IStructE)
- Chartered Institution of Building Services Engineers (CIBSE)
- Chartered Institute of Builders (CIOB)
- Royal Institute of British Architects (RIBA)
- Royal Institute of Chartered Surveyors (RICS)

Each of these organizations can be a good starting point for historical inquiry. They all have libraries and archives of varying size and riches. Some have groups of members who come together to share their interest in the histories of their professions. Each institution can provide details of professionals involved in historic building projects.

The Institution of Civil Engineers has a large and excellent library with an extensive collection of old and classic books as well as much archival material. Proceedings of its meetings date back to 1837. The Panel for

Historic Engineering Works (PHEW) operates regionally throughout Britain to record significant civil and structural engineering works. The ICE produces some guidance on historic construction, e.g. Marsh & Swailes 1998. The *Institute of Structural Engineers* has a good library and proceedings dating back to 1921. The Institution's History Study Group has been one of the most active of its kind in the world since its inception in 1973 meeting regularly throughout the year for evening lectures. The *Chartered Institute of Building Services Engineers* (formerly the Institution of Heating and Ventilating Engineers, founded in 1897) has a good library and proceedings of the IHVE / CIBSE dating back to 1898. A number of members have collaborated in historical research and maintain the excellent Heritage Group Website (http://www.hevac-heritage.org/). The *Chartered Institute of Building* had a good library, but this has largely been lost in a recent reorganisation. The Institution used to host the Construction History Society, but the connection has been lost as the relevant staff have retired and the emphasis of body has increasingly moved towards project management.

The *Royal Institute of British Architects* holds one of the largest collections of historic architecture and building books and periodicals in the world. The collection is generally open to researchers but has odd opening hours. The drawings collection contains the deposited drawings of many famous UK architects and is now held in the Victoria and Albert Museum where it can be accessed by appointment. The *Royal Institute of Chartered Surveyors* has a good library. Its members include building surveyors who undertake many condition surveys on historic buildings (but not structural and foundation work).

AMENITY SOCIETIES

The so-called 'amenity societies' occupy a special place in the English planning system. They are a series of architectural history societies focused on active campaigning for the preservation of architecture in specific periods. By law, they have to be consulted on any planning applications for alterations to buildings that fall within their remit. They are currently the *Ancient Monuments Society, Society for the Protection of Ancient Buildings, Georgian Group, Victorian Society* and *Twentieth Century Society.*

The *Ancient Monuments Society* is as its name implies largely interested with monuments rather than buildings. The *Society of the Protection of*

Ancient Buildings (always known by its acronym as the "SPAB") actively campaigns for the protection of buildings built before 1718. It is the largest amenity society with over 9000 members. It regularly runs conservation courses. Its technical staff have an in depth knowledge of building techniques and it periodically produces technical leaflets. Its magazine, *Cornerstone*, carries technical information, but is less formal than an academic journal. The *Georgian Group* covers the Georgian Period (1714-1837). In terms of membership it is the second largest amenity society with about 5000 members. It has both a magazine and a serious refereed academic journal (*The Georgian Group Journal*), which publishes articles on stylistic and technical architectural history. The *Victorian Society* (covering the period 1837-1903) has regular meetings and publishes a magazine called *the Victorian*. The *Twentieth Century Society* covers the period from 1903 to the present day. It has a magazine and regularly publishes books on 20th century British architects. There is a strong overlap between the Twentieth Century Society and the UK branch of *DoCoMoMo*, but the latter, which is composed largely of architects, is entirely devoted to the study of Modernist architecture and engineering, while the *Twentieth Century Society* covers both modernism and the other styles of architecture and design in Britain before and after WWII.

ENGINEERING HISTORY SOCIETIES

The history of engineering is partly covered by special interest societies or groups within the professional bodies mentioned above. The *Newcomen Society* is a separate organisation and covers the history of engineering and technology. It renamed its journal, changing it from the *Transactions of the Newcomen Society* to the *The International Journal for the History of Engineering and Technology.* The history of building construction used to be covered in the *Transactions*, but is now no longer listed amongst its areas of interest. It does state that it covers civil engineering, bridges, railways, etc. all of which fall within construction history. However, anecdotal evidence suggests that recent editors have been reluctant to publish on construction history.

ARCHITECTURAL HISTORY SOCIETIES

The *Society of Architectural Historians* of Great Britain produces a leading journal in the field, which often covers topics of a technical nature that relate to construction history. It membership is smaller than the amenity societies.

The *Vernacular Architecture Group* is arguably most significant Society outside the *Construction History Society* in terms its contribution to the field. Since it was set up in 1952, it has tirelessly promoted the study of vernacular buildings in Britain and leading figures such as Ron Brunskill and Nat Alcock have made highly significant contributions to the history of construction. In particular their bibliographical index (via http://archaeologydataservice.ac.uk), now online is a serious research resource and sits alongside a number of medieval timber databases, also maintained by the group. Their journal *Vernacular Architecture* publishes dendrochronological results and is arguably the leading journal in the UK on historic carpentry, although major papers on this subject have also appeared in archaeological journals (see below).

CONSERVATION SOCIETIES

The *Association for Studies in the Conservation of Historic Buildings* (ASCHB) covers all periods of history, including the industrial age, and produce journals and other publications. The *Institute of Historic Building Conservation* (IHBC) has a large membership and publishes a magazine, *Context* but this is primarily interested in conservation issues in current enforcement, policy and legislation and except for book reviews contains little that could be interpreted as construction history.

The International Council on Monuments and Sites (ICOMOS) is a non-governmental organisation, with 118 national committees worldwide. In 2003 it established the International Scientific Committee for the Analysis and Restoration of Structures of Architectural Heritage (ISCARSAH). It is also allied to The International Committee for the Conservation of the Industrial Heritage (TICCIH). ICOMOS-UK formed its corresponding national Committee in 2004, with a membership drawn from those active in building conservation and historical studies. These are simply local branches of international organisations and, like the World Monument Fund and UNESCO, they play a role in heritage protection without necessarily being very actively involved in the history of building construction.

ARCHAEOLOGICAL SOCIETIES

The situation in archaeology is more complicated. The main societies for archaeology are the *Society of Antiquaries* (already mentioned above and not confined to archaeology), the *Royal Archaeological Institute* (which publishes the *Archaeological Journal*) and the *British Archaeological Association* (which publishes the *Journal of the British Archaeological Association*). In addition to this there are a bewildering number of local archaeological societies (the *Council for British Archaeology* lists 339 local societies on its website) that meet regularly for evening lectures, many of which have their own publications. The best way to access these is through the ArchLib, the online catalogue of the library of the *Society of Antiquaries* that subscribes and catalogues the contents of virtually all of them, though the contents are rarely available online. The *Society for Post-Medieval Archaeology* is one of the most relevant for Construction History in the early modern period, although it is, of course, chiefly interested in 16th and 17th century everyday objects rather than buildings. Similarly articles on the manufacture of building materials and the construction of industrial sites do occasionally appear in the *Industrial Archaeology Review*, the journal of the *Association of Industrial Archaeology*, but that is not its primary focus. Professionally many archaeologists who survey buildings are members of the *Institute of Field Archaeologists*. The quasi-governmental organisation the *Council for British Archaeology* publishes a number of small books including a very useful guide to the official terms to be used in describing historic carpentry (Alcock et al, 1996). The *British And Irish Archaeological Bibliography* (http://www.biab.ac.uk) is also a useful online resource.

SOCIETIES DEVOTED TO PARTICULAR TRADES

Brickwork has its own society in the UK, the *British Brick Society*. Its journal, confusingly titled *Information*, is the primary outlet for research on brick construction in Britain and its members are drawn from a wide variety of backgrounds. The British have a fondness for this sort of amateur organisation and there are a number of similar societies associated with various aspects of the building trade: *The Carpenters Fellowship, The Tools and Trades Society, National Heritage Ironwork Group, Tiles and architectural ceramics society (TACS), the Wallpaper society and the Furniture History Society.* Each has its own publication with varying overlapping interests with the history of construction.

RAILWAYS AND OTHER TRANSPORT SOCIETIES

Few subjects have excited more amateur interest than railways and Britain boasts a number of railway history societies. The most important is the *Railway and Canal Historical Society*, which produces regular newsletters and bibliographies of publications on railways, bridges, stations and canals and other aspects of transport history. There are also local societies such as the North London Railway Historical Society and the Midland Railway Society. Road transport is covered by the *Roads and Transport History Association.* Although excavators and cranes are a regular subject of publications and there are collections in many local industrial museums there is no national society for the study of building construction machinery.

FORTS AND CASTLES

The *Fortress Study Group* produces a regular journal, *Fort* and a magazine *Casemate.* There is also the *Castle Study Group*, which is entirely devoted to castles and has its own journal.

MATERIAL DATABASES

The *British Geological Survey* is currently compiling an online database of British building stones. The English Stone Forum (http://www.englishstone.org.uk) has produced a very useful series of guides on local building stones by region. The *Building Research Establishment* has a large library of specimens of timbers used in buildings.

MUSEUMS

The most well-known open-air museum, complete with displays of historic construction is the *Weald and Downland Museum.* There are a number of other museums of importance:

- Amberley Museum and Heritage Centre
- Avoncroft Museum of Historic Buildings
- Beamish Open Air Museum
- Chiltern Open Air Museum
- Ironbridge Gorge Museum
- Museum of Bath Architecture

The *Brooking Collection* of salvaged windows, doors, stairs and other architectural fragments is without a proper home at the time of writing.

UNIVERSITY RESEARCH AND TEACHING

POST GRADUATE AND DOCTORAL RESEARCH

It is perhaps in the area of doctoral and post-doctoral research that the UK University sector provides most reasons for optimism for the future health of the discipline. While the number of MA courses tackling these issues remains low, the number of PhD students studying topics that fit into the field of construction history seems to be steadily increasing (see the list of recent PhDs at the end of the Bibliography). The growing numbers of conferences on Construction History are bringing the most obvious benefits. As students embarking on PhDs look around to find out where they might publish their results, they are finding the various conferences now available at home and abroad and beginning to see themselves as part of a wider academic community.

It is also in the nature of PhDs that students try to find areas that are still largely unexplored. There is no doubt that construction history is offering rich pickings in this regard, with huge areas of primary documentary material remaining largely untouched. A PhD student working in this field can immerse themselves in the primary sources with the minimum of risk that someone else is working on the same thing or has done it before. Often these PhD students are supervised by academics who might not consider themselves construction historians, but who recognise the significance of the untapped sources. Thus we find PhDs in construction history supervised by economic historians, art historians, and political and social historians, as well as the archaeologists, architectural historians and engineers that one might expect. The question for the discipline is how to identify and draw in not only these students (the future academics), but also their supervisors who might have worked in the field for decades without ever thinking of it as a separate discipline. Here again conferences and publications remain the key. Indeed if the PhD students are to obtain the permanent academic positions that they need to continue in their research then they need publications. This is an area that the construction history societies in the UK and abroad can help with.

Fig. 1 gives a far-from-exhaustive list of individuals active in the field of construction history while being employed in departments with other names, either currently or having now retired.

Bill Addis	University of Reading*
Andrew Agapiou	University of Strathclyde
Nat Alcock	University of Warwick**
Malcolm Airs	Oxford University*
Nina Baker	University of Strathclyde*
Michael Ball	University of London
Nicholas Beech	Oxford Brookes University
Robert Beech	University of Birmingham
Nicholas Bill	Oxford University*
Gabriel Byng	University of Cambridge
James Campbell	University of Cambridge
Luciano Cardellicchio	University of Kent
Linda Clarke	University of Westminster
Ronald Cox	Trinity College Dublin*
Peter Cross-Rudkin	Coventry University*
Colin Davies	London Metropolitan University
Janet Delaine	University of Oxford
Malcolm Dunkeld	South Bank University*
Christina Gonzalez Longo	University of Strathclyde
Manolo Guerci	University of Kent
Jacques Heyman	University of Cambridge*
Conor Lucey	Trinity College, Dublin
Hentie Louw	University of Newcastle*
Angus Macdonald	University of Edinburgh*
Will Mclean	University of Westminster
Adam Menuge	University of Cambridge

Dermot O'Dwyer	Trinity College, Dublin
Roland Paxton	Heriot-Watt University
Remo Pedreschi	University of Edinburgh
Simon Pepper	University of Liverpool
Andrew Rabeneck	Imperial College, London
Michael Ramage	University of Cambridge
Andrew Saint	University of Cambridge*
Henrik Schoenefeldt	University of Kent
Tom Swailes	University of Manchester
Mark Swenarton	University of Liverpool
Dimitris Theodossopoulis	University of Edinburgh
Christine Wall	University of Westminster
Mark Wilson Jones	University of Bath
David Yeomans	University of Liverpool*

[* retired or since moved out of academia;
** academic in unrelated subject, retired]

FIG. 1 – UK Academics in Universities working in Construction History.

FUNDED RESEARCH PROJECTS WITHIN UNIVERSITIES

As yet, collaborative funded research projects in construction history remain relatively rare in the UK, and databases on funded research are surprisingly difficult to search. It is clear, however, that very little money seems to have been directed to areas that might be considered as construction history. Professor Linda Clarke and Dr Christine Wall at the University of Westminster are unusually successful and have obtained a number of grants studying building labour and women in the building industry in the 19th and 20th century, including a sizable oral history project funded by the Leverhulme Trust. This appears to be the exception rather than the rule.

Lack of funding is probably as much to do with the small number of academics working in the field as anything else. There is certainly as yet no research centre paid for by a funding body looking at the construction history and as funding bodies are increasingly requiring obvious tangible economic benefits from their funding it is difficult to envisage one being formed in the near future. Research funding seems likely to be limited to individual projects by individual academics in posts in academic departments with varying teaching responsibilities. In technical fields such as engineering, the main research is devoted to the repair of historic structures, the construction history part of the study being relatively peripheral. This is unlikely to change in the near future.

POST-GRADUATE TEACHING

To understand academic teaching in the UK it is important to understand the way university courses develop. Since the Further and Higher Education Act 1992, the UK has had a relatively flat system of Higher Education. The two-tier system of Universities and Polytechnics (which began with the Regent Street Polytechnic in 1838 and grew in the 1960s) was replaced by a single tier of Universities.

Specialist disciplines usually start as doctoral (PhD) subjects. If enough interest gathers around one or two supervisors in a department who have done PhDs in a particular area, those supervisors may move to set up a 1-2 year Masters degree course (MSc, MPhil or MA) to serve as a training ground for future PhD students. Such courses tend to be specialist and not necessarily vocational, and can be very small (4-10 students). Only rarely do these courses give rise to final-year options in existing undergraduate degrees. Thus, many specialist subjects remain at the postgraduate level.

There are currently no Masters courses in the UK that carry the title *Construction History*. An unsuccessful attempt was made at South Bank University in London in 1999; the story was told in Dunkeld (2003). However, there are many courses that contain some content that clearly belongs to construction history. These courses have generally arisen to serve the heritage industry and the need to train both those who are involved in building conservation and those who help develop and enforce conservation policies.

In the first category we find the existing and indeed well-established courses of Building Conservation (see Fig. 2)

MSc Historic Building Conservation	University of Portsmouth
MA Historic Environment Conservation	University of Birmingham/ Ironbridge
Dip Architectural Conservation	Edinburgh College of Art

MA Architectural Conservation	Plymouth University
MSc in Historic Conservation	Oxford Brookes University
MSc Conservation of the Historic Environment	Reading University
MSc in Conservation of Buildings	Anglia Ruskin University
MSc Building Conservation & Regeneration	University of Central Lancashire
MSc Conservation of Historic Buildings	University of Bath
Post-graduate Building Conservation	Architectural Association
MA Conservation and Regeneration	University of Sheffield
MSc in Historic Building Conservation	Kingston University London
MA Architectural Conservation	University of Kent

FIG. 2 – Masters Courses in Building Conservation.

The focus of these courses tends to be the repair of the buildings, the recognition of significance, or their recording. What is striking in most cases is how little history of construction and construction materials such as iron, steel and reinforced concrete is taught, and how much of the timetable is devoted to other issues. Often the contribution of geotechnical, structural and building services engineers to conservation is ignored completely. Many courses do not devote even one module to architectural history, let alone to construction history. Construction history is thus often dealt with in the context of 'interpreting a building', or as part of a broader 'historical context'. Wide ranging discussions about what the word 'heritage' means are often given much more space in the curriculum than history. Nevertheless, many students to get engaged with construction history, especially through their dissertations although, not surprisingly perhaps, many tend to focus on repair techniques. Some of these students do progress to undertake PhDs on topics that are definitely construction history.

In parallel with these conservation courses are several on architectural history which may be based in departments of either Architecture or History of Art. A list of current courses is given in Fig. 3.

MA History of Art and Architecture	University of Cambridge
MA Architectural History and Theory	Cardiff University
MA History of Art (architecture option	Courtauld Institute

MA Architectural History	University of Edinburgh
MA Modern Architectural Heritage	University of Liverpool
MA Architectural History	University College London
MA History of Art and Architecture	Birkbeck College, University of London
MA Architectural History, Theory and Interpretation	London Metropolitan University
MSc Historic Building Conservation	University of Portsmouth
MA History of Art and Architecture	University of Reading
MA Architectural History and Theory	University of York

FIG. 3 – MA Courses in Architectural History.

These courses vary greatly in their taught component and the emphasis is more often on social or architectural theoretical issues than on technical ones. The history of engineering, for instance, is usually overlooked entirely, and any teaching on the history of construction is usually only part of a lecture devoted to broader themes, or a few individual lectures on particular aspects. None of these courses offer modules devoted entirely to developments in construction technology, and building economics is seldom touched upon.

CAMBRIDGE MST BUILDING HISTORY

Finally, a new Master of Studies (MSt) degree course has been set up at the University of Cambridge with an identity that differs from the conservation and architectural history models described above.

The MSt part-time degree in Building History was set up in 2013 by James Campbell (one of the authors of this chapter) and Frank Salmon (an architectural historian) as a collaboration between the Architecture Department, History of Art Department and English Heritage. It gives students from a variety of backgrounds a thorough grounding in historical interpretation and in the development of building technologies. Topics are taught chronologically, with technical developments being taught side-by-side with stylistic change. While the emphasis is largely on buildings, themes from across the full breadth of the built environment are also encouraged. While not devoted entirely to the history of construction, this course is probably the one in the UK that comes closest to being a course on construction history. Like many conservation courses, its aim is primarily vocational, providing training to those involved in recording historic buildings and interpreting conservation legislation in the form of a good understanding of what to look for and what they are looking at, as well as their historical significance. Several students on this course have undertaken dissertations on construction history topics, and some have progressed to research at PhD level.

UNDERGRADUATE COURSES

As mentioned in the introduction, history is not covered in undergraduate engineering courses in the UK.

The last ten years have seen a steady reduction in teaching of history in architecture schools. It is now only normally taught in general survey courses in the first year. Historians in architecture schools doing research based on primary documentary sources have been gradually replaced by academics devoted to architectural theory that appears more closely allied to literary criticism, sociology, anthropology or geography than architecture. While these subjects are relevant to the future of the profession, the history of construction, which was always a small part of architectural history courses in architecture schools, has been reduced to virtually nothing. Architectural history is also being squeezed out of Art History departments to make room for more popular subjects such as photography, film and cultural theory. In archaeology, studies of post-medieval times remain completely peripheral. Indeed, most archaeology departments have no members of staff who research or teach subjects later than the early Middle Ages. Finally, despite many universities having undergraduate degrees in the History of Science and Technology, building technology is not regarded as sufficiently relevant and is usually overlooked completely.

PUBLICATIONS ON BRITISH BUILDING CONSTRUCTION

The most significant recent contribution to the history of civil engineering in the UK specifically has undoubtedly been the compilation to the *Biographical Dictionary of Civil Engineers*, Volume 1 (1500-1830), edited by A. W. Skempton (2002), Volume 2 (1830-1890), edited by

Peter Cross-Rudkin, Mike Chrimes and Michael Bailey (2008), and Volume 3 (1890-1910) edited by Bob McWilliam and Mike Chrimes (2014). This is on a par with Sir Howard Colvin's *Biographical Dictionary of British Architects 1550-1840* (2008), but with the added benefit that it covers a longer period. Many builders, engineers and architects are, of course, included in the Oxford Dictionary of National Biography, now available online. There is currently no comprehensive survey of historic British books on building construction. Eileen Harris (1990) includes early books on the construction of buildings, but not of civil engineering.

Addis (2007) provides a wide-ranging bibliography of the history of building engineering. It is available online at the website of the *Construction History Society*. It is not intended to be comprehensive or to cover all aspects of construction history and focuses mainly on building engineering.

ROMAN AND MEDIAEVAL TIMES

For introductions to developments in the history of construction in Roman Britain, see Mark Wilson Jones, *Principles of Roman Architecture* (2003) and the Ulrich and Quenemoen (2013). For the Middle Ages, again a survey of works on building engineering can be found in Addis (2007). The best survey of timber and brickwork, and building contracts, drawn directly from primary sources, is still Salzman (1952) even though it was published over sixty years ago. Woodward (2002) provides an invaluable overview of the organisation of the building trades in the period when guilds were in their ascendant.

In terms of what was built, British scholars carried out much work in the 18th and 19th centuries, which remains relevant, particularly in the recording of stone vaulting. The structural design and construction of mediaeval cathedrals are well covered in the bibliography in Addis (2007). Timber roofs were studied extensively by Cecil Hewett (1969, 1974a, 1974b, 1980, 1984), but his drawings were done by eye and are not accurate historical records. There is currently no British equivalent of Hoffsummer (2011). The best introduction to timber framing remains Harris (1979). Brunskill's books on brick buildings (2009) and timber buildings (1999) provide excellent introductions and useful bibliographies. There remains much still to be done on Medieval building construction, not least in the analysis of building accounts which remain a largely untapped source and need to be tied up closely with the surviving remains. The best work has been done in this area on cathedrals, but even here monographs on the buildings generally only treat the construction of the building in a single chapter.

POST MEDIAEVAL TIMES

The situation gets better when dealing with the sixteenth century. Books on structural developments in this period are dealt with in Addis (2007). An explanation of the changing organisation of the building trades can be found in Malcolm Airs (1975). In this period in general the contractor still acted as the designer in Britain, with little in the way of drawings being produced and most of the decisions being taken on site, drawing heavily on rules of thumb and experience. The various arguments around the subject of what is called 'The Great Rebuilding' can be found in Hoskins (1953) and Platt (1994).

Working methods changed radically in the 17th century. Changes in carpentry are dealt with in Yeomans (1992). Changes in building regulation, contracting and development can be found in McKellar (1999). The process of design and production on site is detailed in Colvin (2008) and Campbell (2007). The Great Fire of London ushered in the most significant shifts in building techniques that began in the 17th but were continued in the 18th century. The best introductions to these issues are Ayres (1998); Hobhouse and Saunders (1989) and Cruickshank and Wyld (1990).

Iron had been in use in buildings for millennia but in Britain it only began to be used structurally in churches in the 17th century and increasingly in the 18th. It is in the area of the introduction of iron and concrete that the most significant publications have come out in recent years. Addis (2007) provides an overview of the literature. For its effect on creating engineers and eventually dividing architects from engineers see Saint (2007) and Forty (2012). The most significant contribution recently has been Jonathan Clarke's marvellous *Early Structural Steel in London Buildings* (2014), whose scope is much wider geographical area than the title suggests and which contains an excellent bibliography.

Contracting had been developing since the 17th century (see Ayres 1998, Campbell 2007, McKellar 1999, and Summerson 1962), but remained divided among trades. It was only in the nineteenth century that general contractors who permanently employed workers in all trades began to appear. The most famous is Thomas Cubitt (Hobhouse, 1971).

Books on British building firms, such as Patricia Spencer-Silver (1993), remain rare. Powell (1996) remains best overview of the changes in the organisation of the building trade in this period.

THE TWENTIETH CENTURY

The twentieth century is beginning to attract more attention and is a frequent subject of papers in construction history and in the various conferences held in the UK and elsewhere. Addis (2007) provides a good bibliography. Yeomans (1997) is an invaluable source (intended as the first of two volumes but the second never appeared). Davies (2005) provides a good introduction to prefabrication, as does the much-overlooked Russell (1981), which certainly deserves to be better known.

GROWTH OF PUBLICATIONS

Many recent publications (see below) are appearing as papers rather than books and, as many of these are in conference proceedings, there is much to be done to draw the better ones together and making sure they are in the public domain. Reviews of literature are essential in this regard and the Construction History Society intends to increase its contribution in this regard, in the journal, in the magazine, online and in print-on-demand guides for construction historians.

In summary, construction history is a broad, developing subject. There are signs of a growing interest and there is clearly much work still to be done. While there is room for optimism, exactly how it will develop in Britain remains uncertain.

Bill Addis
Editor, *Construction History*,
London, UK

James W.P. Campbell
University of Cambridge, UK

CITED REFERENCES AND BIBLIOGRAPHY OF RECENTLY PUBLISHED BOOKS AND ARTICLES

Addis, Bill. 2003. "Inventing a history for structural engineering design." In *Proceedings of the First International Congress on Construction History. Madrid, 20th-24th January 2003*, edited by Santiago Huerta, 113-122.

Addis, Bill. 2003. "The nature of progress in structural engineering." In *Proceedings of the First International Congress on Construction History. Madrid, 20th-24th January 2003*, edited by Santiago Huerta, 123-129.

Addis, Bill. 2004. "A history of using models to inform the design and construction of structures". *Shell and Spatial Structures: from Models to Realization–Symposium of the International Association for Spatial Structures, Montpelier, France.* Published on CD only.

Addis, Bill. 2004. "Report on the State of Construction History in Britain." In *Construction History: research Perspectives in Europe*, edited by Antonio Becchi, Massimo Corradi, Federico Foce, and Orietta Pedemonte, 11-21. Forence: Kim Williams.

Addis, Bill. 2005. "A history of using models to inform the design of structures." In *Essays in the History of the Theory of Structures: In honour of Jacques Heyman*, edited by Santiago Huerta, 9-44. Madrid: Instituto Juan de Herrera.

Addis, Bill. 2006. "The Crystal Palace and its place in Structural History." *Journal of Spatial Structures* vol. 21, no. 1: 3-19.

Addis, Bill. 2007. "Engineering design in the time of Thomas Telford." *Proceedings of the Institution of Civil Engineers–Civil Engineering* vol. 160, no. 4: 176-183.

Addis, Bill. 2007. *Building: 3000 years of Design, Engineering and Construction.* London & New York: Phaidon.

Addis, Bill. 2009. "The Crystal Palace and its place in Structural History." In *Structural Morphology and Configuration Processing of Space Structures*, Brentwood, edited by René Motro, 11-36. Essex: Multi-Science Publishing.

Addis, Bill. 2009. "A Brief History of Design Methods for Building Acoustics." In *Proceedings of the Third International Congress on Construction*

History, Brandenburg University of Technology Cottbus, Germany 20th–24th May 2009, edited by Karl-Eugen Kurrer et al., 1: 1-10.

Addis, Bill. 2009. *Edificaçao–3000 Anos de Projeto Engenharia e Construçao*. Sao Paolo: Bookman Companhia.

Addis, Bill. 2009. "The Use of Scientific Calculations in Design Procedures for Heating, Ventilation, Daylighting and Acoustics from the Eighteenth Century to the Mid-twentieth Century." In *Proceedings of the Second International Congress on Construction History*, edited by Dunkeld et al., 1: 127-151. Cambridge: Construction History Society.

Addis, Bill. 2010. "Casas prefabricadas de alminio: los orígenes de esta industria morderna de inglaterra en 1945." *Actas del Séptimo Congreso Nacional de Historia de la Construcción* (Santiago de Compostella), 127-151.

Addis, Bill. 2010. "Konrad Wachsmann–Wendepunkt im Bauen." In *Wendepunk/e im Bauen: von der seriellen zur digitalen Architektur*, edited by W. Nerdinger, R. Barthel et al., 193-194. Munich: Architekturmuseum der Technische Universität München.

Addis, Bill. 2010. "The Iron Revolution: How iron replaced traditional structural materials between 1770 and 1870." In *Before Steel*, edited by M. Rinke, and J. Schwartz, 33-48. Zurich: Niggli.

Addis, Bill. 2010. "The relation between Geometry and Statics in Structural Design." In *Geometría y proporción en las estructuras: Ensayos en honor de Ricardo Aroca*, edited by P. Casinello and S. Huerta, 53-69. Madrid: Instituto Juan de Herrera.

Addis, Bill. 2010. "The Development of Design Charts and Other Graphical Calculation Tools for Use by Building and Civil Engineers up to the Early 20th Century." In *Nuts & Bolts of Construction History: Culture, Technology and Society*, edited by R. Carvais et al., 1: 201-210. Paris: Picard.

Addis, Bill. 2012. "Eco-floors." In *L'architrave, le plancher, la plate-forme: nouvelle histoire de la construction*, edited by R. Gargiani, 897-901. Lausanne: Presses polytechniques et universitaires romandes.

Addis, Bill. 2012. "Iron in floor structures: the development of fireproof floors." In *L'architrave, le plancher, la plate-forme: nouvelle histoire de la construction*, edited by R. Gargiani, 492-498. Lausanne: Presses polytechniques et universitaires romandes.

Addis, Bill. 2012. "The reintroduction of wrought iron in floor structures." In *L'architrave, le plancher, la plate-forme: nouvelle histoire de la construction*, edited by R. Gargiani, 517-521. Lausanne: Presses polytechniques et universitaires romandes.

Addis, Bill. 2013. "Die Ursprünge einiger 'idealer' struktureller Formen." In *1. Jahrestagung der Gesellschaft für Bautechnikgeschichte in Aachen 2013, Bestandsaufnahme*, edited by Martin Trautz, 5-13. Aachen: Fakultät für Architektur.

Addis, Bill. 2013. "Las contribuciones de Christopher Wren y Robert Hooke en el nacimiento de la moderna ingeniería de construcción." In *Actas del VIII Congreso Nacional de Historia de la Construcción*, Madrid, October 2013, edited by S. Huerta and F. López Ulloa, 1: 1-11. Madrid: Instituto Juan de Herrera.

Addis, Bill. 2013. "'Toys that save millions': a history of using physical models in structural design." *The Structural Engineer* vol. 91 no. 4 (April): 11-27.

Addis, Bill. 2013. "Industrialised and prefabricated housing in 1940s Britain." In *Eduardo Torroja 1949: Strategy to industrialise housing*, edited by Pepa Cassinello, 277-290. Madrid: Fundacion Eduardo Torroja.

Addis, Bill. 2014. "The contribution made by the journal Construction History towards establishing the history of construction as a discipline." In *Proceedings of the First Conference of the Construction History Society*, edited by James W. P. Campbell et al., iii-x. Cambridge.

Addis, Bill. 2016. "L'histoire de la construction Outre-Manche." In *Les temps de la construction. Processus, acteurs, matériaux*, actes du deuxième congrès francophone d'histoire de la construction, Lyon 2014, edited by François Fleury et al., 1201-1207. Paris, Picard.

Addis, Bill. 2014. "Physical modelling and form finding." In *Shell Structures for Architecture: Form finding and optimization*, edited by Sigrid Adriaenssens, Philippe Block, Diederik Veenendaal, and Chris Williams, 33-43. London: Routledge.

Addis, Bill. 2015. "The epistemology of engineering design as a contribution to construction history." In *Studies in Construction: the Proceedings of the Second Conference of the Construction History Society*, edited by James W. P. Campbell et al., 3-10. Cambridge: Construction History Society.

Airs, Malcolm. 1975. *The Making of the English Country House 1500-1640.* London: Architectural Press.

Alburene Alejandra, Martin Williams, and Janet DeLaine. 2012. "On the As-Built Geometry of the Vaults of the Basilica of Maxentius." In *Nuts & Bolts of Construction History: Culture, Technology and Society*, edited by R. Carvais et al., 1: 299-306. Paris: Picard.

Alcock, Nat. W., Michael W. Barley, Peter W. Dixon, and Robert A. Meeson. 1996. *Recording Timber Framed Buildings*. London: Council for British Archaeology.

Alexander, Stuart J. 2008. "Tall buildings: commerce or sculpture." *The Structural Engineer*, Centenary special issue vol. 86, no. 14: 88-98.

Anderson, James. 2009. "The Operation of the Early Nineteenth-century Property Market." *Construction History* vol. 24: 63-81.

Andrews, Wendy. 2015. "Wallpaper's role in Construction History: innovations in wallpaper manufacture in the late 19th and 20th centuries." In *Studies in Construction: the Proceedings of the Second Conference of the Construction History Society*, edited by James W. P. Campbell et al., 91-102. Cambridge: Construction History Society.

Ayres, James. 1998. *Building the Georgian City*. London: Yale.

Baddoo, Nancy. 2013. "100 years of stainless steel: a review of structural applications and the development of design." *The Structural Engineer* vol. 91, no. 8: 10-18.

Baker, Nina, and Andrew Agapio. 2006. "The Production Cycles of the Scottish Construction Industry, 1802-2002." In *Proceedings of the Second International Congress on Construction History*, edited by Dunkeld et al., 1: 267-287. Cambridge: Construction History Society.

Baker, Nina. 2012. "Who Paints the House? Scotswomen as Housepainters and Decorators from 1820." In *Nuts & Bolts of Construction History: Culture, Technology and Society*, edited by R. Carvais et al., 2: 53-62. Paris: Picard.

Banham, Reyner. 1969. *The Architecture of the well-tempered environment*. London: Architectural Press.

Barnes, Martin. 2007. "Thomas Telford, project manager." *Proceedings of the Institution of Civil Engineers–Civil Engineering* vol. 160, no. 5: 61-64.

Barnes, Martin. 2013. "Joseph Locke: pioneer civil engineering project manager." *Proceedings of the Institution of Civil Engineers–Engineering History and Heritage* vol. 166, no. 2: 65-72.

Barr, Bill. 2010. "Conway and Britannia tubular bridges: Stephenson's team." *Proceedings of the Institution of Civil Engineers–Engineering History and Heritage* vol. 163, no. 1: 51-60.

Barton, Barrie M.J. 2011. "John Rennie and the drainage of the Witham Fens, Lincolnshire, UK." *Proceedings of the Institution of Civil Engineers–Engineering History and Heritage* vol. 164, no. 3: 175-187.

Beal, Alasdair N. 2007. "Thomas Young and the theory of structures 1807-2007." *The Structural Engineer* vol. 85, no. 23/24: 43-47.

Beal, Alasdair N. 2011. "A History of the safety factors." *The Structural Engineer* vol. 89, no. 20: 20-26.

Beech, Robert. 2014. "Form v Function: The Structural Development of Early fifteenth century Hammer-beam roofs." In *Proceedings of the First Conference of the Construction History Society*, edited by James W. P. Campbell et al., 9-15. Cambridge.

Begbie, Denys, and Gregory Roberts. 2014. "Bridging in the Second World War: an imperative to victory." *Proceedings of the Institution of Civil Engineers–Engineering History and Heritage* vol. 167 no. 2: 111-121.

Bell, Paul. 2014. "Some examples of structural innovation in the construction of English churches in the long 19th century." In *Proceedings of the First Conference of the Construction History Society*, edited by James W. P. Campbell et al., 17-24. Cambridge.

Bell, Paul. 2006. "The Structure of Georgian London Houses." In *Proceedings of the Second International Congress on Construction History*, edited by Dunkeld et al., 1: 167-174. Cambridge. Construction History Society.

Bill, Nicholas. 2015. "Building the Domed Reading Room of the Melbourne Public Library." In *Studies in Construction: the Proceedings of the Second Conference of the Construction History Society*, edited by James W. P. Campbell et al., 183-198. Cambridge: Construction History Society.

Bill, Nicholas A. 2013. "Timber-lattice bridges on railways in the UK: 1840–1870." *Proceedings of the Institution of Civil Engineers–Engineering History and Heritage* vol. 166 no. 3: 136-145.

Bill, Nicholas A. 2014. "Design and construction deficiencies of timber railway bridges." *Proceedings of the Institution of Civil Engineers–Engineering History and Heritage* vol. 167 no. 4: 182-195.

Bill, Nicholas A. 2014. "Laminated-timber-arch bridges of Joseph Locke (1805–60) and his assistants." *Construction History* vol. 29 no. 2: 39-64.

Bill, Nicholas A. 2014. "The safety record of timber railway bridges in the UK: 1840–1870." *Proceedings of the Institution of Civil Engineers–Engineering History and Heritage* vol. 167 no. 1: 34-46.

Bligh David, David Brown, and Nigel Crowe. 2007. "Birmingham Canal, England—a future unlocked by Telford." *Proceedings of the Institution of Civil Engineers–Civil Engineering* vol. 160 no. 5: 56-60.

Borden, Alaina H. 2010. "Identifying early reinforced concrete buildings in Scotland." *Proceedings of the Institution of Civil Engineers–Engineering History and Heritage* vol. 163 no. 3: 147-167.

Bowles, Robert P., and Robert Thorne. 2008. "Conservation, refurbishment and re-use of buildings." *The Structural Engineer*, Centenary special issue vol. 86 no. 14: 58-63.

Bowley, Marion. 1966. *The British Building Industry: Four Studies in Response and Resistance to Change.* Cambridge: The University Press.

Bradford William, John Bridgeman, and Mark Gaterell. 2010. "A review of the 1892 water demand forecast for Birmingham." *Proceedings of the Institution of Civil Engineers–Engineering History and Heritage* vol. 163 no. 1: 39-49.

Bradley, Edmund T. 2010. "Crossing the Severn estuary, UK: challenges past and present." *Proceedings of the Institution of Civil Engineers–Engineering History and Heritage* vol. 163 no. 4: 219-229.

Bridle, Ron J., and Frank Sims. 2009. "The effect of bridge failures on UK technical policy and practice." *Proceedings of the Institution of Civil Engineers–Engineering History and Heritage* vol. 162 no. 1: 39-49.

Brindle, Steven, and Malcolm Tucker. 2004. "Brunel's Lost Bridge: The Rediscovery and Salvage of the Bishops Road Canal Bridge, Paddington." *Construction History* vol. 20: 45-70.

Brooke, David. 2010. "Thomas Brassey and the railways of Italy." *Proceedings of the Institution of Civil Engineers–Engineering History and Heritage* vol. 163 no. 4, 249-253.

Brown, David H. 2009. "Canal reservoirs in Great Britain." *Proceedings of the Institution of Civil Engineers–Engineering History and Heritage* vol. 162 no. 2: 103-109.

Brown, David H. 2009. "Scottish canal reservoirs–a historical perspective. Part 1: Lowlands." *Dams and Reservoirs* vol. 19 no. 3: 111-118.

Brown, David H. 2009. "Scottish canal reservoirs–a historical perspective. Part 2: Crinan canal." *Dams and Reservoirs* vol. 19 no. 4: 163-170.

Brunskill, Ronald W. 1999. *Timber building in Britain.* London: Gollancz.

Brunskill, Ronald W. 2009. *Brick and Clay Building in Britain.* London: Yale.

Bullock, Nicholas. 2007. "'You assemble a Lorry, but you build a House'. Noisy-le-Sec and the French Debate on Industrialised Building 1944-1949." *Construction History* vol. 22: 75-95.

Bullock, Nicholas. 2008. "'20,000 Dwellings a Month for Forty Years': France's 'Industrialised Housing Sector' in the 1950s." *Construction History* vol. 23: 59-76.

Burford Neil K., Fraser W. Smith, and Christoph Gengnagel. 2009. "The Evolution of Arches as Lightweight Structures–A History of Empiricism and Science." In *Proceedings of the Third International Congress on Construction History, Brandenburg University of Technology Cottbus, Germany 20th–24th May 2009*, edited by Karl-Eugen Kurrer et al., 1: 267-274. Berlin: Neunplus1.

Burland, John B. 2008. "The founders of Géotechnique." *Géotechnique* vol. 58 no. 5: 327-341.

Burland, John B. 2008. "Foundation engineering." *The Structural Engineer*, Centenary special issue vol. 86 no. 14: 44-51.

Burt, Richard. 2003. "The experimental earthen cottages at Amesbury, England: A long term condition assessment" In *Proceedings of the First International Congress on Construction History. Madrid, 20th-24th January 2003*, edited by S. Huerta, 443-452. Madrid: Instituto Juan de Herrera.

Byng, Gabriel. 2014. "'Fabric Wardens' and the Organisation of Parish Church Construction in the Late Middle Ages." In *Proceedings of the First Conference of the Construction History Society*, edited by James W. P. Campbell et al., 25-34. Cambridge.

Campbell, James W. P. 2001. "The Myth of the Seventeenth-Century Pug Mill." *British Brick Society Information* 86 (December 2001): 7-8.

Campbell, James W.P. 2002. "Sir Christopher Wren and the Development of Structural Carpentry in the Seventeenth Century." *Architectural Research Quarterly* vol. 6 no. 1: 49-66.

Campbell, James W.P. 2002. "More on Pug Mills." *British Brick Society Information* 89 (November 2002): 17.

Campbell, James W.P. 2002. "Seventeenth-Century Bricklayers' Contracts: Wren's City Churches." *British Brick Society Information* 87 (February): 10-21.

Campbell, James W.P. 2002. "The Carpentry Trade in Seventeenth-Century England." *Georgian Group Journal* XII: 215-237.

Campbell, James W.P., and Andrew Saint. 2002. "The Manufacture and Dating of English Brickwork 1600-1720." *Archaeological Journal* no. 159: 170-193.

Campbell, James W. P. 2003. "Robert Tatersal–the Eighteenth-Century Bricklaying Poet." *British Brick Society Information* 90 (February): 20-26.

Campbell, James W. P. 2003. *Brick: a World History*. London: Thames and Hudson.

Campbell, James W. P. 2003. "The study of bricks and brickwork in England since Nathaniel Lloyd" In *Proceedings of the First International Congress on Construction History. Madrid, 20th-24th January 2003*, edited by S. Huerta, 478-489. Madrid: Instituto Juan de Herrera.

Campbell, James W. P. 2003. "The Duties of a Seventeenth-Century Bricklayer." *British Brick Society Information* 90 (February): 14-15.

Campbell, James W. P. 2004. "Nicholas Hawksmoor's Building Notebook." *Construction History* vol. 20: 21-44.

Campbell, James W. P. 2005. "The Finances of the Carpenter in England 1660-1710: a Case Study on the Implications of the Change from Craft to Designer-Based Construction." In *L'Edilizia Prima della Rivoluzione Industriale. Secc.XIII-XVIII*, edited by Simonetta Cavaciocchi, 313-346. Prato: Instituto Internazionale di Storia Economica "F.Datini".

Campbell, James W. P. 2005. "Between Archaeology and Architectural History: Studying Bricks and Carpentry." In *Current Work in Architectural History: Papers read at the Annual Symposium of the Society of Architectural Historians of Great Britain 2004*, edited by Peter Draper, 64-70. London: Society of Architectural Historians of Great Britain.

Campbell, James W. P. 2007. *Building St Paul's*. London: Thames and Hudson.

Campbell, James W. P. 2008. "Wren, architectural research and the history of trades in the early Royal Society." In *Architecture, Cultural History, Autobiography*, edited by Jonathan Mallinson. Oxford: SVEC.

Campbell, James W. P. 2009. "Building a Fortune: The Finances of the Stonemasons Working on the Rebuilding of St Paul's Cathedral 1675-1720." In *Proceedings of the Third International Congress on Construction History, Brandenburg University of Technology Cottbus, Germany 20th–24th May 2009*, edited by Karl-Eugen Kurrer et al., 1: 297-304. Berlin: Neunplus1.

Campbell, James W. P. 2012. "The First Complete List of All the Models

Made for the Construction of St Paul's Cathedral, London 1675-1720." In *Nuts & Bolts of Construction History: Culture, Technology and Society*, edited by R. Carvais et al., 1: 173-183. Paris: Picard.

Campbell, James W. P. 2013. *The Library: A World History*. Chicago: University of Chicago Press.

Campbell, James. 2013. "The supply of stone for the rebuilding of St Paul's Cathedral 1675-1710." *Construction History* vol. 28 no. 2: 23-50.

Campbell, James W. P. 2014. "The History of the British Staircase." In *The Staircase: History, Repair and Conservation*, edited by J. W. P. Campbell and M. Tutton. London: Routledge.

Carpenter, John N. 2008. "Safety, risk and failure." *The Structural Engineer*, Centenary special issue vol. 86 no. 14: 100-105.

Chapman, Allan. 2011. "Dr Robert Hooke and the origins of engineering science." *Proceedings of the Institution of Civil Engineers–Engineering and Computational Mechanics* vol. 164 no. 4: 189-205.

Charles, J. Andrew. 2009. "Robert Rawlinson and the UK public health revolution." *Proceedings of the Institution of Civil Engineers–Engineering History and Heritage* vol. 162 no. 4: 199-206.

Charles, J. Andrew, and Edward N. Bromhead. 2008. "Contributions to Géotechnique 1948–2008: Slope stability and embankment dams." *Géotechnique* vol. 58 no. 5: 385-389.

Chrimes, Michael. 2003. "M. Robert Stephenson and planning the construction of the London and Birmingham Railway." In *Proceedings of the First International Congress on Construction History. Madrid, 20th–24th January 2003*, edited by S. Huerta, 593-609. Madrid: Instituto Juan de Herrera.

Chrimes, Michael. 2006. "Historical research: a guide for civil engineers." *Proceedings of the Institution of Civil Engineers–Civil Engineering* vol. 159 no. 1: 42-47.

Chrimes, Michael. 2006. "British and Irish Civil Engineers in the Development of Argentina in the Nineteenth Century." In *Proceedings of the Second International Congress on Construction History*, edited by Dunkeld et al., 1: 675-694. Cambridge. Construction History Society.

Chrimes, Michael. 2007. "St Katharine Docks, London—Telford's high-speed harbour." *Proceedings of the Institution of Civil Engineers–Civil Engineering* vol. 160 no. 5: 48-55.

Chrimes, Michael. 2008. "Geotechnical publications before Géotechnique." *Géotechnique* vol. 58 no. 5: 343-355.

Chrimes, Michael. 2009. "A Forgotten Chapter in Dam History: Masonry Dams in British India in the Nineteenth Century." In *Proceedings of the Third International Congress on Construction History, Brandenburg University of Technology Cottbus, Germany* 20th–24th May 2009, edited by Karl-Eugen Kurrer et al., 1: 363-376.

Chrimes, Michael. 2010. "Autostrade: the Italian interwar achievement." *Proceedings of the Institution of Civil Engineers–Engineering History and Heritage* vol. 163 no. 2: 87-104.

Chrimes, Michael. 2012. "Short of eduction or short of engineers: British civil engineering, 1890-1901." In *Nuts & Bolts of Construction History: Culture, Technology and Society*, edited by R. Carvais et al., 1: 575-586. Paris: Picard.

Christopher, R. Ford. 2007. "Telford's Highland roads–a new way of life for Scotland." *Proceedings of the Institution of Civil Engineers–Civil Engineering* vol. 160 no. 5: 36-42.

Clarke, Jonathan. 2005. "Cones, not Domes: John Nash and Regency structural innovation." *Construction History* vol. 21: 43-63.

Clarke, Jonathan. 2006. "Cones, Not Domes: John Nash and Regency Structural Innovation." In *Proceedings of the Second International Congress on Construction History*, edited by Dunkeld et al., 1: 717-773. Cambridge: Construction History Society.

Clarke, Jonathan. 2014. *Early Structural Steel in London Buildings*. London: English Heritage.

Clarke, Linda. 2014. "Building by Direct Labour: the significance of Direct Labour Organisations (DLOs) in the provision of public housing in the UK 1890-1980." In *Proceedings of the First Conference of the Construction History Society*, edited by James W. P. Campbell et al., 81-90. Cambridge.

Clarke, Linda, and Christine Wall. 2006. "Omitted from History: Women in the Building Trades." In *Proceedings of the Second International Congress on Construction History*, edited by Dunkeld et al., 1: 835-859. Cambridge: Construction History Society.

Clarke, Linda, Charlie McGuire, and Christine Wall. 2012. "The Significance of Building Labour to the Production of the Built Environment." In *Nuts & Bolts of Construction History: Culture,*

Technology and Society, edited by R. Carvais et al., 2: 107-114. Paris: Picard.

Clarke, Mike. 2011. "John Rennie and the Rochdale canal, UK." *Proceedings of the Institution of Civil Engineers–Engineering History and Heritage* vol. 164 no. 3: 143-154.

Clarke, Mike. 2014. "The history and replacement of lock gates." *Proceedings of the Institution of Civil Engineers–Engineering History and Heritage* vol. 167 no. 1: 10-21.

Collings, David. 2008. "Lessons from historical bridge failures." *Proceedings of the Institution of Civil Engineers–Civil Engineering* vol. 161 no. 6: 20-27.

Colvin, Howard. 2008. *Biographical Dictionary of British Architects 1550-1840*. London: Yale.

Coop, Matthew, and Fernando Schnaid. 2008. "Contributions to Géotechnique 1948-2008: Laboratory and field testing." *Géotechnique* vol. 58 no. 5: 423-428.

Cross-Rudkin, Peter. 2003. "The organization of civil engineering construction in Britain 1760-1835." In *Proceedings of the First International Congress on Construction History. Madrid, 20th–24th January 2003*, edited by S. Huerta, 1765-1775.

Cross-Rudkin, Peter. 2006. "Centres for Large Span Masonry Arch Bridges in Britain to 1833." In *Proceedings of the Second International Congress on Construction History*, edited by Dunkeld et al., 1: 887-901. Cambridge: Construction History Society.

Cross-Rudkin, Peter S.M. 2007. "Thomas Telford, county surveyor." *Proceedings of the Institution of Civil Engineers–Civil Engineering* vol. 160 no. 5: 7-11.

Cross-Rudkin, Peter S.M. 2011. "John Rennie and his resident engineers." *Proceedings of the Institution of Civil Engineers–Engineering History and Heritage* vol. 164 no. 3: 189-196.

Cross-Rudkin, Peter S.M. et al., eds. 2008. *Biographical Dictionary of Civil Engineers*, Volume 2, 1830-1890. London: Thomas Telford.

Cruickshank Dan, and Peter Wyld. 1990. *Georgian Townhouses and their details*. London: Butterworth.

Davies, Hugh. 2007. "Thomas Telford: highway engineer ahead of his time." *Proceedings of the Institution of Civil Engineers–Civil Engineering* vol. 160 no. 5: 31-35.

Davies, Colin. 2005. *The Prefabricated Home*. London: Reaktion.

Day, Tom. 2007. "Telford's masonry bridges on the Carluke Road, Scotland." *Proceedings of the Institution of Civil Engineers–Civil Engineering* vol. 160 no. 5: 20-25.

Day, William. 2007. "Telford's Menai and Conwy suspension bridges, Wales." *Proceedings of the Institution of Civil Engineers–Civil Engineering* vol. 160 no. 5: 26-30.

Day, William T. 2012. "Menai Suspension Bridge: a history of maintenance and repair." *Proceedings of the Institution of Civil Engineers–Engineering History and Heritage* vol. 165 no. 1: 9-19.

DeLaine, Janet. 2003. "The builders of Roman Ostia: Organization, status and society." In *Proceedings of the First International Congress on Construction History. Madrid, 20th–24th January 2003*, edited by S. Huerta, 723-732.

Dotter Kara R., Bernard J. Smith, John McAlister, and Joanne Curran. 2009. "Sacrifice and Rebirth: The History of Lime Mortar in the North of Ireland." In *Proceedings of the Third International Congress on Construction History, Brandenburg University of Technology Cottbus, Germany 20th–24th May 2009*, edited by Karl-Eugen Kurrer et al., 1: 499-506.

Drabble, Stuart. 2010. "Templer & Parlby: eighteenth century contractor." *Proceedings of the Institution of Civil Engineers–Engineering History and Heritage* vol. 163 no. 3: 189-198.

Draper, Karey. 2015. "The military hutting programme in Britain during the Second World War." In *Studies in Construction: the Proceedings of the Second Conference of the Construction History Society*, edited by James W. P. Campbell et al., 243-252. Cambridge: Construction History Society.

Dunkeld, Malcolm. 2003. "Establishing a postgraduate programme in Construction History. The experience of South Bank University, London." In *Proceedings of the First International Congress on Construction History. Madrid, 20th–24th January 2003*, edited by S. Huerta, 13-20. Madrid: Instituto Juan de Herrera.

Dunkeld, Malcolm. 2009. "Madox Brown, Hicks, and Clausen: The Construction Site in Victorian High Art." In *Proceedings of the Third International Congress on Construction History, Brandenburg University of Technology Cottbus, Germany 20th–24th May 2009*, edited by Karl-Eugen Kurrer et al., 1: 507-516. Berlin: Neunplus1.

Dunkeld, Malcolm. 2012. "The Great Hall of the Institution of Civil Engineers Headquarters Building." In *Nuts & Bolts of Construction History: Culture, Technology and Society*, edited by R. Carvais et al., 2: 273-280. Paris: Picard.

Durant, Stuart. 2013. "Gustave Eiffel: aerodynamic experiments 1903-1921." *Proceedings of the Institution of Civil Engineers–Engineering History and Heritage* vol. 166 no. 4: 227-235.

Durbin, Lesley. 2006. "Nineteenth Century Tiles. Industrial Mass Production and Construction Methods of Interior Tile Schemes in the Nineteenth and Early Twentieth Centuries." In *Proceedings of the Second International Congress on Construction History*, edited by Dunkeld et al., 1: 989-1005. Cambridge: Construction History Society.

Ewen, Shane. 2006. "The Problem of Fire in Nineteenth Century British Cities: the Case of Glasgow." In *Proceedings of the Second International Congress on Construction History*, edited by Dunkeld et al., 1: 1061-1074. Cambridge: Construction History Society.

Falconer, Keith A. 1993. "Fireproof Mills–the widening perspectives." *Industrial Archaeology Review* vol. XVI no. 1 (Autumn): 11-26.

Ferguson, Hugh, and Mike Chrimes. 2011. *The Civil Engineers*. London: Thomas Telford.

Ferguson Hugh, and Mike Chrimes. 2013. *The Contractors*. London: Thomas Telford.

Firth, Ian. 2010. "Lessons from history–the steel box girder story." *The Structural Engineer* vol. 88 no. 5: 18-24.

Firth, Ian P.T., and Poul Ove Jensen. 2008. "Bridges: spanning art and technology." *The Structural Engineer*, Centenary special issue vol. 86 no. 14: 82-87.

Fitzgerald, Ron. 1988. "The Development of the Cast Iron Frame in Textile Mills to 1850." *Industrial Archaeology Review* 10 no. 2 (Spring): 127-145.

Fleming Patrick, Sofia Singler, and Michael Ramage. 2014. "Construction History and Alteration of the Oak Roof Structure of the Sidney Sussex College Hall." In *Proceedings of the First Conference of the Construction History Society*, edited by James W. P. Campbell et al., 113-120. Cambridge.

Forty, Adrian. 2012. *Concrete and Culture*. London: Reaktion.

Gaterell, Mark. 2012. "The art of John Martin's London sewerage system."

Proceedings of the Institution of Civil Engineers–Engineering History and Heritage vol. 165 no. 1: 3-8.

Gonzalez-Longo Cristina, and Dimitris Theodossopoulos. 2012. "From Master Mason to Architect: James Smith's Construction Techniques at the End of 17th Century in Scotland." In *Nuts & Bolts of Construction History: Culture, Technology and Society*, edited by R. Carvais et al., 2: 37-36. Paris: Picard.

Gould, Michael. 2010. "The innovative use of concrete by the LMS railway." *Proceedings of the Institution of Civil Engineers–Engineering History and Heritage* vol. 163 no. 3: 139-145.

Hamilton, Stanley B. 1956. *A Note on the History of Reinforced Concrete in Buildings. National Building Studies Special Report no. 24*. London: Her Majesty's Stationery Office.

Hamilton, Stanley B. 1958. *A Short History of the Structural Fire Protection of Buildings. National Building Studies Special Report no. 27*. London: Her Majesty's Stationery Office.

Harris, Eileen. 1990. *A Biographical Dictionary of Architectural Books and Writers 1556-1785*. Cambridge: CUP.

Harris, Graham. 2007. "Ove Arup and Box Frame Construction." *Construction History* vol. 22: 61-73.

Harris, John. 1979. *Discovering Timber Framed Buildings*. Aylesbury: Shire.

Harris, Peter R. 2006. "London's Victoria station–the historical development of the station and its approaches." *The Structural Engineer* vol. 84 no. 12, 24-32.

Harrison, David. 2013. "The fate of medieval English bridges since 1770: demolition, survival and preservation." *Proceedings of the Institution of Civil Engineers–Engineering History and Heritage* vol. 166 no. 1: 45-54.

Harvey, John H. 1972. *The mediaeval architect*. London: Wayland.

Harvey, John H. 1975. *Mediaeval craftsmen*. London: Batsford.

Hewett, Cecil A. 1969. *Development of English Carpentry 1200-1700: an Essex Study*. Newton Abbot: David and Charles.

Hewett, Cecil A. 1974a. *Church Carpentry*. London: Phillimore.

Hewettt, Cecil A. 1974b. *English Cathedral Carpentry*. London: Wayland.

Hewett, Cecil A. 1980. *English Historic Carpentry*. London: Phillimore.

Hewett, Cecil A. 1984. *English Cathedral and Monastic Carpentry*. London: Phillimore.

Heyman, Jacques. 2006. "Timber Vaults." In *Proceedings of the Second*

International Congress on Construction History, edited by Dunkeld et al., 1: 1569-1577. Cambridge: Construction History Society.

Heyman, Jacques. 2009. "The establishment of plastic design in the UK." *Proceedings of the Institution of Civil Engineers–Engineering History and Heritage* vol. 162 no. 1: 7-11.

Heyman, Jacques. 2009. "La Coupe des Pierres." In *Proceedings of the Third International Congress on Construction History, Brandenburg University of Technology Cottbus, Germany 20th–24th May 2009*, edited by Karl-Eugen Kurrer et al., 2: 807-812. Berlin: Neunplus1.

Heyman, Jacques. 2012. "Scamilli impares." *Proceedings of the Institution of Civil Engineers–Engineering History and Heritage* vol. 165 no. 2: 93-97.

Heyman, Jacques. 2012. "The membrane analysis of thin masonry shells." In *Nuts & Bolts of Construction History: Culture, Technology and Society*, edited by R. Carvais et al., 1: 281-289. Paris: Picard.

Heyman, Jacques. 2014. "Wren's domes." In *Proceedings of the First Conference of the Construction History Society*, edited by James W. P. Campbell et al., 209-218. Cambridge.

Heyman, Jacques. 2003. "Wren, Hooke and partners." In *Proceedings of the First International Congress on Construction History. Madrid, 20th–24th January 2003*, edited by S. Huerta, 3-9. Madrid: Instituto Juan de Herrera.

Heyman, Jacques. 1995. *The Stone Skeleton: Structural Engineering of Masonry Architecture.* Cambridge: Cambridge University Press.

Heyman, Jacques. 1996. *Arches, Vaults and Buttresses: masonry structures and their engineering.* Aldershot: Ashgate/Variorum.

Hills, Richard L. 2011. "John Rennie, mechanical engineer." *Proceedings of the Institution of Civil Engineers–Engineering History and Heritage* vol. 164 no. 3: 131-141.

Hiskey, Christine. 2007. "Palladian and Practical: Country House Technology at Holkham Hall." *Construction History* vol. 22: 3-25.

Hobhouse, Hermione. 1971. *Thomas Cubitt, Master Builder.* London: Macmillan.

Hobhouse, Hermione, and Ann Saunders. 1989. *Good and Proper Materials: the fabric of London since the Great Fire.* London: London Topographical Society.

Hoffsummer, Patrick, ed. 2009. *Roof Frames from the 11th to the 19th Century: Typology and Development in Northern France and in Belgium.* Turnhout: Brepols.

Hollaway Len C. 2009. "Polymer composites in construction: a brief history." *Proceedings of the Institution of Civil Engineers–Engineering and Computational Mechanics* vol. 162 no. 3: 107-118.

Holton, Alexander B. 2006. "The Working Space of the Medieval Master Mason: the Tracing Houses of York Minster and Wells Cathedral." In *Proceedings of the Second International Congress on Construction History*, edited by Dunkeld et al., 2: 1579-1597. Cambridge: Construction History Society.

Hoskins, William George. 1953. "The Rebuilding of Rural England, 1570-1640." *Past and Present* 4: 44-59.

How, Chris. 2014. "The British Cut Clasp Nail." In *Proceedings of the First Conference of the Construction History Society*, edited by James W. P. Campbell et al., 231-238. Cambridge.

Hurst, Lawrance. 2006. "The Rise and Fall of the Use of Bond Timbers in Brick Buildings in England." In *Proceedings of the Second International Congress on Construction History*, edited by Dunkeld et al., 1: 1633-1654. Cambridge: Construction History Society.

Jefferies, Michael, Pierre Delage, and Federica Cotecchia. 2008. "Contributions to Géotechnique 1948-2008: Soil behaviour." *Géotechnique* vol. 58 no. 5: 429-433.

Jenkins, Moses. 2012. "Three Key Aspects of the History of Brick Construction in Scotland." In *Nuts & Bolts of Construction History: Culture, Technology and Society*, edited by R. Carvais et al., 2: 383-390. Paris: Picard.

Johnson, Roger P. 2008. "Knowledge, experience and training." *The Structural Engineer*, Centenary special issue vol. 86 no. 14: 32-42.

Joiner, John Herbert. 2011. "The story of the Bailey bridge." *Proceedings of the Institution of Civil Engineers–Engineering History and Heritage* vol. 164 no. 2: 65-72.

Lawrence, Ranald. 2014. "The internal environment of the Glasgow School of Art by Charles Rennie Mackintosh." *Construction History* vol. 29 no. 1: 99-128.

Lennie, Lindsay, and Phil Banfill. 2006. "A Heritage of Shops: an Investigation into the Evolution of Historic Shopfronts in Perth and Perthshire." In *Proceedings of the Second International Congress on Construction History*, edited by Dunkeld et al., 1: 1901-1919. Cambridge: Construction History Society.

Liddell, W. Ian. 2008. "The search for structural efficiency." *The Structural Engineer*, Centenary special issue vol. 86 no. 14: 72-81.

Louw, Hentie. 2003. "Aesthetics, ethics and workmanship: The need for a cultural dimension to Construction History." In *Proceedings of the First International Congress on Construction History. Madrid, 20th–24th January 2003*, edited by S. Huerta, 1335-1344. Madrid: Instituto Juan de Herrera.

Louw, Hentie. 2003. "International collaboration in Construction History: A gambit towards the debate." In *Proceedings of the First International Congress on Construction History. Madrid, 20th–24th January 2003*, edited by S. Huerta, 43-47. Madrid: Instituto Juan de Herrera.

Louw, Hentie. 2006. "Greeks, Romans & Goths in an Age of Iron." In *Proceedings of the Second International Congress on Construction History*, edited by Dunkeld et al., 1: 1997-2016. Cambridge: Construction History Society.

Louw, Hentie. 2012. "Machine pur ouvrir une fenêtre: a case study revealing the nature of invention and innovation in late 17th century northern european architecture." In *Nuts & Bolts of Construction History: Culture, Technology and Society*, edited by R. Carvais et al., 1: 401-408. Paris: Picard.

Lynch, Gerard C. J., David Watt, and Belinda Colston. 2006. "An Investigation of Hand Tools Used for English Cut-and-Rubbed and Gauged Brickwork." In *Proceedings of the Second International Congress on Construction History*, edited by Dunkeld et al., 1: 2017-2035. Cambridge: Construction History Society.

Macdonald, Angus J. 2006. "The Aestheticisation of the Steel Framework: the Contribution of Engineering to a Strand of Modern Architecture that Became Known as High Tech." In *Proceedings of the Second International Congress on Construction History*, edited by Dunkeld et al., 1: 2037-2054. Cambridge: Construction History Society.

MacInnes, Ranald. 2015. "Architecture, Materials and Construction [...] Charles Rennie Mackintosh and the Glasgow School of Art." In *Studies in Construction: the Proceedings of the Second Conference of the Construction History Society*, edited by James W. P. Campbell et al., 219-234. Cambridge: Construction History Society.

MacLeod, Iain A. 2008. "The ascent of structural mechanics." *The Structural Engineer*, Centenary special issue vol. 86 no. 14: 106-111.

Mainstone, Rowland. 2003. "Reflections on the related histories of construction and design." In *Proceedings of the First International Congress on Construction History. Madrid, 20th–24th January 2003*, edited by S. Huerta, 49-60. Madrid: Instituto Juan de Herrera.

Mainstone, Rowland. 2009. "Brunelleschi's dome revisited." *Construction History* vol. 24: 19-30.

Mann, Allan P. 2008. "Centenary special issue: The Institution and the Journal." *The Structural Engineer*, Centenary special issue vol. 86 no. 14: 14-19.

Marsh, Joe, and Tom Swailes. 1998. *Structural Appraisal of Iron-Framed Textile Mills* London: Thomas Telford.

Marsh, Terry J., B. J. Greenfield, and Jamie A. Hannaford. 2005. "The 1894 Thames flood—a reappraisal." *Proceedings of the Institution of Civil Engineers–Water Management* vol. 158 no. 3: 103-110.

Masterton, Gordon G T. 2008. "Power and industry." *The Structural Engineer*, Centenary special issue vol. 86 no. 14: 64-71.

McGuinness, John. 2012. "Air Raid Shelters in the United Kingdom 1939-1945: An Initial Investigation." In *Nuts & Bolts of Construction History: Culture, Technology and Society*, edited by R. Carvais et al., 2: 657-666. Paris: Picard.

McKay, Colin. 2010. "Highway design by highwaymen." *Proceedings of the Institution of Civil Engineers–Engineering History and Heritage* vol. 163 no. 2: 71-75.

McKellar, Elisabeth. 1999. *The Birth of Modern London.* Manchester: Manchester University Press.

McWilliam, Robert C., and Mike Chrimes, eds. 2014. *Biographical Dictionary of Civil Engineers*, Volume 3, 1890-1920. London: Thomas Telford.

McWilliam, Robert. 2014. "Transferring construction, technology and conflicts of interest–a century ago." In *Proceedings of the First Conference of the Construction History Society.* Cambridge.

Miller, James, and Jackie Heath. 2014. "The History of Defects and Repairs of Ironbridge." In *Proceedings of the First Conference of the Construction History Society*, Cambridge.

Milligan, George W.E., Hugh D. St John, and Thomas D. O'Rourke. 2008. "Contributions to Géotechnique 1948–2008: Retaining structures." *Géotechnique* vol. 58 no. 5: 377-383.

Mobus, Melody. 2014. "Surviving late payments: Strategies of Christopher Wren's masons from Burford." *Proceedings of the First Conference of the Construction History Society*, Cambridge.

Morice, Peter. 2011. "A sketch of Wexham Springs history: the early years of the Cement and Concrete Association, 1948-1958." *Construction History* vol. 26: 41-54.

Myerscough, Matthew. 2013. "Suspension bridges: past and present." *The Structural Engineer* vol. 91 no. 7: 12-21.

Neville, Adam. 2009. "History of high-alumina cement. Part 1: Problems and the Stone report." In *Proceedings of the Institution of Civil Engineers–Engineering History and Heritage* vol. 162 no. 2: 81-91.

Neville, Adam. 2009. "History of high-alumina cement. Part 2: Background to issues." *Proceedings of the Institution of Civil Engineers–Engineering History and Heritage* vol. 162 no. 2: 93-102.

Nisbet, James. 1989. *Called to Account: Quantity Surveying, 1936-1986*. London: Stoke Publications.

Nisbet, James. 1993. *Fair and Reasonable: Building Contracts from 1550–A Synopsis*. London: Stoke Publications.

Nisbet, James. 1997. *A Proper Price: Quantity Surveying in London 1650-1940*. London: Stoke Publications.

O'Dwyer, Dermot, and Ronald Cox. 2015. "Early Irish Railway Construction." In *Studies in Construction: the Proceedings of the Second Conference of the Construction History Society*, edited by James W. P. Campbell et al., 121-132. Cambridge: Construction History Society.

Orr, David M. 2010. "The Antrim Coast Road–a civil engineering legacy." *Proceedings of the Institution of Civil Engineers–Engineering History and Heritage* vol. 163 no. 2: 65-69.

Osborne, Ray. 2009. "Cast Iron Windows in Anglican Churches in England 1791-1840." *Construction History* vol. 24: 45-62.

Otter, Robert A. 2004. "The Construction of dry docks to World War 1: the evidence of The Engineer." *Transactions of the Newcomen Society* vol. 74 no. 2: 197-213.

Palmer, Marilyn, and Ian West. 2013. "Nineteenth-century technical innovations in British country houses and their estates." *Proceedings of the Institution of Civil Engineers–Engineering History and Heritage* vol. 166 no. 1: 36-44.

Pan, Yiting, and James W. P. Campbell. 2015. "The influence of English Books on Building Construction on early 20th century Chinese Building Manuals." In *Studies in Construction: the Proceedings of the Second Conference of the Construction History Society*, edited by James W. P. Campbell et al., 33-42. Cambridge: Construction History Society.

Papavasileiou, Spyridon, Magdalini Makrodimitri, and James W. P. Campbell. 2012. "The Construction and Integration of Historic Heating Systems in Churches in the United Kingdom from the 17th to the Early 20th Century." In *Nuts & Bolts of Construction History: Culture, Technology and Society*, edited by R. Carvais et al., 3: 277-288. Paris: Picard.

Parry, Richard H.G. 2013. "Classical writers and ancient construction works." *Proceedings of the Institution of Civil Engineers–Engineering History and Heritage* vol. 166 no. 3: 126-135.

Pattison, Amdrew. 2014. "William Hazledine (1763–1840): pioneering iron founder." *Proceedings of the Institution of Civil Engineers–Engineering History and Heritage* vol. 167 no. 3: 147-166.

Paxton, Roland. 2007. "Thomas Telford's cast-iron bridges." *Proceedings of the Institution of Civil Engineers–Civil Engineering* vol. 160 no. 5: 12-19.

Pedreschi, Remo. 2006. "The Structural Behaviour and Design of Free-Standing Barrel Vaults of Eladio Dieste." In *Proceedings of the Second International Congress on Construction History*, edited by Dunkeld et al., 1: 2451-2467. Cambridge: Construction History Society.

Pepper, Simon. 2008. "Cottages, Flats and Reconditioning: Renewal Strategies in London after World War One." *Construction History* vol. 23: 99-117.

Peters, Timothy J., and Stephen F. Brown. 2013. "The life and times of Arthur Brome Wilson, canal engineer." *Proceedings of the Institution of Civil Engineers–Engineering History and Heritage* vol. 166 no. 1: 3-12.

Phear, Alan G., and Simon J. Harris. 2008. "Contributions to Géotechnique 1948–2008: Ground improvement." *Géotechnique* vol. 58 no. 5: 399-404.

Platt, Colin. 1994. *The Great Rebuildings of Tudor and Stuart England: Revolutions in Architectural Taste*. London: Routledge.

Portman, Derek R. 2004. "Henry Marc Brunel–Civil Engineer." *Construction History* vol. 20: 71-83.

Powell, Christopher. 2003. "Who did what: Division of labour among construction-related firms." In *Proceedings of the First International Congress on Construction History. Madrid, 20th–24th January 2003*, edited by S. Huerta, 1649-1655. Madrid: Instituto Juan de Herrera.

Powell, Chritsopher. 1996. "The British building industry since 1800: an economic history." London: E. & F. N. Spon.

Powell, Chritsopher. 2006. "Genesis of a General Contractor: a Georgian Vernacular Builder Transformed." In *Proceedings of the Second International Congress on Construction History*, edited by Dunkeld et al., 1: 2547-2557. Cambridge: Construction History Society.

Powrie, William. 2008. "Contributions to Géotechnique 1948-2008: Groundwater." *Géotechnique* vol. 58 no. 5: 435-439.

Price, Sam, and Helen Rogers. 2005. "Stone cantilevered staircases." *The Structural Engineer* vol. 83 no. 2: 29-36.

Quartermaine, Jamie. 2007. "Telford's Holyhead Road in Wales—the first super highway." *Proceedings of the Institution of Civil Engineers–Civil Engineering* vol. 160 no. 5: 43-47.

Quinion, David W. 2008. "Experiences of a contractors' structural engineer." *The Structural Engineer*, Centenary special issue vol. 86 no. 14: 26-31.

Rabeneck, Andrew. 2011. "Building for the future–schools fit for our children." *Construction History* vol. 26: 55-79.

Rabeneck, Andrew. 2012. "The Transformation of Construction by Concrete." In *Nuts & Bolts of Construction History: Culture, Technology and Society*, edited by R. Carvais et al., 2: 627-336. Paris: Picard.

Ramage, Michael. 2007. "Guastavino's Vault Construction Revisited." *Construction History* vol. 22: 47-60.

Rimmer, Jayne A.E. 2006. "A Re-assessment of the Use of Building Accounts for the Study of Medieval Urban Houses." In *Proceedings of the Second International Congress on Construction History*, edited by Dunkeld et al., 1: 2559-2612. Cambridge: Construction History Society.

Roberts, Gwilym. 2009. "St Pancras station: Victorian 'cathedral of the railways'." *Proceedings of the Institution of Civil Engineers–Engineering History and Heritage* vol. 162 no. 3: 157-166.

Roberts, Gwilym. 2011. "Middle Eastern archaeology." *Proceedings of the Institution of Civil Engineers–Engineering History and Heritage* vol. 164 no. 1: 3-16.

Roberts, Gwilym. 2013. "How a diver saved Winchester Cathedral, UK: and today's solution?" *Proceedings of the Institution of Civil Engineers–Engineering History and Heritage* vol. 166 no. 3: 164-176.

Roberts, Gwilym. 2014. "Frederick Cooper (1841–1933): the supreme resident engineer." *Proceedings of the Institution of Civil Engineers Engineering History and Heritage* vol. 167 no. 1: 47-60.

Roberts, John M. 2008. "Building structures." *The Structural Engineer*, Centenary special issue vol. 86 no. 14: 52-57.

Roberts, Tegwen J. 2006. "Hodkin and Jones: a Legacy Cast in Stone? An Investigation into the Significance of Concrete in Domestic Buildings in Britain during the Late Nineteenth and Early Twentieth Centuries." In *Proceedings of the Second International Congress on Construction History*, edited by Dunkeld et al., 1: 2653-2671. Cambridge: Construction History Society.

Rolton, David. 2008. "Construction methods and techniques." *The Structural Engineer*, Centenary special issue vol. 86 no. 14: 112-117.

Ruddock, Ted. 2011. "John Rennie and Waterloo Bridge, London, UK." *Proceedings of the Institution of Civil Engineers–Engineering History and Heritage* vol. 164 no. 3: 155-162.

Russell, Barry. 1981. *Building Systems: Industrialization and Architecture.* London: Wiley.

Saint, Andrew. 2005/6. "Architect and Engineer: A Study in Construction History." *Construction History* vol. 21: 21-30.

Saint, Andrew. 2007. *The Architect and the Engineer: a study in sibling rivalry*. London: Yale.

Saint, Andrew. 2014. "What became of Waring? Fortunes of an entrepreneur in furnishing, shopkeeping and construction." *Construction History* vol. 29 no. 1: 75-98.

Salgado, Rodrigo, Guy T. Houlsby, and David N. Cathie. 2008. "Contributions to Géotechnique 1948–2008: Foundation engineering." *Géotechnique* vol. 58 no. 5: 369-375.

Salzman, Louis F. 1952. *Building in England down to 1540*. Oxford: Clarendon.

Schoenefeldt, Henrik. 2012. "Creating the right internal climate for the Crystal Palace." *Proceedings of the Institution of Civil Engineers–Engineering History and Heritage* vol. 165 no. 3: 97-107.

Schoenefeldt, Henrik. 2011. "The use of scientific experimentation in developing the glazing for the Palm House at Kew." *Construction History* vol. 26: 19-40.

Shoenefeldt, Henrik. 2015. "Reid's short-lived ventilation system for the Permeant House of Commons, 1847-1854." In *Studies in Construction: the Proceedings of the Second Conference of the Construction History Society*, edited by James W. P. Campbell et al., 167-180. Cambridge: Construction History Society.

Skempton, Alec W. 1991. *John Smeaton FRS*. London: Thomas Telford.

Skempton, Alec W., and H. R. Johnson. 1952. "The first iron frames." *Architectural Review* vol. 131 (March 1952): 175-186.

Skempton, Alec W. et al., eds. 2002. *Biographical Dictionary of Civil Engineers*, Volume 1, 1500-1830. London: Thomas Telford.

Skempton, Alec W. 1959-1960. "The Boat Store, Sheerness (1858-1860) and its place in structural history." *Transactions of the Newcomen Society* vol. 32: 57-78.

Smith, Denis, ed. 2001. *Civil Engineering Heritage: London and the Thames Valley*. London: Thomas Telford (One of a UK-wide series).

Smyth, Fiona. 2014. "Acoustic Design in the 1930s: Robinson and Keefe's Church of Corpus Christi, Dublin." In *Proceedings of the First Conference of the Construction History Society*, edited by James W. P. Campbell et al., 377-389. Cambridge.

Smyth, Fiona. 2014. "More than a 'Machine for living in': Science, noise and experimental housing in 1930s Britain." *Construction History* vol. 29 no. 2: 105-122.

Soga, Kenichi, and Stephan A. Jefferis. 2008. "Contributions to Géotechnique 1948–2008: Soil science and interdisciplinary aspects of geotechnical engineering." *Géotechnique* vol. 58 no. 5: 441-448.

Soper, Robin H. 2010. "The M1: Britain's first inter-urban motorway." *Proceedings of the Institution of Civil Engineers–Engineering History and Heritage* vol. 163 no. 2: 129-134.

Spencer-Silver, Patricia. 1993. *Pugin's Builder: the life and work of George Myers*. Hull: Univ. of Hull.

Stacey, D.B. 2010. "Inspired by infrastructure." *Proceedings of the Institution of Civil Engineers–Engineering History and Heritage* vol. 163 no. 4: 231-235.

Standing, Jamie R., and David M. Potts. 2008. "Contributions to Géotechnique 1948-2008: Tunnelling." *Géotechnique* vol. 58 no. 5: 391-398.

Stephenson, Judy. 2015. "The organisation of labour and craftsmen in the 17th century London building trades." In *Studies in Construction: the Proceedings of the Second Conference of the Construction History Society*, edited by James W. P. Campbell et al., 57-66. Cambridge: Construction History Society.

Sturrock, Neil S., and Peter Lawson-Smith. 2006. "The Grandfather of Air-Conditioning–the Work and Influence of David Boswell Reid, Physician, Chemist, Engineer (1805–1863)." In *Proceedings of the Second International Congress on Construction History*, edited by Dunkeld et al., 1: 2981-2998. Cambridge: Construction History Society.

Summerson, John. 1962 (revised edition). *Georgian London*. London: Penguin.

Sutherland, R. James. 2010. "Revival of structural timber in Britain after 1945." *Construction History* vol. 25: 101-114.

Sutherland, R. James M. 2008. "The impact of materials." *The Structural Engineer*, Centenary special issue vol. 86 no. 14: 118-128.

Sutherland, R. James M., ed. 1997. *Structural Iron 1750-1850*, vol. 9 of series 'Studies in the History of Civil Engineering'. Aldershot: Ashgate.

Sutherland, R. James M. et al., eds. 2001. *Historic Concrete*. London: Thomas Telford.

Swailes, Tom. 2011. "Southwark iron bridge, London, UK." *Proceedings of the Institution of Civil Engineers–Engineering History and Heritage* vol. 164 no. 3: 163-173.

Swailes, Tom, and Eduardo Aja Fernandez de Retana. 2004. "The Strength of cast iron columns and the research work of Eaton Hodgkinson (1789-1861)." *The Structural Engineer* vol. 82 no. 2: 18-23.

Swailes, Tom, and Joe Marsh. 2005. "Development of long-span iron roof structures in Britain." *Proceedings of the Institution of Civil Engineers–Structures and Buildings* vol. 158 no. 5: 321-339.

Swenarton, Mark. 2005. "Breeze blocks and Bolshevism: housing policy and the origins of the Building Research Station 1917-." *Construction History* vol. 21 no. 6: 69-80.

Swenarton, Mark C. 2006. "Breeze Blocks and Bolshevism: Housing Policy and the Origins of the Building Research Station 1917-1921." In *Proceedings of the Second International Congress on Construction History*, edited by Dunkeld et al., 1: 2999-3010. Cambridge: Construction History Society.

Tann, Jennifer. 1970. *The Development of the Factory*. London: Cornmarket.

Tappin, Stuart. 2003. "The structural development of masonry domes in India." In *Proceedings of the First International Congress on Construction History. Madrid, 20th–24th January* 2003, edited by S. Huerta, 1941-1952.

Tappin, Stuart. 2003. "The early use of reinforced concrete in India." In *Proceedings of the First International Congress on Construction History. Madrid, 20th–24th January 2003*, edited by S. Huerta, 1931-1940.

Taylor, A., Chris Plant, and J. Dickerson. 2009. "Wellington Street Swing Bridge, Hull, UK." *Proceedings of the Institution of Civil Engineers–Engineering History and Heritage* vol. 162 no. 2: 67-79.

Taylor, Jeremy. 1991. *Hospital and Asylum Architecture in England, 1840-1914.* London: Mansell.

Taylor, Patrick. 2006. "A Last Fling in Local Distinctiveness." In *Proceedings of the Second International Congress on Construction History*, edited by Dunkeld et al., 1: 3061-3077. Cambridge. Construction History Society.

Theodossopoulos, Dimitris, John Barber, Graeme Cavers, and Andy Heald. 2012 "The Achievement of Structural Stability in the Drystone Iron-Age Broch Towers in North Scotland." In *Nuts & Bolts of Construction History: Culture, Technology and Society*, edited by R. Carvais et al., 3: 3-12. Paris: Picard.

Thom, Colin. 2010. "Fine veneers, army boots and tinfoil: New light on Marc Isambard Brunel's activities in Battersea." *Construction History* vol. 25: 53-68.

Thompson, Nick. 2006. "A Study of Early Corrugated Iron Buildings in Rural Scotland." In *Proceedings of the Second International Congress on Construction History*, edited by Dunkeld et al., 1: 3097-3115. Cambridge: Construction History Society.

Thompson, Philip, and Alexander Donald. 2012. "The Silent Valley dam: setting the record straight." *Proceedings of the Institution of Civil Engineers–Engineering History and Heritage* vol. 165 no. 2: 81-92.

Thomson, James C. 2014. "The History, development and potential of jacked underground structures." *The Structural Engineer* vol. 92 no. 5: 10-17.

Thorne, Robert. 2015. "Railway Engineering and the Picturesque." In *Studies in Construction: the Proceedings of the Second Conference of the*

Construction History Society, edited by James W.P. Campbell et al., 105-120. Cambridge: Construction History Society.

Thorne, Robert, ed. 2000. *Structural Iron and Steel 1850-1900*, vol. 10 of series 'Studies in the History of Civil Engineering'. Aldershot: Ashgate.

Trout, Edwin A.R. 2014. "The Deutscher Ausschuß für Eisenbeton (German Committee for Reinforced Concrete) 1907-1945. Part 1: Before World War I." *Construction History* vol. 29 no. 1: 51-74.

Trout, Edwin A.R. 2014. "The Deutscher Ausschuβ für Eisenbeton (German Committee for Reinforced Concrete), 1907-1945. Part 2: Between the Wars." *Construction History* vol. 29 no. 2: 83-104.

Ulrich, Roger B., and Caroline K. Quenemoen, eds. 2014. *A Companion to Roman Architecture*. Oxford: Wiley Blackwell.

Vaci, Sandor P. 2011. "William Tierney Clark and the Buda-Pesth chain bridge." *Proceedings of the Institution of Civil Engineers–Engineering History and Heritage* vol. 164 no. 2: 109-122.

Vaci, Sandor P., and Vignoles, John. 2013. "The challenge of building the Buda-Pesth Chain Bridge across the icebound Danube." *Proceedings of the Institution of Civil Engineers–Engineering History and Heritage* vol. 166 no. 3: 146-163.

Vignoles, John. 2012. "The construction of the Kiev Suspension Bridge 1846-1853." *Proceedings of the Institution of Civil Engineers–Engineering History and Heritage* vol. 165 no. 1: 21-45.

Vignoles, John P. 2006. "Kiev Suspension Bridge. (1846-1853)." In *Proceedings of the Second International Congress on Construction History*, edited by Dunkeld et al., 1: 3211-3231. Cambridge: Construction History Society.

Wainwright, Faith Helen. 2008. "The development of the consulting profession." *The Structural Engineer*, Centenary special issue vol. 86 no. 14: 20-25.

Wall, Christine. 2014. "Recording the 'building world': how oral history transforms construction history." *Proceedings of the First Conference of the Construction History Society*. Cambridge: CHS.

Wall, Christine, Linda Clarke, and Charlie McGuire. 2012. "Concrete Constructors: Oral History Accounts of Building Work on a Large, Complex Site in 1960s Britain." In *Nuts &Bolts of Construction History: Culture, Technology and Society*, edited by R. Carvais et al., 2: 125-134. Paris: Picard.

White, David J. 2008. "Contributions to Géotechnique 1948–2008: Physical modelling." *Géotechnique* vol. 58 no. 5: 413-421.

Wilkinson, Dominic. 2006. "The Significance of the Former Bryant & May Match Factory, Garston, Liverpool." In *Proceedings of the Second International Congress on Construction History*, edited by Dunkeld et al., 1: 3357-3377. Cambridge: Construction History Society.

Willis, Robert. 1842. "On the construction of the vaults of the middle ages." *Transactions of the Royal Institute of British Architects* vol. 1, Part II: 1-69.

Wilson Jones, Mark. 2000. *Principles of Roman Architecture.* London: Yale.

Wood, Jason J.B. 2006. "The Defences at Saint-Bertrand-de-Comminges: Some Observations on the Mechanics of the Late Roman Building Trade." In *Proceedings of the Second International Congress on Construction History*, edited by Dunkeld et al., 1: 3379-3387. Cambridge: Construction History Society.

Woodward, Donald. 1995. *Men at Work: Labourers and Craftsmen in the towns of Northern England 1450-1750.* Cambridge: CUP.

Wootton, John. 2010. "The history of British motorways and lessons for the future." *Proceedings of the Institution of Civil Engineers–Civil Engineering* vol. 163 no. 3: 137-143.

Yeadon, Harry L. 2010. "Preston By-pass: the first motorway in the UK." *Proceedings of the Institution of Civil Engineers–Engineering History and Heritage* vol. 163, no. 2: 117-128.

Yeomans, David. 2003. "The work and influence of Felix Samuely in Britain." In *Proceedings of the First International Congress on Construction History. Madrid, 20th–24th January 2003*, edited by S. Huerta, 2127-2137.

Yeomans, David. 2003. "Modern analysis and historic structures." In *Proceedings of the First International Congress on Construction History. Madrid, 20th–24th January 2003*, edited by S. Huerta, 81-88.

Yeomans, David, and David Cottam. 2001. *Owen Williams.* London: Thomas Telford.

Yeomans, David, and Hugh Harrison. 2014. "The construction and structure of medieval gates." In *Proceedings of the First Conference of the Construction History Society*, 112-122. Cambridge.

Yeomans, David T. 1992. *The Trussed Roof.* Aldershot: Scolar.

Yeomans, David T. 1997. *Construction since 1900: Materials.* London: Batsford.

Zhao, Jing. 2015. "The architecture of the-not-so-well-tempered-environment on the making of the new houses of Parliament." In *Studies in Construction: the Proceedings of the Second Conference of the Construction History Society*, edited by James W. P. Campbell et al. Cambridge: Construction History Society, 157-166.

COMPLETED DOCTORAL THESES 1990-2013

Agnoletto, Stefano. 2013. "Building an economic ethic niche: Italian immigrants in the Toronto construction industry (1950s-1970s): a case study." PhD diss., Kingston University.

Andrews, James N. 2006. "The use and development of upper floors in houses at Herculaneum." PhD diss., University of Reading.

Arapostathis, Efstathios. 2006. "Consulting engineers in the British electric light and power industry, c. 1880-1914." PhD diss., University of Oxford.

Asquith, Daniel. 1993. "Tools in early medieval England: the form and function of blacksmithing, woodworking and agricultural tools." PhD diss., University of Manchester.

Bardill, Jonathan. 1994. "Brickstamps of Byzantium: incorporating the archive of Ernest Mamboury." PhD diss., University of Warwick.

Beech, Robert. 2015. "The hammer-beam roof: tradition, innovation and the carpenter's art in late medieval England." PhD diss., University of Birmingham.

Bill, Nicholas Aaron. 2013. "Timber railway bridges and viaducts in the United Kingdom 1835-1870." PhD diss., University of Cambridge.

Bispham, Joseph. 2008. "Historic imported softwood in eastern England: past knowledge, current perceptions and conservation." PhD diss., Anglia Ruskin University.

Blain, Sophie Emilie Lea. 2009. "Ceramic building materials in early medieval churches in north-western France and south-eastern England application of luminescence dating to building archaeology." PhD diss., Durham University.

Bloxam, Elizabeth Gambier. 2004. "The organisation, transportation and logistics of hard stone quarrying in the Egyptian Old Kingdom: a comparative study." PhD diss., University of London.

Bostwick, David. 1993. "Decorative plasterwork of the Yorkshire region, 1570-1670." PhD diss., University of Sheffield.

Brown, David. 2012. "Historic wrought iron minor architectural details in Lincolnshire: their development and conservation." PhD diss., University of Lincoln.

Bruce, Iain Stevenson. 2007. "Timber frame construction in North East Scotland: a century of precedent 1830's-1930's." PhD diss., Robert Gordon University.

Buchanan, Alexandrina Caroline. 1994. "Robert Willis and the rise of architectural history." PhD diss., University of London.

Cambridge, Eric. 1992. "The masons and building works of Durham priory 1339-1539." PhD diss., Durham University.

Campbell, James. 2000. "Sir Christopher Wren, the Royal Society and the Development of Structural Carpentry (1660-1710)." PhD diss., University of Cambridge.

Donnelly, Thomas. 1975. "The development of the Aberdeen granite industry, 1750-1939." PhD diss., University of Aberdeen.

Edis, Jonathan David. 2000. "The Totternhoe School of Masons c.1567-c.1618: a Midland stone-carving workshop producing funerary monuments in the Dutch style." PhD diss., De Montfort University.

Ewart, Ian James. 2011. "An anthropology of engineering." PhD diss., University of Oxford.

Gao, Yun. 1998. "The Dai vernacular house in South China: tradition and cultural development in the architecture of an ethnic minority." PhD diss., Edinburgh University.

Gapper, Claire. 1998. "Plasterers and plasterwork in city, court and county c.1530-c.1640." PhD diss., Courtauld Institute of Art (University of London).

Graham, Elizabeth Ann. 2013. "Pleasure and utility: domestic bathrooms in Britain, 1660-1815." PhD diss., University of Edinburgh.

Hayman, Richard. 2004. "The Shropshire wrought-iron industry c1600-1900: a study of technological change." PhD diss., University of Birmingham.

Hill, P. R. 2003. "The construction of Hadrian's Wall." PhD diss., University of Durham.

Hirt, Alfred Michael. 2004. "Mines and quarries in the Roman Empire: organizational aspects, 27 BC–AD 235." PhD diss., University of Oxford.

Hounsell, Peter. 2000. "Cowley stocks brickmaking in West Middlesex from 1800." PhD diss., Thames Valley University.

Hughes, Patricia Marjorie. 1990. "Buildings and the building trade in Worcester 1540-1650." PhD diss., University of Birmingham.

Jaquin, Paul A. 2008. "Analysis of historic rammed earth construction." PhD diss., Durham University.

Kingman, Michael John. 2006. "Brickmaking and brick building in Staffordshire 1500-1760." PhD diss., Keele University.

Kirk, Jayne Claudia. 2001. "The supply and utilisation of vernacular building timber in the rural Sussex Weald 1500-1800." PhD diss., University of Sussex.

Kloukinas, Dimitrios. 2015. "Neolithic building technology and the social context of construction practices the case of northern Greece." PhD diss., Cardiff University.

Ko, Humphrey M. 2009. "Corporate Personality and the Modern Chinese State The Cement Industry of China,1889-1949." PhD diss., Oxford University.

Lancaster, Lynne C. 1995. "Concrete vaulted construction developments in Rome from Nero to Trajan." PhD diss., University of Oxford.

Lorigan, Catherine Mary. 2004. "'The far famed and celebrated old Delabole slate quarry': the industrial history of the quarry and the making of its village community, 1840-1920." PhD diss., University of Exeter.

Lunnon, Helen E. 2012. "Making an entrance: studies of medieval church porches in Norfolk." PhD diss., University of East Anglia.

Lynch, Gerard C. J. 2004. "English gauged brickwork: historical development and future practices." PhD diss., De Montfort University.

MacDonald, Kate. 2008. "The Brochs of North-West Scotland: Building History in the British Iron Age." PhD diss., The University of Sheffield.

Mitchell, David Scott. 2013. "Development of the architectural iron founding industry in Scotland." PhD diss., University of Edinburgh.

Mobus, Melody Ann Clara. 2011. "The Burford Masons and the changing world of building practice in England 1630-1730." PhD diss., Open University.

Mooney, Dawn Elise. 2013. "The use and control of wood resources in Viking Age and medieval Iceland." PhD diss., University of Aberdeen.

Morgan, Graham C. 1992. "Romano-British mortars and plaster." PhD diss., University of Leicester.

Napier, William John. 2012. "Kinship and politics in the art of plaster decoration." PhD diss., University of Dundee.

Newland, Katharyne. 2010. "The acquisition and use of Norwegian timber in seventeenth century Scotland, with reference to the principal building works of James Baine, His Majesty's Master Wright." PhD diss., University of Dundee.

Ochsendorf, John Allen. 2002. "Collapse of masonry structures." PhD diss., University of Cambridge.

Paskins, J. F. 2012. "The social experience of building construction work in and around Paris during the 1960s." PhD diss., University College London (University of London).

Pears, Richard Malcolm. 2013. "William Newton (1730-1798) and the development of the architectural profession in north-east England." PhD diss., University of Newcastle Upon Tyne.

Rababeh, Shaher M. 2005. "Construction techniques of the Nabataean freestanding buildings and rock-cut monuments in Petra, Jordan." PhD diss., University of Oxford.

Robertson, Frances. 2011. "Ruling the line learning to draw in the first age of mechanical reproduction." PhD diss., Glasgow School of Art.

Schoenefeldt, Henrik. 2011. "Transformation of the horticultural glasshouse prototype for human habitation." PhD diss., University of Cambridge.

Sekules, Veronica. 1990. "The sculpture and liturgical furnishings of Hecklington church and related monuments: masons and benefactors in early fourteenth-century Lincolnshire." PhD diss., Courtauld Institute of Art.

Semple, Mhairi Claire. 2009. "An archaeology of Scotland's early Romananesque churches the towers of Alba." PhD diss., University of Glasgow.

Shipway, James Simpson. 2002. "Some aspects of the development of the girder bridge 1820-1890." PhD diss., Heriot-Watt University.

Snyder, James Riley. 2013. "Construction requirements of the water supply of Constantinople and Anastasian Wall." PhD diss., University of Edinburgh.

Spires, Thomas Bennett. 2002. "An historical geography of the British quarrying industry, c.1850-1950." PhD diss., Manchester Metropolitan University.

Stanford, Christopher Paul. 2002. "Thatching in Cambridgeshire." PhD diss., University of Greenwich.

Taylor, David J. A. 1999. "The forts on Hadrian's Wall: a comparative analysis of the form and construction of some buildings." PhD diss., Durham University.

Theodossopoulos, Dimitrios. 2002. "Structural behaviour of historic masonry cross vaults." PhD diss., University of Edinburgh.

Thick, Anne Elizabeth. 1997. "The fifteenth-century stewards' book of Southampton." PhD diss., University of Southampton.

Trushell, John McEwen. 2010. "A history of the quantity surveying profession in Scotland to the late-twentieth century, with special reference to John Dansken & Purdie, Chartered Quantity Surveyors." PhD diss., Glasgow Caledonian University.

Valek, Jan. 2000. "Lime mortars in historic buildings." PhD diss., University of Paisley.

Watt, Kathleen Ann. 2000. "Nineteenth century brickmaking innovations in Britain building and technological change." PhD diss., University of York.

Wu, Nan-Wei. 2012. "Architectonics of seismicity building and colonial culture in Japan and Taiwan from the Meiji Period to the Second World War." PhD diss., University of Edinburgh.

HISTOIRE DES TECHNIQUES
sous la direction d'Anne-Françoise Garçon,
André Grelon et Virginie Fonteneau
13

L'Histoire de la construction / Construction History

Ouvrage publié avec le soutien de
l'Association francophone d'histoire de la construction

L'Histoire de la construction / Construction History

Relevé d'un chantier européren / Survey of a European Building Site

Tome II

Sous la direction d'Antonio Becchi, Robert Carvais et Joël Sakarovitch

PARIS
CLASSIQUES GARNIER
2018

Antonio Becchi est chercheur au *Max Planck Institute for the History of Science* (Berlin). Il est cofondateur de l'Association E. Benvenuto et membre correspondant de l'*International Academy of the History of Science*. Il a récemment publié *Naufragi di terra e di mare* (Rome, 2017) et codirigé les ouvrages *Guidobaldo del Monte* (Berlin, 2013) et *Philippe de La Hire* (Paris, 2013).

Robert Carvais est directeur de recherches au CNRS (CTAD – université Paris – Nanterre). Historien du droit, il confronte sa discipline avec l'histoire des sciences et des techniques. Il a publié en ligne les *Cours* d'Antoine Desgodets. Récemment il a coédité *Penser la technique autrement* (Paris, 2017). Il dirige un projet ANR sur « les experts et les expertises parisiennes du bâtiment (1690-1790) ».

Joël Sakarovitch (1949-2014), mathématicien, architecte et docteur en histoire des sciences, était professeur à l'université Paris-Descartes et à l'École d'architecture Paris-Malaquais. Il fut le premier président de l'Association francophone d'histoire de la construction (2010-2014). Ses travaux de recherche ont porté sur l'histoire de la construction et l'origine de la géométrie descriptive. Il est notamment l'auteur de *Épures d'architecture* (Bâle, 1998).

ISBN 978-2-406-08243-9 (livre broché)
ISBN 978-2-406-08244-6 (livre relié)
ISSN 2118-8181

DEUXIÈME PARTIE

UNE ANTHOLOGIE DE RÉFLEXION (1985-2014) / CONSTRUCTION HISTORY : AN ANTHOLOGY (1985-2014)

Agostino Ramelli,
Le diverse et artificiose machine,
Paris 1588, fol. 317r.

ANTHOLOGIE, UNE INTRODUCTION

Une anthologie de textes sur l'histoire de la construction est publiée ici pour la première fois. Elle rassemble des écrits parfois difficiles à repérer et permet ainsi, à leur lecture, une vision d'ensemble de ce champ de réflexion et de recherche. Le choix de les ranger par ordre chronologique nous est apparu plus pertinent que l'ordre alphabétique des noms d'auteurs car il permet de saisir plus facilement au fils du temps les évolutions et les ruptures des regards du champ et sur le champ.

UNE SÉLECTION PARTAGÉE

Le choix des textes est inévitablement subjectif. Il ne signifie nullement que nous présentions ici un florilège complet mais plutôt une sélection. Nous avons voulu cette dernière la plus représentative possible des courants en vigueur qui ont couvert l'histoire de la construction en Europe, voire aux États-Unis, au cours de la période d'une trentaine d'années qui s'est déroulée depuis la parution du numéro un de la revue *Construction History*. D'ailleurs, notre sélection est garantie par l'ensemble des auteurs des rapports dans la mesure où, afin de la constituer, nous avons proposé une première liste de textes, demandé conseil et reçu des propositions et/ou des modifications. L'anthologie est par conséquent le résultat d'un véritable travail commun, ayant fait intervenir des représentants des pays européens, soit dirigeant les principales sociétés savantes, soit le cas échéant, scientifiquement qualifiés pour y répondre.

UN CONTENU VARIÉ

Sur les 41 auteurs sollicités[1], 12 sont auteurs, voire co-auteurs, d'un rapport sur l'état de l'art de la première partie. Les langues utilisées sont plurielles, même si l'anglais domine nettement avec 26 textes écrits dans cette langue, l'usage du français n'est pas négligeable avec 10 textes, probablement un biais des directeurs de cette publication. 4 textes sont écrits en italien, deux en espagnol et un seul, pour partie en plus, en allemand. Si nous nous abstenons de considérer la langue d'écriture, l'origine géographique des articles n'apparaît pas équitablement répartie. Si la Grande-Bretagne, l'Italie et la France sont représentées respectivement par un nombre de textes quasiment semblable (9, 8, 9), la Belgique, l'Allemagne et l'Espagne sont représentées par la moitié moins de textes soit respectivement (3, 4, 3). Malgré sa non appartenance à l'Europe, les États-Unis collaborent à hauteur de 7 textes.

Sur les 43 textes retenus (10 sont écrits à plusieurs mains, 19 ont comme auteur ou co-auteur un auteur ou co-auteur d'un rapport susmentionné), 13 (soit un tiers) sont des textes courts sous forme d'éditoriaux, d'introductions de livres, de préfaces, de comptes rendus. 11 (soit un quart) sont des parties d'ouvrage ou des articles publiés dans des recueils d'actes de congrès, manifestations concernant principalement notre champ qui, pour la plupart, abordent la question de fond de savoir ce que représente, pour leurs auteurs, l'histoire de la construction et ses liens avec les disciplines classiques. Les 19 dissertations restantes (soit près de 45 %) sont des articles publiés dans des revues diverses et qui abordent des études de cas ainsi que des regards particuliers sous un angle disciplinaire. Si *Construction History* se trouve particulièrement sollicité (à 9 reprises), les revues sont volontairement situées dans des champs disciplinaires différents : la restauration (*Journal of the American Institute for Conservation, APT Bulletin – Association for preservation Technology International*) ; l'histoire urbaine (*Stadgeschiedenis, Histoire urbaine*) ; l'histoire du travail (*Labor History*) ; l'archéologie (*Archeologia dell'Architettura, Arqueologia de la Arquitectura*) ; l'histoire des techniques

1 Pour les six auteurs disparus, nous avons sollicité leurs ayants droit. De même, tous les premiers éditeurs des textes ont accepté cette réédition.

(*Stahlbau, Technology and Culture*) ; l'histoire architecturale (*Les Cahiers de la Recherche architecturale, Perspecta. The Yale Architectural Journal, Nexus Network Journal. Architecture and Mathematics, Journal of the Society of Architectural Historians*).

La raison principale de cette anthologie réside dans la volonté de tenter de cerner, au plus près, le contenu de ce que nous appelons « l'histoire de la construction », de susciter des débats et des réactions sur ce champ et de proposer pour des séminaires et des cours, bref pour des étudiants et doctorants, une séries de textes. Ceux-ci pourraient être considérés comme importants en raison de la personnalité de leur auteur pour certains (Benvenuto 1991, 1995 ; Peters 1989 ; Middleton 2013 ; Summerson 1985), voire pourraient apparaître anecdotiques pour d'autres mais marqueurs tout de même de son évolution dans le temps et dans l'espace académique au cours des trente dernières années, comme par exemple les éditoriaux de *Construction History* (Summerson 1985 ; Powell et Thorne 2006 ; Addis et Bullock 2102 ; Addis et Schlimme 2013) ou la recension de son premier numéro par *Technology & Culture* (Morley 1987a).

Ainsi, pour comprendre ce qui compose l'histoire de la construction, ses différentes branches comme ses limites, nous avons choisi deux sortes de textes : des réflexions de fond mais aussi des études de cas.

Les premiers (les plus nombreux) posent souvent des problématiques identiques et transversales de fond, et se répondent, comme par exemple :

- À quel stade se trouve l'histoire de la construction ? Est-elle arrivée à maturité ou bien n'est-elle qu'émergente ? (Powell et Thorne 2006 ; Picon 2005-2006). Avant 2003 (1ICCH Madrid) certains délivrent un état des lieux sévère, voire désastreux de l'histoire de la construction (Kurrer 2002), un monde sans indication de sources, sans bibliographie appropriée, etc.
- À quelle échelle convient-il d'y travailler ? L'importance du contexte strictement local du lieu de l'édification demeure important pour certains (Addis et Schlimme 2013) alors que l'éclairage national reste prédominant pour d'autres, que ce soit pour l'Italie ou l'Espagne (Becchi 2010 ; Gulli 2012 ; Huerta 2010a, 2010b). Le regard au niveau régional d'un pays permet de découvrir de nouvelles écoles ou un regain particulier d'activité (Morley 1987b, à propos des chercheurs-ingénieurs américains du Delaware dans les années

1960-1980). L'influence des continents peut s'avérer prometteuse (Peters 1989) alors que les barrières linguistiques ne font pas obstacle à des transferts de modèles, matériaux et techniques constructives à l'international (Picon 2010).

- La question de la conception de l'idée constructive[2] se pose principalement chez les ingénieurs (Addis 2007-2016) mais pourrait intéresser les architectes. Elle est persistante dans les éditoriaux de *Construction History*, marquant certaines de ses caractéristiques comme celle d'être souvent collective (Addis et Schlimme 2013) et stigmatise la question de la création du dessin, la matérialité de la conception (Becchi 2013).

Enfin, l'éternel débat de savoir qui, de la pratique ou de la théorie, fonde l'origine des choses est posée à propos de l'histoire de la construction. Edoardo Benvenuto en dresse un historique parfait (Benvenuto 1995). Joël Sakarovitch (2010) démontre les deux facettes du même problème, pour proposer la médiation de l'expérimentation et allier les deux axes.

- Quelles disciplines académiques (Becchi 2010 pour leur qualités et Huerta 2010b pour leurs défauts ou inertie) sont convoquées pour débattre de l'histoire de la construction ? Certaines sont ou doivent être utilisées par l'histoire de la construction (pour les concepts scientifiques, Hassler et Meyer 2009 ; pour l'histoire urbaine, Bertels 2008-2011), d'autres usent de l'histoire de la construction pour faire progresser leur propre discipline (comme l'ingénierie de la conservation, Friedman 2013). L'aspect bicéphale de l'histoire de la construction est envisagé de longue date (Summerson 1985). On parvient même à en structurer les thèmes essentiels : hormis le champ de la proto-discipline, les matériaux et les techniques, les savoirs et leur théorisation ainsi que les acteurs et leur organisation (Carvais et al. 2012).
- Les sciences et les techniques constituent les disciplines qui sont sollicitées de manière systématique avant tout mais dans l'opposition relevée entre ces deux composantes (Sakarovitch 2010 ; Nègre et Lambert 2012). On souligne la pertinence de

2 Xavier Malverti (dir.), *L'idée constructive en architecture*, Actes du colloque tenu à Grenoble du 28 au 30 novembre 1984, Paris, Picard, 1987.

l'influence des concepts théoriques scientifiques sur la pratique constructive (Hassler et Mayer 2009). L'essentiel se révèle dans la réflexion épistémologique que la science impose (Becchi 2010 ; Benvenuto 1995). Précisément, les lois de la mécanique structurelle et de la résistance des matériaux sont évidemment mises en avant (Benvenuto 1991, Benvenuto 1995 ; Lorenz 2005-2006 ; Kurrer 2008 ; Sakarovitch 2010 ; Becchi 2013).

– Les sciences humaines et sociales ne laissent pas indifférent. Elles sont regrettées (Powell et Thorne 2006). Robert Carvais préconise de les développer (2010). Elles sont en pratique pourtant depuis longtemps *via* l'économie (Clarke 1992, 2005 ; Campbell 2005, 2009), les relations du travail (Clarke 1992, 2005), l'anthropologie et l'ethnologie (Lorenz 2005-2006 ; Webster 2009). Souvent on préfère les invoquer sous la forme de l'histoire technique et culturelle renvoyant aux *Cultural Studies* américaines, joignant ici une approche davantage composite, englobante (Bertels 2008-2011 ; Picon 2005-2006).
– Dans le domaine de l'archéologie, on serait passé d'une archéologie du bâti (Esquieu 1997) avec des méthodes et des outils renouvelés à une archéologie de la construction[3] qui tend à analyser, pas seulement les restes matériels sortis des fouilles, mais les processus de construction et de conception, les phasages de réalisation, etc. (Dessales 2008 ; Pizzo 2009 ; Camporeale 2010) – ces derniers reconnaissant leur dette envers des études invitant à ces perspectives de la pratique du chantier (Mannoni et Boato 2002).
– Peu de textes se réclament de l'histoire de l'architecture (Becchi 2013) même si nombre d'auteurs écrivant sur l'histoire de la construction sont à l'origine des historiens de l'architecture. Cette discipline se trouve associée à l'histoire des sciences et des techniques (Nègre et Lambert 2102). Une tradition italienne serait perceptible, ne serait-ce que par l'usage du vocable (Benvenuto 1995 ; Iori et Poretti 2014).

L'apport des sciences urbaines à l'histoire de la construction se révèle assez prometteur car, comme l'écrivait Léon Battista Alberti, se référant à la maxime de Lactance, « la cité est une très grande maison et [...]

3 Hélène Dessales, « L'archéologie de la construction. Une nouvelle approche de l'architecture romaine », *Annales HSS*, 2017, n° 1, p. 75-94.

inversement la maison elle-même est une toute petite cité[4] » (Bertels 2008-2011 ; Fourcaut et Vadelorge 2011).

– Le patrimoine et sa sauvegarde est un terrain qui fait polémique en histoire de la construction car les disciplines de préservation et de conservation sont désignées comme ayant des finalités différentes (voir pourtant Friedman 2013 et Aument 2003). Souvent ces champs abordent les questions de la formation à l'histoire de la construction comme nous le constatons dans le cadre des écoles nationales italiennes ou espagnoles (Becchi 2010 ; Huerta 2010a, 2010b).

Les seconds textes (moins nombreux, de l'ordre d'une dizaine) sont des exemples types de ce que peuvent être des études sur notre champ. Ils couvrent aussi bien des sujets d'histoire des sciences et des techniques que des sujets appartenant aux sciences humaines.

– Sur le premier axe, nous pouvons relever l'analyse des différentes techniques d'usage du béton armé avec revêtement à granulats apparents, expérimentées entre 1915 et 1936 pour la réalisation de la clôture du parc Méridian Hill à Washington, à des fins de restauration de ladite clôture (Aument 2003) ou l'application des méthodes et raisonnements d'archéologie de la construction aux fouilles réalisées au monument hydraulique d'Ostie (Dessales 2008). Dirk Van de Vijver exploite un mémoire présenté à l'Académie Thérésienne de Bruxelles en 1783 sur la théorie des poutres (2007) pour le replacer dans le contexte scientifique de l'époque. Le grand projet du regretté Sergio Poretti, réalié avec Tullia Iori, soutenu par un financement de l'ERC, restera sans doute encore longtemps une étude exemplaire sur un sujet essentiel pour comprendre l'originalité et la domination de l'ingénierie italienne au XXe siècle malgré son retard initial de savoir en mécanique structurelle (Iori et Poretti 2014).
– Sur le second axe, et malgré les nombreux regrets émis par les historiens britanniques et français à l'égard de la rareté d'études d'histoire juridique, économique et sociale dans le champ constructif, nous sommes convaincus que celles que nous soumettons à lecture

4 Léon Battista Alberti, *L'art d'édifier*, texte traduit du latin, présenté et annoté par Pierre Caye et Françoise Choay, Paris, Ed. du Seuil, 2004, p. 79.

sauront séduire les esprits les plus critiques par leur pertinence et leur richesse : qu'il s'agisse de l'histoire des entrepreneurs belges au XIXe siècle d'Inge Bertels (2011) ou de celles de James Campbell sur l'histoire des salaires et des contrats de travail des charpentiers britanniques aux XVIIe et XVIIIe siècles ou sur la formation de la fortune de certains maçons londonien après le grand incendie (2005 ; 2009). Nous ne saurions omettre les études de Linda Clarke sur les transformations du marché du travail dans le domaine du bâtiment en Angleterre au XIXe, comparées avec celles réalisées en Allemagne et en Hollande (2005). Les recherches de Susan Webster (2009) sur des archives coloniales de Quito, plusieurs fois primées, innovent d'une part en démontrant à contre-courant le rôle des indigènes dans la conception et la construction des édifices de la capitale de l'Équateur entre le XVIe et le XVIIIe siècle et en réussissant à redonner une voix aux travailleurs anonymes, toujours mis à l'écart par les historiens faute de l'usage de sources[5] existantes.

Nous espérons que ce travail, principalement à visée didactique pour les écoles d'architecture et d'ingénieurs comme pour les universités, pour ceux qui s'intéressent à la naissance des disciplines comme à ceux qui ont choisi l'histoire de la construction comme terrain de prospection, pourra susciter de nouvelles recherches, inciter à des échanges disciplinaires et permettre de nouvelles et riches découvertes.

Antonio BECCHI et Robert CARVAIS
Berlin-Paris, octobre 2017

5 Voir Robert Carvais, compte rendu, *Ædificare*, 2017, n° 1, p. 226-229.

RÉFÉRENCES

Addis, Bill. 2007-2016. « Notes on compiling my book *Building : 3000 years of Engineering design and construction* (London/New York : Phaïdon, 2007, p. 6-8, revised in 2016) ». Unpublished text.

Addis, Bill and Nick Bullock. 2012. « Editorial ». *Construction History. International Journal of the Construction History Society* 27 : i-ii.

Addis, Bill and Hermann Schlimme. 2013. « Editorial ». *Construction History. International Journal of the Construction History Society* 28 (2) : i-iii.

Aument, Lori. 2003. « Construction History in Architectural Conservation : The exposed aggregate, reinforced concrete of Meridian Hill Park ». *Journal of the American Institute for Conservation* 42 (1) : 3-19.

Becchi, Antonio. 2010. « Histoire de la construction : un regard italien ». In *Édifice & Artifice. Histoires constructives.* Sous la direction de Robert Carvais, André Guillerme, Valérie Nègre et Joël Sakarovitch, 59-63. Paris : Picard.

Becchi, Antonio. 2013. « Looking for an Equilibrium Point : Wilson, Machiavelli and the King of Siam ». *Construction History. International Journal of the Construction History Society* 28 (3) : 1-19.

Benvenuto, Edoardo. 1991. « Introduction ». In Edoardo Benvenuto, *An Introduction to the History of Structural Mechanics.* t. 1 : xvii-xxi. New York : Springer-Verlag, 2 vol.

Benvenuto, Edoardo. 1995. « Entre Mécanique et Architecture ». In *Entre Mécanique et Architecture / Between Mechanics and Architecture.* Sous la direction d'Edoardo Benvenuto et Patricia Radelet-de-Grave, 7-18. Bâle, Boston, Berlin : Birkhaüser.

Bertels, Inge and Bart Tritsmans. 2008-2011. *Building the city. Recent evolutions in historical research focusing on the architecture of nineteenth-century Belgian cities* (L'essentiel de ce rapport a été écrit dans le cadre de la thèse de doctorat d'Inge Bertels, *Building the City, Antwerp 1819-1880* (KU Louvain, 2008). En 2011, ce texte fut repris, traduit en flamand et publié : Inge Bertels et Bart Tritsmans, « Stad en architectuur. Recente evoluties in het historisch onderzoek naar stedelijke architectuur in het negentiende-eeuwse België »,

Stadgeschiedenis 2011/1 : 93-106. Le rapport dont il est question ici est une compilation en anglais des deux textes).

Bertels, Inge. 2011. « Building Contractors in late Nineteenth-century Belgium : from Craftsmen to Contractors ». *Construction History. International Journal of the Construction History Society* 26 : 1-18.

Campbell, James W.P. 2005. « The Finances of the Carpenter in England 1660-1710 : a Case Study on the implications of the Change from Craft to Designer-Based Construction ». In *L'edilizia prima della Rivoluzione Industriale. Secc. XIII-XVIII.* Edited by Simonetta Cavaciocchi, 313-346. Prato : Istituto Internazionale di Storia Economica « F. Datini ».

Campbell, James W. P. 2009. « Building a Fortune : The Finances of the Stonemasons Working on the Rebuilding of St Paul's Cathedral 1675-1720 ». In *Proceedings of the Third International Congress on Construction History.* Edited by Karl-Eugen Kurrer, Werner Lorenz and Volker Wetzk, t. I : 297-304. Berlin : Neunplus1, 3 vol.

Camporeale, Stefano. 2010. « Archeologia dei cantieri di età romana ». *Archeologia dell'Architettura* 15 : 171-179.

Carvais, Robert. 2010. « Plaidoyer pour une histoire humaine et sociale de la construction ». In *Édifice & Artifice. Histoires constructives.* Sous la direction de Robert Carvais, André Guillerme, Valérie Nègre et Joël Sakarovitch, 31-43. Paris : Picard.

Carvais, Robert, André Guillerme, Valérie Nègre et Joël Sakarovitch. 2012. « On Construction History ». In *Nuts & Bolts of Construction History : Culture, Technology and Society.* Edited by Robert Carvais, André Guillerme, Valérie Nègre and Joël Sakarovitch, t. I : ix-xiv. Paris : Picard, 3 vol.

Clarke, Linda. 1992. « Introduction ». In Linda Clarke, *Building Capitalism. Historical Change and the Labour Process in the Production of the Built Environment.* 1-4. Londres : Routledge (réimpr. 2012).

Clarke, Linda. 2005. « From Craft to Qualified Building Labour in Britain : a comparative approach ». *Labor History* 46 (4) : 473-493.

Dessales, Hélène. 2008. « L'archéologie de la construction. Essai de définition ». In *Ostie, l'eau dans la ville. Châteaux d'eau et réseau d'adduction.* Sous la direction d'Evelyne Bukowiecki, Hélène Dessales et Julien Dubouloz, 19-24. Paris, Rome, École Française de Rome.

Esquieu, Yves. 1997. « L'archéologie du bâti en France ». *Archeologia dell'Architettura* 23 : 133-140.

Fourcaut, Annie et Loïc Vadelorge. 2011. « Où en est l'histoire urbaine du contemporain ? ». *Histoire urbaine* 32 : 137-157.

Friedman, Donald. 2013. « A History of Building Technology and Preservation Engineering ». *APT Bulletin (Association for Preservation Technology International)* 44 (1), Special issue on « Preservation-engineering education » : 23-27.

Gulli, Riccardo. 2012. « Materiali per un cantiere di ricerca sulla Storia della Costruzione ». In Giovanni Mochi e Giorgia Predari, *La costruzione moderna a Bologna. Ragione scientifica e sapere tecnico nella pratica del costruire in cemento armato.* 1-11. Milan : Bruno Mondadori.

Hassler, Uta et Torsten Meyer. 2009. « Construction History and the History of Science – An Approach to the Scientification of Building Knowledge ». In *Proceedings of the Third International Congress on Construction History.* Edited by Karl-Eugen Kurrer, Werner Lorenz and Volker Wetzk, t. 2, p. 1033-1038. Berlin : Neunplus1, 3 vol.

Huerta, Santiago. 2010a. « L'Histoire de la construction en Espagne : origines et état des recherches ». In *Édifice & Artifice. Histoires constructives.* Sous la direction de Robert Carvais, André Guillerme, Valérie Nègre et Joël Sakarovitch, 65-75. Paris : Picard.

Huerta, Santiago. 2010b. « Historia de la Construcción : la fundación de una disciplina ». In *A História da Construçao em Portugal.* Edited by João Mascarenhas Mateus, 31-48. Lisbonne : Almedina.

Iori, Tullia and Sergio Poretti. 2014. "SIXXI : An exciting investigation". In *SIXXI 1. Storia dell'ingegneria strutturale in Italia.* Edited by Tullia Iori and Sergio Poretti, 156-157. Rome : Gangemi.

Kurrer, Karl-Eugen. 2002. « Präambel zum '1st International Congress on Construction History' in Madrid ». *Stahlbau* 71 (2) : 116 et 124.

Kurrer, Karl-Eugen. 2008. « The tasks and aims of a historical study of theory of structures ». In Karl-Eugen Kurrer, *The History of the Theory of Structures. From Arch Analysis to Computational Mechanics.* 20-29. Berlin : Ernst & Sohn.

Lorenz, Werner. 2005-2006. « From Stories to History, from History to Histories : What Can Construction History Do ? ». *Construction History. International Journal of the Construction History Society* 21 : 31-42.

Mannoni, Tiziano e Anna Boato. 2002. « Archeologia e storia del cantiere di costruzione ». *Arqueologia de la Arquitectura* 1 : 39-53.

Middleton, Robin. 2013. « The first history of construction ? A Mémoire by Jean Rondelet ». *Construction History. International Journal of the Construction History Society* 28 (3) : 47-68.

Morley, Jane. 1987a. « Review of the N° 1 of *Construction History. International Journal* ». *Technology and Culture* 28 (1) : 152-153.

Morley, Jane. 1987b. « Building Themes in Construction History : recent work by the Delaware Valley Group ». *Construction History. International Journal of the Construction History Society* 3 : 17-30.

Nègre, Valérie et Guy Lambert. 2012. « L'histoire des techniques. Une perspective pour la recherche architecturale ? ». *Les Cahiers de la Recherche architecturale* 26/27 « Trajectoires doctorales » : 76-85.

Peters, Tom F. 1989. « An American Culture of Construction ». *Perspecta, The Yale Architectural Journal* 25 : 142-161.

Picon, Antoine. 2005-2006. « Construction History : Between Technological and Cultural History ». *Construction History. International Journal of the Construction History Society* 21 : 5-19.

Picon, Antoine. 2010. « L'Histoire de la construction : entre cadres culturels nationaux et problématiques Internationales ». In *Édifice & Artifice. Histoires constructives*. Sous la direction de Robert Carvais, André Guillerme, Valérie Nègre et Joël Sakarovitch, 45-51. Paris : Picard.

Pizzo, Antonio. 2009. « La Arqueología de la Construcción. Un laboratorio para el análisis de la arquitectura de época romana ». *Arqueología de la Arquitectura* 6 : 31-45.

Powell, Chris and Robert Thorne. 2006. « Foreward – Coming of Age ». *Construction History. International Journal of the Construction History Society* 21 : 3-4.

Sakarovitch, Joël. 2010. « L'histoire de la construction et l'histoire des sciences ». In *Édifice & Artifice. Histoires constructives*. Sous la direction de Robert Carvais, André Guillerme, Valérie Nègre et Joël Sakarovitch, 23-29. Paris : Picard.

Summerson, John. 1985. « What is the History of Construction ? ». *Construction History. International Journal of the Construction History Society* 1 : 1-2.

Van de Vijver, Dirk. 2007. « *Tentare Licet*. The Theresian Academy's Question on the Theory of Beams of 1783 ». *Nexus Network Journal* 9 (2) : 263-279.

Webster, Susan Verdi. 2009. « Masters of the Trade : Native Artisans,

Guilds, and the Construction of Colonial Quito ». *Journal of the Society of Architectural Historians* 68 (1), mars : 10-29.

WHAT IS THE HISTORY OF CONSTRUCTION?[1]

I take it that the purpose of a Construction History Group would be to encourage the study of the history of construction. What precisely does this mean? It can mean two things: (a) the history of structural design and (b) the history of building practice. The Group would, no doubt, interest itself in both but I think it worthwhile to emphasise certain differences.

The *history of structural design* tends to resolve itself into the study of consecutive innovations and their impact on practice. You can study, for instance, the emergence of rational carpentry design in the seventeenth century, the entry of iron construction in the eighteenth or the adoption of reinforced concrete at the end of the nineteenth. These are episodes involving theoretical development which found their way into building from outside. They are usually concerned with one material.

The *history of building practice* is another thing. It involves the total process of getting a building up on the site, including everything from the recruitment of labour, selection of materials, transport of materials and equipment on the site, down to the supply of drawing materials for the office, the method of payment to builder and architect and so on and so on. It is the history of a complicated process always in a state of change which it is the historian's business to investigate and expound.

My thinking on this subject developed when I was trying to write a book on Victorian London as a sequel to my *Georgian London.* The book did not get written; it was too difficult. But bits of it broke off and got published. One bit was a paper called *The London Building World of the 1860s*, delivered as the 1973 Walter Neurath Lecture, and published by

1 This text was previously published as John Summerson, "What is the History of Construction?", *Construction History. International Journal of the Construction History Society* 1 (1985): 1-2. It is reprinted here with the permission of *Construction History.*

Thames and Hudson. I followed this with a paper *Charting the Victorian Building World* delivered to the Victorian Society at the South Bank Polytechnic in 1976 but not published. These exercises I found very illuminating. They revealed to me a whole landscape of history which, so far as I could ascertain, had never been studied –what I called the 'building world'.

The nature of this 'building world' you can roughly guess, but to bring it into focus I shall refer to an editorial in the first volume of the *Builder*, published in 1842. The editor, Joseph Hansom, is discussing the circulation of his magazine and he lists all the people who, he believes, ought to be interested and who form what he calls the 'building class'. He lists no fewer than 102 types of reader.

I made an analysis of this list. A large number of the types fell into the following groups. Suppliers of builders' plant; of building materials; of building components; suppliers and installers of equipment and services; of drawing-office materials; artist-craftsmen. A whole lot of types escaped these headings: people associated with transport (railways, canals, carriers); estate-agents, book-sellers, mechanics' institutes; insurance companies; schools of design; loan societies; and patent agencies. It remains only to add architects, surveyors and building contractors.

What impressed me about the editor's list was the tremendous ramification of the 'building world' and its unique relationship to society. This ramification is one of the things which gives building history its fascination and perhaps its contemporary value. That is why I am inclined to recommend that, in the inauguration of a building history group, the sights should be set to survey the 'building world' and not merely to intensify the study of isolated areas of change.

You will note that I have avoided the term 'building industry'. I do not really know what the 'building industry' is, or when the expression first came into fashion. No doubt it signified a radical change of some kind and that is exactly the sort of question which needs answering.

I have the impression that the younger generation of architectural historians is instinctively moving towards studies of this kind. For the past thirty-five years 'history of architecture' has meant history of style, patronage and theory. We now have a pretty fair command of these subjects. There is a tendency now to look more deeply into the social, economic and industrial hinterland. There is a tendency to look at what one may call the 'gross national product' of building instead of the sophisticated peaks where the play of style and patronage is the rewarding theme.

What sort of results may we anticipate from the encouragement of studies of this kind? If we glance at Hansom's list we can at once identify themes which could make excellent subjects for academic dissertations and, in many cases, attractive published works. Here is a whole new field for academic enquiry. Meanwhile, there is the task of ascertaining the extent and location of material and, where necessary, securing its protection and availability.

John SUMMERSON
Sir John Soane's Museum

REVIEW
OF THE FIRST ISSUE
OF *CONSTRUCTION HISTORY*[1]

Construction History: Journal of the Construction History Group. Vol. 1. Edited by Mark Swenarton. Ascot, Berkshire: Chartered Institute of Building, 1985. p. 83; tables, notes. £6.00/issue (paper). Available from Chartered Institute of Building, Englemere, Kings Ride, Ascot, Berkshire SL5 8BJ, England.

The periodical literature relevant to the history of architectural technologies, building construction, and their related industrial and sociocultural contexts is a scattered lot. In order to find the relatively small amount of recent work dealing directly with these subjects, one must sift through a variety of publications in the histories of art, architecture, economics, industrial archaeology, and technology –and then sometimes piece together information on style, design, and the manufacture of building materials, sites, and construction methods–in order to obtain a coherent perspective. This annual review of the Construction History Group (now the Construction History Society), however, promises to make these tasks easier by providing abstracts and book reviews of recent literature in the field and articles based on a wide conception of "construction history". It also contains a useful bibliography of recent literature compiled by Simon Pepper, who hopes that it "will complement the much more comprehensive" *T&C* "Current Bibliography".

"What Is the History of Construction?" asks the group's well-known patron, architectural scholar Sir John Summerson, in an editorial that

1 This text was previously published as Jane Morley, "Review of the first issue of *Construction History*", *Technology and Culture* 28-1 (1987): 152-153. It is reprinted here from *Technology and Culture* 28 (1) © 1987 Society for the History of Technology, with the permission of Johns Hopkins University Press.

urges a broad, integral approach to the "building world" and its historical relationship to society. Fulfillment of this charge requires specialized archival materials, and two articles provide information on the location and availability of the records of construction firms, the building trades, and labor unions. There are excellent pieces on the participation of architects in the design of speculative housing in Victorian Leeds, technological and economic changes affecting the Aberdeen granite industry before 1914, and the concept and degrees of "radicalness" of various economic and technological innovations in the post-1945 British building industry. The latter, though a useful analysis, would have been improved had the author considered a wider range of the extant literature on "innovation", not to mention Nathan Rosenberg's published doctoral dissertation on postwar building in Britain.

An article by Brian Finnimore based on his University of London thesis would perk Rosenberg's attention. It discusses how the British aluminum and aircraft industries, possessed of excess production capacity after 1945, promoted the construction of fabricated aluminum houses designed to absorb this excess: "... it should consume the maximum amount of aluminum, and it should be made in an aircraft factory with minimum modification to existing plant" (p. 66). Relatively few of these houses were actually built, although the government provided the patronage necessary for the broad diversification of the light-alloys industry with the construction of public buildings such as schools, aircraft hangars, reservoirs, and oil tanks. In these proposed houses, the architect Le Corbusier would have recognised the British movement toward a new architecture, and the author refers to them as a "technology of excess capacity"; to me the story seems an interesting case study of technological momentum.

In his 1976 book, *The Turn of the Century*, patron Summerson wrote of the Art Worker's Guild, a group of British building artisans: "There is an easy going air about this group". The same spirit is present in the CHS and will serve it well as it maintains the high standards set by the inaugural issue of *Construction History.*

Jane Morley

BUILDING THEMES IN CONSTRUCTION HISTORY

Recent work by the Delaware Valley Group[1]

The purpose of this article is threefold: first, to introduce the work of a group of American scholars based in the Delaware River Valley region, an area extending from upper New York state to Washington, D.C.; secondly, to outline the broad themes which emerge from their work; and finally, to introduce some new perspectives on the history of building construction developed by historians of technology which recognise the complex social relations involved in what Summerson called "the building world" concerned with "the total process of getting a building up on the site".[2] Summerson's inclusive definition of "construction history" provides a useful foundation upon which to base my discussion.[3]

The Delaware Valley Group is an 'invisible college' of historians, civil engineers, architects, industrial archaeologists, and historic preservationists.[4] It is based in a large number of institutions: Colgate, Cornell, Lehigh, Princeton, and the Johns Hopkins Universities; the Universities of Delaware and Pennsylvania; institutions in the Philadelphia area such as the American Philosophical Society, and in the Wilmington, Delaware area such as the Hagley Museum and Library; and at many bodies in

1 This text was previously published as Jane Morley, "Building Themes in Construction History: recent work by the Delaware Valley Group", *Construction History. International Journal of the Construction History Society* 3 (1987): 17-30. It is republished here with the permission of *Construction History.*

2 The preparation of this essay was aided by a dissertation fellowship from the Program for Assessing and Revitalizing the Social Sciences, a program at the University of Pennsylvania funded by a grant from the Andrew W. Mellon Foundation. I am also indebted to the technical assistance of Dr Dennis A. Yao.

3 John Summerson, "What is the History of Construction?, *Construction History*, 1 (1985), p. 1.

4 See D. Crane, *Invisible Colleges* (Chicago, 1972).

Washington, D.C.–the National Building Museum, the National Trust for Historic Preservation, the Smithsonian Institution's National Museum of American History, the Historic American Buildings Survey (HABS) and the Historic American Engineering Record (HAER) programmes of the National Park Service, and in the Historical Division of the US Army Corps of Engineers. Several universities in the region have graduate academic programmes which take in construction history; for instance, the programme of the Hagley Museum and the Library (in association with the University of Delaware) in the History of Industrial America, Cornell's Programme in the History and Philosophy of Science and Technology, and the University of Pennsylvania's various Ph.D. programmes in the Graduate School of Fine Arts (GSFA) (including Architecture and Historic Preservation) and in the Departments of the History of Art and History and Sociology of Science. Significantly, two issues of *VIA*, Penn's GSFA student journal, have been devoted to 'Structures implicit and explicit' and 'Building architecture' [Graduate School of Fine Arts, 1973, 1985].

Seldom, however, have the members of this network formally conferred to discuss their interests and work, although there are some exceptions. The National Conference on Civil Engineering has met several times since 1970 at Princeton to discuss "History, heritage, and the humanities", and have published several volumes of proceedings [National Council on Civil Engineering, 1970; Billington, Mark & Abel, 1973; Abel & Billington, 1980]. A UNESCO organisation, the Council for Tall Buildings and Urban Habitat, is based at Lehigh University and has convened periodically since 1972; the Council's first series of volumes includes chapters on the history and construction of tall buildings. The 'Project descriptions', published in the Council's biannual volumes are useful case studies of recent construction history [Beedle, 1978-1981, 1983, 1985]. In 1976, a group of historians met under the auspices of the Carpenters' Company of Philadelphia and a volume edited by the founder of the Historic American Building Survey, Charles E. Peterson, included 'Contributions toward the history of a great industry' [Peterson, 1976]. The annual Technology Conference of the Association of Collegiate Schools of Architecture held in Washington, D.C. during the past two years has included relevant papers [Hartoonian, 1986; Peters, 1986]. Recently, architectural historian Robert Mark ran a National Endowment for the Humanities Summer Institute at Princeton on 'The technology of historic architecture', exploring the application of modern engineering analysis to the traditional historical investigation of structures. Finally, the various local chapters of the Society for Industrial Archeology (SIA) and the Association for Preservation Technology (APT), and the regionally-based Center for Canal History and Technology have newsletters and regularly scheduled activities such as lectures and site tours. The national chapters of SIA and APT also publish newsletters and journals [See, for example, Jackson, 1979; Bowie, 1985; the collection edited by Jandl, 1983; Peterson, 1987].

Few of the scholars included in this survey specifically define their work as 'construction history' and some do not see themselves as 'historians'. Nonetheless, from their seemingly diverse methods, subjects, and conclusions, themes do emerge that point to future development in the field of construction history.

Two bibliographies and three general texts by authors from the Delaware Valley region serve as introductions to the field. Eugene Ferguson's *Bibliography of the History of Technology* [1968] provides access to primary and secondary materials, and a recent bibliography by Darwin Stapleton [1986] indexes 1282 secondary works on virtually every aspect of civil engineering history since 1600. John Fitchen's *Building Construction Before Mechanization* [1986] is supplemented by Tom F. Peters' *Time is Money* [1981], published in German but now in translation for an American publisher; while Kenneth Frampton's *Modern Architecture: a critical history* [1985] deals with the architectural and aesthetic context. Together these three books provide an overview of the history of construction.

BUILDING THEMES: TECHNOLOGY

In Summerson's definition of construction history, an important element is technology –ie knowledge, materials, tools, machines, techniques, processes– and innovation therein. Yet technology has not been a subject of major importance to most architectural historians, and in

1969 John Maass pronounced this field "skin deep and boneless" [Maass, 1969]. There is still much to learn about the making of architecture, or for that matter, any construction project. In order to understand, for example, why the 'Miesian' skyscraper was so widely built in the US after 1945, one must determine how the American context was suited to meet the material and organisational demands of such projects [Otto, 1983]. In other words, an understanding of the history of building necessarily includes its technology *and* its culture.

Several authors concerned with the history and theory of architecture have attempted to define what technology means specifically for the builder, which in these cases means the architect and structural engineer. According to structural critic Peter McCleary [1983], technology is "the discourse between societies and their natural environment in the production of the built world... the doing and the thinking about doing". The history of technology thus includes the movement from idea, through concept, working drawing, model, technically feasible prototype, economically feasible realisation, to use, diffusion, and transfer [McCleary, 1985]. Marco Frascari has uncovered a definition of 'construction' based on a medical analogy, as the 'therapy' prescribed in drawings and specifications to cure what Leonardo da Vinci called "the ill state of building" [Frascari, 1982]. Frascari has articulated the distinction between 'doing' and 'thinking about doing' in construction; building with the mind is *construing* and building with the hands is *construction* [Frascari, 1985]. An example of this distinction is in the documentation by Joseph Rykwert of the *construed* ideal of the primitive hut, the "point of reference for all speculations on the essentials of building" for generations of architectural theorists in many societies [Rykwert, 1981].

The 'essentials' of building have been addressed by authors from the region who have examined its basic materials, tools, and techniques. Henry Mercer [1929] and Charles Peterson [1975] have compiled artifactual and graphic materials pertaining to the history of woodworking and lumbering; Mercer founded a museum in Doylestown, Pennsylvania to display his collections of early construction artifacts, including early examples of reinforced concrete, and Peterson is currently working on the early history of concrete. A recently republished collection of papers form the Association for Presentation Technology, several of which are by regional authors, deal with a variety of building technologies, including the 'Chicago Balloon Frame', the wrought iron I-beam, the cast iron facade, architectural terra cotta, and exterior paintings [Jandl, 1983]. In his review of ancient Egyptian building, John Fitchen examined techniques such as jacking procedures, and equipment and materials such as rocker devices, scaffolding, and mortars [1978]. Robert Mark [1986] has examined the use of high-quality concrete in the construction of the dome of the Roman Pantheon and its resulting structural behaviour.

Gothic building is a rich area of research, despite the lack of historical documentation. Both Mark and Fitchen have studies Gothic building techniques. Fitchen has speculated on types of scaffolding, centering, and hoisting equipment, and masonry placement techniques used in the construction of the cathedrals [1961]. Some may disagree with Mark's use of computer and photoelastic structural-modeling methods, but his conclusions concerning the practice-based structural knowledge of the builders are valuable nonetheless: Mark believes that experience was the primary source of structural innovations such as the flying buttress and the shift from quadripartite to sexpartite vaulting. More significant may be Mark's recognition of the important role of the building culture and its system of mastered apprenticeships in the transmission of innovations from site to site, in the introduction of new methods, and in the transgenerational continuity of skills [see Mark and his various collaborators].

BUILDING CULTURE

Following the definition given by Raymond Williams,[5] 'culture' is used here in the anthropological sense, to indicate the work and practices of a particular group engaged in the production of a material, artistic, or intellectual product. Thus 'building culture' denotes the individuals, groups, organisations, and industries whose work, practices, and products relate to the construction of the man-made environment.

5 Raymond Williams, *Keywords: A Vocabulary of Culture and Society* (rev. edn. London, 1983), p. 87-93.

The building culture, its division of labour, and its traditions have been addressed by authors primarily interested in Renaissance Italy and the differentiation of the role of the architect form other highly skilled professionals such as engineers and practical mathematicians. The economic historian Richard Goldthwaite examined the Florentine 'building boom' of the mid-fifteenth century, and the effects of this boom on the local economy and within the culture of skilled craftsmen. His portrait of this culture (from quarries, kilns, construction yards, and techniques, to the division of labour, guild organisation, working and living conditions of the craftsmen, and the training and role of the architect) and his history of one project (the construction of the Strozzi Palace) provides an exemplary model for historians of construction. With his concern for the broader, long-term effects of the building boom, Goldthwaite shares Summerson's interest in the "tremendous ramifications upon society" of the building world[6] [Goldthwaite, 1973, 1980].

In contrast to Goldthwaite's focus on private architecture and his brief treatment of architectural style and technological innovation, Nicholas Adams, in several articles and in a book written with Simon Pepper, has examined the design and construction of civil and military architecture in fifteenth- and sixteenth-century Siena. Adams has been concerned primarily with the work of different types of 'superior artisans', such as practical mathematicians, estimators (*abacisti*) and architects, and with the sources of technological innovation in various construction projects, notably the Bruna River Dam and the Sienese fortifications [Adams, 1984, 1985]. Adams & Pepper showed that innovations in fortifications aimed to eliminate specific weaknesses observed in battle in order to make them more effective 'defence tools'; and that improvements in design closely followed innovations in military technology since structures had to accommodate, as well as defend against, new artillery and siege warfare strategies [Adams & Pepper, 1986].

6 Summerson, p. 1.

KNOWLEDGE, TRADITION, AND EXPERIENCE

A major theme in the work of Mark and Adams & Pepper is innovation and its sources in the knowledge, traditions, and practical experience of the builder. For many generations, simple constructive geometry, numerical ratios, 'rules of thumb' based on the empirical evidence of successfully functioning structures, and good judgement formed the core of the skills of the building craftsmen. The tradition of 'emulation', the effort to equal or better outstanding work, was also a major element of the craftsman's work. According to the historian of technology Brooke Hindle, this was a motivating force behind the acquisition of new methods and techniques and the invention of improved forms [Hindle, 1981]. Palladio's shift from the stonecutter's rule-of-thumb proportioning method to an organically –and musically– based aesthetic marked a change in one source of his working knowledge and skills as he made the transition from craftsman to architect [Robinson, 1986b].

An analogous change occurred in the eighteenth and nineteenth centuries when the trusses and railroad bridges of recognised master builders began to fail, and these rule-of-thumb designers were gradually replaced by civil engineers who were educated in mathematics, structural mechanics, and the methods of rational engineering practice. These professionals could solve the technical problems associated with new types of structures [Jackson, 1977; Danko, 1979]. In this case, the emulation of existing bridges would not suffice in the design of economical structures which had to bear substantially increased loads: the master builder had nothing in his store of knowledge, skills, and experience to call upon as he faced such new problems.

A provocative anthropological study of builders' knowledge was done by the folklorist Henry Glassie. Glassie analysed eighteenth-century folk houses in middle Virginia in order to assess the architect/builder's 'competence', the unconscious, grammatical rules based on craft traditions which controlled design choices, and to see how this competence affected construction and how it changed with structural and design innovations [Glassie, 1975].

BUILDER, ARCHITECT, ENGINEER, OR CONTRACTOR?

The changing identity of the 'builder' is another theme in the work of the Delaware Valley group. The researches of Goldthwaite and Adams have indicated that the division of labour in the building crafts was already well-defined in Renaissance Italy. Roger Moss has examined the divergence of craftsmen and architects in colonial and early republican Philadelphia, as the carpenters –like their English counterparts before them– attempted to gain more control over commissions, contracts, prices for work, and the enforcement of building regulations. With the introduction of English design books in the 1740s, the distinction between the craftsman, the master builder, and the architect was intensified [Moss, 1972, 1976]. Benjamin Henry Latrobe recognised these distinctions, especially between the master builder and the 'gentleman amateur' architect, and tried to reconcile the two by advocating the idea that the 'professional' architect should possess the best qualities of both. Latrobe himself was recognised as both an architect and engineer, seemingly able to master all of the knowledge and skills he needed to do both well [Carter, 1977–; Stapleton, 1980]. Others after Latrobe, however, were only able to do one or the other (and sometimes not too well), and the differentiation of the building culture and its increasing degrees of specialisation and professionalisation continued.

Perhaps the theme of differentiation is most forcefully addressed in the study by Sibel Dostoglu of the separation of architects from builders and the emergence of the contractor in the late nineteenth- and early twentieth-century US Architects claimed superior design expertise and professional ethics as compared with craftsmen/builders, and in so doing encouraged the replacement of the latter by general contractors, who could more effectively manage large numbers of unskilled labourers and coordinate large-scale, complex construction projects involving unfamiliar materials, building codes, and technologies. Reinforcing this trend, the master builders' craft-based skills were replaced by mechanised processes and his products by industrially-produced components [Dostoglu, 1983]. In recent years, according to McCleary, the architect's lack of understanding of structural technologies and the organisation, processes, and difficulties of construction has resulted in his functional, if not literal, removal from the construction site and his replacement by other building professionals such as structural and other consulting engineers and contractors [McCleary, 1980].

The modern builder is nowhere more clearly presented than in David Billington's work on the French engineer and contractor Robert Maillart. A scientifically-trained professional, Maillart (1872-1940) was concerned with every aspect of construction as he explored the structural and aesthetic potentials of a new material, reinforced concrete. In so doing, he brought about a union of modern structural engineering, aesthetics, and economy in his buildings and structures which Billington calls 'structural art'. Like generations of builders before him, Maillart observed the structural behaviour of his designs during construction and after completion, using them as models and learning from them in order to modify or improve future designs [Billington, 1979, 1983, 1984].

Three general but essential characteristics of successful builders have been pointed out by several historians of technology working in the Delaware Valley region. First, Eugene Ferguson has argued that master craftsmen, architects and engineers possess the ability to think and to solve problems in a non-verbal language of visual images, pictures, and objects, and then to convert these into drawings, models, specifications and structures [Ferguson, 1977]. As a measurer and estimator of costs, materials, and work required, the fifteenth-century Sienese *abaco*, Maestro Pietro, was adept at visualising mass, volume, and form [Adams, 1985]. In the eighteenth century, Latrobe's drawings indicate his highly developed ability to think visually, a faculty also possessed by the nearly illiterate engineer James Brindley [Stapleton, 1983; Hughes, 1966]. A second characteristic noted by David Billington in his studies of various structural designers and builders was that all had a strong desire to build and were highly motivated by this goal [Billington, 1983].

If a successfully completed structure is the goal, then the process of its construction may be thought of as a goal-directed system. Thomas P. Hughes has studied the builders of various technological systems and has found that specific goal-directedness, as well as visual thought and problem-solving abilities, are part of the 'seamless web' of their thought and activity. The abilities to organise, coordinate, and integrate a variety of complex technological, economic, social, and political elements into a successfully functioning system are the primary characteristics of the systems builder; he is also entrepreneurial and seeks generally in his thinking and in his activities to control and to synthesise. Consulting engineers Charles Stone and Edwin Webster are good examples of this kind of builder. Their Boston firm, Stone & Webster, was noted for the construction of dams and other structures essential to what Hughes has called "the great construction projects" of this century, electric power systems [Hughes, 1983, 1987].

INNOVATION: ORIGINS AND EFFECTS

The builder's ability to think and to reason visually, his knowledge and experience, the craft-based tradition of emulation, and changes in these form one source of innovations in the technologies and processes of construction.[7] Adams & Pepper, Billington, Dostoglu, Hughes, and McCleary have recognised other sources, some entirely external to the building culture or construction industry. In other industries invention, research, and development activity often has its sources in a technological or institutional 'momentum', the drive to create and to produce [Hughes, 1983, 1987]. Resulting innovations have proven potentially useful to the total process of getting the building up on site. The availability of prefabricated architectural elements, and even the concepts of 'prefabrication' and 'mass-production', as sources of innovations in construction have been addressed by several regional authors, including the essays in Jandl on the invention of the balloon frame, Peterson on the iron roof and the I-beam, and Kihlstedt on the Paxton gutter. In his book on the development of American mass production, David Hounshell [1984] examines Foster Gunnison's production during the 1930s of 12 models of plywood prefabricated houses which were meant to appeal –as were the various models of General Motors automobiles– to

7 See J. Staudenmaier, *Technology's Storytellers: Reweaving the Human Fabric* (Cambridge, Mass., 1985), p. 50-55.

different socio-economic levels. Walter Gropius, as Hughes has shown, was inspired by the example of mass production, and tried to emulate it in his 1926 housing project at Dessau in Germany [Hughes, 1984].

New technologies did not always mean improvements in practice. In his review of the introduction of steam power in American construction prior to 1869, Robert Vogel concluded that the industry was rather conservative in this respect because construction work required a range of power levels dispersed throughout a temporary work site –i.e. a number of different engines which might not be reusable in subsequent projects. The price of engines and other capital costs, and site conditions –dirt– also mitigated the use of steam [Vogel, 1976]. As well as these economic and environmental contingencies, bureaucratic and organisational factors could be involved. The civil works historian Martin Reuss has shown that the theoretical assertions of US Army Corps engineer Andrew A. Humphries, based on his 1861 survey of the Mississippi River Delta area, were elevated to the status of dogma in the Corps, eventually causing a general decline in its reputation as a leader in engineering science and practice [Reuss, 1985].

Even advanced developments in engineering and scientific research, however, did not necessarily affect construction practice. Bruce Seely has found that experimental, mathematically-analytical research on soil foundations and concrete slabs conducted between the world wars yielded little practical information for designers of American roadways. In fact, the major innovation originating in the Bureau of Public Roads (developing not out of its laboratories, but rather out of its negotiations with industrial and trade organisations) was in the establishment of construction codes and materials standards [Seely, 1982, 1984a, b]. Finally, some inventions required further development before they could be applied to construction: neoprene, a synthetic material invented by Du Pont, was not immediately recognised as a potential building material [Smith, 1985].

The effects of innovations are hard to predict. This is especially true of the relationship between technological innovation and architectural thinking and design, another theme emerging from the work of several authors. Rykwert has demonstrated that new materials posed problems for Lodoli in his design work because he was concerned with the appropriate representation of surfaces in accordance with scientific knowledge of their material and structural properties [Rykwert, 1982]. The structural incorporation of heating and ventilation systems into new types of buildings (often hospitals and prisons) was gradually resolved by British architects after the middle of the nineteenth century, and contributed to new architectural conceptions of buildings as machines or biological systems, and their components as tools or membranes [Breugmann, 1978]. Some architects who chose to build in new materials, for example, William K. Price of Philadelphia, developed both technical and aesthetic theories: around the turn of the century, Price sought an 'ahistorical and expressive vocabulary" for reinforced concrete in commercial and residential structures [Thomas, 1975; 1985][8]. From 1904-1933, architects in the German *Bund für Heimatschutz* called for the integration of new building materials and types into the landscape and the preservation of the older, traditional structures [Otto, 1983]. Recently, the Philadelphia architect and planner Denise Scott Brown pointed out that the 'American place' has been, and continues to be, invented through new 'innovations' and 'reinventions' which refer to older, traditional forms [Scott Brown, 1986]. In contrast the architect of the English Law Courts, George Edmund Street, was 'ambiguous' about the use of machinery on the construction site as he maintained his aesthetic position as a 'modern medievalist' [Brownlee, 1984]. For other architects, however, technology has been a tool to realise a form which could not otherwise have been built. To Louis Kahn, technology –*techne*– was a kind of reflection-in-action, the mediation between the architectural idea and the reality of the built form, and his structural modifications of the Roman vaults for the Kimball Art Museum in Forth Worth, Texas produced the quality of interior light that he desired [McCleary, 1986; Meyers, 1979].

For some twentieth-century architectural designers (including engineers), technology has been the defining feature of their work. Sir Owen Williams was especially noted for his "repertoire of technical solution". Yet, not all of what appear to be are in reality necessary technical features of this designs. The external row of reinforced concrete roof frames in his 1934 Empire Swimming Pool at Wembley, England serve only as *visual* counterbalances in the structure, and thus help to fulfil

8 The 1985 article by Thomas is perhaps the best short case study of a construction project yet produced in the Delaware Valley region.

his aesthetic preferences rather than technical needs [Frampton, 1970; Marc & Perlmutter, 1972]. Dostoglu [1984] has argued that Williams, along with Ove Arup and Frank Newby, falls into the 'engineering tradition' of twentieth-century designers, one of four traditions which also include the 'industrialized tradition', 'British experimentalism', and 'High Tech'.

CONCLUSION: THE SOCIAL CONSTRUCTION OF BUILDING

As practised in the Delaware Valley region, construction history has many themes in common with the histories of architecture and technology, largely because the authors were addressing those fields. These themes include: a concern with technology and how it is defined by the various groups involved in practice; basic materials, tools, and techniques; the role of knowledge, skills, traditions, and experience; the culture of practice and its historically changing division of labour, and finally, the sources of innovation within the culture and outside of it, and the effects of these innovations generally on thought and practice. Further questions and themes remain that construction historians, by virtue of their position between two communities of historical discourse, are perhaps uniquely suited to address. Who and what is responsible for the historically changing definitions of the 'builder' and his assigned responsibilities? How have these responsibilities changed, and in turn shaped the nature of his thought and activity? Why have builders chosen or rejected particular technologies and methods in order to construct their projects? How did builders cope with unanticipated technical or organisational difficulties during construction? What were the available alternative choices of labour or materials? What were the political, economic, social, and personal factors presenting constraints or options, influencing their choices, and thus affecting the completion of their projects? With the help of a number of regional authors, I have tried in this review to point to various ideological, political, economic, institutional, and social factors which have influenced the choice of technologies for, and the completion of, the architectural and engineering projects which create the man-made environment. We may call these factors the social forces that shape construction: they remind us that the built world is both *technically* and *socially* constructed[9] [Hughes with Bijker & Pinch, 1987]. Construction history, however, involves more than this; for one Delaware Valley region author, it is the stuff of poetry (Morgan, 1986).

Jane MORLEY

9 See D. Mackenzie and J. Wajcman, eds., *The Social Shaping of Technology* (Milton Keynes, 1985).

BIBLIOGRAPHY

John F. Abel and David P. Billington, eds. (1980), *Civil Engineering: History, Heritage and the Humanities, III; Perspectives on the History of Reinforced Concrete in the United States, 1904-1941: Conference Papers from the Solomon Cady Hollister Colloquium* (Conference held at Princeton University, 2 June 1980) (Department of Civil Engineering, Princeton University).

Nicholas Adams (1984), "Architecture for Fish: The Sienese Dam on the Bruna River–Structures and Designs, 1468-ca. 1530", *Technology and Culture*, 25, p. 768-797.

Nicholas Adams (1985), "The Life and Times of Pietro dell'Abaco, A Renaissance Estimator from Siena (active 1457-1486)", *Zeitschrift für Kunstgeschichte*, 48, p. 384-395.

Nicholas Adams and Simon Pepper (1986), *Firearms and Fortifications: Military Architecture and Siege Warfare in Sixteenth Century Siena* (Chicago).

Association Villard de Honnecourt for the Interdisciplinary Study of Medieval Technology, Science and Art (1986) *AVISTA Forum*, 1 no. 1 (Haverford College, Haverford, Penn.).

Lynn S. Beedle, ed. (1978-1981), *Planning and Design of Tall Buildings, A Monograph* (Proceedings of the International Conference on Planning and Design of Tall Buildings, 21-26 August 1972, Lehigh University, Bethlehem, Penn.), (5 vols, New York, American Society of Civil Engineers).

Lynne S. Beedle (1983), *Developments in Tall Buildings–1983, An Update of Monograph on Planning and Design of Tall Buildings* (Stroudsburg, Penn., Council on Tall Buildings and Urban Habitat, UNESCO).

Lynne S. Beedle (1985), *Advances in Tall buildings, An Update of Monograph on Planning and Design of Tall Buildings* (New York, Council on Tall Buildings and Urban Habitat, UNESCO).

David Billington (1973), "Art in Engineering–the Need for a New Criticism", *Engineering Issues*, 99, p. 499-511. [Revised and reprinted in James H. Schaub and Sheila K. Dickinson, eds. *Engineering and the Humanities* (New York, 1982) p. 176-189].

David Billington (1979), *Robert Maillart's Bridges: The Art of Engineering* (Princeton, New Jersey).

David Billington (1983), *The Tower and the Bridge: The New Art of Structural Engineering* (New York).

David Billington (1984), "Building Bridges: Perspectives on Recent Engineering", in *Bridge to the Future, A Centennial Celebration of the Brooklyn Bridge* (New York, New York Academy of Sciences), p. 309-324.

David Billington and Robert Mark (1984), "The Cathedral and the Bridge: Structure and Symbol", *Technology and Culture*, 25, p. 37-52. [See also the critique by Carl Condit and the authors' response in the same volume].

David Billington, Robert Mark and John F. Abel, eds. (1973), *Civil Engineering: History, Heritage and the Humanities, II; Background Papers; The Maillart Papers: Commemorating the Hundredth Anniversary of the Birth of Robert Maillart* (Conference held at Princeton University, 4-6 October 1972) (2 vols, Princeton, New Jersey).

John R. Bowie (1985), "Documentation of America's Industrial Heritage: The Historic American Engineering record", *APT*, 17 no. 1, p. 47-56.

David B. Brownlee (1984), *The Law Courts: The Architecture of George Edmund Street* (Cambridge, Mass.).

Robert Bruegmann (1978), "Central Heating and Forced Ventilation: Origins and Effects on Architectural Design", *Journal of the Society of Architectural Historians*, 37 no. 3, p. 143-160.

Edward C. Carter, II, ed. (1977-), *The Papers of Benjamin Henry Latrobe* (in progress, 7 vols, New Haven, Conn., Maryland Historical Society) [See also Stapleton, 1980, below].

Center for Canal History and Technology (1982-), *Proceedings of the Canal History and Technology Symposium*, 1- (Easton, Penn., Center for Canal History and Technology).

George M. Danko (1979) "The Evolution of the Simple Truss Bridge, 1790-1850: From Empiricism to Scientific Construction" (unpublished Ph. D. thesis, University of Pennsylvania).

Harold Dorn (1970) "Art of Building and the Science of Mechanics" (unpublished Ph. D. thesis, Princeton University).

Sibel Dostoglu (1983), "Lincoln Cathedral versus the Bicycle Shed", *Journal of Architectural Education*, 36 no. 4, p. 10-15.

Sibel Dostoglu (1984), "Technological Discourse", *International Architect/ U.I.A.*, 5, p. 47-53.

Eugene Ferguson (1968), *Bibliography of the History of Technology* (Cambridge, Mass., Society for the History of Technology).

Eugene Ferguson (1976), "An Historical Sketch of Central Heating: 1800-1860", in Charles E. Peterson, ed. *Building Early America* (Radnor, Penn.) p. 165-185.

Eugene Ferguson (1977), "The Mind's Eye: Nonverbal Thought in Technology", *Science*, 197 no. 4306, p. 827-836.

John Fitchen (1961), *The Construction of Gothic Cathedrals: A Study of Medieval Vault Erection* (Oxford).

John Fitchen (1968), *The Dutch New World Barn: A Study of Its Characteristics, Its Structural System, and Its Probable Erectional Procedures* (Syracuse, N.Y.).

John Fitchen (1978), "Building Cheops Pyramid", *Journal of the Society of Architectural Historians*, 37, p. 3-12.

John Fitchen (1986), *Building Construction before Mechanization* (Cambridge, Mass.).

Kenneth Frampton (1970), "Sir Owen Williams, 1890-1969: The Engineer as Architect" in *Civil Engineering: History, Heritage, and the Humanities I; Background Papers* (Princeton, New Jersey), p. 21-58.

Kenneth Frampton (1985), *Modern Architecture: A Critical History* (London).

Marco Frascari (1982), "Professional Use of Signs in Architecture", *Journal of Architectural Education*, 36, p. 16-23.

Marco Frascari (1985), "The Tell-the-Tale Detail", in *VIA VII: Building Architecture* (Cambridge, Mass.), p. 23-38.

Henry Glassie (1975), *Folk Housing in Middle Virginia: A Structural Analysis of Historic Artifacts* (Knoxville, Tennessee).

Richard A. Goldthwaite (1973), "The Building of the Strozzi Palace: The Construction Industry in Renaissance Florence", *Studies in Medieval and Renaissance History*, 10, p. 99-194.

Richard A. Goldthwaite (1980), *The Building of Renaissance Florence: An Economic and Social History* (Baltimore).

Graduate School of Fine Arts, University of Pennsylvania (1973), *VIA II: Structures Implicit and Explicit* (Cambridge, Mass.).

Graduate School of Fine Arts, University of Pennsylvania (1985), *VIA VII: The Building of Architecture* (Cambridge, Mass.).

E. A. Gutkind (1964-1972), *International History of City Development* (8 vols, New York).

Gevork Hartoonian (1986), "Poetics of Technology and the New Objectivity", *Journal of Architectural Education*, 40 no. 1, p. 14-19.

Brooke Hindle (1981), *Emulation and Invention* (New York and London).

Historic American Buildings Survey (HABS)/Historic American Engineering Record(HAER) (1983), *Historic America: Buildings, Structures, and Sites* (Washington D.C., Library of Congress).

HABS/HAER (1985), *Historic American Engineering Record Checklist: 1969-1985* (Washington, D.C.: HABS/HAER, National Park Service, U.S. Dept. of the Interior).

David A. Hounshell (1984), *From the American System to Mass Production, 1800-1932: The Development of Manufacturing Technology in the United States* (Baltimore).

Thomas P. Hughes, ed. (1996), *Selections from "Lives of the Engineers with an Account of their Principe Works" by Samuel Smiles* (Cambridge, Mass.).

Thomas P. Hughes (1983), *Networks of Power: Electrification in Western Society, 1880-1930* (Baltimore).

Thomas P. Hughes (1984), "Gropius, Machine Design, and Mass Production", *Jarbuch 1983-1984*, *Wissenschaftskolleg zu Berlin* (Berlin).

Thomas P. Hughes (1986), "The Seamless Web: Technology, Science, Etcetera, Etcetera", *Social Studies of Science*, 16 (1986), p. 281-292.

Thomas P. Hughes (1987) "The Evolution of Large Technological Systems", in Wiebe Bijker, Trevor Pinch, and Thomas P. Hughes, eds. *The Social Construction of Technology* (Cambridge, Mass.).

Thomas P. Hughes, Wiebe Bijker and Trevor Pinch (1987), *The Social Construction of Technology* (Cambridge, Mass.).

Donald Jackson (1977), "Railroad Truss Bridges and the Rise of the Civil Engineer", *Civil Engineering*, 47 no. 10, p. 97-101.

Donald Jackson (1979), "John S. Eastwood and the Mountain Dell Dam", *IA: The Journal of the Society for Industrial Archeology*, 5, p. 33-48.

H. Ward Jandl, ed. (1983), *The Technology of Historic American Buildings: Studies of the Materials, Craft Processes, and the Mechanization of Building Construction* (Washington, D.C., Foundation for Preservation Technology for the Association for Preservation Technology).

Folke T. Kihlstedt (1984), "The Crystal Palace", *Scientific American*, 251 no. 4, p. 132-143.

Carter Litchfield et al. (1984), *The Bethlehem Oil Mill, 1745-1934: German Technology in Early Pennsylvania* (Kemblesville, Penn.).

John Maass (1969), "Where Architectural Historians Fear to Tread", *Journal of the Society of Architectural Historians*, 28, p. 3-8.

Robert Mark (1977), "Robert Willis, Viollet-le-Duc and the Structural Approach to Gothic Architecture", *Architectura*, 7 no. 1, p. 52-64.

Robert Mark (1982), *Experiments in Gothic Structure* (Cambridge, Mass.).

Robert Mark (1982), "Modeling Architectural Structure: Experimental Mechanics in Historiography and Criticism", *Experimental Mechanics*, 22 no. 10, p. 361-371.

Robert Mark (1983), "Construction: Engineering", in J. Strayer, ed. *Dictionary of the Middle Ages* (New York).

Robert Mark and William W. Clark (1984), "The First Flying Buttresses: A New Reconstruction of the Nave of Notre-Dame de Paris", *Art Bulletin*, 66 no. 1, p. 47-65.

Robert Mark and William W. Clark (1984), "Gothic Structural Experimentation", *Scientific American*, 251, p. 176-185.

Robert Mark and Harold Dorn (1981), "The Architecture of Christopher Wren", *Scientific American*, 245 no. 1, p. 160-175.

Robert Mark and Paul Hutchinson (1986), "On the Structure of the Roman Pantheon", *Art Bulletin*, 68 no. 1, p. 24-34.

Robert Mark and Roy Perlmutter (1972), "Engineer's Aesthetic vs. Architecture: The Design and Performance of the Empire Pool at Wembley", *Journal of the Society of Architectural Historians*, 31, p. 56-60.

Robert Mark and Lon R. Shelby (1979), "Late Gothic Structural Design in the 'Instructions' of Lorenz Lechler", *Architectura*, 9 no. 2, p. 113-131.

Robert Mark and William Taylor (1982), "The Technology of Transition: Sexpartite to Quadripartite Vaulting in High Gothic Architecture", *Art Bulletin*, 64, p. 579-587.

Peter McCleary (1980), "Structure and Intuition", *AIA Journal*, 69 no. 12, p. 56-59 and 119.

Peter McCleary (1983), "An Interpretation of Technology", *Journal of Architectural Education*, 37 no. 2, p. 2-4.

Peter McCleary (1985), "History of Technology", in James C. Snyder, ed. *Architectural Research* (New York), p. 81-94.

Peter McCleary (1987), "The Kimball Art Museum–Architect

Louis I. Kahn: A Technological Critique", *Design Book Review*, 11 (Winter 1987), p. 48-51.

Henry C. Mercer (1929; rep. 1975), *Ancient Carpenters' Tools: Together with Lumbermans', Joiners' and Cabinet Makers' Tools in Use in the Eighteenth Century* (Doylestown, Penn.: Bucks County Historical Society).

Marshall Meyers (1979), "Masters of Light: Louis I. Kahn", *AIA Journal*, 68 no. 11, p. 60-62.

Robert Morgan (1986), "Sigodlin", *The Atlantic*, 258 no. 6, p. 80.

Roger W. Moss (1972), "Master Builders: A History of the Colonial Philadelphia Buildings Trades" (unpublished Ph.D. thesis, University of Delaware).

Roger W. Moss (1976), "The Origins of the Carpenters' Company of Philadelphia", in Charles E. Peterson, ed. *Building Early America: Contributions toward the History of a Great Industry* (Radnor, Penn.), p. 35-53.

National Conference on Civil Engineering (1970), *Civil Engineering: History, Heritage and the Humanities, I: Background Papers; Selected Papers* (Conference held at Princeton University, 14-16 October 1970) (3 vols, Princeton, New Jersey).

Christian F. Otto (1983), "American Skyscrapers and Weimar Modern: Transactions between Fact and Ideas", in *The Muses Flee Hitler: Cultural Transfer and Adaptation, 1930-1945* (Washington, D.C., Smithsonian Institution), p. 151-168.

Christian F. Otto (1983), "Modern Environment and Historical Continuity: The Heimatschutz Discourse in Germany", *Art Journal*, 43, p. 148-157.

Tom F. Peters (1981) *The Development of Long-Span Bridge-Building* (3rd edn., Zurich).

Tom F. Peters (1981), *Time is Money–Die Entwicklung des modernen Bauwesens* (Stuttgart).

Tom F. Peters (1986), "Report of an Ongoing Experiment: Case Studies in Construction as Examples of Theoretical and Historical Approaches to Teaching Technology in Architecture", *Journal of Architectural Education*, 39 no. 4, p. 11-21.

Charles E. Peterson (1968), "Iron in Early American Roofs", *Smithsonian Journal of History*, 3 no. 3, p. 41-76.

Charles E. Peterson (1969), "The Technology of Early American Building", *APT*, I no. 1, p. 3-17.

Charles E. Peterson (1975), "Early Lumbering: A Pictorial Essay", in Brooke Hindle, ed. *America's Wooden Age: Aspects of its Early Technology* (Tarrytown, New York), p. 63-84.

Charles E. Peterson, ed. (1976), *Building Early America: Contributions Toward the History of a Great Industry* (Radnor, Penn.).

Charles E. Peterson (1983), "Inventing the Iron Beam: Richard Turner, Cooper & Hewitt and Others", in H. Ward Jandl, ed. *The Technology of Historic American Buildings* (Washington D.C.), p. 63-96 [Originally published in 1980 in *APT*, 12 no. 4 p. 3-28].

Martin Reuss (1985), "Andrew A. Humphries and the Development of Hydraulic Engineering: Politics and Technology in the Army Corps of Engineers, 1850-1950", *Technology and Culture*, 26 no. 1, p. 1-33.

Elwin C. Robinson (1985), "Guarino Guarini's Church of San Lorenzo in Turin" (unpublished Ph.D. thesis, Cornell University).

Elwin C. Robinson (1986a), "Structural Calculations and American High-Rise Development from the Chicago Fire to the Development of High-Speed Computers" (unpublished conference paper, 1986).

Elwin C. Robinson (1986b), "Palladio and Traditional Design Techniques" (unpublished conference paper, 1986).

Joseph Rykwert (1972; 1981), *On Adam's House in Paradise* (Cambridge, Mass.).

Joseph Rykwert (1982), *The Necessity of Artifice* (New York).

Denise Scott Brown (1986), "Invention and Tradition in the Making of an American Place", in *Precedent and Invention. The Harvard Architecture Review* 5 (New York), p. 162-171.

Bruce E. Seely (1982), "Highway Engineers as Policy Makers: The Bureau of Public Roads, 1893–1944" (unpublished Ph.D. thesis, University of Delaware).

Bruce E. Seely (1984), "The Scientific Mystique in Engineering: Highways Research at the Bureau of Public Roads, 1918-1940", *Technology and Culture*, 25 p. 798-831.

Bruce E. Seely (1984), "Engineers and Government-Business Cooperation: Highway Standards and the Bureau of Public Roads", *Business History Review*, 58, p. 55-77.

John K. Smith (1985), "The Ten Year Invention: Neoprene and Du Pont Research, 1930-1939", *Technology and Culture*, 26 no 1, p. 34-55.

Darwin Stapleton, ed. (1980), *The Engineering Drawings of Benjamin Henry Latrobe* (New Haven, Conn., Maryland Historical Society).

Darwin Stapleton (1986), *The History of Civil Engineering Since 1600: an Annotated Bibliography* (Bibliographies in the History of Science and Technology, New York).

George E. Thomas (1975), "William L. Price (1861-1916): Builder of Men and Buildings" (unpublished Ph.D. thesis, University of Pennsylvania).

George E. Thomas (1984), "A House Built on Sand: The Construction of Atlantic City's Traymore Hotel", in *VIA VII: Building Architecture* (Cambridge, Mass.).

Robert M. Vogel (1971), *Roebling's Delaware & Hudson Canal Aqueducts* (Washington, D.C., Smithsonian Institution).

Robert M. Vogel (1973), *A Report of the Mohawk-Hudson Area Survey: A Selective Recording Survey of the Industrial Archeology of the Mohawk and Hudson River Valleys in the Vicinity of Troy, New York, June–September 1969* (Washington, D.C., Smithsonian Institution).

Robert M. Vogel (1976), "Building in the Age of Steam", in Charles E. Peterson, ed. *Building Early America: Contributions toward the History of a Great Industry* (Radnor, Penn.) p. 119-134.

Robert M. Vogel (1983), *Building Brooklyn Bridge: The Design and Construction 1867-1883* (Washington, D.C., Smithsonian Institution).

Robert M. Vogel (1984), "Designing the Brooklyn Bridge", in *Bridge to the Future, A Centennial Celebration of the Brooklyn Bridge* (New York, New York Academy of Sciences), p. 3-39.

AN AMERICAN[1] CULTURE OF CONSTRUCTION[2]

Ever since the 1920s, an increasing convergence of architectural thought has made itself felt over the globe. The modern flow of information and international tourism encourage it. Formerly the phenomenon was referred to as the nebulous "International Style", but today it goes unnamed. The same has been observable in engineering design, but since engineering has not been linked to national culture or "style" but rather to the Industrial Revolution and our modern era generally, it threatens no-one's cultural identity. In contrast, the spread of architectural form worldwide worries many who fear a leveling of cultural variety and independence. It is mere convention that the one –architectural form– should be considered a cultural determinant, while engineering structure and form should not. However, both bodies of thought are interpreted somewhat differently in the various cultures. This interpretation continues to escape notice; it is too subtle to excite much interest. And even when recognized, critics tended to discount such varying interpretation as provincial "misunderstanding" of the "true" meaning of a theory, a form, or a structural type. But it is precisely such misinterpretation, or rather this creative misunderstanding,[3] both within as well as across the borders of a culture, that vitalizes the

1 I shall use the adjective "American" for convenience rather than F. Ll. Wright's contrived "Usonian" to denote cultural traits manifested in the United States. We must remain aware, however, that the other major American cultures, starting with those of our immediate neighbors, Mexico and Canada, are quite distinct.

2 This text was previously published as Tom F. Peters, "An American Culture of Construction". *Perspecta. The Yale Architectural Journal* (New York: Rizzoli) 25 (1989): 142-161. It is republished here with the permission of the author.

3 The concept "creative misunderstanding" stems from the movement, prevalent in the 1960s, which examined design methodology and process. William J. Gordon and George M. Prince coined it in their writings on their design methodology that they called "Synectics". (I am grateful to Tom Emodi, Technical University of Nova Scotia, for this knowledge). The phenomenon, commonplace enough to the artist, was picked up by architects (according to

manifold aspects of the world of architecture which flourishes beyond professional polemics.

Architecture in the United States actually thrives on creative misunderstanding while apparently suffering both from an inferiority complex toward Western European professional theory and history and from the oversimplification of populist polemics. American architecture strikes the European as familiar and yet, at the same time, as indefinably different. Our built world both fascinates and simultaneously often repels the European. "Why", ask European professionals, "can we not do what works so unselfconsciously in the United States?" "Why are we in comparison so ensnared by our traditions and so slow to change?" Then, inversely: "Why do they seem to have no traditions at all, but jump from one form or fashion to another?" On the other hand, European architecture attracts us by its iconographic complexity, yet we experience insurmountable difficulty in translating European concepts into our own context. What we often forget is that our architecture is firmly rooted in its own theory and technology. The confusion on both sides of the Atlantic is caused by blindness to the differing value systems of the two cultural groups, and these value systems depend in turn on their inherent systems of thought.

Empirical thought, which deals primarily in concrete problems rather than in concepts, is most highly developed in the United States. It is characterized by its pragmatism. Its opposite is conceptual thought, which proceeds from the "higher" generalization to the specific. The first is synthetic in nature, synthesizing solutions, while the second is deductive or analytical. The latter mode is widespread in Western Europe, particularly in France and Germany. Not that conceptual thought is absent on our side of the Atlantic, it is of course common here too, but the underlying cultural values of our society tend to reinforce empirical rather than conceptual approaches to problem solving.

Based as it is on the philosophical doctrine of pragmatism: cause and effect, empirical thought is linear in form rather than a matrix. It seems to lack complexity, to recognize no subtle cultural boundaries or taboos. But on the other hand and most importantly, pragmatic thought can stimulate invention, precisely through that self-same independence from stultifying taboos.

Mark Jarzombek, Cornell University, from Harold Bloom's "Map of Misreading" of 1975). But, till now, it has remained unnoticed in architectural theory.

Cultural boundaries may be mere mental barriers in fact, but they hinder us as though they were solid. It is our present lack of impermeable boundaries which the European is both fascinated with and abhors; the fascination is with the potential freedom it implies by encouraging professional "border-crossing"[4] and the abhorrence is with the lack of formal constraints with which all cultural stages are set. But of course, our culture may well be in the process of inventing its own impassable boundaries too.[5] Each group, however, the American and the European, takes only its own limitations seriously while looking askance and at best with vicarious comprehension at the others.

4 According to Sander Gilman, Cornell University, the anthropologist Clifford Geertz coined this term in the late 1950s or early 1960s.

5 The heterogeneous cultural mix of our society has until now tended toward the relativization of consensus on constraints. And it is that lack of absolute closure that fascinates the European. The creation of a consensus seems to have been one of the original intentions of the concept of the "melting pot", and many now deplore this as a cultural leveling process similar to that of the "International Style". The danger is possibly quite real: the recent term "silent majority", although apparently merely a politically expedient fiction, indicates a continuing yearning by a portion of our nation for the comfort of such a confining consensus.

AN AMERICAN BUILDING SYSTEM

Cultural differences not only manifest themselves in modes of thought or in built form, but in building methods as well. The North American light timber framing system exemplifies the pragmatic thought process. Its standardized timbers, with nominal cross-sections of increments of two inches, form the seemingly flimsy stick structures indigenous to our culture and peculiar to it. The frames are held in place by sheets of plywood nailed to them and generally form one or two-story buildings. By far the largest percentage of our present construction volume, both residential and other structures of modest span are built using this light timber frame, so its impact on our built environment is a major one. Its influence extends even beyond the scope of residential structure as it probably formed the model for the development of steel framing systems for high-rise buildings at the end of the last century.[6]

6 See: T. F. Peters: "The Rise of the Skyscraper from the Ashes of Chicago", *American Heritage of Invention and Technology*, Fall 1987, especially p. 16 .

The a-conceptual nature of the system is reflected in the imprecision of its name, "frame construction". It is namely impossible to determine whether it really is a frame which derives its stiffness from the plywood skin nailed on it, or whether it is a panel system in which the panel elements are kept from flaring and buckling by the vertical ribs and edge beams nailed to them. Both forms of manufacture are practiced and lead to the same result. It is both a frame and a panel system at once, in precisely the same way that light reacts as either waves or as corpuscles, depending on which qualities are under consideration. The definition of the system is variable, and it must be redefined every time it is used according to which characteristics are preferred.

If we use the light timber frame as a panel system, certain basic rules of erection, connection and penetration are implied. The edges of the panels become important because they serve as loci where the elements of the system are interconnected. It is impractical to break a panel at its edges because that would weaken it. But whole panels can be removed without compromising the system. If, on the other hand, we view the system as a frame, then it manifests other characteristics. The elements are no longer structurally or formally so strongly defined; they are smaller, more differentiated, and specifically tailored to each special case. They are also more anonymous than the panels were. The rules for penetrating the skin of a frame structure are different too. Small holes can be made anywhere in the system by framing their edges with pieces of "two-by-four". There are no panel edges and everything is equally connected everywhere; there are no specially highlighted loci. But, in this case, large holes weaken the system.

CONSISTENCY IS NOT NECESSARILY A VIRTUE

As our light timber frame is by its very nature ambiguous, it can indeed only be our variable viewpoint which defines its form and not any predetermined criteria such as a consistency of method or means. Our architects thus feel free to mix and match the contradictory aspects of the panel and the frame. One corner can be designed according to the logic of the panel and another according to that of the frame.[7]

Such ambiguity is uncomfortable and even threatening to the European who immediately asks: "Yes, but what is it *really*?" What is it, in other words, that constitutes its essential characteristic? We coolly answer: "Who cares?" And indeed, what difference does it make what it "really" is, if only it functions to our satisfaction and fulfills our needs? American culture esteems philosophical clarity far less than the German or the French. We fabricate and apply and disregard in the first instance what the action or the result may mean philosophically. "Something as useless as that", say we pejoratively, meaning useless in the pursuit of money, "can be left to the professors", implying to those who are merely capable of analytical thought. The European, however, wants to understand first. For, only when the essence of a thing, as well as all its ramifications has been fully understood, does that render it operational to him.[8]

Faced with our American amorphism, the European will immediately ask whether the concept permits such behavior.[9] And we counter with the unanswerable, because anti-conceptual, question: "Why not?" Who is to forbid what and to whom anyway as long as the structure is sound? What the European considers a frightening lack of clarity, frightening because it provides no familiar boundaries, the American equates with freedom of choice. The bare technological facts of building may be identical on both sides of the Atlantic, but due to differing evaluation, they mutate culturally to mean the very opposite!

In European building, therefore, the design rules of systems are set a priori. The rules are characterized by consistency and a concomitant restriction of means. Logic then demands that the form follow from

7 The houses of Frank Gehry spring immediately to mind as does the older "woodbutcher" tradition, a term derived from the 1973 book "Handmade Houses, a Guide to the Woodbutcher's Art", by Arthur Boericke. However these tendencies may develop in future, our native and originally anti-conceptual design method permits a fascinating open-endedness in formal expression.

8 However, we do need to keep in mind that "understanding" is also a matter of cultural definition: everything is always explained in terms of other concepts whose essences are, in themselves, equally inscrutable.

9 There is a half-humorous, half-ironic self-evaluation of Germanic culture, which states that everything not expressly permitted (by law), is forbidden. "Darf man das?" (Is it allowed?), is a common German question that in its general applicability to almost any situation is untranslatable into English. The corresponding characterization of Anglo-Saxon culture in general would be that everything not expressly forbidden by law is fair game.

the adopted limitations. If we intentionally contradict this logic, we design "exceptions" to the system. If we do so inadvertently, we call them "mistakes".

The will to understand and to control through comprehension follows from the need for conceptual clarity and gives rise to the high esteem accorded theoretical work in Europe. The higher value accorded empirical thought in America work flows, as a matter of course, directly from the cultural difference.[10] In American culture, novelty evolves frequently by way of ambiguity in interpretation rather than through philosophical analysis of the problem.[11] Our process resembles more the world of Dada than what the layperson sees as the rationalized, optimized world of building. And indeed, the Dadaist movement in franco-germanic Europe preoccupied itself with ambiguous processes of invention that its protagonists recognized as forming the basis of a nascent American culture. Their self-conscious form of "creative misunderstanding" led to a novel, anti-traditional intellectual movement, turning it, however, from an American pragmatic approach to the world into a European intellectual one.

THE RUBE GOLDBERG METHOD OF DETOUR

Thus, in general, the European celebrates limitation as prerequisite to the creation of good form whereas the American tends to avoid any restriction. Where the German insists that mastery manifests itself in

---

10 American society values the theoretical physicist so highly only because we believe that his work leads directly to industrial application and thus to earning power. It is generally the applier, the inventor who excites our admiration. Einstein, our culture's icon of "The Physicist", is considered to be a humorous and lovable curiosity, an intellectual teddy bear – a far cry from the cultural value assigned to him in Europe. Posters depicting him as a superannuated proto-hippy are common. Edison and Bell, our cultural icons of "The Inventor", on the other hand, are held far more in awe. Photographs of them are always properly heroic; there is nothing even remotely humorous or condescending about our admiration for them. In Europe, on the other hand, "bricoleur" in French or "Bastler" in German (empirically bumbling inventor, tinker, dabbler, handyman), is a derisive term.

11 The Germans and French differentiate between "the essence of a problem" (das Wesen eines Problems / l'essentiel d'un problème), which are terms denoting the conceptual aspect, and the problem itself which encompasses the specific side of the matter.

voluntary restriction[12], we insist with equal justice that mastery manifests itself in the skill with which problems are avoided or detoured.[13] We adopt the eminently defensible standpoint that systems and concepts should be helps and not hindrances. This causes our design behavior to appear to the European eye as unprincipled and devoid of philosophical rigor. In fact, what we do negates the whole development of European design theory.[14]

We have a lovingly admiring term for the method of detour; we call it the "Rube Goldberg method" after the famed cartoonist known for his whimsical mechanical contrivances.[15] Although the term has traditionally most commonly been used in derision and with negative import, its cultural overtones are ones of admiration for the cleverness of its detouring solutions to problems. Here the term is used in a positive sense to describe only the "method of detour" in solving problems and neither the problem itself nor its solution. The principle of problem avoidance transforms drawbacks into characteristica: the mastery lies in the economy of effort and therefore of time and money expended in solving the problem.

By giving the method a name we define the principle upon which it is based and we raise what was hitherto merely pragmatic to the level of a principle of design. And by doing so we create a linguistic tool for the recognition of situations in which the principle is applicable. Perhaps it is even more; the recognition of the creation of the concept itself: nomen est omen. But the important thing is that by naming it we render it present to our consciousness and make it into an operative means of design.

---

12 The German proverb states: „in der Beschränkung zeigt sich der Meister"(the master manifests himself through restriction)

13 In fact, we by no means disagree with the German proverb, we merely replace "restriction" by "cost effectiveness", turning what we deem the negative connotation of "limitation" into the ethic of saving, not of materials or the environment, but of labor which has always been scarce in our society. It is an apparent paradox that our culture's overriding concern with economy of effort should be coupled with a blatant celebration of consumption, but it contains its own inherent logic: We save effort in order to produce more at less cost.

14 At present, all American schools of architecture are entirely dependent on traditional European models of conceptual thinking. It is therefore important for us to remember that our indigenous method of detour is in every way as logical and potentially as rich as the foreign insistence on conceptual consistency.

15 Reuben Lucius Goldberg 1883-1970 was an American cartoonist and humorist critic of the rampant and uncritical adoration of mechanization. The term "Rube Goldberg" does not yet appear in the 1944 Dictionary of American Slang. The first use is documented in 1956. Then it appeared in Webster's Dictionary in 1961, in "Time" in 1962, in "Johns Hopkins Magazine" the following year and in 1978 in "Nature", thus documenting its penetration into ever more socially acceptable usage.

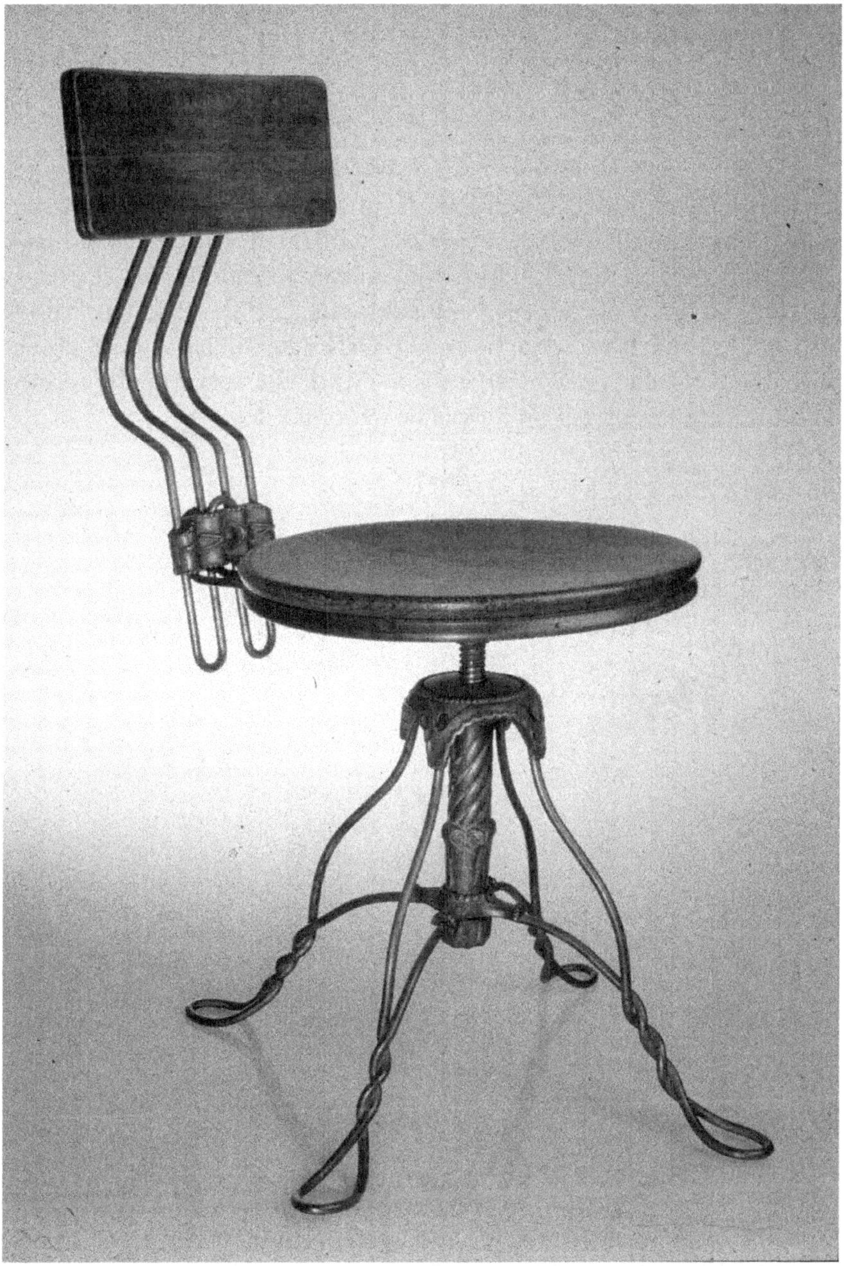

CONTROLLING CREATIVE MISUNDERSTANDING BY THE METHOD OF DETOUR

The light timber framing system is not the only example of our building culture; our indigenous approach can manifest itself in any design area. An industrially produced typist's chair patented in 1895 manifests all the inherent qualities of our design culture in another way entirely[16]. The chair is made of copper-plated steel wire, cast iron and a primitive form of plywood. It was designed and prefabricated in large series as a set of components and yet is clearly not the work of a conceptually trained designer with an interest in formal or structural logic.

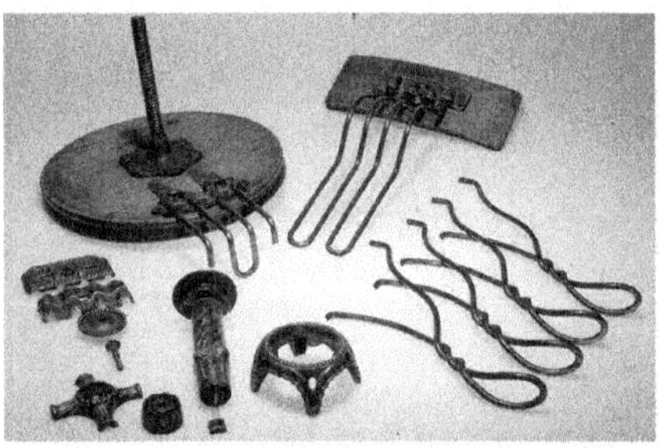

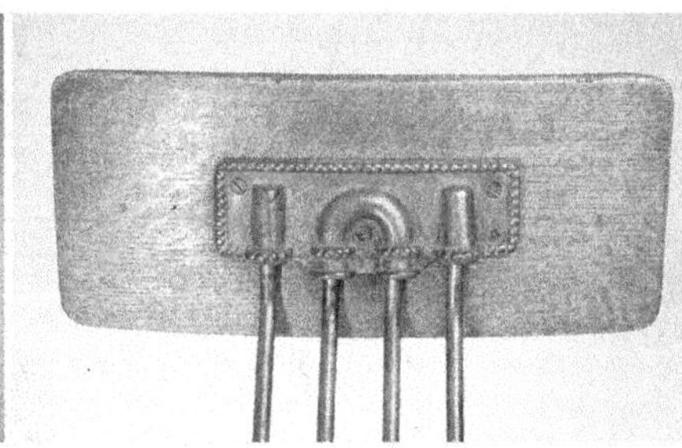

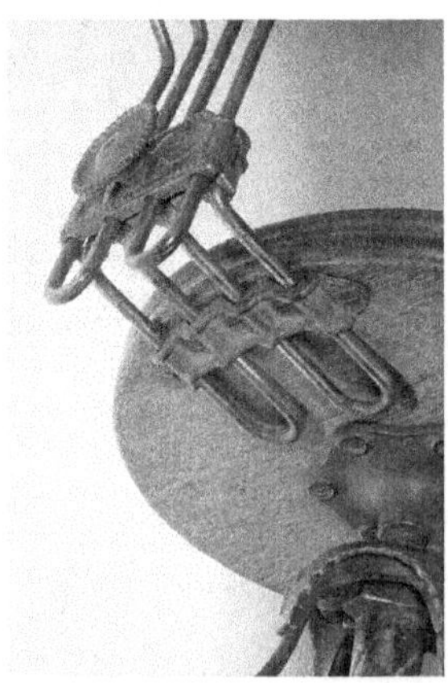

16 The patent for this chair, (#552.502), was noted in an editorial in the design magazine Domus by the Italian Designer Mario Bellini in October 1986.

The snaking wire, which forms the back support, is clamped to the backrest by means of a cast-iron bracket. This connection cannot help wiggling, there is no way to prevent it from doing so, and no matter what is done, the wiggle will become ever more pronounced through use by compressing the wood slightly and wearing both the wire and the bracket. For this reason a European designer would be obliged to reject a solution of this type since adequate technical quality cannot be guaranteed. The designer of this chair certainly understood the technical "defect", but he circumvented the problem, he detoured around it, turning the drawback into a feature of the design by controlling the wiggle. By purposely "misunderstanding" the connection problem creatively, a poor connection metamorphosed into a new idea: the adaptable backrest.

The same phenomenon can be observed in the connection between the wire support and the seat: The wire will inevitably slip in the clamp fixed under the seat plate. In this case, the clamp is so designed as to permit it to slip easily in order to make the distance between seat and back adjustable. But no sooner does the sitter lean against the backrest, than the pressure he exerts will cause an overturning moment to act on the clamp. This stress will in turn jam the wire tightly in its sleeve and against the underside of the seat so that the back can no longer slip farther in or out.[17] The principle of design is clearly the "Rube Goldberg" method of detour inventively qualified by intentionally "misunderstanding" the problem. In both instances it is the application of the liveload, a factor not precisely controllable

17 The principle of mobility and metamorphosis in furniture is by no means an American monopoly. Giedion described the evolution of nineteenth century industrially manufactured variable furniture in "Mechanization Takes Command". He compared it to equally variable earlier handmade European furniture but failed to follow the evolution of the detailing principles, origins and purpose, which constitute the basic differences between the two developments. In the United States the phenomenon was closely related to utility: personal mobility and housing, and less to pleasure: to instrument- and clock making as it did in Europe. George Mortimer Pullman's (1831-1897) drawing room-cum-sleeping cars transformed a mobile living environment. Pullman patented the folding upper berth with Ben Field in 1864 and the lower a year later and began manufacturing his cars on a large scale when the Pullman Palace Car Company was established in 1867. This successful industry followed on his equally successful 1855-1859 scheme to lift parts of the city of Chicago bodily house by inhabited house, and street-by-street out of the swamp it was built on. This too demonstrated a type of flexible mobility unknown in European building.

by the designer, which causes the desired effect of tilting or jamming. Uncontrollable effects are anathema to the conceptual designer. They occasion intellectual discomfort since an effect cannot be proven mathematically, underlining the European need for a priori understanding and control of structural behavior. But on the other hand, lack of control is perfectly acceptable to the American who is quite willing to approve empirical evidence. Once again, as long as the result has indicated the desired effect *statistically*, the empiricist has no qualms in relying on it.[18]

Such empirically "proven" details do not belong to the realm of system thought because the connections are not seen as analogous components within a set of rules governing the assembly of the object. They are individual reactions to unique problems, and they create novel properties in the object, avoiding the necessity for solving the original problem by solving problems that were not there at the outset instead[19]. The idea for the design of the connection is gleaned from the realm of practical experience in construction. It mirrors methods and processes of manufacture and the degenerative processes of use rather than conceptual thinking. And the eclectic use of structural detail in this chair also mirrors precisely the eclectic use of forms. The details are what the conceptual designer pejoratively terms whimsical or simply unsystematical, but they do demonstrate a high level of technical invention and understanding, and they continue to function perfectly after almost a century of use.

---

18 "Proof", just like "understanding" is subject to culturally definable consensus. Here "the proof of the pudding lies in the eating", not in abstract deduction. This empirical freedom existed in European culture too, but it was lost in the Industrial Revolution.

19 Today, with the ubiquity of computer methods of modeling and analysis, which, due to their speed, are able to deal with far more complex problems than ever before, such empirical methods are swiftly becoming conceptualized. It remains to be seen whether this is conducive or detrimental to the Rube Goldberg method of detour and the concept of creative misunderstanding.

ONE NAIL IS NO NAIL[20] OR QUALITY VERSUS QUANTITY IN CONNECTION TECHNOLOGY: "DEMOCRACY" IN CONSTRUCTION

Changing the meaning of a connection and discovering unsuspected functions is one possible result of using the "method of detour". The replacement of quality by quantity is another, and this too can lead to surprising advantages in construction.

The light timber frame is put together by means of an admittedly poor connector, the nail. But when the nail is used in large numbers and spread evenly throughout a structure, it behaves "statistically" as each carries the stresses of the structure in conjunction with all others. Nailed connections therefore hold thanks to their quantity and pattern of distribution rather than the quality of the connection each one makes. The nail is thus a "democratic" rather than an "autocratic" connector, and its success is governed by behavioral "consensus" and its "geographical" distribution throughout the structure rather than by individual excellence, much the same as our political behavior is regulated by the Gallup poll rather than by individual opinion. Of course, the nail holds some stress just as the individual in our political system does make a decision, but the effect of each is entirely conditioned by the context. Comparing the nail to our political theory, each unit or person in the system is considered to be equal and interchangeable. Any one unit may fail without endangering the whole. This is anti-elitist in nature because individual excellence is not at all a criterion of the system. But, on the other hand, anonymous statistical excellence does imply reliable stability. There is a consistency of attitude here, which permeates our life from politics to construction that cannot be other than culturally determined.

This is of course a very different approach to connection technology than the traditional European one in which every connection has to function in itself and independently from every other.[21] All methods of

20 Heinz Ronner, ETH Zurich: pedagogical slogan to dramatize the statistical as opposed to qualitative characteristics of nailed connections.

21 The American attitude to connection technology may be unusual, but it is by no means unique. It does, for instance, bear a certain resemblance to traditional Japanese timber

calculating nailed connections base on the replacement of connection quality by the number of components. There is indeed nothing at all illogical about this; it is clearly uneconomical to expect a connector, acting in concert with other similar connectors, to withstand more than its share of stress – as though it were acting alone. The reason that European construction theory regards each connection on its own lies in the logic of the concept of system in which the connection is understood merely as one component among others. Systems are analyzed into their constituent parts in order to dimension them piecemeal, element by element, according to the nineteenth century tradition of analytical statics. Once the whole has been fragmented into its parts, it is the connections between these parts, which are seen as giving the system structural continuity. The parts in a European system must be usable in many configurations in order that the whole can function as a viable system. Therefore, the connections must be so conceived that they can satisfy many different loadbearing conditions. Thus each connection must be overdimensioned for most uses, as it has to be capable of transmitting the entire stress received from any combination of elements. Economy in such a system lies in reducing the number of elements by making each of them of the highest possible quality. From our North American standpoint this logic, useful as it may be for analysis and in the manufacturing process, is very wasteful indeed, and our overriding criterion is, as we have seen, economy of effort or cost effectiveness.

The replacement of connection quality by quantity influenced the development of the American form of timber bridge in the nineteenth century. The evolution of trussed construction on this side of the Atlantic was very different from that in Europe although both resulted in similar forms. Materials have always been more abundant in this country than skilled labor. Builders of light timber frames and bridges very rightly doubted the capabilities of their job-trained laborers. Therefore, they

---

framing in which stiffness is achieved "statistically" by the cumulative resistance of a multitude of orthogonal connections rather than through shear bracing as we know it. There are still differences though, as *resistance* to horizontal forces in Japanese framing is achieved partially, (just as it is in the traditional Viennese bentwood chair), through *accommodation*, by absorption of energy in the movement of the unstiffened connections rather than by *opposition* to the action of the force. All these examples of course relate to their respective socio-political matrices, and an examination of these relationships in other cultures would prove most rewarding indeed.

replaced few, good, but specialized connections by many modest but identical ones. This greatly facilitated the training of their workmen and they were able to avoid an important source of construction error at the same time. The stratagem worked and the bridges they built held even when some of their connections failed. Because of their high level of structural redundancy such bridges required a great deal less inspection than specialized ones of "higher" quality, which used less material and fewer connections for economy. Any damage became readily apparent long before it became dangerous. The poorer quality of the connecting technology, coupled with a greater number of such connections, paradoxically meant safer structures.[22] American culture may indeed be a consumer culture in which the emphasis lies more on quantity than on quality, but here the trade-off was clearly of practical advantage.

The "statistical" or cumulative principle of many identical connectors led to a standardization of building components. The American light timber frame is a fully industrialized, prefabricated system. Studs, plywood, particleboard, nails and connectors are all manufactured in standard lengths and sizes, but in such an elementary way that precise tolerances are irrelevant and quality controls superfluous. Ironically, precision and the interchangeability of parts, the hallmarks of Yankee industrialized prefabrication from the end of the eighteenth century on, simply do not apply.

The novelty lies in the realization that quantity can replace quality. This requires that the system be seen as an integrated whole. No part can be pulled out of context and analyzed – it simply makes no sense without its context. The single nail is nothing other than a very poor connector; the single stud is a thin stick indeed. Yet together they form a sound structure. This integrated, anti-analytical approach led to the

22 Inspection and maintenance have only recently become of pressing concern to us in this country. "If it ain't broke, don't fix it" runs our popular adage – an unknown sentiment in Europe where great effort is generally expended in maintenance so that things do not break. The cost effectiveness of both approaches is complex and has to be determined from case to case. One reason for our previous neglect of this important area may lie in our having gradually reduced redundancy in long-span and high-rise structures through ever more refined techniques of calculation and better knowledge of material behavior, without our having taken the broader consequences of this form of economization into account, a thought process which the more reflective and more material and energy conscious European builders did accomplish.

creation of the American form of prefabricated construction.[23] And the sesquicentennial success of the American frame was guaranteed by the cunning primitiveness, which gave us the greatest possible liberty in formal design. Liberty is another of our most treasured cultural values.

European building technologists also developed systems, some of them industrially prefabricated as well. But they were of a completely different type. The European approach was less synthetic and more analytical. It was not based on the logistics of the manufacture of acceptable connections but developed from simplified and incremental theoretical models of structural behavior. Such models, developed particularly in France in the early part of the nineteenth century, permitted designers to understand and simplify the calculation of forces and thus to achieve economy in dimensioning members. These models: the simple, continuous or articulated beam, the cantilever, the hinged or fixed arch, the suspension system and so on, were

23 Mark Mack examined the antithesis of this approach in an analytical, "euro-systematic" use of the stud, nail and concrete block in his noted exhibition "Furnitures 82" held in 1982 in San Francisco. Particularly his four-poster bed made of two-by-fours dealt with the perennial problem of the Ionic column: how to turn a corner logically in a directional system using a corner post which looks different from one side and from the other. This is a conceptual concern that is meaningless to framing contractors.

seen to be addable but separate elements for reasons of computability. Each, therefore, had to function independently of its neighbor in the same way that the elements of a European system functioned independently: each form had to remain pristine for theoretical reasons.[24]

THE MONOLITHIC FRAME

The "statistical" spread of the nail throughout the light timber frame and the consequent structural redundancy this occasions gives rise to yet another quality: it makes frame structures behave monolithically in spite of skimpy materials and weak connections. Nailed frame buildings can bear the most upsetting of loads in completely unexpected ways. Forces can detour around trouble just as traffic does in a grid street system like that of Manhattan. This makes frame buildings exceedingly adaptable and resistant to abuse. Dorothy's house whirling high above Kansas in a tornado in the film "The Wizard of Oz" (1939) is a truly American form of load testing; no other timber building type could withstand such forces.

24 The best continental European bridges of the nineteenth century exemplify these theoretical models, while the corresponding American ones are almost invariably hybrids.

But there are many daily occurrences in our timber frames, which are just as sensational if not as photogenic. We can remodel our frame houses to an extent that traditional European heavy timber buildings could never accommodate. Any hobby-minded person can, and indeed does disjoin, eliminate or mutilate any and every member of his house without precipitating a structural catastrophe. Almost everything can be removed with impunity before a timber frame will collapse. This need for extreme and unprofessional modification is a long-standing characteristic of American construction. A non-professional attitude to house construction does exclude architects from most general housing work and particularly from modification, and it reinforces the profession's traditional disinterest in construction and structure. Nevertheless, an awareness of its importance as a cultural element can serve us as a design parameter. This foolproof, do-it-yourself freedom, inconceivable in a European building, is another of our most treasured traditions. It is an inalienable criterion for the design and construction of our housing. If a timber building cannot be "maltreated" in this manner, it is simply not an American house. Not by overdimensioning the structure do we attain this freedom – that would be the European way of accomplishing this type of redundancy – we achieve it by the replacement of quality by numbers that inadvertently bestows upon it both monolithic behavior and an ambiguous relationship between structure, construction and form.[25]

25 We have encountered the concept of redundancy several times now. It is the one factor that guarantees this desirable high level of design flexibility in our building culture. On the negative side, it is certainly closely related to our wasteful use of natural resources and to our traditional reliance on semi-skilled labor which is, in itself, another form of waste: that of educational potential. The use of structural redundancy in continental Europe ended with the rise of traditional analytical statics in the first decades of the nineteenth century. (See T.F. Peters: Transitions in Engineering, especially p. 9-11). Today, it is gradually beginning to excite interest again due to the dangerously high precision of computer methods of structural modeling and dimensioning which leaves no room at all for accommodating the unexpected.

FORM AND STRUCTURE:
A SEPARATION OF CHURCH AND STATE

"Nail the hell out of it!" the contractor cries in earnest when faced with a particularly complex connection problem. What the result looks like is immaterial, as the whole is soon to be covered with a skin anyway to give it form. Conformity to the rules of a system and their response in form have no place here. Ours is a culture of the primacy of packaging over substance. American automobiles are traditionally styled rather than designed, and as any gourmand knows, it is the icing and not the dough that makes the cake. Ours is the Angel Food Cake of sugary visual delight, not the solid Schwarzwälder Torte in which no covering masks the layering of taste and texture.[26]

The typical American separation between structure and form never defines a dialectic design relationship nor does it imply a mutual control analogous to the role of the legislative, the executive and the judiciary in our political system. It is perhaps more akin to the divorce between church and state in our society which is unique in its uncompromising radicality and which can, on occasion, also adopt hilariously extreme forms[27]. The separation between form and structure is thus not only related to a socio-political concept to which we assign value but it is also historically based in the lack of a culturally bound iconography. This helps to explain our free choice of style, much freer than the eclecticism of nineteenth century Europe, which probed the concept of appropriateness in the relationship of function to form and style against the background of

26 However, the analogy masks our true values, just as the fixation on European models inverts and thus hides the true qualities of our building culture: it is not really the aristocratic cake at all that represents the essence of our culture, but rather the democratic pie, and that is of course all content. The British expression "that's a piece of cake", becomes "as easy as pie" in America. The pie as symbol of the "American Dream" was brilliantly captured by Joe Hill 1879-1915, the popular bard of the radical International Worker's World in the famed satirical refrain to his song "The preacher and the slave" composed about 1906: "You will eat bye and bye / In that glorious land above the sky: / Work and pray, live on hay, / You'll get pie in the sky when you die."

27 This was written in the aftermath of both post-modernism and the 1987-1988 ecclesiastical PTL scandal.

historical meaning.[28] It may also help to understand the post-modernist, licentious mixing of formal metaphor, which can only be seen as some kind of feeble joke by the European designer who is only able comfortably to graze in segregated historical paddocks.

Choosing a style in the American sense conceals a paradox. Historical style implies and thereby creates the illusion of temporal permanence. At the same time it illustrates cultural impermanence by the butterfly-like frivolity with which the choice is made with very little in the way of support other than personal preference. Based on the strict separation between structure and form, North American designers therefore have formal languages at their disposal that are really free of premised meaning. They are no longer tied to history but are open to unbounded interpretation, to creative misunderstanding. Historicizing designers in our culture have thus always been able to graze on the prairie rather than in the historical paddock, an enviable situation. And, if we wish, we can even create our personal history in our own image. There is, therefore, not only a formal but also a temporal ambivalence underlying our slowly evolving design autonomy[29].

The light timber framing system and the manufacture of the typist's chair illustrate a number of the salient characteristics of a unique design and construction process founded on empirical thought. The danger inherent in the empirical method is clear to all of us who design, but the possibilities are probably less so. We remember that all cultural invention is vulnerable, dangerous, simply because it is hypothetical, tentative and open by nature. But it is also evident that American concerns and motives differ radically from those of other cultures. The fabric of an

---

28 Gottfried Sempers pamphlet on Gothic versus Classical of 1845: "Über den Bau evangelischer Kirchen…" is a good early German example of such an examination as are the subsequent theoretical works of A.W. Pugin, Ruskin et al in Britain and Viollet-le-Duc and others in France.

29 Sigfried Giedion's last and uncompleted work bears the title "The Eternal Present". Giedion was strongly influenced by American culture and intended to imply by the title of this work that, in contrast to previous modern doctrines, history has its place within our modern design repertoire because it is present to us. This is, of course, not an original thought, but it does correspond rather well to American cultural needs. What Giedion did not say, but which follows from this thought, is that our understanding of history also mutates with changing temporal standpoint. Objectivity is non-existent. And it is on the basis of such thoughts that we can legitimize our freedom to manipulate historical form and style.

American approach to design, or of any other facet of our life for that matter, is that of which our culture itself is made. It will therefore be from the iconography of American culture, however nondescript it may initially appear to us, that the solutions to our concerns must issue.

Tom F. PETERS

BIBLIOGRAPHY

Bellini, Mario: "Abitare la Macchina-Living in the Machine" editorial comment, Domus Oct. 1986

Bloom, Harold: A Map of Misreading. New York: Oxford University Press 1975

Boericke, Arthur & Shapiro, Barry: Handmade Houses. A Guide to the Woodbutcher's Art. San Francisco: Scrimshaw Press 1973

Giedion, Sigfried: Space, Time and Architecture; the growth of a new tradition. Cambridge MA: Harvard University Press/London: H. Milford, Oxford University Press 1941

Giedion, Sigfried: Mechanization takes command. A contribution to anonymous history. New York 1948: Oxford University Press

Giedion, Sigfried: The Eternal Present, a contribution on constancy and change. 2 vols. New York: Bollingen Foundation, distributed by Pantheon Books 1962/1964

Gordon, William J.J.: Synectics, the development of creative capacity. New York: Harper 1961

ed. Kinnard, Clark: Rube Goldberg vs. the Machine Age. New York: Hastings House 1968

Peters, Tom F.: "The Rise of the Skyscraper from the Ashes of Chicago" American Heritage of Invention and Technology, Fall 1987, p. 14-21

Peters, Tom F.: Transitions in Engineering. Guillaume Henri Dufour and the Early 19th Century Cable Suspension Bridges. Basel: Birkhäuser 1987

Prince, George M.: The Practice of Creativity; a manual for dynamic group problem solving. New York: Harper & Row 1970

Semper, Gottfried: Über den Bau evangelischer Kirchen. Mit besonderer Beziehung auf die gegenwärtige Frage über die Art des Neubaues der Nikolaikirche in Hamburg und auf ein dafür entworfenes Projekt... Leipzig: by B. G. Teubner for the author 1845

INTRODUCTION FOR
AN INTRODUCTION TO THE HISTORY OF STRUCTURAL MECHANICS[1]

The battle between weight and rigidity constitutes, in itself, the single aesthetic theme of art in architecture: and to bring out this conflict in the most varied clearest way is its office. Architecture accomplishes such a task, barring the direct route of free expansion to those indestructible forces, slowing them up by deflecting them; thus the battle continues and shows, in manifold forms, the unceasing efforts of the two opposing forces. Left to its own devices, a whole building would [collapse into] a compact mass, pressing by its mass upon the ground, on which the weight inexorably pushes…

Rigidity, on the other hand… opposes such an effort with vigorous resistance.

The immediate manifestation of the natural tendency [of gravity] is hampered by architecture, permitting only a mediated manifestation, in tortuous ways. For example, scaffolding can exert pressure on the ground only by means of a column mass; the vault has to hold itself up and the pillars are the only means that satisfy the downward tendency, and so forth. But by virtue of these forced and contorted ways, by virtue of the obstacles, the forces immanent in these rude masses of stone have a way of revealing themselves in the clearest and most varied forms… Therefore the beauty of a building lies in the final visible suitability of every part: to a finality not external and arbitrarily fixed by man (the work in this case would belong to practical and applied architecture)

1 This text was previously published as Edoardo Benvenuto, "Introduction". In Edoardo Benvenuto, *An Introduction to the History of Structural Mechanics*. t. 1: xvii-xxi. New York: Springer-Verlag, 2 vol., 1991. It is reprinted here with the permission of Springer, Tiergartenstr. 17, 69121 Heidelberg, Germany. © 1991 by Springer-Verlag New York Inc.; DOI 10.1007/978-1-4612-2982-7; Print ISBN 978-1-4612-7745-3; Online ISBN 978-1-4612-2982-7.

but rather concerned with the consistency of the whole, for which the place, the size and the form of every part must be in such an essential relationship that taking away any part from any place would plunge the building into ruin.[2]

This odd fragment was written not by a technician dedicated to structural calculation, nor by a historian of architecture looking for an interpretive key to give coherence and meaning to his exposition, but by a philosopher whose real interests were elsewhere. Schopenhauer's intention was to describe the "world as will and representation"; his observations on architecture are merely an aside, one small stone in the mosaic of his speculative system. But for this reason, the passage quoted above is of interest. It shows, in stripped-down images, an aspect of architecture that is easily accessible to non-specialists. Moreover, Schopenhauer's passing comments reflect an ancient perception, perhaps forgotten now but still implicit: the admiration and marvel aroused by the great architectural works that seem both to vie with God's work in nature and symbolically to renew it, subjugating the hostile forces of nature.

The sense of wonder that stimulates us to explore the phenomena that seem to contradict nature's laws is at the origin, in part at least, of every technical artifice. And this sense of wonder is, perhaps, a primordial dimension of meaning in architecture; it expresses not so much the mystery of the unknown as the mystery of man's dominion over it. Look at the myth of Daedalus the very archetype of this domination. His creation is a combination of art and play, a manifestation of unexpressed rationality which succeeds in clearing up all the dark tangles. He creates the labyrinth that binds and imprisons that somber, telluric god-beast, the Minotaur; and he makes the wings with wax and feathers, the mechanical tool which, in the imagination of the Ancients, would finally defeat gravity.

This sense of wonder appears in a work long attributed to Aristotle, the *Mechanical Problems*. This is the first text which deals with some standard problems of statics and the science of structures. "Miraculously", the treatise begins,

> some facts occur in physics whose causes are unknown; that is, those artifices that appear to transgress Nature in favor of man. In many cases, in fact, Nature works against man's needs, because it always takes its own course.

2 A. Schopenhauer, *Die Welt als Wille und Vorstellung*, book 3, section 44, included in *Arthur Schopenhauers sämtliche Werke*, P. Deussen ed., (Munich, 1911) Vol. 1, p. 252-253.

> Thus, when it is necessary to do something that goes beyond Nature, the difficulties can be overcome with the assistance of art. Mechanics is the name of the art that helps us over these difficulties; as the poet Antiphon put it, "Art brings the victory that Nature impedes."

Early works on architecture frequently express this sense of man's marvel over his victory over Nature. The architect not only constructs useful, beautiful buildings; he also exerts dominion over the natural laws, endowing his creation with "vigorous resistance." The three terms *firmitas*, *utilitas*, *venustas*, "strength", "utility", "beauty" or "charm" –these imbue the first treatise on architecture, Vitruvius' *De architectura*.

It is hardly surprising that, for the ancients, the image of the architect has demiurgic connotations. In a famous dialogue of Paul Valéry[3] this "nearly divine" aspect is expressed in the following words of Phaedro to Socrates when speaking of his friend the architect Eupalinos: "How marvellous, when he spoke to the workmen! There was no trace of his difficult nightly meditation. He just gave them orders and numbers." To which Socrates responds, "God does just that".

Orders and numbers: orders signify the design and technical decisions, and numbers symbolize the harmony and coherence that only the universal language of mathematics can express. These two, combined with an appropriate technology and perfect communication among those involved, would, according to the story of the Tower of Babel, be so successful as to link heaven and earth and threaten God Himself. "And the Lord said, Behold, the people is one, and they have all one language; and this they begin to do: and now nothing will be restrained from them, which they have imagined to do" (Genesis 11:6).

Although it is hazardous to try to draw too much from myth and poetic figures of speech, these glimpses from the remote past tell us something about the relations that originally united statics (the mechanics of materials and structures) with technique and art. Today we think of the themes and problems that rational mechanics applies to structures and materials as rather marginal to the objectives, design problems and outcomes of architecture. Architects study stress in building elements and learn the rules for correct dimensions, but as merely technical

3 P. Valéry, "Eupalinos ou l'architecte", in *Œuvres*, Vol. 2, Bibliothèque de la Pléiade, Éditions Gallimard 1960, p. 83.

formulas –sophisticated formulas, of course, and obviously essential for structural purposes, but (with rare exceptions) somehow peripheral to the real essence and meaning of architecture itself. And to science, these formulas are only one feature of a far broader horizon. Architecture and science meet only on the periphery of each.

But it was not always so; the historical reality is far different. Consider the evidences quoted above: from Babel to Daedalus, from Schopenhauer's words to Valéry's thought. We should look for a different understanding, one which adheres better to history itself. Mechanics and architecture do not meet on the fringes of each discipline but at their very hearts.

The journey we are about to undertake will explore extraordinarily interesting questions about technical mechanics. We will explore not only the history of science but the history of ideas and architecture –for the separation of these branches is by no means so certain as we may think and is of comparatively recent vintage. The history of construction shows us how debatable is the subordination of technique to theory; in fact, in most of the cases we will look at, the theory arose from technique, not the other way around. The scientific explanation often came to the fore at the end of a long journey –that of constructive techniques– whose origins are lost, as Koyré puts it, "in the mists of time"; and whereof it was presented in the form of rational acknowledgment of what was known but not understood, as Minerva's latch which, according to Hegel, lifts at nightfall.

We find, in fact, that ancient techniques slowly arrived at satisfying levels of complexity and perfection long before theory caught up with them. And theory evolved not so much because the techniques needed an intellectual underpinning as because of individuals' curiosity. The theorists wanted living proof of the excellence of their theories; the technicians knew what worked and were often not much interested in *why* it worked. The Dome of St. Peter's Basilica sprang heavenward without the benefit of theory. It not only preceded mathematical analysis but begot it.

The division between inspiration and technique is of very recent origin and is largely artificial. In building, science and art have always been united in the creative act. Not even the most narrow-minded aesthete or engineer can part the two without losing something. To see Brunelleschi, Michelangelo, Guarini, Wren, Mansart, Soufflot, a hundred others, *merely* as great artists is to deprive them of credit fort their brilliant engineering. Their wonderful technical innovations, their perfect determination of the weights that had to be balanced and the mechanisms of collapse that had to be opposed –these give coherence and splendor to their works.

Returning to Schopenhauer in seeing "the battle between weight and rigidity" as "the single theme of architecture", we find him discerning in statics not a means but an end, not an instrument but a meaning. Of course he goes too far; his language tries to fix the concepts with an overlay of terms: "weight", "indestructible force", "effort", "rigidity", "resistance", all taken from ordinary language but all ultimately indefinable. Schopenhauer, who was anything but a scientist, may be excused a certain excessiveness and imprecision. In this, however, he joins a large and respectable company; part of the history of statics is the process of compacting and defining its vocabulary, as we shall see.

Look at his images. The first is of the "battle between weight and rigidity"; we can translate this into the *resistance of solids*, a theme first broached by Galileo and subsequently expanded, enriched and transformed into both reasons and models. The second image is of the "tortuous ways" by which gravity has to express itself when it is "hampered by architecture". We now express these in terms of the composition and decomposition of forces, a theme we shall discuss in some detail, and we shall see their practical application to the *statics of arches, domes and vaults*. Schopenhauer's third image is of the intrinsic "finality", the "consistency of the whole", the "suitability of every part", such that the loss of a single part "would plunge the building into ruin" –the whole field of *structural mechanics*, in short. The definition of the laws of equilibrium is seminal; it lies at the basis of all these applications to architecture. As we shall show, since ancient times, the *principles of statics* were interpreted as a consequence of geometric and metaphysical axioms, rather than as merely physical laws. Their truth was located beyond the range of empirical knowledge, almost the trace of that "one language" which pervades every rational explanation of reality.

During the eighteenth century, under the influence of rational optimism, the conviction arose that the laws "of the repose and movement of bodies" were in turn subordinate to a great universal design, one that manifested the beauty, harmony and perfection of Nature as the best work of the Supreme Architect. This was hardly a novel notion; "final causes" were a legacy from Aristotelianism until they were ousted, after long and vigorous combat, by the "efficient causes" beloved of post-Renaissance science. The novelty lay in the translation of "final cause" into a minimum principle, innocent of teleonomic intention.

These four themes form the subject of this book. We shall trace them from their origins to the threshold of the modern age, in which much is still under discussion and still enlivens scientific research. Our intention is to go by distant and almost-forgotten routes, some of them hardly more than footpaths. We will examine forgotten premisses and ancient errors –gently, we hope, and without prejudice or blame. As Leonard Woolf put it, "the journey not the arrival matters."

Today the science of structures has a formidable air of perfection. Everything is logical; all is related to the great deductive systems of rational mechanics and mathematical physics. Nothing, apart from the name, seems to have much to do with architectural applications. Of course the science of structures *does* apply to real buildings, it does have an empirical basis, but this seems rather limited compared to its luxuriant, unbelievable theoretical refinement – a refinement that has given coherence, harmony, order to the parts and the whole of the discipline, revealed new formal analogies, widened the range of problems resolved, and pared down the language used to treat them. Socrates' "Order" and "number", the Biblical "one language": we have these now, and they demonstrate the power of the original architectural act.

But how did we come by them? We shall see.

Edoardo BENVENUTO

INTRODUCTION FOR *BUILDING CAPITALISM*[1]

It is not difficult to imagine how a city such as London was built up. It was an obvious site, on the banks of the Thames with its easy access from the sea. At this particular point there were a number of tributaries flowing into the river, including the River Fleet, and all along their banks was clay land –ideal for making bricks and pots. Around the site were scattered forests, providing ample timber for constructing houses. To build up a settlement though, of whatever size, labour was necessary in the construction of roads or paths from the river to the chosen site and from the latter to the nearest source of timber and any other materials required, including stone which might be shipped along the river. Then there would be the labour involved in felling and cutting the timber, carrying it to site and constructing the basic structure. Or it would be necessary to dig out the clay earth, perhaps on the site itself, mould it into bricks and eventually assemble a building.

This simple picture helps us to conceive of the instruments and objects required to build a city even in modern times. First, there are the basic conditions of building production: the land, with its varying productivity. Second, there are the elements of production, the raw materials. And, third, there are the tools needed for labour to work on these objects –to fell the timber or to erect a building carcass. Such a picture also illustrates the basic activities involved for labour in the building production process: the construction of infrastructure like roads and drainage, the extraction of raw materials and the assembly of the buildings themselves.

1 This text was previously published as Linda Clarke, "Introduction". In Linda Clarke, *Building Capitalism. Historical Change and the Labour Process in the Production of the Built Environment*, 1-4. London: Routledge, 1992 (reprinted 2012). It is reprinted here with the permission of the author and of Routledge.

To regard a city in this way as a building site also serves as a reminder. It has been a frequent feature of urban studies to regard the built environment of the city only as an ensemble, a concentration, of infrastructure and buildings as finished products, providing specific use values. But no need can be satisfied until it has first been produced. Those settlers who travelled up the Thames may have needed shelter but this was only in a subjective sense, in their minds, and could exist objectively only when that shelter had been built (Marx 1973: 91-92). This depended rather on how the land was controlled, on the building materials available and, most important of all, on the labour time available in relation to the time required for construction. In turn the labour time applied to or required for building depends primarily on the general division of labour in any society. In consequence it may not have been possible for the settlers to satisfy their need at all and in this respect any idea that London was built where it is simply because of the location is misleading. They may have had to crowd into the houses of others or to travel further afield. Accordingly, it was the building production process and in particular the building labour process that determined if, how and when housing and other buildings were consumed.

The purpose of this illustration is to highlight the main preoccupations in this book. The first of these is that there exists a basic contradiction between building need and the process of building production. The latter does not follow the former and, indeed, the satisfaction of this need is premised on the building labour process. All too often it is assumed that housing provision or improvements to the built environment in general are met only by exerting greater political pressure to create what in neo-classical terms is labelled 'effective demand' and that the building industry itself reacts in passive response to this (e.g. Building EDC 1978). Most policy for the industry and more particularly for housing provision is based on these assumptions. And when *demand* is not met, explanation turns on the cost of building (e.g. Richardson and Aldcroft 1968).

A second preoccupation of this book, stemming from the first, is that to understand the process of change in the built environment, both quantitative and qualitative, it is necessary to examine changes in the building labour process and how these transform social relations of building production. This applies as much to the form or architecture of the built environment as to the types of buildings produced. Any house displays the labour process employed in its production. A poor quality product, for instance, inevitably implies poor conditions for building workers.

In order to show this, the urbanization process in the late eighteenth and early nineteenth centuries has been analysed, with special reference to a small farm – Brill Farm – which was urbanized or incorporated into London to become known as Somers Town. By illustrating the actual process of building an urban area, it is hoped to rectify the general picture of industrial development in this period which largely omits building production and concentrates instead on what are defined as 'manufacturing' processes, with the effect that urbanization is seen only as a passive response to the needs or demands of the rest of industry.

Implicit in this analysis of urbanization at the end of the eighteenth century are certain broad definitions of social categories which will be applied throughout and which entail particular classifications of sets of social relations. *Production* as a category, for example, is defined as all the social processes concerned to provide goods, products, out of natural resources whilst *consumption* is applied to all the processes involved in consuming these goods. A vital difference between the two is that, unlike production, the consumption process generates no additional value: the total sum of values possessed by landlord and tenant remains the same afterwards as it was before.

Within production, social relations can be classified in terms of the hierarchical or vertical *division of labour*, representing status or domination, or the horizontal division of labour, according to the different tasks to be performed. Changes are thereby identified in the relation between masters, journeymen, apprentices and labourers and between the different crafts and sectors of the building process. The *labour process* is seen more specifically as the process whereby labour is appropriated, subsumed and consumed within the production process. Changes in the *appropriation of labour*, for example, imply a change in its exchange and use, in the use of skills, in the method of employment and in the wage form. And changes in the *organization of labour* imply a change in the relation to the tools and materials worked with, the *means of production*. Thus, according to these definitions, the building labour process through which surplus is generated is the very basis of the building production process.

Definitions of building production vary historically. Just as in the period of feudalism, building workers were increasingly divided from agricultural workers, so too a division of labour developed within the building production process between those concerned with different building materials, whether bricks, stone or timber. Thus those working with bricks were subdivided into brickmakers and bricklayers and were clearly divided from those working with stone, who were divided into quarriers and masons, or those working with timber, divided into sawyers and carpenters. Under capitalism this division no longer applied. Nowadays a carpenter and a plumber are no longer tied to working on wood and lead respectively and are less divided from each other than they are from the producers of the materials they work upon. The building material and component production processes have separated from the building assembly process as the division of labour has come to be based on different sectors of building capital.

A fundamental transformation in all such definitions occurred in the period of transition from a feudal to a capitalist mode of building production when a basic social contradiction between capital and labour emerged. It was through this contradiction that changes to the built environment, to forms of building production and to tenancy relations associated with consumption occurred by the eighteenth century. The basis of any such change remained, nevertheless, the labour process since labour, after all, creates capital. Though the ownership of this capital, in the form of building materials, plant and machinery, was gradually concentrated in the hands of the building capitalist and thereby separated from the building worker, this did not alter the nature of change. It did, however, mean that certain forces stemming from the accumulation of capital came to have a determining effect on the labour process.

With this change came new roles for all those involved in building production. The feudal landowner, whose powers derived from dominance over labour bound to the land, exercised controls over building very different from the landowner of the eighteenth century. The relation of the journeyman carpenter to the master in the seventeenth century was qualitatively distinct from that of the skilled worker to the builder employer in the nineteenth century. Finally, the architect or surveyor who supervised and drew together the different craft processes under the 'measure and value' system in the eighteenth century was not the same professional as the architect of the nineteenth century who was responsible for designing buildings as commodities.

The question of the nature of change to the built environment is fundamental to the approach adopted and to the relation established between the various categories analysed. In investigating the labour process, the approach differs from others concerned with urbanization which concentrate on *exchange* or *distribution* processes rather than on the production process. The rationale of the *exchange* process, the social relations concerned with exchanging materials and built products, is to realize and to distribute the surplus generated through the labour process. The complex web of relationships between landowners, developers and builders revolved around this exchange process and changed as the process of production changed. Exchange relations acted as intermediary between the *production* and *circulation* processes and were crucial to the mass production of housing for the market. But they were themselves very much dependent on qualitative changes in the relation between building labour and capital, as the contractor replaced the master and the wage labourer the journeyman.

Change in the building industry or to the urban structure can also not be explained as stemming from relations of distribution or the ways in which surplus is consequently distributed. Traditionally, distribution is understood as the distribution of capital, land and labour through the mechanisms of profit, rent and wages, and classical studies of the building industry attempted to explain changes in its activity according to these mechanisms (Parry Lewis 1965). A related tendency has been to attribute change, particularly in the house building sector, to its peculiar dependence on land as a condition of production. In these cases, explanation revolves around factors like rent, the powers conferred through the distribution of landownership or the price of land. But the decline of a separate landowning class in Britain from the time of the Revolution of 1640-1660, when Parliament defeated the King through the Civil War, and the increased harnessing of land to the interests of capital meant that landownership could no longer condition the building labour process and that rent –especially ground rent– assumed a different meaning. Though historical relations of landownership under the leasing system continued to affect the building consumption process, the disappearance of a separate landed class meant the disappearance of land rent and its replacement by capital rent, a rent related to the greater productivity accruing through the capital invested in the land, and thus in common terms 'profit'. Today, it would be difficult even to identify this capital rent directly as land is exchanged freehold and as the price of land has become highly socialized and dependent on the overall productiveness of labour.

On the basis of this approach and using the categories outlined, analysis of Somers Town was embarked on, aimed at showing how changes in the building labour process account not only for changes in the social relations of building production, but also for those associated with the exchange, distribution, circulation and consumption of the completed buildings and the mutual relations between all those involved in these separate processes.

It was soon apparent that this was misconceived and that Somers Town was itself insufficient to understand the process of urbanization. Different social relations cannot be confined to the physical boundaries of a small outlying area of London without turning this into an island with its own exclusive relations. Part of the labour force for the roads came from Ireland, for the housing from country areas such as East Anglia; though bricks were produced on site, some of the stone for the roads was shipped from Dartmoor; one of the main builders, John Johnson, came not from the immediate area but had his workshops and dock by the Thames in Westminster. Labour, material and plant constituting the building production process were, therefore, not identifiable with a definite area. Indeed, the very attempt to limit the study of urbanization to a particular locality was in sharp contradiction with the logic of the approach, to study social rather than physical relations of production. The inevitable result has been that the material drawn upon extended more and more, including in its geographical scope as the book progressed, until the development of Somers Town has become just part of the process of suburban growth of London.

Linda CLARKE

REFERENCES

Building and Civil Engineering Economic Development Committee (EDC) (1978) *How Flexible is Construction? A study of Resources and Participants in the Construction Process*, NEDO, London: HMSO

Marx, K. (1973) *Grundisse*, Harmondsworth

Parry Lewis J. (1965) *Building Cycles and Britain's Growth*, London

Richardson H.W. and Aldcroft D.H. (1968), *Building in the British Economy between the Wars*, London

INTRODUCTION POUR
ENTRE MÉCANIQUE ET ARCHITECTURE[1]

Entre Mécanique et Architecture : c'est-à-dire, entre les procédés techniques qui, depuis des temps immémoriaux conforment l'art et la science de la construction au développement de la science physique et mathématique la plus générale et, peut-être, la plus abstraite, *subalternata tantum geometriae et philosophiae naturalis*, comme le disait Tartaglia, bien que liée aux faits les plus familiers : la statique et la mécanique des matériaux et des structures.

Le thème qui nous concerne est donc la relation entre la technique et la science dans son exemple le plus important, je crois, du point de vue historiographique mais aussi épistémologique : à savoir, la relation entre le *savoir faire*, qui se conforme à la norme, en respectant une détermination et une congruence parfaites avec son objectif, et la théorie, qui confirme la norme et témoigne la nécessité de la déterminer congrûment avec les lois de la nature.

Avec une extrême perspicacité, quelque peu offusquée par une frivolité érudite, l'Abbé Francesco Maria Franceschinis, mathématicien et adepte de la philosophie des lumières, se pencha sur la question dans un bref traité qu'il publia à Padoue en 1808 sous le titre *Des Mathématiques appliquées*[2], soutenant la nouvelle tendance didactique introduite à l'Université de Padoue par l'éphémère Règne d'Italie. Simulant un conflit entre plusieurs auteurs, Franceschinis exposait une première thèse dans

1 Ce texte a été précédemment publié sous la référence : Edoardo Benvenuto, « Entre Mécanique et Architecture » in *Entre Mécanique et Architecture* / Between Mechanics and Architecture. Sous la direction de Edoardo Benvenuto et Patricia Radelet-de-Grave. 5-18. Basel, Boston, Berlin : Birkhaüser, 1995. Il est ici ré-imprimé avec la permission de Springer, Tiergartenstr. 17, 69121 Heidelberg, Germany. © Birkhauser Verlag 1995 ; DOI 10.1007/978-3-0348-9072-4_1 ; Print ISBN 978-3-0348-9894-2 ; Online ISBN 978-3-0348-9072-4.

2 F.M. Franceschinis, *Delle Matematiche Applicate*, Padova, 1808.

un *Discours inaugural* qu'il récita peut-être réellement en 1807, lorsqu'il devint titulaire de la Chaire de Mathématiques appliquées.

Cette thèse soutenait la subordination obligatoire du *faire* au *savoir*, donc de la technique aux sciences, dans notre cas de la construction architecturale à la connaissance des lois mécaniques : témoignage d'une pensée moderne typique qui triomphait au siècle des lumières. Il suffit de citer la maxime énoncée par Arnold Guelinx (1629-1699) dans sa *Metaphysica vera* (I, 5[a]) : « *impossibile est ut is faciat, qui nescit quomodo fiat* ». C'est là l'esprit de la modernité. L'attrait suscité par les arts et métiers au dix-huitième siècle, qui nous est démontré non seulement par l'Encyclopédie de Diderot et d'Alembert, mais aussi par de nombreuses études académiques, très mathématiques, sur les problèmes de construction – qui jusqu'alors avaient été confiés à la compétence de la tradition – reflète et développe ce concept.

DEUX SŒURS BIENVEILLANTES ET NOBLES

Dans cette optique, Franceschinis parlait de « *deux sœurs bienveillantes et nobles, envoyées par le Ciel afin de secourir les hommes et de pourvoir à leurs exigences* ». C'est dans ces termes qu'il faisait allusion aux Mathématiques pures et à la Physique expérimentale, dont la splendide union dans la science de la Mécanique « soutient » – dit-il – « les arts, les métiers et toutes les activités de l'homme ». En rhétoricien, considérant l'Architecture comme un personnage, notre Abbé lui faisait dire, évoquant la Mécanique et la Géométrie :

> Celles-ci m'aidèrent à sortir de mon ignorance et me firent l'honneur de parcourir avec moi tant de chemin, autant qu'il y a de l'Aréopage au Temple de Thésée et de Minerve (…) Et elles, qui initièrent des personnages tels que Leonardo, Brunelleschi, Alberti, Palladio, Wren, Michel-Ange et Vignole, m'ont rendu hardi au point de réussir à soulever et à tenir en quelque sorte comme s'ils étaient suspendus dans l'air, le Panthéon et les majestueuses coupoles de Florence et de Londres (…). Je n'aurais jamais pu attendre une telle perfection sans la théorie des courbes d'équilibre et de stabilité, celle des contraintes et des résistances ; sans la connaissance des formes des solides

> les plus opportunes à cet effet qui accorde la stabilité sous un poids égal, je n'aurais pas su me servir des ornements pour croître en vigueur afin de lutter contre la voracité des siècles anciens[3].

Mais non ! L'histoire contredit implacablement la thèse de notre orateur érudit. Il est notoire – et Franceschinis lui-même ne pouvait certes pas l'ignorer – que les théories physico-mathématiques précitées ne naquirent pas avant le XVIIe siècle et que c'est surtout au XVIIIe siècle – à savoir quand les œuvres architecturales les plus hardies choisies par Franceschinis comme témoignage étaient déjà achevées depuis longtemps – qu'elles obtinrent lentement une signification technique. L'histoire de l'architecture manifeste une prédominance du *faire* sur le *comprendre*. L'antique sagesse des arts et métiers, alimentée par les longues *continuités* historiques insaisissables dans un réseau d'événements que l'on peut commémorer séparément, fruit de l'expérience commune et de traditions ininterrompues, se base davantage sur le souvenir que sur la répétition ; sur la fidélité créative propre à la mémoire plutôt que sur l'application répétitive d'une loi universelle. Une recherche sur l'essence de la technique, et particulièrement de la technique constructive, n'atteindrait guère son objectif si elle devait se limiter à considérer la technique comme une science appliquée. En effet, comme Kierkegaard le démontra de manière efficace dans une brochure brillante, le souvenir et la répétition transmettent, à la pensée et à la pratique, des mouvements contraires, malgré leur apparente ressemblance.

L'Abbé de Padoue était cependant trop occupé à orner son discours d'une multitude d'images et d'évocations érudites pour pénétrer réellement l'essence de la question. Il se limita à illustrer, comme dans un jeu d'astuce sophistiqué, exactement le contraire de la thèse qu'il soutenait auparavant, en l'attribuant à un *auteur inconnu*. Selon celui-ci, donc, entre la sagesse technique de la construction architecturale et le savoir scientifique de la mécanique, il n'existerait aucune relation, puisque – observez ici la grande finesse épistémologique : « l'œuvre humaine se sert de connaissances partielles qui peuvent rester isolées mais appropriées à la multitude et à la complexité des problèmes à résoudre », alors que, d'après les sciences, « tout fait nouveau est un nouveau chaînon de la chaîne des êtres et des phénomènes ; et si les faits remplissaient toutes

3 F.M. Franceschinis, *op. cit.*, p. 87-88.

les interruptions et tous les espaces vides de la série, on verrait toutes les vérités se confondre en une seule, et l'univers entier ne serait qu'un fait unique[4] ».

Il est vrai – ajoute à ce point l'intelligent adversaire imaginaire – qu'une semblable synthèse de la complexité, empreint parfois les sciences, réunissant « mille observations et mille expériences décousues », et que cela ne survient cependant pas à la suite d'un travail rangé, banal, mais est encore une fois la conséquence d'une intuition soudaine : « tout comme de la dernière étincelle qui doit vaincre l'humidité des sarments superposés, la flamme surgit, embrasse et embrase tous les sarments ».

Quoique qu'il en soit, dans la plupart des cas habituels dans les domaines des arts, des œuvres et de la fabrication des instruments utiles à la vie de tous les jours, les abstractions généralisatrices, propres aux sciences, ne servent pas à grand chose, pas plus que « le paysan n'a de métier pour tenir ses comptes, partager son champ et dispenser ses revenus au-dessus de ses nécessités[5] ».

Nous devons reconnaître que la fiction de l'*auteur inconnue* éveilla la créativité de Franceschinis et lui fit concevoir des idées fécondes qu'il n'aurait probablement même pas osé penser en parlant à la première personne. Ce deuxième discours manifeste un autre côté de l'esprit moderne, dont M. Heidegger a su si bien saisir l'essence dans son essai sur l'*Époque de l'image du monde*. La science – donc aussi la mécanique – doit se rapporter à la vérité unique d'un système globalisant ; au contraire, la technique dans son sens authentique – donc l'art et l'architecture en particulier – doit tenir compte de la substance des choses dans leurs différences spécifiques. La science est gouvernée par le *principe de la raison suffisante*, tandis que le technique est dirigée par un *principe de finalité*.

Mais les sciences mêmes, ayant atteint leur apogée moderne avec Maupertuis et l'« immortel Lagrange » sont désormais sur le point de découvrir que leur recherche sur les causes efficientes atteint son but en interprétant fondamentalement les lois naturelles en termes téléonomiques. De là découle donc que le principe régulateur de l'œuvre technique (ou *physique* selon le lexique de Franceschinis) domine et subordonne la recherche abstraite (ou *mathématique*) des sciences. Le technicien est

4 *Ibidem*, p. 116.
5 *Ibidem*, p. 117.

> en cela semblable à ce négociateur qui, ayant fait pénétrer dans son esprit une nouvelle forme de commerce et en ayant clairement conçu un projet, après en avoir constaté l'utilité, convoque des comptables mercenaires qui séparent les différentes parties du plan, en calculant minutieusement les frais et les profits divers qui en découlent. Mais de cette façon, vous verrez que les mathématiques doivent être considérées comme les servantes de la Physique et non pas comme ses alliées ou ses sœurs[6].

La conclusion de l'*auteur inconnu* de ce deuxième discours est que la thèse du premier Orateur doit être considérée comme « un pur artifice d'éloquence pompeuse » lorsqu'il dépeint la mécanique « toujours étrangement occupée et inquiète pour secourir et diriger » la construction de l'Architecture.

> Les faits présents et passés montrent que nous sommes redevables des œuvres les plus extraordinaires… à des hommes rudes et peu cultivés qui n'avaient d'ailleurs jamais franchi le seuil des mathématiques…. Que tels étaient les constructeurs de la célèbre machine de Marly, du fameux pont de Schaffouse ; ceux qui ont suggéré en premier l'idée du canal du Languedoc,… et encore Zabaglia, à Rome, toujours réputé comme un très grand constructeur peu cultivé, comme d'ailleurs Ferracina qui, en Vénétie, connaissait déjà la célébrité grâce à ses merveilleuses inventions avant qu'il ne se rapproche des sources géométriques et mécaniques[7].

Sous l'apparence d'un refus méprisant, Franceschinis présente ici, en réalité, un concept qui découle lui aussi de la révolution scientifique moderne. Il suffit de se souvenir du "proto", chef des ouvriers de l'arsenal vénitien cité par Galilée dans le préambule de ses *Discorsi e dimostrazioni matematiche intorno a due nuove scienze* (Leida, 1638) : c'est-à-dire dans l'introduction de l'ouvrage scientifique qui pour la première fois dans l'histoire de la culture occidentale, introduisit réellement les raisons *géométriques* dans l'étude des problèmes techniques concernant l'art de la construction. C'est là, dans l'arsenal des Vénitiens – écrit Galilée –

> que… des instruments et machines de toutes sortes sont continuellement réalisés par un grand nombre d'artisans ; dont certains, suivent les observations de leur prédécesseurs et grâce à leur propre expérience, sont extrêmement compétents comme en témoignent leur œuvres[8].

6 *Ibidem*, p. 121.
7 *Ibidem*, p. 151-152.
8 *Cf. Le Opere di Galileo Galilei*, Firenze, 1933, vol. 8, p. 49.

Le "proto" est donc le personnage principal, le gardien de l'expérience transmise et vécue ; ses observations peuvent déconcerter les préjugés des péripatéticiens, mais son témoignage pour précieux qu'il puisse être, ne peut être jugé décisif parce qu'il est ancré « à ce que dit le peuple, et ce que dit le peuple est tout à fait vain ; et tellement vain que son contraire pourra être proféré avec autant de vérité ». Il faut, au contraire, outrepasser l'opinion vulgaire et la soumettre à l'examen des indubitables raisons de la *géométrie* (c'est-à-dire de la mécanique moderne) ; seulement cet examen peut permettre d'échapper à la vanité des « choses que les personnes peu intelligentes profèrent pour démontrer qu'elles savent parler de ce qu'elles ne connaissent pas en vérité[9] ».

Cette noble tradition de Galilée sert également de toile de fond à la plaidoirie de Franceschinis. Le troisième et dernier Discours qu'il introduit dans le traité sur les mathématiques appliquées exprime justement ce même concept, sous forme d'une critique diligente du précédent orateur anonyme. Laissons donc à celui-ci la vérité du fait qu'il expose, c'est-à-dire que le *savoir faire* du technicien expert, riche de l'expérience acquise par de nombreuses générations, devance généralement et dépasse parfois la théorie scientifique. Cela n'empêche toutefois pas que cette simple pratique soit contrainte à avancer comme à tâtons, en se basant sur des préjugés non moins vains que ceux professés par les philosophes dédaigneux de l'observation expérimentale. Et cela n'empêche surtout pas le fait que l'excellence des œuvres techniques les plus admirables ne se manifeste justement dans les cas où la compétence pratique des artisans complète les connaissances théoriques :

> les noms et les exemples de tous ceux qui comme Brunelleschi, Leonardo, Raffaello, Michel-Ange, Poussin, Vignole, Palladio, Lulli, Perrault, Martini, Wren, Meng et tant d'autres : excellents musiciens, peintres et architectes, possédant une profonde connaissance de la Physique et des théories géométriques – de leur temps – peuvent rendre cette affirmation évidente[10].

En effet, dans la grande architecture se manifeste quelque chose qui se rapporte mystérieusement à l'intuition scientifique, lorsqu'une synthèse surgit de *mille observations et mille expériences décousues* et ne survient pas à la suite d'un travail rangé, banal, mais est la conséquence d'une

9 *Ibidem*, p. 49 et ss.
10 F.M. Franceschinis, *op. cit.*, p. 253-254.

intuition soudaine : tout comme la *dernière étincelle* dont le deuxième Orateur avait parlé.

En d'autres termes, la voie finalement donnée par Franceschinis pour résoudre le conflit entre les deux sentences opposées illustrées précédemment, consiste à considérer la relation entre Architecture et Mécanique en termes d'une surprenante analogie ontologique, où la différence reste reliée à une diversité de niveaux gnoséologiques de l'itinéraire qui commence par une connaissance inconsciente pour atteindre l'auto-conscience totale. L'Abbé de Padoue nous rappelle alors ce que Leibniz avait écrit dans une lettre à Goldbach à propos de la musique : « *musica est exercitium arithmeticae occultum nescientis se numerari animi*[11] ».

Un prolongement génial et séduisant le pousse à proposer d'interpréter dans ce même esprit la relation authentique qui lie les œuvres architecturales, sous leurs formes d'expressions multiples et variées mais libres et conformes aux normes, à la vérité scientifique qu'elles recèlent, presque à l'état latent, gravée dans la matière, dans ses liaisons, dans les détails sagaces, dans l'équilibre des pièces, dans l'harmonie de l'ensemble, dans la disposition rationnelle des moyens par rapport à un but final.

ENTRE DÉDALE ET BRADAMANTE

Même si cela peut sembler bizarre et incongru, je suis spontanément tenté de relier cette forte intuition de notre philosophe à une pensée très ancienne, très lointaine de la culture occidentale. Je pense à la maxime de Lao Tseu, fondateur du Taoïsme, selon laquelle *le vrai sage est celui qui ne sait pas qu'il sait.* Comment pourrait-on trouver un meilleur moyen d'exprimer la connotation spécifique du savoir technique qui n'évolue pas dans la sphère du concept mais qui s'explique par le caractère concret du *faire* ?

Sagesse celée en elle-même qui, exposée sous forme de code ou de traité, perd immédiatement une partie de son essence car elle n'admet pas qu'on la décrive de l'extérieur ; elle se transmet en revanche, comme

11 W.G. Leibniz, *Epistolae ad diversos*, Leipzig, 1734, p. 241.

par contagion, par le biais du témoignage vivant de celui qui n'est pas conscient de la posséder et en est donc possédé. À notre époque et, au fond de l'âme le plus secrète de la civilisation européenne, nous retrouvons un sentiment analogue exprimé par Paul Valéry, poète-philosophe de grande finesse. Dans *L'Homme et la Coquille* (1937), il affronta le thème de la technique (quoique se référant aux arts), établissant une comparaison suggestive entre l'œuvre conscience de l'homme et celle spontanée du gastéropode qui construit son coquillage. Déjà depuis « des millions d'années avant Euclide et l'illustre Einstein » ce mollusque travaille, témoin muet et ignare de la sagesse *géométrique* surprenante qui vit en lui :

> Le travail intérieur de construction est mystérieusement ordonné. Les cellules sécrétoires du manteau et de sa marge font leur œuvre en mesure : les tours de spires progressent, le solide s'édifie, la nacre s'y dépose.

Malheureusement, ajoutait Valéry, les œuvres de la technique actuelle tirent leur origine, leur mode de réalisation et leur objectif, des raisons externes et les artisans eux mêmes ne reconnaissent en elle rien de plus qu'une application particulière et marginale de leur esprit. Ne serait-il par contre pas possible que la *perfection* de l'art réside justement dans le désir de trouver dans une œuvre humaine « cette certitude dans l'exécution, cette nécessité d'origine intérieure et cette liaison indissoluble réciproque de la figure avec la matière que le moindre coquillage me fait voir[12]? » En réalité, dans ce texte comme dans son *Discours aux Chirurgiens* (1938) et sa conférence *Poésie et Pensée abstraite* (1939), qui s'ouvrent tous de manière différente au thème de l'œuvre artistique ou technique dans ses relations avec la doctrine théorique et les abstractions de la pensée, Valéry montre qu'il partage l'esprit de la grande crise qui, au cours de ce siècle, a frappé les points fondamentaux de la culture occidentale. Pour cela, il veut dépasser cette subordination du faire au savoir conscient que nous avons vu, exprimé par Franceschinis, aussi bien sous forme d'application technique que sous forme de prélude *obscur et secret*. Pour l'auteur français, il s'agit plutôt d'un mouvement pendulaire entre deux actes obligatoires et corrélatifs. Par exemple, dans son *Discours aux Chirurgiens*, après avoir observé que le mouvement compétent de la main du chirurgien réalisant son ouvrage technique ne suit pas à la

12 P. Valéry, *Œuvres*, Paris, 1957, vol. 1, p. 904.

lettre les règles imposées par le traité théorique, mais qu'elle les dépasse et les enrichit dans l'acte proprement dit, dans l'instantanéité du *faire*, il ajoute cette note perspicace et inquiétante :

> Il suffit, pour démontrer cette réciprocité de services (entre le faire et le concept), de considérer que notre vocabulaire le plus abstrait est peuplé de termes qui sont indispensables à l'intelligence, mais qui n'ont pu lui être fournis que par les actes ou les fonctions les plus simples de la main. Mettre ; prendre ; saisir ; placer ; tenir ; poser et voilà : synthèse, thèse, hypothèse, supposition, compréhension[13].

Bien différent est l'esprit qui aime la culture moderne encore indemne des troubles et des vertiges de sa propre crise, mais heureuse et fière de sa conquête technologique du monde. Pour cette culture, le *véritable sage* de Lao Tseu peut être tout au plus un personnage intermédiaire entre le sot mentionné par Galilée (c'est-à-dire celui qui n'est pas conscient de son ignorance) et le savant authentique qui, de quelque manière, participe à l'auto-conscience divine de l'esprit, soit dans la forme asymptotique d'un savoir *absolu* qui n'est pas à la portée de la finitude humaine et, de toute manière, étranger à l'horizon scientifique, soit dans la forme socratique de la *docta ignorantia*, ou *savoir qu'on ne sait pas*, qui marque avant tout les sciences occidentales. J'ose dire que c'est à notre époque que revient la tâche de reconsidérer en profondeur le modèle spéculatif précédent : n'est-il pas vrai que la sagesse *technique* de celui qui n'est pas conscient de savoir doit nécessairement dépasser le noble désappointement *scientifique* de celui qui reconnaît finalement qu'il est simplement conscient de ne pas savoir ? La place différente du *ne pas* introduit plutôt, toujours dans l'esprit d'une négation permanente et obligatoire, deux mouvements contraires qui, peut-être, sont l'âme d'épistémologies contrastantes : celle, amplement explorée d'une science toujours plus consciente de ses propres limites, et celle – beaucoup plus complexe et peu discutée – d'une technique oublieuse de sa puissance et de la responsabilité qui en découle.

Nous pouvons tenter de fixer la différence entre ces deux mouvements en évoquant deux personnages qui, à mon avis, sont plus explicites que toute autre dissertation. D'un côté, nous avons le caractère typiquement moderne de Bradamante, l'héroïne d'Ariosto qui, forte de son amour

---

13 *Ibidem*, p. 919.

pour Ruggero, captif du magicien Atlante dans un château fabuleux, déconfit la magie et ses flatteries oiseuses et force son geôlier à casser les vases enfumés qui créent l'enchantement : « tout à coup, la colline reste déserte » – dit le poète – « inhospitalière et inculte ; pas le moindre mur, pas la moindre tour n'apparaît où que ce soit, comme si le château n'avait jamais existé[14] ». C'est là le prototype d'un concept du savoir, caractérisé par les sciences actuelles, pour se défaire d'une tromperie charmeuse, séduisante et aimable, qui donne la liberté, mais au prix de révéler la colline déserte, inhospitalière et inculte. D'autre part, nous avons l'autre personnage : Dédale, architecte et ingénieur souverain qui possède la compétence en même temps que l'art et l'astuce.

Dédale ne se sert pas de la technique pour anéantir la violence tellurique, dévoratrice, implacable, symboliquement incarnée par le Minotaure mais, bien au contraire, pour l'emprisonner dans le Labyrinthe qui retient le monstre dans ses viscères. Dédale est également l'auteur du projet le plus hardi : la construction d'ailes en plumes et en cire destinées à l'emporter sur la force la plus puissante : la gravité. L'émerveillement (θαυμαξεσθαι) des anciens concernait justement cet objectif : c'est à lui que l'auteur des Μηχανικα Προβληματα se réfère. Dédale doit remporter cette victoire pour se libérer du Labyrinthe qu'il a construit lui-même. Mais du résultat positif découle la tragédie la plus douloureuse : le sacrifice de son fils.

Dédale est un personnage qui me semble surprenant. Il incarne dans le langage archétype du mythe, la vérité de la technique que, dans son essence, nous pouvons presque effleurer matériellement encore aujourd'hui, bien que dans un scénario infiniment éloigné et nouveau. Certes, la technique nous apparaît aujourd'hui surtout sous forme d'application du savoir scientifique qui la précède, et si nous cherchons à être cohérents jusqu'au bout, nous devrions actuellement presque effacer, dans notre esprit, la distinction entre les sciences et la technique ; non seulement parce que la recherche scientifique dans les secteurs de pointe doit désormais adopter des instruments techniques si sophistiqués qu'elle se concentre et s'exprime justement dans la construction de ces instruments (voir le cas des recherches dans les secteurs de l'énergie, de la conquête de l'espace ou de l'informatique) mais surtout pour des raisons plus cachées et profondes, d'ordre épistémologique.

14 L. Ariosto, *Orlando Furioso*, Canto IV, s. 38.

En effet, la connaissance scientifique actuelle reconnaît que la *construction* de l'objet est immanente à son développement et son but intentionnel : la création de systèmes axiomatiques en logique, en mathématiques et dans certaines branches de la mécanique ou de la thermodynamique, la production croissante de modèles physico-mathématiques auxquels il est souvent possible de donner de multiples interprétations et, de façon plus générale, le dépassement du concept de loi naturelle en concept de construction théorique ; tout cela porte à configurer une pensée qui s'articule dans le double moment du décret (position des axiomes et des règles d'inférence) et de l'obéissance cohérente aux normes établies. Une telle structure spéculative s'unit idéalement à celle qui, depuis toujours, gouverne le progrès technique : un progrès qui dépend du recours à des codes et normes fixés au préalable, d'une intention de projet et de construction, d'une transgression prudente mais créatrice de ces normes et de ces codes qui, à son tour, devient codificatrice et normative. Notons que tout cela est valable non seulement pour les techniques dont l'origine remonte très loin dans le temps mais aussi pour les nouvelles techniques qui, en quelques décennies, ont bouleversé la vie de notre planète : de la production énergétique aux télécommunications, à l'informatique. En partant du prototype expérimental, où création et découverte ne font qu'un, où l'émerveillement de la connaissance prévaut sur les objets à la mode, la technique entre en action, contournant et corrigeant l'invention originale en ajoutant cent autres, latérales, tout aussi sagaces et efficaces pour passer aux outils de la première et ensuite de la deuxième jusqu'à l'énième génération.

Devons-nous donc conclure que le conflit entre Dédale et Bradamante a désormais disparu ? La réponse est non. Dans le développement de la connaissance scientifique, la construction de la théorie est effectivement ressentie comme quelque chose qui se trouve dans les mains du savant (rappelez-vous l'affirmation de Popper, selon laquelle, « les théories sont nos inventions, nos idées : elles ne nous imposent pas leur volonté mais sont les instruments de pensée que nous seuls avons créés[15] », alors que ce qui provient de l'extérieur est l'impact avec la *matérialité* des objets de l'expérience, trace muette mais précieuse de l'objectivité du réel dont la science n'a pas pour tâche de venir à bout.

15 K. Popper, *Scienza e filosofia*, trad. it., Torino, 1969, p. 43 (essai déjà publié dans *Contemporary British Philosophy*, vol. 3, 1956).

Pour la technique, c'est le contraire : l'objet matériel est exactement ce qui est dans les mains de son créateur ; en revanche, les règles suivies pour la conception et la réalisation, les procédés instrumentaux qui permettent de modeler le réel de la façon voulue, autrement dit, les *théories*, proviennent pour ainsi dire de l'extérieur en s'inscrivant dans un code explicite ou virtuel qui reflète les caractéristiques typiques du temps ; et chaque opérateur les reconnaît comme référent *naturel* de son activité, étrangers à son rayon d'action, tels qu'ils constituent donc eux-mêmes le critère d'évaluation et de vérification pour chaque produit manufacturé *bien construit.*

Curieux bouleversement ! Nous pouvons en tirer un autre, déjà cité par Dessauer dans sa *Philosophie de la Technique* de 1927 : dans la découverte du savant, les hypothèses et les théories sont la configuration d'un ordre possible, alors que le réel se situe dans la donnée d'expérience là où la *nature* se manifeste. En revanche, « l'œuvre de l'ingénieur est une loi de la nature car elle est possible, mais en tant qu'œuvre réelle elle représente quelque chose de plus ». Dans l'œuvre du technicien, les données expérimentales, les lois qui les coordonnent, etc., représentent l'horizon de la possibilité, alors que l'artifice, la construction, l'instrument produit, déterminent de façon nouvelle la réalité et l'enrichissent en prévalant sur la nature au profit de l'homme, comme disait le poète Antiphon.

CONCLUSION

Entre Mécanique et Architecture, donc, dans le sens aussi de cette surprenante analogie épistémologique ! Mécanique de l'Architecture et Architecture de la Mécanique.

Aujourd'hui la Mécanique appliquée à la construction présente le statut d'une discipline parfaite, presque surfaite par sa perfection, qui l'apparente aux grands systèmes déductifs de la Mécanique rationnelle et de la Physique mathématique ; rien, si ce n'est le nom, pourrait laisser prévoir une référence privilégiée aux applications en architecture. Sa base empirique, qui soutient expérimentalement les hypothèses sur le comportement des matériaux, constitue un chapitre important mais condensé, confronté à la luxuriante et incroyable floraison théorique qui a donné cohérence, harmonie, ordre aux parties individuelles et à l'ensemble du corps disciplinaire, dévoilant d'insoupçonnables symétries formelles, élargissant le rayon des problèmes résolus en en unifiant le langage pour les affronter. Il n'est pas exagéré d'affirmer que la plus belle architecture qui demeure dans l'esprit intime de celui qui s'occupe de Mécanique des structures est l'architecture idéale de la Mécanique même, où l'ordre et le nombre, la technique et l'unité du langage, manifestent la puissance de l'acte architectural.

Malheureusement, tout ceci ne peut être que vaguement entrevu dans la didactique du cours d'études architecturales. Quelques fragments seulement de la construction théorique peuvent être offerts à l'étudiant, en sélectionnant les formules d'emploi commune pour les applications les plus évidentes : quelque chose qui donne au moins une idée des critères d'organisation des éléments structuraux ou de vérification statique, et aptes à rendre raison d'autres développements instrumentaux spécifiques exposés dans les enseignements pratiques. De cette façon malheureusement, se perd ce qu'il y a d'essentiel dans les relations qui unissent la *firmitas* à la *venustas* et à l'*utilitas* ; la science et la technique prennent, en effet, le rôle périphérique de sentinelles postées aux frontières définissant les limites de compatibilité statique qu'il est impossible de violer, tandis que dans le territoire compris entre ces limites, d'autres motivations prennent le pas et le choix structural devient un moment subalterne, devant être confié à quelqu'un du métier.

Ceci se traduit, entre autre, par un appauvrissement ultérieur quand le rapport entre ingénieur en structure et architecte revient au premier plan pour le projet d'œuvres énormes et hardies, qui demande le secours des sentinelles de frontière. Comme si la Science et la Technique devaient trouver leur propre terrain d'action dans ces architectures exceptionnelles où la structure est déterminante et la merveille pour le prodige technique devient *l'unique thème esthétique*, selon la curieuse théorie de Schopenhauer. Une position semblable, bien que corroborée par des témoignages significatifs, appartient à l'idéologie d'un moment particulier et d'une *tendance* assez marginale de l'architecture contemporaine, mais elle est réductrice en deux sens : elle est réductrice pour l'architecture, parce qu'elle ombrage le faux concept que seulement dans des objets privilégiés de forme bizarre, la cohérence statique et la splendeur de la technique constructive se rendent hôtes d'une signification *poétique* ; elle est réductrice surtout pour l'idée constructive, parce qu'elle suggère l'idée trompeuse que l'itinéraire rationnel qu'elle suit à la recherche d'un langage unitaire et puissant, trouve son ultime justification dans le contact direct avec les œuvres de l'architecture où le calcul peut être protagoniste.

Notre ouvrage cherche donc à approfondir le rapport complexe entre la Mécanique structurale et les autres disciplines qui caractérisent le cours des études d'architecture. C'est presqu'un lieu commun que de réclamer la situation incertaine où se trouvent aujourd'hui nos écoles et la faille inquiétante qui s'est ouverte entre les enseignements technico-scientifiques et les enseignements qui, tantôt sur le plan cognitif, tantôt sur le plan conjectural, concernent le monceau uniforme des sciences humaines. Deux horizons culturels gouvernés par des méthodologies hétérogènes et par des critères divergents de validation, se rencontrent sans souvent trouver de réelles occasions de comparaison.

La vieille alternative : "Science ou Art de la construction ?", consciente de la longue histoire qui a divisé les Académies et les Écoles polytechniques, avait été même sommairement composée au moment où le mouvement "rationaliste" exerçait une hégémonie en Architecture, favorisant ainsi l'entrée et la valorisation des disciplines structurales. Mais il s'agissait d'une solution provisoire, qui, en partie seulement, correspondait aux problèmes bien plus profonds suscités par un récent débat encore vif sur le rôle et sur les compétences de l'architecte.

Désormais l'alternative n'est pas entre science et art, mais, entre deux positions épistémologiques différentes : et ce n'est pas une alternative, mais une rencontre féconde, quoique problématique, dont l'histoire est très riche et peut-être inexploré.

Edoardo BENVENUTO

L'ARCHÉOLOGIE DU BÂTI EN FRANCE[1]

Que signifie "archéologie du bâti" ? L'étude architecturale d'une construction conservée en élévation ? Ou l'application de la stricte méthode de fouille (décapages couche par couche…) aux murs eux-mêmes ? On retrouve ici la dualité du terme "archéologie" : étude architecturale ou fouille ? En fait les deux approches sont complémentaires. L'archéologie du bâti est, d'une façon générale, l'étude architecturale des élévations conservées lorsque cette étude ne se limite pas à des considérations stylistiques.

Certaines méthodes proprement archéologiques s'appliquent de toute évidence : précision des relevés (plans, coupes, élévations en pierre à pierre si ce travail est pertinent et si on en a le temps, ou tout au moins relevés suffisamment précis pour qu'on puisse y lire les différentes phases de construction, les reprises, les réaménagements…), détermination de l'antériorité ou de la postériorité des murs, des sols etc… Pour cela il convient de noter les collages des murs les uns par rapport aux autres, les reprises dans la maçonnerie de chacun d'eux. L'étude des caves permet de retrouver des traces de dispositifs abandonnés en raison de l'exhaussement du sol (portes, margelles de puits, murs appartenant à une phase de la construction antérieure distincte de celle qui est observable au-dessus du sol actuel…). Déjà en 1939, de façon tout à fait novatrice, Elie Lambert reconstituait la topographie médiévale de Bayonne, ville où il ne restait apparemment rien du bâti civil de cette époque, à l'aide de la cartographie des caves anciennes, voûtées sur croisées d'ogives ou de berceaux brisés sur doubleaux[2]. L'observation des greniers permet quant à elle de comprendre la modification des volumes, de noter les

1 Ce texte a été précédemment publié sous la référence : Yves Esquieu, « L'archéologie du bâti en France ». *Archeologia dell'architettura*, 23 (1997) : 133-140. Il est ici réimprimé avec la permission de l'éditeur All'insegna del Giglio (www.insegandelgiglio.it). DOI : 10.1400/236189.

2 Lambert (Elie), *Bayonne, maisons et caves anciennes*, dans *Congrès archéologique de France, session Bordeaux et Bayonne, 1939*, p. 560-568.

traces de solins, d'anciennes toitures, la présence de murs anciens masqués aux autres niveaux par des aménagements ultérieurs. Aux autres niveaux, les placards témoignent parfois de portes obstruées, l'enflement des murs peut révéler un escalier disparu…[3]

La fouille proprement dite appliquée aux murailles ou aux sols ne peut s'effectuer que dans des situations extrêmement rares puisque, comme dans le cas de la fouille classique, cette action provoque la destruction de l'objet étudié : travaux de restauration[4], étude d'édifice avant destruction[5], démontage d'édifice destiné à être remonté sur un autre site[6] sont autant d'occasions à saisir pour intervenir de cette façon. Il s'agit donc d'une archéologie de sauvetage, à l'image de l'archéologie de sauvetage souterraine : analyse archéologique des murs, sondages dans les enduits pour retrouver les différentes couches picturales, l'observation des enduits successifs permettant d'aider à la détermination des chronologies relatives. Les parements mis à nu autorisent une étude détaillée des éléments de la maçonnerie, l'observation des négatifs d'éléments disparus (poutres, pente de toiture, ouvertures remaniées), des sondages dans les parements peuvent mettre en évidence les vestiges de murs primitifs cachés, par exemple, derrière des retombées de voûtes (dans le Vieux Lyon, dans des maisons qualifiées de "modernes", des murs plus récents cachaient des maçonneries du XIIIe siècle).

Sans aller jusqu'à une fouille véritable des murs, l'étude architecturale ne dépasse le stade des observations élémentaires ou purement stylistiques (et est donc "archéologique") que lorsque l'accès aux différentes parties de l'édifice est permis : accessibilité aux maçonneries si les enduits muraux sont décroûtés, accessibilité aux parties supérieures de l'édifice lors de la présence d'échafaudages montés à l'occasion de restaurations…

La présence récente d'échafaudages dans toute l'église St-Jean-de-Malte d'Aix-en-Provence, sans doute la première église gothique de Provence,

---

3 Voir notamment Arlaud (Catherine), « Lyon : archéologie du bâti civil sur les deux rives de la Saône », *Nouvelles de l'archéologie*, 53-54 (1993), p. 7-11 ; Sapin (Christian), « Étude archéologique, étude du bâti : Autun, un quartier épiscopal et canonial », *ibidem*, p. 13-18.

4 Dans le Vieux Lyon par exemple, plus d'une vingtaine d'opérations ont eu lieu dans le cadre d'une politique de restauration d'un "secteur sauvegardé".

5 Par exemple étude de deux maisons du dernier quart du XIVe siècle à Semur-en-Auxois (Côte-d'Or), démolies en 1990. Petident (Yves) *et alii*, « Maisons médiévales de Semur-en-Auxois. Étude archéologique avant démontage de deux maisons médiévales dans le quartier des Vaux », *Bulletin de la Société des sciences historiques et naturelles de Semur-en-Auxois*, 1992, p. 1-18.

6 Démontage avant remontage d'une maison à Artolsheim, en Alsace (voir plus loin).

a offert l'occasion de photographier et de relever toutes les sculptures des clefs de voûte et des chapiteaux de la nef ; cette documentation permettra notamment de répondre à la question parfois soulevée de l'homogénéité ou de l'hétérogénéité de la construction et peut-être de préciser les liens avec l'Ile-de-France. Mais ce travail, en peu de temps et sans moyens financiers, n'a pu être complet et il n'a été cependant possible que grâce à la dimension modeste du monument. Il conviendrait bien sûr de faire accompagner d'un travail archéologique conséquent toutes les entreprises de restauration qui rendent accessibles des monuments d'importance : ainsi actuellement la cathédrale d'Amiens. Malheureusement il n'en est rien et l'opportunité de la présence d'échafaudages sur des monuments de cet intérêt ne sera pas l'occasion d'un renouvellement significatif des études. Une exception notable est constituée, nous le verrons plus loin, par le château de Vincennes, aux portes de Paris, où des échafaudages ont entouré la totalité de sa longue enceinte et où d'autres sont actuellement montés autour de son donjon. Une opportunité existe en 1977 au palais des papes à Avignon ; elle ne concerne pour l'instant que la tour Saint-Laurent (appliquée à la chapelle de Clément VI) ; certes il ne s'agit que de l'un des points du palais et les moyens disponibles seront sans comparaison avec ceux du château de Vincennes mais ce sera néanmoins l'occasion d'entamer une étude archéologique d'un palais aussi peu connu qu'important.

ARCHÉOLOGIE DU SOUS-SOL ET ARCHÉOLOGIE DU BÂTI

L'activité de fouille et de sondage est régie en France par la loi Carcopino du 27 septembre 1941 qui exclut, dans sa lettre et son esprit, toute intervention sur les élévations qui relève de l'administration des Monuments Historiques si le bâtiment est classé. En fait, donc, les interventions portant sur le bâti échappent à la réglementation quand il s'agit d'édifices non classés et non situés dans un "secteur sauvegardé". Aujourd'hui, chacun des services du patrimoine (archéologie, Inventaire Général, Monuments Historiques) est confronté à la nécessité d'entreprendre une démarche d'archéologie des élévations mais c'est le plus souvent l'administration de l'archéologie qui éprouve le besoin de prolonger sa fouille d'un site par une analyse du bâti[7]. De son côté, l'architecte en chef des Monuments Historiques fait de plus en plus souvent appel aux archéologues en préliminaire à une restauration (ne serait-ce que pour déterminer le niveau du sol que l'on veut rétablir).

Donnons quelques exemples significatifs d'analyses archéologiques du bâti effectuées en relation avec une fouille.

Dans le quartier cathédral d'Autun, une recherche liant étroitement les deux approches archéologiques a débuté en 1985. La fouille (portant sur plusieurs points des bâtiments communs des chanoines, cellier, salle du chapitre, préau et galeries sud et est du cloître) a été accompagnée d'une campagne systématique de relevé des élévations. Tous les niveaux ont été examinés, notamment caves et greniers. De cette façon, les murs de l'ancien réfectoire du XIIIe siècle ont été reconnus ; l'étude de leur structure et des enduits indique qu'il existait trois niveaux ; la fouille a montré, de son côté, que le réfectoire reposait sur la galerie ouest du cloître[8].

À Rouen, la reconstruction d'un immeuble, rue de la Pie, a été l'occasion, en 1988-1990, d'une fouille prolongée par une étude d'élévation qui a montré que dans une construction du XIXe siècle existaient encore des vestiges importants d'une maison-tour romane en pierre, ce qui a permis de donner une réalité à une structure jusqu'à présent connue par des documents écrits : superposition d'un cellier voûté, de deux étages incluant *aula* et chambres et d'un grenier[9].

En vue de la démolition d'îlots d'habitations dans le quartier des Cordeliers à Orange, tout près du théâtre antique, le Service départemental de l'archéologie a entrepris, en 1994, une étude archéologique des constructions encore conservées. Il est vrai que sur un site où le sous-sol est très riche en vestiges antiques, c'est d'abord une fouille traditionnelle, dans les caves, qui était programmée ; de fait, des mosaïques gallo-romaines ont été mises au jour. Mais l'étude s'est poursuivie sur les élévations, ce qui a permis de restituer les îlots d'habitation du XIIIe siècle et leur évolution jusqu'à la Renaissance : habitations groupées autour

---

7 Negri (V.), « L'archéologie des élévations en marge du droit », *Nouvelles de l'archéologie*, 53-54 (1993), p. 57-59.

8 Sapin (Christian), *op. cit.*

9 Pitte (Dominique), « Découverte d'une construction civile romane en pierre rue de la Pie à Rouen », *Bulletin des Amis des monuments rouennais*, 1988-1989, p. 93-96.

de cours, avec des circulations extérieures au niveau de l'étage (d'abord par galeries de bois puis galeries de pierre)[10].

En Alsace, une maison du village d'Artolsheim (Bas-Rhin) fut repérée à l'occasion d'une enquête sur les maisons rurales du Ried ; menacée de démolition, elle a été démontée en 1987 et remontée à l'écomusée de la région : cette opération a été accompagnée d'un relevé complet de l'ossature, d'un démontage soigneux des remplissages, d'une fouille systématique des sols. Ce travail a permis de proposer un état d'origine, celui-même qui a été restitué au musée. La maison, datée par la dendrochronologie de 1561, est considérée comme le représentant le plus complet de l'architecture à ossature de bois de cette période dans la vallée du Rhin. La toiture primitive a pu être restituée grâce à l'observation des traces d'assemblage à mi-bois à la base de la toiture actuelle. La présence ou l'absence de trous dans les palançons du torchis du rez-de-chaussée a permis de restituer les portes primitives…[11] Dans le cas présent, c'est l'étude du bâti qui a entraîné la fouille en sous-sol.

L'opération la plus ample qui a réuni les deux approches archéologiques est celle qui se déroule encore au château de Vincennes. Cependant, la fouille en sous-sol (manoir capétien) n'a pas porté sur les mêmes parties que l'étude d'élévation (remparts, donjon). Dans ce dernier, la possibilité a été offerte de fouiller les sols des étages et les voûtes, ce qui a permis notamment de découvrir des systèmes métalliques de renfort et de préciser la chronologie du monument[12].

RENOUVELLEMENT DES MÉTHODES ET ENRICHISSEMENT DES PROBLÉMATIQUES

Une observation archéologique des façades qui entend dépasser les observations d'historiens de l'art sur le style des portes, des fenêtres,

10 Fouille et recherche Jean-Marc Mignon.

11 Fischer (T.), Grodwohl (P.), Schwein (J.-J.), « Une maison paysanne de la fin du Moyen Âge à Artolsheim », dans *Vivre au Moyen Âge. 30 ans d'archéologie médiévale en Alsace.* Catalogue de l'exposition présentée à Strasbourg du 17 mai au 30 septembre 1990, Strasbourg, 1990, p. 151-156.

12 Parmi l'abondante bibliographie : Chapelot (Jean), *Le château de Vincennes. Une résidence royale au Moyen Âge*, Paris, 1994.

le décor etc. repose désormais sur la réalisation de relevés en élévation précis, "pierre à pierre", selon les méthodes utilisées par les archéologues pour les relevés en plan. Pour le sud de la France, je citerai les travaux remarquables dus à un chercheur américain, Rollins Guild, et à un chercheur allemand, Andreas Hartmann-Virnich.

À Aix-en-Provence, Rollins Guild a mené une étude archéologique très précise du baptistère et des bâtiments entourant le cloître, en préliminaire à des travaux de restauration. Ce travail qui a renouvelé totalement l'interprétation des monuments du groupe cathédral a surtout reposé sur un examen minutieux des maçonneries accompagné d'un relevé pierre à pierre (il a aussi été complété par une fouille du sous-sol) (Fig. 1). Les étapes multiples et complexes de la construction et des transformations du baptistère ont pu être déterminées ; en particulier on a pu insister sur l'état roman de l'édifice auquel on n'avait pas prêté attention jusque là, surtout préoccupé par l'état antique et l'établissement de la coupole renaissance. L'examen des murailles entourant le cloître a permis d'établir qu'il existait, avant celui-ci, des constructions groupées autour d'une cour, correspondant à la "maison commune" des chanoines du XIe siècle et à ses annexes, cour à l'intérieur de laquelle le cloître s'est implanté au siècle suivant. Ces conclusions étaient particulièrement bien venues car on ignorait totalement jusque là ce qu'avaient pu être les bâtiments de la vie commune des chanoines antérieurement au XIIe siècle. Elles ont été un guide précieux pour les études que j'ai conduites peu après sur les quartiers canoniaux du Sud-Est de la France[13] : le schéma auquel a abouti à Aix Rollins Guild a pu être appliqué à d'autres sites cathédraux.

Les relevés pierre à pierre effectués aux cathédrales de Saint-Paul-Trois-Châteaux et d'Arles par Andreas Hartmann-Virnich[14] ont entraîné le renouvellement de notre vision de ces églises qui sont les monuments majeurs de l'architecture romane à trois nefs de la Provence. Les différentes étapes de construction ont pu être ainsi clairement déterminées. La précision du relevé est allée parfois jusqu'à porter pour chaque pierre les marques de taille, notamment les tailles "décoratives" qui sont une caractéristique de certains ateliers du roman provençal, ainsi que l'indication des pierres remplacées lors des restaurations (Fig. 2).

13 Guild (Rollins), *La cathédrale d'Aix-en-Provence. Étude archéologique*, Paris, 1987.

14 *Saint-Paul-Trois-Châteaux et Saint-Trophine d'Arles et l'église romane à trois nefs en Provence rhodanienne*, thèse de doctorat, dactylographiée université d'Aix-Marseille I, 1992.

FIG. 1 – Relevé des faces ouest et sud-ouest du baptistère d'Aix-en-Provence par R. Guild.

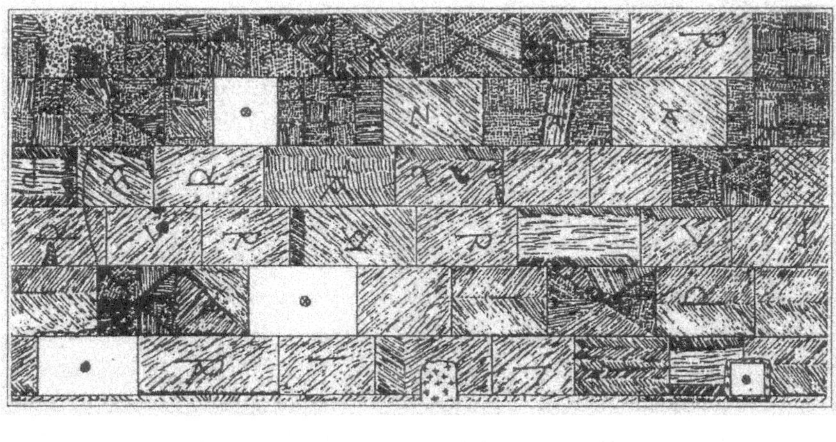

FIG. 2 – Relevé d'un détail du croisillon nord de la cathédrale de Saint-Paul-Trois-Chateaux par Andreas Hartmann-Vimich.

ÉTUDE DU MATÉRIAU ET DES TECHNIQUES DE CONSTRUCTION

L'observation minutieuse des maçonneries est devenue non seulement une méthode d'analyse du bâti indispensable mais elle a aussi poussé à dépasser la problématique de la chronologie du monument, de la détermination de ses phases de construction, de ses transformations, de sa grande histoire en quelque sorte. Elle a poussé à s'intéresser non plus seulement à l'histoire du monument dans son ensemble mais à celle de sa construction, la petite histoire, celle de la marche du chantier, de son organisation, de son approvisionnement en matériau... cette démarche pouvant conduire à déterminer l'histoire non plus du monument mais de chacune de ses composantes, chacune de ses pierres, des gestes qui ont abouti à les façonner... Ce qui permet d'envisager une autre histoire : celle du travail des hommes en un lieu donné. L'approche archéologique a été complétée utilement en ce domaine par un travail sur les textes lorsque ceux-ci existent, c'est-à-dire à partir du XIVe siècle : ainsi la recherche de Frédérique Peylet-Costantini sur la marche du chantier pontifical de la Chaise-Dieu[15]. L'auteur fait revivre la marche du chantier jusque dans ses moindres détails : réalisation des chemins pour joindre les carrières au chantier, évolution de la présence des différents corps de métiers sur le chantier, effectif des manœuvres, récupération et tamisage du sable provenant de la destruction de l'église antérieure, chute d'un échafaudage... Dans un tel cas, où l'apport des textes est particulièrement riche en informations, il serait du plus haut intérêt d'entreprendre aussi une étude archéologique du monument. Aucune opportunité ne l'a malheureusement permise.

Le relevé systématique et l'étude des signes apposés par les tailleurs de pierre, lorsqu'elle ne se limite pas, comme c'était le cas le plus souvent autrefois, à la simple mention de l'existence des marques les plus spectaculaires, permet de préciser quelles sont les parties du monument construites simultanément, d'envisager de restituer le fonctionnement

15 Peylet-Costantini (Fréderique Anne), *Le chantier de l'abbatiale Saint-Robert de La Chaise-Dieu au XIVe siècle d'après l'étude des manuscrits inédits conservés aux Archives du Vatican*, thèse de doctorat, Université de Paris IV, dactylographiée, 1993.

du chantier et l'avance des travaux, problème qui intéresse de plus en plus les chercheurs aujourd'hui.

Les signes de tâcherons ont largement été mis en œuvre par A. Hartmann-Virnich dans son étude des cathédrales romanes de Saint-Paul-Trois-Châteaux et d'Arles, par moi-même pour la détermination des étapes de construction de l'église du monastère clunisien de St-André-de-Rosans.

Le travail le plus systématique en ce domaine a été entrepris au château de Vincennes sous la direction de Jean et Odette Chapelot. La présence d'échafaudages liés aux travaux de nettoyage et de restauration du château, un financement exceptionnel qui a permis de réunir une équipe permanente importante, ont permis d'étudier la totalité des pierres de l'enceinte et donc de procéder à une rare étude systématique. La possibilité d'un accès à toutes les parties de l'édifice est très exceptionnelle pour un monument de cette ampleur. Le nombre d'unités d'informations à enregistrer (plusieurs centaines de milliers) était tel qu'il nécessitait la mise en œuvre d'un système d'enregistrement et de gestion des données architecturales complexe. L'enregistrement des données a été effectué bloc par bloc (Fig. 3). Pour chacun ont été enregistrées les données suivantes : localisation du bloc dans la zone (toutes les assises ont été numérotées), dimensions, nature de la pierre (la provenance exacte, région, commune, carrière, est ajoutée plus tard), observations sur les joints, remarques sur les traces d'outillage, la technique, position et caractères du signe lapidaire (n° de code si la marque est déjà enregistrée, relevé à l'échelle 1/1 si la marque n'est pas connue).

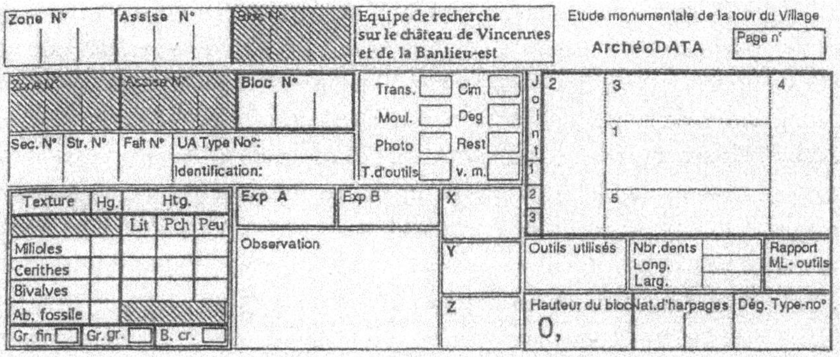
Zone N° | Assise N° | Equipe de recherche sur le château de Vincennes et de la Banlieu-est | Etude monumentale de la tour du Village | ArchéoDATA | Page n°
Zone N° | Assise N° | Bloc N° | Trans. | Cim | Moul. | Deg | Photo | Rest | T.d'outils | v. m. | Joint | 1 | 2 | 3 | 4 | 5
Sec. N° | Str. N° | Fait N° | UA Type No°: | Identification:
Texture | Hg. | Htg. | Lit | Pch | Peu | Exp A | Exp B | X
Milioles | Cerithes | Bivalves | Ab. fossile | Observation | Y | Outils utilisés | Nbr.dents | Long. | Larg. | Rapport ML- outils
Gr. fin | Gr. gr. | B. cr. | Z | Hauteur du bloc | Nat.d'harpages | Dég. Type-no°
0,

FIG. 3 – Fiche d'enregistrement des pierres au chateau de Vincennes.

Un classement typologique des marques a été établi, fondé sur leur forme, afin de les identifier facilement lors des relevés (Fig. 4). Environ 1000 marques lapidaires différentes ont été identifiées à ce jour. Ces marques posent des questions complexes d'interprétation (Fig. 5), par exemple le sens qu'il faut attribuer aux marques qui n'apparaissent qu'une seule fois. Il a fallu distinguer ce qui est marque personnelle du tailleur et signes techniques liés à la pose des blocs. La découverte, lors de sondages au niveau des fondations, de marques semblables mais tracées au charbon de bois, permet de faire envisager l'interprétation suivante : une première marque est apposée au charbon sur la pierre en attente de pose ; puis, avant d'être mise en place, la marque est apposée de façon définitive ; sur beaucoup de pierres a été ensuite gravée une croix, marque de contrôle ou indication générale de destination de la pierre.

L'équipe de Vincennes a abordé également la question de la résistance des matériaux mis en œuvre. Les constructeurs avaient-ils conscience des différences de résistance entre les matériaux utilisés ? Pour qu'un travail statistique soit possible, il fallait mettre au point une méthode permettant une appréciation rapide de la résistance de la pierre. La résistance mécanique diminuant avec l'augmentation de la porosité et la différence de porosité entraînant une différence de résistivité électrique, on a procédé à de rapides mesures de différences potentielles sur les blocs de pierre du parement. L'expérience a été menée sur la "tour du village" où 2500 mesures ont été faites. On constate que les pierres de faible résistance sont peu nombreuses à la base de l'édifice où sont concentrés au contraire les blocs de plus forte résistance. Il ressort l'impression que l'on a usé d'un matériau exagérément résistant puisqu'une résistance de 1 mégapascal était nécessaire pour ce type de construction alors que les pierres mesurées ont une résistance qui s'étale de 25 à 150 mégapascal. Cela permet de se demander si la concentration dans le bas des pierres les plus résistantes est seulement due à des problèmes de compression ou si l'on entendait également établir une base plus résistante aux travaux de sape. On a pu se demander aussi si l'on avait concentré les blocs résistants sur des zones destinées à contenir des pressions plus importantes (les contreforts) ; mais là il n'est pas de réponse claire[16].

16 Souffacher (B.), Bertrand (J.), *Premiers rèsultats de l'étude du parement de la face nord de la tour du Village du château de Vincennes par les moyens géophysiques*, a paraître.

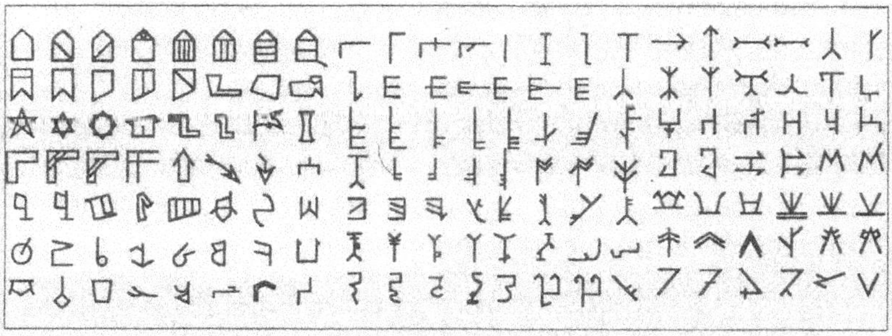

FIG. 4 – Quelques signes lapidaires relevés sur l'enceinte du chateau de Vincennes.

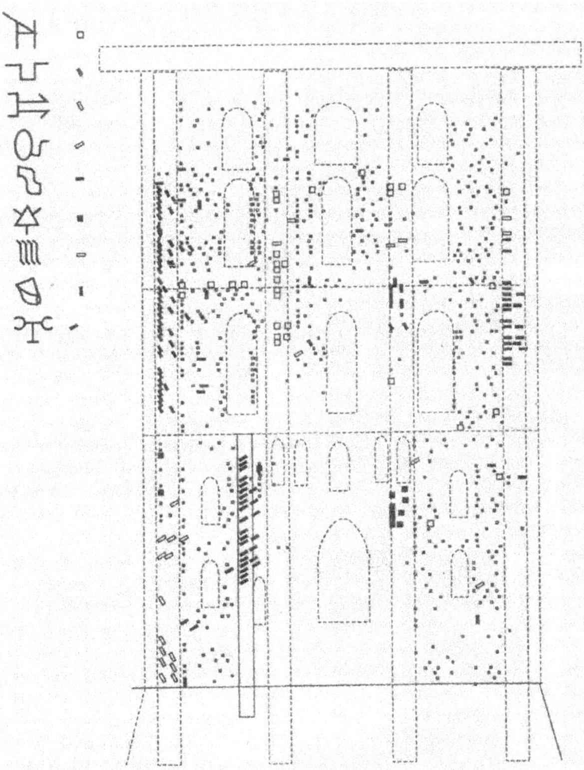

FIG. 5 – Situation des signes lapidaires sur la tour du Village au château de Vincennes.

D'autres chercheurs se sont intéressés aux trous de boulin qui permettent de restituer les échafaudages. Un groupe de travail dirigé à Lyon par N. Reveyron et J. Tardieu, a fonctionné pendant plusieurs années sur ce sujet, regroupant des chercheurs du Sud-Est de la France et de la Bourgogne[17]. L'observation des trous de boulins fait apparaître l'homogénéité ou la non homogénéité d'une muraille, les reprises, les interruptions de campagnes (Fig. 6).

FIG. 6 – Localisation des trous de boulins sur la façcade ouest de la chapelle Sainte-Eugénie de Moingt à Montbrizon(Loire). *L'Échafaudage dans le chantier médiéval*, p. 50.

17 *L'échafaudage dans le chantier médiéval*, DARA 13, Lyon, 1996.

L'abbaye de Fontevraud a été pour Daniel Prigent un champ d'expérimentation pour tester une étude statistique d'appareils. Quatre variables ont été mesurées pour les pierres de taille : longueur et hauteur de chaque pierre, épaisseur du joint montant prise à mi-hauteur de chaque assise, épaisseur du joint de lit prise à mi-longueur de chaque pierre. L'échantillonnage de chaque zone à étudier doit comprendre au moins 50 éléments étudiés, si possible 100 ; au-delà de 200, il n'est généralement pas utile de poursuivre les mesures.

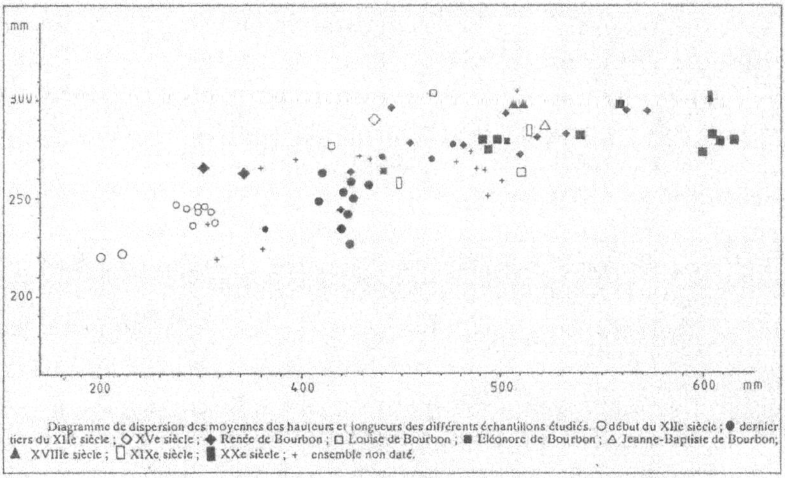

FIG. 7 – Fontevraud, diagramme de dispersion des moyennes des hauteurs et longueurs.

Sur l'ensemble des bâtiments de l'abbaye, 87 structures ont été ainsi étudiées, ce qui correspond à près de 10 000 séries de mesures. Des diagrammes synthétiques ont été établis, faisant apparaître les caractères de l'appareil de chacune des périodes du complexe monumental (Fig. 7). On voit ainsi qu'au début du XIIe siècle les valeurs de longueur sont assez faibles, leur dispersion peu prononcée, la hauteur peu différente de la longueur (H/L = 0,7). À la fin du XVIe siècle au contraire, la moyenne des longueurs est élevée, la dispersion forte, les pierres appartenant à deux ensembles bien distincts. L'intérêt de cette méthode d'approche est « de mieux caractériser de façon objective les parements en pierre de taille [...] les termes petit, moyen et grand appareil étant par trop imprécis », de faire apparaître précisément l'évolution des appareils sur le site (liée notamment à une évolution des techniques d'extraction, à un changement des sources d'approvisionnement, certaines roches trop fracturées n'étant pas favorables à la production de pierres longues), de permettre une restauration fidèle, de préciser la chronologie des différentes parties du monument. Ainsi, pour la chapelle Saint-Benoît, il a été établi que le mur nord appartient au début du XVIe siècle alors qu'une portion du mur sud est de la fin du XIIe siècle, ce qui suggérait l'existence d'un bâtiment antérieur qui a par ailleurs été retrouvé en fouille[18].

Aux méthodes traditionnelles de datation du bâti (par les caractères stylistiques, formels ou techniques, la simple datation relative, la liaison entre bâti et niveaux de fouille) s'ajoute maintenant une méthode qui aboutit scientifiquement à des datations précises. L'usage de la méthode dendrochronologique s'est considérablement développé. Il convient de distinguer plusieurs approches[19] :

- L'intervention ponctuelle sur une partie de bâtiment (dans le cas de travaux de restauration partiels, ou d'une étude ponctuelle, sur un plafond par exemple). Ce type d'analyse aboutit plus difficilement que si l'on se situe dans un ensemble. Ainsi la datation du plafond de l'ancien évêché de Grenoble : l'analyse a porté sur six poutres, deux seulement possédant le dernier cerne de croissance qui a permis de déterminer les dates d'abattage (hiver 1252-1253, automne-hiver 1254-1255).
- L'analyse dendrochronologique globale. Cela nécessite une compréhension préalable de l'évolution du bâtiment afin de guider le choix des échantillons. Par exemple, une soixantaine d'analyses ont été effectuées pour la maison du 16 de la rue Saint-Jean à Lyon, 71 pour le donjon de Loches[20].
- L'intervention dendrochronologique orientée par une analyse archéologique préalable : le nombre des prélèvements est limité car on se

18 Prigent (Daniel), « Étude statistique d'appareils à l'intérier de l'abbaye de Fontevraud. Aspect méthodologiques », *Revue archéologique de l'Ouest*, 6 (1989), p. 155-172.

19 Orcel (A.), Orcel (C.), Dormoy (C.), « La dendrochronologie en archéologie du bâti en milieu urbain », *Nouvelles de l'archeologie*, 53-54 (1993), p. 29-32.

20 Dormoy (Christian), « Expertise dendrochronologique du "donjon" de Loches (Indre-et-Loire). Proposition de datation », *Bulletin Monumental*, 154 (1996), p. 222-224.

limite à résoudre une problématique définie préalablement. C'est ainsi qu'au donjon du château de Vincennes, les lambris plaqués sous les voûtes passant pour une adjonction du XIXe siècle, une analyse devait montrer qu'il n'en était rien et qu'il s'agissait bien d'exceptionnels lambris médiévaux ; il s'est avéré que les chênes ont été abattus après 1363 et avant 1371[21].

– L'intervention dendrochronologique préliminaire destinée à orienter une analyse archéologique, par exemple pour guider une expertise rapide d'un bâtiment menacé et faciliter la décision relative à sa sauvegarde.

Dans bien des cas la datation par la méthode dendrochronologique vient confirmer une datation obtenue par les méthodes traditionnelles. Dans une maison située rue Saint-Romain à Rouen et étudiée par D. Pitte et Y. Lescroart, les caractères de la charpente d'origine retrouvée en place situaient celle-ci vers la fin du XIIe siècle ou le début du XIIIe ; l'analyse d'une pièce de bois a donné 1201-1216. Ailleurs, la dendrochronologie vient parfois remettre en question des datations considérées comme acquises. À Tournus, la charpente d'une maison "romane" (au 67, rue de la République), bien liée à la façade, est datée par dendrochronologie du début du XVe siècle alors qu'une autre maison tout-à-fait semblable stylistiquement et située à Cluny (23, rue Filaterie) est datée par la même méthode de 1109-1149[22] ! On mesure par là à la fois la permanence des formes dans l'architecture civile et la difficulté qu'il y a à utiliser les critères stylistiques. Une remise en cause forte de conséquences est celle du château de Loches, l'un des jalons essentiels dans l'histoire du château médiéval. On admettait que le donjon ne pouvait guère remonter au-delà de 1100 en raison de la qualité de l'appareil utilisé, de l'état abouti du parti qui intègre dans une structure verticale unique les trois composantes fondamentales du palais carolingien (*aula, capella, camera*). Or les analyses effectuées de 1990 à 1995 ont fourni les datations significatives suivantes : hiver 1012-1013 pour le niveau 1, 1025-1035 pour le niveau 2, 1030-1035 pour le niveau 3[23]. Ces résultats sont riches de conséquences pour l'interprétation architecturale. Il faut

21 Communication de Jean Chapelot.

22 Communication de Benjamin Saint-Jean-Vitus.

23 Voir note 22.

d'abord admettre que la genèse de ce type de construction a été plus rapide qu'on le pensait et que le domaine anglo-normand autour de 1080-1090 n'a pas joué le rôle majeur qu'on lui attribuait. Il convient ensuite de revoir toute la chronologie des donjons de l'ouest de la France établie par rapport à celle de Loches. Le remarquable appareil régulier mis en œuvre à Loches est plus précoce que ce que l'on admettait ; dans ce domaine ce ne serait donc pas les monuments religieux qui seraient les initiateurs[24].

On mesurera les progrès réalisés en une quinzaine d'années en France dans le domaine de l'archéologie du bâti si l'on se réfère à la publication issue du colloque d'archéologie urbaine tenu à Tours en 1980 : pour tous les sites donnés en référence, la seule archéologie dont il est question est celle de la fouille en sous-sol[25]. On regrettera cependant que cette évolution dans l'approche de l'archéologie monumentale ne concerne guère que les spécialistes du Moyen Age : la plupart des "modernistes" continuent à envisager les édifices sous le seul angle stylistique et il n'est pas rare de voir des publications dépourvues de tout relevé en plan ou en élévation. Cette coupure méthodologique entre l'étude des édifices médiévaux et celle des édifices des Temps Modernes, qui n'existe pas en Italie, est tout à fait regrettable.

Yves ESQUIEU

24 Durand (Philippe), « La conséquence de la datation dendrochronologique du donjon de Loches pour la castellologie », *Bulletin Monumental*, 154 (1996), p. 224-228.

25 *Archéologie urbaine. Actes du colloque international. 17-20 novembre 1980*, Paris, 1982.

PRÄAMBEL ZUM 'I[st] INTERNATIONAL CONGRESS ON CONSTRUCTION HISTORY' IN MADRID[1]

Die Bautechnikgeschichte befindet sich auf dem Weg zu einer wissenschaftlichen Disziplin, die für den praktisch tätigen Bauingenieur und Architekt immer mehr zur Grundlage seines Planungshandelns im Bereich des expandierenden „Bauens im Bestand" avanciert. Wie durch das vorliegende Heft von *Stahlbau* dokumentiert wird, sind es im Stahlbau insbesondere Ermüdungsprobleme von eisernen bzw. stählernen Brücken, die den Blick des Bauingenieurs in die Geschichte der Bautechnik erfordern will er seiner gesellschaftlichen Verantwortung gerecht werden. Die gesamte Spannweite der Geschichte des Bauwerkes und seiner Wechselwirkung mit der Umwelt (Entstehungs- und Nutzungsgeschichte, Verschleiß aus Alterungsprozessen etc.) ist Gegenstand des „1st International Congress on Construction History", der vom 20. bis 24. Januar 2003 an der „Escuela Técnica Superior de Arquitectura de Madrid" in der Hauptstadt Spaniens stattfinden wird. Die Präambel des genannten Kongresses ist in *Stahlbau* deshalb vollständig abgedruckt, weil sie auch als Prolegomena der Bautechnikgeschichte gelesen werden kann. Möge das Forum des „1st International Congress on Construction History", auch dazu dienen, endlich eine „International Society of Construction History" zu gründen. Alle an der Geschichte des Bauens Interessierte sind dazu aufgerufen, die Ausformung der noch jungen Disziplin der Bautechnikgeschichte mitzugestalten. Weitere Informationen sind erhältlich bei:

1 This text was previously published as Karl-Eugen Kurrer, "Präambel zum '1st International Congress on Construction History' in Madrid". *Stahlbau* 71-2 (2002) : 116 and 124. It is republished here with the permission of the author.

1st International Congress on Construction History
Instituto Juan de Herrera
E. T. S. de Arquitectura de Madrid
Av. Juan de Herrera, 4
ES-28040 Madrid
Fax.: 0034/91/3364251
E-Mail: construction-history@aq.upm.es

All architectural and engineering manuals form the 16th and 17th centuries contain detailed descriptions of ancient and contemporary buildings. These historical descriptions were meant to instruct future master builders, and this tendency intensified at the beginning of the 19th century. In architecture, the treatise of *Rondelet*, full of historical examples and references, became the model. In the 19th century the "rational" approach to history, exemplified in the works of *Willis*, *Viollet* and *Choisy*, had an enormous influence in the birth of modern architecture and engineering.

By the end of the 19th century, the new materials of steel and reinforced concrete began to dominate the entire field of construction. Engineers and architects no longer built masonry vaults, and they ceased to study the complicated patterns of vaulting in historical buildings. Wood carpentry was replaced. After dominating for 6,000 years, many methods of construction lost their place of preponderance. The study of old buildings became a matter of curiosity or academic interest. Old methods and materials were forgotten, and even scorned by "modern" architects and engineers. Enthusiasm for the new applications excluded historical studies, and the new materials of construction were considered as too recent to merit historical study.

By the 1950's, interest began to grow again and new specialised studies appeared. The first great contributions on construction history were made, not by architects or engineers, but by archaeologists and historians (for example *Lugli* and *Blake* on Roman building techniques). In the 1980's the number of books and articles on construction history grew rapidly. The first specific association was founded in England, "The Construction History Society", which now publishes the first specific journal. In the 1990's a few similar societies formed at a national level in Spain, Italy, and other countries.

Today, at the beginning of the 21st century the body of published information construction history is considerable. A comprehensive bibliography would probably include more than 10,000 items. But no such bibliography exists, and relevant information is spread widely. No reference guides exist, and specific bibliographies are scarce. There are no critical editions of the main treatises on building, which are difficult to read or interpret by a non-specialist. No index of illustrations exists, and databases do not include specific keywords for construction history. Relevant articles are widely dispersed in journals of architecture, engineering, archaeology, medieval studies, Oriental studies, economic history, etc.

Construction history has no academic recognition, and there are few specific courses in universities, whether graduate or postgraduate. Furthermore, no specific methodology has been developed. Every study is biased from the point of view of the author, whether architect, engineer, archaeologist, etc. At best, construction history has been considered something useful to other disciplines. The 1st International Congress aims to promote construction history as a legitimate and important field of study, and to determine the role of this field in the future.

Karl-Eugen KURRER

ARCHEOLOGIA E STORIA DEL CANTIERE DI COSTRUZIONE[1]

QUALE ARCHEOLOGIA DELL'ARCHITETTURA?

PREMESSE

L'archeologia dell'architettura esiste per lo stesso motivo per il quale esiste la storia dell'architettura: è solo un problema di presa di coscienza del fenomeno e quindi di una sua definizione. Gli storici quasi sempre hanno cercato di osservare in modo più o meno approfondito il manufatto architettonico per verificare e interpretare i documenti: partendo da questo punto di vista, però, difficilmente potevano accorgersi di quante erano le informazioni che il costruito contiene, oltre a quelle osservate per studiare i documenti, e come esse siano suscettibili di una loro organizzazione in grado di fornire un altro modo di ricostruire la storia di ogni manufatto.

Anche gli archeologi classici, come gli storici dell'architettura, hanno privilegiato per secoli la ricerca e lo studio dei monumenti e della ricca edilizia civile, che sono diventati un simbolo del mondo antico, a ragione, se si pensa ai livelli tecnici e formali raggiunti dall'architettura antica. Questo ha anche sviluppato lo studio e la conservazione del costruito antico allo stato di rudere, ed ha determinato, fino a tempi recenti, scavi alla ricerca dei piani terreni e degli elementi architettonici crollati, relegando i reperti mobili a funzioni storiche secondarie, tranne quando avessero avuto spiccati valori estetici.

1 Testo pubblicato in precedenza in : T. Mannoni e A. Boato, "Archeologia e storia del cantiere di costruzione". *Arqueología de la Arquitectura*, n° 1 (2002), 39-53. DOI : http://dx.doi.org/10.3989/arq.arqt.2002.5, secondo i termini di una licenza CC BY-NC e con altri permessi concessi dall'editore. Versione originale a libero accesso : http://dx.doi.org/10.3989/arqarqt.2002.05.

I monumenti antichi erano quasi sempre sovradimensionati per quanto riguarda la statica e la resistenza agli agenti naturali di degrado, ciò che conferisce loro l'espressione di "eternità dell'architettura" in grado di rafforzare la bellezza e la maestà delle forme. Solo in alcuni, di recente, sono state dimostrate delicate azioni di manutenzione. Dal momento poi che le loro funzioni originali non erano più richieste dopo la fine dell'Impero, essi sono in genere entrati in una lunga fase di abbandono, privo di trasformazioni o, quando queste ci sono state nel medioevo, esse erano talmente differenti per funzioni e modi di costruire che sono chiaramente evidenti, anzi rafforzano l'idea di "gigante ferito". Alcuni recenti studi archeologici di monumenti romani, come l'arco di Costantino a Roma, hanno però dimostrato anche interventi di trasformazione avvenuti durante l'uso primario, e quindi di più difficile osservazione rispetto a quelle evidenziate a livello di muri di fondazione nella coeva edilizia povera.

Lo sviluppo degli scavi archeologici sistematici ha richiesto di definire i rapporti tra unità stratigrafiche di deposito e strutture murarie e, di conseguenza, anche i rapporti tra le varie parti di queste ultime, arrivando al concetto di unità stratigrafica muraria e di sequenza relativa nell'ambito del costruito, a prescindere dai rapporti con le unità stratigrafiche di deposito archeologico. Verificato che le strutture architettoniche del sottosuolo possono presentare sequenze autonome di unità costruttive, il passaggio allo studio stratigrafico dell'elevato era logico e facile, anche se il modo di "leggere" le unità in un costruito ancora esistente ha presentato dei problemi un po' diversi da quelli della lettura nel sottosuolo.

Il fatto che, almeno in Italia, le ricerche archeologiche del costruito si siano sviluppate soprattutto nell'ambito dell'archeologia medievale è in parte dovuto alle maggiori trasformazioni subite dalle costruzioni di questa epoca per ragioni storiche, funzionali, e di minore sovradimensionamento strutturale, ma in parte è anche dovuto all'origine più recente, e con impostazioni di ricerca pluridisciplinare, dell'archeologia medievale, senza contare altre cause meno evidenti e conosciute.

STRATIGRAFIE

Alla distruzione, al riconoscimento ed alla definizione delle unità stratigrafiche dei depositi archeologici spesso concorrono, anche in modo determinante, gli apporti naturali, sia di nuovi materiali (alluvionali, colluviali ed eolici), sia di azioni chimiche e biologiche che trasformano quelli lasciati dall'uomo (pedogenesi di rifiuti, ruderi e macerie). Nell'elevato la cultura materiale detta "arte del costruire" ha sempre avuto come scopo di selezionare materiali e tecniche atti a meglio resistere agli agenti di degrado, che non rendono comunque irriconoscibile l'opera originale: le caratteristiche distintive delle unità stratigrafiche sono tutte dovute, quindi, ad azioni dell'uomo, che vanno dalle scelte dei materiali, delle loro lavorazioni e delle messe in opera. Queste azioni, per ottenere un buon prodotto, dovevano rispettare le regole dell'arte, ovvero la conoscenza empirica trasmessa sulle proprietà tecniche dei materiali e sulle caratteristiche degli agenti ambientali dovute a leggi naturali, ma qualsiasi buona scelta è solo frutto per l'uomo di una convenienza economica e di immagine, e non di un determinismo meccanico come quello degli apporti naturali.

Per le stesse ragioni il passaggio da un apporto naturale ad una altro, o tra uno naturale ed uno operato dall'uomo solo per sistemare della terra, dei rifiuti o delle macerie, è sempre abbastanza evidente, mentre il muratore può a volte essersi preoccupato, nel riprendere un'opera muraria sospesa, o crollata, di non creare troppo contrasto, tenuto conto che la sua tecnica costruttiva non è più uguale a quella precedente. In un paramento murario, e cioè la parte visibile del muro, possono cambiare molto, poco, o nulla, i materiali, le tecniche di lavorazione e le dimensioni degli elementi impiegati, nonché le regole della loro messa in opera.

Nei depositi archeologici esistono dei casi di difficile riconoscimento, come i cosiddetti "strati a crescita continua": quando cioè i fattori di un apporto naturale di piccola entità sono rimasti in equilibrio per tempi molto lunghi, l'anomalia è soltanto di genere cronologico, e basta datare i vari livelli dello strato, evitando di considerarlo di breve durata e di datarlo tutto con il materiale più recente (depositi lacustri o di pozzo, mancanza di manutenzione e pulizia delle strade). Modi di costruire lenti e continui sono limitati a certi grandi edifici, come le cattedrali medievali; l'uomo in cambio può imitare bene le tecniche del passato, per ragioni estetiche o di falsificazione: si veda il restauro mimetico.

Successione Operazioni	Metodi :	OSSERVAZIONI	RAPPRESENTAZIONI
	STRATIGRAFIE :		
1.	*Unità*	architettoniche, stratigrafiche, di uso, di intonaco	
2.	*Sequenze*	assenti, orizzontali, verticali, di volume, di pelle	piante precise, alzati reali, assonometrie, sezioni precise
	DATAZIONI :		
3.	*Antropiche*	paleografia	reali (1:10)
		forme	reali (1:20)
		forme	diagrammi
		forme	bi o tridimensionali (1:20)
		stratigrafie	microfoto
4.	*Naturali*		diagrammi
5.	FASI STORICHE		
	MATERIALI :		
6.	*Caratterizzazione*	classi macroscopiche	mappatura campioni
7.	*Stato di conservazione*		mappatura del degrado
8.	INTERPRETAZIONI	funzioni antiche	ricostruzioni assonometriche
9.	*Interventi Compatibili*		

DEDUZIONI	QUANTITATIVI	SAPERE EMPIRICO	SCIENZE NATURALI
interfacce: unità anteriore, posteriore, coeva		omogeneità delle tecniche	omogeneità dei materiali
MATRICI relative		variazioni in corso d'opera costruzioni interventi	cambiamenti dei materiali
DATE SCRITTE sulle unità		autenticità tecnica	autenticità di invecchiamento
CRONOTIPOLOGIE dei componenti: aperture, cornici, ringhiere, ecc	variazioni delle misure	scuole di fabbrica-zione dei compo-nenti architettonici	materiali
	MENSIOCRONOLOGIE variazioni intenzionali dei laterizi, conci, componenti, etc.	cause tecniche ed economiche delle variazioni	causa dovute ai materiali
	variazioni delle misure	TECNICHE MURARIE (scuole regionali)	successioni delle cave di rifornimento
		tecniche	MALTE INTONACI leganti-inerti-additivi-pigmenti
	statistiche		DENDROCRONOLOGIA
MATRICI assolute: sequenze + datatazioni			
	statistiche	SCELTE-FORMULE	composizione, prove-nienza, resistenze
CAUSE di DEGRADO	quantificazione del degrado	durata reale nel tempo	prodotti di alterazione protettivi antichi
MATRICI interpretative		SAPERE TECNICO Mentalità	tracce di lavorazione
Incompatibili		tradizionali o moderni	

FIG. 1 – Archeologia dell'architettura. Schema operativo impiegato in Liguria dagli anni '70, una prima versione manoscritta del quale è stata pubblicata nel 'Notiziario di archeologia medievale', 55, 1991.

Per conoscere la sequenza stratigrafica di un deposito archeologico bisogna via via asportare, distruggendole, le unità che lo costituiscono, e si conoscono perciò tutte le superfici di contatto tra loro. Il contrario avviene per l'elevato, in quanto delle unità stratigrafiche si vedono senza alcuna operazione, e in tutta la loro estensione, le superfici che delimitano l'opera e che caratterizzano le unità stesse (paramenti delle opere murarie), mentre non si vedono mai le superfici di contatto fra le varie unità; o meglio di ognuna di esse si vedono le linee di intersezione con i paramenti: quello esterno e quello interno.

Non trattandosi di uno smontaggio della sequenza stratigrafica che, a differenza di quanto avviene per i depositi, è impossibile, tranne in pochissimi casi di ruderi destinati alla demolizione, nell'archeologia dell'architettura, l'analisi stratigrafica si basa quindi sui segni visibili, che sono comunque sufficienti nella maggior parte dei casi. Esiste tuttavia qualche rara anomalia nella lettura dei segni che sembra irresolubile senza la possibilità di controllare le interfacce: sequenze che sembrano dimostrare possibili le architetture disegnate da Escher.

ANALISI CONFIGURAZIONALE

Si è parlato finora di architetture nelle quali sono visibili tutti i paramenti delle strutture murarie Una perdita poco consistente di informazioni si ha quando solo i paramenti interni delle strutture siano stati intonacati: la perdita è invece totale per l'analisi stratigrafica quando tutte le superfici a vista siano state intonacate. In questi casi, dominanti nell'età moderna, è possibile una analisi archeologica detta configurazionale, perché si basa sulla presunzione di alcune unità, o gruppi di unità, e di alcuni rapporti sequenziali che sono resi obbligatori da ragioni strutturali e statiche. Esempi: un intonaco, o un soffitto, se non è "finto", e per stabilire ciò basta una piccola percussione, definisce e contorna una struttura; fosse "finto" avrebbe sempre ad una certa distanza una struttura, anche se in questo caso essa potrebbe avere una forma differente da quella presentata dalla superficie dell'intonaco. I muri che reggono una struttura orizzontale possono avere subito il tamponamento di precedenti aperture, o essere stati in parte sostituiti con il metodo a "cuci scuci", ma esistevano comunque quando il solaio o la volta sono stati costruiti.

L'analisi configurazionale non può dire molto, tuttavia, di genere sequenziale, e non può quindi approdare ad uno studio archeologico, se non fa uso anche dei metodi di datazione. Se, per esempio, gli affreschi, o le decorazioni, o i materiali stessi dell'intonaco sono databili, e vanno cronologicamente d'accordo con la forma e la tipologia dei peducci della volta, e con quella delle porte e delle finestre, è evidente che si può dedurre una contemporaneità del soffitto e delle aperture su muri coevi o preesistenti.[2]

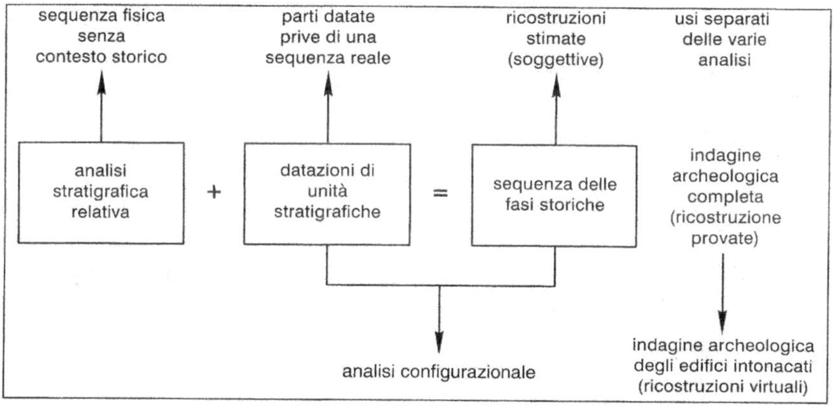

FIG. 2 – Possibilità di utilizzo degli strumenti di datazione relativa e assoluta nelle analisi archeologiche applicate agli elevati (da Mannoni, 1998).

DATAZIONI

I metodi di datazione sono comunque indispensabili anche per fare diventare storiche le sequenze stratigrafiche delle strutture. Esse infatti non forniscono indicazioni cronologiche. Proprio perché i modi di costruire presentano comunque delle differenze nel tempo e nello spazio anche nell'ambito di uno stesso modo di costruire e, a parità dei parametri spazio-temporali, possono essere diversi per ragioni funzionali e di valore economico, è utile disporre di parecchi strumenti di datazione, onde poter disporre, cioè, in tutti i casi di qualcuno di essi. Validi sono rimasti i metodi di datazione tradizionalmente impiegati dagli storici, a patto che vengano usati in modo oggettivo.

2 Mannoni 1998.

Per quanto riguarda l'impiego delle fonti scritte, per esempio, è importante disporre di prove che i documenti parlino non solo dell'edificio in corso di studio, ma anche della stessa fase della sua storia: è perciò sempre utile acquisire una sequenza cronologica di documenti da confrontare con quella stratigrafica dell'edificio stesso. Più facilmente identificabili con la realtà attuale sono gli eventuali disegni allegati ai documenti e le fonti iconografiche in genere, anche se esse raramente forniscono informazioni particolareggiate.

In relazione alle datazioni stilistiche, l'archeologia dell'architettura dà molta importanza al contesto culturale della regione oggetto della ricerca: in pratica un indicatore stilistico può essere considerato datante quando in un territorio venga dimostrato che esso non compare mai prima di un certo periodo, e non è più presente dopo di un altro periodo. Si tratta cioè di un metodo induttivo, e deve perciò essere palese che i nuovi casi che non andassero d'accordo con i confini cronologici prima rilevati, impongono la loro modificazione, mentre in un metodo deduttivo, come quello stratigrafico, l'anteriorità o la posteriorità di una unità rispetto ad un'altra, se correttamente impiegato, non prevede modificazioni o probabilità.

L'apporto più importante fornito dall'archeologia a questo metodo di datazione chiamato "cronotipologia" è però un altro. Le forme architettoniche e gli elementi architettonici che hanno valori estetici elevati non richiedono analisi molto sofisticate, come è noto, perché la stessa percezione fatta dallo storico dell'arte, messa a confronto con una casistica nota, orienta con sufficiente precisione. Quando però un elemento architettonico non possieda valori formali che comunichino da soli il senso di verità con cui è stato concepito, è necessaria una ricerca che tenga conto, secondo i casi, della forma vera e propria (per esempio arco ribassato, arco tricentrico, ecc.), di analisi quantitative (dimensioni assolute e rapporti mensurali di ogni genere), di analisi dei materiali impiegati (natura e cave di provenienza di pietre, marmi, sabbie, leganti e pigmenti), e di analisi cromatiche, che mettano in luce particolari accostamenti di colori. E' spesso possibile che uno o più di questi parametri presentino un inizio ed una fine del loro impiego in una determinata cultura regionale, e sono quindi in grado di diventare uno strumento cronotipologico. Quando per certi elementi formalmente molto semplici, come i laterizi o i conci di pietra, il parametro fondamentale per la loro datazione sia costituito dal cambiare nel tempo delle loro misure, come spesso è stato verificato, lo strumento viene chiamato "mensiocronologia".

Un caso particolare di analisi cronotipologica è costituito dalle tecniche murarie. Si tratta di un elemento sempre utilizzabile nelle costruzioni prive di rivestimenti, ma anche complesso da analizzare e molto rischioso. Alcuni fatti sono certi: le tecniche murarie, in quanto fondamentali opere strutturali, non possono essere classificate sulla base formale dei loro paramenti esterni; le principali classi (quadrata, poligonale, e apparentemente disordinata) coesistono già in Egitto nel III millennio a.C.; importante è sempre stabilire se una di esse, o meglio uno od alcuni dei suoi tipi, compare e scompare in precisi momenti nel costruito di un territorio definito.[3]

ARCHEOMETRIA

L'archeologia medievale ha tenuto conto fin dal suo inizio anche dei metodi di datazione forniti dagli "orologi naturali", oltre agli altri dati forniti dalle scienze naturali (composizione e possibile provenienza dei materiali, loro caratteristiche tecniche e di comportamento al degrado). Si tratta di informazioni fornite da fonti tra loro differenti, il cui margine di errore strumentale è in tutti i casi stabilito dalla disciplina che ne conosce il funzionamento: sono quindi tutte ugualmente valide se valutate intrinsecamente. Questo vuole dire però che non è necessario che forniscano informazioni perfettamente uguali, al punto di ritenere valide quelle archeometriche solo se vanno d'accordo con quelle archeologiche, o con quelle storiche. Compito dell'archeologia, e cioè del ragionamento, o dell'analisi critica sui manufatti del passato, è stabilire caso per caso il significato ed il rapporto esistente tra i dati forniti dalle diverse fonti esistenti, naturali ed antropiche.

Una prima differenza evidente fra le fonti cronologiche dell'architettura è che quelle scritte datano una azione o un evento menzionato all'anno, e quasi sempre anche al giorno, mentre tutte le altre fonti forniscono, per motivi di natura differente, soltanto delle fasce cronologiche più o meno ampie (da 15 a 200 anni), spesso con una distribuzione probabilistica al loro interno.

3 Cagnana, Mannoni, Sibilia 2001.

Un'altra differenza importante riguarda la natura stessa delle informazioni. I documenti vengono redatti con scopi di interesse legale, amministrativo ed economico (a tale fine a volte possono anche costituire dei falsi), e quando stipulano certi caratteri costruttivi non li descrivono a fini tecnici, né sempre vengono realizzati come previsto, come si può dedurre anche dalla contabilità di spesa, quando esista; forniscono informazioni sui vari attori del costruire, e sulle motivazioni delle loro volontà che raramente si possono ricavare dalle analisi archeologiche. Le datazioni archeologiche forniscono fasce cronologiche relative ad operazioni umane (lavorazioni, messe in opera) riguardanti elementi o gruppi di elementi costruttivi reali. Le fasce cronologiche delle datazioni archeometriche riguardano delle trasformazioni naturali avvenute nei materiali, che si possono mettere in relazione agli usi che ne fa l'uomo nelle costruzioni.[4]

CRITICA CRONOLOGICA

E' noto che il radiocarbonio applicato alle essenze legnose o ai loro carboni data la sintesi della lignina effettuata dalla pianta ad ogni anno di crescita, perciò varia da anello ad anello: fenomeno che non può comunque essere mai posto dopo l'impiego fattone dall'uomo. La dendrocronologia data invece l'ultimo anno di crescita della pianta, prima del taglio, se gli anelli sono ancora tutti presenti: anche in questo caso l'uso nelle costruzioni è sempre posteriore; da un minimo degli anni di stagionatura a qualsiasi tempo, nel caso del reimpiego. La termoluminescenza dei laterizi data la loro cottura, che può essere praticamente coeva al loro impiego, o molto anteriore nel caso dei reimpieghi, molto frequenti in passato; esiste anche la possibilità che un focolare, un camino od un incendio azzerino l'orologio naturale, fornendo così la datazione di tali fenomeni posteriore alla messa in opera dei laterizi.

Se a queste differenze di significato cronologico, che dipendono dalla natura stessa dei diversi metodi di datazione, si aggiungono errori a volte inevitabili nel riconoscere piccoli interventi di riparazione eseguiti in modo mimetico, si può capire perché non di rado le varie datazioni eseguite non vadano d'accordo fra di loro. Sarebbe tuttavia errato pensare che questo sistema non funzioni, o che le datazioni sicure siano solo quelle

4 Mannoni 1990.

di cui ci si fida: ogni metodo, se usato secondo le regole su cui si basa, fornisce una sua realtà che va sempre presa in considerazione se si vogliono arricchire le conoscenze sull'architettura del passato. Quando, infatti, si cerca di spiegare le incongruenze cronologiche si devono riformulare certe ipotesi interpretative e, di conseguenza, si scopre qualche realtà prima sconosciuta. A tale fine è molto utile l'impiego di una matrice per l'analisi critica delle datazioni, nella quale tutte le indicazioni cronologiche messe in luce in un edificio vengono poste a confronto tra di loro su una unica scala dei tempi, con indicate le ampiezze delle singole fasce, ed i possibili errori da sottoporre a verifica.[5]

CULTURA MATERIALE

Se l'analisi stratigrafica, trasformata in studio delle fasi storiche mediante le datazioni, è indispensabile per qualsiasi impiego della ricerca archeologica del costruito, l'analisi della cultura materiale è poi basilare per le ricerche sul cantiere storico, visto non soltanto come "macchina per la costruzione" ma anche come specchio del saper costruire di una società, in tutti i suoi aspetti pubblici e privati, della committenza, della progettazione, dell'esecuzione, del funzionamento e della durata dell'opera.

Per lo studio della cultura materiale non è sufficiente, infatti, riconoscere dei materiali e delle tecniche di lavorazione e di messa in opera, come può bastare per la determinazione delle unità stratigrafiche e delle loro datazioni, ma è necessario ricavare, con l'aiuto delle analisi archeometriche sulla provenienza e le caratteristiche tecniche dei materiali: il livello del saper costruire impiegato; la sua qualità in rapporto ai coevi modi di costruire nella stessa società; quanto esso sia conservativo e quanto innovativo rispetto alla tradizione; quanto le innovazioni siano dipese da necessità di varia natura della committenza, quanto dalle ricerche estetiche e tecnologiche dei progettisti e dei costruttori.[6]

Tiziano MANNONI

5 Mannoni, Sibilia, 2002.
6 Mannoni, Boato, 2002.

IL CANTIERE DI COSTRUZIONE
Potenzialità di un settore di ricerca

In questa seconda parte del lavoro intendiamo presentare non tanto i risultati o lo sviluppo metodologico ed operativo di una singola ricerca, quanto, piuttosto, un punto di vista relativo allo studio del cantiere di costruzione e le prospettive di ricerca che esso offre all'insieme delle discipline, archeologiche e storiche, che si occupano del costruito.

Quest'ultimo è senza dubbio da intendersi nel senso più ampio: non parti in elevato autonome e autonomamente indagabili, ma "contesto" complessivo, in quanto tale ricco di significati, secondo quanto ha indicato Riccardo Francovich nella sua premessa ai lavori del Convegno. Nell'azione del costruire si può infatti riconoscere la principale attività di modellazione e trasformazione che l'uomo compie nei confronti dell'ambiente in cui vive, dando vita al paesaggio umano.

Occuparsi del cantiere, d'altra parte, significa voler aprire la ricerca allo studio della società. Il settore delle costruzioni è sempre stato, infatti, un settore chiave della società, sia a livello economico (per gli investimenti che esso comporta), sia a livello "umano" (per il numero e la diversificazione delle persone coinvolte). Tutto ciò è stato compreso e raccontato molto bene, ad esempio, dagli storici economici[7] che hanno trovato una miniera di informazioni a tale riguardo nelle fonti documentarie, da loro indagate.

Ogni fonte di informazione, pur riferendosi ad uno medesimo oggetto di studio, fornisce su di esso informazioni differenti. La fonte documentaria parla del cantiere seconda l'ottica dei diversi redattori dei documenti. Che cosa può dire, a proposito del cantiere, la fonte archeologica?

AVANZAMENTO ED ORGANIZZAZIONE DEL CANTIERE

Possiamo innanzitutto osservare che l'archeologo può affrontare la storia di un cantiere secondo due angolazioni piuttosto diverse.

---

7 Si menziona, a titolo di esempio, il bel lavoro di Richard Goldthwaite sulla Firenze di età rinascimentale (Goldthwaite 1984).

Un primo punto di vista riguarda le modalità di avanzamento di un cantiere nel tempo: dalle fondamenta alla copertura, dalle strutture alle finiture, per successivi corpi di fabbrica, eccetera.

Fondamentale, per questo approccio al tema del cantiere, è lo strumento della lettura stratigrafica, che consente di porre in una sequenza diacronica le diverse azioni costruttive riconoscibili nel manufatto.

Altrettanto importante è la definizione della scala a cui vanno individuate le unità stratigrafiche.

FIG. 3 – *Storie della costruzione del Tempio.* Lunetta raffigurante la scelta del sito (affreschi attribuiti ad A. e C. Semino, 1600 circa, villa Centurione Musso Piantelli, Genova).

Si possono infatti ricostruire sequenze costruttive di cantiere a livello dell'intero edificio, come avviene nelle chiese medievali progressivamente completate e ampliate in senso longitudinale (ne sono spesso indizio i giunti di attesa lasciati in corso d'opera nel fianco delle chiese stesse). Simili casi corrispondono a cantieri dilatati nel tempo, talvolta operanti con una lenta continuità, talvolta segnati da cesure e riprese, più o meno rilevanti dal punto di vista dei modi di costruire. Il confine tra "cantiere dilatato" e fasi di cantiere tra loro distinte può essere talvolta assai labile e va sempre posto in relazione con le intenzioni progettuali e con il loro mutare nel tempo, con i cambiamenti tecnologici eventualmente intercorsi, con le concrete modalità di realizzazione adottate nel passare dall'idea di un oggetto all'oggetto stesso.

D'altra parte, si possono riconoscere sequenze di realizzazione o di montaggio a livello del singolo elemento architettonico (un portale, un intonaco, una muratura). Le unità stratigrafiche utili per questo tipo di analisi saranno più propriamente identificabili con le unità "di lavoro", ad esempio le "giornate" di un affresco o le "pontate" di una muratura. Nella stessa zona dello stesso manufatto si potranno quindi circoscrivere unità stratigrafiche di estensione assai diversa fra loro, a seconda dell'obiettivo conoscitivo dell'analisi. Un intonaco di facciata unitario, che, in una analisi stratigrafica condotta a livello di edificio, è evidentemente da interpretarsi come una sola unità stratigrafica, è invece costituito di più unità stratigrafiche se si analizzano le modalità della sua realizzazione: per strati tecnici parallelli e sovrapposti, a partire dal supporto murario verso la superficie esterna, o anche per strati affiancati che si susseguono secondo le zone di lavoro (in genere, ma non sempre, disposte dall'alto verso il basso).

Qualunque sia la scala di osservazione prescelta, ciò comunque non inficia il rigore della logica deduttiva sottesa al riconoscimento dei rapporti stratigrafici e delle sequenze. Si tratta quindi di un aspetto dell'analisi stratigrafica da discutere a livello operativo, più che a livello metodologico, ma è bene comunque tenerne presente le implicazioni e le conseguenze, soprattutto se si parla di "archeologia del cantiere".

Il secondo punto di vista in base a cui l'archeologo può studiare il cantiere è quello della sua organizzazione. Fondamentali, a questo proposito, sono i cosiddetti "indicatori": indicatori delle forniture, delle lavorazioni eseguite in posto, dei procedimenti di posa in opera. E' infatti a partire da questi indicatori che si può risalire, più o meno direttamente, ai diversi momenti e ai diversi aspetti dell'organizzazione del cantiere.

I luoghi deputati a conservare tali indicatori sono:

- le opere stesse (nei limiti in cui esse siano visibili, e si possano rilevare senza ricorrere alla loro distruzione);
- i riempimenti (delle fosse di fondazione, sotto il piano terreno, sotto i pavimenti, sopra le volte);

– i paleosuoli del cantiere stesso, sotto l'edificio o attorno ad esso.

La diversa natura di tali luoghi impone, di per sé, che l'archeologia dell'elevato e l'archeologia di scavo si pongano l'una al servizio dell'altra o, meglio, che entrambe siano al servizio dell'archeologia del contesto.

L'organizzazione del cantiere, peraltro, può essere studiata in generale, ma anche, e più specificamente, in relazione ad una specifica fase o ad una singola operazione di cantiere. E' quindi evidente che, anche per condurre tale tipo di ricerca, è necessario avere prima ricostruito l'estensione spaziale e temporale delle diverse fasi di cantiere attraverso una analisi archeologico/stratigrafica complessiva.

MANUFATTI, INDICATORI, INDICAZIONI

Di seguito sono elencati i possibili indicatori suddivisi secondo le diverse categorie di manufatti e di opere. E' un elenco certo non esaustivo, ma che può mostrare la ricchezza di informazioni che tali indicatori possono fornire, se opportunamente interrogati.

Strutture ed elementi architettonici in pietra

a) La natura della materia prima impiegata in una costruzione, ad esempio l'uso di materiale facilmente reperibile in loco o, al contrario, di materiale proveniente da lontano (archeometria della provenienza), fornisce indicazioni sulle scelte compiute e sull'organizzazione che ogni possibile scelta comporta (in riferimento all'estrazione o alla raccolta, al trasporto, all'eventuale lavorazione, alla posa in opera). La presenza di materiali di recupero, in particolare, è testimone di una specifica organizzazione degli operatori e delle maestranze, necessaria a portare a buon fine la pratica del reimpiego (demolizioni attuate in modo adeguato, cernita e eventuale pulitura dei materiali da recuperare, loro accatastamento in cantiere, modalità di reimpiego in relazione alla destinazione d'uso e alla collocazione finale del materiale nel manufatto,...). L'analisi critica delle scelte effettuate, in relazione ai valori estetici e tecnici e alla disponibilità delle materie prime, permette, d'altra parte, di formulare ipotesi sulle intenzioni e sulla mentalità di chi ha commissionato, progettato o sovrinteso all'opera.

b) Anche in assenza di una evidenza come quella fornita dai fori forcipari talvolta presenti sulla faccia vista delle muratura in pietra concia, se il peso e la dimensione dei blocchi lapidei utilizzati superano la possibilità di una movimentazione manuale,[8] ciò significa che l'organizzazione di quel cantiere doveva prevedere macchine di sollevamento. Per lo stesso motivo, la fornitura in cantiere di quei blocchi doveva fare i conti con le vie di transito e con i mezzi di trasporto adeguati al peso da trasportare e alle vie di comunicazione possibili. Per le vie di terra, poiché uomini e bestie da soma non sono in grado di portare pesi superiori rispettivamente a 100 e 150 chilogrammi, si doveva ricorrere ai buoi; un carro trainato da buoi necessita, però, di strade con pendenze massime del 3-4 %, superate le quali bisogna avvalersi di slitte. Una valida alternativa alle vie di terra era costituita dai trasporti marittimi e fluviali: le colonne monolitiche in marmo di Arzo, del peso stimato di circa 5 tonnellate, presenti nella chiesa genovese di san Siro e provenienti dal Canton Ticino hanno sicuramente compiuto il periplo marittimo della penisola, vista l'impossibilità fisica di farle transitare lungo le mulattiere appenniniche.

c) La presenza (nei muri detti "disordinati", nei nuclei o nei sacchi murari, nei riempimenti) di scaglie dotate del tipico bulbo di percussione, come quelle prodotte da uno scalpellino nel corso della sbozzatura di un blocco di pietra, è indice di lavorazioni effettuate dagli scalpellini in cantiere. Se le scaglie sono utilizzate nella costruzione vera e propria, ciò significa, inoltre, che doveva essere presente in cantiere una manodopera dedita al recupero e alla cernita delle scaglie adatte ai vari usi. Le operazioni di finitura delle superfici lapidee, oltre a lasciare segni sui conci e sugli elementi architettonici, denunciando così il tipo di maestranza presente in cantiere, producono frammenti minuti di pietra (il cosiddetto "tritume"), a volte riconoscibile nei paleosuoli, nei riempimenti o, anche, nelle malte. In queste ultime, infatti, un aggregato artificiale può essere identificato con il "tritume", se è impiegato in luoghi ricchi di depositi naturali di sabbie e se si ha la prova che, normalmente, venivano utilizzati questi ultimi.

---

8 Indicativamente si può ritenere che un uomo riesca a portare su per le scale di una impalcatura pesi fino ai 60-70 Kg. Se i ponteggi sono dotati di piani inclinati due uomini su una barella possono portare fino a 150 Kg, equivalenti a blocchi lapidei di dimensioni non superiori a 30x40x50 centimetri.

FIG. 4 – Campanile della chiesa di Santa Caterina a Averengo in Val Venosta (Bolzano). La grossa dimensione dei conci implica il ricorso ad attrezzature per il sollevamento, ciò che in questo specifico caso è confermato dalla presenza dei fori forcipari.

d) I diversi segni lapidari (cioè i contrassegni di identità o di utilità tracciati intenzionalmente dagli scalpellini),[9] che si possono riscontrare sugli elementi in pietra, ma anche le differenti "mani" riconoscibili nelle tracce lasciate dagli strumenti, forniscono indicazioni sull'organizzazione dei maestri lapicidi impiegati nelle diverse parti della costruzione. In

9 Secondo la classificazione proposta in Bianchi 1997.

particolare, la presenza di "segni di identità" differenti sui vari elementi di uno stesso muro può fornire informazioni sul numero di scalpellini dediti ad una stessa operazione presenti in un cantiere e sulla quantità di lavoro svolta da ognuno di essi. "Segni di identità" diversi, presenti in uno stesso monumento su elementi semplicemente squadrati, su elementi modanati e su elementi scolpiti a motivi decorativi o figurativi, testimoniano per converso dell'organizzazione dei maestri della pietra in relazione al loro diverso grado di specializzazione (squadratori, modanatori, ornatisti, scultori). La presenza di "segni di montaggio", infine, dà conto del rapporto esistente tra lo scalpellino che prepara i singoli conci, il posatore che li mette in opera e il progetto tecnico complessivo del muro in costruzione.

FIG. 5 – Arco medievale con conci numerati per il montaggio (Villafranca in Lunigiana – Massa Carrara).

e) La tecnica e la posa in opera diversificate presenti in uno stesso muro (ad esempio nel paramento esterno a corsi di conci squadrati e nel paramento interno in elementi lapidei non lavorati) sono indice di una precisa organizzazione del cantiere, che può vedere coinvolte una o più tipologie di maestranze (ad esempio scalpellini capaci di squadrare conci, muratori capaci di posare quei conci e muratori capaci di tessere un muratura "incerta"). Nei paramenti, differenze di pezzatura del materiale dal basso verso l'alto, o nell'ambito delle singole pontate, può essere indicatore, caso per caso, dei rifornimenti del materiale o di precise scelte effettuate dal muratore in relazione alla tecnica di posa in opera utilizzata. Una differenza di tecniche murarie in parti diverse di uno stesso edificio, qualora l'analisi fornisca le prove della contemporaneità stratigrafica di tali parti, indica la compresenza in cantiere di maestranze diversamente preparate e singolarmente organizzate, sollevando tutti gli interrogativi che ciò comporta a livello delle interpretazioni storiche generali.

FIG. 6 – Santuario di Montegrazie (Imperia).
Tecniche murarie differenti ma stratigraficamente coeve.

f) La disposizione e le caratteristiche delle buche pontaie presenti negli elevati hanno permesso, in molti casi, di riconoscere la tipologia, la forma o altri aspetti dei ponteggi utilizzati.[10] Analogamente, le centine utilizzate per la costruzione delle volte possono essere ricostruite grazie ai fori di ancoraggio e ai possibili piani di appoggio delle stesse. L'impronta lasciata dalla centina sull'intradosso di una volta può, a sua volta, fornire indicazioni sul modo in cui essa veniva realizzata dai carpentieri, denunciando il tipo di materiale ligneo a cui si ricorreva, le sue modalità di disposizione o l'uso di particolari accorgimenti esecutivi. Impronte con bordi curvi e ondulati chiariscono, ad esempio, che era spesso usato il cosiddetto "pattame", cioè il risultato della prima squadratura a sega del tronco. Il segno lasciato dalla sega può a sua volta dare informazioni sul tipo di sega e sulla sua velocità di avanzamento. L'impronta della nervature di foglie di grandi dimensioni (fico, vite),[11] è spia di un accorgimento, proprio dell'ambito rurale, per evitare cadute di malta dalle fessure presenti tra le tavole. Ognuno di tali aspetti è, infine, indicatore della stretta collaborazione esistente tra carpentieri e muratori.

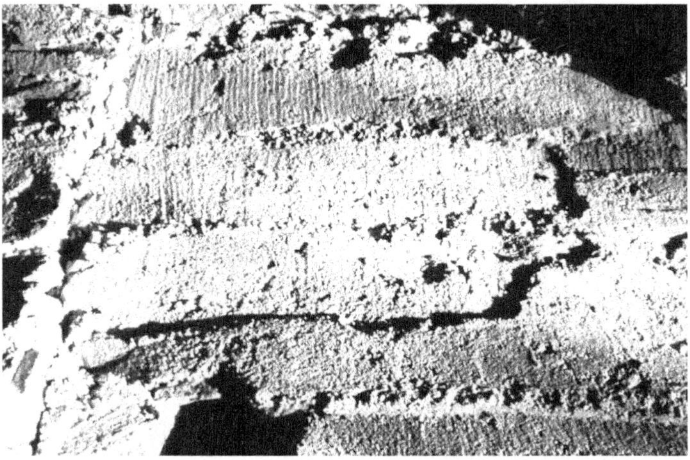

FIG. 7 – Impronta delle tavole della centina di costruzione sull'intradosso di un archivolto stradale (Roccabarbena – Savona).

10 Un volume interamente dedicato alla questione delle opere provvisionali è AA.VV. 1996.

11 Una simile impronta è stata ad esempio riscontrata dalla scrivente in un edificio contadino dell'entroterra della Liguria di Levante (comune di Levanto), nel corso di ricerche condotte dall'Istituto di Storia della Cultura Materiale di Genova.

Malte e intonaci

a) L'analisi archeometrica dei campioni di malta è indicatore: delle modalità di scelta delle materie prime in rapporto alla loro provenienza e ai valori estetici e tecnici che le contraddistinguono; dei modi di elaborazione delle materie prime al fine di ottenere un materiale da costruzione pronto all'uso; della organizzazione produttiva e di cantiere che ogni scelta implicava. La presenza, in una malta di calce, di resti di carbone, di crudi o di "calcinelli" (granuli non spenti o spenti male) e la struttura stessa del legante (cristallina, microcristallina o amorfa) sono indicatori delle modalità di cottura del calcare (tipo di fornace usata, tipo di combustibile, atmosfera di cottura) e delle modalità di spegnimento della calce viva. Un aggregato che, per la sua forma (analizzata al microscopio), si denuncia come artificiale, rimanda a maestranze dedite alla sua preparazione (frantumazione, setacciatura, ecc). Un aggregato naturale, dal canto suo, può provenire da un deposito marino (se così è, lo dimostra la forma ellittica dei suoi granuli) e, quindi, sarà stato raccolto da qualcuno a ciò addetto su una spiaggia (di cui la ricerca archeometrica può indicare la localizzazione), sarà stato portato in cantiere, eventualmente lavato e setacciato, ecc. La presenza di aggregati o di additivi idraulicizzanti e la scelta di un particolare materiale tra i diversi idraulicizzanti possibili implica, caso per caso: una organizzazione per l'individuazione degli idraulicizzanti meno diffusi in natura (pozzolana, caolino) e per la loro importazione nei territori che ne sono privi, la preparazione dei materiali non immediatamente utilizzabili (frantumazione dei laterizi rotti per la produzione del cocciopesto), la raccolta differenziata e il recupero presso le fucine di officine e cantieri dei materiali derivanti da particolari lavorazioni (scorie di forgiatura).

b) Il reperimento dei resti delle fosse da calce nei paleosuoli della fabbrica costituisce una prova materiale della prassi che prevedeva di compiere lo spegnimento della calce viva in cantiere. L'analisi di tali resti può fornire indicazioni sulle quantità di calce viva di volta in volta trattate, sulla qualità dello spegnimento e sulle concrete modalità operative adottate di caso in caso (la presenza di più fosse tra loro coeve o la presenza di fosse di particolare grandezza può, ad esempio, essere indizio di un periodo di stagionatura della calce spenta). Il reperimento, negli stessi paleosuoli, dei piani utilizzati per l'impasto delle malte può completare la conoscenza della preparazione a piè d'opera dei materiali leganti.

c) Il riconoscimento delle giornate di lavoro relative alle finiture in stucco e intonaco permette di ricostruire la difficoltà e la velocità (o lentezza) di esecuzione attribuibile ad ogni lavorazione. Nell'ambito delle decorazioni a fresco, lo studio delle giornate in relazione ai graffiti (incisioni guida) o alle sinopie eventualmente presenti, oltre a fornire indicazioni sui procedimenti seguiti, pone il problema della collaborazione esistente tra i manovali che preparavano gli impasti, i muratori che stendevano l'intonaco e i frescanti e i loro aiuti che preparavano i colori, trasferivano il bozzetto o lo schema della decorazione sull'intonaco fresco e procedevano infine alla stesura del colore.

d) La presenza di particolari finiture delle superfici e l'eventuale riconoscimento delle diverse "mani" presenti sono indicatori della specifica strumentazione occorrente alle maestranze e dell'organizzazione necessaria ad ogni lavorazione. Anche la preparazione e la manutenzione degli attrezzi utilizzati (scopette, spatole, fratazzi, sagome...) abbisogna, infatti, dell'esperienza di qualcuno e di un tempo dedicato a tali operazioni. Nell'ambito delle decorazioni plastiche la presenza di motivi decorativi ripetuti e di chiare linee di giunzione è, ad esempio, indicatore dell'uso di stampi e dei rapporti esistenti tra gli stuccatori e i fabbricatori degli stampi, da una parte, e tra il maestro e i suoi garzoni, dall'altra.

FIG. 8 – Solaio ligneo con intradosso decorato (via delle Compere 2 – Genova). Lo studio degli incastri e delle modalità di decorazione chiarisce quali lavorazioni siano state eseguite in opera.

Strutture e finiture in cotto

a) Colore, dimensioni e porosità di un laterizio sono indicatori delle scelte delle materie prime (argille, smagranti), dei procedimenti di preparazione adottati (correzioni della plasticità, mescole di argille diverse...) e delle modalità di cottura (tipo di fornaci, temperature e atmosfera di cottura).

b) La disposizione casuale o intenzionale, nelle varie parti di un edificio, di mattoni con caratteristiche tecniche diverse (o, viceversa, la ricorrenze di mattoni dello stesso tipo in tutte le strutture o finiture aventi analoghe funzioni)[12] è indicatore delle scelte effettuate al momento della compravendita del prodotto da parte dei fornaciai e degli acquirenti e della eventuale esistenza di un controllo di qualità dei materiali forniti e messi in opera.

c) La presenza, in un edificio, di mattoni di epoca più antica del momento della costruzione (riconoscibili grazie ad analisi specialistiche, quali la mensiocronologia, o la termoluminescenza, associate alla lettura stratigrafica, o grazie a semplici osservazioni relative alla presenza di residui di malta e alla frequenza e posizione di eventuali elementi rotti), indica una organizzazione per il recupero che può prevedere la accurata pulitura del singolo mattone dai residui di malta, la posa in opera di mattoni con resti di malta più o meno consistenti o, anche, l'uso di interi pezzi di muro in mattoni, tagliati *ad hoc* e messi in opera come fossero conci di pietra.

d) L'analisi delle caratteristiche e della disposizione delle piastrelle, nei pavimenti o nei rivestimenti parietali, oltre a chiarire il criterio con cui sono state messe in opera, è indicatore di quali operazioni siano state condotte in cantiere (taglio delle piastrelle, rifilatura dei bordi, arrotatura o "orsatura", ecc.), subito prima o subito dopo la posa in opera.

12 Si veda, ad esempio, il caso di Genova, dove si è riscontrato l'uso sistematico di mattoni molto cotti nelle superfici esposte all'usura, come le pavimentazioni stradali, e in quelle esposte all'acqua, come i rivestimenti interni delle cisterne e dove l'analisi della deviazione standard (cioè dell'omogeneità o disomogeneità dimensionale) caratterizzante i mattoni di centinaia di unità stratigrafiche rilevate, ha dimostrato che la selezione del materiale avveniva più per alcuni tipi di strutture che per altre (cfr. Boato, Decri 1992 e Pittaluga, Ghislanzoni 1992).

FIG. 9 – Un cantiere di costruzione attuale a Camporaghena (Massa Carrara). Anche la cultura materiale contemporanea può divenire utile fonte di informazione per la storia del cantiere.

Opere lignee

a) I materiali utilizzati sono, ancora una volta, indicatori delle scelte effettuate in rapporto ai valori estetici, alle possibilità tecniche e alla provenienza dei materiali stessi.

b) La presenza di pezzi con incastri o modanature o decorazioni in posizione anomale o inutili è indizio o di errori di messa in opera, o, più frequentemente, della pratica del reimpiego e della organizzazione a ciò relativa. Datazioni dendrocronologiche dei materiali lignei difformi dalla datazione del solaio o del tetto in cui essi sono collocati sono anch'esse indicatrici dell'organizzazione necessaria al reimpiego (se la datazione risulta più antica); o, se la datazione risulta più recente, sono indizio della organizzazione necessaria ad effettuare sostituzioni, in opera, di parti dei manufatti.

c) L'uso di elementi molto lunghi o pesanti, analogamente a quanto visto per i manufatti in pietra, è indicatore della presenza in cantiere di attrezzature per la movimentazione e dell'uso di mezzi di trasporto adeguati.

d) Le caratteristiche degli elementi componenti un solaio o un tetto possono dare indicazioni su quali pezzi arrivassero in cantiere già pronti per l'uso e su quali lavorazioni e quali operazioni, invece, dovessero essere eseguite in opera dai carpentieri.

Opere metalliche

a) Catene molto lunghe, anche senza l'evidenza di un punto di saldatura, sono sicuramente saldate in cantiere: il sistema di produzione, infatti, non consentiva la realizzazione di verghe di lunghezze elevate e, d'altra parte, la preparazione degli elementi di lunghezza elevata eseguita dal fabbro nella propria officina avrebbe poi comportato non indifferenti problemi in fase di trasporto. Come si organizzava il fabbro a tale scopo? Grandi inferriate da finestra composte da aste tra loro perpendicolari, sono sicuramente montate in cantiere, per evitare difficoltà di trasporto. Chi si occupava di tale operazione?

b) La presenza di catene saldate a piè d'opera è indicatrice della collaborazione esistente tra i fabbri addetti alla saldatura ed al taglio *ad hoc* dei semilavorati ed i maestri muratori che si occupavano di posizionare, murare e mettere in tiro tali elementi. Qualsiasi lavorazione della pietra eseguita in cantiere è indicatrice della collaborazione esistente tra i fabbri addetti alla acciaiatura periodica e alla eventuale riparazione degli strumenti di lavoro e i maestri che lavoravano la pietra.

In ultimo, senza proseguire oltre in questa elencazione per categorie di manufatti, ulteriori indicatori possono essere riconosciuti nell'uso di materiali e tecniche rari o inusuali, ciò che implica la presenza di maestranze "estranee" alla normale organizzazione del cantiere o di "specialisti" altrimenti assenti.

INDICATORI ARCHEOLOGICI E NOTIZIE DOCUMENTARIE

Come si è visto, l'edificio ed il suo contesto offrono numerosi indizi utili alla ricostruzione dell'organizzazione del cantiere.

L'insieme degli indicatori archeologici, sopra descritti secondo le diverse categorie di manufatti, può essere organizzato anche secondo i diversi aspetti o "momenti" del cantiere (cfr. lo schema di fig. 10), a partire dalle forniture necessarie e dai trasporti ad esse connessi, passando per le diverse fasi di preparazione del sito (scavi, tracciamenti, demolizioni), fino alla costruzione vera e propria (comprensiva sia della messa in opera, con l'aiuto di attrezzature e opere provvisionali, dei materiali forniti, sia delle eventuali lavorazioni da eseguirsi in cantiere – a piè d'opera o ad opera eseguita – per la definitiva preparazione dei materiali e per le eventuali finiture degli stessi).

La lettura dello schema mostra chiaramente come i diversi rami dell'archeologia possano tutti contribuire, anche se ognuno in modo specifico e differenziato (sia per quantità che per qualità delle informazioni), alla definizione del quadro complessivo. L'archeologia di scavo e l'archeologia dell'elevato hanno il compito di raccogliere, in tutte le parti dell'edificio e nel suolo e sottosuolo ad esso pertinente, i dati utili a ricostruire le specifiche vicende di quel cantiere; l'archeologia del contesto permette di porre in relazione l'individuo "edificio" con le sue "condizioni al contorno"; l'archeometria consente di elaborare i dati materiali tramite gli strumenti forniti dalle scienze esatte, mettendo a disposizione ulteriori indicatori (ad esempio la datazione assoluta dei materiali) ed informazioni tecniche essenziali per l'interpretazione degli indicatori altrimenti raccolti (anche la più accurata descrizione di una fossa di fondazione, se non tiene conto delle caratteristiche del sottosuolo in cui essa è ricavata, non è in grado di spiegare l'entità dell'impegno profuso in quella operazione).

	Documenti scritti	Iconografia	Archeologia del contesto	Archeometria	Archeologia di scavo	Archeologia dell'elevato
	informazioni	*informazioni*	*indicatori*	*indicatori*	*indicatori*	*indicatori*
FORNITURE	quantità e qualità, costi, provenienze, unità di misura		risorse naturali esistenti	caratteristiche e provenienze dei materiali	pezzi scartati	quantità e qualità, contrassegni di fabbrica, segni dei lapicidi
TRASPORTI	vie di comunicazione (percorsi), forme di trasporto, costi	mezzi di trasporto	vie di comunicazione (infrastrutture) mezzi di trasporto (resti e reperti)			pesi e dimensioni
SCAVI	costi volumi unità di misura			caratteristiche del sottosuolo	fosse e trincee di fondazione sbancamenti	
TRACCIAMENTI					tracciati sul terreno	graffiti in elevato
DEMOLIZIONI	presenti / assenti				detriti in spianamenti del terreno e riempimenti	segni di rottura
REIMPIEGHI	forme di accordo			datazioni dei materiali		presenza di parti o materiali di recupero

	Documenti scritti	Iconografia	Archeologia del contesto	Archeometria	Archeologia di scavo	Archeologia dell'elevato
	informazioni	*informazioni*	*indicatori*	*indicatori*	*indicatori*	*indicatori*
LAVORAZIONI A PIE' D'OPERA	scalpellini, fabbri, ecc: forme di accordo, compiti, luoghi di lavoro	scalpellini e spegnitori di calce: abbigliamento, postura, strumenti		caratteristiche tecniche dei materiali	schegge di lavorazione fosse da calce alloggi, ripari, resti di pasto degli operai	
ATTREZZATURE	tipo di attrezzature	mezzi di sollevamento				pesi e dimensioni degli elementi fori forcipari
OPERE PROVVISIONALI	materiali impiegati	tipi di ponteggi e centine			buche di palo	buche pontaie impronte delle centine
MESSA IN OPERA	prescrizioni di progetto prestazioni effettuate	muratori e altre maestranze al lavoro		resistenze dei materiali		procedimenti sequenze costruttive segni di montaggio
LAVORAZIONI AD OPERA ESEGUITA	prescrizioni di progetto prestazioni effettuate			caratteristiche tecniche dei materiali		tracce degli strumenti
STRUMENTI	dotazioni delle maestranze	tipi di strumenti			strumenti rotti	segni di lavorazione

FIG. 10 – L'organizzazione del cantiere: informazioni e indicatori.

E' comunque evidente che anche le fonti documentarie e iconografiche, soprattutto per alcuni periodi storici, possono contribuire in modo significativo alla ricostruzione dell'organizzazione del cantiere, mettendo a disposizione una mole di informazioni altrettanto ricca.

Dal momento che le diverse fonti fanno spesso riferimento alle medesime operazioni, ai medesimi aspetti organizzativi, alle medesime fasi di cantiere, ognuna secondo la sua propria angolazione, la mossa vincente dal punto di vista della conoscenza è probabilmente quella di farle interagire.

In alcuni casi, il confronto tra fonti diverse fornirà delle integrazioni; in altri casi essa fornirà delle conferme e convaliderà interpretazioni autonomamente effettuate a partire da ognuna di esse; molto spesso ogni fonte, autonomamente interrogata secondo gli strumenti analitici che le sono propri, risulterà interpretabile solo fino ad una soglia conoscitiva o a un punto morto non superabile, se non rivolgendosi ad altri strumenti analitici e ad altre discipline.[13]

La provenienza dei materiali dichiarata in un contratto di costruzione (spesso tramite diciture tipo: "pietra di ......") costituisce sempre una evidenza documentaria forte. Tale evidenza documentaria, anche se può chiarire alcuni aspetti di carattere contrattuale (ad esempio il ruolo assunto nelle scelte dalle parti in causa), rimane però, sotto il profilo della cultura materiale, priva di significato. E' solo con l'aiuto dell'archeometria che è infatti possibile sapere quali tipi di pietra esistano nella zona di provenienza indicata nel documento, quale può essere adeguata allo specifico uso previsto nel contratto e se esistano cave della stessa, effettivamente risalenti all'epoca considerata.

D'altra parte, la presenza di materiali di recupero in un edificio è senza dubbio una esplicita testimonianza di una prassi del reimpiego consolidata e sistematica e, come visto in precedenza, indica una organizzazione del cantiere capace di tradurla in pratica. Essa però non dice nulla su chi risparmiava o su chi approfittava, in termini anche economici, dei materiali recuperati dalle demolizioni delle preesistenze, o su chi controllava tale operazione (il capo d'opera, l'impresario, il committente?), cosa che invece può essere facilmente desunta dallo studio dei documenti d'archivio.

13 Mannoni 1990.

FONTI	natura delle fonti		disponibilità	informazioni primarie
Documenti scritti	FONTI STORICHE	specifiche	non sempre	nomi, qualifiche, ruoli costi, tempi intenti e motivazioni
Serie documentarie Iconografia	FONTI STORICHE	generali	quasi sempre nelle città	organizzazione standard comportamenti condivisi attrezzature conosciute nomi di oggetti e operazioni
Sottosuolo di pertinenza del cantiere	FONTI ARCHEOLOGICHE	specifiche	raramente	cultura materiale del cantiere modi di vita delle maestranze
Edificio in elevato	FONTI ARCHEOLOGICHE	specifiche	sempre	cultura materiale del cantiere
Contesto territoriale	FONTI ARCHEOLOGICHE	generali	sempre	caratteristiche dell'ambiente naturale e antropizzato

FIG. 11 – Storia e archeologia del cantiere: natura e caratteri delle fonti di informazioni.

FONTI E INFORMAZIONI

Se si provano ad analizzare le diverse fonti di varia natura che possono concorrere a delineare una "storia del cantiere", e che si possono raggruppare sotto le due denominazioni di fonti storiche (documentarie) e di fonti archeologiche (o materiali), ci si accorge che tali fonti hanno entrambe specifici problemi di autenticità e di attendibilità. Nel documento scritto « la falsificazione può avere avuto scopi patrimoniali, o di altra natura, e richiede una indagine paleografica su eventuali errori storici e sui materiali impiegati; la falsificazione del costruito, invece, ha in genere scopi architettonici e costituisce soltanto una frode di immagine (trasformazioni, ampliamenti, completamenti e restauri mimetici verificabili con i metodi dell'archeologia del costruito, che si basa su eventuali piccoli errori stilistici e tecnici, e sui materiali impiegati e sulle loro datazioni). L'attendibilità delle informazioni riguarda, nelle fonti scritte, le conoscenze che aveva, rispetto al problema che si vuole conoscere sul monumento, chi ha dettato e stilato il documento e le capacità dello storico di evidenziarle; nelle fonti materiali, invece, l'attendibilità delle informazioni ricavate, dipende in gran parte dalla capacità dell'archeologo di metterle in luce e di interpretarle correttamente »[14].

In secondo luogo le fonti storiche e le fonti archeologiche possono fornire entrambe dati di tipo specifico o, al contrario, dati validi a livello generale. E' cosa diversa, infatti, cercare fonti per la storia di uno specifico cantiere o cercare fonti per la storia del cantiere in una determinata epoca e in un determinato territorio.

Le fonti storiche e le fonti archeologiche hanno, inoltre, un diverso grado di disponibilità, sia rispetto alla loro stessa esistenza, sia rispetto alla difficoltà o alla facilità di indagine che esse comportano. Non sempre esistono, o sono reperibili, documenti scritti relativi ad uno specifico cantiere, soprattutto se si esce dall'ambito degli edifici cosiddetti "monumentali"; è invece più facile, almeno in ambito cittadino, raccogliere numerosi documenti relativi a costruzioni spesso non più esistenti o non identificabili. Un edificio ancora esistente in elevato è sempre immediatamente disponibile ad essere indagato, almeno per quanto riguarda le sue superfici esterne, e occorre spesso solo il tempo e la volontà di un ricercatore per trarre da esso dati utili alla ricerca storica. Più difficile è poter accedere ai

14 Mannoni, 2005 (versione italiana del testo, poi tradotto in francese).

riempimenti o ad altre parti normalmente nascoste presenti in elevato, ciò che avviene però con una certa frequenza in occasione di lavori di restauro o ristrutturazione. Lo scavo del sottosuolo richiede, infine, un maggior impegno organizzativo da parte dello studioso (richiesta di autorizzazioni, reperimento di adeguate risorse finanziarie…), oltre ad essere spesso reso impossibile dalle esigenze pubbliche e private della vita attuale.

Le fonti storiche e le fonti archeologiche forniscono, infine, informazioni primarie di tipo estremamente diverso. L'edificio in elevato fornisce innanzitutto informazioni legate agli aspetti materiali e tecnici del cantiere, sulla base dei quali si può ricostruire la cultura materiale sottesa a quel cantiere (il saper fare che essa implicava; la sua innovatività o tradizionalità). I documenti, al contrario, contengono nomi, qualifiche, ruoli dei personaggi coinvolti e, parlando con il linguaggio degli uomini, forniscono più facilmente e più direttamente informazioni proprio sugli intenti, sui comportamenti, sulle motivazioni, sui rapporti esistenti tra le diverse persone e i diversi gruppi sociali.

Come si è visto in precedenza analizzando gli indicatori archeologici relativi alla organizzazione del cantiere, il genere delle informazioni travalica spesso il genere della fonte e, allora, le potenzialità informative delle diverse fonti dipendono molto anche dalla volontà del ricercatore e dal suo modo di interrogare.

Dalla analisi delle evidenze materiali di un cantiere si può quindi ipotizzare quali motivazioni hanno animato gli uomini che hanno voluto quel cantiere o quali sentimenti dovevano provare coloro che vi si sono impegnati con il loro lavoro. Dalla analisi dei documenti a contenuto tecnico, che riguardano la soluzione di problemi pratici, si può ricostruire la cultura materiale ed i saperi empirici che essa richiedeva.

Nell'un caso come nell'altro occorre che la discussione critica venga fatta secondo le regole proprie del tipo di informazione che viene utilizzata più che secondo il genere di fonte che contiene quelle informazioni. E' in tal senso che si può parlare da una parte di "critica archeologica delle fonti indirette documentarie o iconografiche"[15] e, dall'altra, di "filologia dei dati archeologici".[16]

Anna Boato

15 Cfr. ad esempio Alexandre Bidon 1992; Bernardi 1997; Boato 1998.

16 Così definita da Tiziano Mannoni (Mannoni, 2005).

BIBLIOGRAFIA

AA.VV. 1996, L'échafaudage dans le chantier médiéval, *Documents d'archéologie en Rhône-Alpes* n° 13, Service Régional de l'archeologie de Rhône-Alpes, Lyon.

ALEXANDRE BIDON D. 1992, Archéo-iconographie du puits au moyen âge (XIIe-XVIe siècle), *Mélanges de l'école française de Rome*, 104, 2, p. 519-543.

BERNARDI PH. 1997, Sources écrites et archéologie du bâti, in Atti della Giornata di Studi "L'archeologia del costruito in Italia e in Europa. Esperienze a confronto e orientamenti della ricerca" (Genova, 10 maggio 1996), *Archeologia dell'architettura*, II, p. 141-145.

BIANCHI G. 1997, I segni dei tagliatori di pietre negli edifici medievali. Spunti metodologici ed interpretativi, *Archeologia dell'architettura*, II, p. 25-37.

BOATO A. 1998, Fonti indirette e archeologia dell'architettura: una proposta di metodo, *Archeologia dell'architettura*, III, p. 61-74.

BOATO A., DECRI A. 1992, Il cotto nelle pavimentazioni genovesi dei secoli XVI-XVII, in Atti dell'VIII convegno Scienza e beni culturali "Le superfici dell'architettura: il cotto. Caratterizzazione e trattamenti" (Bressanone 1992), Libreria Progetto, Padova, p. 247-256.

CAGNANA A., FERRANDO I. 1997, L'esperienza scientifica dell'ISCUM e lo sviluppo dell'archeologia dell'architettura in Liguria e in Lunigiana, in Atti della Giornata di Studi "L'archeologia del costruito in Italia e in Europa. Esperienze a confronto e orientamenti della ricerca" (Genova, 10 maggio 1996), *Archeologia dell'architettura*, II, p. 189-197.

CAGNANA A., MANNONI T., SIBILIA E. 2001, Metodi di datazione delle opere murarie dei battisteri paleocristiani, in Atti dell'VIII Congresso Nazionale di Archeologia Cristiana (1998) "L'edificio battesimale in Italia", Bordighera, p. 867-890.

GOLDTHWAITE R.A. 1984, La costruzione della Firenze rinascimentale. Una storia economica e sociale, Il Mulino, Bologna (edizione originale: The building of Renaissance Forence. An economic and social history, Baltimora, The Johns Hopkins University Press, 1980).

MANNONI T. 1990, Archeometria: archeografia o archeologia?, *Dialoghi di archeologia*, serie III, anno 8, n° 2, p. 77-81.

MANNONI T. 1998, Analisi archeologiche degli edifici con strutture portanti non visibili, *Archeologia dell'Architettura*, III, p. 81-86.

MANNONI T. 2005, Quels types da rapport entre monument et source écrites? in Atti del Convegno internazionale «Textes et archéologie monumentale. Approches de l'architecture médiévale» (Avignon 2000), a cura di Ph. Bernardi, A. Hartmann-Virnich e D. Vingtain, Collection "Europe médiévale", 6, Montagnac, p. 78-81.

MANNONI T., BOATO A. 2002, Archeometria e archeologia del costruito: l'importanza dei materiali, in Atti del 2° Congresso Nazionale dell'Associazione Italiana di Archeometria (Bologna 2002), a cura di C. D'Amico, Bologna, p. 409-416.

MANNONI T., SIBILIA E. 2002, Perché spesso sembra che le datazioni archeometriche non funzionino?, in Atti del 2° Congresso Nazionale dell'Associazione Italiana di Archeometria (Bologna 2002), a cura di C. D'Amico, Bologna, p. 251-259.

PITTALUGA D., GHISLANZONI P. 1992, *Informazioni storiche e tecniche leggibili sulle superfici in laterizio*, in Atti dell'VIII convegno Scienza e beni culturali "Le superfici dell'architettura: il cotto. Caratterizzazione e trattamenti" (Bressanone 1992), Libreria Progetto, Padova, p. 11-21.

CONSTRUCTION HISTORY IN ARCHITECTURAL CONSERVATION

The exposed aggregate, reinforced concrete of Meridian Hill Park[1]

INTRODUCTION

Meridian Hill Park in Washington, D.C., constructed 1915-1936, is currently undergoing a long-term restoration plan for both its landscape and concrete elements under the direction of the National Park Service, the administrator of the park. Research was undertaken to document the construction history of the exposed aggregate, reinforced concrete work in order to guide future restoration work. Historical documents, including construction records, photographs, contemporaneous articles, organizational files, and correspondence, were consulted to develop the construction history. An on-site survey of the park provided further documentation of the construction history as evidenced in the physical fabric of the park. The research and on-site survey focused on the construction of the perimeter walls at Meridian Hill Park, as all major phases of experimentation and dissemination of the developed techniques took place there.

1 This text was previously published as Lori Aument, "Construction History in Architectural Conservation: The exposed aggregate, reinforced concrete of Meridian Hill Park". *Journal of the American Institute for Conservation* 42-1 (2003): 3-19. It is republished here with the permission of the American Institute for Conservation of Historic and Artistic Works, 1156 15th Street, NW, Suite 320, Washington, DC 20005, www.conservation-us.org. The author would like to thank those at the National Park Service and the University of Pennsylvania who aided in the research for this article, with special thanks to Perry Wheelock, Samuel Harris, and John Keene. Lorraine Schnabel provided encouragement and constructive criticism. Finally, John Milner Associates supported the completion of the article for publication.

MERIDIAN HILL PARK

DESCRIPTION

FIG. 1 – Aerial photo of Meridian Hill Park, ca. 1936.
Two converging paths on the north lead to the Grand Terrace at center.
From here, cascades lead to the south end of the park.
Courtesy of the National Park Service, Museum Resource Center.

Meridian Hill Park is located on two city blocks in Washington, D.C., with the long central axis running north-south. The park is bounded on the east by 16th Street, on the west by 15th Street, on the south by W Street, and on the north by Euclid Street (fig. 1). The park area is delimited by perimeter walls with textured panels and heavily rusticated posts. The north end of the park is a level rectangular area planned on axis in the manner of a French formal mall. Two main converging paths lead to the central Grand Terrace. Here, there was once an unobstructed view over the city of Washington. At the Grand Terrace, the topography dramatically drops to the plaza area at the southern end of the park. A series of basins form a cascading water feature, inspired by Italian Renaissance gardens, that leads down the center of the slope, flanked by descending walks on either side (fig. 2). On the lower plaza level, the park opens onto a paved reflecting pool area with a semicircular sitting area to the south, known as an exedra. A low-level balustrade lines the extreme southern end of the park.

FIG. 2 – Construction of the Grand Terrace and cascades, view from the south, April 23, 1932. Courtesy of the National Park Service, Museum Resource Center.

All the architectural features and decorative elements found at Meridian Hill Park are executed in concrete. Throughout the park, elements as varied as fountains, benches, the massive retaining wall of the Grand Terrace, paving, planting beds, and urns are all constructed of exposed aggregate, reinforced concrete. These features are remarkable for their exposed aggregate finishes, exhibiting a wide array of aggregate sizes, creating subtle textures and colors while defining crisp corners and turning smooth curves (figs. 3-4).

FIG. 3 – Example of current condition of concrete work at the south 16th Street entrance, Meridian Hill Park 1999. Photograph by author.

FIG. 4 – Example of current condition of concrete work at southwest entrance, Meridian Hill Park 1999. Photograph by author.

The concrete work at Meridian Hill Park is currently in remarkably good condition, given that it was constructed during a period when concrete was poorly understood and unsound concrete construction practice was widespread. In most areas, the concrete work suffers only from soiling caused by atmospheric pollution or biological growth and, in a few places, damage from vandalism. Relatively little damage has occurred from the corrosion of the reinforcement, which is more than adequately covered in most places, and there is no sign of active, aggressive chemical attack, such as alkali-silica reaction. However, in some areas, the concrete requires extensive repairs. In the worst areas, the concrete is severely cracked, spalling, or crumbling due to a combination of factors, including corrosion of the reinforcement, freeze-thaw cycling, and physical stresses. Large accumulations of efflorescence have formed at cracks and joints, signaling that a significant amount of water is moving through the concrete, leaching out carbonates and depositing them on the surface, thereby increasing the risk of corrosion of the reinforcement in these locations (fig. 5). Despite the need for restoration and repairs, the concrete work retains much of its structural and aesthetic integrity. Unlike other concrete dating from the same period, the construction history of Meridian Hill Park reveals what was done right, rather than what was done wrong.

FIG. 5 – Current condition of west wall panel. Severe deterioration is not typical of all west wall panels. Meridian Hill Park 1999. Photograph by author.

HISTORY

In 1901, the McMillan Commission was formed to develop a plan to improve the park system within the District of Columbia. Meridian

Hill was marked as a property suitable for a federal park because of its exceptional views over the capital city. Congress approved an act in 1910 to acquire public land to create Meridian Hill Park as part of the recommendations set forth by the McMillan Commission. In April 1913, George Burnap, architect for the Office of Public Buildings and Grounds, proposed a design for a formal urban space at Meridian Hill Park. Horace Peaslee became the architect in charge of the park when Burnap resigned in 1917. Burnap's main design concept, consisting of a formal park on French and Italian garden precedents, remained constant throughout the 21 years of construction at the park.[2]

The scale of the park prohibited the use of costly stone masonry. For this reason, concrete was chosen as the construction material with the hope that it could achieve the warmth and color of the Mediterranean tuff-and-pebble mosaic walls found in Italian gardens. As concrete was still a relatively new material and the park construction was a high-profile federal project, the proper execution of the concrete was a major concern. The newly formed Commission of Fine Arts, which included Cass Gilbert, Daniel Burnham, Frederick Law Olmsted Jr., and contemporaries, scrutinized the work at Meridian Hill Park during the design and construction phases. John J. Earley and the Earley Studio were involved with the concrete work at the park from the very beginning. During the preliminary mock-up phase and through the initial phases of construction in 1915-1916, Earley experimented with the concrete finishes, dramatically altering the types of finishes and forms that were achieved by 1917-1918. After 1918, Earley and his studio were predominantly involved in training local contractors who completed much of the remainder of the work. From 1915 until the park officially opened in 1923, work progressed primarily on the walls and walks of the upper park. From 1923 to 1928, work focused on the completion of the perimeter walls of the lower park. Construction on the cascades, paving, and architectural features of the lower park was completed in the period 1929-1936 (Historic American Buildings Survey 1987).

2 For more information on the design of the park, see R. T. Schnadelbach and H. Havemeyer, *Ferrucio Vitale: Landscape architect of the country place era* (Princeton: Princeton Architectural Press, 2001) and T.W. Dolan, "Meridian Hill Park, Washington, D.C.," graduate thesis, School of Architecture, University of Virginia, 1983.

JOHN J. EARLEY

John J. Earley (1881-1945) began his career at the age of 17 as an apprentice in his father's stone-carving studio in Washington, D.C. Earley and his associate, Basil Taylor, assumed control of the Earley Studio in 1906 after the death of Earley's father. Previously, the studio had produced primarily ornamental stone sculpture (Cron 1977). Earley and Taylor changed the focus of the studio to plaster and stucco work. Through interest in Portland cement stucco during the years 1911-1914, the studio became involved in concrete work. Its first major commission for concrete work was at Meridian Hill Park, a project that propelled the Earley Studio into the development of remarkable finishes and high-quality concrete. After the pioneering work at Meridian Hill Park, the Earley Studio continued to improve on its work, which eventually became the standard for artistic treatment of architectural concrete. Landmark projects include the *Fountain of Time* sculpture in Chicago (1922), the Shrine of the Sacred Heart in Washington, D.C. (1923), and the Bahá'í Temple in Wilmette, Illinois (1934). Contemporaries acknowledged Earley's contributions to the concrete industry. They credited him with elevating the status of the material and the industry (Earley 1924). It is in the evolution of concrete finishing, which coincided with a general acceptance of concrete as an architectural material, where Earley's work is paramount. His work was often cited in the literature of the day both in the United States and abroad (Howe 1921; Hart and Wilson 1927; Bauer 1928; Childe 1943). After his death in 1945, Earley was remembered for his tireless work in perfecting the artistic qualities of concrete through experimentation, innovation, and fine craftsmanship (John J. Earley Obituary 1946).

John J. Earley thought of himself first and foremost as a craftsman and artist. His self-proclaimed title was "Architectural Sculptor." Although Earley went on to serve as president of the American Concrete Institute, he maintained that his concrete work developed from an artistic and not a scientific study. He wrote: "I am a craftsman and all that I could ever do was to record sensible experiences and the conclusions drawn from them and to describe the work which resulted from those conclusions"

(Earley 1938, 589). He championed the work of the craftsman who perfects a technique through pragmatic trial and error rather than scientific testing. Earley's role as a craftsman explains why he approached concrete as an artistic medium rather than an engineering material.

At the time of Earley's work in concrete, the architectural community was debating the most appropriate and aesthetically pleasing expression for this relatively new material. In the search for a way to transform concrete from a construction material to one capable of complex architectural expression, the focus was on the proper form and finish of the material. Most agreed that concrete should not imitate other building materials but should be formed and finished to reveal its inherent qualities as a poured and molded material. Concrete offered the possibility of escaping the masonry vocabulary of stone laid on stone. Contemporary concrete work was constructed with perforated, monolithic walls, such as Frank Lloyd Wright's Unity Temple in Oak Park, Illinois (1904-1906); formed with repetitive cast-concrete elements, as in Irving Gill's prefabricated concrete slab houses in Los Angeles, California (1910-1913); and poured in organic forms, as seen in the undulating facade of the now demolished Blenheim Hotel in Atlantic City, New Jersey (1906), designed by William Price. However, concrete needed an appealing finish to be considered a true architectural material capable of performing under various aesthetic demands. In an effort to make concrete more aesthetically pleasing, many architects and contractors experimented with treating its surface. The treatments included tooling, painting and stuccoing the surface, coloring the cement, exposing the aggregate, and molding the concrete with a textured surface. Earley took part in this experimentation and achieved some of the most outstanding and enduring concrete finishes of the period.

The process of exposing aggregate in concrete appealed to Earley's desire to give concrete an artistic finish that was characteristic of the material. To expose the aggregate, the concrete is removed from the mold while it is still green, meaning not fully cured. The surface of the concrete is then scrubbed to remove the exterior film of wet cement and to expose the aggregate beneath. This process gave an appealing finish while revealing elements inherent to concrete as a conglomerate material such that "any section through it would have the character desired for the surface" (Earley 1934, 251-252). Earley wrote that "it was this decision to employ finishes characteristic of the nature of reinforced concrete that gave the interest to succeeding studies" (Earley 1918, 128).

To achieve artistic results in exposed aggregate concrete, Earley adopted techniques from the arts of mosaic and painting. He showed sophistication in placing and juxtaposing small tesserae in his concrete mosaic work. The art of mosaic was easily adaptable to exposed aggregate concrete, Earley felt, as both have a surface "made up of a myriad of tiny, irregular stone chips averaging about 1/4 in. in maximum dimension, and closely grouped. Interstices are slightly tilted in various directions, resulting in a richly textured surface which, however, is held firmly in plane by the flat surface of the mold" (Earley 1940, 103). As in mosaic work, the exposed aggregate of concrete imparts not only color but also texture and radiance to the surface of the concrete. The aggregate's "small size and jagged shape results in their catching and refracting light from all directions, giving the surface a subdued 'sparkle' which is highly distinctive" (Erley 1940, 102). The Shrine of the Sacred Heart (1923) exemplifies Earley's concrete mosaic work, though the influence of the art of mosaic can be seen throughout his work.

From the beginning of its development, Earley compared the exposed aggregate finish to the play of colors in pointillism. Earley incorporated the optical science of pointillism, where pure spots of color resolve to a uniform hue at a given distance, into exposed aggregate concrete: "By considering the particles of aggregate as spots of color in juxtaposition, all the knowledge and much of the technique of the impressionist, or the pointillist school of painting, was immediately applicable to concrete" (Earley 1925, 19). The optical science of pointillism guided the careful selection and combination of aggregate in Earley's concrete work in order to produce various visual sensations from different distances: "We have designed surfaces to fill the most exacting requirements and to meet the greatest differences in scale, surfaces which lose their texture and resolve to uniform hue at twenty-five feet, surfaces which hold their texture at five hundred feet" (Earley 1925, 21).

While Earley was looking to established arts to improve the aesthetic quality of concrete, he recognized the merit of concrete as an artistic medium in itself. It was extremely durable, economic, and flexible and permitted rapid execution of forms. Earley saw concrete as a modern artistic material that could solve modern building-design problems. He wrote: "It is deceiving to see the material [architectural concrete] as a form of structural concrete elevated to the level of an artistic medium when on the contrary it is an artistic medium extended to more general use" (Earley 1938, 591). He likened his use of concrete to Luca della Robbia's development of terracotta during the Renaissance (Earley 1926b). In both instances, he felt, technology had developed new materials that were both functional and ultimately artistic, to express the architectural ornamentation of its own era.

INITIAL EXPERIMENTATION IN CONCRETE, 1915-1916

Earley approached the problem of constructing the concrete at Meridian Hill Park in the spirit of experimentation. In 1915, the Earley Studio was awarded the contract for the work at Meridian Hill Park, in part because of its reputation for cement stucco work. At that time, the Earley Studio was involved in a study at the Bureau of Standards on reducing map cracking in Portland cement stucco applied over metal lath.[3] Earley worked with J. C. Pearson, the bureau's cement chemist, to reduce the appearance of map cracking (Bureau of Standards 1926). These experiments were contemporaneous with the concrete work at Meridian Hill Park and led to a collaboration that directly influenced the construction techniques used in the exposed aggregate concrete there.

PRELIMINARY MOCK-UPS

The contract for Meridian Hill Park stipulated that a full-scale mock-up of a wall unit, complete in all details except for reinforcement, be approved by the Commission of Fine Arts before work could begin. The wall unit consisted of a rusticated post attached to a wall panel with a base, an inner panel with a surrounding border, and a coping with a drip edge. The form of the wall shown in the construction drawings and historical photographs of the mock-ups is almost identical

3 The Bureau of Standards is the earlier incarnation of the current National Institute of Standards and Technology. Initially founded in 1901 as the National Bureau of Standards, the name changed to the Bureau of Standards during 1903-1934. From 1934 to 1988, the name returned to the National Bureau of Standards. In 1988, the name was official changed to the National Institute of Standards and Technology.

to that seen in the park today. Earley made three mock-ups in total for inspection. The commission refused the first mock-up of smooth cast concrete because of its uninteresting surface. Horace Peaslee later commented that "in the first stage of the construction... the intent was to obtain interest in the surface by expedients of form alone, paneling the wall sections and rusticating the posts. An effort was made to rib the rustication in the manner of the heavy cutting of certain Italian garden work. The balusters, urns, etc., were of cast cement, smooth, cold, and uninteresting" (Peaslee 1930a, 31). While the form replicated Italian masonry, the concrete of the first mock-up failed to capture the correct color and texture.

The second mock-up was essentially the same in form but an attempt was made to use textured finishes to make the wall more interesting. The surface was enlivened by texturing the surface of the concrete and by applying cement stucco to the concrete backup. The Portland cement stucco testing at the Bureau of Standards, in which the Earley Studio took part, had included test panels of cement stucco on monolithic concrete that yielded promissing results (Bureau of Standards 1926). Of the second mock-up, Earley wrote:

> An effort was made to relieve the monotony of appearance by finishing various details in different texture. The piers were built of rusticated blocks the surface of which was grooved vertically with straight, symmetrical, V-shaped grooves about 3/8 in. on centers and 1/4 in. deep. The coping and border of the wall panels were sand floated. The panels themselves were pebble dash in which the pebbles were as nearly as possible one size, having passed a 1/4 in. screen and having been retained on a 1/8-in. screen. (Earley 1918, 128)

The experiment with this technique can be seen in historical photos of the mock-up made along 16th Street (fig. 6).

While the textured finishes did break up the monotony of the surface, Earley himself criticized the second mock-up for its poor color and particularly for its failure to express the character of concrete. He wrote that "the color was unsatisfactory. It was the cold gray cement color that has always been so objectionable. Every particle of sand was coated with cement and had no color value of its own" (Earley 1918, 127). The second mock-up was also objectionable because of its inability to reveal the physical characteristics of concrete. In a caption to a detailed photograph of this mock-up, Earley noted that the "textures are conventional and not characteristic of concrete" (Earley 1918, 129). This mock-up was "a plastered wall, nothing more. The construction might just as well have been of brick, terra cotta, or metal lath on channel studs so far as the appearance revealed. The wall was without scale. It did not give the appearance of strength and size equal to its task as a retaining wall" (Earley 1918, 127). The second mock-up offended Earley's aesthetic sensibilities because it was both unattractive and uncharacteristic of the material.

FIG. 6 – Second mock-up made for Meridian Hill Park, 1915. Courtesy of the National Park Service, Museum Resource Center.

A third mock-up, in the same form but with an exposed aggregate finish, was presented for a final review. It is unclear how exposed aggregate concrete came to be used at Meridian Hill Park. It is known that the Commission of Fine Arts desired that the walls should closely resemble the Mediterranean tuff-and-pebble mosaics found in Italian villa gardens. Cass Gilbert, a member of the Commission of Fine Arts, is credited with sparking Earley's imagination to create a similar texture in concrete (Avery 1944). The process of exposing aggregate was practiced on earlier concrete work, most notably Frank Lloyd Wright's Unity Temple (1906), but it is unclear how knowledge of the technique came to Earley or to the commission.

Earley described the effect the exposed aggregate had on the surface of the concrete at Meridian Hill Park:

> A change took place in the color. The surface, which had been wholly of a cement gray, was broken in frequent spots by clean pebbles in their natural color which varied from white, to yellow, to light brown.... These spots relieved the gray of the cement to such an extent that they imparted to the whole structure a cream color which was a great improvement and a decided step forward. (Earley 1918, 128)

In contrast to the earlier mock-ups, this wall harnessed the qualities of the material by emphasizing the texture and color of the aggregate. In contrast to the earlier experiments, Earley wrote: "The wall was no longer a plastered one, but was reinforced concrete and nothing else, and it seemed big and strong enough to suit all the demands that would be made upon it" (Earley 1918, 128). The third, exposed aggregate mock-up was approved for construction in 1915, which began at the north end of the west wall.

CONSTRUCTION OF WEST WALL UNITS, 1915-1916

The concrete for the 1915-1916 wall units was a 1:2:4 mix, with 1 part cement to 2 parts sand and 4 parts aggregate. The cement was a white Portland cement made by the Atlas Company, which was the type preferred by Earley throughout his career (Cron 1977). The sand used in the mix was a river sand finer than 1/4 in. and was known as concrete or torpedo sand, composed of uncrushed, rounded quartz grains. The aggregate was specified as Potomac River gravel and ranged from 1 1/4 in. to

1/4 in. with the greatest proportion between 3/4 and 1/4 in. in diameter; Potomac River gravel is composed of highly colored, naturally weathered, rounded quartz. The exact grading of the aggregate for the two mixes used in the wall units is not known, but it was probably graded in a conventional manner combining aggregate graded through descending sizes. Water was added to the mix so that "its consistency was soft, so soft that it would flow readily" (Earley 1918, 130). The forms of the wall units were made of plaster waterproofed with shellac. The plaster forms fit inside standard wooden forms that supported the weight of the concrete. The walls and posts were reinforced with 1/2 and 3/4 in. twisted steel rods embedded 4 in. in the form (Meridian Hill Park Specification 1915).

The west wall units, each comprised of one wall panel and post, were cast as an integral form in one pour using two concrete mixes. The range in texture of the exposed aggregate in the west walls indicates the use of two types of mixes in each wall unit, one with coarse aggregate and one with medium aggregate. The rusticated posts, coping, and base all have a coarse exposed aggregate finish, while the inner panel has a medium exposed aggregate finish. The inner border has a smooth finish that has been tooth-chiseled. Pouring of these wall units required dividers, probably of sheet metal, that separated the different concrete mixes and were raised as the pour progressed (Mann 1981). Sharp raised ridges at mix boundaries remain as evidence of the use of such dividers during construction.

After 24 to 48 hours, the forms were pulled while the surface of the concrete was still green. The surfaces of the inner panel, the face of the coping, and the rusticated posts were scrubbed with a steel brush to expose the aggregate, care being taken to create an even exposure. The exposed aggregate surfaces were washed with muriatic acid to remove any excess cement film, and the walls were then hosed with water (Peaslee 1930a). The border around the panel was tooth-chiseled. Fine, crisp details such as the drip edge under the coping and the recessed groove on the panel were achieved by detachable wooden strips. These strips were loosely attached to the interior of the plaster mold and were grooved on the back to allow for expansion. After the pour, the wooden strips remained in the concrete form, protecting the fine details. The strips were released as the wood dried and shrank. The walls were carefully monitored while they dried and were wetted if they appeared to be drying too rapidly. The top of the wall coping and the top of the base received a troweled surface (Earley 1918).

Construction of the west wall progressed as every other post and panel unit was poured in place. This method allowed for the ends to be coated with five-ply felt and tar to form an expansion joint. This process ensured that when the wall units were poured to fill the gaps between the previously poured units, the adjacent wall panels had sufficient strength to withstand the work performed on the new panel (Earley 1918).

IMPROVEMENT IN COLOR, TEXTURE, AND FORM, 1917-1918

Although the exposed aggregate finish developed in 1915-1916 was a great improvement over the initial mock-ups, the west wall units did not achieve the artistic finish desired by both Earley and Horace Peaslee, architect of the park. The exposed aggregate enlivened the dull gray of the cement but appeared in uneven pockets across the face of the concrete. Peaslee noted that "the earlier stages of the work showed lumps of coarse aggregate in certain sections of the panels, and sparse cement areas in others, giving decided irregularity, but even at that not an unpleasant effect" (Peaslee 1930a, 31). After discovering the potential of exposing the aggregate, Earley turned to the development of an improved finish by experimenting with the concrete mix. Again, through work with J. C. Pearson at the Bureau of Standards, Earley developed a new technique for grading the aggregate that improved the appearance of the exposed aggregate and minimized the cement visible on the surface. Around the same time, Earley was experimenting with the role of water in placing and curing the concrete to successfully cast complex concrete forms.

IMPROVEMENT IN COLOR AND TEXTURE: STEP-GRADED AGGREGATE

At the time Earley was tackling the problem of improving the finish of exposed aggregate concrete, concrete researchers were experimenting with aggregate grading in order to achieve maximum strength in concrete. The research published during 1906-1918 focused on increasing strength and durability of concrete through careful proportioning of the mix and grading of the aggregate (Thompson 1906; Abrams 1918; Draffin 1976). At this time, two methods of aggregate grading were being studied: one with aggregate graded through many descending sizes and a second with aggregate graded into fine, medium, and coarse sizes (Earley 1934). One such study of aggregate grading in concrete by M. Feret interested Earley and Pearson. Feret experimented with various combinations and proportions of aggregate of three sizes: fine, medium, and coarse. He found that the best surface finish results occurred when the intermediate medium size was omitted (Earley 1938).

Pearson and Earley took these experiments a step further by exploring the relationship of aggregate of specified mean diameters to produce the best aggregate grading for an evenly distributed exposed aggregate finish (Earley 1938).The goal of the experiment was to create a surface finish with the maximum amount of aggregate possible: "If the aggregate is to be the source of color, the concrete must be so designed and manipulated as to deposit in the surface the greatest possible amount of aggregate" (Pearson and Earley 1920, 76). Pearson and Earley performed experiments with small concrete mixes of fine, medium, and coarse graded aggregates viewed under a microscope. As in Feret's experiments, Pearson and Earley achieved the best packing of aggregate when the intermediate sizes of aggregate were omitted. These tests succeeded in creating an exposed aggregate surface whose color was dependent on that of the aggregate.

In 1921, Earley patented his "new and useful Improvements in Methods of Producing a Predetermined Color Effect in Concrete and Stucco," which were devised during the period of experimentation with Pearson. Contrary to a straight-line gradation of aggregate through descending sizes, Earley patented a mix where aggregate was divided into groups of the same size and recombined according to a definite ratio of the size of the grains and the volume of each size. He named this new technique "step gradation." In the patent, Earley specified that, upon hardening, "the larger aggregate will be found to lie in substantially a plane surface about 1/16 in. beneath the surface and may be exposed by brushing away the surface with a wire brush." This surface could then be treated with "a weak acid to better bring out the natural color" of the aggregate (Earley 1921, p. 2, ll. 72-79).

The step-graded mix gave a finished surface with closely packed aggregate faces bound by thin ribbons of cement, in some cases barely visible. Step-graded aggregate also improved the performance of the concrete. In Earley's own words, he explains the benefits acquired by the step gradation method:

> It gave to concrete... the best structural qualities and characteristics of appearance adaptable to our theme and quite different from the appearance of concrete made with aggregate graded by other methods. Furthermore, our two-step method of gradation gave to concrete better workability than did the other methods. It prevented segregation and bridging and gave better flow. It permitted us to fill perfectly the most complicated molds. (Earley 1934, 252)

Improved finish and improved workability were both achieved with the step-graded aggregate concrete mix.

The development of step-graded aggregate was a direct evolution from the previous work done at Meridian Hill Park. The theme of progressive development in the exposed aggregate finishes is stressed by both Earley and Pearson in a 1920 article with photographic examples that are "arranged in nearly chronological order and show the gradual improvement that is being made as experience accumulates" (Pearson and Earley 1920, 80). The earlier technique of exposing aggregate produced "a rough surface of irregularly distributed colored stones possessing considerable artistic worth" (Smith 1912, 39). It was this *irregular* distribution of aggregate on the surface that Earley's "step gradation" eliminated. Earley's innovation in exposed aggregate finishes was in the systematic grading of the aggregate, not in the technique of exposing the aggregate while the concrete was still green.

IMPROVEMENT IN FORM: CONTROL OF WATER

Earley's investigations into the grading of the aggregate evolved into a new hierarchy in the importance of the components of concrete. Cement and water had important roles within the cement mix but were subordinate to the aggregate. Earley wrote:

> The importance of the aggregate is the principle which has been developed by all our investigations into the causes which control the appearance of

> concrete. It is by constructing a skeleton of aggregate that volume-changes, segregations and settlement are prevented. It is by causing the aggregates to occupy a very great part of the surface that predetermined color and texture are obtained. It is the aggregate which takes the form and gives the color and texture. The cement is a binary material which gives the necessary permanence, it also contributes to the appearance. The water is a carrier which places the material with the least amount of work. (Earley 1925, 17)

From the experiments carried out at Meridian Hill Park, Earley had begun to formulate a new theory of concrete based on the grading and characteristics of the aggregate. Cement was necessary to bind the aggregate together while water was manipulated for optimum workability and set.

FIG. 7 – Mock-up of balustrade, ca. 1917-18.
Courtesy of the National Park Service, Museum Resource Center.

The initial experimentation in control of water in the concrete mix occured at Meridian Hill Park during the construction of the balusters of the main 16th Street entrance (fig. 7). To successfully fill the baluster molds, the cement mix required an excess of water. Two recurring problems hindered the successful pouring and finishing of the balusters. First, the step of stripping the forms while the concrete was still green created suction forces between the mold and the still wet concrete, leaving pockmarks on the casts. Second, the balusters would crack at their thinnest points from shrinkage during curing. Earley discovered that withdrawing the excess water form the cement mix after it had been poured in the forms would give the concrete the early strength that was needed to expose the aggregate for the finish and also prevent excess shrinkage. It is interesting to read Earley's own description of this experimentation at Meridian Hill Park:

> The first time we ever used the capillary system to pull the water out of the concrete was many years ago, when we were doing some balusters at Meridian Hill Park in Washington…. When we were casting these balusters we put five balusters in the molds every day and took them out and threw them on the dump the next morning. We cast a great many that way. It cost us $1,500 to make the first baluster. The reason was that shrinkage in the concrete left an incipient crack around the neck of every baluster. We could have pointed them up and sent them out, but it wouldn't have been sporty. Finally, we decided that the movement was due to the water in the concrete. We filled those balusters and piled the concrete up on top of them and shrunk them down; then we took a piece of newspaper and spread that across the top of this wet concrete. Of course the newspaper acts like a piece of blotting paper and starts pulling the water and it was not very long before the newspaper was wet all through, so in order to continue to give volume to the newspaper we piled a very fine sand on top (the refuse from our crushing system) and that pulled the water up out of the balusters so that the concrete was stiff as I described it to you. Those castings came out all right — not like beads on the reinforcement. (Earley 1934, 276)

Earley and his studio had discovered that the excess water needed for workability could be withdrawn through capillary action during the set.

In a 1918 publication, Duff Abrams, a chemist affiliated with the Portland Cement Association, concluded that the grading of the aggregate determined the amount of water needed for a workable mix. In turn, the amount of water needed for workability controlled the amount of cement needed to achieve optimum strength. As had been long known through empirical knowledge, too much water weakened the concrete and caused excessive shrinkage during cure. According to Abrams, the size and grading of aggregate could vary widely without affecting the strength of the concrete as long as the water-cement ratio remained constant (Abrams 1918). Abrams's publication reached a wide audience, and the concept of an ideal water-cement ratio greatly influenced the concrete industry and is still in use today (Draffin 1976).

Earley held to Abrams's assertion that the water-cement ratio needed for concrete to set at maximum strength was a constant. In practice, however, the water-cement ratio needed to be exceeded to create a workable concrete mix that could successfully fill certain molds. One water-cement ratio held for maximum strength while "the other water relation… has to do with the mobility of the mass and not with its strength" (Earley 1927, 477). Earley achieved greater complexity in form through the understanding of these two water ratios. The idea that water could be added and removed from the mix as needed –that it was not a fixed factor– allowed for more complex forms to be cast and finished. The time between pouring and set of the concrete allowed for the excess water needed for increased workability to be withdrawn from the concrete for maximum strength: "As we have about twelve hours in which to work and as we can easily control the free water: let us deliberately add enough water to concrete to produce an optimum consistency for placing, and when the concrete is in the forms let us remove enough of the water to produce the best consistency for the strength and other good qualities of the concrete" (Earley 1926a, 533).

Control of water accounted in part for the quick set and early strength of the concrete made at the Earley Studio, which could accommodate complex forms and allow for finishing within 24 hours. The removal of excess water was thought to actually increase the strength of the concrete. In 1927, a Portland Cement Association publication, *Concrete in Architecture*, discussed Earley's control of water and stated that the removal of excess water "increases the density, strength and impermeability –and consequently the durability– of the concrete and diminishes the shrinkage or tendency of the concrete to draw away from the molds during the process of hardening" (Portland Cement Association 1927, 56). Through this control, Earley was capable of filling complex molds and creating concrete that could produce almost any form demanded.

CONSTRUCTION OF THE MAIN 16TH STREET ENTRANCE, 1917-1918

The main 16th Street entrance was constructed between 1917 and 1918 using the step-graded concrete mix and the control of water to cast forms (fig. 8). Two wall panels with integrally cast benches curve in from the 16th Street sidewalk to the entrance, which is flanked by massive grooved pilasters that rise to a stylized, neoclassical entablature. The entrance is on a simple rectangular plan with steps that lead up from the street on the west into the structure under a barrel vault and then turn south up to the park level. The top of the structure is crowned with the balustrades that spurred Earley to experiment with removing excess water from poured forms.

FIG. 8 – Main 16th Street entrance, ca. 1918.
Courtesy of the National Park Service, Museum Resource Center.

The concrete work dating from this period includes elements that were both poured in place and precast in the studio (Peaslee 1930a). The walls of the entrance area, the upper 16th Street retaining wall, the walls flanking the south steps, and the steps and paving were all poured and finished in place. The balusters, handrails, seats, and planting boxes in the overlook area were all precast and finished in the studio and later assembled on-site (Pearson and Earley 1920). Thin precast, exposed aggregate panels were applied on the exterior and interior surfaces of the main 16th Street entrance to a structural concrete core that was poured on-site (see fig. 9 for a detail of this type of construction on the Grand Terrace wall ca. 1930). Varying textures were achieved by the use of medium or coarse exposed aggregate.

FIG. 9 – Construction of the Grand Terrace, ca. 1930.
Courtesy of the National Park Service, Museum Resource Center.

The step-graded concrete required that the standard 1:2:4 mix, cement: sand: aggregate, be abandoned during this phase of construction (Earley 1918). The mix is not specified, but the ratios probably ranged from 1:1:3 to 1:1½:4 (Peaslee 1930a). The cement used was white Portland cement. The exposed aggregate finish required that the forms be stripped while they were still green, so Earley added hydrated lime to the mix to increase workability, though the exact amount used is unspecified. The fine sand was similar to the earlier quartz, torpedo sand; however, the sand used in the 1917-1918 construction was mechanically crushed rather than naturally rounded. The Potomac River gravel aggregate was screened according to the sizes demanded and combined in proportions to make a dense uniform mix so that voids constituted less than 20 % of the volume (Portland Cement Association 1927). The exact grading is not known, though it is probable that the aggregate was graded according to the chart included with the 1921 step gradation patent: 72 % of the aggregate larger than 0.187 in. in diameter and 28 % of the aggregate measuring 0.0059-0.0234 in. in diameter (Earley 1921). The aggregate grading caused a mineralogical separation of aggregate type according to the size used in the mix: coarse aggregate is a naturally weathered, rounded quartz, as in the 1915-1916 concrete, while medium aggregate is composed of pebbles of chert.

Earley specified the order of mixing the concrete. First, cement was added to the water, and then sand was added so that the consistency was that of a thick soup. To this was added the aggregate. The goal was to keep the water content as low as possible to make the mix workable (Earley 1918). The exact amount of water used at this stage is not specified. The only rule was that the consistency be such that the mix would easily fill the forms. As a reference, in 1927, Earley used 4 gal. of water for each 94 lb. bag of cement used in the mix (Portland Cement Association 1927). Excess water was then removed through capillary action by placing an absorbent material over the form. The forms and molds used in this period of construction were both wooden and plaster. Detailed casts that were not repetitive were done in plaster piece molds, waterproofed with shellac. Wooden molds lined with metal were used to cast repetitive and large-scale elements (Earley 1918).

DISSEMINATION: WORK OF OTHER CONCRETE CONTRACTORS, 1919-1936

Other Washington, D.C.-based contractors constructed the majority of the remaining concrete work at Meridian Hill Park based on the experimentation and development of new techniques by Earley and the Earley Studio. Quite possibly these firms, including Fred Drew Company and Charles Tompkins Company, produced new techniques to solve the design problems they encountered. One such technique designed by later contractors was the use of molasses to coat the molds to increase the set of the concrete so that forms could be stripped more rapidly (Mann 1981). According to Horace Peaslee, one of the achievements of Meridian Hill Park was the dissemination of these techniques to other concrete contractors. In 1930, he wrote that "although this work was originated with the experimentation of one Washington contractor, the knowledge of the process has spread so that a number of men are available for bidding and each seems to be able to improve upon the preceding work" (Peaslee 1930a, 32). Few documents survive to attest to the skill and ingenuity of these contractors in placing the concrete work at Meridian Hill Park.

RESTORATION RECOMMENDATIONS

Restoration of the concrete at Meridian Hill Park should proceed according to the general guidelines of quality concrete repair work, with special attention to repair of the exposed aggregate finishes. The exposed aggregate finishes are distinctive for each period of experimentation and embody the various stages in the development of the concrete work within the park. Modern repair materials for concrete, such as polymer modified concrete or integrally mixed bonding agents, are not suitable for the repair of historic concrete. The aggregate for the repair should match the original aggregate of quartz and chert in size, shape, and color. Repair of cast edges and copings must be achieved with formwork rather than through troweling and shaping. Repairing elements from different periods of construction requires skill to match the distinctive finishes achieved. Further, the variety of finishes that were created, often within one integrally cast panel, necessitates matching fine, medium, and coarse gradations of aggregate within the same wall unit. While aggregate may be hand-placed in the concrete repair to match the desired finish, the aggregate must then be covered with the cement repair mix and revealed with a nylon brush after the initial set of the cement to achieve the proper exposed aggregate appearance. Highly exposed, step-graded aggregate should be treated with a cement grout to fill the interstices with cement; the cement is later removed with a nylon brush to expose the aggregate. The restoration of the concrete work should proceed with an understanding of the structural and material properties of the concrete, as well as its importance as a document of construction history.

CONCLUSIONS

According to accounts by Horace Peaslee and John J. Earley, the work on the perimeter walls at Meridian Hill Park was performed as an experiment in a new construction technology based on careful aesthetic considerations. In 1930, Peaslee defended the experimental work at the park against allegations that he had wasted time and money at Meridian Hill Park. He championed the work: "Not only has the park aesthetic and recreational value, but it has served as an experimental laboratory for the development of new concrete processes, the value of which to park and garden work throughout the country is being continually demonstrated" (Peaslee 1930b). The experimentation was necessary for the later development and improvement of the innovative techniques: "Casual observation shows the immense progress that has been made in both wall and walk construction since the beginning of the work. There is no comparison between the first walls and those of later development" (Peaslee 1930b). The dissemination of the new techniques originating at Meridian Hill Park was considered an important achievement of the work, contributing to concrete construction on a larger scale. Meridian Hill Park is often cited as the first project where Earley experimented with the techniques that he was to adapt and perfect for many other architectural demands throughout his career. Today, the concrete work is further valued for the insights it allows into the creative process of John Earley.

Lori AUMENT

REFERENCES

Abrams, D.A. 1918. Design of concrete mixtures. In Bulletin No 1, Structural Materials Research Laboratory. Chicago: Lewis Institute.

Avery, W.M. 1944. Earley's mosaic concrete opens limitless vistas in products field. *Pit and Quarry* 37(3): 131-134.

Bauer, E.E. 1928. *Plain concrete.* New York: McGraw-Hill.

Bureau of Standards. 1926. *Stucco investigations at the Bureau of Standards December 13, 1926*. Washington, D.C.: Government Printing Office.

Childe, H. L. 1943. *Concrete finishes and decoration.* London: Concrete Publications.

Cron, F. W. 1977. *The man who made concrete beautiful.* Fort Collins, Colo.: Centennial Publications.

Draffin, J. O. 1976. A brief history of lime, cement, concrete and reinforced concrete. In *A selection of historic American papers on concrete 1876-1926*, Publication SP-5, ed. Howard Newlon Jr. Detroit: American Concrete Institute. 3-40.

Earley, J. J. 1918. Some problems in devising a new finish for concrete. *Journal of the American Concrete Institute* 16: 127-137.

Earley, J. J. 1921. Methods of producing a predetermined color effect in concrete and stucco. US. Patent #1,376,748.

Earley, J. J. 1924. Introduction to architectural concrete. *Proceedings of the American Concrete Institute* 20: 157.

Earley, J. J. 1925. What concrete means to the craftsmen who are entrusted with interpreting architectural design. In *Substance, form and color through concrete.* New York: Atlas Portland Cement Company. 15-22.

Earley, J. J. 1926a. Architectural concrete. *Proceedings of the American Concrete Institute* 22: 513-534.

Earley, J. J. 1926b. *The concrete of the architect and sculptor.* Chicago: Portland Cement Association.

Earley, J. J. 1927. Time as a factor in making concrete. *Proceedings of the American Concrete Institute* 23: 473-478.

Earley, J. J. 1934. Architectural concrete of exposed aggregate type. *Journal of the American Concrete Institute* 30: 251-278.

Earley, J. J. 1938. Work of Committee on Architectural Concrete of

Exposed Aggregate Type and Thomas Alva Edison Memorial Tower. *Journal of the American Concrete Institute* 34: 589-601.

Earley, J. J. 1940. Architectural concrete slabs. *Architectural Forum* 72 (February): 101-8.

Hart, W. E. and R. Wilson. 1927. The painting and coloring of concrete. *American Architect* (December 20): 833-838.

Historic American Buildings Survey. 1987. *Meridian Hill Park*. HABS DC-532. Library of Congress, Washington, D.C.: Prints and Photograph Division.

Howe, H. E. 1921. *The new stone age*. New York: Century Co.

John J. Earley Obituary. 1946. *Proceedings of the American Concrete Institute* 42 (January): 8-9.

Mann, J. W. 1981. Letter to Paul Goeldner, Chief Historic Resource Services, May 20. Paul Goeldner, Chief Historic Resource Services, National Park Service, National Capital Region, Design Services, Meridian Hill I File.

Meridian Hill Park Specification. 1915. National Archives, RG42, entry 97, box 24, file 240.

Pearson, J. C., and J. J. Earley. 1920. New developments in surface treated concrete and stucco. In *Proceedings of the American Concrete Institute* 16: 70-87.

Peaslee, H. W. 1930a. Notes on the concrete work of Meridian Hill Park, Washington. *Landscape Architecture* 21(1) (October): 31-38.

Peaslee, H. 1930b. Letter to Colonel U. S. Grant III, December 9. National Archives, RG42, entry 310, box 1, folder 3.

Portland Cement Association. 1927. *Concrete in architecture*. Chicago: Portland Cement Association.

Smith, W. W. 1912. Ornamental treatment of concrete surfaces. *American Architect* 101 (1883): 33-42.

Thompson, S. E. 1906. Proportioning concrete. *American architecture and building news* (90): 59-61.

THE FINANCES OF THE CARPENTER IN ENGLAND, 1660-1710

A Case Study on the implications of the Change from Craft to Designer-Based Construction[1]

INTRODUCTION

The involvement of an architect alters the way buildings are financed and the works carried out. This paper looks at those changes in a particular context, seventeenth-century England and the effects they had on building procurement in general and on carpenters in particular.

England is particularly useful as a case study in this regard because it developed the architect much later than southern Europe, the profession only appearing in the seventeenth century. As such it partly emulated a system that was already well-established on the continent. The self-styled English "architect" conformed to an idea of what an architect should be, derived both from actual continental practice and from an idealised picture formed from architectural books. It should be noted, however, that the result was a particularly English form of architectural practice and it is probably true that every country in Europe in this period had different working methods.

This paper will show how by the end of the century at least one group of architects in England, those centred around the offices of the King's Works, saw their role as encompassing all aspects of design

1 This text was previously published as James W.P. Campbell, "The Finances of the Carpenter in England 1660-1710: a Case Study on the implications of the Change from Craft to Designer-Based Construction". In *L'Edilizia Prima della Rivoluzione Industriale. Secc. XIII-XVIII.* Edited by Simonetta Cavaciocchi, 313-346. Prato: Istituto Internazionale di Storia Economica "F. Datini", 2005. It is here reproduced with the permission of the author and of the *Istituto Internazionale di Storia Economica "F. Datini"*.

including the control of methods of construction. This, and the scale of building in London at the end of the seventeenth century, it will be argued, had a number of important effects on the development of the building trade and particularly in facilitating the emergence of a new type of contractor.

It was once believed that the general building contractor in England was an invention of the 19th century and that Thomas Cubitt was one of the first of this new breed.[2] This only holds true if one uses a peculiar definition of a general building contractor: that is a firm that carries out all forms of building works while retaining a large permanent salaried staff. In fact, John Summerson had already shown how the building trade contained serious sizeable building firms in the eighteenth century.[3] More recently Elizabeth Mckellar has shown that highly-organised building contracting existed in the seventeenth century.[4] Dr McKellar's archival material came from a single source (albeit a extremely fruitful one), the records of legal cases brought to the Courts of Chancery, and her interest was primarily in property development in early modern London. In this paper, I intend to broaden that research to look at those craftsmen who worked for architects, showing how an examination of building accounts and contracts that survive from the period not only strengthens McKellar's case and provides a clearer financial picture of the tradesmen's lot, but also reveals the changes in roles between architect and builder in the period.

There is a wealth of material in terms of both contracts and accounts surviving from the late seventeenth century, far more than can be summarised in a single paper; so I have chosen to limit my discussion to a single craft, structural carpentry. However this is a not an arbituary selection. Amongst all the crafts, I will argue, carpentry demonstrates most clearly the new role of the architect in construction and the effect this had on the way trade was conducted (the way the craft was turned into a business).

2 E. McKellar, *Birth of Modern London*, Manchester 1999, p 104. For Cubitt see H. Hobhouse, *Thomas Cubitt: Master Builder*, London 1971.

3 J. Summerson, *Georgian London*, Hamondsworth 1962.

4 E. McKellar, *Birth*, cit., p. 104-106.

DEFINITION OF THE CARPENTER

In seventeenth-century there were two woodworking trades involved in building works: carpenters and joiners.[5]

The carpenter's work was mostly carried out on site and involved the heavy work of building while the joiners worked on more delicate pieces in the safety and cleanliness of a shop. Carpenters had an important part to play in all aspects of building. Even when the building was to be constructed in brick or stone, they were often the first tradesmen on site. They were responsible for shoring up existing walls, building scaffolding, and making battering rams to destroy old ones.[6] When the site was cleared, it was carpenters who provided walkways across the mud and shoring to the trenches for the foundations.[7] If the ground was unsound the carpenter would lay a timber raft beneath the building or drive timber piles down to firmer soil.[8] Beyond that point the method of construction varied according to the material.

For timber buildings the carpenter remained in absolute control, the mode of construction being much the same as it had been in the Middle Ages. A brick foundation would be laid, on which the sill plates

5 See J.W.P. Campbell, *The Carpentry Trade in Seventeenth Century England*, in "The Georgian Group Journal", XII, 2002, p. 215-237.

6 For instance, at St Paul's the carpenters were responsible for demolition of houses adjacent to the cathedral prior to the commencement of work (Guildhall Library, London (hereafter GH), MS 25 471, XVI, p. 6, 24, 27, 29, & 31 September 1665-January 1665/6). These were presumably timber, but they were also involved in demolishing a dangerous part of the old choir in September-December 1667 (GH, MS 25 471, XVI, p. 69).

7 At St Paul's John Longland and four men were paid for walkways between October 1674 and June 1675 (GH, MS 25 471, XVI (b), p. 7) and 'Shoreing the Banks of the Foundations on the N.E. Side and End of the Quire.' in August 1675 (GH, MS 25 471, XVI (b), p. 19).

8 In the contract for the foundations of St Olave Jewry it is stated that 'Mr Banckes Carpenter to lay a foundation of timber six inche square in hart of oake and for the Steple of St Olave Jewry about eight foot long. In manner foll. (viz) nine peeces to be laid one way and after the Spaces are well Ramed to a Levell, to lay nine peeces at equal distances, Cross, and up on the first.' (GH, Ms 25 542, I, p. 220). John Longland was contracted to drive iron-tipped timber piles for the foundations of the tower of St Lawrence Jewry on 10 October 1672 (GH, MS 25 542, I, p. 203).

would later be fitted.[9] The whole frame was constructed before erection, each section being tried and measured against the adjacent pieces on the framing floor and marked with Roman numerals to identify their location.[10] The location of the framing floor might be adjacent to, or in the middle of the site, but this was not necessarily the case and a wily carpenter might even frame his building outside the city limits to avoid guild regulation.[11] Once the frame was complete it had to be *raised* using ropes and props. Although few carpenters were needed for the often lengthy framing process, the raising of large structures required considerable labour for a relatively short period. The floor joists and wall studs were often integral to the frames. After the raising, the floors could then be boarded.

For stone or brick buildings the sequence of works was different and has not been clearly described elsewhere. After clearance of the site and construction of the foundations, the carpenters' first task was to provide scaffolding for the bricklayers and masons. They might provide it themselves (as was the case at most of the City Churches), but more commonly it was constructed for them by the carpenter, who also produced and maintained the ladders, trestles and barrows that they used, and the troughs for mixing the mortar.[12] On larger jobs it was the carpenters' job to erect storage sheds and lodges for other craftsmen.[13]

---

9 The brick sill may have sometimes been added after the erection of the building by propping it up until completion (R. Harris, *Discovering Timber-Framed Buildings*, Risborough 1978, p. 16-17).

10 The methods of erecting and marking buildings have been studied extensively by the Weald and Downland Museum. The results of these studies are summarised in R. Harris, *Discovering*, cit. (marking of timbers is discussed on p. 15) and in the journal *Mortice and Tenon*, nos 1-7.

11 In Norwich the Guild actually passed a bylaw to prevent precisely this: '24- if a house is framed outside the city but to be set up inside the carpenters to pay for it to be searched 5s for a house of length 20' or under and 10s thereover' (Norfolk Record Office, Norwich, *Rules & Byelaws of the Carpenters*, Company of Norwich 1594-1747', Rye MS 31, p. 28).

12 For scaffolding see Banckes's estimate for the works at Winchester Palace (WS VII p. 56-57). For ladders: St Paul's May 1692 'Carpenters [...] Make 20 New Ladders' (WS, XIV, p. 96). Longland employed Jo Hawtin, a wheelwright, to help fix the barrows.

13 E.g. at Trinity College Library, Cambridge, Thomas Silk carpenter was paid for erecting a building for the masons: 'For 100 & a halfe deals for ye Masons Lodge – £8-6-8' (Trinity College, MS 0.4.47, p. 119), at St Paul's there were many occasions of sheds being erected. For example John Longland was paid for erecting sheds for the masons in July 1675 (GH, MS 25 471, XVI (b), p. 12).

For taller buildings higher cranes,[14] gibbets,[15] capstans,[16] and other lifting devices were required.[17] These could be quite elaborate such as the great 'engines' at St Paul's appear to have been.[18] At St Paul's it was the carpenters' job to cover exposed masonry with shed roofs to keep off the rain. Elsewhere it sufficed to cover the top of the walls with boards or sacking to prevent water penetration over the winter months when no bricklaying or masonry could be carried out.

Centering was one of the most important aspects of carpenters' work. All masonry (stone or brickwork) vaults, domes and arches required formwork during their construction. Centering was time-consuming and expensive, requiring structures as large as the roofs themselves, frequently at great heights above the floor. At St Paul's in April 1693 forty-one men worked under Woodstock and Longland making centers and carrying out general scaffolding works, whereas in December of the previous year only seven men were required to frame and raise part of the roof of the choir.[19] Although scaffolding and centering timber was softwood and partly reusable, it represented the largest part of the overall timber used on site. Few buildings in the seventeenth century used masonry vaults, but centering was still required for curved arches in windows and for flat arches. At present it is impossible to reconstruct seventeenth-century centering from documentary sources because building accounts provide only

14 The most common type was a simple A-frame termed 'Sheares'. These were employed extensively at St Paul's eg. September 1676 'Carpenters [...] making moving Sheeres for the Mason's Work, helping to remove them from one place to another as the Masons had occasion to crane the Stones to the Work' (GH, MS 25 471, XVII, p. 62).

15 Simple lifting device involving only a pivoting horizontal arm. Records for St Paul's between April and June 1683 show 'Carpenters [...] Makeing and Setting up a Gibet to sett the Window' (GH, MS 25 471, XXIV, p. 27).

16 Winches usually used in conjunction with 'sheares' as at St Paul's August 1676 'Carpenters [...] In making & setting up Sheeres, making Capsterns and Capstern Houses' (GH, MS 25471, XVII, p. 56).

17 Elaborate lifting devices from the late seventeenth century are shown in A. Felibien, *Des Principes de l'Architecture*, Paris 1699, plates XX-XXII, but not in Moxon. A discussion of the medieval equivalents can be found in J. Fitchen, *Building Construction Before Mechanization*, Cambridge Mass. 1996, p. 91-97.

18 Feb 1687/8 'Carpenters...framing an Engine to hoist up Rubble & Morter & fixing same Engine on top of the same leg [S,W, leg of Dome]... fixing such another Engine on the inside of the N.E. leg of the Dome' (GH, MS 25 471, XXIX, p. 46).

19 Guildhall Library, London, *St Paul's Cathedral Building Accounts*, MS 25 471, XXXIV, p. 45.

the barest descriptions, and no surviving pictorial evidence has been found.[20]

It has been suggested that by this period joiners frequently worked as carpenters or vice versa[21] and guild records show that there were disputes between the trades during the period.[22] In rural areas it is true that a single village 'carpenter' might be expected to act as a carpenter, joiner, wheelwright, and cooper,[23] much as the nineteenth century village carpenter Walter Rose described.[24] In towns and cities in seventeenth century England where the disputes arose there was more likely to be a divisions between the separate crafts. In an earlier paper I suggested that a rigid distinction was maintained between the crafts on site.[25] I now believe that this was probably stating the case too firmly. Building accounts and contracts seem to suggest that carpenters were happy to make doorcases and other aspects of joiners work where they could get the contract. This was no doubt because it was better paid. However I have as yet found no instances of joiners undertaking carpenters' work.

TRAINING AND CAREER DEVELOPMENT

The typical carpenter in the late seventeenth century probably learnt his trade by apprenticeship in much the same way as his medieval counterpart. Unfortunately it was possible for the apprenticeship to be informal, denying us the evidence to confirm this.[26] Those records

20 The reconstructions in J. Fitchen, *Building*, cit., p. 100-102; and J. Fitchen, *The Construction of Gothic Cathedrals*, London 1981, Ch. 5, although useful and interesting, are hypothetical and highly speculative.

21 H.Colvin, *A Biographical Dictionary of British Architects 1600-1840*, New Haven-London 1995, p. 23.

22 H. Louw, *Demarcation Disputes between English Carpenters and Joiners from the Sixteenth to the Eighteenth Century*, in "Construction History", 5, 1989, 3-20, *passim*.

23 William Clift and his son worked as sawyers, carpenters and joiners in rural Dorset (cited in J. Ayres, *Building the Georgian City*, London-New Haven 1998, chapter 6, note 54.

24 W. Rose, *The Village Carpenter*, Cambridge 1952.

25 J.W. P. Campbell, *The Carpentry Trade in Seventeenth Century England*, in "The Georgian Group Journal", XII, 2002, p. 215-237.

26 On the problems of tracing apprenticeship see J. Lane, *Apprenticeship in England 1600-1914*, London 1996, *passim*.

that do survive however allow us to draw a general picture of life as an apprentice in the period.

When a young man became an apprentice (carpenters and their apprentices were almost invariably male in the seventeenth century),[27] he was bound to his master by a contract known as an indenture for between seven and eight years.[28] The average age of beginning apprenticeship for carpenters in London was much higher than is generally assumed, most being bound between eighteen and twenty years old.[29] No such figures are available for carpenters working outside the capital, but it was probably in much the same range. The relatively high age of apprenticeship presumably reflected the physical nature of the work.

The contractual relationship between the carpenter and his apprentice was a strict one. The carpenter undertook to feed, clothe, and train the apprentice in return for free labour.[30] The apprentice, for his part, was forbidden to marry, drink, gamble or attend alehouses, and was required to be in constant attendance on his master.[31] Although theoretically the master could beat an apprentice for even minor infringements and misdemeanours, in practice, eighteen to twenty-six year old apprentices were notoriously difficult to discipline and reports of apprentices being continually drunken and causing riots in cities abound in the literature of the late seventeenth century.[32] The training

27 'Only boys were apprenticed to building craftsmen in Northern towns,' D. Woodward, *Men at Work*, Cambridge 1995, p. 53. In London there is only one recorded instance of a woman being admitted as an apprentice, that of Rebecca Gyles in 1668 who was bound to a widow and later asked to be made free by the Company (E. Jupp, *An Historical Account of the Worshipful Company of Carpenters of the City of London*, London 1887, p. 161). The Company interestingly could see no reason for refusal. The case appears to have been exceptional. Widows, however, were usually entitled to continue their husbands businesses unhindered and occasionally appear in Company books in this capacity (D. Woodward, *Men at Work*, cit., p. 84-91).

28 G.J.Eltringham, *Notes on Apprenticeship in the Carpenters' Company of London in the 16th and 17th Centuries*, unpublished essay in Guildhall Library (dated Nov. 1954), p. 6; E. Jupp, *An Historical Account*, cit., p. 363.

29 *Ibid.*, p. 7.

30 J. Lane, *Apprenticeship*, cit., *passim*; D. Woodward, *Men at Work*, cit., p. 53-64.

31 In London the bylaws of the Carpenters' Company relate how these rules were being generally abused and how the master had to ensure that all apprentices went to church (GH, MS 4339, p. 90-92, 96-97).

32 eg. *The Diary of Samuel Pepys* edited and transcribed by R. Latham. R. Matthews, London 1983, (hereafter termed Pepys, *Diary*), I, p. 39, 54; V, p. 99-100, 222-223; IX, p. 129-130, 132, 133, 152.

that the individual received was equally questionable. Just as it was difficult to dismiss an absent or unruly apprentice, so it was not easy to prevent an insubordinate and incompetent student who had served his term gaining his freedom, especially if a master might be glad to see the back of him. In continental Europe, carpenters were required to create a 'masterpiece' before graduating,[33] but normally no such test was required to complete an apprenticeship in seventeenth-century England.[34]

At the end of his apprenticeship the carpenter was eligible to take his *freedom*. To do so he would have to join a company, pay a one-off fee to the city and then further regular amounts (*quarterage*). to the company in question Quarterage in London was 1s 4d for carpenters without an apprentice, 2s with;[35] in Bristol it was only 4d;[36] 2d in Norwich.[37] In doing so, he became a *free* carpenter. Most guilds required their members to have served a full apprenticeship within the city in question. In practice not all of the members of a guild, or freemen for that matter, would necessarily have entered into any such agreement. A son of an existing member of the guild was entitled to join simply by paying a fee (by *patrimony*)[38] and frequently anyone could join by making a sizeable donation to the coffers (by *redemption*). Gentlemen or minor nobility might join by redemption, but these methods were more commonly reserved for carpenters who had trained outside the city and now wished to work within it, or for others who simply had the wherewithal to jump the queue.

For poorer carpenters entering by the traditional apprenticeship route there was usually a gap of one or two years between the completion of apprenticeship and the taking up of freedom during which the newly

---

33 The practice is long established in France. For an explanation of the modern practice see C. Scott, *Learning the Ropes*, in "Mortice and Tenon", 2, 1995, p. 10-11. General history see A. Moles, *Histoire des Charpentiers*, Paris 1949, *passim*.

34 The exception was in York, an act requiring a 'humbling piece' being passed in 1619 (York Minster Archives, MS QQ80/3/2 (Ordinances of the Carpenters' Guild), article 46 (f.14)).

35 GH, MS 4339, p. 80-82.

36 Bristol City Archives, MS 04369/1, fol 170.

37 Norfolk Record Office, Rye MS 31, fols 14-15.

38 In London there was a stipulation that even those joining by *patrimony* had to be bound and submit to a test of competence (GH, MS 4339, p. 90-92). This was not the usual practice elsewhere.

qualified carpenter worked as a *journeyman* to earn enough to pay the fees.[39] Many apprentices never went on to take their freedom, perhaps remaining journeymen for the rest of their lives.[40]

Journeymen are the least understood group. Because they were not members of the guild, journeymen do not appear in guild records and they are rarely distinguished in building accounts.[41] The title 'journeyman' implies an element of travelling. A tour of the country was an important part of the training for continental carpenters and remains so to this day,[42] but there is no evidence to suggest this was the case in England or ever had been. Indeed English guild regulations were openly hostile towards the employment of any worker in any capacity who had not been trained and registered locally. It was thus difficult for carpenters in one area to learn of techniques being used elsewhere.

There was an important exception to this rule. Guild records show that many rural carpenters in the seventeenth century chose to serve their apprenticeships in the City.[43] It is perhaps these apprentices, who often returned to their place of origin after serving their apprenticeships,[44] who played an important part in disseminating the techniques they had learned. London may thus have acted as an important focal point in the development of English carpentry in the period.

Journeymen could be men who had failed to complete apprenticeships; men who had been apprenticed elsewhere, but had not yet sought freedom in the City; or simply local carpenters who had finished their apprenticeships, but not taken up their freedom for other reasons. The first sort were regulated against in most cities, but Woodward has provided evidence to suggest that they probably represented a larger portion than the guilds wished to admit.[45] The second and third groups of journeymen tended to be tolerated, but encouraged

39 In Bristol this practice was expressly forbidden and all those who completed their apprenticeship had to join the Company within one month (Bristol, MS 04369/1 p. 175).

40 As such they fail to appear on any of the City registers.

41 On problems of analysing the position of journeymen see D. Woodward, *Men at Work*, cit., p. 64-72.

42 C. Scott, *Learning*, cit., *passim*.

43 Forty-three percent of apprentices enrolled in 1687 were from outside the capital (G.J.Eltringham, *Notes*, cit., p. 2-3).

44 G.J.Eltringham, *Notes*, cit., p. 3.

45 D. Woodward, *Men at Work*, cit., p. 65, 71-72.

to join the company in question, sometimes on proof of ability.[46] In general journeymen worked for less wages than a free-carpenter[47] and were banned from employing others[48] or carrying out work on their own account.[49] Outside London their master might have to provide an assurance of continuing employment and might also have to provide board and lodgings. It has been suggested that most journeymen did not go on to take their freedom.[50]

In theory all seventeenth-century carpenters would join the local carpenters' company on completion of their apprenticeships and gradually become involved in regulating and administering their craft. If they did so in London, the next stage, beyond simply joining a guild, was to *take livery*. The time between gaining freedom and taking livery varied, the usual period being about a decade, but some carpenters took much longer or never made the transition at all. In a list of the Carpenters' Company of London in 1666, the Company consisted of forty-nine freemen, thirty-six liverymen and twelve senior members on the Court of Assistants (including the Master).[51] The livery was signified by the right to wear robes. With it went an increase in fees to the company and a rise in commitment. Though it was expected that a successful carpenter would also take an active part in running the guild and progress steadily up its ranks, in practice the busier carpenter often wished to avoid precisely this sort of distraction. Successful carpenters could pay fines to postpone taking up the livery

46 Unfranchised men were generally treated the same as men from outside the city (foreigners). In London the regulations ruled against employing foreigners (GH, MS 4339, p. 98-100). In Norwich no person could work without the permission of the Headman and Wardens (Norfolk Record Office, Rye MS 31, article 16, fols 20-21); similarly, in Bristol foreigners could only work with permission of the Master and Wardens of the Company (Bristol City Archives, MS 0439/1, articles 11-12, fol 171) and in York no unfranchised man or foreigner could be employed without permission of the searchers (York Minster Record Office, MS QQ80/3/2, article 13, fol 6v).

47 In Bristol, no master workman was to be paid above 2s a day, no journeyman or 'eldest apprentice' above 20d a day, and all other apprentices were limited to 16d a day. (Bristol City Archives, MS 04369/1 (Ordinances of the Carpenters' Company), fol 37).

48 Norwich (Norfolk Record OFFICE, Rye MS 31, article 11, fols 16-17).

49 The relevant articles in the bylaws of carpenters' guilds in the various cities are as follows: London (GH, MS 4339, p. 98-100); York (York Minster Record Office, MS QQ80/3/2, article 38, fol 11v); Norwich (Norfolk Record Office, Rye MS 31, article 16, fols 20-21); Bristol (Bristol City Archives, MS 0439/1, article 11, fol 171).

50 D. Woodward, *Men at Work*, cit., p. 72.

51 GH, MS 4326/10 (Warden's Accounts), entry dated 19 June 1666.

or higher posts and these fines were an important and accepted source of income for the company.[52]

All the guilds were ruled by two or three *wardens*, sometimes known as *searchers*. The process of election varied.[53] In some cities all the members of the guild had an equal vote, while in others only past-masters could vote. The wardens or searchers were usually ranked into *senior* and *junior* or *renter* warden. In London only a carpenter who had served as a warden, in one or both posts could be elected to become *Master* of the Company. Having been *Master* or at least a senior member, the London carpenter could then sit on the *court of assistants*, the ruling committee of the guild.

Being a senior member of a guild was a prerequisite to holding office in the town council. A young and ambitious carpenter might theoretically ascend a simple ladder to the summit of his profession and political power in the city. In practice the carpenters' guilds did not attract the sort of wealthy and powerful men who tended to become aldermen and mayors,[54] and guild administration took up valuable time and money without offering much in return. By the end of the seventeenth century

52 In London the fine was five marks (GH, MS 4339, p. 82-83).

53 Norwich had a large number of officers, consisting of two wardens, six searchers, and a 'Headman'. Selection was by committee. The assembled Company elected a committee of four who selected eight more. This committee of twelve then appointed the Wardens and Headman (*The Records of the City of Norwich*, W. Hudson, J.C. Tingey eds., Norwich 1910, II, p. 279). In Bristol the arrangement was that the existing Master nominated a candidate, and another was put forward by the Company, the new Master being decided by an open ballot by the whole assembly. A similar system operated for the Wardens with the newly elected Master putting forward one candidate for 'First Warden' and the Company the other. The First Warden then nominated a candidate for second Warden (Bristol City Archives, MS 04369/1, articles 5 and 6 (fols 169-170)). The Company in York seems to have been ruled by a committee of four 'searchers'. The existing searchers nominated eight candidates from which four were selected by secret ballot (York Minster Archives, MS QQ80/3/2, fol 13). In London a court of the past masters and wardens met on the second Monday in August each year to decide the master and three wardens for the following year (GH, Ms 4339, p. 74-76).

54 For instance, in London Jupp can only list the case of Sir John Cass, Kt. and Alderman, a Liveryman of the Company who was chosen as a Sheriff in 1711, and in consequence made Master in the same year (Jupp, *op. cit.*, p. 195). In Norwich the most prominent carpenter of the period was Palfreyman Sheffield (c.1605?-1661), who was made a common councilor (J. Pound, *Tudor and Stuart Norwich*, Chichester 1988, p. 40). Sheffield gained his freedom by apprenticeship in 1630 (P. Millican, *The Register of the Freemen of Norwich 1548-1713*, Norwich 1934, p. 29) and on his death left behind goods and chattels worth £1049 (Inventory: PRO, Prob.4/87, quoted in J. Pound, *Tudor*, cit., p. 40).

many of the leading carpenters in London working under Wren had little or no connection with the guild.[55]

The method of training in carpentry was thus by no means as straightforward as it might at first seem. Although apprenticeship probably remained the normal way to train as a carpenter, there were many ways to avoid apprenticeship and few real measures to prevent any individuals who could wield the tools from setting themselves up in the craft. Furthermore, there were few regulations to follow, and except in the capital and a few large provincial towns, there was little danger of being caught. Outside apprenticeship, however, there were few opportunities for learning the trade. The literacy rate was surprisingly high in the late seventeenth century and many carpenters could read,[56] but until the publication of Joseph Moxon's *Mechanick Exercises* in 1680, there were no books in English from which to learn even the basic rudiments of the craft.

WAGES

Carpenters' pay is more difficult to analyse. A survey of the daily wages of building craftsmen in the north of England has shown that they rose, but barely kept pace with inflation.[57] It seems likely that the same applied in London. The amount carpenters were paid for working on St Paul's (2s 6d) was roughly comparable to the wages in York in the same period, which varied between 2s 6d and 2s 8d.[58] It is important to remember that these figures are the amounts paid to overseers for the men under their control. The workers did not necessarily receive more than a fraction of this.[59]

---

55 Analysis of the carpenters listed in the 20 volumes of the *Wren Society*, Oxford 1924-1943 (hereafter abbreviated as "WS") compared with the lists on microfilm at the Guildhall (GH, MF 21 742/1-2) shows that less than 10 % were members of the guild.

56 D. Cressy, *Literacy and the Social Order: Reading and Writing in Tudor and Stuart England*, Cambridge 1980, *passim*.

57 D. Woodward, *Men at Work*, cit., p. 169-249.

58 *Ibid.*, p. 275.

59 H. Colvin, *The Townsends of Oxford: a Firm of Georgian Master-Masons and its Accounts*, in "Georgian Group Journal", X, 43-61, p. 53-58. (see also below)

Date	Place	Wage
1660-1662	Beverley	1s 9d
1660	Carlisle	1s 6d
1660	Chester	1s 4d
1663	Durham	1s 6d
1656-1660	Hull	1s 6d-1s 9d
1660	Kendal	1s–1s 3d
1660	Lincoln	1s–1s 2d
1660	London	2s 6d
1659-1660	Newcastle	1s 8d–1s 10d
1660	York	1s 6d
1705	Beverley	1s 8d–1s 11d
1694	Carlisle	1s 4d
1700	Chester	1s 4d–1s 6d
1700	Durham	1s 4d–1s 6d
1698-1700	Hull	2s
1692	Kendal	1s 2d
1703	Lincoln	1s 6d
1700	London	2s 6d
1703	Newcastle	1s 6d
1660	York	1s 8d

FIG. 1 – Wages rates in various parts of England[60].
[Note on coinage: £1=20shillings(s) 1 shilling=12 pence (d).]

WORKING HOURS

Carpenters, in common with other building craftsmen in the late seventeenth century, were usually paid by the day or half day. It was

60 Source of wage rates D. Woodward, *Men at Work*, cit., p. 250-275, except for London which are the rates for St Paul's.

therefore important that the meaning of the term was clearly understood. The Statute of Artificers had set out the minimum working day in 1563. Between mid-March and mid-September workmen had to be at their posts by 5 a.m. and were to remain there until 7 or 8 p.m. They were allowed breaks totalling no more than two to two and a half hours. In winter they were to work the hours of daylight.[61] A typical statutory working day was thus between twelve and thirteen working hours after breaks. Working hours may have relaxed slightly in the seventeenth century. In Bristol carpenters were required to work from 5 or 6 a.m. until 7 p.m. with time off for 'breakfast' and 'dinner'[62] while carpenters in York were required to work twelve hours, or forfeit 6s 8d for every hour lost.[63] In Hull the day was even shorter with workmen being entitled to overtime in summer for working beyond the hours of 6 a.m. to 6 p.m.[64]

Theoretically workers in seventeenth-century England worked a six-day week, only Sunday being an official day of rest. In practice the year was punctuated by numerous public holidays. The myth that the Reformation reduced the number of holidays by a fifth and thus increased the effective working year has been disproved[65] but it remains difficult to determine the number of days taken in holiday in the late seventeenth century.[66] Some light can be thrown on the subject by examining the accounts of St Paul's cathedral[67] and looking at three consecutive years 1686, 1687, and 1688. These show a remarkable consistency in the maximum number of working days per month (between 21 and 27 days) and suggest one to two days of holiday each month, with September and May only averaging 22 working days. However, some caution needs to be used in this interpretation: the difference may only indicate days lost through particularly bad weather[68] or sickness.

61 6 Henry VIII c.3.5; 5 Elizabeth I c.4.

62 Bristol City Archives, MS 04369/1, fol 177.

63 York City Archives, MS B34, fol 186v; Woodward (1995) (p. 125) suggests that this included meal breaks.

64 D. Woodward, *Men at Work*, cit., p. 125.

65 *Ibid.*, p. 131-132.

66 *Ibid.*, p. 131.

67 Working days are not listed in the Wren Society. This article uses the Audited Accounts (GH, MS 25 471).

68 This would seem unlikely. Much of the site was covered and even in extremely bad weather some carpenters would still have been able to work. Moreover the months with longest

The effective working year was, in any case, reduced for carpenters and other building workmen by winter, when stone and brick laying work could not be carried out. In general little work was done on site from early December to the beginning of March.[69] In these periods carpenters presumably worked indoors making furniture and other items or sought their upkeep elsewhere.

MASTER CRAFTSMAN AS EMPLOYERS

The picture painted so far is of the average carpenter earning a wage. It is a grim one, of hard-working individuals who barely earned enough to live on. Life for the working carpenter appears to have been one of continual struggle.[70]

Above this lowest stratum were the master craftsmen who gave them work and were their employers. At the most modest end of the spectrum these were individuals who were just wealthy enough to be able to support apprentices. Above them were those who owned or at least could rent their own premises. Surviving maps of Restoration London show that the back streets were full of "carpenter's yards" where they might have a number of carpenters under their employ on a more or less permanent basis.[71] For larger jobs they would no doubt rely on hired labour. At the top end of the spectrum by the end of the century there were a very small number of major carpentry firms that could draw on a large pool of labour and manage many projects at a time.

There were a number of ways that the ambitious master carpenter might seek to make his fortune. At the simplest level there was timber –frame building. This was banned in the City of London but outside the capital and no doubt in its suburbs it still represented most of the carpenter's work. Otherwise the carpenter would work on contracts for developers putting floors and roofs on brick houses. The more adventurous

'holidays', May and September, are those when one would expect the best weather.

69 For the case of St Paul's see GH, MS. 25 471, *passim*.

70 For the problems of living on these wages see D. Woodward, *Men at Work*, cit., p. 244-249 and *passim*.

71 R. Hyde. *The A to Z of Restoration London*, London 1992.

would also supply the timber. Yet more lucrative but still more risky the carpenter might get involved in doing some of their own development, acting as a property speculator, a practice brilliantly discussed in Elizabeth McKellar's book, *the Birth of Modern London.*

The largest firms were involved in major building projects that only they could perform. Exactly how large these organisations were is unclear. We know for instance that within days of a disaster at Hampton Court, James Groves was able to muster 60 men but whether these were drawn from jobs he was working on elsewhere or just casual labour called in for the occasion we will probably never be able to ascertain[72]. Groves worked on a string of jobs for Wren, on his first model for St Paul's (1673)[73], overseeing works at Winchester (1683-1685)[74], at Kensington Palace (1689-1708)[75], at Hampton Court (1689-1692)[76] and Greenwich (1695-1720)[77], St Mary Somerset, St Michael Crooked Lane and Greenwich Church (1713)[78]. He was clearly not just being paid as an overseer as it would have been physically impossible for him to be at all his jobs at once.

Another major carpentry firm of a similar scale was run by the master carpenter Matthew Banckes who, in addition to a string of contracts for the royal works[79] and certifying Groves's works at Kensington and Winchester, contracted for St Martin's Ludgate, St Mary Aldermanbury, St Mary-le-Bow, St Michael Queenhythe, St Magnus the Martyr, St Alban Wood Street, St Bartholomew Exchange, St Christopher-le-Stocks, St Michael Crooked Lane, St Nicholas Cole Abbey, St Olave Jewry and worked at Chelsea Hospital, Ely Cathedral, Eton College, Winslow Hall, and Trinity College, Cambridge.

Throughout the period one of the largest operations belonged to the Master Carpenter of St Paul's, John Longland and his successors. Longland was not even a carpenter by training; he was apprenticed as a Haberdasher and was Master of the London Company (Guild) of that

72 January 1690, listed in PRO MS WORKS 6/2, p. 168.
73 WS XIII p. xiv.
74 WS VII, p. 62-66.
75 WS VII, p. 135-196.
76 WS IV p. 19-70.
77 WS VI p. 1-76.
78 WS VI p. 67.
79 For his work at Whitehall (1685-1686) see WS, V, p. 85-102.

trade, but he became the most prominent carpentry contractor of the age. He shared St Paul's with a business partner, Israel Knowles but elsewhere they worked separately and it seems likely that sharing the burden of St Paul's had an advantage that one could always be on duty at the cathedral while the other could be making sure his other jobs were not going awry. The number of such jobs was considerable. Of the City Churches alone, Longland did the carpentry for fifteen: All Hallows Watling Street, St Andrew Wardrobe, St Antholin Watling Street, St Benet Gracechurch, St Bride's Fleet Street, Christ Church Newgate Street, St Dionis Backchurch, St Lawrence Jewry, St Margaret Lothbury, St Matthew Friday Street, St Michael Woodstreet, St Nicholas Cole Abbey, St Olave Jewry, St Stephen Walbrook and St Swithin Cannon Street. Knowles worked on seven: St Andrew Wardrobe, St Augustin Watling Street, St Benet Thames Street, St Clement Eastcheap, St James Garlickhythe, St Magdalen Old Fish Street, and St Mildred Bread Street. There seems little doubt that both Longland and Knowles would have had the opportunity to carry out even more work elsewhere in the building boom that followed the Great Fire if they so desired.

McKellar has shown how in property developing the larger contracting firm could be run by a "master builder" who was more an entrepreneur than what we would think of as a building craftsmen and as a result they could and were from many backgrounds[80]. John Fitch was one such individual who was as happy taking a contract for bricklaying as carpentry and was capable of contracting for whole building projects as a result[81].

In smaller technically simple projects there was no particular need for a particularly skilled overseer if his employees were up to the job. On larger projects, however, which called for technically ingenious solutions, such a position only made tenable by changes that had happened in the nature of the understanding of the distributions of responsibility for the structural integrity of the building. Such responsibilities were now beginning to be passed to the architects who were increasingly controlling every aspect of a building's design. Carpentry was thus changing from being a craft-based tradition to a designer-led one.

80 E. McKellar, *Birth*, cit., p. 93-113.

81 Fitch contracted for the both the masonry and the carpentry at St Michael Bassishaw (WS X p. 50).

THE ROLES ARCHITECT AND THE CARPENTER IN DESIGN

With the emergence of the architect in England occurring in the seventeenth century there was a parallel shift in the responsibilities of the artisan. Hitherto carpenters had been responsible for the design and fabrication of the timberwork but increasingly those two functions would become separated. Such a division did not happen overnight. Some architects continued to rely entirely on the advice of their craftsmen in technical matters. Others, however, sought to take control over every aspect of the building's design.

The probable involvement of architects in the design of seventeenth-century carpentry was first identified in studies by Dr David Yeomans in the 1980s.[82] My own studies have shown how this involvement can be particularly seen in the work of Wren and his office in the period 1660-1710, and that this was particularly important in influencing the development of the profession in the 18th century.[83] The degree of control varied between projects even in Wren's office, so some caution should be taken in rushing to over-hasty conclusions.

Yeomans showed how, with the introduction of classical architecture under Inigo Jones in the early seventeenth century, totally different structures were required that lay outside the scope of traditional English carpentry. As a result architects were forced to become involved in their specification, importing new roof forms closely based on Italian precedents.

Evidence for the involvement of other architects in design must be taken from contracts, drawings, and models on an individual basis.

82 D.T. Yeomans, *Aspects of the Development of Structural Carpentry 1600-1800*, unpublished doctoral thesis, Liverpool University, 1985; Idem, *The Trussed Roof: its History and Development*, Albershot 1992 (Scolar Press); Idem, *The Architect and the Carpenter*, London 1992 (RIBA Heinz Gallery); *The Development of Timber as a Structural Material*, ed. Idem, 1999 (Ashgate, Aldershot Studies in the History of Civil Engineering, 8); Idem, *Early Carpenters Manuals 1592-1820*, in "Construction History", 2, 1986, p. 13-33; Idem, *Inigo Jones's Roof Structures*, in "Construction History", 29, 1986, p. 85-101; Idem, *Managing 18th Century Building*, in "Construction History", 4, 1988, p. 3-19.

83 J.W.P. Campbell, *Sir Christopher Wren, the Royal Society and the Development of Structural Carpentry 1660-1710*, doctoral thesis, University of Cambridge, 1999, supervised by A.P.Baggs and A. Saint.

For instance, writing on contracts for carpenters, Sir Roger Pratt (an architect from the generation before Wren) notes that "The floors and roof not to be framed without first my approbation had thereto, and according to my directions all things to be done and nothing without them."[84] Pratt believed that the architect should seek after the current best practice:

> To know the manner of the best work we must go to those places where we can probably conjecture such is doing and there most curiously, though tacitly, and as it were transitorily observing it, talk with variety of the ablest workmen, obliging them to draw their designs and to declare the reasons of their doing so etc.[85]

From his own investigations Pratt compiled a list of things to check, noting with regard to roofs on his own buildings that it was necessary that the "frame whilst yet laid in ledgement ought to be compared with the draft etc. designed by us"[86], suggesting that he himself designed the roof. In fact the relationship was probably less rigidly defined. In talking about floors, he suggests "that some draft ought first to be shewed of the building intended and then some draft to be made by the carpenter, wherein is to be put the windows and chimneys, etc. of the manner both of his flooring and roofing."[87] Pratt thus required detailed drawings to be provided by the carpenter. This way Pratt avoided having to employ draughtsmen to draw the necessary plans and sections. Instead he could provide just a few key elevations and plans in his own hand. When he needed to present the scheme to the client or the idea of the whole to the workmen he probably used a model, a method he himself advocated in his notes for gentlemen on designing buildings[88]. In such a situation it is difficult to determine who designed the carpentry: Pratt or the carpenter, and the answer must be that they both did. The carpenter provided the initial design according to Pratt's outline plans and model. Pratt then made such comments and amendments as he saw fit.

84 R.T.Gunther, *The Architecture of Roger Pratt*, Oxford 1928, p. 240, quoting from Notebook A. 18v.-33.

85 *Ibid.*, p. 244.

86 *Ibid.*, p. 245.

87 *Ibid.*, p. 245.

88 *Ibid.*, p. 60.

Sir Roger Pratt was probably not a typical gentleman architect and he was much better informed than one would normally expect of a patron commissioning a building. The level of his understanding of architectural practice would have allowed him to make a more critical appraisal of a carpenter's designs, but most architects and patrons probably left the design of the structural carpentry entirely up to the carpenter.

Christopher Wren seems to have required far more control. This he exercised in a number of ways: verbal instruction, drawings, models and contracts. Sadly only two drawings and one model survive from the period. The model is for the chapel of Pembroke College, Cambridge and is preserved in the College[89]. There are however other references to models in accounts that show that they were a common way of communicating information.

Drawings are frequently mentioned in contracts from the period. Wren's presentation drawings regularly showed carpentry, often with considerable accuracy. Unfortunately the drawings that detailed the carpentry and are mentioned in contracts do not survive. Some idea of what they might have been like can gained from two drawings designed to accompany carpentry contracts: one by Wren's pupil Hawksmoor[90] and the other by William Townsend, an Oxford mason/architect who knew Wren's methods well[91].

Fortunately a considerable number of contracts survive. The two largest collections are those associated with the London City Churches rebuilt after the Great Fire[92] and the contracts from the office of the King's Works[93]. The contracts for the King's Works show a distinct pattern, with comparatively simple contracts before Wren took over the office and much longer ones afterwards for major works. These frequently call for the roofs to be "framed in such as manner as shall be directed" or to Wren's "design and directions". They also contain detailed lists of timber sizes ("scantlings") which, together with the drawings, would have provided all the necessary design information required for the carpenter to build the roof.

89 Illustrated in WS V, plate XI.

90 Drawing for the roof of the North wing of the New Quadrangle at All Souls (Worcester College Oxford, *Clarke Papers*: All Souls College Drawings, Colvin Cat. No. 382) reprinted in D.T. Yeomans, *Trussed Roof*, cit., p. 90.

91 William Townsend (Christ Church Archives, MS Estates 127, fol. 11.)

92 GH MS 25 542.

93 PRO Works 5/145.

The City Church contracts contain similar phrases. So the roof of St Mary Mildred by Thomas Locke was to be "according to a design given and according to these scantlings…" and "the said Mr Locke shall in all things follow the designes and draughts wch shall be given him by Dr Christopher Wren and by him signed and the Directions of the said Dr Wren and such as he shall appoint.."[94]. At St Andrew's Holborn the carpentry works was to be carried out "according to the attached Schedule or Estimate & Designe given by Sir Chr. Wren…." And demanded "that Longland do make & fitt all bolts & strapps, &c., for the roofe as approved by Sr Chr. Wren & as many and in such places as hee shall thinke sufficent."[95]

A discernible pattern in the City Church contracts suggests that Wren gave detailed instructions to carpenters who he had not worked with before and on more complicated projects but once a carpenter had understood his methods the contracts with him became less prescriptive.

In terms of actual built structures Wren's roofs show remarkable consistency. Early on in his career, Wren had designed the innovative roof of the Sheldonian Theatre. Examination of later buildings show that they followed discernable patterns despite being built by carpenters using different structures elsewhere supporting the hypothesis that Wren retained responsibility for their design[96]. The same study has also shown that he made a number of innovations in the development of carpentry structures[97].

Thus carpentry in Wren's period changed from an artisan-led essentially conservative craft to a designer-led one. The contract played an essential part in this transition, providing an essential way for Wren to communicate his ideas to the carpenter and make sure that his instructions were followed. This led to an increased use of a particular type of contract which would have important consequences for the craft as a whole.

94 GH MS 25 542 vol. 1, p. 105-106.

95 Parish records quoted in WS X p. 99.

96 J.W.P. Campbell, *Sir Christopher Wren*, cit..

97 J.W.P. Campbell, *Wren and the Development of Structural Carpentry 1660-1710*, in "Architectural Research Quarterly", 6, 2002, 1, p. 49-66.

METHODS OF CONTRACTING

When writing to a client, Wren himself gave us an oft-quoted vivid description of the types of contract commonly used in his time:

> There are 3 ways of working: by the Day, by Measure, by Great; if by the Day it tells me when they are Lazy. If by measure it gives me light on every particular, and tells me what I am to provide. If by the Great I can make a sure bargain neither to be overreached nor to hurt the undertaker: for in things they are not every day used to, they doe often injure themselves, and when they begin to find it, they shuffle and slight the worke to save themselves. I think the best way in this business is to worke by measure: according to the prices in the Estimate or lower if you can, and measure the work at 3 or 4 measurements as it rises. But you must have an understanding trusty Measurer, there are few that are skilled in measuring stone worke, I have bred up 2 or 3.[98]

In fact we can identify at least six distinct types of contract: in use in England during this period:

I. "Day rate." The employer paying the contractor a rate per person per day on site. All materials supplied by the employer.
II. "By measure, without materials", contractor to supply labour, materials provided by employer, payment by measurement at intervals or on completion of work done.
III. "By measure finding all materials", contractor to supply both materials and labour, payment by measurement at intervals or on completion of work done.
IV. By measure and by Day with contractor finding materials and providing workmen, the employer paying a small amount to the workers direct and on completion that amount being deducted from the measured total.
V. "By Great without materials", contractor to supply labour, with materials supplied by employer, payment in stages or on completion of work done.

98 Letter of the Bishop of Oxford concerning the building of Tom Tower, Christ Church, Oxford, dated 25 June 1681, reprinted in full WS, V, p. 20.

VI. "By Great with labour and materials", contractor to supply both materials and labour, payment in stages or on completion of work done.

CONTRACT BY DAY RATE

Paying so much per day (whether the tradesmen was retained on a semi-permanent basis or just casually) for every person on site was the oldest method of contracting. Outside London it remained the most common form of contracting in England on large projects[99]. It held the least risk for the tradesman but it was also open to most abuse. Wren disliked this form of contracting and used it only for minor maintenance and repair works. The only important exception was the carpentry at St Paul's. He justified the use of Day Rates there because he did not want the work hurried or skimped on as the safety of all concerned depended on it[100]. Towards the end of the construction a case was brought against Richard Jennings, the Master Carpenter in charge of the works accusing him of fraud and abuse of office[101]. It provides our most complete insight into how the system operated.

All the carpenters working on St Paul's had to pass through a gate in the office of works where their names were struck off in a register by a clerk. The register was taken three times a day to reduce the risk of absence and some of the tally books survive. At the end of each month the amounts due to each carpenter were added up and entered in the books of account. The Master Carpenter then collected the money to distribute to his workmen.

The case against Jennings was made twice. Firstly he was charged at a meeting on 13 September 1710 thus:

1. That he has employed in the works at St Paul's. for almost four years past. Sometimes near One Hundred. Sometimes One Hundred, and sometimes above One hundred and forty carpenters.

99 D. Woodward, *Men at Work*, cit., p. 35.

100 WS XVI p. 151.

101 The documents for the case are reprinted in WS XVI p. 141-180.

2. That he received from the Church 2s 6d per Day for each man.
3. That he pays to some of them not above 18d per Day each and but 2sh per Day each to the remainder.
4. That he receives for his own time 3sh per Day for seven Days to the Week.
5. That some of the Men are not capable of earning above 12d a Day.
6. That besides he has had for his Skill, extraordinary Pains, Care and Diligence in the performance of the Centring of the Dome, fifty Guineas[102].

He answered that 1) he only put the number required by the job to work and 2) that the allowance he was paid per person was the same as his predecessors and the other workmen which is backed up by the accounts. To item 4) he likewise pleaded that a 7 day a week attendance was always paid to the master workmen and that it compensated for going to the work at night time to check on the watchmen. His answer to item 5) is interesting because it gives us an insight into the attitude and employment of the elderly infirm. Jennings stated:

> That some of the Men employed, are old, and cannot climb, and do some sort of Work so well as when they were young: but they are such as have been employed above thirty Years in the Work, and have spent their youth and Strength in it. Others there are who by Falls, and other accidents in the Works, have been maimed and hurt, and have thereby been likewise unable to perform all sorts of Work, but both the one, and the other have been employed in Work suitable to them; and 'twas such work as was apt, and necessary, and which stronger Men must have done, if others had not; and on that Account, I hope their Wages were well bestowed on them, which was as much as they had when they were in their full Strength, and Soundness; and besides, seeing they could be usefully employed, I thought it too cruel, and inhuman, to dismiss them out of that Work wherein their Age and Hurts had come upon them*/.[103]

Item 3) was the most important from our point of view. His reply was that he had paid his men no less than his predecessors and they had been contracted to work at those rates. However he admitted "I do own at the same time that I have not paid to my Men the full Wages I received from the Church, but have been a Gainer by them, as all

102 Minutes of the Building Committee, transcribed in WS XVI, p. 150.
103 WS XVI, p. 151.

Master and Undertakers are."[104] This is an important assertion and was corroborated by no lesser person than Wren himself. The minutes record that Wren said "that the Work done deserved the Money that had been paid for it:"[105] and that "some others also at the Meeting..[said].. thereupon that it did not concern them what wages Mr Jennings paid his Men…it being sufficient on the Men's part, that he paid them what he agreed with them for…"[106] Jennings testimony was backed up by a statement in writing from Wren and petitions from carpenters attesting to the veracity of his claims in his defence.

This case is thus the clearest evidence we have of how the day-rate system operated, Moreover as the accounts survive listing the number of carpenters, the days they worked and the amounts paid it is possible to get some insight into the sums involved.

Jenning's profits cannot be calculated exactly because we only know that he paid some of his men at 1s 6d a day and the rest at 2s. The account does not tell us how many workers Jennings paid at each rate. What we do know are the number of men who worked and the total amount they were paid at 2s 6d a day together with Jennings who was paid for 7 days a week at 3s a day. From this we can show accurately the range within which his profits must have operated even if we cannot be sure of the exact amount.[107] (fig. 2)

This is crucial evidence in showing the possible profit margin of tradesmen in the period. That it was profit also should not be doubted for there were no apparent overheads. For instance, Jennings did not, and was not, expected to provide lodgings, meals or basic tools for his employees. All materials, ropes, tackle, barrows etc were supplied by the cathedral. Woodward has shown that such was also the practice elsewhere[108]. Indeed other accusations later levelled at Jennings show that far from these profits being subject to overheads there were in fact additional perks in the form of waste and scrap materials which could be siphoned off for use elsewhere[109].

104 *Ibidem.*

105 *Ibidem.*

106 *Ibidem.*

107 Profits defined here as Jennings's wages added to the amount he deducted from the carpenters under his control.

108 D. Woodward, *Men at Work*, cit., p. 49-51, 142-159.

109 WS XVI p. 159-161.

Period	Revenue	Min. Profit	Min. Profit Margin	Max. Profit	Max. Profit Margin
1707	£3 314 10s 0d	£706 14s	21%	£1 358 13s 0d	41%
1708	£4 015 0s 6d	£846 16s 1d	21%	£1 638 17s 2d	41%
1709	£3 374 3s 9d	£718 12s 9d	21%	£1 382 10s 6d	41%
1710	£2 585 5s 0d	£560 17s 0d	21%	£1 066 19s 0d	41%
Total	£13 288 19s 3d	£2832 19s 10d	21%	£5 446 19s 8d	41%

FIG. 2 – Estimated profits of Richard Jennings for his work on St Paul's Cathedral 1707-1710.

Some of these profits would have been used for financing other projects. At the same time he was building the dome of St Paul's, Jennings was involved in work on the towers at least four other churches: St Edmund King (1706-1707), St Vedast Foster Lane (1709-1712), St Michael Crooked Lane (1711-1714), St Michael Bassishaw (1712-1714) and St Christopher-le-Stocks (1711-1714)[110]. The City Churches were paid months if not years in arrears, so although he could look to more work of the same sort in the future (he went on to work on the towers of All Hallows the Great (1714-1716), St James Garlickhythe (1715-1717), St Margaret Pattens (1712-1714), St Michael Paternoster Royal (1713-1717), St Stephen Walbrook (1713-1714), and St Sepulchre (1712-1714))[111] and eventual payment he had in the meantime to use some of his capital to pay workers. One of the problems of day work is highlighted by the fact that Jennings was accused of signing his men in at St Paul's and then sending them off to work on other projects, an accusation he strenuously denied, claiming that men did visit him to receive instructions but that they were scrupulously not entered in the books as working on the cathedral while so doing[112]. Charges were eventually dropped against Jennings. One suspects that the accusations of using tools elsewhere and of workmen being checked into St Paul's

110 P. Jeffrey, *The City Churches of Sir Christopher Wren*, London 1996. The churches in question are listed on p. 242, 346, 307, 300, 228 respectively.

111 *Ibidem*. The churches in question are listed on p. 346, 307, 300, 228, 189, 248, 264, 311, 340 & 332 respectively.

112 WS XVI p. 159.

while they were also being paid to work on the City Churches were correct. However the idea that he was somehow short-changing his workmen by paying them less than he received seems very unlikely: he was merely deducting his profit as his employees expected. His case thus provides a telling insight into how profitable the day rate could be.

By the end of the seventeenth century contracting by day-rate seems to have been rare in public works for anything other than routine maintenance. It was simply too open to abuse and had instead been largely replaced by contracts by measure or great. Outside London, however, where the system of measurers and large contractors had yet to spread, contracting by day-rate seems to have remained the main method of employment on major buildings into the eighteenth century.

CONTRACT BY MEASURE

By measure contracts drew up rates for work to be carried out. There were two main sorts: one where the tradesmen supplied his own materials (Type III) and another where he or she worked with materials supplied by the building owner and was only paid for labour (Type II). In both cases the contractee was paid after the work had been measured, although they were sometimes given a small advance. A third lesser used variation (Type IV) was to produce this advance as a wage paid to the workers direct, the amount being deducted to the fees dues to the contractee on measurement. This was the type of contract used in the building of Tom Tower, at Christ Church, Oxford[113]. I have not seen it used elsewhere.

An important aspect of all these contracts was the use of agreed rates and the actual measurement of work done. Measurement itself was carried out by independent measurers, usually in the presence of the architect and the tradesman whose work was being measured[114]. Measurers are often overlooked in studies of the building world. Sometimes they were

113 WS V, p. 22-23.

114 R.T.Gunther, *The Architecture*, cit., p. 90-91.

mathematics teachers or numerate tradesmen seeking to supplement their income and sometimes they were architects in their own right. Their independence from the parties concerned was of course vital, although cases of dispute seem to have been rare. To help them there was an extensive literature on the art of measurement produced throughout the 17th and eighteenth century. Measurement would usually happen at predetermined stages or more often periods (typically monthly or quarterly). As will be discussed later payment did not necessarily follow directly after the measurements were taken. There could be delays of months or even years.

The rates themselves were normally set out in a table of "scantlings" where the sizes of the timbers required and a cost per unit were provided. Getting accurate prices was a problem for both architect and contractor. In November 1698 Hawkmsoor was asked by the Fabric Committee of Greenwich Hospital to "enquire into the prices of bricks, wainscott, timber and other materials necessary for the use of the Hospital in order to renewing the Contracts."[115] A small notebook of such prices which has been attributed to Hawksmoor survives in the National Maritime Museum[116]. A very similar notebook belonging to successive generations of the Grove family of carpenters including John Grove and James Grove[s] is preserved in the British Library[117].

One of the important claims arising from the case of Richard Jennings discussed above was that he preferred to work on measured contracts because it was more profitable. He claimed this was because he could carry out the work with fewer men. Indeed Wren stated that he had insisted on the use of Day Rate for carpentry works as opposed to by Measure to ensure that adequate men were kept on site.

Unfortunately apart from Jennings's claim that the day rate was less profitable than working by measure, we have little evidence for the profits that tradesmen could make on such contracts because we lack the vital sources. The records that survive are account books compiled by the building owners. They show the amounts paid out and the amount of work done, but unless the contract was "By Day" they do not bother to record the numbers of workers employed.

115 WS VI p. 39.
116 NATIONAL MARITIME MUSEUM, MS ART/8.
117 BRITISH LIBRARY, Add MS. 30 092.

Another important question that arises when considering measured contracts is whether it was more profitable to work with a Type II or Type III contract, that is finding materials or with materials supplied. The accounts of Hampton Court show the amounts of money involved.

Period	Amount spent on Timber	Amount spent on labour in the same period
1689-1691 (2 yrs)	£9 354 17s 0d	£4 999 1s 8 1/2d
1691-1694 (3yrs)	£ 5421 18s 8d	£ 4 759 18 s 6 1/2 d
1694-1696 (2yrs)	£266 17s 9d	£897 13s 11 1/4d

FIG. 3 – Carpentry accounts for work done by James Groves at Hampton Court Palace: comparison of amounts spent on timber and on labour and workmanship during the period 1689-1696.

One point that is immediately obvious from this table that 63% of the timber by value was brought early on in the project. This might seem at first surprising as much of the timber that would remain in the building would not be installed until near the end. Scaffolding, however represented a considerable portion of the timber used in the overall works, particularly in the early stages.

In practice the craftsmen were not given a choice of which contract to use. Patrons obviously preferred to use timber from their own estates wherever possible as then they only had to pay for transportation. This applied to the Crown as much as the private individual. In the construction of Winchester Palace instructions were sent to the Royal Forests to supply the works with timber not already required for the Navy. In urban areas patrons often had to buy their timber on the private market relying on timber merchants. While craftsmen may have preferred to be able to take a cut of the materials supplied, they were usually only allowed to offer labour, selling extra timber to the project on the side. A full study of timber merchants in the seventeenth century and the problems of timber supply in the period is long overdue.

BY GREAT

The last form of contract was By Great ie. lump sum. This could be a lump sum for carrying out a single trade or a whole building or part of a building. It was probably the most common form of contract. There were however a number of prominent examples of tradesmen providing quotes for the whole building. It could also be for labour only or for labour plus materials.

As Wren said, the disadvantage of this form of contracting was that it relied on the contractor accurately computing his costs so as not to make a substantial loss. In addition the contracts did not allow for changes in mind and thus variations in the building delivered from that which was originally agreed which would lead to dispute.

By Great contracts are in many ways the simplest contracts and had been used for building work for centuries. They continued to be used throughout the period, particularly for minor works or relatively simple structures where design was not felt to be an issue. For larger contracts the risk of contractor misjudging the cost of the work was too great.

THE RISE OF THE CONTRACTOR

Architects like Wren sought to control costs and dictate the design through carefully drafted contracts. They thus favoured the "Measured Contract" over its alternatives. The importance of the increased use of the measured contract was as we shall see responsible for important changes in the scale of operations of the leading carpenters of the day and the profits they could make.

The day rate system could operate by appointing a Master Carpenter to oversee the work and relying on him to find casual labour in the form of journeymen to undertake the work. If adequate labour failed to materialise on site on a given day the carpenter could not be held to blame and suffered no penalty.

The Measured-Contract was different. In it the contractor bound himself to providing adequate labour at a fixed rate by a certain time. To do so the carpenters had to be sure that they could indeed provide the labour required and to do a large job that meant running a considerable operation, employing as many as one hundred people on a regular basis.

By changing from By Day contracts to Measured Contracts to exercise greater design control and reduce financial uncertainty for the patron, the architect changed the way the building trade was run. While previously artisans were employed for their skills, now they were employed because of their organisational skills, the number of men they had at their disposal and their financial situation. Those men, like John Longland, Matthew Banckes and James Groves, who could answer these requirements were employed repeatedly in reward for their previous successes.

Of course, it was not just a matter of having a size of operation large enough to cope with a particular job. There was trust involved. As has already been mentioned, analysis of the carpenters' contracts for the City Churches shows that where a carpenter was being used for the first time detailed instructions were given, including drawings. But where a carpenter had worked with the office for years the contracts tended to become progressively simpler. Now that it was the architect not the craftsmen who was blamed in the event of an accident, it was natural that the architect would prefer to work with artisans who had a proven track record.

POTENTIAL PROFITS

This leaves the last question: exactly how wealthy were the individuals who ran carpentry firms? This is the most difficult question to answer because of a lack of adequate sources. We do know that some of the other building tradesman working in a similar manner were very wealthy. Joshua Marshall, mason at St Paul's for instance died leaving over £10 000[118].

118 P. Earle, *The Making of the English Middle Class*, London 1989, p. 33.

The following chart puts the figure into context:

Fortune	Status
£20 000	Considerable fortune
£10 000-20 000	Rich
£5000- 10 000	Substantial merchants
£1000- 5000	Middling range merchants
£500- 1000	Prosperous tradesmen
under £500	Artisans and Petty Retailers

FIG. 4 – Wealth in early 17th century,
derived from figures in Richard Grassby (1970)[119].

The Court of Orphans in the City of London has been used as one of the principal sources for analyses for wealth in the late seventeenth century. Peter Earle's, *The Making of the English Middle Class* lists three carpenters by name (John Wildegos, Michael King and Edward Kingsley)[120] but has four carpenters in the tables of wealth: one leaving a fortune of over £5000, one between £1000 and £5000, one between £500 and £1000, and one with less then £500 at time of death[121].

For James Groves the accounts for Hampton Court occasionally mention the number of men, suggesting that he had a team of 10-12 men working more or less continually on the job. We can use this figure to estimate his profits. The contracts were "by measure without materials" so his only cost was labour. If we assume that he paid his men the higher rate used at St Paul's (2s) then over a 12 month period assuming a 22 day working month and a 12 month working year, he would have to pay them £316 16s. (fig. 5)

This is only the roughest estimate as the number of men on site is rarely mentioned. Certainly some of the work in 1689-1691 would have required more men (15 are listed in April 1690, 17 in August 1690)[122]

119 R. Grassby, *Personal Wealth of the Business Community in the seventeenth-century England*, in "The Economic History Review", 2nd Ser., XXIII, 2, August 1970, p. 220-234 quoted in E. McKELLAR, *Birth*, cit., p. 69.

120 P. Earle, *The Making*, cit., appendix A (p. 395-404) nos. 44, 49, & 123.

121 *Ibid.*, table 2.1.

122 PRO WORKS 6/2.

but over the winter months fewer men would be required on site and 2s per day is probably a conservative estimate of what he paid them. Some at least could have expected less. In addition the works in 1694-1696 would probably have required fewer men. Finally Groves could and did supply timber, boosting his profits further. From these rough calculations it thus seems likely that Groves could expect a profit averaging at least £500 a year with perhaps £2000 or more in a particularly good year. It also shows that there would be a wide variation in the amounts he could expect to make as the work progressed. But although his profits at Hampton Court had dropped off in 1694-1696 he still had work at Kensington Palace, St Mary Somerset and St Michael Crooked Lane and would soon secure a post at Greenwich. Based on these figures it is clear how the mason Joshua Marshall could accrue £14 000 by his death. It seems likely that Groves was not far behind.

Period	Amount spent on labour in the same period (a)	Estimate of cost to Groves in Labour (b)	Estimated Profit (Groves's personal income) (=a-b)
1689-1691 (2 yrs)	£4 999 1s 8 1/2d	£633 12s	£4365 9s 8 1/2 d
1691-1694 (3yrs)	£ 4 759 18 s 6 1/2 d	£950 8s	£3809 10s 6 1/2d
1694-1696 (2yrs)	£897 13s 11 1/4d	£633 12s	£264 1s 11 1/4d

FIG. 5 – Estimate of Groves's Profit at Hampton Court.

For other carpenters the best we can do is estimate their income, bearing in mind that such an estimate is based on a limited number of jobs around the office works and they may well have been carrying out work elsewhere at the same time.

PROBLEMS WITH PAYMENT

So far we have looked at amounts billed. It is important to understand that there was often a delay between billing and payment. As Michael Mitford said in 1704 "The payment of the government is very certain but the time when is also very uncertain"[123]. The carpenters discussed were mostly working on government jobs or jobs paid through taxation. Payment was via "tickets" which were promissory notes, to be paid when the money was released from the Treasury. That could be and often was years or even decades after the work was completed[124]. The delays are made evident by looking at examples.

St Paul's Cathedral and the City Churches in London were paid for by a tax on coal imported into the City but it took some time for the money to come from the treasury. Appendix A shows the accounts of the cathedral with regard to John Longland, Master Carpenter for the period 1696-1700. Longland had to pay his carpenters, as Jennings did later, by the day. No doubt they expected to be paid regularly yet Longland himself received the money up to a year after it was billed, sums being paid out in small irregular instalments.

At the City Churches we find a similar situation. Appendix B shows the bills entered and the amounts paid to Thomas Woodstock for his work at All Hallows Lombard Street. This is a standard measured contract. Woodstock gets some money up front but the rest comes slowly in regular payments, the last payment being a year after his final bill.

The situation was far worse for work on the Royal Palaces. Here work was often many years or even decades in arrears. In 1702 Groves was still owed £1704 for his work at Hampton Court and over £2 600 in total for his works for the Crown[125]. After the abandonment of Winchester Palace he and a number of other craftsmen agreed to take timber as part settlement of their debts in 1688[126]. In Greenwich the situation became

123 Quoted in P. Earle, *The Making*, cit., p. 117.

124 The system is outlined in *The History of the King's Works*, H.M. Colvin, M. Crook, Downes, Newman, eds.,V, *1660-1782*, London 1976, p. 39-46.

125 WS XVIII p. 160-161.

126 WS VII, p. 54.

so bad that the craftsmen declared that if no money was forthcoming in October 1697 they would be unable to continue work[127].

Taking all this into account, employment under Wren could be seen as a mixed blessing. On the one hand, there was the promise of a number of potentially very lucrative jobs in the future. On the other, one might have to wait years for payment. Undoubtedly one of the most important factors in considering whether to employ a particular carpenter was whether they could or were willing to complete the job in these restricted conditions. As Mitford implied the Crown did not default on its debts but working for them required a firm line of credit. One method was sell the tickets and a number of crown officials made large amounts of money by buying up the tickets at a reduced rate and then collecting on the payments later[128]. However this abuse was frowned upon. Banks do not seem to have lent money to tradesmen[129] but friends, relatives and colleagues would[130].

Analysis of the world of carpenters in the 17th century shows that they were often closely linked by marriage or apprenticeship (see table 6, below). No doubt they survived by lending each other sums when money was tight, in the knowledge that the money would be forthcoming eventually, and that when payments were made they would be more profitable than average. Interpersonal loans were a common way of doing business in the 17th century and the lenders charged interest accordingly[131] (fig. 6).

In general the Crown's late payment cost it dearly as it was well-recognised that Crown work had to be paid at a higher rate as result[132]. Late payment was also a problem with other clients and prices were set to reflect this. In the eighteenth century Batty Langley complained that the late payment of bills had caused the contractors to increase prices and make excessive profits accordingly[133].

127 WS VI p. 36.

128 *The History of the King's Works*, cit., p. 14, 45.

129 D. Knoop, G. Jones, *The London Mason in the Seventeenth Century*, Manchester 1935, p. 51.

130 The practice is discussed at length in P. Earle, *The Making*, cit.

131 *Ibid.*, p. 123-129.

132 *The History of the King's Works*, cit., p. 44.

133 B. Langley, *Exaction Detected*, London 1747.

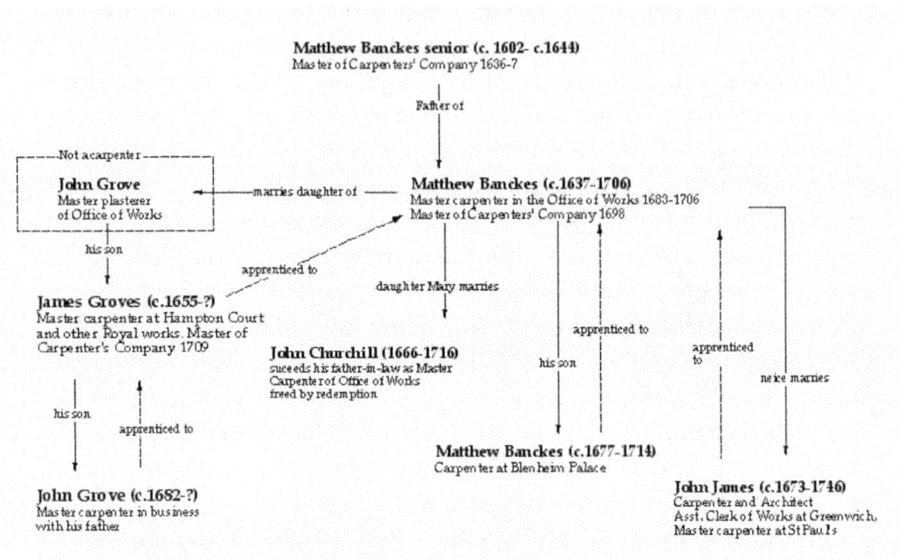

FIG. 6 – Relationships between carpenters in the late seventeenth century (Campbell, 2002).

CONCLUSION

This paper has sought to examine the implications of the change from craft to designer-based construction, that is the move from buildings designed by the artisan to buildings designed by the architect. The imposition of a designer in building construction has obvious implications for the external appearance of buildings and the way they are conceived or designed. This paper has sought to also show that the change had implications of the way the building process was financed.

The intervention of the architect forced a new economic role on the carpenter in England in the seventeenth century. Increasing use of measured contracts or lump sum contracts carried greater risk but potentially greater profits and forced the carpenter to become a business man. In the process this attracted a new type person into the role of

"Master Carpenter" who was essentially a business entrepreneur and not necessarily a carpenter by trade. Such a person employed skilled artisans to carry out the work which he oversaw rather than doing it himself and was often managing a number of projects at the same time. In so doing he or she took great risks but could, and sometimes did, gain great financial reward. The average carpenter on the building site was probably no better off under this new system, but it had an important effect on the creation of a small number of large enterprises. As this paper has shown, the men who ran these had the potential to become very rich and were no mere artisans.

James W.P. CAMPBELL

APPENDIX A

Date	Amounts Billed by Longland	Amounts Paid to Longland
Oct- Dec 1696	£237 7s 6d	
Mar 1697	£12 2s 6d	
Jun 1697	£115 13s 9d	
Sept 1697	£205 2s 3d	£1100
Dec 1697	£239 12s 6d	£30
Mar 1698	£195	
Apr 1698		£100
May 1698		£60
Jun 1698	£255 7s 6d	£34
Aug 1698		
Sept 1698	£310 16s 0d	
Nov 1698		£90
Dec 1698	£64 11s 3d	£75
	£154 1s 3d	
	£23 17s 6d	
	£13 13s 9d	
	£38	
Mar 1699	£77 15s	£80
	£4	
	£23 18s 9d	
	£22 2s 6d	
May 1699		£245
Jun 1699	£120 12s 6d	£150
	£63 9s 6d	
	£25 17s 6d	
July 1699		£335 15s 3d (marked "paid in full to Mich.[aelmas] 1698")
Sept 1699	£76 14s 9d	
	£102 17s 6d	
	£19 5s	
Oct 1699	-	£100
Dec 1699	-	£100
Apr 1700	-	£80

Jun 1700	-	£250
Aug 1700		£150 (marked "in full to Mich[aelmas] 1699")

Payments to John Longland at St Paul's, showing the lag between entering bills and receiving money.

The figures are extracted from the St Paul's Imprest Book (GHL MS 25 491), p. 147, showing bills entered and payments made for the period October 1696 to August 1700 (bills are not shown after September 1699).

APPENDIX B

Date	Amounts Billed by Woodstock	Amounts Paid to Woodstock
Sept 1687	£33 5s 6d	£10
Mar 1688	-	£5
Nov 1688	-	£10
July 1689	-	£20
Jan 1689/1690	-	£60
May 1690	-	£100
Oct 1690	-	£90
Dec 1690	-	£50
Jan 1690/1691	-	£220
July 1691	-	£100
Aug 1691	£965 18s 5d	£70
Oct 1691	-	£50
Dec 1691	-	£40
Feb 1691/1692	-	£20
May 1692	-	£40
Aug 1692	-	£20
Nov 1692	-	£30
Jan 1692/1693	-	£15
May 1693	-	£20
July 1693	-	£10

Oct 1693	-	£20
Nov 1693	-	£20
Dec 1693	£167 18s 2d	-
Jan 1693/1694	-	£30
April 1694	£46 16s 2d	-
May 1694	-	£40
July 1694	-	£40
Sept 1694	-	£40
Dec 1694-July 1695	-	£43 18s 7d

Complete payments to Thomas Woodstock for the carpentry at All Hallows Lombard Street (1687-1694) showing how payments were sometimes in advance and sometimes in arrears of bills being entered.

Figures taken from Imprest Book (GH 25 552).

FROM CRAFT TO QUALIFIED BUILDING LABOUR IN BRITAIN

A comparative approach[1]

This paper is about the transition from craft labour to qualified labour in the building industry –a transition that can be observed both historically, in terms of the development of building labour through the centuries in Britain, and geographically, in terms of disparities between this development and that in European countries such as Germany and The Netherlands. The aim is to pinpoint the present position of building labour in Britain by examining two aspects: wage relations, which show us how labour is socially integrated into production; and the skills or divisions of labour, which reveal its quality.

Both wage relations and skills are of course intricately linked. Wage relations go together with different categories of labour, to which are attached different conditions of employment, forms of contract, labour legislation, collective agreement, etc. At the same time they regulate the exchange of labour by specifying different systems of payment, whether piece time or task, so indicating the means by which relations between working time and output are to be evaluated and measured. As Maurice Dobb in his 1927 book on wages stressed,

> If we examine the features which distinguish wages as they are paid today from other ways in which work in the past was performed and paid for and seek to define the character of the wage system in these terms, we shall see that some fundamental distinctions exist which give a unique character to the actual problems with which the modern industrial world is faced…[2]

1 This text was previously published as Linda Clarke, "From Craft to Qualified Building Labour in Britain: a comparative approach". *Labor History* 46-4 (2005): 473-493. It is republished here with the permission of the author and of *Labour History*.

2 Dobb, *Wages*, 2.

If we trace the development of building wage labour from feudalism, two qualitatively distinct wage forms are discernible, each with a different origin. The first is a price paid for the product of labour extracted from nature, which assumed the form of piecework and was rooted in artisan or craft production. The second wage form is a price for a working day as a redemption from feudal service or payment for occasional work, such as work on the demesne or statute labour on the roads, which was gradually converted into wage labour based on time.

Bound up with these different wage relations are different qualities of labour, different divisions and hierarchies, different understandings of skill. The usual British notion of skills is one associated with the first wage form attached to the product of labour and given wonderful expression by Adam Smith in his examples of pin and nail making. It is the ability, usually physical, to fulfil a particular task in order to produce a given output and is associated with progressive fragmentation or intensification of the division of labour. Smith's introduction to the *Wealth of Nations* begins,

> The greatest improvement in the productive power of labour, and the greatest part of the skill, dexterity and judgement with which it is anywhere directed or applied, seems to have been the effects of the division of labour.[3]

This is a highly disputable notion. One problem is the assumption that development is grounded in a greater rather than a lesser division of labour, whereas there is much evidence to the contrary, for example, with building services, where the divisions between heating and ventilating, plumbing and electrical work, become increasingly blurred.[4] The concept of skills, too, is firmly attached to a particular output and so relates to the tasks or activities of the individual workplace and workperson, whether between the person drawing out the wire for the pin or the one straightening it, rather than to the intrinsic and potential ability and capability of the worker.

Smith's concept of skills is also not related to the division of labour in society between, for instance, carpenters and bricklayers, a division that is the product of collective negotiation and is institutionally cemented through schemes of education and training, including apprenticeship.

3 Smith, *Wealth of Nations*, 4.

4 Janssen, 'Three Theses on the Division of Labour in Building Production.'

Such skill divisions are socially defined and depend as much on labour and industrial organisation in general as on specific employment and working conditions. Skills in this sense can be defined as the socially constructed, negotiated and acquired knowledge and collective, physical and mental attributes associated with the division and hierarchies of a particular construction process.

The building industry is ideal for examining the development of these two aspects of labour, its skill divisions and wage relations. Indeed, it is a sector that in origin is virtually synonymous with wage labour. The 1349 Statute of Labourers, for example, the first major regulation of labour in England, refers only to building wages, including those for masons, carpenters, tilers and plasterers. And even with the 1562 Statute of Artificers, regulating wage labour and apprenticeships throughout the realm, building remained the predominant sector regulated through a rate for the day as compared with husbandry, which could be regulated through piece, day or annual rates. It is also a sector that has equal importance in each country in Europe, employing about 10 percent of the working population and critical to housing, education, health, commercial and infrastructure provision.

STAGES IN THE DEVELOPMENT OF WAGE LABOUR

A brief run through the different stages of development of wage labour can help to identify historically the significance and decline of the craft form of production, that is, one based on selling the product of labour (Fig. 1). What is to be observed is the superseding of the one by the other of very different processes and means of valorisation and their progressive collectivisation, culminating in a developed form of wage labour in the twentieth century, based on more abstract and technical skills, as indicated by the increased importance attached to formal training.

Characteristics of labour						
Stage of Development	**Dominant wage form**	**Structure of apprenticeship/ training**	**Regulation**	**Scope/ coverage**	**Division of labour**	**Reason for demise**
Feudal craft (14th-15th centuries)	– statutory day rate – lump sum by task/measure	– 7 years – bound to master – limitations in numbers	– 1349 Statute of Labourers – by trade companies (fees paid by master)	– bound to particular materials – trades covered by craft companies	– peasants/ husbandry – master/ apprentice/servant and labourer	– loss of allegiance of masters to craft – rise of forrens
Statutory trade (16th-18th centuries)	– regulated day rates – measured day work (contracts at gross)	– 7 years – 3 apprentices: 1 journeyman – parish, trade company, country master	– Justices of Peace under Statute of Artificers – local prescription/ ordinance	– throughout realm – wide range of trades/ occupations	– apprentices with master/ parish to become journeyman (taking apprentices)	– masters no trade competence – rise of large establishments – piecework
Free collective bargaining (19th-20th centuries)	– hourly negotiated rate (general contracting) – fixed day (week)	– restrictions in age/length/ gender/numbers – National Apprenticeship Scheme	– agreement between trade unions and employers	– bound to particular materials – dichotomy between craft apprentice trades and labourers	– foreman/skilled worker/labourer – apprentice as employee	– piecework – lump – voluntarism
Social partnership (post-1945)	– social wage – wage grades – monthly/ annual	– industry-wide – more and more off-site and formal	– social partners and state – industry funds/ levy	All construction activities	– skill grades – trainees (not apprentices)	– self-employment – weak trade unions – employer based

FIG. 1 – Stages in the Building Labour Process in Britain.

FEUDAL CRAFT

The earliest stage of building wage labour beginning in the fourteenth century represented the overlapping of husbandry and craft production. It went together with the commutation of feudal service, which the lord could now buy as landless labour. In its later development in the countryside a master, for instance, of brickmaking, might set up a kiln, take on an apprentice, maybe employ day labourers and be paid per thousand bricks with the clay raw material coming from the landed estate. In the towns the craft master paid a fee to the trade company and took on an apprentice and maybe day labourers, the status of both being 'working for wages' and thus regulated through the 1349 Statute of Labourers[5]. The companies in turn issued ordinances limiting the length of apprenticeship to seven years, the age to 21 and the numbers employed according to the master's status. The companies were divided according to trades, themselves related primarily to different materials, whether carpenters to wood, plumbers to lead, bricklayers to clay or masons to stone, that the companies had the royal privilege to sell. One reason for the demise of the system was the increasing lack of allegiance to particular trades, as masters became members of other companies, bound apprentices to other companies and took on more apprentices than permitted. Another was increasing employment of so-called 'forrens', that is those outside company jurisdiction, marking a further development of wage labour, not bound in any way to the land and so freed from mere subsistence.[6]

STATUTORY TRADES

The next discernible stage comes in the sixteenth century with the further integration and consolidation of wage labour, cemented through the Statute of Artificers of 1562, which represented an attempt to bind the wage earner to the locality.[7] Regulation of day rate wages and apprenticeship was in the hands of the Justices of the Peace (JPs)

5 Janssen, 'Building Labour.'.

6 Alford and Barker, *History of the Carpenters Company*, 81–82, 116; Unwin, *The Guilds and Companies of London*, 311; Welch, *History of the Worshipful Company of Paviours*, 26–34, 47, 50.

7 Statute 5 Elizabeth I, c 4; Clarke, *Building Capitalism*, 44–7; Deakin, 'The Legal Origins of Wage Labour.'.

and extended throughout the realm, with journeymen subject to local ordinances. This Statute served to progressively undermine the trade company system by extending to many occupations such as brickmaking not under trade companies and by weakening control over entry into the trades and crafts.[8] Apprenticeship was still for seven years, not to be completed before 21 years of age, uniformly applied and with a limitation of numbers of three apprentices to one journeyman. The Statute was so successful that apprenticeship became the rule rather than the exception in villages and towns facilitating the establishment of the specialised building force needed for the great rebuilding of the sixteenth century and the rebuilding of London after the Great Fire of 1666, when non-freemen were given the same liberties as freemen.[9]

By these means, coupled with the commutation of statute labour and enclosures, production by wage labour had become the dominant form by the seventeenth century. A labour process with strong artisanal characteristics was established, with most apprentices, after having served their time, ending up working as journeymen just because of the difficulty and increasing resources required to set up as masters. Increasingly individual artisans unrestricted by city and statutory authorities produced more than required for their own substistence and so hired wage labour. Or as Dobb described it,

> The road of advancement to the journeyman or even the small master was all but blocked without any deliberate restriction or freedom to a trade, simply by the use of capital required to initiate production.[10]

The growing number of large establishments meant a breakdown in the old division of labour between master, journeyman, apprentice and labourer. Master builders throughout the eighteenth century began to complete buildings through individual contracts at gross and employed large bodies of workmen, paying according to a measured day rate no longer regulated by JPs.

8 Perry, *The Evolution of British Manpower Policy*, xxiii.

9 Bell, *A Short History of the Worshipful Company of Tylers and Bricklayers*, 39-40; Hoskins, 'The Rebuilding of Rural England;' Reddaway, *The Rebuilding of London after the Great Fire*, 115-116; Janssen, 'Disparities Constituting the Dynamics of Modes of Production,' 167.

10 Dobb, *Studies in the Development of Capitalism*, 236.

FREE COLLECTIVE BARGAINING

With JPs ceasing to control either wages or apprenticeships, the statutory system declined and, fuelled by the Committee of Manufacturers, opposition to it mounted during the eighteenth century. Apprenticeship was claimed by Adam Smith to be part of the 'Policy of Europe', in representing the 'exclusive privileges of corporations' established to prevent any reduction in prices, offering no guarantee of quality and restricting competition through its length and limitations on numbers.[11] And those on piecework were claimed to be more 'industrious' and to practice 'with more diligence and attention' than those on regulated day rates. Attempts to extend the Statute to cover new trades and 'to prevent masters from employing those persons who have not served an apprenticeship' failed.[12] And in 1813 the wage-fixing clauses of the Statute were repealed, effectively marking the end of the journeyman status, followed in 1814 by repeal of the apprenticeship clauses, making for unrestricted entry into the building trades and legalising the position of masters who had not served an apprenticeship.

Appeals to JPs for wage regulation became increasingly rare and ineffective and strikes were directed instead against the new capitalist employer. So began the next stage in the development of wage labour, the stage of voluntarism with respect to apprenticeship and adherence to collective agreements. By the 1820s a standard London rate was established and in 1860 the hourly rate was tied to a fixed working day and working week, leading directly to the legal constitution of trade unions and the establishment of the National Federation of Associated Employers of Labour.[13] The success of labour in the British building industry in the last half of the nineteenth century was arguably more advanced than anywhre in the world, culminating in the 1891 London carpenters' strike for an eight-hour day, alongside demands for increased wages and restrictions on piecework, subcontractors and overtime.[14] But not till the end of the nineteenth century was a 50-hour working week established and collective agreements began to set standard rates, and

11 Smith, *Wealth of Nations*, 90-91, 107-114, 117-118.

12 Derry, 'The Repeal of the Apprenticeship Clauses of the Statute of Apprentices,' 74-81.

13 Clarke, 'Historical Stages and the Development of Wage Forms in the British Construction Industry,' 33.

14 Price, *Masters, Unions and Men*; Postgate, *The Builders' History*.

not until the 1920s was the working week reduced to 44 hours and a national standard rate for the building industry achieved — ahead of many other industries.

The employment relationship in this stage rested essentially on a free contract between the master and the workforce, including the apprentices. Given this lack of obligation on the part of employers, apprenticeship in any regulated form was bound up with the development and strength of the trade unions and collective bargaining.[15] Throughout the nineteenth century trade union demands were for a limitation in the number of apprentices, to prevent their use as cheap labour, control over discretion of employers in the selection of foremen and the prohibition of piecework. But, even though these were non-exclusive unions of non-society men, they tended to refer back to the old statutory apprenticeship system in terms of length, age restrictions, limitations in numbers and the occupations covered, though these rules became increasingly difficult to maintain. Much of the responsibility for teaching a trade fell upon journeymen, who often resented training those who would replace them. In effect the old hierarchy of master/journeyman/apprentice and labourer broke down, especially in the large contracting organisations, to be replaced by a new hierarchy of foreman/skilled worker/semi-skilled worker and labourer into which it was unclear where the apprentice was to be inserted. With no formal skill requirement and reliance on learning on the job, the tendency was anyway to train for the needs of yesterday, the rules of thumb, 'wrinkles' and 'dodges' of specific firms or work processes, or to use the apprentice as cheap labour.[16]

Though the traditional trades had become assimilated to capitalism to become sections of wage labour, with particular abilities and privileges to work with tools related to particular materials, this remained essentially a craft system. The only method of accommodating to changes in construction activities was for new processes to be 'claimed' by a craft union as within their potential remit, such as cement floors and breeze-block partitions variously by plasterers and bricklayers.[17] Protectionism prevailed as trade unions maintained their own sectional interests and those outside the craft demarcations were not accepted but

15 Howell, 'Trade Unions, Apprentices and Technical Education,' 851.

16 Samuelson Commission, *Report of the Royal Commission on Technical Instruction.*

17 Hilton, *Foes to Tyranny*, 180-199; Postgate, *The Builders' History*, 245-250.

classified as labourers and did not begin to organise separately until the end of the nineteenth century. As a result, by the early twentieth century there were 13 labour federations for the building industry alone and 72 different unions, local and national, each attempting to regulate apprenticeship.

From the late nineteenth century until the end of the Second World War the building trade unions were exemplary in their opposition to piecework. By the 1920s the construction industry was described by G. D. H. Cole as 'a great example of a time-work industry.'[18] Unlike in engineering, the unions succeeded in maintaining a time-based wage, to which is attributable the remarkable uniformity of rates throughout the country, the lack of a wage drift, and the fixed differential between craftsmen and labourers of 80 percent.[19] This was aided by the Fair Wages Resolution of 1891 setting an equal wage rate for public works in any locality, also ahead of other countries such as France, where the equivalent Millerand decree was not made until 1899.[20]

In terms of wage relations, the counterpart to the standard time-based wage in this stage was the wage attached to output, above all piecework.[21] In terms of training, the counterpart to reproducing craft skills was the use of apprentices as cheap labour. And as piecework was increasingly brought under control, so too did restricting apprentice numbers cease to be an issue for trade unions. Apprenticeship became increasingly regulated and standardised and a formal training element was introduced. From the 1870s attempts were made to develop the crafts, partly inspired by the German model of a combination of theoretical and practical training, such as through the setting up of the City and Guilds of London Institute for the Advancement of Technical Education in 1871 and the local trade schools of the local authorities in the early 1900s.[22] The minority report of the Poor Law Commission and the London County Council (LCC) even argued that 15-18 year olds should have education half time.[23]

18 Cole, *The Payment of Wages*, 11-13.

19 Ministry of Works, *Wages, Earnings and Negotiating Machinery in the Building Industry since* 1886.

20 See Bercusson, *Fair Wages Resolution*; Tallard, 'Metiér et branche,' 246.

21 Druker, 'Wage Forms in Construction,' 48.

22 Lang, *City and Guilds of London Institute.*

23 Bray, 'The Apprenticeship Question,' 414.

With the formation of the National Wages and Conditions Council for the Building Industry in 1921, the institutional basis was set for National Apprenticeship Agreements aimed at joint regulation of industrial training at national and local level through collectively agreed rates. And by the 1930s and 1940s the trade unions were proposing joint regulation, the attachment of the apprentice to industry rather than the individual employer, the involvement of education authorities and day release as a right. The National Standard Apprenticeship Scheme agreed during the Second World War by the National Federation of Building Trade Operatives (NFBTO) and the National Federation of Building Trade Employers (NFBTE) represented the culmination of the collectively agreed system. It was mainly for bricklayers and carpenters, extended for 4-5 years and involved day release, no overtime, national and local regulation through the National Joint Apprenticeship Board and a trust fund should the apprenticeship break down. The continued decline in apprenticeships in spite of this more coordinated effort demonstrated the inadequacy of a voluntary system.[24]

However, even from the beginning of the twentieth century forces were at work to undermine the time-based standardised wage on which the emerging training system depended. Frederick Winslow Taylor's first large study was on concrete work and it was on bricklaying that Frank Gilbreth carried out his time and motion studies.[25] In 1947 trade union opposition to payment by results was overcome and a bonus element introduced, ostensibly to facilitate the post-war rebuilding programme. From this time on, the bonus became an ever-increasing proportion of the wage, up to 100 percent, and wage differentials widened.[26]

The state's refusal to take responsibility for training, adherence to increasingly inappropriate trade divisions, the growth of the 'lump,' or labour-only subcontracting, and a serious drift between the collectively agreed wage and the actual wage paid — all contributed to the collapse of the collectively agreed and voluntarist system by the last third of the twentieth century.

---

24 Clarke, 'The Changing Structure and Significance of Apprenticeship,' 35.

25 Taylor and Thompson, *Concrete Costs*; Gilbreth, *Bricklaying Systems*.

26 Allen, 'Incentives in the Building Industry,' 595-596.

SOCIAL PARTNERSHIP STAGE

And so we arrive at the last stage of progressive development, which gradually emerged after the war, with a social wage, industrial training and an ever more prominent role played by the state (Fig. 1). In terms of wages, a guaranteed week of 32 hours overcame the perennial problem of payment for bad weather, breakdown of plant and non-arrival of materials, and the payment of various social components, including sickness, insurance and holiday pay, marked the beginnings of this stage for the building industry in Britain.[27] In terms of training, it was a stage marked by the setting up of the statutory tripartite Construction Industry Training Board (CITB), partly financed through levy, and responsible for establishing policy, standards, tests and courses of training, as well as paying out grants. Under the Standard Scheme of Training set up by the CITB in the 1970s and approved by the National Joint Council for the Building Industry, that is, the social partners (trade unions and employer associations), formal block-release vocational training was integrated into work-based training, allowing for the gradual reduction of training to be a skilled worker to three years. A plan of training was devised to encompass all areas of building activity and the main trade unions mergred to become one industrial union, the Union of Construction and Allied Technical Trades (UCATT), in 1971.[28]

All the elements were, therefore, in place for the further progressive development of building labour. But for this, we need to look instead to other European countries, to Germany or The Netherlands for instance, where the social components of the wage by the end of the twentieth century included benefits covering sickness, old age, training, winter compensation, holidays and bad weather and where training covered all those in the industry and was increasingly off-site.[29] In Britain, even those elements that had been put in place were dismantled, through: the gradual metamorphosis of the CITB to become an amployer-led rather than a bipartite institution; continued adherence to traditional trade divisions, both in training and qualification schemes and in wages; a consequent restatement of the distinction between craftsmen

27 Clarke, 'Particularities in Wage Relation,' 76.

28 CITB, *A Plan for Training Operative Skills*.

29 Lanove, *The Wage Cost in the European Construction Industry*; Pellegrini, *Collective Bargaining in the Construction Industry*.

and labourers; the reassertion of management prerogative and lack of adherence to collective agreements; the decline of direct employment and the legitimacy given to casual or so-called self-employment; and a dramatic decline in training.

DISPARITIES IN THE SOCIAL RELATIONS OF BUILDING PRODUCTION IN EUROPE TODAY

Clear disparities in the social relations of building production are apparent if we compare the dominant form of building production in Britain today with that in, for instance, Germany or The Netherlands. In general, though it is far from homogeneous, the building industry in Britain is dramatically out of step with other leading European countries.

TRADE-BASED VERSUS INDUSTRIAL SKILLS

The first notable characteristic of the dominant form in the British construction industry is its strong trade basis. Originally, as we have seen, trades were accessed through apprenticeship and defined through materials. Only under the Elizabethan system was the scope of apprenticeship significantly extended to cover occupations previously regarded as labouring work. Later, under the system of free collective bargaining, new areas became socially recognised through the process of 'claiming,' involving negotiation between trade unions and employers' associations. With the setting up of the CITB on a tripartite basis with the remit to devise an industry-wide training system, the possibility existed to redefine trade boundaries through negotiation between the social partners so as to incorporate the growing number of new occupations, such as suspended ceiling work, into the trades and to open up all areas of building activity to formal training linked with the wage structure.[30] This is, in fact, what occurred with the development of qualification-based industry-wide systems in Germany and The Netherlands. In Britain, in contrast, the industry remained wedded to the traditional trades,

30 CITB, *A Plan for Training Operative Skills.*

which has meant large areas where skills remain largely unrecognised, including groundwork, concreting, paving, and machine operation and cladding, as illustrated in Figure 2. These are all skilled areas in Germany and The Netherlands but still to all intents and purposes regarded and paid as labourer's work in Britain, most prominently in civil engineering. True, there is a General Construction Operative National Vocational Qualification (NVQ), but qualifications in Britain, unlike most European countries, are not linked directly either to the wage structure or to training. In spite of changes to the collective agreement to introduce a new 'skilled operative' status on sites, divided into four grades, this status is distinguished from the 'craft operative' and the 'general operative.'[31] On sites general operatives are still generally classified as labourers. In Germany, in contrast, few activities remain outside the realm of the skilled worker, so that the labourer is fast becoming marginal on building sites and the hod carrier disappeared long ago, as in The Netherlands.

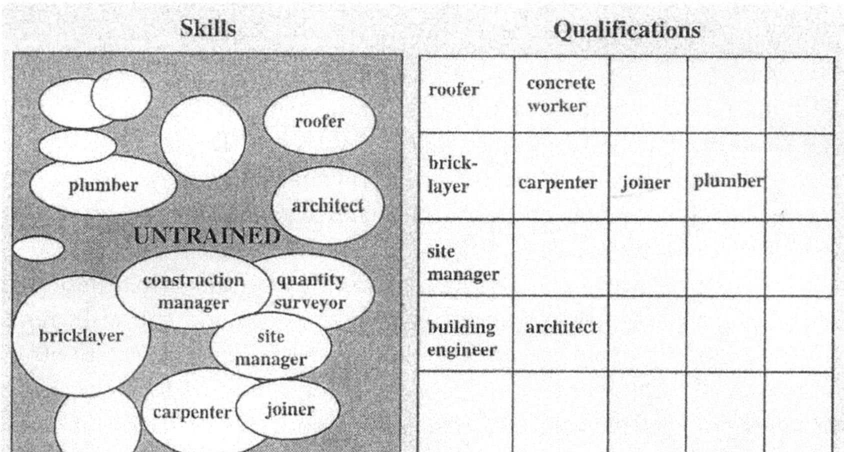

FIG. 2 – Skills-Based (GN) and Qualification-Based (D/NL) Divisions of the Labour Process.

31 Construction Industry Joint Council (CIJC), *Working Rule Agreement for the Construction Industry*.

The large area of building activity in Britain that remains unrecognised contributes to the low proportion of the manual construction workforce that is qualified, only 36 percent to NVQ Level 3, compared with 83 percent in the German workforce.[32] National Vocational Qualifications are part of the problem in the sense that their rationale is to certify the ability to produce a given output, embodying an essentially craft notion of skills, with the tools of the trade defining the nature of work undertaken. Lobbying by trade and employer associations has much to do with whether NVQs are devised for particular occupations. As a result there exist over fifty NVQs for construction, symbolising more than anything else Adam Smith's extensive divisions of labour. About 86 percent of trainees are, however, to be found in traditional trades, for which Further Education Colleges largely cater –bricklaying, carpentry and joinery, painting and decorating, plastering, plumbing and electrical work– though only 59 percent of the workforce is employed in these.[33] In Germany, in contrast, all construction activity is covered by 15 occupations, each encompassing a wide range of skills and grouped into three areas for training purposes: building, civil engineering, and finishing. The bricklayer is the universal building worker, representing 20 percent of all operatives and 40 percent of trainees and able to undertake most of the tasks in a small building firm; in The Netherlands the carpenter is the universal building worker.[34] In the UK, whilst carpentry remains dominant, the trades do not exhibit this universality and remain synonymous with contractual divisions, especially through labour-only subcontracting.

The craft nature of the division of labour in Britain is manifest also on sites. Interfaces, for instance between the door and the wall, tend to be defined by trade and are simple and the trades in turn are often employed through labour-only subcontractors, whether for brickwork, carpentry or steel fixing. This makes for significant problems of coordination and high levels of supervision to ensure quality of output. In contrast, in Germany for instace, though many specialist subcontractors are employed, especially on the finishing work, labour-only subcontracting

32 Richter, 'Qualifications in the German Construction Industry.'.

33 CITB, *Trainee Numbers Survey* and *Skills Foresight Report*.

34 Clarke and Wall, 'UK Construction Skills in the Context of European Developments,' 555-556.

is illegal and interfaces are not defined by trade. Thus whereas in the UK only a bricklayer is involved in producing an external wall, in Germany we find a concretor and external plasterer and in The Netherlands a concretor, insulator and bricklayer.[35] Skilled operatives in Germany are trained in advanced techniques and to a definite standard, and are expected to be responsible for planning, carrying out and controlling the work they undertake, so require little supervision. And the degree of prefabrication and levels of mechanisation are much higher than in the British case. The level of subcontracting, too, in these continental countries remains at less than half that in Britain, estimated at up to 65 percent of output.[36]

The trade-based nature of the construction process in Britain is a considerable deterrent to innovation and extensions to prefabrication because skills are relatively narrow, manual and often firm specific. Without the appropriate skill sets and divisions, innovations –such as the bathroom pod installed on the majority of all Danish housing schemes– are difficult to introduce. The skills of the machine operator clearing earth are far less manual and abstract than those of the labourer shovelling, just as prefabrication necessitates high precision skills and careful planning and setting out. In this context of increasingly abstract skills the craft conception of skills as an aggregate of physical, observable tasks attached to particular trades is inappropriate. In Germany and The Netherlands skills deployed have become more and more transferable between different activities and at the same time abstract and technical. The construction process in Germany has become less and less a manual process, with the proportion of non-manual workers in the workforce more than doubling since 1970, whereas in Britain the converse is the case and the indications are that the proportion of non-manual workers in the workforce has remained the same over the same period.[37]

35 Clarke and Wall, *Skills and the Construction Process*, 56.

36 Clarke and Herrmann, 'Cost Versus Production: Disparities in Social Housing Construction,' 524-526.

37 Department of Trade and Industry (DTI), *Construction Statistics Annual*; Deutsche Bauindustrie, *Baustatistisches Jahrbuch*.

WAGES FOR OUTPUT VERSUS WAGES FOR THE QUALITY OF LABOUR

Compared with other countries, therefore, construction labour in Britain remains strongly craft based. But why? What is it that holds back development to a more advanced, qualified and industrial labour force? One explanation is the wage structure. The key means for skills to be socially recognised is through the collectively agreed wage between the social partners. In Germany, for instance, there are eight grades each linked to a particular skill and training level, in The Netherlands five, although 80 percent are on just two. If new skills are recognised, with appropriate training, this is reflected in the wage. In some construction sectors in Britain, such as building services and engineering construction, the collectively regulated wage continues to apply, though even here, as in the building and civil engineering sector, it remains much more undeveloped than Germany and The Netherlands, without the range of social components, such as winter compensation, work-related indemnities, pensions, vocational training and a thirteenth month salary, which can constitute up to 50 percent of the wage. Building and civil engineering are the least advanced, without any direct link to training and qualifications, civil engineering being built around the role of the labourer, with semi-skilled occupations governed by a range of plus rates.

One key difference is also with respect to bonus payments, which, though going through various processes of consolidation, still constitute an essential part of the wage package in Britain—unlike in Germany, for instance, where they do not exceed 10 percent. This is indicative of the continued craft nature of even the regulated wage in Britain, geared to the product of labour rather than its quality and skills. Another key difference of the collectively agreed wage in Britain from that in Germany and The Netherlands is that it covers a much smaller part of the workforce. In Germany, for instance, all those employed up to managing director level, including technicians and estimating staff, are covered by the collectively agreed wage for the industry, providing an important means and incentive for progression through further training. In Britain, where applied, the collectively agreed wage is confined to operative level.

The regulated wage, however undeveloped and narrowly applied in Britain, refers only to those directly employed in firms or by local authorities. The problem is that a large proportion of those working in the industry do so on a casual or self-employed basis, outside the regulated framework under day rates –in a manner not dissimilar to the artisan of the eighteenth century. Many are employed through the 'lump,' which has been an important feature of the industry since the war, though it can be traced back to the 'butty and gang' system of the nineteenth century.[38] It was estimated to include 200,000 by 1965 and nearly half a million by 1973. The decision in 1974 to legitimise the lump through the issue of special tax certificates, allowing operatives to be responsible for their own tax and insurance or to have them deducted at source, only facilitated the conversion from direct to self employment. Those covered by these certificates are under a contract for services outside the social wage and without employment protection and, though holidays are supposed to be paid for under the Working Time Directive, they are often not. By 1995 over 45 percent of the workforce was classified as self-employed and, though this has reduced slightly since, it is still estimated at nearly 40 percent of the workforce (Fig. 3).[39]

	Total	Directly employed operatives		Self-employed operatives		Trainees[i]	
	No. (000s)	No. (000s)	% of total	No. (000s)	% of total	No. (000s)	% of total
1970	1802	1170	65	405	22	84	4.7
1980	1696	975	57	495	29	69	4.1
1990	1703	668	39	718	42	46	2.7
1995	1375	436	32	621	45		
2002	1613	591	37	586	36	(34)	
% change 1970-2002	-10 %	-50°%		+45 %			

i. Figures for trainees were discontinued by DoE in 1989 and those for 1990 are therefore from1989. The figures exclude those in public authority Direct Labour Organisations. The figures for 2002 shown in brackets are for Further Education First Year Entrants to NVQ 2 and 3 courses.

FIG. 3 – Employment in the UK Construction Industry
(Source: Department of the Environment (DoE), *Housing and Construction Statistics* and Department of Trade and Industry (DTI), *Construction Statistics Annual).*

38 Phelps Brown, *Report of the Committee of Enquiry.*

39 DTI, *Construction Statistics Annual.*

The first points to note about this unregulated wage form are its relative indifference to skill and the very wide differentials. Carpenters might be found at the top or the bottom of the range. Employment is essentially for a given task, irrespective of the potential range of skills embodied in the worker carrying it out. In effect a customary output is assumed and it is therefore unsurprising that the traditional trades of carpentry and joinery, bricklaying, plastering and painting tend to be self-employed and come under labour-only subcontractors. They tend to be attached to tried and tested areas and easily measurable methods, where any gains in productivity depend on intensification of work, such as laying more bricks, and thus have an absolute limit. The result has been to reinforce traditional trade divisions and methods of work and to deter innovation and investment.

In this domination of unregulated wage relations Britain is an exception, compared with France, Germany, Belgium, The Netherlands and other Western and North European countries. There, not only is the social indirect wage a critical part of the wage structure, but payment is based on hours worked and qualifications, not output. Labour-only subcontracting is illegal and self-employment is much lower, averaging about 12 percent. In Germany it is only eligible to those who have a *Meister* certificate. Large contractors employ a core of directly employed, usually the structural trades, such as concretors, bricklayers and carpenters, and subcontract out the finishing work to specialist subcontractors who also directly employ labour.

In the context of Europe and of historical development, therefore, what is the significance of this individualised wage relation? Apart from the early nineteenth-century system of artisan production, the closest parallel is the *tacheronât* system which caused havoc to the French construction industry in the nineteenth century.[40] From the perspective of the progressive development of social relations, it is an archaic, transitory and eventually historically obsolete system, because it represents the least productive phase of a deteriorated labour process. In terms of today's situation, however, this is unhelpful without establishing the basis for a new, more productive system to allow for the progressive development of labour.

40 Ribeill, 'Une forme archaique d'organisation sociale.'.

EMPLOYER-LED DEVELOPMENT VERSUS SOCIAL PARTNERSHIP

One explanation for the increased disparity between the British and continental construction labour processes since the 1960s and 1970s is the decline and erosion of any form of industrial democracy. In Germany and The Netherlands the system of social partnership, and with it the role of the unions, has developed significantly with the extension of the social wage and training provision. The converse has been the case in Britain. In Germany and many other European countries, including the Scandinavian and Benelux countries, the different industry funds, whether for training, holidays, winter compensation or sickness are under joint committees of unions and employers operating at local, regional and national levels. The levy-based training organisations are tripartite with training committees at regional and local levels composed of educationalists, employer and employee representatives. Most important of all, collective agreements made at national level are statutory and legally binding, so apply to the majority of the workforce. At firm level, too, their implementation is overseen by workers' councils.

In contract to this extensive social partnership, embedded in local networks, employee representation—always minimal—has been gradually excluded in Britain. Indeed, 'industry' is now assumed to be synonymous with employers whilst elsewhere in Europe it is understood as constituting employers and employees. In Britain only the building and civil engineering benefits scheme, which is based on weekly credits (previously stamps) to cover for holidays and retirement payments, remains under joint control. On the 24-member CITB there was originally equal union and employer representation but there are now only two union members, rendering it effectively an employer-led body. Originally, too, apprentices had to register with the National Joint Council for the Building Industry (NJCBI) because apprenticeship was an integral part of the collective agreement. The Modern Apprenticeship is, however, not regulated through collective agreements and is therefore outside the control of the social partners. Workers councils do not exist and collective agreements, anyway restricted in scope, remain voluntary apart from electrical contracting. The strength of the building trade unions rests largely in the public not the private sector and membership, which increased during the 1970s to reach 350,000 in 1980, has declined to about 12 percent of the workforce. Self-employment by its nature anyway represents a denial of trade-union-negotiated conditions.

The result has been a reassertion of managerial prerogative and voluntarism in both training and industrial relations, reminiscent of the nineteenth-century collective-bargaining stage. This is reflected, for instance, in the decreasing response to employees' long-term interests in obtaining a well-paid, respected, secure and satisfying career, through skills that are transferable and of value in the long term. Instead employers' specific and short-term demands take precedence, even over the general needs of the sector, and good employment conditions and training rest on the goodwill of the individual employer.

TRADE VERSUS INDUSTRIAL TRAINING

The most obvious indication of the failure of the current dominant system is Britain is the absence of a comprehensive training system and severe skill shortages. In 1966 at the beginning of the CITB the number of apprentices in the industry was 112,000: by 1985 the number of CITB Youth Training (YT) entrants stood at 16,400, a figure reduced by almost half ten years later. This fall directly correlates with the decline in direct employees (Figure 3). The proportion of carpentry and bricklaying trainees to those employed in these trades is 4 percent, compared with 18 percent in Denmark, 9 percent in The Netherlands and 22 percent in Germany.[41] Unlike in the other countries, too, which have been systematically upskilling to produce entirely skilled workforces, the number of first-year entrants to construction training in Britain fell by 18 percent during the 1990s.[42] In contrast, in Germany over the same period numbers rose by 65 percent, even though the number of skilled workers fell.

In terms of the depth and extent of training, Britain also contrasts, with the majority at trade level undertaking less than two years training to NVQ level 2, whilst in Germany and Denmark trade training is 3-31/2 years. At the same time in Britain areas of abstract knowledge, such as mathematics, in the curriculum have been significantly reduced.[43] Indeed, given the focus in British construction training on outputs in the

41 Innovative Manufacturing Initiative (IMI), *Standardisation and Skills.*

42 CITB, *Trainee Numbers Survey.*

43 Steedman, 'Mathematics in Vocational Youth Training for the Building Trades.'.

form of task-based competences, knowledge has become an add-on. The system is marked by a separation of theoretical and practical knowledge and a general lack of underpinning skills essential to transferability, whether to higher progression to technical levels or for easy adaptation to new methods. In the other countries, in contrast, the focus is on the inputs into training and on imparting transferable skills, so the system is broader, integrating theoretical and practical work-based elements, and consisting of more general educational elements, such as languages.

Given the tripartite industry-wide organisation of training in both Germany and The Netherlands, there is less dependence on the single employer. Even the term 'apprentice' has been discarded to be replaced by 'trainee', embedded within a system of skill grades rather than a craft system. The trainee is a trainee to the industry and training is divided into three locations, each with a distinct role: the college, the workshop and the site[44]. The training workshops provide a broad introduction to practical activities and are industry run by the social partners and funded through levy contributions and in Germany equipped by the state to training in the most advanced methods. The premise is 'product follows process,' which means establishing a high-level, broad and appropriate skills base through education and training in order for innovation to take place. The role of site experience is seen simply as training 'for the market.' Indeed, the long-term development of the training system has seen a gradual move away from 'learning on the job.' 'Learning by example' on site, the principle on which apprenticeship was formed, is increasingly difficult, especially when components and machinery used are more valuable, firms may be very specialist and the skills required become anyway more abstract, associated with planning, programming, calculating, setting out and measuring –all best taught in the classroom or workshop.

In Britain rather than upskilling the workforce, efforts have been concentrated on certifying existing skills without significant investment in further training. Even though there are not the requisite operatives on site with stable employment in a position to supervise and train, there has even been a tendency to move back to the old 'learning by example' principle and a return to day rather than block release. The Further Education sector has as a result become the main means to obtain a

44 Clarke and Wall, *Skills and the Construction Process.*

thorough training in construction and even here the training provided results in a less skilled workforce than is produced through the German system.[45] One of the main problems in Britian is that the training system, being dependent on the individual employer to take on trainees, is based on the assumption that a stable, directly employed workforce exists able to guide and monitor trainees' progress. This quite simply rarely exists, though it does in the other countries. A second problem is that training is trade based, that is, a trainee enters a particular trade, not the industry as a whole. This contrasts with Germany and The Netherlands, where training is industry based and training thus spans a range of industry-wide rather than just trade-specific knowledge and practice. Specialisation in Germany and The Netherlands into different occupations only comes later. Perhaps, however, the main difference lies in the obligation and rationale to train. In Britain, an employer's concern is with labour's immediate productive output, the skills required to fulfil a particular task, rather than with labour's long-term productive potential or with the reproduction of skills. Even the payment of the levy is frequently regarded as a payment to absolve firms from the responsibility to train. In the other countries it is rather regarded as a commitment to training and the amount paid well expresses this commitment, the annual levy being in The Netherlands double the British level though the population is a quarter the size and in Germany five times the British level.[46]

CLASS-DIVIDED VERSUS INTEGRATED SYSTEM

In Britain there is little possibility for operatives to progress to higher or technical levels. This has parallels in the eighteenth century, when the possibility for a journeyman to become a master became increasingly slim. Narrow and relatively untheoretical initial trade training can pose a considerable if not absolute obstacle to further promotion. In contrast in Germany and The Netherlands, where acquiring underpinning knowledge is critical to the training programme, the skilled construction worker is increasingly integrated with the technician and there is a smooth progression into supervisory roles.

45 Steedman, 'A Decade of Skill Formation in Britain and Germany.'.

46 Clarke and Wall, 'UK Construction Skills in the Context of European Developments,' 562-563.

There is, peculiarly in Britain, another yet more absolute barrier to progression for the operative to higher and professional roles in the industry. This is the constitutional divide between, on the one hand, responsibility for employment and training at operative level and, on the other, the professions (Fig. 4). Operative training comes directly under the government and its respective ministerial departments, especially the Department for Education, Learning and Skills and through this the Further Education Funding Council (FEFC) and Further Education Colleges. The professions, on the other hand, including their educational function, come under the Privy Council, directly accountable to the monarchy through their charters giving them exclusive privilege over one particular skill area. The result is two distinct occupational hierarchies for the construction industry, one for professionals trhough the Privy Council and one for operatives through the state.

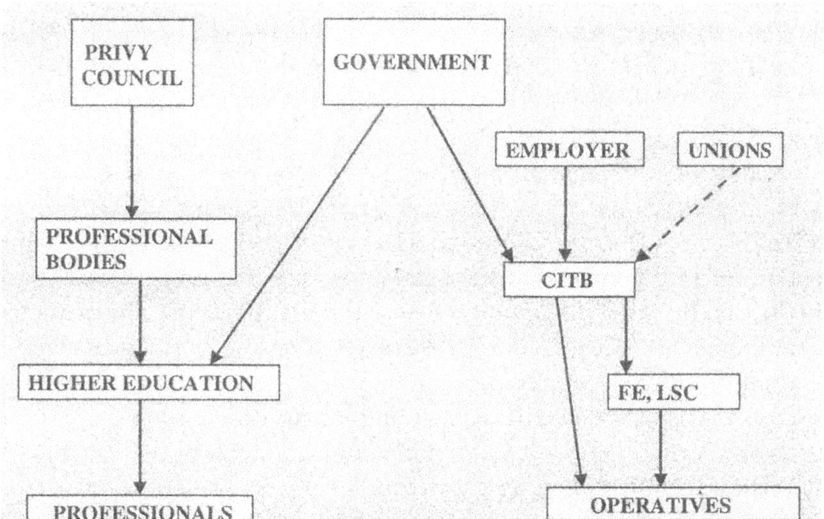

FIG. 4 – The Constitution of Skills.

With this we return full circle to our historical analysis. The apparent imperviousness of the skill structure has a constitutional base, with professional skill recognition resting on the granting of royal privileges and operative skills recognition dependent on the employer trade associations or on what could be regarded as a remnant of master-servant relationships. Thus the constitutional structure established in 1688 after the English revolution comes home to roost.

So what may we conclude about the development of labour from this journey through time and space? From the comparative research of our group it is apparent that the craft form of production that prevails in Britain and goes together with the relatively narrow and trade-based skills and a casually employed workforce results in a less productive and slower process, geared to controlling the output of labour. In contrast, the industry form of production in Germany and The Netherlands goes together with a broadly skilled, adaptable and stably employed workforce and results in a more productive and innovative process, one that at the same time involves higher levels of mechanisation and prefabrication, gives greater autonomy and rights to the individual worker and requires lower levels of supervision. In our latest project on social housebuilding, we found operative hours per square metre to be 19.3 in Britain, compared with 14.3 in Germany and 12.9 in Denmark[47]. Most serious of all is the low level of building output in Britain compared with the other countries –nearly half the Danish and German levels, though the building labour force is proportionally the same in each country.

In historical terms, we can conclude that the seventeenth-century revolution in Britain established the domination of an early system of production by wage labour and cemented this through the constitutional arrangements of 1688. With this, skill remained, as under feudal relations, a form of property, even a privilege, rather than an object of negotiation. Notwithstanding, building labour did develop, in particular in the early nineteenth century through the early non-society trade unions and again following the struggles of the 1890s up until after the Second World War through trade union insistence on a time-based industry, unlike engineering. Since then, development has stagnated, even fallen back, with labour resembling its eighteenth-century artisan form, the form on which Adam Smith built his labour theories. Without equivalent leaps in the development of industrial democracy

47 Clarke and Herrmann, 'Cost vs production: Labour Deployment and Productivity in Social Housing,' 1065.

that were witnessed in the 1830s and again in the 1890s it is difficult to see how construction labour in Britain can develop on a par with or beyond that in continental Europe such as we have seen in Germany or The Netherlands.

Linda CLARKE

REFERENCES

Alford, B. W. E., and T. C. Barker. *A History of the Carpenters Company.* London: George Allen & Unwin, 1968.

Allen, V. L. 'Incentives in the Building Industry.' *Economic Journal* 62 (1952): 595-608.

Bell, W. G. *A Shot History of the Worshipful Company of Tylers and Bricklayers of the City of London*, London: H. G. Montgomery, 1938.

Bercusson, B. *Fair Wages Resolutions: Studies in Labour and Social Law.* London: Mansell, 1978.

Bray, R. A. 'The Apprenticeship Question.' *Economic Journal*, 19 (1909): 404-415.

CIJC. *Working Rule Agreement for the Construction Industry.* London, 2003.

CITB. *A Plan of Training for Operative Skills in the Construction Industry.* Bircham Newton, England, 1969.

CITB. *Skills Foresight Report 2002.* Bircham Newton, 2003.

CITB. *Trainee Numbers Survey.* Bircham Newton, 2002.

Clarke, L. *Building Capitalism: Historical Change and the Nature of the Labour Process in the Production of the Built Environment.* London: Routledge, 1992.

Clarke, L. 'The Changing Structure and Significance of Apprenticeship with Special Reference to Construction.' In *Apprenticeship: Towards a New Paradigm of Learning*, edited by D. Ainly and H. Rainbird. London: Kogan Page, 1999.

Clarke, L. 'Historical Stages and the Development of Wage Forms in the British Construction Industry'. In *The Development of Wage Forms in the European Construction Industry*, edited by L. Clarke. Dortmund: Fachhochschule, 1991.

Clarke, L. 'Particularities in Wage Relations in the Construction Labour Process.' In *The Production of the Built Environment in Europe 1992*, edited by L. Clarke and L. Luithlen. Bartlett International Summer School Proceedings, London, 1993.

Clarke, L, and G. Herrmann. 'Cost versus Production: Disparities in Social Housing Construction in Britain and Germany.' *Construction Management and Economics*, 22 June 2004, 521-532.

Clarke, L, and G. Herrmann. 'Cost vs Production: Labour Deployment and Productivity in Social Housing in England, Scotland, Denmark and Germany.' *Construction Management and Economics*, 22 December 2004, 1057-1066.

Clarke, L, and C. Wall. *Skills and the Construction Process: A Comparative Study of Vocational Training and Quality in Social Housebuilding*. Bristol: Policy Press, 1996.

Clarke, L, and C. Wall. 'UK Construction Skills in the Context of European Developments.' *Construction Management and Economics* 16 (1998): 553-567.

Cole, G. D. H. *The Payment of Wages: A Study of Payment by Results under the Wage System*. London: Allen & Unwin, 1918.

Deakin, S. 'The Legal Origins of Wage Labour: Industrialisation and Labour Market Institutions in Historical Perspective.' Paper presented at the 13th Annual Conference of the International Working Party on Labour Market Segmentation, Bremen, 12-16 July 1991.

Department of the Environment. *Housing and Construction Statistics Annual 1970-1997*. London: HMSO, 1980, 1990, 1997.

Departement of Trade and Industry. *Construction Statistics Annual*. London: HMSO, 2004.

Derry, T. K. 'The Repeal of the Apprenticeship Clauses of the Statute of Apprentices.' *Economic History Review* 3 (1931): 67-87.

Deutsche Bauindustrie. *Baustatistisches Jahrbuch 2003*. Franckfurt, 2004.

Dobb, M. *Studies in the Development of Capitalism*. London: Routledge, 1963.

Dobb, M. *Wages*. Cambridge: Cambridge University Press, 1927.

Druker, J. 'Wage Forms in Construction: Regional Differences in the Development of Wage Forms.' In *The Development of Wage Forms in the European Construction Industry*, edited by L. Clarke. Dortmund: Fachhochschule Dortmund, 1991

DTI. *Construction Statistics Annual 2003*. London, 2004.

Gilbreth, F. B. *Bricklaying System*. New York: The Myron C. Clark Publishing Co., 1909.

Hilton, W. S. *Foes to Tyranny: A History of the AUBTW*. London: AUBTW, 1963.

Hoskins, W. G. 'The Rebuilding of Rural England 1570-1640'. *Past & Present* 4 (1953): 44-59.

Howell, R. 'Trade Unions, Apprentices and Technical Education.' *Contemporary Review* 30 (1877): 833-857.

Innovative Manufacturing Initiative. *Standardisation and Skills, Final Report*. London: University of Westminster, 2002.

Janssen, J. 'Building Labour—Labour Legislation at the Eve of Capitalism: Labour under the Statute of Artificers Labourers, Servants of Husbandry and Apprentices in England.' *Proceedings of the Bartlett International Summer School* (University College London) 6 (1985): 3.1-3.17.

Janssen, J. 'Disparities Constituting the Dynamics of Modes of Production: Middlesex and London Building Production in the Transition to Capitalism.' *Proceedings of the Bartlett International Summer School* (University College London) 7 (1986).

Janssen, J.'Three Theses on the Division of Labour in Building Production.' *Proceedings of the Bartlett International Summer School* (University College London) 6 (1985): 2.8-2.13.

Lang, J. *City and Guilds of London Institute, 1878-1978 Centenary*. London: City and Guilds of London Institute, 1979.

Lanove, D. *The Wage Cost in the European Construction Industry*. Brussels: Fédération Nationale de la construction de Belgique, 1990.

Ministry of Works. *Wages, Earnings and Negotiating Machinery in the Building Industry since 1886*. London: Economics Research Section, 1950.

Pellegrini, C. *Collective Bargaining in the Construction Industry: Wage, Hours and Vocational Training in Belgium, the Federal Republic of Germany, France, Italy, Spain and the UK. Luxembourg:* Office for Official Publciations of the European Communities, 1990.

Perry, P. J. C. The Evolution of British Manpower Policy: From the Statute of Artificers to the Industrial Training Act 1964. Portsmouth: Grosvenor Press, 1976.

Phelps Brown, E. H. *Report of the Committee of Enquiry under Prof. E. H. Phelps Brown into Certain Matters Concerning Labour in Building.* London: HMSO, 1968.

Postgate, R. *The Builders' History*. London: National Federation of Building Trade Operatives, 1923.

Price, R. *Masters; Unions and Men: Work Control in Building and the Rise of Labour 1830-1914*. Cambridge: Cambridge University Press, 1980.

Reddaway, T. F. *The Rebuilding of London after the Great Fire*. London: Cape, 1940.

Ribeill, George. 'Une forme archaique d'organisation sociale du travail à l'épreuve de la conjuncture économique: le tâcheronat.' In *The Development of Wage Forms in the European Construction Industry*. Dortmund: Fachhochschule Dortmund, 1991.

Richter, A. 'Qualifications in the German Construction Industry: Stocks, Flows and Comparisons with the British Construction Sector.' *Construction Management and Economics* 16, no. 5 (1998): 581-592.

Samuelson Commission. *Report of the Royal Commission on Technical Instruction No. 2096*. London: HMSO, 1984.

Smith, Adam. *The Wealth of Nations*. Vol. 1. London: J. M. Dent & Sons, 1910.

Steedman, H. C. 'A Decade of Skill Formation in Britain and Germany.' *Journal of Education and Work* 11, no. 1 (1998): 77-94.

Steedman, H. C. 'Mathematics in Vocational Youth Training for the Building Trades in Britain, France and Germany.' NIESR Discussion Paper 9, London, 1992.

Tallard, M. 'Métier et branche, éléments indissociables de la régulation dans le BTP? Une comparaison France/Grande-Bretagne.' In Plan Construction et Architecture *Europe Et Chantiers: le BTP en Europe: structure industrielle et marché du travail*, Actes du colloque des 28 et 29 Septembre 1988, Paris, 1991.

Taylor, F. W., and S. E. Thompson. *Concrete Costs*. New York: John Wiley & Sons, 1912.

Unwin, G. *The Guilds and Companies of London*. London: Methuen, 1908.

Welch, C. *A History of the Worshipful Company of Paviours*. London: privately printed, 1909.

FROM STORIES TO HISTORY, FROM HISTORY TO HISTORIES

What Can Construction History Do[1]?

REVIEW – FROM STORY TO HISTORY

In 1887, Josef Durm, "Oberbaurat" and Professor of Architecture at the *Polytechnikum* in Karlsruhe, contributed an article to the *Zeitschrift für Bauwesen* (Journal for the Construction Sector), published in Berlin, on the unarguably most significant domed buildings constructed in the 15th and 16th century: the dome vault above Santa Maria del Fiore in Florence and the pendentive dome of San Pietro in Rome[2]. His two-part article is a detailed analysis of the genesis, technical execution and the subsequent history of the load-bearing supporting structures of these two domes, while also paying attention to reinforcements which were deemed necessary in the course of time. Durm also showed the state of knowledge at his time about the supporting structures and their details by depicting them delicately, and often in perspective, in a number of large-format drawings. Durm's investigation is in many respects still a model for today's construction historians. His subject is of outstanding relevance; both buildings have never failed to attract the curiosity of academics right up to the present. Adroitly he retrieves the relevant literature, various records, available measurements and the historical context of the constructions. An inspection, carried out by himself, supplements

1 This text was previously published as Werner Lorenz, "From Stories to History, from History to Histories: What Can Construction History Do?". *Construction History. International Journal of the Construction History Society* 21 (2005-2006): 31-42. It is republished here with the permission of the author and of *Construction History*.

2 Josef Durm: Zwei Großconstructionen der italienischen Renaissance. In: *Zeitschrift für Bauwesen*. vol. 37 (1887), p. 354-374, 482-500, plates 43-46.

the study of source material. Finally, the characteristics of his methodology are his constructive critical distance, his careful review of sources, his awareness of potential problems of their translation, even the use of modern methods of calculation. But above all, the focus of his interest is not the building itself, but its load-bearing supporting structures. Durm was quite aware that his approach was fundamentally different from the prevalent historiography of architecture: "It is to wish that the above study (…) rouse young colleagues to pay more attention to the construction of buildings and to desist from producing pretty pictures or the study solely of decorative aspects. The subject of construction is rich and as interesting as that of shapes and colours, and what is more, the ground is more virginal and doubtless will become more fertile."[3] Durm's remarkable approach took into consideration the fundamental changes in the European perception of human existence during the late nineteenth century when technological practices and objects began to permeate and determine life, work, thinking and feeling to an extent unknown before. His enquiries – that have to be seen in the contect of comparable studies in other parts of Europe as for example in France by Auguste Choisy – are indisputably early masterly achievements of a modern analysis of the history of constructional engineering – not determined by practical utilitarian interests but directed solely towards a desire to understand.

THE NINETEENTH CENTURY – APPLIED HISTORY

Another contemporaneous approach to the history of constructional engineering was in sharp contrast: not marked by unreserved curiosity it attempted instead to use references to history in order to validate attitudes and interests prevalent at the time. One need only reflect on the immediate economic objective which forms the basis of the classic large-format treatise *Der deutsche Brückenbau im 19. Jahrhundert* (German Bridge Construction in the Nineteenth Century) by Georg Mehrtens, full professor at the Institute of Technology in Dresden, published in 1900 in German, English, and French. His treatise was the immediate result of a commission by six of the leading German bridge construction firms on the occasion of the Paris World's Fair

3 Durm, *Zwei Großconstructionen*, p. 500.

with the explicit aim to "depict German bridge construction in its entirety and to give it effect."[4]

However, more interesting and serving as the actual counterbalance to Durm's analysis are contemporaneous historical reviews of construction in the textbooks for the building sector. Here history serves first and foremost as preparation and introduction to current constructional engineering practice. Corresponding to the then popular model of technology and progress history is understood as a wide river, which becomes ever more powerful and absorbs every historical advance like tributaries, forever moving towards new shores, led by the modern engineer, who without any doubt is more knowledgeable than all his precursors. This *teleological* approach to history was meant to validate the views espoused by the authors of the textbooks. The original intention of the historical approach, held for example by Rondelet or Gauthey[5] as late at the beginning of the 19th century, that of gaining knowledge and understanding of present practices through the portrayal of historical examples, had given way to a rather condescending attitude towards the historical subject which characterised the modern movement in architecture in general. The implications were obvious. Historical reviews were increasingly regarded as utterly superfluous and faded away altogether. The Prussian author Ernst Brandt for example crystallised this shift in the self-image of engineers almost poetically in the second edition of his *Lehrbuch der Eisen-Constructionen* (Manual of Iron Constructing) in 1871: "Aristotle said: When a person thinks about the past, he sees the ground, when he thinks about the future, he looks up into the sky. The author is more captivated by the conditions of the present, and so it seemed to him opportune to do without retrospective considerations..."[6]

20TH CENTURY – HISTORY IN THE SHADOW OF MODERNISM

At the turn of the 20th century the business of the civil engineer was no longer defined by history but by an engineering science defined by mathematics and mechanical procedure. Thus the modern engineer and

4 Georg Mehrtens: *Der deutsche Brückenbau im XIX*. Jahrhundert. Berlin 1900, p. 2.

5 *Cf.* e.g. Jean Baptiste Rondelet: *Traité théorique et pratique de l'art de batir*, 5 vols. Paris 1802-1817; Émiland-Marie Gauthey: *Traité de la construction des ponts*. Paris 1809-1813.

6 Ernst Brandt: *Lehrbuch der Eisen-Constructionen*. Berlin 1871, p. VIII.

the modern architect set out to build the new, and better age, ignoring all tradition – or so they thought. Should history enter the discourse, it was only as a short launching pad for a broad view of the present: "During the past 50 years…" writes Günschel in the introduction to his volume *Große Konstrukteure* (Great Constructors) "…building practices have changed more fundamentally than ever before in any comparable period."[7] Really? What for example just about the 50 years between 1820 and 1870?!

During most of the 20th century the decline of the historical context was only tentatively questioned; very few took up and developed Durm's exemplary model of a "free" history of construction. In the German-speaking areas, a diversity of more or less professional, specially created or compiled, fragmented stories of history could be mentioned. Yet we must also mention Hans Straub[8], whose fame is not confined to Germany and who endeavoured to combine the many histories in a first rounded history of construction. Elsewhere in Europe and in the United States, however, the focus was often different: British treatises were either stubbornly dedicated to a single technical detail or dealt at length with the biographies of engineers; French research derived its strength from the examination of structural issues; Soviet treatises on the history of construction, much promoted since the 1930s, focused on technology and science in the context of political vicissitudes and their "operative" challenges[9].

Viewed in its entirety and despite some efforts to the contrary, the history of construction remained well into the last third of the 20th century a rather tangential annex to the history of either building or technology, depending on the approach, but in both cases compatible with the widespread ahistorical self-conception of constructional engineering; at the same time the contrast to the economic importance of the construction industry, especially since 1945, was noticeable.

7 Günter Günschel: *Große Konstrukteure 1*. Berlin u.a. 1966, p. 8.

8 Hans Straub: *Die Geschichte der Bauingenieurkunst*. Basel 1949, many further editions and translations.

9 A topical analysis of the history of Soviet and Russian construction history in: Sergej G. Fedorov: Construction History in the Soviet Union – Russia: 1930 – 2005. Emergence, Development and Disappearance of a Technical Discipline. In: Malcolm Dunkeld et al (ed.): *Proceedings of the Second International Congress on Construction History*. Cambridge 2006, p. 1093-1112. An expanded analysis leading up to a history of an overall construction historiography of the 20th century and its cultural, social, and societal determination would, in view of present-day developments, certainly be a valuable undertaking.

ON THE THRESHOLD TO THE 21ST CENTURY – FIRST PROFESSIONAL APPROACHES

Towards the end of the century we can observe a noticeable shift to a distinctly professional attitude and to international networking. In 1993 a symposium 'Between Mechanics and Architecture', held on the occasion of the 19th International Congress of the History of Science in Saragossa, attracted attention[10]. With the Genoese Edoardo Benvenuto as the main initiator, a Europe-wide research network was established and three further annual symposia were held. Following the death of Benvenuto in 1998 his students in Genoa founded the *Associazione Benvenuto*, which continued the tradition initiated by him by holding an international conference with the title Towards a History of Construction, in 1999[11]. A comparable development can be seen in Spain in the 1990s, though the movement there tended towards the problems of practical construction rather than being focused on the theoretical questions of mechanics and its applications in building. In 1996 the *Instituto Juan de Herrera* held the first *Congreso Nacional de Historia de la Construcción* in Madrid. Two further conferences were held biannually[12]. The exhibition *l'art de l'ingénieur* in the Centre Pompidou in 1997, 250 years after the founding of the *École des Ponts et Chaussées*, turned out to be a spectacular highlight[13], yet the breakthrough towards a new international network of construction history came in January 2003, when several hundred academics from all over the world congregated in Madrid and boldly took part in the first International Congress on Construction History[14]. In 2005 another a proposal came out of Genoa, for the first European research atlas of the history of construction[15], and in the spring of 2006 Cambridge hosted the second International Congress on Construction History.

10 Patricia Radelet-de Grave / Edoardo Benvenuto (ed.): E*ntre Mécanique et Architecture. Between Mechanics and Architecture*. Basel 1995.

11 Antonio Becchi u.a. (ed.): *Towards a History of Construction*. Basel 2002.

12 *Cf.* e.g. with reference to the congress in 2000: Amparo Graciani Garcia et al (eds.): A*ctas del Tercer Congreso Nacional de Historia de la construcción*. Madrid 2000.

13 Antoine Picon: *L'Art de l'ingenieur*. Paris 1997

14 Santiago Huerta (ed.): *Proceedings of the First International Congress on Construction History*. 3 vols. Madrid: 2003.

15 Antonio Becchi et al (ed.): *Construction History. Research Perspectives in Europe*. Florence 2005.

Just by a cursory glance at the agenda, the submissions, and the papers produced for the congress, one cannot help but notice the extraordinary breadth of this movement, both in terms of content and method. One gets the impression that a new discipline is in the process of establishing itself, transcending traditional academic demarcations. It is history of construction, history of technology, history of science, even restoration of historic structures, yet it does not fit either of these categories. It is, as the invitation to the second international congress called on "a community of scholars disunited in their aims and feeling that they do not belong to a single discipline". All the academic, historical, and scientific indicators point towards an independent discipline in the process of establishing itself – developing from stories to history.

TIME FOR DEFINING A POSITION

It is opportune therefore to ask where the history of construction could and should be heading. Although nowadays hardly anybody stigmatises it patronisingly as the hobbyhorse of greying devotees, no longer actively involved in construction (...let us not forget, though, that such devotees can make constructive contributions to every academic subject), nevertheless even now there are some good reasons to reflect about its actual situation.

Firstly, there is the practical yet decisive aspect of its appropriate place in the academic sector. Construction history needs to establish a sustainable presence in universities and curricula, in research projects and funding programmes. Thus we need to clarify whether construction history should be evolving as an independent new discipline or, after all, be part of either the history of construction, technology, or science.

Secondly, there is the question of the essential area covered by construction history, the question of its core, its margins, and its boundaries; what falls under its heading and what does not? In the preface to the recently published review of European research on construction history the editors argued, with emphasis and commitment, against the demarcation rituals common among some who see their work as part of the subject, however defined; instead they stressed the interdisciplinary heterogeneity as an essential characteristic and quality of the community of construction historians[16]. This is quite correct; the existence of different "schools" is a sign of quality. Yet no academic discipline can ignore questions as to its subject matter or, to put it another way, to its core and its margins. Construction history will not necessarily find its own way; there is a danger that it may lapse into an arbitrary eclecticism, "all or nothing" as it were. From there on it would only be a short step to insignificance.

Questions about core and margins, content and methodology are fundamental, not only in relation to external legitimacy. They contribute decisively to a deeper understanding of specific academic tasks and their methodological nuances. The specific quality of construction history is at stake. We are concerned with a more precise definition, not with exclusion, with the core rather than with margins. Interfaces with neighbouring disciplines will establish themselves as a matter of course, except for the fact that they are always in the process of changing.

And thirdly there is the vital question: what is the purpose of construction history, where is it heading, and what is its potential significance? The British historian David Cannadine recently delivered the prestigious 25th Dickinson Memorial Lecture in London's Science Museum; he presented an illuminating analysis on this occasion. In his lecture he related the efficiency and public influence of three historical engineering associations in Britain and the US to some fundamental dissimilarities between them in terms of subjects, questions, structures, and connections to engineering science[17]. Cannadine's comparison developed into a plea for opening out the history of technology into the breadth and variety of its historical context. His message was clear and simple: history *is* engineering history and engineering history *is* history, it is also cultural history, social history, and economic history. Asking the right questions is of decisive significance and determines either the success or failure of research into engineering history; Cannadine demonstrated this in his conclusion with reference to three periods in the 18th, 19th, and 20th century.

16 Antonio Becchi et al: Construction History: The Genoa Meridian. In: Becchi et al (eds): *Construction History*, p. 7-10.

17 David Cannadine: Engineering History, or the History of Engineering? Re-Writing the Technological Past. In: *Transactions of the Newcomen Society* 74 (2004), p. 163-180.

Cannadine's statement is of vital importance for the further development of construction history too. What is its self-image? What kind of influence does it aspire to? To what end does it seek to develop the huge meaningful potential, which it incorporates by reason of its object, constructional engineering?

Let us take stock: a more precise definition of construction history is absolutely essential. If the subject aims to be accepted as an academic discipline and, in confidence of its potential, to network in research and teaching with neighbouring disciplines, quick answers are not of the essence. What is required is serious reflection as to its essential aims, and its efficacy. A reflection like this touches the cognitive interests, the subject matter, the methodology, the agenda, and the potential significance of construction history at the beginning of the 21st century.

THE COGNITIVE INTEREST: WHAT CONSTRUCTION HISTORY AIMS TO KNOW?

In his contribution to the Madrid congress Stefano Musso examined some epistemological problems of construction history and presented a very elegant definition of construction: "A construction represents and occupies a sort of boundary between the world of nature and the artificial world of culture"[18]. This reminds us of the great English civil engineer Thomas Telford, who defined civil engineering similarly as "the art of directing the great sources of power in nature for the use and convenience of man"[19].

If we accept that construction is a specific link between nature and culture, the role of construction history then is no more or less than to provide an explanation of the action of producing this hinge, in fact construction in all its facets – thinking/planning, designing, abstracting,

18 Stefano F. Musso: „Construction history"and „Construction of histories". University education and the future of construction history. In: Huerta: *Construction History*, p. 1509-1517.

19 *Cf.* Werner Lorenz: Von Tugend, Verantwortung und Qualität – Rede gegen das Verschwinden des Ingenieurs. In: Bundesingenieurkammer (ed.): *Ingenieurbaukunst in Deutschland.* Jahrbuch 2001. Hamburg: 2001, p. 112-121.

modelling, calculating and measuring, specifying, financing, manufacturing, building, maintaining, reinforcing, destroying, disposing – in all its cross-linkages, interdependencies, and processes of interchange, right up to the use of practical applications and technology. It is the process of construction in its entirety that constitutes construction history.

In this definition, construction is the *art of making*, it is between creativity and routine, between craft and science, between invention, innovation, and tradition. It is about images in the mind, patterns, the "inner eye", as Eugene S. Ferguson called it. It is about "… the two things that distinguish all human construction from the natural growth of living forms. One is the construction process (…). The other is human choice. (…) exercised in the process of design (…)"[20].

If we interpret construction thus, it concerns far more than the narrow technical "how". We acknowledge civil engineering as a highly interconnected process, inviting a host of further questions – questions concerning sensible use of material and resources, ecological and social effects or user friendliness, questions of sturdiness, system-inherent redundancies, durability, repair feasibility, and running costs, in fact questions as to performance in all stages of the designated life cycle.

So what is the point of the history of construction? In fact, three points come to mind:

1. How did master builders, engineers, technicians approach the above questions throughout the ages – even though they may not have asked them explicitly?
2. What other problems, questions that may seem remote to us, did they confront in their time and how did they resolve them?
3. Why did they, in their time, in their circumstances, with the materials at their disposal, come to approach, to question and to respond as they did?

Construction history has now, at last, begun to be an open-ended adventure. We realise, time and again, that construction is a multi-faceted activity. We can begin to learn about different practices, we can begin to recognise that these practices are the result of historical conditions.

20 Rowland Mainstone: Reflections on the related histories of construction and design. In: Huerta: *Construction History*, p. 49-60.

They are characterised by specific technical, economic, social, political, cultural traditions and conditions, and we can recognise their features as those of the constructor. We recognise the act of constructing as deeply human, and subjective – or, to quote the initiators of the 2006 Cambridge congress: "We try to understand the way human beings have approached building"[21]. The French historian Lucien Febvre has expressed this approach perhaps more convincingly than anybody else in his inaugural lecture at the Collège de France in 1933: "History is the study of people, the study of our past – not the study of things or concepts. Ideas stripped of the people who express them? (…) Institutions separated from those who create them (…)? No, there is no other history than that of people."[22]

We started out curious about the processes of constructing and now we have reached our destination: ourselves. Construction history is the challenge to meet people, constructors, to encounter *homo faber* again and anew. At this point at last we are also confronted with the genealogy of such central aspects of 21st century technical culture such as the quality of life, progress, identity, responsibility, and purpose.

The immediate result of this epistemological definition is the clarification of three aspects. Firstly, it is precisely because construction is much more than the transformation of theoretical knowledge into a functional product – however much this notion may have influenced the image of civil engineering in the 20th century – that the grouping around Patricia Redelet-Le-Grave and Edoardo Benvenuto who founded Between Mechanics and Architecture[23] in the 1990s, touches

21 This approach has far-reaching consequences; I am not sure about its significance myself. If we take the human dimension seriously and if we accept that the direction of "great"history is also and fundamentally dependent on individual personalities – this should, with equal validity, also apply to construction history. Does constructional engineering necessarily follow abstract laws of development or does the individual constructor influence its course? Would bridges made with pre-stressed-concrete look any different today had Eugène Freyssinet and Franz Dischinger not pursued this development so decisively? To my knowledge no one has investigated this aspect systematically.

22 Lucien Febvre: Ein Historiker prüft sein Gewissen (1933). In: Ulrich Raulff (ed.): Lucien Febvre. *Das Gewissen des Historikers*. Berlin 1988, p. 9-26, here p. 17.

23 Radelet-de Grave / Benvenuto: *Entre Mécanique et Architecture*. The problem of limitation becomes even more distinct, when Benvenuto formulates the objective of his *History of structural mechanics* (first published in Italian, 1981): "(…) and its major aim is to explain the fascinating development of architecture (structural engineering) and rational mechanics in alternating stimulation: in this field, as well, the primacy of mathematical models

the interest to construction history just on an exclusive field. Of course, mechanics is an essential reference point, so is architecture – just think about Schinkel's legendary quote *"Architektur ist Construction"*[24] – but construction is much more[25].

Secondly, in taking account of construction in its entirety, we find an interface, rather than a boundary, with the history of building; after all, the latter is the history of architecture in its entirety and as such has a particular responsibility to the architect. There is, however, a decisive difference between architect and engineer, and that can be expressed as the attention given to the process. *Cum grano salis*: The business of the architect is the product while the engineer attends to the process[26]. The historical blending between architectural product and technical process is the meeting point of the histories of building on the one hand and of construction on the other[27].

Thirdly, there is the unique potential to synthesise; this is the specific quality of construction history and primarily based on the focus on the intricacies of the construction process. Not only can we discard the much-lamented separation between architecture and civil engineering but also the generally accepted categories of a separate history for each of the faculty of technology/engineering, science and culture. Perhaps construction history can even be the prototype for the requirement, so concisely summarised by Febvre as early as 1933, that "continual negotiation of new linkages between similar or dissimilar academic disciplines, focusing the light of several heterogeneous academic subjects on to one

---

and the role played by construction technology as 'an adjunct, not the master' will find meaningful evidences." (Edoardo Benvenuto: *An Introduction to the History of Structural Mechanics*. 2 vols. New York u.a. 1991, vol. 1, p. 13) It is obvious here that Benvenuto expresses fundamentally different views from e.g. Mainstone.

24 *Cf.* the discussion in more detail in: Werner Lorenz: *Konstruktion als Kunstwerk*. Berlin 1995.

25 *Cf.* with reference to this discussion in relation to constructional engineering e.g. William Addis: *Structural Engineering: the nature of theory and design*. Chichester 1990.

26 *Cf.* Werner Lorenz: Brücken und Brückenbauer – Haltungen zum Konstruieren. In: Braunschweigische Wissenschaftliche Gesellschaft (ed.): *Year-book 1998*. Braunschweig 1999, p. 105-132.

27 … in differentiating thus it is inherent that the fuzziness of the historical conceptual development of "engineer" and "architect" will have to remain. In this connection, *cf.* the interesting papers in the "frontiers" of both disciplines as part of the current research project "Wissensgeschichte der Architektur", Max-Planck-Institut für Wissenschaftsgeschichte Berlin and Bibliotheka Hertziana in Rome.

object of enquiry is the most urgent and most fertile task for history today, a history frustrated by artificial boundaries and exclusions".[28]

SUBJECT AND SOURCES: OBJECTS OF ENQUIRY

Any branch of history is an examination, first and foremost, of people: in this case master builders, engineers, researchers/academics, entrepreneurs/industrialists, brilliant mavericks, and respectable artisans. The subject matter consists of their utterances, their perceptions, their attitudes, their organisation – their practice of construction in its entirety, the constant coagulation of a diversity of influences. Technology, science, culture, economics, tradition, politics, and an understanding of nature are compacted as if they were under a burning glass. It is for this reason that biographical research can be synthetic in an exemplary way. In the 1920s Albert Einstein was once asked if the world could be explained once one had a full and complete understanding and explanation of a speck of dust; the gist of his answer was: yes, of course. There is a similarity here with the constructor who holds the key to the understanding of the whole world of construction. Another similarity comes to mind when the recently deceased Scottish-American historian Gordon A. Craig defined historiography as "the study not of conditions, but of people operating in conditions" explicitely taking guidance from Thucydides, who described the pre-history, the causes, and the course of the Peloponnesian War around 400 B.C[29]. It is because construction history acknowledges human beings as one of its principal subjects that it activates and develops its own synthesising potential.

A second area of investigation is provided by the networks people form and in which they act, structures in which and between which construction happens, structures which influence civil engineering and which are influenced by civil engineering: companies, associations,

28 Febvre: *Ein Historiker*, p. 18.

29 Johannes Wilms: In Umständen. Zum Tode des Historikers Gordon A. Craig. In: *Süddeutsche Zeitung* No. 253, Nov. 13th 2005, p. 13.

universities/colleges, national and municipal administrations, and also, time and again, the military sector.

The third area encapsulates the sum total of the products of construction, be they designs, visions, theories, or regulatory systems; and of course, and first and foremost, buildings, the constructions themselves. It is through the focus on the individual building and load-bearing supporting structure that construction history positions itself within the context of the history of technology in general. The construction of a car is characterised by drawings, calculations, visualisations, publications, prototypes – the car itself, produced many thousand times following this process is only of subordinate interest. This is altogether different from civil engineering. Let us not be diverted by faint-hearted historical attempts at serial production. In general, in civil engineering the planning chain is completed with the construction of the prototype – which in addition is almost always different from its envisaged projection, because the last part of the creative process is construction, the act of building. In construction history the individual load-bearing supporting structure progresses to the principal epistemological object, precisely because it is the only one.

And what about the specific sources of construction history? "History starts from texts." However simple and elegant Lucien Febvre's methodological ground rule from the 1930s may be, it is insufficient in our case. Yes, of course, texts. But even the academic study of general history today uses other routes into history, and construction history in particular seeks its pictographs of construction essentially in the artefacts themselves, in the constructions and their substantiality. The buildings at the same time are both – the object of examination as well as the sources. The point is to read them. Simple, yet so difficult.

METHODOLOGY: CONSTRUCTION AND RECONSTRUCTION

The concept of *Historische Bauforschung* ("Historical building research") as a description of a methodological approach to these specific sources and resources was devised by German architectural history, in the knowledge that methodological elements of archaeology were being adapted here. This approach was developed by architects to distinguish historical research into building from the humanities, archaeology, and art history: its aim was to explain historical architecture from the point of view of its intellectual producers, namely its designers. Their epistemological interest extended from formal architectural aspects via construction and engineering to aspects of the social history of architecture and the city, research into historical building being both across time and interdisciplinary. This type of approach also contains great methodological potential for construction history as it allows for the formulation of its specific problems and objectives. For the archaeological approach to Construction History in the sense of *Historische Bauforschung* the single stone, the single bolt, the single piece of reinforcing steel, they all are regarded as the key to discover the stories behind –the process of design and construction in its individual uniqueness as well as its specific historical background[30].

A second specific methodological potential of construction history is to be found in the integration of approaches and methods in engineering science. In connection with traditional historical methods this methodological potential opens up unique opportunities for historical analysis and evaluation. For instance old structures can be comprehended and evaluated more clearly with today's modelling techniques and calculations in relation to fundamental criteria such as structural safety and risk. But above all, academic engineering competency can help to reveal, understand, and place contemporary modelling techniques and theories. It is an essential key to an understanding of historical construction. Without such a key, the analysis will often be unsatisfactory.

However, knowledge of engineering is neither a sufficient nor a necessary condition – more important, and perhaps even essential, is an affinity with the *eye of the constructor.* Paul Valéry, *poète-philosophe* of the early 20th century, emphasised this aspect in his fascinating studies on Leonardo da Vinci. He found the beautiful phrase the "joys of construction": "Those who have never dared to venture into the act of construction, already completed when others only begin to see it (…), those who have not seen a picture on a blank page, (…) and those who

30 *Cf.* e.g. Salvatore D' Agostino: Historical buildings as an archive of the material history of construction. In: Becchi: *Towards a History of Construction*, p. 369-376.

have not seen a non-existing building in the transparent atmosphere, those who have not experienced dizziness at the distance from a goal, (...) those do not know (...) the wealth and the abundance and the intellectual range, which illuminate the fact of construction."[31]

"To illuminate the fact of construction..." – where do we put the spotlight, though? Let us not kid ourselves. In the process of illuminating we are already constructing. Eyery history itself is construction. The piece of iron before us may have an objective quality but right from the first time we notice it, we endow it with our own subjective meaning and that meaning will remain, will be irreversibly attached to it. "Let us not have any illusions," so Febvre warns, "people do not remember history but reconstruct it constantly." They "do not keep the past in their memory like the ice of the North keeps the mammoths of the Stone Age. They start from the present – and only through the present they recognise, they interpret the past."[32] Valéry only grants the author the opportunity either to "experience" his hero or to "construct" him. In the former case, he ventures into "anecdotes, details, moments", in the latter there is an "implicit a priori acceptance of existence, which could be *quite different*."[33] One can read Schinkel diagonally: Not only "architecture is construction"but "history is construction".

PRACTICES NOT JUDGEMENT

So, as unavoidably every reconstructed story is a construction of one's own take on a story, as tenacious it is accompanied by the constant temptation to develop it into the strategic narrative of the mighty stream rushing towards one's own position. The methodical imperative to thwart this temptation is relatively simple: Let us ignore progress, let us not disguise our views, let us approach history with deep humility. Let us read it anew, again and again, as effects of different practices of construction, as side-by-side, hardly consecutively. Let us acknowledge it as a strange world with enigmatic activities and practices –this is

31 Paul Valéry: Introduction à la méthode de Léonard da Vinci. 1894, 1933. German translation in: Karl August Horst; Jürgen Schmidt-Radefeldt: *Paul Valéry. Leonardo da Vinci. Essays*. Frankfurt am Main 1998, p. 7-61, here p. 40.

32 Febvre: *Ein Historiker*, p. 20.

33 Valéry: Introduction, p. 11.

what people do, so writes Paul Veyne[34]: Let us read these practices in ever new diachronic periods, let us read them across history, across disciplines, across cultures. Let us place them in different contexts, and let us explain them in their assembled history.

But most of all: Let us not forget that history, its subject matter or its purpose, is not an exact science, but part of the humanities. This allows for some flexibility in written history and extends to questioning how research is to be reported. The great among historians, above all, have looked upon history as a literary discipline. They tell history with profound knowledge but in artistic form, liberated from what we commonly call academic style – as a novel, as an essay, as a children's book, as a film, playfully. The extent to which construction history is still in its infancy is revealed by the almost total absence of artistry and elegance of the kind exhibited in other branches of history right from their beginnings.

The literary approach is, however, not just an option of representing academic knowledge. It is knowledge itself, it is the key to an understanding deeper than academic study; it goes beyond and exceeds the boundaries of analytical-academic knowledge. Once we accept that we cannot but re-construct history constantly, it becomes obvious that this kind of approach is decisive, that it in fact determines history itself. That which we cannot grasp, remains a closed book. An academic analytical approach produces academic analytical history and that means that the part that is alive, the part of history that cannot be grasped by this means, is being discarded. In his masterpiece *Der Gegensatz* ("Contrast") Romano Guardini considers the limits of academic knowledge: "Only knowledge that can be formalised into concepts is academic knowledge. (…) Academic knowledge is the conceptual understanding of objects by making judgements and drawing conclusions. (…) (Yet) the concept essentially points to the purely general, the abstract, the formal. (…) That which is alive, liveliness, remains inaccessible."[35]

Let us use as an example the difficult category of creativity in construction history, the "combination of inspiration and logic"[36],

34 Paul Veyne: Foucault révolutionne l'histoire. In: *Comment on écrit l'histoire*. Paris 1979. German translation: *Der Eisberg der Geschichte*. Berlin 1981.

35 Romano Guardini: *Der Gegensatz. Versuche zu einer Philosophie des Lebendig-Konkreten*. Mainz 1995, p. 17.

36 Bill Addis: *Creativity and Innovation. The structural engineer's contribution to design*. Oxford 2001.

tantalising at the same time as is it difficult. In his first essay on Leonardo, written as early as 1894 and bearing the programmatic title *Introduction à la méthode de Léonard da Vinci*, Valéry construes the master of the renaissance as the ideal genius, the personification of creativity absolute. "Leonardo's secret" was embodied in his ability "to find relationships between objects whose connection cannot be understood on the basis of natural law." Creativity means "to awaken from the slumber of a type of thinking which has continued for too long."[37]

Is it appropriate to make sense of this type of "creativity" by academic means alone? Guardini recommends, with reference to the epistemology of antiquity, a twin track approach which combines intuitive and rational knowledge, abstract conceptualisation and experiential, observational, creative efforts, an approach that does not regard practical intuition and abstract conceptualisation as opposites[38]. And Valéry too, the more he discovers Leonardo as an emblematic figure for the meeting of different spheres, the less willing he is to accept the simple incompatibility between art and science. He enters emphatically the "in-between region of the different spheres", to quote Mai Wegener, who recently wrote a beautiful short essay on Valéry, informed by the awareness "that the separation between the natural sciences and the arts can only be asserted from one vantage point, one which lacks the perspective on the process of formation but is only concerned with the end product. Rather than focus on the buildings (…) Valéry concentrates on the construction."[39] The process of formation and the process of construction: into what other direction could construction history be heading? It cannot help but venture to the margins of traditional academic methods, even if limited, for obvious reasons, to re-production and duplication, or to an immersion in places, to tracking and to tracing, to meditation. There are many kinds of approaches and knowledge waiting to be explored.

37 Valéry: Introduction, p. 16, 18.

38 Guardini: Gegensatz, p. 20.

39 Mai Wegener: Tout le reste est … littérature. Valéry und die Frage nach der Wissenschaft. In: *Trajekte*. 3 (2003) No.6, p. 39-43.

PROGRAMME: HISTORIES MAKE HISTORY

Just over quarter of a century ago, the Parisian philosopher Jean-Francois Lyotard published a paper which he regarded as an occasional piece. Essentially, it was intended as a straightforward report for the Canadian government, but *La condition postmoderne – rapport sur le savoir*[40] was soon to occupy a key position in the early stages of the debate around what we now call postmodernism. Not long after, it was published in German under the title of *Das postmoderne Wissen* (Postmodern Knowledge). The paper's detonating fuse lay in a radical break, and in the intention, consistently developed, to "understand innovations in science and technology, in politics, in day-to-day life, and in the arts not only, as had been customary, as a progression of the project Modernity but as phenomena of a break with this project. "[41]

Since then, the post-modern movement has matured to express a fundamentally changed perception of the world and its history and it now transcends all academic disciplines and boundaries. In the process of deconstructing modernity's programmes and ideals the great narratives of western thinking, in which past and present forever moved towards a concrete and better future, disintegrate: the Old and New Testament, the enlightenment, Kant, Hegel, Marx. Georg Mehrtens' history of German bridge construction in the 19th century was one of these great narratives which pledged salvation in the Promised Land with its message that the "great technical inventions" presented "this century with the blessing of labour and at the same time with the most reliable basis to become '*better and happier*'"[42].

But a hundred years later there are no more promises of salvation, no more causalities, no more mechanistic pictures of an advance, no more predictability, no more prognoses, no more truths. The signs have been taken down; we stand, a little aimless, in the here and now, and we cut our cloth accordingly. Only a very modest and vague notion of uniformity

40 Jean-Francois Lyotard: *La condition postmoderne: rapport sur le savoir.* Paris 1979.

41 Lyotard: *La condition*, p. 9.

42 Mehrtens: *Der deutsche Brückenbau*, p. 1.

and occasion remains of the way of the world and of history. Not much more yet. But it is precisely because of this that historiography is set to become exciting. The less we can make out a direction, the less we can anticipate the future, the more history gains; it will shine in renewed beauty as the great enigma, the puzzling mystery with no future.

What is the agenda for construction history in this postmodern age? As we have seen it always is a specific way of interpretation. History is interpretation or it is not history. That is the first point on the agenda. We put it under an obligation to refuse legitimation, a legitimation which perceives the present only as the future of history and distorts history to justify what is. That is the second point on the agenda. But there is a third point, old and simple, the agenda of all history. It still aspires to be an exhaustive inventory. This is utopia, never reached but always pursued: to transform all the layers of past events to history by writing them down.

Loss of being directed has far-reaching consequences for the inventory of construction history. If I were certain that crystals explained the world, I should collect crystals – if I were no longer sure, I should consider what else to collect. If history is no longer a stream with a direction but an ensemble, then its inventory must be opened to include the multi-layered, the opaque, the strange, the unexpected, the odd, and the forgotten. If there is no direction, it becomes the duty of construction history to focus on that which does not fit the discarded course of development – even if all we do is to stop measuring history by the familiar means of linking structural analysis and construction, engineering science and constructional engineering.

Never again the inventory will be the one great narrative. Construction history, too, will gain through an understanding that its richness derives from the many narratives, from narratives which acknowledge otherness without intending to crystallise a main thread. New categories of diversity appear, cultures of constructing, screaming to be discovered and to be compared with all their implications, values which change from culture to culture and are neither right nor wrong[43]. We encounter such outstanding beauty, such astonishing narratives, almost virgin territory

43 *Cf.* e.g. in the field of mechanical engineering Wolfgang König: *Künstler und Strichezieher. Konstruktions- und Technikkulturen im deutschen, britischen, amerikanischen und französischen Maschinenbau zwischen 1850 und 1930*. Frankfurt a.M. 1999. idem:

–the history of construction as wide terra incognita. The construction history of our young century will again be, though different from 100 years ago, a history made up of many hi-stories.

WHAT IS THE SIGNIFICANCE OF CONSTRUCTION HISTORY?

The audience gathered in the West Berlin lecture hall for the annual lecture of the *Deutsche Betonverein* (German Concrete Association) in 1971 were treated to a most interesting and reflective address by the historian Golo Mann, entitled "Can we still Learn from History?" His conclusion, reached by citing a great number of examples as part of his discourse, was the advice to approach history's predictive potential with scepticism. Even then, he already perceived history primarily as "the surprising, the unpredictable". For Golo Mann, it is rather particular basic attitudes we can learn from history: "It could be a teacher of modesty, an antidote against all kinds of fanaticism, against self-satisfaction, against black-and-white thinking, and dogmatism. This is what history could be."[44]

Yet, perhaps it teaches us something else. Of course, the solution to the problems of today cannot be found in another epoch. The crux of the matter is not the renewal of an old pattern of construction, a view, an attitude, or morality – but the appropriate transformation of these issues. It is not about the future – but about the present. The justification of current practice does not rely on the past – but the past does recover its genealogy. History, if read as such, as genealogy, is nothing but an analysis and critique of the present.

Construction history derives immense significance from this. If we focus on construction, in all its facets, and refrain from limiting ourselves to one culture or to one subject, while at the same time avoiding sinking in generalities, if instead we open up complex dynamic areas of

Der Kulturvergleich in der Technikgeschichte. In: *Archiv für Kulturgeschichte* 85 (2003), p. 413–435.

44 Golo Mann: Können wir noch aus der Geschichte lernen? In: Deutscher Beton-Verein e.V. (ed.): *Vorträge auf dem Betontag 1971*. 1971, p. 35-49, quote p. 49.

enquiry which link several traditional cultures and disciplines – then construction history will unfold into narratives of finely differentiated construction languages. How can knowledge about diversity not be an enrichment for today's construction practice? A practice which welcomes challenges, courageously questions current practices, and which develops optimal ways of managing and using materials. History as a productive force of a new way of building: from the archaeology of construction to the target of a new genealogical teaching of the act of construction is but one little step[45].

Here we find the first concrete level of significance, of how of construction history can enrich civil engineering. The second level concerns its inventory. There is no need to stress that nowadays the field of handling with still existing buildings, the field of reconstruction and rehabilitation, is one of the largest parts of building activities. But an intelligent and appropriate intervention in existing structures is hardly imaginable without knowledge of the history of construction. It is a necessary condition for every present-day builder or designer who is concerned with our built heritage, be it in measuring and monitoring or restoring and reinforcing. Whether one works with the old or new –in both cases one needs history. All of a sudden it appears as a practical discipline. But let us not make the mistake of erecting a barrier between applied and "free" history as an either/or. The histories remain the same, and they always begin with the same aimless, curious, open, honest initial move.

Last not least there is a third level of significance which applies to construction history as "free" discipline, and this one extends far beyond the actual building sector. Let us assume we manage to develop construction history not only as narratives of our technological age but also as narratives of human civilisation. Let us assume we commit ourselves, irrespective of the imperative for absolute methodological honesty, less to the search for a truth in the dichotomic sense of right or wrong, but rather towards a truth in the sense of the humanities, of

45 In greater detail: Werner Lorenz: Archäologie des Konstruierens. Eremitage, Walhalla, Neues Museum Berlin. In: Bundesingenieurkammer (ed.): *Ingenieurbaukunst in Deutschland. Year-book 2005*. Hamburg 2005, p. 172-181; for the concept of historical-genetic statics (and historical-genetic theory of technology) *cf.* Karl-Eugen Kurrer: *Geschichte der Baustatik*. Berlin 2002, p. 455-459.

the people's knowledge[46]. This would entail the chance to appreciate construction and constructional engineering anew, as technology *and* culture. Construction history would then open up as an epistemological medium for the highly technological world with its development over thousands of years, the world in which we live today and tomorrow – in which we are both allowed to live and obliged to live. Understood in this way construction history then turns to not less than a technical anthropology.

Werner LORENZ

46 It would be worthwhile to pursue the discussion on the category of truth, on the dialectic of subjective objectivity in the history of (constructional) engineering separately.

CONSTRUCTION HISTORY

Between Technological and Cultural History[1]

INTRODUCTION

Construction history is a thriving domain. With its international attendance and the large range of themes and topics dealt with, the Second International Congress of Construction History organized in Cambridge in spring 2006 was a good proof of it[2]. Some twenty years ago, a similar enterprise would have been certainly more modest in scope and ambition. This spectacular success provides a good opportunity to question construction history, to envisage in particular the type of relation it has or should have with other domains of historical research. In this paper, I would like to examine in particular its position vis-à-vis history of technology on the one hand, cultural history on the other.

While its relation to history of technology may seem simple at first, a closer look reveals a series of complex problems. For construction history represents both an integral part of history of technology and a very special field with strong idiosyncrasies. What are the sources of these idiosyncrasies? Should they be cultivated or rather toned down? These are some of the issues that arise almost immediately upon the examination of the relation between construction history and history of technology.

---

1 This text was previously published as Antoine Picon, "Construction History: Between Technological and Cultural History". *Construction History. International Journal of the Construction History Society* 21 (2005-2006): 5-19. It is published here with the permission of the author and of *Construction History*.

2 See M. Dunkeld, J. Campbell, H. Louw, M. Tutton, B. Addis, C. Powell, R. Thorne (ed.), *Proceedings of the Second International Congress on Construction History*, London, Construction History Society, 2006.

How can construction history contribute to the historical study of culture, in the broad sense given to that latter term by anthropology and sociology, represents another interrogation. This interrogation is of course part of a more global question regarding the articulation between technology and culture. On that subject the proposition I would like to make towards the end of this article is that construction history offers today a unique opportunity to rethink the relations between technology and culture. Part of its appeal, an appeal once more epitomized by the Cambridge Congress, is linked to the perspectives it offers on that key problem.

CONSTRUCTION HISTORY AND HISTORY OF TECHNOLOGY

As I just pointed it out, while construction history can be considered as a branch of the history of technology, its position within this broader field appears as somewhat marginal. This marginal position is especially evident in the studies devoted to nineteenth- and twentieth-centuries technological evolution. For these studies are dominated by the question of industrialization. In standard accounts of the industrialization process, and despite its economic weight, the building industry is not usually scrutinized with the same attention as manufacturing. The importance given to construction is more pronounced for earlier periods like Antiquity or Middle Age, for sure. As a whole, history of technology has had nevertheless a tendency to concentrate on other questions than those that construction history is typically interested in.

There are reasons for that situation. Some of them are the direct product of the very specific way construction history has emerged as a field. Actually, construction history was among the first domains among those we place today within the realm of the history of technology to be extensively studied. Whereas industrial history was still in its infancy, an object of curiosity rather than a field of real inquiry, the nineteenth century was marked by the publication of major contributions to the history of construction like Gottfried

Semper's, Eugène-Emmanuel Viollet-le-Duc's or Auguste Choisy's writings[3]. Many of these founding fathers were architects or engineers. Because of that, and although construction history claimed to follow the strict rules of archeology and scientific history, the domain bore the mark of doctrinal and professional concerns. For Semper or Viollet-le-Duc, the analysis of the construction techniques of the past was for instance inseparable from theoretical and practical questions pertaining to nineteenth-century architecture, to its fundamental incertitude regarding in what style and how to build in particular[4]. This attitude is especially clear in Viollet-le-Duc's *Lectures on Architecture* in which the author tries to apply the Gothic approach to nineteenth-century architectural problems like the use of cast and wrought iron, an endeavor linked to the controversy that had risen between him and the architect Louis-Auguste Boileau a few years before the publication of his ambitious treatise[5]. (Fig. 1)

Doctrinal and professional concerns have never entirely disappeared from the field. They are for example discernible in studies like David Billington's *The Tower and the Bridge*, or Kenneth Frampton's *Studies in Tectonic Culture*[6]. In both case, the agenda of the author is not only historical, but also professional.

Beside architects and engineers, historians of art began to delve into construction history towards the end of the nineteenth century. Because of the origins of its main contributors, let them be architects, engineers

3 See among others the texts tranlated into English in G. Semper, The Four Elements of Architecture and Other Writings, Cambridge, Cambridge University Press, 1989; E.-E. Viollet-le-Duc, Dictionnaire Raisonné de l'Architecture Française du XIe au XVIe Siècle, Paris, B. Bance & A. Morel, 1854-1868; E.-E. Viollet-le-Duc, *Entretiens sur l'architecture*, Paris, A. Morel et Cie, 1863-1872; A. Choisy, Histoire de l'Architecture, Paris, 1899, new edition Paris, Serg, 1976.

4 This incertitude is well conveyed by the title of the German architect Heinrich Hübsch's 1828 essay: *In welchen Style sollen wir bauen?*, "In What Style Should We Build?". An English translation of this essay is to be found in H. Hübsch et al., *In What Style Should We Build: The German Debate on Architectural Style*, Santa Monica, The Getty Center for the History of Art and the Humanities, 1992.

5 E.-E. Viollet-le-Duc, *Entretiens sur l'architecture*, « Douzième Entretien ». On the controversy between Viollet-le-Duc and Boileau, see B. Marrey, *La Querelle du Fer: Eugène Viollet-le-Duc contre Louis Auguste Boileau*, Paris, Editions du Linteau, 2002.

6 D. Billington, *The Tower and the Bridge: The New Art of Structural Engineering*, 1983, new edition Princeton, Princeton University Press, 1985; K. Frampton, *Studies in Tectonic Culture: The Poetics of Construction in Nineteenth and Twentieth Century Architecture*, Cambridge, Massachusetts, MIT Press, 1995.

or historians of art, construction history was almost exclusively centered on physical objects, like buildings or structural types, like the Greek temple or the Gothic cathedral. There again, this feature remains to a certain extent the case today, despite the development of studies devoted to the building professions or the production and use of materials.

FIG. 1 – E. E. Viollet-le-Duc, vaulted room inspired by gothic Principles, *Entretiens sur l'architecture*, Paris, 1863-1872.

In summary, in its infancy construction history was marked by doctrinal and professional questions, as well as by the importance given to physical objects. Although the field has expanded in a spectacular manner, these two features are still present today even if it is in a much attenuated manner. After all, when taught, construction history is mainly present in architectural and engineering programs, or in history of art departments.

At its birth, modern history of technology was as for it an offspring of less professionally-oriented questions like the origins of industrialization. The links that developed soon between history of technology and history of economy contributed to orient history of technology towards problems like the general mechanisms of innovation. By the same token, history of technology rapidly abandoned the detailed study of tools and machines to give precedence to the analysis of processes, let them be purely technological or economical and social.

As I already said, these differences have decreased in the past years. Compared to what it was some twenty years ago, construction history is far more autonomous from the professions of architect or engineer today. From the study of the emergence and diffusion of new materials to the analysis of the social dynamics at play in the building industry, processes are far more present and the precedence given to objects has greatly diminished.

For instance, this trend is easy to observe in the series of studies that have been devoted to the origin and development of concrete. Instead of focusing only on buildings and structural types, these studies have dealt with a complex mix of technological, economical and social dynamics. With the study of key entrepreneurs like Hennebique or the social structures of early American concrete industry by scholars like Gwenaël Delhumeau or Amy Slaton[7], we are very far away from the traditional evocation of structural masterpieces created by major figures like Perret or Torroja. (Fig. 2) This evolution is also discernible in more traditional domains like the study of Romanesque and Gothic construction. There also, the attention given to the economic and social aspects is a striking feature of many recent studies.

7 G. Delhumeau, *L'Invention du Béton Armé: Hennebique 1890-1914*, Paris, Norma, 1999; A. Slaton, *Reinforced Concrete and the Modernization of American Building, 1900-1930*, Baltimore, The Johns Hopkins University Press, 2001.

FIG. 2 – Hennebique Company Central Office in Paris (Hennebique Archive, Paris).

Nevertheless, construction history remains special because of its connection to problems of design, often with an aesthetic dimension. Even when it is not integrated to an architectural or engineering program, construction history, especially when studying non-vernacular realizations; is confronted to design and aesthetics. Even when it deals with builders, like Guastavino currently studied by John Ochsendorf[8], design and aesthetics are difficult to avoid. Because of this connection the domain is marked by two seemingly contradictory features.

The first one is the attention often paid to the dimensions of knowledge and theorization. Through question like stereotomy, the science of stone cutting, or structural design, construction history has for instance close ties with the history of geometry and mechanics The work of the late Eduardo Benvenuto, his *Scienza delle Costruzioni* in particular, or Joël Sakarovitch's seminal study on stereotomy, *De la Coupe des Pierres à la Géométrie Descriptive*, are representative of those ties[9]. At another

8 J. Ochsendorf, « Los Guastavino y la Bóveda Tabicada en Norteamérica », in *Informes de la Construcción*, vol. 57, n° 496, April 2005, p. 57-65.

9 E. Benvenuto, *La Scienza delle Costruzioni e il suo Sviluppo Storico*, Florence, Sansoni, 1981; J. Sakarovitch, *De la Coupe des Pierres à la Géométrie Descriptive* XVIe-XIXe *Siècles*, Bâle, Birkhäuser, 1998.

level, books like Bill Addis' *Structural Engineering* raise the question of a possible theorization of design[10]. In that respect, construction history is far more preoccupied with intellectual and even cognitive aspects than other domains of the history of technology.

Conversely, construction history is also somewhat special in its extreme attention to technological details. Whereas it is often difficult to get an exact idea of the machines or the processes evoked in many historical studies of industrial innovation, numerous construction history studies are based on precise and often minute descriptions. Can one understand indeed a realization like Eiffel Nice Observatory without entering into the detail of its hydraulic mechanism? (Fig. 3)

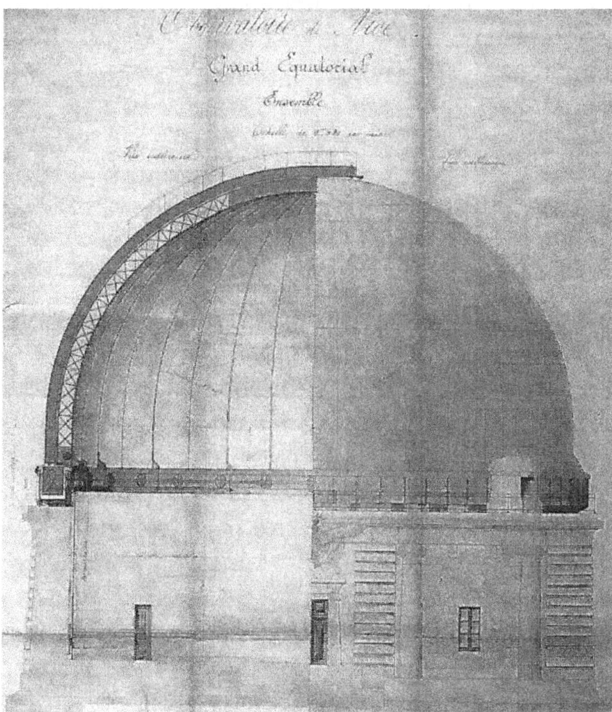

FIG. 3 – G. Eiffel, Nice Observatory
(Archives Nationales, Paris).

10 W. Addis, *Structural Engineering: The Nature of Theory and Design*, London, Ellis Horwood, 1990.

This tension between the speculative and the factual is of course not a monopoly of construction history. It is however especially pronounced in the field. It contributes to give it a special flavor that is not to be found in other fields. But it reinforces at the same time the relative isolation of construction history within the larger realm of history of technology.

Are the features I have been evoking, from the enduring presence of professional concerns to the tension between the speculative and the factual a good or a bad thing? They represent for sure a challenge since they contribute to make the domain somewhat special. But they are at the same time full of opportunities, as I will try to show at the end of this presentation.

But before returning to this question, I would like to discuss now the relations between construction history and cultural history.

CONSTRUCTION HISTORY AND CULTURAL HISTORY

These relations are by no means less complex than those that exist between construction history and history of technology. What can construction history teach us regarding the culture of a given society, if one chooses to define culture as the system of shared values, representations and practices that make collective life possible?

For the nineteenth-century pioneers of the domain, these relations were self-evident. Viollet-le-Duc saw for instance Gothic as intimately linked to mediaeval urban culture. In his eyes, Gothic architecture was first inseparable from civic concerns. Cathedrals were supposed to serve these civic concerns by enabling gatherings. For the author of the *Dictionnaire raisonné*, the thin ribbed vault was the direct consequence of the high cost of materials and labor that characterized urban life. Its ribbed structure implied the use of flying-buttresses with the rigor of a mathematical theorem corollary. The lancet arch enabled a standardization of the stone cutting there again in accordance with the cost of materials and labor. Finally, Gothic was far more than a structural principle. It was a mode of reasoning, an attitude towards life that epitomized what was truly essential and by the same token modern in mediaeval urban life. In almost Hegelian fashion, it was because of these deep roots into the culture of its time, that Gothic could be considered as a universal model. Viollet-le-Duc did not advocate by the way the direct transposition of Gothic forms to nineteenth-century architecture. He was never a neo-gothic architect proper. What he wanted was to capture the fundamental spirit of adaptation to the condition of the time that characterized according to him Gothic architecture, hence his attempt at transposing the Gothic lesson to modern cast iron construction in his *Lectures on Architecture*.

In Viollet-le-Duc's just as in Semper's writings, construction problems were by the way inseparable from ornamental ones, the latter being also in close contact with the cultural practices of their time. Hence the parallel between the Egyptian capital and Egyptian hairstyle that was self-evident for Semper.

The belief that construction represents indeed a privileged expression of culture and that it is often linked to ornamental issues was to remain present until the end of the nineteenth century. It permeated for instance Louis Sullivan's approach to the skyscraper problem. For the latter, the skyscraper was both a question of steel frame, as exemplified by Le Baron Jenney's pioneering realizations like the Fair Store Building, and a problem of ornament[11]. Both were eminently cultural. Both had to express the dynamic spirit of the time through constructive rigor as well as through the rhythmic quality of the ornamentation. This is among others the message carried by a masterpiece like his 1891 Wainwright Building in Saint Louis (Fig. 4).

We are still convinced by those kinds of links when dealing with traditional societies and vernacular construction techniques. We have no difficulty for instance to relate the structure of the South Algerian M'Zab cities with the culture of the people who have built them[12].

Despite our greater familiarity with modern and contemporary western style construction techniques, their link to culture seems less evident at first. If we have no problem in relating major realizations like the 1851

11 See for instance D. Van Zanten, *Sullivan's City: The Meaning of Ornament for Louis Sullivan*, New York & London, W. W. Norton & Company, 2000.

12 See A. Ravéreau, *Le M'Zab: Une Leçon d'Architecture*, Paris, 1981, new edition Arles, Actes Sud, 2003.

Crystal Palace to the emerging culture of industrialization[13], we tend to be more cautious usually when dealing with other construction history topics, as if they belonged to a highly specialized domain that had no immediate connection with the broader issues that cultural history is usually interested in. Major technological innovations like the development of pre-stressed concrete during and after World War II seem for instance difficult to link to specific cultural issues. The historian and the critic are usually mute on such a subject when they deal with objects like the very first pre-stressed bridges, the bridge on the river Oelde, built on the eve of World War II by the German company Wayss and Freitag for example (Fig. 5).

FIG. 4 – Sullivan, Wainwright Building in Saint Louis, detail of the decoration.

13 *Cf.* T.-F. Peters, *Building the Nineteenth Century*, Cambridge, Massachusetts, MIT Press, 1996; H. Hobhouse, *The Crystal Palace and the Great Exhibition. Art, Science and Productive Industry: A History of the Royal Commission for the Exhibition of 1851*, London, New York, The Athlone Press, 2002.

FIG. 5 – The Oelde Bridge from below.

Usually, when one tries to relate modern and contemporary constructive developments to cultural issues, one has to consider their impact on architecture and engineering. To make sense of François Hennebique's realizations, historians have for instance stressed the connection between his use of photography and the quest for a new objectivity that characterized around the same time modern art (Fig. 6). This quest was to mark in its turn modern architecture. The similarity between the type of photography sponsored by Hennebique and those produced and manipulated later by Behrens and Le Corbusier is quite striking[14].

Another set of mediations can be provided by social and economical history as well as by general history of technology. Hennebique's practice can also be interpreted in the light provided by the advent of what historian Tom Hughes has called "large technological systems", systems raising specific problems of organization and control, systems that dwell also extensively on aggressive advertising[15]. In that respect,

14 G. Delhumeau, J. Gubler, R. Legault, C. Simonnet, *Le Béton en Représentation. La Mémoire Photographique de l'Entreprise Hennebique 1890-1930*, Paris, Hazan, 1993.

15 Tom Hughes, "The Evolution of large technological systems", in W.-E. Bijker, T.-P. Hughes, T. Pinch (ed.), *The Social construction of technological systems*, Cambridge, Massachusetts,

with his complex system of patents, franchised offices and companies, and advertising media, Hennebique is a true contemporary of someone like Edison.

FIG. 6 – Shoe Factory in Boston realized using Hennebique patents, 1911, (Hennebique Archive, Paris).

In a somewhat similar way, the recent history of space and pneumatic structures reproduces a tension between militaristic and technocratic dimensions and aspirations towards a greater degree of freedom that characterize many other aspects of the 1950s and 1960s technological and social trajectory. Geodesic domes were to be found for example both in Buckminster Fuller commissions for the military and in alternative communities like Drop City. Similarly, the researches on inflatable

1987, new edition Cambridge, Massachusetts, MIT Press, 1990, p. 51-83.

structures circulate from the military-industrial complex to 1968 counterculture[16]. (Fig. 7)

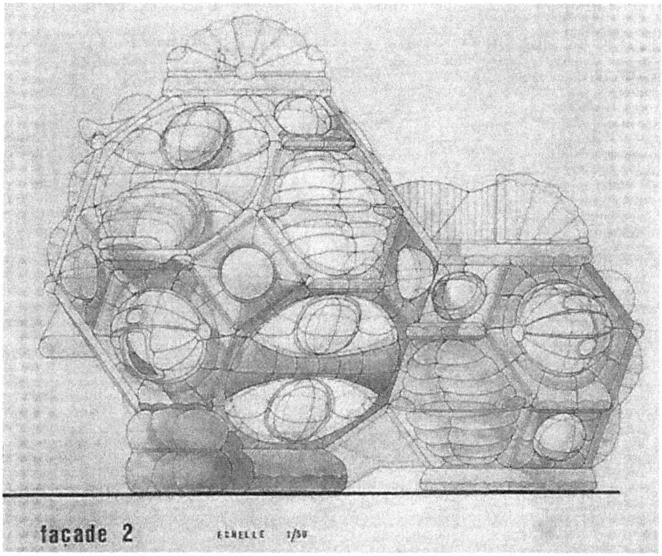

FIG. 7 – J. P. Jungmann, Dyodon, an experimental pneumatic dwelling, École Nationale Supérieure des Beaux-Arts, 1967.

However these links leave aside intellectual and cognitive dimensions that had been more systematically invoked by nineteenth-century authors like Viollet-le-Duc. For the latter, Gothic was once more synonymous with a mode of reasoning. This mode of reasoning was in its turn plugged into the broader culture of the Middle Ages. Erwin Panovsky's 1951 famous essay *Gothic Architecture and Scholasticism* was probably one of the last expressions of this kind of approach[17]. Panovsky's main argument, the analogy between the hierarchy of Gothic architecture and the structure of scholastic reasoning was of course disputable. Such an ambitious attempt at relating a construction mode as extensive and varied as Gothic to the intellectual world is always risky. Despite this

16 M. Dessauce, *The Inflatable Moment: Pneumatic and Protest in '68*, New York, Princeton Architectural Press, 1999.

17 E. Panofsky, *Gothic Architecture and Scholasticism*, Latrobe, The Archabbey Press, 1951.

risk and the confusion it can lead to, one cannot but be struck by the fact that construction represents an endless source of metaphors, from the vault that inspired Classical authors like Charles Perrault or Heinrich von Kleist[18] (Fig. 8), to the cantilever exalted in various contemporary writings. These metaphors indicate that its relation to culture is far more profound than what one might suppose at first.

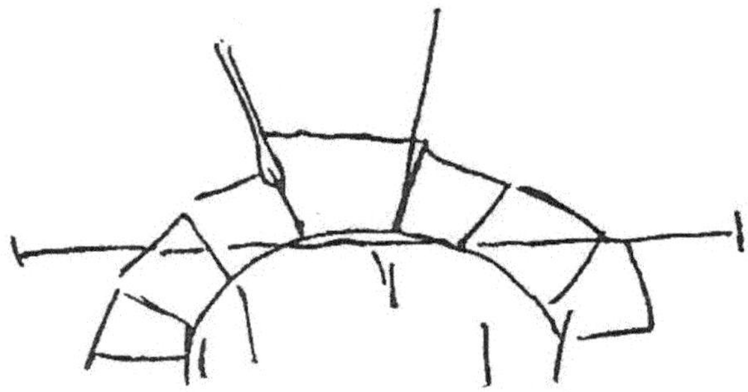

FIG. 8 – Heinrich von Kleist, diagram of a vault,
letter to Wilhelmine von Zenge, 18 november 1800.

On one side, construction points towards abstract and general thought. Even if his analysis of Gothic was flawed by excessive generalization, Panovsky was probably right in supposing that at some points in history, there are connections between tectonic choices and intellectual preferences. At a much more limited scale than Panovsky, I have tried for instance in various articles to show how the theme of the primitive hut and the constructive pattern of trabeation have to do with the trend towards analytical reasoning that characterizes second-half-of-the-eighteenth-century France[19]. The quest for structural clarity that explains the preference given to a clear-cut distinction between vertical and horizontal members, in other words, the preference given to the system of the column and

18 Ch. Perrault, *Pensées Chrétiennes*, Bibliothèque Nationale de France, MS F 25575; H. von Kleist, letter to Wilhelmine von Zenge, 18 november 1800, quoted in Bernard Vaudeville, « Structure », in A. Picon (ed.), *L'Art de l'Ingénieur: Constructeur, Entrepreneur, Inventeur*, Paris, Editions du Centre Pompidou, Le Moniteur, 1997, p. 470-471, p. 471 in particular.

19 A. Picon, "The Freestanding Column in Eighteenth-Century Religious Architecture", in L. Daston (ed.), *Things that Talk: Object Lessons from Art and Science*, New York, Zone Books, 2004, p. 67-99.

entablature instead of the arch in various French eighteenth-century churches, the so-called freestanding column churches, has to do with a contemporary tendency to reason using systematic decomposition of complex objects into well-distinguished elements.

In a similar vein, contemporary structural creativity is clearly related to a series of evolution in the way we reason on nature. It bore for instance the mark of the dynamic interpretation of natural structures that expressed itself in the scientific work of Haeckel's or Darcy Thompson at the turn of the century, hence the enduring success of Thompson's book, *On the Growth of Form*, among architects and engineers. Later, from the 1950s on, it was to be marked by the notion of pattern that was developed in connection with cybernetics and system theory, a notion mobilized in the domain of the arts and design by a theorist like Gyorgy Kepes[20]. All these connections represent a first side of what constructive metaphors are about.

But also, constructive metaphors have also to do with a much more intuitive level at which our understanding of the natural constraints is dependent on our historically determined perception of the body. In order to clarify what I mean by this dependence of the understanding of natural constraints on the historically determined perception of the body, I would like to start from a quotation from the famous Spanish engineer Eduardo Torroja.

In his 1957 book, *The Reason of Structural Types* Torroja wrote that "Vain would be the enterprise of somebody who would propose himself to design a structure without having understood to the backbone the mechanical principles of inner equilibrium[21]." Being an engineer, he saw those principles and their interiorization as something that was independent from history. I would like to challenge this position. For in the understanding to the backbone of the mechanical principles of inner equilibrium we are necessarily indebted to the way we perceive our body and its movements. In the past decades, cultural historians have multiplied studies showing how this perception is to a certain extent a social construct. Gravity, just like a certain number of fundamental natural constraints is always perceived through the prism constituted by our body, a historically determined

20 *Cf.* R. Martin, *The Organizational Complex: Architecture, Media and Corporate Space*, Cambridge, Massachusetts, MIT Press, 2003.

21 E. Torroja, *Les Structures architecturales. Leur Conception, leur réalisation*, Burgos, Madrid, 1960, trad. fr. Paris, Eyrolles, 1971, p. 28.

body. By the same token, one can suppose that the use of constructive schemes and patterns like trabeation or cantilever is related to moments in our perception of the body. From Torroja to Frank Lloyd Wright, the history of the relation between cantilevered structures and the modern body, the heroic modern body, remains to be written.

Strangely, or perhaps not so strangely after all, the tendency towards theorization that permeates construction history has not led to the full exploration of the two aspects I have just evoked. Its strong connection to design, to engineering in particular, might be partly responsible for that. Indeed, there is a marked reluctance on the part of engineers to recognize the culturally determined character of constructive choices. Far from me of course the intention to transform all these choices into social constructs. Gravity and similar natural constraints are certainly not social in essence. All that I am arguing here is that their interpretation is always historically determined. This interpretation has among other things strong links with the historical perception of the body that is an integral part of culture.

In a forthcoming book, the French historian of architecture Laurent Baridon has been able to relate in a convincing way the generalization of concrete with the preoccupation to mold the user of architecture at the turn of the century, a preoccupations shared at the time by many architects and engineers[22].

This line of inquiry might lead us to questions like what will be the constructive consequence of the digital subject and body that is emerging under our eyes. Does it imply for instance the end of traditional tectonic evidence in favor of a systematic quest for formal complexity? In works like Frank Gehry's ones, this formal complexity leads to an even more radical dissociation between form and tectonics[23]. There might be link between this condition and the perspectives opened by the blurring of the traditional distinction between the natural and the artificial, the organic and the prosthetic. Gehry's, Foreign Office's and Toyo Ito's contemporary realization are all marked by a growing gap between the architectural intention and the structural reality of the

22 Laurent Baridon, *Le Mythe de Dinocrate. L'Architecte, le Corps et l'Utopie*, typewritten copy of a book to be published, presented for the Habilitation à Diriger les Recherches, Paris, Université de Paris I-Sorbonne, 2005.

23 This crisis is at the core of Frampton's attempt to resurrect the modernist tectonic approach. *Cf.* A. Picon, "Architecture and the Virtual: Towards a New Materiality?", in *Praxis: Journal of Writing+Building*, n° 6, 2004, p. 114-121.

building (Figs. 9-10). Have they to do with the cyborg condition evoked by authors like Donna Haraway[24]? Toyo Ito himself refers to the dual condition of a contemporary subject both organic and technological, a compound of flesh, mechanical and electronic parts[25].

FIG. 9-10 – Toyo Ito, Sendai Mediateque, model and view of construction. The contrast between the almost immaterial model and the reality of the structure is striking.

24 D. Haraway, "Manifesto for cyborgs: Science, technology, and socialist feminism in the 1980s", in *Socialist review*, vol. 15, n° 2, 1985, p. 65-107.

25 T. Ito, "Tarzans in the Media Forest", in *2G*, n° 2, 1997, p. 121-144, p. 132 in particular.

There again, we have less trouble establishing this kind of parallel between traditional cultures and their specific techniques of construction. Ethnological accounts are full of analysis of vernacular indigenous construction and their relation to cosmology and body culture. We should probably be at least as ambitious when dealing with our own constructions. In that respect at least, we have to rediscover the nineteenth-century lesson, even if it was often flawed by racial and social prejudice.

A LINK BETWEEN TECHNOLOGY AND CULTURE

My previous remarks were not aimed at limiting the study of the relations between construction history and cultural history to the two poles of intellectual preference, what sociologist Pierre Bourdieu called intellectual *habitus*, and down-to-earth bodily experience. I am simply advocating a broadening in order to reach these two poles instead of the self limiting attitude that generally prevails.

Now, construction history seems to me placed today in a very strategic position between history of technology and cultural history. In an original way linked to some of its idiosyncrasies, it might very well be able bring convincing answers to some very contemporary problems that history of technology has tried to address in the past decades. By doing so, it may contribute to a better articulation between history of technology and cultural history.

One of the key issues in recent history of technology and technology studies has been to denaturalize technology and technological progress, in other words to show how it is socially constructed[26]. In that respect, construction history might play an important role because of its seemingly natural basis. Fundamental notions of construction history like

26 On the social construction of technology approach, see for instance D. MacKenzie, J. Wajcman (ed.), *The Social Shaping of Technology: How the Refrigerator got his Hum*, Buckingham, Open University Press, 1985; W.-E. Bijker, T.-P. Hughes, T. Pinch (ed.), *op. cit.*

materials or structure seem indeed to have an even stronger natural basis than notions used in other domains of technological history. The time has perhaps come to study how they are just as socially constructed as other notions.

Let us take for instance the notion of material. Materials seem at first defined only by nature and its laws. Even when they are artificially produced like concrete or plastics, they follow for sure these laws. But the very notion of material is actually dependent on cultural factors. To give you an example, the implicit definition of a material that was common at the time of the First Industrial Revolution was based on the assumption that materials presented a relatively low degree of organization, when compared to more sophisticated natural or human structures. Steel was a material in that sense. The case of wood was for sure more ambiguous because of its organic origin and its fibers, but a beam was clearly made of something less structural than the assemblage that constituted a roof.

Before that time, the notion was much more complex. Men lived in a world in which there was first of all no clear-cut demarcation line between the inorganic and the organic, or between a level of organization characteristic of a material and a more structural level. This explains how bones could be for instance considered as a material in the French city of Nantes until the second half of the eighteenth century[27] (Figs. 11-12). Materials could often display a greater degree of organization than the structures they were part of.

Today, we are probably returning to a conception closer to the pre-industrial one with all our researches on composite and smart materials and the tendency to answer more and more questions at the level of material design rather than structural design.

The very definition of what we consider as a material by opposition to what we see as a structure is a cultural construct. Materials are culturally and socially constructed at many other levels. Their properties for instance are the result of complex negotiation processes between various actors. What does it mean to be hard, waterproof or durable? Each of these terms implies experiments, negotiation on the results of

27 G. Bienvenu, *L'Affaire de la Plate-Bande du Grand Escalier du Palais de la Chambre des Comptes de Bretagne: Expertise et Pratique de Chantier à Nantes au* XVIII*e* *Siècle*, typewritten academic memoir for the DEA, Paris, Université de Paris I-Sorbonne, 1996.

these experiments, normalization processes[28] (Fig. 13). It is through that kind of process that reinforced concrete, which was at first interpreted as a series of structural systems became gradually a material.

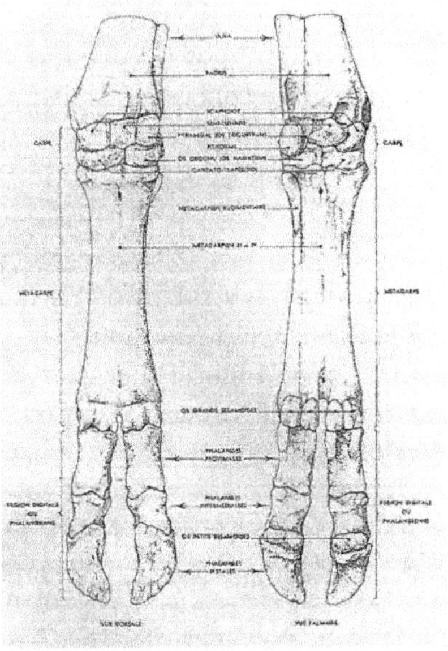

FIG. 11-12 – Ox bones used as ties in Nantes eighteenth-century construction.

Similar analysis can be conducted on the notion of structure. Far from being given by nature, it is there again a cultural construct. As I have tried to show in various contributions, our present notion is strongly indebted to the eighteenth-century legacy, to the rediscovery of Gothic and to a fluidic interpretation of the efforts developing within matter, a conception that was to lead eventually to nineteenth-century mechanics of continuous materials[29]. It is no hazard in that respect if the founder of the new discipline, Cauchy, was to be inspired by Euler's analysis of fluids dynamics[30].

28 On the social construction of scientific and technological properties, see D. MacKenzie, *Inventing accuracy: A Historical sociology of nuclear missile guidance*, Cambridge, Massachusetts, MIT Press, 1990.

29 A. Picon, *op. cit.*

30 *Cf.* A Dahan, *Mathématisations. A.L. Cauchy et l'école mathématique française*, Paris, Librairie A. Blanchard, Editions du Choix, 1992.

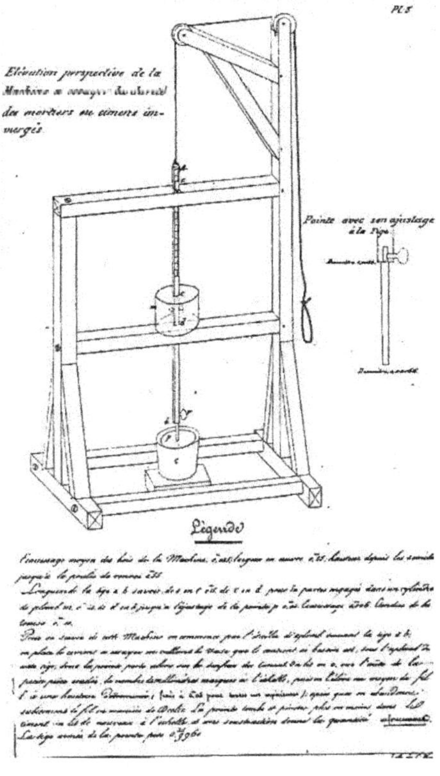

FIG. 13 – Josephe Louis Vicat,
Machine to test the hardness of concrete,
Résumé des connaissances positives actuelles sur les qualités, le choix et la convenance réciproque des matériaux propres à la fabrication des mortiers et ciments calcaires, Paris, 1828.

Beside the deconstruction of notions like material or structure and the denaturalization of technology it induces, another interesting aspect of construction history is the importance of linguistic problems, of questions of pertinent vocabulary. There again, contemporary history of technology has become more and more sensitive to this kind of issue. It has always been extremely present in construction history. In construction and civil engineering, professional identities are often linked to specific ways to designate things. This well epitomized by the famous engraving of D'Aviler's *Dictionnaire d'Architecture* that collates the names of moldings according to architects with their equivalents for workers (Fig. 14).

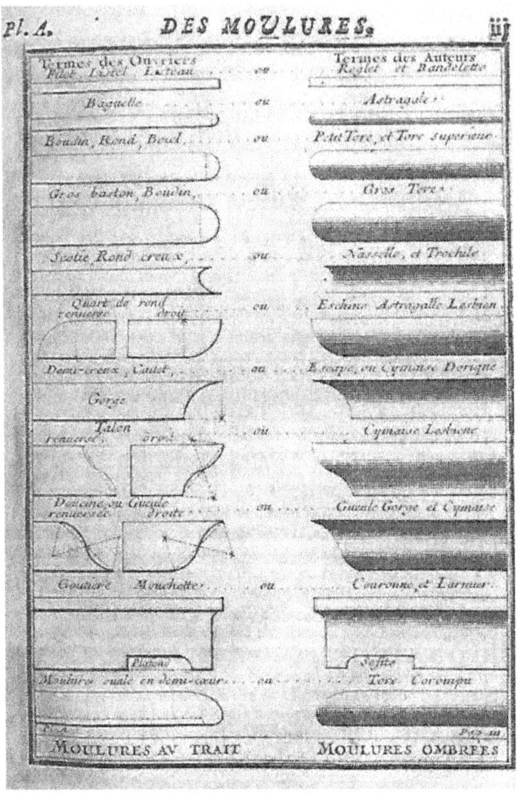

FIG. 14 – C. A. D'Aviler, «Des Moulures», *Cours d'architecture [...] avec une ample explication par ordre alphabétique de tous les termes*, Paris, Mariette, 1720.

Construction changes often possess a systemic dimension that is there again of interest for history of technology at large. It is for example well-known that the Chicago skyscraper is not only a question of steel frame. It is inseparable from a set of innovations ranging from foundations techniques to electricity and elevators[31]. This systemic dimension

31 See the classical account of C. Condit, *The Rise of the Skyscraper*, Chicago, The University of Chicago Press, 1952.

is all the more interesting for history of technology that it is permeated with a strong project and design aspect. In the past years, because of the evolution of contemporary technology and its increasing by design component, this aspect has gradually become crucial for historians of technology.

It is striking to observe how all these features are related to the growing interweaving of history of technology and cultural history that is taking place nowadays. The notion of social construction of technology refers precisely to this connection between technology and culture[32]. Because it seems at first the most resistant to the notion of social construction, while revealing strangely porous to it at closer glance, construction history is capable of playing a key role in the articulation between studies of technology and cultural approaches.

Conversely, construction history may also contribute to a greater awareness of the importance of material determinations in the analysis of culture. Culture is situated; culture is always eminently local in its production: these are some of the key points made by recent cultural history. In their seminal book on seventeenth-century science, *Leviathan and the Air Pump*, Simon Schaffer and Simon Shapin have shown for instance how even scientific knowledge, supposedly the most universal of all cultural expressions, is rooted in local debates and practices. An essential point in their argument is how science is not a set of pure theoretical propositions detached from material reality. Theoretical statements, like those regarding the existence or not of void in seventeenth-century science, are to the contrary inseparable from concrete questions of experimentation, and those questions are rooted in their turn very in local contexts. Nobody was ever able to build an air pump in the seventeenth-century without having being in physical contact with an existing one[33].

Being both plugged into very general cultural issues, as I have tried to show previously, while remaining at the same time almost always local, construction history can there again bring a useful contribution to our growing awareness of the material dimension of culture.

32 See for instance D. MacKenzie, J. Wajcman (ed.), *The Social Shaping of Technology: How the Refrigerator got his Hum*, Buckingham, Open University Press, 1985; W.-E. Bijker, T.-P. Hughes, T. Pinch (ed.), *op. cit.*

33 S. Shapin, S. Schaffer, *Leviathan and the Air-Pump: Hobbes, Boyle, and the Experimental Life*, Princeton, Princeton University Press, 1985.

In a discipline or sub-discipline history, the first phase is usually marked by the thorough investigation of the field proper, of its various possibilities and riches. Then the discovery and exploration of its frontiers becomes a necessity. Finally these frontiers are crossed again and again, and new insights and understanding are brought from outside whereas the discipline becomes also fruitful to other fields. History of construction has passed the first moment of emergence or the phase of consolidation. Now, the time has probably come to exchange more intensely with the exterior world, within the greater realm of history.

Antoine Picon

FOREWARD – COMING OF AGE[1]

Unlike some journals, Construction History does not normally carry an editorial page. The reason for this present exception is twofold. First, because this is our twenty-first volume, and the fact that the journal has successfully reached this milestone deserves some form of acknowledgement. Secondly, because by coincidence this year has seen the Second International Congress on Construction History, which took place at Queens' College, Cambridge. That gathering was superbly organised and immensely stimulating. For many people it seemed to provide further evidence that construction history a subject has come of age, and is strong enough to stand on its own as a distinct sub-discipline of history.

The Cambridge Congress brought together people from all over the world, including delegates from as far afield as Australia, Japan, Taiwan and Venezuela. No doubt part of the shared excitement stemmed from people's delight in discovering so many others of similar outlook and interest. Wherever they come from, most delegates would admit that construction-history is still a minority subject, so it is reassuring to find that across the international arena it is immensely strong. It was also thrilling to have confirmed what a rich and varied subject it is: with 198 papers to choose from, presented at carefully-orchestrated parallel sessions, everyone could be confident of finding something to interest them at any hour of day.

This volume of Construction History includes just some of the lectures and papers which were heard at the Congress. The papers by Antoine Picon and Andrew Saint were presented as keynote lectures; the papers by Jonathan Clarke, Mark Swenarton and Sergij Federov were judged by many to have been highlights of the Congress and so are published

1 This text was previously published as Chris Powell and Robert Thorne, "Foreward – Coming of Age". *Construction History. International Journal of the Construction History Society* 21 (2006): 3-4. It is published here with the permission of the authors and of *Construction History*.

here in amended and expanded form (Jonathan Clarke's with an additional commentary by David Yeomans). All the papers presented at Cambridge can be read in the three volumes of Proceedings, published by the society on the day the Congress opened. (For details of how to obtain the proceedings please see www.constructionhistory.co.uk.)

The article in this volume by Werner Lorenz is an appetiser of what we can look forward to when the third International Congress on Construction History takes place under his chairmanship at Cottbus in 2009. The Brandenburg Technical University at Cottbus is remarkable for the status it has given to construction history, and Werner Lorenz, as the professor of that subject, has been in the vanguard in developing its methodology and scope. Readers of Construction History will recall his previous articles on the Neues Museum in Berlin and the Valhalla at Regensburg: here he presents a broad overview of what the subject is capable of achieving.

It is clear from a glance back over twenty-one volumes of this journal, plus a review of the papers from the Cambridge Congress, that construction history is distinguished by its focus on the tangible realities of the building process. More than almost any other branch of history it takes the artefact – a building or structure – as its starting point. Even architectural history, to which it is naturally allied, often wanders much further from the artefact and indeed sometimes seems more interested in the idea of architecture than in the study of what actually got built. Where construction history comes into its own is in the analysis of buildings and structures, ranging from traditional and vernacular construction to the innovative techniques of the last two centuries, and in the understanding of how buildings materials have been supplied and used. It also pays particular attention to the whole process of building, and the relative contribution of all those involved: it does not presume that professional architects have always had primacy in that process. Because of its focus on the built artefact, it often relies on the archaeological analysis of surviving buildings from which, as Paul Richens and others showed at the Cambridge Congress, a huge amount can be learnt.

If those are its strengths, wherein is it weak? The discipline of history is constantly evolving, and like every other discipline is subject to institutional pressures and outside influences, not to mention internally-generated changes in direction. When construction history began to come into being twenty years ago its principal relationship was with economic history. Building finance, property transactions, and the rise and fall of building firms were high on the agenda, as was the overall topic of building and the national economy. The five contributions to Contribution History the late E. W. Cooney are prime examples of that tradition. But as economic history has been gradually supplanted, at least in British universities, by cultural history in various forms, so construction history has lost that original anchorage and has begun to develop in other ways. Antoine Picon's lecture, reproduced in this volume, shows how creative the link to cultural history can be: it is a far cry from the type of approach that was favoured twenty years ago.

Studies of building labour have also declined in number, though the lecture at the Cambridge Congress by Linda Clarke and Christine Wall was an admirable reminder of how construction history should be linked to that aspect of social history. Another omission that became apparent at Cambridge is the subject of land acquisition in development, and the legal processes involved. Like the tough end of economic history, these are matters which are not always easy to digest, but they have to be confronted in providing a rounded explanation of the building process.

As editors of the journal we are reliant on a flow of high quality papers, and we cannot dictate what direction that flow will take. As construction history has matured over the last twenty years some aspects of the subject have come to the fore while others have got pushed into second place. Though some may regret that the subject is not advancing simultaneously on all fronts the key thing is that it is flexible and strong. All the discussions in Cambridge were characterised by a considerable confidence in the subject, and a creative curiosity about how it will develop next. The future volumes of this journal will always aim to reflect that curiosity.

Chris POWELL and Robert THORNE

TENTARE LICET

The Theresian Academy's Question on the Theory of Beams of 1783[1]

INTRODUCTION

The exact sciences' section of the *Theresian Academy* of the Austrian Netherlands proposed the formulation of a theory for beams as the subject of the annual competitions of 1783. The four answers to this question which this institution received are kept in the Old Archives of the Belgian Royal Academy[2] and constitute as one of the few written sources on the subject, valuable information on an interesting momentum in the history of building mechanics in Belgium, which remains to be written[3].

Although the competition was no success –none of the four manuscript papers received a prize or even an honorable mention and, afterwards, the subject was abandoned–, an analysis of these papers offers valuable insight into the state of the art on the problem in the Austrian Netherlands. The difficulties of those authors with the subject reveal the novelty of the approach represented by a member of this academy, Viscount de Nieuport, who worked and published before on the calculus of vaulted structures and who invented the prize question discussed here.

1 This text was previously published as Dirk Van de Vijver, "*Tentare Licet.* The Theresian Academy's Question on the Theory of Beams of 1783". *Nexus Network Journal* 9-2 (2007): 263-279. It is published here with the permission of the author and Kim Williams.

2 Brussels, Académie Royale des Sciences, des Lettres et des Beaux-Arts, Archives Anciennes (further abbreviated as ARB, AA), 213 "N. 1 *De oordeelen der menschen worden heel verschillig gevonden, op eene merkweerdige zaeke*"; ARB, AA 214 "N. 2 *Tentare licet*"; ARB, AA 215 "N.3 *Alle deeze t'saemen-gevoegde/ is hart met hart*"; ARB, AA 216 "N.4. *Den Zang verheugd/ In eer en deugt/ Hunne Zoetigheijt/ Maeckt ons verbleijt*".

3 For the short overview with bibliography, we refer to our institutional approach of the subject: [Van de Vijver 2003b].

THE THERESIAN ACADEMY, DE NIEUPORT AND THE "SCIENTIFICATION" OF BUILDING CONSTRUCTION

The "learned society" in the Austrian Netherlands, equivalent to the French *Académie des Sciences* and to the English *Royal Society* was instituted by patent letter of Maria Theresia in 1769 as *Société littéraire*, and transformed, on 16 December 1772, into the *Académie impériale et royale des sciences et belles-lettres de Bruxelles*[4]. Like the French *Académie des Sciences* this institution was patronized by the central government (of the Austrian Netherlands), and counted among its members only scientists, *savants*. From its foundation, the academy consisted of two sections: the *classe historique* –a department with historians– and the *classe physique* –a department with mathematicians, physicists, military engineers, geologists, chemists and physicians. Both sections reflect the double mission of the Academy: to write a national history and to apply the sciences in order to enhance the economical prosperity of the Austrian Netherlands. From the beginning it was clear that the institution stood in service of the nation: "the first object without doubt that our newly born society must look for is being useful to the country", wrote abbé Needham in 1769.[5]

The small group of members of the Academy met regularly to discuss their work. In these sessions also prize questions were chosen, and papers answering those questions were studied, evaluated, and eventually rewarded with a prize and with their publication in the Academy's publication series. The system of prize questions was an affirmed strategy for engaging the learned population in contributing to questions judged of national interest by the Academy and to enhance the emulation of the competitors.

In the Austrian Netherlands, the Theresian Academy was the only scientific institution which was actively involved in the theory of hydraulics, building mechanics, fireproof constructions and building materials,

4 On the Theresian Academy, especially its *classe physique* see: [Académie royale de Belgique 1872]; [Mailly 1883]; [Académie royale de Belgique 1922]; [Marx 1977]; [Maton, Bockstaele, Van Hoof, Van Dormael, Vandepitte and Gullentops 1983]; [Roegiers 1983].

5 *Le premier objet sans doute que notre Société (littéraire) naissance doit envisager est de se rendre utile à la patrie* [Mailly 1883, II: 1]. All the translations in this article are by the author.

and which published on those subjects [Van de Vijver 2003a, 108-119 ("De Theresiaanse academie en het bouwen")]. (The curriculum at the Old Leuven University remained limited to basic courses; some of them, such as the ones on architecture, on mechanics and on surveying weren't even printed [Van de Vijver 2003a, 102-107 ("Architectuur aan de universiteit")].) Members of the Academy, such as the Englishman Theodore-Augustin Mann (1735-1809) [Van de Vijver 2003a, 111-117, cat. n. 39 ("Een overheidsonderzoek naar brandveilige constructies")], who published on hydraulics and on fire proof constructions, operated within a broad European context. In the Southern Low Countries, they belong to the principal representatives of an evolution towards the 'scientification' of building construction in the last third of the 18th century.

An other member of the Theresian Academy, Charles-François-Ferdinand le Prud'homme d'Hailly, vicomte de Nieuport (1746-1827), lieutenant of the corps of military engineers of the Austrian Netherlands, was the first mathematician of the country to model vaults as consisting of infinitesimally small parts and to apply the calculus of differentials to them.[6] Like Claude-Antoine Couplet (1729), Georg Wolfgang Krafft (1754-1755) and abbé Charles Bossut (1770), de Nieuport tried to apply in his *essay analytique sur la méchanique des voûtes* (presented at the Academy, 18 May 1778 and published in 1780), the theoretical model proposed by Jacob Bernoulli [De Nieuport 1780; Radelet-de Grave 1995]. In a second study, entitled *Mémoire sur la propriété prétendue des voûtes en chaînettes* (presented at the Academy, 6 November 1780 and published in the *Mémoires de l'Académie impériale et royale des sciences et des belles-lettres de Bruxelles* in 1783), he commented on a paper by Krafft that contradicted a theoretical fundament of Jacob Bernoulli [De Nieuport 1783; Radelet-de Grave 1995]. The Brussels Academy preferred these memoirs in applied mathematics over his more purely mathematical subjects: the former were considered to be more useful to the general public. In his report on the *Essai analytique sur la mécanique des voûtes*, abbé Mann states: "This important paper seems in every way well done, curious and interesting. I don't hesitate to say that it merits a place in

6 On de Nieuport see: [de Grave 1827: vii]; [Garnier s.d.]; [de Rieffenberg 1829, IV: 142 (notice nécrologique)]; [Bigwood 1889]; [Bockstaele 1983: 106-108]. On the Nieuport's calculus of vaults, see: [Radelet-de Grave 1995]; [Van de Vijver 2003a: cat. n. 36-37 ("De Nieuport en het berekenen van gewelven")]; [Mailly II 1883: 110 (session of 12 October 1780)].

the second volume of our *Mémoires*, in preference to two other papers of the same author, which treat subjects less useful than this one".[7] Abbé Chevalier judged the publication of the latter paper important "for the public good" (*pour l'utilité publique*) [Mailly 1883, II: 110 (session of 12 October 1780)]. However, although the subject of vault construction came from ordinary life, Nieuport's approach and the mathematical methods applied by him were certainly not. As Patricia Radelet de Grave argues, de Nieuport's approach shows clearly the author's obsession for the mathematical aspects of the problem.[8]

THE PRIZE QUESTION OF A THEORY ON BEAMS

The Viscount de Nieuport's proposition of the mechanical behavior of beams as a subject for an academy prize question was discussed and agreed upon in the Theresian Academy's session of 19 October 1781.[9] The question, distributed in French and Dutch in the principal newspapers, was formulated as follows:

"Develop a theory on beams, which rest with both ends upon points of support, considering them in the hypothesis most conform to nature, that is, as a collection of weighting, extensible and elastic fibers, united among each other over the whole length. Deduct from this consideration the cause and the place of rupture in the different cases of solicitation by weights, and, consequently, determine the best use of hanging trusses".[10]

---

7 *"Ce grand mémoire me paraît, à tous égard, bien fait, curieux et intéressant, et je n'hésite pas de dire qu'il mérite d'avoir place dans le second volume de nos Mémoires, par préference aux deux autres du même auteur, qui traitent de sujets moins utiles que celui-ci."* [Mailly 1883, II: 86-87 (session of 18 May 1778)].

8 [Radelet-de Grave 1995: 157-161 ("V. 1778. Charles François le Prud'homme d'Hailly, Vicomte de Nieuport, Essai analytique sur la méchanique des voûtes présenté le 18 mai 1778"), 157].

9 [Mailly 1883, II: 136-137 (Session of 18 March 1784), 309-310 (question in French) and 314]; [Van de Vijver 2003: cat. n. 38 ("De prijsvraag van 1784 over het berekenen van een vrij opgelegde balk op twee steunpunten")].

10 *"Développer la théorie des poutres qui reposent par leurs extrémités sur deux points d'appui, en les considérant dans l'hypothèse la plus conforme à la nature, c'est-à-dire, comme des amas de*

The research question is formulated with precision and detail. It specifies the way of modeling the material (wood) –"in the hypothesis most conform to nature, that is, as a collection of weighting, extensible and elastic fibers, united among each other over the whole length"– and fixes the geometrical side-conditions of the problem: a beam which "rest[s] with both ends upon a point of support". Furthermore, the general question on the development of a theory on beams is defined as a response to two fundamental problems: the cause and place of rupture in different cases of solicitation; and an applied, correlated problem: how to strengthen the structure by secondary means (*liens pendants*) –an applied, practical, real-life aspect absent in de Nieuport's earlier papers on vaults.

With the specification of the geometrical side-condition, the Academy got rid of the statically more complicated, but more realistic situation of a beam wedged in a wall –turning at the same time a hyperstatic problem into a static one. The hypothesis to consider the material as consisting of elastic fibers refers to the modeling of solids by Jacob I Bernoulli (1654-1705) [Bernoulli 1705]; it makes it not only possible to describe the fiber/cord under solicitation mathematically with an 'elastic curve', but also eliminated the complexity of the real composition of a wooden beam –a natural product which not only depends on the species, growing conditions and incidental deficiencies, but as well on the manufacturing process of a stem of a tree into a beam– by replacing it with an 'ideal material'. These two elements reduce the complex reality into an abstract model disposed to a mathematical solution. The proposed modeling of the problem permits the assumption that de Nieuport expected a response in the line of his work on vaults, in which mathematical tools helped to understand the mechanical behavior of a structure.

---

fibres pesantes, extensibles, élastiques et unies entre elles dans toute leur longueur. Déduire de cette considération la cause de leur rupture et l'endroit où elle doit se faire dans les différentes cas, par rapport aux différentes situations des masses dont ces poutres pourraient être chargées, et déterminer en conséquence le meilleur emploi des liens pendants" [Mailly 1883, II: 309]. The contemporary Dutch translation of the question is: "*Te ontknoopen de Theorie der Balken, die door hunne beyden eynder op twee steunsels rusten, de zelve aenmerkende in de Hypothése, meest overeenkomstig aen de nature, dat is te zeggen: als versaemeling van wegende vesels, extensibel, elastig en onder elkanderen vereenigd in hunne geheele lengde. Van deze aenmerkinge voord te bringen de oorsaeke van hunne breuke, en de plaetse, alwaer de selve in de verscheyde gevallen moet geschieden ten opsigte van de verscheyde gelegentheden der gewichten, waermede die balken sauden mogen gelaeden zyn, en gevolgendlyk te bepaelen het beste gebruyk van de hangende banden* [*Den Vlaemschen indicateur ofte aenwyzer der wetenschappen en vrye-konsten.*" 1783. Ghent, X: 291-292 ("Akademische Berichten"), 292]; also quoted in ARB, AA 213.

The question of the cause and place of rupture in different cases of solicitation refers of course to Galileo's treatment of the problem [Galileo 1638]. The absence of words and concepts such as "strength of wood" (*force des bois*) or "experiments" make it clear that de Nieuport and his colleagues of the Academy didn't want to orientate the question towards the experimental study of the resistance or strength of wood, a field in which many scholars became particularly active in the eighteenth century (for example, Edme Mariotte, Bernard Forest de Belidor, Pieter van Musschenbroek, Antoine Parent, Duhamel de Monceau and Buffon).[11]

The conclusion of the commissioners after the lecture of the received answers recieved –"neither to present any prize, nor to give any honorable mention and to abandon the question"–[12] already suggests that they did not receive an answer in the direction suggested by the line of questioning, and that we should not expect an innovative mathematical or mechanical approach to the problem, nor an answer which falls within the canon of historical solutions to this mechanical problem.

THE FLEMISH ANSWERS

Three of the four *mémoires*, or papers, recieved, were written in Dutch and are rather brief. In fact, as they usually were read aloud in the Academy's sessions, the length of the contributions was limited to a text of about half an hour. The only paper in French stands a bit outside this group, not only because of its length (the text numbers forthy-one pages and eight full-page illustrations), but above all because of his 'learned' content. In order to enhance an unbiased judgment, it was standard practice to send in the answers anonymously, only marked by a motto. As the prize was not distributed, all authors of the papers remain unidentified. We shall identify the anonymous papers by their motto and actual archive number.

11 On this aspect see: [Licoppe 1996, p. 195-242 ("Dure comme du bois: la preuve utilitaire et la question de la résistance des solides au Siècle des Lumières")].

12 "*À ne point distribuer le prix, à ne faire aucune mention honorable et à abandoner la question*"[Mailly 1883, II: 310].

Of the four papers, one paper can already directly be excluded from further analysis, as it doesn't give an answer to the question. In fact, the author of paper ARB AA 215 with devise *Alle deeze t'saemen-gevoegde/ is hart met hart* ("All these united, heart with heart"), transposed the question to a whole different field of reference (religion and death penalty), which falls totally outside our topic[13].

Of the other two Flemish papers, the hypothesis of a homogenous beam doesn't seem to have been an obvious modeling of the material at all. For the author of memoir ARB AA 213, with the motto *De oordeelen der menschen worden heel verschillig gevonden, op eene merkweerdige zaeke* (Men's judgments are very different in a curious matter), the hypothesis of an 'ideal' beam without deficiencies (*weeren ofte quaede plekken)*, such as the one described in the academy question, isn't an obvious assumption at all. Four out of ten paragraphs enumerate the possible deficiencies of 'real beams': they differ regarding the part of the tree they come from (§ 2); heartwood will split (§ 3); trees which are not straight give beams with cut fibers which compromise the strength; also beams which are larger on one side have usually cut fibers (§ 4); bad spots in wood (*groote were of quaede plekken*) will split or fall out; it is preferable to use hard wood such as oak and to avoid *morise hout*, which won't survive insect attack (§ 5). Unlike the author of paper 213, which after his objection goes one with the suggested hypothesis, memoir ARB AA 216 with motto "*Den Zang verheugd/ In eer en deugt/ Hunne Zoetigheijt/ Maeckt ons verbleijt*" (Singing rejoices/ In Honor and Virtue/ Their Sweetness/ Makes us happy"), never accepted the proposed modeling of the wood[14]. As a tree is smaller upwards and thicker downwards, the author of the latter paper argues that a straight wooden beam without faults will crack a bit out of the middle. (Note that this makes the problem even unsymmetrical!) This 'bit' is different for each beam/tree, he states. He concludes that there is no fixed rule for all beams, because the differences of the wood make that impossible: it's different each time[15]. The author indicates

13 To the author of the paper *Alle deeze t'saemen-gevoegde/ is hart met hart* a beam on two supports symbolizes the death penalty through hanging (sic). He considers this penalty to be the only one apt to punish repetitive disloyalty to the Ten Commandments; for a first offence to the Ten Commandments, he judges corporal punishment as being sufficient.

14 "*Een suyveren balk sonder weeren ofte quaede plekken, ende den selven aen merkende als bij het vraegstuk bepaeld*" (ARB AA 213).

15 "*... geenen vasten regel op alle balcken, want het verschil van hout, is seer ongelijck van den eenen balck tot den anderen, en daerom onmogelijk daer van eenen vasten regel te geven*" (ARB AA 216).

the side of the crack a 'bit' near the middle: the one which corresponds to the former upper side of the tree. The argument is that the wood is there "sweeter of fiber" (*souter van draet ofte vesels*) –less weight makes it more fragile. In fact, the author of paper 216 doesn't seem to accept the implicit suggestion imbedded in the question that in the proposed model the wood consists of fibers of a uniform diameter.

For the author of paper 213, the place of failure for symmetrical loading conditions is in the middle of the beam "in the union or joints of the fibers to which place the weight always takes its refuge"[16], or in other loading conditions at the place of the weight/solicitation. For him the reason of failure of a pure wooden beam without deficiencies is an "internal fracture of the fibers" (*inwendige breuke, splinteren ofte veselen*).

The same author considers the use of *hangende banden* (hanging trusses) as a polyvalent solution, which permits for instance to use core wood, and prevent it from splitting; also for beams with split fibers, the bond is used to hold wood together. He proposes one or three 'bonds', the strongest in the middle, the others at the ends (§ 8). To prevent a profusion of bonds, the author proposes to combine an iron plate under the beam (as well as at the supports) with a bond in the middle, complemented as necessary with two supplementary bonds at both ends (§ 9). This method is also advised for a beam composed of different parts of wood (this is wood with cut fibers) to prevent cracking, and in the many cases where wood fibers are not continuous (bent trees, sick spots or wrongly cut wood) (§ 10). The author of memoir AA 216 says that the best way to strengthen the wood, is to place a support in the middle (or a bit out of the middle) –a solution only adopted in bonded warehouses. Subsequently, the author enumerates a series of alternative ways of support: (a) to add a second beam on top of the first, and to join them with a screw, using a small piece of wood under the original first beam; (b) to attach a piece of wood under the original beam by screwing, using an iron device, or by nailing; (c) to use pieces of wood neither over nor under the beam, but at the sides, and to join them with pieces of iron; (d) in cases of strong loads upon the beam, use a masonry arch to evacuate the loads: the beam can be hung by iron tires to the masonry arch; (e) the arch can be replaced by a wooden triangle; (f) a

16 "*... in de vergaedering en ofte jointuren der maillie/ Naer welke plaetse het gewicht altijdt sijne toevlucht neemt*" (ARB AA 213: § 7).

piece of wood with small height can be fixed on top of the beam; or, at last, (g) an iron plate can be put under the beam.

TENTARE LICET

The French paper, entitled *Tentare licet* ("One may try"), ARB AA 214, is the most extensive paper and the only illlustrated one. It is also unique in mentioning some authors, such as Pieter van Musschenbroek (1692-1761) and Jean-Antoine Nollet (1700-1770)[17]. This already suggests that here again we shouldn't expect a mathematical answer: the paper is more situated in an experimental approach of physics where tests determine the strength of materials, and the resistance of wood.

The memoir is structured in chapters and principles. The first chapter goes into the so-called "intrinsic reactive force" of the fibers, the second deals with the causes of rupture and the places where they occur, the third and final chapter explains the ways to strengthen the beam; in an annex the opinion of a carpenter and an architect of the region of Reims, are given, illustrated with some case-studies derived from their practice.

In the first chapter the author introduces the intrinsic reactive force (*force intrinseque réactive*) of the longitudinal fibers: a force which reacts against the perpendicular weight which makes the fibers bow and break. He states (a) that this force is in direct relation to the horizontal surface of the supporting ends; (b) that it is inversely related to the distance of the supporting ends (the length of the beam between the supports); (c) that it is more directly related to the height than to the width of the beam; and, finally, (d, related to a), that without support at the ends, there is no reactive force. To illustrate the latest point he quotes an experiment taken out of the *Récréations mathématiques et physiques* by Jacques Ozanam

17 [Musschenbroek 1739]; [Nollet 1745-1755]. However, it is important to mention that the Theresian Academy didn't share the general opinion, acquired by Nollet through his written work, that he was a "great physicist" ("*grand physicien*"), or "a respectable man, handy in experiments and physical machines" ("*cela n'est pas conforme à l'idée générale qui s'est formée de cet homme respectable, de cet habile faiseur d'expériences et de machines physiques, d'après ses propres ouvrages*"). [Mailly 1883, II: 136-137 (session of 18 March 1784)].

[1778]. In this chapter, the author especially exploits the fiber-model of wood to warn that a fiber is only effective when it remains intact and when it is supported at the ends, condemning general habits, such as the practice of building craftsmen who destroy a part of the beam in order to create a bite for the mortar of the ceiling.

The author is rather vague on the direct relationships – linear or other? –between the length, height and width, and the resistance of a beam. He clearly didn't follow Galileo's relationship between the resistance and the square of height of the section (which he must have known via Musschenbroek's book), a proposition which was however put into doubt by experimental research (by Buffon, among others) for so-called elastic solids, such as wood [Diderot and d'Alembert 1751, II: 302]. However, due to the extremely vague formulation and the lack of references, it is however not possible to determine if the author of the *Tentare licet* paper knew and understood these writings.

The first figure of *Tentare licet* illustrates clearly that the geometrical side condition proposed by de Nieuport –a beam resting on its two ends– is not well understood. In fact, the author represents in general a condition more close to reality: a beam wedged in the wall at both ends.

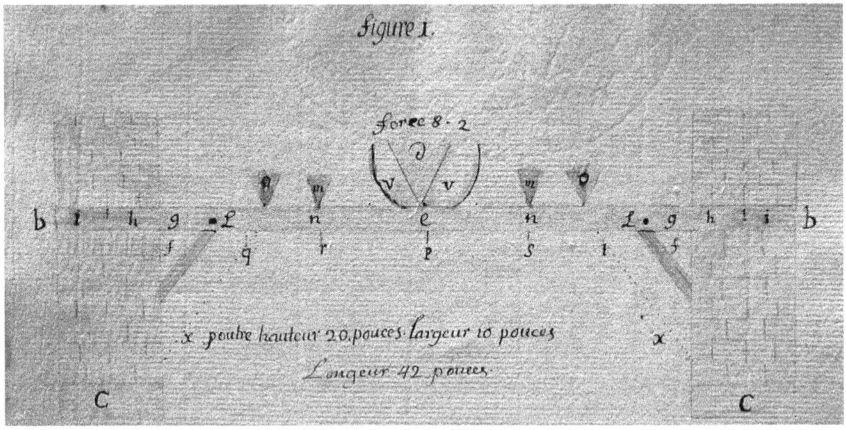

FIG. 1 – Académie royale de Belgique, Archives Anciennes 214.[18]

18 Figs. 1-9 are reproduced with the kind permission from Brussels, Académie des Sciences, des Lettres et des Beaux-Arts de Belgique, Archives Anciennes 214.

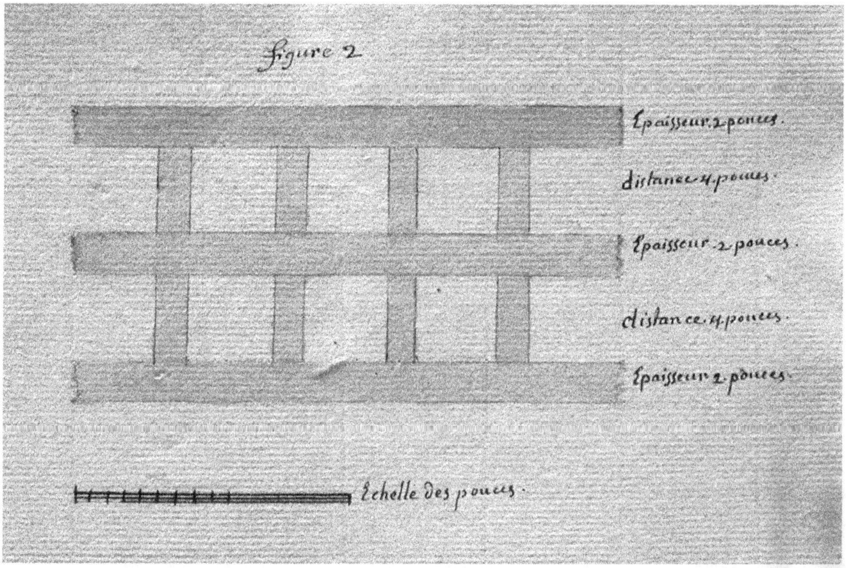

FIG. 2 – Academie royale de Belgique, Archives Anciennes 214.

In the second chapter the author deals with the causes of rupture and the places where they occur. He formulates the principles: (a) that a force must provoke a sharp angle in the longitudinal fibers, and as a consequence, provoke decomposition of the elementary molecules; (b) that a rope cracks in the middle in the case of symmetrical forces and at the end in the case of asymmetrical forces; and (c) that fibers crack in points of excessive force. Fig. 3 of the paper illustrates this chapter and shows an elementary modeling of the problem with ropes and weights.

In the third chapter, the author shows ways of strengthening the beam, based on the analysis of the first chapter: strengthening the supporting ends of the beams (fig. 4); reducing the span by attaching the lowest beam of a timber frame at the ends through *liens pendants* (fig. 5) and at the middle (fig. 6); the same technique is used on the other parts of the timber frame: reducing the span by supplementary wooden supports and increasing the height of the beam section by adding a supplementary piece of wood above the beam (fig. 7). The other figures (figs. 8 and 9) illustrate case studies discussed in the appendix.

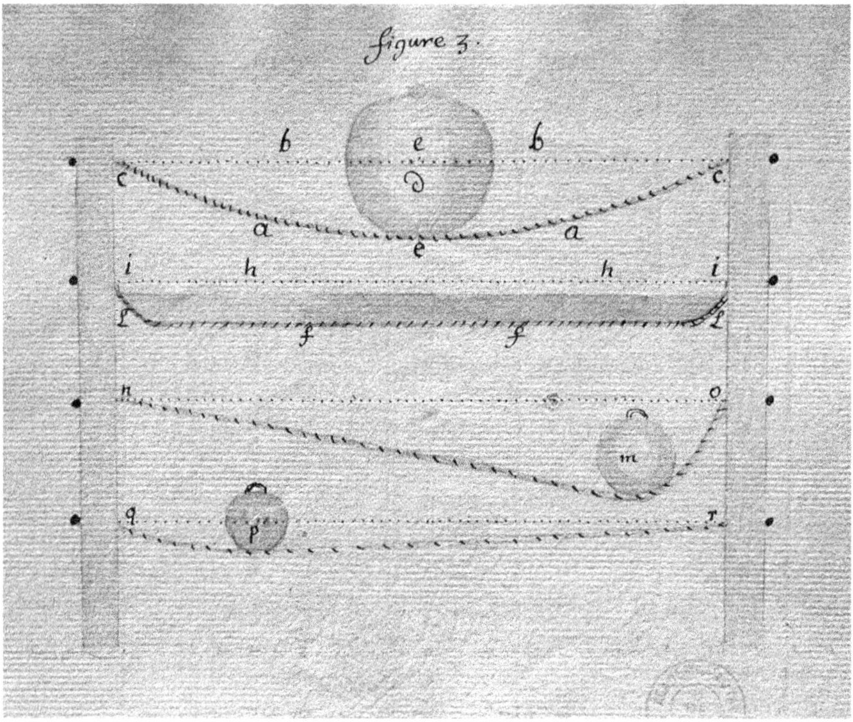

FIG. 3 – Académie royale de Belgique, Archives Anciennes 214.

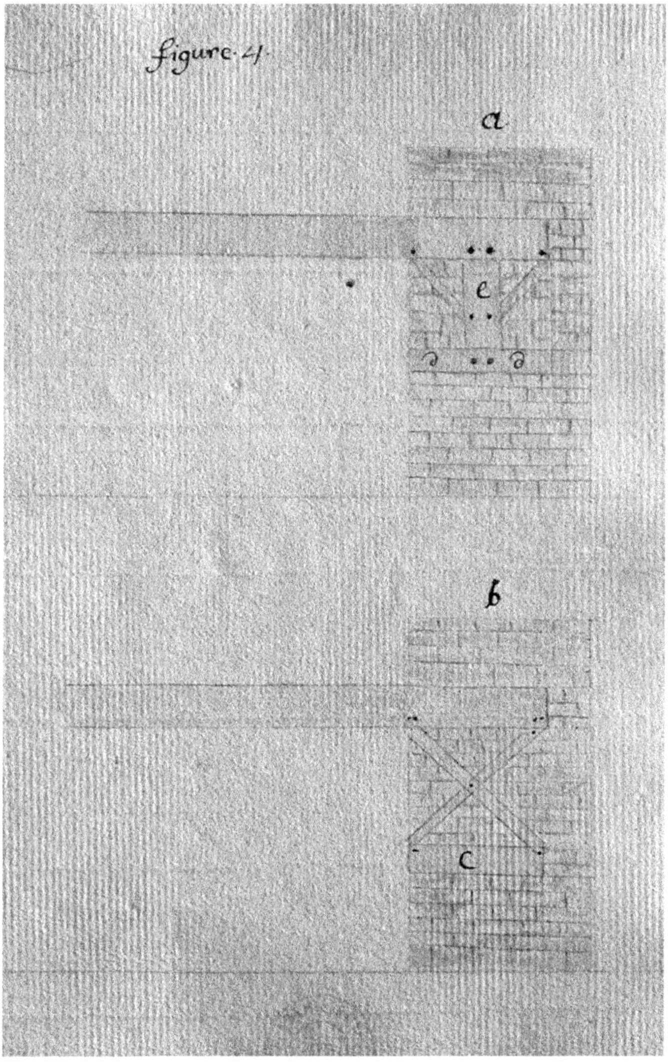

FIG. 4 – Académie royale de Belgique,
Archives Anciennes 214.

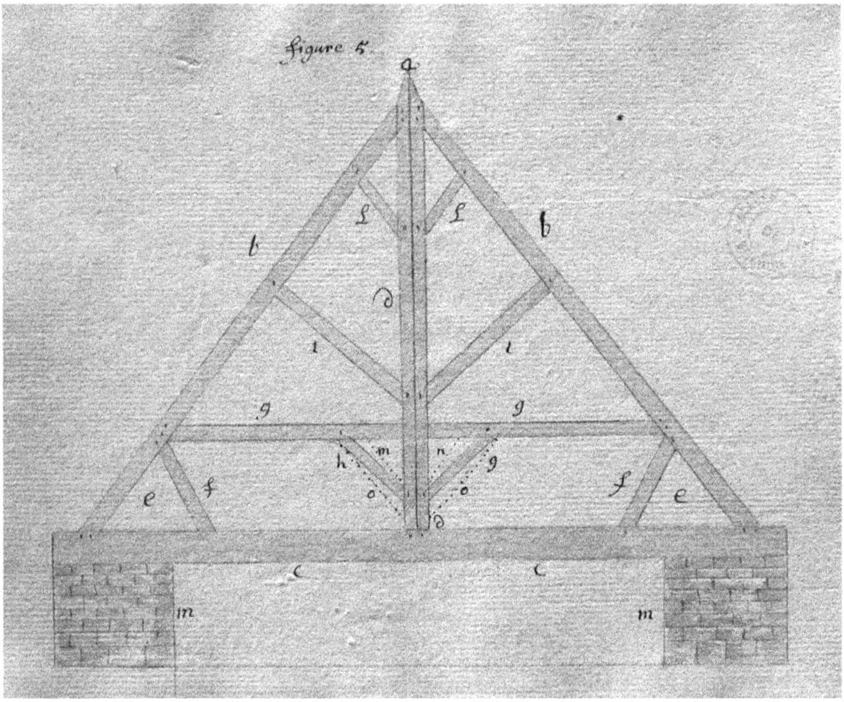

FIG. 5 – Académie royale de Belgique, Archives Anciennes 214.

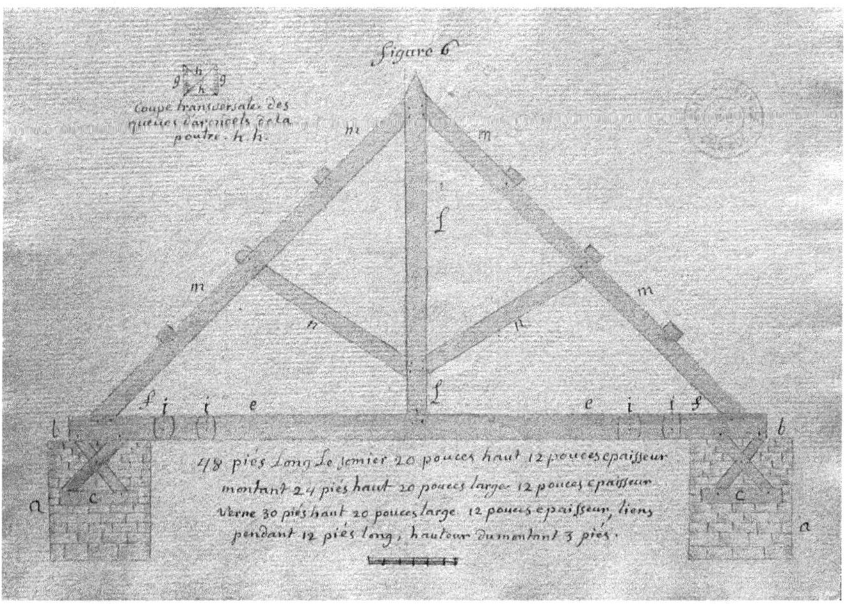

FIG. 6 – Académie royale de Belgique, Archives Anciennes 214.

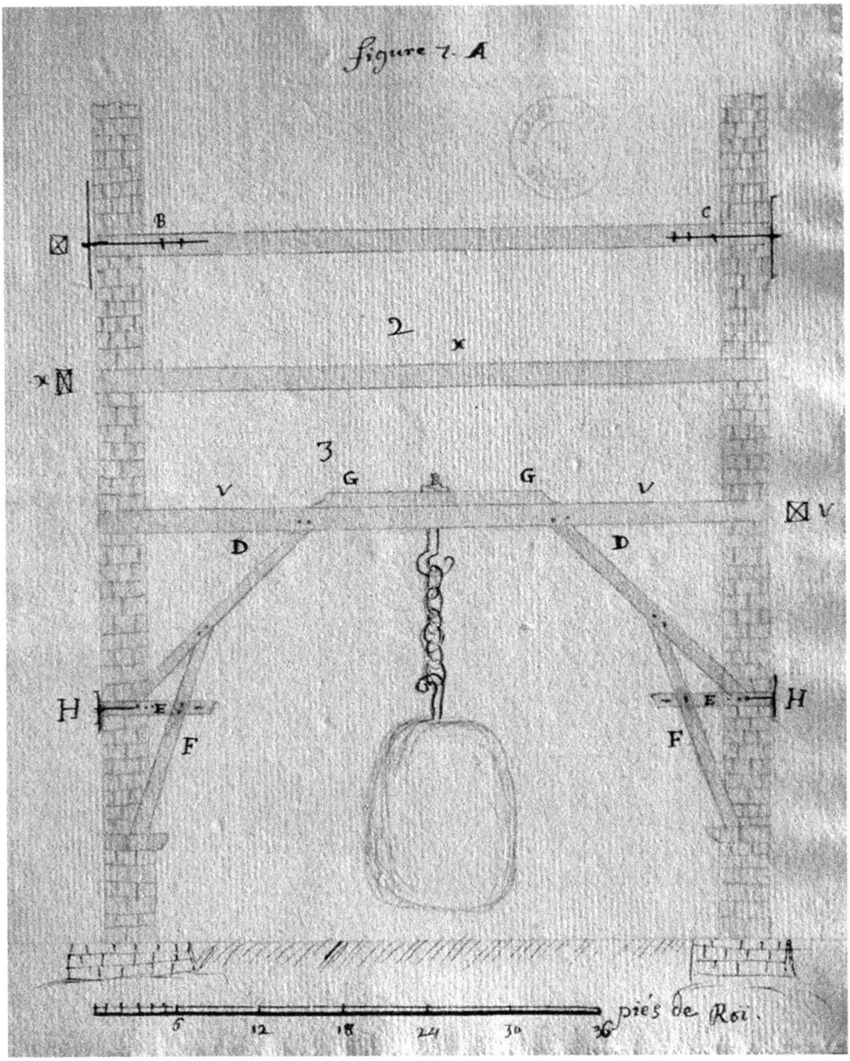

FIG. 7 – Académie royale de Belgique, Archives Anciennes 214.

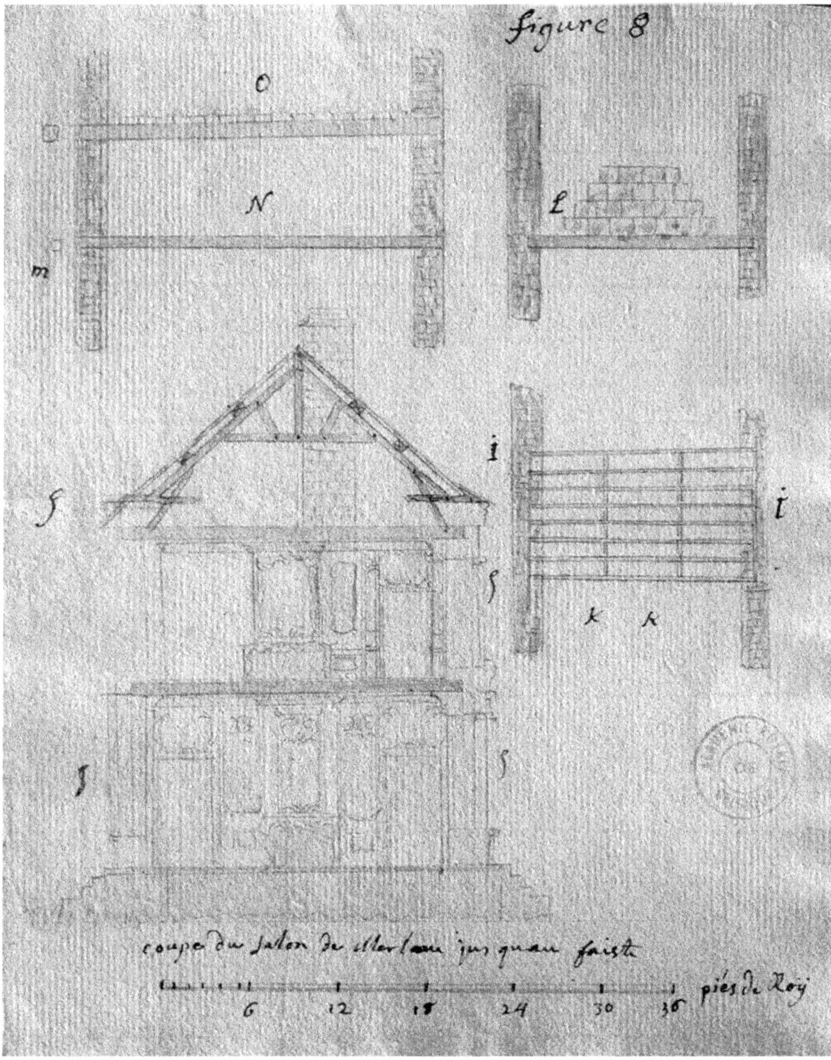

FIG. 8 – Académie royale de Belgique, Archives Anciennes 214.

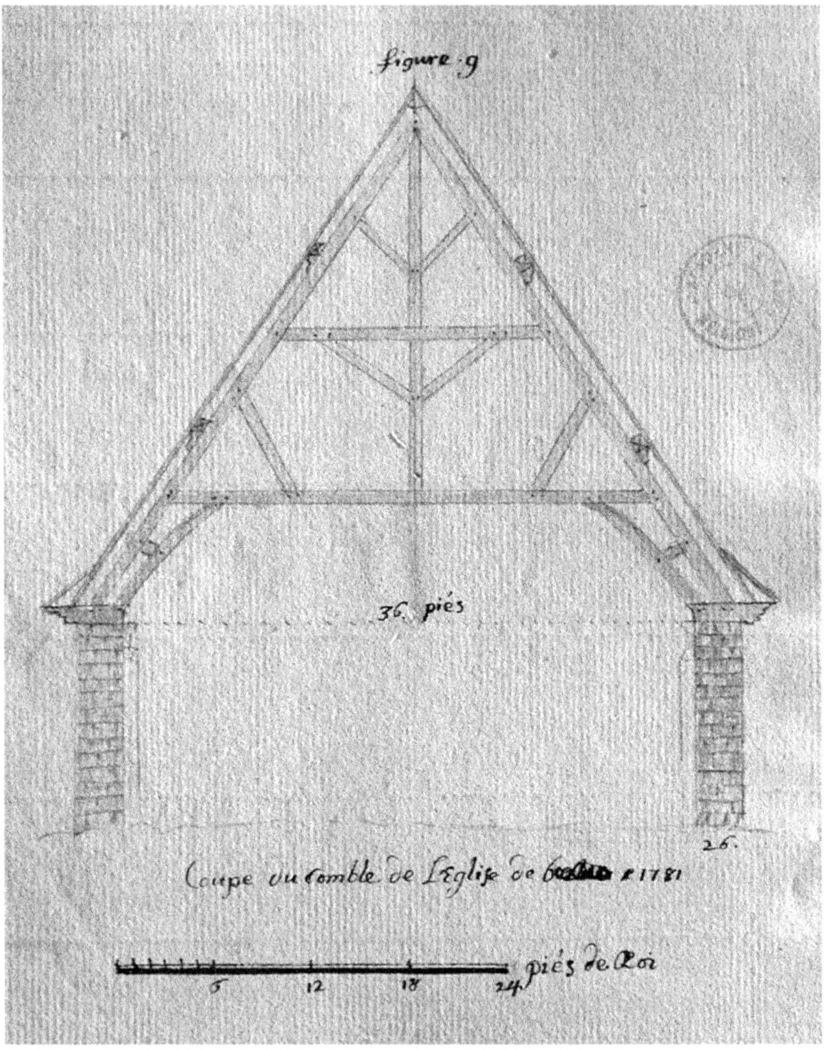

FIG. 9 – Académie royale de Belgique, Archives Anciennes 214.

It is stunning that none of these papers, even the more elaborated French one, fully exploited the available literature. That it was difficult to obtain the very specialized publications on the theoretical modeling and mathematical treatment of the problem can perhaps be an excuse, but references to the vast and related research field, such as that of the experiments on the strength of wood, which became a popular subject in experimental physics, are lacking as well, as are references to the pioneering work of Galileo, or other works on statics. This is all rather painful, because this knowledge was easily available in the articles "wood" and "beam" of the *Encyclopédie ou dictionnaire raisonné des sciences, des arts et des métiers* [Diderot and d'Alemberg 1751; Diderot and d'Alembert 1765]. Even extremely popular reference tables of wood sections (height and width of a beam in relation to the length) – proposed in Bullet's *Architecture pratique* [1691, 222] and in the De La Hire's edition of Mathurin Jousse's *Traité de Charpenterie* [1702, 190-191], and quoted over and over again in architectural manuals [Gauthier 1716, 50; Jombert 1728, I, 32-33], as well as in the engineering treatise *par excellence*, Bernard Forest de Bélidor's *La Science des ingénieurs* [1727, II, 30][19] – aren't even mentioned. It must indeed be asked if the Academy succeeded in reaching its intended audience with this question, because almost none of the relevant works in the field of architecture, engineering, strength of wood and static's seem to be used.

In fact the basic challenge of the prize question – to theorize the problem, e.g. to make abstraction of the particular wooden part with its deficiencies – seems to constitute for those authors an almost insurmountable problem. Even in the French *mémoire*, whose author at least used some references, the level of abstraction remains low: the qualitative remarks weren't put into a formula; neither were the geometrical aspects of the problem exploited, nor was the available data on the strength of wood taken into consideration. As a result, even the most elaborated paper ended up as no more than a small model book for carpentry.

19 The table in Briseux [1761, II, 93] is different.

CONCLUSION

The physics question of the Brussels academy of 1783 on the theory of the beam, proposed by Viscount de Nieuport illustrates marvelously a historical momentum in the local history of building science: a new schism presents itself, a schism between an new 'mathematical' engineering culture (characterized by the modeling and the calculus of structures), represented in the Southern Low Countries by such 'isolated incidents' as the Academy's papers on vaults and the formulation of the beam question, and an existing intuitive, practice-based artisan's culture, which would remain for a long time in a sort of autarchic condition, uninfluenced even by architectural and engineering manuals.

The answers of this prize question must make us aware of the novelty of the rising mathematical approach to solving mechanical problems. The numerous hints and suggestions hidden in the precise formulation of the question weren't evident enough for the general public –nor even the 'learned' public– to decode. In this case, one observes also a serious problem in the transfer of knowledge, as well as the difficulty that the Academy had in reaching its audience (engineers/architects, mathematicians, and physicist). It would be decades before the new mathematical approach, which was intended to make structures calculable through 'modeling', the use of advanced mathematics, and tested material characteristics would have a concrete effect in Belgian building construction.

Dirk VAN DE VIJVER

BIBLIOGRAPHY

Académie royale de Belgique. 1872. *Centième anniversaire de fondation (1772-1872)*. Brussels: Académie royale de Belgique.

Académie royale de Belgique. 1922. *L'Académie royale de Belgique depuis sa fondation (1772-1922)*. Brussels: Académie royale de Belgique.

Bernoulli, Jacques I. 1705. Véritable hypothèse de la résistance des solides, avec la démonsration de la courbure des corps qui font ressort. *Histoire et Mémoires de l'Académie royale des sciences*, Paris: 176-186.

Bigwood, G. 1889. Nieuport (Charles-François-Ferdinand-Florent-Antoine le Prudhomme d'Hailly, vicomte de), *Biographie nationale*, XV: col. 712-718.

Bockstaele, P. 1983. De Wiskunde, in Maton, J., Bockstaele, P., Van hoof, A., Van Dormael, A., Vandepitte, D. and Gullentops, F., De positieve wetenschappen in Vlaanderen 1769-1938, in Verbeke, G., ed., *De weg naar eigen academiën 1772-1983, colloquium, Brussel, 18-20 november 1982*, Brussels: 105-133, 105-110.

Briseux, C.E. 1761. *L'art de bâtir des maisons de campagne, où l'on traite de leur distribution, de leur constuction, & de leur décoration*. Paris: J.B. Gibert.

Bullet, Pierre. 1691. *L'achitecture pratique, qui comprend le détail du Toisé, & du Devis des Ouvrages de Massonnerie, Charpenterie, Menuiserie, Serrurerie, Plomberie, Vitrerie, Ardoise, Tuille, Pavé de Grais & Impression*. Paris: Estienne Michallet.

de Gavre. 1827. Éloge du commandeur de Nieuport, prononcé par le prince de Gavre, président de l'Académie dans la séance du 6 octobre 1827, *Nouveaux mémoires de l'Académie royale des Sciences et Belles-Lettres de Bruxelles*, IV: i-xii.

De la Hire, Philippe. ed. 1702. *L'art de charpenterie de Mathurin Jousse. Corrigé & augmenté de ce qu'il y a de plus curieux dans cet Art, des Machines les plus necessaries à un Charpentier. Par Mr. D.L.H. Le tous enrichy de Figures & de Tailles douces*. Paris: Tomas Moette.

de Rieffenberg, baron F. 1829. *Archives pour servir à l'histoire civile et littéraire des Pays-Bas, faisant suite aux archives philologiques*, IV, Brussels.

Diderot, Denis and Jean D'Alembert, eds. 1751. *Encyclopédie ou dictionnaire raisonné des sciences, des arts et des métiers, par une société de gens de lettres.* Paris, II: 297-307 (article "Bois").

Diderot, Denis and Jean D'Alembert, eds. 1765. *Encyclopédie ou dictionnaire raisonné des sciences, des arts et des métiers, par une société de gens de lettres,...* Paris, XIII: 254 (article "Poutre").

Forest de Bélidor, Bernard. 1727. *La science des ingénieurs dans la conduite des travaux de fortification et d'architecture civile.* Paris: Claude Jombert.

G[arnier], J.-G. n.d. Sur le mémoire de M. le commandeur de Nieuport ayant pour titre: des notions fondamentales en géométrie tant élémentaire que transcendante, *Annales belgiques des sciences, arts et littératures*, IV: 378-383.

Gauthier, Henri. 1716. *Traité des ponts, ou il est parlé de ceux des romains & de ceux des Modernes; de leurs manières; tant de ceux de Maçonnerie, que de Charpente; & de leur disposition dans toute sorte de lieux.* Paris: André Cailleau.

[Jombert, Claude]. 1728. *Architecture moderne ou l'art de bien bâtir pour toutes sortes de personnes tant pour les maisons des particuliers que pour les palais.* Paris: Claude Jombert.

de Nieuport, Charles-François-Ferdinand le Prud'homme d'Hailly, Vicount. 1780. Essai analythique sur la méchanique des voûtes présenté le 18 mai 1778, *Mémoires de l'Académie impériale et royale des sciences et des belles-lettres de Bruxelles* II: 41-137.

de Nieuport, Charles-François-Ferdinand le Prud'homme d'Hailly, Vicount. 1783. Mémoire sur la propriété prétendue des voûtes en chaînettes, presenté le 6 novembre 1780, *Mémoires de l'Académie impériale et royale des sciences et des belles-lettres de Bruxelles*, IV: 1-26.

Licoppe, Christian. 1996. *La formation de la pratique scientifique: le discours de l'expérience en France et en Angleterre (1630-1820)*, (Textes à l'appui: série antropologie des sciences et des techniques, M. Callon and B. Latour, eds.). Paris: éditions la découverte.

Mailly, E. 1833. *Histoire de l'académie impériale et royale des sciences et belles-lettres de Belgique*, (Mémoires couronnés et autres mémoires publiés par l'Académie royale des sciences, des lettres et des beaux-arts de Belgique, collection in-8°, XXXIV en XXXV). Brussels.

Marx, J. 1977. L'activité scientifique de l'Académie impériale et royale des Sciences et Belles-Lettres de Bruxelles 1772-1794, *Études sur le XVIIIe siècle*, IV: 49-61.

Maton, J., Bockstaele, P., Van hoof, A., Van Dormael, A., Vandepitte, D. and Gullentops, F., 1983. De positieve wetenschappen in Vlaanderen 1769-1938, in Verbeke, G., ed., *De weg naar eigen academiën 1772-1983, colloquium, Brussel, 18-20 november 1982*. Brussels: 105-133.

Musschenbroek, Pieter van. 1739. *Essai de physique. Avec une description de nouvelles sortes de Machines Pneumatiques, et un recueil d'Experiences*. Leiden: Samuel Luchtmans, 1739 (French edition of *Institutiones physicae conscripta in usus academicos*, 1734. Leyde: S. Luchtmans).

Nollet, Jean-Antoine, 1745-1755. *Leçons de physique expérientale*. Paris: frères Guérin.

Ozanam, Jacques. 1778. *Récréations mathématiques et physiques, qui contiennent les problèmes & les questions les plus remarquables, & les plus propres à piquer la curiosité, tant des mathématiques que de la physique*. Paris: Cl. Ant. Jombert, fils aîné.

Radelet-de Grave, Patricia. 1995. Le 'de curvatura fornicis' de Jacob Bernoulli ou l'introduction des infiniments petits dans le calcul des voûtes, P. Radelet-de Grave and E. Benvenuto, eds., *Entre mécanique et architecture – Between mechanics and architecture*. Basel-Boston-Berlin: 141-163.

Roegiers, Jan. 1983, "De academie van Maria-Theresia inhistorisch perspectief", Verbeke, G., ed., *De weg naar eigen academiën 1772-1983, Colloquium, Brussel, 18-20 november 1982*. Brussels: 29-42.

Van de Vijver, Dirk. 2003a. *Ingenieurs en architecten op de drempel van een nieuwe tijd, 1750-1830*. Leuven: Leuvense Universitaire Pers.

Van de Vijver, Dirk. 2003b. "From Nieuport to Mangel: An institutional history of building science in Belgium, 1780-1930", in Huerta, Santiago, ed., *Proceedings of the First International Congress on Construction History, Madrid, 20th-24th January 2003*. Madrid: Instituto Juan de Herrera, Escuela Técnica Superior de Arquitectura, III: 2055-2063.

NOTES ON COMPILING MY BOOK

Building: 3000 years of Engineering Design and Construction[1]

My book traces the origins of the knowledge and design skills that engineers use today when designing buildings. My aim has been to try and focus on the history of engineering *design* not construction. This has its perils since there is little documentary evidence of engineers' design methods until the nineteenth century. But I firmly believe that, while we do not have documentary evidence of *how* the engineering design of the Pantheon in Rome, or Chartres cathedral, was undertaken, or by whom, it must nevertheless have been done. These designers faced the same types of challenges that modern engineers face when exploring the unknown.

I prefer to avoid using the modern terms 'architect' and 'engineer' when talking about building design, especially before the eighteenth century; I prefer the term 'building designer'. Nevertheless, I do focus on the technical expertise we now attribute to various types of engineer. For convenience I group this expertise under the term 'building engineering' although, unlike the word 'architecture', 'building engineering' does not imply a single professional discipline. No engineers call themselves 'building engineers'; they call themselves structural engineers, building services engineers, acoustic engineers, façade engineers, and so on, according to their specialist discipline.

The history of building engineering consists of many interwoven strands from the histories of other branches of engineering – military engineering, mechanical engineering, civil engineering, and, more recently, aeronautical engineering. Like all engineering history, it also draws heavily on developments in mathematics, physics and materials science.

1 This unpublished text is a revised 2016 version of the introduction printed in Bill Addis, *Building: 3000 years of Engineering design and construction*. 6-8. London/New York: Phaïdon, 2007.

Since earliest times, engineering has developed according to which of two political and economic demands have been dominant –war or peace. Until the eighteenth century the word 'engineer' generally meant military engineer and embraced the skills we now call mechanical and civil engineering. Most engineers and architects were engaged for much of their time on military projects. The designers of ancient temples, mediaeval cathedrals and Renaissance palaces usually learned their skills and earned their main incomes designing and constructing fortifications or weapons of war. The Roman engineer Vitruvius and Leonardo da Vinci are two prominent examples. Generally speaking, civic building happened when there was little need for military construction. For the many civic buildings in ancient Rome we should be thankful for the Pax Romana – the two or three centuries when the Roman Empire was relatively stable. Florence cathedral was one of many civic building in Renaissance Italy whose construction was interrupted for several years while the city's walls and fortifications had to be rebuilt following attacks from neighbouring states.

First and foremost, engineering was, and is, a matter of scale and economics. An engineer has been defined as someone who can build for £10 what 'any damn fool' can build for £100. A more technical definition might be, an engineer is someone who can build something 100 metres wide or tall that anyone can make at a size of 10 or 20 centimetres. Ordinary citizens are limited to doing things at a human scale. Anyone can draw a circle or square a metre across; special skills are needed to draw one a hundred metres across. Anyone can lift a few kilograms; special skills are needed to lift a stone weighing fifty tonnes, such as the topmost stone of Trajan's column in Rome, built around 100AD. Anyone can bridge a stream two metres wide; building a bridge to span twenty or two hundred metres is a different challenge altogether. Anyone can use ropes and poles to support the roof of a small tent; dealing with forces of hundreds of tonnes in the cables, columns and foundations of a large sports arena requires considerable understanding and experience. Using an open fire to heat and ventilate a house is one thing; providing the hot water and steam for a Roman baths or providing fresh air for an entire hospital is a different matter. Organising a few workmen to build a house is one thing; to undertake major works, engineers often needed to organise thousands of people and machines.

To achieve these feats, engineers needed an understanding of materials and their properties and how they could be fashioned into the sizes needed –both natural materials such as stone and timber, and man-made ones such as concrete, iron and bronze. They needed a knowledge of machines to amplify the power of human effort. To make large heating and ventilation systems work effectively, they needed an understanding of thermodynamics and fluid flow. And they also needed to know how to communicate their building intentions to many hundreds of people to ensure the right materials and components were available when needed to continue a pre-planned construction sequence. And most of all, they needed confidence –the confidence to build.

Engineers have learned to gain the confidence to build in many ways. First of all there is the direct experience of doing something similar before. This brings a certain understanding of the world. But engineering is first and foremost about doing things differently from before –a larger span, a taller building. For such leaps into the unknown, engineers have long used models, but this only works if the behaviour of the model can be scaled up twenty or fifty times to full size. For masonry construction, involving only compressive forces, such scaling-up is linear. For this reason, perhaps, the structural achievements in masonry construction progressed so much earlier than in other fields –because using models to aid design was an effective design method. For bending structures, however, such as floors and roof trusses, and for the flow of heat or fluids in pipes, the scaling-up is non-linear. In these cases models can only be used when scientific explanations have been developed to predict how the engineering behaviour can be scaled up to full size. And since the mid-eighteenth century engineers have drawn increasingly on a scientific understanding of materials and physical phenomena to raise their level of confidence when proposing designs for buildings (and other structures).

Since it is always more difficult to achieve something for the first time; the history of engineering is very much about innovation. The *second* person to build a masonry vault or dome spanning twenty metres was not venturing into the unknown. This was well-understood by the engineer and building designer Filippo Brunelleschi who devised and constructed the dome of Florence cathedral in the 1420s.

In the competition to build a masonry dome larger than any since the Pantheon in ancient Rome, Brunelleschi proposed that it would be built without needing to construct a massive structure inside the cathedral to support the centring for the dome. However, he would not tell the competition judges how he would achieve it. This utterly unprecedented idea was received with scepticism, incredulity and even hostility. More than once the panel of judges demanded to know how he would do it, and he refused, arguing that this would enable anyone else to use his idea. Finally, to make the point that it would be unwise for him to divulge his highly original idea, he summoned an egg to be brought to the room. He threw down the challenge that whoever could balance the egg on its end should build the cupola. All tried and failed. Then Brunelleschi tapped the egg lightly on the marble table to flatten one end, and stood it up with ease. The others complained that they could have done the same if they realised they were allowed to do that. Brunelleschi replied simply that they would also have known how to build the dome themselves if he showed them his plans. He got the job.

Modern building engineering, based on the understanding and application of engineering science, is very much rooted in European culture. Nevertheless, before the European scientific revolution beginning in the thirteenth century, many useful ideas –not least Arabic numerals and algebra– arrived from the East. Over the centuries the focus of attention in the history of building engineering shifts according to where engineers are innovating and using new materials, developing new types of building construction, and new ways of designing buildings. Until the late nineteenth century this generally meant the countries which dominated by virtue of their military and commercial power. In ancient times, this was the countries of the Eastern Mediterranean, then the Roman Empire; since late mediaeval times the focus has mainly been the countries of western Europe –France, Italy, Spain, England and Germany, with each country leading the way at different times, closely followed by the others. Engineers from most other European countries– the Netherlands, Russia, Austria, Switzerland, Belgium, Scandinavia and others – have also made their mark from time to time.

From the mid-nineteenth century many Europeans took their building engineering expertise across the Atlantic and were able to benefit from the commercial prosperity which flourished there and led to the growth of high-rise building. The extreme climate, compared to Europe, in many parts of the USA also encouraged American engineers to master the indoor climate of buildings. Since the early twentieth century, building engineering in Europe and America has developed hand in hand as improved transport and communications have overcome natural barriers. If the two cultures are to be differentiated, European building engineers have tended to innovate as a process of exploration, almost for its own sake, while American engineers have innovated in order to bring commercial benefits. In recent decades, engineers in Japan and elsewhere in the far East have been particularly successful in rigorously developing many ideas originating in Western countries. These cultural characteristics do mean that, even in the twentieth century, a disproportionate number of major innovations in building engineering have originated in Europe, while they have often been developed with considerable commercial success outside Europe. This book focuses on the innovative developments in building engineering, not on the construction industries of different countries.

Few of the design and construction issues that engineers deal with today are entirely new. Designers of theatres in ancient Rome were no less concerned with acoustics than modern theatre designers. What *is* different is the way engineers today deal with these issues –the capacity we have now for understanding what influences the acoustics of a building and how we can use this understanding to design the theatre *before starting to build*, in the knowledge that the acoustic performance will be good when the theatre is finished.

My approach to building engineering history is not to follow every strand of building history. The development of building materials and construction methods from ancient times to the present day is well covered by many books. So, too, is the development of engineering science, upon which building design now depends so heavily. Nevertheless, I draw on some aspects of both these themes when necessary to trace the development of building engineering design. Similarly, I have ventured into the histories of other branches of engineering where they have clearly influenced developments in building engineering.

I focus attention on the engineering of buildings –their engineering design and construction. These aspects of building history have been dealt with less thoroughly than the history of architecture; they have also been overlooked in many histories of civil engineering. I tend to concentrate mainly on large buildings since small buildings do not usually involve challenges to design engineer. I also focus on buildings which have required significant thought and planning before construction can commence, for this is what engineering design is. Engineering design is devising a building that can, with great confidence, be predicted to work in certain ways, such as carrying the loads put upon it and providing occupants with the warmth, light and fresh air they need, and also devising a way in which the building can actually be constructed within the many constraints that affect such projects.

The subject of dates besets any writer on history. I have used various standard works such as Banister Fletcher's History of Architecture and specialist authors on different periods. But experts are wont to disagree and no building can be given a single date since its design can precede its completion by anything from two to a hundred years. I hope I have avoided simple mistakes, but most buildings have complex histories and scholars are forever rewriting history. Similarly with the question of authorship of buildings and ideas. The names of certain individuals often become prominent, sometimes for curious reasons. Big ideas in science such as force and temperature were developed by many people over many decades, or longer. Furthermore, the completion of all large buildings involves teams of people, and effort by different people at different times during the project. Establishing precise authorship is virtually impossible, even today; and anyway, what difference does it make? The concern of this book is more about what was achieved, not who did it.

In my wanderings around engineering history, I have never ceased to be amazed by two frequent occurrences – finding out how skilful and ingenious our ancestors were, and discovering how early there exist examples of what I and many others believed to be recent or new ideas. My aim, then, is to celebrate the achievements of many remarkable men (sadly, women have featured little in engineering history until the late-twentieth century) and to share the wonder, amazement and humility that I have felt while learning about our building engineering heritage.

Bill Addis

L'ARCHÉOLOGIE DE LA CONSTRUCTION

Essai de définition[1]

ÉTAT DES RECHERCHES SUR LES TECHNIQUES DE CONSTRUCTION ROMAINES

Il ne saurait s'agir dans ce cadre d'énumérer les nombreuses études sur les caractéristiques constructives de l'architecture romaine. Les premiers travaux consacrés aux techniques de construction romaines remontent au début du XIXe siècle, sous l'impulsion de A. Nibby, présentant un tableau alors novateur sur la succession des différents appareils[2]. Mais il revient à E.B. Van Deman, dans une étude fondatrice, d'avoir donné le jour à une méthode d'analyse des constructions, appuyée sur une typo-chronologie permettant de distinguer neuf périodes principales[3]. Trois types de données sont associées pour dater un édifice en fonction des techniques de construction : la nature structurelle du bâtiment, les sources littéraires et les « informations occasionnelles » (éléments de décor, témoignages épigraphiques, comme les estampilles sur briques). Dans ce cadre, trois angles d'approche sont plus spécifiquement développés pour appréhender l'édifice dans sa complexité : son niveau et son orientation par rapport aux édifices antérieurs ou postérieurs, l'harmonie du plan général, l'uniformité

1 Ce texte a été précédemment publié sous la référence : Hélène Dessales, « L'archéologie de la construction. Essai de définition ». In *Ostie, l'eau dans la ville. Châteaux d'eau et réseau d'adduction.* Sous la direction de Evelyne Bukowiecki, Hélène Dessales et Julien Dubouloz, 19-24. Paris-Rome : École Française de Rome, 2008. Il est ici réédité avec la permission de l'auteur, des deux autres directeurs de la publication et de l'École Française de Rome.

2 Nibby 1819. Pour un premier historique de la recherche jusqu'aux années 1950, Lugli 1957, 1, p. 15-24. Nous insisterons davantage ici sur les ouvrages successifs à ceux de Lugli, mais voir aussi la récente réédition de l'ouvrage de Giovannoni 1999 (1re éd. 1925).

3 Van Deman 1912.

dans la qualité ou la diversité des matériaux et des techniques de construction. Pour la première fois, cet auteur applique une analyse modulaire aux architectures en *opus testaceum* et met en série les différents types de mortier de chaux, distingués selon leur couleur[4]. C'est donc une méthode descriptive des techniques qui est ici inaugurée, permettant l'analyse des vestiges dans leur contexte architectural et historique. Cette approche, reprise par la suite par M.E. Blake, fut développée à l'échelle de l'Italie entière, avec la constitution d'un catalogue d'édifices, faisant encore référence aujourd'hui, qu'il s'agisse des éléments architecturaux ou décoratifs[5].

En se présentant comme l'héritier de ces méthodes, tout en faisant œuvre critique, G. Lugli signe dans les années 1950 un autre bilan qui sert encore de point de repère fondamental, *La tecnica edilizia romana con particolare riguardo a Roma e Lazio*. Il y fixe les critères d'un procédé de datation des constructions, fondé sur la seule analyse technique des maçonneries[6]. Dans la mesure où elle se démarque des méthodes précédentes, essentiellement descriptives, l'enquête proposée se veut synthétique et nuancée. En reconnaissant que chaque région présente des traditions constructives différentes, Lugli envisage principalement les témoignages de Rome, du Latium et de la Campanie. Trois critères d'examen sont ajoutés : la qualité du matériau rocheux disponible sur place, ouvrant une première réflexion sur les conditions d'approvisionnement du chantier, la fonction de l'édifice, l'importance du commanditaire. L'ouvrage développe une présentation typo-chronologique des techniques de construction (*opus quadratum, opus caementicium*), en dégageant de nettes séquences pour les sites de référence (Pompéi, Ostie, Rome), mais aussi des formes architecturales (en particulier, les voûtes) et des techniques de chantier (par exemple, les joints en mortier de chaux) spécifiques. Sans doute, certains tableaux peuvent paraître parfois schématiques, comme celui de l'*opus reticulatum* qui, limité à une analyse morphologique des moellons et conçu dans une problématique évolutionniste, ne

4 Lire notamment les critiques de Lugli 1957, 1, p. 19, sur des datations jugées trop hâtives, par la seule coloration du mortier. On peut voir les influences d'une telle méthode dans l'étude de Heres 1994, sur les châteaux d'eau de Pompéi, dont la chronologie relative n'est établie qu'en fonction de la couleur du mortier de chaux.

5 Blake 1947, sur Ostie, p. 144-235.

6 Lugli 1957, 1, p. 14-15.

tient pas compte des dynamiques de chantier pouvant expliquer les variations de la mise en œuvre[7].

À bien des égards, les synthèses de J.-P. Adam et de C.F. Giuliani sur la construction romaine viennent combler les manques dans la démarche de Lugli, en mettant en évidence les modes de production des matériaux et les chaînes opératoires associées[8]. Ce sont notamment les étapes et les choix des chantiers édilitaires que tente de restituer Giuliani et qui lui permettent d'expliquer certaines typologies constructives du Latium. Sur ces aspects, les travaux de J. DeLaine ont apporté une dimension nouvelle aux recherches sur la construction romaine, en proposant une lecture économique des chantiers publics et privés du Latium, à Rome et Ostie plus spécifiquement[9]. La monographie consacrée aux Thermes de Caracalla constitue à ce titre une analyse stimulante. Peut-être moins citées dans ce domaine, d'autres études sur différents monuments du monde romain incarnent ce souci de ne pas se limiter à une lecture « statique » des vestiges architecturaux, mais de les replacer dans une dynamique de chantier, en étroit rapport avec le contexte environnemental[10] ; dans ces enquêtes, une même attention est accordée aux étapes de construction de l'édifice qu'à ses restructurations successives ou à ses phases de démolition[11]. Sur ce point, les récentes fouilles du sanctuaire de Mars Mullo à Allonnes, dans la Sarthe, offrent une documentation spectaculaire, en révélant toutes les traces et les installations de chantier qui, pourtant de nature éphémère, sont exceptionnellement conservées pour ce monument et ce site[12]. Cependant, cette approche ne peut

7 *Cf.* pour une lecture critique les pages suivantes consacrées à la muraille d'Ostie.

8 Adam 1984 ; Giuliani 1998 (1re éd. 1990). Voir en dernier lieu, pour la Gaule romaine, Seigne 1999.

9 DeLaine 1996 ; 1997 ; 2000 ; 2001a ; 2001b et 2002.

10 Sans prétendre à l'exhaustivité, nous citerons les recherches qui nous ont guidés : en contexte privé, Desbat 1994 (Maison des dieux Océan, Saint-Romain-en-Gal) ; en contexte public, l'analyse de l'aqueduc de Nîmes par Fabre – Fiches – Paillet 2000, complétée par Paillet 2005 et l'analyse de l'aqueduc de Fréjus par Michel – Gébara – Dubar – Lanos, 2002. Une synthèse sur les chantiers d'aqueduc est présentée par Leveau, à paraître (a). Deux références sont consacrées aux édifices de spectacle articulant fouilles stratigraphiques et analyse des élévations : Munzi – Terrenato 2000 (théâtre et thermes de Volterra) et Dumasy 2000 (théâtre d'Argentomagus). Mais on pense aussi aux méthodes d'analyse appliquées pour restituer le paysage urbain de la Crypta Balbi chez Manacorda 2003.

11 Voir sur ce point, le stimulant dossier « Permis de démolir », sur le théâtre d'Argentomagus, Dumasy 2000, p. 149-152.

12 Un premier état du dossier dans Brouquier-Reddé – Gruel 2004.

pas ignorer les particularités de l'« archéologie du bâti » qui se définit aujourd'hui comme une discipline à part entière, dont les méthodes tentent désormais de s'harmoniser[13].

ARCHÉOLOGIE DE LA CONSTRUCTION ET STRUCTURES HYDRAULIQUES

On parle généralement d'« archéologie du bâti », pour définir la méthode d'analyse archéologique des édifices. En Italie, les équipes de médiévistes de l'Université de Sienne, autour notamment de T. Mannoni et G.P. Brogiolo ont donné une impulsion décisive à ce champ d'études[14], dans les années 1990, en définissant l'*archeologia dell'architettura* ou *archeologia del costruito* dont toute la spécificité scientifique s'est affirmée lors de la création de la revue annuelle, *Archeologia dell'architettura*, en 1996, conçue comme un supplément de la revue *Archeologia medievale*. Dans les différentes études de cas proposées, ces chercheurs associent à l'analyse stratigraphique des maçonneries la restitution de tout un cycle de production.

En France, le concept, formulé pour la première fois en 1983, est né de l'archéologie préventive urbaine et s'est particulièrement appliqué à l'habitat médiéval[15], prenant toute son ampleur dans les années 1985-1990. Il ne saurait s'agir de présenter ici les méthodes de cette discipline à présent bien connue et progressivement intégrée dans les parcours universitaires, dont nous rappellerons toutefois l'objectif principal, défini par Y. Esquieu, en 1997 : « L'archéologie du bâti est, d'une façon générale, l'étude architecturale des élévations conservées lorsque cette étude ne se limite pas à des considérations stylistiques ». Si le terme est essentiellement revendiqué et utilisé par les archéologues médiévistes,

13 Voir les actes d'une récente table ronde sur ce point, Parron-Kontis – Reveyron 2005.

14 Pour les références principales, voir Parenti 1988 ; Brogiolo 1988 et Mannoni 1994. Pour un bilan des études en Italie, voir la synthèse de D'Ulizia 2005.

15 Groupe de recherche coordonné par J. Chapelot à Vincennes, par C. Arlaud et J. Burnouf à Lyon. On se référera en particulier au numéro spécial de la revue *Les nouvelles de l'archéologie*, 53-54, 1993, avec la présentation méthodologique de Arlaud – Burnouf 1993. Voir aussi le bilan des recherches françaises dressé par Esquieu 1997.

l'approche n'est pas pour autant étrangère aux recherches sur les monuments de l'Antiquité, associant analyse formelle et technologique[16].

À l'issue de la première campagne de ce projet, nous avons délibérément opté pour l'expression « archéologie de la construction », qui nous semble évoquer, mieux peut-être que la notion de bâti, l'idée d'une pratique active : le cycle productif des matériaux, les diverses chaînes opératoires de la conception à la réalisation du monument permettent de révéler l'organisation fonctionnelle du chantier, dans ses aspects sociaux, culturels et économiques[17]. Les travaux de P. Varène et bien entendu de J.-Cl. Bessac sur la construction en pierre ont ouvert sur ce point une réflexion fondatrice, en redonnant corps aux gestes des professionnels, aux positions de travail, au choix des outils et, plus généralement, à la conception des chantiers, à partir des seules traces observées sur les blocs. Par la restitution des processus de production, c'est une véritable « anthropologie de la construction » qui est alors proposée[18].

Du reste, l'application de l'archéologie de la construction semble particulièrement bien adaptée à l'étude des monuments de l'eau[19]. En effet, les structures hydrauliques se prêtent d'autant plus à ces observations techniques que leur aménagement dépend de contraintes bien particulières : la gestion de la pression, les modes d'adduction et d'évacuation, les dispositifs de contrôle constituent autant de spécificités que les constructeurs romains devaient envisager dès la conception de l'édifice[20]. Sur certains bâtiments, une observation attentive des élévations révèle les « remords » et les reprises des architectes, en permettant d'identifier les écarts entre le plan originel et les réalisations de chantier[21]. La seconde spécificité des monuments de l'eau, qui en fait de riches objets d'étude, est qu'ils sont sujets à de multiples restaurations, connaissant une durée

16 *Cf.* les exemples cités, n. 10 et, comme témoignage de cette approche plus globale, la présentation méthodologique de Journot 1999.

17 Bessac 1986. Sur les techniques de taille de pierre, voir l'étude fondatrice de Varène 1982.

18 L'expression est empruntée à Bessac 2005.

19 On notera du reste, même dans les publications anciennes, un intérêt pour les techniques de construction qui les caractérisent, par exemple chez Germain de Montauzan 1909, p. 220-279 et pour des études récentes, le cas de l'aqueduc de Nîmes dans Fabre – Fiches – Paillet 2000, p. 357-368 et de l'aqueduc de Fréjus dans Gébara – Michel 2002, p. 137-162 ; p. 251-256.

20 Pour l'étude d'une construction extrêmement normalisée, Burdy 2002, p. 219-220 et p. 306-310, sur l'aqueduc du Gier.

21 Exemples des citernes de Bararus, traité par Hallier 1987 et des Thermes de Caracalla, analysé par DeLaine 1997, p 66-68.

de vie assez courte en l'absence d'entretien régulier ou de restructuration[22]. Enfin, une approche très systématique des édifices s'imposait particulièrement dans le cas du château d'eau de la Porta Romana en raison de l'arasement et de la mauvaise conservation des structures.

LES OBJECTIFS DE L'ENQUÊTE

Selon cette approche globale, l'archéologie de la construction permet de développer différents objectifs, que nous nous sommes efforcés de suivre dans le cadre de ce projet, à travers l'étude spécifique du château d'eau de la Porta Romana.

Tout d'abord, l'ensemble des observations menées sur les élévations permet de raisonner sur le mode d'approvisionnement des matériaux, les systèmes de mise en œuvre et, au-delà des caractéristiques techniques, la nature du programme édilitaire et ses probables conditions de financement. Ainsi, dans le cas du château d'eau de la Porta Romana, l'homogénéité des lots de briques, comme les dispositifs de mise en œuvre, révèlent un chantier systématique, extrêmement bien structuré. La comparaison avec le mode de construction d'autres réservoirs distributeurs d'Ostie est à ce titre éclairante, par exemple avec la Schola del Traiano (IV.5.15), l'édifice ayant fait l'objet de notre première campagne d'étude. Dans ce bâtiment, se dégage une certaine unité pour chacune des phases de construction reconnues, particulièrement pour la phase de la deuxième moitié du IIe siècle, mais la répartition hétérogène, parfois sur un même parement, des dimensions de briques révèle une organisation des travaux peu régulière dans l'achat des matériaux et les étapes de chantier. Du reste, il semblerait même que le corps de bâtiment situé en fond de parcelle n'ait été achevé que bien après le début de sa construction, laissant présager des difficultés rencontrées par la maîtrise d'œuvre dans

22 Voir par exemple les multiples interventions identifiées sur le Pont du Gard, dans Fabre – Fiches – Paillet 2000, p. 410-421. Mais l'aménagement des structures hydrauliques de la Maison des dieux Océan à Saint-Romain-en-Gal est à ce titre particulièrement significatif, les différents bassins connaissant une durée de fonctionnement inférieure à vingt ans, en fonction des évolutions de la demeure, Desbat 1994, en part. p. 198-199, fig. 166.

la réalisation de ce siège de corporation. Le réservoir qui alimentait les différentes structures hydrauliques du bâtiment, vraisemblablement raccordé au réseau de l'aqueduc[23], relève d'une phase postérieure. Sur ses parois, la grande disparité des briques mises en œuvre, tant dans leurs dimensions que dans leur degré de cuisson, témoigne là encore de l'utilisation de lots divers, voire d'un remploi des matériaux. À travers de telles indications techniques, ces deux cas permettent de mesurer les écarts entre une architecture de représentation, mais d'une échelle relativement modeste et de moyens limités et une construction de meilleur achèvement, bien que de nature utilitaire.

La deuxième orientation méthodologique repose sur l'observation des liens stratigraphiques entre les élévations. Les résultats obtenus sont destinés à restituer les différentes phases du monument, alors replacées dans le contexte du développement urbain d'Ostie et du réseau d'adduction, à l'échelle du territoire. Les séquences identifiées permettent de décrire l'édifice de façon diachronique, des différentes étapes de construction à l'abandon ou à la destruction successive (*cf.* fig. 1, page suivante).

En troisième lieu, il convient d'intégrer les données recueillies dans une approche paysagère portant sur la stratégie d'occupation de l'espace, sur le rapport de la cité avec son territoire et sa métropole, Rome. C'est dans ce cadre qu'est notamment intervenue une réflexion sur l'enceinte tardo-républicaine de la colonie, qui servit de support à l'aqueduc sous l'Empire, et sur la relation entre le réseau d'adduction *intra muros* et les différents aqueducs documentés sur le territoire.

Enfin, dans une autre perspective, notre intention était de constituer la documentation la plus complète possible sur un monument jusqu'à présent peu étudié et resté à l'écart des itinéraires de visite, afin de pouvoir orienter éventuellement des travaux de restauration ou de mise en valeur.

Hélène Dessales

23 Ricciardi 1996, 1, sched. 17, p. 127-128 (fig. 196, n° 11) ; Bukowiecki – Dessales – Dubouloz 2003, p. 525 et fig. 1, p. 522.

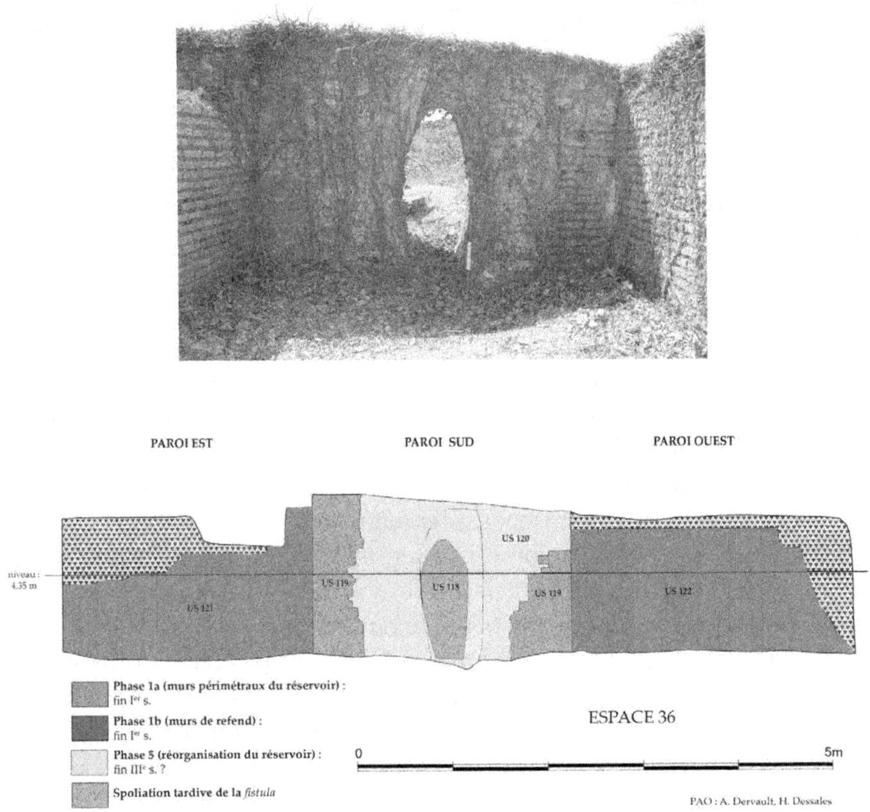

FIG. 1 – Exemple de stratigraphie des élévations :
château d'eau de la Porta Romana, espace 36, paroi sud.

BIBLIOGRAPHIE

Adam 1984 : Adam J.-P., *La construction romaine. Matériaux et techniques*, Grands Manuels Picard, Paris.

Arlaud – Burnouf 1993 : Arlaud C., Burnouf J., *L'archéologie du bâti médiéval urbain*, dans *Les nouvelles de l'archéologie*, 53-54, p. 5-69.

Bessac 1986 : Bessac J.-Cl., *L'outillage traditionnel du tailleur de pierre de l'Antiquité à nos jours*, RAN, suppl. 14, Paris.

Bessac 2005 : Bessac J.-Cl., *Anthropologie de la construction : de la trace d'outil au chantier* dans Parron – Reveyron 2005, p. 53-61.

Blake 1947 : Blake M.E., *Ancient Roman Construction in Italy from the Prehistoric Period to Augustus*, Washington.

Brogiolo 1988 : Brogiolo G.P., *Archeologia dell'edilizia storica*, Côme.

Brouquier-Reddé – Gruel 2004 : Brouquier-Reddé V., Gruel K. (dir.), *Le sanctuaire de Mars Mullo chez les Aulerques Cenomans (Allonnes, Sarthe), Ve siècle av. J.-C. – IVe siècle ap. J.-C., état des recherches actuelles*, dans *Gallia*, 61, p. 291-396.

Bukowiecki – Dessales – Dubouloz 2003 : Bukowiecki E., Dessales H., Dubouloz J., *Ostia Antica. L'avant-corps de la Schola du Trajan (IV, 5, 15)*, dans *MEFRA*, 115-1, p. 521-530.

Burdy 2002 : Burdy J., *Les aqueducs romains de Lyon*, Lyon.

D'Ulizia 2005 : D'Ulizia A., *L'archeologia dell'architettura in Italia. Sintesi e bilancio degli studi*, dans *Archeologia dell'Architettura*, 10, p. 9-41.

DeLaine 1996 : DeLaine J., *The Insula of the Paintings. A model for the economics of construction in Hadrianic Ostia*, dans A. Gallina Zevi, A. Claridge (dir.), *Roman Ostia Revisited. Archeological and Historical Papers in Mem. of R. Meiggs*, Rome, 1996, p. 165-184.

DeLaine 1997 : DeLaine J., *The Baths of Caracalla. A Study in the Design, Construction, and Economics of Large-Scale Building Projects in Imperial Rome*, JRA, suppl. 25, Portsmouth.

DeLaine 2000 : DeLaine J., *Building the Eternal City : the building industry of imperial Rome*, dans J. Coulston, H. Dodge (dir.), *Ancient Rome : the Archaeology of the Eternal City*, Oxford Univ. School of Archaeology Monograph, 54, Oxford, p. 119-141.

DeLaine 2001a : DeLaine J., *Techniques et industrie de la construction à Ostie*, dans Descœudres 2001, p. 91-99.

DeLaine 2001b : DeLaine J., *Bricks and mortar. Exploring the economics of building techniques at Rome and Ostia*, dans D.J. Mattingly, J. Salmon (dir.), *Economies beyond Agriculture in the Classical World*, Leicester-Nottingham Studies in Ancient Society, 9, Londres, p. 230-268.

DeLaine 2002 : DeLaine J., *Building activity in Ostia in the second century A.D.*, dans Ch. Bruun, A. Gallina Zevi (dir.), *Ostia e Portus nelle loro relazioni con Roma*, Acta Instituti Romani Finlandiae, 27, Rome, p. 41-101.

Desbat 1994 : Desbat A. (dir.), *La maison des dieux Océan à Saint-Romain-en-Gal, Rhône*, Gallia, suppl. 55, Paris.

Dumasy 2000 : Dumasy F., *Le théâtre d'Argentomagus (Saint-Marcel, Indre)*, Documents d'Archéologie Française, 79, Paris.

Esquieu 1997 : Esquieu Y., *L'archéologie du bâti en France*, dans *Archeologia dell'architettura*, 23, p. 133-140.

Fabre – Fiches – Paillet 2000 : Fabre G., Fiches J.-L., Paillet J.-L., *L'aqueduc de Nîmes et le pont du Gard. Archéologie, géosystème, histoire*, CRA, Monographies, Paris (2e éd.).

Gébara – Michel 2002 : Gébara C., Michel J.-M. (dir.), en coll. avec J.-L. Guendon, *L'aqueduc romain de Fréjus : sa description, son histoire et son environnement*, RAN, suppl. 33, Montpellier.

Germain de Montauzan 1909 : Germain de Montauzan C., *Les aqueducs antiques de Lyon : étude comparée d'archéologie romaine*, Paris.

Giovannoni 1999 : Giovannoni G., *La tecnica della costruzione presso i Romani*, Rome (1re éd. : 1925).

Giuliani 1998 : Giuliani C.F., *L'edilizia nell'antichità*, Studi Superiori, NIS, 92, Rome (1re éd. : 1990).

Hallier 1987 : Hallier G., *Les citernes monumentales de Bararus (Henchir Rougga) en Byzacène*, dans *AntAfr*, 23, p. 129-148.

Heres 1994 : Heres T. L., *The structures related to the water supply of Pompeii : building materials and chronology*, dans *MNIR*, 51-52, p. 42-61.

Journot 1999 : Journot F., *Archéologie du bâti*, dans *La construction en pierre*, Collection Archéologiques, Paris, p. 133-163.

Leveau, à paraître [paru en 2008] : Leveau Ph., *Conduire l'eau et la contrôler : l'ingénierie des aqueducs romains*, dans M. Molin (dir.), *Archéologie et histoire des techniques du monde romain (Actes du colloque international de la SFAC, Paris, 18 nov. 2006)*, Paris, p. 133-163.

Lugli 1957 : Lugli G., *La tecnica edilizia romana con particolare riguardo a Roma e Lazio*, 2 vol., Rome.

Manacorda 2003 : Manacorda D., *Crypta Balbi. Archeologia e storia di un paesaggio urbano*, Milan (1re éd. : 2001).

Mannoni 1994 : Mannoni T., *Caratteri costruttivi dell'edilizia storica*, Venticinque Anni di Archeologia Globale, 3, Gênes.

Michel – Gébara – Dubar – Lanos 2002 : Michel J.-M., Gébara C., Dubar M., Lanos P., *Chantiers et bâtisseurs*, dans Gébara – Michel 2002, p. 219-240.

Munzi – Terrenato 2000 : Munzi M., Terrenato N. (dir.), *Volterra. Il teatro e le terme. Gli edifici, lo scavo, la topografia*, Florence.

Nibby 1819 : Nibby A., *Del Foro Romano, della Via Sacra, dell'Anfiteatro Flavio e de' luoghi adjacenti*, Rome.

Paillet 2005 : Paillet J.-L., *Réflexions sur la construction du Pont du Gard*, dans G. Fabre, J.-L., Fiches, Ph. Leveau (dir.), *Aqueducs de la Gaule méditerranéenne*, dans *Gallia*, 62, p. 1-170, p. 49-68.

Parenti 1988 : Parenti R., *Sulle possibilità di datazione e di classificazione delle murature*, dans R. Francovich, R. Parenti (dir.), *Archeologia e restauro dei monumenti. I° ciclo di lezioni sulla ricerca applicata in archeologia (Certosa di Pontignano – Siena, 28 sett.-10 ott. 1987)*, Florence, p. 280-304.

Parron – Reveyron 2005 : Parron-Kontis I., Reveyron N. (dir.), *Archéologie du bâti. Pour une harmonisation des méthodes, Actes de la table ronde (Saint-Romain-en-Gal, 9-10 nov. 2001)*, Archéologie Aujourd'hui, Paris.

Ricciardi 1996 : Ricciardi M.A., *La civiltà dell'acqua in Ostia Antica*, coord. V. Santa Maria Scrinari, 2 vol., Rome.

Van Deman 1912 : Van Deman E.B., *Methods of determining the date of Roman concrete monuments*, dans *AJA*, 16, p. 230-251 & p. 387-432.

Varène 1982 : *Sur la taille de la pierre antique, médiévale et moderne*, Dijon (1re éd. : 1974).

THE TASKS AND AIMS OF A HISTORICAL STUDY OF THEORY OF STRUCTURES[1]

FIG. 1-0 – G. Galilei, *Dialogo sopra i due massimi sistemi del mondo*, 1632, antiporte.

1 This text was previously published as Karl-Eugen Kurrer, "The tasks and aims of a historical study of theory of structures". In Karl-Eugen Kurrer, *The History of the Theory of Structures. From Arch Analysis to Computational Mechanics*, 20-29. Berlin : Ernst & Sohn, 2008. It is here republished with the permission of the author and of Ernst & Sohn.

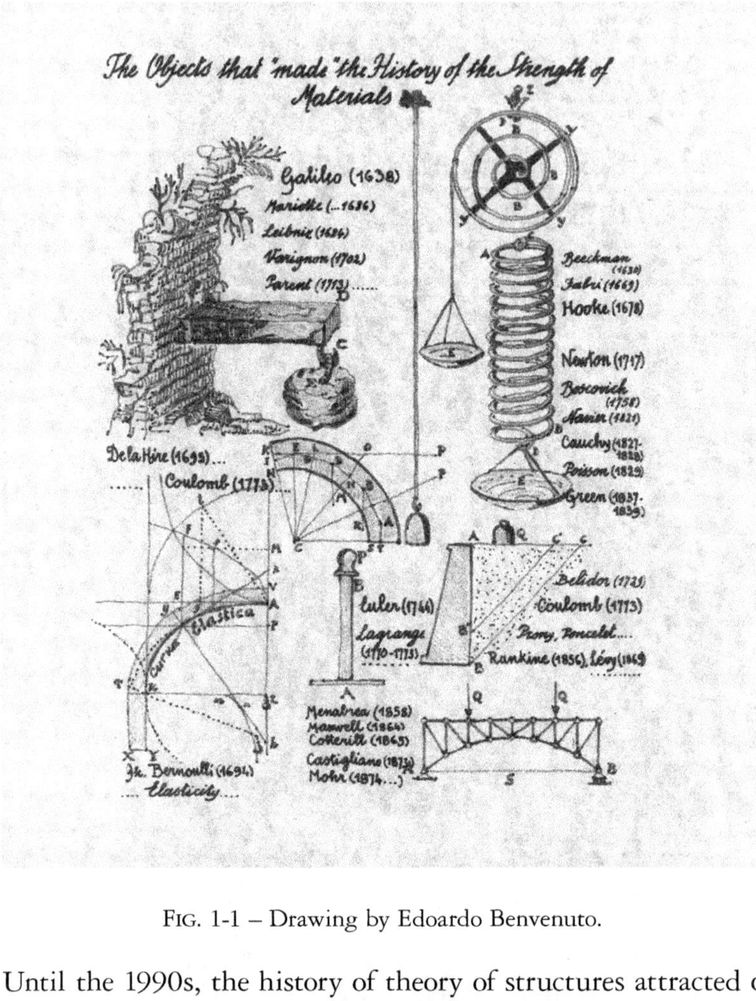

FIG. 1-1 – Drawing by Edoardo Benvenuto.

Until the 1990s, the history of theory of structures attracted only marginal interest from historians. At conferences dealing with the history of science and technology, but also in relevant journals and compendiums, the interested reader could find only isolated papers investigating the origins, the chronology, the cultural involvement and the social significance of theory of structures. This gap in our awareness of the history of theory of structures has a passive character : most observers still assume that the stability of structures is guaranteed a priori, that, so to speak, structural analysis wisdom is naturally bonded to the structure, is absorbed by it, indeed disappears, never to be seen again. This is not a suppressive act on the part of the observer, but rather is due to the nature of building itself – theory of structures had appeared at the start of the Industrial Revolution, claiming to be a "mechanics derived from the nature of building itself" [Gerstner, 1789, p. 4].

Only in the event of failure are the formers of public opinion reminded of structural analysis. Therefore, the historical development of theory of structures followed in the historical footsteps of modern building, with the result that the historical contribution of theory of structures to the development of building was given more or less attention in the structural engineering-oriented history of building, and therefore was included in this.

The history of science, too, treated the history of theory of structures as a diversion. If indeed theory of structures as a whole strayed into the field of vision, it was only in the sense of one of the many applications of mechanics. Structural engineering, a profession that includes theory of structures as a fundamental engineering science discipline, only rarely finds listeners outside its own disciplinary borders.

Today, theory of structures is, on the one hand, more than ever before committed to formal operations with symbols, and is less apparent to many users of structural design programs. On the other hand, some attempts to introduce formal teaching into theory of structures fail because the knowledge about its historical development is not adequate to define the concrete object of theory of structures. Theory of structures is therefore a necessary but unpopular project.

Notwithstanding, a history of theory of structures has been gradually coming together from various directions since the early 1990s, the first highlight of which was the conference "Historical perspectives on structural analysis" – the world's first conference on the history of theory of structures – organised by Santiago Huerta and held in Madrid in December 2005. The book published on the occasion of the conference (Fig. 1-2) demonstrates that the history of theory of structures already possesses a number of the features important to an engineering science discipline and can be said to be experiencing its constitutional phase.

FIG. 1-2 – Cover of the book published to mark the first conference on the history of theory of structures (2005).

INTERNAL SCIENTIFIC TASKS

Like every scientific cognition process, the engineering science cognition process in theory of structures also embraces history insofar as the idealised reproduction of the scientific development supplanted by the status of knowledge of an object forms a necessary basis for new types of scientific ideas : science is truly historical. Reflecting on the genesis and development of the object of theory of structures always becomes an element in the engineering science cognition process when rival, or rather coexistent, theories are superseded by a more abstract theory – possibly by a basic theory of a fundamental engineering science discipline. Therefore, the question of the inner consistency of the more abstract theory, which is closely linked with this broadening of the object, is also a question of the historical evolution. This is how Saint-Venant proceeded in 1864 with his extensive historical and critical commentary of Navier's beam theory [Navier, 1864], in the middle of the establishment phase of structural theory (1850-1875). Theory formation in structural analysis is the classification of the essential properties of technical artefacts or artefact classes reflected in theoretical models. This gives rise to the historically weighted comparison and the criticism of the theoretical approaches, the theoretical models and the theories, especially in those structural analysis theory formation processes that grew very sluggishly, e.g. masonry arch theory. One example of this is Winkler's 1879/80 historico-logical analysis of masonry arch theories in the classical phase of structural theory (1875-1900) [Winkler, 1879/1880].

In their monumental work on the history of strength of materials, Todhunter and Pearson had good reasons for focusing on elastic theory (see [Todhunter & Pearson, 1886 & 1893 ; Pearson, 1889]), which immediately became the foundation for materials theory in applied mechanics as well as theory of structures in its discipline-formation period (1825-1900), and was able to sustain its position as a fundamental theory in these two engineering science disciplines during the consolidation period (1900-1950). The mathematical elastic theory first appeared in 1820 with Navier's *Mémoire sur la flexion des plans élastiques* (Fig. 1-3). It inspired Cauchy and others to contribute significantly to the establishment of the scientific structure of elastic theory and induced a paradigm change in the constitution phase of structural theory (1825-1850), which was essentially completed by the middle of the establishment phase of structural theory (1850-1875). One important outcome of the discipline-formation period of structural theory (1825-1900) was the constitution of the discipline's own conception of its epistemology – and elastic theory contributed substantially to this. Theory of structures thus created for itself the prerequisite to help define consciously the development of construction on the disciplinary scale. And looked at from the construction engineering side, Gustav Lang approached the subject in his evolutionary portrayal of the interaction between loadbearing construction and theory of structures in the 19th century [Lang, 1890] –the first monograph on the history of theory of structures.

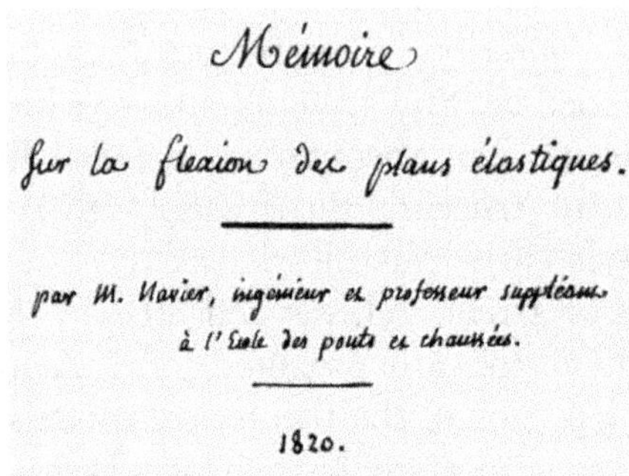
Mémoire

sur la flexion des plans élastiques.

par M. Navier, ingénieur et professeur suppléant à l'École des ponts et chaussées.

1820.

FIG. 1-3 – Lithographic cover page of Navier's *Mémoire sur la flexion des plans élastiques* [Roberts & Trent, 1991, p. 234].

Up until the consolidation period of structural theory (1900-1950), the structural analysis theory formation processes anchored in the emerging specialist literature on construction theory contained a historical element that was more than mere references to works already in print. It appears, after all, to be a criterion of the discipline-formation period of structural theory that recording the relationship between the logical and historical was a necessary element in the emerging engineering science cognition process. If we understand the logical to be the theoretical knowledge reflecting the laws of the object concerned in abstract and systematic form, and the historical to be the knowledge and reproduction of the genesis and evolution of the object, then it can be shown that the knowledge of an object's chronology had to be a secondary component in the theoretical knowledge of the object. This is especially true when seen in terms of the leaps in development in the discipline-formation period of structural theory. Whereas Pierre Duhem pursued the thinking of natural philosophy from the theory of structures of the Middle Ages to the end of the 17th century in his two-volume work *Les origines de la Statique* [Duhem, 1905/06], the comprehensive contributions of Mehrtens [Mehrtens, 1900 & 1905], Hertwig [Hertwig, 1906 & 1941], Westergaard [Westergaard, 1930],

Ramme [Ramme, 1939] and Hamilton [Hamilton, 1952] to the origins of the discipline of theory of structures provide reasons for the history of theory of structures in a narrower sense. The famous book by Timoshenko on the history of strength materials (Fig. 1-4) contains sections on the history of structural theory [Timoshenko, 1953].

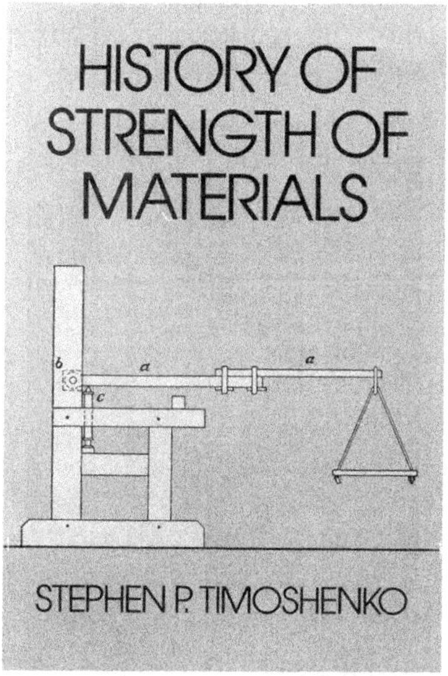

FIG. 1-4 – Cover of Timoshenko's *History of strength of materials* [Timoshenko, 1953].

In the former USSR, Rabinovich [1949, 1960, 1969] and Bernshtein [1957, 1961] contributed to the history of strength of materials and theory of structures in particular and structural mechanics in general. But of all those monographs, only one has appeared in English [Rabinovich, 1960], made available by George Herrmann in the wake of the Sputnik shock. In that book, Rabinovich describes the future task of a type of universal history of structural mechanics as follows : "[Up] to the present time [early 1957 – the author] no history of structural mechanics exists. Isolated excerpts and sketches which are the elements do not fill the place of one. There is [a] need for a history covering all divisions of the science with reasonable thoroughness and containing an analysis of ideas and methods, their mutual influences, economics, and the characteristics of different countries, their connection with the development of other sciences and, finally, their influence upon design and construction." [Rabinovich, 1960, p. 79] Unfortunately, apart from this one exception, the Soviet contributions to the history of structural mechanics were not taken up in non-Communist countries –a fate also suffered by Rabinovich's monograph on the history of structural mechanics in the USSR from 1917 to 1967 (Fig. 1-5).

FIG. 1-5 – Dust cover of the monograph entitled *Structural Mechanics in the USSR 1917-1967* [Rabinovich, 1969].

In his dissertation *The art of building and the science of mechanics*, Harold I. Dorn deals with the relationship between theory and practice in Great Britain during the preparatory period of structural theory (1575-1825) [Dorn, 1971]. T. M. Charlton concentrates on the discipline-formation period of structural theory in his book [Charlton, 1982]. He concludes the internal scientific view of the development of theory of structures as the history of structural theory enters its initial phase. And as early as 1972, Jacques Heyman's monograph *Coulomb's memoir on statics : An essay in the history of civil engineering* [Heyman, 1972/1] was not only lending a new emphasis to the treatment and interpretation of historical sources, but was also showing how practical engineering can profit from historical knowledge. This was followed nine years later by Edoardo Benvenuto's universal work *La scienza delle costruzioni e il suo sviluppo storico* [Benvenuto, 1981], the English edition of which –in a much abridged form– did not appear until 10 years later [Benvenuto, 1991]. Heyman's later monographs [Heyman, 1982, 1995/1, 1998/1] in particular demonstrate that the history of theory of structures is able to advance the scientific development of structural analysis. Many of Heyman's books have been published in Spanish in the *Textos sobre teoría e historia de las construcciones* series founded and edited by Santiago Huerta (see, for example, Fig. 1-6).

FIG. 1-6 – Dust cover of the Spanish edition of Heyman's *Structural analysis. A historical approach* [Heyman, 2004].

In 1993 Benvenuto initiated the series of international conferences under the title of *Between Mechanics and Architecture* together with the Belgian science historian Patricia Radelet-de Grave. The conferences gradually became the programme for a school and after Benvenuto's early death were continued by the Edoardo Benvenuto Association headed by its honorary president Jacques Heyman. Only six results of this programme will be mentioned here:

- The first volume in this series edited by Benvenuto and Radelet-de Grave and entitled *Entre Méchanique et Architecture. Between Mechanics and Architecture* [Benvenuto & Radelet-de Grave, 1995].
- The compendium *Towards a History of Construction* edited by Becchi, Corradi, Foce and Pedemonte [Becchi et al., 2002].
- *Degli archi e delle volte* [Becchi & Foce, 2002], a bibliography of structural and geometrical analysis of masonry arches past and present with an expert commentary by Becchi and Foce.
- The volume of essays on the history of mechanics edited by Becchi, Corradi, Foce and Pedemonte (Fig. 1-7) [Becchi et al., 2003].
- The compendium on the status of the history of construction engineering edited by Becchi, Corradi, Foce and Pedemonte *Construction History. Research Perspectives in Europe* [Becchi et al., 2004/2].
- The reprint of Edoardo Benvenuto's principal work *La scienza delle costruzioni e il suo sviluppo storico* made available by Becchi, Corradi and Foce [Benvenuto, 2006].

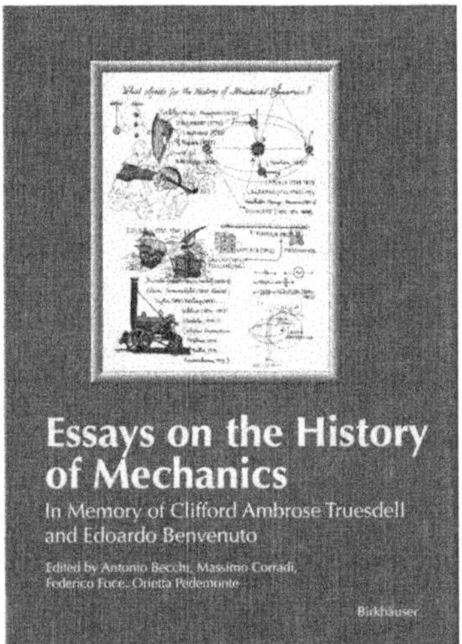

FIG. 1-7 –Cover of the volume of essays on the history of mechanics [Becchi et al., 2003].

Erhard Scholz has investigated the development of graphical statics in his habilitation thesis [Scholz, 1989] from the viewpoint of the mathematics historian. Dieter Herbert's dissertation [Herbert, 1991] analyses the origins of tensor calculus from the beginnings of elastic theory with Cauchy (1827) to its use in shell theory by Green and Zerna at the end of the consolidation period of structural theory (1900-1950).

In the past two decades, we have seen a slowly accelerating upswing in working through the backlog in the history of modern structural mechanics by specialists. The development of modern numerical engineering methods was the subject of a conference held in Princeton by the Association for Computing Machinery (ACM) in May 1987 [Crane, 1987]. Ekkehard Ramm provides a fine insight into the second half of the consolidation period (1900-1950) and the subsequent integration period of structural theory (1950 to date) [Ramm, 2000]. As a professor at the Institute of Theory of Structures at the University of Stuttgart, Ramm supervised Bertram Maurer's dissertation *Karl Culmann und die graphische Statik* (Karl Culmann and graphical statics) [Maurer, 1998]. And Malinin's book *Kto jest' kto v soprotivlenii materialov* (who's who in strength of materials) [Malinin, 2000] continued the biographical tradition popular in the Soviet history of mechanics.

Publications by Samuelsson and Zienkiewicz [Samuelsson & Zienkiewicz, 2006] plus Kurrer [Kurrer, 2003] have appeared on the history of the displacement method. Carlos A. Felippa deals with the development of matrix methods in structural mechanics [Felippa, 2001] and the theory of the shear-flexible beam [Felippa, 2005]. On the other hand, the pioneers of the finite element method (FEM) Zienkiewicz [Zienkiewicz, 1995 & 2004] and Clough [Clough, 2004] concentrate on describing the history of FEM. It seems that a comprehensive presentation of the evolution of modern structural mechanics is necessary. Only then could the history of theory of structures make a contribution to a historical engineering science in general and a historical theory of structures in particular, both of which are still awaiting development.

PRACTICAL ENGINEERING TASKS

Every structure moves in space and time. The question regarding the causes of this movement is the question regarding the history of the structure, its genesis, utilisation and nature. Whereas the first dimension of the historicity of structures consists of the planning and building process, the second dimension extends over the life of the structure and its interaction with the environment. The historicity of the knowledge about structures and their theories plus its influence on the history of the structure form the third dimension of the historicity of structures. In truth, the history of the genesis, usage and nature of the structure form a whole. Nevertheless, the historicity of structures is always broken down into its three dimensions. Whereas historicity in the first dimension is typically reduced to the timetable parameters of the participants in the case of new structures, understanding the second dimension is an object of history of building, preservation of monuments and construction research plus the evolving history of construction engineering and structural design. One vital task of the history of theory of structures would be to help develop the third dimension, e.g. through preparing, adapting and re-interpreting historical masonry arch theories. Its task in practical engineering is not limited to the province of the expanding volume of work among the historical building stock. The knowledge gleaned from the history of theory of structures could become a functional element in the modern construction process because the unity of the three-dimensionality in the historicity of structures is an intrinsic anticipation in this; for the engineering science theory formation and the research trials, the conception, the calculation and the design as well as the fabrication, erection and usage can no longer be separated from the conversion, preservation and upkeep of the building stock. The task of the history of theory of structures lies not only in feeding the planning process with ideas from its historical knowledge database, but also in introducing its experiences from work on historical structures into the modern construction process. In this sense, the history of theory of structures could be further developed into a productive energy in engineering.

When engineers conceive a building, they have to be sure, even before the design process begins, that it will function exactly as envisaged and planned. That applies today and it also applied just the same to engineers in Roman times, in the Middle Ages, in the Renaissance and in the 19th century. All that has changed is the methods with which engineers achieve this peace of mind. Bill Addis has written a history of design engineering and construction which focuses on the development of design methods for buildings (Fig. 1-8).

FIG. 1-8 – Cover of the new book by Bill Addis
Building : 3000 Years of Design Engineering and Construction
[Addis, 2007].

Bill Addis looks into the development of graphical and numerical methods plus the use of models for analysing physical phenomena, but also shows which methods engineers employ to convey their designs. To illustrate this, he uses examples from structural engineering, building services, acoustics and lighting engineering drawn from 3,000 years of construction engineering history. Consequently, the knowledge gleaned from the history of theory of structures serves as one of the cornerstones in his evolution of the design methods used by structural engineers.

Roberto Gargiani pursues an artefact-based approach in his collection of essays on columns [Gargiani, 2007] (Fig. 1-9), which are presented from the history of building, history of art, history of construction engineering, history of science and history of structural theory perspectives.

The discipline-oriented straightforwardness of the history of theory of structures is especially evident here.

FIG. 1-9 – Cover to the collection of essays on columns *Nouvelle Histoire de la Construction. La Colonne* [Gargiani, 2007].

DIDACTIC TASKS

The work of the American Society for Engineering Education (ASEE), founded in 1893, brought professionalism to issues of engineers' education in the USA and led to the formation of engineering pedagogy as a subdiscipline of the pedagogic sciences. In the quarterly *Journal of Engineering Education*, the publication of the ASEE, scientists and practitioners have always reported on progress and discussions in the field of engineering teaching. For example, the journal reprinted the famous *Grinter Report* [Grinter, 1955] [Harris et al., 1994, p. 74-94], which can be classed as a classic of engineering pedagogy and which calls for the next generation of engineers to devote 20% of their study time on social sciences and the humanities, e.g. history [Harris et al., 1994, p. 82]. Prior to L. E. Grinter, another prominent civil engineering professor who contributed to the debate about the education of engineers was G. F. Swain. In his book *The Young Man and Civil Engineering* (Fig. 1-10), Swain links the training of engineers with the history of civil engineering in the USA [Swain, 1922].

FIG. 1-10 – Cover of Swain's
The Young Man and Civil Engineering [Swain, 1922].

Nevertheless, students of the engineering sciences still experience the division of their courses of study into foundation studies, basic specialist studies and further studies as a separation between the basic subjects and the specific engineering science disciplines, and the latter are often presented only in the form of the applications of subjects such as mathematics and mechanics. Even the applied mechanics obligatory for many engineering science disciplines at the fundamental stage are understood by many students as general collections of unshakeable principles –illustrated by working through idealised technical artefacts. Closely related to this is the partition of the engineering sciences in in-depth studies; they are not studied as a scientific system comprised of specific internal relationships, for example, but rather as an amorphous assemblage of unconnected explicit disciplines whose object is only a narrow range of technical artefacts. The integrative character of the engineering sciences thus appears in the form of the additive assembly of the most diverse individual scientific facts, with the result that the fundamental engineering science disciplines are learned by the students essentially in the nature of formulas. The task of a history of theory of structures is to help eliminate the students' formula-like acquisition of theory of structures. In doing so, the separation of the teaching of theory of structures into structural analysis for civil and structural engineers and structural engineering studies for architects presents a challenge. Proposals for a historicised didactic approach to structural engineering studies have been made by Rolf Gerhardt [Gerhardt, 1989]. Introducing the historical context into the teaching material of theory of structures in the project studies in the form of a historic-genetic teaching of structural theory could help the methods of structural engineering to be understood, experienced and illustrated as a historico-logical development product, and hence made more popular. The history of theory of structures would thus expand significantly the knowledge database for a future historic-genetic method of teaching for all those involved in the building industry.

ULTURAL TASKS

There is an elementary form of the scientist's social responsibility : the democratising of scientific knowledge through popularising; that is the scientist's account of his work – and without it society as a whole would be impossible. Popular science presentations are not just there to provide readers outside the disciplinary boundaries with the results of scientific knowledge reflected in the social context of scientific work, but rather to stimulate the social discussion about the means and the aims of the sciences. Consequently, the history of theory of structures, too, possesses an inherent cultural value. The author Christine Lehmann, together with her partner the mathematics teacher Bertram Maurer, has written a biography of Karl Culmann (Fig. 1-11) based on Maurer's dissertation [Maurer, 1998] in which the results of research into the history of theory of structures are presented to the layman in an understandable, narrative fashion within an appealing literary framework.

FIG. 1-11 – Cover of the biography of Karl Culmann [Lehmann & Maurer, 2006].

The individual sciences physics, biology and even chemistry transcend again and again the boundaries of their scientific communities. This may be due to their role as constituents of worldly conceptions and the close bond with philosophy and history. But the same does not apply to the engineering sciences ; even fundamental engineering science disciplines find it difficult to explain their disciplinary intent in the social context. The fragmentation of the engineering sciences complicates the recognition of their objective coherence, their position and function within the ensemble of the scientific system and hence their relationship as a whole to the society that gave birth to them and which surrounds them. This is certainly the reason why the presentations, papers and newspaper articles of the emeritus professor of structural analysis Heinz Duddeck plead for a paradigm change in the engineering sciences, which in essence would result in a fusion between the engineering sciences and the humanities [Duddeck, 1996]. As the history of theory of structures forms a disciplinary union between structural analysis and applied mechanics with input from the humanities (philosophy, general history, sociology, histories of science, technology, industry and engineering), it is an element of that fusion. It can therefore also assist in overcoming the "speechlessness of the engineer" [Duddeck, 1999].

AIMS

The aim of a history of theory of structures therefore consists of solving the aforementioned scientific, practical engineering, didactic and cultural tasks. This book, written from the didactic, scientific theory, construction history, aesthetic, biographical and bibliographical perspectives (Fig. 1-12), aims to provide assistance.

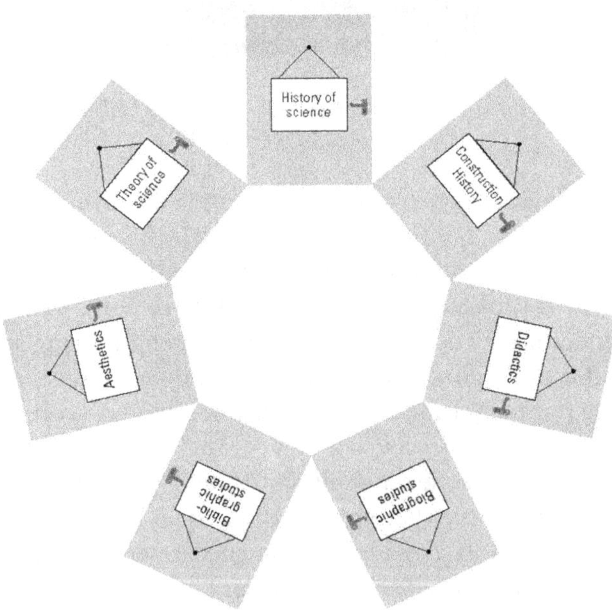

FIG. 1-12 –Seven gates to the knowledge of the history of theory of structures.

AN INVITATION TO A JOURNEY THROUGH THE HISTORY OF THEORY OF STRUCTURES

In Franz Kafka's parable of the gatekeeper from the chapter entitled "In the Cathedral" in his novel *The Trial* published in 1925, Josef K. searches in vain for a way to enter the law via a gate guarded by a gatekeeper. Kafka's protagonist Josef K. could be studying civil engineering or architecture, history of science or history of technology – for him the motives for acquiring the fundamentals of theory of structures were duly spoiled : he would sit in front of the gate or exit the stage like an actor in a theatre.

Dear Mr. Josef K.! There are various gates through which the laws of structural analysis can be learned with joy (Fig. 1-12). You can consider, dear Mr. Josef K., which phantasmagorical gatekeeper you can evade most easily –but let me tell you this : the gatekeepers don't exist ! Please get up, open any gate and pass through it, and you will see the form in which theory of structures appears to you. If you are inquisitive and wish to open all seven gates, then you will be in possession of a picture of the history of structural analysis –your picture. But never guard your picture jealously as if it were your property because then at the final curtain the same will happen to you as happened to your Kafkaesque namesake: you'll be put on trial without knowing who is prosecuting and why –perhaps you'll even prosecute yourself! You would be sentenced to life imprisonment, sitting and waiting, hoping to be allowed in. The shadow cast by your property would seem like the cool draught of your approaching death. So choose instead –like Friedrich Hölderlin recommended to his friend Christian Landauer in 1801 [*Der Gang aufs Land*, Hölderlin, 1992, p. 102]– the path to freedom:

> *...Und gefunden das Wort, und aufgegangen das Herz ist,*
> *Und von trunkener Stirn höher Besinnen entspringt,*
> *Mit der unsern zugleich des Himmels Blüte beginnen,*
> *Und dem offenen Blick offen der Leuchtende sein.*

> "...That when found is the word, and joy releases our heartstrings,
> And from drunken excitement higher reflection is born:

At such time of our blossom will heaven's flowering begin too,
 And, to opened eyes here, open that radiance be."
(*The Path by Land*, translation: Michael Loughridge)

If you take this path to freedom, then the gloomy shadows will disappear not only in springtime, but in November, too.

So:

Open the Black Box
Of the history of theory of structures,
Craving for the knowledge.
But I bid of you just one thing:
Do not be afraid of formulas!

With this in mind, I would like to invite you, dear reader, to join me in a journey through the history of theory of structures. Experience the moment, make it your own and give it as a gift.

Karl-Eugen KURRER

BUILDING THE CITY

Recent evolutions in historical research focussing on the architecture of nineteenth-century Belgian cities[1]

The complex interaction processes among the various actors involved in public building projects are an important issue in current architectural debates in Belgium. This interest can be framed within the current (renewed) aspirations of the federalized Belgian policymakers, architects, and planners for *qualitative* public architecture and urban planning.[2] In particular, they have reacted to the marked decline in interest for public architectural quality that occurred during the first half of the twentieth century[3] and which led to an erosion of the constructed public environment in the 1960s.[4] Hence, the pursuit

1 The core of this review was initially drafted in the context of the doctoral thesis of Inge Bertels, *Building the City, Antwerp 1819-1880* (KU Leuven, 2008). Later on, in 2011, this text was reworked, translated into Flemish and published as Inge Bertels and Bart Tritsmans, "Stad en architectuur. Recente evoluties in het historisch onderzoek naar stedelijke architectuur in het negentiende-eeuwse België", *Stadgeschiedenis*, 2011/1: 93-106. The current review is an English compilation of both texts.

2 On the Belgian / Flemish level see among others: Knops, Guido (ed.), *Publieke gebouwen en ruimten–een culturele uitdaging, verslagboek van de studiedag op 6 september 1995 in het Internationaal Kunstencentrum de Singel, Antwerpen*, Brussels: Koning Boudewijnstichting, 1995. *Stedelijkheid en Kwaliteit, verslagboek van het Procescongres 'Stedelijkheid & Kwaliteit –visie en partnerschap'*, Antwerp: Stad Antwerpen, 1998. Billen, Claire and Demanet, Marie, "Van markt tot administratief centrum", in: *Kunst en openbaar erfgoed*, Brussel (1999) 11-30. Heynen, Hilde (ed.), *Overheidsopdrachten architectuur. Strategieën voor kwaliteit*, Brussels: OSA, 2001. Vlaams Architectuurinstituut, *Achtergrond 02. Publieke ruimte, openbare gebouwen*, Antwerp: Vai, 2004. Vandermarliere, Katrien, "Work in progress", in: Vandermarliere, Katrien (ed.), *Flanders Architectural Yearbook 04 05*, Antwerp: Flemish Architecture Institute (VAi) (2006) 7-9.

3 Strauven, Francis, "Overheidsopdrachten in België en Vlaanderen", in: Knops, Guido (ed.), *Publieke gebouwen en ruimten*, 15.

4 Smets, Marcel, "De zoektocht van de stedebouw in België", in: Taverne, Ed en Visser, Irmin (eds.), *Stedebouw. De geschiedenis van de stad in de Nederlanden van 1500 tot heden*, Nijmegen: Uitgeverij SUN (2004, 2nd edition) 283-287. For the gradual process of decay

of quality for public building projects has frequently taken shape as a reaction to the existing political and economical dominance of post-World War II public building practice. These reactions often combined with a tendency to (re)discover and (re-)appreciate the past, in particular the nineteenth-century *L'art public* and *Städtebau.*[5] Since the mid-1990s several positive initiatives –on both national and local levels, and following international trends–[6] have arisen within public policy and counterbalanced this downward spiral. Central in the new developments is the interest in the building organisation and the construction process as architecture is more then the architectural object and the strength of the chain is in its weakest link, the need to broaden the perspective and to include 'all phases of the building process' is perceived as a crucial point of action: "Architecture is more than the built result; it is a process in which it is important to sustain the level of ambition to the end. Instead of compartmentalising the various concerns of the construction team, a sharing of responsibilities in the broad sense is needed here as well: from the competent official via the architect and the building contractor to the client. In other words, besides the selection procedure [of the designing architect], the construction process (the follow-up and realisation) must also be 'maximised' further. There must be a quest for quality here as well, and this area in particular is one where much work still has to be done".[7]

This growing attention for urban architecture and the construction process is within academic research also stimulated by the so-called ecological and material turns. Architectural realisations are seen as one of the most eye-catching artefacts, 'as the character, atmosphere and attractiveness of cities are highly depending from the architectural

of the public domain (and space) of modern cities see among others: Sennett, Richard, *The Fall of Public Man*, New York: Vintage books (1977) and Norton (1992).

5 Smets, Marcel, *Charles Buls: les principes de l'art urbaine*, Luik: Pierre Mardaga, 1995. Verpoest, Luc, "Stad en staat gebouwd: de overheid als bouwheer (1830-1945)", in: Knops, Guido (ed.), *Publieke gebouwen en ruimten*, 9-14. Strauven, Francis, "Overheidsopdrachten in België en Vlaanderen", 15-18. Smets, Marcel, "De zoektocht van de stedebouw in België", 283-287. Vervloesem Els and Sterken, Sven, "At the changing of the guard. Part 1. Taking stock of recent initiatives in architectural policy", in: Vandermarliere, Katrien (ed.), *Flanders Architectural Yearbook 04 05*, Antwerp: Flemish Architecture Institute (VAi) (2006) 11.

6 Knops, Guido (ed.), *Publieke gebouwen en ruimten.*

7 Idem, 25-26.

richness and historical diversity of the public and private domain.'[8] Moreover, more and more attention is given to how architecture and infrastructure are culturally and socially constructed on various levels, indicating that the (image of) built result, but also the use and abuse of it, is the result of a complex negotiation process between various actors. As a result architectural research situates it selves today more and more on the intersection of urban and architectural history, two disciplines that reflect from different research traditions upon architecture and urbanity and which in the Belgian academic practices are often more seen as *proches voisins* then as (squabbling) spouses. However, on an international level, both fields become more and more interrelated: 'In recent decades, the visual (or pictorial) turn has directed historians' attention toward the built environment just as architectural historians have increasingly grounded their analyses in historical context, reconstructing the socioeconomic and/ or political parameters of the building activity they study'.[9]

Despite recent evolutions in architectural history, the discipline is still fighting today against its traditional image that was based on a small definition of architectural history. For sure, the dominant international perspectives in architectural history stressed the *Beaux-Arts* tradition. These perspectives focussed –within various geographical and chronological frames– on the definition of the architectural vocabulary, stylistic evolutions, and theoretical discussions. Although architectural historians still recognize these as essential elements of academic investigation, architectural history –as a scientific discipline– has come to reflect upon architecture and its historical evolution from more diverse and broader perspectives.[10] This broad interest of the architectural historical discipline includes all aspects of the built environment and all facets of the production process within the entire range of architectural productions –'from bicycle sheds to cathedrals'[11]– including the

8 Jansen, Herman S.J. et al, *Stadsruimte. Diversiteit en samenhang in de stedengeschiedenis van Nederland*, nota ter voorbereiding NWO onderzoeksprogramma Urbanisatie en Stedelijke Cultuur (2003) 8-9.

9 Umbach, Maiken, 'Urban history: what architecture does, historically speaking…', in: *Journal of the Society of Architectural Historians* (JSAH), 65:1 (2006) 14.

10 Tzonis, Alexander and Lefaivre, Liane, "Architectural history as social science", in: Dettingmeijer, Rob (ed.), *Architectural History and Social Science. Papers of the Symposium held at Utrecht 16-19 May 1977*, Utrecht (1978) 67-90.

11 Paraphrase from Nicolas Pevsner, see also Saint, Andrew, "Architect and Engineer: A Study in Construction History", in: *Construction History, Journal of the Construction History*

tendency to look more deeply into the social, economic and cultural hinterland.[12] Architectural historians have moved gradually away from exclusive concern with the maker, the object as bearer of stylistic change, or style as characteristic of a particular culture: "architectural history has been swept by the same intellectual winds that have shifted the larger landscapes of the humanities and social sciences (...) the focus has come to be on the contingent, the temporary, and the dynamic, on process rather than structures, on hybridity rather than consistency, on the quotidian as well as the extraordinary, on the periphery as well as the centre, on reception as well as production".[13] In some way, these developments are constituting a repudiation of the proper discipline and provoked multiple critiques in turn: "architectural history, (...), often wanders much further from the artefact and indeed sometimes seems more interested in the idea of architecture then in the study of what actually got built".[14]

In this review, these intellectual challenges are mapped –without being exhaustive– and is it questioned how from a 'broad' architectural historical perspective scholars in recent decades reflected on the development of urban architecture within nineteenth-century Belgium. This review uses the classical trilogy of style, function and construction and highlights how influencing factors as 'economical production' (design, construction industry, market developments, regulations or financing), the 'functionality' (the social-cultural practices of users and clients), and the 'representation' influenced the -century urban architecture. As such it is questioned how these elements gained their impact on the study of (nineteenth-century) architectural history within the Belgian context and how the 'mechanisms of the building process' entered the research field of the architectural and urban historian. To this end, Luc Verpoest's article on the Belgian research tradition in architectural history (1986) and Hilde Heynen and Krista De Jonge's later update forms and

Society, 21 (2005-2006) 21-22. See also: Dettiingmeijer, Rob, "Monumenten, geschiedenis en zorg", in: *Bulletin. Tijdschrift van de Koninklijke Nederlandse Oudheidkundige Bond*, 105/6 (2006) 223-228.

12 Summerson, John, "What is the history of construction?", in: *Construction History. Journal of the Construction History Society*, 1 (1985) 2. De Jonge, Krista and Verpoest, Luc, *Inleiding tot de architectuurgeschiedenis en haar methodiek, Syllabus*, Leuven (1996).

13 Stieber, Nancy, "Architecture between disciplines", in: *JSAH*, 62/2 (June 2003) 176.

14 Powell, Chris and Thorne, Robert, "Coming of Age", 3-4.

interesting point of departure.[15] Among other issues, their joint article on Belgian teaching practice in architectural history and theory (2002) reflects upon the evolution of education in relation to the national and international research on architectural history and theory. Further, in Belgium the history of construction strongly intertwines with historical architectural research. Therefore, Dirk Van de Vijver's status quaestionis of construction history in Belgium (2004) is of specific interest.[16]

THE END OF THE DEBATE ON ARCHITECTURAL STYLES?

In a 1990 article an American architectural historian, Alfred Willis, emphasized the international significance of nineteenth-century Belgian architecture, describing Belgium as "a country which, in socio-economic terms, had the character of nineteenth-century Europe in microcosm, and that it may be considered a model for contemporary architectural developments (mutations of taste, expressions of ideology, the rise of professionalism among architects, the effect of foreign influences on domestic trends, etc.) anywhere in –and throughout– the industrialized world". Nevertheless, Willis observed that "interest in this subject among architectural historians within Belgium has (until quite recently) been quite limited, while interest among those outside the country has been practically nil. What interest there has been among foreign scholars has largely developed since about 1970 and focused on the art nouveau architecture in Brussels".[17]

---

15 Verpoest, Luc, "Architectuurgeschiedenis in Belgie", 29-33. In relation to conservation see also: Verpoest, LUC, "Bouwen door de eeuwen heen": stand van het onderzoek in België", in: De Maeyer, Jan et al (eds.), *Negentiende-eeuwse restauratiepraktijk en actuele monumentenzorg. Handelingen van het Nederlands-Vlaams symposium, Leuven 13-14 september 1996*, Kadoc Artes 3, Leuven: Universitaire Pers (1999) 32-41. Heynen, Hilde and De Jonge, Krista, "The Teaching of Architectural History and Theory in Belgium and the Netherlands", 335-345.

16 Van de Vivjer, Dirk, "Construction History in Belgium", in: Becchi, A., Corradi, M., Foce, M. and Pedemonte, O. (eds.), *Construction History. Research Perspectives in Europe*, Genua: Associazione Edoardo Benvenuto (2004) 157-196.

17 Willis, Alfred, "The State of Research on Nineteenth-Century Architecture in Belgium: a view from the outside", in: *Bulletin van de Antwerpse Vereniging voor Bodem- en Grotonderzoek,*

Willis made these observations at a time when numerous Belgian researchers and organizations were starting specific projects related to Belgian nineteenth-century architecture.[18] As a result of their efforts, the following decade saw a series of colloquia and publications, which in turn stimulated further research. Within this evolution there remained a strong tendency to study nineteenth-century Belgian architecture by focussing on one of Vitruvius's *utilitas, firmitas* and *venustas* principles or a complex of these characteristics.[19] Hence, Jos Vandenbreeden and Françoise Dierkens-Aubry, in *The 19th Century in Belgium* (2004), mapped the wealth and aesthetic diversity of architectural production in nineteenth-century Belgium.[20] Their publication quickly became a reference work, not in the least because they did not only focus on the Art Nouveau but also documented the broader pallet of applied nineteenth-century architectural vocabularia. Indeed, while Art Nouveau is likely the best known manifestation of nineteenth-century Belgian architecture, it is hardly the only one, nor the only interesting one.[21] Yet, the Brussels demolition rage in the 1960s and 1970s made that multiple heritage specialists and architectural historians were alarmed and used all their energy to document the *style belge.* Yet, from the end of the 1980s the evolution of other nineteenth-century architectural vocabularies also gathered their attention and resulted in multiple publications. The formation of a proper –be it local, regional, national, conservative, progressive or mixed– identity became a leitmotiv in such studies. Hence, the evolution of the neo-classical vocabulary

Special issue: Neo, Onderzoek naar 19de-eeuwse kunst en architectuur, 2 (1990) 3-8.

18 Verpoest, Luc, "Architectuurgeschiedenis in Belgie", in: *Archis* 6, *Architectuurhistorisch onderzoek in Nederland*,29/3 (1986) 31-33.

19 Verpoest, Luc, "Architectuurgeschiedenis in Belgie", 33. Heynen, Hilde and De Jonge, Krista, "The Teaching of Architectural History and Theory in Belgium and the Netherlands", in: *Journal of the Society of Architectural Historians*, 61/3 (2002) 339-340.

20 Simultaneously published in Dutch, English and French. Vandenbreeden, Jos and Dierkens-Aubry, Françoise, *The 19th Century in Belgium*, Lannoo: Tielt, 1994.

21 See among others following syntheses: *Art Nouveau in België*, Exhibition Catalogue Europalia 80, Brussels, 1980. De Meyer, Ronny, *Architectuurgids Art Nouveau in België*, Antwerp: Hadewijch, 1990. Loze, Pierre, *Belgique Art nouveau: de Victor Horta à Antoine Pompe*, Brussels: Eifel, 1991. Vandenbreeden, Jos and Dierkens-Aubry, Françoise, *Art Nouveau in Belgium: architecture and interior design*, Tielt: Lannoo, 1992 (Dutch, English, French and Germain editions). Van Loo, Anne, "Het onstaan van de Art Nouveau 1890-1914", in: Van Loo, Anne (ed.), *Repertorium van de architectuur in België van 1830 tot heden*, Antwerp: Mercatorfonds (2003) 33-48.

within its broader cultural context was synthesized by Dirk Van de Vijver in *Architecture du* XVIII*e siècle en Belgique: baroque tardif, rococo, néo-classicisme* (1998).[22] For the study of the Gothic Revival an important role is played by the Documentation and Research Center for Religion, Culture and Society (KADOC, Leuven), especially its links with nineteenth-century specialist Luc Verpoest, the Bethunanium (a research centre for the study of nineteenth century art, in Ghent), and the architectural history research group within the Department of Art History of the University of Ghent. Together they started a joint study on the gothic revival in Belgium, which resulted in a series of publications: *De Sint-Lucasscholen en de neogotiek 1862-1914 (1988), Architectuurgids neogotiek in België* (1989), *Neogotiek in België* (1994), *De ingenieuze neogotiek* (1997), *Negentiende-eeuwse restauratiepraktijk en actuele monumentenzorg* (1999), *Gothic Revival* (2000), *Neostijlen in de Negentiende eeuw. Zorg geboden?* (2002)[23]. An important impetus to the study of the Flemish Renaissance Revival in nineteenth-century Belgium was given by Alfred Willis himself in his unpublished doctoral thesis, entitled *Flemish Renaissance Revival in Belgian Architecture (1830-1930)* and submitted to Columbia University in 1984.[24] Later, Willis and other authors elaborated on this topic in several published articles, as well as on key architects, art historians, and critics. In these studies they examined the Flemish Renaissance Revival in general, as well

22 Dhondt, Luc et al, *Architecture du* XVIII*e siècle en Belgique: baroque tardif, rococo, néo-classicisme*, Tielt: Lannoo (1998) 126-168 (Dutch edition entitled: *18de-eeuwse archituur in België: laatbarok – rococo – neoclasssicisme*). See also the three volumes of the author's unpublished doctoral thesis: Van de Vijver, Dirk, *Les relations franco-belges dans l'architecture des Pays-Bas méridionaux, 1750-1830*, 4 volumes, Leuven: Unpublished Doctoral Thesis, 2000.

23 De Maeyer, Jan (ed.), *De Sint-Lucasscholen en de neogotiek*, Kadoc-studies 5, Leuven: Universitaire Pers, 1988. Verpoest, Luc, *Architectuurgids neogotiek in België*, Antwerpen: Hadewijch, 1989. De Wilde, I. et al (eds.), *Neogotiek in België*, Lannoo: Tielt, 1994. De Keyser, Bart, De Maeyer, Jan and Verpoest, Luc, *De ingenieuze neogotiek: techniek en kunst 1825-1925*, Leuven: Davidsfonds – Universitaire Pers, 1997. De Maeyer,, Jan et al (eds.), *Negentiende-eeuwse restauratiepraktijk en actuele monumentenzorg, Handelingen van het Nederlands-Vlaams symposium, Leuven 13-14 september 1996*, Kadoc Artes 3, Leuven: Universitaire Pers, 1999. De Maeyer, Jan and Verpoest Luc (ed.), *Gothic Revival. Religion, Architecture and Style in Western Europe 1815-1914*, Leuven: Kadoc, 2000. Bergmans, Anna et al (eds.), *Neostijlen in de Negentiende eeuw. Zorg geboden? Handelingen van het tweede Vlaams-Nederlands restauratiesymposium Enschede 3-4 seeptember 1999*, Kadoc Artes 7, Leuven: Universitaire Pers, 2002.

24 Willis, Alfred, *Flemish Renaissance revival in Belgian architecture (1830-1930)*, Unpublished Doctoral Thesis Comumbia University, 1989.

as part of the overall Renaissance Revival and stylistic studies on nineteenth-century architecture.[25] More recent studies on eclecticism demonstrate the growing interest of architectural historians in architectural theory. Jan van Gerven examines the social and ideological character of the built 'eclectic' objects, while the recent doctoral research of Yves Schoonjans (2001) and Geert Palmaerts (2005) focus on the contemporary historiography and theory, to be followed by national (or is it local?) case-studies.[26] Architectural historians, following the discussions of Liane Lefaivre, Alexander Tzonis, and Kenneth Frampton on postmodern and contemporary architecture, have explored the ways in which regionalism came to be defined and redefined in the nineteenth century.[27] Current issues in the debate include: "What are regional architectural traditions? Can regions be defined through

---

25 De Clercq, Lode, "Max Rooses als inspirator van de neo-Vlaamse Renaissance", in: *Bulletin van de Antwerpse Vereniging voor Bodem- en Grotonderzoek, Special issue: Neo, Onderzoek naar 19de-eeuwse kunst en architectuur. Studiedag, 12.05.1989*, 2 (1990) 37-44. Van Gerven, Jan, "Neostijlen en neptradities. Antwerpen en de historiserende architektuur ideologisch en maatschappelijk bezien", in: *Bulletin van de Antwerpse Vereniging voor Bodem- en Grotonderzoek*, 3-4 (1993) 1-39. Verpoest, Luc, "Hans Vredeman de Vries en de Belgische architectuur in de negentiende eeuw: architectuur, architectuurgeschiedenis en nationale identiteit", in: *Tussen stadspaleizen en luchtkastelen: Hans Vredeman de Vries en de Renaissance*, Exhibitioncatalogue Royal Museum of Fine Arts, Antwerp (2002) 375-381. Willis, Alfred, "Neo-Vlaamse renaissancearchitectuur: eigen voor wie?", in: Grieten, Stefaan (ed.), *Vreemd Gebouwd Vreemd gebouwd. Westerse en niet-westerse elementen in onze architectuur*, Turnhout: Brepols Publishers NV (2002) 439-456. Willis, Alfred and Grieten, Stefaan, "Een monument van papier. L'architecture en Belgique van Joseph-Martin Ryssens De Lauw", in: Grieten, Stefaan (ed.), *Vreemd gebouwd. Westerse en niet-westerse elementen in onze architectuur*, Turnhout: Brepols Publishers NV (2002) 457-466. Mihail, Benoît, *"Le "Néo-Flamand" en France. Un passé regional retrouvé et réinventé sous la Troisième République*, Brussels: Unpublished Doctoral Thesis Université libre de Bruxelles, 2003.

26 Schoonjans, Yves, *Het 19de-eeuwse eclectisch discours: maatschappelijke en architecturale strategieën voor het omgaan met veelheid en verscheidenheid*, Ghent: A&S Books, 2007. Van Gerven, "Eclectische architectuur in België en Europa gedurende de 19de eeuw. Maatschappelijke en ideologische achtergronden", in: Grieten, Stefaan (ed.), *Vreemd gebouwd.* 357-376. Palmaerts, Geert, *Eclectisme: over moderne architectuur in de negentiende eeuw*, Amsterdam: Unpublished Doctoral Thesis, 2005 (published by 010 Publishers – Rotterdam in the course of 2007).

27 Tzonis, Alexander and Lefaivre, Lilian, "The grid and the pathway. An introduction to the work of Dimitris and Susana Antonakakis", in: *Architecture in Greece*, 15, Athens, 1981. Frampton, Kenneth, "Towards a Critical Regionalism: Six Points for an Architecture of Resistance", in: Foster, Hal (ed.), *The Anti-Aesthetic. Essays on Postmodern Culture*, Port Townsen: Bay Press, 1983. Tzonis, Alexander and Lefaivre, Liane, *Critical regionalism: architecture and indentity in a globalized world*, Munich: Prestel, 2003.

architecture? How have regional traditions of architecture been defined and interpreted by artists, authors and scholars?"[28] For sure, these new research perspectives are useful for our study on the Antwerp public works and how help to reflect on public architecture contributed to the creation of a specific local, (inter-)regional or national culture and vice versa.

Many architectural historians see the monograph as "an ideal prism to elucidate historical events".[29] As a result, also in Belgian literature the designers (architects and, to a lesser extent, engineers) and their designed and realized oeuvres are the focus of multiple monographic studies.[30] As concerns nineteenth century Belgian architecture, one of the most interesting and elaborate monographs is *Poelaert et son temps*.[31] Nevertheless, as Andrew Saint discovered in his study *Image of the Architect* (1983) many publications in this genre obscure the reality of architectural practice and the architects' position in the interaction process.[32] Bourdieu's "relational mode of thought", which understands practices within a given field in terms of their relations to each other and as dynamic agents of change within the field itself, brought new

28 Multiple international conferences dealt with this topic, among others the *The Sources of Regionalism* organised by Kadoc (Research Community Cultural Identities, World Views and Architecture in Western-Europe 1815-1940) (Belgium, 30 and 31 January 2004, publication following) or the *Fourth Savannah Symposium: Architecture and Regionalism* organised by the Department of Architectural History of the Savannah College of Art and Design (USA, 22 till 26 February 2005).

29 Quote from introduction of Geert Bekaert in: Stynen, Herman, *Stedebouw en gemeenschap. Louis Van der Swaelem (1883-1929), bezieler van de moderne beweging in België*, Brussels – Liège (1979) 4. See also: De Meyer, Ronald and Smets, Marcel, "De recente stedebouwkundige geschiedschrijving in België omtrent negentiende en begin twintigste eeuw", 502.

30 Biographies nineteenth-century Belgian city architects: Loiseau, Michèle, *Joseph Poelaert: zijn leven en zijn werk*, Ghent: Unpublished Master Thesis UGent, 1970. Struyve, Marleen, *Karel van Rysselberghe, architect – zijn leven en werk (1850-1920)*, Ghent: Unpublished Master Thesis UGent, 1973. Wylleman, Linda, *Architect Adolphe-Edouard-Theodore Pauli 1820-1895*, Ghent: Unpublished Master Thesis UGent, 1973. *Poelaert en zijn tijd.* Brussels: Gemeentekrediet van België, 1980. Van Reeth, Inge, *Pierre Bruno Bourla (1783-1866) Stadsbouwmeester te Antwerpen*, Leuven Unpublished Master Thesis, KULeuven, 1994. Van Reeth, Inge, "Pierre Bruno Bourla (1783-1866). Stadsbouwmeester te Antwerpen", in: *Bulletin ABVG*, 3-4, 1992.

31 Vandendaele, Richard (ed.), *Poelaert en zijn tijd / Poelaert et son temps* Brussels: Gemeentekrediet van België, 1980 .

32 Saint, Andrew, *The Image of the Architect*, New haven and London: Yale University Press (1983) ix.

reflections into other historical disciplines but has only been introduced very slowly into publications on nineteenth-century designers.[33] The 'others' in the building process are also generally neglected in the recently published encyclopaedia of Belgian architects (2003).[34] This encyclopaedia offers a compilation of biographical notes on well and lesser known architects. Engineers are barely represented and major contractors and contractor confederations, such as the Building Confederation and the Building Union, are completely neglected. Can this be attributed to a lack of existing research, as syntheses on Belgian nineteenth and twentieth-century engineers, surveyors, and contractors are missing? Even the *Bibliographie nationale* has lacunas on this point.[35] To be sure, it will take some time before an 'integrated encyclopaedia of Belgian architecture' appears on book shelves, but the design of the encyclopaedia also reflects a persistent perception of the architect as 'architect-artist' or 'designer *par excellence*'.[36] Nevertheless, although this encyclopaedia on Belgian architecture has limits in its scope of actors, its thematic annexes –which include military architecture, architectural journals, conservation, funeral architecture, urban planning, post-war reconstruction architecture (First World War), social housing, architecture and urban planning in Congo, architectural education, and world exhibitions– reveal crucial elements in the production and culture of Belgian architecture and are also indicative of the thematic choices made by academic scholars in recent decades. Further, the encyclopaedia's bibliography offers an interesting basis to draft the nineteenth-century architectural climate in Belgium.

33 Blau, Eve, "A question of discipline", in: *JSAH*, 62/1 (2003) 128. With reference to Bourdieu, Pierre, *The Field of Cultural Production: Essays on Art and Literature*, New York, 1993.

34 Van Loo, Anne, *Repertorium van de Architectuur in België van 1830 tot heden*, Antwerpen: Mercatorfonds, 2003 (French edition titled: *Dictionnaire de l'architecture en Belgique de 1830 à nos jours*)

35 International studies: Nisbet, James, *Fair and Reasonable. Building Contracts Since 1550. A synopsis & Proper Price. Quantity Surveying in London 1650 to 1940*, London: Stoke Publications, 1997.

36 Paraphrased from Dings, Mieke, "Biografie Ed Taverne", in: Dings, Mieke (ed.), *De stad*, Rotterdam: Uitgeverij 010, 371.

FROM CHAIR TO CITY, FROM BICYCLE SHED TO CATHEDRAL

Besides, architectural historians continue to have a strong tendency to construct architectural history by using a functional classification or focusing on a specific functional typology. As Nikolaus Pevsner in his *A history of Building Types* (1976),[37] multiple authors conceive typological research as a possibility to catch and analyse via architectural production socio-historical processes and as such typological research combines research into "function, materials and styles, the histories of which intersect as a typological history informed by the demands made by their clients and patrons, by the technical possibilities available to the architect, and by architecture's internal artistic and conceptual developments".[38] A wide span of functions was dealt with, including more traditional typologies as churches, city halls or housing, but also 'new' nineteenth-century building types that range from train stations, police stations and concert halls towards theaters.[39] Besides stress was put not only on major architectural works (architecture with the big A), but also smaller or less iconic projects were studied in order to demonstrate the broad variety within the layered socio cultural and material past.[40]

This type of classification proved its merits for comparative study of the evolution of specific building types, architectural vocabulary, or the use of specific materials. Yet, it also includes a risk of simplification and generalisation. Indeed, the assembled set of buildings within these categories represents the ambitions and workings of a very diverse and generally undefined group of actors. Researchers focussing on the architecture of the Modern Times already stressed the importance of the

37 Pevsner, Nikolaus, *A History of Building Types*, London: Thames and Hudson Ltd. (1976) 289. See for the Belgian situation the introduction and thematic articles in Van Loo, Anne, *Repertorium van de Belgische architectuur.* Van de Vijver, Dirk, "Construction History in Belgium", 14-17.

38 Leach, Andrews, *What is architectural history?*, 65.

39 See for instance: Van Laken, Bart, *De Politiecommissariaten Van Pieter Dens, Antwerps Stadsarchitect (1863-1884).* Ghent: Unpublished Master Thesis UGent, 1996.

40 Stieber, Nancy, 'Microhistoryof the Modern City', 382-391.

patron-architect (patronage) relation –including religious, private and public patrons– and its interwovenness with the stylistic vocabulary and the building types.[41] This theme surely needs further research specifically for nineteenth and twentieth century architecture. The recent article of Valérie Montens on the clients of the Belgian Art Nouveau protagonist is an interesting exception.[42] Linked to this evolution, also a growing interest in the institutional and administrative aspect of architectural practice is evident. Research demonstrates that restoration projects and public building projects, alongside building and urban regulations, have become important tools in the materialization of a cultural identity.[43] This process of creating a proper cultural identity by means of creation or revaluation of a nation's 'proper' architectural production became a specific focus in the research for Herman Stynen's *Koninklijke Commissie voor Monumenten / Commission Royale des Monuments* (Royal Commission on Monuments, °1835).[44] These growing 'administrative forces' represent the public authorities' contemporary interest and priorities, including hygiene and health, education, public transport, and communication. The research of Dirk Van de Vijver on the *Conseil des Bâtiments civils* and Bruno De Meulder's, Laurent Honnoré's and Dirk Van de Vijver's for the *Conseil Supérieur d'Hygiène Public* and on related intermediate and local commissions is significant.[45] The internal organization of

41 See in particular the conclusions of the De Jonge, Krista and Ottenheym, Konrad, *Unity and Discontinuity. Architectural Relationships between the Southern and Northern Low Countries (1530-1700)*, Architectura Moderna 5, Turnhout: Brepols, 2007. .

42 Montens, Valérie, "De opdrachtgevers van Victor Horta", in: Aubry, Françoise and Vandenbreeden, Jos (eds.), *Horta. Van Art Nouveau tot Modernisme*, Ghent: Ludion (1996) 117-138.

43 Harper, R.H., *Victorian Building Regulations. Summary tables of the principal English Building Acts and Model Bye-Laws 1840-1914*. TIJS, Rutger, *Tot Cieraet deser Stadt: bouwtrant en bouwbeleid te Antwerpen van de middeleeuwen tot heden, een cultuurhistorische studie over de bouwtrant en de ontwikkeling van het stedebouwkundig beleid te Antwerpen van de 13de tot de 20ste eeuw*, Antwerp: Mercatorfonds, 1993.

44 Stynen, Herman, *De onvoltooid verleden tijd: een geschiedenis van de monumenten- en landschapszorg in België 1835-1940*, Brussels: Stichting Vlaams Erfgoed, 1998.

45 De Meudler, Bruno, *Reformisme, thuis en overzee. Geschiedenis van de Belgische planning in een kolonie (1880-1960)*, Leuven: Unpublished Doctoral Thesis KULeuven, 1994. Honnore, Laurent, *Mons au fil de l'eau.* Van de Vijver, Dirk, *Les relations franco-belges dans l'architecture des Pays-Bas méridionaux*, 1750-1830. Van de Vijver, Dirk, "'Simplifier et supprimer' ou l'esthétique de l'économie: l'activité du Conseil des Bâtiments civils dans les départements réunis", in: *Sixième congrès de l'association des cercles francophones d'histoire et d'archéologie de Belgique et LIIIe congrès de la fédération des cercles d'archéologie*

the Ministry of Public works, one of the first ministries of the Belgian State, was published by Karel Velle in 1993.[46] The introduction to this encyclopaedic work and Velle's methodological examination of the typology of study sources for modern central administrations can be applied partially to other public services (formal versus actual level).[47] Veerle Meul, in her studies of the Antwerp provincial architect Joseph Schadde (1818-1894) and the Limburg Jaminé dynasty of provincial architects (Lambert [1800-1871], Herman [1826-1885] and Léon [1858-1921] Jaminé), demonstrates that a similar process occurred at the intermediate level. The rise and evolution of the Antwerp provincial architects within the provincial administrative services has recently been studied in long-term perspective as well[48]. Hence in a dialectical

---

et d'histoire de Belgique, Congrès de Mons, organisé par les sociétés d'histoire et d'archéologie de Mons, Saint-Ghislain et Soignies avec la collaboration du centre Hannonia, 25, 26 et 27 août 2000, tome 4, Mons, 2002, 969-979. Van de Vijver, Dirk, "Architectuur die heelt. Paviljoenziekenhuisbouw in het 19de-eeuwse België", in: Allegaert, Patrick et al, Architectuur van Belgische hospitalen, Monumenten en Landschappen, Cahiers 10, Brussels: Ministerie van de Vlaamse Gemeenschap. Afdeling Monumenten en Landschappen (2005) 54-65. See also following unpublished lectures: Van de Vijver, Dirk, "The 'Conseil supérieur d'Hygiène publique' and the Environment of the Belgian City (1849-1914)", *Conference City, Industry and Environment in Transatlantic Perspective*, organized by the Chemical Heritage Foundation, Philadelphia (USA) 16-17 April 2004. Van de Vijver, Dirk, "Hôpitaux, cimetières, maisons ouvrières... Le 'Conseil supérieur d'Hygiène publique' et la politique architecturale belge (1849-1914)", in: *VIIe Congrès de l'Association des Cercles francophones d'Histoire et d'Archéologie de Belgique – LIVe Congrès de la Fédération des Cercles d'Archéologie et d'Histoire de Belgique.* Ottignies-Louvain-la-Neuve, 26-28 August 2004. Velle, Karel, *Het Ministerie van Openbare Werken (1837-1990)*, Miscellanea archivistica studia 32-33, Brussels: Rijksarchief, 1993. See also: Watelet, Marcel, *De beginjaren van het Ministerie van Openbare Werken. Cartografie en politiek in het België van de 19de eeuw. Bronnen voor de nationale en lokale geschiedschrijving*, Brussels, 1987.

46 Velle, Karel, *Het Ministerie van Openbare Werken (1837-1990)*, Miscellanea archivistica studia 32-33, Brussels: Rijksarchief, 1993. See also: Watelet, Marcel, *De beginjaren van het Ministerie van Openbare Werken. Cartografie en politiek in het België van de 19de eeuw. Bronnen voor de nationale en lokale geschiedschrijving*, Brussels, 1987.

47 Velle, Karel. *Typologie van de bronnen voor de studie van de centrale instellingen van de nieuwste tijd*, Miscellanea Archivistica studia 11, Brussels: Rijksarchief (1991) 33-83.

48 Meul, Veerle, *Jozef Schadde (1818-1894). Provinciale architect van het arrondissement Mechelen van 1853 tot 1869*, Leuven: Unpublished thesis KULeuven, 1992. Meul, Veerle, *Van Waterstaat tot mijncité. Een historiek van het bouwen in Limburg door drie generaties provinciale bouwmeesters Jaminé (1832-1921)*, Hasselt: Dewael, 1999. Laureys, Dirk, et al, *Bouwen in beeld: de collectie van het Architectuurarchief van de provincie Antwerpen*, Turnhout: Brepols, 2004. Grieten, Stefaan et al, *Sterk gebouwd & makkelijk in onderhoud: ambt en bouwpraktijk van de provinciale architecten in de Provincie Antwerpen (1934-1970)*, Bruges: Van de wiele, 2006. Ongoing research Jeroen Cornilly "De provinciale architecten in West-Vlaanderen

process, major Belgian cities must continually fulfill new responsibilities. Yet few architectural or urban historians have seriously investigated whether similar mechanisms operated at the local level. However on the international level within the context of urban history research, new approaches are also developed for the study of the various historic urban actors, from elites to the excluded. Furthermore, the study of municipal services and their employees is reintroduced as a relevant and revealing theme in urban history: "Any scholary inquiry into the history of municipal employees and services in the modern city immediately involves considerations of the roles played by local institutions and the particular processes that contributed towards shaping the urban fabric. Indeed, to study the subject entails a rediscovery, from models and maps, of the constituent dynamics of cities since the beginning of the nineteenth century, and how, over time, patterns can be traced in the way services and locations were organized. Urban transformation was underpinned by structural development, and the municipal workforce was an integral and increasingly prominent part of the agencies of change".[49] As such Gloria Cliftons *Profssionalism, patronage and public service in Victorian London*, Pierre-Yves Sauniers article 'La ville et la ville' or Filippo De Pieri's 'Nineteenth-century municipal engineers in Turin', show these municipal services are not only a *locus* for the transformation and implementation of public policy, but are also an interesting case to study the municipalities' place in urban and social history and the growth and development of professions.[50]

(1807-1883). De betekenis van een openbaar ambt voor het 19e-eeuwse architectuurlandschap in West-Vlaanderen" (KULeuven, directed by Luc Verpoest).

49 Dagenais, Michèle et.al. (eds.), *Municipal services and employees in the modern city*, Aldershot: Asgate publishers (2003) 1.

50 Saunier, Pierre-Yves, "La ville et la ville. Les hommes et les organismes de l'aménagement urbain, portraits des services municipaux de six villes de la region Rhône-Alphes", in: *Recherches contemporaines*, 3 (1995-1996) 121-137. De Pieri, Filippo, "Nineteenth-century municipal engineers in Turin: technical bureaucracies in the networks of local power", in: Dagenais, Michèle et al (eds.), *Municipal Services and Employees in the Modern City, New Historic Approaches*, Historical Urban Studies, Hampshire: Ashgate (2002) 31-46. Clifton, Gloria, *Professionalism, Patronage and Public Service in Victorian London: the Staff of the Metropolitan Board of Works, 1856-1889*, London: Atholone Press, 1992. See also: Owen, David, *The government of Victorian London, 1855-1889. The Metropolitan Board of Works the Vestries and the City Corporation*, London, 1982. Saint, Andrew (ed.), *Politics and the People of London: the London County Council, 1889-1965*, London: Hambledon Press, 1989.

Based on such an integrated approach, Dutch researchers have also recently rediscovered and re-evaluated local public building practices. Auke van der Woud, author of *Het lege land. De ruimtelijke orde van Nederland, 1798-1848* (1987), has directed a series of doctoral research projects that follow his integrated approach for studying the various dimensions of nineteenth-century architectural and urban design and practice.[51] His approach stresses political, socio-economical, and cultural structures; the procurement and transmission of knowledge; and the interactions between the various actors as interrelated factors in the historical process. In *Hoofdstad in gebreke. Manoeuvreren met publieke werken in Amsterdam 1851-1901* (2002) Ida Jager shows the struggles of the Amsterdam *Stadsfabriek* (municipal service) during the second half of the nineteenth century.[52] Charles Jeurgens states that Jagers' strength is in demonstrating the link between "the organization of public works and the realization of the (dis-)functioning of this service with the daily life and the (in-)visible buildings/infrastructure in the city".[53] An interesting example is the evolution of building specifications "through better specifications to better work".[54] Although a rationalization process for specification of the construction process's efficiency ('efficiency in order to save time, efforts and money') and of requested work quality was prioritized, by the time minimum wages defined the socio-economical position of the craftsmen had become a similar issue of concern. Hetty Berens' *W.N. Rose 1801-1877. Stedenbouw, civiele techniek en architectuur* (2002) seems a traditional biography that, aided by the discovery of a selection of Rose's private documents, aims to rehabilitate Rose's œuvre both as Rotterdam city architect in Rotterdam (1839-1873) and as Dutch state architect (1858-1867).[55] After a biographical overview, Rose's contributions to architecture, urban development, and health and social housing are treated to finish

51 Van der Woud, Auke, *Het lege land. De ruimtelijke orde van Nederland 1798-1848*, Amsterdam: Meulenhoff, 1987. See also: Van der Woud, Auke, *Een nieuwe wereld. Het ontstaan van het moderne Nederland*, Amsterdam: Uitgeverij Bert Bakker, 2006.

52 Jager, Ida, *Hoofdstad in gebreke. Manoeuvreren met publieke werken in Amsterdam 1851-1901*, Rotterdam: 010 uitgeverij, 2002.

53 Jeurgens, Charles, "Recensies", in: *Tijdschrift voor Sociale en Economische Geschiedenis*, I/3 (2004) 124.

54 Jager, Ida, *Hoofdstad in gebreke*, 209-221.

55 Berens, Hetty E.M., *W.N. Rose 1801-1877. Stedenbouw, civiele techniek en architectuur*, Rotterdam: NAi Uitgevers, 2002.

with a reflection on his significance as state architect. Yet with this biographical perspective, Berens also examines the reality of architectural practice, including management, bureaucracy, the growing complexity of projects, and success and failure. Berens opts for parataxis aesthetics and the functional and socio-economical aspects of architecture. In 2004 Ineke Pey published *Bouwen voor gezeten burgers. Herenhuizen en villa's in de nieuwe stadswijken van Utrecht, Groningen en Nijmegen (1874-1901).*[56] Pey studies the private building practices in these cities in three areas: architectural climate, public/private urban development and urban policy, and building practice. The evolution, discussion, and interaction of the various relevant actors (architects and associations, municipal policymakers and servants, entrepreneurs and contractors, and concluding with an overview of actors in the building industry) are analysed thoroughly.

Studies focussing on the position of architecture within the broader Belgian urban policy were mostly lacking in the field of architectural and construction history.[57] Research on the nineteenth-century urban construction sites in Antwerp or the historic architecture in smaller Flemish cities are gradually opening new perspectives.[58]

BUILDING THE CITY

A similar evolution –broadening of research topic's and focus on the multiple voices– is visible in the research related to the building process. Depending on the position taken, architectural history and construction history can function independently or as partially overlapping

56 Pey, Ineke, *Bouwen voor gezeten burgers. Herenhuizen en villa's in de nieuwe stadswijken van Utrecht, Groningen en Nijmagen (1874-1901)*, Zwolle – Zeist: Waanders Uitgevers – Rijksdienst voor Monumentenzorg, 2004.

57 Interesseting exceptions are Leblicq, Yvon, "Territoriaal aspect", *De groei van een hoofdstad*, Brussel: Mercatorfonds (1979) 167-171. Leblicq, Yvon, "Evolutie van het uitzicht van Brussel in de 19de eeuw", in: *Brussel, breken, bouwen. Architectuur en stadsverfraaiing 1780-1914*, Exhibition catalogue, Brussels: Gemeentekrediet van België, 1979.

58 Bertels, Inge, *Building the City, Antwerp 1819-1880*, KULeuven, 2008. Vandeweghe, Evert, *De verouderde steden of hoe de historische stad vorm kreeg in een eeuw van modernisering (1860-1960): Aalst, Dendermonde, Oudenaarde en Veurne*, UGent.

disciplines.[59] A broad definition of architectural history encompasses the history of building construction. The British *Construction History Society* has played an important role in various ways, including editing the journal *Construction History* (°1985). The first issue of this international journal sought a proper definition for itself and formulated two important research lines: the history of structural design and the history of building practices.[60] Although still in constant stages of redefinition, both research lines remain prominent today.

The history of structural design "tends to resolve itself into the study of consecutive innovations and their impact on practice".[61] This subfield offers endless research possibilities: typology of materials and structures, their evolution and application, relations between theory and practice, methods of analysis, etc. Yet, it is to be noticed that until today construction historians have prioritized the study of earlier periods, such as Antiquity and the Middle Ages.[62] The impressive compilations of the *First* (Madrid 2003) and *Second* (Cambridge 2006) *International Congress on Construction History* demonstrate that this perspective of construction history continues to dominate international scholarship.[63] As Andrew Saint observes, "most of these studies are practical in nature, bearing on the understanding of historic structures or materials in order to repair them".[64] Indeed, that the agenda of a major group of researchers is not just historical but professional –as architect, engineer or architect-engineer– ensures that priority is given to professional and doctrinal concerns.

Antoine Picon explained, the intentions of a major segment of construction historians do not deviate strongly from such historical protagonists as Gottfried Semper (1803-1879), Eugène Emmanuel

59 Powell, Chris and Thorne, Robert, "Coming of Age", in: *CH*, 21 (2005-2006) 3-4.

60 *Construction History. Journal of the Construction History Society* (CH), Ascot, since 1985.

61 Summerson, John, "What is the history of construction?", in: *CH*, 1 (1985) 1.

62 The work of the late Eduardo Benvenuto and his pupils was both innovative and stimulating in this field. See: Benvenuto, Eduardo, *La Scienza delle Construzioni e il suo Sviluppo Storico*, Florence, 1981. See also: Picon, Antoine, "Construction History: Between Technological and Cultural History", in: *CH*, 21 (2005-2006) 5-19.

63 Huerta, Santiago (ed.), *Proceedings of the First International Congress on Construction History*, 3 volumes, Madrid: Escuela de arquitectura. Instituto Juan de Herrera, 2003. Dunkeld, Malcolm et al (eds.), *Proceedings of the Second International Congress on Construction History*, 3 volumes, Cambridge – Exeter: Construction History Society, 2006.

64 Saint, Andrew, "The Architect and Engineer: A Study in Construction History", 22.

Viollet-le-Duc (1814-1879), and Auguste Choisy (1841-1909): "For Semper or Viollet-le-Duc, the analysis of the construction techniques of the past was inseparable from theoretical and practical questions pertaining to nineteenth-century architecture, in particular to its fundamental uncertainties regarding the question of style and how to build. This attitude is especially clear in Viollet-le-Duc's *Lectures on Architecture* in which the author tries to apply the Gothic approach to nineteenth-century architectural problems like the use of cast and wrought iron (...)".[65] Picon's observation lead him to a strong plea for incorporating the concerns of the social and cultural historian into this branch of construction history. It becomes a more autonomous historical discipline, one that includes focus on less professionally oriented questions: "from the study of the emergence and diffusion of new materials to the analysis of the social dynamics at play in the building industry, historical processes are far more present and the precedence given to objects has greatly diminished".[66] This trend is similarly evident within studies of particular building materials, techniques, or features. As with Valérie Nègre in her study *L'ornement en serie. Architecture, terre cuite et carton-pierre*, scholars no longer focus exclusively on innovative characteristics but consider a complex mix of technological, economical, and social dynamics.[67] Besides emerging as an historical sub-discipline, the impact of the 'cultural turn' is also becoming visible. The emerging culture of industrialization became a subject of interest for historians such as Tom E. Peters in his *Building the Nineteenth Century* (1996) and David Nye in *Narratives and spaces: technology and the construction of American Culture* (1997).[68] As part of this evolution and in relation to the

65 Picon, Antoine, "Construction History: Between Technological and Cultural History", 5-6. With reference to: Choisy, A., *Histoire de l'Architecture*, Paris, 1899. Semper, G. *The Four Elements of Architecture and Other Writings*, Cambridge, 1989 (English translation). Viollet-Le-Duc, Eugène Emanuelle, *Dictionnaire Raisonné de l'Architecture Française du XIe au XVIe Siècle*, Paris, 1863-1872.

66 Picon, Antoine, "Construction History", 7. See also: Picon, Antoine, "Histoire de l'architecture, histoire de sciences et des techniques", in: *Les cahiers de la recherche architecturale*, 6 (1990) 12-17. For its evolution within history of technology see also: Bijker, Wiebe (ed.), *The social construction of technological systems: new directions in the sociology and history of technology*, Cambrigde: MIT press, 1999.

67 Nègre, Valerie, *L'ornément en série. Architecture, terre cuite, et carton-pierre*, Sprimont: Pierre Mardaga, 2006.

68 Peters, Tom F., *Building the Nineteenth Century*, Cambrigde: MIT press, 1996. NYE, David E., *Narratives and Spaces: Technology and the Construction of American Culture*, Exeter:

second subfield of construction history, technical 'writings'[69] (the mass of publications, notebooks, diaries, drawings, letters, lectures, reports, specifications, speeches, office accounts, etc.) and educational context[70] (practical and institutional) became specific points of interest. A series of primary sources, which are crucial in the study of the building practice and which evolved strongly in the course of the nineteenth century, both in qualitative and quantitative way, have only been studied in the past in a very limited way.

In Belgium, a similar orientation towards 'technical subjects' is evident. As Dirk Van de Vijver notes in his authoritative *Construction History in Belgium* (2004), "a wide range of detailed research exists on specific materials and techniques; it represents the majority of the scientific activity in the field of Belgian Construction History".[71] A major part of these studies have been motivated by the authors' professional (conservation) practices or research.[72] Mediaeval and Early Modern Periods traditionally received the most interest and attention, but since the 1970s there has been a resurgence of work in other areas,

University of Exeter Press, 1997.

69 See among others: Yeomans, David T., "Early Carpenter's manuals 1592-1820", in: *Construction History*, 2 (1986) 13-33. In March 2005 the Centre d'Histoire des techniques and the Institut National d'Histoire de l'Art organised in Paris a special international conference on the topic of: *Les avatars de la "Littérature" technique. Formes 'imprimées' de la diffusion des savoirs liés à la construction.* A selection of the papers presented at this conference will be published in the course of 2007.

70 See among others: Saint, Andrew, "The Architect and Engineer: A Study in Construction History", in: 21, *CH*, 21-30. See among others: Saint, Andrew, *The image of the Architect.* Carvais, Robert and Nègre, Valérie, "The Conservatoire National des Arts et Métiers and the Preservation, Dissemination and Innovation of Construction Know-How (1794-1971), in: Dunkeld, Malcolm et al (eds.), *Proceedings of the Second International Congress on Construction History*, Volume 1, Cambridge – Exeter: Construction History Society (2006) 7-33.

71 Van de Vijver, Dirk, "Construction History in Belgium", 157-196.

72 See among others: Everaert, Guido, Lievois, Daniël and Laleman, Marie Christine, *Vensters. Zeven eeuwen techniek en esthetiek*, Ghent: Dienst voor Monumentenzorg en Stadsarcheologie, 1993. Everaert, Guido, Lievois, Daniël and Laleman, Marie Christine, *Deuren & Poorten. Zeven eeuwen techniek en esthetiek*, Ghent: Dienst voor Monumentenzorg en Stadsarcheologie, 1995. Genicot, Luc-François, "Charpentes du XIe au XIXe siècle en Wallonie", in: *Bulletin de la Commission Royale des monuments et des sites*, 4 (1974) 27-51 and 6 (1977) 139-162. Hoffsummer, Patrick, (eds.), *Les charpentes du XIe au XIXe siècle. Typlogie et evolution en France du Nord et en Belgique*, Paris: Cahiers du Patrimoine 62, 2002. Wouters, Ine, De Bouw, Michaël and Nieuwmeijer, George, "Nineteenth-Century Iron Suspension Footbridges in Flanders (Belgium)", in: Dunkeld, Malcolm et al (eds.), *Proceedings of the Second International Congress on Construction History*, Volume 3, Cambridge – Exeter: Construction History Society (2006) 3389-3402.

as scholars have focussed (again) on nineteenth and twentieth-century building materials, techniques, and features.[73]

Yet there remain many gaps to fill.[74] In contrast to current (international) architectural historical and theoretical studies, Belgian construction historians –studying specific building materials or techniques– display an apparent resistance or inertia to influences of social and cultural sciences. Lode De Clercq's article on the use and meaning of heating technology in Belgium within its international context is an interesting exception.[75] Such an approach strongly interrelates with the second research field of construction historians, namely the history of the building practice.

The history of building practice, the second research line within the field of construction history, "involves the total process of getting a building up on the site, including everything from the recruitment of labour, selection of materials, transport of materials and equipments on the site, down to the supply of drawing materials for the office, the method of payment to builder and architect and so on and so on. It is the history of a complicated process always in a state of change which it is the historian's business to investigate and expound".[76] Within

73 The growing attention for nineteenth-century and industrial architecture, also gave an important impetus to the study to the study of nineteenth-century use of iron and metal constructions. See among others: Baele, Johan and Deherdt, René, *Vrij gedacht in ijzer. Een essay over de architectuur in het industriële tijdperk 1779-1913*, Ghent: MIAT (exposition catalogue), 1983. Baetens, Roland (ed.), *Industriële revoluties in de provincie Antwerpen*, Antwerpen: Standaard, 1984.

74 Van de Vivjer, Dirk, "Construction History in Belgium", 157-196. Van de Vivjer, Dirk, "Inventarisatie. Historisch onderzoek naar bepleisterde 18de- en vroeg 19de-eeuwse gevels in Vlaanderen (1700-1830)", in: Wetenschappelijk Technisch Centrum Voor Het Bouwbdrijf, *Restauratie van buitenmuren: typologie en procedures*, IWT-project GI/95/01: Second report September 1996. See also: Van de Vivjer, Dirk, "Opbouw en afwerking van gevels in Vlaanderen (1700-1830): de bijdrage van de historische bronnen", in: *Restauratie: Historische materialen en hedendaagse technieken, studiedag georganiseerd door het Technologisch instituut Genootschap Civiele Techniek en WTCB, Antwerp, 26 november 1997*, Antwerp, 1997. Van de Vivjer, Dirk and Van Balen, Koen, "Recettes anciennes de mortiers et leur place dans l'étude historique des façades enduites en Flandre au XVIIIe et au début du XIXe siècle", in: Braun, H.J. and Herlea, A. (eds.), *Materials: Research, Developments and Applications, Proceedings of the XXth International Congress of Construction History of Science*, Turnhout: Brepols (2002) 229-238.

75 De Clercq, Lode, "De internationale context van de Belgische verwarmingstechnologie in haar relatie met de architectuur", in: *Gentse bijdragen tot de interieurgeschiedenis*, vol. 23, Leuven (2003) 77-112.

76 Summerson, John, "What is the history of construction?", 1.

this wide scope, the financial-economical aspects of the building industry (building finance, property transaction, building, and the national economy) was from the start an important research priority. Simultaneously, the historian scrutinized the various actors involved in the processes of building and production. Nevertheless, these aspects –especially as concerns nineteenth and twentieth-century evolutions– remained marginal within both construction historical studies and in general studies concerning questions of industrialization. Within the latter studies, the building industry received less attention than manufacturing.[77]

When construction history first arose, its principal relationship was with economic history. This was particularly the case within the Anglo-Saxon tradition.[78] The work of E.W. Cooney played an important role, especially his *An economic History of the British Building Industry, 1815-1979*.[79] Within the Belgian context, the economical aspects of building have been studied primarily by historians outside the field of construction history.[80] Gradually, within this evolution historians also started to focus on how cities as 'centres of production' stimulated

---

77 Picon, Antoine, "Construction History", 15-17.

78 Powell, Chris and Thorne, Robert, "Coming of Age", 5-6.

79 Powell, Chris, *An economic History of the British Building Industry, 1815-1979*, London – New York: Methuen, 1980.

80 Buyst, Erik, *An economic history of residential building in Belgium between 1890 and 1961*, Leuven: Studies in social and economic history, 23, 1992. Buyst, Erik, "Een economisch-historische benadering van de Belgische bouwsector", in: Claes, Jacques, et al, *De beschikbare ruimte. Reflecties over bouwen*, Tielt: Lannoo (1990) 163-178. Duchene, Vincent, *De brutobinnenlandse kapitaalvorming in woongebouwen in België tussen 1830 en 1890: reconstructie en analyse van de investeringen en van het investeringsgedrag*, KULeuven: Doctoral Thesis, 2000. Hannes, Jules & LIS, Catharina, "De sociale hiërarchie in de woningbouw, Antwerpen omstreeks 1834", in: *Revue belge d'histoire contemporaine*, I (1969) 93-131. Hannes, Jules, "L'habitation, phénomène économique et social", in: *Revue belge d'histoire contemporaine*, II/1 (1971) 123-144. Hannes, Jules, "De staat als bouwheer in de negentiende eeuw", in: Claes, Jacques et al, *De beschikbare ruimte. Reflecties over bouwen*, Tielt (1990) 143-178. Limberger, Michaël, *Antwerpen en de centrale overheid gedurende de onderzoeksperiode 1815-1830*, Report NWO-Aspasia-project"De wereldstad en de staat. De autonome macht van Amsterdam en Antwerpen in vergelijkend perspectief", 2005. LIS, Catharina, "Proletarisch wonen in de Westeuropese steden in de 19de eeuw: Van wildgroei naar sociale controle", in: *Belgisch Tijdschrift voor Nieuwste Geschiedenis*, VIII/3-4, (1977) 337. Scholliers, Peter, "Loonontwikkeling, conjuctuur en arbeidsverhoudingen in het bouwvak in Brussel en Parijs", in: *Tijdschrift voor de Nieuwste Geschiedenis* (1990) 1-47. Van den Eeckhout, Patricia, "Les salaires dans la construction de 1815 à 1990", in: *Les cahiers de la Fonderie*, 19 (Special issue: Construire) (1994) 2-11.

the build process and which role may (or may not) be attributed to the broad variety of actors in the building process.[81]

Inge BERTELS
and Bart TRITSMANS

81 Van Leeuwen, Wilfried F.R, "Bouwen in Nederland in de negentiende eeuw", in: Lintsen, H.W. (ed.), *Geschiedenis van de techniek in Nederland: de wording van een moderne samenleving 1800-1890*", Zutphen: Walburg pers, 1993. Barjot, D. (ed.), "Entreprises et entrepreneurs du bâtiment et des travaux publics (XVIIIe-XXe siècles)", in: special issue of *Histoire, économie et société*, 25 (1995) 2, 147-416. Hamon, Fr. and Hervier, D. (ed.), *Hommes et métiers du bâtiment 1860-1940. L'exemple des Hauts-de-Seines*, Paris, 2001. Rilling, Donna, *Making Houses, Crafting Capitalism. Builders in Philadelphia, 1790-1850*, Philadelphia, 2001. Pey, Inneke, "De bouwnijverheid. Organisatie en actoren", in: Pey, Inneke, *Bouwen voor gezeten burgers. Herenhuizen en villa's in de nieuwe stadswijken van Utrecht, Groningen en Nijmagen (1874-1901)*, Zwolle – Zeist: Waanders Uitgevers – Rijksdienst voor Monumentenzorg (2004) 287-326. See also: Bertels, Inge, *Building the City, Antwerp 1819-1880.*

BUILDING A FORTUNE

The Finances of the Stonemasons Working on the Rebuilding of St Paul's Cathedral 1675-1720[1]

INTRODUCTION

Early in the morning of 2 September 1666 a fire started in a baker's shop in Pudding Lane in the heart of the City of London. It burned for four days, destroying an estimated 13,200 houses, 87 parish churches, six consecrated chapels, 52 livery halls, the Guildhall, the Royal Exchange, the Customs House, Newgate prison, and three city gates. Remarkably only six people died, but 80,000-100,000 inhabitants were rendered homeless (Stephen Porter 1996, p. 69-74). Virtually everything within the old City walls was reduced to smouldering ruins including the centrepiece of the whole city, St Paul's Cathedral.

THE BUILDING TRADE IN SEVENTEENTH CENTURY

It is widely recognised that the Great Fire of London marked a changing point in building history in England. Because of this, the period has long attracted the attention of building historians. The

1 This text was previously published as James W. P. Campbell. "Building a Fortune: The Finances of the Stonemasons Working on the Rebuilding of St Paul's Cathedral 1675-1720". In *Proceedings of the Third International Congress on Construction History.* Edited by Karl-Eugen Kurrer, Werner Lorenz and Volker Wetzk, t. 1: 297-304. Berlin: Neunplus1, 3 vol., 2009. It is republished here with the permission of the author and of Neunplus1.

rebuilding itself was detailed in Reddaway (1940), McKellar (1999) and Summerson (1946). The removal of restrictions and the need for extensive construction led to a building boom. The government sought to restrict both wages and the prices of commodities, but there is no doubt that the economic climate allowed many building operators to profit substantially. Building workers were still organised into separate trades (carpenters, masons, bricklayers, plumbers, joiners, etc.) and the evidence suggests that these remained largely separate (Campbell 2002), but increasingly wealthier tradesmen embarked on speculative building projects. This practice was outlined in Summerson (1946) and elaborated on by Elizabeth McKellar (1999). The latter's study relied entirely on the records of the Courts. While these were incredibly revealing about building practice, they gave only limited information on the money the tradesmen were making, allowing her to make only general observations about the increasing financial wherewithal of building craftsmen.

Masons were covered in studies of the rebuilding after the Great Fire as one of many types of craftsmen. Stone buildings were always rare in London. Before the Fire a great majority of buildings were timber-framed. Masonry was restricted to churches, palaces and the houses of the very rich, the aristocracy and wealthier merchants. Even then, most masonry buildings were built of brick not stone and even if they were faced in stone, the walls behind were always constructed of brickwork not stone. The methods and tools masons employed are not the subject of the present paper. They have been detailed by myself and others elsewhere (Campbell 2007, p. 78-80; Ayres 1998, p. 66-92). The economic activities have not been so well documented. The closest to such an assessment being made is Knoop and Jones (1935). However the Restoration of the monarchy with its related work on the Royal Palaces and the rebuilding after the Great Fire –which included the City Churches, public buildings in the City and St Paul's Cathedral– created a period of great activity for stone masons. It would thus not be unreasonable to suppose that some of them might have profited and this is what this paper seeks to study. This paper will focus on the group of masons who worked on St Paul's. The reason for this is simple: a huge number of records survive.

RECORDS

Few building projects have been as well documented as the building of St Paul's Cathedral. The cathedral was built using funds from public donations and a tax on coal. Corruption was as rife in the seventeenth century as any period in history and thorough careful accounting were the only guard against it. Records were kept of every penny received and every penny spent on the building of the cathedral. At the end of each year the accounts were handed over and audited before a final signed and approved copy was made on vellum to provide lasting proof that no money had been misused. Kept alongside the accounts, inventories were compiled of all the building materials arriving on site, registers were drawn up daily of all the men on site, and every letter was carefully filed. The result is an enormous archive of over one hundred volumes detailing every aspect of construction. Until the Second World War these were kept in the library of the cathedral itself. However they have since been deposited in the Guildhall Archives where they can be stored under controlled conditions and they are soon to be moved again to a new home in the London Metropolitan Archives. A small number of these documents were transcribed in the volumes Wren Society (Wren Society, 1923-1943; hereafter abbreviated as WS). I have referred to these where possible in this text as they are generally more accessible –but in all cases I have checked the original sources. The accounts of the City Churches (those churches reconstructed to replace those destroyed in the Great Fire) are stored alongside the St Paul's documents. The other great sources of the period were the comprehensive records kept by the Office of the King's Works (the Government Department responsible for the building and maintenance of all Royal and Government buildings). These records are kept in the National Archives. These sources collectively record the names, contracts and payments to masons together with details of the work that they undertook. Further information on the lives of the individuals is more thinly spread. Baptisms, marriages and deaths are recorded in parish registers, some of which have been transcribed in the International Genealogical Index. Wills and their settlements have survived more sporadically and only a portion can be easily traced. Livery company records provide other details about their professional lives, particularly their status within the City hierarchy. All these are useful in understanding the wealth of the individuals involved. Key however are the accounts and the way these are interpreted and how useful they are depends on the type of contracting employed.

METHODS OF PAYMENT/CONTRACTING

Elsewhere I have discussed the methods of contracting used in the seventeenth century in more detail (Campbell 2005, p. 331-339). All these accounts are based on Wren's own description (WS, V, p. 20) in which he divided types of contract into "by Great", "by Measure" and "by Day". The latter was payment of workers at day rates. It was the most common form of payment in the Middle Ages, but was falling out of favour in the seventeenth century. It was nonetheless still used in certain situations where quality was important beyond all else. For example, the carpenters at St Paul's were seen as critical to the success of the project because they had to build all the scaffolding for the works. They were thus paid by day. Payment "By Great" required the craftsmen to provide a fixed price for a set piece of work, which might be a whole building or part of a building. The client would usually, but not always, provide the materials. The contractor was the chief carrier of the risk, but there were problems, particularly as most contractors were ill-equipped to estimate the cost of the work and sometimes got themselves into financial trouble as a result, threatening the whole project. To guard against such an eventuality the better contractors charged a premium for working by Great and as Wren commented "made great profit by it". Wren's preferred solution was thus the third method, payment "by measure". Rates were agreed in advance for carrying out work (WS, V, p. 20). Rates were usually, but not always, agreed for labour only, with the client procuring the materials. Payment by measure also required the use of trusted measurers who could accurately and fairly measure the work carried out so that payment could be agreed. The masons' contracts at St Paul's were "by measure", measuring being done quarterly. Because of this the accounts do not list the number of masons on site, although they do give very detailed breakdowns of work done.

Masons in the period were divided into apprentices (or servants), journeymen (qualified masons, paid by the day) and Masters Masons. The Masters were only distinguished from journeymen in that they employed others. On most building projects there was a single Master Mason who was in charge of all the masonry work on the project. They usually worked on an equal footing with a Master Carpenter, although sometimes employers would appoint one or other as the overseer of the whole works. The newcomer on the scene was the architect. Architects did not really exist in England before the seventeenth century. They were first only used on grand buildings but by the end of the seventeenth century were employed on even quite modest public projects. The architect took over the design role that had been carried out by the Master Craftsmen and increasingly they were reduced to simple building contractors. To do so they had to themselves adapt.

THE CONTRACTORS AT ST PAUL'S

Wren, the architect of St Paul's, from the outset realised that the size of the project and the speed of work required was beyond the ability of any single seventeenth century masonry contractor, most of whom employed no more than a few dozen men. His solution was to divide the project between teams of masons. At first there were just two teams, but when in 1678 one of the masons, Joshua Marshall, died. Wren decided that more teams were required. He divided Marshall's share in three. Thereafter four teams worked on separate parts of the building until in 1688 Wren added two further teams to complete the West End. The building was completed by six teams of masons, each controlled by one or more Master Masons. Their names are shown below:

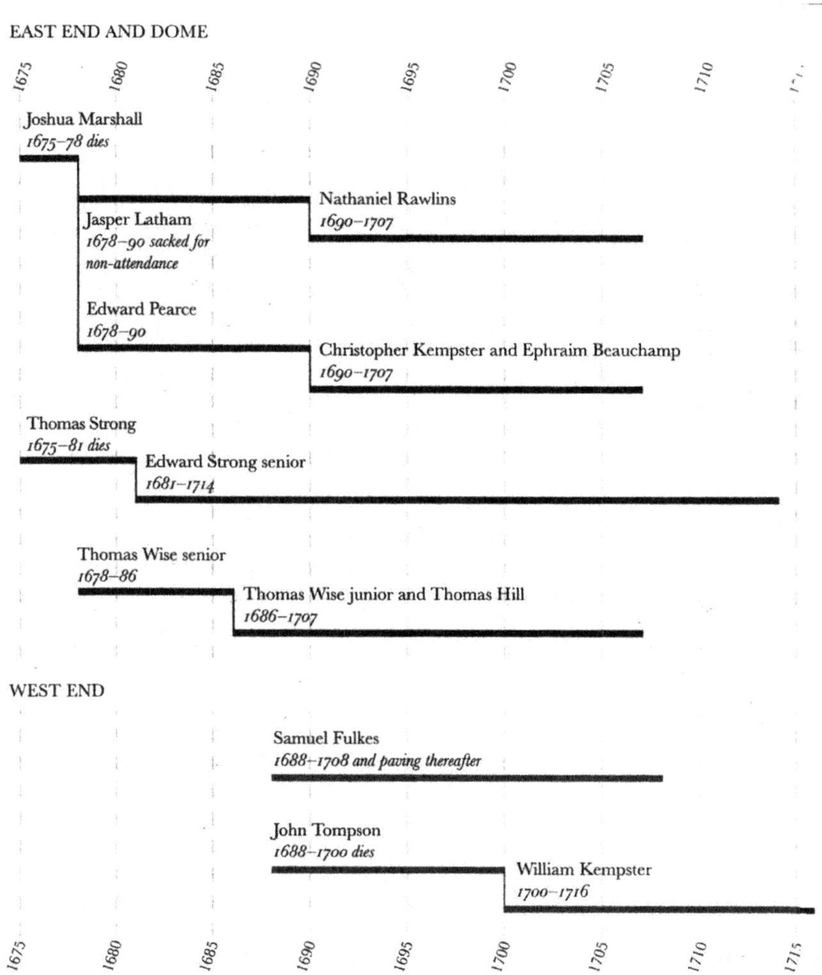

FIG. 1 – The masons for St Paul's (from Campbell, 2007: p. 24).

Wren chose his masons carefully. They represented the largest and best-known mason contractors in England and it is likely that they were also among the wealthiest. First amongst them were Joshua Marshall and Thomas Strong. The mason-contractors at St Paul's fell into three types: those that were statuary masons, those whose families owned quarries and those that made their living entirely from building contracting.

Joshua Marshall had been a mason of the first type. Thomas Strong (c. 1634-1681) was one of the second.

JOSHUA MARSHALL

Joshua Marshall (1629-1678) was a natural choice as a Master Mason for St Paul's. He was Master Mason of the King's Works, a position that he had inherited from his father, Edward Marshall in 1673 (Colvin 1995, p. 641). Edward Marshall (c.1598-1675) had been Master Mason at the building of Lincoln's Inn Chapel. Made free of the Mason's Company in 1627, Edward was admitted to the Livery in 1631, made a Warden in 1643 and was Master in 1650 (Knoop 1935, p. 35). Edward had also acted as an architect and contractor for a number of country houses and had a practice as monumental mason, working from a shop in Fetter Lane (Colvin 1995, p. 641). He died before St Paul's began on site, but his son Joshua had already been working for Wren as a contractor and established a considerable business as a tomb-maker in his own right (BL Harl. MSS 1618, 1657 & 1658). Now Master Mason of the King's Works, he too was made Master of Mason's Company, first in 1670 and then again in 1677. He was paid £2525 for rebuilding the steeple of St Clement Danes in 1669-1670 and £11 300 for building the Monument at New Fish Street Hill in 1671-1675 (Knoop 1935, p. 35). He went on rebuild six of the City Churches –St Brides Fleet Street, St Mary at Hill, St Mary Aldermanbury, St Stephen Coleman Street, St Peters Cornhill, and St Swithin Cannon Street– for which he was paid £19 477 (WS X, p. 46-55) and Temple Bar (with Thomas Knight) for £700 (Knoop 1935, p. 35). At St Paul's he had the largest contract and was paid £5 543 (WS XV xiii). Records also survive for work he carried out on the Deanery and houses for the residentaries but these amounts add up to less than £100 (WS XIII, p. 54, 63). Marshall would have no doubt gone on to carry out a great deal more of the work at St Paul's and elsewhere had he not tragically died in 1678 at the age of just 49 (Colvin, 1995, p. 641). The other Master Mason at St Paul's at the beginning of the building was Thomas Strong.

THOMAS AND EDWARD STRONG

Thomas Strong's family had been quarry owners in and around Burford (a village on the Oxfordshire/Gloucestershire border) for generations (Colvin 1995, p. 934). Ownership of quarries gave them control over stone supply. By engaging in contracting they could also offer a complete service, from the supply of stone to the decorative carving. However the quarries were a long way from Oxford, the principle market for their product. It was possibly for this reason – or possibly by an invitation from Wren for whom he had built a new quadrangle at Trinity College in Oxford in 1668 (Colvin 1999, p. 936) – that Thomas Strong left Oxfordshire for London after the Great Fire. Strong joined the Mason's Company in London in 1670 (Knoop 1935, p. 43). He worked on four of Wren's City Churches: St Stephen Walbrook (with Christopher Kempster, *qv.*), St Clement East Cheap, St Mary Magdalene and St Michael Cornhill (Knoop 1935, p. 43; WS X, p. 45-53). He probably also worked on St Benet, Thames Street and St Austins, two contracts that were later taken over by his brother. St Paul's seems to have been Thomas Strong's chief work in London at the time, earning him £7,918. He rose to the Livery in 1671 and was made a member of the Court of Assistants in 1675. He might well have gone on to become Master, but he died in 1681 at the age of 47. He had never married or had children. On his death he bequeathed his quarries and his contracts to his younger brother Edward Strong (1652-1724) (Colvin 1999, p. 936).

Edward Strong was 18 years younger than his elder brother. He seems to have arrived in London, in his late twenties, only a year or two before his brother's death. He was a highly able man who quickly picked up work, –no doubt helped initially by his brother's contacts– and swiftly established himself through his own skill as one of the major contractors of the age. He was to remain the Master Mason at St Paul's until its completion, earning £46 466, twice as much as any other contractor (WS XV p. xiv). He joined the Mason's Company by redemption in 1680, was Warden in 1694 and made Master in 1696. He worked for Wren on seven of the City Churches and was paid in total more than any other contractor in any trade, a sum of £19 548 (WS X p. 54). He also worked for Wren at Winchester Palace, and Greenwich Hospital and on Marlborough House and Morden's Hospital Blackheath (which he may have designed) (Colvin 1995, p. 936). He also held the contract with his son, Edward Strong jnr. (1681-1741) for Blenheim Palace. It was Edward who took over his father's contracts in his increasing retirement from practice after 1710. Family and other connections were as critical to obtaining work in the seventeenth century as they are today. Those at St Paul's have not been outlined before. This paper will now attempt to do so for the first time. Two families were connected to the Strong's: the Beauchamps and the Kempsters.

EPHRAIM BEAUCHAMP AND THE KEMPSTER FAMILY

Edward Strong (1652-1724) married Martha Beauchamp, sister of Ephraim Beauchamp (Knoop 1935, p. 33). The Beauchamp family came from Burford like the Strongs. Martha's other brother, Joseph was a carpenter there, whose son went on to be apprenticed to Edward Strong Junior. Burford and its neighbouring villages of Taynton and Little Barrington were tiny places and families must have known each other well. It was no doubt through his brother-in-law that Ephraim moved to London and got work at St Paul's. Apart from a contract at St Dunstan-in-the-East, we only have records of Beauchamp working at St Paul's and even then he seems to have worked as a partner of Christopher Kempster, taking over the contract previously allotted to Edward Pearce (qv). Between them they were paid £15 132 for their work which included one quarter of the dome.

The Kempster family owned a quarry in Burford, Oxfordshire near the quarries owned by the Strong family at Taynton and Little Barrington. They moved to London through the Strong connection. The Kempsters had an annoying habit of calling most of their sons Christopher or William –see table 2 (below)– which makes it difficult to distinguish between them in documentary sources and has caused a great deal of confusion. Two of the family worked at St Paul's, Christopher Kempster (1627-1715) who held the contract with Ephraim Beauchamp mentioned above and William Kempster (1651-1718) who was his third child and second son. While Christopher (1627-1715) was working in London, it is probable that the quarry was looked after by his eldest son Christopher (1647-?), who probably hoped to inherit it and pass it onto his son also called Christopher. We do know the younger Christopher died in 1699 possibly after his father but not before his grandfather. When Christopher (1625-1715) died he passed the quarry on to his son John (1664-?).

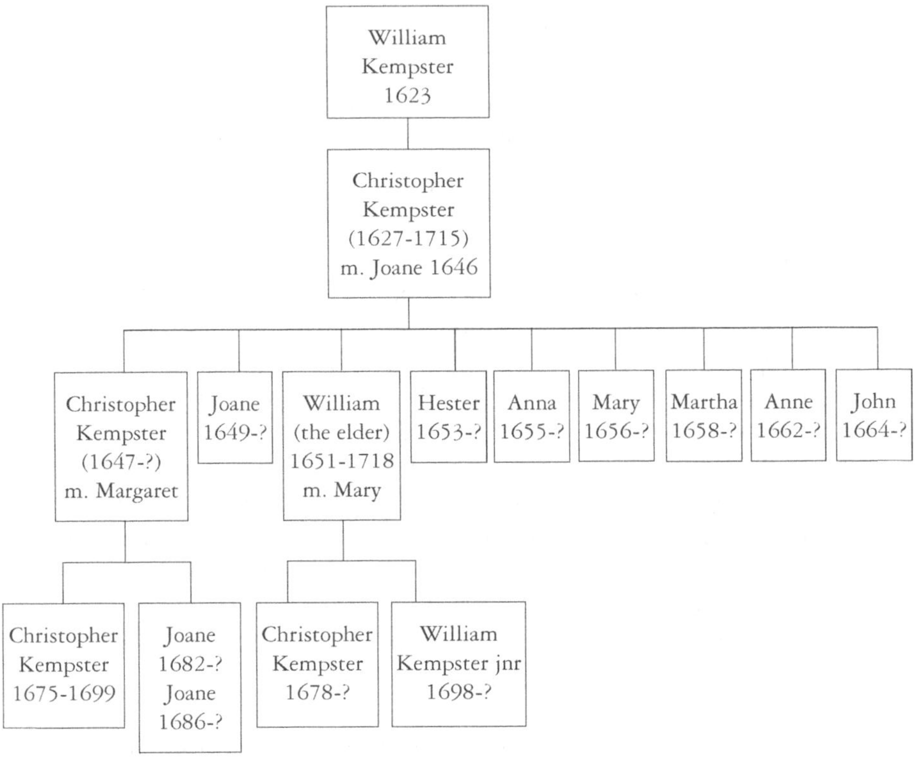

FIG. 2 – First published version Kempster family tree (compiled by the author).

Christopher Kempster (1625-1715) and Beauchamp's contract at St Paul's began in 1690, but Kempster already had considerable experience in London by this time. He was made free of the mason's company in 1670, but his first known contract in London was with Thomas Strong for St Stephen Walbrook (1672-1679). He was contractor in his own right for three other City churches – St James Garlickhythe (1674-1687), St Mary Abchurch (1681-1687) and St Mary Somerset (1686-1694). In the same period he was also responsible for Abingdon Town Hall (1678-1680) and Tom Tower (1681-1682, with Thomas Robinson) and he worked on Winchester Palace (1683). He also built the Perrot chapel in North Leigh Church, Oxfordshire in 1687 and re-fronted a house for himself at Upton near Burford, where he died in 1715. He gained considerable status in his lifetime within the trade, being admitted to the Livery of the Mason's Company in 1671, being a Warden in 1687, 1688 and 1689, and Master twice, once in 1691 and again in 1700 (Knoop 1935, p. 45). The William Kempster who worked at St Paul's is almost certainly his son and not –as many sources have stated– his brother. I have yet to find a reference to the elder Christopher having a brother, while his son's birth is recorded (IGI). Certainly the father son relationship fits the dates better. This paper will assume that this is the case.

William Kempster is made free of the Mason's Company in1677, was Warden in 1700 and was Master of the Company in 1705 (Knoop 1935, p. 46). The first record of him is at St Paul's working for John Tompson in 1694 and on the latter's death in 1700 he succeeded to his contract. The total value of his work at St Paul's amounted to £9 019 (WS X, p. xiv). He died in 1718 (WS XVI, p. 133).

JASPAR LATHAM AND NATHANIEL RAWLINS

Jasper Latham, a London Statuary Mason, appears on the yeomanry (freedom) lists of 1663. He was raised to the Livery and Court of Assistants in October 1678, and made a Warden in 1689 (Knoop 1935, p. 20). He was the mason-contractor at the building of St Mildred, Poultry, 1670-1679, receiving £2 910 and Portland stone to the value of £324 in payment (Knoop 1935, p. 20; WS X, p. 50). We also know from a search that he kept a shop and employed three men (Knoop 1935, p. 20). Latham was one of the masons appointed to St Paul's in 1678 as one of the successors to Joshua Marshall's contract. In March 1686, Latham, Pearce and Wise petitioned the commission to be considered for work to the West of the dome. They were reassured that they would be given notice when the contracts were about to be let (WS XVI, p. 52. In the event, the work was divided between two new contractors: John Tompson and Samuel Fulkes. After this, Latham seems to have lost interest. In June 1688 the committee had summoned Latham to explain why he did not attend regularly at St Paul's (WS XVI, p. 62, 66). Latham finally fell out with Wren when in January 1690 he gave evidence against him in the dispute over the collapse at Hampton Court.

Latham's work at St Paul's was suspended in March 1690 (WS XVI p. 65). Rawlins was given his contracts in July 1690. The total value of Latham's work on St Paul's from 1678–1690, a period of 12 years amounted to £10,537 (WS XV, p. xiv). None of his work as a statuary mason has been identified.

Nathaniel Rawlins who took over his contract was probably the Nathaniel Rawlins who worked as a mason for 2s 6d a day at Greenwich in 1664 (Knoop 1935, p. 34). Nathaniel Rawlins is a common name and thus he is difficult to identify in records with any certainty. A Nathaniel Rawlins was admitted to the freedom of the Haberdashers' Company by Redemption on 28 October 1678 (Knoop 1935, p. 34) and as Rawlins was listed as a Haberdasher was listed in a search of masons St Paul's in 1678 (Knoop 1935, p. 70) it seems likely it is the same man. How he came to work for Jasper Latham is not clear, but it was because he was his foreman that he came take over his contract at St Paul's. He carried on working at St Paul's from 1690-1707 and was contracted for a quarter of the dome. He was paid £15,751for his work there (WS XV p. xiv). Nothing more is known about him.

EDWARD PEARCE

Pearce or Pierce (c.1630-1695) was – like Jaspar Latham and Joshua Marshall – a man his living as a statuary mason before acting as a mason-contractor. Although Pearce has been more widely researched than any of the other masons here (see Colvin 1995, p. 754), nothing is known about his early life and training. His father was a painter-stainer, and made his son a member of the Painter-Stainers' Company by patrimony in 1656 (Knoop 1935, p. 25). Although the younger Pearce seems always to have been a mason rather than a painter, he became a member of the Livery in 1668 and Master of the Company in 1693 (Colvin 1995, p. 754). He was a sculptor on Wren's first architectural project: Pembroke Chapel in 1663-1665 and acted as a mason-contractor is for Sir Roger Pratt on the house he designed at Horseheath in Cambridgeshire. His early-association with Wren was crucial. Vertue records that Wren admired him and used him both for his drawing and carving ability (Colvin 1995, p. 754). He was the mason contractor for two of the City Churches: St Matthew Friday Street 1681-1686 (£2,301) and St Lawrence Jewry 1670-1686 (£11,870) (WS X, p. 54). He also worked on the Guildhall 1671-1673, and Emanuel College Chapel (1676). He was paid £13,494 for his work on St Paul's Cathedral from 1678 to 1690 (WS XV p. xiv). Pearce also acted as an architect and throughout his career carried out carving work of the highest standard. In the 1670s he was involved in developing the former site of Norfolk House in London and leased for himself a house with a massive 45 feet wide frontage. It was here he died in March 1695. He was buried at St Clement Danes (Colvin 1995, p. 755).

THE WISE FAMILY AND HILL

There remains that last group of masons: those who were neither quarry-owners nor statuary masons, but were only known as mason-contractors. They were a product of the time; men who had profited from the rebuilding and operated substantial firms. The first and most important of these independent firms was run by Thomas Wise. It is now accepted that Thomas Wise senior came from a family of masons from the Isle of Portland (Knoop 1935, p. 35). The quarries there were owned by the Crown but worked by local families, who also retained rights to dig stone from common land. Stone working was the main trade on the Isle. We know Thomas Wise senior was in London before the Great Fire. He only took the freedom of the Mason's Company in 1672. He was admitted to the Livery only a few months later, and became Master in 1681 (Knoop 1935, p. 35) but records show he had been working for the Crown in Greenwich as early as 1664. After the Fire he did paving work in Whitehall in 1669-1670 (WS VII, p. 101-105) and held the contracts for three of the City of Churches: St Michael Wood Street 1670-1687 (£1,019), St Benet Gracechurch 1681-1687 (£2,658) and Nicholas Cole Abbey 1671-1681 (£3,141) (WS X 46-56). At St Paul's he built the south side of the nave and the south-west legs of the dome for which he was paid £5 616 (WS XV p. xiv). When he died in December 1685, he left three sons: Thomas (jnr), William, and John. Thomas (jnr) had been born and trained in Portland. He acted for Wren at Portland in procuring stone for St Paul's (Bettey 1971). He seems to have come to London shortly before his father's death, being made free by patrimony of the Mason's Company in 1684 (Knoop 1935, p. 39). He took over the contract for St Paul's with Thomas Hill who had been working under his father there for years and had also worked with him at Whitehall and Chelsea. Hill and Wise thereafter ran the masonry-contracting firm together, accruing £24 509 for their work at St Paul's. Thomas jnr became Master of the Mason's Company in 1695. William Wise also became a mason and worked with Samuel Fulkes at Winchester Palace (WS VII, p. 23, 36-38, 62-64, 66).

SAMUEL FULKES

Samuel Fulkes is first mentioned being paid 2s 6d as a mason on Duke of York's Lodgings in October 1664 (BL Harl MS 1618). On 1 September 1671 he took the freedom by redemption of the Haberdashers' Company. In the 1670s he had small contracts on four of the City Churches. He is listed as working under Thomas Strong during a search of St Paul's in 1678 (Knoop 1935, p. 10) and he then took a contract for Winchester Place in partnership with William Wise (see above). Other contractors there were Edward Strong, Kemspter and Tompson. In the 1680s he undertook work on five more churches, making him the mason who worked on the largest number of city churches (eight) for which he was paid a total £11,216 (WS X, p. 54). Finally in 1688 he gained the crucial contract for part of the West end of St Paul's, for which he would eventually be paid £23,115 (WS XV, p. xiv). He had a house and workshop in Fetter Lane (WS XV, p. 3; Knoop 1935, p. 78). In 1694 he was employing fifteen men at St Paul's. Fulkes also supplied Purbeck and "Swedish stone" for the portico and rubble and carried out paving contracts in the choir and west portico (WS XIV, p. 143; XV pp. xxvi & 29). By 1717 when he was completing the tower of St Michael Cornhill, Fulkes must have been at least 70. His place of birth and death is not known.

JOHN TOMPSON

John Tompson held the contract for the other half of the West End of the Cathedral. Like Fulkes, he was a London mason (WS XVI, p. 54). Tompson had been made free of the Masons' Company in 1667. He appears to have immediately profited from the Fire (or to have inherited money) because he was wealthy enough to take Livery in 1669 (Knoop 1935, p. 43). He made his name and reputation as a mason-contractor for Wren on the City churches, winning contracts on seven of them for which he was paid a total of £19,336 (WS X, p. 54). The Lord Mayor himself recommended that Tompson should be employed at St Paul's in 1686 and his advice was followed two years later when in 1688 Tompson was given the contracts for building half of the West End of the Cathedral. He carried on this work until he died in 1700 by which time he had earned £ 8,089 (WS X, p. xiv). On his death the outstanding funds were paid to his executor, his son Robert, but his contract was passed to William Kempster (see above).

CALCULATION OF THEIR INCOME

Having identified the craftsmen at St Paul's, the question remains: how much did they earn? Fig. 3 attempts to summarise what is known to date.

	St Paul's	Churches	Others	Total
E. Strong	£46,466	£19,548	£11,030	£77,044
J. Marshall	£5,543	£19,292	£26,646	£47,481
T.Wise jnr & Hill	£24,509	-	£13,571	£38,080
S.Fulkes	£23,115	£11,216	£447	£34,778
J. Tompson	£8,089	£19,477	?	£27,566
E.Pearce	£13,494	£8,296	£2,664	£24,454
Kempster & Beauchamp	£15,132	£8,658	£608	£24,398
N. Rawlins	£15,751	-	?	£15,751
T.Wise senior	£5,616	£6,818	£1,075	£13,509
J. Latham	£10,537	£2,910	?	£13,447
W.Kemspter	£9,019	-	?	£9,019
T.Strong	£7,918	see E.Strong	?	£7,918

FIG. 3 – Incomes of the masons who worked on St Paul's in rank order.

This table should be used with caution. It contains only that information the author has managed to gather so far. Many of these contractors must have worked elsewhere –on private houses and other public buildings– for which records are scarce. However the amounts shown are certainly not too low, it is just that the actual amounts may be much higher.

One thing that is clear is that the individuals to whom the contracts were let were not expected to be on site at all times. They were sometimes simultaneously running seven or more contracts. The Master Masons who were putting their names on these contracts were not mere overseers. They were businessmen who could run multiple projects and pay large numbers of workmen: they were running building firms. It has been said that the nineteenth-century builder Thomas Cubitt ran the first building contracting firm in England (E. W. Cooney cited in Mckeller, 1999, p. 104), but this study and others (Mckeller 1999; Campbell 2005) show that this is not true. Cubitt may have been an early example of a contractor who kept a permanent staff of craftsmen and paid them regular wages, but the contractors at St Paul's are recognisably building firms. We know that contractors felt responsibility for those under their employ and kept them on even when they were old and incapable of heavy work (WS XVI, p. 151). We can presume that they had to pay them regularly, typically on day rates at the end of the week or month or else they would have stopped work. As I have shown elsewhere, even if the contractor was paid by day rates, he kept a percentage of the rates for himself, only passing on a portion to his workmen (Campbell 2005, p. 332-336). This was his profit. But it was needed to pay off interest on loans, because the contractor was rarely paid on time. At St Paul's the amounts owed to most contractors were calculated at the end of each month, but they often had to wait many years to be paid, and in some cases on Royal works, the delay in payment might be decades (Campbell 2005, p. 341-345).

INCOME VS PROFIT

The mason-contractor expected to make a profit because he had to carry debt –whether from his personal wealth or borrowing from friends and family– to tide him over from when he paid his men until he received his money. Banks did exist in this period but do not appear to have loaned to craftsmen (Knoop 1935, p. 50-55). The problems with financing this debt explain why no single contractor could take on the whole of the stonework at St Paul's. The question is how much profit did they hope to make? I have shown elsewhere that the Master Carpenter at St Paul's made somewhere between 20% and 40% profit (Campbell 2005, p. 332-336). He was paid "by day" and claimed he could have made more if paid "by measure" or "by Great". (WS XVI, p. 151). This seems to be born out by examination of the figures. In general we do not know how many masons were on site, but on a few occasions we do have figures. A search in September 1694 showed that Strong had 65 men at St Paul's (Knoop 1935, p. 73-77). For the same period the payment for the quarter to Strong was £690 (WS XIV, p. 137). Assuming 66 working days then he was paid £10 9s for each mason he had on site. Assuming he paid them 2s a day, then over 66 days he would have paid them £6 12s, implying that he pocketed 37%. This is of course a very rough calculation with a large number of assumptions made, but it shows that about 40% profit was not unreasonable. Applied to the figures in table 3 this gives us some measure of their profit. This leaves us with one last question: would these sums have made the masons wealthy by the standards of the day?

THE WEALTH OF MASONS

A detailed study of wealth in this period has shown that £20,000 of accumulated capital represented a considerable fortune, £10,000 indicated that you were rich, substantial merchants could expect to have between £5,000 and £10,000, middle-range merchants £1,000-£ 5,000 and prosperous shopkeepers £500-1000 (R.Gassby 1970). In a period where £200 was the annual salary of Wren at St Paul's, Edward Strong was making £250 a quarter just from his contract there. There seems little doubt that the masons at St Paul's were very well off indeed. This is born out by what we know of their later years. When Joshua Marshall died he left over £10000 in his will. He was undoubtedly rich. Edward Strong retired to the Hertfordshire countryside with not just one but two country houses. Beauchamp owned several properties in London.

CONCLUSION

This paper has sought to give a brief insight into the finances of building contractors in the late seventeenth century. I use the term "building contractors" deliberately. What I hope is clear is that the idea of the humble craftsman working for a meagre wage does not apply to these individuals. They hired in workmen and paid them regularly as modern contracting firms do. They had teams of men working under them at several different places at the same time. They were providing the capital, not their own labour. The sums involved were considerable and they bore huge financial risks from which they expected to (and often did) profit handsomely. For the masons at St Paul's were the forerunners of modern building contractors and they were not just building landmarks for the city, they were each looking to build fortunes for themselves.

James W. P. CAMPBELL

REFERENCES

Ayes, J., 1998: *Building the Georgian City.* London: Yale University Press.

Bettey, J.H., 1971: The Supply of Stone for the Rebuilding of St Paul's Cathedral. *Archaeological Journal 128*, p. 176-185.

Campbell, J.W.P., 2002: The Carpentry Trade in Seventeenth-Century England. *Georgian Group Journal* XII, p. 215-237.

Campbell, J.W.P., 2005: The Finances of the Carpenter in England 1660-1710: a Case Study on the Implications of the Change from Craft to Designer-Based Construction, in Simonetta Cavaciocchi (ed.), *L'Edilizia Prima della Rivoluzione Industriale. Secc.XIII-XVIII.* Prato: Instituto Internazionale di Storia Economica "F.Datini", p. 313-346.

Campbell, J.W.P., 2007: *Building St Paul's. London*: Thames and Hudson.

Colvin, H. M., 1995: *A Biographical Dictionary of British Architects 1600-1840.* London: Yale University Press.

Gassby, R., 1970: Personal Wealth of the Business Community in seventeenth century England. *Economic History Review*, 2nd series, XXIII, p. 220-234.

Knoop, D.; Jones, G.P., 1935: *The London Mason in the Seventeenth Century.* Manchester: Manchester University Press.

McKellar, E., 1999: *The Birth of Modern London.* Manchester: Manchester University Press.

Reddaway, T.F., 1940: *The Rebuilding of London after the Great Fire.* London: Jonathan Cape.

Summerson, J., 1946: *Georgian London.* London: Charles Scribner Sons.

Wren Society, 1923-1943: *Wren Society,* 20 vols. (abbreviated as WS with volume nos. in Roman numerals). Oxford: Oxford University Press.

British Library Harl. MSS 1618, 1657 & 1658).

International Geneaological Index (IGI): www. Familysearch.org

CONSTRUCTION HISTORY AND THE HISTORY OF SCIENCE

An Approach to the Scientification of Building Knowledge[1]

INTRODUCTION

During the past ten years, investigations pertaining to the field of knowledge in the humanities, cultural and social sciences have steadily increased in significance. Currently the complexity of these investigations can hardly be grasped (see, for example, Hempfer; Traninger (Eds.) 2007, Stehr 2001). Nevertheless, scientific pursuit of the topic of knowledge will continue to increase. For the history of science, historic research into knowledge is associated with a historiographic and epistemic challenge; its ideas were critically questioned from a cultural historical perspective (see, for example, Vogel 2004). On the other hand, history of science was able increasingly to free itself from its formerly dominant modernization-theoretical paradigm. In addition, recent science-historical studies often turned to material culture and the practice of research. However, regarding methods, it is desirable for construction history to emphasize its compatibility to current historical debates on the field of "knowledge." Therefore we will first describe the current self-understanding within the field of construction history, and secondly sketch a few of the strands

1 This text was previously published as Uta Hassler and Torsten Meyer, "Construction History and the History of Science – An Approach to the Scientification of Building Knowledge". In *Proceedings of the Third International Congress on Construction History*. Edited by Karl-Eugen Kurrer, Werner Lorenz and Volker Wetzk, t. 2: 1033-1038. Berlin: Neunplus1, 2009, 3 vol. It is republished here with the permission of the authors and of Neunplus1. The considerations presented in this paper are partly based on a research project that has been approved by the Swiss National Fund. Thus we would like to express here our gratitude to the Swiss National Fund.

of discussion concerning the history of science and research. The third section will present our current research program regarding the scientification of construction knowledge in the 19th and 20th centuries. In this section we will determinedly tackle knowledge – and science historical formulations of questions. Our aim in this process is to identify historical contexts that are tied into the production of new construction knowledge. Furthermore, we will question material foundations as well as historical instruments used for generating knowledge. These questions are desirable for "construction history," as is the investigation of "rhetoric and semantics," with the help of which knowledge was lifted to the rank of so-called "objective facts." The knowledge-and science-historical analysis will help to find answers to the question of whether the claim – tied to the establishment of universities of technology – of "the scientification of construction knowledge" has been an illusion. Taken in view of the specific and practically oriented character of theoretical construction knowledge, these answers can contribute to clarifying the relation between theory (perceived as academic construction knowledge) and practice for the 20th century. In connection to the knowledge-historical questions described, the question arises as to what extent practice will help to change theory or theory will help to change practice. These thoughts represent a plea for an open construction history, which on the way to institutionalizing itself as a discipline, extends its methodological and theoretical curiosity.

TAKING INVENTORY I
About the nature of Construction History

A cursory look at several publications – the magazine published by the Society for Construction History, at its newsletter, and at the most important volumes compiling the state of research in Europe (see: Becchi et al. [Eds.] 2004) – reveals, on one hand, a relative disciplinary openness in the field of construction history, shaped by the acceptance of approaches from the humanities and engineering. On the other hand, one finds considerations aimed at defining the character of construction history and localizing it within the canon of disciplines. In this context, we would like to first discuss Werner Lorenz's considerations because in essential approaches they build a bridge to science-historical interpretation (see: Lorenz 2005/6. Lorenz 2006). He inquires, for one, about the nature of the thematic core of construction history; he then asks what specific formulations of questions could guide research. Lorenz gives a good example out of the thinking in the polytechnic tradition that situated construction historical inquiry between engineering and humanities questions as a matter of course; he illustrates this thinking through a text by Josef Durm. Durm's publication "Handbuch der Architektur" (see: Hassler 2010) embodies this interdisciplinary approach in an ideal-typical way. Durm's own research also showed a blossoming of construction-technological questions and investigations in German-speaking countries. Even before the turn of the 19th century, Durm, the architect, university professor, and construction researcher, called for including in building construction the same spirit of scientific curiosity as one found in decoration. According to Durm, one should not exclusively view and understand architectural form, the analysis of which defines to a large extent architectural-historical research to this day; rather, alongside it, one should weigh equally the analysis of the engineering-technical construction of buildings.

Nonetheless, how can the object – the construction – be grasped more precisely through analysis and interpretation? Can construction be perceived – according to Stefano Musso's view – as something which "represents and occupies a sort of boundary between the world of nature and the artificial world of culture?" (Musso 2003, quoted in Lorenz 2006, p. 226.) The dichotomy of nature and culture that still resonates in his work is becoming ever more brittle in the 21rst century. Reference to Latour's discursive hybrids (Latour 1995) on this occasion is no longer a sufficient, meaningful metaphor from our perspective, because these mixed entities have long become material reality in the form of "biofacts" (see: e.g. Karafyllis 2003). If categorical borders are consequently getting blurry, it seems appropriate not to define construction history in a meta-theoretical sense but to want to grasp it through the process of constructing. That is why, on one hand, construction history should focus on the process of constructing and its complexity, and on the other, on the building as a product. Thus construction history, as also pointed out by Lorenz, is more than mechanics and more than architectural history seen from the perspective of the humanities. Technology, procedures and theories of constructing should be at the center of construction history; not only the process of constructing a building is important, but also the contexts, the structures, and "the conditions of production" tied to the building.

Lorenz's phrase that the constructing human being is "the key to understanding the entire world of constructing" (Lorenz 2006 p. 228) certainly stems from the tradition of engineering thought and is possibly owed to the historical images of "heroic builders of the 19th and 20th centuries." The idea of the struggle with an immense construction task as a "narrative center of construction history" at first leaves open the question concerning the "implicit knowledge and construction traditions" as well as the question of theory formation in construction, not yet codified in the sense of "post-enlightenment thinking."

The question of the "how" in construction moves into the center of interest, and thereby ultimately the question of the historical knowledge inventories upon which it was based. The constructing in construction yields at the end of the process in most cases a prototype, a singular edifice – as opposed to the serial construction of technical artifacts (such as the industrial production of building parts and machinery). From a historical perspective, we must ask how the original buildings rewrite themselves to types and "species," and how and for which structures the respective knowledge inventories are drawn upon for processes of generalization (e.g. institutional regimes and norms, as well as cultural agreements and traditional practices) and how they are changed and (collectively) change. Only thus does it become apparent from a historical perspective what is inherently significant in the respective knowledge inventories. Related questions arise as to how those historical knowledge inventories were produced, stabilized, and distributed. This complex of questions is central to the research focus "construction knowledge" of the IDB.

TAKING INVENTORY II
New approaches in the History of Science and the History of Knowledge

Through the ubiquitous use of the phrase "knowledge society," the notion of "knowledge" at the turn of the 21[rst] century has attained in many debates the status of an "Archimedean term." In the past two decades this focus has evoked a flood of investigations in the humanities and cultural and social sciences that took as their theme the various facets of "knowledge." The category "knowledge" also acquired an eminent status in the historical disciplines. This status is reflected in the formation of a new historiographical approach, which is that of a history of knowledge (see: e.g. Vogel 2004). The history of knowledge represents a challenge for the history of science: the modern history of science has gradually turned away in the past two decades from its traditionally historiographical concept, which was framed by modernization-theory, beginning with the pioneering studies by Bruno Latour and Steve Woolgar (Latour; Woolgar 1979), Karin Knorr-Cetina (Knorr-Cetina 1981) and Ian Hacking (Hacking 1983). It increasingly historically contextualized the practices of knowledge production or the modes of construction of epistemic objects. Nonetheless, it is still possible to detect voids within the science-historical research. For one, the contextualization in science-historical studies remained a program rather than a practice – something that was critically noted not only by the representatives of the history of knowledge – and its link to general history was rarely forged (see, e.g., Meinel 1993). Two, history of science focused predominantly, as it had done before, on scientific knowledge. Non scientific knowledge inventories and the interaction among different forms of knowledge therefore still play a rather subordinate role, although increasingly they come into science-historical focus – even if less so than the scientific knowledge that shapes the so-called "applied sciences." Research in the history of technology of science traces such specific forms of knowledge that are currently shaped by approaches from the modern history of ideas and politics (see, e.g., Heymann 2005; Maier 2007).

Despite necessarily existing "blind spots," the history of science discipline reacted variously to the historiographic approach of the history of knowledge. The project "Epistemic History of Architecture" is exemplary in this regard. Since 2002, the mutual research initiative of the Max-Planck-Institute for the History of Science and Bibliotheca Hertziana–Max-Planck Institute for Art History, Rome has investigated inventories of construction knowledge that are relevant to practice, ranging from the early days of ancient civilizations to the mid-18th century. Alongside questions concerning the interaction among different inventories and forms of knowledge, questions concerning the societal and natural context of the respective historical knowledge are discussed (see Bührig, et al. 2006; Renn, Osthues, Schlimme [eds.] 2014). The research endeavor (which ended in 2008) represents an important juncture for our formulations of questions. Whereas the projects pursued at the Max-Planck Institute mostly sought to reconstruct implicit construction knowledge, particularly for Neolithic eras, early ancient civilizations and Antiquity, in which only few sources allow access to explicit knowledge inventories, our research endeavors focus first on the investigation into explicit inventories of construction knowledge. Although the research initiative of the Max-Planck Institute also considered such depersonalized, medially represented knowledge inventories, its topics ended before or with the incipient process of modern attempts at scientification of construction knowledge in the late 18th century. At this epoch-making division, we begin our formulations of questions.

In terms of content as well as method, there exist here diverse desiderata. Ulrich Pfammatter's, "Die Erfindung des modernen Architekten – Ursprung und Entwicklung seiner wissenschaftlich-industriellen Ausbildung" certainly represents a sound investigation into the beginnings of the scientification of construction knowledge (Pfammatter 1997). His focus includes the development, establishment and Europe-wide adaptation of the schooling models for architects and (civil) engineers developed at the École Polytechnique (originally: École centrale des travaux publics) and the École centrale des Arts et Manufactures in Paris. This idea of schooling was characterized primarily by the claim that procedural knowledge inventories are deduced from general methods and thus could be scientized. Faced with the growing societal need for (civil) engineers, the implementation of this idea at polytechnic schools founded in the 19th century certainly seemed logical. However, Pfammatter could not retrace the process of internal differentiation of academic construction knowledge, a process which began in the second half of the 19th century: Academic schooling of civil engineers and architects, who were still taught together in the basic subjects at polytechnic schools, was undertaken in two separate faculties in the universities of technology that emerged from the polytechnic schools or were newly founded. The institutional internal differentiation reflects, for one, the fragmentation of disciplines of construction knowledge that were perceived rather holistically in the polytechnic schooling model, and two, the futile attempt, proposed by Historicism and Positivism of the late 19th century, to gather the complete, contemporary body of construction knowledge, systemize it and scientize it into an academic discipline. Our research endeavors revolve around the process of internal differentiation.

Previous publications concerning the academic schooling of architects and civil engineers originated mostly in the context of anniversaries of the respective universities of technology. Although the strongly idealizing character of older publications lessened over time and later works of the genre applied modern approaches of a cultural-, political-, social-, science- and economic-historical nature, the examination of inventories of construction knowledge at universities remained largely sketchy (e.g. Herrmann [Ed.], 2006; Gugerli et al [Eds.], 2005; Schwarz [Ed.], 2000). Winfried Nerdinger's study "Architekturschule München 1868-1993" also focuses on architectural knowledge inventories, but rather leaves out those that look at civil engineering since the late 19th century from a scientific perspective. Even if some studies indicate – through the examples of the curriculum and examination rules – the dynamics of the process of internal differentiation of construction knowledge, a clear connection to their determining influences is sometimes lacking (see Nerdinger [Ed.] 1993). Such questions represent an essential strand of research in the history of construction-technology research as well; the latter has made a strong international appearance in recent years. Studies from this field certainly emphasize the historical significance of technical procedures and technological methods for building, and they depict the history of individual knowledge inventories, or investigate the contribution by individual scientists to particular Modernist inventories of construction knowledge at universities. However, they do not take sufficiently as a theme either the historical practices of knowledge production, representation and distribution, or the dynamics that particularly affected such practices in the environment of universities during the era of Modernism (see, e.g., Addis 1990; Addis 2001; Addis 2007; Kurrer 2007; as well as the works of Rainer Graefe, one of the first in Germany being interested in Construction History, Graefe [Ed.] 1989).

SCIENTIFICATION OF BUILDING KNOWLEDGE IN THE 19th/20th CENTURY
A new perspective for the Construction History

Our research endeavors concerning the process of scientification of construction knowledge during Modernism integrate the traditional approaches of architecture, history of construction and construction techniques but also enter new territory insofar as our formulations of questions are shaped by knowledge-, science-, and contemporary historical ideas. The related research goals are complex: in a first step, we will ask the discipline-, knowledge- and science-historical questions that interest us and that aim at the forefront of the micro-level of the "internal world of knowledge." In a second step we will exemplarily address conceivable connections between historical aspects of construction-techniques and general history, societal history, that is.

Against the background of a steadily accelerating process of internal differentiation of academic construction knowledge, our investigations concerning the "scientification of construction knowledge in the 19th and 20th centuries" aim to contribute to a historical epistemology of modern construction knowledge that is meant to inspire further investigations. In the pragmatic sense of a historical epistemology, the questions that stand in the foreground concern the mode and media of production, representation and distribution of scientized construction knowledge of the 19th and 20th centuries. The micro-level of the historic "inner world of knowledge," the universities of technology, is treated as a theme through an institution-historical approach that makes it possible to analyze and interpret the historical dynamics of the internal differentiation process. Special attention is directed towards specific appointment policies and strategies, the self-understanding and practices of professors as well as the influences on universities of technology exerted by the state and private economy. We examine as well the retrospective effects that the internal differentiation process has on the self-understanding of the academically schooled experts and scientists – here predominantly architects and civil engineers.

On one hand, such formulations of questions aim at the structural requirements of academic construction knowledge; on the other, they interlock with the deeper questions concerning "forms and consequences of dealing with knowledge" (Weber 2002, p. 7) at universities of technology. In this context, the research interest is directed primarily at the academic practices of producing scientized inventories of construction knowledge. Our focus is on investigations of inventories of knowledge about design and material. We focus on this first because existing preparatory works concerning these inventories of construction knowledge are insufficient. Regarding knowledge about design, up to now only knowledge distribution has been a topic (see Hassenewert 2006); regarding knowledge about material, present investigations are of a rather general or cursory nature (see, e.g., Simpson 1999; Stark, Wicht 1998). In order to track down the forms of those scientific inventories of knowledge, we must take into view cultural modes of construction, scientific traditions, and the disappearance of specific epistemic objects.

A comparative perspective (comparison of various universities of technology) helps to outline exchange, local arrangements, and historical contexts of those "rooms of knowledge" in which scientific traces are produced and coded (Rheinberger, et al, 1997). In this instance, we regard as "inner world of knowledge," local research milieus that have been shaped, in turn, by contemporary cultural currents. Theory formation and implementation and processes of implementation of non-explicit theories that may be perceived as "theoretical practices" are examined and contextualized with a view to their interactions.

The production of academic construction knowledge has been affected in various ways by context. Modes of this production (e.g., experiments, reading, calculating, looking, writing and drawing) are historically determined by changing contemporary "cultural techniques." However, the practices of research were shaped not only by these techniques but also by the culturally pre-formed instruments on which the production of knowledge is based and which limit, organize and generate it (e.g. pens, rulers, computers). Regarding the industrialization of building, the content to be considered includes the norms that have been established for processes of construction and that are subject to it, as well as their significance for generating new inventories of construction knowledge.

New inventories of construction knowledge appear in the area of civil engineering presumably first in the form of unedited records not intended for publication (see Holmes, et al. [Eds.] 2003) and, until the middle of the 20th century, represented on loose-leaf paper, sketches, letters and sometimes in picture media used by teachers. Before the information could coagulate "objectively" in publications, it underwent a first (institutional) examination and distribution in formats such as lectures and seminars and in academic correspondence, and naturally through the practice and development of construction sites and companies.

The formation of theory occurs in cyclic processes: Formation of models represents, for one, corrections of older, that is, traditional assumptions (and simplifications), and two, "system changes" of modeling thought. In construction, the internal scientific processes fuse with developments in construction practice; optimization guidelines for construction processes often follow criteria that are predominantly since the 20th century less related to a comprehensive understanding of processes in detail than to acceleration of procedures, avoidance of faults in a short term perspective (liability) or other advantages for the responsible parties. In architecture, the development of practice (though admittedly it occurs in cooperation with engineers and is influenced by architects engaged in both academia and practice) acts frequently as a theory-guiding element by correcting existing developments and producing "new" solutions. In addition, solutions in architecture are increasingly determined by developments undertaken by companies. We therefore examine interaction processes, evidence of modification of theory formation and implementation as well as their significance for subsequent stabilization strategies (also: fashions). In this respect, the project's interest in science and the history of science simultaneously interlocks the level of the "inner world of knowledge" with the intermediary level of printed knowledge representation and presentation as well as the "examination through practical implementation." Professional journals of the examination period, contemporary manuals and textbooks allow for the retracing of semantics and rhetoric that safeguard, stabilize new inventories of construction knowledge and theory formation, and make them appear to be objective facts. Studies exist concerning the architectural rhetoric of the 20th century; the significance of these studies for the stabilization – and thus the distribution – of new construction processes, theory formation and finally "generational objectified" construction knowledge has so far not been in the foreground (see, e.g., Caballero 2006; Führ, Friesen [Eds.] 1998).

Scientific methodization of construction knowledge appears to be, if not impossible at least problematic, insofar as modern construction knowledge is procedural knowledge.

Oscillating between science and "art" (the latter less in the modern aesthetic sense than in the pre-modern one of craftsmanship), the semantics and rhetoric of new construction knowledge required specific strategies to imbue them with the dignity of scientific knowledge. The reconstruction of these not-yet-investigated strategies is, among other things, the aim of the analysis of articles published in professional journals. To determine the historical specifics of these semantics and rhetoric, they must be compared with existing results concerning such processes in other scientific disciplines.

Processes of industrialization and standardization in construction, emergence of the new profession of private architect around the turn of the century, and the changing societal construction tasks ultimately affected all European universities of technology similarly, although within entirely different historical structures (e.g. concerning the effects of the First World War). Contextual commonalities and differences reveal that universality and nationality represented diametrical forces that influenced institutional processes. A comparative perspective serves to answer the question whether the national paths to scientification of modern construction knowledge can be retraced in the period of the modern national state of the 19th and 20th centuries, given that, at least since the 19th century, science was considered a symbolic resource of the state, one that would instill a national sense and identity (see Szöllösi-Janze, 2004).

Beyond that, we look at cultural currents, of course, as they appear, for instance, in the debate concerning modern building and New Objectivity. German-speaking publishers, for example, classified the construction solutions of American construction practice as well as typical works of civil engineering from the turn of the century not as architecture but as civil engineering. This early 20th century discourse consciously uses metaphors from civil engineering as guiding-principles for a utopia of the "functional form," and becomes a surrogate for formation of a theory of "modern construction." Cultural interpretation patterns overlap in the architectural development of particularly the 20th century, again in an attempt to provide a rational-scientific basis for desired developments. It remains to be seen what influence these currents exerted reflexively on the "inner worlds of knowledge."

Now, what expectations do we connect to such a complex of questions?

Ideas of historical epistemologies of individual sciences have been shaped so far by evidence from research concerning the history of the so-called "pure sciences." Our investigations bring into view the so-called "applied research." Thereby we open up the prospect of making our existing research theses more precise; furthermore, we may create opportunities for construction history to join in current discussions among adjacent disciplines.

Because we will analyze processes of converting modern construction knowledge into an academic discipline and science through examples from Switzerland and Germany, this comparative perspective allows us to examine the distinctive national paths of these processes.

Explanations of constructing in Modernism often remain bound to metaphors such as that of "optimization"; construction theories thus appear in a modernization-theoretical guise. A more precise view of the generation of new construction knowledge promises answers to the question (also historically tied) about what significance such an explanation model has after all. Beyond that, detailed investigations into the "inner world of knowledge" promise an examination of the relations among traditions, practice, and the new "theories" of constructing. Thus continuities and discontinuities in the flow of information between theory and practice will become apparent.

In addition, the study is to outline different knowledge-concepts among architects and civil engineers.

Uta Hassler
and Torsten Meyer

REFERENCES

Addis, B., 1990: *Structural Engineering – The Nature of Theory and Design*. Chichester: Ellis Horwood.

Addis, B., 2001: *Creativity and Innovation. The Structural Engineer's Contribution to Design*. Oxford: Architectural Press.

Addis, B., 2007: *Building. 3000 Years of Design, Engineering and Construction*. London and New York: Phaidon.

Bargmann, H., 1993: *Historische Bautabellen. Normen und Konstruktionsweisen 1870 bis 1960*. Düsseldorf: Werner.

Becchi, A. et al (eds.), 2004: *Construction History. Research Perspectives in Europe*. Florence: Williams.

Bührig, C. et al, 2006: Towards an Epistemic History of Architecture. In: Schlimme, H. (ed.): *Practice and Science in Early Modern Italian Building*. Milano: Electa, p. 7-12.

Caballero, R., 2006: *Re-viewing Space. Figurative Language in Architect's Assesment of Built Space*. Berlin et al: de Gruyter.

Führ, E.; Friesen, H. (eds.), 1998: *Architektur – Sprache. Buchstäblichkeit, Versprachlichung, Interpretation*. Münster et al: WAXMANN.

Graefe, R. (ed.), 1989: *Zur Geschichte des Konstruierens*. Stuttgart/Deutsche Verlags-Anstalt.

Gugerli, D. et al (eds.), 2005: *Die Zukunftsmaschine. Konjunkturen der ETH Zürich 1855-2005*. Zurich: Chronos.

Hacking, I., 1983: *Representing and Intervening. Introductory Topics in the Philosophy of Natural Science*. Oxford: University Press.

Hassler, U., 2010: Zur polytechnischen Tradition der Bauforschung. In: Hassler, U. (ed.): *Bauforschung. Zur Rekonstruktion des Wissens*. Zürich, p. 80–131..

Hagner, M. (ed.), 2001: *Ansichten der Wissenschaftsgeschichte*. Frankfurt/Main: Fischer.

Hassenewert, F., 2006: *Lehren des Entwerfens. Eine Untersuchung über den Diskurs des Entwerfens in Entwurfslehrbüchern der Architektur von 1945 bis 2004*. PhD thesis University of Technology Berlin.

Hempfer, K.W.; Traninger, A. (eds.), 2007: *Dynamiken des Wissens*. Freiburg: Rombach.

Herrmann, W. A. (ed.), 2006: *Technische Universität München. Die Geschichte eines Wissenschaftsunternehmens*. 2 vol. Berlin: Metropol.

Heymann, M., 2005: *"Kunst" und Wissenschaft in der Technik des 20.Jahrhunderts. Zur Geschichte der Konstruktionswissenschaft*. Zürich: Chronos.

Holmes, F.L. et al (eds.), 2003: *Reworking the Bench. Research Notebooks in the History of Science*. Dordrecht et al: Kluwer.

Karafyllis, N., 2003: Das Wesen der Biofakte. In: Karafyllis, N. (ed.): *Biofakte. Versuch über den Menschen zwischen Artefakt und Lebewesen*. Paderborn: Mentis, p. 11-26.

Knorr-Cetina, K., 1981: *The Manufacture of Knowledge. An Essay on the Constructivist and Contextual Nature of Science*. Oxford: University Press.

Knorr-Cetina, K., 2002: Wissenskulturen. Ein Vergleich naturwissenschaftlicher Wissensformen. Frankfurt/Main: suhrkamp.

Kurrer, K.-E., 2007: *The History of the Theory of Structures. From Arch Analysis to Computational Mechanics*. Berlin: Ernst & Sohn.

Latour, B., 1995: Wir sind nie modern gewesen. Versuch einer symmetrischen Anthropologie. Berlin: Akademie.

Latour, B.; Woolgar, S., 1979: *Laboratory Life. The Construction of Scientific Facts*. Beverly Hills: Sage.

Lorenz, W., 2005/6: From Stories to History, from History to Histories: What Can Construction History Do? *Construction History Society Journal* 21, p. 25-36.

Lorenz, W., 2006: Von Geschichten zur Geschichte, von Geschichte zu Geschichten: Was kann Bautechnikgeschichte? In: Meyer, T.; Popplow, M. (eds.): *Technik, Arbeit und Umwelt in der Geschichte. Günter Bayerl zum 60. Geburtstag*. Münster et al.: WAXMANN, p. 221-237.

Maier, H., 2007: *Forschung als Waffe. Rüstungsforschung in der Kaiser-Wilhelm-Gesellschaft und das Kaiser-Wilhelm-Institut für Metallforschung 1900-1945/48*. 2 vol. Göttingen: Wallstein.

Meinel, C., 1993: Experimentalstrategien – Realstrategien? In: Rheinberger, H.-J.; Hagner, M. (eds.): *Die Experimentalisierung des Lebens. Experimentalsysteme in den biologischen Wissenschaften 1850-1950*. Berlin: Akademie, p. 219-225.

Musso, S. F. 2003: "Construction History" and "Construction of histories". University education and the future of construction history. In:

Huerta, S. (ed.): Proceedings of the First International Congress on Construction History. 3 vol., Madrid, p. 1509-1517.

Pfammatter, U., 1997: *Die Erfindung des modernen Architekten. Ursprung und Entwicklung seiner wissenschaftlich-industriellen Ausbildung*. Baserl: Birkhäuser.

Renn, J., Osthues, W., Schlimme, H. (eds.), 2014: *Wissensgeschichte der Architektur.* 3 vol., Berlin: Edition Open Access.

Rheinberger, H.-J., 1997: *Toward a History of Epistemic Things. Synthesizing Proteins in the Test Tube.* Stanford: University Press.

Rheinberger, H.-J. et al, 1997: Räume des Wissens: Repräsentation, Codierung, Spur. In: Rheinberger, H.-J. et al (eds.): *Räume des Wissens: Repräsentation, Codierung, Spur.* Berlin: Akademie, p. 7-22, p. 7-8.

Schwarz, K. (ed.), 2000: *1799-1999. Von der Bauakademie zur Technischen Universität Berlin. Geschichte und Zukunft. Eine Ausstellung der Technischen Universität Berlin aus Anlaß des 200. Gründungstages der Bauakademie und des Jubiläums 100 Jahre Promotionsrecht der Technischen Hochschulen. Aufsätze.* Berlin.

Shapin, S., Schaffer, S., 1985: *Leviathan and the Air-Pump. Hobbes, Boyle and the Experimental Life.* Princeton: University Press.

Simpson, P.H., 1999: *Cheap, Quick & Easy. Imitative Architectural Materials, 1870-1930.* Knoxville: University of Tennessee Press.

Stark, J.; Wicht, B., 1998: *Geschichte der Baustoffe.* Wiesbaden and Berlin: Bauverlag.

Stehr, N., 2001: *The Fragility of Modern Societies. Knowledge and Risk in the Information Age.* London: Sage.

Steinle, F., 2005: *Explorative Experimente. Ampère, Faraday und die Ursprünge der Elektrodynamik.* Wiesbaden: Steiner.

Szöllösi-Janze, M., 2004: Wissensgesellschaft in Deutschland: Überlegungen zur Neubestimmung der deutschen Zeitgeschichte über Verwissenschaftlichungsprozesse. *Geschichte und Gesellschaft. Zeitschrift für historische Sozialwissenschaft* 30, p. 277-313.

Vogel, J., 2004: Von der Wissenschafts- zur Wissensgeschichte. Für eine Historisierung der "Wissensgesellschaft". *Geschichte und Gesellschaft. Zeitschrift für historische Sozialwissenschaft* 30, p. 639-660.

Weber, W.J., 2002: *Geschichte der europäischen Universität.* Stuttgart: utb.

LA ARQUEOLOGÍA DE LA CONSTRUCCIÓN

Un laboratorio para el análisis de la arquitectura de época romana[1]

INTRODUCCIÓN

La « arqueología de la construcción » estudia la implantación, la organización y gestión de una obra edilicia en el ámbito de la arquitectura histórica[2]. Con esta definición no se quiere crear un neologismo que identifique una nueva disciplina, sino exclusivamente agrupar una serie de temáticas en relación con el análisis del mundo de la construcción en la antigüedad. En los estudios de arquitectura romana, estos argumentos han vuelto a cobrar interés en los últimos años, demostrando especial atención a las dinámicas constructivas de los edificios de época clásica.

Con el objetivo de organizar las distintas aportaciones particulares existentes y los datos sobre la arqueología de la construcción romana, se realizó en París, en febrero de 2006, un encuentro sobre las obras públicas[3], en el ámbito de varias actividades de formación organizados en Ostia por la École Française à Rome, la Soprintendenza Archeologica de Ostia y la École Normale Supérieure. Este encuentro abordó la presentación de los resultados de los trabajos ostienses sobre la restitución

1 Reproducido de A. Pizzo, "La Arqueología de la Construcción". *Arqueología de la Arquitectura* 6 (2009): 31-45, bajo los términos de una licencia CC BY-NC, con otros permisos otorgados por el editor. Versión original de libre acceso bajo los términos de una licencia CC BY-NC disponible en: http://dx.doi.org/10.3989/arqarqt.2009.09001.

2 Esta definición responde a los contenidos planificados en el Plan Estratégico 2009-2013 del Instituto de Arqueología-Mérida. Se trata de una sublínea de investigación que pertenece a la línea de Arqueología de los Espacios Políticos.

3 Bukowiecki, E. – Dessales, H. – Dubouloz, J. (Coords.) 2006. http://www.diffusion.ens.fr/index.php?res=cycles&idcycle=276 .

del *chantier de construction* y planteó la necesidad de fomentar el desarrollo de estudios comparativos entre contextos geográficos diferentes[4]. El seminario resultó de gran interés ya que evidenció la existencia de relaciones y también de singularidades entre territorios y situaciones topográfico-constructivas completamente distintas. Se observó además, la ausencia de un método de análisis propio para el registro de los datos relativos a la organización de las obras edilicias, empleando en todos los casos los sistemas habituales de la arqueología estratigráfica en conexión con la gestión en bases de datos específicas.

Los antecedentes al encuentro de París, se remontan a un seminario organizado en Roma en torno a los *Cantieri Antichi* de la capital[5], en la sede del Instituto Arqueológico Alemán en el año 2001. Este seminario se organizó en un contexto caracterizado por una actividad arqueológica frenética; las nuevas excavaciones y los proyectos de adecuación de los grandes monumentos romanos aportaron datos imprevistos sobre la organización y la construcción de los complejos monumentales públicos[6]. En este sentido, se realizaron nuevos análisis constructivos de conjuntos emblemáticos para la arquitectura romana como el Coliseo[7], las Termas[8] y el Foro de Trajano[9], orientados a establecer los procesos de gestión y la economía en obras de gran envergadura, sobre la base metodológica de las anteriores investigaciones de las termas de Caracala de J. Delaine[10].

Sin embargo, el seminario de París de 2006 constituye el marco en el que se decide integrar las distintas experiencias en un grupo de trabajo internacional vinculado a las temáticas citadas. Dicho grupo se ha materializado en la realización de una serie de tres seminarios titulados *Arqueología de la Construcción*. Las actividades se han celebrado en Mérida en Octubre de 2007, en Siena en Noviembre de 2008 y en París programado para Diciembre de 2009[11].

4 Las ponencias de este seminario internacional se encuentran en la pagina web señalada en la nota anterior.

5 *Cantieri Antichi*. 2002: p. 340-429.

6 Volpe, R. 2002a: p. 339.

7 Rea, R. – Beste, H. J. – Lancaster, L. 2002: p. 341-375.

8 Volpe, R. 2002b: p. 377-394.

9 Bianchi, E. – Meneghini, R. 2002: p. 395-417.

10 Entre los trabajos de J. Delaine se recuerdan sus aportaciones a la arqueología de la construcción en Delaine, J. 1997; Delaine, J. 2003: p. 723-732; Delaine, J. 2007: p. 237-252.

11 En la organización colaboran el Instituto de Arqueología que, además, financia las tres publicaciones de las actas, la Universidad de Siena (Dipartimento di Archeologia e

El objetivo principal de este proyecto es reunir temática y geográficamente una serie de cuestiones constructivas sobre la arquitectura clásica que, raras veces, ocupan un lugar propio en las distintas monografías. Dichas cuestiones han servido, generalmente, como elemento colateral al análisis de un edificio clásico, utilizándose como aportaciones secundarias para tesis de carácter muy amplio sobre el estilo de la arquitectura antigua.

En el caso más específico de la arquitectura romana son numerosos los estudios que reflejan la caracterización de los aspectos estilísticos, tipológicos y cronológicos mientras que, en raras ocasiones, se abordan los motivos urbanísticos, económicos y técnicos que llevan a la construcción de un edificio. Los únicos elementos estudiados de la tecnología edilicia se refieren a las técnicas constructivas, analizadas como un elemento más de un estilo arquitectónico, lejos de una visión analítica que atienda a la dinámica productiva, las modalidades, los tiempos y la organización del trabajo, los sistemas de aprovisionamiento de los materiales o la calidad y cantidad de mano de obra.

Desde la organización de los seminarios de « arqueología de la construcción » se ha querido focalizar la atención en estos últimos aspectos y contrastar la idea de que los edificios son el fruto de proyectos generales que se concretan de forma estandarizada en las distintas ciudades. Esta visión tiene orígenes historiográficos evidentes, reconocibles en la escasez de bibliografía vinculada con la tecnología de la construcción romana[12].

Storia delle Arti) y la École Normal Supérieure de Paris. En la actualidad se ha editado el primer volumen de la serie (Camporeale, S. – Dessales, H. – Pizzo, A. (eds.) 2008), mientras que el segundo se encuentra en prensa (Camporeale, S. – Dessales, H. – Pizzo, A. (eds.) 2009 e.p.).

12 Con esta finalidad estamos preparando una nueva monografía de carácter historiográfico relativa a las causas y modalidades que llevaron los estudios de arquitectura romana desde una visión tecnológica a un viraje hacia la historia del arte.

ANTECEDENTES

H. Dessales ha realizado, recientemente, un ensayo sobre la definición de Arqueología de la Construcción para el caso de Ostia[13], a partir de la selección de una parte de la bibliografía en relación con los aspectos constructivos de la arquitectura de la ciudad. Una de las primeras conclusiones que se extraen de esta reflexión es la evidencia de las reducidas contribuciones a la temática edilicia que, en general, presentan un panorama desequilibrado respecto al análisis artístico de la arquitectura de época romana.

En este sentido, la arqueología clásica española no se disocia de estas tendencias generales y es posible citar solamente casos muy puntuales de una visión técnica de la arquitectura. Se recuerdan los trabajos desarrollados en el Departamento de Prehistoria y Arqueología de la Universidad Autónoma de Madrid, dirigidos por M. Bendala, sobre varias ciudades de la Bética[14] y de la Lusitania[15], recurriendo sistemáticamente a un procedimiento de registro estructurado sobre el examen de las técnicas constructivas.

De forma tangencial a nuestros planteamientos es oportuno considerar las aportaciones promovidas desde la organización de los Congresos de Historia de la Construcción[16]. Estas iniciativas han resultado de cierto interés para fomentar la reunión de experiencias disciplinares muy distintas en torno a la temática de la construcción, sin embargo el material presente en las publicaciones se caracteriza por un amplio número de aportaciones relativas a la época moderna, planteadas sistemáticamente

13 Dessales, H. 2008: p. 21. En esta ocasión, se ha dado una buena definición de la arqueología de la construcción, en relación con los contenidos de las actividades citadas con anterioridad: *« "archéologie de la construction", qui nous semble évoquer, mieux peut-être que la notion de bâti, l'idée d'une pratique active: le cycle productif des matériaux, les diverses chaînes opératoires de la conception à la réalisation du monument permettent de révéler l'organisation fonctionnelle du chantier, dans ses aspects sociaux, culturels et économiques ».*

14 Roldán Gómez, L. 1987, 1992, 1994.

15 Durán Cabello, R. 1991-1992, 1998, 2004; Bendala, M. 1992, Bendala, M. – Dúran, R. 1994; Bendala, M. – Rico, C. Roldán, L. (Eds.) 1998; Rodríguez Gutierrez, O. 2004.

16 Casas Gómez, A. *et alii* (eds) 1996; Bores Gamundi, F. *et alii* (eds) 1998; Graciani García, A. 2000 *et alii* (eds); Huerta Fernández, S. (ed.) 2003; Huerta Fernández, S. (ed.) 2005; Dunkeld, M. *et alii* (eds) 2006; Arenillas, M. *et alii* (eds) 2007.

sin una metodología arqueológica concreta y con una atención particular a las fuentes escritas.

El problema reside en la misma definición de Historia de la Construcción. La óptica general de los historiadores – sin ánimo de polémica dado que se trata de un problema metodológico muy antiguo – utiliza los objetos, y concretamente el objeto arquitectónico para contrastar e interpretar los documentos escritos. Con esta premisa es difícil comprender el potencial de información contenido en las estructuras y sobre todo definir la importancia de las mismas en la reconstrucción del proceso histórico y constructivo de un edifico.

Este alejamiento de la visión arqueológica de la construcción genera trabajos sobre la evolución de determinados sistemas edilicios, perdiendo, por otro lado, los datos relativos a las dinámicas y a la organización de los procesos constructivos, comprensibles, en nuestra opinión, solamente mediante una visión estratigráfica de la arquitectura.

Estos distintos planteamientos, incapaces de organizarse conjuntamente, debido a su discordancia metodológica, han generado una dispersión de las distintas aproximaciones a la temática de la construcción. En este sentido, con la organización de los encuentros de « arqueología de la construcción », se fomenta una integración en el ámbito de un mismo contenedor teórico y metodológico, visto que el objeto final del estudio es la arquitectura, y la problemática constructiva es similar en las distintas épocas históricas.

En cambio, este proceso de dispersión se ha conseguido evitar, en la « nueva arqueología medieval », quizás por el hecho de volcarse desde el inicio y homogéneamente en un método estrictamente arqueológico, definido en España en los años noventa del siglo XX[17], posteriormente a las conocidas aportaciones italianas[18] y de forma paralela a diferentes experiencias europeas[19]. En este contexto se ha conseguido establecer un cambio radical respecto a las lecturas limitadas a la comprensión histórica de un edificio concreto y se han orientado los estudios hacia una investigación muy rigurosa que contempla la inserción de monumentos emblemáticos en la óptica más amplia de la historia de una ciudad o de

17 Caballero Zoreda, L. 1996: p. 55-74; Caballero Zoreda, L. – Fernández Mier, M. 1997: p. 147-158; en general véase Caballero Zoreda, L. – Escribano Velasco, C. 1996.

18 Brogiolo, G. P. 1988; Francovich, R. – Parenti, R. (Eds.) 1988; Parenti, R. 1988.

19 Journot, F. 1999: p. 133-163; Pringent, D. – Hunot, J. Y. 2000: p. 72-75; Wood, J. 1994; Morriss, R. K. 2000; Roskams, S. (Ed.) 2000.

una región[20]. Al rigor del marco teórico sobre la metodología empleada[21] y a la difusión temprana « en español » de la praxis estratigráfica[22], se han asociado estudios sobre las técnicas constructivas de época altomedieval realizados con el objetivo de solucionar cuestiones históricas[23] o sistematizar los procesos de actuación en el registro de los edificios históricos[24].

Desafortunadamente estas sistematizaciones no se han producido todavía en el campo de los estudios de arquitectura romana, considerándose éste uno de los objetivos principales de la « arqueología de la construcción ».

Tratándose en la actualidad de un laboratorio abierto y lejos de una formalización teórico-metodológica propia, la « arqueología de la construcción » ha asimilado distintas aportaciones científicas que intentan reconstruir, con método arqueológico, las etapas de las operaciones que acompañan la construcción de un edificio y la organización de la misma obra. Estas operaciones pertenecen a un concepto que ha sido objeto de discusión en el primer encuentro de Mérida: *chantier, cantiere, obra*. Una buena definición es la que propone F.C. Giuliani: « Il cantiere è un concetto imparziale che non distingue l'opera di grande impegno da quella di modesta levatura. È l'insieme dei condizionamenti posti dai problemi fisici e dalle risposte metodologiche, degli accorgimenti tecnici messi a punto dall'uomo per risolverli ». El análisis de estos condicionamientos « spinge a conoscere le caratteristiche costruttive e funzionali degli oggetti[25] ».

En el ámbito de esta definición se incluyen distintas fases de un proceso constructivo: el proyecto inicial; la preparación del área edificable; las obras de infraestructuras vinculadas con el desarrollo de los trabajos; la adquisición y elaboración de los materiales constructivos; las tareas constructivas; los acabados y las decoraciones; las alteraciones y reformas de un contexto construido[26]; la difusión de las prácticas constructivas en los distintos lugares del imperio; la identidad y entidad de los promotores y ejecutores de las obras analizadas en el campo de la

20 Azkarate Garai-Olaun, A. 2002: p. 55-71; en general Azkarate, A. – Cámara, L. – Lasagabaster, J. A. – Latorre, P. 2001.
21 Caballero Zoreda, L. 2002: p. 83-100.
22 Caballero Zoreda, L. 1987: p. 13-58.
23 Caballero Zoreda, L. 1999: p. 221-233; Azkarate, A. – Quirós, J. A. (eds.) 2005.
24 Caballero Zoreda, L. 2004: p. 127-143.
25 Giuliani, F. C. 2002: p. 427.
26 De Laine, J. 2008: p. 321-328.

arquitectura pública y privada; la circulación de la mano de obra[27]; las relaciones entre las distintas tipologías de los materiales; la capacidad de construir con conocimientos tecnológicos aparentemente estandarizados y la dimensión económica de la obra.

La idea principal de los encuentros de « arqueología de la construcción » pretende analizar específicamente los componentes de este proceso, operando paralelamente una comparación entre las dinámicas constructivas de Roma y las provincias occidentales y orientales.

RELACIÓN METODOLÓGICA CON LA ARQUEOLOGÍA DE LA ARQUITECTURA

La metodología de la « arqueología de la construcción » se basa en el reconocimiento de los elementos materiales que informan de la organización y gestión de una obra edilicia, empleando métodos y sistemas de registro que no se diferencian de la arqueología estratigráfica.

En el campo de la arqueología medieval ya se ha evidenciado la importancia del análisis de los aspectos constructivos como paso previo al conocimiento de los edificios. La atención de los arqueólogos medievales se ha concentrado, desde hace tiempo[28], sobre la investigación de los materiales y las técnicas edilicias[29], advirtiendo la necesidad de instaurar una relación entre la arquitectura del medioevo y la creación de tipologías a escala regional y subregional[30]. Sin embargo, la formación de instrumentos tipológicos y cronológicos a escala territorial[31], base del conocimiento cuantitativo de los contextos construidos[32], se ha reducido, en nuestra opinión, en favor de un mayor perfeccionamiento de las técnicas de registro de las unidades estratigráficas, las lecturas de

27 Camporeale, S. – Dessales, H. – Pizzo, A. 2008: p. 12.

28 Caballero Zoreda, L. 1987: p. 13-58.

29 Mannoni, T. 1974: p. 291-300.

30 Brogiolo, G. P. 1996: p. 12.

31 Existen, en este sentido, trabajos puntuales relacionados con proyectos concretos de creación de atlantes de técnicas constructivas a escala regional y local. Véase por ejemplo: Mannoni, T. 1974: p. 291-300; Parenti, R. 1988: p. 249-279; Brogiolo; G. P. – Zonca, A. 1989: p. 37-44.

32 Utrero, M.ª Á. 2008: p. 101.

los paramentos de los edificios históricos medievales y la relación entre arqueología de la arquitectura y restauración[33].

Solo recientemente, después de un largo periodo protagonizado por la consolidación de las practicas metodológicas[34], se ha vuelto, desde el mismo contexto, a sugerencias muy interesantes sobre el estudio de los aspectos constructivos y a los muros, considerados como « la struttura materiale per eccellenza[35] ».

En el ámbito de la arqueología de la arquitectura se han abordado, además, elementos de gran importancia para la definición de las distintas formas de construir en contextos territoriales distintos[36], consiguiendo, desde el punto de vista histórico, la comprensión de eventos relativos, por ejemplo, a la movilidad de la mano de obra en un contexto regional o nacional, a la transmisión de los conocimientos tecnológicos[37], al papel de los promotores en la financiación de las obras o a la elección del grado de especialización de los ejecutores, etc. La comprensión de estos detalles deriva de un proceso de estudio muy lento y riguroso basado en los tipos de herramientas utilizados[38], los contratos de asignación de obras, el análisis de las superficies de los elementos constructivos, arquitectónicos[39] o decorativos.

Sin embargo, a pesar de la atención prestada a estos elementos de la construcción escasean las aportaciones directas a la « archeologia del cantiere[40] » como sector específico de la investigación[41]. El análisis de estos factores constituye, en cambio, el aspecto principal de la « arqueología de la construcción » en época romana.

La especificidad de esta temática no es de nuestra invención y se sostiene con argumentos propios desde la misma arqueología de la arquitectura. En un articulo de gran interés publicado por T. Mannoni

33 Brogiolo, G. P. 2002: p. 19-26.

34 Caballero Zoreda, L. 1996: p. 55-74; Caballero Zoreda, L. 2002: p. 83-100.

35 Parenti, R. 2002: p. 73.

36 Caballero Zoreda, L. 1999: p. 221-233.

37 Bianchi, G. 1996: p. 53-64.

38 Bessac, J. P. 1986; Hoble, S.E. 1989: p. 263-290; Bianchi, G. 1997: p. 25-37; Bessac, J. P. 1999: p. 9-52; Bessac, J. C. – Burnouf, J. – Journot, F. – Prigent, D. – Sapin, C. – Seigne, J. 1999.

39 Gabbrielli, F. 1996: p. 17-40; Utrero Agudo, M.ª Á. 2006.

40 Mannoni, T. – Boato, A. 2002: p. 45.

41 Una aportación en este sentido en Caballero Zoreda, L. – Murillo Fragero, J. I. 2004: p. 39-56.

y A. Boato en el año 2002, en las Actas del Seminario Internacional de Arqueología de la Arquitectura de Vitoria[42], se hace referencia a las potencialidades del análisis de la obra de construcción como sector de investigación propio, vinculado con la Arqueología de la Arquitectura y sin embargo perceptible, también, desde la historia económica. La definición del estudio de una obra se contempla desde el punto de vista de las « prospettive di ricerca che esso offre all'insieme delle discipline archeologiche e storiche, che si occupano del costruito. Quest'ultimo è senza dubbio da intendersi nel senso più ampio: non parti in elevato autonome e autonomamente indagabili, ma 'contesto' complessivo[43] ».

En este sentido, es evidente que el uso del registro estratigráfico resulta fundamental para comprender las dinámicas de una obra y el contexto al que pertenece. Un proceso constructivo es por definición estratigráfico, tratándose básicamente de una superposición de operaciones diarias, semanales o mensuales que dejan una amplia serie de improntas en las estratificaciones horizontales y verticales de un edificio o de su contexto (el ámbito de la obra). En la reconstrucción de las actividades de una obra edilicia adquiere particular importancia la sucesión estratigráfica de los contextos horizontales asociados, debido a la capacidad de restituir los signos materiales de las actividades edilicias previas y coetáneas al uso de la estructura. En muchos casos, se trata solamente de las últimas operaciones constructivas (materiales y restos de morteros no utilizados; elementos constructivos esbozados, parcialmente elaborados; elementos para la organización de la obra; estructuras funcionales de su gestión, etc.). La comprensión de estos signos, a menudo ignorados en las excavaciones de época romana, permite cuantificar cada una de las operaciones con el objetivo de aproximarse a la definición del ritmo y los tiempos de la construcción.

El análisis estratigráfico vinculado a la formulación tradicional de unidades, fases y periodos, puede no ser exhaustivo si nos ocupamos de reconstruir las dinámicas y los tiempos del trabajo en una obra. Por ejemplo, el podio de un templo realizado con *opus caementicium* y revestido con sillería de granito presentará varias unidades estratigráficas que « se unen » formando un determinado numero de actividades, una fase y un periodo. Si el interés se desplaza a la organización de la obra

42 Mannoni, T. – Boato, A. 2002: p. 39-53.
43 Mannoni, T. – Boato, A. 2002: p. 44.

edilicia, en el ámbito de las mismas unidades estratigráficas coexistirán un número distinto de unidades de trabajo, preparación y vertidos de hormigón, elaboración y colocación de la sillería, acabados superficiales. Estos elementos constituyen el centro de la atención de la « arqueología de la construcción », detalles que implican, quizá, nuevas reflexiones sobre algunos conceptos tradicionales. En el caso de un edificio romano monumental, fruto de un proyecto único, es más lógico definir distintas « unidades de trabajo[44] », fundamentales para la reconstrucción del proceso de construcción y, sin embargo, poco consideradas en un análisis estratigráfico tradicional centrado en la caracterización de las transformaciones de un edificio[45].

En esta línea es necesaria otra puntualización sobre la peculiaridad de las construcciones de época romana. Una parte de estos edificios presenta un estado de conservación fosilizado en el momento de abandono o destrucción voluntaria de sus estructuras. La tarea de distinción de unidades estratigráficas, actividades de replanteamiento o remodelación, resulta difícil de establecer en contextos que, en la mayoría de los casos, presentan un aspecto que denota la conservación de un único proceso constructivo. En estos casos, la lectura estratigráfica redunda en el registro de un mecanismo productivo homogéneo correspondiente al uso del edificio, sin posibilidad de articular una historia del mismo. A pesar de la escasa complejidad estratigráfica típica de varios conjuntos monumentales de época romana, se reconoce la utilidad de seguir los pasos canónicos para la lecturas de las características técnicas de los edificios a través del análisis estratigráfico, aunque en la mayoría de los casos estas lecturas sirven para establecer, « únicamente », los pasajes de las distintas fases constructivas de las estructuras, potenciando el estudio del edificio con los detalles de tipo técnico relativos al proceso de edificación.

Se trata simplemente de revisar o adaptar la praxis operativa del mismo método, sin modificarlo desde el punto de vista teórico.

De acuerdo con esta premisa, la « arqueología de la construcción » es una fórmula complementaria que se integra en el cuadro general

44 Mannoni, T. – Boato, A. 2002: p. 45.

45 En este sentido existe ya una propuesta de vincular las unidades relativas a la obra edilicias con una « Fiche d'Unité Stratigraphique Construite ». Véase Bukowiecki, E. - Dessales, H. 2008: p. 25; y anteriormente en el ámbito de la misma arqueología medieval, Parron-Kontis, I. 2005: p. 13-18.

de la arqueología de la arquitectura, respondiendo, en ciertos casos, al problema de la complejidad estratigráfica de los alzados (escasa en los edificios romanos abandonados en época antigua) y a su vinculación con el reconocimiento del proceso constructivo. Desde el punto de vista metodológico, es fundamental extender estas líneas de trabajo a varios campos relacionados con el mundo de la arquitectura de época histórica, una vez demostrada cierta limitación en las definiciones que se orientan solamente a la critica de los estudios de carácter estilístico o al examen de los restos en alzado[46].

Si la Arqueología de la Arquitectura es indispensable para la reconstrucción de la historia del edificio o de un conjunto monumental, la « arqueología de la construcción » caracteriza las pequeñas historias relacionadas con los protagonistas de la construcción.

Es necesario empezar un proceso de adaptación de la estratigrafía a las exigencias concretas del estudio constructivo, según los parámetros que indican las mismas estructuras, condicionadas por su estado de conservación, degradación, condicionamientos geográficos, etc. Solo estratigráficamente es posible reconstruir la historia de una obra, analizando las modalidades de su progresión en un determinado arco temporal, desde la realización de las cimentaciones hasta las cubiertas o los detalles de acabados y revestimientos[47]. En este sentido, el registro estratigráfico es fundamental como instrumento para definir la secuencia diacrónica de los cuerpos de fábricas o de los elementos estáticos que conforman un edificio. La cuestión reside en el nivel de profundización del tipo de lectura estratigráfica. En el caso de los análisis que se han efectuado en las aportaciones a la « arqueología de la construcción » romana se ha operado con dos distintos criterios, dictados por la complejidad de los mismos monumentos.

La escala de valores empleada varía desde a) las simples observaciones estratigráficas sobre la cronología relativa entre técnicas constructivas, tipos o variantes, b) o la realización de lecturas de paramentos de edificios estratigráficamente complejos, con valoraciones estratigráficas puntuales de grupos de estructuras o ámbitos arquitectónicos.

Resultaría complejo reconstruir la organización de una obra sin el conocimiento previo de la extensión espacial y temporal de las sucesiones

46 Esquieu, Y. 1997: p. 133.
47 Mannoni, T. – Boato, A. 2002: p. 44.

de operaciones que conforman las fases constructivas. Por tanto un análisis estratigráfico ayuda notablemente en la definición del marco espacial (los distintos ámbitos de un edificio) y temporal en los que intervienen los constructores, dando indicaciones imprescindibles en el ámbito de la organización de las obras, referidas a la totalidad del edificio o a secuencias relativas al montaje de un único elemento arquitectónico.

En el mismo ámbito de la Arqueología de la Arquitectura se ha planteado la posibilidad de observar la historia de una obra edilicia bajo dos perspectivas distintas: la primera relativa a las modalidades de sucesión temporal de la obra; la segunda relativa a la organización de la misma. En el primer caso resulta fundamental la aproximación estratigráfica sin cuyos datos sería impensable reconstruir la dinámica de construcción de un edificio respecto a las distintas partes estructurales que lo forman; mientras que en el segundo, se hace referencia al concepto de indicadores para remontarse a los distintos momentos y aspectos de la organización de la obra[48]. A menudo, el estado de conservación de los edificios de época romana permite orientar la atención solamente hacia los indicadores, reconocibles en contextos homogéneos pertenecientes a una actividad estratigráfica coherente, o a estratos asociados a los edificios y a la implantación misma de la obra.

Esta visión que focaliza su atención en la determinación del proceso constructivo se alimenta del análisis estratigráfico y lo enriquece, añadiendo a las cronologías relativas de los contextos una amplia serie de nociones sobre la organización, la gestión y la economía del trabajo en el mundo antiguo.

El retraso existente en la difusión de estas prácticas en la arqueología clásica nos ha llevado a una revisión de nuestras perspectivas de estudio y a la definición de una serie de objetivos que, en esta fase, nos han ayudado a reorganizar un campo disciplinar con escasa consideración científica y a fomentar el empleo de estas prácticas metodológicas para el análisis de la arquitectura romana. La intención es producir un giro sustancial en la aproximación metodológica, fomentando la aplicación de un proceso de documentación que, en los últimos decenios, ha generado un cambio muy positivo en la arqueología medieval.

48 Mannoni, T. – Boato, A. 2002: p. 45-46.

OBJETIVOS GENERALES

El objetivo general se centra en el análisis de los aspectos técnicos y organizativos de las actividades edilicias, no excluyendo los procesos de registro que puedan orientarse a conjuntos monumentales de diferente época histórica. Como ya se ha indicado, este tipo de análisis que ha caracterizado el desarrollo de la arqueología medieval en los últimos treinta años, sin embargo no ha influenciado suficientemente la investigación en la arquitectura clásica, involucrada, salvo algunos casos, en la determinación de estilos constructivos, tipología de decoraciones arquitectónicas y programas iconográficos.

Durante muchos años la investigación ha buscado una coincidencia entre un modelo preestablecido y la realidad material de la arquitectura romana, más que realizar un trabajo homogéneo y sistemático de registro apoyado en la integración de los datos materiales evidentes en los restos arquitectónicos conservados. Es necesario, en este sentido, volver un paso « atrás » y observar con mayor detalle y atención la fuente material para contrastar, una vez recogidos datos de distintas orígenes, la adhesión a los modelos conocidos.

Cuando se analiza un edificio desde un punto de vista técnico-constructivo se observa que muchas de las tipologías y cronologías preestablecidas chocan con los imprevistos y los cambios de las dinámicas edilicias. Las soluciones especificas condicionadas por la topografía de los terrenos, los materiales, las técnicas[49], los promotores, las posibilidades económicas y las ya existentes especulaciones reducen o amplían los tiempos de ejecución, modificando sustancialmente las cronologías absolutas definidas por la epigrafía o los programas decorativos de un determinado edificio. En la realización y finalización de un proyecto, condicionamientos de este tipo pesaban más que la voluntad del emperador o de otro promotor.

Con estas premisas se recurre a la clasificación y a la consecuente ordenación tipológica de las técnicas y de los elementos relacionados con los procesos constructivos, reconociendo que ambos niveles de la

49 Sobre la praxis operativa de la mano de obra y como incide en la producción de una determinada técnica véase Giuliani, F. C. 2002: p. 428.

investigación representan solamente el primer estadio hacia una lectura más completa, no limitada al panorama constructivo, sino ampliada a la definición de la cultura arquitectónica de un territorio.

Otro de los objetivos es completar los estudios de arquitectura antigua, tradicionalmente orientados a las tipologías monumentales, a los elementos decorativos o a las relaciones entre arquitectura y sociedad y crear una red de intercambio de datos en relación con estos argumentos. Este aspecto presenta una desventaja desde el punto de vista espacial, visto que las obras públicas de Roma han sido objeto de importantes estudios, mientras que las provincias (*Hispania* en particular) permanecen todavía como un territorio pendiente.

En la perspectiva de crear un vínculo de tipo metodológico entre las distintas áreas geográficas y los diferentes campos de la edilicia antigua, nuestro planteamiento intenta comprender, en lugares y contextos distintos, las peculiaridades de la realización de cada una de las obras, la difusión de las prácticas constructivas provinciales, la circulación de mano de obra, los niveles tecnológicos regionales alcanzados y las eventuales interrelaciones entre las distintas áreas del mundo romano.

Con el objetivo de reconstruir los procesos de organización, producción y gestión de las obras, la intervención puede priorizar diferentes tipos de fuentes y de aproximaciones: condiciones jurídicas relativas a la preparación y prosecución de las obras (contratos, condiciones del trabajo, elección de la mano de obra), contextos sociales y económicos (actos de evergetismo, financiación pública o privada, intervención del ejercito), aspectos relacionados con el proyecto arquitectónico (intervención del arquitecto, promotores, preparación de la obra mediante trazados), aspectos constructivos (construcciones, demoliciones, reutilizaciones) a partir del análisis de los materiales empleados (aprovisionamiento del material, transporte, elaboración) o de las técnicas constructivas (cimentaciones, estructuras en alzado, sistemas de cubiertas, sistemas de posicionamiento – maquinas de elevación, andamios, etc.)[50].

El registro de estos datos técnicos sirve, en esta primera etapa, para la implantación de un debate nuevo sobre la importancia del análisis de las obras en el estudio de los sistemas constructivos en relación con las sociedades de distintas áreas del territorio romano.

50 Camporeale, S. – Dessales, H. – Pizzo, A. 2008: p. 12; Delaine, J. 1997.

Nos ha parecido necesario fomentar la idea de recuperar los datos puntuales y detallados sobre la construcción de un edificio, respecto a la tendencia a plantear hipótesis de carácter general que, si por un lado, nos ayudan a comprender el marco histórico de determinadas estructuras, por otro facilitan la pérdida de las informaciones que llevaron a la realización de las mismas, sus problemáticas técnicas y urbanísticas.

La tendencia a establecer las modalidades y los tiempos de una obra no es solamente una aproximación técnica a la arquitectura clásica, sino también un acercamiento histórico fundado en la reconstrucción de la evolución de un proceso constructivo; y en la comprensión de mecanismos más generales como los cambios en el empleo de los materiales, las diferencias en el uso de distintas técnicas constructivas o la transmisión de los conocimientos tecnológicos.

En general, la historia de un edificio se considera desde la óptica de su realización, prestando particular atención a las soluciones técnicas empleadas en la edificación de estructuras aparentemente estandarizadas.

En el análisis técnico-constructivo y en el registro arqueológico de los edificios se considera el impacto de incidencias de distinto tipo: presencias de restos arquitectónicos previos en el solar a edificar, con consecuente adaptación y reorganización del proceso constructivo; demoliciones totales o parciales; integración de espacios con funcionalidades distintas.

Entre los elementos más significativos para la reconstrucción del proceso organizativo de una obra destacan:

1. Elementos de reconocimiento del proyecto arquitectónico.
2. Informaciones sobre las distintas etapas de desarrollo de la obra de construcción, desde la implantación hasta su finalización.
3. Técnicas de construcción homogéneas o diversificadas en el ámbito de la misma estructura.
4. Presencia de elementos para la gestión de la obra (mechinales para el montaje de los andamios; huellas del desmontaje de cimbras de arcos y bóvedas; estructuras funcionales del desarrollo del proceso constructivo).
5. Diferencias técnicas entre soluciones aparentemente similares.
6. Errores de cálculo en las fases de obra y reajustes.

Entre estas operaciones vinculadas al desarrollo de une obra es posible plantear una división ulterior respecto a las etapas mismas del trabajo, distinguiendo por ejemplo las actividades referidas a una obra específica antes de la construcción (estudio de la situación previa a la ocupación de un determinado solar; trabajos de demolición, nivelación, preparación del área y creación de infraestructuras funcionales de la obra misma); las operaciones intrínsecas a la obra (reconstrucción completa del ciclo edilicio, desde el aprovisionamiento de los materiales hasta la realización de las estructuras); y aquellas derivadas por el desarrollo de las tareas de construcción (impacto ambiental de la obra en la gestión de la ciudad; cierre y aperturas de nuevos recorridos; admisión de nueva mano de obra; gestión de los residuos, etc.)[51].

Estos elementos, analizados a lo largo de los seminarios citados, plantean otra serie de cuestiones colaterales que interactúan con las anteriores y, en muchos casos, permiten su identificación. Se trata, en síntesis de los aspectos vinculados con:

- Las condiciones previas de las áreas edificables y la programación de una obra.
- La reconstrucción de la entidad de los trabajos previos para el acondicionamiento de los solares, a menudo invisibles bajo la monumentalidad de las construcciones.
- Los procesos de extracción, adquisición, trasformación y transporte de los materiales constructivos (ciclo productivo de los materiales).
- El reconocimiento de los protagonistas de la construcción (¿quiénes? Desde la promoción imperial hasta la mano de obra de esclavos). Organización y subdivisión de los equipos de trabajo. Reconocimiento y comparación de los distintos grupos.
- La evaluación de las cantidades de mano de obra empleadas (¿cuánto?).
- El establecimiento de los tiempos de realización (¿durante cuánto tiempo?), fundamental para la definición de la cronología de un edificio.

El análisis de estos otros factores conduce directamente a consideraciones de carácter social y económico que, en la arqueología clásica actual, son

51 Agradezco las notas de los evaluadores de este artículo para esta visión de las etapas de obra.

territorio exclusivo de la epigrafía y del estudio de las fuentes escritas. Analizando estos aspectos de la arquitectura es posible completar las conclusiones tradicionales con la reconstrucción de los procesos, los autores y los detalles de un contexto que, en la mayoría de los casos, permanece oculto bajo la comprensión del fenómeno histórico general.

EL PAPEL DE LAS REUNIONES CIENTÍFICAS SOBRE ARQUEOLOGÍA DE LA CONSTRUCCIÓN Y ALGUNOS RESULTADOS ESPECÍFICOS

A pesar de estas dificultades, en el ámbito de los seminarios organizados se han alcanzado una serie de resultados que, en nuestra opinión, cambian la perspectiva futura y la óptica del estudio de la arquitectura de época romana. La serie de aportaciones recibidas en las reuniones de Mérida y Siena han devuelto protagonismo a los aspectos estrictamente relacionados con la producción de la arquitectura, ilustrando una gran cantidad de elementos y de características vinculadas, en esta primera etapa, con la organización y gestión de las obras. En este sentido, es útil entrar en los contenidos de estos aspectos y analizar brevemente la peculiaridad de algunas de las aportaciones presentadas.

Para la reconstrucción de un proceso constructivo se han empleado los mismos indicadores definidos por T. Mannoni y A. Boato, ampliando, en cambio, el campo relativo a las fuentes documentales y limitándonos, por obvias razones, a las estructuras en mejor estado de conservación. Respecto a los elementos de reconocimiento establecidos en el articulo del año 2002[52] es necesario añadir algunos factores determinantes en el reconocimiento de un proceso constructivo de época romana.

52 Véase el amplio listado de elementos de reconocimiento (indicadores) en Mannoni, T. - Boato, A. 2002: p. 46 ss. Entre los elementos principales para la comprensión de un « cantiere », se indican los resultados extraíbles por ejemplo desde la diferenciación de materias primas de nueva extracción o reutilizadas; las dimensiones de los materiales y la influencia de las vías de comunicación; la capacidad de carga de hombres y animales; las técnicas edilicias y el reempleo de materiales procedentes de otra fase del proceso productivo; la disposición y reconstrucción de los andamios y las cimbras para la puesta en obra de las estructuras; el reconocimiento de las etapas del trabajo; etc.

Los documentos, por ejemplo, se limitan a las fuentes escritas, a las epigráficas, incluyendo las indicaciones numerales para el montaje de elementos arquitectónicos o decorativos y las marcas de cantería. Las primeras sólo en casos específicos nos orientan a la comprensión de los mecanismos edilicios. Recogen proyectos de gran magnitud o decisiones políticas generales que determinan la planificación de una obra, no entrando casi nunca en detalles para la reconstrucción de las dinámicas de la obra. Las fuentes epigráficas que pertenecen directamente a un contexto construido indican elementos no descifrables con la sola arqueología estratigráfica. Nos informan de los grandes y pequeños promotores de la industria edilicia y, sobre todo, ayudan a comprender la magnitud de una obra, diferenciando el tipo de participación pública o privada. Con la epigrafía es posible reconocer además arquitectos, albañiles, promotores improvisados, programas constructivos sistemáticos, intervenciones de reforma y reconstrucción.

Las fuentes arqueológicas se limitan, en cambio, a los elementos construidos y conservados. Los detalles de la obra relativos a las estructuras perdidas de maderas, parte fundamental en el desarrollo de un proyecto arquitectónico (andamios, cimbras, encofrados, sistemas de cubiertas, etc.), se pueden reconstruir solamente mediante las improntas parciales visibles en los alzados, no existiendo elementos reales para la comparación. Respecto al estudio de una obra de época medieval y moderna en la que se conservan un número más amplio de elementos estructurales de las cubiertas, con los distintos sistemas de suspensión de vigas y otros elementos portantes, es difícil conocer las causas que llevaron al vencimiento de los mismos o la evolución, por ejemplo de los sistemas de anclajes de las distintas partes. En este sentido, inevitablemente se pierde una parte importante de la obra y es necesario intentar una reconstrucción por aproximación y comparación con los sistemas tradicionales conocidos.

Desde el punto de vista metodológico se ha evidenciado cómo el análisis estratigráfico, combinado con los detalles de la obra, la talla de la piedra, la disposición de los elementos constructivos y, sobre todo, los estudios arqueométricos pueden restituir indicaciones asombrosamente exactas sobre la dinámica de construcción de un edificio[53], añadiendo nuevos contenidos a la superposición física de las estructuras y mejorando

53 Binninger, S. 2008: p. 89-106.

el proceso de reconocimiento de la sucesión interna de los trabajos de edificación mediante la contextualización ambiental con el entorno.

PROYECTO ARQUITECTÓNICO

La importancia del proyecto y sus adaptaciones han sido objeto de distintas aportaciones en relación con el urbanismo de ciudades concretas[54] o edificios tipológicamente homogéneos[55], considerando, en todos los casos, las etapas específicas y las peculiaridades debidas a las dimensiones de los edificios, el contexto topográfico de la obra, el planteamiento teórico general, los detalles de las proporciones geométricas, la resolución de la problemática teórico-práctica o la posibilidad de comprender los cambios efectuados respecto a los proyectos iniciales.

En muchos casos, existe una diferencia sustancial entre el proyecto arquitectónico y la consecuente praxis operativa de la obra. El registro detallado de los datos de la construcción nos permite elaborar de manera más completa una hipótesis sobre la ejecución, encontrando difícilmente los signos para el reconocimiento del proyecto original.

Resulta evidente que un objetivo futuro tiene que ser obligatoriamente la comparación y combinación de las distintas soluciones técnicas empleadas, unido a las variaciones de los proyectos en contextos y presencia de materiales diferentes para aproximarse lentamente a una historia de las innovaciones operadas en el ámbito de las técnicas constructivas.

En el ámbito del proyecto se han presentado casos de aplicación e invención de soluciones tecnológicas novedosas que sin un estudio específico de los mecanismos de organización de un *cantiere* permanecerían prácticamente desconocidas. Es el caso del « Emisario del Fucino », el proyecto hidráulico más importante de la antigüedad, oculto bajo otras obras del siglo XIX, incomprensible en su entidad sin el planteamiento « cantieristico » tratado durante el seminario de Mérida[56].

Paolo Barresi[57] ha marcado la importancia del proyecto arquitectónico con una serie de consideraciones de carácter general, recuperando las

54 Mateos, P. – Pizzo, A. 2008: p. 243-258.
55 Barresi, P. 2008: p. 259-268.
56 Giuliani, F. C. 2008: p. 34-47.
57 Barresi, P. 2008: p. 259-268.

ideas de modulación de Vitruvio sobre la base del estudio modélico de M. Wilson Jones[58]. La importancia de esta temática radica en la capacidad de transferir la problemática del gran proyecto arquitectónico de una obra pública y compleja a contextos « menores » caracterizados por elecciones muy peculiares[59]. En este contexto comparativo de la entidad de los trabajos de construcción de obras edilicias distintas se enmarca también la definición del proyecto de tipologías constructivas diferentes en una misma ciudad[60]. En el caso de *Volubilis* se ha conseguido caracterizar, por ejemplo, la organización de las obras del Arco de Caracala y de la *maison aux deux pressoirs*.

Desde el punto de vista temático existen grupos de edificios que se han prestado particularmente a recibir la atención de la « arqueología de la construcción ». En particular se recuerdan las termas que, debido a problemáticas diversas sostenidas por la presencia de obras hidráulicas de gran envergadura, han combinado el análisis paralelo de los procesos constructivos con los sistemas de abastecimiento. No es oportuno olvidar en este sentido, que el ensayo de reconstrucción de una obra edilicia monumental como la de las termas de Caracala, publicada magistralmente por J. Delaine ha sentado unas premisas muy sólidas y un ejemplo a seguir[61].

ACTIVIDADES PREVIAS A LA EJECUCIÓN DE UNA OBRA

La organización y gestión de las actividades previas y coetáneas a la implantación de una obra desarrollan un papel particular, garantizando la diversificación de las actividades edilicias entre las distintas partes de un edificio y la preparación de las áreas edificables como en el caso de la adecuación topográfica de los solares, excavaciones, nivelación del área, demoliciones, readaptación o reempleo de estructuras anteriores, trazados y materialización del nuevo proyecto arquitectónico, errores de cálculo.

Este tipo de valoración en el impacto urbanístico de una construcción en los restos existentes de una zona ya edificada ha sido analizado

58 Wilson Jones, M. 2000.

59 De Vos, M. 2008: p. 269-284.

60 Camporeale, S. – Papi, E. – Passalacqua, L. 2008: p. 285-308.

61 Delaine, J. 1997; entre la reconstrucción de las dinámicas constructivas de las termas se recuerdan las aportaciones de Volpe, R. 2002b; Bukowiecki, E – Dessales, H. Dubouloz, J. 2008; Brissaud, L. 2008; Guyard, L. – Bertrudiére, S. – Cormier, S. Coutelas, A. 2008; Bukowiecki, E – Dessales, H. 2008b.

detenidamente en el caso de las termas de Lutteurs[62], llegando a comprender la totalidad de las dinámicas de integración, adaptación e innovación del proyecto arquitectónico.

ORGANIZACIÓN Y GESTIÓN DE UNA OBRA

Para la reconstrucción de la organización de la obra resultan fundamentales distintas aportaciones que no pueden limitarse solamente a la lectura de las informaciones contenidas en los elementos construidos. Existe la necesidad de recuperar e integra los datos procedentes de excavaciones arqueológicas que tengan como objetivo específico la recopilación de elementos vinculados con la obra. Normalmente, en una excavación arqueológica programada o de urgencia se pretende intervenir hasta la obtención de datos útiles a la reconstrucción de la evolución cronológica del yacimiento o de un determinado contexto. Por razones económicas o logísticas, debido a la imposibilidad de continuar excavando contextos que, o bien no pertenecen a la historia del edificio, o plantean soluciones de estabilidad del mismo por encontrarse en relación con elementos estáticos muy importantes como las cimentaciones, se recurre a la interrupción de los trabajos. La estratificación no trasformada en estratigrafía representa, en la mayoría de los casos, el contenedor más rico de informaciones sobre los procesos constructivos y las improntas para la reconstrucción de la organización de la obra[63].

En los seminarios se han aportado nuevas informaciones relativas a detalles aparentemente poco significativos de la arquitectura antigua que, en cambio, restituyen une imagen de excepcional complejidad en el desarrollo de una obra, como en el caso del descubrimiento de las improntas y los símbolos de color rojo encontrados durante la consolidación y restauración de la « palestra » de la villa Adriana a Tivoli[64]. El análisis de estos signos particulares, elaborado con un gran rigor metodológico, ha permitido comprender distintos elementos del proceso de construcción: los sistemas de nivelación para el desarrollo de las distintas etapas de planteamiento de las delimitaciones estructurales del espacio; los desniveles

62 Brissaud, L. 2008: p. 107-124.

63 En raros casos se han podido realizar excavaciones arqueológicas específicas orientadas a la reconstrucción de la estratigrafía contemporánea a la organización de una obra. En este sentido, véase la aportación modélica de Broquier-Reddé, V. 2008: p. 309-320.

64 Attoui, R. 2008: p. 49-66.

presentes en la ejecución de los muros; las modalidades del desarrollo del trabajo recuperado a partir de la distribución de las marcas en las paredes. Es interesante destacar cómo un conjunto de huellas aparentemente sin significado puede restituir una amplia porción de historia constructiva del espacio, sin el empleo de un análisis estratigráfico tradicional. La conservación de estos detalles de la obra permite, en cambio, establecer la existencia de prácticas edilicias sistemáticas y coordinadas, basadas en la materialización de las disposiciones de quien realiza el proyecto arquitectónico[65], facilitando la transmisión directa y sin posibilidades de errores para la construcción de un determinado complejo.

La lectura de distintos factores técnico-constructivos presentes en las estructuras, ha permitido el reconocimiento de la dinámica de la obra en edificios estudiados tradicionalmente desde la óptica artística o, simplemente tipológica (el teatro de Itálica). En este caso específico, la reconstrucción del proyecto arquitectónico y la evolución del edificio se han realizado mediante el análisis de la decoración arquitectónica. Esta vinculación entre el esqueleto del edificio y su piel representa una asignatura pendiente de nuestro campo de estudio, visto que, en la mayoría de los casos, la investigación de los detalles técnicos de la construcción se mueve en un terreno poco apto al arqueólogo clásico, interesado en los aspectos artísticos y en los procesos evolutivos de los elementos arquitectónicos. Desde esta perspectiva, una de las intervenciones presentadas en la primera reunión científica de Mérida[66] ha puesto de manifiesto la importancia de una lectura homogénea de fenómenos que, en la mayoría de los casos, se planifican con planteamientos teórico-metodológicos distintos.

En el ámbito de la cuantificación y diversificación de la mano de obra es necesario comprender cómo se programa un edificio; cuántas figuras profesionales intervienen, y cuáles se emplean para estructuras de distinta tipología. En definitiva, ¿cómo se gestiona la intervención de mano de obra especializada en relación con el desarrollo del trabajo? La cuantificación del mismo es fundamental para comprender la relación entre las distintas fases de ejecución de las partes estructurales de un

65 Attoui, R. 2008: p. 64-66.; improntas parecidas se han documentado también en la construcción de las termas de Itálica, véase Bukowiecki, E – Dessales, H. 2008b: p. 201-202.

66 Rodríguez Gutiérrez, O. 2008: p. 209-228.

edificio, visto que cada una necesita de elaboraciones específicas que responden a formas, tiempos y modalidades concretas.

La observación de algunos detalles como los signos de nivelación citados anteriormente[67] nos ilustran los mecanismos de coordinación de distintos grupos de trabajo que además, aseguran a la obra un comportamiento estático homogéneo en las delicadas fases de secado de los morteros o la programación sistematizada de andamios, aperturas, etc.

Se han extraído conclusiones relativas al establecimiento de los tiempos de realización de estructuras complejas basadas en hallazgos excepcionales, como el caso de las termas de Trajano. Se han establecido los tiempos de realización de determinadas secciones de las estructuras, a raíz del descubrimiento de una serie de fechas de color rojo con la indicación de la apertura y finalización de la obra y de las distintas jornadas de trabajos necesarias[68].

Desde esta perspectiva de estudio es necesario incorporar datos relacionados con la cuantificación del trabajo diario y los posibles condicionantes presentados en el desarrollo del mismo, ligados éstos últimos a la propia dinámica del proceso constructivo, o a los cambios del proyecto y las soluciones técnicas aportadas en la ejecución de la obra.

En esta línea, existen ya varios ensayos que plantean una serie de cálculos para evaluar las cantidades de mano de obra, materiales y trabajo en el ámbito del mundo de la construcción. Entre el primer y el segundo seminario (Mérida 2007 y Siena 2008) se han multiplicado los esfuerzos en este sentido. A un primer trabajo sobre un pórtico de Saint-Romain-En-Gal[69] se han añadido otros de diferente adscripción cronológica y espacial.

ASPECTOS PRODUCTIVOS, SOCIALES Y ECONÓMICOS

La aplicación de la metodología de la Arqueología de la Arquitectura para el registro y la caracterización de las técnicas edilicias ha permitido, en el caso de la zona costera de la Toscana[70], efectuar un ensayo de gran interés sobre la continuidad, las rupturas, y la transmisión de los conocimientos tecnológicos en épocas y contextos productivos

67 Véase notas 63, 64.
68 Volpe, R. 2002b: p. 377-394.
69 Prisset, J. L. 2008: p. 127-141.
70 Pais, A. 2008: p. 67-88.

muy diferentes (época romana y altomedieval). La unión entre técnicas constructivas tratadas tradicionalmente con parámetros distintos y con metodologías antitéticas restituye un panorama que testimonia la existencia de elementos formales y soluciones tecnológicas que no presentan, en absoluto, la diversidad que se le atribuye desde un planteamiento tipológico distante (época romana y altomedieval).

Desde una óptica más general además se ha empezado a dar importancia a las relaciones sociales y jurídicas de las figuras profesionales de la edilicia romana[71], continuando una línea propuesta en el seminario de París de 2006, que se desarrollará en el último encuentro planteado en la misma ciudad en Diciembre de 2009.

Con la excepcionalidad de algunos datos y ante la falta de fuentes directas de información, es posible establecer los términos y las condiciones del trabajo. En el caso de las termas de Trajano, por ejemplo, se ha comprobado que no existía descanso en el proceso de construcción de las subestructuras y se plantea la existencia de turnos laborales entre los encargados de la construcción y los responsables[72]. Estos aspectos, útiles para la determinación de los tiempos de las distintas fases de obra, se asoman al campo social del mundo de la construcción y, a pesar de no poder relacionar las condiciones del trabajo de una estructura fundada en una economía esclavista con la economía actual, es posible conocer algunos elementos añadidos a la compleja organización de la mano de obra.

Esta visión técnica de la arquitectura ha permitido observar la modalidad del cambio en las técnicas de construcción y la relación entre los materiales disponibles y los conocimientos tecnológicos implicados en los procesos constructivos de los edificios públicos. El caso de *Carteia* ha restituido, por ejemplo, una serie de interesantes informaciones sobre los efectos urbanísticos y las elecciones arquitectónicas en distintos periodos históricos, la época púnica, la fase republicana y la edad augustea[73]. Se trata en estos casos de saber vincular los cambios arquitectónicos y tecnológicos con la entidad de los promotores de la construcción, resaltando la tipicidad de las estructuras en base a las exigencias de la misma promoción. Se generan, así, tipologías distintas en relación con

71 Mar, R. 2008: p. 177-192.

72 Volpe, R. 2002b: p. 387.

73 Bendala, M. – Roldán, L. – Blánquez, J. 2008: p. 229-242.

las prioridades urbanísticas, desde el ámbito militar, la integración o sustitución de tipos edilicios, o la propaganda imperial.

La elección topográfica de las grandes obras públicas plantea la problemática del impacto de la obra en la ciudad y viceversa. En muchos casos, al hacer la diacronía de los hechos urbanos se pierden los datos que marcan los elementos perdidos de la historia de los espacios. Consideramos esa historia o la de un edificio como historias de uso/transformación/abandono, perdiendo los elementos y los tiempos previos que llevan a poder utilizar un conjunto construido[74]. Estos pasajes indican a veces arcos cronológicos de 30/40 años, relativos a la duración de una o más obras de gran envergadura abiertas al mismo tiempo, que convierten las ciudades en autenticas áreas de trabajo por tiempos muy largos generando un paisaje lejano y complejo respecto a la imagen de templos, foros y teatros realizados en un mismo orden cronológico. Entre los problemas organizativos más comunes de una ciudad en obra no es necesario hacer un listado completo y se indican, solamente la limitación de las vías de tránsito y los cambios de circulación, elementos que de forma prolongada, cambian completamente la fisonomía urbanística. Otros problemas generan la existencia en las inmediaciones de otros espacios vinculados con la áreas de almacenamiento y distribución de los materiales, cercanos a las obras para no aumentar la cantidad de tráfico de carros de transporte al interior de la ciudad[75].

La temática del impacto ambiental de una obra respecto a la ciudad antigua se vincula a los factores citados y es otra asignatura pendiente que sería útil proponer como argumento para futuras reuniones. El estudio de la relación entre los materiales procedentes de las demoliciones y la reutilización en las nuevas edificaciones o en proyectos distintos, no siempre constituye un elemento de interés. En este sentido es necesario empezar a formular alguna pregunta. ¿Cuál es el uso de los materiales resultantes de las demoliciones de contextos arquitectónicos privados en la edilicia pública y viceversa? ¿Existía un reempleo sistemático o estructuras relacionadas con la gestión de los residuos constructivos?

Estas cuestiones confluyen directamente en la reconstrucción de los aspectos económicos de las obras edilicias, argumento que será objeto del último seminario de « arqueología de la construcción » que tendrá

74 Véase en general Mateos Cruz 2006.
75 Amici, C. M. 2008: p. 13-22.

lugar en París en diciembre de 2009. El objetivo de este último encuentro es la evaluación del impacto de las obras públicas y privadas en la economía de una ciudad romana provincial. Para conjuntos específicos como el caso de *Volúbilis* se ha intentado ya en el encuentro de Mérida, establecer una serie de pautas para una reflexión económica sobre la envergadura y comparación del ámbito público y privado[76]. En este caso, una parte de los datos para la reconstrucción del citado aspecto se ha extraído del análisis epigráfico y al mismo tiempo se ha realizado un ensayo paralelo sobre los restos arqueológicos que ha integrado las informaciones escritas con resultados concretos, permitiendo la formulación de hipótesis generales sobre el funcionamiento de las obras y la economía implicada. Este estudio es de gran interés debido a la precisión de los datos restituidos y, sobre todo, por las implicaciones sociales del mundo de la construcción, establecidas en base a la identidad y al papel desarrollado por los promotores de la obra.

Entre las perspectivas futuras, además, es necesario señalar el establecimiento de una metodología de registro común y una homogeneización de los elementos que permitan reconstruir la historia de la industria edilicia romana, organizando los datos sobre la producción y la gestión de las obras en un contexto más general y amplio que permita efectuar otro paso hacia la comprensión de los mecanismos económicos que las determinan. Sin este proceso de homogeneización será difícil crear un contenedor más amplio de estudios específicos sobre territorios concretos que puedan ser objeto de comparación.

El laboratorio que se ha abierto respecto a las temáticas citadas presenta alguna asignatura pendiente que, necesariamente, tendrá un papel relevante en los encuentros y trabajos futuros. La recopilación y organización de una amplia serie de datos sobre los aspectos de la construcción en época romana, los procesos de cuantificación y análisis de las dinámicas de las obras, la tipología de técnicas y actividades edilicias tiene que volver la mirada hacia la comprensión de los procesos productivos de la actividad constructiva en la antigüedad. En un sentido general, la reconstrucción de la obra no concluye con el registro de los datos de esa actividad. Las informaciones obtenidas confluyen obligatoriamente en el contenedor más amplio de los fenómenos históricos generales, convirtiéndose en elementos de conocimiento fundamentales

76 Camporeale, S. – Papi, E. – Passalacqua, L. 2008: p. 285-308.

para interpretar las innumerables connotaciones sociales y económicas de cada proceso constructivo.

En este ámbito existen, además, una amplia serie de contribuciones y de intereses científicos nuevos vinculados estrictamente con la temática productiva de la industria edilicia romana que enriquecen las tradicionales visiones estilísticas con detalles fundamentales para el conocimiento de un edificio.

En conclusión, creemos que el estudio de las dinámicas edilicias necesita de una aproximación global y de un nuevo interés de la Arqueología Clásica que conduzca a la consideración de una obra desde la óptica de un proceso productivo y no sólo como un elemento artístico.

Las ideas enunciadas sobre organización y gestión necesitan una profundización teórica nueva, en relación con el perfeccionamiento de las técnicas de registro de los parámetros y los procedimientos que permiten el reconocimiento de las actividades en conexión con la construcción. Con los seminarios organizados se ha intentado poner las bases de una reflexión nueva sobre estos argumentos y, sobre todo, se ha buscado un denominador común para la documentación correcta de todas las informaciones relativas a la complejidad de una obra edilicia en contextos tradicionalmente orientados a ignorar estas temáticas.

Antonio Pizzo
Instituto de Arqueología – Mérida[77]

77 Contracto posdoctoral financiado por la Junta de Extremadura, adscrito a la Università di Roma La Sapienza, Dipartamento RADAAR – antoniopizzo@iam.csic.es.

BIBLIOGRAFÍA

Amici, C. M. 2008: « Dal monumento all'edificio: il ruolo delle dinamiche di cantiere ». En Camporeale, S. – Dessales, H. – Pizzo, A. (eds.) 2008, p. 13-32, Madrid.

Arenillas, M. – Segura, C. – Bueno, F. – Huerta, S. (eds.) 2007: *Actas del Quinto Congreso Nacional de Historia de la Construcción. Cádiz, 7 9 de junio de 2007* Madrid.

Attoui, R. 2008: « Segni di cantiere nella 'palestra' di Villa Adriana Tivoli ». En Camporeale, S. – Dessales, H. – Pizzo, A. (eds.) 2008, p. 49-66, Madrid.

Azkarate Garai-Olaun, A. 2002: « Intereses cognoscitivos y praxis social en Argueología de la Arquitectura », *Arqueología de la Arquitectura I*, 2002, p. 55-71.

Azkarate, A. – Cámara, L. – Lasagabaster, J. A. – Latorre, P. 2001: *Catedral de Santa Maria. Vitoria-Gasteiz. Plan Director de Restauración*, Vitoria.

Azkarate, A. – Quirós, J. A. (eds.) 2005: *Aparejos constructivos medievales en el Mediterraneo Occidental. Estudio arqueológico de las técnicas constructivas*, Arqueología de la Arquitectura 4, Vitoria.

Barresi, P. 2008: « I capitoli di *Sufetula* e di *Baelo Claudia*: analisi dei progetti ». En Camporeale, S. – Dessales, H. – Pizzo, A. (eds.) 2008, p. 259-268, Madrid.

Bendala Galán, M. 1992: « Materiales de construcción romano: peculiaridades de España », *Ciencia, metodologías y técnicas aplicadas a la arqueología* (Rodá, I. Ed.), p. 215-226, Barcelona.

Bendala Galán, M. – Durán, R. 1994: « El anfiteatro de *Augusta Emerita*: rasgos arquitectónicos y problemática urbanística y cronológica », *El anfiteatro en la Hispania romana* (Coloquio Internacional, Mérida, 26-28 de Novembre de 1992), p. 247-264.

Bendala, M. – Rico, C. – Roldán, L. (eds.) 1998: *El ladrillo y sus derivados en la época romana*, Madrid.

Bendala, M. – Roldán, L. – Blánquez, J. 2008: « La arquitectura augustea en *Carteia*. Sus peculiaridades técnicas y formales ». En Camporeale, S. – Dessales, H. – Pizzo, A. (eds.) 2008, p. 229-242, Madrid.

Bessac, J. C. 1986: *L'outillage traditionnel du tailleur de pierre de l'antiquité à nos jours*, CNRS, Paris.

Bessac, J. C. 1999: « Pierres de taille: archéologie et technique », *La Construction en pierre* (Ferdiere, A. Ed.), p. 9-52, Paris.

Bessac, J. C. – Burnouf, J. – Journot, F. – Prigent, D. – Sapin, C. – Seigne, J. 1999: *La construction en pierre*, Paris.

Bianchi, G. 1996: « Trasmissione dei saperi tecnici e analisi dei procedimenti costruttivi di etá medievale », *Archeologia dell'Architettura* I, 1996, p. 53-64.

Bianchi, G. 1997: « I segni dei tagliatori di pietre negli edifici medievali. Spunti metodologici ed interpretativi », *Archeologia dell'Architettura* II, 1997, p. 25-37.

Bianchi, E. – Meneghini, R. 2002: « Il cantiere costruttivo del foro di Traiano », *Cantieri Antichi.* Giornata di studio tenuta il 25 Ottobre 2001, *RM*, 109, p. 395-417, Roma.

Binninger, S. 2008: « La construction du trophée d'Auguste à la Turbie: l'étude de l'organisation et des rythmes du chantier ». En Camporeale, S. – Dessales, H. – Pizzo, A. (eds.) 2008, p. 89-106, Madrid.

Bores Gamundi, F. – Fernández Salas, J. – Huerta Fernández, S. – Rabasa Díaz, E. (eds.) 1998: *Historia de la Construcción (Actas del Segundo Congreso Nacional, A Coruña, 22–24 de octubre de 1998)*, Madrid.

Brissaud, L. 2008: « La construction des thermes des Lutteurs: regards croisés sur un chantier urbain antique et son impact sur la ville (Saint-Romain-en-Gal, France) ». En Camporeale, S. – Dessales, H. – Pizzo, A. (eds.) 2008, p. 107-124, Madrid.

Brogiolo, G. P. 1988: *Archeologia dell'edilizia storica*, Como.

Brogiolo, G. P. 1996: « Prospettive per l'archeologia dell'architettura », *Archeologia dell'Architettura* I, 1996, p. 11-15.

Brogiolo, G. P. 2002: « L'Archeologia dell'Architettura in Italia nell'ultimo quinquenio », *Arqueologia de la Arquitectura*, I, 2002, p. 19-26.

Brogiolo; G. P. – Zonca, A. 1989: « Residenze medievali (XI-XII secc.) nel territorio lombardo », *Storia della città*, 52, p. 37-44.

Brouquier-Reddé, V. 2008: « Chantiers de construction de sanctuaires en Gaule et en Afrique à l'époque romaine: un bilan des données récentes ». En Camporeale, S. – Dessales, H. – Pizzo, A. (eds.) 2008, p. 309-320, Madrid.

Bukowiecki, E. – Dessales, H. – Dubouloz, J. (Coords.) 2006: http://www.diffusion.ens.fr/index.php?res=cycles&idcycle=276

Bukowiecki, E – Dessales, H. – Dubouloz, J. 2008: *Château d'eau et élements du réseau d'adduction*, Collection de l'École Française de Rome, 402.

Bukowiecki, E – Dessales, H. 2008a: « Un système d'enregistrement appliqué à Ostie (EB, HD) ». En Bukowiecki, E – Dessales, H. Dubouloz, J. 2008: *Château d'eau et élements du rescau d'adduction*, Collection de l'École Française de Rome, 402, p. 24-39.

Bukowiecki, E. – Dessales, H. 2008b: « Les thermes publics d'Itálica: regards comparés sur deux chantiers de construction ». En Camporeale, S. – Dessales, H. – Pizzo, A. (eds.) 2008, p. 191-208, Madrid.

Caballero Zoreda, L. 1987: « El método arqueológico en la comprensión del edificio. (Sustrato y estructura) », *Curso de Mecánica y tecnología de los edificios antiguos*, Colegio Oficial de Arquitectos de Madrid, p. 13-58.

Caballero Zoreda, L. 1996: « El análisis estratigráfico de construcciones históricas », *Arqueología de la Arquitectura. El metodo arqueológico aplicado al proceso de estudio y de intervención en edificios históricos* (Caballero Zoreda, L. – Escribano Velasco, C. Eds.), p. 55-74, Burgos.

Caballero Zoreda, L. 1999: « Aportación a la arquitectura medieval española. Definición de un grupo de iglesias castellanas, riojanas y vascas », *Actas del V Congreso de Arqueología Medieval Española* (Valladolid), 1, p. 221-233.

Caballero Zoreda, L. 2002: « Sobre límites y posibilidades de la investigación arqueológica de la arquitectura. De la estratigrafía a un modelo histórico », *Arqueología de la Arquitectura* I, 2002, p. 83-100.

Caballero Zoreda, L. 2004: « Una experiencia en la Arqueoligía de la Arquitectura », *Arqueología de la Arquitectura* 3, 2004, p. 127-143.

Caballero Zoreda, L. – Escribano Velasco, C. (Eds.) 1996: *Arqueología de la Arquitectura. El metodo arqueológico aplicado al proceso de estudio y de intervención en edificios históricos*, Burgos.

Caballero Zoreda, L. – Fernández Mier, M. 1997: « Análisis arqueológico de construcciones históricas en España. Estado de la cuestión », *Archeologia dell'Architettura* II, 1997, L'archeologia del construito in Italia e in Europa. Esperienze a confronto e orientamenti della ricerca (Atti della Giornata di Studi, Genova 10 Maggio 1996), p. 147-158.

Caballero, L. – Murillo Fragero, J. I. 2004: « Como se construye una torre mudéjar. La torre de la iglesia de San Pedro el Viejo de Madrid ». En *Arqueología de la Arquitectura* 3, p. 39-56, Vitoria.

Camporeale, S. – Dessales, H. – Pizzo, A. (eds.) 2008: *Arqueología de la Construcción I. Los procesos constructivos en el mundo romano: Italia provincias y occidentales*, (Mérida, Instituto de Arqueología 25-26 de Octubre de 2008), Anejos de Archivo Español de Arqueología nº 50, Madrid.

Camporeale, S. – Dessales, H. – Pizzo, A. 2008: « Introducción ». En: Camporeale, S. – Dessales, H. – Pizzo, A. (eds.) 2008, p. 9-12, Madrid.

Camporeale, S. – Dessales, H. – Pizzo, A. (eds.) 2009: *Archeología della Costruzione II. I cantieri edili nel mondo romano. Italia e province orientali* (Siena, Certosa di Pontignano 13-15 Novembre 2008), Anejos de Archivo Español de Arqueología nºLVII, Madrid.

Camporeale, S. – Papi, E. – Passalacqua, L. 2008: « L'organizzazione dei cantieri a *Volubilis* (*Mauretania Tingitana*): iscrizioni e opere pubbliche, la *maison aux deux pressoirs*, l'arco di caracalla ». En: Camporeale, S. – Dessales, H. – Pizzo, A. (eds.) 2008, p. 285-308, Madrid.

Cantieri Antichi. Giornata di studio tenuta il 25 Ottobre 2001, *RM*, 109, 2002, p. 340-429, Roma.

Casas Gómez, A. – Huerta Fernández, S. – Rabasa Díaz, E. (eds.) 1996: *Historia de la Construcción (Actas del Primer Congreso Nacional, Madrid, 19–21 de septiembre de 1996)*, Madrid.

Delaine, J. 1997: *The Baths of Caracalla. A study in the design, cosntruction and economics of large-scale building projects in imperial Rome*, JRA suppl. 25, Portsmouth, RI.

Delaine, J. 2003: « The builders of Roman Ostia: organisation, status and society ». En *Proceedings of the First International Congres on Construction History* (Madrid, 20-24/1/2003) vol 2, p. 723-732, Madrid.

Delaine, J. 2007: « The cost of creation: technology at the service of construction ». En Lo Cascio, E. (ed.) *Innovazione técnica e progresso económico nel mondo romano*, Pragmateiai 10 p. 237-252, Bari.

Delaine, J. 2008: « Conclusions », En: Camporeale, S. – Dessales, H. – Pizzo, A. (eds.). *Arqueología de la Construcción I*, p. 321-328.

Dessales, H. 2008: « L'archéologie de la construction. Essai de définition » En Bukowiecki, E – Dessales, H. Dubouloz, J. (eds.) 2008: *Château d'eau et élements du réseau d'adduction*, Collection de l'Ecole Français de Rome, 402, p. 19-24.

De Vos, M. 2008: « Caratteristiche della costruzione degli impianti produttivi rurali nell'Africa Proconsularis » En: Camporeale, S. – Dessales, H. – Pizzo, A. (eds.), p. 269-284, Madrid.

Dunkeld, M. – Campbell, J. – Louw, H – Tutton, M – Addis, B. – Thorne, R. (eds.) 2006: *Second international congress on Construction History.* Queens' College Cambridge University, 29th March – 2nd April 2006, Cambridge.

Durán Cabello, R. 1991-1992: « Técnicas de edilicia romana en Mérida I », *Anas*, 4/5, p. 45-80, Mérida.

Durán Cabello, R. 1998: *La última etapa del teatro romano de Mérida. La* versura *oriental y los sellos latericios*, Mérida.

Durán Cabello, R. 2004: *El teatro y el anfiteatro de* Augusta Emerita. *Contribución al conocimiento histórico de la capital de Lusitania*, Oxford.

Esquieu, Y. 1997: « L'archéologie du bâti en France », *Archeologia dell'Architettura II*, 1997, L'archeologia del costruito in Italia e in Europa. Esperienze a confronto e orientamenti della ricerca (Atti della Giornata di Studi, Genova 10 Maggio 1996), p. 133-140.

Francovich, R. – Parenti, R. (Eds.) 1988: *Archeologia e Restauro dei monumenti*, (Pontignano 1987), Firenze.

Gabbrielli, F. 1996: « La cronotipología relativa come metodo di analisi degli elevati: la facciata del Palazzo Pubblico di Siena »; *Archeologia dell'Architettura* I, p. 17-40.

Giuliani, F. C. 2002: « Cantiere e conoscenza ». En: *Cantieri Antichi.* Giornata di studio tenuta il 25 Ottobre 2001, *RM*, 109, 2002, p. 340-429, Roma.

Giuliani, F. C. 2008: « Sfidando gli inferi: problemi di cantiere dell'emissario del Fucino ». En Camporeale, S. – Dessales, H. – Pizzo, A. (eds.) 2008, p. 33-47, Madrid.

Graciani García, A. – Huerta Fernández, S. - Rabasa Díaz, E. – Tabales Rodríguez, A. (eds.) 2000: *Historia de la Construcción (Actas del Tercer Congreso Nacional, Sevilla, 26–28 de octubre de 2000).* Madrid.

Guyard, L. – Bertrudiére, S. – Cormier, S. – Coutelas, A. 2008: « Le chantier de construction des thermes gallo-romains du vieil-Evreux (Eure): entre preuves et indices ». En Camporeale, S. – Dessales, H. – Pizzo, A. (eds.) 2008, p. 155-174, Madrid.

Huerta Fernández, S. (ed.) 2003: *Proceedings of the First International Congress on Construction History (Madrid 20th – 24th January 2003).* Madrid.

Huerta Fernández, S. (ed.): 2005: *Actas del Cuarto Congreso Nacional de Historia de la Construcción*. Cádiz, 27 29 de enero de 2005 Madrid.

Hobel, S. E. 1989: « Pietre segnate e marche muratorie. Testimonianza delle confraternite iniziatiche e di mestiere », *Actes Internationales du VI Colloque International de Glyptographie de Samoëns*, (5-10 Luglio 1988), p. 263-290, Braine-le Château.

Journot, F. 1999: « Archéologie du bâti ». En Ferdiere, A (Ed.) 1999: *La construction en pierre*, p. 133-163, Paris.

Mannoni, T. 1974: « L'analisi delle tecniche murarie medievali in Liguria », *Atti del colloquio internazionale di Archeologia Medievale*, p. 291-300, Erice 1974, Palermo 1976.

Mannoni, T. – Boato, A. 2002: « Archeologia e storia del cantiere di construzione », *Arqueología de la Arquitectura I*, 2002, p. 39-53.

Mar, R. 2008: « La construcción pública en las ciudades hispanas. Los agentes de la construcción ». En Camporeale, S. – Dessales, H. – Pizzo, A. (eds.) 2008, p. 175-190, Madrid.

Mateos Cruz, P. 2006 (Ed.): *El « foro provincial » de* Augusta Emerita: *un conjunto monumental de culto imperial*, Anejos de AEspA XLII, Madrid.

Mateos, P. – Pizzo, A. 2008: « La construzione del 'foro provinciale' di *Augusta Emerita* ». En Camporeale, S. – Dessales, H. – Pizzo, A. (eds.) 2008, p. 243-258, Madrid.

Morriss, R. K. 2000: *The Archeology of Buildings*, Stroud.

Pais, A. 2008: « L'edilizia romana nella toscana tirrenica alla luce dell'archeologia dell'architettura ». En Camporeale, S. – Dessales, H. – Pizzo, A. (eds.) 2008, p. 67-88, Madrid.

Parenti, R. 1988: « Le tecniche di documentazione per una lettura stratigrafica dell'elevato », *Archeologia e restauro dei monumenti* (Francovich, R. – Parenti, R. 1988 Eds.), p. 249-279, Firenze.

Parenti, R. 2002: « Dalla stratigrafía all'archeologia dell'architettura. Alcune resentí esperienze del laboratorio senese », *Arqueología de la Arquitectura* I, 2002, p. 73-82.

Parron I. – Reveyron N. (dir.) 2005: *Archéologie du bâti. Pour une harmonisation des méthodes*, Actes de la table ronde (Saint-Romain-en-Gal, 9-10 nov. 2001), Paris.

Parron-Kontis, I. 2005: « Unités de construction et objets archéologiques ». En Parron I., Reveyron N. (dir.) 2005: *Archéologie du bâti. Pour une harmonisation des méthodes*, Actes de la table ronde (Saint-Romain-en-Gal, 9-10 nov. 2001), p. 13-18, Paris.

Pringent, D. – Hunot, J. Y. 2000: « Archéologie et monuments historiques, » *Dossiers d'Archéologie*, 250, p. 72-75.

Prisset, J. L. 2008: « Les besoins en matériaux, les contraintes d'approvisionnement et la durée du chantier de construction. Réflexions à partir du portique nord de Saint-Romain-en-Gal (France) ». En Camporeale, S. – Dessales, H. – Pizzo, A. (eds.) 2008, p. 125-140, Madrid.

Rea, R. – Beste, H. J. – Lancaster, L. 2002: « Il cantiere del Colosseo », *Cantieri Antichi.* Giornata di studio tenuta il 25 Ottobre 2001, *RM*, 109, 2002, p. 341-375, Roma.

Rodríguez Gutierrez, O. 2004: *El teatro romano de Itálica. Estudio arqueoarquitectónico*, Madrid.

Rodríguez Gutiérrez, O. 2008: « El proceso de edificación del teatro romano de Itálica a través del análisis arqueológico de sus diferentes etapas constructivas », En Camporeale, S. – Dessales, H. – Pizzo, A. (eds.) 2008, p. 209-228, Madrid.

Roldán Gómez, L. 1987: « Aproximación metodológica al estudio de la técnica edilicia romana en *Hispania*, en particular el *opus testaceum », Lucentum*, VI, 1987, p. 101-122.

Roldán Gómez, L. 1992: *Técnicas constructivas romanas en Carteia (San Roque, Cadiz)*, Madrid.

Roldán Gómez: L. 1994: *Técnicas constructivas romanas en Italica*, Madrid.

Roskams, S. (Ed.) 2000: Interpreting Stratigraphy. Site evaluation, recording procedures, and stratigrafhic analysis. Papers presented to the Interpreting Stratigraphy Conferences 1993-1997, *British Archaeological Reports*, International Series, 910. Oxford.

Utrero Agudo, M.ª Á. 2006: *Iglesias tardoantiguas y altomedieval en la Península Ibérica. Análisis arqueologico y sistemas de abovedamiento*, Anejos de Archivo Español de Arqueología, XL, Madrid.

Utrero Agudo, M.ª Á. 2008: « Arqueología de la Arquitectura y patrimonio edificado. Experiencias y perspectivas una década después ». En *La investigación sobre Patrimonio Cultural* (C. Sáiz Jiménez – M.A. Rogelio Candelero eds.), Sevilla.

Volpe, R. 2002: « Premessa » a *Cantieri Antichi.* Giornata di studio tenuta il 25 Ottobre 2001, *RM*, 109, p. 339, Roma.

Volpe, R. 2002b: « Un antico giornale di cantiere delle terme di Traiano », *Cantieri Antichi*. Giornata di studio tenuta il 25 Ottobre 2001, *RM*, 109, 2002, p. 377-394, Roma.

Wilson Jones, M. 2000: *Principles of Roman Architecture*, New Haven-London.

Wood, J. 1994: *Building Archaeology. Applications in Practice*, Oxford.

MASTERS OF THE TRADE

Native Artisans, Guilds, and the Construction of Colonial Quito[1]

Histories of colonial Latin American architecture frequently celebrate the essential role of indigenous construction workers, for without abundant native manual labor, how could "the most extensive building program ever undertaken by a colonial power" ever have been realized?[2] However, characterizations of this process tend to present a starkly delimited image of native artisans laboring under the direction and control of Spanish or European masters. Such generalizations perpetuate Renaissance notions regarding the supremacy of idea over praxis (*invenit* versus *fecit*), thereby reinforcing a marked division between the manual labor of the native people and the intellectual design and direction of the Europeans. Applied to the colonial Americas, this formula denies agency to the indigenous artisans by asserting that they were only and always "following orders."

The history of architecture in colonial Quito between 1580 and 1720, the period of greatest architectural expansion in the city, contradicts

---

1 This study was previously published in *Journal of the Society of Architectural Historians* 68: 1 (March 2009): 10-29. Reprint permission was generously granted by *JSAH* and the University of California Press. Research for this study was generously supported by grants from the Graham Foundation for Advanced Studies in the Fine Arts, American Philosophical Society, National Endowment for the Humanities, American Council of Learned Societies, Fulbright Scholar Program, the University of St. Thomas, and the College of William and Mary. In Quito, I would particularly like to thank Ximena Carcelén for her invaluable assistance, and also Jorge Salvador Lara, Christiana Borchart de Moreno, and Susana Cabeza de Vaca. Thanks are also due to Susan Deans-Smith, David Brownlee, Emily Hage, Krista Sykes, and the anonymous *JSAH* reviewer for their helpful editorial comments and suggestions. I am especially grateful to Hernán Lautaro Navarrete for his consistent encouragement and support, and for many of the photographs that grace this study.

2 Alfred Neumeyer, "The Indian Contribution to Architectural Decoration in Spanish Colonial America," *Art Bulletin* 30, no. 2 (1948), 104.

this interpretation (Figure 1). Systematic study of all notarial records, city council records, and numerous related archival materials reveals the ubiquitous presence of native masters of the building trades and demonstrates the high level of control that they exerted over both architectural design and construction.

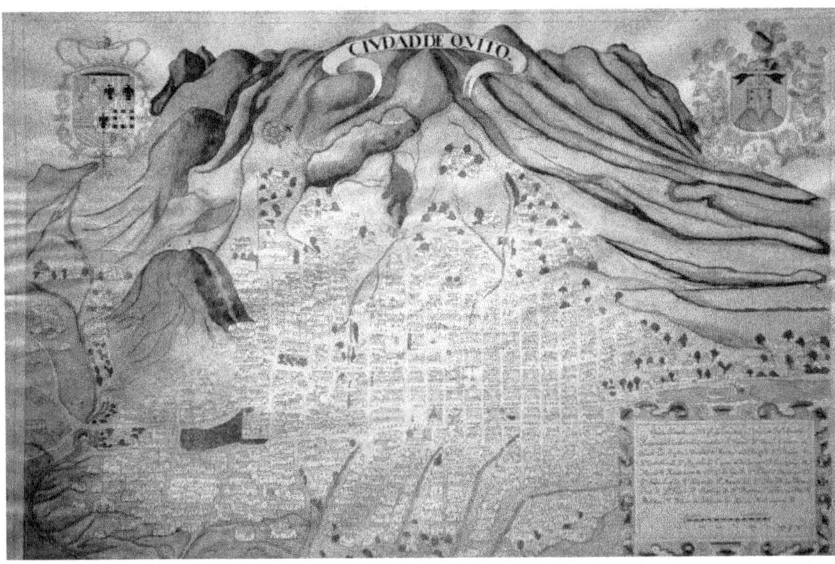

FIG. 1 – Dionisio de Alcedo y Herrera, Map of Quito, 1734. Colección Mena Caamaño, Centro Cultural Metropolitano, Quito; photograph by Hernán L. Navarrete.

According to previous scholarship, just as Spanish or European architects and professionals typically designed and directed the construction of major architectural projects, the imposition of the Spanish guild system throughout the Americas permitted close control over the membership, training, and production of the building trades.[3] Because administrative control of the guilds lay in the hands of the city council, scholars have often presented the builders as dominated by Spanish professionals and

3 For colonial guilds, see especially Ramón Gutiérrez, *Arquitectura y urbanismo en Iberoamérica* (Madrid, 1997), ch. 15; and Manuel Carrera Stampa, *Los gremios mexicanos. La organización gremial en Nueva_España* (Mexico City, 1954). .

the colonial hierarchy. Indeed, the structure and regulations of the guilds often reflected racial and class tensions, and in some instances, European professionals actively fought to keep trade secrets and practices out of indigenous hands.[4] Because many guilds excluded nonwhite members, in some regions "informal" trade groups were established among indigenous professionals, which operated in a manner parallel to that of the official guilds.[5] Spanish control over the guilds was not as ubiquitous as it might sometimes appear in the literature.

Another frequent assumption in the literature is that native participation was anonymous. Scholarship often focuses on the authorship of buildings, designs, and plans, documenting or attributing them to Spaniards or other European masters and/or locating the sources of such buildings and plans in European architectural treatises. In general, native contributions tend to be recognized only en masse as the work of anonymous skilled and/or unskilled labor. Naming, which admits the possibility of individual agency, is largely absent with respect to native artisans. Although scattered references to the name of one or another indigenous master builder appear in the literature, they are typically cited as remarkable exceptions to the rule.[6] No systematic studies of such masters have been undertaken. Elizabeth Wilder

4 One particularly well-known example is that of the native painters of Cuzco, Peru, who, because of abuses by European and Creole members, in the late seventeenth century renounced their membership in the local painters' guild and formed their own guild of exclusively native artists. For a succinct account, see Gauvin Alexander Bailey, *Art of Colonial Latin America* (London, 2005), 199–203.

5 Gutiérrez, *Arquitectura y urbanismo*, 344–45.

6 For example, Rubén Vargas Ugarte's dated but still unrivaled and oft-cited biographical compilation of artisans in Central and South America contains several hundred entries for the sixteenth and seventeenth centuries; however, only nine of these are indigenous artisans whose professions are related to the building trade. See Ugarte, *Ensayo de un diccionario de artífices coloniales de la América meridional* (Lima, 1947), 66, 93, 99, 139, 154, 155, 194, 271, 273. In a similar vein, Emilio Harth-Terré's study of colonial Peruvian artists cites only four indigenous artisans and states that "mestizos, creoles and Spaniards, from the first years of the conquest to the dawn of Independence, worked on the marvelous art of architecture which, in America, has splendid examples" (Webster's translation). See Harth-Terré, *Artífices en el Virreinato del Perú* (Lima, 1945), 10, 29, 30, 31. One exception is the brief monograph on a native Peruvian sculptor by an unnamed team of researchers, *El escultor de la colonia D. Tomás Tuiro Túpac Inca* (Cuzco, 1964). By comparison, our database of indigenous artisans in the city of Quito, primarily culled from a systematic review of all notarial records between 1580 and 1720, documents well over 300 such professionals associated with the building trade.

Weismann's insightful 1975 remarks on this theme still resonate today: "Sixteenth-century anonymity, explained by the special conditions of the Conquest (and not without reference to the apparent anonymity of pre-Conquest artists) merged into Baroque anonymity, for an art of communal projects, impersonal styles, and faceless craftsmen."[7] This tendency has fostered a general vision of colonial architecture as built by masses of nameless native workers laboring under the legal control, intellectual supervision, and according to the designs of Spaniards or Europeans. Despite this traditional characterization, as we shall see in the case of Quito, systematic examination of the notarial records in Latin American urban centers reveals the names and works of numerous native masters.

Indeed, the enormous contribution of native artisans to the realization of colonial architecture is indisputable in terms of virtually all aspects of the process; from their labor in extracting, manufacturing, and providing the necessary materials –stone, wood, bricks, mortar, etcetera– to the construction of the buildings themselves. Although the widespread erection of immense colonial churches and monasteries was perforce a collaborative effort, the generalized assumptions regarding authorship, agency, control, and identity outlined above should be more nuanced and warrant further examination in terms of their applicability to specific regional and temporal examples.

One such specific case is the colonial city of Quito, the center of an important Spanish *audiencia* (kingdom) during the sixteenth and seventeenth centuries. By 1700, more than a century and a half after it was founded, the city merited the sobriquet "cloister of the Andes," for it was home to nearly a dozen monasteries and convents, seven parish churches, and a cathedral, as well as numerous religious retreats, hermitages, and independent chapels, all in a population of approximately fifty thousand (see Figure 1).[8] More recently, Quito was the first city to

---

7 Elizabeth Wilder Weismann, "The History of Art in Latin America, 1500–1800. Some Trends and Challenges in the Last Decade," *Latin American Research Review* 10, no. 1 (1975), 13.

8 Debate is ongoing regarding population counts for Quito at the turn of the seventeenth century. This figure is based on the calculations of Martin Minchom and John Leddy Phelan. Minchom estimates a population of over 40,000 for the decades 1670–80, and demonstrates a gradual decline over the course of the eighteenth century and Phelan places the population around 1650 at approximately 50,000 souls. See Minchom, *The*

be named a UNESCO World Heritage Site, to a great extent because of its remarkable architectural patrimony (Figure 2).

FIG. 2 – Colonial center of Quito. Susan Verdi Webster.

The vast majority of the colonial buildings extant today were constructed during the late sixteenth and seventeenth centuries–Quito's "golden age" of architectural expansion–replacing earlier more ephemeral structures of adobe and thatch or smaller masonry buildings (Figure 3). Although Europeans designed and supervised the construction of many of Quito's colonial buildings, from an early date numerous skilled native masters (as well as countless journeymen and laborers) were also intimately involved in architectural production. Many of these masters were undoubtedly the descendants of the earlier generations of indigenous professionals who accumulated knowledge of European construction

People of Quito, 1690–1810: Change and Unrest in the Underclass (Boulder, Col., 1994), 135, 257–58); and Phelan, *The Kingdom of Quito in the Seventeenth Century* (Madison, Wis., 1967), 49.

techniques and styles from friars and colonists after the founding of the city in 1534.[9] Yet, despite their omnipresence, the names, contributions, and works of these native professionals have been virtually ignored in the literature.[10]

The city of Quito serves as a useful case study because of its distinctive circumstances and characteristics among Latin American urban centers of the late sixteenth and seventeenth centuries. Although, in terms of population, Martin Minchom ranks Quito in the mid-colonial period as "a member of the relatively exclusive club of great Spanish American cities, alongside Mexico City, Lima, or the major mining centers like Potosí at their cyclical peaks," he and other authors simultaneously emphasize the city's overwhelming indigenous majority during this time.[11] Importantly, unlike Lima, Mexico City, and other major Latin American urban centers, Quito did not possess a significant African slave

9 Relatively little is known about the training of the first generations of building professionals, although most authors cite the Franciscan Colegio San Andrés as an important locus of early indigenous education in the arts. See, for example, José María Vargas, *Patrimonio artístico ecuatoriano*, 3rd ed. (Quito, 2005), 18–21; Sonia Fernández Rueda, "El Colegio de Caciques de San Andrés. Conquista espiritual y transculturación," *Procesos* 22 (2005), 5–22; Roswith Hartmann and Udo Oberem, "Quito. Un centro de educación de indígenas en el siglo XVI," in *Contribuções à Antropologia em homenagem ao Professor Egon Schaden* (São Paulo, 1981), 105–27. Although the Colegio de San Andrés was undoubtedly an important and influential educational endeavor, it is likely that most "training" in the construction trades was the result of hands-on experience in raising the city's first buildings. For a general discussion of the training and practice of early generations of builders in colonial Peru, see Valerie Fraser, *The Architecture of Conquest: Building in the Viceroyalty of Peru, 1535–1635* (Cambridge, England, 1990), 82–108.

10 Although the names of a very few indigenous artisans appear repeatedly in the literature, no systematic study has been undertaken, and most authors resort to generalizations about the "anonymous masses" of native workers. Filoteo Samaniego writes of the "overwhelming participation of native labor... this immense anonymous multitude." Samaniego, "Determinantes del primer arte hispanoamericano," in *Arte colonial del Ecuador, siglos XVI–XVII* (Quito, 1985), 25. José María Vargas describes the work of indigenous artisans as "the voice of the nameless." Vargas, *Patrimonio artístico ecuatoriano*, 30–31. And José Gabriel Navarro asks, "Who were these artists? No one knows, or, for the moment, no one has identified them." Navarro, *La escultura en el Ecuador durante los siglos XVI, XVII y XVIII*, 2nd ed. (Quito, 2006), 187.

11 Although demographic and census data is incomplete, Quito certainly possessed a substantial indigenous majority during the late sixteenth and seventeenth centuries. Minchom cites a 1681 letter written by the president of the *audiencia*, Lope Antonio de Munive, in which "he claimed that 30,000 Indians were employed in the capital." Minchom, *People of Quito*, 66. Although the figure is likely inflated, it nonetheless provides a general sense of the city's demographics if we consider the total population count for this period to fall within the range of 40,000 to 50,000 souls.

population; thus, it is perhaps not surprising to find that the artisans of the building trade were overwhelmingly indigenous.[12] Despite its size, Quito's demographic composition appears to align it more closely with many of the medium-sized provincial cities of the period, such as Cuzco or Sucre, which had similarly high percentages of indigenous inhabitants. Nonetheless, systematic archival research remains to be undertaken for other comparable urban centers in order to locate more precisely the city of Quito and its overwhelming majority of indigenous artisans within the larger pattern of colonial Latin American cities.

FIG. 3 – Churches and monasteries, heart of colonial Quito.
Susan Verdi Webster.

The account books of seventeenth-century Quiteñan buildings provide abundant evidence of native contributions to all aspects of construction,

12 Minchom points out that "the city's racial mix was largely Indian-White," emphasizing the fact that "t the small African population of Quito "marks a real difference with nearly all other major Spanish American urban centers." Minchom, *People of Quito*, 50. Emilio Harth-Terré's extensive archival research on the building trade in colonial Lima underscores the importance of this difference. His work demonstrates that the viceregal center of Peru, with its large population of African slaves and freemen, boasted far more African than indigenous masters and journeymen of the building trade, affirming that the latter played a substantially lesser role. Harth-Terré, "El artesano negro en la arquitectura virreinal limeña," *Revista del Archivo Nacional del Perú* 25, vol. 1 (1961), 360–430.

offering lengthy lists of autochthonous names divided according to profession: stonemasons, bricklayers, carpenters, and peons.[13] Beside each name appears a series of slashes marking the days worked and the corresponding payment made according to each artisan's level in the hierarchy. Frequently, one or more native names is designated with the title of "*maestro*," although *oficiales* (journeymen) and *peones* (laborers) comprise the majority of entries. In some instances indigenous professionals are named in the records as the *maestro de obra* (construction foreman) of a given building, and they also appear as *maestro alarife* (master builder or engineer) or *arquitecto*. Such references indicate the presence of highly skilled native artisans involved in the construction trade who operated in capacities that went well beyond simple manual labor. Who were these masters and how did they obtain their title? How and to what extent were they trained?

QUITEÑAN TRADE GUILDS AND THE QUESTION OF CONTROL

Following European precedent, trade guilds were established in colonial urban centers throughout the Americas to regulate and control the prices and production of goods and services.[14] Typically, control over the guilds rested with the *cabildo* (city council), which established prices, approved professional regulations, and elected annually the *maestro*

13 See, for example, Archivo Histórico de la Orden de la Merced, Quito (hereafter AHOM/Q), Sección C. VI, G.8, 1700–36, "Libro de Gasto y reciuo en la fabrica de la Yglesia de este Conu[en]to Maximo, siendo Prou[incia]l el R. P. Pdo. Fr. Manuel Mosquera de Figueroa" (Church of La Merced); Archivo Nacional de Historia, Quito (ANH/Q), Censos y Capellanías, caja 5, expte. 2, "Libro de la Cofradía del Santissimo Sacramento, que sea alabado, y bendito para siempre, fu[n]dada en la capilla de n[uest]ra Señora de Copacabana... año de 1689" (Church of El Sagrario); and ANH/Q, Notaría 1ª, Juicios, caja 6, 1700, "[M]emoria del cargo Y descargo, que se le hisso a Antonio de Herrera, quien quedo como Maiordomo trabajando en la montaña de la yglesia" (Church of San Juan Evangelista).

14 For colonial guilds, see Carrera Stampa, *Los gremios mexicanos* (see n. 2); Gutiérrez, *Arquitectura y urbanismo*, 343–45 (see n. 2); and Héctor Humberto Samayoa Guevara, *Los gremios de artesanos en la Ciudad de Guatemala* (Guatemala City, 1962).

mayor, alcalde y veedor (head master, magistrate and overseer) of each guild. The role of the *maestro mayor* was to enforce guild regulations and oversee production, quality, and training. Typically, the artisan guilds established regulations regarding apprenticeship that involved several years of on-the-job training in order to acquire the title of journeyman. After many more years of practice, the journeyman could acquire the title of master upon successful examination by the officially appointed *maestro mayor* of the trade.

Guilds associated with the construction trade were established at very early dates in urban centers throughout the Americas. For example, guilds of carpenters were formed in Lima in 1549 and in Mexico City, with regulations, in 1557. The bricklayers' guild of Mexico City published its regulations in 1599.[15] In the city of Puebla, the guild of bricklayers and carpenters was established, with regulations, in 1570.[16] Even in Santiago de Chile, far from the viceregal power centers, the *cabildo* appointed a *maestro mayor* of the carpenters' guild as early as 1555.[17]

Given the generally early institution of such guilds and masters in other colonial centers, it is surprising and indeed significant that in the city of Quito the *cabildo* did not officially recognize any guilds or name any masters related to the building professions until the last decade of the seventeenth century. Not until 1690 was the first *maestro mayor* of the sculptors' guild elected, and two years later that of the carpenters' guild was named. Prior to these dates, neither profession was recognized or recorded in the *cabildo* records. Moreover, these are the only guilds of the building trade for which masters were appointed by the *cabildo* during the colonial period, with the exception of master *alarife* or architect—a post always held by a European, if one was available, and if not, was left vacant.[18] Masters of the other related professions, including *canteros* (stonemasons), *albañiles* (bricklayers), and *ensambladores*

15 Gutiérrez, *Arquitectura y urbanismo*, 343–44.

16 José Antonio Terán Bonilla, "La formación del gremio de albañiles de la ciudad de Puebla, en el siglo XVI y sus ordenanzas," *Cuadernos arquitectura docencia* 11 (1993), 14.

17 Julio Alemparte R., "La regulación económica en Chile durante la colonia (II)," *Anales de la Facultad de Derecho* II, nos. 6/7 (1936), 78.

18 For a discussion of the contemporary definitions and roles of *arquitecto*, *alarife*, and *albañil*, see Martha Fernández, "El albañil, el arquitecto y el alarife en la Nueva España," *Anales del Instituto de Investigaciones Estéticas* 14, no. 55 (1986), 49–68.

(joiners), remained unrecognized and hence unsupervised and unregulated by the *cabildo* during the entire colonial period.[19]

Found in the annual elections of the *cabildo* are those professions and guilds that were from an early date controlled by the city: tailors, shoemakers, locksmiths, and tanners, for example, appear as early as 1574.[20] In subsequent decades the election of masters expanded to include silversmiths, blacksmiths, dyers, potters, and even confectioners (*confiteros*), but not until 1690 and 1692 do masters of sculpture and carpentry appear. Moreover, the regulations of guilds related to construction, commonly approved and/or published in other regions of the Americas, do not appear to have existed for Quito. This is not the case, for example, with the Quiteñan guilds of silversmiths and gilders, which did maintain and submit their regulations for approval.[21] These and many other guilds also registered their examinations for the title of master with local notaries; however, not a single such examination record exists for the any of the building professions.[22]

Similarly, systematic study of all extant notarial records for Quito between 1580 and 1720 reveals a complete lack of apprenticeship contracts for any trade related to construction. On the other hand, such contracts abound for silversmiths, gilders, tailors, blacksmiths, hatmakers, and many other professions.[23] The dearth of apprenticeship contracts for the building professions indicates that these trades were acquired in a more

19 It is likely that the joiners and other specialized woodworkers, such as *ensambladores* and *entalladores*, were subsumed within the carpenters' or sculptors' guilds in 1693; however, the stonemasons and bricklayers remained outside the officially recognized professional guilds throughout the colonial period.

20 Archivo Municipal de Historia, Quito (hereafter AMH/Q), Actas del Cabildo de Quito, 1573–74, fol. 156.

21 For silversmiths, see Jesús Paniagua Pérez, *Los gremios de plateros y batiojas en la ciudad de Quito, siglo XVIII* (México City, 2000), 23, 227–36; and ANH/Q, Notaría 1ª, Juicios, caja 19, 1735–37, fols. 13-15v (*batiojas*).

22 For selected examples, see ANH/Q, Notaría 1ª, vol. 67, 1610–14, Juan García Rubio, fols. 302–303 (*herrador*), fol. 340 (*sastre*), fol. 361 (*sastre*), fol. 392v (*sombrerero*); and ANH/Q, Notaría 1ª, vol. 87, 1617–19, Diego Suárez de Figueroa, fols. 1028–28v (*sederos, cordoneros, botoneros*), fol. 1063 (*sastre*), fol. 1065 (*herrador*), fols. 1076v–77 (*sombrerero*).

23 For selected examples, see ANH/Q, Notaría 5ª, vol. 1, 1599–1600, Juan de Briñas Marrón, fols. 223–34v (*platero*); ANH/Q, Notaría 5ª, vol. 11, 1628, Gerónimo de Castro, fols. 1201–2 (*sombrerero*); ANH/Q, Notaría 5ª, vol. 13, 1630, Gerónimo de Castro, fols. 710v–11v (*ollero*); ANH/Q, Notaría 5ª, vol. 14, 1631, Gerónimo de Castro, fols. 385v–86v (*batioja*), fols. 531–31v (*sastre*); ANH/Q, Notaría 5ª, vol. 31, 1642, Juan de Arce, fols. 443v–44v (*batioja*), 527–27v (*guantero*); ANH/Q, Notaría 5ª, vol. 45, 1656, Juan de Arce,

informal or traditional manner, in which knowledge and instruction were passed on within families and communal groups. It is surprising that, during Quito's era of greatest architectural construction and expansion in the late sixteenth and seventeenth centuries, there was an almost complete lack of official recognition, control, and vigilance over the building trade, even when the city itself depended on these professions for the construction of public works.

One reason for this omission may be that much of the manual labor related to construction was already provided through the mechanism of the *mita* –an obligatory labor tribute (corvée) that drafted indigenous workers to perform designated tasks. Thus, the *cabildo* may have seen no reason to elect official overseers or masters for those professions. The *mita* supplied large numbers of indigenous workers for the extraction and manufacture of materials and the construction of buildings, roads, bridges, and other public works, in addition to churches, convents, and other religious establishments. Additionally, the tradition of *yanaconas* (nominally paid native servitors of an individual or group) inherited from the Inca, often associated with local monasteries such as that of San Francisco, must have provided many indigenous building professionals and laborers.[24]

Moreover, dating from the Inca occupation and undoubtedly earlier, there existed extended kin groups and entire communities that specialized in certain aspects of construction, in which professional knowledge and practice was transferred from generation to generation. For example, the "Indian carpenters" of the town of Quero (Riobamba) constituted a type of communal guild that was not legally subject to the *mita* in the seventeenth century.[25] In a similar fashion, in 1602 an ethnic or communal group calling themselves the "yndios Tomaicos carpinteros" drafted a letter to the viceroy requesting the confirmation of certain unspecified privileges that they had previously been conceded, which probably exempted them from the *mita*.[26] To a great extent,

fols. 354–54v (*platero*); and ANH/Q, Notaría 5ª, vol. 49, 1660–61, Juan de Arce, fols. 32–32v (*batioja*), fols. 413–13v (*ollero*).

24 For the *yanacona* system, see Fraser, *Architecture of Conquest*, 93–98 (see n. 8).

25 ANH/Q, Fondo Especial, caja 3, vol. 7, 1661–74, fols. 80–92. In 1665, the Quero carpenters filed suit with the *real audiencia* citing a royal provision of 1662 that granted them exemption from the *mita*.

26 ANH/Q, Fondo Especial, caja 3, vol. 7, 1661–74, fol. 81.

the pre-Hispanic traditions of the *mita*, the *yanaconas*, and ethnic or communal professional groups appear to have found new forms and continuity in the colonial context. Nonetheless, some type of organization and structure of the building trades must have existed in the city of Quito to account for the abundant documentary presence of titled native masters and journeymen.

WHO'S MINDING THE SHOP?

Despite the lack of control and oversight on the part of the Spanish *cabildo*, other types of documentary evidence suggest the existence of guilds and autochthonous masters of the building trade. For example, frequent references to indigenous master carpenters, bricklayers, and masons appear in the notarial record, while other native builders simply bear the title of journeyman or practitioner.[27] Given the official, legal nature of these documents, the recognition of specific titles can hardly have been accidental or arbitrary. How was a "master" distinguished from a "journeyman" or a mere practitioner? How were these specific titles obtained by members of the indigenous population when no such masters, guilds, or professional regulations were recognized, regulated, or enforced by the *cabildo*?

The evidence indicates that the building professions operated almost completely under the purview of the indigenous community. References pointing to the existence of specifically indigenous guilds related to the building trade appear in the early seventeenth century. For example, in 1628, Cosme de Caso, a wealthy Spanish merchant, commissioned Andrés Machaguán, *alcalde de los indios canteros* (magistrate of the Indian stonemasons), and Simón Anba, *alguacil de los indios canteros* (sergeant or second in command of the Indian stonemasons), to construct an elaborate stone portal for his private residence. Machaguán and Anba were instructed to create a portal that was to be "just as nicely finished [and] in perfectly carved form as that of the main portal of the house of his

27 The two highest ranks appear in the documents as *maestro* (master) and *oficial* (journeyman), while the practitioner is simply listed by the trade name (*carpintero*, *albañil*, etc.).

mother-in-law, Doña mariana de xaramillo."[28] The contractual titles of these two native masters suggest the existence of an established professional group of native stonemasons that was controlled and supervised by the indigenous community.

Another such example appears in a letter written in 1677 by the native *caciques* (lords) and governors of the province of Quito to the Spanish king. The *caciques* denounced the abuses of the local Spanish magistrates who had demanded that indigenous carpenters and other construction workers support their building campaigns when the natives had other professional obligations and their own workshops to run. In this letter, the *caciques* observe that "throughout this diocese each year Indian Master magistrates and sergeants are elected for each profession that the said Indians have, [and] among them the election of magistrate is not excused, even for the Butchers, Pig-stickers, Fruit vendors, [although] these like others in reality do not appear to be professions."[29]

These and other types of documentary references demonstrate the existence of hierarchical professional organizations related to the building trade within the native population and indicate that such groups were organized and administered by the indigenous community. In the case of Quito, it would appear that the *república de los indios* (Indian Republic), an administrative body instituted by the Spanish that was parallel but subservient to the *república de los españoles* (Spanish Republic), maintained control over the building trade for most –if not all– of the colonial period.[30] Evidently, the *república de los indios* did not document its acts and elections in the same manner as the Spaniards, likely employing a more informal and verbal manner of operation. Therefore, our knowledge of its administrative structure and operations depends on disparate references that crossed over into the Spanish system, such as the notarial and juridical records cited above. Nonetheless, this type of information, together with evidence of the complete lack of Spanish

28 ANH/Q, Notaría 5ª, vol. 10, 1628, Gerónimo de Castro, fols. 613–13v. Cosme de Caso was the brother-in-law of Mariana de Jesús Paredes y Flores, who later became Quito's first saint. After the death of her parents, the young Mariana was raised by her elder sister Jerónima and her husband, Cosme de Caso; thus, the portal constructed by Machaguán and Anba was that of the house in which "la Azucena de Quito" spent her childhood, and which later became a part of the Carmelite convent.

29 Archivo General de Indias (hereafter AGI), Quito 33, no. 45, 1677, fol. 39.

30 For a detailed discussion of the *república de los indios* with respect to that of the *españoles*, see especially Phelan, *Kingdom of Quito*, chap. 3 (see n. 7).

control over the building profession revealed in the *Libros del Cabildo* for well over a century and a half, and the consistent references to titled masters and journeymen in the notarial record, leaves little doubt that the indigenous community controlled and dominated the building trade in Quito for nearly two centuries –the apogee of the city's construction.

INDIGENOUS MASTERS AND THE QUESTION OF CONTROL

Native dominance of the building trades underwent a partial transformation in the last decade of the seventeenth century when, in 1690 and 1692, the *cabildo* elected for the first time *maestros mayores* of the sculptors' and carpenters' guilds. These new elections represent a significant change in the standing of such professions in the eyes of the Spanish administrators, although the reasons for such attentions are not entirely clear. The shift to official regulation of these trades may point to a newfound valuation of the professions, or it may indicate recognition of the need for greater official Spanish control and vigilance. Another related issue was likely the decline of the *mita* that began during this period, for the crown was promoting its elimination. Whatever the reasons, it bears repeating that these are the only construction-related professions ever recognized or controlled by the *cabildo*; *maestros mayores* of bricklayers, stonemasons, joiners, and other building professions (with the exception of *alarifes* or architects) were never elected by the *cabildo* during the colonial period.

In 1690, the *cabildo* appointed "don francisco Tipán yndio" as *maestro mayor* of the sculptors' guild. Two years later, the indigenous or mestizo master Andrés de Ybarra was named *maestro mayor* of the carpenters, and "el Capitán Don Francisco Tipán yndio" was reelected to his post as head of the sculptors.[31] After 1694, Andrés de Ybarra

31 AMH/Q, Actas del Cabildo de Quito, 1691–97, fol. 75v (see n. 19). Andrés de Ybarra's ethnicity is not noted in the document. Although his mother was indigenous, the ethnicity of his father remains unclear. Andrés de Ybarra was the *hijo natural* (out-of-wedlock son) of the indigenous or mestizo, Agustín de Aciencio, and an indigenous woman, Inés Mexía,

disappears from the records, while Francisco Tipán was named *maestro mayor* of both the sculptors' and the carpenters' guilds for twelve successive years "because of his intelligence in both arts."[32] Tipán appears in a variety of documents as a master architect, sculptor, joiner, and woodworker, titles that demonstrate his domination of virtually all aspects of the building trade. In 1706, the last of his sixteen years of election as *maestro mayor*, Tipán was also designated *Alcalde mayor de los naturales del Partido de Anansayas*, a position of great administrative prestige that formed an important bridge between the *república de los indios* and that of the *españoles.*[33] The fact that the *cabildo* first and then consistently elected an indigenous master to head important professions related to the building trade serves as yet another indicator of native dominance in those fields.

Nonetheless, Francisco Tipán was by no means the only indigenous master of the building profession, for a systematic review of the notarial archives in Quito reveals more than forty such masters for the seventeenth century alone, along with hundreds of native journeymen and practitioners. These numbers make it clear that the contribution of manual labor by the indigenous population to the building profession was certainly no myth; indeed, only a small fraction of such artisans in late sixteenth- and seventeenth-century Quito were Europeans. According to the archival record, a remarkable number of indigenous masters plied their trades during the late sixteenth and seventeenth centuries, from master architects and *alarifes* to master stonemasons, bricklayers, carpenters, joiners, sculptors, and woodworkers. Moreover, in many cases these masters not only worked on projects, they also designed buildings and directed their construction.

---

although Ybarra took the surname of the man in whose home he was raised, Andrés de Ybarra the Elder. In the 1669 last will and testament of Inés Mexía, she confesses that her son Andrés "is not the son of the said Andrés de Ybarra, but of Agustin de aciencio, With whom I had a friendship before the aforementioned [Andrés de Ybarra], and Andrés de Ybarra himself acknowledged that he was not his son because he turned out very similar to the said Agustín de aciencio, his father" (Webster's translation). ANH/Q, Notaría 5ª, vol. 59, 1669, Francisco Valverde de Aguilar, fols. 15v–17. Andrés de Ybarra the Elder was a master sculptor, as Mexía notes in her will when she refers to "all the tools of sculpting that were left upon the death of the said Andrés de Ybarra And the books related to the art," fol. 16v.

32 AMH/Q, Actas del Cabildo de Quito, 1691–97, fol. 121.

33 AMH/Q, Actas del Cabildo de Quito, 1705–7, fol. 61v.

A selection of examples may serve to underscore the important roles played by indigenous masters in late sixteenth- and seventeenth-century Quito. For several years starting in 1602, the native master carpenters Francisco Morocho and Antonio de Guzmán directed the construction of the *capilla mayor* of the Church of San Agustín.[34] Morocho also served for more than twenty years as foreman of construction (*maestro de obra*), along with his father, the native master builder Jorge de la Cruz, of the Church of San Francisco (Figure 4), and was responsible for the erection of the Franciscan church in Riobamba.[35] In 1613, Martín Taguada, native master carpenter, celebrated a contract to construct the roof and the *artesonado* (elaborate coffered wooden vault) of the Church of San Roque, and directed a crew of indigenous journeymen and officials according to his own designs.[36] In 1662, Don Juan Bilatuña, native master sculptor and joiner, signed a contract to design and construct the *artesonado* of the Church of La Merced, for which he was paid the remarkable sum of two thousand *pesos*. Bilatuña was also charged with overseeing a team of indigenous workers and providing for their payment and meals.[37]

During the construction of the Church of El Sagrario in the late seventeenth and early eighteenth centuries, Mauricio Suárez, native master bricklayer, served as the *maestro de obra* and master builder for more than ten years (Figure 5), and the native master sculptors Blas Cimbaña and Pascual de Rojas carved the cornices and capitals of the pilasters, together with the monumental relief sculptures of the four Evangelists that adorn the pendentives of the dome (Figures 6, 7).[38] In the reconstruction of the Church of La Merced during the early eighteenth

34 ANH/Q, Notaría 6ª, vol. 11, 1602, Diego Rodríguez Docampo, fols. 392r–93r.

35 José Gabriel Navarro, *Contribuciones a la historia del arte en el Ecuador* (Quito, 1923), 51–52; Archivo General de la Orden Franciscana del Ecuador, Quito (hereafter AGOFE/Q), serie 10, 10.4, varios, no. 10–86, fol. 86. According to the latter source, Jorge de la Cruz and Francisco Morocho were responsible for "la hechura desta iglesia y capilla mayor y coro de San Fran[cis]co."

36 ANH/Q, Notaría 1ª, vol. 78, 1613, Alonso López Merino, fol. 285. It is worth noting that, in numerous cases, both the patrons and the artisans of a given work were indigenous. Such was the case with this commission, wherein the patrons of the *artesonado* were Marcos de la Cruz, native *alcalde* of the parish of San Roque, and Francisco Cayllagua, native carpenter and *mayordomo* of the church.

37 ANH/Q, Notaría 6ª, vol. 63, 1662–63, Diego Rodríguez de Mediavilla, fols. 50–50v.

38 ANH/Q, Censos y Capellanías, caja 5, 1690-1695, expte. 3-VI-1690, fols. 122 passim.

century, Joseph Landa, native master bricklayer, was commissioned as *maestro de obra* and master builder after the death of the Spanish architect José Jaime Ortiz, a post in which he served until the building was completed in 1715 (Figure 8).[39] In 1711, a native professional known only as Bartolomé Yndio was contracted by the *cabildo* as "master architect of Quito" to assess earthquake damage to the Church of Ipiales.[40] In 1712, the *cabildo* commissioned Pedro Tipán *yndio alarife*, based on his "intelligence and experience," to assess the cost of reconstructing of one of the city's important bridges.[41]

FIG. 4 – Jorge de la Cruz and Francisco Morocho (directors),
Church of the Monastery of San Francisco, Quito, ca. 1580s–1620s.
Hernán L. Navarrete.

39 AHOM/Q, Sección C. VI, G.8, 1700–36, "Libro de Gasto y reciuo," fols. 22 passim (see n. 12).

40 ANH/Q, Religiosas, caja 11, 1709–12, expte. 1711-V-9, fol. 9v.

41 AMH/Q, Actas del Cabildo de Quito, 1710–14, fols. 71v–72v.

FIG. 5 – José Jaime Ortiz (designer and director, 1694–1707);
Mauricio Suárez (director, 1707–15),
Church of El Sagrario, Quito, 1694–1715.
Susan Verdi Webster.

FIG. 6 – Blas Cimbaña and Pascual de Rojas, interior cornices and capitals, Church of El Sagrario, 1712. Hernán L. Navarrete.

FIG. 7 – Blas Cimbaña and Pascual de Rojas, relief sculpture of St. Matthew the Evangelist, Church of El Sagrario, 1712. Hernán L. Navarrete.

FIG. 8 – José Jaime Ortiz (designer and director of reconstruction, 1700–7); Joseph Landa (director, 1707–1712), Church of the Monastery of La Merced, Quito, 1700–12. Susan Verdi Webster.

In the realm of private construction, Juan Auqui, native master bricklayer, signed a contract in 1582 with a wealthy Spanish resident, Juan Bautista Arias, to build his two-story house and construct corridors, arches, fireplaces, stairways, a patio, a fountain, and other elements.[42] In 1587, Ventura de San Francisco, native master bricklayer, was commissioned by Juan Pacheco to build his house and shop.[43] In 1598, Felipe Yndio, master stonemason, and his son Joan Yndio, journeyman stonemason, contracted with Diego de Niebla to construct his luxurious residence in the center of Quito.[44] Later, in 1628, Machaguán, *alcalde de los yndios canteros*, and Anba, *alguacil de los yndios canteros*, were

42 Archivo Histórico del Banco Central, Quito (hereafter AHBC/Q), Fondo Jijón y Camaaño 194, fol. 1028.

43 ANH/Q, Notaría 1ª, vol. 1, 1582–87, Diego de Avendaño, fols. 467v–68v.

44 ANH/Q, Notaría 6ª, vol. 8, 1598, Diego Rodríguez Docampo, fols. 452–54.

commissioned by Cosme de Castro to erect an elaborate stone portal for his house.[45]

Even the Jesuits, famed for employing their own European architects and designers, commissioned indigenous masters for their many local constructions. The Jesuits recognized the talents of Lorenzo Aulis, native master stonemason, when in 1664 brother Marcos Guerra, himself an architect, commissioned Aulis to erect an enormous stone portal for their *Colegio* and to direct teams of indigenous workers (Figure 9).[46] Later, in 1694, the Jesuits signed a contract with Francisco Tipán, native master sculptor, joiner, woodworker, and architect, to design and build the main altarpiece for their new church, and to provide and supervise his own crew of indigenous artisans.[47]

These examples are only a fraction of those in the archival record, but they are enough to seriously undermine the assumption that, at least in Quito, native artisans participated in colonial architecture solely as manual laborers. The documents make it clear that native masters often designed the works, and that they controlled the construction process and directed the teams of artisans and laborers. However, with only a few exceptions, the names and works of these native masters have never been recognized. The abundance and importance of native masters in

45 ANH/Q, Notaría 5ª, vol. 10, 1628, Gerónimo de Castro, fols. 613–13v.

46 ANH/Q, Notaría 4ª, vol. 23, 1664, Antonio de Verzossa, fols. 310v–12. The source for the design of this portal has long been recognized as Michelangelo's design for the Villa Grimani. Most authors cite its appearance in the first Spanish edition of Vignola, published by Eugenio Caxés in 1593, as the means by which the design was introduced to the colonial Americas. The source and its spectacular realization in the Jesuit Colegio of Quito have led some authors to simply assume that it was the work of either a master architect or of Brother Marcos Guerra himself. See, for example, *Historia del Arte Hispanoamericano*, ed. Diego Angulo Iñíguez (Barcelona, 1950), 2:108; Mario Buschiazzo, *Historia de la arquitectura colonial en Iberoamérica* (Buenos Aires, 1961), 78; and Graziano Gasparini, *América, Barroco y Arquitectura* (Caracas, 1972), 271. Although Guerra likely selected the design, it was realized by the native master Aulis and his team of indigenous masons, with a number of changes and additions that warrant further investigation. Some of these authors also note that this design was repeated in the main portal of the Church of San Juan Bautista in Pasto, Colombia, and later in several churches in Bogotá. Documentary evidence recovered in Quito demonstrates for the first time that the portal, and in fact the entire church, of San Juan Bautista in Pasto was the work of the indigenous Quiteñan master mason Marcos Bermejo, who was contracted in Quito in 1667 to travel with his team of native masons to the town of Pasto to build the church. ANH/Q Notaria 1ª, vol. 224, 1667, José Gutiérrez, fols. 70–71v.

47 ANH/Q, Notaría 3ª, vol. 17, 1694, Nicolás de Leguía, fols. 828v–29v.

Quito may not be unique among other colonial Latin American urban centers; however, as noted above, circumstances elsewhere remain to be investigated. The following case studies of three indigenous masters offer greater insight into native control, participation, and contributions.

FIG. 9 – Lorenzo Aulis, main portal, Colegio de la Companía de Jesús, Quito, 1664. Susan Verdi Webster.

DIEGO VENTURA DE SANTIAGO AND THE CAPILLA DE LETRÁN

The Chapel of San Juan de Letrán (Figure 10), adjacent and connected to the church of La Merced, is considered to be "the oldest remaining part of the early constructions [of the order]."[48] In 1559, the powerful and wealthy local citizen Don Diego de Sandoval left a fortune in his will to build the chapel, which was to serve as a family sepulcher, and to pay for a variety of special masses and memorials in perpetuity. It was not until 1609, well after Sandoval's death, that the Mercedarians set about fulfilling his testamentary bequest. In that year, they signed a contract with Diego Ventura de Santiago, native master bricklayer, and his son Juan Ventura, native journeyman bricklayer, "to construct the church and Chapel of san juan de letran of this monastery... according to the design that they have made... building a chancel arch and a portal on the plaza... and a bell tower... all completely finished and done in complete perfection."[49] Father and son were charged with designing the chapel, with the direction and payment of crews of indigenous bricklayers, stonemasons, and carpenters, and with providing meals to the workers each day. For their labors and expertise, each received 280 *patacones*, a tidy sum for the period. This commission was an instance when an indigenous master and his son exerted almost complete control over the building, from the original design of the chapel to the construction and supervision of the process and the workers.

The rectangular-plan chapel is constructed atop a sturdy stone foundation that supports immensely thick brick walls pierced by several small windows and a barrel-vaulted interior. The chancel arch referred to in the contract bisects the nave, providing additional support for the vault. The main portal of the chapel, which opens onto the atrium of the Mercedarian church, is designed in a severe, classical style that features a dentilated pediment and cornice supported by engaged Doric columns atop soberly carved plinths (Figure 11). Although relatively simple in form, plan, and decoration, the chapel clearly demonstrates

48 Alfonso Ortiz Crespo, *Guía de arquitectura de la ciudad de Quito* (Quito, 2004), 2:190.

49 ANH/Q, Notaría 1ª, vol. 60, 1609, Alonso López Merino, fols. 615v–16v.

the ability of the indigenous master and his journeyman son to manipulate the language of European architectural forms. It bears repeating that this is the only building of the original Mercedarian complex to survive the frequent earthquakes that have wrought destruction in the city over the centuries.

FIG. 10 – Diego Ventura de Santiago and Juan Ventura, Chapel of San Juan de Letrán, Quito, 1609. Susan Verdi Webster.

FIG. 11 – Ventura de Santiago and Ventura, main portal,
Chapel of San Juan de Letrán.
Susan Verdi Webster.

JUAN BENÍTEZ CAÑAR, MASTER OF ALTARPIECES

During the colonial period, the art of designing and constructing *retablos* (large, elaborately carved wooden altarpieces) was closely associated with architecture, since the profession demanded extensive knowledge of the language and principles of architectural forms and structure. Indeed, in the literature of the period, the makers of altarpieces were generally referred to as *arquitectos.*[50] Mastery of drawing was essential for such professionals, and preparatory drawings and plans, signed by the master, the notary, and/or the patron, are typically referenced in the contracts for such works.

Among the many indigenous masters who excelled in altarpiece design and construction was Juan Benítez Cañar, active in Quito during the first quarter of the seventeenth century. He first appears in the documentary record in 1615, purchasing a small plot of land in the parish of San Roque for ten *patacones* with the title of *yndio, oficial escultor* (native journeyman sculptor).[51] After 1617, a variety of titles are attached to his name, including that of "Don," which demonstrates his newly elevated social status with respect to the Spanish establishment. Additionally, he is identified in the documents as "governor of the Indians of the parish of San Roque," and as "master architect, sculptor, joiner, and woodworker."

To this master can be assigned at least nine contracts for major altarpieces, including the main altar of the churches of Santo Domingo and San Agustín, and the altarpiece of the silversmith's guild and confraternity of San Eloy.[52] Benítez Cañar was commissioned to design and construct four altarpieces in San Agustín, three in Santo Domingo, one in San Francisco, and another in La Merced, as well as independent sculptures, including an image of San Valerio commissioned for export to the Mercedarian monastery in Puerto Viejo (in present-day Costa Rica).[53] The documentation makes reference to designs and drawings

50 Gutiérrez, *Arquitectura y urbanismo*, 345 (see n. 2).

51 ANH/Q, Notaría 1ª, vol. 82, 1615, Alonso Dorado de Vergara, fols. 92v–93.

52 ANH/Q, Notaría 6ª, vol. 29, 1620, Diego Rodríguez Docampo, fols. 552–55; Piedad y Alfredo Costales, *Los Agustinos. Pedagogos y misioneros del pueblo (1573–1869)* (Quito, 2003), 22; and ANH/Q, Notaría 1ª, vol. 98, 1622, Gerónimo de Heredía, fols. 394v–95v.

53 AHN/Q, Notaría 1ª, vol. 103, 1603, Gerónimo de Heredía, fols. 573–74v.

created and signed by Benítez Cañar, who also signed his name to the contracts (Figure 12). Unfortunately, none of the master's drawings accompany the documents of commission in the notarial volumes.

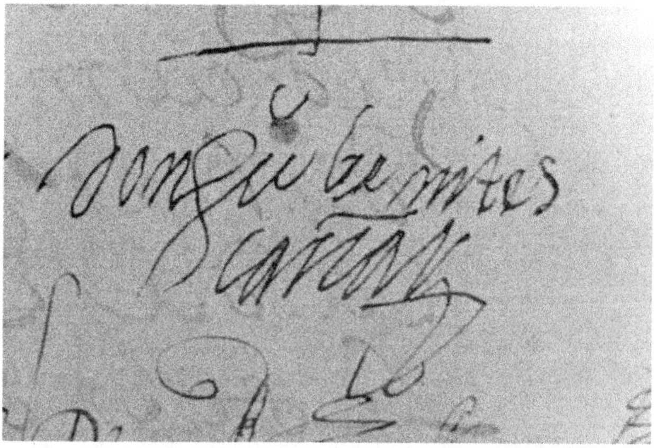

FIG. 12 – Signature of Juan Benítez Cañar.
Susan Verdi Webster.

Sadly, these *retablos* have been lost or remain to be identified. Given their early dates, most were likely replaced during the eighteenth century when changing tastes propelled the "modernization" of church interiors. The original altarpieces may have been sold to other churches in the region or recycled into newer, more stylish pieces. Indeed, in one case involving Benítez Cañar himself, as part of a commission to construct a private altarpiece, the artist was given the old *retablo* to do with as he wished.[54]

A possible example of a reused Benítez Cañar altarpiece may be found in the interior decoration of the impressive Chapel of the Rosary in the Church of Santo Domingo (Figures 13, 14). In 1623, Doña Gerónima de Galarza, wife of the secretary of the *real audiencia*, commissioned Don Juan Benítez Cañar, *yndio ladino maestro escultor*, to design and build "a wooden two-story altarpiece and its pediment and cornice above with five images sculpted in the round in three niches, the principal [of which] must have our lady and Saint Joseph and the child Jesus in the middle holding hands with his blessed mother and Saint Joseph–and

54 ANH/Q, Notaría 1ª, vol. 105, 1623–24, Juan García Rubio, fol. 18v.

in the [other] two niches Saint Ildefonso and Saint John the Evangelist, and the columns of [the *retablo*] must be *melcochada* [?] and striated and the capitals of the Corinthian [order]–and fantasies on both sides of the uppermost part–and the second story above need not have sculptures in the round because it has to have paintings as can be more extensively seen in the design and model of the said altarpiece on parchment that is signed by me, the present notary and by the said Don Juan Benitez."[55]

FIG. 13 – Juan Benítez Cañar (?), west side altar, Chapel of the Rosary, Church of Santo Domingo, Quito, 1623 (?). Susan Verdi Webster.

55 ANH/Q, Notaría 6ª, vol. 35, 1622–23, Diego Rodríguez Docampo, fols. 383–84.

FIG. 14 – Juan Benítez Cañar (?), east side altar, Chapel of the Rosary, Church of Santo Domingo, Quito, 1623 (?). Susan Verdi Webster.

Additionally, the master was to oversee the work and direct teams of indigenous artisans. For his labors and expertise, Benítez Cañar received five hundred *patacones*, a quite handsome sum for the time.

The altarpiece was to be located along one of the lateral walls of the side chapel dedicated to Saint Joseph that was owned by a relative of the patron, Captain Juan de Muñoa Ronquillo. Later in the century this chapel became the property of the Confraternity of the Rosary, although it is unclear whether the confraternity took charge of the original altarpieces. During the eighteenth century, the confraternity undertook a very large expansion of the chapel, extending it out over an impressive architectural span that bridged the street alongside the church.[56] Still extant within

56 Susan Verdi Webster, "Confraternities as Patrons of Architecture in Colonial Quito, Ecuador," in *Early Modern Confraternities in Europe and the Americas: International and Interdisciplinary Perspectives*, ed. Christopher Black and Pamela Gravestock (London, 2006), 210–13.

the first section of the chapel nearest the church are two *retablos* that contain elements and iconography related to the original altarpieces of the chapel (see Figures 13, 14), including images of Saint Joseph, Saint John the Evangelist, and Saint Ildefonso. Additionally, these altarpieces employ elaborately adorned columns topped by fanciful Corinthian capitals and exhibit a variety of whimsical decorative elements that may correspond to the "fantasies" referenced in the contract.

Benítez Cañar is an excellent although certainly not isolated example of a native master of altarpieces in seventeenth-century Quito. Like others, he appears in many documents with the title of master architect, as well as that of master sculptor, joiner, and woodworker. Although documentary evidence of his design and construction of buildings is lacking, given his titles and abilities, it is certainly possible that he undertook such activities.

DON FRANCISCO TIPÁN, MASTER BUILDER AND ENTREPRENEUR

The professional career of the native master Francisco Tipán illustrates the potential for social, professional, and political advancement available to native artisans during the seventeenth and early eighteenth centuries.[57] Tipán came to enjoy fame, fortune, and a multitude of important titles and appointments during his long career (ca. 1670-1706), in addition to being recognized as an expert and a master of various trades related to construction and artistic production in Quito. Elected by the *cabildo* for sixteen years as *maestro mayor* of the sculptors' and carpenters' guilds, after 1693 he is identified in the documents as "Capitán" Don Francisco Tipán. Although documentary evidence of how he obtained this military title is lacking, it is likely that he served in one of the native battalions that protected the city and accompanied missionary expeditions to other regions.[58] Toward the end of his career, he appears in the documents

57 For a useful study of indigenous social mobility in the colonial Andes, see Karen Spalding, "Social Climbers: Changing Patterns of Mobility among the Indians of Colonial Peru," *Hispanic American Historical Review* 50, no. 4 (1970), 645–64.

58 Indigenous battalions have not been accorded much attention in the literature on the *audiencia* of Quito. Nonetheless, specific examples may be cited, including that of Don

as" Capitán Don Francisco Tipán yndio, maestro escultor, entallador, ensamblador y arquitecto," indicating that he had come to dominate virtually all aspects of the building profession.[59]

A quite large number of documents provide evidence of the trajectory of Tipán's life and career in the city of Quito. He appears for the first time in the notarial records in 1670 as a native master carpenter, acquiring a small, vacant plot of land in the parish of San Roque.[60] Over the next 35 years, Tipán purchased four adjoining houses and plots of land in the same parish that comprised nearly a city block, wherein he likely established his workshop. In 1691, he purchased large tracts of land in nearby Nayón and Conocoto, which served as sheep ranches, providing additional income from the sale of wool.[61] During the 1690s, Tipán rented a *pulpería* –a shop that sold foodstuff and merchandise– on the corner of the popular plaza of Santo Domingo.[62] It was likely from this shop that (together with indigenous associates who were involved in the construction business) he traded in local and Castilian textiles.[63] It appears that Tipán maintained close contact with the Dominicans; his *pulpería* was located nearby, he purchased a small house from them (which he soon sold), and he served for several years as *Prioste de los Naturales* (Indian official) in the Confraternity of the Rosary, which maintained a chapel in the Church of Santo Domingo.[64]

A chronological review of the some of the titles accorded Tipán in the documents is instructive: he appears first in 1670 as "Francisco Tipán, yndio maestro carpintero"; in 1683, as "Don Francisco Tipán, yndio maestro ensamblador"; in 1685, "Don Francisco Tipán, yndio maestro

---

Diego Sancho, *cacique* of Latacunga, who in 1580 wrote a letter to the king requesting that he be awarded the title of *Alcalde Mayor* of all the Indians in his district in return for his service as captain of the battalion of Indians from Latacunga who were sent to "pacify" the Quixos. AGI, Quito, 46, N. 49 (23-I-1580), n.p. (see n. 28). Another example is that of Don Francisco Toaquiza, who in the 1680s served as sergeant major in the native battalion of the city of Quito. ANH/Q, Notaría 1ª, vol. 247, 1681, Juan García Moscoso, fols. 158–59v.

59 ANH/Q, Testamentarias, caja 47, 1717, exp. 20-IV-1717, fols. 82–82v.

60 ANH/Q, Notaría 5ª, vol. 62, 1670, Juan de Arce, fols. 320v–21.

61 ANH/Q, Notaría 5ª, vol. 86, 1691, Francisco Dionisio de Montenegro, fols. 257v–58v.

62 ANH/Q, Real Hacienda, caja 43, 1684–1780, vol. 1694, fol. 66; Archivo General de la Nación, Lima (hereafter AGN/L), Real Hacienda, Caja Real, C-7, leg. 1275, 1693, Quito, C.3, fol. 67; AGN/L, Real Hacienda, Caja Real, C-7, leg. 1275, 1692, Quito C.2, fol. 76; and AGN/L, Real Hacienda, Caja Real, C-7, leg. 1275, 1690, Quito, C.1, fol. 71v.

63 ANH/Q, Notaría 1ª, vol. 293, 1705–6, Gregorio López, fols. 370–70v.

64 ANH/Q, Notaría 1ª, Juicios, caja 3, 1666-1683, expte. 15-07-1677, fol. 15.

escultor"; in 1704, "Don Francisco Tipán, yndio alarife y arquitecto"; and in 1705 with the title "Capitán Don Francisco Tipán, yndio maestro escultor, entallador, ensamblador, y arquitecto." This chronology clearly demonstrates Tipán's rising professional as well as sociopolitical status within the community. Another pattern also appears in the documents. In the 1670s and 1680s, Tipán did not sign his name to contracts, asking witnesses to sign in his stead because he did not know how. Beginning in 1694, however, Tipán's own signature appears on all documents (Figure 15), indicating his definitive entry into the world of *indios ladinos*, or hispanicized natives who spoke the Spanish language and/or wore European dress.

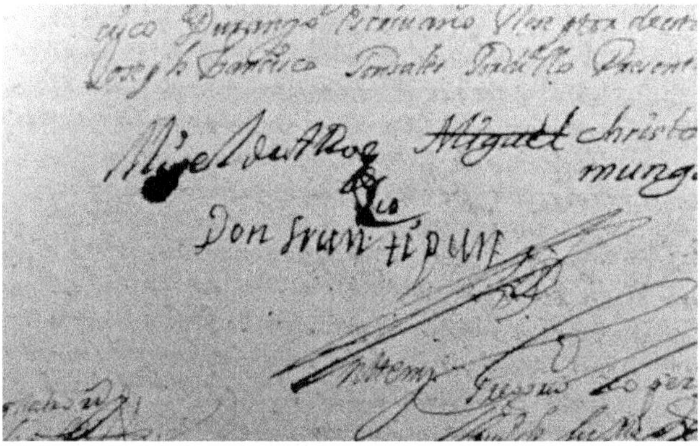

FIG. 15 – Signature of Francisco Tipán.
Susan Verdi Webster.

Overall, the documentation presents Tipán as an individual of great talent, ambition, and tenacity, whose life and career exemplify the possibilities for upward professional, social, and political mobility available to indigenous artisans. From his origins as an illiterate native carpenter who purchased a small vacant plot of land in 1670, Tipán came to possess substantial real estate and financial resources, engage in a variety of business ventures, achieve widespread recognition as an outstanding master in the construction world, obtain major artistic commissions, and acquire titles of great socio-political importance within the community.

Given Tipán's prominence in the community during the late seventeenth and early eighteenth centuries, it seems remarkable that he has not been accorded more attention by modern historians. Among the twentieth-century art and architectural historians of Quito, José María Vargas does not mention Tipán at all, while Joel Monroy, Benjamín Gento Sanz, and José Gabriel Navarro each make only one minor reference to him. Equally surprising is the fact that, at present, only four documented contracts involving Tipán have been recovered, of which only one is partially extant. Nonetheless, Tipan's earliest documented commission clearly demonstrates his status as a master and his high professional standing in the community.

In December 1694, in the company of the General Protector of the Indians, "Captain Don Francisco Tipán, native master joiner," signed a contract with the *Procurador* of the Jesuit order to construct the main altarpiece of their church. According to the document, the work was to be "of wood, six-sided, thirteen *varas* in height and eight in width, in a square [format] with full length [sculptures of] twelve Apostles of two *varas* in height, and four evangelists... according to the drawing that he has submitted, within a year and a half."[65] The Jesuits were to provide all materials for the work, in addition to the meals for Tipán and his team of twenty-five indigenous artisans. For his labor as designer and director of the work, Tipán was paid an impressive 1,800 *pesos*, a small fortune at the time. This was clearly a major commission and must have served to solidify Tipán's reputation as an artist of considerable importance within the community.

The altarpiece created by Tipán was replaced during the eighteenth century with a work begun in 1735 by the German Jesuit Jorge Vinterer. It is possible that some elements of Tipán's original altarpiece were reconfigured and installed along the lateral walls of the apse (Figure 16). However, until further documentation is recovered, one can only lament the loss of this monumental work by an important indigenous master.

Several years after the Jesuit commission, Tipán undertook two projects in the Church of San Francisco; these have been published respectively by Navarro and Gento Sanz. Describing the first project, Navarro observed simply that "there worked in Quito a sculptor, Francisco

65 ANH/Q, Notaría 3ª, vol. 17, 1694, Nicolás de Leguía, fols. 828v–29v. One *vara* is approximately three feet; thus, Tipan's altarpiece stood an impressive 39 feet high.

Tipán, who appears in the years 1697 to 1699, together with a gilder named Andrés, [as the maker of] the altarpiece and the niches of the sacristy of [the Church of] San Francisco."[66]

FIG. 16 – Francisco Tipán (?), lateral wall of apse, Church of La Compañía, Quito, 1694–95 (?). Hernán L. Navarrete.

Regrettably, the main altarpiece no longer exists, nor do two of the six original altar niches; however, the four extant niches provide at least some idea of the master's abilities. The large niches are conceived in pairs that face each other across the sacristy. The first pair (Figures 17,

66 José Gabriel Navarro, *La escultura en el Ecuador* (Madrid, 1929), 168.

18) is designed with a distinctive series of fluted columns with fanciful capitals topped by a projecting cornice that supports a corresponding series of arches. Columns and arches diminish in size and displace in depth in a play of perspective that creates a telescoping optical focus for the central sculpture. The second pair of altar niches (Figures 19, 20) bears Corinthian pilasters and columns crowned by entablatures and projecting cornices that support barrel-vaulted interiors.Each niche is lined with a series of elaborately framed paintings. One contains images of archangels; the other bears scenes from the lives of Franciscan saints. Although they are not monumental works, as the Jesuit altarpiece surely was, these altar niches clearly demonstrate Tipán's mastery of the European architectural language.

FIG. 17-18 – Francisco Tipán, altar niche,
Sacristy of the Church of San Francisco, Quito, 1697–99.
Hernán L. Navarrete.

FIG. 19-20 – Francisco Tipán, altar niche,
Sacristy of the Church of San Francisco. Hernán L. Navarrete.

Gento Sanz documented a second project undertaken by Tipán in the Church of San Francisco.[67] Based on evidence recovered from the Franciscan archive, Gento Sanz asserted that the original altarpiece dedicated to San José, which once belonged to Don Francisco Topatauchi Atabalipa Inga, a son of Atahualpa, was completely reconstructed in 1698. In passing, the author notes that "one of the sculptors who intervened in its creation, apparently indigenous, is called Francisco Tipán 'sculptor,' who was paid 14 pesos for his work, as well as the name of a certain 'Andrés the Gilder,' who received 20 pesos."[68] The present altarpiece dedicated to San José in the Church of San Francisco contains elements that appear to date from this period; however, judging from the small payment, Tipán's work on the project may not have been extensive enough to permit significant conclusions to be drawn about the nature of his contribution.

67 Benjamín Gento Sanz, *Historia de la obra constructiva de San Francisco* (Quito, 1942), 54–55.
68 *Ibid.*, 55.

Another slightly later work by Tipán was first published by Monroy in a general study of the Monastery of La Merced, although assigned an incorrect date.[69] An account book for the years 1703 to 1736, maintained in the Mercedarian archive, records the expenses incurred in the decoration of the monastery's *portería* (public entrance vestibule). Among the expenditures for the year 1703 appears the notation: "to the Master tipan for the manufacture of the tabernacle... and the doors of the Holy Christ sculpted on the exterior... the two lateral Niches of Our Lady and Saint John and… the [carved] frames of the Mirrors, and for sculpting the doors on the interior."[70] According to the account book, the cost of the work, including the materials and the meals of Tipán and his team of indigenous journeymen, totaled 81 *pesos* 5 *reales*, although Monroy asserts that Tipán was paid 216 *pesos* for the sculptural work.[71]

Unfortunately, all of the works in the *portería* were dismantled by the selfsame Mercedarian friar Monroy in the mid-twentieth century, and parts of them were reconfigured to create the altarpiece dedicated to the Lord of Justice, which stands today in the church.[72] Additional research is required in order to identify elements of the *retablo* that may be attributable to Tipán.

Although only a fraction of Tipan's documented work is extant, a large body of designs must once have existed, particularly given his important contract with the Jesuits, his official titles and recognition by the *cabildo*, and his stature within the community. It is also possible that Tipán was involved in the construction of houses and other architectural projects.

During much of his career, Tipán served as an officially recognized assessor of real estate. Two examples underline the importance of this role in his career and for his relationship to the indigenous community. In 1704, Doña Luciana Duque de Estrada, an influential Spanish citizen, brought a major lawsuit against the Spanish architect Ortiz. The two parties had signed a contract in 1701, in which they agreed to trade

69 Joël Monroy, *El Convento de la Merced de Quito (de 1700 a 1800)* (Quito, 1943), 141–42.

70 AHOM/Q, Sección C. VI, G. 8 (1700–36) "Libro de gasto y reciuo....", fols. 12–12v (see n. 12).

71 Compare AHOM/Q, Sección C. VI, G.8 (1700–36) "Libro de gasto y reciuo....," fols. 12–12v, with the comments made by Monroy, *El Convento de la Merced*, 142.

72 Luis Octavio Proaño, *La Merced arte e historia* (Quito, 1989), 188-190.

houses.[73] Three years later, Duque de Estrada filed suit against the architect, alleging that he had traded her a house in abysmal condition, cleverly camouflaged beneath a covering of paint and whitewash in order to hide the deceit.[74] To evaluate her claim, the *real audiencia* named an official assessor, Don Francisco Tipán, *alarife y arquitecto desta Ciudad.*

The indigenous master undertook an extremely detailed assessment that reveals not only his extensive knowledge of construction techniques but also implies a substantial rivalry with Ortiz, Tipán's only serious competition at the time. In his report, Tipán observed that the house was badly constructed because the walls are of a single row of adobe [bricks] and for a two- story house, [alternating and crossed] double rows of adobes are required, and because the attic is all [made] of *chacl-las* [sticks] and mud and in order to conceal [the fraud] it is lined with reed mats and all of the wood is worm-eaten and because of this [Ortiz] ordered [that it be] whitewashed and the beams painted, [together with the] walls, reed mats of the roof, and doors.[75]

Despite Tipán's extensive and revealing report, the political and peninsular power of the Spanish architect held sway, resulting in a lengthy lawsuit that continued for many years after the deaths of Duque de Estrada, Ortiz, and Tipán.

Another intriguing lawsuit involving a dispute over the value of a house that was filed in 1706 by an indigenous woman, Doña Michaela Pillajo, against a Spanish woman, Doña Ana Martínez de Sigüenza, highlights contemporary tensions, alliances, and competition. In this case, each party was required to appoint an independent assessor of the building. Pillajo, hoping that the house would bring a high price, named as her assessor Tipán, *yndio Maestro ensamblador y Arquitecto.* Martínez de Sigüenza, holding out for a lesser value, named her countryman Ortiz*, alarife desta ciudad.* Tipán assessed the value of the house in question at 1,100 pesos, while Ortiz placed its worth at only 700. The substantial difference between the two valuations again underlines a healthy rivalry between the two masters, and may also suggest a play of ethnic alliances. In order to resolve the issue, the court appointed a

73 ANH/Q, Notaría 4ª, vol. 51, 1701, Manuel Cevallos y Velasco, fols. 61–62v; and Susan V. Webster, *Arquitectura y empresa en el Quito colonial. José Jaime Ortiz, Alarife Mayor* (Quito, 2002), 94–98.

74 ANH/Q, Casas, caja 3, 1704, expte. 3, fols. 11–250.

75 *Ibid.*, fols. 49–49v.

third assessor, identified only as Joseph Guerrero, town resident. His appraisal, at 950 pesos, was obviously designed to appease both parties and avoid a protracted court case.[76]

Tipán appears with the title of architect and/or *alarife* in these and many other appointments as a real estate assessor, implying that he both possessed and exercised these professional capacities. It is therefore likely that he designed and constructed houses and other buildings in the city, although no contracts for such works have yet been identified.

The official recognition accorded Tipán during his career as a master of the building trade appears to mark a change in the administrative perspective of the Spanish authorities toward at least some of the indigenous masters of construction. Prior to his appointment as *maestro mayor* of the sculptors and carpenters, such masters and guilds were neither recognized nor controlled in any official fashion by the *cabildo*. At least in part, this official recognition may be attributed to Tipán's professional expertise and sociopolitical standing within the community, although whether such newly instituted control represented a threat or a reward is unclear.

Nonetheless, it is perhaps not surprising that, after Tipán's death, the *cabildo* nominated a series of indigenous *maestros mayores* of the carpenters' and sculptors' guilds. In 1607, the native master Pedro Pillajo assumed that title.[77] In 1712, Pedro Tipán, perhaps some relation to the earlier master, was elected by the *cabildo* as "a person of intelligence and experience" for the assessment and reconstruction of an important local bridge.[78] In 1718 and 1719, the *cabildo* again nominated an indigenous master to head the sculptors' and carpenters' guilds, Cristóbal Monga, whose surname reflects a connection to a long familial tradition of native woodworkers.[79] Despite the fact that, never once during the colonial period did the *cabildo* officially elect an indigenous *maestro mayor* of architects or *alarifes*, the professional and sociopolitical achievements of Francisco Tipán and other native masters demonstrate that opportunity and upward mobility were potentially accessible to the indigenous artisans, and their accomplishments appear to have rendered more

76 ANH/Q, Testamentarias, caja 47, 1717, expte. 20-IV-1717, fols. 81v–88v.

77 AMH/Q, Actas del Cabildo de Quito, 1705–7, fol. 102v (see n. 19).

78 AMH/Q, Actas del Cabildo de Quito, 1710–14, fol. 71v.

79 AMH/Q, Actas del Cabildo de Quito, 1715–19, fol. 90v, fol. 143.

permeable the professional frontiers between the *república de los indios* and that of the *españoles.*

The documentary evidence demonstrates and indeed highlights the decisive role of indigenous masters in the construction and adornment of colonial Quito. Far from their general characterization as manual laborers, in many cases these native masters exercised intellectual and administrative control over the full process of architectural production, from the contract and design to the supervision of the workers and the construction itself. Moreover, these masters are not the anonymous native laborers generally referred to in the literature; they possessed identities, professional titles, and master works that can and should be reinserted into the historical record.

Susan Verdi WEBSTER

HISTOIRE DE LA CONSTRUCTION, UN REGARD ITALIEN[1]

Si ce bref article a pour but de présenter la situation italienne quant à l'histoire de la construction, il ne prétend a aucune objectivité en la matière et ne reflète que le point de vue de son auteur, qui n'a d'ailleurs aucun titre pour jouer le rôle d'ambassadeur officiel. L'objectif n'est pas de présenter ici une liste d'activités, de publications, d'institutions ou de personnes. S'il fallait néanmoins citer trois faits récents qui semblent révélateur du dynamisme de l'histoire de la construction en Italie et des différentes formes dans lesquelles elle s'incarne, on pourrait souligner la fondation de l'Association Italienne pour l'histoire de l'art de l'ingenieur[2] (2004), l'organisation, a Ravenne en 2005, du congrès *Theory and Practice of construction : knowledge, means, models. Didactic and research experiences*[3], sous la direction de Riccardo Gulli, ou, encore, l'importante publication *La Colonne. Nouvelle histoire de la construction*[4] (2008), dirigée par un Italien, Roberto Gargiani, mais rédigée en français et en anglais (a ce titre excellent exemple de collaboration européenne), œuvre particulièrement significative de par l'originalité de son concept.

Mais laissant de côté données et listes, cet article souhaite présenter brièvement quelques aspects et tendances des recherches italiennes

1 Ce texte a été précédemment édité sous la référence : Antonio Becchi, « Histoire de la construction : un regard italien ». In *Édifice & Artifice. Histoires constructives.* Sous la direction de Robert Carvais, André Guillerme, Valérie Nègre et Joël Sakarovitch, 59-63. Paris : Picard, 2010. Il est ici reproduit avec l'autorisation de l'auteur et des éditions Picard.

2 *L'Associazione Italiana di Storia dell'Ingegneria* a été fondée a Naples en 2004, le premier congrès de l'Association s'est tenu en 2006. Voir www.aising.it.

3 G. Mochi (ed.), *Theory and Practice of Construction : Knowledge, Means, Models, Ravenna*, Edizioni Moderna, 2005.

4 R. Gargiani (sous la direction de), *La Colonne. Nouvelle histoire de la construction*, Lausanne, Presses polytechniques et universitaires romandes, 2008.

consacrées à l'histoire de la construction. Lorsque l'on pense a ce champ de recherche en Italie, c'est paradoxalement un ouvrage français qui vient a l'esprit, *L'Idée constructive en architecture*[5] (1987). Ce livre, ainsi que, par exemple, la revue *Amphion*[6], ont largement contribue à ce que les auteurs italiens considèrent de manière nouvelle, originale et différente, l'architecture et la construction. *L'Architecture à la française*[7] (1982) de Jean-Marie Pérouse de Montclos, avait d'ailleurs quelques années plus tôt déjà amorcé ce mouvement. Au même moment, en Italie, l'archéologie, l'histoire de l'architecture, l'histoire des sciences et des techniques de la construction prenaient acte des limites des structures traditionnelles et des dangers d'un cloisonnement disciplinaire trop rigoureux. Ces barrières, toujours plus hautes, entourant les histoires des différents domaines de recherche, étaient à l' origine d'une situation proche de l'asphyxie. Le regard des archéologues, tout comme celui des historiens de l'architecture, des historiens d'art ou des historiens des sciences, semblait faire un concours de strabisme gnoséologique.

Cette sclérose progressive avait eu des conséquences beaucoup plus graves pour l'historiographie architecturale que pour les autres domaines. Le conflit entre analyses esthétiques et formelles d'une part, lectures techniques et constructives d'autre part semblait avoir créé une impasse théorique insurmontable. Les trahisons épistémologiques perpétrées par les nombreux protagonistes des deux coalitions devenaient de plus en plus évidentes. Le résultat était surprenant. Ce territoire de la connaissance qui, de manière quasi proverbiale, avait accueilli en son sein l'irréductible multiplicité des savoirs, était en train de se réduire a un champ de bataille. Les représailles idéologiques (sur les méthodes, les sources ou les approches) ne laissaient derrière elles que des ruines sans fumée. Et pourtant l'architecture et la construction de l'architecture auraient dû inviter a une plus grande prudence, a une plus grande ouverture. Mais les différences de langage et les distinctions académiques voulues créaient des tensions incompatibles : archéologues classiques contre archéologues

5 *L'Idée constructive en architecture*, Actes du colloque tenu à Grenoble du 28 au 30 novembre 1984. Edition dirigée par X. Malverti, Paris, Picard, 1987

6 *Amphion. Études d'histoire des techniques*. Le premier numéro est paru en 1987 sous la direction de J. Guillerme.

7 J.-M. Pérouse de Montclos, *L'Architecture à la française : XVIe, XVIIe, XVIIIe siècles*, Paris, Picard, 1982.

de l'architecture, technologues contre historiens, scientifiques contre technologues, historiens de l'art contre tout le monde.

À l'intérieur de ce scenario décourageant, l'histoire de la construction est devenue, au fil du temps, un élément salutaire de contradiction, une pierre d'achoppement. À toutes ces disciplines d'illustre tradition (tellement illustres qu'elles en avaient oublié leur propre raison d'être), l'histoire de la construction posait de nouvelles questions, ou plus exactement, revenait en fait aux questions originaires, apparemment évidentes. Elle remettait au centre des préoccupations l'architecture construite dans son inextricable complexité, en faisant comprendre qu'il ne s'agissait pas de construire l'énième palais-discipline, débordant de méthodes, de principes, de pouvoirs et de corporations. Il s'agissait plutôt de s'exercer à traverser, d'un pas léger, des palais déjà existants (d'ailleurs trop nombreux), avec un seul objectif en tête : la *construction*. Il fallait traverser ces palais en ayant conscience qu'il faudrait aussi savoir en sortir pour pouvoir respirer. Le manque d'air frais a donc été le premier moteur de ce renouvellement historiographique. Il était impératif de voir les choses d'un autre point de vue, de bouleverser certains lieux communs, de se soustraire aux discours stériles des canons historiographiques désormais momifiés.

Comme toujours, ce mouvement a coïncidé avec une période de joyeuse confusion. On trouvait ceux qui invoquaient l'interdisciplinarité comme panacée à tous les maux, ceux qui célébraient les recherches d'archives comme exemple de rigueur philologique, et d'autres pour qui l'expérience du chantier était l'indispensable salle d'entrainement pour une bonne historiographie. On a donc mis en place un processus qui, en Italie tout au moins, dure encore aujourd'hui, et dans lequel l'histoire de la construction s'est présentée comme nouvelle frontière. Mais elle est aussi parfois apparue comme un « camp de refugiés » où les différents acteurs souhaitaient s'affirmer au plus vite, après des années de privations et de frustrations.

Apres six colloques nationaux espagnols[8] et trois colloques internationaux[9] consacrés à l'histoire de la construction, le temps de la réflexion est sans doute arrive. Une réflexion qui devrait partir du *chantier d'architecture*, c'est-à-dire du théâtre expérimental le plus ancien de la mémoire de

8 Madrid 1996, La Coruna 1998, Sevilla 2000, Cadiz 2005, Burgos 2007, Valencia 2009.
9 Madrid 2003, Cambridge 2006, Cottbus 2009.

l'humanité : un théâtre de machines et un théâtre de savoirs, une mise en scène astucieuse et un laboratoire dynamique ou le savoir théorique met à l'épreuve la validité de ses principes. Un théâtre où le savoir met à nu ses limites.

Les trois points suivants pourraient servir de base à une discussion commune, à partir des réflexions suggérées par le cas italien :

- L'histoire de la construction devrait être le lieu où les compétences se rencontrent. En italien, « rivaliser » se dit *competere*, de *cumpetere*, tendre/aller vers *ensemble*. Les compétences ne se confrontent pas avant d'être ce qu'elles sont, elles s'affinent plutôt dans l'échange, dans le contrôle, dans l'approfondissement. L'interdisciplinarité est donc la conséquence prévue d'une réflexion au sujet de notre propre activité *disciplinaire*, de l'approfondissement de chaque problème (et les problèmes ne sont *jamais* disciplinaires). L'interdisciplinarité ne surgit donc pas de l'écume de savoirs confus, de connaissances imprécises, de discours vagues sur tout et sur n'importe quoi. L'in-disciplinarité nécessaire est une conséquence évidente des disciplinarités rigoureuses et solides. Elle doit être vue comme un dépassement, et non comme un raccourci intellectuel. Si l'histoire de la construction est un lieu de rencontre, une place, une agora, et si l'on souhaite échanger des idées, il ne faut pas passer tout son temps sur la place, il faut au contraire que chacun joue son rôle, en racontant ce qu'il a entendu dans des pays lointains, dans les territoires « sauvages » de la connaissance, dans des terres jamais explorées auparavant.
- L'histoire de la construction a besoin, aujourd'hui plus que jamais, de ceux que les allemands appellent *Querköpfe*, des personnes capables de sortir de la boite, de regarder de manière indépendante ce qui a déjà été fait et ce qui peut encore être fait. Les boites à outils de l'historien ne doivent plus se transformer en microcosme du chercheur, elles doivent au contraire recommencer à être utiles, et à être utiles au but recherche.
- L'histoire de la construction a besoin de professionnels, voire de mercenaires, mais aussi d'amateurs. Mais d'amateurs qui amusent et qui s'amusent. Elle n'a en revanche pas besoin d'amateurs qui n'amusent pas, et encore moins d'amateurs qui ne s'amusent pas,

qui n'amusent pas les autres et qui se plaignent que personne ne les comprend. Il faut en outre faire bien attention à distinguer amateurs et professionnels, dans un domaine aussi hétérogène. La frontière entre les deux est, en effet, très mince. Le récent ouvrage *Handbook of material culture*[10] (2006) en donne un exemple. Les auteurs, qui abordent le thème de l'architecture, peuvent être considérés, du point de vue de l'histoire de la construction, comme des amateurs, mais des amateurs qui n'amusent personne. Ceci est aussi valable pour beaucoup d'entre nous (en premier l'auteur de ces lignes), du point de vue de la *material culture*. Les deux courants de recherche ont de nombreux points en commun mais, apparemment, les deux communautés de chercheurs ne se fréquentent pas beaucoup, les informations n'arrivent pas a la place-agora *histoire de la construction*.

Pour résumer ces quelques considérations en une phrase, on peut emprunter une des *promenades architecturales* de Leonardo Sinisgalli. En montrant une image, qui décrit la sinuosité des canaux semi-circulaires de l'oreille interne (fig. 1), Sinisgalli fait ce commentaire : « Je crois maintenant qu'avant de s'intéresser au sentiment de l'architecture, avant d'expliquer la nature de son langage, il faut affiner le goût et la curiosite pour ce métier merveilleux qui reste enfermé entre les murs de chaque bâtiment[11] ». On ne peut mieux dire.

Sans faire de liste de livres ou d'associations, on ne peut conclure sans évoquer ici la figure d'Edoardo Benvenuto. Il nous a quittés il y a juste dix ans et au cours de ces derniers mois, nous avons voulu continuer à faire vivre son enseignement, si proche des finalités du présent ouvrage, à travers un certain nombre d'initiatives : la réimpression de son livre paru en 1981[12], le projet de bibliothèque numérique *Bibliotheca Mechanico-Architectonica*, lancé en 2007[13] ; l'ouvrage collectif *Imago Dei*, consacré

10 C. Tilley et al. (eds), *Handbook of material culture*, London, Sage Publications, 2006.

11 "*Ora io credo che prima di interessarsi al sentimento della architettura, prima di chiarire la natura del suo linguaggio bisogna affinare il gusto e la curiosità per il mestiere meraviglioso che resta murato in ogni fabbrica*". Voir L. Sinisgalli, *I mattoni di Vitruvio* dans Idem, *Furor mathematicus*, Milano, Mondadori, 1950, p. 103-104 (2e éd. augmentée ; 1re éd. Roma, Editore Urbinati, 1944). *Promenades architecturales* est le titre du second chapitre du livre.

12 E. Benvenuto, *La Scienza delle costruzioni e il suo sviluppo storico*, Roma, Edizioni di Storia e Letteratura, 2006. La traduction en français est à paraître prochainement.

13 *Bibliotheca Mechanico-Architectonica*, www.bma.arch.unige.it.

à son intérêt pour la theologie[14] (fig. 2) ; le prix international Edoardo Benvenuto[15] (éditions 2008 et 2009).

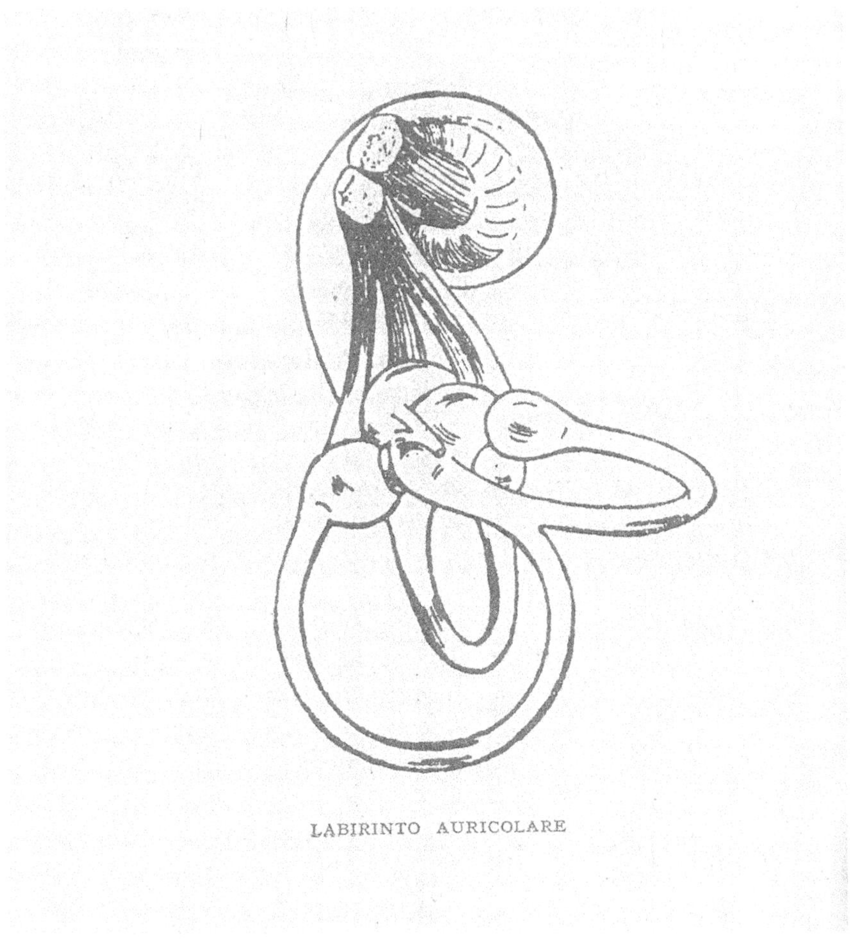

FIG. 1 – Le métier « enfermé entre les murs » : image tirée de Leonardo Sinisgalli, *Furor mathematicus*, Mondadori, Milano 1950, p. 102.

14 A. Grillo et F. Milana (eds.), *Imago Dei. La téologia di Edoardo Benvenuto*, Marietti 1820, Milano 2008.

15 L'*Association Edoardo Benvenuto pour l'histoire de l'art et de la science de la construction dans leur développement historique* existe déjà depuis 1999. Pour l'Association et le prix international Edoardo Benvenuto voir www.associazionebenvenuto.org.

FIG. 2 – La pensée théologique d'un ingénieur
qui aimait l'idée constructive : Edoardo Benvenuto (1940-1998).

La personnalité d'Edoardo Benvenuto peut, plus et mieux que tant d'autres, indiquer la voie exigeante que nous avons devant nous en Italie, et ailleurs. Il a incarné ce *beautiful mind* capable de penser *out of the box* et d'utiliser l'une des maximes d'Arnold Geulincx comme gymnastique de l'esprit : « On ne saurait faire quelque chose, qu'on ne sache comment cette chose se fait[16] ». Cette ébauche de programme intellectuel, tiré de la *Metaphysica vera et ad mentem peripateticam* (1691) de Geulincx, Benvenuto la reliait à un extrait de la *Politique* d'Aristote : « Si l'on considère les choses dans leur genèse, on en obtient une intelligence parfaite ». Benvenuto se mesurait donc à une question originaire, qui est le fruit d'une curiosité *radicale*. A l'histoire de la construction est demandée la même originalité épistémologique : pour penser la construction ou peut-être, plus simplement, pour penser. Pour penser (et repenser) les disciplines et les savoirs. La recherche en Italie a un extrême besoin politique de cette impatience épistémologique. Pour ce faire, l'histoire de la construction doit montrer compétences rigoureuses, compétitions d'excellence, partage des connaissances et des objectifs au niveau international. La route est encore longue et étroite, mais l'enthousiasme ne fait pas défaut.

Antonio BECCHI

16 "*Impossibile est ut is faciat, qui nescit quomodo fiat*".

ARCHEOLOGIA DEI CANTIERI DI ETÀ ROMANA[1]

Il cantiere antico è oramai oggetto di attenzioni e ricerche da parte di numerosi archeologi che, oltre all'aspetto formale degli edifici e allo studio delle loro tecniche murarie, si interessano al modo in cui furono realizzate le opere e agli artefici della costruzione, dal committente fino ai semplici operai[2]. Utilizzando fonti e metodi differenti, molti aspetti del cantiere possono essere indagati con l'obiettivo di ricostruire, ad esempio, quali erano le tecnologie costruttive impiegate nei diversi periodi e il livello di specializzazione degli artigiani, quali materiali furono usati e quali sforzi furono compiuti per trasportarli fino al luogo della costruzione, quante risorse finanziarie e umane furono consumate per completare le opere, quale era il valore che gli uomini del tempo attribuivano agli edifici che con tanto dispendio venivano realizzati e cosa questi edifici, dai più monumentali ai più umili, attraverso le loro vicende costruttive, ci raccontano di quegli uomini.

In un articolo di Tiziano Mannoni e Anna Boato del 2002, dal titolo *Archeologia e storia del cantiere di costruzione*, per la prima volta in Italia nell'ambito dell'Archeologia dell'Architettura si è proposto di considerare l'edificio come il risultato di un'azione costruttiva, composta da una serie di operazioni in sequenza. È stata inoltre proposta l'identificazione degli indicatori archeologici che permettono di risalire all'organizzazione del cantiere, suddivisi secondo diverse categorie di manufatti (strutture ed

---

1 Rispetto alla prima versione di questo articolo di Stefano Camporeale, pubblicata nella rivista *Archeologia dell'Architettura* (n. XV, anno 2010, 171-179), in questa sede sono stati aggiornati gli anni di pubblicazione dei titoli che allora erano in corso di stampa. Nel frattempo sono anche stati pubblicati gli atti di *Arqueología de la construcción* IV (Padova 2012: Bonetto *et al.* 2014) e *Arqueología de la construcción* V (Oxford 2015: Delaine *et al.* 2016). Il testo è qui ristampato grazie al permesso dell'editore All'Insegna del Giglio (www.insegnadelgiglio.it). DOI: 10.1400/182814.

2 Ringrazio Rita Volpe, Hélène Dessales e Antonio Pizzo per i loro commenti e correzioni alla prima versione di questo contributo.

elementi architettonici in pietra, malte e intonaci, strutture e finiture in cotto, opere lignee, opere metalliche), e la loro integrazione con le fonti documentarie (Mannoni – Boato 2002, p. 44-53). Sempre in Italia, per quanto riguarda l'epoca romana, gli studi sui cantieri si sono sviluppati all'interno di due ambiti disciplinari distinti: quello della Topografia antica, in particolare il Rilievo e analisi tecnica dei monumenti (Amici 2005a e 2005b; Giuliani 2006), e quello dell'archeologia stratigrafica. Questi distinti approcci sono stati applicati quasi esclusivamente a edifici di Roma, come dimostrano anche i contributi raccolti negli atti della giornata di studio di Roma (2001) sui cantieri antichi (*Cantieri antichi* 2002).

In Francia gli studi sui cantieri sono legati da una parte all'etno-archeologia, dall'altra all'archeologia stratigrafica. Sono di particolare interesse i lavori di Jean-Claude Bessac sulla litotecnica, basati sulla lettura antropologica delle tracce di lavorazione relative ai diversi strumenti degli scalpellini (Bessac 1986 e 2004). Il contatto con l'antropologia ha inoltre condotto all'applicazione di metodi di archeologia sperimentale, soprattutto per quanto riguarda i materiali lapidei (Bessac *et al.* 1997; v. titolo 3.7 nell'appendice) e le costruzioni in terra cruda (v. titolo 2.26 nell'appendice), grazie al confronto con le maestranze che, nei diversi territori esaminati, continuano a costruire secondo metodi tradizionali. Per quanto riguarda l'ambito più strettamente archeologico, un sostanziale contributo alla definizione dell'archeologia della costruzione è stato elaborato in occasione dello studio della cisterna di Porta Romana a Ostia (Dessales 2008)[3].

Altri lavori, inglesi (Delaine 1997) e statunitensi (Lancaster 2005), sono da ricollegare alla storia delle tecnologie e più in generale alla storia dell'architettura, ma sviluppano un approccio originale alla conoscenza del cantiere antico, integrando metodologie differenti (archeologiche, geologiche e archeometriche, analisi quantitative), per una più completa indagine degli edifici. In particolare la pubblicazione del volume di Janet DeLaine sulle Terme di Caracalla a Roma rappresenta un punto di riferimento metodologico per lo studio dell'organizzazione e la tempistica dei lavori edili[4]. L'autrice ricostruisce l'intero processo di

3 Nello studio dell'edificio ostiense la definizione *archéologie de la construction* è utilizzata per sottolineare l'approccio conoscitivo al procedimento della costruzione e alle sue implicazioni economiche e sociali.

4 Lo stesso metodo è utilizzato anche per l'esame dell'architettura privata di Ostia (DeLaine 1995 e 1996) e per quantificare la produzione di laterizi e malta nei cantieri di Roma e

edificazione delle terme, secondo un metodo induttivo che risale dalle strutture preservate fino alle fasi del cantiere. I resti delle strutture vengono scomposti nei loro elementi (materiali e tecniche) che vengono quantificati, ipotizzando il volume originario della fabbrica. In seguito, dalle quantità di materiali è necessario risalire alla "quantità" di manodopera necessaria per ciascuna delle operazioni incluse nel ciclo produttivo, a ciascuna delle quali viene assegnato un valore in termini di tempo minimo di produzione. La sola fonte materiale non è sufficiente per stabilire il tempo necessario per completare le fasi di costruzione, deducibile invece dalla manualistica del XIX e XX secolo, in particolare il *Manuale per la stima dei lavori edili* di G. Pegoretti del 1863, con ristampa nel 1869, che riporta i costi e tempi di produzione in riferimento a singole operazioni (Pegoretti 1869). Per poter applicare i valori forniti dal Pegoretti, ulteriori ipotesi devono essere formulate in merito alla quantità di giorni lavorativi nell'anno e la quantità di ore lavorative nella giornata (DeLaine 1997, p. 103-109), solo per fare due esempi. Oltre a ciò, utilizzando altre fonti (in particolare l'Editto dei Prezzi di Diocleziano e le testimonianze epigrafiche), è possibile risalire al costo delle costruzioni.

Per poter confrontare questi diversi approcci e fornire indirizzi di ricerca e metodologie condivise agli studiosi di diverse nazionalità che si occupano di cantieri antichi, in seguito a una giornata di studi sui cantieri pubblici nel mondo romano organizzata dall'École normale supérieure di Parigi (febbraio 2006), si è formato un gruppo di studio internazionale che ha proposto l'organizzazione di una serie di workshop denominata *Arqueología de la construcción*[5].

In seguito alla conclusione dei primi tre incontri della serie[6], è possibile offrire un bilancio delle conoscenze finora acquisite sui cantieri di epoca romana. I primi due workshop sono stati dedicati all'Italia, le province occidentali e orientali (Camporeale *et al.* 2008; Camporeale *et al.* 2010, in corso di stampa); il terzo alla "*économie des chantiers*" (Camporeale

---

Ostia (DeLaine 2000a). Affini a questi sono anche gli studi di Lynne Lancaster sul Foro di Traiano e il Colosseo (Lancaster 1998; Ead. 1999; Ead. 2000 e 2005).

5 Sulla genesi degli incontri, i precedenti scientifici, la definizione di *Arqueología de la construcción* e i risultati acquisiti nei primi due workshop, v. Pizzo 2009.

6 I workshop si sono tenuti presso le sedi delle organizzazioni patrocinatrici: l'Instituto de Arqueología di Mérida (26-27 ottobre 2007), l'Università Siena (13-15 novembre 2008) e l'École normale supérieure di Parigi (10-11 dicembre 2009).

et al. 2012), analizzandone i diversi aspetti: tempi e organizzazione dei lavori, costo dei lavori, strumentario e materiali, tecniche di costruzione e demolizioni (secondo la denominazione delle sessioni). I temi dei tre incontri denotano l'approccio globale al cantiere di costruzione nel mondo romano, tenendo conto dei rapporti fra le diverse regioni del Mediterraneo, ma anche in quanto a metodi e fonti utilizzate per risalire alla sua organizzazione. La discussione dei contributi è di seguito suddivisa in temi e risultati delle ricerche. Per facilitare il riferimento ai 66 articoli contenuti negli atti, in un'appendice sono elencati i titoli all'interno di ciascun volume, contrassegnati da una numerazione progressiva.

TEMI

Per proporre un bilancio dei risultati finora ottenuti sui cantieri romani, è utile in primo luogo esaminare i temi affrontati nelle ricerche. Gli interventi presentati ai workshop non si sono distanziati troppo dal quadro generale degli studi già compiuti o ancora in corso nell'ambito dell'archeologia classica, proponendo semmai un'intensificazione delle ricerche sulle categorie di monumenti tradizionalmente più indagate, in particolare le architetture pubbliche. Mantenendo l'ordine geografico proposto nei primi due workshop, si osserva che i casi di studio coprono diverse regioni del Mediterraneo, corrispondenti a 20 province dell'impero romano, oltre a Roma e l'Italia (fig. 1). All'interno di questi territori, gli studi hanno riguardato singoli siti e monumenti, oppure si configurano come studi regionali sulla diffusione delle tecniche costruttive e dei materiali (fig. 2). Come abbiamo appena accennato, per quanto riguarda i monumenti si nota una preponderanza degli studi riguardanti l'architettura pubblica, in particolare 5 sulle opere di fortificazione (titoli 2.2, 2.21, 2.26, 2.27, 3.13 nell'appendice), 8 su templi e santuari (1.13, 1.14, 1.15, 2.1, 2.2, 2.12, 2.30, 3.14), 4 sui fori (1.4, 2.4, 2.6, 2.30), 1 basilica (1.1), 2 sugli archi (1.14, 1.17), portici (1.7, 2.15) e strade (2.17, 2.22), 6 sulle terme (1.6, 1.9, 1.11, 2.5, 3.4, 3.5), 4 sui teatri (1.8, 1.12, 2.3, 2.20), 1 trofeo (1.5), 1 mausoleo (3.12), 3 sulle opere idrauliche (1.2, 2.14, 2.25). Molto inferiori numericamente sono gli studi di architetture private (titolo 1.17), commerciali (titolo 2.7) o a funzione mista pubblica e privata (titolo 2.13). I siti considerati sono in genere urbani, o comunque strutture di lusso come le ville (titoli 1.3, 2.11), mentre solo in un solo caso ci si è occupati di impianti produttivi rurali (titolo 1.16).

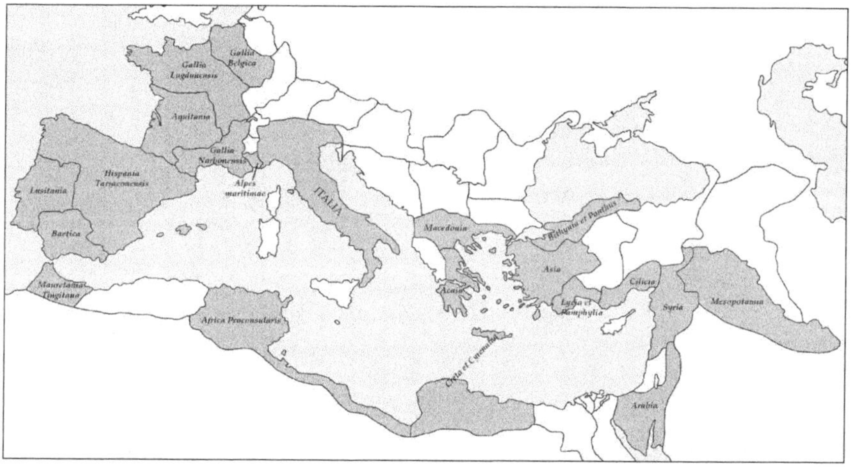

FIG. 1 – Carta dell'impero romano con l'indicazione dei territori provinciali trattati negli studi sui cantieri (da Camporeale *et al.* 2012, fig. 1 dell'introduzione).

Altri contributi riguardano specifici materiali da costruzione con attenzione ai cicli di produzione, le tipologie, la diffusione, le funzioni: 6 sul marmo (titoli 2.20, 2.21, 2.28, 2.29, 2.30, 3.5), 8 su altri tipi di pietra (2.10, 2.21, 2.29, 2.30, 2.31, 2.33, 3.7, 3.15), 1 sulle opere in terra (2.26), 5 sui laterizi (2.9, 2.19, 2.23, 3.10, 3.11), 1 sul metallo (3.8), 2 su malte e intonaci (3.9, 3.10). Per quanto riguarda in particolare i lapidei da costruzione si segnala un notevole interesse nei confronti delle attività di cavatura, alle quali sono da assegnare 5 titoli (2.2, 2.10, 2.21, 2.32, 2.33). Cinque saggi sono stati impostati come studi regionali di tecniche edilizie (1.4, 2.18, 2.19, 2.23, 3.10). Inoltre, altri contributi si sono basati sull'analisi delle fonti scritte: 7 su quelle epigrafiche (1.17, 2.5, 2.17, 3.3, 3.4, 3.5), 2 per quelle letterarie (2.16, 3.2), 2 sulle giuridiche (3.1, 3.2), 1 sull'editto dei prezzi di Diocleziano (2.28) e infine 2 sulla manualistica di età moderna e contemporanea (2.8, 3.6).

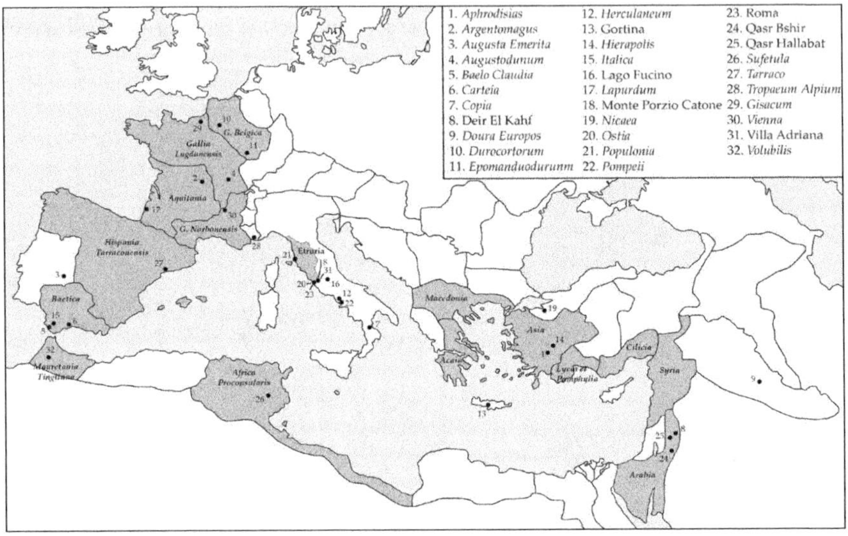

FIG. 2 – Carta dell'impero romano con l'indicazione dei territori per i quali sono stati proposti studi regionali (campitura in grigio) e dei singoli siti trattati negli studi sui cantieri (da Camporeale *et al.* 2012, fig. 2 dell'introduzione).

Agli studi regionali corrispondono i seguenti titoli dell'appendice: *Acaia* (2.18), *Africa Proconsularis* (1.16, 3.10), *Aquitania* (3.8, 3.9), *Asia* (2.17), *Arabia* (2.17), *Baetica* (2.32), *Cilicia* (2.17, 2.23), *Etruria* (1.4), *Gallia Belgica* (1.18, 3.8, 3.9), *Gallia Lugdunensis* (3.8), *Gallia Narbonensis* (3.7), *Hispania Tarraconensis* (2.31), *Lycia et Pamphylia* (2.17, 2.24), *Macedonia* (2.19), *Mauretania Tingitana* (1.18), *Syria* (2.17). Ai singoli siti si riferiscono i seguenti titoli: *Aphrodisias* (2.20), *Argentomagus* (1.8), *Augusta Emerita* (1.14, 2.23), *Augustodunum* (2.29), *Baelo Claudia*, *Carteia* (1.13), *Copia* (2.15), *Deir El Khaf* (2.27), *Doura Europos* (2.26), *Durocortorum* (3.15), *Epomanduodurum* (3.5), *Gortina* (2.25), *Herculaneum* (2.13), *Hierapolis* (2.21, 2.22), *Italica* (1.11), *Lago Fucino* (1.2), *Lapurdum* (3.13), *Monte Porzio Catone* (2.11), Nicaea (2.20), *Ostia* (3.2), *Populonia* (2.10), *Pompeii* (2.12, 2.14), *Roma* (1.1, 2.1, 2.2, 2.3, 2.4, 2.5, 2.6, 2.7, 2.8, 3.4, 3.11, 3.12), *Qasr Bshir* (2.27), *Qasr Hallabat* (2.27), *Sufetula* (1.15), *Tarraco* (2.30), *Tropaeum Alpium* (1.5), *Gisacum* (1.9, 3.14), *Vienna* (1.6, 1.7), *Villa Adriana* (1.3), *Volubilis* (1.17).

Venendo ai problemi fondamentali nello studio dei cantieri di qualsiasi epoca, ovvero la loro durata e organizzazione[7], attraverso un approccio che integra metodi e fonti differenti, l'archeologia è in grado di fornire una ricostruzione del processo costruttivo che, secondo la proposta di Janet DeLaine nelle conclusioni del primo workshop, può essere sintetizzato in sette operazioni principali (DeLaine 2008, p. 324-325)[8]. Queste avvenivano sul luogo stesso della costruzione oppure coinvolgevano il contesto immediatamente circostante, o anche persone, mezzi e territori in un'area più ampia:

1. *Progetto iniziale* elaborato da committenti ed esecutori (architetti, ingegneri, capomastri);
2. *Preparazione del sito* con le prime opere che trasformano il contesto preesistente, dall'acquisizione del terreno fino alle demolizioni di strutture e sbancamenti del terreno;
3. *Preparazione delle infrastrutture* necessarie allo svolgimento dei lavori e alla contestualizzazione del nuovo edificio, in particolare le strade di accesso, il sistema di approvvigionamento idrico e fognario;
4. *Prima elaborazione dei materiali*, connessa alla loro acquisizione e lavorazioni al di fuori del cantiere;
5. *Ulteriore elaborazione dei materiali* che comprende le fasi di lavorazione nel cantiere;
6. *Costruzione dell'edificio*;
7. *Finiture e decorazioni*, fra le quali è da includere l'eventuale ulteriore trasformazione dei materiali messi in opera nelle fasi precedenti.

Schematizzando ulteriormente si possono suddividere le attività previe all'esecuzione dell'opera, quelle intrinseche al cantiere e quelle derivate dall'impianto di un nuovo edificio nel contesto in cui viene a collocarsi (Pizzo 2009, p. 38).

---

7 Questi due argomenti sono indicati come i problemi principali da affrontare nello studio dei cantieri già da Mannoni – Boato 2002, p. 44-53; v. anche Pizzo 2009, p. 34-35.

8 L'autrice aveva originariamente proposto una distinzione in otto fasi, dove l'ottava corrispondeva alle riparazioni e modifiche dell'edificio. In seguito alla nuova proposta da parte di G.P. Brogiolo di una suddivisione della storia del manufatto architettonico in cinque stadi (Brogiolo 2010), l'ottava fase del cantiere proposta della DeLaine deve essere riferita al secondo stadio denominato "Trasformazione della fabbrica originaria".

Per quanto riguarda l'individuazione della sequenza delle operazioni di costruzione, la lettura stratigrafica delle murature spesso fornisce l'impalcatura su cui fondare le successive interpretazioni (Mannoni – Boato 2002, p. 44; Parenti 2010). La stratigrafia può essere più o meno complessa e riferirsi alle trasformazioni che un edificio ha subito nel tempo o aiutare a individuare le operazioni di cantiere di una singola fase cronologica. A quest'ultimo proposito, è significativo lo studio del portico nord di Saint-Romain-en-Gal (titolo 1.7 nell'appendice), edificio della metà del I secolo d.C. che racchiude una vasta piazza dalla funzione sconosciuta. Per questo edificio viene proposta una lettura integrata di stratigrafie orizzontali e verticali; in particolare, la lettura delle pause del cantiere aiuta ad identificarne l'organizzazione e dunque a ricostruire le quantità di materiali e manodopera necessari per il completamento della costruzione.

Per quanto riguarda invece gli indicatori di cronologia assoluta, sostanziali novità provengono dai ritrovamenti epigrafici[9] nelle Terme di Traiano a Roma, edificio degli inizi del II secolo d.C. (titoli 2.5, 3.4; Volpe 2008a e 2008b). Qui una serie di iscrizioni dipinte in rosso sulle pareti laterizie mentre queste venivano costruite, registrano giorno per giorno l'avanzamento del lavoro. Le scritte riportano infatti il giorno di esecuzione di singoli brani di muratura, espresso secondo il calendario romano (fig. 3). In tutto sono state riconosciute 60 scritte in una delle gallerie sotterranee preservata per un'altezza massima di 13 m e costruita tra il mese di febbraio e agosto, e altre 60 iscrizioni nell'elevato dell'esedra soprastante, conservata per un'altezza di 15 m ed edificata nel corso dello stesso anno tra settembre e ottobre. Grazie alla posizione e frequenza delle scritte si è dedotto che un operaio poteva eseguire ca. 10 mq di paramento al giorno.

Questo dato può essere confrontato con le informazioni che Evelyne Bukowiecki fornisce sulle quantità di bessali, sesquipedali e bipedali necessari a costruire 1 mq di muratura, basandosi sulle tecniche di taglio dei laterizi in un numero variabile di triangoli (titolo 2.9, p. 150). Se un muro fosse costruito interamente in sesquipedali (il cui utilizzo all'epoca della costruzione delle Terme è prevalente rispetto agli altri

9 Per quanto riguarda i sistemi di datazione basati sui cosiddetti "orologi naturali", si ricorda solamente l'importanza dell'analisi dei pollini per ipotizzare la stagionalità dei lavori di costruzione, da aprile all'autunno, del Trofeo di Augusto alla Turbie: v. titolo 1.5 nell'appendice.

moduli) sarebbero necessari dai 7 ai 9 sesquipedali interi che, una volta tagliati in otto triangoli, forniscono dai 56 ai 72 laterizi. In realtà nelle murature delle Terme, vengono usati anche spezzoni di laterizi più piccoli (bessali o frammenti di sesquipedali) e si trovano all'incirca 80 laterizi per metro quadrato[10]. Ogni operaio metteva dunque in opera all'incirca 800 mattoni al giorno.

FIG. 3 – Parete di fondo della galleria sotterranea delle Terme di Traiano a Roma. Nella parte superiore è visibile l'affresco della "Città dipinta", nella parete traianea sottostante le iscrizioni dipinte (titolo 2.5 nell'appendice, fig. 7, cortesia dell'autrice).

10 Rita Volpe, comunicazione personale.

Il risultato così ottenuto coincide anche con le stime ricavate da Janet DeLaine per le costruzioni in laterizi sulla base di diverse fonti storiche dal XVIII agli inizi del XX secolo (DeLaine 2000a, p. 234-235). Le quantità di materiali che un posatore (con un aiutante) è in grado di mettere in opera giornalmente variano a seconda della lavorazione richiesta da ciascun pezzo in relazione alla qualità dell'opera: 1000 laterizi/giorno se non è richiesta una preparazione particolare, ad esempio in murature che dovevano poi essere rivestite, fino a 700-500 laterizi/giorno se i materiali richiedevano una lavorazione più accurata[11]. Visto il grado di finitura dei laterizi usati nelle Terme di Traiano è possibile concludere che la porzione di paramento costruita quotidianamente da ciascun operaio rispecchia le stime proposte dalla DeLaine (che non tengono conto dell'uso simultaneo di moduli differenti) per i laterizi che richiedevano una finitura più o meno raffinata[12].

RISULTATI. GLI INDICATORI ARCHEOLOGICI DELLE FASI DEL CANTIERE

Per quanto riguarda l'organizzazione del cantiere è possibile ripercorrere le sette fasi sopra descritte identificando per ciascuna di esse gli indicatori archeologici riconosciuti nei casi di studio presentati nei tre workshop[13]. Le numerose nuove tracce archeologiche del cantiere nei diversi contesti indagati arricchiscono le informazioni derivate dalle fonti letterarie, giuridiche ed epigrafiche sui personaggi coinvolti nelle costruzioni (a questo proposito v. i titoli 1.10, 2.16, 2.17, 3.1 nell'appendice; inoltre: DeLaine 2000b; Martin 1989; Saliou 1994).

11 Secondo l'autrice è possibile supporre che queste stime siano applicabili anche all'epoca romana, dal momento che ogni laterizio, indipendentemente dalla forma e dalle dimensioni, la cui variazione è in questo senso poco significativa, può comunque essere sollevato e posato con la sola forza di una mano.

12 Il ragionamento è confermato dal fatto che, se le murature fossero interamente in sesquipedali, le stime proposte dalla Bukowiecki e dalla DeLaine coinciderebbero fra loro oltre che con il dato delle Terme di Traiano, poiché risulterebbe che ogni operaio poteva mettere in opera giornalmente tra i 560 e i 720 laterizi in 10 mq di muro.

13 Per ciascuna delle fasi del cantiere non vengono perciò discussi tutti i possibili indicatori archeologici desumibili dalla letteratura scientifica in merito.

1) *PROGETTO INIZIALE* (TITOLI 1.2, 1.8, 1.9, 1.12, 1.14, 1.15, 1.16, 1.17, 2.11 NELL'APPENDICE).

Nell'ambito delle discipline che si occupano dell'architettura romana sono state da lungo tempo sviluppate una serie di metodologie per risalire alla geometria originaria degli edifici a partire dai loro resti (v. WILSON JONES 2000). Dal punto di vista del cantiere, e quindi del processo costruttivo, è interessante comprendere come il contesto in cui l'edificio è realizzato può aver comportato modifiche al progetto iniziale, dovute per esempio alla natura del terreno o a errori di costruzione. Un problema fondamentale è il modo in cui le misure venivano riportate sul terreno a partire dal progetto iniziale per i tracciamenti necessari alla costruzione. La base dello studio è costituito dalle planimetrie e dai prospetti dell'edificio, eventualmente integrati da ricostruzioni per risalire alle dimensioni originali del progetto. Un esempio è rappresentato dallo studio di una *domus* della prima età imperiale a *Volubilis* nella *Mauretania Tingitana* (titolo 1.17), il cui progetto iniziale è ricostruibile sovrapponendo alla planimetria una griglia modulare di 25 piedi di lato (fig. 4). L'analisi stratigrafica in questo caso ha aiutato nell'individuazione delle prime murature costruite: la facciata e il muro di fondo delle *tabernae*, che distano per l'appunto 25 piedi. Ripetendo la griglia verso il fondo dell'edificio è chiaro ad esempio che il peristilio si inscrive in un quadrato di 50 piedi di lato. Le altre suddivisioni interne derivano da partizioni della griglia principale[14]. È un metodo di costruzione ampiamente diffuso nel mondo romano, con unità di misura quali il piede di 0,296 e il *passus* corrispondente a 5 piedi, che a *Volubilis* sono utilizzate anche nell'architettura pubblica. Oltre all'unità di misura si può anche dedurre che lo spessore dei muri veniva riportato di un piede su ogni lato della linea del tracciamento iniziale che probabilmente corrisponde anche al progetto originario.

È interessante inoltre notare come, in tutti i casi in cui questo aspetto è stato chiarito, la comprensione del progetto iniziale dell'edificio ha sempre comportato anche il rapporto con il contesto urbano in cui gli edifici si inseriscono: non è solo il caso del quartiere nord est di *Volubilis*, dove si inserisce la *domus* sopra descritta, ma anche di *Emerita Augusta*

14 L'eccesso di 5 piedi sul lato ovest dipende probabilmente da una variazione del progetto originario.

con il cosiddetto Foro Provinciale (titolo 1.14), e di *Sufetula* nell'Africa Proconsolare (titolo 1.15). Questo accade soprattutto nel caso di urbanizzazioni che presentano una certa regolarità dell'impianto, dove risulta chiaro che i singoli progetti dovevano adattarsi alla parcellizzazione già esistente. Da studi di questo genere condotti su specifici edifici è possibile dunque risalire all'entità di programmi edilizi di più ampio respiro e al ruolo delle autorità preposte al controllo delle attività edilizie.

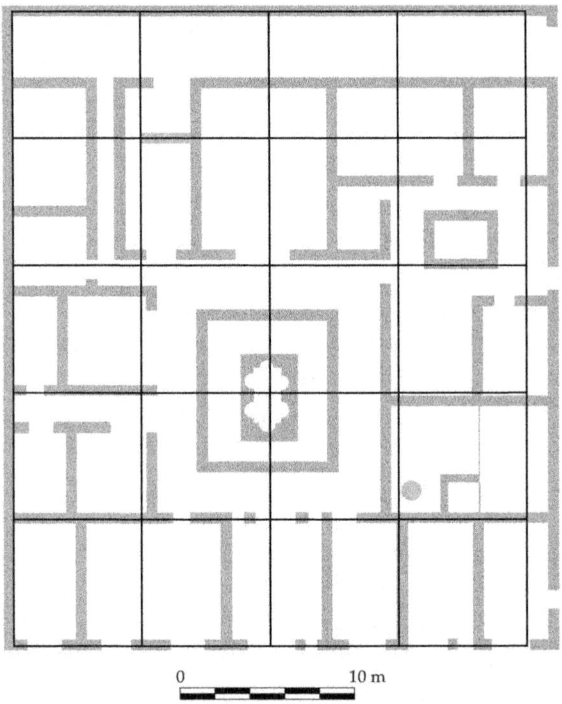

FIG. 4 – Schema progettuale della *domus* di *Volubilis* (*Maison aux deux pressoirs*) sovrapposto alla pianta delle strutture.

Altri indicatori archeologici frequentemente visibili sono rappresentati dalle linee guida incise al di sopra del basamento delle fondazioni e che rappresentano il riferimento su cui allineare i muri di elevato, come nel caso della *porticus* semicircolare di *Copia* nell'attuale Calabria (titolo 2.15). Per quanto riguarda i prospetti degli edifici e dunque la costruzione degli elevati, si possono incontrare altri tipi di indicatori e segni, utilizzati soprattutto nel caso di edifici monumentali di grandi proporzioni, per il controllo dell'avanzamento di cantieri particolarmente estesi e impegnativi o per la collocazione di singoli elementi costruttivi. È il caso della Basilica di Massenzio dove la posizione delle colonne della navata centrale, addossate alle pareti, fu controllata tramite tracce orizzontali rubricate sulle cortine laterizie (titolo 1.1, fig. 20). Un diverso sistema di controllo fu messo in atto per il posizionamento di contrafforti sui terrazzi al di sopra delle navate laterali con la funzione di contenimento della volta della navata centrale. I contrafforti furono posizionati in corrispondenza dei muri portanti sottostanti e l'appiombo fu controllato tramite discendenti verticali lasciati aperti nello spessore delle murature (titolo 1.1, fig. 30).

2) *PREPARAZIONE DEL SITO* (TITOLI 1.1, 1.6, 2.5, 2.6, 2.8, 2.12, 2.15, 3.4 NELL'APPENDICE)

Riguardo alle attività precedenti la costruzione e necessarie a preparare il terreno su cui si impianterà il cantiere, gli indicatori archeologici sono rappresentati da tracce di sbancamenti, identificabili attraverso tagli nelle stratificazioni orizzontali, e demolizioni (come tagli in strutture precedenti e accumuli di macerie), oppure dalle sovrapposizioni fra strutture di differenti fasi edilizie. Lo scavo stratigrafico e l'analisi delle strutture murarie sono essenziali per la ricostruzione delle operazioni messe in atto. Queste tracce si rilevano soprattutto nei contesti urbani dove per far posto a nuovi edifici era talora necessario sacrificare le preesistenze. Anche in questo caso Roma, uno dei contesti dalla stratigrafia più complessa, presenta casi di particolare interesse. Soprattutto l'analisi di alcuni grandi progetti edilizi, come la Basilica di Massenzio e le Terme di Traiano sul Colle Oppio mette in luce il razionale sfruttamento delle macerie e delle strutture demolite. Nel primo caso le strutture flavie degli *Horrea Piperataria* vengono inglobate nella costruzione e utilizzate come cassaforme per le fondazioni del muro perimetrale ovest del nuovo edificio (titolo 1.1). Le Terme di Traiano comportarono invece la distruzione di un quartiere precedente e l'impianto del nuovo edificio con orientamento completamente differente (titolo 2.5). Il problema fu risolto con l'ausilio di archi di scarico in laterizi che si impostarono sulle murature rasate, raccordandole fra loro e utilizzandole come fondazioni (Volpe 2002, p. 386)[15]. Lo studio del santuario di Vieil-Evreux (*Gisacum* nella *Gallia Belgica*, v. titolo 3.4) ha rivelato come, nelle varie fasi edilizie, gli scarti di lavorazione della pietra venissero raccolti e poi utilizzati nelle nuove costruzioni con diverse funzioni: organizzazione di aree di lavoro, preparazione di letti di posa dei blocchi, allestimento di pavimentazioni, come zeppe nei paramenti murari.

3) *PREPARAZIONE DELLE INFRASTRUTTURE*
(TITOLI 1.6, 2.14 NELL'APPENDICE)

Come abbiamo visto nel punto precedente, anche per capire come venivano allestite le infrastrutture per permettere l'impianto di un nuovo cantiere (costruzione di strade, strutture per l'adduzione e lo smaltimento dell'acqua), e il funzionamento del nuovo assetto urbanistico che spesso ne conseguiva, lo scavo stratigrafico è il metodo che ha restituito i risultati migliori. Più lo scavo è esteso maggiore è la possibilità di comprendere tali aspetti. In questo senso il lungo lavoro di scavo e di sistemazione dei dati operati nelle *Thermes des Lutteurs* di Saint-Romain-en-Gal (costruite negli anni 60 d.C.) è esemplificativo. In effetti, in questo caso non è il cantiere vero e proprio dell'edificio ma tutto l'immediato contorno ad essere stato esplorato. Ma anche queste informazioni, inserite nell'ambito dell'archeologia dei cantieri, e dunque considerate come parte integrante del processo costruttivo, assumono un valore particolare per la ricostruzione del contesto in cui la costruzione è avvenuta.

4) *PRIMA ELABORAZIONE DEI MATERIALI* (TITOLI 1.5, 1.9, 2.8, 2.10, 2.21, 2.30, 2.31, 2.33, 3.11, 3.15 NELL'APPENDICE)

La parte del processo di costruzione riguardante la prima elaborazione dei materiali implica lo studio di diversi aspetti che normalmente non avvengono sul luogo del cantiere. Si tratta principalmente dei luoghi di approvvigionamento (le cave), dei luoghi di eventuale stoccaggio dei materiali e dei mezzi di trasporto, fra i quali i relitti di navi che contenevano forniture di materiali per i cantieri. Ciascuno di questi contesti necessita a sua volta di metodologie specifiche di indagine.

15 A questo proposito v. anche Lancaster 2007 per un inquadramento più generale di questo utilizzo degli archi di scarico a Roma nell'epoca successiva all'incendio neroniano.

La relazione fra i luoghi di approvvigionamento e i cantieri di costruzione è essenziale per comprendere, ad esempio, come le caratteristiche dei materiali disponibili nei dintorni del cantiere abbiano influenzato l'adozione di specifiche tecniche edilizie, le dimensioni dei materiali e la tecnologia impiegata per la loro lavorazione. Tutto ciò riflette la specializzazione delle maestranze presenti *in loco* o che arrivavano insieme con materiali non originari, come è soprattutto il caso del marmo ma anche dei laterizi.

Cerando di schematizzare il tipo di rapporto che intercorre fra cave e cantieri si possono distinguere tre casi:

a) quando si utilizzavano pietre disponibili negli immediati dintorni (titoli 1.5, 1.9, 2.10, 2.21, 2.30, 2.33) generalmente si dava inizio a un'attività di cavatura solo quando era richiesta una fornitura da uno specifico cantiere. Terminata l'estrazione delle quantità necessaria di materiali, la cava veniva abbandonata e lo sfruttamento ricominciava solo quando si verificava una nuova domanda.

b) il secondo caso è rappresentato dai materiali che avevano un valore economico intrinseco, come il marmo, talora i laterizi e più raramente la pietra da costruzione. In questi casi i materiali venivano accumulati indipendentemente dalle esigenze di specifici cantieri, per essere acquistati al momento più opportuno. Sono conosciuti i luoghi di stoccaggio dei marmi che rifornivano i cantieri di Ostia e Roma (le *stationes marmorum*) e, sebbene solo dalle fonti scritte, i luoghi di stoccaggio dei laterizi lungo la valle del Tevere in attesa di essere trasferiti all'*Emporium* di Roma dove poi avrebbero rifornito i cantieri urbani[16]. Il rapporto fra luoghi di approvvigionamento e cantieri era in questo caso regolato da intermediari commerciali, la cui presenza favoriva la crescita dei prezzi. Un caso particolare è rappresentato da una pietra locale, ma gestita dall'amministrazione imperiale, come il calcare del Mèdol, accumulato nei pressi della capitale provinciale di *Tarraco*, in attesa di essere utilizzata per la costruzione del complesso amministrativo e religioso nel centro monumentale della città (titolo 2.30).

I materiali da costruzione che venivano accumulati in depositi intermedi fra il luogo di produzione e quello di "consumo" potevano essere di

16 Lo studio di E. Bukowiecki (titolo 3.11) ha messo in evidenza come nelle catacombe di Santa Tecla a Roma (prima metà IV secolo d.C.) sono stati utilizzati lotti di laterizi prodotti un secolo prima.

origine locale, come nel caso di *Tarraco*, ma più spesso venivano trasportati su distanze più o meno lunghe in ambito infra- e intra-provinciale. È noto che il movimento dei materiali, come il marmo e i laterizi[17], era spesso determinato dalle esigenze di rappresentazione e di auto-esaltazione dell'imperatore e delle aristocrazie urbane e provinciali, che favoriva lo spostamento, insieme ai materiali, di progetti edilizi e maestranze.

c) Un ulteriore caso è rappresentato dai reimpieghi (titoli 2.8, 2.21, 3.15). L'estrazione non avveniva lontano dai luoghi di approvvigionamento della pietra, ma dai monumenti più antichi.

Per quanto riguarda più specificamente le cave di materiali lapidei, nei contributi presentati nei tre workshop il loro studio è stato condotto secondo due diversi obiettivi. In un caso, come è l'esempio delle cave di calcarenite di Populonia sfruttate nel III-II secolo a.C. (titolo 2.10), si utilizzano metodologie derivate dall'archeologia delle cave francese, che prevede il rilievo e schedatura di tutte le tracce conservate sui piani di cava per identificare le fasi del lavoro e le tecnologie estrattive adottate nei diversi periodi. Nell'altro, di recente sviluppo, ci si appoggia sulle analisi archeometriche per il riconoscimento dei litotipi e per la determinazione della loro origine (titolo 2.31). L'integrazione fra le diverse metodologie, nei contesti in cui siano riconoscibili cave antiche, può offrire nuove prospettive di studio per la conoscenza della relazione fra cantieri e luoghi di approvvigionamento.

Gli indicatori archeologici riguardanti la fase di elaborazione dei materiali leggibili sulle strutture murarie degli edifici sono numerosi e si riferiscono ai vari aspetti sopra trattati: tipo, dimensioni e forma dei materiali, tracce di strumenti, presenza di semilavorati e materiali di reimpiego, tecniche edilizie.

5) *ULTERIORE ELABORAZIONE DEI MATERIALI* (TITOLI 1.9, 1.18, 2.5, 2.7, 2.26, 3.14)

L'ulteriore elaborazione dei materiali era stata distinta dalla DeLaine da quella della costruzione dell'edificio, perché spesso comprende l'utilizzo di apposite strutture produttive in prossimità del cantiere. Si tratta ad esempio delle calcare, delle fosse di spegnimento della calce o quelle per la preparazione della malta, delle postazioni di scalpellini per il taglio

17 È l'esempio dei laterizi di produzione urbana (come è dimostrato dai bolli) ritrovati nell'Africa Proconsolare.

della pietra (titoli 2.5, 2.7)[18], dei fabbri per la produzione o l'affilamento degli utensili, per la segagione del marmo. In questo campo sono solo gli scavi stratigrafici che hanno apportato novità, in particolare in due santuari della *Gallia Bellica*: il tempio di *Mars Mullo* (titolo 1.18) e le terme di *Gisacum* (titoli 1.9, 3.14), dove nelle stratigrafie del terreno si sono conservate tutte le fasi del cantiere.

Un altro metodo per dedurre la presenza di lavorazioni a piè d'opera è di tipo induttivo. Nello studio delle mura di *Doura Europos* (titolo 2.26) è stato dimostrato che la porzione in mattoni crudi, risalente al II secolo a.C., fu realizzata per accelerare la costruzione, a discapito di una fortificazione interamente in pietra. Un uguale miscuglio di terra e paglia è utilizzato sia per la fabbricazione dei mattoni e sia per lo strato di rivestimento che ricopre una parte del muro. Se ne deduce che l'impasto allo stato umido era disponibile in prossimità del cantiere dove evidentemente venivano anche messi in forma e seccati i mattoni crudi. Ciò evitava anche il trasporto su distanze più o meno lunghe, poco adatte a questo tipo di materiali che avrebbero potuto subire fratture.

6) *COSTRUZIONE DELL'EDIFICIO*
(TITOLI 1.1, 1.3, 1.5, 1.11, 2.5, 2.12, 3.4, 3.7, 3.13)

Gli indicatori archeologici riferibili alla fase di costruzione dell'edificio sono numerosi e, per tentarne una schematizzazione, possiamo ordinarli a seconda che siano leggibili sui materiali da costruzione o che siano in relazione al loro montaggio nelle diverse parti dell'edificio.

Per quanto riguarda i materiali da costruzione possiamo desumere informazioni sull'organizzazione del cantiere a partire dal tipo di materiali, dalle loro caratteristiche fisiche e chimiche, e le dimensioni. Queste informazioni sono a loro volta da mettere in rapporto con: i sistemi di sollevamento e spostamento, i sistemi di fissaggio come le impiombature fra i blocchi e le tecniche di lavorazione rivelate dalle tracce degli strumenti usati da scalpellini e muratori. Per quanto riguarda i sistemi

18 Questa breve disamina dei temi affrontati nello studio dei cantieri non può considerarsi esaustiva rispetto alle problematiche ben più ampie collegate a ciascuno degli aspetti qui elencati. Ad esempio, la lavorazione della pietra nei singoli cantieri deve essere di volta in volta messa in relazione alle conoscenze che le maestranze avevano dei materiali lapidei e agli strumenti a loro disposizione. A questo proposito, oltre ai già citati lavori di Bessac (1986 e 2004) vedere anche il recente contributo di Hélène Dessales (2011) in merito al caso pompeiano.

di sollevamento nuove osservazioni sono state effettuate sulle *machinae tractoriae*, le cui tacce sono talora riconoscibili alla base degli edifici. In riferimento all'ultima fase costruttiva del tempio di Venere a Pompei prima del terremoto del 79 d.C. (titolo 2.12)[19], sono state rinvenute alcune fosse che contenevano blocchi parallelepipedi allineate lungo i lati della costruzione. I blocchi sono stati interpretati come i fermi dei dispositivi di sollevamento, tramite pulegge, dei conci forse relativi alla trabeazione del tempio.

Per quanto riguarda lo spostamento dei blocchi nell'opera quadrata per la loro sistemazione sui filari, l'archeologia sperimentale ha dimostrato le sue potenzialità, come evidenziato da uno studio di un particolare tipo di leva, ricostruito dalla forma dei fori presenti sui blocchi, utilizzata nella *Gallia Narbonensis* (titolo 3.7).

L'altro gruppo di indicatori comprende quelli relativi alle opere provvisionali come le impalcature (con buche di palo e buche pontaie) e le impronte di centine e cassaforme. In un caso fra quelli presentati al workshop di Parigi l'analisi delle buche pontaie sulla cinta tardoantica di *Lapurdum*, l'odierna Bayonne (titolo 3.13), ha dimostrato come queste aiutino a comprendere il processo costruttivo, soprattutto negli edifici di più grande estensione. Altri elementi connessi con il progredire del cantiere sono parte integrante della struttura, come porte, scale e passaggi che non vengono più utilizzati una volta terminata l'opera (titolo 1.1).

Durante i tre incontri un'attenzione particolare è stata anche rivolta a tutti quei segni, normalmente labili e di difficile individuazione, posti sulle murature mentre venivano costruite e che servivano a gestire i ritmi della costruzione, soprattutto nei cantieri degli edifici urbani di più grandi dimensioni. Oltre alle iscrizioni nelle Terme di Traiano (titoli 2.5, 3.4) e ai segni di demarcazione nella Basilica di Massenzio (titolo 1.1) per la collocazione di elementi particolari (v. *supra*), si sono ritrovati altri tipi di tracce. In più di un caso, e cioè nella palestra di Villa Adriana (titolo 1.3) e nelle Terme di Italica nella *Baetica* (titolo 1.11) sono stati individuati probabili segni di quota per il controllo dell'avanzamento degli elevati[20].

---

19 V. anche il titolo 1.5: attorno al Trofeo di Augusto nelle *Alpes Maritimae* sono visibili blocchi con tracce di sfregamento di corde forse relative alle *machinae* per il sollevamento dei materiali.

20 I segni si compongono di una linea orizzontale e di un triangolo con la punta rivolta verso il basso posto al di sotto della linea presso una delle sue estremità.

Un'osservazione aggiuntiva merita lo studio delle tecniche edilizie che, secondo i metodi dell'Archeologia dell'Architettura, sono da considerare come il risultato di un ciclo di produzione. Come tali, le tecniche edilizie forniscono informazioni sul procedimento di montaggio delle varie parti dell'edificio e sulla sequenza costruttiva. Nelle prospettive di indagine che si sono aperte nell'ambito dell'archeologia dei cantieri, l'identificazione delle tecniche edilizie così condotta dovrebbe precedere l'applicazione delle analisi secondo il metodo utilizzato da Janet DeLaine per le terme di Caracalla e ampiamente utilizzato nel corso degli incontri di *Arqueología de la construcción* (titoli 1.7, 1.17, 2.2, 2.4, 2.8, 2.25, 2.30, 3.6), quali il calcolo delle quantità di materiali utilizzati, il tempo necessario alla loro produzione e alla messa in opera e la quantità di manodopera necessaria (a seconda delle varie specializzazioni delle maestranze). I risultati che si possono ottenere dall'applicazione di questi metodi si sono delineati come uno degli obiettivi principali nello studio dei cantieri poiché permettono di trarre informazioni riguardo all'impatto che la costruzione di un nuovo edificio ha sulla società e sull'economia della comunità per la quale viene realizzato.

7) *FINITURE E DECORAZIONI* (TITOLI 1.9, 1.12, 1.13, 2.6, 2.20, 2.29, 2.30, 3.5)

La maggior parte degli interventi che hanno preso in considerazione il processo costruttivo di un particolare edificio solo raramente si sono occupati di finiture e decorazioni, preferendo analizzare lo scheletro della costruzione. Nonostante ciò, rivestimenti pavimentali e parietali o la finitura *en ravalement* delle superfici murarie rappresentavano uno dei capitoli più dispendiosi in termini di specializzazione della manodopera e costo dei materiali. In generale gli interventi si sono occupati soprattutto delle decorazioni marmoree; un caso significativo è rappresentato dal teatro di *Italica* nella *Baetica* (titolo 1.12) dove l'analisi del processo costruttivo ha permesso la contestualizzazione e la valorizzazione dei documenti epigrafici connessi all'edificazione del monumento.

CONCLUSIONI

I risultati più significativi emersi dai tre incontri sono già stati sottolineati nei tre articoli conclusivi dei volumi degli atti: Janet DeLaine ha fornito la scansione delle fasi del cantiere di costruzione; Roberto Parenti ha evidenziato alcuni problemi di metodo indicando la strada per l'integrazione fra l'Archeologia dell'Architettura e lo studio dei cantieri secondo i metodi utilizzati nell'ambito dell'Archeologia Classica; infine Pierre Gros nelle conclusioni all'ultimo volume sottolinea l'arricchimento che lo studio dei cantieri può fornire rispetto agli approcci tradizionali di studio sull'aspetto formale dei monumenti e per l'ambito della storia dell'architettura in generale.

Come conclusione generale alla serie dei tre workshop è comunque possibile aggiungere qualche osservazione. Il confronto fra le varie regioni del Mediterraneo che erano incluse nell'impero romano è consentito dalla presenza di committenze di livello elevato, ovvero l'imperatore e le aristocrazie urbane e provinciali che contribuivano alla diffusione di modelli architettonici (quindi progetti edilizi) e pratiche costruttive simili che talora determinavano anche lo spostamento di maestranze specializzate[21]. In questo senso il raggruppamento per temi dei vari contributi che si è proposto può aiutare a illuminare aspetti del cantiere antico in territori fra loro distanti. Il fenomeno può essere ulteriormente chiarito se si prendono in considerazione le opere pubbliche e le tecniche edilizie quali l'opera laterizia, il cementizio e il reticolato, la cui presenza è normalmente spia del trasferimento di competenze dal centro dell'impero, spesso per diretto intervento dell'imperatore o per effetto di reti clientelari connesse a lui o alle aristocrazie locali. Tali relazioni fra le sfere più elevate della società romana e i territori sotto la loro influenza favorivano la diffusione interregionale e interprovinciale dei materiali da costruzione, soprattutto laddove esistevano vie di trasporto agevoli. È il caso dei laterizi che arrivavano a Roma percorrendo lunghe distanze sul

21 Come già sottolineato in DeLaine 2008, il problema dell'esercito come veicolo di trasmissione e diffusione di complesse tecniche ingegneristiche nei territori provinciali, tema tradizionalmente trattato negli studi sull'esercito romano (v., ad esempio, Greene 1992), non è stato affrontato nei tre workshop con l'esclusione del cantiere dell'emissario del Fucino studiato da C.F. Giuliani (titolo 1.2).

Tevere[22] o della valle del Guadalquivir, dove esistevano numerosi atelier che rifornivano di laterizi i cantieri di *Italica*, città natale di Adriano. Le opere citate (laterizia e reticolata) fanno inoltre uso di elementi di forma e dimensioni standardizzate che consentirono produzioni quasi massificate (v. Dessales 2010; Wilson 2006). La diffusione di produzioni su larga scala poteva essere favorito, oltre che dai fattori già discussi, anche dal verificarsi di condizioni economiche favorevoli alla formazione delle infrastrutture necessarie alla produzione, come è stato dimostrato da Lynne Lancaster nel caso della fabbricazione dei tubi fittili da volte nell'Africa Proconsolare del II secolo (titolo 3.10). Qui la politica imperiale favorì l'intensificazione delle attività agricole, che si accompagnò alla diffusione delle anfore per il trasporto delle derrate alimentari, le cui fornaci potevano essere utilizzate stagionalmente anche per la fabbricazione di altri prodotti ceramici.

D'altra parte il cantiere è fortemente condizionato dalle caratteristiche del contesto *dove* e *per il quale* avviene. La particolare prospettiva offerta dall'approccio conoscitivo del processo della costruzione fornisce un'immagine più completa di quel contesto. In questo senso, come ho già sottolineato, l'integrazione fra la "*arqueología de la construcción*", intesa come insieme di studi di tradizioni e ambiti disciplinari differenti ma accomunati dall'interesse per i cantieri, e i metodi dell'Archeologia dell'Architettura, in particolare l'applicazione del metodo stratigrafico e gli studi regionali di tecniche edilizie, non possono che portare a una migliore conoscenza delle condizioni storiche, sociali ed economiche che hanno favorito la costruzione degli edifici.

Stefano CAMPOREALE

22 Lo studio delle tecniche edilizie dell'Etruria tirrenica (titolo 1.4) dimostra che i laterizi sono meno diffusi negli insediamenti più prossimi ai luoghi di produzione rispetto alla capitale e i centri vicini come Ostia. Gli interessi economici connessi alle reti clientelari sopra citate sembrano dunque aver limitato la diffusione dei laterizi nelle regioni più prossime al Tevere. Queste osservazioni rimangono comunque a un livello del tutto generale, dal momento che il fenomeno non è mai stato approfondito in questi termini e prima di uno studio regionale dettagliato delle tecniche edilizie.

APPENDICE

1) *Arqueología de la construcción* 1 (titoli all'interno del volume Camporeale *et al.* 2008)

1.1. Amici C.M., *Dal monumento all'edificio: il ruolo delle dinamiche di cantiere*, p. 13-31.
1.2. Giuliani C.F., *Sfidando gli inferi: problemi di cantiere dell'emissario del Fucino*, p. 33-47.
1.3. Attoui R., *Segni di cantiere nella "Palestra" di Villa Adriana, Tivoli*, p. 49-66.
1.4. Pais A., *L'edilizia romana nella Toscana tirrenica alla luce dell'Archeologia dell'Architettura*, p. 67-87.
1.5. Binninger S., *La construction du Trophée d'Auguste à la Turbie: l'étude de l'organisation et des rythmes du chantier*, p. 89-106
1.6. Brissaud L., *La construction des Thermes des Lutteurs: regards croisés sur un chantier urbain antique et son impact sur la ville (Saint-Romain-en-Gal, France)*, p. 107-124.
1.7. Prisset J.-L., *Les besoins en matériaux, les contraintes d'approvisionnement et la durée d'un chantier de construction. Réflexions à partir du portique nord de Saint-Romain-en-Gal (France)*, p. 125-139.
1.8. Dumasy F., *Les pratiques constructives du théâtre d'Argentomagus (Saint-Marcel, Indre)*, p. 141-153.
1.9. Guyard L., Bertraudière S., Cormier S., Coutelas A., *Le chantier de construction des thermes gallo-romains du Vieil-Évreux (Eure): entre preuves et indices*, p. 155-173.
1.10. Mar R., *La construcción pública en las ciudades hispanas. Los agentes de la construcción*, p. 176-190.
1.11. Bukowiecki E., Dessales H., *Les thermes publics d'Itálica: regards comparés sur deux chantiers de construction*, p. 190-207
1.12. Rodríguez Gutiérrez O., *El proceso de edificación del teatro romano de Itálica a través del análisis arqueólogico de sus diferentes etapas constructivas*, p. 209-227
1.13. Bendala M., Roldán L., Blánquez J., *La arquitectura augustea en Carteia. Sus peculiaridades técnicas y formales*, p. 229-242)

1.14. Mateos P., Pizzo A., *La costruzione del "Foro provinciale" di Augusta Emerita*, p. 243-257.
1.15. Barresi P., *I Capitolia di Sufetula e Baelo Claudia: analisi dei progetti*, p. 259-268.
1.16. De Vos M., *Caratteristiche della costruzione degli impianti produttivi rurali nell'Africa Proconsularis*, p. 269-284.
1.17. Camporeale S., Papi E., Passalacqua L., *L'organizzazione dei cantieri a Volubilis (Mauretania Tingitana)*: iscrizioni e opere pubbliche, la *Maison aux deux pressoirs* e l'arco di Caracalla, p. 285-305.
1.18. Brouquier-Reddé, V., *Chantiers de construction et sanctuaires en Gaule et en Afrique à l'époque romaine: un bilan des donne récentes*, p. 306-319.

2. *Arqueología de la construcción* 2 (titoli all'interno del volume Camporeale *et al.* 2010)

2.1. Hopkins J., *The colossal temple of Jupiter Optimus Maximus in Archaic Rome*
2.2. Cifani G., *I grandi cantieri della Roma arcaica: aspetti tecnici ed organizzativi*
2.3. Ciancio Rossetto P., Buonfiglio M., *Teatro di Marcello: analisi e riflessione sugli aspetti progettuali e costruttivi*
2.4. Meneghini R., Bianchi E., *Il cantiere costruttivo del Foro di Nerva*
2.5. Volpe R., *Organizzazione e tempi di lavoro nel cantiere delle Terme di Traiano sul Colle Oppio*
2.6. Fogagnolo S., Rossi F.M., *Settore meridionale del Foro della Pace: l'impatto del cantiere di restauro severiano, corrispondenze e differenze rispetto al progetto originario*
2.7. Serlorenzi M., *La costruzione di un complesso horreario a Testaccio. Primi indizi per delineare l'organizzazione del cantiere edilizio*
2.8. Barker S., *Roma builders – pillagers or salvagers? The economics of deconstruction and reuse*
2.9. Bukowiecki E., *La taille des briques de parement dans l'opus testaceum à Rome*
2.10. Camporeale S., Mascione C., *Dalle cave ai cantieri: estrazione e impiego della calcarenite a Populonia tra periodo etrusco e romano*
2.11. Valenti M., *Il complesso archeologico del Barco Borghese a Monte Porzio Catone (Roma): dal progetto al cantiere*

2.12. Coletti F., Prascina C., Sterpa G., Witte N., *Venus Pompeiana. Scelte progettuali e procedimenti tecnici per la realizzazione di un grande edificio sacro tra tarda Repubblica e primo Impero*
2.13. Monteix N., *L'Insula Orientalis II^a d'Herculanum entre construction publique et transformations privées*
2.14. Dessales H., *Un chantier au long cours: des marques d'installation et de contrôle du réseau hydraulique de Pompéi*
2.15. Malacrino C.G., *Il cantiere di costruzione della grande porticus semicircolare di Copia*
2.16. Zanini E., *L'arte di costruire presso i Bizantini: l'apporto delle fonti scritte alla conoscenza dei processi costruttivi*
2.17. Borgia E., *I cantieri delle vie colonnate nell'Oriente romano*
2.18. Vitti P., *Regola ed eccezione nei cantieri romani della Provincia Acaia*
2.19. Vitti M., *Provincia Macedonia: materiali e tecniche costruttive in età romana*
2.20. Barresi P., *I teatri di Aphrodisias e di Nicea: marmi e committenza nell'Asia Minore di età imperiale*
2.21. Scardozzi G., *Hierapolis di Frigia, dalle cave ai cantieri di demolizione: l'approvvigionamento di materiali lapidei nella città di età imperiale e proto-bizantina*
2.22. Ismaelli T., *La via di Frontino a Hierapolis di Frigia. Aspetti tecnici e costruttivi, organizzazione e committenza di un grande cantiere pubblico della prima età imperiale*
2.23. Spanu M., *Tecniche costruttive nella Cilicia di età imperiale: lineamenti generali*
2.24. Cavalier L., Des Courtils J., *Opramoas et la vallèe du Xanthe*
2.25. Giorgi E., *Il cantiere di un acquedotto: il caso di Gortina*
2.26. Gelin M., *La terre au secours de la pierre. Délais d'un chantier de construction hellénistique en briques crues à Doura-Europos sur l'Euphrate*
2.27. Arce I., *Qasr Hallabat, Qasr Bashir and Deir El Khaf. Building techniques, architectural typology and change of use of three quadriburgia from the Limes Arabicus. Interpretation and significance*
2.28. Lazzarini L., *Considerazioni sul prezzo dei marmi bianchi e colorati in età imperiale*
2.29. Brunet-Gaston V., *Le marbre de Carrare dans les programmes architecturaux d'Augustodunum – Autun (France)*

2.30. Mar R., Pensabene P., *Finanziamenti dell'edilizia pubblica e calcolo dei costi dei materiali lapidei: il caso del Foro Superiore di Tarraco*

2.31. Àlvarez Pérez A., Gutiérrez García-Moreno A., Rodà de Llanza I., *Las rocas ornamentales en las provincias del Imperio: el caso del Broccatello y la piedra de Santa Tecla*

2.32. Beltrán Fortes J., Rodríguez Gutiérrez O., *Los materiales lapídeos de la Provincia Baetica: estado de la cuestión y líneas actuales de investigación*

2.33. Pizzo A., *El aprovisionamiento de los materiales constructivos en la arquitectura de Augusta Emerita: las canteras de granito*

3) *Arqueología de la construcción* 3 (titoli all'interno del volume Camporeale *et al.* 2012)

3.1. Saliou C., *Le déroulement du chantier à Rome et dans le monde romain durant la période républicaine et le haut Empire: une approche juridique*

3.2. Spanu M., *Rispetto ed abusi dell'edilizia privata nei confronti dello spazio pubblico urbano. Fonti letterarie, giuridiche ed un caso di studio: Ostia*

3.3. Borgia E., *Attestazioni epigrafiche dei mestieri legati alla costruzione nell'Asia Minore romana e proto-bizantina: specializzazioni e ruolo sociale*

3.4. Rossi F.M., Volpe R., *Nuovi dati sull'esedra sudovest delle Terme di Traiano sul Colle Oppio: percorsi, iscrizioni dipinte e tempi di costruzione*

3.5. Blin S., *Réflexions sur le coût de la décoration en marbre des espaces intérieurs à partir d'une inscription découverte à Mandeure (CIL XIII, 5416–5417)*

3.6. Barker S., Russell B., *Labour figures for Roman stone-working: pitfalls and potential*

3.7. Zugmeyer S., Badie A., *Comprendre l'usage de la pince à crochet, un enjeu pour restituer l'organisation des chantier antiques*

3.8. Loiseau C., *Les métaux dans les constructions publiques romaines: applications architecturales et structures de production (I*[er] *– III*[e] *siècle ap. J.-C.)*

3.9. Coutelas A., *La planification et le déroulement des chantiers de construction en Gaule romaine: l'apport de l'étude des matériaux non lithiques*

3.10. Lancaster L.C., *Ash mortar and vaulting tubes: agricultural production and the building industry in North Africa*

3.11. Bukowiecki E., *Le stockage des briques à Rome*

3.12. Carnabuci E., Virgili P., *Mausoleo di Augusto: nuovi dati per la lettura della pianta, degli elevati e delle tecniche costruttive. Le indagini archeologiche*

3.13. Fourdrin J.-P., *L'utilisation des échafaudage dans le chantier de l'enceinte antique de Bayonne*
3.14. Bertaudière S., Cormier S., Guyard L. *Construction, déconstruction, récupération: réflexions autour du travail de la pierre sur le grand sanctuaire gallo-romain du Vieil-Évreux (Eure, France)*
3.15. Brunet-Gaston V., *Spoliations et remplois aux* IIIe *et* IVe *siècles à Reims antique (Durocortorvm)*

BIBLIOGRAFIA

Amici C.M., 2005a, *Dal progetto al monumento*, in Giavarini 2005, p. 21-74.

Amici C.M., 2005b, *Le tecniche di cantiere e il procedimento costruttivo*, in Giavarini 2005, p. 125-160.

Bessac J.-C., 1986, *L'outillage traditionnel du tailleur de pierre de l'Antiquité à nos jours*, Paris.

Bessac J.-C., 2004, *L'archéologie de la pierre de taille*, in *La construction*, p. 7-49.

Bessac *et al.* 1997 = Bessac J-Cl., Abdul Massih J., Valat Z., *De Doura Europos à Aramel: étude ethno-archéologique dans des carrières de Syrie*, in Leriche, Gelin 1997, p. 159-197.

Bonetto *et al.* 2014 = Bonetto J., Camporeale S., Pizzo A. (a cura di), *Arqueología de la construcción, 4. Las canteras en el mundo antiguo: sistemas de explotación y procesos productivos* (Padova, 22-24 novembre 2012), « Archivo Español de Arqueología » supplemento LXIX, Mérida.

Brogiolo G.P., 2010, Introduzione, « Archeologia dell'Architettura », XV, p. 11-14.

Bukowiecki *et al.* 2008 = Bukowiecki E., Dessales H., Dubouloz J. (a cura di), *Château d'eau et éléments du réseau d'adduction*, Collection de l'École Française de Rome 402, Roma.

Caldelli M.L., Gregori G., Orlandi S. (a cura di), 2008, *Epigrafia 2006. Atti della XVIe Rencontre sur l'épigraphie in onore di Silvio Panciera con altri contributi di colleghi, allievi e collaboratori*, Tituli 9, Roma.

Camporeale *et al.* 2008 = Camporeale S., Dessales H., Pizzo A. (a cura di), *Arqueología de la construcción, 1. Los procesos contructivos en el mundo romano: Italia y provincias occidentales* (Mérida, 26-27 ottobre 2007), « Archivo Español de Arqueología » supplemento L, Mérida.

Camporeale *et al.* 2010 = Camporeale S., Dessales H., Pizzo A. (a cura di), *Arqueología de la construcción, 2. Los procesos contructivos en el mundo romano: Italia y provincias orientales* (Siena, 13-15 novembre 2008), « Archivo Español de Arqueología » supplemento LVII, Madrid-Mérida.

Camporeale *et al.* 2012 = Camporeale S., Dessales H., Pizzo A. (a cura di), *Arqueología de la construcción, 3. Los procesos contructivos en el mundo romano: la economía de la obras* (Parigi, 10-11 dicembre 2009), « Archivo Español de Arqueología » supplemento, Madrid-Mérida.

Carvais *et al.* 2010 = Carvais R., Guillerme A., Nègre V., Potié P., Sakarovitch J. (a cura di), *Édifice & Artifice. Histoire constructives. Recueil de textes issus du Premier congrés francophone d'histoire de la construction* (Parigi, 19-21 giugno 2008), Parigi.

Cantieri antichi 2002 = *Cantieri antichi. Giornata di studio tenuta il 25 ottobre 2001*, « Mitteilungen des deutschen archäologischen Instituts, Römische Abteilung », CIX, p. 340-429.

Cornell T., Lomas K. (a cura di), 1995, *Urban society in Roman Italy*, London.

Coulston J., Dodge H. (a cura di), 2000, *Ancient Rome: the archaeology of the eternal city*, Oxford.

DeLaine J., 1995, *The Insula of the Paintings at Ostia I.iv. 2-4: paradigm for a city in flux*, in Cornell, Lomas 1995, p. 79-106.

DeLaine J., 1996, *The Insula of the Paintings. A model for the economics of construction in Hadrianic Ostia*, in Gallina Zevi, Claridge 1996, p. 165-184.

DeLaine J., 1997, *The baths of Caracalla. A study in the design, construction, and economics of large-scale building projects in imperial Rome*, « Journal of Roman Archaeology » supplemento XXV, Portsmouth, RI.

DeLaine J., 2000a, *Bricks and mortar: exploring the economics of building techniques at Rome and Ostia*, in Mattingly, Salmon 2000, p. 230-268.

DeLaine J., 2000b, *Building the eternal city: the building industry of imperial Rome*, in Coulston, Dodge 2000, p. 119-141.

DeLaine J., 2008, *Conclusions*, in Camporeale *et al.* 2008, p. 321-328.

DeLaine *et al.* 2016 = DeLaine J., Camporeale S., Pizzo A. (a cura di), *Arqueología de la construcción, 5. Man-made materials, engineering and infrastructure* (Oxford, 11-12 aprile 2015), « Archivo Español de Arqueología » supplemento, Mérida.

Dessales H., 2008, *L'archéologie de la construction. Essai de définition*, in Bukowiecki *et al.* 2008, p. 19-24.

Dessales H., 2010, *Les usages de l'opus reticulatum dans la construction romaine: le cas des enceintes et des acqueducs*, in Carvais *et al.* 2010, p. 460-469.

Dessales H., 2011, *Les savoir-faire des maçons romains, entre connaissance technique et disponibilité des matériaux. Le cas pompéien*, in Monteix, Tran 2011, p. 41-63.

Gallina Zevi A., Claridge A. (a cura di), 1996, *'Roman Ostia' revisited. Archaeological and historical papers in memory of Russel Meiggs*, London.

Giavarini C. (a cura di), 2005, *La Basilica di Massenzio. I monumenti, i materiali, le strutture, la stabilità*, Roma.

Giuliani C.F., 2006, *L'edilizia nell'antichità*, Roma (nuova edizione).

Greene K., 1992, *How was technology transferred in the western provinces?*, in Wood, Queiroga 1992, p. 101-105.

La construction 2004 = *La construction. Les matériaux durs: pierre et terre cuite*, Paris (2ª edizione).

Lancaster L., 1998, *Building Trajan's markets*, « American Journal of Archaeology », CII, p. 283-308.

Lancaster L., 1999, *Building Trajan's column*, « American Journal of Archaeology », CIII, p. 419-439.

Lancaster L., 2000, *Building Trajan's markets 2: the construction process*, « American Journal of Archaeology », CIV, p. 755-785.

Lancaster L., 2005a, *Concrete vaulted construction: innovations in context*, Cambridge, MA.

Lancaster L., 2005b, *The process of building the Colosseum: the site, materials, and construction techniques*, « Journal of Roman Archaeology », CXVIII, p. 57-82.

Lancaster L., 2007, The brick relieving arch and urban redevelopment in ancient Rome, in Leone, Palombi, Walker 2007, p. 133-141.

Leone A., Palombi D., Walker S. (a cura di), 2007, *Res bene gestae. Ricerche di storia urbana su Roma antica in onore di Eva Margareta Steinby*, *Lexicon Topographicum Urbis Romae* supplemento 4, Roma.

Leriche P., Gelin M. (a cura di) 1997, *Doura-Europos. Études, 4. 1991-1993*, Beyrouth.

Mannoni T., Boato A., 2002, Archeologia e storia del cantiere di costruzione, « Arqueología de la Arquitectura », I, p. 39-53.

Martin S., 1989, *The Roman jurists and the organisation of private building in the late Republic and early empire*, Bruxelles.

Mattingly D.J., Salmon J. (a cura di), 2000, *Economies beyond agriculture in the Classical World*, London.

Monteix N., Tran N. (a cura di), 2011, *Les savoirs professionnels des hommes de métier romain* (École Française de Rome, 12-13 ottobre 2009), Napoli.

Parenti R., 2010, *Conclusioni*, in Camporeale *et al.* 2010.

Pegoretti G., 1869, *Manuale pratico per l'estimazione dei lavori architettonici, stradali, idraulici e di fortificazione, per l'uso degli ingegneri ed architetti*, Milano (2ª edizione).

Pizzo A., 2009, *La Arqueología de la Construcción. Un laboratorio para el análisis de la arquitectura de época romana*, « Arqueología de la Arquitectura », VI, p. 31-45.

Saliou C., 1994, *Les lois des bâtiments*, Beyrouth.

Volpe R., 2002, *Un antico giornale di cantiere dalle Terme di Traiano*, in *Cantieri antichi* 2002, p. 377-394.

Volpe R., 2008a, *Le giornate di lavoro nelle iscrizioni dipinte dalle terme di Traiano*, in Caldelli, Gregori, Orlandi 2008, p. 453-466.

Volpe R., 2008b, *Le iscrizioni parietali dipinte delle Terme di Traiano sul Colle Oppio*, in *Voci inaspettate. Esperienze di studio sui graffiti antichi* (7 marzo 2003), a cura di O. Brandt, Stockholm, p. 177-186.

Wilson A., 2006, *The economic impact of technological advances in the Roman construction industry*, in *Innovazione tecnica e progresso economico nel mondo romano. Atti degli incontri capresi di storia dell'economia antica* (Capri, 13-16 aprile 2003), a cura di E. Lo Cascio, Bari, p. 225-236.

Wilson Jones M., 2000, *Principles of Roman architecture*, New Haven.

Wood M., Queiroga F. (a cura di), 1992, *Current research on the Romanization of the western provinces*, British Archaeological Reports International series 575, Oxford.

PLAIDOYER POUR UNE HISTOIRE HUMAINE ET SOCIALE DE LA CONSTRUCTION[1]

En matière de sciences humaines et sociales, davantage que dans les champs visés par nos deux collègues, l'histoire de l'architecture pour Valérie Nègre, l'histoire des sciences pour Joël Sakarovitch, il est temps de réagir et pointer les manques criants de la recherche et plaider pour une fédération d'aspirations disciplinaires sur un objet commun et reconnu comme tel. Nous pensons au fameux triptyque évoqué par Joël Sakarovitch pratique / enseignement / théorie, passage de l'enseignement de l'architecture incluant celui de la construction, passage dans lequel les sciences humaines et sociales ont joué un rôle fondateur avec le rôle de la mesure et des servitudes, autrement dit de l'économie et du droit.

La spécificité de l'histoire de la construction est d'être une histoire complète aux confluents de plusieurs histoires, celle de l'entreprise, celle de l'architecture, celle de l'ingénierie, mais aussi celle de la commande publique ou privée, *i.e.* de la société dans son ensemble qui participe de ce champ économique en investissant, en spéculant, voire tout simplement en voulant naturellement se protéger des intempéries, en se logeant, en habitant. C'est par conséquent faire contribuer la communauté dans son ensemble qu'elle soit urbaine ou rurale au « vivre ensemble ». C'est y inclure l'urbanisme. Bâtir, c'est aussi faire bâtir, c'est impliquer une quantité phénoménale de compétences. Mais l'histoire de la construction mêle diverses approches en apparence disparates, et en réalité complémentaires : celle de la technique du bâti, de la gestion du chantier, de la règlementation des servitudes, des stratégies bancaires, etc.

1 Ce texte a été précédemment publié sous la référence : Robert Carvais, « Plaidoyer pour une histoire humaine et sociale de la construction ». In *Édifice & Artifice. Histoires constructives.* Sous la direction de Robert Carvais, André Guillerme, Valérie Nègre et Joël Sakarovitch, 31-43. Paris : Picard, 2010. Il est ici republié avec l'autorisation de son auteur et des éditions Picard.

Il ne faut pas oublier que l'acte constructif est lui-même pensé, comme le serait « l'élément moral [*Das moralische Element*] de l'architecture ». Selon Gottfried Semper, l'architecture serait l'essence de la construction et non l'inverse[2].

Quel que soit l'angle sous lequel l'on aborde la question, l'idée de construction est multiple. Jacques Guillerme, n'écrit-il pas à propos de la résistance des matériaux : « On pourrait avancer avec un certain optimisme, que s'agissant de mécanique ou de bâtiments, tout se ramène à l'appréciation de l'écart relatif au schème idéal constructif, fondé sur la seule statique… Toutefois, l'image apaisante [des] progressives améliorations du savoir mécanique, rend insuffisamment compte des arrêts, accélérations ou renouvellement des problématiques qui les nourrissent[3]. » Et dans ces problématiques se trouvent les sciences humaines et sociales.

Notre plaidoyer s'orientera dans trois directions qui se recoupent et qui peuvent se révéler excessivement fructueuses, à la lecture des travaux réalisées depuis une dizaine d'année. Notre souci ne sera ici que de pointer les quelques questions qui me sont apparues prometteuses parce qu'entamées ou ébauchées par des recherches en cours dont nous avons lu les premières conclusions et qui croisent nos propres préoccupations. Nous n'avons pas l'intention – entendons-nous bien – d'être exhaustif et de couvrir toutes les disciplines. Examinons donc le droit, l'économie, puis le social.

2 G. Semper, *Du style et de l'architecture. Écrits, 1834-1869*, Marseille, Ed. Parenthèses, 2007, traduit de l'allemand par J. Soullilou, *in* « Les quatre éléments de la construction, Dir vier Elemente des Baukunst (1851) », p. 124-125.

3 J. Guillerme (avec H. Vérin), « Formes et forces : résistance de matériaux » dans *Lotus international*, n° 45, 1985, p. 72-87, publié dans *L'art du projet. Histoire, technique, architecture*, Wavre, Mardaga, 2008, p. 73-84 et plus précisément p. 78.

NORMALISER ET RÉGULER LE BÂTI OU L'HISTOIRE DU DROIT DES BÂTIMENTS

Il s'agit ici de l'histoire des normes et des règles qui s'appliquent et contraignent, mais c'est également la pratique du biais[4] de celles-ci – leurs figures alternatives (ce que certains nomment l'explicite et l'implicite[5]). On pense par exemple aux politiques dérogatoires ou à la dérèglementation d'un secteur qui induit le contournement[6]. Le droit est une matière vivante, comme le montre Jean Hilaire dans ses contributions sur les pratiques juridiques[7]. La pratique notariale à travers la signature des devis et marchés, comme celle des tribunaux à travers la jurisprudence des cours, mais également à travers celle des tribunaux spécialisés comme la Chambre des Bâtiments[8], auquel il convient de joindre la doctrine savante des académies et des universités, permettent de comprendre les décisions appliquées face à une sanction stricte de la règle et de la norme. Il ne suffit plus que justice soit faite, encore faut-il qu'elle soit motivée. Comment contourner les multiples servitudes pesant sur les acteurs de la construction ? De l'ineffectivité à la désuétude en passant par les astuces et les ruses, les outils sont pléthores.

---

4 Voir le séminaire organisé par un collectif d'architectes et de doctorants en anthropologie (OOB, Architecture, politique et sciences sociales) à l'EHESS en 2007-2008 sur « le biais et la norme en architecture. Tactiques et ruses en architecture : l'espace des possibles ».

5 H. Davis, *The Culture of Building*, Oxford, Oxford University Press, 2006, p. 201-217.

6 On peut lire dans un rapport d'information sur l'état à mi-parcours de la réforme du droit de l'urbanisme datant de 2000, le président de la Fédération nationale des promoteurs constructeurs discutant la question : « L'urbanisme et la construction : deux frères ennemis ? » et trouvant à son sujet « un apriori négatif », s'exclamer : « L'urbanisme peut s'entendre comme le corps de règles qui gouverne la réalisation de la construction et, par nature, cette dernière tendrait-elle toujours à éluder l'application des exigences règlementaires des plans d'urbanisme, que ce soit pour des raisons mercantiles, de commodité ou recherche d'un effet de démonstration ? » P. Hérisson et L. Althapé (dir.), *Rapport d'information*, Sénat, n° 18, annexe au procès-verbal de la séance du 11 octobre 2000, p. 13.

7 J. Hilaire, *La vie du droit. Coutumes et droit écrit*, Paris, PUF, 1994 ; du même auteur, *La science des notaires. Une longue histoire*, Paris, PUF, 2000.

8 R. Carvais, *La Chambre royale des Bâtiments. Juridiction professionnelle et droit de la construction à Paris sous l'Ancien Régime*, thèse de doctorat d'État en droit, Université de Panthéon-Assas (Paris-II), 2001, (à paraître aux éditions Droz).

QUEL EST L'OBJET DU DROIT ?

Issu d'un fonds commun juridique, il existe depuis l'Antiquité un droit privé de la construction issu des coutumes locales, instauré afin de maintenir la paix entre voisins, comme un droit public de l'urbanisme dépendant du fait du prince, puis des villes et de leurs élites, puis simplement des habitants de chaque commune et de la normalisation policière de l'art de bâtir[9]. Il faut pouvoir débusquer qui se trouve derrière les intentions d'un préfet, des directives d'une agence gouvernementale « indépendante », ou des requêtes judiciaires d'un syndic et adjoint d'une communauté. Ainsi le droit des bâtiments se révèle être un droit fabriqué par une multitude d'acteurs, du simple maçon à l'homme politique en passant par le banquier, l'assureur, l'expert, comme aussi les corps intermédiaires, les communautés, les syndicats, les associations, les ordres, comme le simple manœuvre qui propose sa micro-histoire[10].

L'aspect privatif de ce droit à cheval entre les usages des métiers du bâtiment et les considérations coutumières qui tendent à régler les rapports des personnes avec les biens parvient à s'organiser autour d'un ordre public constructif. En France, la fin du XVIIe siècle est à cet égard un tournant du partage du savoir. Ce moment voit naître la figure de l'architecte moderne, comme la prise de conscience et la mise en œuvre d'une réduction en art du savoir technique[11]. Il ne s'agit plus uniquement de trouver des manuels d'architecture pratique, mais de projeter des règlements nouveaux, compilés mais aussi novateurs. Ainsi, ce droit mi privé – mi public dont on voit l'apothéose dans les cours à l'Académie d'un Antoine Desgodets dans le premier XVIIIe siècle qui traite non seulement, comme le veut la tradition, des ordres et des commodités, mais aussi innove en enseignant le « toisé », outil économique au-delà de la géométrie ainsi que les servitudes, autrement dit le droit des bâtiments [Fig. 1].

9 R. Carvais, « Creating a Legal Field : Building Customs and Norms in Modern French Law », in *Proceedings of the Third International Congress on Construction History*, Cottbus, mai 2009 (sous presse).

10 Ces populations mériteraient des études historiques à partir de fonds juridiques, comme nous l'avons pressenti à l'achèvement de notre thèse, en particulier pour les experts, les entrepreneurs et les ouvriers.

11 P. Dubourg-Glatigny et H. Vérin (dir.), *La réduction en art. La technologie de la Renaissance aux Lumières*, Paris, Éditions de la MSH, 2008.

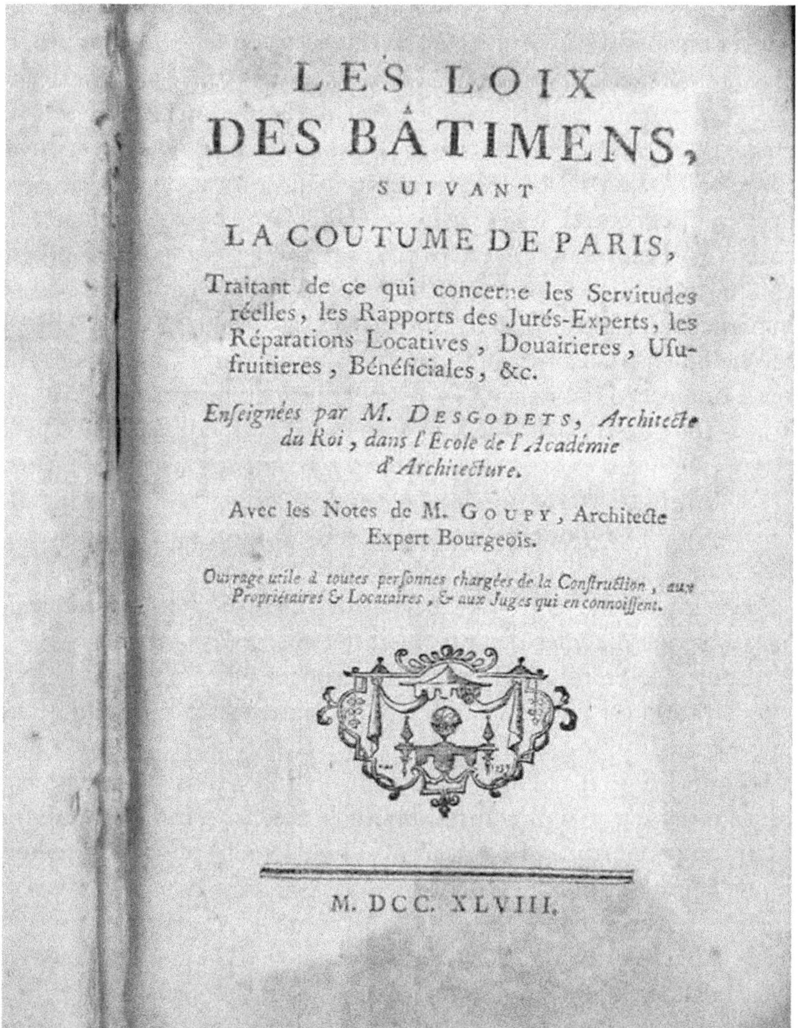

LES LOIX
DES BÂTIMENS,
SUIVANT
LA COUTUME DE PARIS,
Traitant de ce qui concerne les Servitudes réelles, les Rapports des Jurés-Experts, les Réparations Locatives, Douairieres, Usufruitieres, Bénéficiales, &c.

Enseignées par M. Desgodets, Architecte du Roi, dans l'École de l'Académie d'Architecture.

Avec les Notes de M. Goupy, Architecte Expert Bourgeois.

Ouvrage utile à toutes personnes chargées de la Construction, aux Propriétaires & Locataires, & aux Juges qui en connoissent.

M. DCC. XLVIII.

FIG. 1 – Premier livre consacré dans son intégralité au droit de la construction.

Il s'agit de la publication posthume (1748) par un de ses « élèves » Martin Goupy, expert architecte bourgeois, du cours d'Antoine Desgodets dispensé à l'Académie d'architecture entre 1723 et 1725. Il contient un commentaire à quatre mains de la coutume de Paris dans ce qu'elle intéresse les servitudes et les réparations. Cet ouvrage connait un énorme succès d'édition.

Les règles administratives qui s'appliquent à la construction varient selon la densité du bâti autorisée sur la surface ou le volume approprié, la forme de la parcelle et parfois les contraintes esthétiques ou simplement géométriques, mais aussi l'intensité du respect de la vie privée (le regard sur la propriété du voisin ; deux portes sur la voie ne peuvent se faire face selon la loi coranique ou la délimitation espace privé/espace public, comme les *erouvim* israéliens [Fig. 2]) ou les intérêts du commerce[12]. Les multiples visages de la propriété imposent des contenus juridiques différents – en termes de droits et d'obligations – que l'on soit propriétaire d'un hectare de terrain à la Défense, à Marseille, en Ardèche ou en Inde, ou bien locataire, voire titulaire simplement d'un droit d'usage et d'habitation. Et la variabilité du possible sur l'interdit s'est mis en place il y a déjà très longtemps sans attendre la technique du zonage. De plus, il existe bel et bien une relation de cause à effet directe entre les raisons avancées pour une constitution de zone (en général la protection de l'environnement ou la protection du patrimoine) et son impact sur le marché immobilier.

Progressivement, cette distinction privé/public tend à s'estomper. Il ne s'agit que d'angles d'approche différents pour finalement gérer le même objet. L'intérêt du droit pour la construction n'a rien de spécifique. L'inverse est moins vrai. Si une règlementation se révèle néfaste, inappropriée, à une situation constructive, il convient plutôt que de craindre le litige, d'afficher clairement les intentions juridiques et se laisser guider par le sens commun ou le bon sens, comme le soulignait en son temps Germain Boffrand[13]. Ce bon sens n'est pas uniquement celui de la catégorie sociale privilégiée qui entend le bon goût, mais une recherche scientifique des principes inébranlables de la physique, de la chimie, de la statique en l'état selon l'époque dans laquelle on se trouve. Ainsi, l'étude de la règlementation dans tous ses aspects peut, mais aussi doit, parfois être fondée sur le bon sens technique. Avec le temps et sa croissance numérique le droit devient expérimental. Comme toute

12 Comparer la servitude de vue britannique (*the Doctrine of Ancient Lights* de Common Law), fondée sur la montée en puissance de l'industrie textile développée à l'intérieur des maisons *versus* la servitude française de vue basée plutôt sur le respect de la propriété privée. *Cf.* H. Davis, *op. cit.*, p. 207-210.

13 G. Boffrand, *Livre d'architecture contenant les principes généraux de cet art et les plans, élévations et profils de quelques-uns des bâtiments faits en France et dans les pays étrangers*, Paris, 1745, p. 28, 31.

aventure technique, le droit se prête au jeu d'être testé ou de ne prévoir que les principes de son application – comme dans les premiers temps, laissant aux acteurs le soin de trouver les moyens de parvenir à leurs fins.

FIG. 2 – Sophie Calle, *L'Erouv de Jérusalem*, Arles, Actes Sud, 1996.

« Selon la Torah, dans toute ville entouré d'un *érouv*, le domaine public peut être considéré comme un territoire privé… Les *érouvim* consistent en fils (ou cordes) formant un mur imaginaire… J'ai demandé à des habitants de Jérusalem, israéliens et palestiniens, de m'emmener dans un lieu public ayant, à leur yeux, un caractère privé ».

LA TRANSMISSION DU DROIT

Comment la règle juridique de construction parvient-elle à ses usagers ? On peut naturellement penser qu'elle est matérialisée par un écrit, voire un croquis, un plan. Or, rien n'est plus faux. Historiquement les ordres donnés à un maçon ou un charpentier le sont souvent oralement puis, pour des raisons de confort, les traces des modalités ont été dessinées. Certes ce confort a des incidences sur le droit. Il représente une certaine sécurité juridique. Mais le droit est disert plutôt qu'illustré[14]. Même à la consultation des archives juridiques de la construction on est frappé du peu de représentation imagée des règles juridiques que l'on trouve (archives notariales et judiciaires confondues)[15]. Dans la littérature juridique de la construction, tout au plus quelques croquis sur les servitudes, parfois de nature caricaturale[16]. Quant à réaliser des maquettes ! Celles des servitudes trouvées dans les archives du CNAM sont de véritables raretés ! [Fig. 3] Ce qui compte pour le bâtisseur c'est le geste technique qu'on lui montre, qu'il reproduit ou qu'il invente, le dessin du charpentier sur le sol qui résout le problème du mur « bombé ». Avant que le dessin ne devienne incontournable, nous sommes contraint de constater la longueur des devis préparés par tous les architectes : Hardouin-Mansart use de 114 pages pour rendre compte de la construction de quatre pavillons qu'il envisage à Saint-Germain. Les devis donnent « des indications qui ne pourraient être données graphiquement, notamment sur les techniques de mise en œuvre à employer et sur la qualité des matériaux[17] ». Nous avons aujourd'hui encore tendance à oublier cette évolution. Le droit se traduit dans l'acte de bâtir par la signature d'un devis censé préciser les obligations des parties à l'acte de bâtir. Les souhaits du maître d'ouvrage et leur transcription technique par la maîtrise d'œuvre passent par un descriptif des travaux, une quantification et une estimation de leur coût. Afin de transmettre une information technique spécifique dans un cadre juridique sécurisant, il suffit au maître d'œuvre d'utiliser un vocabulaire précis codifié. Le dessin

14 Y.-B. Brissaud, « Pistes pour une histoire de l'édition juridique française sous l'Ancien Régime », *Histoire et civilisation du livre. Revue internationale*, n° 1, 2005, p. 33-136 et surtout « VIII. Un genre mort-né : le livre de droit illustré », p. 85-101.

15 À l'exception toutefois des archives de l'expertise, sources quasi judiciaires rassemblées pour Paris aux Archives nationales dans le fonds des Greffiers des Bâtiments (A.N. Z1J 256-1314). Cependant nous sommes convaincus que l'illustration n'apparaît massivement que tardivement et grâce à l'intervention des architectes experts bourgeois. R. Carvais, « Servir la justice, l'art et la technique : le rôle des plans, dessins et croquis devant la Chambre royale des Bâtiments » in *Sociétés & Représentations* sous la direction de F. Chauvaud et S. Vernois, sur « La Justice en images », CREDHESS, n° 18, novembre 2004, p. 75-96.

16 R. Carvais, « La littérature juridique du bâtiment. L'invention et le succès d'un genre doublement technique.1748-1950 » *in* J.-Ph. Garric, V. Nègre et A. Thomine-Berrada (dir.), *La Construction savante. Les avatars de la littérature technique*, Paris Picard, 2007, p. 89-102.

17 G. Fonkenell, « Hardouin-Mansart constructeur », in A. Gady (dir.), *Jules Hardouin-Mansart (1646-1708)*, Paris, Éditoins de la Maison des scineces de l'homme, 2010, p. 91-112.

n'est pas indispensable [Fig. 4]. Si on lui demande de bâtir par analogie, il n'aura qu'à suivre le modèle. De plus, on constate que les contrats de construction ont acquis une part grandissante d'objectivité juridique[18]. Au départ, on se contentait presque de l'expression toute subjective de « bâtir une maison ». Pouvait-on alors poursuivre en justice le résultat obtenu et non attendu ? D'ailleurs même plus clairement détaillés, le descriptif des travaux restent souvent énigmatique, modifiable par le parties sans que l'on reconnaisse les intentions réelles et louables du maître d'œuvre ou du maître d'ouvrage[19].

FIG. 3 – Maquette ayant servi à enseigner les servitudes de vues et de jours prévues aux articles 678 à 680 du Code civil (Musée du CNAM).

18 L., ancien Avocat, *Traité des devis et marchés selon les codes Napoléon et de commerce*, Paris, Garnery, 1809.

19 Cette question est fréquemment soumise aux tribunaux. Voir à titre d'exemple Cl. Mignot (présenté par), « Toisé et convenance. Une expertise à Paris, en 1661 » *in* J. Guillerme (dir.), *Amphion. Études d'histoire des techniques*, vol. 1 : Le droguier du fonctionnalisme, Paris, Picard, 1987, p. 49-57.

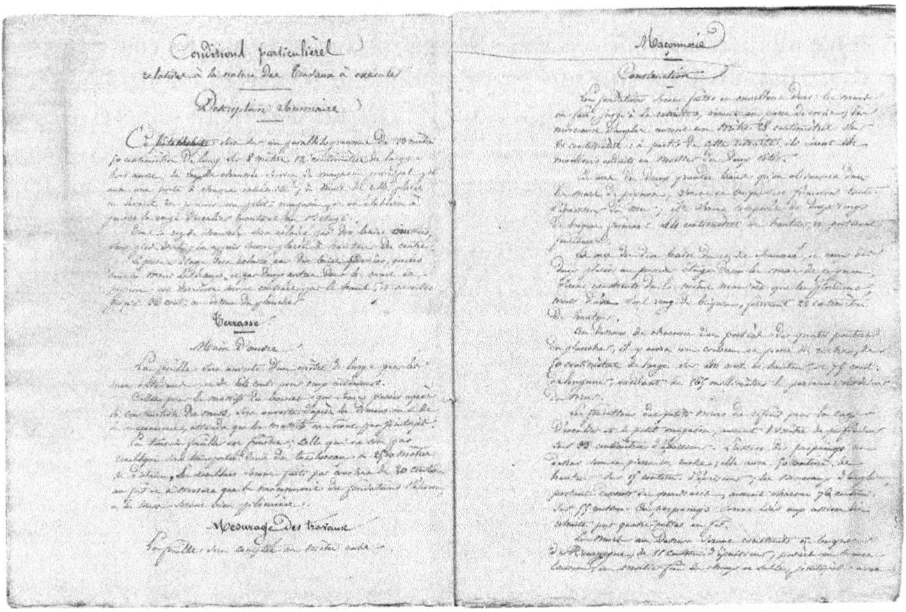

FIG. 4 – Cahier intitulé « Constructions de bâtiments » contenant l'Instruction sur les renseignements dont les chefs des établissements d'artillerie devront accompagner les projets de construction ou réparations de bâtiment avec différents modèles de mémoire et devis, daté du 1er août 1819 (manuscrit, collection privée).

La question de la responsabilité des bâtisseurs reste pourtant peu abordée en doctrine avant la seconde moitié du XIXe siècle par les ouvrages savants à l'exception du droit romain et de la jurisprudence. Les magistrats sont souvent en grande difficulté pour trancher les litiges car l'entrepreneur et l'architecte s'accusent mutuellement, se retranchant quand ce n'est pas la faute de l'autre, derrière l'intervention intempestive mais régulière du maître d'ouvrage qui est celui qui peut encore avoir tout décidé. Et cette situation durera encore longtemps et aura des incidences sur le plan économique.

FINANCER ET MESURER LA CONSTRUCTION OU L'HISTOIRE ÉCONOMIQUE DU BÂTI

L'histoire du concept d'économie en architecture est désormais classique depuis les travaux de Werner Szambien[20]. Ses deux sens : financier et esthétique sont au cœur de l'art de bâtir. L'économie au premier sens ne s'imposera en architecture que sous l'Empire bien qu'initiée sous l'Ancien Régime par la littérature depuis le traité de Savot (1624) et l'enseignement du « toisé » à l'Académie d'archiecture par Desgodets de 1724 à 1728[21]. Rondelet ne commence-t-il pas son *Traité* par cette fameuse sentence : « Le but essentiel de l'art de bâtir est de construire des édifices solides, en y employant une juste quantité de matériaux choisis et mis en œuvre avec art et économie[22]. » À l'Académie, un Mémoire de 1775 sur « l'identité du goût et des règles » concluait ainsi : « C'est par une connoissance raisonnée de la pratique, jointe à une profonde théorie, que l'architecte, …, pourra sans scrupule, se charger de l'administration des sommes que les particuliers confieront à ses lumières et à ses soins ; et qu'il soignera

20 W. Szambien, *Symétrie, goût, caractère. Théorie et terminologie de l'architecture à l'âge classique 1550-1800*, Paris, Picard, 1986, p. 158-164. Lire sur l'origine du concept d'économie, G. Agamben, *Le règne et la gloire. Pour une généalogie théologique de l'économie et du gouvernement. Homo Sacer, II, 2*, Paris, Ed. du Seuil, 2008 (traduit de l'édition italienne parue en 2007 chez Nerri Pozza Editore, sous le titre *Il Regno e la Gloria*).

21 Dans le cadre d'un projet ANR, nous dirigeons la reconstitution des cours d'Antoine Desgodets à partir de la trentaine de manuscrits qui nous sont parvenus par le biais des fonds des différentes bibliothèques à travers le monde. Ils traitent de quatre thèmes : les ordres, les commodités, le toisé et les servitudes. Une rationalisation historique et critique du toisé nous est donnée par J. M. Morisot, *Tableaux détaillés des prix de tous les ouvrages de bâtiment divisés suivant les différentes espèces de travaux et suivis d'un traité particulier pour chaque espèce, sur la manière de toiser ou mesurer les ouvrages, à l'usage des architectes, ingénieurs, vérificateurs, toiseurs et entrepreneurs de bâtimens, des propriétaires de maisons, et de tous ceux qui veulent faire bâtir*, Paris, 2e édition revue, corrigé et augmentée, 1er volume contenant la maçonnerie, la charpente et le carrelage, 1820 (1re édition, 1804), p. 1-255.

22 J. Rondelet, *Traité théorique et pratique de l'art de bâtir*, Paris, 7 vol., 1802, t. 1er, Avant-propos, p. v. Ce thème est repris par l'auteur dans A. C. Quatremère de Quincy, *Dictionnaire historique d'architecture comprenant dans son plan les notions historiques, descriptives, archéologiques… de cet art* dans lequel « l'objet de la construction est de réunir la perfection, la solidité et l'économie » (Paris, 2 vol., 1832, t. 1er, V° « construction », p. 441).

d'eux la crainte souvent justifiée de voir leur fortune altérée et leur aisance diminuée par des dépenses inattendues mais avec toutes ces connaissances si l'artiste ne sent pas cette influence secrette, ce feu par lequel les idées se développent, se combinent et s'étendent, il n'arrivera jamais à son but et comme Vitruve l'a dit : *Nec ingenium sine labore, nec labor sine ingenio, perfectum artificem unquam fecerunt*[23]. » Même lorsque Bullet dans son *Architecture pratique* (1691), envisage principalement le toisé, il ne donne pas de prix. Il faudra attendre Morisot pour pouvoir évaluer le travail et les matériaux scientifiquement[24].

Il peut paraître étonnant que nous ne disposions pas en France, pour un secteur aussi important que le bâtiment (incluant les Travaux Publics) [Fig. 5], en termes de production intérieur brut et de nombre d'emplois en exercice, une synthèse d'histoire économique comme celle dont disposent les Britanniques en l'ouvrage de Christopher Powell[25]. L'oubli a été en partie comblé par Dominique Barjot en 2006 par la *Grande entreprise française de Travaux Publics, 1883-1974*[26]. Nombre de thèses sont pourtant soutenues traitant ça de la *Société de construction des Batignolles*[27], là de *Schneider*[28]. De même, Michel Lescure inaugurait dans les années 1980 des travaux fructueux sur les banques et le marché immobilier, avec Jean-Pierre Alline sur le Crédit foncier[29]. Les recherches se sont développées là où se trouvaient des sources. Même le marché immobilier de la fin de l'Ancien Régime donna lieu à des travaux de la part de Gérard Béaur[30]. Nous pouvons

23 A.N. O[1] 1930-1934.

24 J. M. Morisot, *Tableaux détaillés des prix…*, *op. cit.*, 1804, 4 vol.

25 *The British Building Industry since 1800 : An Economic History*, Londres, E & FN Spon, (1re éd., 1980) 2e éd., 1996 ; Voir également L. Clarke, *Building Capitalism. Historical Change & the Labour Process in the Production of the Built Environment*, Londres, Routledge, 1992.

26 Paris, Economica, 2006.

27 R.-R. Park-Barjot, *La Société de construction des Batignolles : Des origines à la Première Guerre mondiale (1846-1914)*, Paris, Presses universitaires de la Sorbonne, 2005.

28 A. D'Angio, *Schneider & Cie et les travaux publics, 1895-1949*, préface de D. Barjot, Paris, 1995.

29 M. Lescure, *Les sociétés immobilières en France au XIXe siècle. Contribution à la mise en valeur du sol urbain en économie capitaliste*, Paris, Publications de la Sorbonne, 1980 ; du même auteur, *Les banques, l'État et le marché immobilier en France à l'époque contemporaine. 1820-1940*, Paris, Ed. de l'EHESS, 1982 ; J ;-P. Alline, *Banquiers et bâtisseurs. Un siècle de Crédit Foncier. 1852-1940*, Paris, Ed. du CNRS, 1983.

30 G. Béaur, *Le marché foncier à la veille de la Révolution. Les mouvements de propriété beaucerons dans les régioins de Maintenon et de Janville de 1761 à 1790*, Paris, Ed. de l'EHESS, 1984 ;

cependant regretter qu'aucuns travaux n'aient été engagés à partir d'archives d'entreprises autres que celles des TP. Nous avons sollicité la Fédération nationale des bâtiments à ce sujet dans l'espoir que les archives de ce secteur qui ont pu être conservées privativement puissent être déposées et consultées au Centre des archives du monde du travail à Roubaix. Combien il est désastreux de voir disperser aux enchères publiques les archives de l'entreprise du bâtiment Louise de Rennes pour le début du XIXe siècle ! [Fig. 6] Combien pourrait être productif d'analyser cette mémoire d'entreprise afin de mesurer l'activité du bâtiment, la part d'investissement dans les nouvelles techniques et machines, la masse salariale, l'organisation comptable et administrative du secteur !

	France entière	*Bâtiment*	*Travaux publics*	*Total* BTP	*%* BTP/ *Total*
Production intérieure brute	7 675	442	138	580	7,6
Exportation	1 802	(A) 16	(A) 54	70	Non significatif
Main-d'œuvre (millions personnes)	22,33	1,22	0,25	1,47	6,6

NB. — Chiffres en milliards de francs sauf autre indication, (A) Activités extérieures.

FIG. 5 – Le BTP dans l'économie française en 1995, d'après J.-Cl. Tournier, *L'Économie du bâtiment et des travaux publics*, Paris, PUF, Coll. Que sais-je ? n° 3253, 1998, p.102.

Autre source économique qui se révèle féconde : les pièces comptables des administrations royales, seigneuriales, papales commanditaires de travaux importants qui permettent de réaliser l'histoire de chantiers monumentaux, comme ceux entre autres de la cathédrale de Milan par Philippe Braunstein ou ceux des travaux publics de la ville de Bruges

du même auteur, *L'immobilier et la Révolution. Marché de la pierre et mutations urbaine. 1770-1810*, Paris, Armand Colin, 1994 (Cahiers des Annales) .

par Jean-Pierre Sosson ou encore ceux de la fabrique de la Cathédrale de Sens par Denis Caillaux[31] [Fig. 7]. Ces études donnent des informations déterminantes sur l'organisation du chantier, les salaires, la main d'œuvre, les matériaux et techniques utilisées. Mais quelques pièces comptables égarées peuvent également informer beaucoup. Il ne suffit pas d'étudier les pièces comptables d'une opération de construction, encore faut-il comprendre leur création et leur gestion, car pour un même chantier plusieurs documents du circuit comptable reprennent ou omettent sciemment des informations, comme le démontrent Olivier Guyotjeannin et Philippe Plagnieux à propos de quatre pièces égarées concernant la construction de la grande salle du Palais de Poitiers[32]. Ces sources (mandement d'estimation et d'achat d'une maison, procès-verbal d'estimation et d'achat, mandement pour le versement du prix et quittance après l'achat) permettent d'une part de comprendre que les raisons des reprises indispensables à la cohérence juridique et administrative ou des omissions d'informations (descriptif de la maison, sa localisation, les motifs de la transaction) d'un document à un autre. Le fait qu'aucun de ces documents ne comporte l'ensemble des informations souligne la modestie dont l'historien doit se targuer à l'analyse de telles sources. Le travail des historiens permet d'autre part de signaler l'existence et le fonctionnement d'une chambre aux traits pour une construction médiévale mais surtout de résoudre une des énigmes capitales de l'histoire de l'architecture médiévale en datant les travaux de la grande salle de Poitiers en 1388 et en en attribuant le projet au maître général des œuvres du duc de Berry, Guy de Dammartin.

31 Ph. Braunstein, *Travail et entreprise au Moyen Âge*, Bruxelles, De Boeck, 2003, p. 371-455 ; J.-P. Sosson, *Les travaux publics de la ville de Bruges. XIVe-XVe siècles. Les matériaux, les hommes*, Bruxelles, Crédit Communal de Belgique, 1977 ; D. Cailleaux, *La cathédrale en chantier. La construction du transept de Saint-Étienne de Sens d'après les comptes de la fabrique 1490-1517*, Paris, CTHS, 1999.

32 « Documents comptables et histoire de la construction. Guy de Dammartin et la cheminée de la grande salle de Poitiers », *Bulletin monumental*, 2006, p. 377-382.

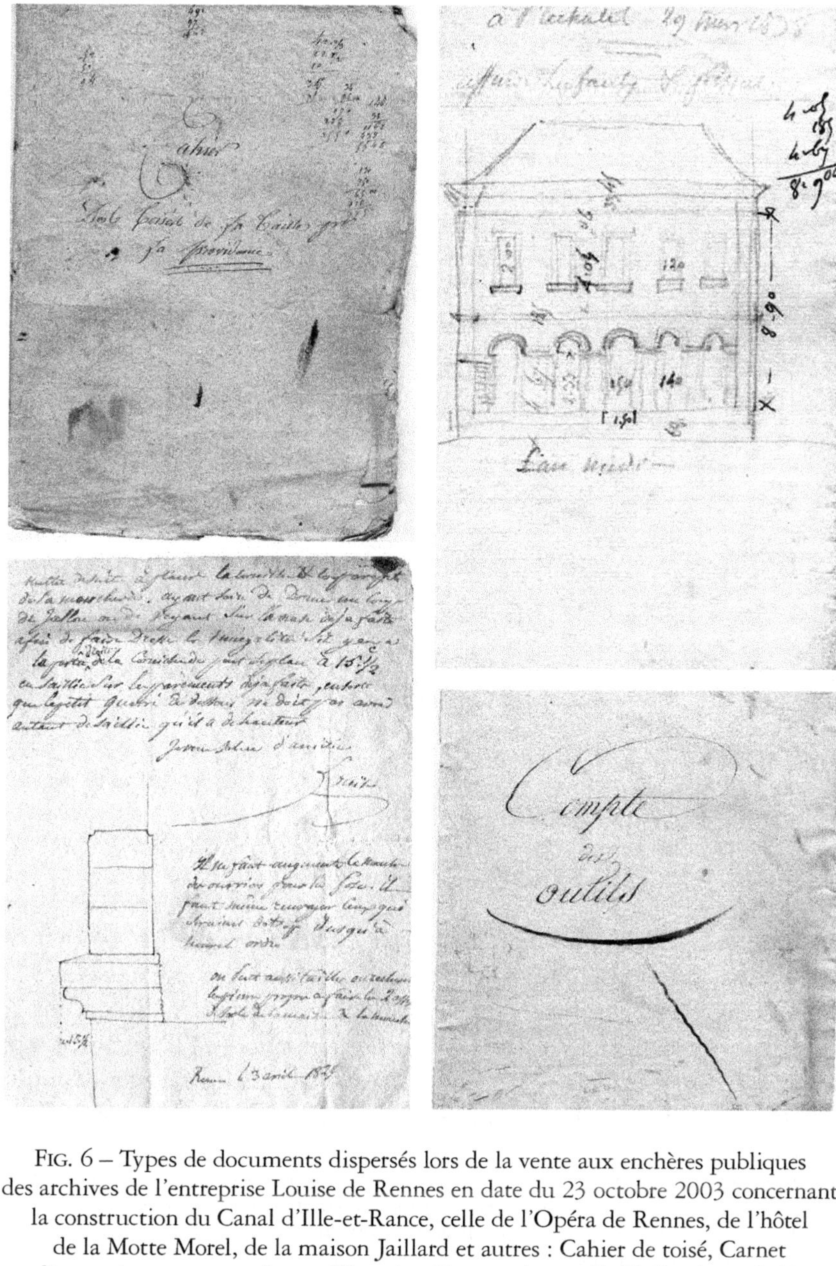

FIG. 6 – Types de documents dispersés lors de la vente aux enchères publiques des archives de l'entreprise Louise de Rennes en date du 23 octobre 2003 concernant la construction du Canal d'Ille-et-Rance, celle de l'Opéra de Rennes, de l'hôtel de la Motte Morel, de la maison Jaillard et autres : Cahier de toisé, Carnet d'expertises, correspondances illustrées, Compte des outils (Collection privée).

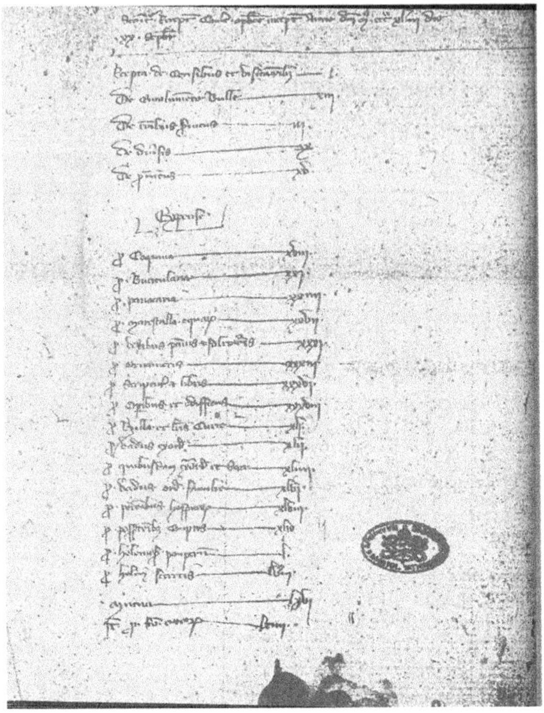

FIG. 7 – Registre des *Introitus* et *Exitus* 227 : 12° : titre et table au 13e rang : « *pro operibus et edificiis* » (pour les œuvres des édifices), d'après Dominique Vingtain (dir.), *Monument de l'histoire. Construire, reconstruire le Palais des Papes. XIV*[e]*-XX*[e] *siècle*, Avignon, Ed. RMG / Palais des Papes, 2002, p. 40.

Étudier les devis et les marchés en fonction de la nature du contrat utilisé permet une analyse fine du marché du travail : paiement au fur et à mesure du travail accompli ou par jour ou bien encore à la tâche, contrat au forfait ou encore avec estimation après le rendu des plans mais avant les travaux ou en calculant entre deux estimations opérées au début et à la fin du chantier[33]. De la forme du contrat choisi dépendra parfois la

33 Comparer le système français qui fonctionne par une évaluation prévisionnelle *ante* des travaux et un réajustement au fur et à mesure de la construction et le système britannique fondé très tôt sur le calcul d'un différentiel entre une estimation du chantier avant le début de celui-ci et une estimation à la fin des travaux. J. Nisbet, *Fair and Reasonable. Building Contracts from 1550. A synopsis*, Londres, Stoke Publications, 1993 ; du même

réussite ou l'échec de la bâtisse. On sait combien souvent l'architecte comme l'entrepreneur sont obligés au gré du chantier de modifier leurs plans. Comment faire si un contrat bien ficelé les en empêche ? La formalisation excessive des contrats avec leurs multiples clauses sécurisantes ont finalement supprimé beaucoup de souplesse dans leurs applications. L'appréciation de la discrétion du bâtisseur dans le processus de construction s'est progressivement atténuée en fonction du niveau financier engagé. Parfois, il faut abandonner l'idée de spéculation ou de mauvais management dans la gestion des travaux publics afin de comprendre les enjeux économiques implicites liant ce service public avec le monopole industriel local[34]. Sur le plan économique, l'éclatement des professions du bâtiment[35] divise les compétences alors qu'historiquement chaque métier a pu détenir toutes les manettes de contrôle. Les restructurations économiques des entreprises, comme la mondialisation voient travailler ensemble dans des grands groupes, architectes, ingénieurs et entrepreneurs salariés d'une même firme. Mais *quid* de la masse salariale du bâtiment ?

ENTRE LES ANONYMES ET LES FOULES, UNE HISTOIRE SOCIALE DU BÂTIMENT

À côté des recherches sur les communautés qui restent toujours d'actualité, nous plaidons en faveur du développement d'une micro-histoire sociale du bâtiment insistant sur les archives du sensible comme nous le démontre avec élégance et pertinence les travaux d'Alain Corbin[36]

---

auteur, *A Proper Price. Quantity Surveying in London. 1650 to 1940*, Stoke Publications, 1997.

34 M. E. Mata, "The role of implicits contracts : Buildings public works in the 1840s in Portugal", *Business History*, 2008, p. 147-162.

35 La sociologie des professions a développé ce concept à l'égard des architectes. Voir G. Tapié, *Les architectes : mutations d'une profession*, Paris, L'Harmattan, 2000 ; Fl. Champy, « Vers la déprofessionnalisation ? L'évolution des compétences des architectes en France depuis 1980 », *Cahiers de la Recherche architecturale et urbaine*, 1999, p. 27-38 ; du même auteur, *Sociologie de l'architecture*, Paris, La découverte, coll. Repères, 2001 ; O. Chadoin, *Etre architecte : les vertus de l'indétermination. De la sociologie d'une profession à la sociologie du travail professionnel*, Limoges, PULIM, 2007.

36 Lire par exemple dans son œuvre, *Le Miasme et la Jonquille. L'odorat et l'imaginaire social, XVIII*e*-XIX*e *siècles*, Flammarion, coll. « Champs », Paris, 1986 (1re éd. 1982) ; *Le Village*

ou d'Arlette Farge[37]. Les corpus d'archives intimes sont bien documentés. Cependant deux écueils sont à éviter : s'enfermer dans des généralités et ne traiter que les célébrités ; ce qui n'empêche pas l'étude de ces derniers personnages sous un jour nouveau : Germain Boffrand en juriste[38], François Cointeraux en inventeur utopiste[39].

Comme pour l'histoire des sciences et des techniques, il faut s'intéresser aux petites gens, aux inventeurs anonymes, aux découvreurs d'astuces, aux personnages relais de trouvailles. En histoire de la construction, à côté d'entrepreneurs et d'architectes provinciaux méconnus[40], on trouve une main d'œuvre muette [Fig. 8], celle qui fait grève, celle que l'on retrouve dans les procès de masse pour défaut de paiement de salaires, les petits entrepreneurs qui ont fait faillite, les anonymes des chantiers, les émigrés-immigrés italiens, espagnols, portugais ou magrébins qui selon les époques ont été embauchés par vague importante ou contrôlée, parfois dans des zones géographiques circonscrites ou de manière diffuse sur l'ensemble du territoire, parfois sur une très longue période, parfois dans toutes les catégories sociales. Les archives du for privé, les photographies [Fig. 9], les témoignages oraux sont autant de traces passionnantes d'une histoire sociale de la construction méconnue. Les sociologues ont beaucoup labouré ce champ. Le récent ouvrage de Nicolas Jounin, *Chantier interdit au public. Enquête parmi les travailleurs du bâtiment* en porte témoignage, remettant en question un certain nombre d'idées reçues[41]. Il conviendrait d'accroître ces travaux dans le champ

---

des « cannibales », Flammarion, coll. « Champs », Paris, 1990 (1re éd. 1986) ; *Le Territoire du vide. L'Occident et le désir du rivage, 1750-1840*, Flammarion, coll. « Champs », Paris, 1990 (1re éd. 1988) ; *Le Temps, le Désir et l'Horreur. Essais sur le XIXe siècle*, Flammarion, coll. « Champs », Paris, 1998 (1re éd. 1991) ; *Les Cloches de la terre. Paysage sonore et culture sensible dans les campagnes au XIXe siècle*, Flammarion, coll. « Champs », Paris, 2000 (1re éd. 1994) ; *Le Monde retrouvé de Louis-François Pinagot. Sur les traces d'un inconnu (1798-1876)*, Flammarion, coll. « Champs », Paris, 2002 (1re éd. 1998).

37 Lire par exemple dans son œuvre, *Vivre dans la rue à Paris au XVIIIe siècle, Gallimard, Paris, 1979 ; La vie fragile : Violence, pouvoirs et solidarités à Paris au XVIIIe siècle, Hachette, Paris, 1986 ; Le cours ordinaire des choses dans la cité du XVIIIe siècle, Seuil, Paris, 1994 ; Le Bracelet de parchemin. L'écrit sur soi au XVIIIe siècle, Bayard, Paris, 2003 ; Effusion et tourment, le récit des corps. Histoire du peuple au XVIIIe siècle, Odile Jacob, Paris, 2007 ; Le Silence, le souffle*, La Pionnière, Paris, 2008.

38 *Cf.* notre contribution au présent Congrès.

39 *Cf.* la contribution de Laurent Baridon au présent Congrès.

40 A. Lemonnier-Mercier, « Grandeur et décadence de la famille Thibault, entrepreneurs et architectes au XVIIIe siècle », *Cahiers havrais de recherche historique*, 2007, p. 227-252.

41 Paris, Ed. La découverte, coll. textes à l'appui / enquête de terrain, 2008.

de l'histoire. De la même manière, on commence à étudier le logement ordinaire[42], l'immeuble de rapport[43], le pavillon de périphérie[44].

FIG. 8 – Carte postale du début du siècle montrant un bâtiment à façade en pignon en construction, quelque part dans le Sud de la France (extrait de *L'architecture vernaculaire*, Centre d'études et de recherches sur l'architecture vernaculaire, sous la direction de Christian Lassure, Paris, t. VIII, 1984).

42 Y. Carbonnier, *Le bâti et l'habitat dans le centre d Paris à la fin de l'Ancien Régime*, thèse d'histoire moderne, Université de Paris IV-Sorbonne, 2001, 3 vol. [paru sous le titre *Maisons parisiennes des Lumières*, Paris, 2006] ; L. Rollenhagen-Tilly, *Maisons ordinaires à Paris, 1650-1790*, thèse d'histoire de l'art, Université de Paris IV-Sorbonne, 2006, 3 vol.

43 P.-D. Boudriot, *La construction locative parisienne sous Louis XV : de l'inerte à l'animé*, thèse 3e cycle, Université de Paris IV-Sorbonne, 1981 ; O. Zeller, *Un mode d'habiter à Lyon au XVIIIe siècle. La pratique de la location principale*, dans *Revue d'histoire moderne et contemporaine*, tome XXXV, 1988, p. 36-60 ; I.-M. Farguell, *La construction d'ensembles locatifs à Paris par des communautés ecclésiastiques sous Louis XIV*, thèse de l'École des chartes, 1997. Lire également les contributions de M. Barbot et M.-L. Ville au présent Congrès.

44 S. Magri, « Le pavillon stigmatisé. Grands ensembles et maisons individuels dans la sociologie des années 1950 à 1970 », *L'année sociologique*, 2008, p. 171-2002 ; M. Cartier, I. Coutant, O. Masclet, Y. Siblot, *La France des « petits-moyens », Enquête sur la banlieue pavillonnaire*, Paris, la Découverte, coll. « Textes à l'appui / enquêtes de terrain », 2008. En dehors des monographies locales (*Habiter à Saint-Quentin-en-Yvelines, entre utopie et tradition*, Paris, Somogy, 2002 ; Fr. Petit, *Du cabanon au pavillon*, Centre culturel d'Athis-Mons, 1993 ; du même auteur, *Mémoires et projets du pavillonnaire en Nord-Essonne*, 2000), une étude d'ensemble sur le sujet au XIXe siècle reste à écrire. Voir néanmoins M. Dautel, *Le logement social dans la presse destinée aux architectes, constructeurs et acquéreurs d'HBM (1890-1914. Essai de bibliographie*, Paris, diplôme de l'EHESS, 1979 ou comme étude de cas : G. Delhumeau, « La maison en ciment armé de François Hennebique à Bourg-la-Reine », *Histoire de l'art*, 1990, p. 75-87.

Tous les participants posent pour la photo. On reconnaît, sur l'échafaudage, des maçons, un marteau-têtu ou une truelle dans une main, un moellon dans l'autre ; devant l'entrée, des manœuvres tenant une pelle ou buvant au goulot d'une bouteille. Un voiturier, le fouet sur l'épaule, pose à côté de son cheval et de sa carriole au premier plan à gauche. Trois femmes sont présentes sur la droite, l'une tricotant un bas, une autre tenant un filet à provisions, la troisième servant à boire à un ouvrier. Un personnage (propriétaire-constructeur, chef de chantier ?) est debout dans l'embrasure de l'entrée.

FIG. 9 – Un chantier de reconstruction à Vire.
Ouvriers de l'entreprise Borsa-Dorival (archives Aldo Da Rold
qui est au premier plan) d'après Mariella Colin (dir.),
« L'émigration-immigration italienne et les métiers du bâtiment
en France et en Normandie », *Cahiers des annales de Normandie*, n 31, 2001.

Un bel exemple de ce type d'histoire que nous appelons de nos vœux nous est donné par Philippe Bernardi dans un travail inédit[45] sur un certain Barthélémy Guersi, maçon piémontais mort à Aix en Provence en 1479. [Fig. 10] « Tout peut commencer, pour nous, le 12 novembre 1461, dans le monastère royal de Notre-Dame-de-Nazareth, à Aix-en-Provence. Ce jeudi, les Dominicaines se réunirent, au son de leur petite cloche, dans la salle capitulaire du couvent afin d'écouter Jean de Ruppe, leur prieur, soumettre à l'approbation de la communauté une convention accordant, contre une rente annuelle de cinquante florins, la jouissance, à perpétuité, du Moulin Neuf des religieuses à Barthélemy Guersi. Les sœurs acquiescèrent aux termes du contrat et Jean de Ruppe se rendit alors dans l'église toute proche pour faire enregistrer l'acte d'arrentement par le notaire Antoine de Podio qui l'y attendait avec quatre hommes : le maçon Barthélemy Guersi, les charpentiers Pierre Aynard, dit Fournier, et Pierre Michel, et le tailleur de pierre Jean Petit, dit la Chèvre… (Pourtant) pour Barthélemy Guersi,… l'histoire de cette location débuta bien plutôt, dans les années 1440, quand il commença à s'intéresser à ce moulin, pour ne s'achever qu'avec sa mort, en 1479… La précision chronologique des documents notariés du bas Moyen Âge… tend à concentrer l'attention sur le moment de leur mise en forme ; estompant quelque peu le temps, parfois fort long, dans lequel s'inscrivirent les actions considérées. L'empreinte, avec les années, se fige, se fossilise, et la trace prend le pas sur le geste ». Cette « réflexion sur une vie ordinaire » est élaborée à partir d'un dépouillement d'archives notariales sur une zone géographique s'élargissant de Bernezzo en Pièmont à Aix.

Plus loin, Philippe Bernardi poursuit : « L'homme Barthélemy Guersi nous glisse entre les doigts. Tout au plus peut-on noter que, dès son apparition dans nos sources, il assume des responsabilités relativement importantes (fourniture de chaux pour les remparts en 1443, ou pour la fontaine des Prêcheurs (1446) ; location d'une grosse auberge en 1446 ; location et reconstruction du Moulin Neuf, en 1445) qui impliquent tout à la fois une relative compétence technique et un crédit que, même par "manque d'hommes", on imagine mal – a-t-on raison ? – avoir été conféré à un garçon d'une quinzaine d'années, *a fortiori* étranger. Jamais

45 Ph. Bernardi, *Produire, échanger. Éléments pour une histoire économique et sociale du quotidien*, Thèse d'habilitation en histoire, Paris, EHESS, 2002.

désigné comme *juvenis*, Barthelemy ne paraît plus être ce que nous appellerions un adolescent dans les années 1440. On ne peut que se résoudre à lui “donner”, sans plus de précision, une vingtaine d’années en 1443 et, donc, à le faire naître au début des années 1420. » L’auteur finira par considérer que s’il est qualifié de maître maçon, il ne l’est en réalité qu’à 56,5%, occupant aussi diverses autres professions : terrassier, charretier, brassier-affaneur, meunier, paveur, fontainier, boueur voire même, jusqu’à n’en occuper aucune.

FIG. 10 – Rudolf von Ems, Weltchronik. Allemagne, vers 1385.
La construction de la tour de Babel, d’après Roland Recht (dir.),
Les bâtisseurs des cathédrales gothiques, Strasbourg,
Éditions Les Musées de la ville de Strasbourg, 1989.

Afin de décrypter l’histoire, faut-il comme nous le démontre magistralement Philippe Bernardi en histoire de la construction dans le cadre de cette micro-biographie sensible réfléchir aux niveaux de lecture et à la valeur critique qu'il faut attribuer aux sources. Partant de sources notariales, donc juridiques, il cerne la pluri-activité économique de son « héros », tout en lui redonnant une identité au sein de sa communauté de vie, autrement dit en le saisissant comme sujet social. En un raccourci saisissant, il mêle habilement et avec brio les trois axes de notre plaidoyer.

Robert Carvais

L'HISTOIRE DE LA CONSTRUCTION EN ESPAGNE

Origines et état des recherches[1]

Au cours des années 1990, l'histoire de la construction devient, en Espagne, une discipline pleinement autonome. Plutôt que de décrire des recherches sectorielles, le propos voudrait privilégier la mise en valeur de ce cheminement vers l'indépendance ; une histoire d'un engouement croissant pour l'histoire de la construction. Que s'est-il donc passé de si extraordinaire Outre Pyrénées en une vingtaine d'années ?

LES PREMIERS CONGRÈS ET LA FONDATION DE LA SOCIÉTÉ ESPAGNOLE POUR L'HISTOIRE DE LA CONSTRUCTION

En 1993, à l'initiative de l'auteur et avec le soutien de son président, Ricardo Aroca, l'Institut Juan de Herrera [IJH] décide de subventionner une nouvelle série d'ouvrages dédiés à l'histoire de la construction[2]. Les

1 Le présent exposé est une version actualisée de S. Huerta, « Construction History in Spain : Some notes on its current state, historical origins and future perspectivas », *Construction History : Research perspectives in Europe.* A. Becchi et al. (eds), Firenze, 2004, p. 43-59. Il a été publié sous la référence : Santiago Huerta, « L'Histoire de la construction en Espagne : origines et état des recherches ». In *Édifice & Artifice. Histoires constructives.* Sous la direction de Robert Carvais, André Guillerme, Valérie Nègre et Joël Sakarovitch, 65-75. Paris, Picard, 2010. Il est ici réédité avec la permission de l'auteur et des éditions Picard.

2 *Textos sobre Teoría e Historia de las Construcciones* (Textes relatifs à la théorie et l'histoire des constructions), S. Huerta (éd.).

premières publications – Heyman[3], Viollet-le-Duc[4], Choisy[5] – rencontrent un franc succès auprès des architectes et des ingénieurs espagnols, preuve d'un intérêt diffus mais soutenu pour ce type d'histoire.

Deux ans plus tard, un premier séminaire dédié à la taille et la maçonnerie de pierre pendant la Renaissance attire les hommes de l'art comme les universitaires de toute l'Espagne, et confirme ainsi les intuitions premières[6]. Dès lors on estime qu'il est opportun d'organiser une manifestation d'ampleur, une conférence : le premier congrès national d'histoire de la construction se tient à Madrid du 19 au 21 septembre 1996. Plus de quatre-vingts conférenciers y participent et les actes sont publiés dans un ouvrage[7] relié mis en vente après le congrès : plusieurs centaines sont vendus.

Le succès éditorial, le séminaire, le premier congrès, tout se ligue pour créer une société savante pour la mise en valeur de l'histoire de la construction, la *Sociedad Española de Historia de la Construcción*, SEdHC, dont les statuts sont déposés en 1997. Elle est alors présidée par Ricardo Aroca ; Antonio de las Casas est vice-président et Santiago Huerta secrétaire[8]. Ses objectifs sont d'abord la constitution d'un lien entre les différents professionnels et les chercheurs travaillant dans le champ de l'histoire de la construction en Espagne, ensuite la promotion et la diffusion des recherches et des études y afférant, enfin la discussion pour définir une discipline à part entière. À cette fin, cinq buts sont définis :

1. la publication de livres et la diffusion des connaissances ;
2. l'organisation de congrès nationaux tous les deux ans ;
3. la promotion d'étude en histoire de la construction par des séminaires et des expositions ;

3 J. Heyman, Teoría, historia y restauración de estructuras de fábrica. Colección de ensayos, S. Huerta (ed.), Madrid, IJH, 1995.

4 E. Viollet-le-Duc, *La construcción medieval*, E. Rabasa et S. Huerta (eds), Madrid, IJH, 1996. Traduit du *Dictionnaire raisonnée…*, 4 vols, Paris, éd. 1859.

5 A. Choisy, *El arte de construir en Bizancio*, S. Huerta et F. J. Girón (eds), Madrid, IJH, 1997. Traduction de *L'art de bâtir chez les Byzantins*, Paris, 1883 ; A. Choisy, *El arte de construir en Roma*, S. Huerta et F. J. Girón (eds), Introduction de E. Rabasa, Madrid, IJH, 1999. Traduction de *L'art de bâtir chez les Romains*, Paris, 1873.

6 Historia de la Construcción. Las fábricas de piedra hasta el Renacimiento, présidée par A. Casas and S. Huerta, Madrid, 4-6 avril 1995).

7 A. Casas, S. Huerta, E. Rabasa (eds), Actas del Primer Congreso Nacional de Historia de la Construcción, Madrid, 19-21 de sept. 1996, Madrid, IJH, 1996.

8 Depuis 2003, S. Huerta est Président.

4. la publication d'une lettre et d'un journal périodiques ;
5. le soutien universitaire pour l'intérêt disciplinaire.

Les ouvrages relatifs à l'histoire de la construction continuent d'être publiés dans la collection et connaissent un certain succès. La sélection essaie de maintenir l'équilibre entre la réédition d'ouvrages anciens réputés et la publication d'ouvrages théorique d'histoire de la construction, une manière d'affirmer qu'on ne peut pas interpréter les techniques ancestrales sans posséder des fondements théoriques[9]. Ces dernières années, la SEdHC cherche en outre à mettre en valeur les ouvrages non répertoriés comme les traités ronéotypés de construction, d'architecture et d'ingénierie. Ces sources sont accessibles sur la toile : www.sedhc.es. Il est vrai que d'autres sources générales existent déjà (Gallica, Googlebooks) et le nombre a une croissance exponentielle, mais un site spécifique peut faire gagner beaucoup de temps et offrir un point de vue sectoriel.

Deux congrès nationaux se tiennent à A Coruna en 1998[10] et à Séville en 2000[11]. À chaque fois l'audience est excellente, les actes sont publiés et tirés à plusieurs centaines d'exemplaires. Tout ceci laisse entendre que l'intérêt pour l'histoire de la construction n'est pas éphémère. Puis, en 1998 à l'assemblée générale de la Société, on décide formellement

9 IJH Madrid a publié, outre les précédents ouvrages mentionnés, J. Heyman, *El esqueleto de piedra. Mecánica de la arquitectura de fábrica*, 1999. (Trad. de *The Stone Skeleton. Structural engineering of masonry architecture*, Cambridge, 1995) ; J. Heyman, *La ciencia de las estructuras*, 2001. (Trad. de *The science of structural engineering*, London, Imperial College Press, 1999) ; S. Huerta, *Arcos, bóvedas y cúpulas. Geometría y equilibrio en el cálculo tradicional de estructuras de fábrica*, 2004 ; A. Truñó, *Construcción de bóvedas tabicadas*, S. Huerta et al. (ed.) (édition d'un ronéotype non publié de 1955), 2004 ; J. Heyman, *Análisis de estructuras. Un estudio histórico*, 2004. (Trad. de *Structural Analysis. A historical approach*, Cambridge, Cambridge Univ. Press, 1998), 2004 ; J.-R. Perronet, *La construcción de puentes en el siglo XVIII*, trad. et ed. par A. Casas y E. Redondo. (Trad. D'articles sélectionnés des Œuvres de J.-R. Perronet, 1820) ; A. Choisy, *El arte de construir en Egipto*, S. Huerta et G. López Manzanares (eds). (Trad. de *L'art de bâtir chez les Egyptiens*, Paris, 1904), 2006 ; R. Guastavino, *Escritos sobre la construcción cohesiva y su función en la arquitectura*, S. Huerta (éd.), trad. par G. López Manzanares, 2006. (Trad. de *Essay on the Theory and History of Cohesive Construction*, Boston, 1893 et *The Function of Masonry in Modern Architectural Structures*, I, New York, 1896, II, Boston 1904).

10 F. Bores, J. Fernández Salas, S. Huerta, E. Rabasa (eds.). *Actas del Segundo Congreso Nacional de Historia de la Construcción*, A Coruña, 22-24 de oct. de 1998. Madrid, IJH, 1998.

11 A. Graciano, S. Huerta, E. Rabasa, M. A. Tabales (eds.). *Actas del Tercer Congreso Nacional Historia de la Construcción*, Sevilla, 26-28 de octubre de 2000. Madrid, IJH, 2000, 2 vols.

d'organiser un premier congrès international d'histoire de la construction. Il se tient à Madrid en 2003 : deux cents conférenciers de vingt-cinq pays différents ; un publication importante[12]. Deux autres conférences nationales se sont tenues à Cadix (2005)[13] et Burgos (2007)[14]. Le sixième congrès national s'est tenu à Valence du 21 au 24 septembre 2009 : toutes les communications sont accessibles sur le site de la Société académique.

D'autres séminaires sont organisés à l'intérieur du cadre de l'histoire constructive. Ainsi les grandes voûtes en 1998[15], les poutres voûtes notamment dans l'œuvre de l'architecte espagnol Rafael Guastavino en Amérique. À l'initiative de Ricardo Aroca, Antonio de las Casas et du présent auteur, une exposition est présentée à Madrid et un livre publié[16] : la technique de ces voûtes est largement utilisées après la Guerre Civile jusque dans les années 1950. Un manuscrit de l'époque accompagné d'une description du procédé de construction est publié en 2004[17]. Les livres de Rafael Guastavino publiés en Amérique sont traduits et publiés dans la collection[18]. En 2005, le premier symposium international de l'histoire des théories des structures se tient à Madrid en l'honneur du professeur Jacques Heyman[19].

Une *lettre de la SEdHC* est publiée irrégulièrement depuis 1997 et le *Journal de la Société* est toujours un objectif à atteindre : un premier numéro devrait paraître en 2009.

Au plan universitaire, un cours d'histoire de la construction à part entière donné à l'École d'Architecture de Madrid a permis de poser les jalons d'une discipline académique. En premier cycle, deux cours

12 S. Huerta. (ed.), *Proceedings of the First Int. Congress on Construction History (Madrid 20th-24th Jan. 2003)*, Madrid, IJH, 2003. 3 vols. Le second congrès international s'est tenu en 2006 : M. Dunkeld et al. (eds.), 2nd Int. Congress on Construction History, 29th Cambridge, March- 2nd April 2006. Londres, Construction History Society, 2006. Le troisième à Cottbus, Allemagne, 20-24 Mai 2009.

13 S. Huerta (ed.), *Actas del Cuarto Congreso Nacional de Historia de la Construcción*, Cádiz, 27-29 enero de 2005. Madrid, IJH, 2005, 2 vols.

14 M. Arenillas, C. Segura, F. Bueno et S. Huerta, (eds.), *Actas del del Cuarto Congreso Nacional de Historia de la Construcción*, Burgos 7-9 junio de 2007. Madrid, IJH, 2007, 2 vols.

15 S. Tarragó (ed.), *Las grandes bóvedas hispanas*, Madrid 19-23 mayo de 1997. Madrid, CEDEX, 1998.

16 S. Huerta (ed.). *Las bóvedas de Guastavino en América*, Madrid, IJH, 2001.

17 A. Truñó, *Construcción de bóvedas tabicadas*, S. Huerta, J. L. González and E. Redondo (eds), Madrid, IJH, 2004.

18 Voir note 7. S. Huerta (ed.), *Las bóvedas de Guastavino en América*, Madrid, IJH, 2001.

19 S. Huerta (ed.), *Essays in the History of the Theory of Structures*, in honour of Jacques Heyman, Madrid, IJH, 2005.

optionnels sont introduits en 1997 (supervisés par Santiago Huerta et Luis Villanueva) : « Histoire de la construction I : de l'Antiquité au Moyen Âge » et « Histoire de la Construction II : de la Renaissance au XXe siècle ». Chaque unité d'enseignement se décompose en une vingtaine de cours auxquels sont associés des séminaires. D'autres universités espagnoles enseignent des cours similaires.

BASES NÉCESSAIRES DE L'INTÉRÊT POUR L'HISTOIRE DE LA CONSTRUCTION

L'émergence de l'histoire de la construction en Espagne résulte d'une volonté délibérée. Cependant, la réussite n'est pas le seul résultat de la volonté. D'abord le travail n'a pu être possible sans l'adhésion des institutions citées et la chaleureuse réception des publications et des actes des congrès successifs, surtout parmi les architectes et ingénieurs espagnols et leurs Sociétés respectives (les Colegios de Arquitectos and Ingenieros). Pour ces institutions, pour leurs responsables, l'histoire de la construction est sujet d'intérêt majeur – notons qu'un thème académique est rarement considéré par les associations professionnelles qui n'investissent alors aucunement dans les livres, les séminaires, les expositions ou les congrès académiques.

La question qu'on doit se poser est : pourquoi les ingénieurs et les architectes espagnols croient dans l'histoire de la construction ? Pour la résoudre, il est nécessaire de définir d'abord ce qu'est précisément l'histoire de la construction, c'est-à-dire quelle est l'idée disciplinaire transmise et reçue qui suscite autant d'intérêt parmi les chercheurs et professionnels espagnols : l'histoire de la construction est une « approche technique pour comprendre l'univers du bâti », pour accéder aux travaux d'architecture et de génie civil. Une « approche dure[20] », internaliste, qui n'est point partagée. Le contenu de la définition de cette discipline est, depuis la contribution de Summerson en 1985[21], sujet à débat.

20 R. Hall, « Where is the History of Technology ? », *History of Technology*, vol. 22, 2000, p. 203-209.

21 J. Summerson, « What is the History of Construction ? », *Construction History*, vol. 1, 1985, p. 1-2.

On a tout intérêt à mettre l'accent sur l'aspect technique. D'abord parce que si nous sommes en train de fonder une nouvelle discipline, celle-ci doit être facilement identifiable : en somme, c'est l'aspect technique qui donne forme à l'histoire de la construction. Ensuite il faut une approche généraliste qui mêle la discipline aux autres – histoire de l'architecture, archéologie, mise en valeur du patrimoine, histoire sociale et histoire économique, etc. – mais qui la place au-dessus, car si toutes sont en relation étroite avec l'histoire de la construction, il suffit de peu pour que celle-ci soit absorbée par la mieux établie.

L'approche peut paraître simpliste, naïve voire incorrecte, mais elle a démontré sa fonctionnalité, au moins en Espagne (mais encore au Premier congrès international de Madrid organisé à partir de la même idée). Cependant cette posture étonne beaucoup les historiens et les archéologues[22] : à vrai dire leurs carences techniques les bloquent face à ce genre de problème. En fait une part importante des traités d'architecture sont dédiés à des matières de haute technicité – fabrication des mortiers, taille des pierres, charpenterie. Les historiens de l'architecture ont vite sauté ces parties. Les traités les plus techniques sont simplement ignorés et on n'a trouvé aucune édition critique d'ouvrage des deux derniers siècles en science de la construction comme ceux de Bélidor et de Rondelet[23].

Architectes et ingénieurs espagnols sont mûrs pour cette tâche. Les ingénieurs génie civil reçoivent une formation humaniste tandis que les architectes recoivent une éducation supérieure à la fois artistique et technique. Mais la posture des architectes espagnols mérite d'être commentée eu égard à leur singularité ; en effet, dès l'origine, les architectes espagnols sont un mélange d'architecte et d'ingénieur bâtisseur (*Bauingenieur*).

Il reste encore à écrire l'histoire transversale de cette formation ; contentons-nous de poser quelques jalons historiques. Il faut préciser qu'au XVIIIe siècle, il n'y a aucune différence (à l'exception des ingénieurs militaires) entre ingénieurs et architectes : les deux projets d'architecture et d'ingénierie ont été approuvés entre 1744 et 1800 par l'Académie royale des Beaux-Arts (Real Academia de Bellas Artes). À cette époque, on se plaignait beaucoup du défaut de formation technique et scientifique

22 J. Maass, « Where Architectural Historians Fear to Tread », *Journal of the Society of Architectural Historians*, vol. 28, 1969, p. 3-8.

23 B.F. Bélidor, La science des ingénieurs, Paris, 1729 ; J.B. Rondelet, Traité théorique et pratique de l'art de bâtir, Paris, 1802.

des architectes[24]. Le résultat fut une lourde charge pédagogique de matière scientifique offerte au cours de la première École d'architecture établie en 1844 à Madrid. Depuis on n'a jamais cessé d'enseigner les mathématiques, la construction et les structures.

Un intérêt certain pour l'histoire de la construction apparaît au début du XXe siècle. Pour en saisir le contexte, il est nécessaire de regarder ce qui se passe alors à travers l'Europe.

LES ORIGINES DES ÉTUDES D'HISTOIRE DE LA CONSTRUCTION

L'intérêt pour les techniques constructives mises en œuvre à des époques antérieures se trouve déjà chez Vitruve qui cite les manuels de construction grecs. Bien sûr, Vitruve ne fait aucune recherche académique, mais il consulte des usuels qui traitent d'une tradition, noménent la construction grecque. La Renaissance commence avec l'étude systématique des ruines romaines par Brunelleschi, Donatello etc.

L'interprétation de Vitruve implique diverses analyses des ruines romaines que révèlent les dessins publiés comme ceux de Rusconi[25]. (fig. 1) Le dessin en lui-même n'est pas une copie de la réalité et présuppose un effort d'analyse consciencieux ; ici, peut-être pour la première fois, la structure stratifiée du mortier romain est rendue visible.

Les premières études techniques des matériaux et des constructions romaines débutent au XVIIIe siècle[26]. Piranèse est un des premiers à tenter de faire une analyse graphique de la construction ancienne[27]. (fig. 2) C'est un mélange de réalité et d'imagination, comme les *théâtres de machines* : le dessin du mur est correct, mais le dôme du Panthéon

24 P. Navascués, « La creación de la Escuela de Arquitectura de Madrid », *Madrid y sus arquitectos. 150 años de la escuela de arquitectura*, J. Aguilera et T. Zaragoza (eds), Madrid, E. T. S. Arquitectura, 1996, p. 23-34.

25 G.A. Rusconi, I dieci libri d'Architettura… secondo i precetti di Vitruvio, novamente ristampati, Venetia, 1660.

26 S. Giedion, *Architecture and the Phenomena of Transition*, Cambridge, Mass., Harvard Univ. Press, 1971, p. 80.

27 G. B. Piranesi, *Le antichità Romane*, Rome, 1756 and *Raccolta de=tempj antichi* II, Rome, 1790.

n'a aucune nervure en brique. Lillusion comme l'invention font partie du processus d'élaboration d'une nouvelle théorie, c'est le cas ici pour comprendre la manière de construire de Romains[28].

FIG. 1 – Dessins de construction romaine faits par Rusconi pour son édition de Vitruve.

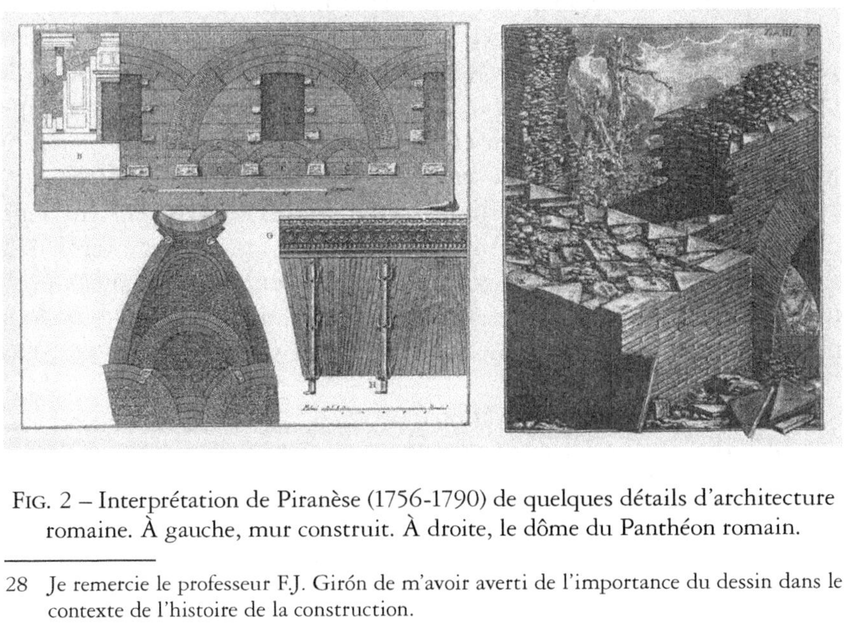

FIG. 2 – Interprétation de Piranèse (1756-1790) de quelques détails d'architecture romaine. À gauche, mur construit. À droite, le dôme du Panthéon romain.

28 Je remercie le professeur F.J. Girón de m'avoir averti de l'importance du dessin dans le contexte de l'histoire de la construction.

Au début du XIXe siècle, le monumental traité de l'art de bâtir de Rondelet comporte beaucoup d'études monographiques des principaux monuments anciens. Néanmoins les premières études systématiques sont réalisées pour la reconnaissance de l'architecture gothique : Willis[29] en Angleterre, Viollet-le-Duc[30] en France, puis Ungewitter[31] en Allemagne. Ces études restent cantonnées à la construction gothique et ne constituent pas les bases d'une nouvelle discipline.

C'est Auguste Choisy qui, le premier, essaie de définir une nouvelle approche. Dans l'introduction de son *Art de bâtir chez les Romains*, il est très explicite quant aux objectifs et méthodes qu'il poursuit. Il commence par écrire que « les édifices de l'Antiquité ont été bien de fois décrits au point de vue de l'architecture, mais les détails de leur construction sont encore très-vaguement connus[32] ». L'ouvrage est suivi de *L'art de bâtir chez les Byzantins* en 1883 et de *L'art de bâtir chez les Égyptiens* en 1904. (fig. 3) Sa monumentale *Histoire de l'architecture*, publiée en 1899 se dévoue entièrement à l'architecture, mais la question technique y est permanente. Finalement son *Vitruve* est publié en 1909, à titre posthume. Ici, il présente son ouvrage dans un ordre de logique technique, autrement dit comme une chronologie technique. Choisy peut être considéré comme le père de l'histoire de la construction[33]. Il est le premier à avoir cette approche consistante et décisive. Ses analyses picturales ont été plus d'une fois copiées dans des publications de références.

D'autres savants se sont inspirés de la démarche techno-rationnelle de Willis, Viollet-le-Duc et Choisy. En Allemagne par exemple, l'architecte Joseph Durm écrit un excellent ouvrage sur l'art de construire en Grèce, à Rome et à la Renaissance : le point de vue technique est relatif mais néanmoins important et le traité comprend de nombreuses analyses structurales[34]. Karl Mohrmann révise le manuel de Georg Ungewitter et

29 R. Willis, « On the Construction of the Vaults of the Middle Ages », *Trans. R.I.B.A.* Vol. 1, 1842, p. 1-69. La meilleure contribution à la géométrie des voûtes gothiques.

30 E. Viollet-le-Duc, Dictionnaire raisonnée de l'architecture française du XIe au XVIe siécle, Paris, 1854-1868.

31 G.G. Ungewitter, *Lehrbuch der gotischen Constructionen*, Leipzig, T.O. Weigel, 1859-1864.

32 A. Choisy, *L'art de bâtir chez les Romains*, Paris, 1873, p. 1.

33 Les publications d'Auguste Choisy peuvent être consultées sur : www.augustechoisy2009.net.

34 J. Durm, Die Baukunst der Griechen, Leipzig, 1881 ; Die Baukunst der Etrusker und Römer, Darmstadt, 1885 ; Die Baukunst der Renaissance in Italien, Stuttgart, 1903.

en publie une nouvelle édition en 1890[35] : pour la première fois, l'analyse structurale est appliquée pour comprendre la mécanique des cathédrales gothiques et la coordonner avec l'architecture et la construction. Depuis presque tous les manuels de construction comportent une section historique avec la description du bâti et des procédés anciens[36]. Les monographies sur les styles architecturaux prouvent encore l'intérêt suscité par les descriptions du bâti[37].

FIG. 3 – Analyses picturales de constructions romaines (gauche) et byzantines (droite) par Auguste Choisy (1983).

Les histoires générales des techniques sont l'autre source de l'histoire de la construction. Il y a toujours des chapitres ou des sections dédiés au bâti et au génie civil. L'intérêt pour l'histoire de l'ingénierie commence

35 G.G. Ungewitter, Lehrbuch der gotischen Konstruktionen. III Auflage neu bearbaitet von K. Mohrmann, Leipzig, 1890.

36 Voir par exemple, l'édition du manuel de Breymann. O. Warth, *Konstruktionen in Stein*, Leipzig, 1903 ou K. Esselborn, *Lehrbuch des Hochbaues*, 2. Aufl. Leipzig, 1913-1920.

37 Voir J. von Egle, Praktische Baustil- und Bauformenlehre aus geschichtlicher Grundlage, Stuttgart, 1905.

déjà dans la seconde moitié du XIXe siècle, mais la naissance de l'histoire de la technologie comme discipline autonome débute avec le XXe siècle[38]. La construction y est prise comme une partie de la technologie et considérée comme telle. Ainsi Albert Neuburger (1919) en dédie quelques chapitres dans *Die Technik des Altertums*[39]. Dans *History of Technology* (1945-1968) de Charles Singer et *al.* un chapitre est consacré à la construction pour chacune des grandes périodes approchées[40]. On retrouve une partition identique dans les *History of Technology* de Eugene Fergusson[41] et de François Russo[42].

L'intérêt pour l'histoire de la construction se réduit rapidement avec l'architecture moderne du premier quart du XXe siècle. Ce n'est pas un simple changement de style : les anciennes constructions en bois, les structures voûtées, les murs de maçonnerie qui ont dominé des millénaires paraissent subitement obsolètes. Certes, ça et là, des universitaires continuent d'enseigner la construction traditionnelle, des architectes œuvrent pour des bâtiments historiques ; quelques livres sont malgré tout publiés, comme ceux de Friedrich Hesse (1943) et Henri Thunissen (1950)[43]. Ces sortes de travaux sont peu considérés et ignorés.

Un renouveau d'intérêt se manifeste dans les années 1950, dû aux archéologues. Les puissants ouvrages de Marion Blake[44] et Giuseppe Lugli[45] sur la construction romaine marquent décidément un tournant.

Dans les années 1980, on commence à penser l'histoire de la construction comme un champ indépendant[46]. En Angleterre, la « Construction History Society » est créée en 1985 et publie le *Construction History*

38 J. von Stummvoll, *Technikgeschichte und Schrifftum*, Vienne, 1975.

39 A. Neuburger, *Die Technik des Altertums*, Leipzig, 1919.

40 Ch. E. Singer et *al.* (eds.), *A History of Technology*, New York-Oxford, Oxford Univ. Press, 1954B58. 5 vols.

41 E.S. Ferguson, *Bibliography of the History of Technology*, Cambridge, Mass., 1968.

42 F. Russo, Éléments de Bibliographie de l'Histoire des Sciences et des Techniques, 2nd ed., Paris, 1969.

43 F. Hess, *Konstruktion und Form im Bauen*, Stuttgart, 1943 ; H.J.W. Thunnissen, *Gewelven*, Amsterdam, 1950.

44 M.E. Blake, Ancient Roman Construction in Italy from the Prehistoric Period to Augustus, Washington, Carnegie Institute, 1947 ; Roman Construction in Italy from Tiberius through to Flavians, Washington, Carnegie Institute, 1950 ; Roman Construction in Italy from Nerva through the Antonines, Philadelphia, American Philosophical Society, 1973.

45 G. Lugli, La Tecnica edilizia Romana con particolare riguardo a Roma e Lazio, Roma, Giovanni Bardi, 1957.

46 G. Atkinson, « Future for the past », *Building.* Vol. 247, 1984, p. 51-53.

Journal. Quelques mouvements secouent aussi les États-Unis : en 1987, un « Groupe d'intérêt pour les technologies de la construction et l'ingénierie civile » se constitue au sein de la Society of the History of Technology (SHOT), groupe qui publie une Lettre, *The Flying Buttress*, jusqu'à la fin des années 1990. Jamais cependant l'histoire de la construction n'atteint un statut international de reconnaissance disciplinaire. On ne trouve ni enseignements ni départements universitaires, ni mot-clé, rendant la recherche difficile.

ENSEIGNER LA CONSTRUCTION À MADRID DE 1900-1920 À 1990

Les manuels de construction sus-mentionnés forment la bases de l'enseignement à l'École d'architecture de Madrid au début du XXe siècle. À preuve les livres rangés dans la bibliothèque. Mais une autre source, insoupçonnée, vient en rajouter : Luis Moya, un architecte de renom entre 1940 et 1970, jeune et brillant étudiant dans les années 1920, rend compte des lectures de techniques constructives données par l'architecte C. Gato, professeur de cette discipline. Les carnets de notes et de dessins pris par le jeune Luis Moya durant ces cours ont été publiés en 1993[47] : la plupart des dessins et notes relèvent des œuvres de Viollet-le-Duc, Choisy, Ungewitter, Egle, Breymann, Esselborn, etc. La figure 4 reproduit quelques pages de ce manuscrit ; les croquis de Choisy (1873) sont facilement reconnaissables, comme la fausse hypothèse de Piranèse relative au dôme du Panthéon ; les autres croquis se rapportent à Choisy (1883).

Dans les années 1920 un jeune professeur, Leopoldo Torres Balbas, renouvelle l'étude des théories constructives de l'époque gothique. Sa première contribution, en 1920, porte un titre intéressant : « De cómo evoluciona una teoría de historia de la construcción » ou comment évolue une théorie de l'histoire de la construction[48]. Cette expression

47 L. Moya, *Cuaderno de apuntes de construcción (Curso 1924-1925)*, J. García-Gutiérrez (ed.), Madrid, IJH, 1993.

48 L. Torres Balbás, « De cómo evoluciona una teoría de la historia de la construcción », *Arquitectura*, vol. 3, 1920, p. 205-215 ; « La progenie hispano-musulmana de las primeras

apparaît pour la première fois en Espagne. D'autres articles suivent en 1935, 1939, 1945 et 1946. Torres Balbas cherche les origines des voûtes nervurées médiévales dans l'architecture romaine et arabe ; il argue de la construction pour proposer une alternative aux théories françaises[49].

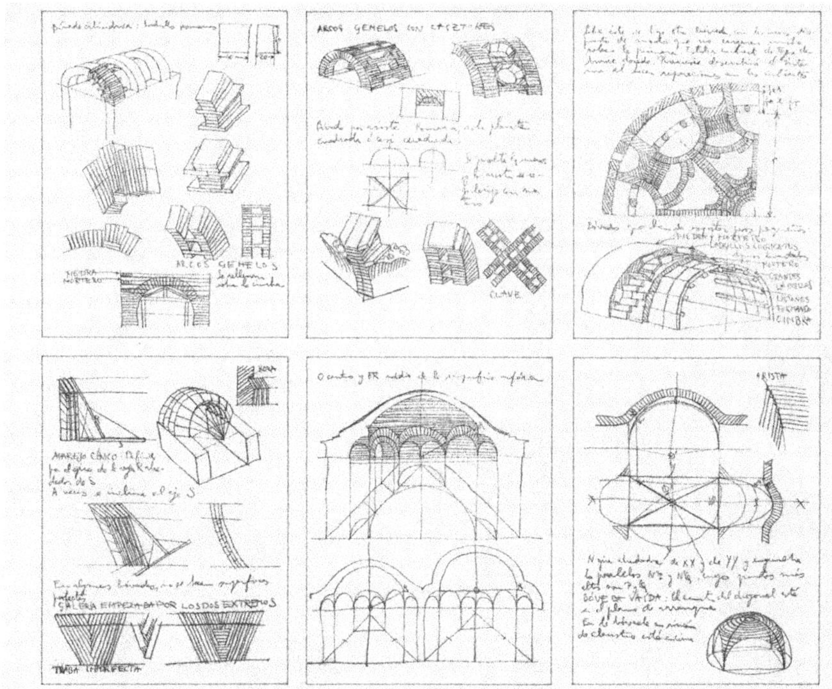

FIG. 4 – Quelques pages du cahier de notes de Luis Moya (cours de 1924-1925) relatives au cours de construction.

Dans les années 1940, l'étude des méthodes de construction traditionnelles forme encore un enseignement achevé à l'École d'architecture de Madrid : les notes de lecture de Raael Fernandez Huidobro, titulaire

bóvedas nervadas francesas y los orígenes de las ojivas », *Al-Andalus*, vol. 3, 1935, p. 398-410 ; « Función de nervios y ojivas en las bóvedas góticas », *Investigación y Progreso*, vol. 16, 1945, p. 214-231 ; « Bóvedas Romanas sobre arcos de resalto », *Archivo Español de Arqueología*, vol. 64, 1946, p. 173-208.

49 R. Fernández Huidobro, *Apuntes de construcción. Segundo curso*, Madrid, E.T.S. de Arquitectura, 1947.

de la chaire de Construction, montre un renouvellement des influences de Viollet-le-Duc, Choisy, etc.[50] (fig. 5) ; c'était peut-être logique dans cette Espagne des années 1940, celles du début de la dictature franquiste dans l'architecture moderne, où tout idée de progrès ou de modernité était suspicieux. La raison politique se mêle à l'intérêt de maintenir le bâti ancien.

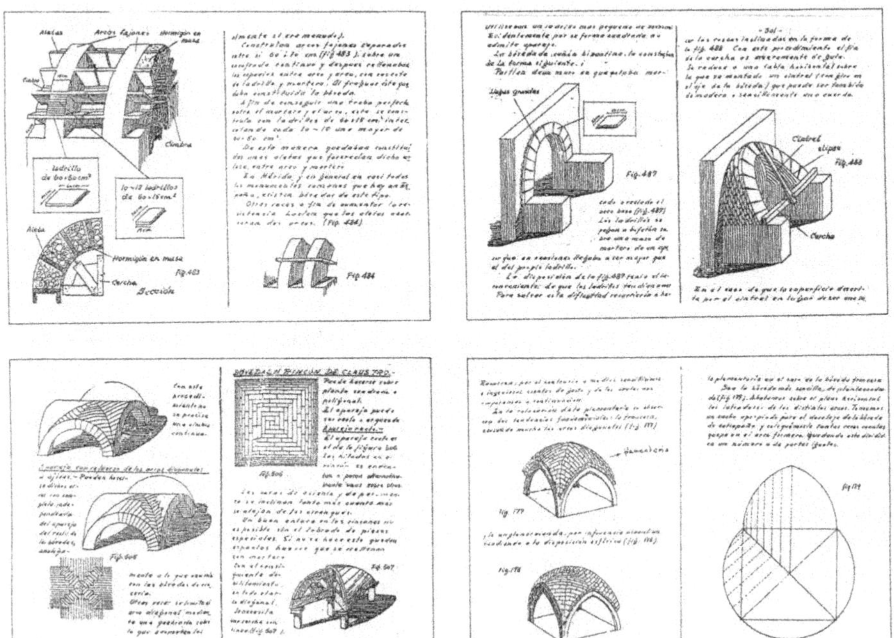

FIG. 5 – Page du manuscrit des lectures de Fernández Huidobro à l'École d'architecture de Madrid dans les années 1940.

Les preuves d'une constante curiosité pour l'histoire de la construction sont étayées par les lectures de ce même professeur trente ans plus tard, dans les années 1970. (fig. 6) Ici le sujet principal de la pédagogie est le bâti moderne et les types de structure, l'emploi de l'acier et du béton, mais aussi les membranes et les coques, les voiles minces, les coupoles.

50 R. Fernández Huidobro, *Láminas de construcción*, Madrid, E.T.S. de Arquitectura, 1972.

Fernández Huidobro expose aussi les voûtes romanes et gothiques, le comportement des arches en maçonnerie, la stéréotomie, les origines des arcs en fer à cheval et la structure de la mosquée de Cordoue. Il s'agit d'expliquer l'architecture passée par un raisonnement constructif. L'auteur de ces lignes a eu la chance d'écouter certaines de ces conférences avant que Fernández Huidobro prenne sa retraite à la fin des années 1970 et d'en garder un souvenir indélébile.

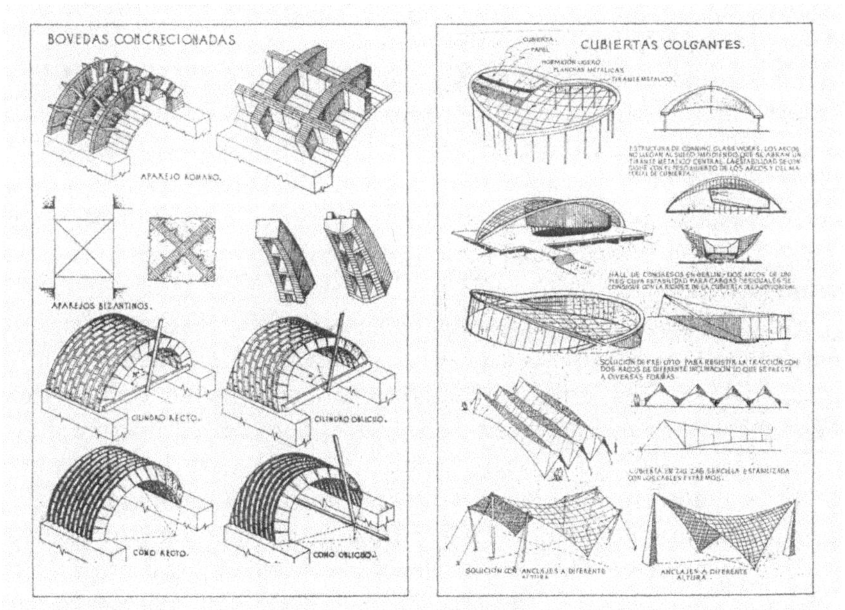

FIG. 6 – Pages de lectures en construction par Fernández Huidobro dans les années 1970.

Dans les années 1980, un intérêt diffus pour l'histoire de la construction transparaît à l'École d'architecture de Madrid ; des brochures viennent de toute l'Europe moderne, mais une curiosité pour les choses anciennes perdure, parfois mêlée au patrimoine à restaurer qui demeure l'unique moyen d'approcher l'histoire. Le cours organisé par Antonio Mas-Guindal[51] à l'Association Architecturale de Madrid en 1986, sur la

51 A. Mas-Guindal, Mecánica y tecnología de los edificios antiguos, Madrid, 1987.

mécanique et la technologie des monuments historiques est un bon exemple. D'autres signes d'un réveil de l'histoire de la construction se manifestent dans les conférences de Jaime Cervera Bravo en 1982 et de Santiago Huerta en 1990 présidées par Ricardo Aroca[52] ; l'association des architectes et des techniciens de la construction publie en fascicules les principaux traités d'architecture espagnols. Dans les années 1990 simultanément mais indépendamment de l'établissement de la SEdHC, des livres portant spécifiquement sur l'histoire de la construction sont publiés par : José Luis González Moreno-Navarro, Francisco Ortega Andrade et Antonio Castro Villalba[53].

L'histoire de la construction s'est donc constituée depuis un siècle, à l'école d'architecture de Madrid comme dans les autres établissements d'ingénierie ou d'architecture espagnols. L'approche constructive par l'histoire, déployée par les érudits au XIXe siècle reste un formidable outil pédagogique. Sans cela point de support d'enseignement, point de diffusion culturelle dans les années 1990, premiers pas vers cette reconnaissance.

Aujourd'hui, il s'agit de consolider ce qui a été réalisé et d'abord de promouvoir un statut universitaire pour l'histoire de la construction, au même niveau que l'histoire de l'architecture ou l'histoire des sciences. Le nombre de publications et de thèses espagnoles en histoire de la construction croît régulièrement depuis 1990, mais cette discipline tarde à être reconnue. Aucune chaire. Un enseignement dépendant principalement du volontariat. Pourtant si le manifeste de cinq congrès nationaux parle de lui-même, il apparaît dans les cercles académiques conservateurs comme une entreprise excentrique. Il est en effet très difficile de s'insérer dans l'université comme l'ont montré la lente implantation de l'histoire des sciences[54] ou la lente dégradation de l'histoire des techniques aux États-Unis après les espérances des années 1960-1970[55].

---

52 J. Cervera, Cálculo de estructuras y resistencia de materiales. Origen y desarrollo histórico de los conceptos utilizados, Ph.D. 1982 ; S. Huerta, Diseño estructural de arcos, bóvedas y cúpulas en España, ca. 1500-ca. 1800, Ph.D., 1990. (www.ad.upm.es.)

53 J.L. González, El legado oculto de Vitruvio. Saber constructivo y teoría arquitectónica, Madrid, Alianza Editorial, 1993 ; F. Ortega, Historia de la construcción, 4 vols, Las Palmas, 1993-1998 ; A. Castro, Historia de la construcción arquitectónica, Barcelona, 1995.

54 G. Sarton, « Is it possible to teach the History of Science ? », *Horus. A Guide to the History of Science*, New York, 1952, The Ronald Press Company, p. 44-66.

55 R. Hall, *op. cit.*

Mais encore : la situation d'outsider n'est pas si mauvaise pour de véritables recherches et de nouvelles entreprises : l'indépendance est assurée et cette liberté de travailler hors du cadre bureaucratique de l'académisme universitaire doit être exploitée.

Santiago HUERTA

HISTORIA DE LA CONSTRUCCIÓN

La fundación de una disciplina[1]

En los dos últimos decenios la Historia de la Construcción ha empezado ha conformarse como una disciplina independiente. Por un lado, el número de artículos, tesis y libros que podrían ser adscritos a este campo ha crecido de manera exponencial. Por otro, se han celebrado con notable éxito siete congresos nacionales (seis en España y uno en Francia) y tres congresos internacionales. No obstante, la situación dista mucho de ser la que corresponde a una disciplina ya reconocida, como por ejemplo la Historia del Arte o la Historia de la Ciencia. No hay todavía departamentos ni cátedras universitarias y en las bases de datos de referencia no aparece como un descriptor común. Esto último no es sorprendente; refleja la inercia del mundo académico a aceptar nuevas disciplinas. El mayor real en la fase de formación de una disciplina es que ésta se malogre; que la Historia de la Construcción, debido a su éxito, sea utilizada para otros fines, se diluya, y finalmente pierda relevancia quedando relegada a un lugar secundario, en el mejor de los casos, de ciencia auxiliar. Así ha ocurrido, por ejemplo, con la Historia de la Técnica tras un período muy prometedor en los decenios de 1960 y 1970 (véase, por ej., Hall 2000).

En lo que sigue discutiré la situación actual de la disciplina. En primer lugar, intentaré definir con la menor ambigüedad posible su campo y sus objetivos, e identificaré alguno de los peligros que hoy la acechan. Después, realizaré una breve revisión histórica de sus orígenes hasta la actualidad. En tercer lugar, discutiré el problema de cómo enseñar la Historia de la Construcción. Finalmente, enumeraré las acciones que deberían acometerse para consolidar en el próximo decenio, de manera definitiva, esta disciplina.

---

1 Este texto fue publicado debajo de la referencia: santiago Huerta, "Historia de la Construccion: la fundacion de una disciplina" en *A historia da construcçao em Potugal*, editado por Jao Mascarenhas Mateus, 31-48. Lisboa: Almedina, 2010. Aqui lo tenemos publicado otra vez con permiso del autor i de Almedina.

¿QUÉ ES LA HISTORIA DE LA CONSTRUCCIÓN?

La Historia de la Construcción es el estudio cronológico de las técnicas aplicadas a la construcción de obras de arquitectura e ingeniería civil. Hay dos aspectos: la *historia* y la *construcción*. Es el segundo el principal, el que define el campo de estudio. El diccionario de María Moliner define construir, en la acepción que nos interesa, como "hacer una cosa juntando los elementos necesarios". La definición puede parecer trivial y, sin embargo, contiene los elementos esenciales. La construcción va dirigida a un fin práctico: se construye una casa, una iglesia, un puente, una presa, etc. La buena construcción es, pues, un "arte" (del latín *ars*, "habilidad talento"; en el M. M., "Manera como se hace o debe hacerse una cosa"): el arte de construir, de juntar los elementos necesarios al fin que se persigue: erigir una construcción útil, duradera y bella. En las distintas épocas, los distintos pueblos han dado respuestas diferentes a la manera de hacer construcciones. Han variado los materiales, los conocimientos, las condiciones sociales y las ideas. Antes de una construcción debe haber un proyecto. El constructor nunca se ha aventurado a empezar una obra sin una planificación previa, sin un proyecto. De nuevo, el diccionario de M. M. nos da una definición iluminadora: "Proyecto. Idea de algo que se quiere hacer y de *cómo hacerlo*" (la cursiva es mía). La construcción es el *cómo hacerlo*: este es el centro de nuestra disciplina. La idea, el por qué se quiere hacer ese algo, forma parte de otras disciplinas (la historia del arte o de la arquitectura; en último término, la historia de las ideas).

La Historia de la Construcción no entra, pues, en competencia con otras disciplinas ya consolidadas como la historia del arte y de la arquitectura, o la arqueología. El historiador de la arquitectura se preocupa más por las ideas del proyecto y cómo se plasman en formas. El arqueólogo reúne minuciosamente los datos que serán después podrán ser interpretados en un contexto más amplio. Por supuesto, muchas otras disciplinas participan del estudio de la actividad constructiva. La construcción está de tal manera trabada con la estructura social que es imposible separarla de ésta sin mutilarla; la sociología, la historia económica, la antropología, etc., aportan datos que pueden, en su caso, ser claves. Pero el núcleo es la técnica, el arte de construir, y su desarrollo a lo largo de la historia. Este carácter no puede obviarse ni perderse vista, pues se corre el riesgo de la desintegración de la propia disciplina.

Una disciplina que nace es muy vulnerable. Carece de una estructura que la proteja. Por otra parte, es un campo muy atractivo para los miembros de otras disciplinas que ven en ella un campo virgen, lleno de posibilidades, y, también hay que decirlo, donde hay muchas menos trabas para publicar. Cuando una disciplina nace el nivel de exigencia es necesariamente bajo: se sabe poco y se carece de una organización de los conocimientos que facilite la revisión y la crítica. George Sarton (1884-1956), que tuvo un papel decisivo en la formación de la Historia de la Ciencia (Garfield 1992), advertía ya de los peligros a que está expuesta una disciplina que nace. Comentaremos en lo que sigue algunos de ellos (Sarton 1952).

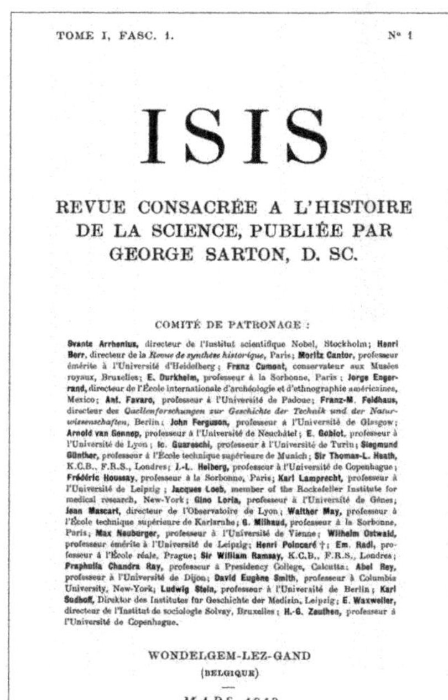

TOME I, FASC. 1. Nº 1

ISIS

REVUE CONSACRÉE A L'HISTOIRE DE LA SCIENCE, PUBLIÉE PAR GEORGE SARTON, D. SC.

COMITÉ DE PATRONAGE :

Svante Arrhenius, directeur de l'Institut scientifique Nobel, Stockholm; **Henri Berr**, directeur de la *Revue de synthèse historique*, Paris; **Moritz Cantor,** professeur émérite à l'Université d'Heidelberg; **Franz Cumont,** conservateur aux Musées royaux, Bruxelles; **E. Durkheim,** professeur à la Sorbonne, Paris; **Jorge Engerrand,** directeur de l'École internationale d'archéologie et d'ethnographie américaines, Mexico; **Ant. Favaro,** professeur à l'Université de Padoue; **Franz-M. Feldhaus,** directeur des *Quellenforschungen zur Geschichte der Technik und der Naturwissenschaften*, Berlin; **John Ferguson,** professeur à l'Université de Glasgow; **Arnold van Gennep,** professeur à l'Université de Neuchâtel; **E. Goblot**, professeur à l'Université de Lyon; **Ic. Guareschi,** professeur à l'Université de Turin; **Siegmund Günther,** professeur à l'École technique supérieure de Munich; **Sir Thomas-L. Heath,** K.C.B., F.R.S., Londres; **J.-L. Heiberg,** professeur à l'Université de Copenhague; **Frédéric Houssay**, professeur à la Sorbonne, Paris; **Karl Lamprecht,** professeur à l'Université de Leipzig; **Jacques Loeb**, member of the Rockefeller Institute for medical research, New-York; **Gino Loria,** professeur à l'Université de Gênes; **Jean Mascart,** directeur de l'Observatoire de Lyon; **Walther May,** professeur à l'École technique supérieure de Karlsruhe; **G. Milhaud,** professeur à la Sorbonne, Paris; **Max Neuburger,** professeur à l'Université de Vienne; **Wilhelm Ostwald,** professeur émérite à l'Université de Leipzig; **Henri Poincaré** †; **Em. Radl,** professeur à l'École réale, Prague; **Sir William Ramsay,** K.C.B., F.R.S., Londres; **Praphulla Chandra Ray,** professeur à Presidency College, Calcutta; **Abel Rey,** professeur à l'Université de Dijon; **David Eugène Smith**, professeur à Columbia University, New-York; **Ludwig Stein,** professeur à l'Université de Berlin; **Karl Sudhoff,** Direktor des Institutes für Geschichte der Medizin, Leipzig; **E. Waxweiler,** directeur de l'Institut de sociologie Solvay, Bruxelles; **H.-G. Zeuthen,** professeur à l'Université de Copenhague.

WONDELGEM-LEZ-GAND

(BELGIQUE)

MARS 1913

FIG. 1 – George Sarton, el fundador de la Historia de la Ciencia y la portada del primer número de *Isis* (1913).

El primero es que no se pide nada, o casi nada, para impartir una clase o conferencia sobre Historia de la Construcción. Para disertar sobre la pintura de Miguel Ángel en una universidad prestigiosa hay que ser un académico o un profesor de historia del arte de reconocido prestigio; en la misma universidad, la tarea de impartir una conferencia de Historia de la Construcción se encomienda hoy a cualquiera profesor que haya manifestado alguna vez algo más que un interés difuso por la disciplina. En los años 1940, Sarton se lamentaba de este tipo de situaciones, treinta años después de la publicación de la primera revista de historia de la ciencia (*Isis*, vol. 1, 1913) y cuando ya había algunas cátedras reconocidas. Sarton describe la misma situación en el contexto de la Historia del Arte y de la Historia de la Religión hacia finales del siglo XIX.

El segundo gran peligro de una disciplina naciente es el "amateurismo". En los inicios los primeros investigadores son, necesariamente, amateurs llenos de entusiasmo. Pero este entusiasmo inicial puede tener un efecto negativo si no se modera. Para explicarlo Sarton citaba una frase de Voltaire: "(Señor, líbrame de mis amigos; de mis enemigos ya me encargaré yo!". Hay un buen número de entusiastas de la Historia de la Construcción que, sin embargo, consideran que no es preciso estudiarla. Su amor genuino por la disciplina hace que acepten sin crítica cualquier contribución nueva que aparece; su ignorancia de lo publicado les hace creer que cualquier ocurrencia supone un avance en el conocimiento.

Otro malentendido consiste en considerar como Historia de la Construcción cualquier historia particular sobre alguna de las actividades que intervienen en ella. Las historias particulares preceden siempre a la historia general de la disciplina. Antes de empezar a crearse la Historia de la Ciencia, se habían publicado libros de historia de la Química, de la Física, de las Matemáticas, etc. Por otra parte, muchos manuales comenzaban con una introducción histórica. Citando de nuevo a Sarton (1952): "La Historia de la Ciencia es mucho más que la yuxtaposición de todas las historias de las ciencias particulares, puesto que su principal función es explicar la interrelación entre todas ellas". Lo mismo puede decirse sobre la Historia de la Construcción. La simple suma de los conocimientos aportados sobre la historia de la carpintería, de la estereotomía, del dibujo y la traza, de la geometría práctica, de los medios de elevación, etc., no conduce a la comprensión del complejo procedimiento de proyectar y construir una simple bóveda gótica. La función principal de la Historia de la Construcción es, precisamente, exponer la relación entre todas esas actividades. Así como para dibujar hay que moverse para captar distintas vistas del objeto y entender su forma, el Historiador de la Construcción no puede permanecer en un punto quieto, sin correr el riesgo de adquirir una visión distorsionada del objeto de estudio.

Finalmente, la Historia de la Construcción no es una ciencia auxiliar al servicio de la Restauración del Patrimonio. Si bien es cierto que existe una relación entre ambas disciplinas, los objetivos son distintos: el historiador de la construcción estudia el edificio en cuestión con vistas a ampliar su conocimiento general sobre las técnicas de construcción; el restaurador quiere realizar la intervención más adecuada sobre el edificio en cuestión, y las cuestiones generales sobre la historia de la construcción, son simplemente una información más entre las muchas que debe tener en cuenta al redactar su proyecto. La historia de la construcción es una disciplina por derecho propio y, como tal, tiene interés per se, y no en función de su utilidad. Por supuesto, no parece sensato intervenir en algo (sea un edificio, el motor de un coche o un reloj) sin conocer bien su funcionamiento y el avance de la historia de la construcción se deberá traducir en una mejora en la restauración de monumentos.

BREVE RESUMEN DEL DESARROLLO DE LA HISTORIA DE LA CONSTRUCCIÓN

El interés por las técnicas de construcción de épocas anteriores no es nuevo. Vitruvio cita en su tratado fuentes griegas, y en el Renacimiento, Brunelleschi realizó un detenido estudio de las ruinas romanas. Quizá su atención se centró más en los órdenes y las proporciones, pero Vasari es explícito en cuanto al interés de Brunelleschi por la construcción (Murray 1972). Alberti, al describir la construcción de muros está explicando en buena parte la construcción romana, con sus cadenas de ladrillo embebidas en la fábrica. Por otra parte, la interpretación correcta del texto de Vitruvio precisa de un estudio de las ruinas romanas. Esto no se hizo en las primeras ediciones, pero ya aparece en el tratado de Rusconi (1660) en cuyos dibujos se muestra con claridad, por primera vez, la estructura estratificada, consecuencia de su construcción in situ, del hormigón romano (Fig. 2). No se trata de una copia del natural, son dibujos analíticos que hacen visible la estructura interna del material.

FIG. 2 – Interpretación del texto de Vitruvio sobre la construcción de murallas y muros romanos (Rusconi 1660).

Los primeros estudios técnicos se realizaron a mediados del siglo XVIII. Ziegler y Winckelmann, por ejemplo, mostraron su interés por la resistencia de los morteros de la antigüedad (Giedion 1971). Pero es Piranesi (Fig. 3) quien, a través de sus dibujos, demuestra haber realizado un estudio profundo de la construcción. Por supuesto, en sus láminas hay una mezcla de documentación e invención, pero la invención, la formulación de hipótesis, las equivocaciones, son inevitables, forman parte esencial de la elaboración de cualquier teoría (Popper 1962). A principios del siglo XIX, el tratado monumental de Rondelet (primera edición, 1802-1810) refleja ya la consolidación del interés por la construcción de épocas anteriores, con mayor énfasis, pero no exclusivo, en la antigüedad greco-romana. Al lado de monografías sobre los grandes monumentos del pasado clásico (el Panteón de Roma, San Vitale de Rávena, Santa Maria del Fiore de Florencia, San Pedro de Roma) se incluyen planos y se realizan comparaciones con edificios góticos, Fig. 4.

FIG. 3 – Láminas de Piranesi sobre la construcción romana.

FIG. 4 – Lámina de Rondelet sobre la construcción de diversos edificios de la Antigüedad: el Templo de Minerva Médica, el Mausoleo de Diocleciano en Spalato y San Vitale en Rávena, entre otros (Rondelet 1834-1848).

Pero, curiosamente, no es en el ámbito de la arquitectura clásica donde nacen los primeros estudios rigurosos. Éstos surgen en el contexto del nacimiento del interés por la arquitectura gótica en la primera mitad del siglo XIX (quizá la ausencia de estudios previos o documentos originales dio mayor libertad a los estudiosos). Robert Willis fue el primero en realizar un estudio científico y riguroso de la construcción gótica. Su memoria sobre la construcción y geometría de las bóvedas góticas publicada en 1842 todavía no ha sido superada y mostró el camino a seguir; por otra parte, sus "architectural notes" de las catedrales inglesas (de las que escribió cerca de una veintena) constituyen un modelo en su género (Fig. 5 (a)). En Francia, en el mismo decenio, casi al mismo tiempo, Viollet-le-Duc comenzaba su estudio enciclopédico sobre la construcción gótica con la publicación de una serie de artículos en los *Annales archéologiques* (1844-1846), Fig. 5 (b). Finalmente, sus estudios culminaron con la publicación de los diez volúmenes de su *Dictionnaire raisonnée de l'architecture française du* XIe *au* XVIe *siécle* (1854-1868); esta obra contribuyó de manera extraordinaria a difundir los nuevos estudios. En Alemania, G.-G. Ungewitter (1859) realizó una tarea similar, con el objetivo de producir un auténtico manual de construcción gótica para uso de los arquitectos.

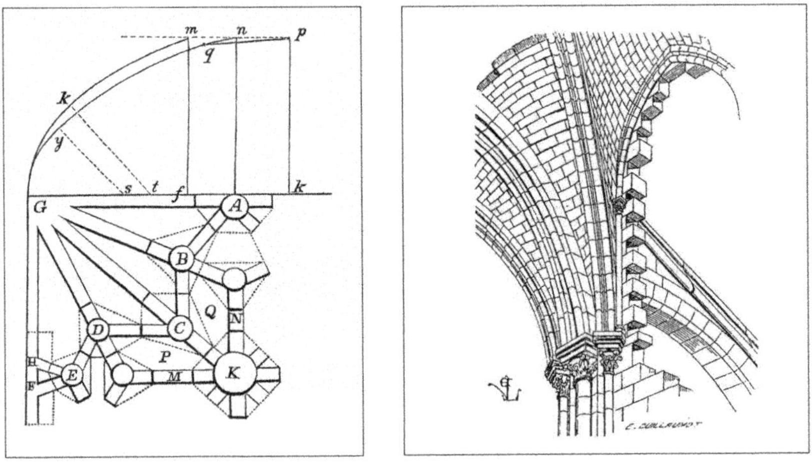

(a) (b)

Fig. 5 – Primeros estudios analíticos de la construcción gótica: (a) Robert Willis (1843); (b) Viollet-le-Duc (1846).

Sin embargo, las obras citadas eran estudios particulares y no pretendían construir una explicación de la construcción del pasado. Fue el ingeniero francés Auguste Choisy (Fig. 6 (a)) quien se propuso esa meta y a ella dedicó su vida. El primer párrafo de su primer libro sobre la construcción romana (1873), Fig. 6 (b), es elocuente: « Les édifices de l'antiquité ont été bien de fois décrits au point de vue de l'architecture, mais les détails de leur construction sont encore très-vaguement connus ». Este libro fue seguido por otros sobre la construcción en Bizancio (1883), la construcción griega en base a estudios epigráficos (1884) y la construcción en Egipto (1904). Su monumental *Histoire de l'architecture* (1899) trata la arquitectura en su conjunto, pero con un énfasis en la construcción y en la racionalidad constructiva de la evolución de las formas. Finalmente en su *Vitruve* (1909), junto a una cuidadosa edición del texto original latino, reordenó su contenido realizando un índice nuevo, en base a la lógica de la construcción y acompañando este texto analítico de láminas explicativas realizadas con un cuidado extraordinario. Así, pues, Auguste Choisy puede ser considerado, con toda justicia, como el padre de la Historia de la Construcción. Sin embargo, encontraste con Viollet-le-Duc, su obra sufre hoy un injusto olvido (Girón y Huerta 2009).

Fig. 6 – (a) Auguste Choisy (1841-1909), fundador de la Historia de la Construcción; (b) Diversos detalles de la construcción romana (Choisy 1873).

Otros autores siguieron el enfoque de Willis, Viollet-le-Duc y Choisy. En centroeuropa fue fundamental el trabajo del arquitecto alemán Josef Durm que escribió excelentes monografías sobre la construcción griega, romana y del Renacimiento (1881, 1885 y 1905, respectivamente, y ediciones sucesivas). En 1890 Mohrmann publicó una extensa revisión del manual de construcción gótica de Ungewitter, empleando por primera vez el análisis estructural como parte del método de estudio, Fig. 7. Las adiciones de Mohrmann forman, todavía hoy, el análisis estructural más completo de la arquitectura gótica; su enfoque del equilibrio, principalmente a través de métodos gráficos, ha sido validado por la moderna teoría de estructuras (Heyman 1966, 1995). A comienzos del siglo XX numerosos manuales de construcción incluían descripciones de edificios históricos y explicaciones de los métodos constructivos del pasado (por ej. Warth 1903, Esselborn 1913-1920).

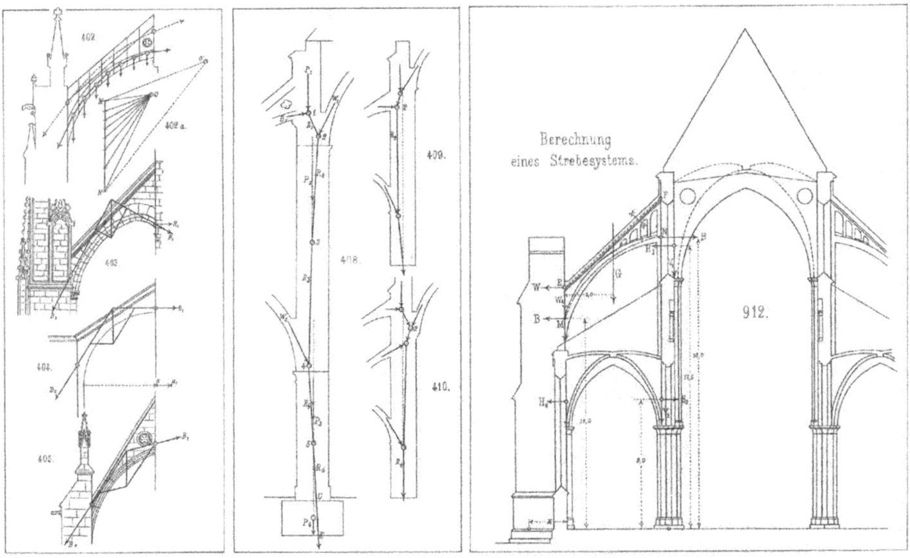

FIG. 7 – Aplicación del análisis estático de equilibrio al estudio de la construcción gótica por Karl Mohrmann. Selección de ilustraciones (Ungewitter, Mohrmann 1890).

El interés por la Historia de la Construcción desparece bruscamente con la llegada del movimiento moderno en arquitectura a comienzos del siglo XX. No se trataba en este caso de un mero cambio de estilo: los materiales y todo el proceso de construcción sufrieron una transformación completa. Por supuesto, hubo una cierta inercia, y se publicaron todavía algunos libros, por ej. Hess (1943), Straub (1949) y Thunnissen (1950), que seguían la tradición de los anteriores estudios (Fig. 8).

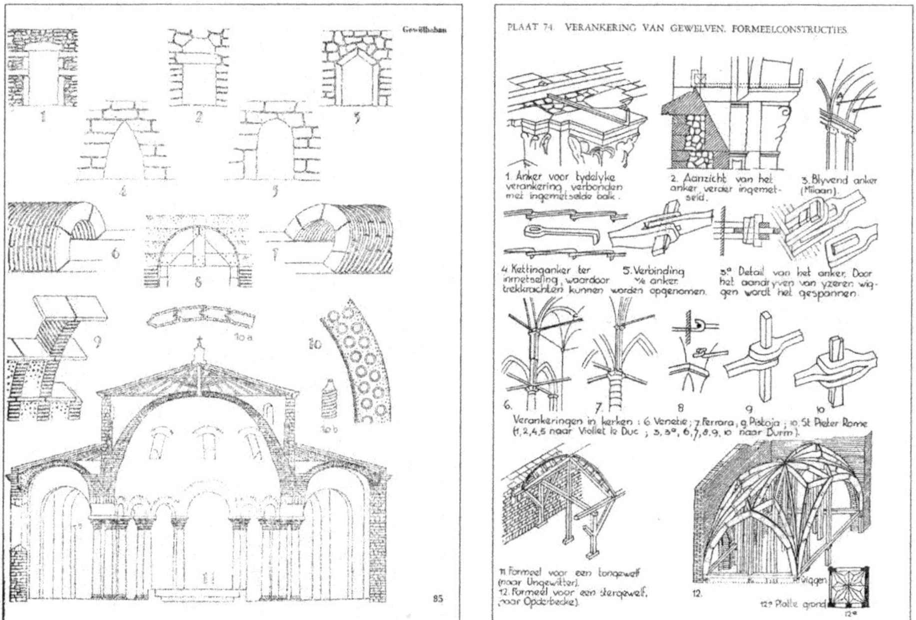

(a) (b)

FIG. 8 – Láminas de historia de la construcción: (a) Hess (1943); (b) Thunnissen (1950).

No obstante, es un hecho que, en apenas una generación, toda una tradición constructiva desapareció dejando la vía completamente libre a los nuevos materiales (hierro forjado, acero, hormigón armado) y a las nuevas formas estructurales (estructuras trianguladas de barras, porticadas, cáscaras delgadas, etc.). En los años 1950 se detecta un renacimiento del interés por la historia de la construcción de la mano del trabajo, principalmente, de arqueólogos. Los libros de Blake (1947, 1950, 1973) y Lugli (1957) sobre la construcción romana marcaron un cambio crucial que, de una manera menos evidente, se estaba manifestando ya con la publicación de estudios especializados en revistas. La conciencia de la necesidad de considerar los aspectos constructivos en la historia de la arquitectura se fue haciendo más y más evidente (Maass 1969).

La Historia de la Construcción empezó a ser considerada una disciplina independiente en los años 1980 (Atkinson 1984). En Inglaterra se fundó en 1985 la Construction History Society que publica desde entonces la revista *Construction History Journal*, todavía hoy la única revista en este campo (Fig. 9 (a)). En los EE.UU. también hubo interés y dentro de la Society of the History of Technology se creó un grupo de interés el Building Technology and Civil Engineering Interest Group que publicó un boletín *The Flying Buttress* hasta que el grupo se disolvió a finales de los años 1990. En Alemania hubo varias iniciativas en los años 1980-1990. Por una parte se creó un grupo de investigación sobre historia de la construcción dirigido por Rainer Graefe que organizó cinco seminarios (el primero en 1985) cuyas actas fueron publicadas por la Universidad de Stuttgart (Fig. 9 (b)). Por otra parte, E. Schunck publicó en la Universidad de Munich una serie de doce volúmenes de "Contribuciones sobre la historia de la construcción y la ingeniería" entre 1990 y 2002; cada volumen contenía una media de cinco artículos.

En España se funda la Sociedad Española de Historia de la Construcción (www.sedhc.es) en 1997 y, hasta el momento, se han organizado seis congresos nacionales (Madrid 1996, Coruña 1998, Sevilla 2000, Cádiz 2005, Burgos 2007 y Valencia 2009). La asociación contó desde sus inicios con el apoyo del Instituto Juan de Herrera (presidido por Ricardo Aroca) y del CEHOPU (hasta 2001, mientras fue gerente Antonio de las Casas; después, lamentablemente, de forma esporádica). La fundación de la SEdHC y la organización de Congresos discurrieron en paralelo con una ambiciosa línea editorial de "Textos sobre teoría e historia de las construcciones", dirigida por el autor y editados por el Instituto Juan de Herrera. Desde un principio fue un objetivo de la SEdHC la organización de un Congreso Internacional de la disciplina. En 2003 la SEdHC organizó en Madrid el Primer

Congreso Internacional de Historia de la Construcción, en colaboración con la Associazione Edoardo Benvenuto y otras instituciones. Desde entonces se han celebrado dos congresos internacionales más: Cambridge (2006) y Cottbus (2009); en París se celebró en 2008 el primer congreso francófono de historia de la construcción (Cache et al. 2009). Está previsto celebrar el Cuarto Congreso Internacional en París en 2012. Finalmente, este primer Simposio portugués de 2010, *História da Construçao em Portugal. Fundaçoes e alinhamentos* (Lisboa), augura un buen futuro para la disciplina en la cultura ibérica y de influencia portuguesa (Brasil etc.).

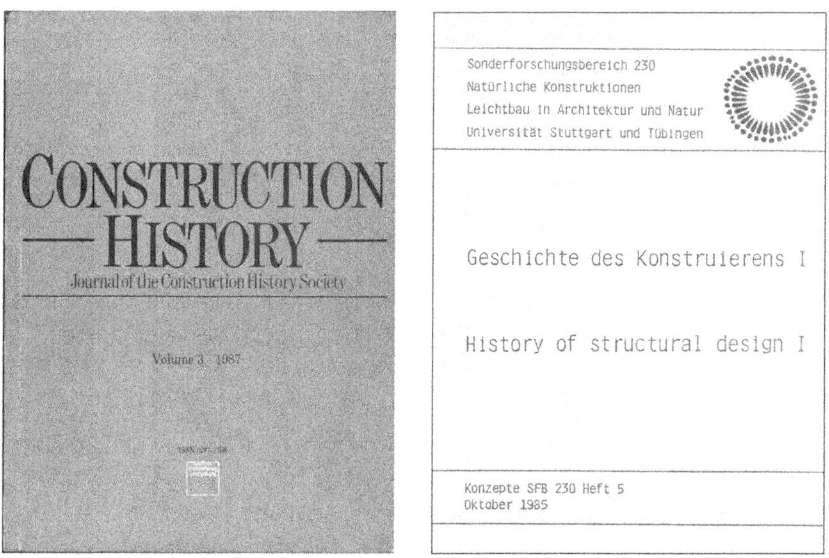

(a) (b)

FIG. 9 – (a) Portada de la revista *Construction History*; (b) Portada de la publicación del primer volumen la serie *Geschichte des Konstruierens* (1985-1995).

FIG. 10 – (Portadas del Primer Congreso Nacional de Historia de la Construcción (Madrid 1996) y del First International Congress on Construction History (Madrid 2003).

LA ENSEÑANZA DE LA HISTORIA DE LA CONSTRUCCIÓN

La enseñanza de una nueva disciplina siempre presenta problemas. Por un lado, la información disponible para el profesor es irregular y dispersa, faltando el aparato crítico de referencia necesario para preparar adecuadamente las clases (manuales, bibliografías, guías de referencia, etc.).

La siguiente cuestión afecta a la selección del profesorado. Qué requisitos debe cumplir un profesor de historia de la construcción? Desde luego debe poseer una formación técnica; sin ella, difícilmente podrá interpretar y entender las distintas fuentes para luego explicarlas a los alumnos. No es preciso que sea un especialista en un campo concreto (carpintería, morteros antiguos, estereotomía, puentes, etc.).

En tercer lugar es importante la definición del programa, que debe tener la intención de cubrir, de forma cronológica un campo de estudio suficientemente amplio. Como se ha dicho, la Historia de la Construcción es mucho más que la suma de las historias particulares. Así, aunque esto implique un considerable trabajo, el profesor de historia de la construcción deberá necesariamente entrar en campos que pueden no coincidir con su campo de especialización. De la misma manera que un profesor de historia del arte cubrirá, por ejemplo, desde la Antigüedad al Renacimiento en un semestre estándar (dependiendo de horarios etc.), aunque quizá esté especializado en pintura impresionista, el profesor de historia de la construcción deberá intentar cubrir un espacio de tiempo y un suficiente número de aspectos constructivos como para permitir al alumno comprender el desarrollo de la construcción en su conjunto. Si se estudian períodos concretos o actividades particulares esto se debería reflejar en el título de la asignatura correspondiente: se entiende que si el título es "Historia del arte" el alumno no debe encontrarse con un curso cuyo contenido real sea "la pintura Renacentista".

Finalmente, una asignatura no es una suma de clases independientes impartidas por profesores distintos. La dificultad de la tarea hace casi irresistible la tentación de trocear el campo en el mismo número de clases que profesores disponibles. Hay que insistir en que esto constituye un gran peligro pues trivializa y reduce el nivel de exigencia necesario a cualquier disciplina de rango universitario.

Lo anterior se refiere a los estudios de grado universitario. Por supuesto, los estudios e posgrado y doctorado han de ser, necesariamente, específicos, los temas concretos. El objeto del trabajo es realizar una investigación original. Para ello, el investigador debe conocer perfectamente lo publicado en el restringido campo elegido. Resulta esencial conocer las técnicas de búsqueda de información y desarrollar un instinto para localizar las fuentes más relevantes. Esto es particularmente difícil dentro del campo de la Historia de la Construcción, y el profesor deberá, tanto en los cursos de grado como en los de posgrado, introducir al alumno en el intrincado mundo de las fuentes documentales.

CONCLUSIONES

La Historia de la Construcción es una disciplina por derecho propio pues sirve para explicar y comprender una de las actividades humanas más antiguas, la construcción. La atención que despierta este campo, el número creciente de publicaciones, la actividad demostrada en Congresos, etc., debería hacernos optimistas sobre su futuro. Sin embargo, este futuro prometedor sólo será una realidad si se trabaja con una conciencia plena de su dificultad.

La primera tarea será conseguir un rango universitario pleno, con asignaturas troncales, profesores a tiempo completo, investigadores, departamentos e institutos de investigación. Se han discutido muy someramente las dificultades en cuanto a la definición de programas y selección del profesorado. Una enseñanza rigurosa formará futuras generaciones; algunos, quizá, quieran seguir este camino.

La segunda tarea es formar el aparato crítico de bibliografías, ediciones críticas, estudios de detalle, guías de referencia, etc., que permita situarse con cierta facilidad en este campo. Esto mejorará la comprensión y, sobre todo, eliminará errores y evitará repeticiones.

Finalmente, es preciso realizar un trabajo considerable de rigurosa investigación original. Esto es más difícil en una disciplina naciente; sin embargo, para cualquier investigador genuino la situación es hoy apasionante. Hay mucho campo por explorar, mucho por descubrir. La investigación auténtica es muy trabajosa en el mundo universitario actual. Las dificultades para una disciplina en formación son casi insuperables, cuando se exige arbitrariamente un "impacto" inmediato de lo publicado, cuando la carrera académica se ha convertido en una carrera de obstáculos. No obstante, creo que puede y debe hacerse.

Santiago HUERTA

LISTA DE REFERENCIAS

CONGRESOS

Congresos Nacionales. España

Casas, A.; S. Huerta y E. Rabasa (eds.). 1996. *Actas del Primer Congreso Nacional de Historia de la Construcción, Madrid, 19-21 septiembre de 1996*. Madrid: Inst. Juan de Herrera, CEHOPU.

Bores, F., J. Fernández Salas; S. Huerta y E. Rabasa (eds.). 1998. *Actas del Segundo Congreso Nacional de Historia de la Construcción, A Coruña, 22-24 octubre de 1998*. Madrid: Inst. Juan de Herrera, CEHOPU.

Graciani, A., S. Huerta, E. Rabasa y M. A. Tabales (eds.). 2000. *Actas del Tercer Congreso Nacional Historia de la Construcción, Sevilla, 26-28 de octubre de 2000*. Madrid: Instituto Juan de Herrera, CEHOPU.

Huerta, S. (ed.). 2005. *Actas del Cuarto Congreso Nacional de Historia de la Construcción, Cádiz, 27B29 enero de 2005*. Madrid: Instituto Juan de Herrera, COA y COAAT de Cádiz.

Arenillas, M.; C. Segura; F. Bueno y S. Huerta, (eds.). *Actas del del Quinto Congreso Nacional de Historia de la Construcción, Burgos 7B9 junio de 2007)*. Madrid: Instituto Juan de Herrera, CEHOPU.

Congresos Nacionales. Francia

Carvais, R., V. Nègre y J. Sakarovitch (eds.). 2009. *Actes du premier congrès francophone d'histoire de la construction, Paris 19, 20 et 21 juin 2008*. Paris: Picard (en prensa).

Congresos Internacionales

Huerta, S. (ed.). 2003. *Proceedings of the First International Congress on Construction History. Madrid 20th-24th January 2003*. Madrid: Instituto Juan de Herrera.

Dunkeld, M. et al. (eds.). 2006. *Proceedings of the Second International Congress on Construction History, 29th March- 2nd April 2006, Queen's College, Cambridge.* London: Construction History Society.

Kurrer, K.-E. et al. (eds.). 2009. *Proceedings of the Third International Congress on Construction History, 20th B 24th May 2009*. Cottbus: Brandenburg University of Techonology.

OBRAS CITADAS

Atkinson, G. 1984. "Future for the past". *Building*. 247: 51-53.

Choisy, A. 1873. *L'art de bâtir chez les Romans.* Paris. Trad. esp. 1999. *El arte de construir en Bizancio.* S. Huerta y F. J. Girón,eds. Madrid: Instituto Juan de Herrera / CEHOPU.

Choisy, A. 1883. *L'art de bâtir chez les byzantines.* Paris. Trad. esp. 1997. *El arte de construir en Bizancio.* Edited by S. Huerta y F. J. Girón. Madrid: Instituto Juan de Herrera / CEHOPU.

Choisy, A. 1899. *Histoire de l'architecture.* Paris: G. Béranger.

Choisy, A. 1904. *L'art de bâtir chez les égyptiens.* Paris: E. Rouveyre. 2007. *El arte de construir en Egipto.* S. Huerta y G. López Manzanares, eds. Madrid: Instituto Juan de Herrera / CEHOPU.

Choisy, A. 1909. *Vitruve.* Paris: Imprimerie-Librairie Lahure.

[Choisy, A. Obra completa en formato digital en: www.augustechoisy2009.net]

Durm, J. 1881. *Die Baukunst der Griechen.* Leipzig: Diehl.

Durm, J. 1885. *Die Baukunst der Etrusker und Römer.* Darmstadt: Diehl.

Durm, J. 1903. *Die Baukunst der Renaissance in Italien.* Stuttgart: Bergsträsser.

Esselborn, K. 1908. *Lehrbuch des Hochbaues.* Leipzig.Engelmann.

Garfield, E. 1992. "The life and career of George Sarton: The father of the history of science". *Sartoniana*, 5, 109-130.

Giedion, S. 1971. *Architecture and the Phenomena of Transition. The three space conceptions in architecture.* Cambridge, Mass.: Harvard University Press.

Girón, J. y S. Huerta (eds.). *Auguste Choisy 1844-1909. L'architecture et l'art de bâtir.* Madrid: Instituto Juan de Herrera (en prensa).

Graefe, R. (ed.). 1985-1990. *Geschichte des Konstruierens (SFB 230. Teil C.). Vols. 1 y 2. Natürliche Konstruktionen (1985, 1986). Vol. 3 Textiles Bauen,. Vols. 4 y 5 Wölbkonstruktionen der Gotik (1990).* Stuttgart: Universität Stuttgart.

Hall, R. 2000. "Where is the History of Technology?". *History of Technology.* 22: 203B209.

Hess, F. 1943. *Konstruktion und Form im Bauen.* Stuttgart: Julius Hoffmann.

Heyman, J. 1966. The Stone Skeleton. *International Journal of Solids and Structures.* 2: 249-79.

Heyman, J. 1995. *The Stone Skeleton. Structural engineering of masonry architecture.* Cambridge: Cambridge University Press. Trad. esp. 1999. *El esqueleto de piedra. Mecánica de la arquitectura de fábrica.* Madrid: Instituto Juan de Herrera / CEHOPU.

Maass, J. 1969. "Where Architectural Historians Fear to Tread?". *Journal of the Society of Architectural Historians.* 28: 3-8.

Murray, P. 1972. *La arquitectura del Renacimiento.* Madrid. Aguilar.

Popper, K. R. 1962. *Conjectures and Refutations The Growth of Scientific Knowledge.* Londres: Basic Books.

Rondelet, J. 1802-1810. *Traité théorique et pratique de l'art de bâtir.* Paris: Chez l'auteur.

Sarton, G. 1952. *Horus. A guide to the History of Science.* New York: The Ronald Press Company

Schunck, E. 1990-2002. *Beiträge zur Geschichte des Bauingenieurwesens.* Munich: Technische Universität München, Lehrstuhl für Baukonstruktion. 12 vols.

Straub, H. 1949 (4a. Ed. 1992). *Die Geschichte der Bauingenieurkunst.* Basel: Birkhäuser. (Trad. esp. A. Casas y S. Huerta eds. *Historia de la ingeniería de la construcción.* Madrid: Instituto Juan de Herrera. En preparación).

Thunnissen, H.J.W. 1950. *Gewelven, hum construtie en toepassing in de historische en heiden dadgse Bauwkunst.* Amsterdam: Ahrend. (Trad. esp. R. García y S. Huerta, eds. *Bóvedas: su construcción y empleo en la arquitectura.* Madrid: Instituto Juan de Herrera. En prensa).

Ungewitter, G.-G. 1859-1864. *Lehrbuch der gotischen Constructionen.* Leipzig: T. O. Weigel.

Ungewitter, G.-G. 1890. *Lehrbuch der gotischen Konstruktionen. III Auflage neu bearbaitet von K. Mohrmann.* Leipzig: T.O. Weigel Nachfolger. (Trad. esp. Caps. 1 y 2. *Manual de construcción gótica. Bóvedas y estribos.* Madrid: Instituto Juan de Herrera. En preparación.)

Viollet-le-Duc, E.-E. 1854B1868. *Dictionnaire raisonnée de l'architecture française du XIe au XVIe siécle.* Paris: A.Morel.

Willis, R. 1842. On the Construction of the Vaults of the Middle Ages.. *Transactions of the Royal Institute of British Architects.* Vol. 1: p. 1-69.

L'HISTOIRE DE LA CONSTRUCTION

Entre cadres culturels nationaux et problématiques internationales[1]

Le premier colloque francophone d'histoire de la construction de 2008 a présenté un caractère quelque peu paradoxal. D'un côté, il reposait sur l'affirmation d'une spécificité culturelle, l'usage du Français, au sein d'un univers académique et professionnel dominé de manière croissante par l'Anglais. On aurait pu craindre du même coup que la manifestation tombe dans l'écueil d'une certaine étroitesse, de la défense d'un cadre linguistique qui ne saurait en aucune façon tenir lieu de problématique. Or il n'en a rien été ; les participants se sont révélés des plus internationaux, tandis que le contenu des interventions n'avait rien à envier aux colloques d'histoire de la construction organisés précédemment en Anglais à Madrid en 2003 et Cambridge en 2006.

En m'inspirant de cette alliance improbable et finalement féconde entre défense de l'usage scientifique du Français et ouverture sur le monde, je voudrais ici présenter quelques rapides réflexions concernant les relations complexes qui unissent cadres culturels nationaux et problématiques internationales dans le cas de l'histoire de la construction. Plus encore que d'autres domaines techniques, la construction possède, on le sait, un caractère localisé. Jusqu'à la première révolution industrielle au moins, l'art de bâtir est demeuré tributaire de matériaux et de savoir faire situés très précisément dans l'espace.

Bien que ces matériaux et ces savoir faire se soient longtemps définis à une échelle plus fine que les découpages en royaumes et principautés caractéristiques de l'Europe d'Ancien Régime, il est frappant de constater

1 Ce texte a été précédemment publié sous la référence : Antoine Picon, « L'Histoire de la construction : entre cadres culturels nationaux et problématiques internationales ». In *Édifice & Artifice. Histoires constructives.* Sous la direction de Robert Carvais, André Guillerme, Valérie Nègre et Joël Sakarovitch, 45-51. Paris : Picard, 2010. Il est ici republié avec l'aimable autorisation de l'auteur et des éditions Picard.

que la construction oppose assez tôt les tenants de différentes « manières » nationales[2]. L'un des épisodes les plus révélateurs est peut-être la mise en compétition d'ouvriers italiens et français pour la réalisation du nouveau Louvre de Louis XIV.

Le mur « des Italiens tomba au premier dégel et celui des Français demeura ferme et dans son entier[3] », note avec une satisfaction non déguisée Charles Perrault, grand défenseur de la manière française, dans ses *Mémoires*.

En matière de construction, la dimension nationale prend un tour beaucoup plus affirmé à partir du XIXe siècle. Le siècle de l'industrie est aussi, on le sait, celui de la montée en puissance des nationalismes. Le caractère prétendument national de la construction ne constitue qu'un aspect d'un phénomène idéologique beaucoup plus général qui veut que les sciences et les techniques constituent l'une des expressions privilégiées du génie national. Au sein de ces « communautés d'imagination » que constituent les nations de l'ère industrielle[4], les savants et les inventeurs se voient dotés d'un statut de héros. Il n'est qu'à songer au rôle emblématique accordé à un Louis Pasteur ou à un Denis Papin dans le cas français pour s'en convaincre. Les manuels d'histoire des écoliers contribuent à populariser ce panthéon scientifique et technique. Même si bien peu de ses représentants y accèdent – puisqu'il n'y a guère que Gustave Eiffel qui en fasse partie à un rang comparable à celui de Louis Pasteur – la construction est censée, tout comme n'importe quel autre domaine scientifique et technique, illustrer l'aptitude nationale à résoudre les problèmes.

Il est à noter toutefois que cette interprétation nationaliste est contemporaine d'un formidable mouvement d'internationalisation des modèles, des matériaux et des techniques constructives. C'est en particulier le cas d'un secteur comme la construction métallique. Les ponts en treillis qui permettent au jeune Gustave Eiffel de se faire connaître viennent par exemple des États-Unis et sont introduits en France par un ingénieur d'origine autrichienne, Wilhelm Nordling[5].

2 Nous empruntons cette notion de manière à Jean-Marie Pérouse de Montclos, *L'Architecture à la française*, Paris, Picard, 1982.

3 Charles Perrault, *Mémoires de ma vie*, Paris, Macula, 1993, p. 160.

4 Voir sur ce point Benedict Anderson, *Imagined Communities : Reflections on the Origin and Spread of Nationalism*, Londres, Verso, 1983.

5 Voir la notice qui lui est consacrée dans Antoine Picon (dir.), *L'Art de l'ingénieur. Constructeur, entrepreneur, inventeur*, Paris, Éditions du Centre Pompidou, Le Moniteur, 1997, p. 336.

En dépit des accents cocardiers qu'il emploie pour promouvoir sa tour, présentée comme la plus haute hampe de drapeau du monde, la seule digne de l'étendard tricolore, Eiffel fait aussi figure de passeur entre les cultures germanique et française dans la mesure où il emploie des ingénieurs alsaciens de grande qualité qui portent l'empreinte des deux cultures, comme Maurice Koechlin, l'un des premiers élèves de l'École polytechnique fédérale de Zurich. Notons au passage que le même Koechlin se trouve à l'origine de l'idée de la tour de trois cent mètres[6].

Au XIXe siècle, l'ambiguïté de débats comme celui qui a trait aux origines et au développement du Gothique pourrait bien refléter la complexité de la situation réelle qui prévaut dans le domaine de la construction. Eugène-Emmanuel Viollet-le-Duc fait du Gothique l'expression du génie français, mais il lui attribue en même temps des origines internationales, moyen-orientales pour être plus précis. On retrouve ce mélange de nationalisme et de perspectives internationales chez Auguste Choisy[7]. Plus généralement, en même temps qu'il est profondément représentatif du génie Anglais pour les sujets de la reine Victoria et qu'il incarne l'essence du génie germanique pour les Allemands, l'une et l'autre nation disputant à la France son invention, le Gothique est aussi interprété comme l'un des produits de cette circulation incessante des hommes, des idées et des procédés, dont l'histoire se confond avec celle de la civilisation (Fig. 1).

La circulation internationale des modèles, des matériaux et des techniques constructives n'a fait bien sûr que s'intensifier au cours du XXe siècle. Malgré cela, il est frappant de constater à quel point les perspectives nationales demeurent prégnantes dans le domaine de l'histoire de la construction, et ce en dépit des multiples tentatives auxquelles on a pu se livrer afin de s'en affranchir.

Toute une série de discussions concernant l'origine d'innovations majeures portent par exemple la marque de ces cadres nationaux dont il est si difficile de se défaire. On trouve ainsi un ensemble de divergences

6 Sur l'itinéraire professionnel d'Eiffel, on pourra consulter par exemple le recent catalogue *Gustave Eiffel. Le Magicien du fer*, Paris, ESFP, Skira-Flammarion, 2009.

7 *Cf.* Martin Bressani, *Science, histoire et archéologie. Sources et généalogie de la pensée organiciste de Viollet-le-Duc*, thèse de doctorat dactylographiée, Paris, Université de Paris IV-Sorbonne, 1997 ; Thierry Mandoul, *Entre Raison et utopie. L'Histoire de l'architecture d'Auguste Choisy*, Wavre, Mardaga, 2008.

concernant l'origine de certaines innovations. Selon que l'on est français ou anglais, on a tendance à faire de l'usine Meunier de Noisiel de Jules Saulnier ou du Boat Store de Sheerness de l'ingénieur britannique Godfrey Greene l'ancêtre des bâtiments à ossature métallique américains[8]. En fait, le gratte-ciel de Chicago doit probablement autant à l'héritage allemand, aux réflexions sur la structure développées par Friedrich Schinkel à l'occasion d'un projet comme la Bauakademie de Berlin.

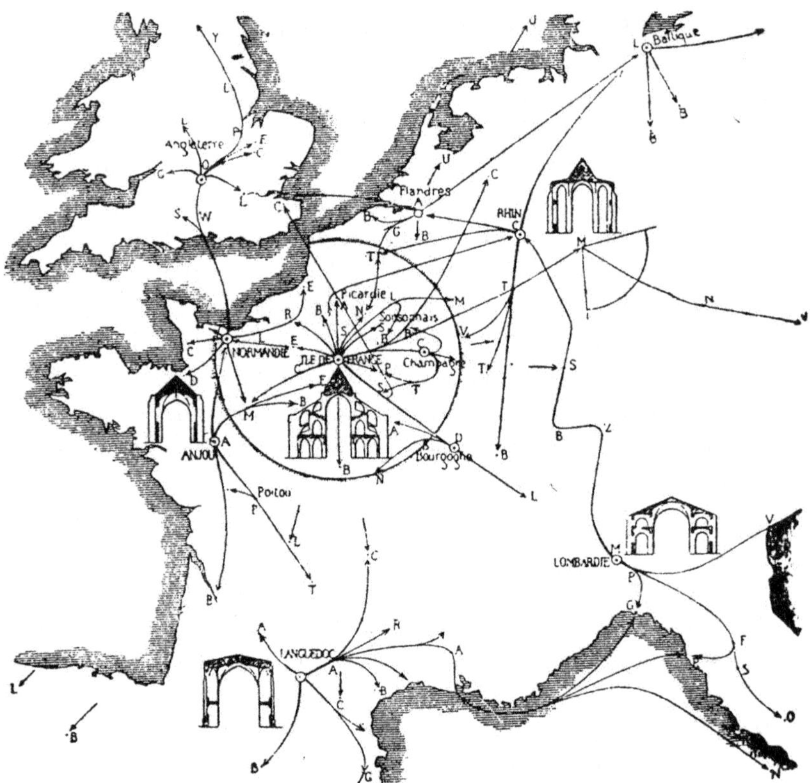

FIG. 1 – Auguste Choisy, la diffusion du Gothique d'après l'*Histoire de l'architecture*, 1899.

8 Voir les notices sur ces deux bâtiments dans Antoine Picon (dir.), *op. cit.*, p. 293-294, 455-456.

Les divergences sont tout aussi prononcées s'agissant de l'histoire du béton. Si les Français mettent volontiers en avant les brevets d'un Joseph Monier, les Allemands jugent, non sans de bonnes raisons, plus déterminante la réinterprétation qu'en donne un Matthias Koenen[9]. Le débat franco-allemand concernant l'histoire du béton se complique encore avec la précontrainte, qui fait l'objet de recherche des deux côtés du Rhin dans les décennies précédant la Seconde Guerre mondiale. Si Eugène Freyssinet est indéniablement l'auteur des brevets clefs, la nouvelle technologie est mise en œuvre pour la première fois par les Allemands dans le domaine des ouvrages d'art[10].

On pourrait multiplier les exemples. Pour rester dans les débats franco-allemands, signalons la divergence concernant les ponts à haubans, spécialité d'origine allemande pour les uns, invention d'Albert Caquot pour les autres[11] (Fig. 2). Le mur rideau fait quant à lui l'objet d'une dispute plutôt franco-américaine. On n'en finirait pas de recenser toutes les « premières fois » et les généalogies qui font l'objet de contestations liées au privilège accordé à telle ou telle perspective nationale. Si l'on commence à disposer, en dépit de ces limitations, des premières tentatives d'histoire globale de la conception des structures et des procédés de construction[12], on est encore très loin du compte s'agissant de l'histoire économique et sociale de la construction. Sans doute est-ce à cause de cela que le bâtiment et la construction, en dépit de leur poids économique intrinsèque, jouent la plupart du temps un rôle de figurants dans les grandes synthèses d'histoire économique.

La difficulté de s'affranchir du cadre national tient en partie à la langue. L'un des principaux obstacles concrets que rencontre l'historien lorsqu'il cherche à rendre compte de l'évolution des techniques de construction à l'échelle internationale tient à la difficulté de trouver l'équivalent exact d'un terme d'une langue à une autre. *Truss* et *beam* se traduisent par

9 Voir Bernard Marrey (dir.), *Joseph Monier et la naissance du béton armé*, Paris, Éditions du Linteau, 2001.

10 Pour un point équilibré sur cette question, voir Jupp Grote, Bernard Marrey, *Freyssinet. La Précontrainte et l'Europe*, Paris, Éditions du Linteau, 2000.

11 Sur la contribution de Caquot, moins connue que celle de Fritz Leonhardt, voir Jean Kérisel, *Albert Caquot 1881-1976. Savant, soldat et bâtisseur*, Paris, Presses de l'École nationale des Ponts et Chaussées, 2001.

12 Voir par exemple Tom F. Peters, *Building the Nineteenth Century*, Cambridge, Massachusetts, MIT Press, 2996 ; Bill Addis, *Building : 3000 Years of Design Engineering and Construction*, Londres, New York, Phaidon, 2007.

poutre ou ferme de manière assez compliquée. Un *canopy* anglais n'est ni vraiment une marquise ni un porte-à-faux.

FIG. 2 – Albert Caquot, pont de Donzère-Mondragon, 1952.

Ces questions de vocabulaire ne sont pas neutres, car la langue renvoie à la façon de lire les objets bâtis et les techniques permettant de les réaliser. Elle renvoie à toute culture dans laquelle la vue, mais aussi les intuitions géométriques et mécaniques qu'elle contribue à structurer, jouent un rôle essentiel. Si, comme l'écrit l'historien de l'art Michael Baxandall, « vivre dans une culture, grandir et apprendre à survivre en elle, c'est faire un apprentissage perceptif spécifique[13] », cet apprentissage perceptif est tout aussi prégnant en matière d'architecture et de construction que dans le domaine de la peinture.

L'analyse qui précède demande toutefois à être nuancée, car en même temps que son vocabulaire varie fortement d'une langue à l'autre, la

13 M. Baxandall, *Formes de l'intention. Sur l'Explication historique des tableaux*, New Haven, 1985, traduction française Nîmes, Jacqueline Chambon, 1991, p. 176.

construction relève pour partie de sensations et d'intuitions qui semblent présenter un caractère universel, à la façon de cette lutte entre la pesanteur et la résistance dans laquelle Schopenhauer voyait l'une des expressions primitives de la volonté[14]. Dans un ordre d'idées assez voisin, du linteau à la voûte, toute une série de figures constructives semblent faire partie d'une sorte de répertoire universel, indifférent aux barrières culturelles nationales, même si certaines civilisations ont dédaigné le linteau tandis que d'autres ignoraient la voûte (Fig. 3).

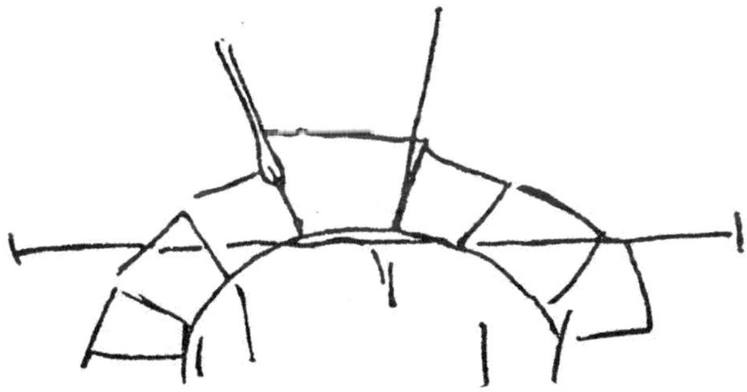

FIG. 3 – Heinrich von Kleist, schéma du principe de la voûte, lettre à Wilhelmine von Zenge, 18 novembre 1800.

Ce type de considération échappe toutefois au cadre de l'histoire pour rejoindre le domaine de la spéculation philosophique. Les historiens quant à eux se montrent plus sensibles aux multiples phénomènes de circulation, d'échange et d'hybridation qui caractérisent le champ de la construction, surtout à partir du XIXe siècle. On a déjà mentionné l'exemple des structures en treillis venues d'Amérique du nord. La circulation croisée des expériences et des modèles s'avère encore plus frappante que les échanges unidirectionnels. L'un des exemples les plus célèbres est fourni par le circuit qui mène de la gare de Grand Central à New York à la gare parisienne d'Orsay, puis fait à retour à New York, via Penn Station qui s'inspire assez directement de certaines caractéristiques d'Orsay. De telles circulations sont encore plus nombreuses au

14 Arthur Schopenhauer, *Le Monde comme volonté et comme représentation*, Dresde, 1819, trad. Française Paris, PUF, 1978, p. 275.

XXe siècle. L'histoire des coques minces et les trajectoires correspondant à des phénomènes d'importation et de transposition dessinent un réseau complexe reliant l'Allemagne, l'Espagne et la France, avant de s'élargir aux États-Unis, aux Mexique ou encore au Japon.

Une critique de l'étroitesse et de l'inadaptation des cadres nationaux à de nombreuses situations concrètes peut aussi s'appuyer sur le fait que de nombreuses figures soi-disant emblématiques de ces cadres sont en réalité des hybrides, à l'instar du plus célèbre ingénieur britannique de l'époque victorienne, Isambard Kingdom Brunel, qui doit quelque chose à ses origines françaises, tout comme, plus proche de nous, Fazlur Khan, l'un des plus grands ingénieurs américains du demi siècle écoulé, devait demeurer toute sa vie marqué par ses origines bangladeshi[15].

Il n'empêche que des traits spécifiques caractérisent tout de même certaines scènes nationales. Par-delà des différences évidentes, comme l'importance variable de tel ou tel matériau d'un pays à l'autre, on voit réapparaître des « manières », comme le choix systématique de la redondance structurelle et d'une complexité quasi fractale qui caractérise par exemple tout un pan de la construction métallique américaine au XIXe siècle par opposition à la recherche de la plus grande simplicité possible à laquelle sacrifient de nombreux ingénieurs européens. On retrouve ces traits dans des ouvrages très différents, des modestes treillis d'un Bollman jusqu'au pont Eads de Saint-Louis, détenteur en son temps d'un record mondial de portée[16] (Fig. 4). On les décèle jusque dans le double système de suspension et de haubans utilisé par Roebling pour ses ponts sur l'Ohio et de Brooklyn.

Comment interpréter ce type de phénomène ? Des trajectoires technologiques spécifiques, comme par exemple l'importance des assemblages en bois dans la tradition constructive américaine, entrent bien sûr en ligne de compte. À côté de l'importance du bois, il faut aussi faire la part de phénomènes plus culturels, comme l'absence d'influence du rationalisme structurel en Amérique du Nord. Il convient enfin de reconnaître l'existence de dynamiques plus floues, de sortes d'habitus constructifs,

15 Derrick Beckett, *Brunel's Britain*, Londres, David and Charles, 1980 ; Mir M. Ali, *Art of the Skyscraper. The Genius of Fazlur Khan*, New York, Rizzoli, 2001.

16 Voir par exemple sur ces ouvrages Eric DeLony, *Landmark American Bridges*, New York, American Society of Civil Engineers, 1992.

pour reprendre un concept cher à Bourdieu. C'est sur ce plan que la construction rencontre peut-être le plus nettement l'histoire culturelle, sans qu'il soit nécessaire de recourir à des notions de génie national à la façon du XIXe siècle pour rendre compte de cette convergence[17].

FIG. 4 – Pont en treillis système Bollman
sur la Little Patuxent River, Savage, Maryland, 1869.

Peut-être faut-il cesser du même coup d'envisager la construction, du moins dans son acception contemporaine, comme un ensemble stable de principes et de procédés. Au lieu de chercher à subdiviser cet ensemble en sous-ensembles nationaux et régionaux, il conviendrait alors de privilégier une approche comparable à une sorte de mécanique des fluides, en se préoccupant des circuits inlassables de transposition et de traduction qui assurent peut-être la cohérence du champ constructif à la façon dont le système des océans est en fait un système de courants et d'échanges.

17 Sur la mise en relation à notre sens nécessaire de l'histoire de la construction et de l'histoire culturelle, voir notre article « Construction history. Between Technological and cultural history", in *Construction History*, volume 21, 2005-6, p. 5-19.

Traduction : il pourrait s'agir d'une des dimensions essentielles de l'activité constructive. On comprend mieux du même coup le rôle qu'a joué dans de nombreux cas l'architecture au cours de la période pré-industrielle. Elle s'est comportée en activateur de la nécessité de traduire, ne serait-ce qu'entre ouvriers et artistes, entre culture du savoir faire et culture humaniste. La célèbre planche du *Cours d'architecture* de Daviler faisant figurer côte à côte les termes employés par les ouvriers et ceux des architectes possède de ce point de vue un caractère symptomatique (Fig. 5).

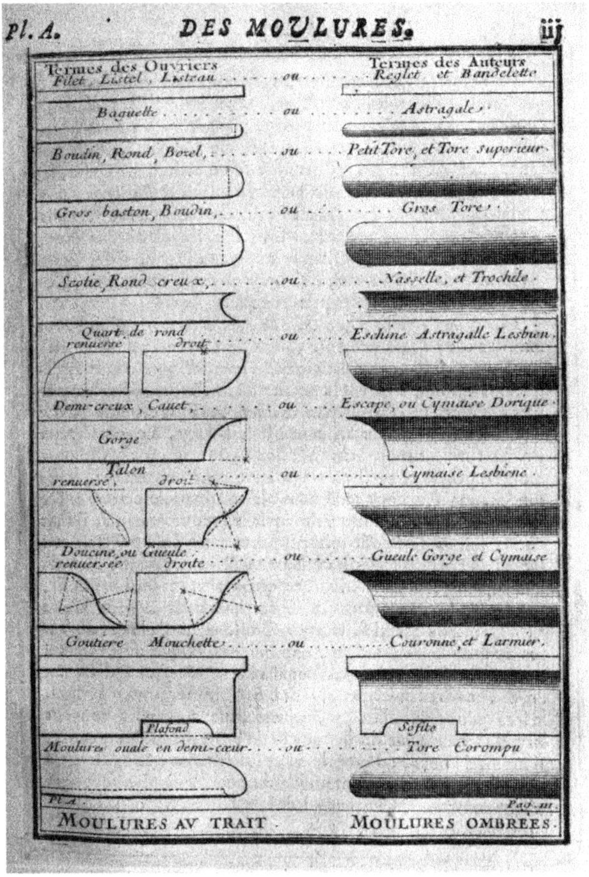

FIG. 5 – Augustin Charles Daviler,
« Des Moulures », Cours d'architecture, éditions de 1720.

Bien d'autres circuits de transposition et de traduction se sont rajoutés à l'architecture par la suite. La science de l'ingénieur moderne n'est jamais qu'un de ces circuits, une dimension dont on ne tient pas assez compte lorsqu'on étudie son développement.

Transposition et traduction : l'un des intérêts du colloque francophone d'histoire de la construction organisé à Paris en 2007, colloque à la fois francophone et international, on l'a dit, a été de confronter les participants assez directement à cette dimension. Le statut plus marginal qu'autrefois du Français, l'effort requis de la part de celui qui choisit de s'exprimer dans cette langue en assumant les difficultés de compréhension, la déformation des termes qu'implique tout acte linguistique, pourraient bien constituer en définitive une chance. Celle de penser l'histoire de la construction plus spontanément qu'en utilisant la langue académique dominante en termes de déplacements, de dislocations et de recompositions, de traduction et de transpositions.

Antoine PICON

L'HISTOIRE DE LA CONSTRUCTION ET L'HISTOIRE DES SCIENCES[1]

Branche spécifique de l'histoire des techniques, l'histoire de la construction entretient avec l'histoire des sciences des rapports complexes dont l'analyse permet à la fois de situer la discipline qui nous intéresse ici et d'ouvrir des pistes possibles de recherche.

DES RAPPORTS ASYMÉTRIQUES

Quand les historiens des sciences présentent leur discipline, la première impression qui se dégage est qu'ils ignorent l'histoire de la construction, peut être à juste titre d'ailleurs.

Pour tenter d'appréhender cet état de fait, nous avons réalisé une sorte de test, qui ne prétend aucunement donner une image « objective » à travers un « sondage statistique représentatif », mais semble néanmoins symptomatique de la situation. Nous avons utilisé pour ce faire les *Éléments d'histoire des Sciences* de Michel Serres, ouvrage publié en 1990 qui contient une « Chronologie » établie par Michel Autier. Bien sûr l'Encyclopédie coordonnée par René Taton[2], aurait fourni un ouvrage couvrant de façon beaucoup plus exhaustive l'histoire des sciences, tant par les sujets abordés que par les périodes couvertes. Mais cette encyclopédie ne comporte pas de chronologie, qui constitue un

1 Ce texte a été précédemment publié sous la référence : Joël Sakarovitch, « L'histoire de la construction et l'histoire des sciences ». In *Édifice & Artifice. Histoires constructives.* Sous la direction de Robert Carvais, André Guillerme, Valérie Nègre et Joël Sakarovitch, 23-29. Paris : Picard, 2010. Il est publié ici de nouveau avec l'autorisation de l'auteur et des éditions Picard.

2 R. Taton (éd.), *Histoire générale des sciences*, Paris, PUF, 1e éd. 1958, rééd. 1995.

élément synthétique indispensable pour mener le test voulu. De plus, précisément parce qu'il n'y a aucune prétention encyclopédique dans l'ouvrage de Serres, il est sans doute plus représentatif d'une certaine idée de l'histoire des sciences à une époque donnée.

Notons qu'en préambule à cette chronologie, Michel Autier, qui souligne combien l'exercice est délicat, cite explicitement les sources qu'il a utilisées pour établir cette liste et parmi celles-ci, les historiens des techniques sont bien représentés, citant en particulier les ouvrages et les chronologies elles-mêmes établies par François Russo, Maurice Daumas, ou Bertrand Gille.

Outre une page réservée à la Haute Antiquité, la Chronologie (14 pages) s'étend de – 750 à 1945, avec une présentation sur trois colonnes :

Les créations scientifiques/les acteurs individuels et collectifs/les éléments pour un décor.

Il y a environ 600 items dans la première colonne, qui représente le cœur de l'histoire des sciences. Dans cette colonne, l'histoire de la construction est « présente » huit fois sur 600, (en comptant la géométrie descriptive qui nous est chère, mais que tout le monde n'aurait peut être pas considéré comme faisant partie de l'histoire de la construction) :

- les *Dix livres d'architecture* de Vitruve (et Vitruve en colonne 2),
- Sainte-Sophie et (Isidore de Millet en 2),
- en 1430, un traité de mécanique sur les moulins hydrauliques,
- Galilée et le *Discours sur deux sciences nouvelles* 1638,
- Varignon : la composition des forces en statiques 1688,
- le traité des fortifications de Vauban 1705,
- le traité d'architecture hydraulique de Bélidor,
- le début de la géométrie descriptive par Monge en 1769[3].

Dans la deuxième colonne, on trouve quelques noms (outre ceux cités ci-dessus) qui ne sont pas étrangers à l'histoire de la construction, comme ceux de Desargues, Claude Perrault, de La Hire, Euler, Lagrange ou Coulomb. Mais ces « héros » communs ne sont pas signalés au titre de leur participation à l'histoire de la construction. Par exemple si Philippe de La Hire est cité, son traité de mécanique, dont on sait la place qu'il

3 Cette date correspond au 1er cours de dessin de Monge à l'École du Génie de Mézières.

tient dans l'histoire de la construction, ne l'est pas. Pour compléter le tableau, il faut ajouter que sont signalées dans cette deuxième colonne, la création de l'École polytechnique et celle des Arts et métiers, « institutions communes » aux « deux histoires ».

Sans être totalement absente de la troisième colonne, l'histoire de la construction y est également fort peu présente, au point où l'on peut se demander si elle fait ou non partie du « décor ». Sur plus de 1 100 items que comporte cette colonne, une quinzaine y appartiennent, du percement du tunnel de Samos par Eupalinos à la construction de la Tour Eiffel.

Pourraient être ajoutés à cette liste quelques éléments qui appartiennent à l'urbanisme ou aux travaux publics (le début des grands travaux d'Haussmann en 1853, le canal de Suez en 1869 ou début du percement du canal de Panama en 1880), mais qui sont notés plutôt pour leur valeur économique ou politique. De même un certain nombre de bâtiments sont notés, comme le Parthénon, Notre-Dame de Paris, la mosquée du Shah d'Ispahan, « le tabernacle du Bernin à Saint Pierre » (mais Saint Pierre n'y est pas), le château de Vaux-le-Vicomte, les Invalides par Hardouin-Mansart,… Mais ces bâtiments apparaissent plus comme des balises, des repères que comme des éléments significatifs de l'histoire de la construction. Le fait que ce soit Notre-Dame de Paris qui soit citée pour « représenter » l'architecture (ou la période) gothique est de ce point de vue révélateur : si l'on cherche à marquer les débuts de l'architecture gothique, c'est la basilique de Saint-Denis qu'il faut citer ; si l'on veut marquer le sommet constructif et architectural de l'art gothique, c'est Beauvais qu'il faut choisir (comme le fait Salvadori[4]). Notre-Dame de Paris fait certes parties du « décor », comme la reconquête de Tolède ou Dante, mais pas principalement pour ce qu'elle représente en histoire de la construction.

N'apparaissent dans cette liste ni l'arc, ni la ferme triangulée, ni le béton armé, ni la poutre en I, ou la précontrainte, les constructions en coques ou en voiles, les structures légères ou tendues,…

Les noms de Hooke, Young, Navier, Lamé, Clapeyron ou Freyssinet ne sont pas cités ; Mariotte l'est, mais pas pour ses travaux de résistance des matériaux…

4 M. Salvadori, *Comment ça tient ?*, Marseille, Parenthèses, 2005 (trad. fr. de *Why Buildings Stand Up ? The Strength of Architecture*, New York, Norton, 1980).

Est-ce à dire que l'histoire des sciences ne voit (pratiquement) pas l'histoire de la construction ? Pas tout à fait bien sûr et si il y a peu de relations entre elles, il faut naturellement préciser, quand il y en a, dans quels champs elles se nouent, de quels types elles sont, par quels acteurs elles se tissent et pour quels types de résultats.

L'HISTOIRE DE LA CONSTRUCTION COMME BRANCHE DES SCIENCES APPLIQUÉES : LA MODÉLISATION DE PROBLÈMES PRATIQUES

Lieu premier du croisement des champs est bien entendu la mécanique (dont l'histoire appartient à l'histoire des sciences), la statique, la résistance des matériaux, l'analyse du comportement des structures et les diverses tentatives de modélisations de ces comportements structurels.

Comme l'a écrit Benvenuto, jusqu'à Galilée, « c'est la géométrie – et non la mécanique – qui apparaissait comme la vraie gardienne de la stabilité[5] ». En témoignent les premières modélisations de la statique des arcs proposées par Léonard de Vinci (fig. 1) ; mais Derand, au milieu du XVIIe siècle, reprend encore dans son traité de coupe des pierres[6] des tracés sans doute utilisés dès le Moyen Âge. (fig. 2) Le *Traité de méchanique* de Philippe de La Hire est considéré comme la première approche mathématisée de la construction des arcs et des voûtes. Cependant, d'un point de vue pratique, plus que le traité de 1695, c'est son mémoire « Sur la construction des voûtes dans les édifices[7] » de 1712, qui aura le plus d'impact tout au long du XVIIIe siècle. (fig. 3) Le principe de base de l'étude, pour déterminer l'épaisseur des piédroits d'un arc clavé, consiste à subdiviser l'arc en trois parties et à équilibrer les moments des forces mises en jeu (en négligeant les forces de frottement). Reprise et approfondie par Bernard F. de Bélidor, Antoine Chézy ou Joseph

5 E. Benvenuto, « Résistance des matériaux (histoire de la) » dans *L'Art de l'ingénieur*, A. Picon (éd.), Paris, Le Moniteur, 1997, p. 409.

6 F. Derand, *L'Architecture des voûtes ou l'art des traits et coupe des voûtes…*, Paris, 1643.

7 Présenté en 1712, publié dans les *Mémoires de l'Académie royale des Sciences*, Paris, 1731, p. 70-78.

Mathieu Sganzin, la théorie de Ph. de La Hire sera aussi vivement critiquée, en particulier par Emiland Marie Gauthey, qui considérait comme arbitraire la tripartition de l'arc.

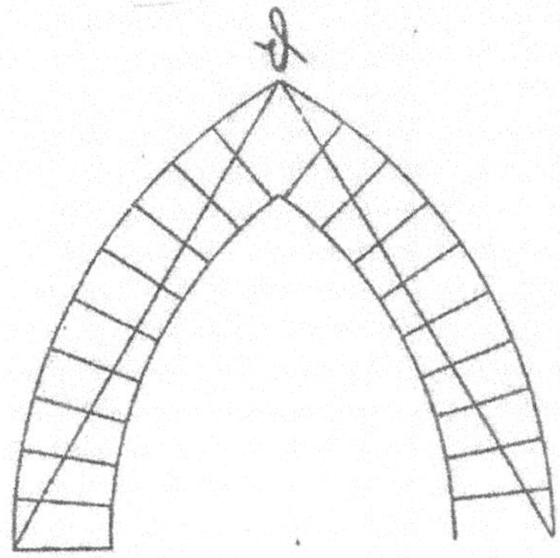

FIG. 1 – La règle « de Léonard » assure que l'arche ne rompt pas si la corde de l'arc extérieur ne touche pas l'arc intérieur.

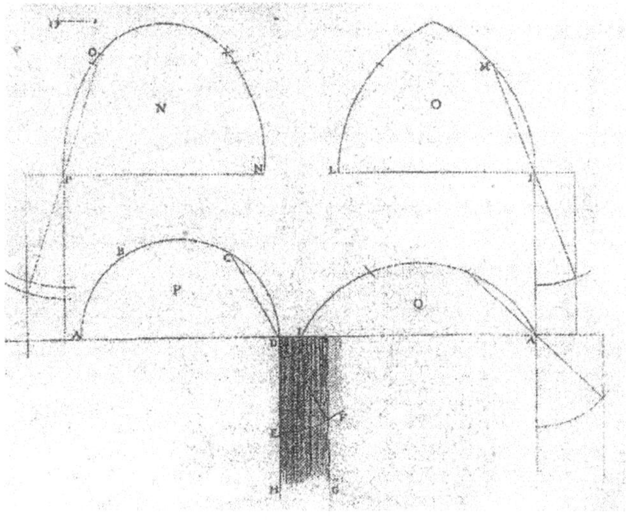

FIG. 2 – La « règle de Derand » donne un dimensionnement des piédroits d'une voûte, indépendant de leur hauteur.

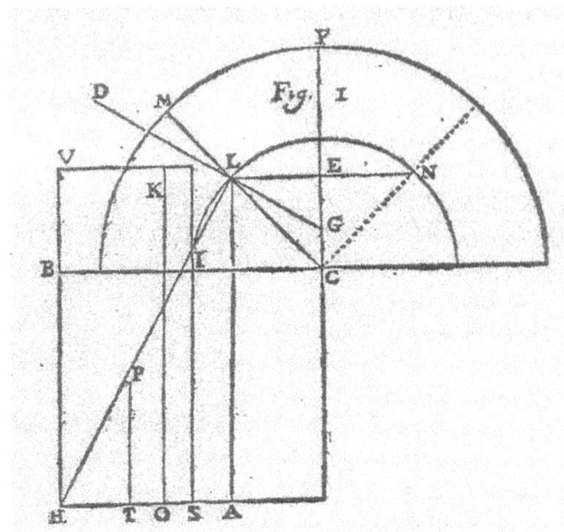

FIG. 3 – Ph. de La Hire. Une application de la théorie du levier au dimensionnement des piédroits d'une voûte.

Mais l'innovation essentielle au XVIIIe siècle, concernant ces sujets, vient de l'usage du calcul infinitésimal. David Gregory donne la première démonstration de la relation entre la courbe en chaînette et la statique des arches à la toute fin du XVIIe siècle (fig. 4), Jacob Bernoulli démontre les propriétés de la chaînette en 1704 et Giovanni Poleni, consulté suite aux altérations de la structure du dôme de Saint-Pierre de Rome, propose une série de mesures pour arrêter la dégradation du bâtiment après avoir publié en 1748 un traité qui fait le point, de façon extrêmement complète, sur la science de la construction de l'époque[8]. Cette intervention marque sans doute la première application réussie d'une statique et d'une mécanique des structures maîtrisées sur un problème concret de construction.

À partir des années 1770, la théorie des arcs et des voûtes donne lieu à une importante littérature dont la contribution la plus importante est sans conteste celle de Charles Augustin Coulomb[9]. La prise en compte

8 *Memorie istoriche della grande cupola del Tempio Vaticano*, Padova, 1748.

9 Ch. A. Coulomb, « Essai sur une application des règles de maximis et de minimis à quelques problèmes de statique, relatifs à l'architecture » dans *Mémoires de mathématiques et de physique*, présentés à l'Acad. roy. des Sc., année 1773, Paris, 1776, p. 343-382.

du frottement l'amène à envisager non plus seulement la possibilité de glissement des voussoirs les uns sur les autres, mais également la rotation possible des voussoirs à la clef, autour d'un axe appartenant soit à l'intrados, soit à l'extrados de l'arc. (fig. 5) Coulomb montre également que la coïncidence entre la courbe des pressions et celle des centres de gravité n'implique que cette courbe soit une chaînette que pour une voûte infiniment mince. Comme celle de la stabilité des arcs et des voûtes, l'histoire de la difficile prise en compte de l'élasticité dans la résistance des matériaux amène à croiser les travaux des plus célèbres mathématiciens du XVIIIe siècle, et en particulier ceux des Bernoullli et d'Euler. La longue liste des publications, au XVIIIe comme au XIXe siècle, concernant les différentes applications du calcul infinitésimal à ces problèmes, prouve l'intérêt du monde savant pour le sujet.

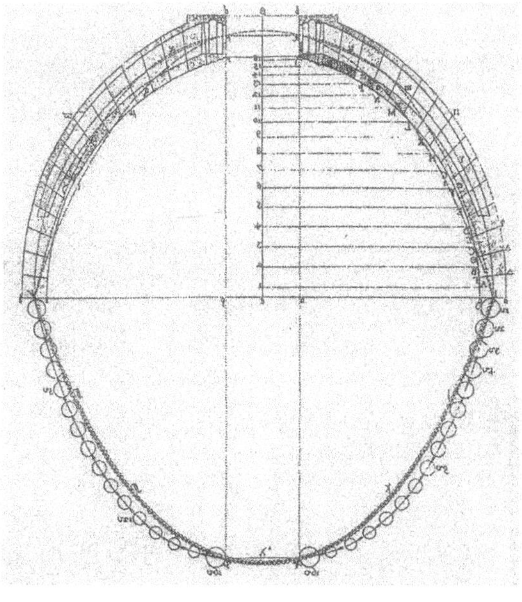

FIG. 4 – Gregory. La courbe en chaînette.

L'histoire de ces modélisations successives, intéresse l'historien de la construction, car elle renseigne d'une part sur la compréhension que l'on a à un moment donné de l'état de l'art, et d'autre part permet d'appréhender les ressorts éventuels de l'innovation technique qui pourraient être liés à cette compréhension. Cette histoire a d'ailleurs donné lieu à de nombreuses études, dont on peut en particulier souligner celles de Clifford Truesdell, de Jacques Heymann ou d'Edoardo Benvenuto, et celles de Stephen Timochenko pour l'histoire de la résistance des matériaux.

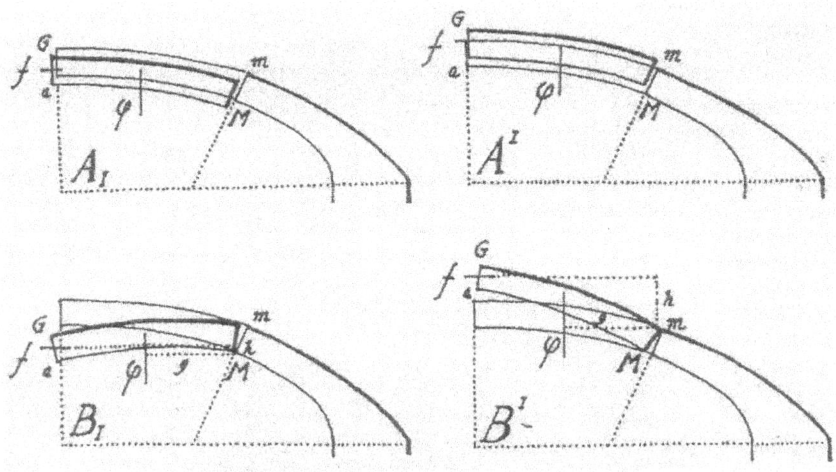

FIG. 5 – Coulomb. La prise en compte du frottement.

Ces points, bien connus, ne sont rappelés ici que pour souligner le fait que, dans les études citées ci-dessus, l'histoire de la construction apparaît comme une branche des sciences appliquées. Or ce point de vue n'épuise pas le sujet des relations histoire des sciences/histoire de la construction.

LA THÉORISATION DE PROBLÈMES PRATIQUES

Une autre façon de poser le problème est en effet d'inverser la question et chercher à savoir s'il existe des branches de théories scientifiques qui prennent leur source dans des problèmes d'histoire de la construction. Quels sont les problèmes pratiques, appartenant au monde de la construction, qui ont pu servir de base, de source d'inspiration, de moteur à la formulation de théorie scientifique ? Quels sont les acteurs de ces théorisations, quels en sont les moments et les conditions institutionnelles ?

Hubert Damisch, a écrit que, pour comprendre l'origine de la perspective, il faut reconstituer « le sol d'expériences pré-géométriques[10] » des ateliers des peintres de la fin du Moyen Âge. Il s'agit pour nous de retrouver « le sol d'expériences préscientifiques » qui a constitué le terreau sur lequel le grand arbre de la science s'est développé, permettant à différentes branches de prendre naissance.

Dans un certain nombre d'études antérieures, nous avons essayé de montrer comment la géométrie descriptive naît à partir des pratiques et des tracés des tailleurs de pierre. L'objectif de ces travaux était de montrer la transformation d'une habileté manuelle en habileté intellectuelle, qui fournira la matrice des opérations géométriques utilisées dans les tracés des appareilleurs avant de se formaliser dans la géométrie descriptive[11].

Cependant, pour que cet exemple soit tout à fait convainquant, il faut également montrer que la géométrie descriptive appartient pleinement à la géométrie savante. Or ce point de vue prête sûrement à polémique ; Gaspard Monge lui-même commence la présentation de ses cours de géométrie descriptive à l'École Normale de l'an III par ces mots : « cet art a deux objets… ». Ou encore dans une lettre à son gendre il écrit : « pour que [la géométrie descriptive] soit utile et qu'elle remplisse son véritable but, il faut qu'elle aille terre à terre. C'est l'engrais des champs qu'il ne faut pas jeter sur les arbres ; c'est la géométrie des ouvriers et des artistes ; c'est le fondement de l'industrie nationale et non l'objet des méditations des philosophes[12] ». Mais malgré les déclarations explicites de son fondateur, et sans chercher à la situer entre art et sciences, nous pensons, comme Michel Chasles et bien d'autres à sa suite, que la géométrie descriptive appartient pleinement à l'histoire des sciences, et peut donc fournir un exemple de ce chemin d'une pratique vers une théorie.

La statique graphique (fig. 6) suit une histoire qui semble dans un sens assez parallèle à celle de la géométrie descriptive : Karl Culmann, après

10 H. Damish, *L'Origine de la perspective*, Paris, Flammarion, 1987.

11 Voir J. Sakarovitch, *Épures d'architecture. De la coupe des pierres à la géométrie descriptive, XVIe-XIXe siècles*, Bâle, Birkhäuser, 1998.

12 Lettre inédite de Monge à Nicolas Joseph Marey, du 27 pluviose an V (15 fev. 1797).

un voyage d'étude en 1849-1850 aux États-Unis où il étudie les ponts en bois, rédige un rapport en 1851 qui comporte une théorie graphique des poutres en treillis. Il développe ensuite la statique graphique dans son enseignement au Polytechnicum de Zurich, prenant le contre-pied de la physique mathématique enseignée par des mathématiciens « qui idolâtrent l'abstraction et la généralisation et ont le réel en horreur[13] ». Comme pour la géométrie descriptive, on voit une branche théorique qui naît et se développe, à partir de problèmes constructifs, à l'occasion d'un cours aux ingénieurs, avec cette même idée, sous jacente chez Monge et explicite chez certains de ses disciples, selon laquelle « le dessin est la langue de l'ingénieur ». On retrouve donc pour la statique graphique comme pour la géométrie descriptive un triptyque pratique/enseignement/théorie, d'une grande efficacité créatrice.

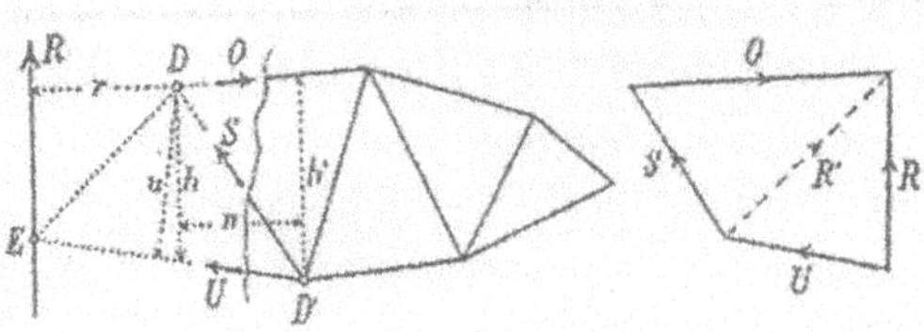

FIG. 6 – La Statique graphique de K. Culmann.

Un autre exemple est donné par un mémoire de Monge, qui reste dans le domaine de la géométrie mais sans rapport avec celui de la géométrie descriptive, le « Mémoire sur la théorie des déblais et remblais[14] ». Théorisant d'une façon extrêmement élégante un problème pratique auquel les officiers du Génie sont confrontés – minimiser les déplacements des terres lors de la construction des remblais – Monge débouche sur une étude qui participe de la théorie des surfaces réglées. Mais ce mémoire peut également être vu comme le premier travail de recherche opérationnel, branche des mathématiques qui se développera fortement après la Deuxième Guerre mondiale.

13 Henri Bouasse, cité par B. Lemoine, *L'Architecture du fer*, Seyssel, Champ Vallon, 1986, p. 40.

14 *Hist. Ac Sc.*, 1781, p. 666-704. Les résultats sont de 1776, présentés une première fois les 27 janv. et 7 fév. 1776, avec un rapport Bossut et Vandermonde ; Monge reprend le mémoire et le représente le 28 mars 1781 ; il sera publié en 1784.

Bien d'autres situations restent à étudier dont par exemple la période qui précède les *Deux sciences nouvelles* de Galilée ; que ce passe-t-il exactement entre les intuitions de Léonard de Vinci et les concepts qui apparaissent ?

Toujours dans cette même veine, un objet d'étude qui semble pouvoir être extrêmement fécond, serait ces problèmes pratiques, qui sans déboucher nécessairement sur une théorie scientifique complète ou nouvelle, agisse comme des stimulants intellectuels. Le cas de la chimie est un bon exemple de cette situation. Pourquoi le ciment se solidifie-t-il, comment peut on expliquer les phénomènes de prise des différents mortiers et la solidité des constructions qui en résulte ? La question, et en particulier la recherche « du béton romain », passionne l'Europe savante au XVIIIe siècle, Lavoisier en tête. Mais la complexité sous-jacente au phénomène de prise des ciments – avec un principe de carbonatation décrit en 1813 et un principe de micro-cristallisation, décrit en 1884 par Le Chatelier – résistera jusqu'à la fin du XIXe siècle aux chimistes. Sans être directement à la source d'une nouvelle théorie chimique, cette question a été un moteur de la recherche chimique dont le rôle vaudrait sûrement d'être précisé.

La problématique de la « problématisation » est souvent le fait d'acteurs spécifiques, dont l'imagination créatrice est visiblement stimulée par l'étude de problèmes tout à fait concret (d'ailleurs pas nécessairement issu du domaine de la construction). On pense par exemple à Desargues, Wren, La Hire, Monge,…

Mais au-delà du rôle d'individus isolés, celui des institutions peut être fondamental dans ce processus : celui des académies (par exemple de *l'Accademia della Vachia* à Florence au XVIIe siècle[15]) ou celui des écoles d'ingénieurs, qui ont déjà été largement étudiées[16]. Malgré ces études, il reste beaucoup à faire dans cette direction.

---

15 Dans H. Schlimme (ed.), *Pratice and Science in Early Modern Italian Building*, Electa, 2006.

16 On peut citer par exemple R. Taton, « L'École royale du génie de Mézières » dans R. Taton (éd.) *Enseignement et diffusion des sciences en France au XVIIIe siècle*, Paris, Hermann, 1964, rééd. 1986, p. 559-613 ; A. Picon, *L'Invention de l'ingénieur moderne. L'École des Ponts et Chaussées*, 1747-1851, Paris, Presses des Ponts et chaussées, 1992 ; Belhoste, B., *La formation d'une technocratie. L'École polytechnique et ses élèves de la Révolution au Second Empire*, Paris, Belin, 2003.

LES ÉLÉMENTS « D'UN DÉCOR COMMUN » À L'HISTOIRE DES SCIENCES ET L'HISTOIRE DE LA CONSTRUCTION

On a beaucoup écrit sur « la méthode expérimentale en science » d'une part, et sur les expériences menées sur certains chantiers (en particulier autour du Panthéon de Paris) d'autre part. Mais « la méthode expérimentale en science » ne s'impose pas d'un coup de baguette magique avec Galilée. Et l'on sait peu sur ce que doit l'inscription de la méthode expérimentale en science aux expérimentations menées dans d'autres domaines, et en particulier celui qui nous intéresse ici.

L'histoire des relations histoire des sciences/histoire de la construction est aussi celle du mépris des théoriciens vis-à-vis des problèmes pratiques et du scepticisme des praticiens vis-à-vis des théories. À la suite de l'étude de Poleni citée ci-dessus, certains affirmèrent que « si on a pu concevoir, projeter et exécuter la coupole Saint-Pierre sans mathématiciens et notamment sans la mécanique dont on est si fortement entiché de nos jours, on pourra bien la restaurer aussi sans qu'il faille avoir recours en premier lieu aux mathématiciens et aux mathématiques[17] ». L'aphorisme d'un Tredgold selon qui « *the stability of a building is inversely proportional to the science of the builder*[18] », ou le mémoire de Charles François Viel, intitulé *De l'impuissance des mathématiques pour assurer la solidité des batimens*, montrent également assez la façon dont furent reçus les premiers essais mathématisés de statique et de mécanique. Benvenuto utilise une très belle expression pour décrire cet état d'esprit : « avant les premières théories on avait que des solutions pour construire les voûtes, après on avait des problèmes ».

Or cette histoire là est encore pour une grande part à écrire.

Le récent ouvrage *La Colonne. Nouvelle histoire de la construction*, édité par Roberto Gargiani[19], donne un bel exemple d'une direction d'étude encore trop peu explorée. Essai d'approche polymorphe de l'organe de support par excellence, il propose un tir croisé des différentes façons

17 Cité par F. Klemm dans *Histoire des techniques*, Paris, Payot, 1966.

18 T. Tredgold, *Practical Essay on the Strength of Cast Iron and other Metals*, 1822.

19 Aux Presses polytechniques et universitaires romandes.

d'aborder ce sujet. Mais pour rester du strict point de vue qui nous intéresse ici, il présente non seulement les essais de modélisation du flambage des colonnes, mais également l'influence sur le style architectural qu'ont eu ces modélisations, vers la colonne dépouillée, sans base, etc. Ce type d'étude on l'on voit se mettre en place un dialogue entre la théorisation de problèmes constructifs et l'effet retour de cette théorisation sur l'architecture même reste exceptionnel.

Parce que les croisements entre histoire des sciences et histoire de la construction sont en fait assez rares, ils n'en sont que plus riches, et, en repartant des points de friction entre les deux disciplines connexes, offrent une façon de revisiter l'une comme l'autre. Par exemple, certains mémoires de statique ou de dynamique de d'Alembert gagneraient à être vus par des spécialistes de résistance des matériaux, car l'attention des historiens des sciences est souvent focalisée sur les fondements de la mécanique ou les relations mathématiques-mécanique, mais les historiens des mathématiques eux-mêmes sont peu loquaces sur des aspects concrets d'applications éventuelles. Et même si ces aspects n'étaient pas premiers pour d'Alembert, ils n'en restent pas moins intéressants pour la compréhension de ces textes. En d'autres termes, plus que par l'histoire de la modélisation ou celle de la théorisation de problèmes constructifs, c'est sans doute dans une dualité modélisation/théorisation, dans des allers-retours entre ces deux pôles que s'ouvre de la façon la plus riche un champ de recherche à l'intersection de l'histoire des sciences et de l'histoire de la construction.

Joël SAKAROVITCH

BUILDING CONTRACTORS IN LATE NINETEENTH-CENTURY BELGIUM

From Craftsmen to Contractors[1]

INTRODUCTION

The search for the best contractor, from a qualitative and/or economical perspective, became a quest for several clients and designers in the course of the nineteenth century.[2] And although it is often stated that professional architects and engineers did not always dominate the building process, there has been little investigation of this assumption. As the Dutch architectural historian Auke van der Woud notes: "the study of the history of the nineteenth-century construction industry demonstrated the increasing aspirations of architects and engineers to obtain recognition and power, their growing education and professional organization, their growing remuneration, and their enhanced social position and specialization... Equally, these developments must have had important consequences for related professional groups. It cannot but be that contractors underwent a similar professionalization process ... but about these contractors virtually nothing is known".[3] A similar evolution is evident within Belgian research related to the entrepreneurial history of suppliers, contractors and craftsmen. Further, most of the relevant publications are initiatives of the Building Federation of Construction

1 This text was previously published as Inge Bertels, "Building Contractors in late Nineteenth-century Belgium: from Craftsmen to Contractors". *Construction History. International Journal of the Construction History Society* 26 (2011): 1-18. It is republished here with the permission of the author and of *Construction History.*

2 E. Allard, "Les adjudications publiques", *Brussels: L'Émulation*, 4 (1879) col. 22.

3 A. Van der Woud, "Professionalisering en integratie", in: H.W. Lintsen, (ed.), *Geschiedenis van de techniek in Nederland: de wording van een moderne samenleving 1800-1890*, Zutphen: Walburg pers (1992) p. 165-166.

(*Confederatie Bouw, Conféderation de Construction*) and can be labelled as an 'institutional homage'.[4] Yet since the last decennium of the twentieth century, the diverse spectrum of actors in the building industry has re-emerged as a particular point of interest, especially through changes in social and cultural perspectives. Interesting research within the Belgian sphere has begun to develop. Also international studies are rather limited, but most relevant for this study and highlight an important methodology for studying previously non-researched actors in the building industry.[5] These studies demonstrated that within different geographical, social, and industrial contexts, the nineteenth-century professionalization of contractors and their subsequent legal status were not just the result of independent initiatives per se but more the outcome of a dialectical process.

This paper examines how part of this specific group of builders, those who were active in public works including new constructions and infrastructure works as well as conservation projects [Fig. 1-3], can be defined, in both quantitative and qualitative terms, and within

4 Most relevant publications are: P. Lombaerde, *Bouwen is leven, leven is bouwen. Jubileumboek uitgegeven op initiatief en onder leiding van de Nationale Confederatie van het Bouwbedrijf (NCB) ter gelegenheid van haar 50ste verjaardag*, Brussels, 1996. Nationale Confederatie van het Bouwbedrijf, *De Bouwnijverheid. Studies uitgegeven door de nationale confederatie van het bouwbedrijf ter gelegenheid van haar XXe verjaardag*, Brussels, 1966. J. Venstermans, *De aannemer en zijn beroepsorganisatie*, Brussel, 1966. .

5 D. Barjot, (ed.), "Entreprises et entrepreneurs du bâtiment et des travaux publics (XVIIIe-XXe siècles)", special issue of *Histoire, économie et société*, 25 (1995) 2, p. 147-416. E.W. Cooney, "The origins of the Victorian Master Builders", *Economic History Review and Series*, 8 (1955-6) p. 167-176. Fr. Hamon and D. Hervier (ed.), *Hommes et métiers du bâtiment 1860-1940.* L'exemple des Hauts-de-Seines, Paris, 2001. S. Haps, *Industriebetriebe der Baukunst – Generalunternehmer des frühen 20. Jahrhunderts. Die Firma Boswau & Knauer*, Unpublished Doctoral Thesis Diss. TU Dortmund 2008. I. Pey, *Bouwen voor gezeten burgers. Herenhuizen en villa's in de nieuwe stadswijken van Utrecht, Groningen en Nijmagen (1874-1901)*, Zwolle – Zeist: Waanders Uitgevers - Rijksdienst voor Monumentenzorg, 2004. C. Powell, "Case studies and lost tribes: the Bristol firm of James Diment and Stephens, Bastow & Co", *Construction History. Journal of the Construction History Society*, 1 (1985) p. 25-35. D. Rilling, *Making Houses, Crafting Capitalism. Builders in Philadelphia, 1790-1850*, Philadelphia, 2001. S.E. Wermiel, "Norcross, Fuller, and the Rise of the General Contractor in the United States in the Nineteenth Century", in: M. Dunkel, et al (eds.), *Proceedings of the Second International Congress on Construction History*, Volume 3, Cambridge – Exeter: Construction History Society (2006) p. 3297-3314. W.F.R. Van Leeuwen, "Bouwen in Nederland in de negentiende eeuw", in: H.W. Lintsen (ed.), *Geschiedenis van de techniek in Nederland: de wording van een moderne samenleving 1800-1890"*, Zutphen: Walburg pers, 1993. .

the period of study and within the Belgian context.[6] What potential public work contractors were available? How did these contractors relate to other professions within the building industry? And how did these (public) building contractors participate in the redefinition and (re)positioning of the roles of architect, engineer, contractor, and craftsman? Starting with the case of realized Antwerp public works, we will define position and follow the evolution of nineteenth century Antwerp building contractors in its Belgian and –as far as possible– broader international context.

FIG. 1 – Construction of the Antwerp orphanage in Albert Grisarstraat, 1882 (Antwerp City Archives ICO SA 183005).

6 This research is based on concrete cases such as individual public buildings and infrastructure, specifications, tenders, contracts, disputes and legal business, mostly conserved in Public Archives and the recently discovered private archive of the Circle of Public Work Contractors. For a discussion at length see: I. Bertels, *Building the City Antwerp, 1819-1880*, Unpublished Doctoral Thesis KULeuven, 2008.

FIG. 2 – Children using construction material as seesaw
(Antwerp City Archives ICO SA062001).

FIG. 3 – Conservation project for the 16th century
Antwerp city hall in 1858-1861
(Photo Edmond Fierlands, Private Collection Janssens – Antwerp).

A COMPLEX SECTOR

In general, the building industry is known as a varied and complex sector. It ranges from private housing and industrial building to public works and includes temporary employees, craftsmen, material suppliers, general contractors, surveyors, architects, and engineers, among others. A question that arises is whether there is a specific and distinguishable group within this myriad variety that is 'specialized' in the execution of public works projects. At the national level, nineteenth-century national counts 'indicate' that the share of the building industry within the Belgian full employment evolved from 1.5% in 1846 to 3.8% in 1896.[7] J. Delbeke calculated that the share of this sector at the Antwerp urban level was even more notable, having grown from 9% in 1846 to 15% in 1896.[8] Yet E. Buyst and other economical historians had already noted the problematic nature of mapping employment of a specific group (in quantitative economical terms) within this Belgian building industry.[9] Indeed, within several sources definitions of categories varied over time. In the national count of 1846 architects were categorized separately, whereas in 1856 architects were counted with *ingénieurs, arpenteurs et géomètres*, and in 1866 *experts et dessinateurs de plans* were included as well. In 1896 the category *architects* disappeared and most architects were presumably included in the calculation of 'engineers' or 'surveyors and geometrician'. Hence, drafting time periods and tracing specific groups over time becomes complicated. Public work contractors offer a similar example, as here the category evolved from the miscellaneous *entrepreneurs de travaux publics, de messageries, de roulages, maîtres en poste* (1846) to *entrepreneurs en bâtiment et travaux publics* (1856), *entrepreneurs de bâtiments et de*

7 Statistique de la Belgique, *Population. Recensement Général (15 Octobre 1846). Publié par le Ministre de l'Interieur.* Brussels, 1848 and following decennial counts. E. Buyst, "Een economisch-historische benadering van de Belgische Bouwsector" in Claes, *De beschikbare ruimte*, p. 163.

8 J. Delbeke, "A Quantitative economic history of Antwerp in the 19th and 20th century", *Amsterdam, Economisch- en sociaal-historisch jaarboek*, 48 (1985) p. 214.

9 E. Buyst, "Een economische benadering van de Belgische Bouwsector", in: J. Claes, *De beschikbare ruimte, reflecties over bouwen*, Tielt: Lannoo (1990) p. 163-165.

travaux publics, conducteurs, constructeurs, directeurs (1866) to *entreprises de travaux publics* (1886).

Another question concerns the labels "public building contractor" and "public building and public works contractor" and how they correspond to or differ from professional typologies, such as those drafted by E.W. Cooney in his article *The origins of the Victorian Master Builders* and by S.E. Wermiel for her profile of the general American contractor? Cooney identifies four types of building firms and traces their historical evidence to the Victorian era: "Type 1. Master craftsman, e.g. carpenter, mason, bricklayer, undertaking work only in his own trade and usually employing only small numbers of journeymen and apprentices. Type 2. Master craftsman, undertaking responsibility for construction of all parts of buildings, but employing directly only workers in his own trade, and contracting with other master craftsmen for the reminder of work. Type 3. Builder, not a craftsmen, but often an architect or a merchant, such as a timber merchant, erecting complete buildings on the basis of contracts with master craftsmen in the various trades. Type 4. Master builder, erecting complete buildings and employing more or less permanently a relatively large body of labourers and workmen in all the principal building crafts".[10] Cooney posits that during the nineteenth century "almost every variety of organization is to be found, corresponding with widely different stages of development and these different stages often existed in the same trade".[11] He investigates this hypothesis via bankruptcy records, which he believes provide a better picture of the emergence of the builders for the English situation. Cooney's third type of contractor, the 'builder', basically overlaps with Wermiels profile of the American general contractor. In the United States, Wermiel notes, "the term [general contractor] was first used to describe businesses engaged in engineering and public works and later was applied to builders who took whole contractors".[12] Wermiel situates the rise of the general contractor in the United States in the 1870s. In contrast, general contractors in Great Britain arose at the end of the eighteenth century and were well-known by the beginning of the nineteenth century. A trendsetter position is attributed to the Victorian

10 E.W. Cooney "Victorian Master Builders", p. 167-168.

11 *Ibid.*, p. 168.

12 S. E. Wermiel, "Norcross, Fuller", p. 3298-3299.

builder Thomas Cubitt (1788-1855).[13] Cubitt, trained as a carpenter, developed a master builders or contractors' practice between 1815 and 1820. He initially subcontracted tradesmen in non-carpentry related branches. He later employed tradesmen directly, whereupon his firm grew to over 700 employees (regular master builder organizations of the time retained five to thirty employees).

QUANTITATIVE ANALYSIS

In this study of contractors in Antwerp patents and commercial directories were consulted rather than bankruptcy records. Nevertheless, this methodology also had its problems occur. Categories shift within the period of study, indicating that boundaries between various professional disciplines were extremely permeable. Also, most directories were deliberately non-exhaustive, as interested persons could enrol and even pay to be listed. Furthermore, several succeeding years' editions were merely copies of a previous edition, rather reduced the value of these year-to-year publications. Furthermore, individual and nominative listing could cover small companies of several employees. For example, company references (such as *Cie, &Co*), were only occasionally mentioned, as several generations could be working under a father's name or a widow could be operating the business of her former husband. The latter aspect highlights the impracticability of researching gender specific elements based on these sources. Likewise, these almanacs allowed professionals to advertise multiple professions in their respective portfolios. This element, although often viewed negatively, can be advantageous, as it is one of the rare sources that clearly 'illustrates' (rather than measures) the cumulative character of professional occupation in the building industry. The directories of 1827-1828 include references to nineteen public work contractors.[14] Two of the mentioned contractors are in the same directories also noticed as craftsmen (stone cutter or mason), and are examples of Cooney's second type of master craftsmen (master craftsmen in a specific trade, with full responsibility for the whole project). The number of contractors increased from 22 (1854), 35 (1857), and 42

13 H. Houbouse, *Thomas Cubitt, Master Builder*, London: Mercury Business Books, 1971. Cooney, "Victorian Master Builders", p. 167-176. Wermiel, "Norcross, Fuller", p. 3298-3299.

14 Categories were indicated in three languages: Dutch, English and French. L. Van den Wyngaert, *Indicateur commercial de la ville d'Anvers*. Antwerp, 1828.

(1868) to 97 in 1880.[15] But firms comprising a combination of different professions followed a different pattern. Their number increased from 2 in 1827-1828 and 9 in 1854 to over 22 in 1860, and decreased again to 14 in 1868 and 1880. The most frequent combinations were, in decreasing order, the match between contractor-carpenter, contractor-mason, contractor-architect, contractor-painter, and contractor-plumber. The growing number of contractors and growing-descending combinations of functions may 'indicate' that a particular group within the building industry is, firstly, modifying itself specifically towards the function of public building contractor and, secondly, positioning itself within a specific function in the building sector.

QUALITATIVE ANALYSIS

The conclusions from these quantitative attempts are rather limited. Henceforth, this paper focuses on a qualitative analysis of different historical sources. This article focuses on a variety of written sources, including building specifications, tenders, contracts, disputes, and legal transactions, most of which are conserved in public archives. A major advantage of this type of archival documentation is that it is readily available (archive law). Furthermore research shows that private contractors used the same public regulation and normalization as an information source and as a standard in disputes between contractors and private customers.[16] This kind of archival documentation is generally normative in nature and reveals an ideal rather than an actual image of interactions between public clients, designers, and public contractors. But via the concept of professionalization (literally to make a business) elementary aspects, such as contractors' professional juridical position, their search for appropriate applied training, and their professional networking, structure succeeding paragraphs. For these aspects there exists a general consensus among historians that they are decisive elements in the professionalization process of related professional groups.

15 H. Tarlier, *Almanach du Commerce et de l'Industrie. Publié avec le Concours du Gouvernement*. Brussels, 1854, 1857, 1868 and 1880.

16 Antwerp Building Confederation (ABC), *Minute book* 1874-1882, s.p., 12 September 1881.

LEGAL CONTEXT

In Belgium, especially in the nineteenth century, the legal and socio-economic position of contractors was conspicuously weak. Most building contractors were self-employed and there was limited distinction in practice between architects and contractors. This legal situation dated back to the turn of the eighteenth century. The main legal source, the *Code Civil* or *Code Napoléon* (1804), offered no proper distinction between architect and contractors, and related articles mention *architecte et entrepreneur* or *architecte ou entrepreneur.*[17] The preceding discussions demonstrate that the combination architect-contractor was explicitly added, as in some regions the term architect was not used. The French Le Chapelier Law of 1791 was extended to Belgium in 1795 and likewise aimed to dispense with the socio-economic organization of the *Ancien Régim*e. This resulted in prohibition of traditional guilds and trade associations, including all building-related organizations. However, with the Belgium's independence in 1830, these associations became legal, although trade unions remained prohibited until 1866. In 1809, the first society for joiners and carpenters was established in Ghent, and similar initiatives arose in Antwerp. The association of Antwerp craftsmen, for example, was established in 1837.[18] As a direct consequence of their origins, the first professional organizations of this period were prevented from focusing on formal professional organisation; rather they developed various charitable activities and health provisions and devoted time to providing services for the religious education and recreation of their members.[19]

During the nineteenth century, the construction industry developed apace, as was clearly evident in the organization of municipal public

17 D. Van de Vijver, *Les relations franco-belges dans l'architecture des Pays-Bas méridionaux, 1750-1830.* Leuven: Unpublished Doctoral Thesis K.U.Leuven (vol. 1, 2000) p. 58. L. Delacourt, and L. Ockier, *Zwartboek van het actuele privaatrechtelijke aannemingsrecht.* Brussels: NACEBO (s.d.) p. 7-8.

18 Stad Antwerpen, *Koninklijke Gilde der Antwerpsche Ambachtslieden. Herinnering aan het Vijftig-jarige Jubelfeest, 1857-1907.* Antwerp, 1907.

19 Dambruyne, *Een stad in opbouw*, p. 218-219. P. Heyrman, "De organisaties van zelfstandigen", in: P. Van den Eeckhout and G. Vanthemsche, (Ed.), *Bronnen voor de studie van het hedendaagse België 19de-20ste eeuw.* Brussels: VUBPress (2001) p. 828.

works. At the beginning of the century in Belgium, as discussed above, these municipal services only regulated design and building control. Construction work itself was rarely done in-house by craftsmen employed directly by the public works service. Such work was generally outsourced to the private sector by putting it out to tender. Also, the fiscal requirement for the government to minimize the costs of such provisions made it necessary to standardize the process of work organization. Needless to say, this would have consequences for hierarchies in the construction industry. From the start, the transfer of the organization of on-site construction from public administration to the contractor stimulated the creation of the so-called general construction firms. Henceforth, building contractors had more opportunities to participate in on-site decision-making. At the end of the nineteenth century, the *Pandectes Belges*, an encyclopaedia of Belgian legislation, clarified the evolution of the changing role of building contractors. Whereas the architect remained the initiator of design and, moreover, retained ultimate responsibility for the construction work undertaken, the contractor increasingly held overall responsibility for the work's organization and execution.[20] A clear legal regulation would not be established until the 1930s and 1940s.

Apart from national legislation, additional local regulations were developed by local public administrations and entered into the general clauses (*conditions générales*) of the building specifications (*cahier de charges*).[21] These sources contain information on additional qualifications for the Antwerp public work contractors. Within the period under consideration, the most important information sources were a surety (*caution*), statement of competences / capability, and a registered (office) address in Antwerp. Several contractors lived on credit and advances. The continuity of projects became vital. The city government rarely rejected a contractor's submission if he could present a surety. The definition of the surety evolved from a mortgage to a personal surety. After family members, fellow contractors most often expressed willingness to stand surety. Of course, vouching for someone's reliability was not without risks. The ten-year liability for the work of architects and contractors

20 "Entrepreneur, d'ouvrage", in: *Pandectes belges: Encyclopédie de législation, de doctrine et de jurisprudence belges*, 37 (1891) col. 137, 5th article.

21 I. Bertels and K. De Jonge, *"Building specifications and the growing standardizing of public building regulation in nineteenth-century Belgium", Proceedings of the third International Congress on Construction History* (2009); p. 197-204.

–the first quality control system, as declared in the French Civil Code (articles 1792, 1793, and 2270)– was adopted into the Belgian Civil Code and persists today. In Antwerp, frequent appeals were made to this rule during the period under consideration. However, public maintenance contracts in Antwerp occasionally deviated from the ten-year liability rule and declared a one-year liability instead. The second requirement concerned the qualification of the submitting contractors. Due to absence of professional standards, a contractor's competence was judged solely the quality of previous work. A letter from city architect Pieter Dens (1819-1901), dated 1864, to the Antwerp city council shows that a list of the best practices among the Antwerp public works' contractors and craftsmen was circulating at the public works service[22]. This list included at least 38 names and was primarily intended for smaller and urgent jobs.

It is not surprising that the Antwerp municipality was vehemently against the list as it excluded others. It is clear that the municipality wanted to exert maximum control and influence in these matters. The municipality maintained the right of excluding contractors in order to prevent *mala fide* practice and to encourage collaboration with public works contractors. Simultaneously, the requirement for an officially registered address in Antwerp carried legal advantage for the city rather than protectionist commercial intent. In this way legal disputes could be fought in the local court. As such, it did not exclude non-Antwerp citizens, but explicitly demanded that they be officially registered within the city. Public contractors working for the provincial government were only obliged to register their domicile at the project site after final confirmation of the contract[23]. In the city of Antwerp, the procedure was similarly relaxed in 1879[24]. For sure, this rule had multiple loopholes, such as cooperation with local craftsmen or any other persons who had officially signed the tender documentation.

It was not until 3 February 1947, with the contractors' law, that legal recognition of contractors was finally established. This regulation followed the architects' law of 20 February 1939, whereby the title and

22 SAA, MA 1019, 16 February 1864.

23 Antwerp Provincial Archives (PAA), *Reglement van het ambt van de provinciale architecten van de provincie Antwerpen van 1849 met wijzigingen van 1853 en 1868.*

24 PAA, *Schoolgebouwen-Antwerpen*, Violet- en Beeldekenstraat, 1879-1883.

profession of architects became protected.[25] This legislation also forbade combining the work of the designer and the constructor into one person/office. The legislation would thus prevent situations whereby, in order to control the executed work, the role of plaintiff (architect) and defendant (contractor) would be combined into a single person/office. The succeeding contractors law of 1947 only applied to public works contractors. It was intended as protection for both public clients and public contractors and concentrated on social (employment) and financial (cautions, execution, taxes) matters. Later, in 1958, the contractors legislation was extended through the business licensing conditions law. This main aim of this law major was to reduce the number of contractors on the basis of educational training degrees, practical experience, and business liability. Yet the persistent pressures of the practising contractors resulted in awarding of multiple and often arbitrary licenses. Rather than a decrease in recognized contractors, there emerged a status quo and even a small increase during the decade following the introduction of contractor legislation. As the discussion of business licensing progressed, the issue of proper training also became a priority.

EDUCATIONAL PROFILE

During the second half of the nineteenth century, the work of contractors became characterized by increasing complexity. New contexts required coordination of on-site work and enhanced diversity of necessary tasks. The transition of artisan-builders into general contactors and subcontractors required that contractors develop an increasing familiarity with multiple skills, with roles ranging from craftsman, supplier, project manager, and co-ordinator, to negotiator. The need for an upgraded and more focused process of training became a high priority. But it can be taken for granted that many contractors continued to be trained on-the-job as craftsmen.

25 "20 February 1939 – Wet op de bescherming van den titel en van het beroep van architect", in: *Belgisch_Staatsblad*, 20 February 1939. Delacourt and Ockier, *Zwartboek* p. 8. "3 February 1947 – Besluitwet houdende regeling van de erkenning der aannemers", in: *Belgisch Staatsblad*, 12 February 1947. Flamme, "De evolutie van het bouwrecht", p. 121-145.

In some cases such training remained quite similar to that undertaken during the *Ancien Régime*, when apprentices trained under the guidance of experienced master craftsmen.[26] Yet contrary to recent developments in *Ancien Régime* studies –whereby renewed scholarly attention is given to social and urban issues including 'apprenticeships' and other forms of corporative education– the training of nineteenth-century craftsmen and contractors is hardly addressed within recent historical studies. A closer look at the training of contractors in Antwerp shows that they had several training possibilities, going from traditional craft-training on the construction site, over further training through evening classes at local drawing schools to a formal training as architect or engineer.

ANTWERP ROYAL ACADEMY OF FINE ARTS

FIG. 4 – Entrance building of the Antwerp Royal Academy (Photo Inge Bertels).

26 B. De Munck, "Le produit du talent ou la production de talent? La formation des artistes à l'Académie des beaux-arts à Anvers aux XVIIe et XVIIIe siècles", *Leuven, Paedagogica Historica*, 37/3 (2001) p. 569-607.

The Antwerp Royal Academy of Fine Arts (founded in 1663) experienced, as did other academies, an important flow of students working towards professions in the building sector [fig. 4]. Data for the period 1854-1863 clearly demonstrates this: 34% of the students (456 students of 1318 total) focused on the building industry, of which only 9% went on to become architects or designers. Yet 70% of the 1318 students became joiners or carpenters, 14% stonecutters and marble workers, and 7% plasterers.[27] An interesting example can be found in the profile of the Joseph Lefèvbre. After finishing his grammar school education at the Antwerp Royal Athenaeum, he began working in the building firm of his godfather Eugène Riche. In order to obtain promotion, Lefèvbre attended evening classes at the Antwerp Royal Academy, after which he started his own construction firm and worked on a broad variety of projects (conservation, maintenance, and new building projects; railways, churches, and public building projects).[28]

Nineteenth-century academic education, notwithstanding clear indications of diversification and requests for more applied technical education, continued to follow the tradition of the French *École des Beaux-Arts*. The programme consisted mainly of theoretical courses and drawing classes, which supplemented the practical skills acquired in the drawing office or on the building site: thus, theory and practice remained strictly divided. The Antwerp academy also started implementation of a more applied programme. From 1851 onwards, the training program offered a course in applied industrial drawing. But despite this introduction, the well-established programme of formal drawing education was still considered the broadest and strongest element in the Academy's portfolio.[29] Until the 1870s, the Antwerp Academy maintained a strong position, no doubt in part because of its monopoly within the Antwerp region. In 1885, a new attempt was launched to introduce a series of scientific courses, including *un cours de technologie, de construction et de stabilité* instructed by city engineer Gustave Royers (1848-1923).[30] But this programme would never be able to compete with the other technical programmes which were then developing at the universities and technical schools.

27 Antwerp Royal Academy of Fine Arts (KMBA), Rapporten, 1854-1864.

28 J. Van de Venne, *Joseph Lefebvre en zijn werk.* Antwerp, 1895.

29 Verpoest, "Architectuur als kunst, ambacht en wetenschap", p. 112-129.

30 I. Bertels, "Gustave Royers", *Biographie national / Nationaal Biografisch Woordenboek*, XX Brussels: Koninklijke Wetenschappelijke Academie voor Geschiedenis (2011) p. 717-727.

TECHNICAL EDUCATION[31]

The economic and social transformation of nineteenth-century Europe, far from simply broadening the content of existing training provisions, also spurred further development and experiments in vocational training. An example was a new type of education, called *technical education*. This label covered various educational programmes that trained manual workers in a range of sectors, including agriculture, domestic trades, and industry. Pedagogical studies have demonstrated already the connection between accelerating industrial development and the subsequent rise of technical schools[32]. Such faculties were first developed in rapidly developing and industrialized areas, including Liège (1838), Ghent (1838), Huy (1838), Verviers (1841), and Charlerloi (1845). They were allied to specialized regional industries, such as the textile industry in Ghent or the mining industry in Mons. Multiple technical schools also provided theoretical and technical education for craftsmen in the building industry. By the end of the nineteenth century, 40 such industrial schools (*Nijverheidsscholen*) existed in Belgium. Nearly half were in the Hainaut province; the rest were mostly spread throughout the major Belgian cities including Antwerp, Brussels and Ghent. Judging by their rapid increase in number, such industrial training schools clearly served the needs of the majority in providing affordable non-classical training. The industrial schools supplied technical training of a primarily theoretical nature for an essentially artisan clientele. This training was regarded as a supplement to the practical experience of the individual worker or craftsman. Such training was thus marketed as a way for students to rise within the professional hierarchy, "to move up from workman to the status of master or contractor"[33], perhaps to

31 For a discussion at length see: I. Bertels, "*The contractors' intellectual profile: knowledge and training of nineteenth-century public works' contractors in Antwerp, Belgium", in: Proceedings of the 2nd International Congress on Construction History*, Cambridge: Construction History Society (2006), p. 379-391.

32 The evolution of this technical education in Belgium has been examined primarlily over its pedagogical aspects: M. D'hoker, *Ontwikkeling van het nijverheids- en beroepsonderwijs voor jongens in België ca. 1830-1914.* Leuven: Unpublished Doctoral Thesis K.U.Leuven, 1980. D. Grootaers, *Psylogenèse de l'enseignement technique belge (1860-1960). Mise à jour des formes structurelles, des modèles éducatifs et des logiques sociales fondant l'enseignement technique et professionnel masculin et féminin.* Louvain-la-Neuve: Unpublished Doctoral Thesis: Université Catholique de Louvain, 1993.

33 SAA, MAA 228/17 A, *Personeel*, 1876-1911.

positions within 'middle-management'. Consequently, the schools' main responsibilities in the building industry became the practical organization of construction works and the translation of broader design concepts (originating from patrons, architects, or engineers) into concrete and practical tasks for their workforce.

In Antwerp, a private industrial school was established in 1862. This school provided a predominantly theoretical education that specifically included training employees of the building industry. It was founded between 1860-1861 as a school for ornamental and architectural design, but developed beyond its original designation to become an industrial school in 1862. The school was opened under the private initiative of the Society of the Flemish Friends (*Maetschappij de Vlaemsche Vrienden*) which was rather exceptional, as most other industrial schools had originated in initiatives undertaken by municipal government. The driving force behind this private initiative was the architect-surveyor Hendrik Altenrath (1832-1892). As a governor of the school from 1862 to 1892, he devoted much time to the institution, which he supported for reasons of both personal pragmatism and ideological commitment. He had experienced a shortage of skilled workers in his own practice and understood the need for technically trained craftsmen. In order to fit the needs of local employers, the industrial school provided evening and weekend courses. Its remit was straightforward: "aiming at the diffusion of scientific and industrial knowledge and to create the opportunity for everyone to qualify oneself in his professional discipline". In providing supplementary technical training to eligible practising craftsmen, primarily male students who were literate and over the age of 15, the institute offered a broad technical education. Students could attend courses on history, arithmetic, algebra, and bookkeeping on weekday evenings; and on construction, mechanics, and industrial drawing courses on Sunday. In a notable departure from general practice, the courses were taught exclusively in the students' mother tongue (Flemish / Dutch). According to Altenrath, in order to be effective, "training must be in Dutch. The mother tongue is the language that communicates with the powers of comprehension, the only one which is connected with clarifying notions, which is respectably educating, which can enlighten the peoples' brain with clear concepts"[34].

34 Both quotes from: SAA MA 237, 18A, Nijverheidsschool, inrichting programma en reglementen, 1865-1901.

Antwerp's private institution not only filled a gap in the market for skilled labour but reacted against the government-sponsored training at the Antwerp Academy and Athenaeum, training which was always undertaken in French. The industrial school enjoyed popularity quite quickly. The winter course in the years 1860-1861 enrolled 40 students, but by 1864-1865, enrolment had expanded to 310 pupils. However, the school became a victim of its own success. Its rapidly increasing enrolments and escalating costs of providing the courses forced its private investors to bequest the school to the city of Antwerp in 1866. The institution became part of a larger, pre-existing public educational network organized by the City of Antwerp, a network that included nursery, primary, and secondary schools, as well as further and higher education. Initially, the number of students fell sharply following the first years after the switchover. 310 pupils enrolled during the winter courses of 1864 and 1865, but less than a third of that number enrolled for the equivalent courses between 1866 and 1871. Later, however, the school became more successful again, achieving an annual intake of some 600 students by the end of the nineteenth century (Fig. 5).

FIG. 5 – Industrial school at the Antwerp Paardenmarkt (Antwerp City Archives ICO SA 045303).

In the years after 1866, the design and delivery of the curriculum became a major concern. By 1867, the school's regulations had finally been approved. The initial training was organized into a three-year cycle, subdivided into a winter course (running from October till March) and a summer course (running from April until August). The three-year program was subsequently extended to four years in 1872, with the introduction of a foundation or preparatory year, and eventually to five years in 1894. The first three years were obligatory for all students. The fourth and fifth years were divided into five branches: material sciences, construction sciences, shipbuilding, wood and marble painting, and marble cutting. The courses were initially on weekdays from 6 to 8pm, and were combined with the drawing courses on Sundays. The weekend courses were dropped in 1876, and drawing was reintroduced into the evening courses. As a result, courses were extended from 6 to 9pm. In 1869 an elaborate school programme was adopted by the Directorate and was further adjusted annually. Altenrath was apparently inspired by the program of the Liège Industrial School. A travel report from 1873, moreover, provides evidence that Altenrath undertook research into industrial schools situated in Bavaria, Saxony, Coburg, and Hessen-Darmstadt in Germany. Following their example, the Antwerp program enhanced both its theoretical technical training and its structure, thus improved the level of the students' practical expertise. Design, both artistic and scientific, was seen as "an alphabet that each worker or craftsmen needed to know"[35] and was obligatory for every student irrespective of their chosen specializations. Whereas drawing was conceived as the practical part of the training, the theoretical part consisted of several scientific disciplines, including mathematics and physics, and the related disciplines of algebra and geometry, mechanics, and chemistry, and also the domain of social science. Thus, in addition to the study of architecture and construction, such disciplines as accounting, politics, and legislation were also included. Furthermore, this holistic theoretical training related specifically to the particular industries where the students were currently working. The course's emphasis was on both applied and practical understanding.

For students working in the construction industry, Antwerp was regarded as being at the cutting edge of applied technologies and was an ideal laboratory for experimentation and familiarization. Students thus

35 D'hoker, *Nijverheids- en beroepsonderwijs*, p. 79.

studied not only the organization of public works but also the technology and even the scaffolding, building equipment, and machines used to deliver such services (Fig. 6). Even standardized building specifications, drafted by the City Architect and Engineers, were studied. As in other training programs, a yearly competition was organized, which rewarded the best students with books and instruments and, later, with travelling scholarships. The idea of establishing a joint industrial museum and library appeared soon after the establishment of the school and was inspired by the Brussels model from 1826, however, despite strenuous efforts, the museum did not open until 1910. The school's library was more easily developed. Its catalogue included a wide variety of national and international manuals and publications of a historical, practical, or theoretical nature.

FIG. 6 – Didactic model (pile foundations) of the Antwerp Industrial School (Collection MAS).

An analysis of the various programs that have survived demonstrates that the Antwerp industrial school, with its emphasis on applied theoretical training, was quite unique in Belgium. Its chosen approach lay, on the one hand, between the primarily artistic architectural training offered at the Royal Antwerp Academy and, on the other, the more general scientific training of the urban Athenaeum. The industrial school, however, appears to have experienced a more competitive relationship with the Academy, particularly in the second half of the nineteenth century. This is evident in the numerous discussions over school timetables and programs. At the Academy and elsewhere, lessons were organized at the same time on similar timetables. Indeed, the initial program of the Antwerp Industrial School evolved into a fully-fledged training program. The aforementioned attempts to focus part of the Academy's program on industrial applications led the local government to question the necessity of financing duplicate courses elsewhere. As a result, the Antwerp industrial school continued to developed a proper policy explicitly focused on a scientific theoretical training for crafts –and workmen applied to the construction industry. Along with other industrial schools, another form of technical education was also developed– vocational training. Vocational schools provided primarily or exclusively practical training, and their programs aimed to address the shortage of practical training available on-site. In most cases, their programs were organized during the day. Furthermore, unlike the vocational training, the engineers' and architects' training most often provided direct access into a particular profession.

ANTWERP SAINT-LUC'S SCHOOLS

The previous examples demonstrate that the call for more artisanal (cfr. the ideal of the medieval guilds) inspired educational programmes resonated only within the Antwerp urban context. Yet this call existed, as shown in the *Rapports sur la situation de l'enseignement industriel et professsionnel en Belgique*. In Antwerp a *Saint-Luc's School* was established in 1877. However, this school was not within the group of four other new and highly successful Saint-Luc Schools, which had been established following the Ghent model (1863/1866-1868) in Doornik (1878), Liège (1880), Brussels (1883), and Kortrijk (1883). Yet, although most current literature relegates the Antwerp school to a marginal position, it is highly likely that the school achieved higher success than the literature suggests.[36]

The school was an initiative of the *Maatschappij de Vrede* (Peace Association) and was directed by architect Van der Gucht, who appealed to different professions and craftsmen. The educational programme provided a finishing school for artisanal professions. Here as well, drawing was taught as preparation for manual artisanal practice. The Antwerp Saint-Luc's School received government funding beginning in October 1884 and the school remained active until the end of the nineteenth century. Until 1896 it was situated in the Hoogstraat n° 10, and in that year the school had 126 students. In practice, courses were held on Sunday mornings and included one hour of theory and two hours of drawing classes.

The minimal program hints at the fact that within the Antwerp urban context the Saint Luc's School did not develop according to the initial expectations.[37] There remained tension between a 'theoretical' formal training and the daily practical atelier or on-site experience. It would not be until the beginning of the twentieth century, with the growing demands of employees and the accompanying quality problems of on-site training, that a more practice-oriented school would emerge, and this would arise from explicit demands and with the cooperation of the professional building organizations.[38]

36 *Rapport sur la situation de l'enseignement industriel et professional en Belgique, présenté aux Chambres législatives par Monsieur le Ministre de l'Industrie et du Travail, Année 1884 à 1896.* Brussels, 1898. M. D'hoker, "Bijdrage en betekenis van de Sint-Lukasscholen in de ontwikkeling van het technisch onderwijs in België" in: J. De Maeyer, (Ed.), *De Sint-Lukasscholen en de neogotiek 1862-1914*, Leuven: KADOC Studies 5. 1988, p. 139-141.

37 L. Verpoest, "De architectuur van de Sint-Lucasscholen: het herstel van een traditie" in J. De Maeyer, (Ed.) *De Sint-Lucasscholen en de neogotiek* (1988) p. 270-288. J. Van Cleven, "Sint-Lucasateliers in de plastische kunsten en de toegepaste kunst", idem, p. 270-288.

38 Later *Beroepsleergangen voor de Bouwnijverheid Frans Torfs.* See: J. Venstermans, *Tachtig jaar beroepsorganisatie*, p. 61-65.

NETWORKING

Nevertheless, even under such improved educational conditions, contractors still faced profound difficulties. Cooperation between local government officers, city architects, and engineers was far from harmonious. Moreover, contractors remained shackled by a bureaucracy arising out of previous legal requirements. Another direct result of this growing polarization between architects and supervisors, on the one hand, and contractors and craftsmen, on the other, was the growing need for a proper professional organization that would defend the common interests of the latter group. A pioneering role would be played by the Circle of Public Works Contractors (*Le Cercle des Entrepreneurs de Travaux Publics*) founded in Antwerp in September 1874 (Fig. 7). In 1881, this Antwerp union, along with the equivalent unions in other Belgian provinces, decided to establish a Belgium-wide confederation of contractors. The formation of this umbrella organization, covering each regional association, was a process in which the Antwerp union played an important, if not decisive, role[39].

The union's goals, succinctly formulated in the third article of its bylaws, were threefold: to create and maintain a professional position and standards; to establish clear customer-contractor obligations, such as specifications and tariffs, and this in concert with the public administrations; and to support the contractors' knowledge and education. The members of the Antwerp *Cercle* presented themselves as public works contractors (*les entrepreneurs de travaux publics*) and were, as far as can be ascertained, trained in building-related trades. Most worked as general contractors. Unlike the master builders they supplanted, their workforce included all main trades, although they were prepared to call in subcontractors.

From 1874, several petitions were launched via direct correspondence with the Antwerp government and through publication within professional periodicals like the *Chronique des travaux publics.* Problematic issues such as late communication of public tenders and related documentation were vigorously discussed and challenged. In 1881, the

39 Venstermans, *Tachtig jaar*, p. 44.

Antwerp union, together with the unions of Brussels and Liège, and those unions on the verge of (re-)organization (Ghent, Verviers, and Charlerloi), decided to establish a national Belgian confederation as an umbrella organization. The Antwerp subsidiary played an important role in this process. International congresses were organized beginning in the confederation's first year (*Congrès international des entrepreneurs, organisé par la Chambre syndicale des Entrepreneurs de Travaux publics et civils*, 1881 and later). Besides organizing congresses and exchange of information, other central issues included protection of professional standards and the legal position and recognition of contractors (finally obtained in 1947), elements which remain crucial in their current policy (Fig. 9).

FIG. 7 – Cover of the published bylaws of the Antwerp *Cercle des Entrepreneurs de Travaux Publics*, 1875 (Antwerp Building Confederation).

FIG. 8 – Portrait of Alphonse Hertogs (AMVC, 99382/1).

FIG. 9 – Study trip of Le Cercle in 1932 (Antwerp Building Confederation).

The Antwerp *Cercle* was led by an executive committee, which in 1874 consisted of six members: J. Hertogs (honory chairman), A. De Pauw (chairman), André Hertogs (vice-chairman), Alphonse Hertogs (secretary), E. Van Hengel (treasurer), and Michel Looymans (official). A short introduction of some central figures offers a glimpse of the socio-economic and political position of the Antwerp contractors and demonstrates that a contractors' organization like *Le Cercle* represented individuals with heterogeneous profiles and ambitions. André Hertogs, for example, played an important role at both local and national levels. Following the Antwerp model, Hertogs enthusiastically contributed to the establishment of a Brussels union of contractors, which was realized in 1879. Two years later, he was appointed as the first chairman of the Belgian Confederation of Contractors (*Belgische Confederatie voor de Bouw*). His brother, Alphonse Hertogs (1843-1908) was the first secretary of the Antwerp *Cercle* and was a model politically-engaged contractor (Fig. 8)[40]. As a member of the Liberal Flemish Alliance and later of the Liberal Association, he was elected in 1891 as Alderman of Public Works and as mayor of Antwerp in 1905. He was thus perfectly positioned to stimulate and defend the entrepreneurship of Antwerp contractors at the local level. A completely different profile is that of Michaël Looymans (1829-1908), an official of *Le Cercle*. He was called a 'charlatan' and his attempts at designing or building major Antwerp public works and buildings were unsuccessful[41], as were his applications to become City Architect in Hasselt and in Antwerp. His participation in *Le Cercle* can be interpreted as an attempt to obtain a better socio-economic personal position.

Since its inception, the Antwerp *Cercle* has undergone important changes and evolutions: nonetheless, it is recognized as the historical core of the present-day Antwerp Confederation of Construction. Name changes occurred in 1894/95, 1921, and 2004, when it became the Antwerp Construction Confederation (*Antwerpse Confederatie Bouw*).

40 *"Commissionnaire en Marchandise (bois de construction)* and *entrepreneur des travaux publics"*, in: H. Tarlier, *Almanach du Commerce*, Antwerp. vol. 2, 1868 and 1880. L. Hancké, *De Antwerpse burgemeesters van 1831 tot 2000*, Antwerp-Rotterdam, 2000, p. 133-134. Venstermans, *Tachtig jaar*, p. 40.

41 E.g. project for the 1860's city enlargement, a bridge across the Schelde-river, a slaughterhouse, a stock market,... see: R. De Meyer and L. Prims, *Het Zuid (Antwerpen 1875-1890)*, Schoten: Continental. 1993. p. 27-29.

The Antwerp union's membership rose steadily from 75 in 1874, to 160 around 1900, and to over 500 at the start of the First World War[42]. During the same period, different professional groups within the overall organization united themselves in separate autonomous sections. The first bylaws, dating from 1874, already mention the juridical task of the union's executive committee. Around 1906-1907, this task was institutionalized through official establishment of a council of reconciliation, the current arbitration committee. From 1921, social and financial services were organized separately. In 1922, the first volume of the journal *Het Bouwbedrijf* was published. This journal became the mouthpiece for the association and its members. In 1929 a separate journal, *Het Vakbelang*, was released, addressing the employees in the building industry.

In London, where general contracting was already firmly established by the 1830s, organizational creation likewise emerged with the establishment of the Builders' Society (1830s) and the later London Master Builders' Association[43]. In the Netherlands contractors underwent a process of professionalization similar to that of Belgium, although over a decade later. Only in 1895 did contractors organize themselves into the Dutch Contractors Federation (*Nederlandsche Aannemersbond*) with the periodical *De Aannemer* as mouthpiece[44]. Local contractors' associations had been established earlier, including in Amsterdam around 1886[45] and most likely in other major Dutch cities[46].

42 G. Devos et al, *Gids van bedrijfsarchieven en archieven bij werkgevers-, werknemers-, en beroepsverenigingen in de provincie Antwerpen. Resultaten van twee enquêtes gehouden door het Centrum voor Bedrijfsgeschiedenis, UFSIA, Universiteit Antwerpen*, Brussels, Rijksarchief (Gidsen, 59), 2002.

43 Powell, *An Economic History*, p. 29.

44 *Gedenkboek uitgegeven door den Nederlandschen aannemersbond ter herdenking van zijn vijf en twintig-jarig bestaan 1895 – 1920*, Bussem, 1920.

45 Van Leeuwen, "Bouwen in Nederland", p. 20.

46 I. Pey, *Bouwen voor gezeten burgers. Herenhuizen en villa's in de nieuwe stadswijken van Utrecht, Groningen en Nijmagen (1874-1901)*, Zwolle-Zeist: Waanders-Rijksdienst voor Monumentenzorg, 2004, p. 287-326.

CONCLUSION: INTERACTION AND GROWING POLARISATION

In general, along with the establishment of specialized technical training, the creation of organizations like the Antwerp *Le Cercle* constitute important developments in the professionalization and modernization of Antwerp public contractors. Yet it must be recognized that the *entrepreneurs des travaux publics* remained, during the nineteenth century, a diverse and evolving group of actors in the public building industry. Their essential relations and interactions with the public administration very much determined their juridical and commercial status, and influenced their social organization. Under the motto 'union is strength' organizations like *Le Cercle* tried to counterbalance the near absolute power of the authorities by defending their common professional interests. Moreover, the organization of *Le Cercle* in 1874 must be seen as a formal expression of an existing 'hidden' network and a solidarity that was already established. These elements, both of which arose from and stimulated this evolution, played an important role in the increasing polarization between designers and contractors.

Yet, not everyone lauded the growing power of contractors. In the last quarter of the nineteenth century, many architects were highly critical of the role of general contractors. In 1879, Ernest Allard (1849-1898) in *L'Emulation* criticized the 'bewildering' variety of nineteenth-century Belgian building contractors[47]. For Allard and many others, the increasing application of the technique of general public tenders was 'the root of all evil', whereby quality was compromised for commercial efficiency and rational organization. There were passionate appeals, from diverse points of view in which the Saint-Luc's Schools played an important role[48], for the reintroduction of the partial tender or the recreation of a proper team of public works craftsmen. In such opposing views, the general contractor was seen as an economic aggressor elbowing himself into a position between architect and craftsmen.

47 E. Allard, "Les adjudications publiques", *Brussels, L'Émulation*, 4 (1879) col. 22.

48 J. Van Cleven, *De Sint-Lucasscholen*, p. 270-288.

The system of general public tenders also faced criticism in the Netherlands, including widespread arguments for a system of partial tenders according to specialisation. In this way, the architect would regain both influence over the different material suppliers and craftsmen who worked as sub-contractors of the *entreprise générale*. Many people, including the Amsterdam architect A.W. Weissman, regarded the contractor as a villain responsible for the degradation of the trades and arts[49]. Yet in Antwerp, as in many cities, public works were increasingly put out to tender, thus exacerbating polarization between the public works service and public contractors, and leading to growing regulation of their interaction. An in depth examination of the reasoning behind these developments has been undertaken in the author's study *Building the City, Antwerp 1819-1890.*

Inge Bertels

49 A.W. Weissman, *De verdeling van het ambacht, Voordracht gehouden in de vergadering van de Afd. Amsterdam der Technische Vakvereeniging*, Amsterdam, 1898. A.W. Weissman, *Voorheen en thans. Drie lezingen gehouden voor ambachtslieden*, Amsterdam, 1909. Van Leeuwen, "Bouwen in Nederland", p. 8-25. I. Pey, *Bouwen voor gezeten burgers*, p. 290-291.

OÙ EN EST L'HISTOIRE URBAINE DU CONTEMPORAIN[1] ?

De 2006 à 2009, le Centre d'histoire sociale du XXe siècle (Université de Paris I-Panthéon-Sorbonne), associé au Centre d'histoire culturelle des sociétés contemporaines (Université de Versailles-Saint-Quentin) a tenu un séminaire de recherche consacré à « l'histoire urbaine du contemporain », entendue globalement comme l'histoire des villes du second XXe siècle et principalement centré sur le cas français. Il s'agissait de questionner le sens du développement rapide de recherches à caractère historique sur une période qui avait été longtemps négligée, du moins par les historiens[2].Sous l'effet de recherches individuelles et de chantiers collectifs, l'histoire de la révolution urbaine française, puis celle de la crise sociale de la ville sont devenues au cours des années 2000 des champs historiographiques crédibles, attirant davantage de chercheurs et d'étudiants que dans les décennies précédentes pour lesquelles elles faisaient parfois figure de champs pionniers[3].

Il s'agit ici de rendre compte des principales avancées de cette recherche récente, tant en ce qui concerne le questionnement, les terrains d'investigation ou les méthodes de travail. L'accent sera volontairement mis sur les travaux d'historiens, non en raison d'une quelconque et absurde légitimité sur le champ de recherche que constitue l'histoire urbaine du contemporain, mais au contraire parce qu'ils cherchent aujourd'hui la manière la plus efficiente de partager un champ qu'ils ont longtemps laissé aux autres sciences humaines et sociales.

1 Ce texte a été précédemment publié sous la référence : Annie Fourcaut et Loïc Vadelorge, « Où en est l'histoire urbaine du contemporain ? ». *Histoire urbaine* 32 (2011) : 137-157. Il est ici de nouveau publié avec l'autorisation de auteurs et d'*Histoire urbaine.*

2 Antoine Prost, « Une histoire urgente. Le temps présent des villes », *Vingtième siècle, revue d'histoire*, 64, octobre-décembre 1999, p. 121-126.

3 Viviane Claude et Danièle Voldman (sous la direction de), « L'Histoire dans la recherche urbaine », *Espaces et Sociétés*, 130, septembre 2007, p. 9-11.

Notre contribution prend sa place dans une série de bilans qui à dates régulières[4] interrogent le devenir d'un champ d'investigation légitimé au début des années 1980 au sein de l'Institut d'histoire du temps présent[5]. À rebours d'une analyse récente signalant le « malaise » de l'histoire urbaine moderne et contemporaine[6], mais qui ignore notamment le XXe siècle, nous pensons que cette dernière témoigne d'un dynamisme certain, susceptible d'éclairer les débats contemporains, en particulier l'origine du « divorce entre la société et la ville[7] ».

La focale « nationale » ici choisie peut sembler contestable, tant l'expansion des villes apparait comme un phénomène mondial dans le second XXe siècle[8]. Pour autant, comme le soulignait naguère Philippe Pinchemel[9], l'histoire de la France urbaine récente se caractérise par un certain nombre de spécificités, qui subsistent encore dans la mémoire collective. Jusqu'au recensement de 1954, un quasi équilibre perdure entre la France rurale (44 %) et la France urbaine (56 %). La barre des 65 % n'est franchie qu'au recensement de 1968. En 1982 le chiffre se stabilise entre 69 % et 73 %, que l'on considère la définition traditionnelle de la population urbaine (2 000 habitants agglomérés) ou la nouvelle définition INSEE (commune appartenant à une aire urbaine)[10].

4 Rémi Baudouï, Alain Faure, Annie Fourcaut, Martine Morel, Danièle Voldman, « Écrire une histoire contemporaine de l'urbain », *Vingtième siècle, revue d'histoire*, 1990, no 27, p. 97-106 ; Danièle Voldman (sous la direction de), « Villes en crise », *Vingtième siècle, revue d'histoire*, 64, octobre-décembre 1999, p. 3-126 ; *eadem*, « L'histoire urbaine du second vingtième siècle en France », *Bulletin de la Société d'Histoire moderne et contemporaine*, actes de la journée du 27 novembre 1999, 20, avril 2000, p. 33-35 ; Annie Fourcaut, « L'histoire urbaine de la France contemporaine : état des lieux », *Histoire Urbaine*, no 8, décembre 2003, p. 171-185.

5 Antoine Prost, « La périodisation de la politique urbaine française » dans *Les politiques urbaines françaises depuis 1945*, actes de la table-ronde des 17-18 juin 1982, *Bulletin de l'IHTP*, supplément 5, 1984, p. 32-47.

6 Nicolas Lemas, « Pour une épistémologie de l'histoire urbaine française des époques moderne et contemporaine comme histoire problème », *Histoire et Politique*, no 9, septembre-décembre 2009.

7 Propos tenus par Olivier Guichard, ministre de l'Équipement, à l'Assemblée nationale, le 17 mai 1973.

8 Fréderic Dufaux et Annie Fourcaut (sous la direction de), *Le monde des grands ensembles*, Paris, Créaphis, 2004.

9 Françoise Carrière, Philippe Pinchemel, *Le fait urbain en France. La population urbaine. Les villes de plus de 20 000 habitants*, Paris, Armand Colin, 1963.

10 INED, *La population urbaine en France de 1846 à 2004.* Annuaire rétrospectif. www.Ined.fr. 10. Gérard Bauer, Jean-Michel Roux, *La rurbanisation ou la ville éparpilée*, Paris, Le Seuil, 1976. 11. Marie-Christine Jaillet, « L'espace périurbain : un univers pour les classes moyennes », *Esprit*, mars-avril 2004, p. 40-64.

La fascination des chercheurs français pour la « rurbanisation[11] », puis le « périurbain[12] » témoigne des hésitations d'un modèle de développement urbain, à la fois conforme à la réalité internationale du *sprawl* et en même temps révélateur des ambivalences d'un retour à la campagne d'une partie des populations urbaines.

À cette spécificité démographique s'ajoute celle d'une production urbaine, qui apparait à tort ou à raison comme ayant été étroitement encadrée par l'État. La prégnance de « l'urbanisme opérationnel » ou du « keynésianisme spatial » forme aujourd'hui un lieu commun de la recherche urbaine qui a focalisé depuis des décennies son attention sur les politiques publiques de l'aménagement urbain. C'est d'ailleurs sans doute l'évidence d'une « politique publique » de l'aménagement urbain qui a retardé l'investissement des historiens, peu habitués à appliquer aux territoires urbains les grilles d'analyse de la sociologie des organisations, et plus familiers des monographies totalisantes, peu envisageables pour le XXe siecle[13].

L'arrivée des historiens sur ce terrain vise moins à remettre en cause les acquis de la recherche urbaine qu'à restituer certains éléments de contexte qui leur font encore défaut. On examinera dans un premier temps la question stratégique des temporalités urbaines que des recherches historiques récentes permettent de réarticuler. On s'attachera ensuite à d'écrire la manière dont les historiens ressaisissent l'histoire des politiques publiques de la ville au-delà du discours classique sur les Trente glorieuses. On interrogera enfin la possibilité d'une histoire sociale des villes du second XXe siècle, c'est-à-dire du rapport des populations urbaines à un cadre de vie en plein bouleversement.

11 Gérard Bauer, Jean-Michel Roux, *La rurbanisation ou la ville éparpillée*, Paris, Le Seuil, 1976.

12 Marie-Christine Jaillet, « L'espace périurbain : un univers pour les classes moyennes », *Esprit*, mars-avril 2004, p. 40-64.

13 Jean-Claude Perrot, *Genèse d'une ville moderne. Caen au XVIIIe siècle*, Paris, La Haye, Mouton, 1975 ; Bernard Lepetit, *Les villes dans la France moderne. 1740-1840*, Paris, Albin Michel, 1988.

REDÉFINIR LES TEMPORALITÉS

Le récit des aménageurs de la ville contemporaine forme une vulgate qui imprègne d'autant plus l'histoire urbaine qu'elle a été compilée et disséquée par plusieurs générations de chercheurs en sciences sociales. Dans l'entreprise de déconstruction de cette mémoire[14], les historiens sont appelés à jouer un rôle particulier. Il s'agit à la fois de questionner la fausse évidence des charnières de l'histoire urbaine et d'éclairer la temporalité des grandes représentations urbaines. La vulgate chronologique a contribué à sédimenter une série de séquences (Reconstruction, grands ensembles, villes nouvelles, Politique de la ville,...) et de dates charnières (Plan Courant, Schéma directeur de la région parisienne, circulaire Guichard, loi Barre, etc.) reposant sur un raisonnement *a priori* qui se doit d'être interrogé par l'historien. Le temps des grands ensembles débute-t-il une fois la Reconstruction achevée ? Les villes nouvelles sont-elles la traduction gaulliste des politiques urbaines et s'opposent-t-elles aux grands ensembles ? L'émergence de la Politique de la Ville est-elle liée à la victoire socialiste de 1981 ?

Le premier écueil d'une histoire urbaine qui « chemine aux crêtes de la décision[15] » est sans doute de prendre pour argent comptant le discours de la rupture véhiculé par les grands acteurs qu'ils soient politiques (Sudreau, Debré, Chalandon, etc.) ou hauts-fonctionnaires (Bloch-Lainé, Delouvrier, Hirsch, etc.). Le recours à l'archive permet ici d'apporter de larges nuances au récit des « bâtisseurs de ville[16] ».

14 Jean-Charles Depaule, Christian Topalov (sous la direction de), *Les mots de la ville*, Paris, Éditions Unesco, MSH, plusieurs volumes parus depuis 2001 ; Christian Topalov, Laurent Coudroy de Lille, Jean-Charles Depaule et Brigitte Marin, *L'aventure des mots de la ville*, Paris, Robert Laffont, 2010.

15 Danièle Voldman, *La reconstruction des villes françaises de 1940 à 1954 : histoire d'une politique*, Paris, L'Harmattan, 1997 p. 427.

16 Danièle Voldman, « Les traceurs de villes ont-ils un discours de démiurges ? », dans Loïc Vadelorge (sous la direction de), *Gouverner les villes nouvelles. L'État et les collectivités locales (1960-2005)*, Paris, Manuscrit.com, collection Manuscrit Université, 2005, p. 51-66.

UNE AMNÉSIE COLLECTIVE

Longtemps les années 1950 ont fait office de trou noir pour l'histoire urbaine. Le thème gaullien de « l'incurie de la IVe République », forgé aux débuts de la Ve se nourrissait d'une double condamnation pourtant bien paradoxale[17]. Les décideurs des années 1950 auraient été incapables de régler l'aménagement des grandes agglomérations à commencer par celui de la région parisienne ; ils auraient été par ailleurs responsables de l'erreur des grands ensembles, c'est-à-dire du pari d'une architecture fondée exclusivement sur l'habitat collectif sous forme de barres et tours.

Dès les années 1990 pourtant, la recherche historique a démontré tout ce que l'aménagement urbain des Trente Glorieuses devait au dirigisme de Vichy. La Délégation générale à l'Équipement national (1941) préfigure le Ministère de la Reconstruction et de l'Urbanisme (1944) qui créée en 1949 une Direction à l'Aménagement du territoire. De la même manière, c'est sous Vichy que s'expérimente le rapprochement décisif des ingénieurs, des architectes et des sciences humaines, prémices d'une approche pluridisciplinaire de la ville et d'une recherche urbaine que la Ve République ne fera que refonder.

Plus près de nous, le rapprochement fécond de l'histoire sociale et de l'histoire de l'architecture, initié par de trop rares braconniers disciplinaires (Jean-Yves Andrieux, Gérard Monnier[18], Bruno Vayssiere[19], Danièle Voldman) a permis de revisiter l'histoire des formes urbaines et de la prétendue rupture formelle des grands ensembles. Plusieurs thèses se sont en effet attachées à comprendre le rôle des acteurs politiques (Eugène Claudius-Petit[20], George Pompidou[21]), institutionnels (la Société

17 Charles de Gaulle, « Mais, quant aux problèmes de longue haleine, comme ceux du logement, des écoles, des hôpitaux, des communications, on laissait s'accumuler des retards, qui compromettaient l'avenir », *Mémoires d'espoir*, Le renouveau 1958-1962, Paris, Plon, 1970, p. 14.

18 Gérard Monnier, *L'architecture moderne en France.* Tome *3 : De la croissance à la compétition. 1967-1999*, Paris, Picard, *2000 ;* Gérard Monnier, Richard Klein (sous la direction de), *Les années ZUP. Architectures de la croissance. 1960-1973*, Paris, Picard, *2002.*

19 Bruno Vayssière, *Reconstruction-Déconstruction. Le hard French ou l'architecture française des Trente Glorieuses*, Paris, Picard, 1988.

20 Benoit Pouvreau, *Un politique en architecture. Eugène Claudius-Petit (1907-1989)*, Paris, Éditions Le Moniteur, collection Architextes, *2004.*

21 Mathieu Flonneau, Pascal Geneste, Philippe Nivet et Émilie Willaert (sous la direction de), *Le grand dessein parisien de Georges Pompidou*, Somogy – Association Georges-Pompidou, 2010.

centrale immobilière de Construction filiale de la Caisse des Dépôts et Consignations[22], le ministère de la Construction[23]) mais aussi des services d'études régionaux (Basse-Seine[24], région lyonnaise[25]). La IVe République avait donc bien jeté les fondements d'une politique urbaine et lancé dès la période de la Reconstruction une série d'expérimentations à l'origine des politiques de construction et d'aménagement des années 1960-1970[26]. La rupture avec la politique des cités-jardins de la IIIe République mais aussi des cités satellites de Vichy est nette, ce qui contribue à nuancer l'idée d'une filiation formelle entre certaines réalisations isolées de l'Entre-deux-guerres (cité de la Muette à Drancy, cité de la Butte-Rouge à Chatenay-Malabry, quartier des gratte-ciels de Villeurbanne) et les opérations phares des années 1950 (cité Rotterdam de Strasbourg, Sarcelles, Massy-Antony, Mourenx).

LA TEMPORALITÉ DES VILLES NOUVELLES

Il ne semble plus aujourd'hui possible de considérer que les villes nouvelles sont une conséquence de la publication en juin 1965 du Schéma directeur d'aménagement et d'urbanisme de la région parisienne. S'il y a bien eu une politique publique des villes nouvelles, elle s'enracine dans la moyenne durée et participe de la temporalité des nouveaux ensembles urbains que les derniers gouvernements de la IVe république et les premiers de la Ve précisent successivement. La relecture des schémas d'orientation tant en région parisienne (Plan d'organisation générale de 1960[27]) qu'en province (Padog lyonnais de 1963) démontre que la

22 Paul Landauer, *L'invention du grand ensemble. La Caisse des dépôts, maitre d'ouvrage*, Paris, Picard, 2010.

23 Gwenaëlle Le Goullon, *Les grands ensembles en France : Genèse d'une politique publique. 1945-1962*, Thèse d'histoire contemporaine, sous la direction d'Annie Fourcaut, Université de Paris I, 2010.

24 Fréderic Saunier, *L'aménagement de la Basse-Seine de 1940 à 1977. Un territoire d'expériences.* Thèse de doctorat en histoire de l'art, sous la direction de Danièle Voldman, Université de Paris I, 2005.

25 Marie-Clothilde Meillerand, *Penser l'aménagement d'une métropole au XXe siècle. Enjeux territoriaux, acteurs locaux et politiques publiques dans la région lyonnaise*, Thèse d'histoire contemporaine, sous la direction de Jean-Luc Pinol, Université de Lyon II, 2010.

26 Olivier Ratouis, *Dunkerque ou la question de la ville comme totalité, de la Reconstruction aux années soixante-dix*, Paris EHESS, Thèse d'Histoire et Civilisations, sous la direction de JeanLouis Cohen, 1997.

27 Bernard Valade, « Variations sur l'urbanisme d'État en région parisienne (1919-1969) », *L'Année sociologique*, 2008/1, vol. 58, p. 121-142.

rupture intellectuelle de l'urbanisme gaulliste est en grande partie une invention *a posteriori.* De la même manière, l'émergence rapide d'une réflexion sur l'accueil des nouveaux habitants dans les nouveaux ensembles urbains débouche sur la politique des zones à urbaniser par priorité qui forme le chainon manquant entre la génération de Sarcelles (1954) et celle d'Évry (1975).

L'histoire des villes nouvelles apparait donc comme indissociable de celle des grands ensembles dont elles constituent bien un prolongement expérimental. Ainsi s'éclaire l'indécision de la terminologie, qui qualifie de « ville nouvelle » tout nouvel ensemble urbain, des années 1940 aux années 1980, et ce malgré la volonté précoce des aménageurs des villes nouvelles de les édifier en opposition avec les grands ensembles.

Pour peu qu'on s'attache à comprendre ces ensembles urbains sur la moyenne durée et non pas simplement à décrypter le contexte culturel de leur préfiguration –c'est-à-dire la séquence la plus productive d'archives– force est de constater qu'ils suivent des destins comparables[28] et sont soumis à des reconfigurations importantes, tant en termes d'échelles d'urbanisation qu'en termes de formes et de gouvernances urbaines. L'histoire d'une ville planifiée découle autant des épisodes successifs de sa mise en œuvre que de la cohérence de ses origines. En ce sens, les travaux historiques récents tendent à mettre en cause les idéaux-types (cités-jardins, villes reconstruites, grands ensembles, cites d'urgence, villes nouvelles) que la recherche urbaine a employé durant des décennies sans suffisamment en questionner le sens.

POUR EN FINIR AVEC LA CRISE URBAINE

Il n'est non plus possible de considérer que la crise sociale urbaine est postérieure aux années 1980. Le colloque de Rouen dédié en 2002 aux « politiques municipales face aux pathologies urbaines[29] » dresse le bilan de deux décennies de travaux consacrés aux désordres urbains et aux différentes formes de régulation qu'ils ont engendrés. Les organisateurs plaident pour une approche comparée sur la longue durée, ce qui contribue à mettre en cause le renversement souvent souligné

28 Annie Fourcaut, Loïc Vadelorge (sous la direction de), « Villes nouvelles et grands ensembles », *Histoire Urbaine*, n° 17, décembre 2006.

29 Yannick Marec (sous la direction de), *Villes en crise. Les politiques municipales face aux pathologies urbaines (fin* XVIII*e-fin* XX*e siècle)*, Paris, Créaphis, 2005.

dans la littérature sociologique consacrée à l'histoire de la politique de la Ville[30].

Que l'on resserre la focale sur le second XXe siècle ne change pas l'analyse. Les problèmes sociaux urbains ne datent pas des années 1980 et ne peuvent donc être uniquement analysés comme les effets de la crise économique[31], ce dernier concept étant du reste aujourd'hui délaissé par les historiens. C'est probablement l'effet de trois évolutions distinctes mais concomitantes – le changement de politique vis à vis de l'immigration initié au début du septennat de Valéry Giscard d'Estaing, le ralentissement de la construction et la dégradation du parc social à partir de 1973, enfin l'entrée des immigrés dans ce parc sous la pression de l'État – dont la conjonction singularise les troubles de la fin du XXe et du début du XXIe siècles et les représentations qui en sont données. Qu'on les analyse en moyenne durée comme la fin des possibilités d'insertion offertes par la ville dense aux migrants de toutes origines[32], ou dans le temps court comme l'accès à une forme d'expression politique des jeunes issus d'Afrique sub-saharienne cantonnés dans les ZUS[33], ces épisodes ne se comprennent qu'au croisement de temporalités plurielles.

D'autant que l'épisode – inédit par son ampleur géographique – des émeutes urbaines d'automne 2005 n'est pas sans précédent. Aux côtés des loubards des années 1960, les groupes professionnels (ouvriers, paysans) investissent régulièrement la ville des années 1950 au milieu des années 1970, pour dire sur le registre de l'émeute, leur opposition aux évolutions politiques et sociales contemporaines[34]. Cette violence dans la ville est cependant davantage lue alors comme sociale (luttes des classes, crises générationnelles), à l'inverse des violences de la ville qui semblent résumer aujourd'hui la violence sociale. Ajoutons aussi que les travaux sur le XIXe siècle (juin 1848, Commune de Paris) invitent à nuancer l'idée même d'une violence urbaine spécifique au temps présent,

30 Jacques Donzelot, Philippe Estèbe, *L'État animateur. Essai sur la politique de la ville.* Paris, Éditions Esprit, 1994.

31 Michelle Zancarini-Fournel, « Généalogie des rebellions urbaines en temps de crise (1971-1981) », *Vingtième Siècle, revue d'histoire*, octobre-décembre 2004, p. 119-127.

32 Marie-Claude Blanc-Chaléard, « Étrangers et immigrés en région parisienne », *Historiens et géographes*, n° 384, « *L'immigration en France au XXe siècle* », 2e partie, oct. 2003, p. 267-286.

33 Fabien Jobard, « Rioting as a Political Tool : the 2005 Riots in France », *The Howard Journal of Criminal Justice*, volume 48, Issue 3, p. 235-244.

34 Annie Fourcaut, Loïc Vadelorge, « Les historiens et les violences urbaines de novembre 2005 », *Histoire Urbaine*, n° 21, avril 2008, p. 111-125.

tant le décompte des victimes et des dégâts est sans commune mesure d'une époque à l'autre.

On a longtemps opposé le temps long des mutations économiques et le temps court des politiques urbaines. Seul le premier semblait trouver grâce aux yeux des historiens. Ce que nous apprend l'histoire urbaine du temps présent, c'est la nécessité d'articuler des temporalités de différentes natures : le temps long des évolutions de l'appareil industriel qui modifie les fondements du peuplement, la répartition des migrants et accentue l'urbanisation de la France contemporaine[35] ; le temps court qui est celui de certains programmes qu'il s'agisse de construction ou de rénovation ; le moyen terme qui est celui de la définition et de la mise en œuvre des politiques publiques, dont l'historien doit restituer l'épaisseur, au-delà des discours des acteurs.

LE CHAMP DES POLITIQUES PUBLIQUES

L'histoire urbaine du second XXe siècle s'est affirmée en premier lieu comme une histoire des politiques publiques urbaines, l'intervention de l'État constituant le paradigme explicatif du changement urbain. C'est là une distinction majeure avec l'historiographie des époques antérieures, qui a privilégié l'approche sociale du peuplement et des cultures urbaines. L'offre archivistique justifie pour partie cet écart, dans la mesure où les organisations gestionnaires de la ville sont à la fois plus nombreuses et plus instables qu'au XIXe siècle. L'historien emboîte ici le pas aux sciences politiques, retrouvant les mêmes problématiques (technocratie urbaine, gouvernement urbain, régulation croisée) et parcourant les mêmes archives institutionnelles.

L'ÉTAT MODERNISATEUR

Les politiques urbaines des Trente Glorieuses (construction des grands ensembles, rénovation des vieux quartiers, résorption des bidonvilles, etc.)

35 Maurice Garden, Jean-Luc Pinol, *Atlas des Parisiens de la Révolution à nos jours*, Paris, Parigramme, 2009, offre un bel exemple de lecture cartographique de la capitale et de ses évolutions en moyenne durée.

témoignent sinon d'une capacité, du moins d'une volonté de l'État de changer la société en modernisant d'abord le logement, puis les villes. Participant aussi bien des politiques économiques contra-cycliques que des politiques sociales, les politiques urbaines forment un élément essentiel de l'État-Providence, en continuité avec la volonté de modernisation du capitalisme français[36]. La crise de l'État-Providence, le retour de la crise du logement et le choix d'une politique de destruction de certains logements sociaux depuis les années 2000 avec la création de l'Agence nationale pour la Rénovation urbaine (2003) indiquent cependant que la phase de construction massive aidée par l'État, initiée entre Louis Loucheur *(*1928-1933*)* et Raoul Dautry *(*1944-1946*)*, est probablement terminée.

L'un des fils conducteurs de l'analyse est l'étude de la technocratie, conduite de part et d'autre de la Seconde Guerre mondiale. En amont, la figure de Louis Loucheur reste décisive même s'il faut toujours regretter que les effets de la loi du 13 juillet 1928, chainon essentiel de la diffusion du pavillonnaire en France, restent mal connus[37]. Les historiens s'inscrivent ici dans une tradition de la recherche urbaine qui souligne depuis longtemps le rôle des grands corps dans la définition des politiques d'amenagement[38]. La technocratie n'est cependant pas simplement une donnée structurelle des politiques urbaines, c'est aussi et avant tout une modalité de mise en forme et de mise en œuvre des politiques publiques qui se réinvente en fonction des rapports de force. Par ailleurs, aux côtés des ingénieurs et des préfets qui ont fait l'objet des grandes enquêtes sociologiques des années 1970, les historiens révèlent le poids des polytechniciens (Dautry[39], Lacaze, Rousselot) ou des inspecteurs de Finances

36 Michel Margairaz, *L'État, les finances et l'économie : histoire d'une conversion 1932-1952*, Paris, Imprimerie nationale, Comité pour l'histoire économique et financière de la France, 1991.

37 Carls Stephen Douglas, *Louis Loucheur : 1872-1931. Ingénieur, Homme d'État, modernisateur de la France*, Villeneuve d'Ascq, Presses Universitaires du Septentrion, 2000 ; Bastien Pourtout, « La première loi de programmation de logements sociaux. La loi Loucheur et les offices publics d'HBM dans la région parisienne (1928-1939) », dans Emmanuel Bellanger, Jacques Girault (sous la direction de), *Villes de banlieue. Personnel communal, élus locaux et politiques urbaines en banlieue parisienne au* XX*e siècle*, Grâne, Créaphis, 2008, p. 109-118.

38 Antoine Picon, *L'invention de l'ingénieur moderne*, Paris, Presses de l'École nationale des Ponts et Chaussées, 1992 ; Jean-Claude Thoenig, *L'Ere des technocrates. Le cas des Ponts et Chaussées*, Paris, Éditions d'Organisation, 1973.

39 Rémi Baudouï, *Raoul Dautry (1880-1951) : le technocrate de la République*, Paris, Balland, 1992.

(Bloch-Laîné[40], Goetze[41], Delouvrier[42], Roullier[43]). Les effets de réseaux (Conseil général des Ponts et Chaussées, anciens élèves de l'École polytechnique, Inspection générale des Finances, instances européennes comme la CECA[44]) complexifient l'analyse, même s'il existe des lieux de rencontre et de synergie, à l'image du Commissariat général au Plan et de ses commissions.

Comprendre une carrière de haut-fonctionnaire dans la France de l'Après-guerre, c'est aussi tenter de cerner les raisons qui expliquent qu'à formation identique, les engagements puissent être différents selon les époques. En ce sens, le recours au concept de génération, issu de l'histoire politique et culturelle, apparait comme l'une des pistes stimulantes de la recherche. Là où la mémoire collective condamne pêle-mêle l'incurie de la IIIe et de la IVe République en matière d'urbanisme, les historiens révèlent combien les décideurs de la IVe République (Claudius-Petit[45], Courant, Sudreau[46]) souhaitèrent se distinguer de leurs prédécesseurs de la IIIe, quand bien même certains précurseurs (Morizet[47], Loucheur) avaient tenté d'engager l'État vers une intervention plus décisive. L'importance du passage par Uriage[48] et par la Résistance a été soulignée de longue date dans l'histoire politique de l'Après-guerre. Encore faut-il admettre qu'il joue différemment pour un Claudius-Petit et pour un Paul Delouvrier[49].

40 Michel Margairaz (sous la direction), *François Bloch-Lainé, fonctionnaire, financier, citoyen. Actes de la journée d'études du 25 février 2003*, Paris, Comité pour l'histoire économique et financière de la France, 2007.

41 Sabine Effosse, *Entretiens avec Roger Goetze. Un financier bâtisseur. 1957-1988*, Paris, Comité pour l'histoire économique et financière de la France, 2007.

42 Sébastien Laurent, Jean-Eudes Roullier (sous la direction de), *Paul Delouvrier. Un grand commis de l'État*, Paris, actes de la journée d'études du 1er décembre 2003, Paris, Presses de Sciences Po, 2005.

43 Loïc Vadelorge (textes réunis par), *Jean-Eudes Roullier, un pionnier des politiques de l'espace urbain*, Paris, La Documentation française, 2011.

44 Alessandro Giacone, *Paul Delouvrier. Un demi-siècle au service de la France et de l'Europe*, Paris, Descartes et Cie, 2004.

45 Benoit Pouvreau, *Un politique en architecture*, *op. cit.*

46 Annie Fourcaut, « Trois discours, une politique ? », *Urbanisme*, janvier-février 2002, n° 322, p. 39-45.

47 Pascal Guillot, *André Morizet, un maire constructeur dans le Grand Paris*, Créaphis, 2012

48 Pierre Bitoun, *Les hommes d'Uriage*, Paris, La Découverte, 1988 ; Bernard Comte, *Une utopie combattante. L'École des cadres d'Uriage.* 1940-1942, Paris, Fayard, 1991.

49 Roselyne Chenu, *Paul Delouvrier ou la Passion d'agir*, Paris, Seuil, « L'Histoire immédiate », 1994.

L'expérience de la Guerre d'Algérie semble également avoir joué un rôle-clé. L'observation en direct de la faillite de l'autorité politique de la IVe République sur le terrain par une poignée de haut-fonctionnaires fraichement sortis de l'ENA (Roullier, Rocard, etc.) explique l'adhésion d'une partie de la haute fonction publique aux méthodes volontaristes et partiellement anti-démocratiques du premier gaullisme. Du District de la région parisienne (1959)[50] à la création des communautés urbaines[51] de Lille, Bordeaux, Lyon et Strasbourg (1966), l'État tente de reformer le gouvernement des villes pour contrôler leur expansion régionale. Le Club Jean Moulin[52], qui selon la formule convenue « défaisait la nuit ce qu'on faisait le jour », apparait ici comme la soupape de sûreté d'une génération de hauts fonctionnaires critiques.

Quinze ans plus tard, c'est une autre génération qui sera aux commandes, aux antipodes de la précédente par certains aspects. Si les institutions de contrôle étatique de la production urbaine sont devenues pérennes (établissements publics d'aménagement, directions départementales de l'Équipement, agences d'urbanisme), leur légitimité est désormais ouvertement contestée. Entre l'échec du référendum régional de 1969 et l'arrivée au pouvoir de Valéry Giscard d'Estaing, la haute-fonction publique se trouve de nouveaux mots d'ordre : centralisation et cadre de vie. La stature d'Olivier Guichard, celui de la circulaire de 1973 qui met fin aux grands ensembles, comme celui du rapport *Vivre ensemble* de 1976, apparait ici comme centrale[53].

Par le biais de la réflexion sur les mots d'ordre générationnels, l'histoire urbaine du contemporain se détache de la simple histoire des techniques de production de la ville pour participer pleinement de l'histoire des politiques sociales contemporaines. On ne conçoit pas les ensembles urbains des années 1970 comme ceux des années 1950, parce qu'entre-temps la manière de gouverner le social a changé et qu'aux côtés des besoins fondamentaux (sécurité, logement, équipements) on a appris à concevoir

---

50 « L'invention du District parisien. Un demi-siècle avant le Grand Paris », *Espoir*, revue de la Fondation Charles de Gaulle, 160, printemps 2010.

51 Fabien Desage, « L'institutionnalisation des Communautés urbaines : desseins et impasse d'un volontarisme réformateur (1964-1971) », *Genèses*, 2010, 80, p. 90-113.

52 Claire Andrieu, *Pour l'amour de la République. Le club Jean Moulin*, Paris, Fayard, 2002.

53 « L'expérience du ministère de l'environnement et du cadre de vie (1978-1981) », Actes de la journée d'études du 15 février 2007, revue *Pour Mémoire*, hors-série, septembre 2007 ; Pascal Griset (sous la direction de), *Georges Pompidou et la modernité : les tensions de l'innovation 19621974*, Paris, Association Pompidou, 2006.

les politiques urbaines comme des politiques globales et transversales. Cette démarche contribue à éclairer les contradictions de la production urbaine de l'Après-guerre.

On a trop longtemps confondu l'idéaltype et la réalité en matière de construction. Il est ainsi faux de considérer que les années 1950-1970 ont privilégié l'habitat collectif sur l'habitat individuel. Le modèle pavillonnaire, pourtant largement décrié depuis les années 1920 demeure un modèle de référence, plus sans doute dans l'opinion publique que chez les décideurs[54]. Il n'existe pas de « modèle » du grand ensemble, mais des configurations évolutives, associant très souvent habitat collectif et/ou individuel.

L'ÉTAT PLURIEL : ÉCHELLES ET ACTEURS DE LA DÉCISION

Parce qu'elle devient au cours de la période des Trente glorieuses, le fait majeur de l'évolution sociale de la nation, la ville concerne plusieurs ministères. Faire de l'histoire urbaine, c'est donc articuler l'histoire du ministère de la Construction (du MRU à l'Équipement), l'histoire du ministère de l'Intérieur (évolution du droit des collectivités locales, place des préfets), du ministère des Finances (dotations de fonctionnement et d'équipement), du ministère de l'Éducation nationale (production à très grande échelle d'écoles, de collèges et lycées, d'universités) mais aussi des Affaires sociales (centres de protection maternelle et infantile, centres sociaux), de l'Immigration, de la Culture (centres dramatiques nationaux, maisons de la culture, équipements intégrés) ou de la Jeunesse et des Sports (animation socioculturelle, maisons des jeunes et de la culture). À compter des années 1960 et 1970, la production urbaine relève significativement du champ interministériel qui est celui des Commissions villes du Plan, de l'Aménagement du Territoire et des villes nouvelles. L'émergence d'un secteur de l'environnement à l'orée des années 1970 vient encore s'ajouter à cet inventaire à la Prévert qui a de quoi décourager tout horizon de synthèse. Pourtant, si l'histoire urbaine ne peut à elle seule couvrir l'ensemble de ces secteurs d'intervention publique, elle peut en revanche se nourrir de monographies issues d'autres champs de la recherche historique.

---

54 Benoît Pouvreau, « Des maisons nouvelles pour en finir avec les pavillons de banlieue », dans Danièle Voldman (sous la direction de), *Désirs de toit. Le logement entre désirs et contraintes depuis la fin du* XIX*e siècle*, Créaphis, 2010, p. 97-124.

L'histoire économique est le premier de ces champs, qui s'est affirmé parallèlement à l'histoire urbaine du contemporain selon ses propres modalités. Les travaux de Dominique Barjot sur l'histoire du bâtiment ont très tôt suscité l'intérêt des historiens de la ville[55], non seulement parce qu'ils éclairaient l'arrière-plan de l'industrialisation de la construction sans lequel on ne peut comprendre l'histoire urbaine récente, mais aussi parce que la dimension économique est indissociable des politiques urbaines contemporaines. Du Secteur industrialisé du début des années *1950* au Plan Construction des années *1970* en effet, l'État a toujours souhaité réfléchir sur les modèles-types, l'innovation et les économies d'échelle. À l'envers d'une histoire convenue qui dénonce l'investissement public massif et aveugle dans les grands ensembles, l'histoire de la construction nous rappelle que l'État bâtisseur est un mythe. L'État cherche, expérimente, soutient, tente de contrôler mais ne produit pas directement la ville contemporaine.

L'histoire économique de la ville a pour corollaire son histoire financière. Les travaux de Sabine Effosse[56] sur le financement du logement révèlent que de 1950 à 1967, c'est le secteur du logement aidé (loi du *21* juillet *1950)* qui tire la construction en France devant le secteur privé et le secteur social. Le mythe d'une France des HLM s'en trouve résolument écorné. C'est également l'histoire financière qui conduit les historiens de l'urbain à s'intéresser au rôle de la Caisse des Dépôts et Consignations dans la politique du logement[57]. En dépit d'une réelle difficulté d'accès aux archives, une histoire de certaines filiales de la Caisse, la SCIC[58] et la SCET est réalisée, qui permet d'éclairer non seulement le rôle-clé de la CDC dans l'histoire urbaine – ce qu'on savait déjà – mais surtout ses modalités d'intervention dans l'aménagement urbain (grands ensembles, zones industrielles, stations touristiques, premières villes nouvelles comme Mourenx) à la charnière des années 1950 et 1960.

L'histoire des transports a longtemps été l'une des dimensions de l'histoire économique, sans pour autant s'intéresser beaucoup à l'histoire

55 Dominique Barjot, *Travaux publics de France. Un siècle d'entrepreneurs et d'entreprises, 1883-1992*, Paris, Presses de l'École nationale des Ponts et Chaussées, 1993.

56 Sabine Effosse, *L'invention du logement aidé en France L'immobilier au temps des Trente Glorieuses* Paris, Comité pour l'histoire économique et financière de la France, 2003.

57 Annie Fourcaut, Danièle Voldman (sous la direction de), « Financer l'habitat. Le rôle de la CDC aux XIXe-XXe siècles », *Histoire Urbaine*, n° *23*, décembre 2008.

58 Paul Landauer, *L'invention du grand ensemble*, *op. cit.*

des villes, à l'exception peut-être du cas des gares. L'évolution récente de ce champ qui participe d'une histoire internationale des réseaux et de la mobilité[59] a autorisé la convergence avec l'histoire urbaine. Le décloisonnement opéré par certains historiens, que ce soit pour l'automobile[60] ou les transports en commun[61] apparait ici légitime. Reste que comme dans le cas de l'histoire économique, l'histoire des politiques urbaines ne constitue pas une fin en soi pour l'histoire de la mobilité. On assiste plutôt ici à un compagnonnage ponctuel qu'à une réelle synergie. Les échelles spatiales et temporelles de référence apparaissent aujourd'hui très différentes. L'histoire des politiques urbaines telle qu'elle est actuellement pratiquée en France, privilégie en effet l'échelle nationale. Cette apparente résistance aux comparaisons résulte en premier lieu de la nécessité d'éclairer les dimensions enchevêtrées des politiques publiques. Si l'horizon vers lequel doit tendre la recherche est transnational, il lui reste aussi à éclairer la place de l'échelon local, que ce soit celui des communes, des départements ou des instances régionales[62]. Parce qu'elle a longtemps considéré la centralisation politique comme un axiome, l'histoire a négligé le poids des acteurs locaux, restant sourde aux démonstrations précoces de la sociologie des organisations et des sciences politiques. Le pas vers une histoire de la construction plurielle des territoires a néanmoins été franchi, grâce à des monographies de référence[63]. Là encore, l'enjeu est moins de valider la démonstration faite par les sociologues des années 1970[64] que de remettre dans leur

59 Vincent Guigeno, Mathieu Flonneau, *De l'histoire des transports à l'histoire de la mobilité*, Rennes, PUR, 2009 ; Denis Bocquet, « Les réseaux d'infrastructures urbaines au miroir de l'histoire : acquis et perspectives », *Flux, 2006*, 3, n° *65, p. 6-16.*

60 Mathieu Flonneau, *L'automobile à la conquête de Paris*, Paris, Presses de l'école nationale des Ponts et Chaussées, 2003.

61 Dominique Laroque, Michel Margairaz, Pierre Zembri (sous la direction de), *Paris et ses transports.* XIX*e*-XX*e* *siècles. Deux siècles de décisions pour la ville et sa région*, Paris, Éditions recherche, 2002 ; Arnaud Passalacqua, *L'autobus et Paris : souplesse, espace public et mobilité de 1900 aux années 1970*, Paris, Université de Paris VII, thèse de doctorat d'histoire sous la direction d'André Gueslin, *2009 ; idem, L'Autobus et Paris*, Paris, Economica, 2011.

62 Emmanuel Bellanger, *Assainir l'agglomération parisienne. Histoire d'une politique publique interdépartementale de l'assainissement (*XIX*e*-XX*e* *siècles)*, Paris, SIAAP, *2011.*

63 Emmanuel Bellanger, *Administrer la « banlieue municipale » : activité municipale, intercommunalité, pouvoir mayoral, personnel communal et tutelle préfectorale en Seine banlieue des années 1880 aux années 1950*, thèse d'histoire contemporaine, sous la direction de Michel Margairaz, Université de Paris 8, 2004.

64 Pierre Grémion. *Le pouvoir périphérique. Bureaucrates et notables dans le système politique français.* Paris, Éd. du Seuil, 1976.

contexte un ensemble de pratiques dont on sait aujourd'hui qu'elles s'enracinent dans un très long XXe siècle. L'histoire du socialisme et du communisme municipal a ouvert la voie d'une histoire générale des politiques communales et intercommunales de l'aménagement urbain. La biographie d'un Claudius-Petit considère autant l'élu de Firminy que le ministre de la Reconstruction et de l'Urbanisme. La voie est désormais ouverte pour des études de villes ou d'élus locaux ou départementaux sur la moyenne durée du second XXe siècle.

L'histoire des politiques publiques de la ville contemporaine est aujourd'hui suffisamment engagée pour entrer désormais dans sa phase de maturité. Les études pionnières qui ont légitimé cette approche de la ville par le politique sont derrière nous ; les travaux en cours et ceux à venir viendront compléter les pièces du puzzle encore manquantes. Certaines restent considérables, et supposent des trouvailles archivistiques : l'étude de la promotion privée dans l'offre de logement – du type Parly II, copropriété construite entre 1968 et 1978, que la publicité présente comme réservée au logement des cadres – et le retour du pavillonnaire dès les années 1960, étudié par les sociologues et les géographes[65] mais dont le lien avec les étapes précédentes du *sprawl* n'est pas fait. La mutation des centres-villes enfin, entre des rénovations contestées[66] et les débuts de la patrimonialisation, ne doit pas être isolée de l'évolution d'ensemble. L'objectif reste en outre la pesée des parts du logement social, du secteur aidé et de la promotion privée dans le logement des Français des années de l'expansion, afin de mesurer le poids de l'État, en dépassant les représentations classiques du dirigisme tout puissant depuis l'Après-guerre. L'histoire sociale de l'urbain, qui demeure paradoxalement le parent pauvre de la recherche sur la ville contemporaine, reste elle largement à construire.

65 Marie-Christine Jaillet, *Les Pavillonneurs : la production de la maison individuelle dans la région toulousaine*, Paris, CNRS, 1982 ; Martine Berger, *Les périurbains de Paris : de la ville dense à la métropole éclatée.* Paris, CNRS, 2004.

66 Isabelle Backouche, « Expertiser la rénovation urbaine. Le cas de la France des années 1960 », *Genèses*, n° 70, 2008/1, p. 45-65.

RETOUR AU SOCIAL

Alors que la matrice de l'histoire urbaine est incontestablement l'histoire sociale, la recherche historique récente semble avoir contourné le social, sans doute par souci de ne pas se laisser enfermer dans la problématique étroite d'une crise urbaine et à cause de la complexité de l'accès aux sources statistiques à grande échelle à partir des années 1960. En 1990, le premier appel scientifique français visant à « écrire une histoire contemporaine de l'urbain » pouvait ainsi affirmer que « la sclérose guette l'histoire urbaine si elle sacrifie au "tout social"[67] ». Le programme d'une histoire sociale de la ville du dernier demi-siècle a pourtant régulièrement été réaffirmé comme prioritaire par les historiens français, que l'échelle d'analyse procède du quartier ou de l'agglomération urbaine. Le glissement enregistré qui conduit l'historiographie à passer de « la classe au territoire ou du social à l'urbain[68] » ne doit pas s'interpréter comme un abandon de l'histoire sociale mais bien comme une refondation.

SOCIÉTÉ PETITE BOURGEOISE OU NOUVELLES SÉGRÉGATIONS ?

La mise en perspective des travaux sociologiques des années 1950-1970 forme un premier moyen d'approche des sociétés urbaines[69]. En reprenant les questions posées, à chaud, par les enquêtes des sciences humaines, le chercheur retrouve à la fois l'horizon d'attente des habitants, ainsi que les obsessions des décideurs qui programment les décisions[70].

En prenant le temps d'un inventaire bibliographique et en réhabilitant la littérature grise, les historiens ont commencé à s'approprier une masse documentaire qui les avait longtemps découragés. Des grands ensembles au Grand Paris, en passant par les villes nouvelles, ce sont en effet des milliers de références qui jalonnent une histoire sociale de la ville vue par les enquêteurs contemporains. Se déprendre des représentations

67 Rémi Baudouï, Alain Faure, *et alii*, *op. cit.*, p. 102.

68 Annie Fourcaut, « De la classe au territoire ou du social à l'urbain », *Le Mouvement social*, 200, juillet-septembre 2002, p. 170-176.

69 Jean-Michel Chapoulie et *alii, Sociologues et sociologies : La France des années 60*, Paris, L'Harmattan, 2005.

70 Susanna Magri, « Le pavillon stigmatisé. Grands ensembles et maisons individuelles dans la Sociologie des années 1950 à 1970 ». *L'Année sociologique*, 2008, 58, n° 1, p. 171-202.

sociologiques de la ville, qui non seulement structurent la connaissance mais aussi en partie l'action des pouvoirs publics qui s'étaient appuyés sur l'expertise sociologique et géographique, apparait ainsi comme une tâche préalable à l'histoire sociale de la ville contemporaine[71]. Dans le sillage de Paul-Henry Chombart de Lauwe et de son Groupe d'Ethnologie sociale rattaché au CNRS, une série de monographies (Paris, Bordeaux, Maubeuge, Strasbourg) sont réalisées dans les années 1950 et au début des années 1960. Dans une étude menée en 1957 sur trois grands ensembles, les chercheurs pensent découvrir les prolégomènes d'une civilisation nouvelle[72]. L'observation participante du psycho-sociologue René Kaës à Strasbourg souligne les problèmes inhérents aux grands ensembles mais conclut avec optimisme : « Le grand ensemble est le support écologique de la culture de masse – c'est la genèse d'une autre société[73]. » Ces études sur les transports, le statut des femmes ou les besoins en équipement nourriront la politique des grands ensembles et plus encore des ZUP et des villes nouvelles. La sociologie urbaine des années 1950-1960, confortée d'ailleurs par les premières enquêtes démographiques, tend à analyser les nouveaux ensembles urbains comme les creusets d'une nouvelle société. À petite échelle, en effet, la représentation de la plupart des groupes sociaux, à l'exception des élites dirigeantes et des agriculteurs, et la jeunesse de la population semblaient indiquer que le temps des ségrégations urbaines était dépassé. Mais l'image de l'âge d'or a été contesté dès les années 1960. La proximité spatiale des différents groupes sociaux n'était en définitive que l'effet du rapprochement forcé et temporaire de trajectoires résidentielles divergentes[74].

De surcroît, si les grands ensembles peuvent apparaitre comme des symboles de mixité sociale dans les années 1960, les analyses globales

---

71 Olivier Ratouis, « L'autonomisation de l'expertise dans l'urbanisme français d'après-guerre. Dunkerque et la Flandre maritime à l'épreuve du fordisme ? », dans Florence Bourillon, Laurent Coudroy de Lille (sous la direction de), « Expertise et décision urbaine », *Histoire Urbaine*, n° 14, décembre 2005, p. 9-27 ; « La hiérarchie des savoirs professionnels dans la Reconstruction des villes françaises. 1940-1960 », dans Patrizia Bonifazio, Elena Cogato Lanza (sous la direction de), *Les experts de la reconstruction. Gli esperti della ricostruzione*, Genève, Metispresses, 2009, p. 131142.

72 Paul-Henry Chombart de Lauwe (sous la direction de), *Famille et habitation*, 2 volumes, Paris, CNRS (Groupe d'ethnologie sociale), 1957-1960.

73 René Kaës, *Vivre dans les grands ensembles*, Paris, Les Éditions ouvrières, 1963, p. 308.

74 Jean-Claude Chamboredon, Madeleine Lemaire, « Proximité spatiale et distance sociale : les grands ensembles et leurs peuplement », *Revue française de Sociologie*, 1970, p. 3-33.

révèlent beaucoup plus de contrastes, que l'on prenne en compte les politiques de logement impulsées par le patronat industriel[75], les cités de transit ou le relogement massif des rapatriés d'Algérie ; certains quartiers nouveaux sont d'emblée construits pour les couches les plus populaires.

Les analyses de l'urbanisation ont été systématisées par la sociologie marxiste des années 1970, qui privilégie la dimension économique du logement[76], simple variable d'ajustement du système productif. Comme le logement reste une marchandise impossible à produire en système capitaliste, l'État, par le biais du secteur social, se met au service des besoins des grandes entreprises monopolistes. Ces analyses restent utilisables aujourd'hui davantage pour une histoire des cultures politiques et de la pensée sur l'urbain que pour une étude des groupes sociaux.

Une partie de l'histoire de l'immigration permet de renouveler l'histoire des sociétés urbaines : suivre l'arrivée et l'installation des migrants dans la ville et ses périphéries constitue une voie féconde pour analyser les transformations conjointes des populations et de l'espace urbain. Les Italiens dans l'Est parisien[77], les Espagnols en Plaine-Saint-Denis, les immigrés installés, puis chassés des bidonvilles, ces études d'histoire sociale éclairent en même temps les mutations de la ville. Notamment le passage de la ville ancienne dense relativement accueillante aux nouveaux venus[78] qui y partagent les difficiles conditions des classes populaires urbaines aux difficultés d'insertion dans la métropole éclatée des nouveaux ensembles urbains.

RÉNOVATION URBAINE ET RÉSISTANCE

La rénovation urbaine a-t-elle brisé les sociabilités, détruit la vie de quartier et chassé les habitants vers des grands ensembles de banlieue,

75 Hélène Frouard, *Du coron aux HLM : patronat et logement social*, 1894-1953, Rennes, Presses Universitaires de Rennes, 2008.

76 Voir les analyses contenues dans Bernard Lepetit, Christian Topalov (sous la direction), *La ville des sciences sociales*, Paris, Belin, 2001 ; Michel Amiot, *Contre l'État, les sociologues. Éléments pour une histoire de la sociologie urbaine en France (1900-1980)*, Paris, EHESS, 1986 ; Pierre Lassave, *Les sociologues et la recherche urbaine dans la France contemporaine*, Toulouse, Presses universitaires du Mirail, 1997.

77 Marie-Claude Blanc-Chaléard, *Les Italiens dans l'Est parisien : une histoire d'intégration, 1880-1960*, Rome, École française de Rome, 2000.

78 Voir l'exemple du quartier central de la République à Marseille avant sa rénovation dans Pierre Fournier, Sylvie Mazella (sous la direction de), *Marseille entre ville et ports. Les destins de la rue de la République*, Paris, La Découverte, collection Recherches, 2004.

où l'adaptation au nouveau mode de vie s'avérait pénible et coûteuse ? L'étude d'Henri Coing sur un îlot insalubre du XIIIe arrondissement, espace emblématique de la rénovation des arrondissements périphériques, tend à le montrer, mais cette analyse a trop vite été généralisée[79]. Des situations beaucoup plus contrastées apparaissent dans des monographies récentes à Pantin, l'achèvement de la rénovation de la Place de l'Église se heurte à l'opposition frontale entre le maire communiste et le président SFIO de l'Office HLM, au grand dam du MRU qui y voit la cause de l'échec du projet. Tout un peuple d'artisans, d'ouvriers, de petits entrepreneurs et de propriétaires défend la qualité de la vie urbaine et l'équilibre économique de la Place de Fêtes, sur un registre emprunté parfois au poujadisme, et fait échouer le premier plan de rénovation du à Fernand Leboucher (1957-1967), sans pouvoir hélas éviter le second[80]. Lors de la rénovation du quartier de la Goutte d'Or dans le XVIIIe arrondissement de Paris, les associations locales parviennent à infléchir le projet choisi par la Ville, de l'architecte Gérard Thurnauer, qui souhaitait s'inspirer de Beyrouth et édifier une entrée monumentale. À Valenciennes, en s'appuyant sur le goût des mineurs pour les corons et l'habitat individuel, le maire refuse les tours et les barres que l'architecte Noël Le Maresquier veut imposer dans la ZUP. À Angers, ville des castors et des squatters, où sévit une dramatique crise du logement, les autorités locales s'opposent en vain à l'obstination du MRU qui fait passer Belle-Beille, grand ensemble construit dans le cadre du secteur industrialisé de 671 à plus de 1.000 logements. Cette résistance des sociétés locales à la modernisation urbaine venue d'en haut, c'est à dire des ministères parisiens, forme la trame de l'étude de la modernisation de Toulouse, dont l'auteur met en avant la résistance des cultures vernaculaires[81].

Dans la même veine est magnifié Paris, la ville héroïque et populaire d'avant la rénovation urbaine[82]. Pour réécrire l'histoire de la modernisation

---

79 Henri Coing, *Rénovation urbaine et changement social, l'îlot* n° 4 (Paris, 13e), Paris, Éditions Ouvrières, 1966 ; 2nd édition, 1976.

80 Francois Delaunay, *La rénovation de la Place des Fêtes* 1957-1983, mémoire de maîtrise d'histoire, direction Annie Fourcaut, Université Paris 1, 2005.

81 Rosemary Wakeman, *Modernizing the Provincial City : Toulouse 1945-1975*, Harvard UP, 1997.

82 Rosemary Wakeman, *Paris, the heroïc city* 1945-1958, The University of Chicago Press, 2009.

urbaine du pays, subsistent des traces nombreuses : archives d'associations, films familiaux, reportages télévisés, archives orales. Ce corpus devrait permettre une histoire dynamique du changement urbain, dont on ignore encore comment il fut accepté et comment les Français s'en accommodèrent. Si nos contemporains, dans leur majorité, n'aiment pas leurs villes et lui préfèrent l'espace intermédiaire du périurbain, les effets de cette urbaphobie doivent être mesurés[83]. Étudier les habitantes des grands ensembles, qui pour les médias des années 1960 sont les premières victimes de la « sarcellite », maladie qui conduit à l'ennui, à la prostitution voire au suicide, permet de comprendre l'adaptation difficile aux nouveaux ensembles urbains et la modification induite des rapports de genre[84]. Les jeunes sont aussi l'objet de politiques spécifiques : comment adapter les nouveaux ensembles à ces classes d'âge pléthoriques, leur éviter l'ennui et la délinquance, alors que la jeunesse devient une catégorie spécifique des politiques publiques ? Croiser les politiques d'encadrement et les représentations de la jeunesse des grands ensembles ouvre une voie vers la compréhension de leur appropriation au quotidien[85].

HUMANISER LE BÉTON ?

Au-delà des femmes et des jeunes, c'est l'ensemble des populations des nouveaux ensembles urbains qui fait l'objet de politiques d'encadrement. D'abord héritées des formules paternalistes de l'Entre-deux-guerres, elles évoluent vers le modèle du catholicisme social urbain, qui propose d'enquêter avant d'agir. En dépit d'une légende tenace, les quartiers sans équipements forment l'exception et très tôt le législateur s'est attaché à encadrer les sociétés en gestation que formaient les nouveaux ensembles urbains. Octroyer des « mètres carrés » sociaux dans les grands ensembles, y prévoir des centres sociaux, des maisons de la culture ou des MJC[86], puis programmer des équipements intégrés dans les villes

83 Arnaud Baubérot, Florence Bourillon (sous la direction de), *Urbaphobie. La détestation de la ville aux XIXe et XXe siècles*, Éditions Bière, 2009.

84 Michèle Huguet, *Les Femmes dans les grands ensembles, de la représentation à la mise en scène*, Paris, CNRS, 1971.

85 Thibault Tellier, « Les jeunes des ZUP : nouvelle catégorie sociale de l'action publique durant les Trente Glorieuses ? », *Histoire et politique*, no 4, janvier-avril 2008.

86 Laurent Besse, *Les MJC. De l'été des blousons noirs à l'été des Minguettes. 1959-1981*, Rennes, Presses Universitaires de Rennes, *2008.*

nouvelles, c'est ainsi tenter d'accélérer l'évolution qui en fera des villes, en instillant une dose de collectif dans ce qui est perçu par les experts comme une myriade anomique d'expériences individuelles[87]. Dès les années 1970, il s'agit aussi de réparer ce qui est en train de se défaire, les cages d'escalier comme les sociabilités de voisinage. La politique de la ville s'enracine dans cet héritage, qu'elle transforme en une politique publique procédurière et novatrice à la fois. De ces procédures, les archives foisonnent[88]. Pour l'historien que ne rebute pas leur aspect bureaucratique, ces archives révèlent, en creux, la crise multiforme en gestation depuis la fin des années 1970 et l'évolution sociale des quartiers en difficulté. Crise observable dans d'autres contextes, à Toronto par exemple où le gigantesque ensemble de logement social de Regent Park, construit pour une élite de travailleurs au lendemain de la guerre est devenu le symbole du quartier stigmatisé quarante ans plus tard[89].

Plusieurs pistes s'offrent aujourd'hui à l'histoire urbaine du contemporain. Poursuivre l'étude des politiques urbaines, en les insérant plus étroitement dans l'histoire administrative et politique de la France des IVe et Ve Républiques ; la construction massive de logements sociaux et de villes nouvelles n'est qu'un aspect de la modernisation du pays, pensée globalement dans les commissions du Plan, au Conseil économique et social, mais aussi à la Direction de la Construction comme à celle de l'Aménagement du territoire du même ministère de la Construction, puis à la DATAR, etc. Urbanisation, décentralisation et aménagement du territoire doivent être pensés ensemble, comme ils l'étaient par les décideurs. Ce qui passe par un double programme : comprendre le « savoir administrer » la ville à tous les échelons de la décision, qui ne sont pas, bien avant les lois Defferre, que nationaux ; comprendre, en même temps, le projet social qui accompagne les décisions et qui n'est sans doute pas le même en 1955 et en 1975.

Si l'urbanisation des années de la IVe République et celles des débuts de la Ve commence à être bien connue, il n'en va pas de même de la

87 *Comment réussir les grands ensembles*, colloque UNESCO, *1960*, revue *L'Habitation, 80*, avril 1960.

88 Guide des sources d'archives sur la politique de la ville : http://www.archivesnationales.culture.gouv.fr/cac/fr/index.html.

89 Sean Purdy, « Ripped Off » By the System : Housing Policy, Poverty, and Territorial Stigmatization in Regent Park Housing Project, *1951-1991, Labour/Le Travail*, volume 52, Fall/Automne 2003, p. 45-108.

période qui s'étend des lendemains de mai 1968 à l'arrivée de François Mitterrand à la présidence de la République : le diagnostic de crise urbaine est posé très tôt, les nouveaux référentiels publics – qualité de la vie, logement des exclus, réorientation du secteur social avec la loi Barre (1977), éternel retour du pavillonnaire – s'enchevêtrent sans que les lignes de force apparaissent nettement[90]. Au-delà des décisions et des circulaires, d'ailleurs mal connues, restent à comprendre les effets de ces mutations conjointes dans l'agencement des villes. Aujourd'hui, comme à Saint-Brieuc, les opérations de rénovation urbaine s'accompagnent souvent d'une analyse de la sédimentation séculaire des politiques du logement social[91].

Enfin, des lectures transnationales de la ville européenne du second XXe siècle s'esquissent[92]. Jusqu'à quel point, à des problèmes similaires – reconstruction des villes détruites, crise du logement de l'Après-guerre, construction de masse aidée par les États, logement des migrants dans les nouveaux ensembles urbains, émeutes urbaines, etc. – des solutions comparables ont-elles été données par des États à système politique différent ? Croiser ces relectures avec une histoire sociale de la ville ordinaire, appuyée sur des monographies qui mêlent sur le moyen terme représentations et évolution des peuplements, devrait permettre de dépasser la grille de lecture nationale. Et de comprendre comment, avec les autres Européens, mais en décalage avec eux, les Français se sont accommodés de la vie urbaine.

Annie FOURCAUT
et Loïc VADELORGE

90 Pascal Griset (sous la direction de), *Georges Pompidou et la modernité. Les tensions de l'innovation 1962-1974*, Collection, Georges Pompidou – Études, Bruxelles, Bern, Berlin, Frankfurt am Main, New York, Oxford, Wien, Peter Lang, 2006 ; Serge Berstein, Jean-François Sirinelli (sous la direction de), *Les années Giscard : les réformes de la société*, 1974-1981, Paris, A. Colin, 2007.

91 Annie Fourcaut, Patrick Harismendy (sous la direction de), *Grands ensembles, intentions et pratiques (1850-1970)*, Rencontres urbaines de Mazier, novembre 2010, Ville de Saint-Brieuc.

92 Dossier coordonné par Sabine Effosse, *Le financement du logement social en Europe depuis 1945, Revue européenne d'histoire sociale, Histoire et sociétés*, n° 20, septembre 2006, p. 4-67.

ON CONSTRUCTION HISTORY[1]

INTRODUCTION

> *Je me présente la vaste enceinte des sciences comme un grand terrain parsemé de places obscures et de places éclairées. Nos travaux doivent avoir pour but, ou d'étendre les limites des places éclairées, ou de multiplier sur le terrain les centres de lumière. L'un appartient au génie qui crée, l'autre à la sagacité qui perfectionne.*[2]
>
> Denis DIDEROT, *Pensées sur l'interprétation de la nature*, Paris, 1752, Pensée 14.

After Madrid in 2003, Cambridge in 2006 and Cottbus in 2009, Paris was selected to host the Fourth International Congress on Construction History. Building upon the momentum of the previous congresses, more than 680 paper proposals were received, representing at least 1000 researchers, obliging the Scientific Committee to undertake a rigorous selection process. This publication includes all of the 240 papers written by the participants. In respecting the established tradition, we have retained the idea that the congress, and the proceedings,

1 This text was previously published as Robert Carvais, André Guillerme, Valérie Nègre and Joël Sakarovitch, "On Construction History". In *Nuts & Bolts of Construction History: Culture, Technology and Society*. Edited by Robert Carvais, André Guillerme, Valérie Nègre and Joël Sakarovitch, t. 1: ix-xiv. Paris: Picard, 3 vol., 2012. It is published here with the permission of the authors and of Picard.

2 "I understand the vast enclosure of sciences as a large field strewn with dark places and illuminated places. Our work must have as its objective, either to extend the boundaries of illuminated places, or to multiply the illuminated places in the field. One belongs to the genius that creates, the other to the wisdom that perfects."

be a reflection of the discipline in all its diversity, both thematically and geographically.

THE EVOLUTION OF THE FIELD

Through these congresses, and without a doubt in part thanks to them, the field has been structured, enriched and enlarged. The multiplication of events since Cottbus is evidence of this: *Actas del Sexto Congreso Nacional de Historia de la Construcción* [Madrid, 2009]; *Édifice & Artifice: Histoires constructives* [Paris, 2010]; *História da construção: Os construtores* [Braga, 2011]; *L'architrave, le plancher, la plate-bande* [Lausanne, 2012];[3] the creation in 2010 of the Francophone association of construction history and the first Portuguese national congress in February 2010.[4]

Even if the definition of this field is not unanimously agreed upon, it is possible to see a clear trend emerging, which is likely a reflection of the dynamism of construction history today. Even if it is not a distinct discipline, since its teaching is not officially recognized as such and it lacks a structuring organization,[5] it can without a doubt be recognized as a 'boundary object,'[6] a multidisciplinary research field centered on

3 Huerta, S., R. Marín, R. Soler and A. Zaragozá (eds), 2009. *Actas del Sexto Congreso Nacional de Historia de la Construcción.* Madrid: Instituto Juan de Herrera.; Carvais, R., A. Guillerme, V. Nègre and J. Sakarovitch (eds.), 2010. *Édifice & Artifice: Histoires constructives.* Paris: Picard.; Sousa Melo, A. and M. do Carmo Ribeiro (eds.), 2011. *História da construção: Os construtores.* Braga: CITCEM [This team plans to hold annual conferences, each organized around a different theme, with the acts published the following year – in 2011, they focused on materials and, in 2012, they will focus on techniques.]; Gargiani, R. (ed.), 2012. *L'architrave, le plancher, la plate-bande.* Lausanne: Presses polytechniques et universitaires romandes.

4 Conference: "A História da Construção em Portugal: Alinhamentos e Fundações." 19 Fevereiro 2010. J. Mascarenhas Mateus, J. Antonio Bandeirinha and S. Barca (eds.). Universidade de Coimbra / Núcleo de Arquitectura e Urbanismo.

5 Boutier, J., J.C. Passeron and J. Revel (eds.), 2006. *Qu'est-ce qu'une discipline?* Paris: EHESS.

6 Leigh Star, S. and J.R. Griesemer, 1989. "Institutional Ecology, 'Translations' and Boundary Objects: Amateurs and Professionals in Berkeley's Museum of Vertebrate Zoology, 1907-1939". *Social Studies of Science* 19 (3, Aug.), 387-420; Akrich, M., 1992. The De-Scription of Technical Objects. *Shaping Technology, Building Society: Studies in Sociotechnical Change.* W. Bijker and J. Law (eds.). Cambridge: MIT Press, 205-224.

the technique of the art of building around which two complementary approaches are developing: one cultural and the other social.

The first congress, held at the initiative of Santiago Huerta,[7] was strongly marked by studies focusing on theorization and on physical objects. For Huerta, the history of construction remains above all a history that has a practical end, "a technical approach for understanding the built universe," practiced by historians capable of understanding "technically advanced" objects [making mortars, stone cutting, carpentry, etc.][8] That is, a history of construction inscribed in the tradition of its founders [Rondelet, Willis, Viollet-le-Duc, Semper, Ungewitter, Choisy, etc.], engineers and architects who, for the most part, sought in history the principles and models destined to teach and renew the constructive practices of their time.

Fairly close to this, the lens of material history advocated by Bruno Reichlin and Franz Graf[9] privileges action. It is about orienting the practice of the "project,"[10] identifying important "works" to be protected as well as developing knowledge about historic and contemporary techniques with a view to their restoration. Investigations are rather monographic and relate to objects or individuals. The valuation of techniques, commonly overlooked and underappreciated, remains a major objective of this approach to construction history.

Meanwhile, Roberto Gargiani and the Laboratory of the Theory and History of Architecture at the Polytechnic School of Lausanne, through the project of writing a "new history of construction," see it as a domain "both technical and theoretical, destined for students,

---

7 Founding member of the *Sociedad Española de Historia de la Construcción*, professor at the Architecture School of the Polytechnic University of Madrid.

8 Huerta, S. L'Histoire de la construction en Espagne: origines et état des recherches. *Édifice & Artifice*, *op. cit.*, 65-76. For Huerta, "Construction is aimed at a practical end," adding that, "Construction is the how: it is the center of our discipline." (Huerta, S. Historia de la Construcción: la fundación de una disciplina. *Actas del sexto Congreso de historia de la Construcción*, *op. cit.*, p. xiii).

9 Reichlin, B., 2002. Quelle histoire peut nous aider à travailler sur l'architecture moderne et contemporaine? Une opportunité de redéfinition de la discipline. *Les Cahiers de la recherche architecturale et urbaine* 9-10, 169-178. See also the contribution of F. Graf in "Material History and Conservation of Contemporary Building Fabric."

10 Concerning the question, "What purpose does the history of construction serve?" Philippe Potié, professor at the École nationale supérieure d'architecture de Versailles answers: "To make architectural projects," and then, a little later on, "to construct." (Potié, P. Les Temporalités de l'histoire de la construction. *Édifice &* Artifice, *op. cit.*, 53, 56).

architects, engineers, technicians and contractors," which, by its approach focusing on "construction, materials, techniques" allows renewing in a larger sense the "analyses of architecture."[11] Their privileged objects are "architectural elements": column, lintel, window, staircase; that is, objects that link aesthetic and technical issues.[12]

To these "practical" approaches, which are intended to teach professionals how to build, protect and restore, one adds those that aim to develop a more critical history of techniques. The 2006 Cambridge Congress marked a certain moment in this evolution, identified by Antoine Picon, as characterized by the decrease of "internal" approaches, which were less concerned with the context in which the objects are produced. Several introductory articles of *Édifice &* Artifice argue for the de-compartmentalization of construction history and its opening towards other disciplines and, in particular, for a more human and social history of construction that is more attentive to people, practices and customs. Of note, Antonio Becchi proposed that the history of construction be a place where competences meet.[13]

THEORETICAL FOUNDATIONS

Two privileged objects of study in construction history can be identified.[14] On the one hand, there is a strong interest in knowledge and theorization [through topics such as structural design, stereotomy, sciences applied to construction, etc.], *i.e.* for their intellectual or even cognitive aspects. On the other hand, much attention is given to physical objects,

11 Gargiani, R. (ed.), 2008. *La colonne: Nouvelle histoire de la construction*. Lausanne: Presses polytechniques et universitaires romandes, 6. The collection aims to "decompose architecture in elements" analyzed in chronological fashion; the column then the architrave are the first elements studied.

12 Gargiani, R. (ed.) *L'architrave, le plancher, la plate-bande*, *op. cit.*

13 See Becchi, A., "Histoire de la construction: un regard italien", 59-63; Carvais, R., "Plaidoyer pour une histoire humaine et sociale de la construction", 31-43; Nègre, V., "Pour une histoire technologique de l'architecture," 17-22; Sakarovitch, J., "L'histoire de la construction et l'histoire des sciences", 24-29, all in *Édifice &* Artifice, *op. cit.*

14 See Picon, A., 2006. "Construction History: Between Technological and Cultural History". *Construction History*, vol. 21, 5-19.

to certain works [for example, bridges, dams, walls, floors, vaults, etc.], or to materials or technical processes. Technical culture has maintained conflicting relations with the sciences since the Middle Ages.[15] The adjective "cultural" seems adequate for qualifying the history of construction because, etymologically, the word culture comes from the Latin "colere," meaning "dwelling," "cultivating" or '"honoring"; its polysemy may nevertheless be misleading. Human and social sciences cannot be reduced to the opposition between culture and technology as in Anglo-American cultural studies.

Thus, without trying to minimize the place of technology, we propose an extension towards the trades as well as an additional line of research, that of the 'society,' in order to complete the constructive vision by an ontological contribution. The architect and engineer, of course, but also the contractor –in their multiple social arrangements [professional communities, industrial companies], in their professional hierarchies and with the groups of unskilled laborers– participate in the act of building.

This established pragmatic link, which is the concern principally of social practices, does not of course limit itself to studies of heroic builders –quite the contrary. It uncovers little known aspects in the work of certain actors, highlights the labor of groups of workers who anonymously traverse history, analyzes the mechanisms of immigration, is enriched by ordinary construction techniques, captures the exceptional moments of passage from one professional status to another, from mason to architect, from craft to industry,[16] analyzes technical tasks [*gestes*[17] *techniques*] of artisans, dissects the changing labor and real estate markets as well as the diverse modalities of the conception of ownership. To resituate the components of the 'society' in the history of construction also is to study the institutions responsible for managing the art of building, to indicate the way forward, to orient it towards a particular purpose, to infuse it with salvational means for the national economy or for the welfare of populations affected by disasters, to conquer a dominant position at a

15 See, for example, the ideas developed by Jacques Ellul or Hans Jonas.

16 See, for example, Bertels, I., 2011. "Building Contractors in Late Nineteenth-Century Belgium: From Craftsmen to Contractors". *Construction History: Journal of the Construction History Society*, vol. 26, 1-18.

17 In French, the word *geste*, which may be translated in English as gesture, comes from the same Latin root as *gestion*, translated as management.

colonial and even international scale. After social and economic history, we must not forget law. Studying the legal writing of technical norms and professional standards, tracing the evolution of legal concepts such as ownership, liability and consent, also deserve their place within construction history. It is often necessary to find these things there where they are not expected, beyond the boundaries of the domain of law, in the hands of construction practitioners themselves. What indeed was Auguste Choisy doing if not practicing the humanities and social sciences, in his *Art of Building among the Romans*, in 1873?[18]

It is not only the themes that are diversifying, but also the construction historian's sources that are getting richer. Certainly, archaeologists, architects and engineers use built objects above all else in their historical approaches, material objects that are constructed or deconstructed, reduced to the state of material memory. The history of techniques requires a study of the experimentation of inventions, failed attempts, testing mechanisms, machines and tools, modeling and study models, etc. But also, and this is explicitly the case for the history of construction, the reconstruction of a particular constructive element in a workshop at a 1:1 scale in order to verify the potential operation of something when subjected to particular constraints.

Historians dig through archival paper. Manuscripts, unpublished treatises or courses, construction drawings, patents, companies' archives, correspondence and field notes, but also estimates and contracts, consultants' meeting minutes, a host of conventions and individual contracts, pay slips, etc.; these also widen the palette.

Finally, more and more, it will be necessary to retain oral sources, indeed audio-visual sources, which permit us to hear the last living examples of vernacular construction: whether these be emergency hut carpenters or traditional lime manufacturers. Much should be saved of the traces of designers and workers whose memory could be conserved and discovered through photographic reporting.[19]

18 Carvais, R., 2009. "Auguste Choisy: pour un usage des sciences sociales au service de l'histoire de la construction". *Auguste Choisy: 1841-1909, L'architecture et l'art de bâtir.* S. Huerta and J. Girón (eds.). Actas del Simposio International celebrato en Madrid, 19-20 noviembre 2009. Madrid: Instituto Juan de Herrera, escuela Técnica Superior de Arquitectura, 121-150.

19 Such as those, re-exhibited during this Congress, of the exhibition "Photographies à l'œuvre: Enquêtes et chantiers de la Reconstruction des villes françaises (1945-1958)",

NUTS & BOLTS

Indeed, the displacement of the objects of study appears clearly in the structure of this collection. The larger debates concerning construction history, seen from a proto-disciplinary point of view, are extended and enriched in this volume [see the first part]. It is devoted to a series of reflections on the epistemology of construction history, its heuristics, its sources and methods, its teaching and its necessity for restoration and rehabilitation. These contributions form the backdrop against which we can measure the evolution of our collective research, which follows in the ensuing chapters.

Construction materials and technologies [see the fourth and fifth parts] alone account for half of the articles. However, if the approaches are often monographic and if the analysis of case studies dominates, the investigations are less descriptive than before and take more into account procedures for the implementation and production of objects. The scale of observation, both spatial and temporal, is wider. This evolution is particularly visible through topics in full development such as industrialization, prefabrication, networks or techniques associated with comfort [heating, ventilation, lighting, etc.]. Researchers seek now more than before to situate the trades in their production context, they focus on "technical systems" [ensembles of compatible techniques implemented during the same epoch] and even the "large technical systems" [systems that involve "an organizational, decision making and managerial dimension of practices, including the point of view of uses"].[20]

Knowledge and theorization [see the second part] also remain privileged objects, but there also is a perceptible evolution here. To the

---

retracing construction work in urban France just after WWII: The exhibition was organized by Didier Mouchel, with David Benassayag and Daniel Coutelier, by the Jeu de Paume and the City of Tours. The exhibition catalogue was edited by the Jeu de Paume and Le Point du Jour with the support of the Ministère de l'Écologie, du Développement durable, des Transports et du Logement, 2011.

20 See Gille, B., 1979. "La notion de *système technique* (essai d'épistémologie technique)". *Techniques et Culture* 1 (October), 8-18; Bijker, W., T. Hugues and T. Pinch (eds), 1994. *The Social Construction of Technological Systems (New directions in the Sociology and History of Technology).* Cambridge: MIT Press.; Summerton, J. (ed.), 1994. *Changing Large Technical Systems.* Oxford: Westview Press.

research on the design of structures and traditional structural analyses as well as on the modeling of complex objects comes the addition of new themes common to social and cultural studies, such as the transfer of knowledge, technical literature or education, where one finds a shared interest in educational and professional issues. The essays on the rules and standards of construction and on the organization of markets also reveal the fruitful exchanges that construction history weaves with legal and economic history.

Finally, the third part entitled, "People & Organization" brings together new subjects that the history of construction henceforth shares with the history of sciences and techniques, especially the history of savoir-faire, gestures and actions. More concretely, this deals with the skill of artisans, contractors and technicians [economists, auditors, experts] and the role of institutions and organizations [professional associations, consulting firms, government departments, etc...] that the works permit us to shed light on. It is important to emphasize that the numerous practitioners who participated in the congress [architects, engineers, contractors, restoration specialists] are particularly well placed to illuminate the back-and-forth between theory and practice that are currently a central concern of historians of sciences and techniques. They offer, thanks to their knowledge related to their professional activities, heuristic readings of practices, tasks and customs. As the subtitles of this part indicate, the history of construction is moving towards a history of the process and the concretization of projects. Several papers focus on the organization of construction sites, offices and teams or on the technical and financial policies or histories of lived experiences in buildings and of make-shift repairs.

It is clear that, for the contemporary period, these new approaches that restitute varying view points or various practices [designers, implementers and users], constitute a valuable tool for assessing techniques. As Gilbert Simondon pointed out in his time, these modalities of evaluation are, in a world shaken up by the growing importance of techniques, absolutely necessary.[21] Technical objects are not neutral objects for which it is only a matter of describing or understanding questions like "How to build

21 See Bontems, V., 2011. "L'éthique de la technique chez Simondon et chez Gonseth". *L'Éthique en prise avec la 'réalité' et le pragmatisme de Ferdinand Gonseth*. E. Emery and L. Benaroyo. Lausanne: Digilex, 53-66.

it?," "How much does it cost?," "Is it a safe design?" or "What caused the failure?"[22] As shown by Jacques Guillerme and Hélène Vérin, the study of "deliberations, reflections, calculations, experiments motivating decision making, abandonments and achievements" are essential to understand the projects of the engineers involved in the matter,[23] because it is indispensable for historians to assess the consequences of technology on living organisms and to assess their ethical value. The urgency of such a reflection is evident in the progression of studies on the contemporary period [in line with what is happening in the social sciences] and in particular on the 20th century [as numerous in these proceedings as those on all the other periods combined]. The evaluation of techniques sometimes misunderstood, looked down upon, reductively opposed to humans and to nature or, conversely blindly praised, remains for us a major objective of construction history.

In a recent collective work that was meant to 're-invent' construction in a prospective optic, one can read that: "Construction [...] is much more than a mere act of production; it is a multilayered process of re-organizing matter, taking place in a variety of scales and time frames. – Most of today's construction is based on concepts, technologies, materials and social models, which are more than a hundred years old, and does not take advantages of the knowledge we currently have. But with climate change, shrinking resources of raw materials, radical demographical shifts, and exacerbating social inequalities resulting from the rise of neo-liberal economy, construction needs to be re-invented now more than ever."[24] This shows the importance of history in this field of research for developing, on the one hand, new technologies not only concerning materials, techniques and energy but also the promising concept of common ownership [the notion of 'commons' developed by Nobel Prize winner in Economic Sciences

22 We borrow these questions from John Ochsendorf, "Engineering Analysis for Construction History: Opportunities and Perils," Keynote Lecture, in Dunkeld, M. et al. (eds), 2006. *Proceedings of the Second International Congress on Construction History*. Cambridge: Construction History Society, 89-107.

23 Vérin, H., 1993. *La Gloire des ingénieurs: L'intelligence technique du* XVI*e* *au* XVII*e* *siècle*. Paris: Albin Michel, 11.

24 Ruby, I and A. Ruby (eds.), 2010. *Re-Inventing Construction, With an Illustrated Index Compiled by Something Fantastic and Written by Jessica Bridger*. Berlin: Ruby Press/Zürich: Holcim Foundation for Sustainable Construction.

Elinor Ostrom] and, on the other hand, rediscovering the virtues of vernacular architecture. We find these two lines of research to be historic contributions to the present book.

All in all, therefore, the first goal of the event, which was to bring together a wide community of researchers and practitioners from various disciplines, can be considered fulfilled. Historians of sciences and techniques, of art, law and economics and also archaeologists and anthropologists bring to the architects, engineers and technicians at the origin of the "history of construction" a cultural and social dimension that enriches a strictly technical vision of building and public works.

The second goal, however –to open this research to men and women coming from geographical areas other than Europe and the Unites States and, in particular, to those areas in rapid transformation, notably Africa, Asia and the still too little explored territories of Eastern Europe– is only partially attained. Aside from South America, where studies on the 20th century are particularly dynamic, the other continents are rather poorly represented and the African continent remains conspicuously absent. To stir up interest, to encourage, to enable research relevant for thinking or rethinking the identity of territories shaken up by globalization remains one of the challenges for the next International Congress on Construction History.

Finally, we must also justify the title under which we decided to publish the proceedings. If the phrase "nuts & bolts," suggested to us by Robin Middleton, is well known to English speakers, it is less so for those who are not and merits a brief explanation. Nuts and bolts are familiar components on any construction site; the bolts are rods that slip through different pieces of an assemblage, which are then secured in place by nuts, essentially fastening devices that terminate the bolt. As a phrase, "nuts & bolts" is also a slang expression that makes reference, in its most general sense, to communicative processes and contents. More specifically, it signifies detailed, practical information concerning either how something works or what it will take to get something done. The title of the proceedings plays upon this dual understanding. What's more, it announces the position of the Organizing Committee that the nuts and bolts of construction history are culture, technology and society, an inseparable trio. This triad permits us to examine "the nuts & bolts" of construction history, thus allowing us to erect together new understandings that simultaneously concern how things worked and what it took to get things done.

Robert CARVAIS,
André GUILLERME,
Valérie NÈGRE
and Joël SAKAROVITCH

EDITORIAL[1]

The first paper published in *Construction History*, in 1985, was "What is the History of Construction" by Sir John Summerson.[2] Nearly thirty years later it is, perhaps, worth some further reflection on the question, and to draw readers' attention to some of the authors who have put pen to paper on the matter.

The most fundamental answer is that it helps define, and define the limits of the academic discipline, and all the more important for a new discipline that has emerged over the last half century. The history of construction has emerged out of several disciplines – the histories of science, civil and building engineering, architecture, technology, mathematics and design, as well as from archaeology and industrial archaeology. It seems, at present, to focus on building construction, rather than civil engineering construction; while it includes some construction economics, labour history and the history of firms, it looks more often at technical aspects of design and construction. It looks at philosophical issues such as epistemology and historiography as well as the role of theory, especially in building design. It is now starting to look at education, training and the skills involved in design and construction, as well as the tools involved, from drawing techniques and physical and mathematical models to scaffolding and construction plant.

Much of Wittgenstein's philosophy of language was based on the idea that words acquire their meaning from the way they are used. So one approach to defining *construction history* is to look at how people use it, and why they want to define it. Often there are very practical reasons.

---

1 This text was previously published as Bill Addis and Nick Bullock, "Editorial". *Construction History. International Journal of the Construction History Society* 27 (2012): i-ii. It is republished here with the permission of the authors and of *Construction History.*

2 John Summerson, "What is the History of Construction?" *Construction History* Vol. 1, 1985, 1-2.

The founders of the Construction History Society wanted to set the aims for the society and boundaries of their interest. One of the founders, Malcolm Dunkeld, undertook his Master's thesis on "approaches to construction history" and summarised this work in volume 3 of *Construction History*.[3] The editors of this journal regularly use the stated aims of the Society, and their own understanding of the discipline, to help decide whether or not a paper is suitable for publication in this journal.

The organisers of the various congresses on Construction History over the last 20 years have also had to set the limits of the discipline. It is interesting to look at the lists of subjects given for the seven congresses of the Spanish Construction History Society since 1996, the first francophone congress on Construction History in 2008 and the four International Congresses on Construction History (Madrid 2003; Cambridge 2006; Cottbus 2009; Paris 2012).[4]

At a more individual level, some researchers have found it useful to discuss what they understand by the term *construction history* and, to some extent, how they came to form this understanding. This was particularly important for those first exploring the subject, since few of us had the benefit of a proper education in history as an academic discipline.[5]

By 2002, members of the Associazione Eduardo Benvenuto at the University of Genoa had the foresight to devote an entire book to the question "What is construction history?"[6]. Shortly afterwards, the same editors produced another book, taking the pragmatic approach

3 Malcolm Dunkeld, "Approaches to construction history." *Construction History* Vol. 3, 1987, 3-15.

4 See the web pages for the different congresses: Spanish Construction History Society: http://www.sedhc.es; ICCH1: http://www.aq.upm.es/Instituciones/jherrera/construction-history/; ICCH2: http://constructionhistory.co.uk/cambridge/call.html; ICCH3: http://www.tu-cottbus.de/projekte/en/ch2009/papers/themes-and-topics.html; ICCH4: http://www.icch-paris2012.fr/#/topics-and-subjects/3780377.

5 Rainer Graefe, *Zur Geschichte des Konstruierens*. Stuttgart: Dt. Verl.-Anst, 1989; William Addis, *Structural Engineering: the nature of the theory and design*. Chichester: Ellis Horwood, 1990; *Proceedings of 6th Spanish National Congress of Construction History*, 2009; "Historia de la construccíon: la fundación de una disciplina" (p. 17-21); http://hct2009.webs.upv.es/media/memoria_HCT_2009.pdf; Inge Bertels, *Building the city, Antwerp 1819-1890*. Doctoral thesis, University of Leuven (Department of Architecture) 2008. ISBN 979-90-5682-926-1 (Introduction p. 38-52); Nègre, Valérie & Lambert, Guy, « L'Histoire des techniques? Une perspective pour la recherche architecturale? » Les Cahiers de la recherche architecturale et urbaine, No.26/27, Nov. 2012, p. 76-85..

6 Antonio Becchi, Massimo Corradi, Federico Foce & Orietta Pedemonte (Eds), *Towards a History of Construction*. Basel: Birkhäuser, 2002.

of reviewing what researchers in different countries were actually doing under the umbrella of the term *construction history*. Various authors provided reviews of the research being undertaken in construction history in Italy, Spain, France, Germany, Belgium and Britain, introduced by a forward "Construction History: The Genoa Meridian"[7]. A year later, Sergej Federov looked at the role of construction history in the Soviet Union between 1930 and 2005[8], and in 2008 the first francophone congress on Construction History included five papers on the nature of construction history as well as papers giving Italian and Spanish views on construction history[9].

To celebrate the "coming of age" of the Construction History Society in 2006, Robert Thorne and Chris Powell, the editors of Volume 21 of Construction History, devoted their editorial to this theme, and the volume contained reflective papers by Antoine Picon and Werner Lorenz on the nature of construction history[10].

Most recently, in 2012, the organisers of the 4th International Congress on Construction History in Paris, in the great French tradition of *encyclopédisme*, devised their own taxonomy of the discipline, using it both to group the congress sessions and to structure the three volumes of the conference proceedings[11].

---

7 Antonio Becchi, Massimo Corradi, Federico Foce and Orietta Pedemonte, [Eds], *Construction History: Research Perspectives in Europe*. Turin: Kim Williams Books, 2004.

8 Sergej Fedorov "Construction History in the Soviet Union; Russia: 1930-2005". *Construction History* Vol. 21, 2006, 81-98.

9 Carvais, R. Guillerme, A. Nègre, V. & Sakarovitch, J. *Édifice & artifice. Histoires constructives*, Paris, Picard, 2010, containing the following papers: Valérie Nègre, "Pour une histoire technologique de l'architecture" p. 17-22; Joel Sakarovitch, "L'Histoire de la construction et l'histoire des sciences" p. 23-30; Robert Carvais, "Plaidoyer pour une histoire humaine et sociale de la construction" p. 31-44; Antoine Picon, "L'Histoire de la construction: entre cadres culturels nationaux et problématiques internationales" p. 45-52; Philippe Potié, "Les Temporalités de l'histoire de la construction" p. 53-58; Antonio Becchi, "Histoire de la construction: un regard italien" p. 59-64; Santiago Huerta, "L'Histoire de la construction en Espagne: origines et état des recherches" p. 65-76.

10 Foreword – "Coming of Age", *Construction History* Vol. 21, 2006, 3-4; Antoine Picon, "Construction History: Between Technological and Cultural History", *Construction History* Vol. 21, 2006, 5-20; Werner Lorenz, "From Stories to History, from History to Histories: What Can Construction History Do?, *Construction History* Vol. 21, 2006, 31-42.

11 ICCH4 – Programme: http://www.icch-paris2012.fr/#/program/3756247; Robert Carvais, André Guillerme, Valérie Nègre & Joël Sakarovitch (Eds), *Nuts and bolts of construction history: culture, technology and society*. Proceedings of the 4th International Congress on Construction History. 3 vols. Paris: Picard, 2012.

In parallel with these thoughts about what construction history is, there has been much discussion about why people might (or should) study it. This can be an emotive topic, and views range across a huge spectrum, just as they do for the more general question "Why study history?" Views expressed by construction historians include "because it is part of our cultural history", "in order to know and understand the achievements of our ancestors", "to provide a body of precedent to inform and enrich our work today", "because it is necessary in order to understand today's construction industry" and, especially by engineers, "to avoid mistakes by studying the engineering failures of the past". While there is no evidence that studying history has helped prevent any engineering failures, most engineers are impressed with the skills and achievements of their ancestors when they encounter them, although this does not form part of their day-to-day work. Traditionally most architectural education has included a large historical content but today there are murmurings in many countries suggesting that the time devoted to studying history would be better spent studying contemporary design and construction.

There are clearly no definitive answers to these questions, and this short discussion does not answer the original question. Nevertheless, we hope it will stimulate readers and potential authors for *Construction History* to explore the theme in their own ways, and share their ideas with others. Taking the Wittgenstein view of recent volumes of Construction History, we have been trying to broaden the scope beyond the history of construction materials and structures towards which some previous volumes and many congresses have converged. We look forward in future to more papers on less tangible themes such as skills, education and training, the history of ideas underlying building design and construction, the history of design practices and construction firms, construction economics and the development of building contracts.

Ultimately, construction history will be what people choose to research and to write about. If these people are, primarily, architects, the history will move towards architectural history. If they are economists, it will move towards economic history. If they are engineers, it will it will focus more on structures, materials and building services. It is the view of the editors of this Journal, clearly shared by the organisers of the twenty or so congresses on construction history over the last eighteen years, that the discipline must not move in any of these directions, and must continue to embrace them all. For this reason, it is essential that we continue to encourage specialists in all aspects of construction to research its history and write about it.

The papers in this volume cover a good range of themes in construction history. They span over 400 years of history, deal with three construction materials and look at the development of the building envelope during the twentieth century from three different points of view.

The paper by Miguel Taín *et al.* deals with the art of stonecutting, a favourite theme among Spanish historians of construction. The paper is especially interesting in that the authors have been able to compare the vaults of Tui cathedral in north-western Spain as they are today, with both some original drawings from the time of their rebuilding and restoration in the early eighteenth century, and the designs recommended in the standard design guides of the period. The authors have outlined the variation between the three sets of data, showing how the designers adapted the standard designs to their particular needs, and the builders had to adapt these designs to make the construction practical and buildable – a story that is familiar in the construction industry of today.

Lighthouses were among many building types in which cast iron replaced masonry during the late eighteenth and early nineteenth centuries. Miles Lewis charts the evolution of these unusual structures, bringing together a wonderful array of images showing idiosyncratic designs from an era before standardisation had taken over, and for a type of building that relied more on the design skills of the manufacturers of the iron components than on the hand of the professional designer.

Estonia seldom features in histories of construction, so it is of particular interest to read in the paper by Maris Mändel and Oliver Orro of some innovative structures in reinforced concrete from the early years of the twentieth century. The most remarkable building from this time is a sea-plane hangar designed and built by the Danish form Christiani and Nielson in 1916-1917 for the armed forces of Imperial Russia. This has three spherical domes of reinforced concrete, each spanning 36.4m and just 80mm thick at their crown, placing the building among the most remarkable in the world as ground-breaking examples of this new type of construction. Thankfully the shells have survived and the building has recently been restored for use as a museum in the port of Tallinn.

The final three papers all look at the development of the building envelope as the means by which the internal climate of a building is controlled. The paper by Kiel Moe looks at how elements in the building envelope have been designed with regard to controlling the transfer of heat across the boundary. From the early nineteenth century when heat transfer was first considered, it was simpler to focus on the thermal resistivity of walls and windows. Moe argues that this did not give the best building performance, since radiation and convection are at least as important as conduction, and that the enduring focus solely upon thermal resistance was encouraged by industries manufacturing insulating materials.

Rosa Urbano tells the fascinating story of le Corbusier's determined but flawed efforts in the 1930s to create a passive, double-skin envelope – the *mur neutralisant* – to control the internal environment of his buildings. This was one of many his visionary ideas, many decades ahead of his contemporaries, arising from his fundamental belief that a building was "a machine for living in". The final paper, by Giulia Marino, looks at the growing use of steel, aluminium and plastics in curtain walls in the 1950s and, in particular, the innovations used in the apartments built for the *Centrale d'Allocations Familiales* in Paris. As well as fully integrating plastics into the facade construction, the architects Raymond López and Michel Holley were early pioneers of the performance-specification as the means of ensuring that the facade delivered the required internal environment.

Bill ADDIS
and Nick BULLOCK

MATERIALI PER UN CANTIERE DI RICERCA SULLA STORIA DELLA COSTRUZIONE[1]

Il lavoro di Giovanni Mochi e Giorgia Predari si inscrive nel solco tracciato dai più recenti studi sulla Storia della Costruzione in Italia. Un dominio di ricerca privo di una precisa codificazione all'interno dell'odierno quadro disciplinare e che proprio in ragione di tale assenza sollecita ad interrogarsi su quali siano, o debbano essere, gli statuti che ne legittimano la valenza scientifica, esplicitandone i presupposti culturali, le metodologie di indagine e gli esiti attesi.

Il più diretto interrogativo prende forma dal confronto istituito con le discipline della Storia, che nel campo delle costruzioni, viene rappresentata dalla Storia dell'Architettura. Seppure connotata dall'originaria filiazione dalla più ampia genia culturale delle Fine Arts, tale settore di ricerca ha progressivamente acquisito una propria autonomia disciplinare con una graduale apertura verso la messa a punto di indagini settoriali e specialistiche in aderenza al più generale processo di 'de-ideologizzazione' che ha interessato ampi settori della storiografia contemporanea, e che, nel campo specifico dell'Architettura del Novecento, è stato primariamente rappresentato dalle ampie sintesi con le quali si è dipinta la vicenda del Movimento Moderno, tracciandone l'intera parabola, dagli esordi fino al suo epilogo.

In questo rinnovato quadro di interesse si collocano dunque alcuni contributi di ricerca offerti dagli storici dell'architettura sui magisteri costruttivi, sulle pratiche di cantiere, sui nessi che legano gli esiti architettonici con le soluzioni tecniche che ne decretano la fattibilità costruttiva.

---

1 Questo testo è stato pubblicato in precedenza in: Riccardo Gulli, "Materiali per un cantiere di ricerca sulla Storia della Costruzione". In Giovanni Mochi e Giorgia Predari, *La costruzione moderna a Bologna. Ragione scientifica e sapere tecnico nella pratica del costruire in cemento armato*, 1-11. Milano: Bruno Mondadori, 2012. Il testo è qui ripubblicato grazie al permesso dell'autore e dell'editore.

Ricerche però prevalentemente confinate nell'alveo dell'architettura muraria antica, in cui i rapporti istituiti con le discipline del Restauro e della Conservazione dei Monumenti, rendono tali indagini storiografiche compatibili e sinergiche ad una più accurata comprensione del Testo. Un campo di studio che riprende, con maggiore incisività, il filone della manualistica ottocentesca e del primo Novecento, dove l'adesione ad un approccio descrittivo alle discipline del progetto e della costruzione, ha aperto la strada alle diverse specializzazioni disciplinari con l'obiettivo di sezionare il sapere in componenti parziali, ognuna dotata di una propria specificità a cui legare le relative prospettive di indagine.

Alla tesi di una Storia univoca, fortemente ancorata ad una indagine eminentemente critica ed interpretativa dell'opera, viene dunque contrapposto un approccio connotato da una maggiore attenzione agli aspetti più minuti, ai caratteri peculiari delle vicende, alle microstorie che segnano gli episodi singolari, alle ricostruzioni filologiche estese ai documenti tecnici e di cantiere. L'eterogeneità che ne consegue mina anche le certezze su cui sono state tracciate le linee degli steccati disciplinari, ritrovando proprio nei bordi di confine i luoghi più fertili in cui far nascere nuovi filoni di ricerca, riposizionando gli "specialismi" entro un alveo che ne rappresenti una originale chiave interpretativa.

Quando nell'ormai lontano 1981 viene dato alle stampe il celebre testo di Edoardo Benvenuto, *La scienza delle costruzioni e il suo sviluppo storico*, a cui poi seguirà dieci anni più tardi la versione in lingua inglese pubblicata da Springer, il timido interesse mostrato dalla comunità accademica italiana rifletterà fedelmente la condizione di scetticismo e prudenza con la quale venivano al tempo accreditate operazioni culturali intese a riconnettere saperi tradizionalmente collocati sugli assi indipendenti della conoscenza, nella più generale suddivisione tra la sfera umanistica e quella scientifica: per lo storico dell'architettura, la formulazione analitica della tesi scientifica appare distante ed incomprensibile rispetto ad una interpretazione prettamente figurativa dell'oggetto; per lo scienziato delle costruzioni, all'opposto, tale analisi appare priva di un portato innovativo per il progresso scientifico della disciplina, senza per altro individuarne una diretta finalità pratica. In questo binomio si risolve dunque un primo confronto dialettico inteso a confinare nell'eccezionalità il profilo originale della linea di ricerca promossa da Benvenuto.

I germi dell'intuizione di Benvenuto, raccolti anche in altri campi disciplinari, hanno però, lentamente e faticosamente, trovato nuovi terreni di coltura su cui attecchire; la linea di ricerca promossa dallo stesso Benvenuto negli anni novanta sul tema *Between Mechanics and Architecture*, presentata all'interno dei Congressi internazionali di Storia della Scienza tenutosi a Saragoza nel 1993 e poi a Liegi nel 1997, così come l'attività svolta dai suoi più diretti allievi, Antonio Becchi, Federico Foce, Massimo Corradi per la ricerca *sull'Arte del Costruire e il suo sviluppo storico* coordinata dall'Associazione Benvenuto, così come gli apporti forniti da Salvatore Di Pasquale e da Antonino Giuffrè, hanno segnato una strada su cui si sono aperte felici e proficue relazioni ed iniziative in campo internazionale. L'esito più diretto e tangibile di tale processo è oggi riconoscibile nella costituzione delle Società scientifiche della Construction History (Spagna, Inghilterra, Francia, Stati Uniti) e dai relativi congressi internazionali promossi in questo ultimo decennio (Madrid, 2003; Cambridge, 2006; Cottbus, 2009; Parigi 2012) e di quelli collaterali organizzati in Italia (Genova, 1999, 2003, 2004, 2007; Ravenna, 2005)

I positivi riscontri ottenuti nel consesso allargato della comunità internazionale, lasciano comunque aperto l'interrogativo iniziale, ovvero se sia possibile ed opportuno riconoscere una precisa identità disciplinare alla Storia della costruzione oppure, di contro, negare tale aspetto perché ritenuto improprio e irrilevante per i presupposti che sostanziano l'interesse di ricerca, a valle di un riconoscimento già espresso nella costituzione delle diverse comunità e nella promozione di iniziative in ambito nazionale ed internazionale.

Si crede che tra le due opzioni debba essere indagata la prima; l'interrogativo posto è infatti coerente con una osservazione che discende dalla lettura critica dei prodotti editoriali, in primis di quelli contenuti negli atti dei congressi internazionali, dove il carattere prettamente eterogeneo delineato dal corpus complessivo dei contributi è sinteticamente riconducibile a due principali indirizzi: da un lato vi è lo studio specialistico che indaga un singolo e circostanziato aspetto teorico o un elemento tecnico della costruzione, instradando l'analisi entro il dominio specialistico delle discipline; su un secondo versante si posizionano invece le letture trasversali che indagano l'oggetto di studio nel suo complesso, ovvero delineando i contorni di specifiche vicende sotto il profilo dell'evoluzione storica della teoria e della pratica del costruire.

Ne discende conseguentemente un quadro frammentato in cui appare alquanto difficile istituire dei marcatori di natura comparativa che ne delimitino con rigore i confini di legittimità scientifica; al contempo, accettando il carattere plurale della Construction History in ambito internazionale – forse inevitabile in ragione della sua giovane costituzione – è possibile riconoscere al suo interno la presenza di alcuni chiari indirizzi di ricerca a cui corrisponde, in Italia, la oramai consolidata linea di studi sull'evoluzione dei modi di costruire nel Novecento, riferimento e matrice dei presupposti scientifici del presente lavoro.

I capisaldi di questa linea prendono forma nel settore disciplinare delle tecnologie costruttive: all'interno dell'Architettura Tecnica, materia di formazione dell'Ingegneria civile, dove si colloca l'attività di ricerca promossa da Sergio Poretti; in quella della Tecnologia dell'Architettura, omologo settore disciplinare nell'ambito delle facoltà di architettura, che ha trovato alimento negli studi intrapresi a partire dagli anni ottanta da Anna Maria Zorgno presso il Politecnico di Torino e primariamente incentrati sul rapporto tra cultura tecnica ed espressione architettonica nell'Italia di fine Ottocento e primo Novecento. Delle due, anche per ragioni contingenti legate alla prematura scomparsa della Zorgno, solo la prima si è realizzata compiutamente attraverso un percorso di ricerca sviluppato in oltre venti anni di studi specialistici.

Il volume, *Progetti e costruzione dei palazzi delle poste a Roma, 1933-1935* del 1990 è l'incipit di questo percorso, dove Poretti traccia con chiarezza i contorni che ne delimitano il campo di azione, ponendo le basi teoriche per i successivi sviluppi. Il punto di partenza è rappresentato dall'opera costruita che viene posta sul banco di lavoro per essere sezionata, disarticolata nelle parti costituenti, al fine di riconoscere i nessi che legano le istanze costruttive ed esecutive a quelli che ne decretano gli esiti finali, il giudizio di valore sotto il profilo figurativo e del linguaggio architettonico. L'originalità dell'approccio si manifesta nella sua complementarietà alle consolidate trattazioni storiografiche sull'architettura razionalista degli anni trenta, ponendo in evidenza come il ruolo rivestito dall'impiego combinato della struttura a scheletro e apparato murario rivestito in pietra, abbia rappresentato il tratto distintivo del peculiare linguaggio "classicomoderno" che connota la vicenda italiana rispetto alla più generale esperienza delle avanguardie europee del periodo.

Su un binario parallelo si posiziona un secondo paradigma della ricerca: lo studio sull'evoluzione storica dei modi di costruire, le tecniche e i materiali, nelle relazioni istituite con il contesto fisico e temporale in cui sono collocate. Ciò significa superare le più generali, e talvolta generiche, descrizioni con cui si è oramai da tempo delineata una storia delle tecniche costruttive o dei materiali, per sondare il dominio articolato e difforme delle applicazioni reali di tali tecniche, le connessioni poste con vicende specifiche, in un determinato luogo, in un circoscritto confine temporale.

La più diretta ricaduta di questa tipologia di studi è riconducibile a due aspetti, uno più strettamente teorico ed uno di natura pratica. Il taglio idiografico dell'approccio restituisce indagini parziali ma puntuali che concorrono ad alimentare un più generale processo di ricostruzione storiografica, con il proposito di colmare quella parte non scritta della Storia dell'Architettura che è identificabile nella sua storia materiale. Un approccio che richiede necessariamente la formazione di figure specialistiche, ovvero capaci di controllare, con analoga confidenza, le problematiche analitiche che presiedono alla formulazione delle soluzioni strutturali e costruttive, e quelle di natura critico-interpretativa sui portati architettonici e storici dell'opera; dunque letture trasversali, dove le implicazioni scientifiche e tecnologiche, come quelle relative alla pratica, sono intimamente integrate all'espressione architettonica, poiché ritenute inscindibili per poter comprendere, nella sua complessità, i caratteri distintivi di un'opera costruita, gli elementi peculiari ed innovativi della sua formulazione progettuale.

Il secondo aspetto, la natura pratica di tali studi, è primariamente rintracciabile nell'ambito degli strumenti conoscitivi di base finalizzati agli interventi di restauro del moderno. Un campo di interesse e di ricerca di recente istituzione e che sollecita ad interrogarsi sull'applicabilità delle tradizionali metodologie del restauro – riferite alla costruzione muraria storica – ad un patrimonio architettonico connotato da una sostanziale difformità di natura tecnologica; la più immediata differenza può essere rintracciata nel diverso significato associato ai due termini, dettaglio architettonico e particolare costruttivo. Il primo è correlato ad una cultura progettuale che si è consolidata su un repertorio di soluzioni costruttive appartenenti ad un dominio codificato della Tecnica – quella della costruzione muraria – le cui varianti sono comunque sempre riconducibili agli stessi principi statici e alla stessa costituzione materica. Il secondo è invece espressione diretta dell'opera, indissolubilmente legata alla matrice ideativa del progetto, rappresentandone in questo il carattere distintivo, spesso il veicolo per far transitare le istanze innovative. La costruzione a getto in cemento armato, fattore decisivo nella genesi del moderno, ne è la più esplicita rappresentazione, prefigurando la possibilità di fuoriuscire dagli schemi ripetitivi della concezione muraria improntata al principio dell'assemblaggio di elementi discreti, per dare vita a soluzioni ottimizzate nelle differenti e specifiche applicazioni progettuali.

Ciò induce ad affrontare il tema del restauro del moderno, sia nei paradigmi teorici che nelle pratiche di intervento, secondo una diversa prospettiva; l'unicità dell'opera nasce dall'integrazione fra linguaggio e tecnica di costruzione, dove proprio quest'ultima diventa elemento nodale del processo ideativo, aprendosi ad accogliere favorevolmente le potenzialità offerte da un sistema costruttivo – quello del cemento armato – che oscilla fra una dimensione ancora artigianale della pratica e quella dello sperimentalismo progettuale associato all'innovazione.

La conoscenza dell'opera nei suoi più reconditi aspetti tecnico-costruttivi – che significa estendere l'analisi oltre il visibile ed oltre gli elaborati originali di progetto per indagare la documentazione delle fasi esecutive, dei rapporti di cantiere, delle vicende intercorse fra i vari attori del processo, progettisti, imprese, committenti, delle testimonianze verbali e fotografiche, delle citazioni nelle riviste d'epoca… – rappresenta il primo passo che si lega strettamente al dominio di studio della storia della costruzione; ma al contempo non esaustivo, poiché tutto ciò, al di là della sua riconoscibilità scientifica e culturale, richiede di essere tradotto all'interno di un nuovo processo ideativo che, al pari di quello che ha decretato la fisionomia originaria dell'opera, consenta di formulare le modalità e le tecniche dell'intervento conservativo attraverso la redazione di un progetto, ovvero di una soluzione su misura aderente sia ai caratteri di unicità citati in precedenza, sia alle esigenze connesse alle operazioni puntuali di ripristino di parti o elementi architettonici originari soggetti a degrado fisico o a trasformazione. Soprattutto in quest'ultimo aspetto viene riconosciuto il nuovo campo di azione della Tecnica, dove l'adozione di specifiche soluzioni costruttive può rappresentare la risposta più coerente alle problematiche di restauro conseguenti alla natura sperimentale o impropria della tecnica originaria, coniugando le esigenze della conservazione su base filologica – di cui detto – con le possibilità oggi offerte dall'impiego di materiali e prodotti di comprovata affidabilità e compatibilità.

Questi dunque i presupposti culturali e scientifici che sostengono il lavoro di ricerca svolto sulla costruzione moderna a Bologna e di cui il presente contributo rappresenta solo un primo tassello.

Una prima precisazione riguarda la definizione terminologica; con costruzione moderna si vuole identificare una circostanziata esperienza dell'architettura del Novecento in cui, al di là delle diverse intonazioni figurative e dei possibili rimandi al linguaggio del razionalismo d'oltralpe, è possibile riconoscere l'adesione verso il "nuovo", ovvero la tendenza espressa a formulare nuove soluzioni progettuali attraverso l'impiego di tecnologie moderne, in primis il cemento armato. Secondo questa accezione, una selezione gerarchica delle opere in ragione della relativa rilevanza dei significati architettonici, appare non determinante o almeno non istitutiva della tesi qui formulata.

Il punto di partenza è infatti questo. Come noto l'avvento della tecnologia del cemento armato segna un discrimine netto nella storia dell'architettura e della costruzione, come unico e forse irripetibile strumento capace di recidere i legami con una cultura costruttiva sedimentata in secoli di storia. Un processo ovviamente non lineare, che si manifesta, come per ogni percorso evolutivo, attraverso episodi singolari, vicende puntuali, fatti circostanziati, situazioni contingenti, che poi spesso evaporano alla luce di una storia intessuta sul racconto degli esiti esemplari, quelli filtrati dalla critica architettonica. Al di là delle inevitabili approssimazioni e inesattezze che possono essere colte nelle operazioni di sintesi storiografica, l'aleatorietà che connota tali formulazioni critiche deriva dall'aver riconosciuto solo formalmente e superficialmente la centralità del progresso tecnico nella formazione dell'architettura moderna, rimarcandone essenzialmente le implicazioni culturali, ma in realtà oscurando il fondamentale apporto offerto dalla teoria e dalla pratica del costruire attraverso le figure deputate a rappresentarla, che nel caso dell'esperienza italiana del primo Novecento, è direttamente riconducibile al campo di formazione dell'ingegneria civile, sia nei risvolti scientifici che in quelli applicativi.

Una mancanza o un disinteresse che trova però una sua giustificazione; la storia dell'architettura moderna è soprattutto espressione di una storia della cultura architettonica ed in quanto tale orientata a considerare la Tecnica uno strumento capace di veicolare le possibilità creative insite nell'attività progettuale, ma nella sostanza estranea alle finalità ultime della disciplina. La cultura dell'ingegnere civile, per contro, essendo fortemente indirizzata verso l'innovazione ha negato un interesse specifico per la Storia, ritrovando in altri ambiti il contesto idoneo in cui sviluppare il proprio sapere: quello della spiegazione scientifica sul funzionamento strutturale, appannaggio dell'istituzione universitaria e diffusa all'interno della comunità accademica attraverso il canale dell'editoria specialistica o del testo didattico; quello della divulgazione professionale che alimenta il settore della manualistica tecnica come strumento semplificato per la traduzione della teoria nella pratica del mestiere; quello della sperimentazione costruttiva che, nell'Italia dei primi decenni del novecento, è sostanzialmente rappresentata dall'opera realizzata, dalle vicende di cantiere, e solo dopo, per la parte teorica, dalle prove di laboratorio sulla resistenza dei materiali e dalla diffusione dei brevetti; quello dell'impresa di costruzione che nelle forme delle Società Anonime o delle nascenti strutture cooperative registra, meglio di altri, gli effettivi avanzamenti del progresso tecnico, come elemento di mediazione fra le istanze professionali e quelle socio-economiche; ed infine quello della produzione che individua nel miglioramento prestazionale di materiali e componenti e nell'ottimizzazione dei processi costruttivi lo spazio idoneo per promuovere l'innovazione.

Il carattere plurale e multiforme di questo sapere, polarizzato nei segmenti della Scienza, della Tecnica e della Prassi, resiste per sua natura ad una lettura lineare e progressiva del suo sviluppo, ma soprattutto è indifferente alle istanze storiografiche perché votato esclusivamente a formulare risposte a realtà in divenire, secondo il paradigma classico del progresso tecnico che soddisfa la primaria esigenza del superamento dell'ultimo risultato prodotto. In aggiunta, nel campo dell'architettura, questo risultato, escludendo situazioni esemplari, è spesso invisibile, nascosto dietro e dentro l'immagine conclusiva, quella della sintesi finale a cui generalmente viene assegnato il giudizio di valore complessivo di un'opera.

Se dunque come già evidenziato, la registrazione storica dei contenuti scientifici, tecnici e pratici della costruzione, al di là di una legittima curiosità culturale, non ha per lungo tempo trovato una sua giustificazione perché estranea ad un interesse teorico ed ad una finalità pratica per la ricerca nel settore dell'ingegneria civile come in quello umanistico della storia dell'architettura, la questione oggi posta dalla conoscenza dei caratteri del patrimonio del Moderno – primario fondamento per le ipotesi di una sua corretta conservazione – stabilisce nuovi profili di interesse scientifico per una storia materiale dell'architettura – ovvero per una storia della costruzione – in cui coesistono metodologie di indagine che tagliano trasversalmente i confini disciplinari.

Nell'Italia di fine Ottocento e primo Novecento la scuola di ingegneria di Bologna, e di riflesso le vicende dei suoi principali protagonisti e delle relative opere, rappresenta un frammento importante di questa Storia non raccontata.

In primo luogo sotto il profilo dei rapporti con la cultura d'oltralpe. I "Fondi degli ingegneri" depositati presso l'Archivio storico dell'Alma Mater forniscono una copiosa testimonianza della riflessione promossa sui processi di riforma urbana secondo i modelli formulati nelle grandi città europee – in primis Parigi e Vienna – portando al centro del dibattito il nodo problematico rappresentato dal tessuto storico bolognese, della necessaria espansione oltre le mura antiche, con la conseguente querelle sulle metodologie di intervento, sui "veri e falsi storici", sulle inevitabili implicazioni con le esigenze del Moderno.

Un contributo che si alimenta su due fronti e a cui corrispondono due figure emergenti del tempo: nella giovane Scuola di Applicazione per gli ingegneri, attiva dal 1877, si sviluppa la ricerca di nuovi modelli di funzionamento strutturale del cemento armato, per mano del suo principale protagonista, Silvio Canevazzi; nella professione, con un rapporto sinergico con la didattica, si struttura invece l'apporto fornito da Attilio Muggia che diventa il primario interprete del sistema Hennebique per l'area del centro Italia.

Sul primo fronte, i due lavori più significativi di Canevazzi, *Siderocemento* (1901) e *Ferrocemento* (1904), segnano la strada; come "opere prime" denunciano con chiarezza una dipendenza culturale con gli studi e le sperimentazioni già condotte da alcuni anni in ambito europeo, con specifico riferimento alle formulazioni teoriche espresse da Considère in Francia e da Bauschinger e Bach in Germania. In prima istanza l'interesse di Canevazzi non è infatti tanto indirizzato alle modalità applicative della Tecnica, ma quanto ad indagare le proprietà dei materiali componenti, per definire le ipotesi teoriche che consentissero di scrivere le formule di elasticità e resistenza delle membrature in cemento armato. Ipotesi che saranno il fondamento dei successivi sviluppi della teoria del cemento armato in Italia, come testimoniato dalle analogie presenti con la successiva formulazione del metodo alle tensioni ammissibili contenuto nel secondo volume del testo base per dell'insegnamento della Scienza delle costruzioni nelle facoltà di ingegneria italiane, quello di Odone Belluzzi del 1954, rimasto sostanzialmente immutato fino all'introduzione negli anni '90 del calcolo semiprobabilistico agli stati limite.

L'attenzione posta da Canevazzi per la formulazione matematica del problema strutturale riferisce della necessità, propria della storia della costruzione moderna, di spiegare le ragioni scientifiche che sostanziano le possibilità applicative di una Tecnica, ovvero di interpretare con il *modello* una realtà che si è già manifestata, come un atto che segue, non precede, la pratica del costruire.

La lettura comparata dei due lavori di Canevazzi consente di comprendere questo passaggio, misurabile in pochi anni; l'atteggiamento prudente che caratterizza il corpus teorico di *Siderocemento* in cui prevale la descrizione delle caratteristiche meccaniche del nuovo materiale e delle metodologie di calcolo semplificate per l'impiego da parte dei professionisti e costruttori, viene superato in *Ferrocemento* e nei successivi lavori, dove si evince una sempre maggiore consapevolezza ed attenzione per l'aspetto teorico, con un graduale affinamento delle procedure di calcolo sulla scorta degli esiti conseguiti presso i laboratori sperimentali, a cui le Scuole di Applicazione italiane affidano il compito di registrare e validare gli avanzamenti scientifici.

All'interno di uno stesso alveo accademico, ma con una sostanziale differenza culturale e professionale, si sviluppa la figura di Attilio Muggia che coniuga, per oltre 40 anni, il ruolo di docente del corso di Architettura Tecnica, a quello di ingegnere progettista e di imprenditore edile, con una dichiarata propensione verso l'innovazione tecnica espressa dalle costruzioni in cemento armato di cui, come detto, sarà uno dei massimi interpreti come concessionario del sistema Hennebique. L'adesione al metodo Hennebique mantenuta da Muggia nel corso della sua lunga e ampia attività professionale – anche dopo l'abolizione dell'esclusività dei brevetti determinata dall'entrata in vigore della prima normativa italiana sull'esecuzione delle opere in cemento armato del 1907, e nonostante la consapevolezza sull'aleatorietà scientifica delle ipotesi teoriche di calcolo – riferisce dello scarto ancora esistente tra la Teoria e la Pratica, dove è sempre la seconda quella in grado di formulare una risposta immediata e concreta alle esigenze di rinnovamento che interessano il mondo delle costruzioni.

Tali istanze si manifestano soprattutto lì dove più stringente appare il portato innovatore della Tecnica, quello in cui vengono valorizzati i primari requisiti prestazionali: snellezza strutturale delle membrature, notevole ampiezza delle campate, sicurezza al fuoco. Il campo di applicazione è dunque primariamente circoscritto alle opere infrastrutturali – ponti, serbatoi, acquedotti – agli opifici e alle nuove tipologie di edifici pubblici e dello spettacolo. L'impiego del cemento armato nella residenza è invece, fino a tutti gli anni venti, del tutto marginale, ovvero limitato all'esecuzione dei solai di piano, come soluzione che consentiva di ridurre i tempi di esecuzione e i costi, ma sostanzialmente estraneo ad ogni implicazione sul piano figurativo e funzionale.

Solo a partire dai primi anni trenta, quando la vicenda professionale di Muggia risulta oramai conclusa, prenderà infatti vita una diversa consapevolezza delle potenzialità espressive del sistema intelaiato, trovando una sua applicazione anche all'interno della progettazione della residenza pubblica e privata bolognese per mano dell'ampia schiera di progettisti che si formano nella scuola di Applicazione, tra cui spiccano Pier Luigi Nervi e Giuseppe Vaccaro. Saranno infatti questi gli anni che concludono il processo di ammodernamento del tessuto urbanistico del centro storico, prefigurato dal piano del 1889, con l'attuazione dell'ultimo dei grandi sventramenti che interesseranno la riprogettazione dell'asse di via Roma (già via Marconi) e dell'area centrale intorno all'attuale piazza Roosevelt, caratterizzata dalla presenza di edifici a funzione mista – residenziale, commerciale e direzionale – che dichiarano la propria modernità attraverso una nuova modulazione dei fronti edilizi associata all'impiego della pilastrata in cemento armato come elemento generatore del piano porticato.

L'indagine svolta su alcune vicende esemplari che segnano la prima fase del programma di risanamento del centro storico di Bologna, ha consentito di registrare quale sia stata l'effettiva incidenza della costruzione in cemento armato nel prefigurare le scelte architettoniche, nel determinare gli indirizzi progettuali, nel definire le prerogative tipologiche e funzionali delle opere, nel delineare nuovi orizzonti per la cultura tecnica dei progettisti.

Se il dato unificante del racconto di queste micro-storie è sicuramente rintracciabile nella scissione fra linguaggio e tecnica – tra i caratteri figurativi dell'eclettismo di maniera con cui sono disegnati i fronti edilizi e la macchina strutturale annegata all'interno – è comunque possibile riconoscere elementi di novità e specificità nella genesi di tali opere, come episodi singolari del più generale processo di avanzamento delle conoscenze sulla tecnica del cemento armato che connota la prima fase di applicazione in Italia.

Come nel caso di Palazzo Ronzani, più volte citato dalla storiografia come il primo edificio realizzato a Bologna in scheletro in cemento armato e che nasce a seguito del grande sventramento dell'area del Mercato di mezzo, iniziato nel 1910 e conclusosi solo molti anni dopo con il nuovo tracciato di via Rizzoli. L'importanza accreditata a questo edificio, sia dalla critica del tempo che all'interno del dibattito aperto tra conservatori e modernisti, deriva dalla sua innovativa tipologia edilizia che prevede di riassumere in se differenti funzioni: albergo, spazi commerciali, circoli, caffè-ristorante, teatro da 2000 posti. L'effige di modernità con la quale viene etichettato nella pubblicistica del tempo non è infatti ascrivibile al dominio dell'espressione architettonica – ancora fedelmente ancorata agli stilemi della tradizione muraria – ma al carattere innovativo dell'impianto tipologico e delle soluzioni tecniche adottate per superare alcune problematiche ritenute fino ad allora irrisolvibili: la progettazione della platea come grande aula priva di sostegni intermedi ma al contempo matrice strutturale del sovrastante spazio del caffè-ristorante; la sicurezza al fuoco delle strutture in cemento armato, requisito indispensabile per la realizzazione di edifici teatrali all'interno del tessuto storico e per poter promuovere la progettazione di tipologie edilizie comprendenti più destinazioni funzionali.

Le fonti documentarie di progetto e di cantiere riferiscono però che l'impiego del cemento armato risulterà circoscritto esclusivamente ai solai di piano, al nucleo interno del teatro e della sala ristorante, mentre per la restante parte vennero impiegate sia le murature in laterizio che a getto in calcestruzzo non armato. Quest'ultima tipologia costruttiva costituisce un elemento di specificità che non sembra trovare altri riscontri nella pratica bolognese, poiché nasce come derivazione di un processo di ottimizzazione ingegneristica fortemente ancorato a ragioni speculative, ovvero al rapporto tra il massimo rendimento economico di un edificio inteso come una "macchina per affari" e l'efficacia delle tecniche mirate al contenimento dei costi di costruzione, quale appunto era considerata la modalità di realizzazione delle pareti monolitiche in calcestruzzo non armato.

In questo spazio si colloca il contributo della giovane figura di ingegnere civile, spesso dimenticato, sconosciuto, marginale per le ragioni della storia dell'architettura. Il lavoro di Mochi e Predari è invece inteso ad esplorarne i confini, rivisitando il portato di questo sapere con un nuova luce interpretativa, ricercando la sua reale implicazione con gli esiti architettonici, con le vicende di cantiere, con la cronaca edilizia.

Un racconto meno accattivante di quello letterario sui "significati" dell'espressione figurativa dell'opera; ma forse più utile per comprenderne la "ragione".

Riccardo GULLI

L'HISTOIRE DES TECHNIQUES

Une perspective pour la recherche architecturale[1] ?

Depuis le début des années 90, une part de l'histoire de l'architecture connaît un développement particulier sous le vocable d'« histoire de la construction » ou de *Construction History*. Les colloques et les associations d'historiens se sont multipliés ; en Angleterre d'abord, puis en Espagne et en Italie[2], et depuis 2003, à l'échelle internationale par l'organisation régulière d'International Congress on Construction History (Madrid 2003, Cambridge 2006, Cottbus 2009, Paris 2012[3]). Malgré la création tardive de l'Association francophone d'histoire de la construction (2010), la France a joué depuis les années 1980 un rôle actif dans ce domaine. Antonio Becchi rappelait récemment combien *L'Architecture à la française* (1982) de Jean-Marie Pérouse de Montclos, *L'Idée constructive en architecture* (1987) et la revue *Amphion. Études d'histoire des techniques*, dirigée par Jacques Guillerme, avaient changé le regard des chercheurs

---

1 Ce texte a été précédemment publié sous la référence : Valérie Nègre et Guy Lambert, 2012. « L'histoire des techniques. Une perspective pour la recherche architecturale ? ». *Les Cahiers de la Recherche architecturale et urbaine*, 26-27 (novembre 2012) « Trajectoires doctorales » : 76-85. Il est publié à nouveau ici avec l'autorisation des auteurs et celle des *Cahiers de la recherche architecturale et urbaine.*

2 Parmi les principales associations, on peut citer : la *Construction History Society* créée en Angleterre en 1985, la *Sociedad Española de Historia de la Construcción* en 1997, *l'Associazione Benvenuto* en Italie en 1998 et la *Construction History Society of America* en 2007. Les colloques sont trop nombreux pour être énumérés ici. Rappelons seulement qu'en 1993, Edoardo Benvenuto organisait un symposium « Entre mécanique et architecture » à l'occasion du XIXe congrès international d'histoire des sciences de Saragosse et trois ans après, en 1996, se tenait le premier Congreso Nacional de Historia de la Construcción à Madrid.

3 Le dernier en date, le Fourth International Congress on Construction History, qui s'est tenu à Paris du 3 au 7 juillet 2012, a été organisé par les Écoles nationales supérieures d'architecture de Paris-Malaquais, Paris-La-Villette, Versailles et le Centre d'histoire des techniques et de l'environnement (Cnam), avec le soutien de la direction générale des patrimoines (bureau de la recherche architecturale, urbaine et paysagère). Il a donné lieu à la publication de *Nuts and Bolts of Construction History. Culture & Technology*, sous la direction de Robert Carvais, André Guillerme, Valérie Nègre et Joël Sakarovitch, Paris, Picard, 2012.

italiens[4]. Depuis les numéros « Culture constructive » et « Imaginaire technique » des *Cahiers de la recherche architecturale* (1992 et 1997), plusieurs colloques[5], publications et séminaires[6] ont vu le jour à l'initiative d'historiens et de praticiens liés aux écoles d'architecture et l'histoire de la construction figure désormais au programme de plusieurs de ces établissements, soit dans les enseignements d'histoire, soit dans ceux de construction.

Cet ensemble de manifestations invite à s'interroger sur la définition et la spécificité de ce domaine d'étude. L'objet de cet article est de présenter quelques réflexions sur les perspectives qu'offrent à la recherche architecturale ces travaux récents et ceux qui portent plus largement sur l'histoire des sciences et des techniques.

L'HISTOIRE DE LA CONSTRUCTION : UN DOMAINE SPÉCIFIQUE ?

L'émergence progressive du vocable d'« histoire de la construction », depuis l'histoire de « l'art de bâtir » d'Auguste Choisy, mérite sans doute un examen particulier. Le terme, en effet, recouvre une pluralité

4 Antonio Becchi, « L'histoire de la construction : un regard Italien » dans R. Carvais, A. Guillerme, V. Nègre, J. Sakarovitch, *Édifice & artifice. Histoires constructives*, Paris, Picard 2010, p. 59-63. On peut ajouter les publications de Philippe Potié, « Pour une histoire de la construction », dans Xavier Malverti (dir.), *L'idée constructive en architecture*, Paris, Picard, 1987 ; le colloque de Royaumont, novembre 1989, « Histoire des métiers du bâtiment aux XIXe et XXe siècles », dont les actes ont été publiés sous la direction de Jean-François Crola et André Guillerme Paris, Plan Construction et Architecture, 1991 ; et l'exposition et le catalogue *L'Art de l'ingénieur* dirigés par Antoine Picon au Centre Pompidou en 1997.

5 Les écoles d'architecture sont à l'origine de plusieurs manifestations importantes. Depuis 2008 : Premier congrès francophone d'histoire de la construction (juin 2008). Publication : R. Carvais, A. Guillerme, V. Nègre, J. Sakarovitch (dir.), *Édifice &* Artifice. *Histoires constructives*, Paris, Picard, 2010 et J.-Ph. Garric, V. Nègre, A. Thomine (dir), *La construction savante*, Paris, Picard, 2008. Voir aussi Basile Baudez (dir.), « Grands chantiers et matériaux », *Livraisons d'histoire de l'architecture* n° 16, 2008.

6 Séminaire « Histoire de la construction » (2009-2011) organisé par le laboratoire de médiévistique occidentale de Paris (UMR 8589, université Paris 1-Panthéon Sorbonne), l'Institut d'histoire du droit (UMR 7184, université Panthéon-Assas-Paris 2), l'université de Paris Est/Marne-la-Vallée et le laboratoire de recherche *Géométrie Structure Architecture* de l'ENSA de Paris-Malaquais.

de définitions en grande partie liée au nombre important de disciplines qui font des techniques et des technologies de l'architecture un thème d'études : histoire de l'art et de l'architecture, histoire des sciences et des techniques, histoire de l'économie et du droit, archéologie, anthropologie, mais aussi métiers de la construction et métiers du patrimoine, car l'histoire de la construction compte un grand nombre de praticiens, architectes, ingénieurs, restaurateurs et conservateurs.

Tandis que certains aspirent à voir ce domaine de l'histoire s'autonomiser – devenir une discipline même – et s'évertuent à en définir les limites et les méthodes (voir la floraison de textes consacrés depuis deux décennies à situer (et légitimer) cette histoire), d'autres (parmi lesquels nous nous situons) le considèrent comme une histoire complète, située au confluent de plusieurs domaines[7] ; une histoire plus que jamais éclairante pour saisir les transformations du territoire, bouleversé par la place grandissante des techniques ; utile pour formuler une critique des concepts opératoires de l'architecture et de ses « technologues » (ceux qui développent une science des techniques).

Pour Santiago Huerta, membre fondateur de la Sociedad Española de Historia de la Construcción, enseignant à l'école d'architecture de Madrid, l'histoire de la construction est avant tout une histoire qui a une fin pratique : « une approche technique pour comprendre l'univers du bâti », pratiquée par des historiens capables de comprendre les objets « de haute technicité » (fabrication des mortiers, taille des pierres, charpenterie, etc.)[8]. Une histoire de la construction, donc, inscrite dans la lignée de ses fondateurs (Robert Willis, Eugène Viollet-le-Duc, Georg

---

7 Depuis 2006 : Antoine Picon, « Construction History : Between Technological and Cultural History », *Construction History*, vol. 21, 2006, p. 5-19 ; Werner Lorenz, « From Stories to History, from History to Histories : What Can Construction History Do ? », *Construction History*, vol. 21, 2006, p. 31-42. Joël Sakarovitch, « L'histoire de la construction et l'histoire des sciences », dans *Édifice et artifice*, *op. cit.* note 3, p. 23-30 ; dans le même ouvrage : Robert Carvais, « Plaidoyer pour une histoire humaine et sociale de la construction », p. 31-44 et Valérie Nègre, « Pour une histoire technologique de l'architecture », p. 17-22. Voir aussi A. Becchi *et al.*, « Construction History : The Genoa Meridian », dans Antonio Becchi, *Construction History : Research Perspectives in Europe*, Florence, Williams, 2004.

8 Santiago Huerta, « L'histoire de la construction en Espagne : origines et état des recherches », *Édifice et artifice. op. cit.* note 3, p. 65-76. Pour John Ochsendorf, l'histoire de la construction sert à répondre aux questions « How to built it ? », « How much does it cost ? », « Is it a safe design ? » « what cause the failure ? » : voir John Ochsendorf, « Engineering Analysis for Construction History : Opportunities and Perils », Keynote lecture, *Second International Congress on Construction History*, Cambridge, 2006.

Gottlob Ungewitter, Auguste Choisy), ingénieurs et architectes pour la plupart, cherchant dans l'histoire des principes et des modèles destinés à instruire et renouveler les pratiques constructives de leur temps.

D'autres, comme Roberto Gargiani, et le laboratoire de théorie et d'histoire de l'architecture de l'École polytechnique de Lausanne considèrent l'histoire de la construction (dite « nouvelle ») comme un domaine « à la fois technique et théorique, à l'intention des étudiants, architectes, ingénieurs, techniciens et entrepreneurs », qui, par son approche centrée sur « la construction, le matériau, la technique » permet de renouveler plus largement les « analyses de l'architecture[9] ». Les objets privilégiés sont les « éléments de l'architecture » (la colonne, le linteau, la fenêtre, l'escalier…), soit des objets relevant clairement de domaines esthétiques et techniques.

Au-delà des divergences dont ces deux exemples témoignent, l'histoire de la construction pratiquée dans les écoles d'ingénieurs et d'architectes présente des spécificités. La plus évidente est sans conteste un intérêt partagé pour les questions pédagogiques et professionnelles. Ce que vise la « nouvelle histoire de la construction », comme l'*Historia de la Construcción* de Santiago Huerta ou encore l'« histoire matérielle du bâti » de Bruno Reichlin et Franz Graf[10], c'est de favoriser instruire l'action. À la question « à quoi sert l'histoire de la construction ? » Philippe Potié, professeur à l'École nationale supérieure d'architecture de Versailles répond : « à faire des projets d'architecture », et plus loin « à construire[11] ». Il s'agit d'orienter la pratique du « projet », d'identifier des « œuvres » importantes pour les sauvegarder et de développer des connaissances pour les restaurer. Les enquêtes sont plutôt monographiques et portent sur des objets ou des individus. La valorisation de techniques souvent méconnues, dépréciées reste un objectif majeur de cette histoire de la construction.

9 Roberto Gargiani (dir.), *La colonne. Nouvelle histoire de la construction*, Lausanne, Presses polytechniques e universitaires romandes, 2008, p. 6. Voir aussi R. Gargiani (dir), *L'Architrave, le plancher, la plate-bande. Nouvelle histoire de la construction*, Lausanne, Presses polytechniques et universitaires romandes, 2012.

10 Bruno Reichlin, « Quelle histoire peut nous aider à travailler sur l'architecture moderne et contemporaine ? Une opportunité de redéfinition de la discipline », *Les Cahiers de la recherche architecturale et urbaine*, n° 9-10, 2002, p. 169-178. Voir également Frantz Graf, « Pour une histoire matérielle du bâti moderne et contemporain », *Patrimoine et architecture*, n° 10-11, juin 2001, p. 40-46.

11 Philippe Potié « Les temporalités de l'histoire de la construction », dans *Édifice & artifice*, *op. cit.* note 3, p. 53 et 56.

La deuxième spécificité tient aux objets d'étude relevant de deux types d'approches, contradictoires aux yeux d'Antoine Picon. D'une part, un intérêt marqué pour les savoirs et les théorisations, autrement dit pour les aspects intellectuels et cognitifs (à travers des sujets comme la stéréotomie, notamment, la conception et le *design* des structures, les discours sur les techniques). D'autre part, une attention portée aux objets physiques (édifices, structures) et matériels (procédés techniques, matériaux). Ces deux catégories d'objets rapprochent les historiens de la construction des historiens des sciences d'une part (histoire de la géométrie, de la mécanique, de la statique, de la résistance des matériaux, analyse du comportement des structures et modélisation de ces comportements structurels) et des historiens des techniques de l'autre (histoire des savoirs techniques, de l'hydraulique, de la fortification, etc.). Ces deux domaines, eux-mêmes profondément marqués par le développement des *Social Studies* depuis les années 1970 ont donc enrichi l'histoire technologique de l'architecture.

À ces approches « pratiques » qui ont pour but d'apprendre aux praticiens à construire, sauvegarder et restaurer s'ajoutent celles qui visent à développer une histoire plus critique des techniques. Plusieurs articles introductifs d'*Édifice & artifice. Histoires constructives* (2010), militent pour le décloisonnement de l'histoire de la construction et son ouverture aux autres disciplines, et en particulier pour une histoire, selon Robert Carvais plus « humaine et sociale de la construction », plus attentive aux hommes, aux pratiques et aux usages[12]. Dans un monde bouleversé par la place grandissante des techniques, la technologie nécessite plus que jamais d'être repensée au regard des enjeux naturels et sociétaux actuels[13].

La complexité de l'objet architectural qui, suivant les catégories vitruviennes, relève de la valeur d'usage, de la solidité et de la beauté, tout comme celle de l'architecture elle-même – discipline par nature hybride, située, comme ne cessent de le rappeler les théoriciens, entre

12 Voir A. Becchi, art. cité note 3 (p. 59-63) ; R. Carvais, « Plaidoyer pour une histoire humaine et sociale de la construction » (p. 31-43) ; V. Nègre « Pour une histoire technologique de l'architecture » (p. 17-22) ; J. Sakarovitch « L'histoire de la construction et l'histoire des sciences », (p. 24-29), dans *Édifice & Artifice*, *op. cit.* note 3.

13 Sur la question de l'éthique des techniques, voir Gilbert Simondon, *Du mode d'existence des objets techniques*, Paris, Aubier, 1958 et l'article de Vincent Bontems, « L'éthique de la technique chez Simondon et chez Gonseth » dans Eric Emery et Lazare Benaroyo, *L'éthique en prise avec la « réalité » et le pragmatisme de Ferdinand Gonseth*. Lausanne, Digilex, 2011, p. 53-66.

« l'art » et la « science » – invite à des approches croisées entre l'histoire de l'art, des sciences et des techniques[14]. La construction, plus encore que l'architecture sans doute, interroge la séparation établie entre l'art et la technique.

TECHNIQUE ET TECHNOLOGIE
Repenser la pratique et la théorie

Depuis ses commencements, dans les années 1930, l'histoire des techniques et celle des sciences, plus ancienne, ont connu une diversification de leurs approches[15]. Plusieurs réflexions qui éclairent l'histoire de la construction et la recherche architecturale en général méritent d'être évoquées.

Il faut tout d'abord rappeler la reconnaissance d'une autonomie des techniques par rapport à la science qui s'impose progressivement à partir des années 1950 sous l'impulsion de Georges Canguilhem en particulier[16]. « Science et technique écrivait-il en 1952, doivent être considérées comme deux types d'activités dont l'une ne se greffe pas sur l'autre, mais dont chacune emprunte réciproquement à l'autre tantôt ses solutions, tantôt ses problèmes[17] ». Dans son sillage, Jacques Guillerme auteur de textes fondamentaux sur les théorisations de l'architecture (de la composition comme de la construction)[18], attira l'attention sur l'importance des sources de la technique et notamment l'intérêt des études de cas concrets, permettant de rendre compte des procédures de

14 Sur les rapports entre science et architecture, voir le point de vue d'Antoine Picon, « Architecture, sciences et techniques. Problématiques et méthodes », *Les Cahiers de la recherche architecturale et urbaine*, n° 9/10, janvier 2002, p. 151-160.

15 On trouve une mise en perspective historiographique de ces deux domaines dans Yves Cohen, Dominique Pestre, « Présentation », *Annales Histoire Sciences sociales*, numéro spécial « Histoire des techniques », n° 4-5, juillet-octobre 1998, p. 721-744 ; Roger Guesnerie, François Hartog (dir.), *Des sciences et des techniques : un débat*, Paris, éditions de l'EHESS coll. « Cahier des Annales » n° 45, 1998 et D. Pestre, *Introduction aux Sciences Studies*, Paris, La Découverte, 2006.

16 Voir Jan Sebestik, « Les commencements de la technologie. Postface / préface », *Documents pour l'histoire des techniques*, n° 14, 2007, p. 123-133.

17 Georges Canguilhem, *Connaissance de la vie*, Paris, Hachette, 1952, p. 156.

18 Jacques Guillerme, *L'art du projet. Histoire, technique, architecture*, Wavre, Mardaga, 2008.

réalisation et de production des objets. Comme l'a montré depuis Hélène Vérin, l'étude « des délibérations, des réflexions, des calculs, des expériences motivant les décisions, les abandons et les réalisations » s'avèrent indispensables pour comprendre les projets des ingénieurs impliqués dans la matière[19]. Malgré ces travaux, les théorisations ou les modélisations de problèmes constructifs sont restés largement privilégiés par les historiens des sciences de la construction et les problèmes pratiques rencontrés par les constructeurs « qui, sans déboucher nécessairement sur une théorie scientifique complète ou nouvelle, agissent comme stimulants intellectuels » sont, selon Joël Sakarovitch, encore à explorer[20]. L'« histoire concrète de l'abstraction intellectuelle » que Jean-Claude Perrot appelait de ses vœux est encore à venir[21].

Toujours issus de l'histoire et de la philosophie des sciences, les premiers travaux sur les commencements de la technologie (discours sur les techniques qui vise à traiter scientifiquement les opérations techniques)[22] et ceux, plus récents, sur les traités consacrés aux « arts du faire », sans porter spécifiquement sur la construction, ouvrent également des perspectives à la recherche architecturale. Le champ de savoir particulier sur lequel portent ces travaux, (qu'on appelait jadis les « arts »), distinct des savoirs des métiers et de la connaissance scientifique, fait partie des objets d'étude privilégiés des historiens de l'art et de l'architecture (histoire de la théorie architecturale). Les études pionnières sur la presse ou les traités techniques reconnus (stéréotomie, toisé, fortification), laissent cependant dans l'ombre les nombreux manuels rédigés par les gens de métiers, les amateurs, voir même les architectes renommés. Les manuels pratiques ne sont pourtant pas de simples descriptions de savoirs existant, ils visent à favoriser l'action, réduire en règles et en

19 Hélène Vérin, *La Gloire des ingénieurs. L'intelligence technique du XVIe au XVIIIe siècle*, Paris, Albin Michel, 1993, p. 11.

20 Joël Sakarovitch, « L'histoire de la construction et l'histoire des sciences », art. cité. J. Sakarovitch a montré comment « la géométrie descriptive naît à partir des pratiques et des tracés des tailleurs de pierre ». *Épures d'architecture. De la coupe des pierres à la géométrie descriptive*, XVIe-XIXe, Bâle, Birkhäuser, 1998.

21 Jean-Claude Perrot, « Histoire des sciences, histoire concrète de l'abstraction », dans R. Guesnerie, F. Hartog (dir.), *op. cit.* note 9, p. 25-37.

22 J. Guillerme, J. Sebestik, « Les commencements de la technologie », *Documents pour l'histoire des techniques*, n° 14, 2007, p. 49-121. [1re éd. Thalès, 1966]. Voir également le très intéressant recueil de textes, malheureusement épuisé : J. Guillerme, *Technique et technologie*, Paris, Hachette, 1973.

méthode l'invention et interrogent de ce fait « le rapprochement de la connaissance avec l'action, de la théorie avec la pratique[23] ». Les corpus sont ainsi à construire, avec une attention spécifique à accorder aux illustrations. À ces corpus s'ajoutent les textes situés à l'articulation d'une culture savante, « entrepreneuriale » et commerciale, susceptibles de rendre compte de l'intrication des milieux artistiques, artisanaux et commerçants : prospectus, catalogues commerciaux, expertises, brochures de présentation d'inventions, etc[24]. Car comme nous le voyons aujourd'hui, les catalogues commerciaux véhiculent des savoirs et des représentations qui conduisent à une redéfinition des publications savantes.

PRATIQUES, USAGES, INVENTION ET PROGRÈS

La deuxième réflexion qu'il convient d'évoquer est liée au développement d'une histoire sociale et culturelle des sciences et des techniques. Rappelons qu'à une histoire dite « internaliste », qui considérait le développement des savoirs et des techniques *in abstracto*, se juxtapose dans les années 1940 une histoire qui entendait replacer ces savoirs et ces techniques dans leur contexte de production. Au cours des années 1970, cette opposition entre savoir et contexte est rendue caduque par ce que l'on nomme les *Social Studies*. Si les travaux d'histoire et de sociologie des sciences sont loin de présenter un front commun, la science est désormais abordée « comme un ensemble de *pratiques* et de *faire*, au laboratoire ou sur le terrain, et plus seulement comme un ensemble conceptuel[25] ». Ces différentes approches, qu'il n'est pas possible de

23 H. Vérin, « Rédiger et réduire en art : un projet de rationalisation des pratiques », dans H. Vérin, Pascal Dubourg Glatigny (dir.), *Réduire en art. La technologie de la Renaissance aux Lumières*, Paris, Éditions de la Maison des Sciences de l'homme, 2008, p. 21.

24 Voir le programme de numérisation du corpus « Construction, Histoire des sciences et des techniques » piloté par la bibliothèque du Cnam (http://cnum.fr) et la Bibliotheca Mechanico-Architectonica lancée en 2007 (www.bma.arch.unige.it). Un colloque et une exposition *Le livre technique* sont en cours de préparation pour 2013. Voir aussi le programme *Bibliographie du livre d'architecture français 1512-1914* piloté par l'Institut national d'histoire de l'art, accessible sur la plateforme AGORHA (http://agorha.inha.fr).

25 D. Pestre, *op. cit.* note 9, p. 3.

détailler ici, ont profondément bouleversé les visions de la *dynamique* des sciences et des techniques[26].

Les démarches développées autour du principe de *symétrie* (considérer avec autant d'intérêt les « gagnants » que les « perdants ») initiées par les « études de controverses » scientifiques (microanalyses de débats entre spécialistes) ont par exemple miné la validité des lectures positivistes et scientistes en dévoilant l'existence une multiplicité de rationalités. En architecture, l'examen de controverses techniques célèbres (Saint-Pierre de Rome, le Panthéon, la Halle au Blé, le canal de l'Ourcq) ont aussi montré l'intérêt de ces échelles d'analyses et de ces objets d'études pour mesurer l'hétérogénéité des facteurs intervenant dans l'argumentation technique.

Comme l'illustre le récent travail de Karen Bowie[27,] l'examen de ces débats mériterait d'être étendu à des « causes ordinaires » (à propos de la mise en œuvre de tel matériau ou de tel procédé) et à l'époque contemporaine. En règle générale, la restitution systématique de points de vue ou de pratiques techniques variées (concepteurs, réalisateurs, amateurs, usagers), est un outil pour déconstruire l'idéologie de techniciens qui présentent la science et la technique comme neutres, ou comme la voix de la raison.

Les recherches récentes des historiens des techniques (issues du mouvement nommé *Social Construction of Technology*[28]) de même que celles de Bruno Latour sont essentielles pour tous ceux qui travaillent sur le changement technique. La question de la novation – comment une invention (forme, théorie, objet, pratique) surgit et s'impose dans un domaine, comment elle se diffuse et transforme à son tour ce domaine, voire redéfinit son contexte – est à la fois au cœur de l'histoire des techniques et de l'architecture. Depuis plusieurs décennies maintenant, l'intérêt porté aux copies, aux emprunts, aux appropriations, aux usages, aux collaborations, a remis en cause la notion d'invention conçue comme une « nouveauté absolue » et individuelle[29]. Pourtant, l'exploration de

26 Ces nouvelles approches recoupent celles développées dans le domaine de l'histoire, de la sociologie, de la philosophie et de l'anthropologie notamment.

27 Karen Bowie, « Pour une histoire culturelle des paysages techniques : le chemin de fer du canal de l'Ourcq, projets et débats, 1837-1841 », mémoire inédit, HDR, université de Versailles, Saint-Quentin-en-Yvelines, 2010.

28 Voir les travaux de Donald A. MacKenzie, Trevor Pinch, Wiebe E. Bijker et Thomas P. Hugues.

29 Une synthèse de ces questions se trouve dans Liliane Hilaire-Pérez, « Invention, culture technique et entreprise entre France et Angleterre au XVIIIe siècle », HDR, université

la dimension collective, artisanale et commerciale du changement technique reste à entreprendre dans le bâtiment, afin d'y saisir notamment la part des « arts dont les modes de production échappent à la rationalité » qui intéressent particulièrement André Guillerme[30]. L'histoire de l'architecture gagnerait aussi à mieux connaître le rôle des artisans et des « techniciens » du bâtiment (économistes, contrôleurs, experts) aussi bien que de certaines institutions (services publics d'architecture, sociétés d'architectes, écoles autres que celle des Beaux-arts)[31]. Il en va de même pour les bureaux d'études, de contrôle et les entreprises artisanales qui sont encore nombreuses après la Deuxième guerre mondiale[32]. Loin de s'écarter de questions esthétiques, ces thèmes d'étude conduisent en réalité à analyser des techniques intellectuelles de l'invention (rôle de la comparaison, de l'analogie, de l'imitation par exemple) également à l'œuvre dans le procès de conception.

Ce que montrent de manière générale ces divers travaux, c'est la limite des analyses essentiellement techniques revendiquées par exemple par Santiago Huerta. Il est clair qu'en se focalisant sur les propriétés techniques des objets, les praticiens accèdent à des analyses extrêmement fines et détaillées des constructions qui peuvent échapper à l'attention des historiens, des sociologues ou même des

---

de Paris I-Panthéon-Sorbonne, 2008, « Mémoire de synthèse », t. 1. Voir aussi Patrice Flichy, *L'innovation technique. Récents développements en sciences sociales. Pour une nouvelle théorie de l'innovation*, Paris La Découverte, 1995. Pour une critique de cette orientation vers l'innovation de la plupart des études portant sur les techniques, voir David Edgerton, « De l'innovation aux usages », dans Y. Cohen, D. Pestre, *op. cit.* note 9, p. 815-837.

30 André Guillerme, *La naissance de l'industrie à Paris, entre sueur et vapeur : 1780-1830*, Seyssel, Champ Vallon, 2007, p. 12. L'approche qu'a développé l'auteur, attentive aux savoirs intuitifs et sensoriels que la pratique des métiers requiert conjointement à la maîtrise de savoir-faire manuels, contribue à renouveler la lecture des mondes du bâtiment.

31 Dans le sillage des travaux d'Antoine Picon, *L'invention de l'ingénieur moderne. L'École des ponts et chaussées, 1747-1851*, Presses de l'École nationale des ponts et chaussées, Paris 1992 et des thèses de Robert Carvais, *La Chambre royale des Bâtiments. Juridiction professionnelle et droit de la construction à Paris sous l'Ancien Régime*, thèse de doctorat d'État en droit, université de Panthéon-Assas (Paris-II), 2001, à paraître aux éditions Droz et de Guy Lambert, « L'architecte et la figure de l'expert, au service de l'État sous la IIIe République. Cultures et stratégies professionnelles. Autour de Paul Guadet (1873-1931) ». Thèse de doctorat en histoire de l'architecture, université de Saint-Quentin-en-Yvelines, 2007.

32 Les recherches entreprises en histoire de l'économie sous la direction de Dominique Barjot portent essentiellement sur les entreprises, les travaux publics étant aujourd'hui mieux connus que le secteur du bâtiment. Voir D. Barjot, *La Grande entreprise française de Travaux Publics, 1883-1974*, Paris, Economica, 2006.

archéologues, mais cette approche met en cause la compréhension même des objets techniques.

Sans être précurseurs de telles réflexions, les textes célèbres de Lewis Mumford (*Technics and Civilisation*, 1934 ; *The Myth of the Machine*, 1967) de Siegfried Giedion (*Mechanization Takes Command*, 1948) et de Reyner Banham (*The Architecture of the Well-tempered Environment*, 1969) ont naguère ouvert le champ de l'histoire de l'architecture à une lecture culturelle de la part technique de l'environnement bâti, au filtre d'une hybridation disciplinaire empirique. Ambitionnant de produire « une histoire anonyme », Giedion se tourne vers les brevets d'invention, à l'instar d'historiens des techniques de son temps. Mais surtout, ces auteurs s'attachent à confronter la culture des concepteurs avec celle des usagers. Pour prometteuse que leur approche puisse paraître, l'impact de ces textes sur l'histoire « technique » de l'architecture semble s'être fait attendre. Les études font encore la part belle à la reconnaissance du progrès technique ou à l'adéquation entre forme et construction[33], contribuant sans doute davantage à corroborer des conceptions persistantes de l'histoire de l'architecture qu'à en renouveler la lecture et les valeurs.

L'ouvrage *Nuts and Bolts of Construction History* (2012) montre cependant que les enquêtes sont plus attentives aux procédures de réalisation et de production des objets. Cette évolution est particulièrement visible à travers des sujets en plein développement tels que l'industrialisation, la préfabrication, les réseaux ou encore les techniques liées au confort (chauffage, ventilation, éclairage, etc.). Les historiens de l'architecture observent les techniques à une plus large échelle qu'autrefois, leurs approches rejoignent celles des historiens des techniques qui pensent en termes de « systèmes techniques » (ensemble de techniques compatibles mises en œuvre à une même époque) et même de *large technical systems* (systèmes qui supposent « une dimension organisationnelle, décisionnelle et gestionnaire des pratiques techniques, y compris du point de vue des usages »)[34].

33 C'est le cas de l'ouvrage de Kenneth Frampton, *Studies in Tectonic culture : The Poetics of Construction in Nineteenth and Twentieth Century Architecture*, Cambridge, Mass., MIT Press, 1996.

34 Voir Bertand Gille, « La notion de *système technique* (essai d'épistémologie technique) », *Techniques et Culture*, n° 1, octobre 1979, p. 8-18. W. Bijker, T. Hugues, T. Pinch (dir.), *The Social Construction of Technological Systems. New directions in the sociology and history of*

L'HISTOIRE MATÉRIELLE DE L'ARCHITECTURE
Un domaine éclairant pour l'histoire des techniques ?

Les recherches récentes sur les techniques de maîtrise des ambiances (éclairage, chauffage, ventilation) ou d'autres secteurs d'activité particuliers devraient contribuer à enrichir les panoramas croisés d'un paysage technique plus large[35].

Ces approches, qui se limitent encore souvent à des études techniques, présentent néanmoins des caractéristiques qui font de l'histoire de la construction un domaine éclairant pour l'histoire des techniques. Ces caractéristiques sont liées à la forte présence d'hommes de métiers (architectes, ingénieurs, comme il a été dit), mais aussi artisans (Compagnons du Devoir par exemple), conservateurs et restaurateurs. Il faut souligner ici les liens étroits et fructueux que les historiens entretiennent avec les praticiens de la construction et de la restauration. Hommes d'actions et de projets, les praticiens offrent des lectures heuristiques des pratiques, des usages et des objets matériels qui sont au cœur de certaines approches des techniques[36]. La reproduction de techniques anciennes, leur re-fabrication en vue de leur perpétuation ou de leur restauration (voir les travaux de l'équipe CRAterre) est une forme de connaissance des techniques de l'architecture (gestes, matières, procédés) extrêmement enrichissante. La pratique en est, comme on le sait, ancienne : collectionneurs, antiquaires et architectes ont régulièrement tentés de retrouver les techniques antiques en fabricant des faux[37]. Outre son

---

technology, Cambridge, Mass., MIT Press, 1994 et Jane Summerton (dir.), *Changing large technical systems*, Oxford, Westview Press, 1994.

35 Les exemples de tels panoramas ne sont toutefois pas très nombreux. Voir Cecil D. Elliott, *Technics and Architecture. The development of Materials and Systems of Buildings*, Cambridge Mass., MIT Press, 1992 ; André Guillerme, *Bâtir la ville. Révolutions industrielles dans les matériaux de construction. France-Grande-Bretagne (1760-1840)*, Seyssel, Champ Vallon, 1995 ; Tom F. Peters, *Building the Nineteenth Century*, Cambridge, Mass., MIT Press, 1996.

36 Voir le très bel article de François Sigaut, « Haudricourt et la technologie » dans *La Technologie, science humaine. Recherche d'histoire et d'ethnologie des techniques*, Paris, Éditions de la Maison des sciences de l'homme, 1987, p. 9-34.

37 Voir à ce sujet Jean-Marie Pérouse de Montclos, « Innovation technique et archéologie des techniques dans l'architecture néo-classique », *Les Cahiers de la recherche architecturale* nº 18, 1985, p. 44-49.

intérêt lucratif, cette activité leur permettait de comprendre l'objet technique et son histoire.

L'apport se situe encore au niveau des méthodes et des outils. À l'occasion d'interventions sur l'existant, les outils du diagnostic technique, par exemple (relevés, dessins, nouveaux outils de simulation du comportement des structures[38]), mettent en œuvre une lecture concrète des édifices, leur conférant le statut de support d'expériences. Mais bien au-delà de ce qui est requis par la restauration ou la réhabilitation, l'analyse archéologique du bâti, pratiqué de longue date par les architectes, constitue un mode de compréhension spécifique. Le champ de l'histoire médiévale, qui l'a efficacement mis à profit depuis les années 1990, a joué un rôle moteur pour l'élaboration d'outils méthodologiques en la matière[39].

Pour différente qu'elle puisse être quand il s'agit d'étudier l'architecture vernaculaire ou les techniques « traditionnelles » contemporaines sur des aires extra-européennes, une telle approche par le terrain conserve sa pertinence en se faisant plus anthropologique. Pour la production architecturale des deux derniers siècles, « savante » ou plus banale, l'apport est à rechercher dans la connaissance fine des procédés constructifs qu'il est possible de saisir au contact de la réalité bâtie, en marge des savoirs théoriques et pratiques transmis par le dessin, l'écrit et l'imprimé. De la mise en série des données matérielles recueillies au fil de monographies d'édifices découle la possibilité de qualifier précisément les produits et les techniques rencontrés, du statut de « prototype » à la banalité d'une production courante, pour mieux identifier un exemple déterminant comme le premier d'une série par exemple, le plus représentatif ou son dernier témoignage encore existant.

Dans un inventaire de cette nature, dont Bruno Reichlin souhaitait, systématiser l'élaboration au-delà du coup par coup des études pour le

38 on peut citer le laboratoire ariam (Atelier de recherche en informatique Architecture et Modélisation) de l'ENSA de Paris La Villette, qui développe des outils d'étude du comportement des structures anciennes pouvant être utilisés lors de campagnes de restauration (voir les travaux de Thierry Ciblac et François Guéna), ou le laboratoire Géométrie, Structure, Architecture GSA de l'ENSA Paris Malaquais (voir les travaux de Joël Sakarovitch).

39 Voir Isabelle Parron-Kontis et Nicolas Reveyron (dir.), *Archéologie du bâti. Pour une harmonisation des méthodes*, Paris, Éditions Errance, 2001 ; N. Reveyron, « L'apport de l'archéologie du bâti dans la monographie d'architecture », *In Situ, revue des patrimoines* [en ligne], n° 2, 2004. http://www.insitu.culture.fr/article.xsp?numero=2&id_article=nr002-601.

rendre plus « encyclopédique[40] », se croisent les enjeux de la connaissance et de la préservation. Les réflexions motivées par la volonté de protéger le cadre architectural et urbain produit dans la deuxième moitié du XXe siècle en témoignent significativement. Face à l'ampleur et au nombre d'opérations mettant en œuvre des techniques industrielles réputées « innovantes », l'étude de celles-ci tient autant à l'identification de critères de sélection qu'à un état des lieux préalable à toute intervention[41].

Comme on le voit, dans le domaine de la construction, la pratique éclaire heureusement l'histoire, mais l'action appelle bien souvent une déconstruction des savoirs techniques implicites. Les enjeux actuels relevant de préoccupations environnementales (économie d'énergie, durabilité des matériaux) ou patrimoniales (protection de l'architecture du deuxième XXe siècle), tout comme la permanence de procédures de la commande architecturale telles que les opérations « expérimentales », confirment l'utilité d'une mise à distance historique et critique du changement technique.

L'histoire des techniques et des technologies de l'architecture offre enfin comme autre perspective de faire se rencontrer deux mondes qui s'ignorent souvent : l'histoire de l'art et l'histoire des techniques. Ainsi de ce point de vue, l'histoire de la construction – dont l'enseignement s'est largement développé dans les écoles d'architecture depuis une décennie – est sans doute un outil pour repenser l'enseignement des « sciences et techniques de l'architecture », en articulation avec des approches physico-mathématiques qui avaient progressivement évacué dans le contenu, comme dans les modes pédagogiques la dimension esthétique puis concrète et matérielle de la construction.

Valérie Nègre
et Guy Lambert

40 Bruno Reichlin, « Quelle histoire pour la sauvegarde du patrimoine moderne et contemporain ? », art. cité note 9. La réalisation d'un tel corpus « encyclopédique » est actuellement engagée sous sa direction.

41 Uta Hassler, Catherine Dumont d'Ayot (dir.), *Architecture de la croissance. Les paradoxes de la sauvegarde*, Zurich, Gollion, ETH, Infolio, 2009 ; Guy Lambert, Valérie Nègre (dir), *Ensembles urbains. 1940-1977. Les ressorts de l'innovation constructive*, rapport de recherche, CDHTE, DAPA, 2009 ; Recherche partiellement publiée dans Guy Lambert, Valérie Nègre, « Les chantiers de l'innovation constructive », in Ministère de la Culture et de la Communication, *Les Grands ensembles. Une architecture du XXe siècle*, Paris, Éditions Carré, 2011, p. 189-205.

EDITORIAL[1]

With this issue we welcome a new co-editor, Hermann Schlimme, who takes his place alongside Bill Addis. Hermann is an architect by training and architectural historian (Ph.D.) working on Early Modern Italian and Modern Architecture, especially on construction issues. He is a research scholar at Bibliotheca Hertziana, Max Planck Institute for Art History, Rome and also teaches at Vienna University of Technology. At the Bibliotheca Hertziana he co-directs the research programme *Epistemic History of Architecture* dedicated to the knowledge possessed and used by building practitioners, a field of research that is particularly relevant to construction history and brings to our subject techniques and approaches developed in other disciplines.

In the last two decades the study of historical practices and of the knowledge embodied in them has been gaining importance in several fields of history, whether the casting of a sculpture, the design of machinery for a mill or the creation of a building or the production of a construction drawing. In the History of Science academics have come to see science itself also as practical art – not only a history of scientific knowledge, but also an integrated history of all forms of knowledge including the practical knowledge of craftsmen.[2] In the History of Art the processes of creating a work of art have been acknowledged for a long time,[3] but have recently become a particular focus of attention: the act of drawing and developing ideas for works of art into feasible

---

1 This text was previously published as Bill Addis and Hermann Schlimme. "Editorial", *Construction History. International Journal of the Construction History Society* 28-2 (2013): i-iii. It is republished here with the permission of the authors and of *Construction History.*

2 Cfr. among others Renn, Jürgen, "Mentale Modelle in der Geschichte des Wissens. Auf dem Wege zu einer Paläontologie des mechanischen Denkens", *Dahlemer Archivgespräche*, 6, 2000. p. 83-100; Renn, Jürgen and Valleriani, Matteo, "Galileo and the Challenge of the Arsenal", *Nuncius*, 2001. p. 481-503.

3 Cfr. Wackernagel, Martin, *Der Lebensraum des Künstlers in der Florentiner Renaissance. Aufgaben und Auftraggeber, Werkstatt und Kunstmarkt*, Leipzig, 1938.

concepts are now studied alongside the physical and material aspects of creating works of art. These acts had long been marginalised as early modern art theory had deliberately excluded them. Artists are now seen as practitioners, and their practices are mapped.[4] These approaches foster a definition of knowledge which sees practice as a precondition, not as a mere field of applying knowledge, as Horst Bredekamp has observed.[5] The processes of creating a work of art and the knowledge embodied in these processes are aspects to be studied in their own right. The "people who did the work" come into the focus, as Celina Fox puts it in her book *The Arts of Industry in the Age of Enlightenment.*[6]

In fact this approach is not new. Construction History in particular has long been concerned with professional practice. The history of construction is often written by trained engineers and architects who are aware of contemporary professional practice and thus tend to look for these issues also in history. Furthermore, throughout history and well into the modern age, buildings have usually been realised relying largely on an unwritten body of knowledge and expertise. For these reasons our journal *Construction History* is naturally drawn to studies of historical practices. Through interaction with adjacent disciplines, the same approach has, for some time now, been extended to the study of the division of labour, decision processes, innovation mechanisms, the cross-fertilisation between theoretical (written) knowledge and practical (experiential) knowledge, as well as to the construction programming of historic projects, which is still a poorly represented research topic. The ability to complete a building on time has often proved to be decisive for the success of new construction methods. Studies of the interaction between design and construction practices, and of the feedback the latter gave to engineers and architects in their creative design stages, have shed a different light on the history of architectural form which, until now, has been based mainly on the historical contexts of

4 To choose just a few from dozens of activities from the last few years: Research Project "Mapping the Practice and Profession of Sculpture in Britain and Ireland 1851-1951, London, launched 2011; Conference "Interdependenzen. Künste und Künstlerische Techniken 1430-1550", Berlin 2011; Conference "Between Accademia and Bottega. Drawing in late Renaissance and early Baroque", Venice 2010; Conference „Early Modern Colour Practices 1450-1659", Berlin 2013.

5 Unpublished communication from Horst Bredekamp, 2013.

6 Fox, Celina, *The Arts of Industry in the Age of Enlightenment*, New Haven/London, Yale, 2009.

theoretical debate. Papers on all these themes are most welcome for *Construction History*.

The practical methods of constructing buildings play a key role in the creative process of architecture: the realisation of a building cannot be reduced to a passive conversion of a plan. The detailed design drawings for a building by architects and engineers do not anticipate all aspects of their realisation. Indeed they provide clear evidence for the division of labour between the design office and the construction site, which has evolved since the Renaissance as the social status of the architect developed. Construction details are often omitted from drawings when it can be assumed that the techniques are known on the building site. Furthermore, drawings usually show the finished artefact not a step-by-step sequence leading to its realisation process. Many aspects concerning the erection of a building, whether a small house or a more complex building such as a cathedral or a modern office building, are resolved at the moment they are executed on the construction site and depend upon the practical knowledge and skills of site-based personal that already exist or are generated when the need arises. The practical knowledge and skills of construction workers are part of the creation of a building and both contribute to the building culture of a particular era as much as the idea of architectural language does. Furthermore, despite all the rationalisation and industrialisation of construction methods, especially in the 19th and 20th centuries, there are always many building practices on site that depend upon manual skills.

The importance of the contribution made by practical knowledge is particularly evident when the goal is to realise a new architectural or construction language. This was the case in the early Renaissance when ideas drawn from Roman Antiquity were introduced to create a new architectural language, just as much as when the new language of reinforced-concrete construction was introduced to construction sites around 1900. The new architectural languages and construction techniques were rapidly transferred and circulated through engravings, printed books, journals and published patents and licences, and influenced building practices. However, the nature of this influence varied significantly since many building practices are region-specific and change slowly as they are transmitted from generation to generation through hands-on participation on the construction site. The different methods and speeds of knowledge dissemination could create friction but could also create the very conditions that stimulate innovation. Existing construction methods often had to be developed and changed to accommodate new architectural languages, for example the developments needed to create or, rather, recreate ancient Roman coffered vaults and domes in Renaissance Italy. New types of temporary works and new ways of building masonry structures had to be created which, in turn, extended the possibilities of form-creation. The building firms that purchased and exploited the patent rights for the first reinforced-concrete systems in the 1890s, firms such as Wayss & Freytag in Germany (Monier patents) and Porcheddu in Italy (Hennebique patents), used their site experience to develop their own logistical and construction techniques. This led, in turn, to more and more patents and enabled the firms to become the 'big players' in concrete construction. The study of such building practices in the wider framework of Construction History enables us to give such events and great achievements their rightful place in history.

One characteristic of the building sector is unchanging: buildings must always be created on a specific site, they have to fulfil precise, individual requirements and expectations of the client or developer, and they are subject to national and local legislation. Furthermore, wherever a building may have been designed, it was and is still usual to appoint regional or local building firms who employ local workers and use, as far as possible, locally available building materials, often simply to reduce construction costs. This practice means that a regional dimension and character was introduced and still is introduced into building construction, despite tendencies towards globalisation.

A current example of this is the use of concrete shells for the Jubilee church in Rome (*Dio Padre Misericordioso*) which were erected to the designs of the New York-based architect, Richard Meier in 2003. Similarly with the glass roofs and fair-faced concrete structures that characterise the stations of the Hungerburgbahn in Innsbruck designed by London-based Iraqi architect Zaha Hadid (2004-2007). Meier and Hadid use their specific, brand-like architectural style all over the world, but each realisation has to be done on a specific site, in a specific country and with local building firms. Decisions concerning materials and construction techniques are generally made after the definition of the architectural project, and need to take into account the local situation –climate, regulations, design codes, costs– as well as the availability of materials and the specific expertise, experience and working preferences of local building firms. In both these two cases the construction firms had to extend their expertise and develop new solutions for manufacturing high-precision pre-cast concrete and glass components with spherical surfaces, and assembling them on-site, and creating almost mirror-finishes and structured surfaces to cast-in-situ concrete elements. These challenges led the contractors to develop both digital and hand-crafted off-site manufacturing processes, and the use of digital measuring techniques on-site for casting concrete and assembling the precast components accurately. These new processes required, in turn, the learning of new on-site manual skills by the local workforce.

The realisation of architecture is thus the result of joint innovative efforts by many members of the project team and is not due only to the efforts of the architect. Such remarkable buildings are due to the combined effect of the separate but linked contributions and innovations by the different protagonists in a project. And it is this combined achievement which attracts widespread interest in innovative buildings, and which leads to the changes in the building culture of an era. By studying the historic dimension of these processes and of the inter-relation and interaction of the different practitioners involved, construction history can help reveal the true complexity of this industrial sector and the structural changes to its knowledge base over time.

THE PAPERS IN THIS ISSUE

This issue of Construction History begins with an engaging study by Annette Münchmeyer of masons' marks found in the western part of the cathedral of Santiago de Compostela, which has enabled a new sequence of construction and subsequent interventions in the structure to be proposed. The paper by James Campbell, the current Chairman of the Construction History Society, also offers some new ideas about the construction of a major cathedral – St Paul's cathedral in London. By analysing records of meetings of the Commission for Rebuilding and of payments made for building stone, the author has revealed some of the difficulties Christopher Wren encountered in securing suitable supplies of stone, especially the Portland stone which was used in greatest quantities, which do much to explain the slow rate of construction that was achieved.

From one type of masonry construction to another –brick chimneys that were constructed from the late-eighteenth century onwards as steam became the preferred source of power for industry and flues for large furnaces were constructed in ever growing numbers. The paper by Gracia López Patiño tells the story of a remarkable phase of building such chimneys in Spain when many were built with helical twists in their shafts, producing a much more striking appearance than the more usual patterns created in the brickwork.

From Spain to Portugal and the history of school building design in the twentieth century. Alexandra Alegre and Teresa Heitor follow the actions of various government bodies as they responded at different times to the sudden need for large numbers of new school places. Various standard designs for secondary schools emerged, beginning with traditional building techniques in the early 20th century and later responding to the growing industrialisation of building construction that occurred in the 1950s and 1960s. An interesting strand of this latter phase was the help provided from Britain by those who developed the well-known Consortium of Local Authorities Special Programme (CLASP) building system based on prefabricated lightweight steel designs.

The 1960s also saw the development of many concrete buildings systems. Silke Langenberg gives us a particularly remarkable example that was developed by the architect Helmut Spieker in 1958, and became known as the Marburg Building System, where it was first applied, and later known, in Britain at least, as the "tartan grid" where it was used in a number of buildings by Arup Associates in the 1960s. This rational approach to design was a means of planning a building to incorporate and integrate the many different grids associated with the building structure, the building services, the floor layout and access routes.

The final paper in this issue, by Anne Coste, is the story of the Llambí company, a traditional firm making window blinds and shutters in Catalonia, famous for its close collaboration and creation of bespoke designs with architects. The paper is based on many interviews with surviving members of the original firm, and those who are still carrying on their traditional approach within a larger international company, who have told their story of how the firm responded over many decades to changes in the construction industry.

Bill ADDIS

Hermann SCHLIMME

LOOKING FOR AN EQUILIBRIUM POINT

Wilson, Machiavelli and the King of Siam[1]

ENOUGH

A few years ago, before Richard Sennett moved the value of *craftsmanship*[2] back to centre stage, Luigi Meneghello reminded us that, even for a writer, the way an artisan crafts an object remains exemplary. Just like an apprentice who, at the end of his traineeship and before becoming a master, must prove his ability to build a masterpiece, the writer must go through the same trial when confronted with the blank page. All the better if, before the trial is over, he is told "Basta così" (Enough), which is what happened to Meneghello's father while creating his "*capolavoro*" (masterpiece) on a lathe, an endless screw.[3] He heard "*Basta così*" because the craft had obviously been learnt well: the young artisan had shown the ability to read a drawing and transform it carefully, accurately and swiftly into a sinuous, three-dimensional object.[4]

---

1 This text is a revised version of a general lecture delivered during the *4th International Congress on Construction History* (Paris, 6 July 2012) and of a report presented at the seminar entitled *Architektur-Wissenschaft* (Braunschweig, 11 May 2012), organised by *Braunschweigische Wissenschaftliche Gesellschaft* on the occasion of the awarding of the *Gauß-Medaille* to Werner Oechslin. It was previously published as Antonio Becchi, "Looking for an Equilibrium Point: Wilson, Machiavelli and the King of Siam", *Construction History. International Journal of the Construction History Society* 28-3 (2013): 1-19. It is republished here with the permission of the author and of *Construction History*.

2 Richard Sennett, *The Craftsman*, New Haven:Yale University Press, 2008.

3 Luigi Meneghello, "Io, apprendista della penna", in L. Meneghello, *L'apprendistato. Nuove carte 2004-2007*, Milan: Rizzoli, 2012, p. 219-223. It is an excerpt of the *lectio magistralis* given in Palermo on June 20th, 2007 and partially published in the Sunday supplement to "Il Sole 24 Ore", July 8th, 2007. The aforementioned *lectio* can be seen as a sort of testament, as Meneghello died in Thiene a few days later on June 26th, 2007.

4 According to Gabriel García Márquez "Ultimately, literature is nothing but carpentry". See Gabriel García Márquez, "The Art of Fiction", in Philip Gourevitch (ed.), *The Paris*

Over the past few months, passionate debates extending beyond the limited circle of architects, engineers and construction historians have centred around one question: how an idea turns into a solid object, a drawing into an artefact. Recently, this discussion focused on one particular contingency: the introduction of 3D printers to the market. The latter are now even available to non-professionals, thanks to a reduction in their price and in their new software's ease of use. 3D printers have become so precise and inexpensive that many foresee the beginning of a new era, which could radically alter the manufacturing industry and the relationship between a citizen and the objects he wishes to buy. This new kind of printer could, for instance, allow some manufacturing processes to return to our cities and towns (thus allowing us to give up the pursuit of low-cost labour in remote countries) as well as offer terrorists and petty criminals a homemade supply of weapons within everyone's reach. London's Victoria & Albert Museum has emphasised this aspect, listing *Liberator* –a gun made by Cody Wilson from a 3D printer within the framework of the *Wiki Weapon Project* (Fig. 1)– among its design collection items. The issues related to this revolution are noteworthy, and they are bound to flourish in the next few years.

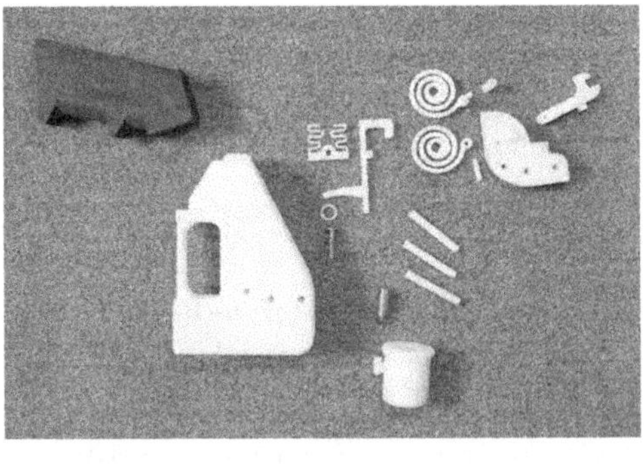

FIG. 1 – *Cody Wilson's gun* Liberator.

The growing interest not only in virtual 3D (3D-TVs, holographic videoconferencing) but also in concrete 3D objects that can be produced at home constitutes a precious reflective opportunity for anyone

Review Interviews, vol. II, New York: Picador, 2007, p. 190.

dealing with the history of construction. After having played with Legos and Meccano, the general public can now also easily build its own "professional" models of houses and cars, or create accessories of various shapes and typologies in home offices, giving free rein to the vital necessity Michelangelo expressed in one of Francisco de Holanda's *Diálogos em Roma*. The latter's considerations first and foremost relate to drawing and painting, but it is obvious that *building* constitutes their natural pendant:[5]

> *Como quer que tanto me ponho às vezes a cuidar e a imaginar que acho entre os homens não haver mais que uma só arte ou ciência e esta ser o debuxar ou pintar, de que tudo o al são membros que procedem. Porque certo, bem estimado tudo o que se nesta vida faz, achareis que cada um está, sem o ele saber, pintando este mundo, assim no gerar e produzir cá novas formas e figuras, como no vestir e vários trajos, como ne edificar e ocupar os espaços com pintados edifícios e casas, como no cultivar os campos e lavrar em pinturas e riscos as terras como em navegar os mares com as velas, como em pelejar e repartir as azes, e finalmente nos finamentos e mortuórios, como em todas as mais nossas operações, movimentos e acções.*[6]

New-age 3D, which according to some marks the beginning of a third industrial revolution, encourages the painstaking contemplation of themes that many construction historians have placed at the core of their research projects. Architecture and construction history, therefore, will most certainly have a say.

5 See Francisco de Holanda, *Diálogos em Roma. Introdução, notas e comentarios* de José da Felicidade Alves, Lisbon: Livros Horizonte, 1984. Segundo Diálogo, p. 43. *Diálogos em Roma* make up the second part of Francisco de Holanda's work *Da Pintura Antiga*, written in 1548.

6 See Francisco de Holanda [sic], *Four Dialogues on Painting.* Rendered into English by Aubrey F.G. Bell, Oxford: Oxford University Press, 1928, p. 36-37: "Indeed I sometimes think and imagine that I can find among men but one art or science, that of drawing or painting, from which all the rest branch out. For if one considers well all that is done in this life, one will find that every man unconsciously is engaged in painting this world, both in creating and producing new forms and figures, in dressing variously, in building and filling in spaces with buildings and houses, in cultivating the fields and ploughing the land into sketches and pictures, in sailing over the sea, in fighting and ordering an armed host, and finally in deaths and funerals and all other movements, actions, and occasions".

SKILFUL ARCHERS

Architecture stems from the desire, the necessity and the pleasure of putting elements together –in a first instance stone and wood– to build a house, a shelter or a bridge. Not only are structural elements three dimensional, but they also have a weight, a colour and a skin: they have to be assembled and hold together, ideally for a long time. For these purposes, it is essential to learn how to build: that is to say to measure, to calculate loads, to choose an appropriate location for laying a building's foundations, to distinguish beautiful shapes from less beautiful ones. Those who have learnt how to build pass on their knowledge to others and do so either orally or, when possible, by putting it in writing. By doing so, they define principles which can be set by means of words and images, but they are also confronted with materiality, with 3D reality. Technical construction drawings –plans, elevations, sections, perspectives– originate from this need, and models are strongly related to it.

Vitruvius tried to describe this creative process. Since then, many of us follow his idea of making architecture the subject and object of discussion. What, then, is *architectura*? "Architectura est scientia", is what *De architectura* says:[7] "Architectura est scientia pluribus disciplinis et variis eruditionibus ornata, cuius iudicio probantur omnia quae ab ceteris artibus perficiuntur opera".[8] More explicitly, Vitruvius also writes:[9]

7 The transcription "Architectura est scientia" is the most common in the Renaissance editions of *De architectura* and it is reported, for instance, in Daniele Barbaro, *M. Vitruvii Pollionis De architectura libri decem, cum Commentariis Danielis Barbari*, Venice: apud Franciscum Franciscium Senensem, & Ioan. Crugher Germanum, 1567, p. 4 (Barbaro adds an *igitur*: "Architectura igitur est scientia"). In Vitruvius, *De architectura. A cura di Pierre Gros. Traduzione e commento di Antonio Corso e Elisa Romano*, Turin: Einaudi, 1997, vol. I, p. 12 one reads "Architecti est scientia" instead.

8 In Vitruvius, *On Architecture.* Translated by Richard Schofield with an Introduction by Robert Tavernor, London: Penguin, 2009, p. 4, one finds the following English translation, well illustrating the difficulties the translators of *De architectura* must face: "The architect's professional knowledge is enriched by contributions from many disciplines and different fields of knowledge and all the works produced by these other arts are subject to the architect's scrutiny".

9 Vitruvius, *De architectura*, (Note 7), p. 12.

> *Ea nascitur ex fabrica et ratiocinatione. Fabrica est continuata ac trita usus meditatio, qua manibus perficitur e materia cuiuscumque generis opus est ad propositum deformationis. Ratiocinatio autem est quae res fabricatas sollertia, ratione proportionis demonstrare atque explicare potest.*[10]

Hence the great –and millenary by now– disquisition on *fabrica* and *ratiocinatio*. Practice and/or theory? Construction site and/or words? Both, of course. Architects know this well. Daniele Barbaro, in his commentary to Vitruvius' treatise, states it clearly:[11] "*Il Discorso [ratiocinatio] come padre; la Fabrica è come madre dell'Architettura*".[12] Barbaro also explains the attitude one should have towards the architect's profession:[13]

> *Volendo adunque fabricare, bisogna conoscere il fine, come quello ch'al mezzo impone forza, e necessità. Ma per la cognitione del fine è necessario lo studio, e il pensamento: E si come il saettatore non indrizzarebbe la saetta alla brocca, se egli non tenesse ferma la mira, così l'Artefice non toccarebbe il fine, se con la mente altrove egli si rivolgesse*[14].

Practice and theory, aims and means, in architecture just as in the art of archery. But in order to understand what Barbaro alludes to even better, one cannot avoid reading a passage of Niccolò Machiavelli's *Il Principe*, published some years before[15]:

> *debbe uno uomo prudente entrare sempre per vie battute da uomini grandi, e quelli che sono stati eccellentissimi imitare, acciò che, se la sua virtù non vi arriva, almeno ne renda qualche odore: e fare come li arcieri prudenti; a' quali, parendo el loco dove disegnono ferire troppo lontano, e conoscendo fino a quando va la virtù del loro arco,*

10 "The expertise derives from practice and theory. Practice consists of the ceaseless and repeated use of a skill by which any work to be produced is completed by working manually with the appropriate materials according to a predetermined design. Theory, by contrast, is the ability to elucidate and explain works created by such manual dexterity in terms of their technical accomplishment and their proportions".

11 Daniele Barbaro, *I dieci libri dell'architettura di M. Vitruvio tradutti e commentati da Monsignor Barbaro, eletto patriarca d'Aquileggia*, Venice: F. de' Franceschi & G. Chrieger, 1567, p. 9.

12 "Speech [*Ratiocinatio* in Latin] is the father; construction [*Fabrica* in Latin] the mother of architecture".

13 D. Barbaro, *I dieci libri dell'architettura*, (Note 11).

14 "When one wants to build, one needs to know the aim, such as this imposes strength and necessity to the means. But study and thinking are necessary in order to understand what one's purpose should be: just as the archer would not hit the jug if he did not have a sure aim, the maker would not achieve his purpose if he focused on something else instead".

15 Niccolò Machiavelli, *Il Prencipe* [sic], Venice: D. Giglio, 1554, chap. VI, f. 10r-10v.

> *pongono la mira assai più alta che il loco destinato, non per aggiungere con la loro freccia a tanta altezza, ma per potere con lo aiuto di sì alta mira pervenire al disegno loro.*[16]

Gravity-induced bending, the bending caused by the weight of reality, by the limits of our own doing. The same themes had been tackled by Aristotle, who stated that builders from Lesbos were particularly wise[17]: Instead of a straight ruler, they used one made of lead, which could follow the unevenness of surfaces and the roughness of materials. This measuring rule thus had to bend itself to reality –which is irregular and unpredictable– without ceasing to be a measuring tool. What this shows is not just ethical commitment, but a form of technical commitment, too, where *prudentia* is a virtue. With *prudentia* we do not intend to convey the notion of "caution" but, instead, the ability to apply a general rule to a particular case, and the wisdom and judgement to do so. As such, the science of the particular does not abandon the universal, and vice-versa.

The architect and the engineer must measure, touch and draw. But they also have to be foreseers and take risks. Should it be practice or theory to come first? This is an ancient issue that the best architects have never failed to solve brilliantly: first comes *Cognition*, that is to say *Insight*. The motto chosen by the Max Planck Society applies to builders, architects and engineers since Vitruvian times at least: "*Dem Anwenden muss das Erkennen vorausgehen*"[18]. In Vitruvian terms, what we

16 *Cf.* Niccolò Machiavelli, *The Prince and the Art of war. With an Afterword by Oliver Francis*, London: Collector's Library, 2004, p. 30: "A wise man should ever to follow the ways of great men and endeavour to imitate only such as have been most eminent; so that even if his merits do not quite equal theirs, yet that they may in some measure reflect their greatness. He should do as the skilful archer, who, seeing that the object he desires to hit is too distant, and knowing the extent to which his bow will carry, aims higher that the destined mark, not for the purpose of sending his arrow to that height, but so that by this elevation it may reach the desired aim".

17 Aristotle, *Nicomachean Ethics.* Translated, with an interpretative essay, notes, and glossary by Robert C. Bartlett and Susan D. Collins, Chicago and London: The University Chicago Press, 2011, book 5, chap. X, 26-33 (p. 112): "This is in fact the nature of the equitable: a correction of the law in the respect in which it is deficient because of its being general. For this is the cause also of the fact that all things are not in accord with the law: it is impossible to set down a law in some matters, so that one must have recourse to a specific decree instead. For the rule [or measure] of something indeterminate is indeterminate too, just as is the case with the lead rule used in house building in Lesbos: the lead rule changes in relation to the shape of the stone and does not stay the same; and so too the specific decree changes in relation to the matters at hand".

18 Max Planck: "Insight must precede application." *Cf.* http://www.mpg.de/183251/portrait.

are dealing with is a continuous movement between *cogitatio* (thinking, reflection, meditation), *inventio* (invention, from *invenire*: "to find" or "to come upon") and *ratio* (system, manner, method, procedure), whereby, depending on the circumstances, the sequence can be changed into *ratio*, *cogitatio*, *inventio*.

"*Erkennen*" (Insight) must be nourished, supported and favoured: this can be done with good food or a good glass of wine, but also with *sollertia* (cleverness, resourcefulness) and study, with *otium* (ease, leisure, inactivity) and discipline. Discipline is something which can be taught and implies a perfectible knowledge, which grows and strengthens. Discipline is something the architect must have and know, in its singular grammatical form, not as a branch of knowledge but as a form of "training". But the architect must also know and practice *disciplines*. "Scientia architecturae" is deeply rooted in several disciplines, even though it is not one of them (and of course we could hold a long discussion on the latter issue).

Vitruvius is meticulous on these points, since the school where he was trained, Cicero's, was precise, too: the architect, being like a rhetorician, must know what he talks about very well. This does not only apply to construction, but to the fact that one must also be able to explain it properly and make it comprehensible. The architect must know materials, optics, gnomonic, etc. but, in order to obtain 3D construction, he also must be able to guide and judge craftsmen, technicians and scientists, who will always know more than he does in their own fields of knowledge. This is the one and only way that an idea can become *idea materialis*[19] and, in the end, a built idea.

19 On this subject see Werner Oechslin, "Architekturmodell. 'Idea materialis'", in Wolfgang Sonne (Ed.), *Die Medien der Architektur*, Berlin: Deutscher Kunstverlag, 2011, p. 131-155. On the topic of models *cf.* Reinhard Wendler's recent *Das Modell zwischen Kunst und Wissenschaft*, Munich: Wilhelm Fink Verlag, 2013.

CRAFTING GRAVITY

In order to be able to produce his projects, the architect needs to possess the skill of inventiveness: invention, therefore, is a prerogative of the architect, of the constructor. When Vitruvius wonders about the value of *inventio*, he makes use of three examples to clarify what he means:

1. The first (*De architectura*, book IV) is, perhaps, the most known and refers to the invention of the Corinthian capital by Callimachus.[20] A virgin of Corinth, just of marriageable age, died as a result of illness. After her burial, her nurse collected a few little things that the girl used to enjoy while she was alive, put them in a basket, carried it to the tomb, and laid it on top, covering it with a tile. This basket happened to have been placed just above of an acanthus root. In time the acanthus root, pressed down by the weight, sent out leaves in the spring, as well as stalks, which, growing up the sides of the basket and pressed out by the corners of the tile through the compulsion of its weight, were forced to form volute spirals at the ends. Callimachus walked by the tomb and saw the basket with the tender young leaves growing around it. Delighted by the style and novelty of the form, he built some capitals in that pattern for the Corinthians and established from that time forth the rules for the completion of buildings in the Corinthian order.
2. The second example is in book IX and recalls Ctesibius' experience in his father's barber shop, where his first invention was a counter-weighted mirror.[21] He fixed a wooden channel under a beam and housed a set of pulleys in it. He then led a cord along the channel to the corner of the room where he placed some narrow tubes arranged in such a way that a ball of lead attached to the string could be let down in the tubes. Ctesibius noticed that the weight sometimes made a whistling noise as the air escaped when the weight moved. This effect provoked his curiosity about both the powers of air and musical instruments.

20 Vitruvius, *On architecture*, (Note 8), book IV, p. 92.

21 Vitruvius, *On architecture*, (Note 8), book IX, p. 266.

3. The third, again in book IX, refers to an episode which has been passed on in writings of the ancient times only by Vitruvius (let us consider this fact, which is important). It is the well known *Eureka!* episode[22]. Archimedes reportedly stepped into a bath and noticed that the water level rose; he suddenly understood that the volume of water displaced must be equal to the volume of the part of his body he had submerged. He could then compare weight and volume in order to solve the crown's problem. He is said to have been so eager to share his discovery that he leapt out of his bathtub and ran through the streets of Syracuse naked proclaiming "Eureka!"

Why was this last episode so important to Vitruvius? Probably because it contains the essence of knowledge connected to construction. It has to do with knowledge in which invention, and thus innovation, are essential. *Inventio*, *ingenium*: in order to build, we need to know the mechanisms of invention, otherwise such profession boils down to pure imitation. Shrewdness plays an important role, and it is not an end in and of itself. Note the sequence of the episode told by Vitruvius: King Hiero of Syracuse entrusts a certain amount of gold to a skilled craftsman, who makes a crown with it that appears, at least, to be made entirely of gold. The craftsman, though, plays it clever by adding a certain amount of silver in an act of fraud based on a skilled ploy. King Hiero cannot destroy the crown to reveal the trickery, and thus asks Archimedes' help. And this is when the moment of invention took place: understanding, all of a sudden, that the answer to the problem was unbelievably easy. One must only compare volume and weight, that is define the specific weight of a material.

Gravity and invention, the gravity of the invention: Acanthus-Gravity (Callimachus), Weights-in-the-tube-Gravity (Ctesibius), Body-Gravity (Archimedes). This simple fact of nature distinguishes the work of the Vitruvian architect. He can never forget the heaviness of reality: he relies on a force which is above our heads and inside our bodies. The architect can never forget that his body has a weight, that his hand is heavy. Many innovations in the field of construction depend on the ability to tame gravity: large domes, roofs, bridges. Mastering weights is their common denominator. That is the reason why Archimedes' *Eureka!* proves to be emblematic. Comments on the Vitruvian treatise,

22 Vitruvius, *On architecture*, (Note 8), book IX, p. 244-245.

from the Renaissance onwards, offer an amazing iconographic setting to this episode. Out of decency, the first images shows a "dressed" Archimedes, intent on playing with spheres and cylinders[23] (Fig. 2), but soon enough the bathtub episode becomes more colourful and acquires the characteristics of modern comics[24] (Fig. 3).

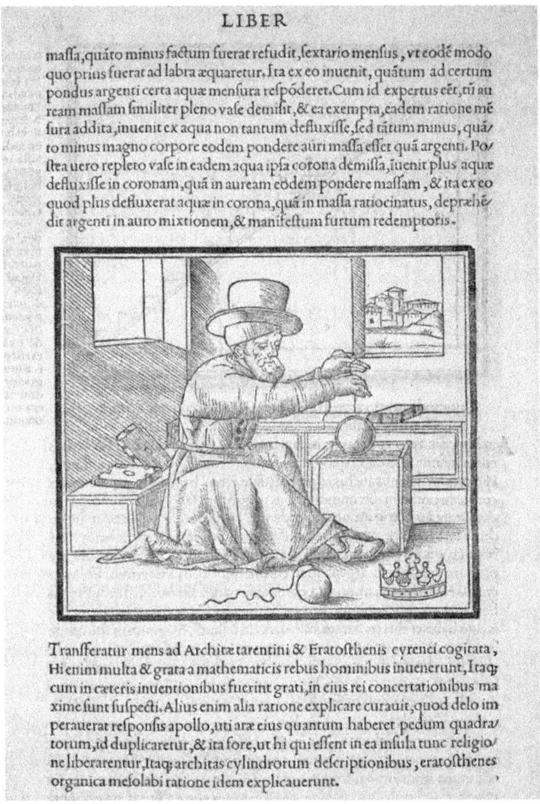

LIBER

massa, quáto minus factum fuerat refudit, sextario mensus, vt eodē modo quo prius fuerat ad labra æquaretur. Ita ex eo inuenit, quãtum ad certum pondus argenti certa aquæ mensura respóderet. Cum id expertus eēt, tū auream massam similiter pleno vase demisit, & ea exempta, eadem ratione mēsura addita, inuenit ex aqua non tantum defluxisse, sed tãtum minus, quáto minus magno corpore eodem pondere auri massa esset quã argenti. Postea uero repleto vase in eadem aqua ipsa corona demissa, iuenit plus aquæ defluxisse in coronam, quá in auream eōdem pondere massam, & ita ex eo quod plus defluxerat aquæ in corona, quá in massa ratiocinatus, depræhēdit argenti in auro mixtionem, & manifestum furtum redemptoris.

Transferatur mens ad Architæ tarentini & Eratosthenis cyrenei cogitata, Hi enim multa & grata a mathematicis rebus hominibus inuenerunt, Itaq; cum in cæteris inuentionibus fuerint grati, in eius rei concertationibus maxime sunt suspecti. Alius enim alia ratione explicare curauit, quod delo imperauerat responsis apollo, uti aræ eius quantum haberet pedum quadratorum, id duplicaretur, & ita fore, ut hi qui essent in ea insula tunc religione liberarentur, Itaq; architas cylindrorum descriptionibus, eratosthenes organica mesolabi ratione idem explicauerunt.

FIG. 2 – From Fra Giocondo,
M. Vitruvius per Jocundum solito castigatior factus (Venice, 1511).

---

23 Fra Giocondo, *M. Vitruvius per Jocundum solito castigatior factus cum figuris et tabula ut jam legi et intelligi possit*, Venice: Giovanni da Tridentino, 1511, book IX, f. 85v.

24 Rivius [W. H. Ryff], *Der furnembsten, notwendigsten, der gantzen Architectur angehörigen Mathematischen vnd Mechanischen künst, eygentlicher bericht, vnd vast klare, verstendliche vnterrichtung, zu rechtem verstandt der lehr Vitruuij*, Nuremberg: J. Petreius, 1547, sect. "*Von rechtem verstandt*, Wag und Gewicht etliche *Büchlein*".

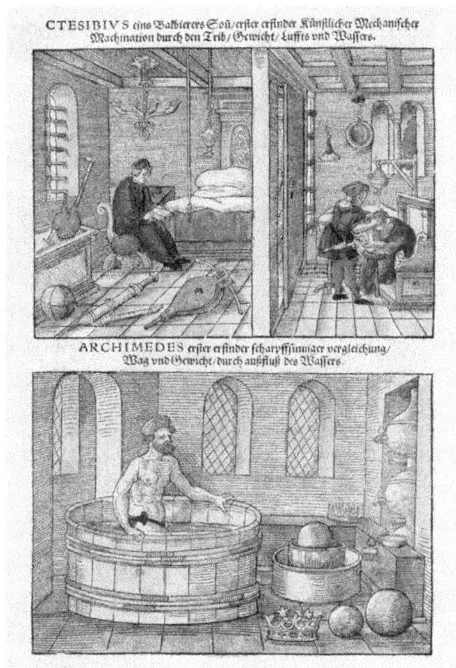

FIG. 3 – From Rivius, *Der furnembsten, notwendigsten, der gantzen Architectur angehörigen Mathematischen vnd Mechanischen künst, eygentlicher bericht* (Nuremberg, 1547).

Galileo Galilei's first work *La bilancetta*[25] (*The small scale*) recounted the very same episode about Hiero's crown that we find in Vitruvius' accounts. Galileo, however, believed Vitruvius' account to be unfaithful to historical facts: he argued that the Syracusean genius would not have been satisfied with such an approximate way of determining specific weight. According to Galileo, he would have used his knowledge of hydrostatics to build a scale similar to the one that Galileo himself had proposed in the *La bilancetta*. Galileo was perhaps mistaken in considering the bathtub and the crown events as inaccurate; as a matter of fact, they fit in perfectly with other tales of Archimedes' life that have reached us.

25 Galileo Galilei, *La bilancetta*, in *Le opere di Galileo Galilei. Nuova ristampa della Edizione Nazionale*, Florence: Barbera, 1968, vol. 1, p. 215-220.

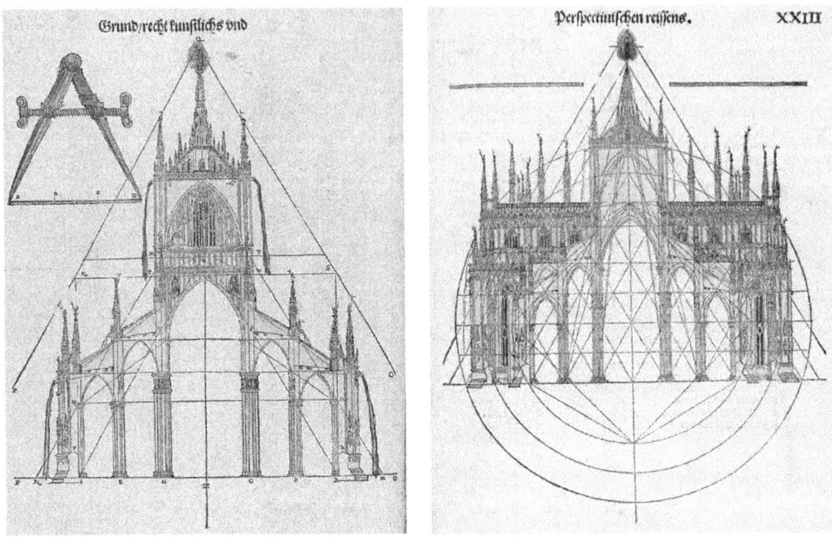

FIG. 4-5 – From Rivius, *Der furnembsten, notwendigsten, der gantzen Architectur angehörigen Mathematischen vnd Mechanischen künst, eygentlicher bericht* (Nuremberg, 1547). Rivius copied these and several other images from C. Cesariano, *De architectura libri dece traducti de latino in vulgare affigurati* (Como, 1521).

FIG. 6 – From D. Fontana, *Della Trasportatione dell'Obelisco Vaticano* (Rome, 1590), detail of fol. 12r.

The episode is closely related to another Archimedean theme, that of the *centrobaric* (the science of the centre of gravity). The centre of gravity is a subject which, of course, is connected to that of floating bodies and vice-versa, and it is not by chance that Archimedes is the father of both the statics and hydrostatics disciplines. It is also connected to the problem of material composition and to the composition of constructive elements. Therefore, we move directly from the bathtub to architecture: in terms of the centres of gravity of simple bodies in specific positions of equilibrium, as well as in terms of more complex constructions in which we always try and trace construction back to a triangular scheme (construction *ad triangulum*, Figs 4-6): with the knowledge of that figure's stability in function of the low position of its centre of gravity well in mind.

From this point of view, a vast sea of manuscripts built on triangular schemes that are often not immediately clear is still left untouched and has yet to be analysed. For instance, in connection with a new reading of Derand's rule (the rule used to determine the dimensions of vaulted structures' supports), which could probably also be interpreted as a rule *ad triangulum*.[26] Hence a strong analogy between static considerations relating to masonry and those relating to wooden structures such as trusses can be drawn.

Archimedes and Vitruvius, and therefore statics and architecture, are woven in these constructive issues, and the theme of the body (whether inside the bathtub or outside of it) is undoubtedly a mother lode of the Vitruvian treatise. In the very first lines of *De architectura*, when he is about to present his book to Augustus, Vitruvius narrates the episode of Dinocrates, the architect who made a design to mould Mount Athos into the form of a man with a very spacious fortified city in his left hand and a bowl to receive water from the mountain streams in his right. Dinocrates, not knowing how to draw Alexander the Great's attention to himself, appeared in front of him naked, displaying his young, handsome, muscular, perfect body. Vitruvius himself admitted that he could not follow Dinocrates' example because his body would

---

26 On this subject see Antonio Becchi, "La doppia vita di una 'mauvaise règle'. La regola di Derand tra Leon Battista Alberti e Simone Stratico", in Pepa Cassinello, Santiago Huerta, José Miguel de Prada Poole, Ricardo Sánchez Lampreave (eds.), *Geometry and Proportion in Structural Design. Essays in Ricardo Aroca's Honour*, Madrid: R. S. Lampreave, 2010, p. 123-139.

not live up to the challenge. Instead, he showed himself to Augustus with a treatise, with the fruit of intelligence and invention, rather than with a body which, in his case, had been lacking in grace from birth onwards and was, by that time, old and heavy anyway.

That of the body is a recurring theme in *De architectura*. In the introduction to book IX, just a few lines before the episode of Archimedes' bath,[27] Vitruvius explains how athletes get offered crowns and honours because they know how to run fast or to perform gymnastic feats. He asks himself and readers why, if that is the case, characters like Pythagoras, Archimedes, etc. are not being honoured in the same way: They deserve our praise and our recognition even more than athletes. The body, according to Vitruvius, is neither mere appearance nor a simple expression of physical strength, but a vehicle of knowledge. Hence Archimedes' invention and the idea of *homo vitruvianus*[28] (Fig. 7).

The connection between the two themes – the body as guide to architectural design, the body as a mechanical device – is very close, even if this connection has never been carefully analysed in its historical evolution. The Vitruvian body is not only a guide to the planning of architecture as form and distribution of spaces and volumes, as a proportional reference, but also as a machine subjected to the force of gravity, a machine which has to go against the force of gravity. The architect needs to know it in detail. The body itself is made of heavy elements: pivots, levers and cables (Figs 8-10).

No one succeeded in interpreting and underlining this very tight link between body and construction better than Leonardo da Vinci, and no one knew how to translate it into words, in poetry, better than Leon Battista Alberti. Leonardo explains that the equilibrium of mass, of bodies, is not only of great importance in the study of architecture, but that it also strongly affects painting and sculpture. A movement's spontaneity – whether it is that of a man or of an animal – depends on the ability to make that movement seem natural, that is to bring it into compliance with the dictating laws of gravity (Figs 11-12).

27 Archimedes himself knew how to use his body in different ways: it seems that he enjoyed drawing and studying geometrical figures on his body covered in oil, after bathing, so that he never had to stop his mathematical meditations. See Plutarch, "Life of Marcellus", in *Plutarch's Lives. With an English translation by Bernadotte Perrin*, Cambridge (Mass.): Harvard University Press, London: W. Heinemann, 1961, vol. 5, p. 480-481.

28 See Vitruvius, *On Architecture*, (Note 8), book III.

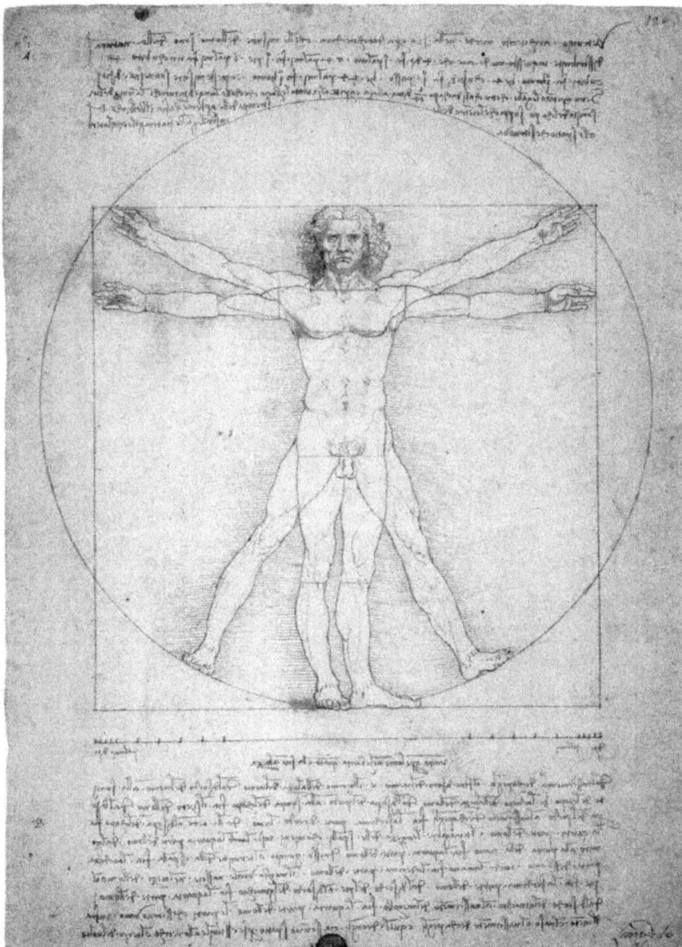

FIG. 7 – Leonardo da Vinci,
Homo Vitruvianus, Gallerie dell'Accademia, Venice.

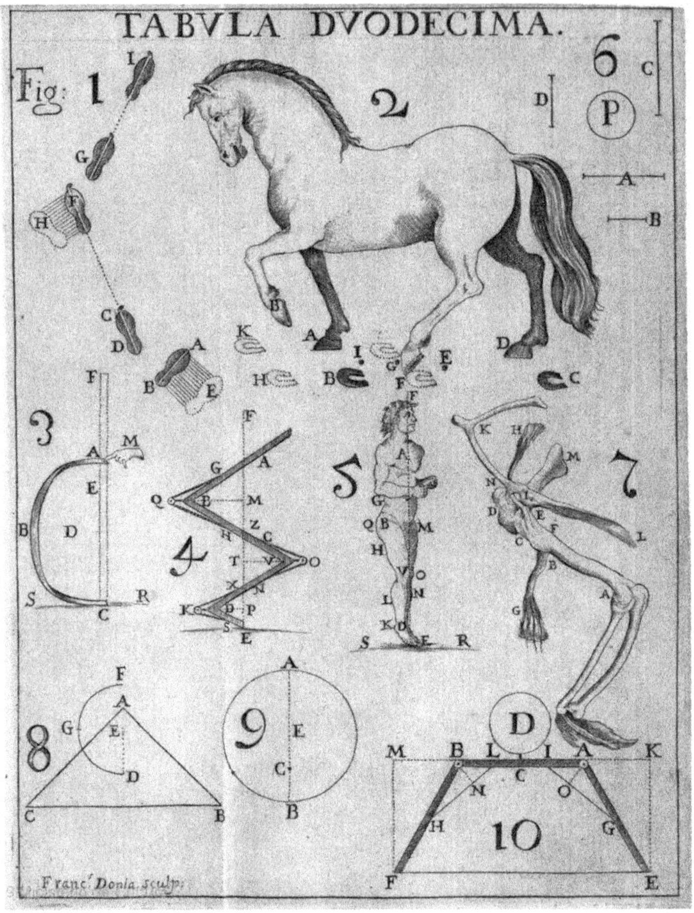

FIG. 8 – From G.A. Borelli, *De motu animalium* (Rome, 1680-1681).

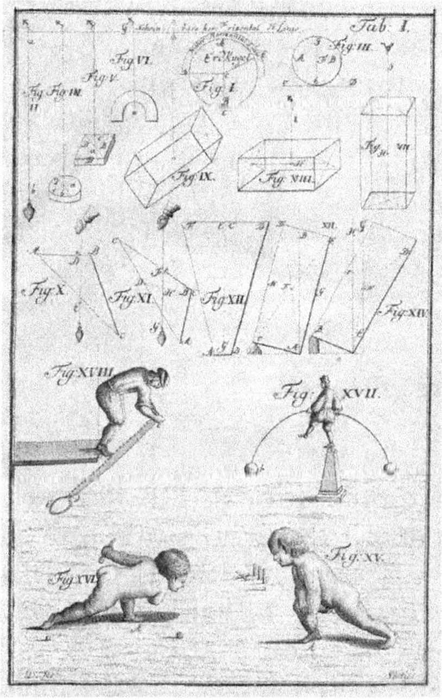

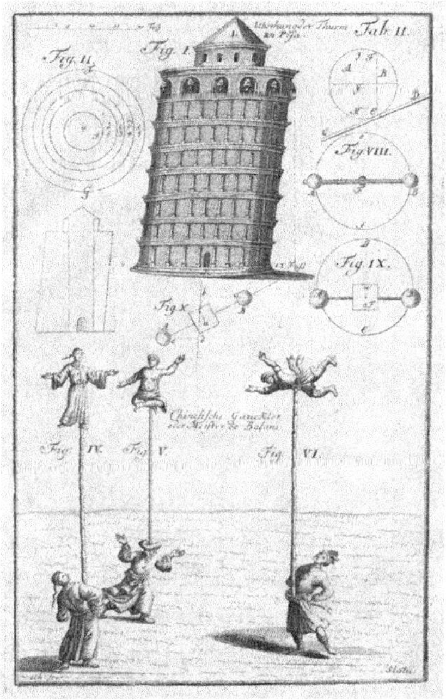

FIG. 9-10 – From J. Leupold, *Theatrum staticum* (Leipzig, 1726).

FIG. 11-12 – From Leonardo da Vinci, *Traitté de la peinture de Léonard de Vinci donné au public et traduit d'italien en françois per R. F. S. D. C.* (Paris 1651).

This gravity awareness, this science of *equilibria*, has always been an integral part of the architect's knowledge and of his inventions. Anyone forgetting this would be forgetting history. But this consideration also spurs us to wonder why, later on in time, the tangled paths of architecture and mechanics drifted so far apart. This is also a theme in construction history and, of course, relates to traditional history of architecture and art.

THE WHITE ELEPHANT

The reasons for this drift are clear, even if one decides to merely focus on the events we have touched upon so far: a decisive crossroads materialised together with the *analytical turn* of mechanics during the course of the 18th century, that lead to Louis Lagrange's *mécanique analytique* and, later, to *rational mechanics*.

Already for millennia, mechanics has been a science of machines and, in particular, of machines used on construction sites: levers, scales, inclined planes, pulleys, winches and screws. This was the mechanics of Aristotle, Archimedes, Vitruvius and Heron of Alexandria, but it was also that of the Renaissance and, for the first part of his life, of Galileo Galilei. Mathematicians and physicists slowly lost interest in this kind of science. At some point, new languages got the upper hand and simple laws, for instance those that a balance's equilibrium could visualise, were no longer enough.

The advent of algebraic geometry had already caused a few problems to architects, as they had always been geometers by definition (*geo-metria*: measuring the earth, space and volume). But the change imposed by analytical mechanics had a much stronger impact. Differential calculus and, to be more precise, its declination in terms of calculus of variations, imposed a new language which required a specific education which could not be improvised. This analytical turn created a parallel knowledge, not necessarily bound to machines, or not to simple ones at least: a knowledge in which objects and images –so important to architects, used to drawing and representation– no longer had a central place. Mechanics became aniconic, and the architect became blind (and deaf) in facing these new tools.

Warning signs of this shift first appeared in Paris, where the *Académie royale des sciences* and the *Académie royale d'architecture* were founded (1666 and 1671): Colbert immediately asked the members of the two *Académies* to study machines and draft a treatise on the topic. Several consequences were brought about by Colbert's proposal, but three in particular had a strong impact in the following years: in 1687 (the same year as Isaac Newton's *Principia mathematica*[29]), Varignon published his *Projet d'une nouvelle mécanique*;[30] in 1693 the collection *Veterum mathematicorum… opera*,[31] edited by Philippe de La Hire, amongst others, was printed; in 1695 the *Traité de mécanique*,[32], again by La Hire, was published.

These three works met Colbert's wishes, although too late (Colbert died in 1683). The most interesting aspect for us and for construction history is that La Hire's *Traité de mécanique*, in the way that it is structured, was born old: its whole first part looks like a reinterpretation of Guidobaldo del Monte's *Mechanicorum liber*[33] from 1577 (same themes, same expositive articulation). But when he starts dealing with "quelques machines composées des precedents" – in the whole second part of his treatise – La Hire provides striking intuitions, ranging from animal mechanics (undoubtedly under the influence of Claude Perrault's earlier *Essais de physique ou Recueil de plusieurs traitez touchant les choses naturelles*,[34] 1680-1688) to structural mechanics. These include the well-known and briefly mentioned analogy of the arch and the inverted catenary, and the first static formulation of the mechanics of the arch. The latter,

29 Isaac Newton, *Philosophiae naturalis principia mathematica*, London: Jussu Societatis Regiæ ac Typis Josephi Streater, 1687.

30 Pierre Varignon, *Projet d'une nouvelle mécanique, avec un Examen de l'opinion de M. Borelli, sur les propriétez des Poids suspendus par des Cordes*, Paris: la Veuve d'Edme Martin, Jean Boudot, Estienne Martin, 1687. See also Pierre Varignon, *Nouvelle mécanique ou statique: dont le projet fut donné en M.DC.LXXXVII*, Paris: C. Jombert, 1725.

31 Jean Boivin, Philippe de La Hire, Melchisédec Thevenot (eds.), *Veterum mathematicorum Athenaei, Bitonis, Apollodori, Heronis, Philonis et aliorum opera, graece et latine pleraque nunc primum edita. Ex manuscriptis codicibus Bibliothecae regia*, Paris: Imprimerie royale, 1693.

32 Philippe de La Hire, *Traité de mécanique, où l'on explique tout ce qui est nécessaire dans la pratique des Arts, et les propriétés des corps pesants lesquelles ont eu plus grand usage dans la Physique*, Paris: Imprimerie Royale, 1695.

33 Guidobaldo del Monte, *Mechanicorum liber*, Pesaro: H. Concordiam, 1577.

34 Claude Perrault, *Essais de physique, ou Recueil de plusieurs traités touchant les choses naturelles*, Paris: chez J.-.B. Coignard, 1680-1688.

in particular, appears within the framework of La Hire's interests in stereotomy, and thus of architecture and its construction, and definitely not from an *analytical* development of a mechanical problem. As far as calculus is concerned, it can instead be said that in the controversy on infinitesimal calculus La Hire, a member of the two *Académies* (*des sciences* and *d'architecture*), did not agree with the new trend. In his *Éloge de M. De La Hire*, Fontenelle writes:[35]

> *Dans tous ses ouvrages de Mathématique il ne s'est presque jamais servi que de la Synthèse, ou de la manière de démontrer des anciens par des lignes & des proportions de lignes, souvent difficiles à suivre à cause de leur multitude, & de leur complication. Ce n'est pas qu'il ne sçût l'Analise moderne, plus expeditive, & moins embarassée, mais il avoit pris de jeunessse l'autre pli.*[36]

During those years, a strenuous battle was fought on the border between ancient geometry and *new calculus* (infinitesimal calculus), which was bound to alter the face of mathematics and engineering profoundly. When Fontenelle, permanent secretary of the *Académie des sciences*, published his *Éléments de la géométrie de l'Infini*,[37] Abbot Trublet recalled that, according to Fontenelle himself:[38] "c'était un Livre qui ne pouvait être entendu que par sept ou huit géomètres en Europe, et l'Auteur n'était pas de ces huit-là".[39] Architects of that time, as well as most engineers, kept themselves out of that circle for a long time (and some of them forever). More serious, however, is the fact that even a certain branch of mechanics was left out of it and has so remained. The realisation of this loss occurred in the mid-eighteenth century, when the resulting terminological confusion became so evident that Leonhard Euler, in his preface to the *Mechanica sive motus scientia analytice*

35 Bernard de Fontenelle, "Éloge de M. De La Hire", in *Histoire et mémoires de l'Académie royale des sciences*, Année MDCCXVIII, Paris, 1719, p. 84.

36 "In all of his mathematical works, he almost exclusively used Synthesis, in the same way that the Ancients proved problems, by means of lines and lines proportionality, which are often difficult to follow because there are many of them and because of how they interweave. The reason for this was not that he had no knowledge of modern Analysis, which is quicker and less complicated, but that he had taken another turn when he was young."

37 Bernard de Fontenelle, *Éléments de la géométrie de l'Infini. Suite des Mémoires de l'Académie Royale des Sciences*, Paris: Imprimerie Royale, 1727.

38 Abbé Trublet, *Mémoires pour servir à l'histoire de la vie et des ouvrages de M. de Fontenelle*, Paris: chez Marc-Michel Rey, Amsterdam et Desaint & Saillant, 1761, p. 70.

39 "It was a book which could only be understood by seven or eight geometers in Europe, and the author was not amongst them".

exposita,[40] had to underline that *Statica* is the science of equilibrium and *Mechanica* the science of motion (the former has Archimedes and the latter Galileo as fathers).

There is, of course, a prehistory that led to this turn: analytic geometry, by defining and representing geometrical shapes in a numerical way, had shown how to reduce everything to calculus. The new-found geometry had asserted itself, more and more powerfully and persuasively, with respect to geometry of Greek descent. But by the end of the 18th century something was changing irreversibly, when Leibniz proclaimed his "Calculemus" (Let us calculate). A century earlier, Vitruvius and Alberti had been considered mathematicians and had found an important and significant place in *Vite de' matematici* (1575-1595 ca.) by Bernardino Baldi.[41] Now, mathematics seemed different altogether. It was not only architects having trouble understanding its new course: it was scientists as well.

The new-born calculus gave a decisive impulse to the development of dynamics and kinematics – with which architecture and construction did not seem to have much in common – thus forcing statics into a corner, into an embarrassing limbo. Statics, by then, started to be seen as a corollary of dynamics and lost its birthright as the engineer's science. Most of all, statics lost its role as a science strictly related to geometric representation and to the graphic perception of weights, spaces and distances. This aspect of the analytical turn later took on the character of a manifesto in Lagrange's *Mécanique analytique.*[42] In the first and second edition of his *Mécanique*, Lagrange wrote:[43]

> *On ne trouvera point de figures dans cet ouvrage. Les méthodes que j'y expose ne demandent ni constructions, ni raisonnement géométriques ou mécaniques, mais seulement des opérations algébriques, assujetties à une marche régulière et uniforme. Ceux qui aiment l'Analyse, verront avec plaisir la Mécanique en devenir une nouvelle branche, et me sauront gré d'en avoir étendu le domaine.*[44]

40 Leonhard Euler, *Mechanica sive motus scientia analytice exposita*, Saint Petersburg: Ex Typographia Academia Scientiarum, 1736, "Praefatio".

41 Enrico Narducci, "Vite inedite di matematici italiani scritte da Bernardino Baldi", *Bullettino di Bibliografia e di Storia delle Scienze Matematiche e Fisiche*, vol. XIX, Sept.-Oct. 1886.

42 Louis Lagrange, *Méchanique analitique*, Paris: chez la Veuve Desaint, 1788.

43 *Ibid.*, p. vi ("Avertissement"). The spelling of the title of Lagrange's work varies from the first to the second edition: *Méchanique analitique* (1788), *Mécanique analytique* (1811-1815).

44 "No figures will be found in this work. The methods I present require neither constructions nor geometrical or mechanical arguments, but solely algebraic operations subject to a

Mathematics makes the invisible visible, as mathematicians love to say; it discovers *ratio* wherever the untrained eye only sees the contingency of chance and the shapelessness of reality. But mathematics can also obscure the visible. This is what happened to architects, who all of a sudden had to face differential calculus: what once was obvious, immediately perceivable in terms of proportions, rules of thumb and dimensioning, suddenly became invisible and incomprehensible to those who couldn't follow its new language and knowledge.

The dialogue that started on the construction site thus broke down and new schools of thought sanctioned the dichotomous character of the two traditions. Mechanics "for the architects" took its own course, while engineering mechanics, the only discipline that could afford to face the new issues addressed by mechanics of materials and structures (based on the mathematical theory of elasticity and, later, plasticity), expanded to such an extent that it became a science in and of itself, a branch of mathematics, as Lagrange had hoped. Much was lost by both sides due to an inability to communicate. Such loss had a particularly strong impact on the bond between construction on one side and the science of weights on the other, a bond that had always been a pillar of architecture and of on-site knowledge. Viollet-le-Duc's *mécanique romancée* was born on the brink of this divorce, but *romancées* were also the fanciful ambitions of the theory of elasticity as far as brick or stone masonry are concerned. Only *graphical statics* succeeded for a short time in reconciling the two worlds, that of mechanics and that of architecture, but the illusion of a new alliance did not last for long. The same can be said of the new trend, which later became very successful (and still is among architecture students), with James Edward Gordon's and Mario Salvadori's works.[45] In his *Structures, or Why Things Don't Fall Down* Gordon writes:[46] "Since the subject became popular with mathematicians about 150 years ago I am afraid that a really formidable number of unreadable, incomprehensible books have been written about

regular and uniform procedure. Those who appreciate mathematical analysis will see with pleasure mechanics becoming a new branch of it and hence, will recognize that I have enlarged its domain".

45 See, for instance, James Edward Gordon, *Structures: Or Why Things Don't Fall Down* (Harmondsworth: Penguin, 1978) and Mario Salvadori, *Why Buildings Stand Up* (New York: Norton, 1980).

46 Gordon, *Structures*, (Note 45), p. 28.

elasticity, and generations of students have endured agonies of boredom in lectures about materials and structures."

Then again: "*Architectura est scientia pluribus disciplinis et variis eruditionibus ornata.*" Is this "*scientia*" falling apart? Are the (scientific) disciplines too sophisticated to be cultivated by architects? According to Vincenzo Scamozzi, architecture is a speculative science[47]: "*…l'Architettura indubitatamente, è Scientia speculativa, e precellente nelle dottrine, e nelle eruditioni, e tanto nobile, e singolare investigando le cause, e le ragioni delle cose a lei attinenti.*"[48] Could it then be that its status has changed over the course of time? In reality, architecture continues to deal with three-dimensional objects which have to be put together wisely if one wants to guarantee that the final result has *utilitas*, *firmitas*, and *venustas* (utility, strength and beauty). Gravity is always the same, a man's hands too; and so is his complete form, his eyes, his posture. The disciplines he must know are always the same: geometry, optics, acoustics, etc. And history, of course; even the history of those disciplines which, added together, have allowed architecture to be a *scientia*. Starting from its origins in ancient times, this history affects all of us: it concerns construction history and its relation to science and applied techniques, to construction and to all professions involved in the constructive process, to the dissemination of this collective knowledge and in the social dimension of *inventions*.

As a simple hint, I would like to recall how, as far as traditional *history of architecture* is concerned, similar themes are worthy of intense debate. We should therefore learn to establish a growing dialogue with our colleagues, based on respect and pride. In 2011, the president of the *Society of Architectural Historians*, Dianne Harris, published an article entitled: "That's Not Architectural History! Or What's a Discipline for?",[49] where she raised the question of the *history of architecture*'s role and responsibilities. While reflecting once again on the issue of interdisciplinarity, Dianne Harris pointed out that, despite numerous declarations, there is still much to do: What is *outside* and what is *inside* of the *history*

47 Vincenzo Scamozzi, *Dell'idea della architettura universale*, Venice: Expensis Auctoris, 1615, Part I, book I, chap. I, p. 6.

48 "…architecture is undoubtedly a speculative science, and the most excellent of the doctrines and of knowledge and very noble and unique in the way it investigates both the causes of and the reasons for the matters that it relates to it".

49 Dianne Harris, "That's Not Architectural History! Or What's a Discipline for?", *Journal of the Society of Architectural Historians*, n. 70, June 2011, p. 149-152.

of architecture as a discipline? In the same way, we can ask ourselves: What lies *inside* and what lies *outside* of our construction history? Many a time we have reached a dead end while reasoning on these themes and on the volatile borders of our knowledge. In her article, Dianne Harris borrowed Irit Rogoff's words to assert that interdisciplinarity too often meant:[50] "pushing boxes of books from one place to another, but always ending up with the same books but in new locations". It is important to ask ourselves if construction history, new and full of expectations as it is, does not run the risk of turning into a removal company.

Now that our international conferences are ten years old, now that the National Construction History Associations are proliferating (the last being in Germany), now that initiatives addressed to construction history are increasingly numerous and qualified at an educational level as well, now that even the second volume of the *Nouvelle histoire de la construction*, designed and led by Roberto Gargiani, has been printed,[51] now more than ever it is not time to cry "Victory!" but, instead, to roll up our sleeves. Construction history is a research field of extraordinary interest, but it must avoid turning into the white elephant described in a poem by Jack Gilbert:[52] "When the King of Siam disliked a courtier, / he gave him a beautiful white elephant. / The miracle beast deserved such ritual / that to care for him properly meant ruin. / Yet to care for him improperly was worse. / It appears the gift could not be refused".

It is time to ask ourselves where we want to go and what we want to propose to universities, to schools, to local administrations and to citizens. To do so in Paris, not far from the former seat of the *Académie royale des sciences* and the *Académie royale d'architecture*, increases the significance of such a gesture and imposes the need of a particular engagement and imaginative effort on our behalf. In the months and years to come, we are asked to propose *good inventions* for the construction history movement.

50 *Ibid.*, p. 151.

51 Roberto Gargiani (ed.), *La colonne: Nouvelle histoire de la construction*, Lausanne: Presses polytechniques et universitaires romandes, 2008. and *L'architrave, le plancher, la plate-forme: Nouvelle histoire de la construction*, Lausanne: Presses polytechniques et universitaires romandes, 2012. See also R. Gargiani, *Concrete from archeology to invention, 1700-1769*, Lausanne: Presses polytechniques et universitaires romandes, 2013.

52 Jack Gilbert, "In Dispraise of Poetry", in Idem, *Collected Poems*, New York: Alfred A. Knopf, 2012, p. 3. Another white elephant is the protagonist of a well-known tale by Mark Twain, *The Stolen White Elephant*, Boston: R. Osgood & Co., 1882. Gilbert certainly had this in mind when he wrote his poem.

Archimedes and Vitruvius are showing us the way: we know that even a bathtub can become a revolutionary place. It *is* actually revolutionary and always will be, if nothing else, because of its constructive history, that is to say the history of the *ingenium* it beholds. For construction historians, a grey elephant is enough, enough food for thought.

Antonio BECCHI

A HISTORY OF BUILDING TECHNOLOGY AND PRESERVATION ENGINEERING[1]

INTRODUCTION

The title of this paper alludes to a split in the subject matter that effectively covers two topics. The history of technology, including building technology, with all the possibilities it includes for improving the understanding of the existing built environment, is ultimately a field concerned with the past. In short, it is a subset of history and other social sciences. Preservation engineering under any of its many names, including conservation engineering and heritage-preservation technology, is a field concerned with the present. A practitioner of preservation engineering evaluates and conserves existing structures or teaches others to do so. As a subset of engineering, this work has present and future safety as a goal. The relationship between the two fields is obvious; engineering work with existing buildings often requires knowledge of the history of some particular building technologies, and history of technology serves the practical purpose of helping to explain why and how the existing buildings were constructed. There are isolated examples of work that bridges this split –for example, the work of inspection and repair of high-rise facades required by law in New York and Chicago is both dependent on and contributes to research into the development of early skyscrapers, steel framing, and curtain walls. However, the gap persists because there is no consistent academic or professional effort to combine the topics.

1 This text was previously published as: Donald Friedman, "A History of Building Technology and Preservation Engineering". *APT Bulletin (Association for Preservation Technology International)*, 44-1 (2013), special issue on preservation-engineering education: 23-27. It is republished here with the permission of the author and of *APT Bulletin*.

Both of these broad topics include many subtopics. The history of technology as applied to structures includes, among other topics, the development and industrialization of traditional materials such as wood and brick; the industrial development of iron and steel; the development of essentially new building materials, such as aluminum and stress-designed reinforced concrete; the development and industrialization of construction-site practices, such as excavation and hoisting; and the organization of design and construction. A popular history of construction, such as David McCullough's *The Path Between the Seas*, includes discussion of transportation of excavation spoil, changes over time in excavators, and methods of placing concrete.[2] An academic history, such as Amy Slaton's R*einforced Concrete and the Modernization of American Building*, 1900-1930, includes sociological discussion of the creation of experts, Taylorism, and definition of new types of labor, along with more mundane topics, such as field testing of concrete and the standardization of specifications.[3] In this paper, the history of technology is of interest when related to building design and construction, including the creation of constituent materials and site work. This portion of the broader history of technology is less well developed than the overall field. Specifically, the history of nonindustrial design (such as building design) and unique or near-unique fabrication (such as construction of individual buildings) is less researched than industrial design and manufacturing.

Preservation engineering is the branch of engineering that addresses the analysis and design of repairs or alterations in historic buildings that contain structural systems or elements that are not represented in current practice because they are no longer used or are functionally obsolete. As such, the field has subtopics that reflect the divisions with ordinary engineering, including the distinction between structure and mechanical systems, forensic analysis, preservation (in ordinary engineering terms, "repair") design, alteration design, and upgrades for seismic compliance and other modern concerns. These subtopics are studied and understood to wildly different degrees. At one extreme is the preservation of building

2 David McCullough, *The Path Between the Seas: The Creation of the Panama Canal*, 1870-1914 (New York: Simon and Schuster, 1977).

3 Amy Slaton, *Reinforced Concrete and the Modernization of American Building, 1900-1930* (Baltimore: The Johns Hopkins Press, 2001).

systems that can no longer be used in their original form because of changes in regulations or that are no longer used because of changes in building usage and technology. Examples of the systems that can no longer be used include open-cage elevators in commercial buildings and bare steel framing in high-rise buildings. Such systems are altered to meet modern codes, abandoned in place, or replaced. Examples of systems that are no longer used include coal-gas lighting, knob-and-tube wiring, tile-arch floors, and cast-iron columns. These systems may be preserved as is (and usually are, in the case of structure) but are typically replaced or supplemented, rather than being repaired. At the other extreme is the preservation of buildings systems that are close enough to modern standards that those standards can be safely applied. Examples include early structural-steel framing and most domestic plumbing. The repair methods for such systems are often indistinguishable from those used for newer buildings that are considered non-historic.

This paper is, in part, a summary of the discussion on the history of technology at the 2009 Colloquium on the Development of Heritage Preservation Engineering Curricula organized by the National Center for Preservation Technology and Training and the University of Vermont. As such, it is part of a larger discussion represented by the other papers in this special issue of the *Bulletin*.

STATE OF KNOWLEDGE

The history of technology as it relates to buildings falls between several well-defined fields –general history of technology, architectural history, economic history, the sociological study of modernity, and the social history of professions and trades– none of which contains it fully. For example, the introduction of iron and steel into buildings has been considered by architectural and technological historians; conflicts between new professions and bureaucracies have been discussed in political and social terms; and the influence of new technology on society has been discussed in the context of adaptations to modernity. However, none of these subjects includes the discussion and use of new building technology.

Histories of technology, whether traditional linear narratives of progress through "heroic effort" or more recent analyses of the social construction of technology, usually focus on machines and processes rather than on large, static buildings. Thomas Hughes's *American Genesis*, for example, is a history of technological change between 1870 and 1970 and updates the great-man technical histories by including social context, using as examples the famous independent inventors of the late nineteenth century –Edison, Bell, Tesla, Thomson, and the Wrights– and their successors in the research-and-development labs of the twentieth century. Hughes defines "the technological world, the world as artifact": it was that created by "a nation of machine makers and systems builders."[4] David Nye's *Narratives and Spaces*, by contrast, is a description of social construction of the technology of modern America and focuses on civil works such as rural electrification, twentieth-century World's Fairs, and the Apollo program.[5] Robert Pool similarly describes the social shaping of technology using examples of electrification, nuclear power, and private cars.[6] The emphasis on machines and systems helps differentiate technology from everything else; even historians of technology trained as engineers or scientists have to explain the concepts to those with little knowledge, an effort aided by a clearly defined object. Building technology has fuzzy boundaries because it includes hand tools and heavy industry, buildings of all sizes and uses, hundreds (if not thousands) of years of rules and traditions, and testing and development through public use.

The philosophy of technology is, in North America, still developing and expanding to new topics; it is not a regular part of engineering education or practice. Many portions of technology, including the technology of building engineering, have yet to be discussed at any length. Works in this field often contain discussion of the place in society for technology or engineering but as forward-looking theoretical analyses. For example, Billy Koen's discussion of engineering problem-solving uses epistemological and logical tools to analyze "the engineering method.". Koen devotes several pages to the issue of the "Engineer and Society,"

4 Thomas P. Hughes, *American Genesis* (New York: Viking Books, 1989), 1.

5 David Nye, *Narratives and Spaces: Technology and the Construction of American Culture* (New York: Columbia University Press, 1997).

6 Robert Pool, *Beyond Engineering: How Society Shapes Technology* (New York: Oxford University Press, 1997).

discussing problems in applying only engineering logic to problems with societal consequences. He does not, however, give a single example from before 1990, nor does he give any reason why historical problems might be of interest.[7]

Architectural history has traditionally included the technology of construction, but has done so in a reductive, deterministic fashion. Before the 1950s architectural history was dominated by stylistic descriptions and geometric analysis of buildings or individual rooms within buildings; later histories greatly expanded the field by including social influences on design and the effect of buildings on society. Even comprehensive and influential architectural histories that were focused on technology, such as Sigfried Giedeon's *Space, Time, and Architecture*, discuss the effect of new technology on architectural design, not the methods by which new technology was adopted into construction[8]. This is, of course, the architects' view: since the new technology discussed here was introduced primarily by builders and engineers, it came from outside the ordinary experience of architects. The traditional view of new building technology as invention is represented by a 1961 description of the Home Insurance Building in Chicago as "the world's first completely articulated, multi-story 'steel skeleton' clothed in a nonstructural [masonry] skin."[9] This is factually incorrect from an engineering perspective, as the building frame used cast-iron columns, not steel, and the frame was not a skeleton type where the exterior wall is supported by the metal elements. Classics of urban history, such as Arthur Schlesinger's *The Rise of the City*, are forced by the nature of broad-review writing to limit discussion of any topic, for example reducing the development of steel framing to a few sentences: "Less bound by tradition than Boston or even New York, it was Chicago, only recently risen from its ashes, which discovered the solution. This was the use of iron or steel for the support of floors and walls, thus reducing the masonry to a thin veneer..."[10]

7 Billy Vaugn Koen, *Discussion of the Method* (New York: Oxford University Press, 2003), 53-56.

8 Sigfried Giedion, *Space, Time and Architecture: The Growth of a New Tradition*, 5th ed. (Cambridge, Mass.: Harvard University Press, 1967).

9 James Marston Fitch, "Skyscraper: Skin For Its Bones," in *Engineering*, eds. Samuel Rapport and Helen Wright (New York: New York University Press, 1963), 221-233.

10 Arthur Meier Schlesinger, *The Rise of the City: 1878-1898* (Columbus: Ohio State University Press. 1999 [1933]), 282.

Architectural history is now often combined with social history, which has produced useful and interesting research. Given the breadth of papers and books that fit this description, the following examples using New York City and the technology of dense urban construction are representative of similar work in other locations and focussed on other technical topics. A general example of combined social and architectural history is David Ward and Oliver Zunz's *The Landscape of Modernity.*[11] Most of the essays in this book focus on housing or urban planning, but four specifically look at the transformation in architecture enabled by new construction technology and the social context of those changes. Keith Revell's and Marc Weiss's essays discuss the multiparty conflict over construction density and political campaigning that resulted in New York City's 1916 zoning law, as well as the effect of the law on architectural design; while they capture the complexity of negotiations among real estate, governmental, and professional interests, they do not address the technology that made the physical changes possible.[12] The essays by Gail Fenske and Deryck Holdsworth and by Carol Willis discuss the economic background of the creation of the skyscraper boom before the 1930s Depression, but technological issues in the design of skyscrapers are omitted from the discussion of real-estate pricing, zonning, and architectural design.[13]

Recent works include studies of the organizational context of the physical manifestations of modernity. *Building Gotham*, Keith Revell's description of the politics and planning of creating the water, sewerage, and rail infrastructure of New York City comes closest to the topics of interest but focuses on large systems. It can be argued with some validity that water and transportation systems were more central to the development of modern cities than building technology, since major European cities continued to use building technology more primitive than that in New York but used similar or more advanced infrastructure.

11 David Ward and Oliver Zunz, *The Landscape of Modernity: New York City, 1900-1940* (Batimore: The Johns Hopkins University Press, 1992).

12 Keith Revell, "Regulating the Landscape: Real Estate Values, City Planning, and the 1916 Zoning Ordinance." Marc Weiss, "Density and Intervention: New York's Planning Traditions" in *The Landscape of Modernity.*

13 Gail Fenske and Deryck Holdsworth, "Corporate Identity and the New York Office Building: 1895-1915." Carol Willis, "Form Follows Finance: The Empire State Building" in *The Landscape of Modernity.*

For example, steel-skeleton construction was not legal in London until 1909, by which time New York had hundreds of tall steel-framed buildings, and was slow to come into use in London after then. A difficulty in this type of study is that the government bureaucracies and other organizations had been active earlier with smaller-scale technologies, such as those employed in individual buildings. Revell's statement that "experts from various disciplines provided those generalizations [of solutions to common problems] in key policy areas, each with its own history, its own timing regarding the creation of administrative mechanisms, and its own institutional context within the city, state region, and nation" is on target, and the actions of the various experts simply need to be detailed for any given problem concerning both technological and social issues.[14]

A few monographs have touched on specific aspects of the larger topic. Discussion of government positions on building technology and building codes has been limited; the only scholarly work that covers the full breadth of this topic for any location and an extended period of time is John Comer's *New York City Building Control, 1800-1941*, published in 1942[15]. While it includes all of the technical advances of interest, it is now badly dated in terms of its discussion of architecture, engineering, and urban development. More recent studies have focused on only one aspect of codes and government control, such as Sara Wermeil's *The Fireproof Building: Technology and Public Safety in the Nineteenth-Century American City*, which provides a great deal of information on fire protection in codes and construction, but little context[16]. It should be noted that building codes are one of the neglected areas of the history of technology that have had an immediate effect on the technologies used.

There are organizations and journals dedicated to the history of building technology. For example the Construction History Society, well established in Britain and with a North American branch created in 2008, specifically addresses issues in the history of technology as

14 Keith Revell, *Building Gotham: Civic Culture and Public Policy in New York City, 1898-1938* (Batimore: The Johns Hopkins University Press, 2003).

15 John P. Comer, *New York City Builging Control, 1800-1941* (New York: Columbia University Press, 1942).

16 Sara E. Wermeil, *The Fireproof Building: Technology and Public Safety in the Nineteenth-Century American City* (Baltimore: The Johns Hopkins University Press, 2000).

applied to the design and construction process. There have been four international conferences on the history of construction, in Madrid in 2003, Cambridge (UK) in 2006, Cottbus (Germany) in 2009, and Paris in 2012. The journal of the CHS, *Construction History*, advertises itself as "the only English-language periodical on the subject." A parallel set of international engineering conferences have been held biannually under the title of Structural Analysis of Historic Construction, (SAHC) with the most recent in Wroclaw, Poland, in 2012. These conferences and their published proceedings clearly show the more advanced state of preservation engineering and the history of building technology in Europe as compared to the United States.

Since there are not yet formal degree programs in preservation engineering in North America, the state of knowledge can best be judged by the existing mechanisms for knowledge transfer: informal training, short courses and other non-accredited education, and organizational activity. The SAHC conferences and the establishment of an engineering technical committee within the Association for Preservation Technology International are examples of organizational activity that does not have a constant presence but regularly brings together groups of people interested in the field. On-the-job training of young engineers and project-oriented research conducted for engineering projects cannot be directly measured but can be said to be universal in the field since virtually all practicing preservation engineers have been trained this way. Finally, APT and similar organizations sporadically offer short courses, usually for continuing-education credits, in the form of one-day workshops attached to the annual conference.

In short, the split between the state of knowledge for the two topics can be defined thus: history of building technology has an established literature base that stands partially on its own and partially subsumed within other, better-known fields, such as architectural history and the history of industry, while preservation engineering is largely a *de facto* specialty for a self-selected group of designers and contractors.

Various issues need to be addressed in both topics. The effective division of the history of building technology from the history of technology has allowed interested parties to pursue and advance the history of building technology, but it has limited interaction with the broader currents in historical thinking. If it is possible to better integrate disparate organizations such as the Society for the History of Technology and the Construction History Society without eliminating the smaller, more specialized CHS, this would be to the advantage of building historians. In the case of preservation engineering, the need is simpler: the field is not well known, it is ill defined and often considered expendable. Research and training in the specific fields of knowledge required for preservation engineering –including the general history of engineering and construction, the history of analysis methods, a chronology of construction materials and systems, methods of analyzing buildings other than skeleton frames, and methods of field investigation of existing structures– must be made known to the general engineering community for better recognition and must be made known to all members of the preservation-engineering community who do not all have access to equivalent levels of knowledge.

STATE OF THE FIELD IN PRACTICE

Knowledge of the history of building technology and preservation engineering is not required for the practice of engineering and construction. In the U.S. the legal requirements are a state-issued license ("professional engineer" or "registered architect") for design and usually a state or local contractor's license for construction. There is therefore nothing barring any licensed designer or contractor working on preservation projects, regardless of their training. Knowledgeable private owners may address this problem through prequalification requirements for designers and contractors in project requests for proposals and requests for bids; knowledgeable designers may address it through prequalification requirements for contractors in project specifications. Government agencies can set pre-qualifications for professionals, such as the U.S. National Park Service qualifications for "historic architecture" and "conservation," but it must be noted that the lack of academic qualification for preservation engineering makes the definition of "engineering" vaguer and more reliant on self-reported word experience than in other professions.

In recent years, there has been a movement within the U.S. to create subdivisions among professional engineers through secondary licensing or specialty certification[17]. To date, only the most common specialties have been addressed, for example by the structural-engineer license that can be attained after the professional-engineer license in several states and the non-statutory credential of the Structural Engineering Certification Board[18]. Given that the requirements for structural engineering as a subset of professional engineering are generally agreed upon, based on more than 100 years of curriculum development and nearly 100 years of licensing, and given that the definition of preservation engineering is still open to debate, it is unclear that statutory recognition of preservation engineering will occur in the near future. It is possible that self-certification within the field, similar to SECB, could be achieved. For example, the Technical Committee on Preservation Engineering of APT has as one of its critical tasks to "identify and undertake initiatives to advance the role of the preservation engineer and an understanding of the importance of preservation engineering," and the members of the committee have discussed the possibility of certification[19]. The task is a difficult one that requires more effort than a small organization such as the APT committee can provide alone.

The history of technology is ultimately academic and is rarely addressed as such in practice. The reason is clear: the people dealing with an existing building through investigation or design are necessarily most concerned with the physical object of interest. The method of steel production, for example, is of less interest in analyzing a beam in an 1890s building than are the chemical and mechanical properties determined through testing. While knowledge of the production method may provide insight into the properties, the testing is still required and therefore makes the historical knowledge optional. A practitioner needs a basic education in the history of technology –one that is not required by any graduate or undergraduate engineering-education program in

17 *Report on the 2^d National Summit on Separate Licensing of Structural Engineers. February 15-16, 2002* (Reston, Va.: Structural Engineering Institute of the American Society of Civil Engineers, 2002).

18 "SECB History" Structural Engineering Certification Board, accessed March 1, 2009, http://www.secertboard.org/history.htm.

19 "APT Technical Committees," Association for Preservation Technology International, accessed March 1, 2009, http://www.apti.org/about/technical.cfm.

the United States– to recognize conditions in historic buildings that are outside the scope of modern engineering. Any engineer working in preservation and many owners of historic buildings and architects can tell stories of fixing gross errors made by engineers who, despite their competence in structures, had no understanding of buildings with pre-modern systems. At this time, given that there are no licensing or certification programs and given that collegiate education for preservation engineers is still in its infancy, the historical knowledge required is typically learned on the job.

Preservation engineering as a field includes many engineering skills not related to the history of technology, such as choosing analysis methods appropriate for the structure at hand[20]. Modern analysis relies heavily on matrix methods performed by computer, the common use of which post-dates historic buildings. Older methods, including, in reverse chronological order, moment distribution, cantilever and portal-frame analyses, and graphic statics are mostly taught in summary or neglected. These methods are valuable in reverse-engineering an existing building to better understand the original design. Similarly, structural elements that are now rare, such as true masonry arches, are largely neglected in current engineering curricula. Other skills that an engineer may need in preservation work are identical or closely related to those in mainstream work, including the methods for conducting a field investigation.

Finally, as mentioned in the introduction to the article, structural engineers take far more interest in preservation engineering than mechanical engineers do. Historic structures are far more likely to meet modern standards as is, or with realistically small interventions, than are historic mechanical systems. Standards for HVAC, lighting, and plumbing have changed considerably since 1900, and more so before that date. Historic buildings typically need to be upgraded with modern plumbing, lighting, convenience electric outlets, and heating systems to remain viable for use. The few exceptions are often house museums and similar buildings, where modern usage is unimportant and historic atmosphere must be maintained.

20 Donald Friedman, "Methodology of Conservation Engineering", *Journal of Architectural Conservation* 7 (2001): 49-63.

STATE OF THE FIELD IN EDUCATION

The treatment of the two topics under discussion in formal education could not be more different. History of technology is recognized as a field of study at both the undergraduate and graduate levels, either as a stand-alone topic or as part of a "science and technology studies" program. As such, it is part of ordinary collegiate life, including standardized curricula, scholarships and fellowships, and dedicated professorships[21]. In itself, the field is accepted as a part of academia and needs little change. On the other hand, preservation engineering, as such, is not taught as a degree program and is rarely mentioned as an academic subject in the United States. The current opportunities for students are therefore limited to coop jobs and similar practitioner internships and to tangential work, such as Historic American Engineering Survey documentation surveys.

To establish preservation engineering as an academic-degree program will require boot-strapping: until at least one program is operating, there is no impetus to create standard criteria for establishing curricula or to provide research opportunities on a regular basis. The basis for a program may be found in existing efforts, such as the course modules developed by Michael Henry and Sam Harris with a grant from the National Center for Preservation Technology and Training, which were expanded from a two-day workshop at an APT conference to a two-week short course offered at the NCPTT[22]. The modules were "materials and older buildings," "building pathology," "investigations and diagnostics methodology," and "treatment strategies and interventions." Obviously, there is overlap between this material and ordinary engineering courses, but the value in these course modules lies in their emphasis on the preservation field. These four topics define, in very broad terms, the areas that a competent preservation engineer must know.

The NCPTT/Henry and Harris modules are available to institutions that wish to host short courses and could serve as the basis for a collegiate

21 For example, "Georgia Tech School of History, Technology, and Society: Graduate Programs," accessed March 1, 2009, http:/www.hts.gatech.edu/graduate/phd.php.

22 Andrew Ferrell, "Engineering Issue and Historic Buildings," *The Louisiana Civil Engineer* 15 (2007): 5-7.

curriculum at the master's level. A full undergraduate curriculum would be difficult to develop, as it would require students to learn all of the material of an ordinary structural-engineering student, as well as the additional material for preservation. Given the crowded state of undergraduate engineering curricula, adding more courses is not possible unless they replace existing electives. The possibility of adding one or two undergraduate courses as electives should be explored.

There are three issues that must be addressed for any new academic program. The need for the program and the availability of appropriate curriculum are discussed above; the third is the economics of creating a new program. Funding for preservation-engineering education will depend on the success of integrating it into collegiate education. As long as the field is dominated by preservation organizations, where engineers are inherently a minority and money is generally scarce, funding will be limited to grants from non-profit organizations, such as the NCPTT and the James Marston Fitch Charitable Foundation. The larger grants available for engineering students and education projects from sources such as the National Science Foundation would become available for students and faculty associated with a formal course of study.

Donald FRIEDMAN

THE FIRST HISTORY OF CONSTRUCTION?

A Mémoire by Jean Rondelet[1]

On 4 April 1799, the Classe de littérature et beaux-arts of the Institut determined on a prize of a gold medal for an essay: "Examiner quels ont été, chez les différens peuples, les progrès de cette partie de l'architecture que l'on appelle la science de la construction des édifices, depuis les temps les plus reculés jusqu'à nos jours." The sponsor is not named, nor are the judges. In view of the importance of the subject, essays were to be handed in only by 5 April 1802. Members and associates were not eligible.[2]

Rondelet might have begun as early as 1788 to write the articles on technical matters for Quatremère de Quincy's *Dictionnaire d'architecture* in the *Encyclopédie méthodique*. He was to contribute 176 in all, from *aire* to *grue*. Some of these – all minor ones – were published only in 1820, but most – certainly the major ones – one might judge (printers taking about a year to set up these volumes) were written no later than 1801. He must have turned his full attention then to his own *Traité théorique et pratique de l'art de bâtir*, the prospectus for which was issued in April 1799. The first part of the first volume of this was deposited at the Bibliothèque Impériale on November 24, 1802. He was thus, clearly, for a time, working simultaneously on the *Dictionnaire*, the *Traité* and his Mémoire. Inevitably, they have much in common. Rondelet was always very economical in his writing. Once a set of facts was grasped, once an idea was formulated, he repeated it again and again – and again – throughout life.

1 This text was previously published as Robin Middleton, "The first history of construction? A Mémoire by Jean Rondelet". *Construction History. International Journal of the Construction History Society* 28-3 (2013): 47-68. It is republished here with the permission of the author and of *Construction History*.

2 Most of the information contained in this paper is to be found in R. Middleton and M.-N. Baudouin-Matuszek's, *Jean Rondelet. The architect as technician*, New Haven and London: Yale university Press, 2007, which should be consulted for all detailed reference.

The only article in the *Dictionnaire* with something of an intellectual framework, *Bâtir (art de)*, 3 ½ pages, looms large in both the *Traité* and the Essai. But it is noticeable that the historical framework provided in *Bâtir (art de)*, as in other of the longer articles in the *Dictionnaire*, is missing from the *Traité*. That was to be focused firmly on materials and building techniques. The Mémoire, however, takes up the historical theme as its own. Indeed, whatever its shortcomings, it seems to be the first concerted attempt to write a history of architectural construction. I offer it to you as that.

Rondelet's Mémoire was not to be published (Fig.1). No fair copy has come to light. The corrected draft, in the Avery Library at Columbia University, runs to 93 numbered pages. The Institute's printed announcement is attached.[3]

Rondelet tackled his history, as imposed by the *Dictionnaire*, as already determined for the *Traité*, in terms of the mastery of building materials by different societies. He did not apply the formula, deriving from Cornelis de Pauw, made famous by Quatremère de Quincy, relating the use of these materials directly to physical and social conditions of peoples, but it was evidently somewhere at the back of his mind.

The origins of building could not be determined. Man had found shelter and made huts for eons, but at some stage he was stirred to take up stones in order to commemorate ideas or individuals and to pay homage to them. Commemorative stones became temples (shades here of Viel de Saint Maux)–"*C'est à la construction de ces édifices que l'architecture proprement ditte doit sa naissance et ses plus beaux ornements tels que les colonnes, les chapiteaux, les corniches, les frontons, &c.*"[4]

If timber or stone was not readily available commemorative buildings might first be constructed of mud, then of bricks with straw added, sun-baked, eventually fired. Thus emerges the art of building. "*L'art de bâtir est le résultat de la combinaison de ces trois matières principales*"[5]. However, the Egyptians used principally stone, the Babylonians brick, the countries of the north timber.

---

3 J. Rondelet, "Mémoire sur les progrès de la science de la construction chez les différens peuples, prix remporté à l'Institut", Avery library, Columbia University, New York, AA3101 R665 F.

4 *ibid.*, p. 2.

5 *ibid.*, p. 3.

Les premières combinaisons heureuses sont dues au génie, l'art les a répété et perfectionné en les imitant: enfin le raisonnement et l'expérience ont formé une science sous le nom de théorie, dont l'objet est de diriger l'art et le génie, pour atteindre les degrés de perfection dont chaque ouvrage est susceptible".[6]

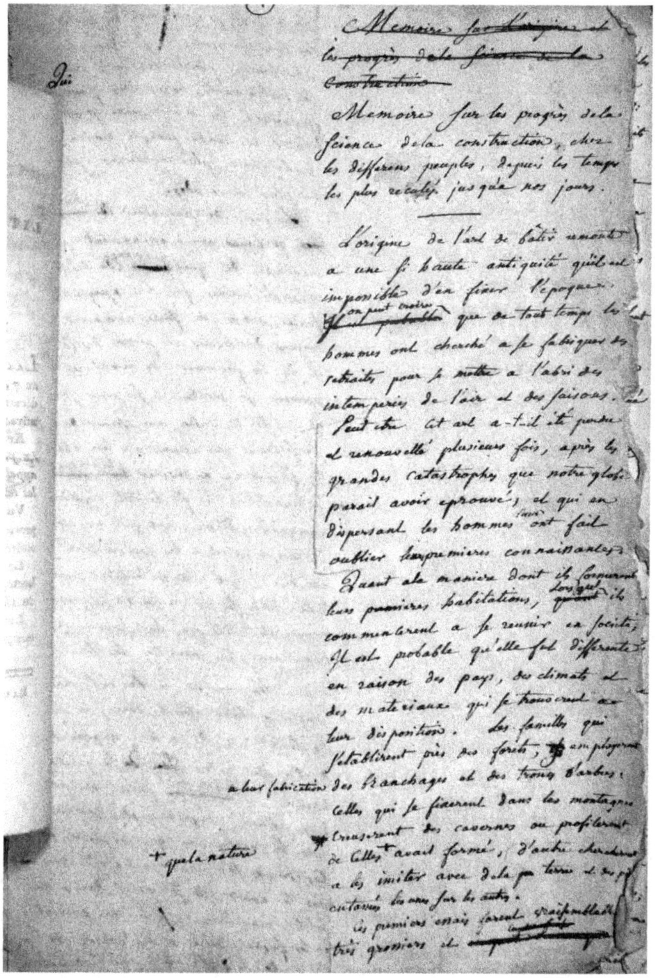

FIG. 1 – Jean Rondelet "Mémoire sur les progrès de la science de la construction, chez les differens peuples, depuis les temps les plus reculés jusqu'à nos jours", p. 1 (Avery Library, Columbia University, New York, AA 3101 R665 F).

6 *ibid.*, p. 3.

Perfected, "l'art de bâtir" becomes architecture (Fig. 2). There follow four and a half pages quoted direct from the first chapter of Vitruvius (Rondelet's own translation, the latin in parallel) defining first the nature of architecture as a science,

> *Cette science est le résultat de la pratique et du raisonnement. La pratique est l'objet des opérations manuelles nécessaires pour donner à une matière quelconque la forme qu'elle doit avoir. Le raisonnement ou théorie, est la science qui peut expliquer et démontrer les convenances et les proportions des ouvrages exécutés...*[7]

Then listing the professional skills that are to be encompassed by the architect, from mathematics and philosophy to music and medicine and even on to astrology – though all, he conceded, might not be of vital import to an architect.

For good measure, Rondelet repeated his own gloss on Vitruvius.

> *Un constructeur habile qui possède bien la théorie, peut rendre raison de tous les moyens qu'il propose pour donner à un édifice toute la solidité et la perfection dont il est susceptible, en y employant les matériaux les plus convenables, mis en œuvre avec art et économie...*[8]

And so forth, to reiterate a drawn out definition that he repeated on every occasion he thought something by way of a theory was required. Such, he made clear, was his approach to history.

Rondelet began with timber construction, the development of which was conditioned by the forests of the north. At first there were cone shaped structures of branches, covered with leaves or animal skins (still used by Lapps and Samoyeds) then, for greater convenience, four square cabins of logs, a triangle or truss above, the holes filled in with branches or straw.

All this direct from Vitruvius, as illustrated by Perrault (Fig. 3). When timber was really abundant (Vitruvius referred to the Colchians) logs might be used for the walls, piled up to form pyramidal roofs, cavities filled in with mud. This, Rondelet noted, was still the way of building in Russia and Poland, though there the construction was set on walls or stone piers, and painted (thus "perfectioned"). In Moscow, he claimed, such houses might be bought as a kit-of-parts. And the same method of building was applied there in the construction of churches and palaces and, even, town walls and bastions. Caesar is referred to here.

7 *ibid.*, p. 4.
8 *ibid.*, p. 9.

Vitruvius is referenced for advice on wood. Various oaks are thought best. This is confirmed by Buffon. The times for felling, the manner of laying –vertical or horizontal– and the application of protective coatings, inside and out, are described at some length.

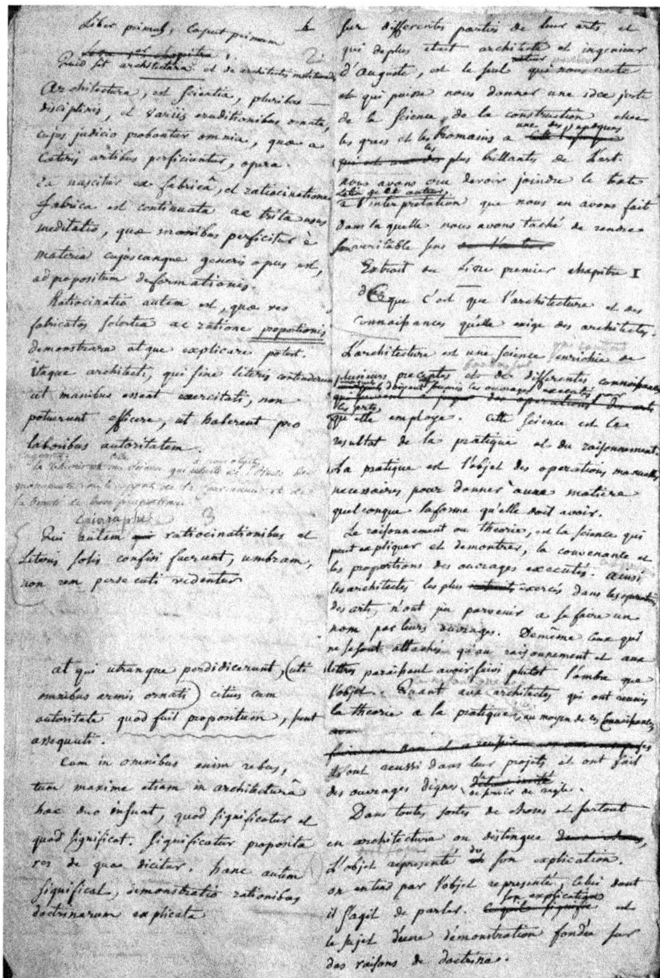

FIG. 2 – Jean Rondelet "Mémoire sur les progrès de la science de la construction…," p. 4 (Avery Library, Columbia University, New York, AA 3101 R665 F).

FIG. 3 – Huts of the Colchians and Phrygians as illustrated in Claude Perrault's *Les dix livres d'architecture de Vitruve*, 1684, pl. 5.

Roofs are allocated a section to themselves. And there is much on their evolution. But it is not the structure that is Rondelet's main concern, rather the pitch, and this, he was intent to prove, related directly to the climate, and thus to geographic position. He clearly aimed here to extend on Vitruvius' remarks. In hot climates, there might be less rain, but when it fell it fell heavily. The run-off was rapid. The roof might be virtually flat. In temperate climates the rain fell more steadily and the run-off was slower. The roof required a pitch of some sort. And so forth. But other factors were also involved. A fine rain made a difference, so also did snow. The roof covering itself was another determinant. Rondelet nonetheless thought that it could be convincingly demonstrated that the pitch of a roof related directly to its geographic position. The Egyptians had flat roofs, the Greeks used a pitch of about 14 ½ degrees. In Rome, the pitch was steeper. A comparison of a range of antique buildings in Rome suggested a norm of 23 to 25 degrees. With some juggling of figures and with reference to the variable nature of roofing materials, he thought to determine a formula. Lyon, at a latitude of 45 degrees 45 minutes 51 seconds, was 22 degrees 17 minutes 51 seconds from the Tropic of Cancer, this should therefore be the pitch of roofs in that city. The custom in Lyon was to make the height of a roof a fifth of the span, which resulted in a pitch of 21 degrees 48 minutes, slightly less than his formula suggested. When Roman tiles were to be used, he proposed, a sixth should be added, when flat tiles or slates, a third. Paris was dealt with in the same way. Subtracting the latitude of the Tropic from that of Paris provided a figure of 25 degrees 23 minutes. This, Rondelet judged, might be suitable for *tuiles creuses*, not often used, for flat tiles or slates, one must add a third, to reach a figure of 33 degrees 51 minutes, about the norm (fig. 4).

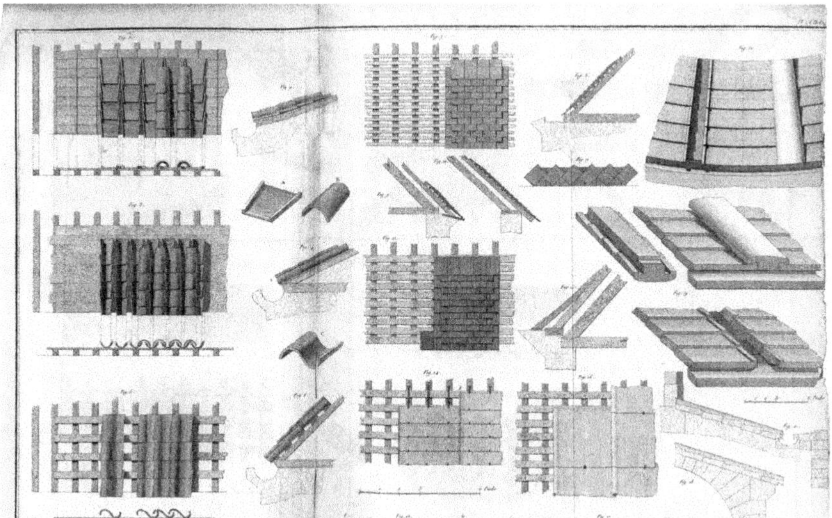

FIG. 4 – Roof tiling, as illustrated in Jean Rondelet's *Traité...de l'art de bâtir* v.IV, bk.6, pl. CLXXXI, 1814.

Gothic roofs, based on the equilateral triangle, had a pitch of about 63 degrees 27 minutes, really suitable only in the far north. When the Gothic style was abandoned, a broken pitch was adopted, using varying angles. Belidor's proposals for containing the outline of the roof section within a curve were noted, as was Bullet's recommendation that the angle at the peak of a truss be 90 degrees.[9] In the end Rondelet proposed that between 36 degrees and 48 degrees latitude, roofs might have a pitch between 12 and 24 degrees; further north roof should be four-fifths the latitude. Thus, the best for Paris was 39 degrees 5 minutes; for London 41 degrees 13 minutes (Fig. 5). This farrago continued for five pages in all. And it was to be taken up, at even greater length, in the sixth book of the *Traité* of 1810, to be dropped entirely from the editions of 1830 onwards, having been ridiculed in 1828 in the second volume of Louis Bruyère's *Études relatives à l'art des constructions.*

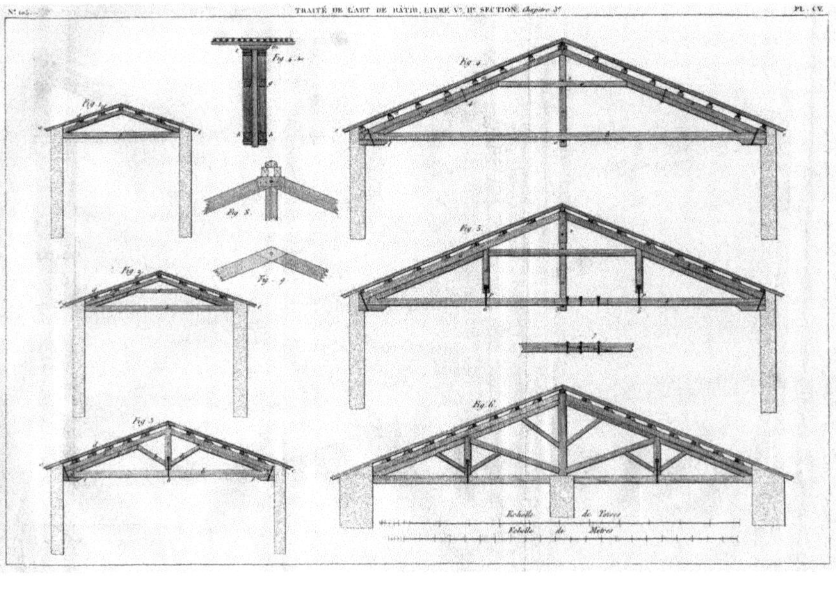

FIG. 5 – Timber roof trusses illustrated in Jean Rondelet's *Traité...de l'art de bâtir* v. IV, bk.6, pl. CV, 1814.

9 B. F. de Bélidor, *La science des ingenieurs dans la conduite des travaux de fortifications et d'architecture civile*, Paris: Claude Jombert, 1729, Bk.IV, p. 95, pl.35. P.Bullet, *L'architecture pratique*, Paris: Estienne Michallet, 1691, p. 215.

Rondelet dealt swiftly with the actual construction of roofs. No Greek or Roman trusses had survived, though something of their nature might be gleaned from Vitruvius. Vitruvius is quoted direct, once again, the latin in parallel, but to no great effect. Though Rondelet is quick to point out that Perrault had misunderstood his descriptions. Old roofs in Italy, Rondelet noted, had trusses with two rafters and a tie-beam, but no post, which was probably the basic form used by the Greeks and Romans. He dealt then with the variations on this, with posts and braces, as required for larger spans. However, the principles of roof-construction were, even now, not well understood. Mathurin Jousse, Philibert de L'Orme and Nicolas Fourneau had all provided graphic methods for setting out roof trusses, but had provided no real guide as to the requirements for forms and sizes.[10] He remarked, briefly, on Chinese lattice roof construction, but could see no advantage to it. He turned next to dry stone structures, 23 pages in all, by far the greater part devoted to determining how the Egyptians moved large stone blocks.

Initially, Rondelet began, stone huts were made of the roughest of stones, the cavities filled in with moss or mud. The degree of finesse in their making would depend on the degree of civilization of a society. Thus the rude huts of Greenland and Iceland today might be viewed as exemplars of the earliest of stone dwellings – the walls set 13 to 14 m. x 4 to 5 m., 2 to 3 metres high, tapered from top to bottom, rafters and battens above, and a covering of green grass, broken here and there with holes for light, animal skins stretched over them.

Cut stone, Rondelet judged, appeared first in Egypt. French scholars had dated the great gates of Thebes to 6000 BC. The Egyptians aimed to build for eternity. Thus they eschewed the use of timber. The very quality of the stones to hand meant that they could construct entirely in stone, without recourse to arches or stereotomy of any kind. Their buildings were erected in accord with the most basic laws of construction: that the weight be directed downward, vertically, and that it be sustained by an equal force in the opposing direction. Rondelet runs through this proposition in three different ways. Nothing should extend beyond the

10 M. Jousse, *Le théâtre de l'art de charpenterie*, La Flèche: G. Griveau, 1627. Ph. De l'Orme, *Premier tome de l'architecture*, Paris: Frederic Morel, 1567. N. Fourneau, *L'art du trait de charpenterie*, Rouen: Laurent Dumesnil, 1767-1770.

base. Pyramids are more stable yet, though the instability of a prism increases with its height. To ensure that the forces in a building are directed downward, vertically, beds must be horizontal, joints must be vertical. The length of individual blocks should be no more than three times their height. And so on.

Egyptians had long been admired for their selection of stone, for their precision of execution, but the descriptions of the size of their stones, given by ancient authors, were considered exaggerations. Today, the descriptions of Diodorus Siculus and Herodotus are recognized as correct. The sheer size of the stones was an expression of the determining desire for permanence. The moving of massive stones is the crux of Rondelet's account of Egyptian construction, as it is, indeed, that of his account of stone construction itself (Fig. 6). He focuses on the moving of one stone in particular – the roof slab of the temple of Lato at Buto, in the Nile delta. Herodotus reports that the walls of the temple (40 cubits) 60 ft. long and broad, and as high, were carved from one stone. Such a block, before being hollowed out, Rondelet calculated, would have weighed 22,000,000 lbs. (10,786,000 kgs.), a weight impossible to move. Even after being hollowed out, the block would have been impossible to move. The rock, he decided, must have been *in situ*. The roof slab was another matter. This, he calculated, would have weighed 180,000 lbs. (90,000 kg.). Given that wood was scarce in Egypt, it was probably moved into position on an inclined plane, stone paved. The power was, no doubt, provided by men, a plentiful resource in Egypt.

For eight pages following, Rondelet worked doggedly on comparing alternatives. He had himself set up an experiment with a stone block of 1080 lbs. (529kgs.), dragging it over a rough stone surface, then a wooden surface, then on a wooden sled (one sees, at once, where Choisy's account of Egyptian architecture begins). Finally, Rondelet dragged it over rollers. He measured the forces required in each instance. All the figures are given. A reasonably healthy man, he estimated, could carry his own weight or drag a load one and a half times his weight. The roof slab could, therefore, have been moved, stone on stone, by 9375 men. With the other surfaces and means, the numbers fall –he gives them all. He worked next on the positioning of the men, in rows. Several arrangements are considered.

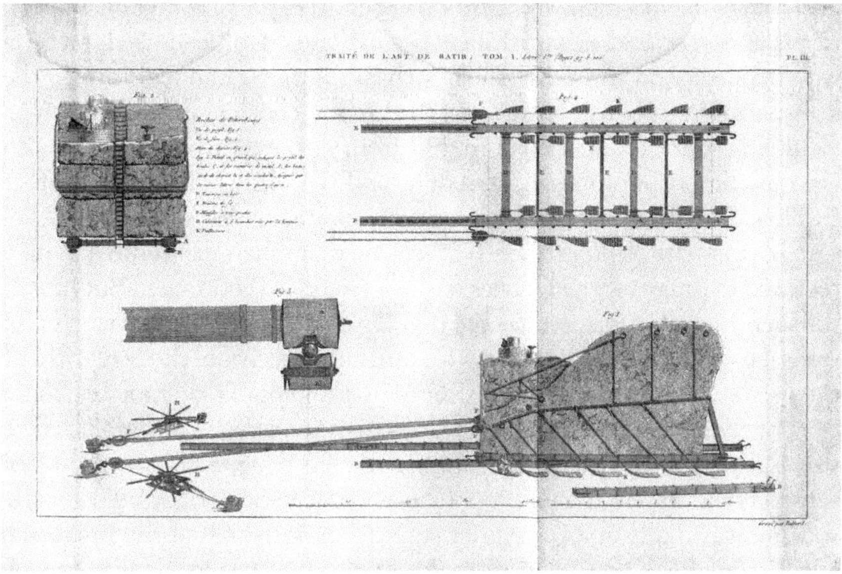

FIG. 6 – Sled for moving a large rock (the base for the statue of Peter the Great) illustrated in Jean Rondelet's *Traité...de l'art de bâtir* v. I, bk.1, pl. III.

The sheer size of the block, he thought, rendered the use of rollers unlikely. But what of capstans? He worked then on the figures for various arrangements of capstans, trying out different numbers with different numbers of men. All this on a level surface. But for the slab to be hauled onto the roof an inclined plane would have been needed. More calculations, more figures – a lot more figures – for each of the possible surfaces must needs be considered. More experiments with models, 4" cubes of stone, weighing 6lbs.4oz., on different slopes. The capstans are then brought into play once again. Rondelet formulated some equations. Eventually he reached the conclusion that to drag the block up an incline of 12 degrees, with the use of capstans, without pulleys, on each of the surfaces or means he had described, would require 2880 men on 360 capstans, 2704 on 338 capstans, 2520 on 315 capstans, or 1296 on 162 capstans.

But this was not to be the end. Herodotus had also described a hollowed out block of stone 21x14x8 cubits, weighing 208,000 kgs., without the tackle, dragged from Elephantine to Sais, 200 leagues, by

2000 men, over a three year period. When Rondelet applied his figures, it was apparent that neither rollers nor capstans had been used, rather a wooden sled. And this tallied also with the figures given by Pliny for the transport of the obelisk of Ramses. And so to a consideration of Diodorus Siculus' account of an obelisk moved from Armenia to Babylon, as also the moving of the stones of Persepolis and the blocks of the platform at Baalbek. Figures abound. Though when he came to describe the stones of Cuzco, Rondelet could provide very few, no more than the number of men required to drag the great stones of the fortress – 20,000 men. But he was sufficiently well informed to note that Peruvian walling was made up of irregular stones fitted together with amazing precision, dressed without the use of instruments of iron, simply by the tapping of stone on stone.

The Greeks, Rondelet believed, had learned the art of dressing stones from the Egyptians, but they made less progress in the science of construction than in that of proportion and decoration (Fig. 7). Their early walling was made up of irregular stones – as with that of the Etruscans and Peruvians. The use of irregular stones was no doubt dictated by the need to build swiftly for defensive purpose – much like the walls of Fendi, near Naples, or Cora, near Rome. He nonetheless reprimanded the Greeks for ignoring the basic principles of structural stability that he had laid down earlier. But in their most beautiful buildings there was, he thought, more regularity and precision even than in Egyptian architecture, and this because the Greeks used models or drawings to set out their buildings. The Egyptians, Rondelet felt sure, had not done so.

The best method of building in stone, he reiterated, was with regular courses, with regular stones, equal in length, the length twice the height. Such were the walls of the large temple at Paestum, and the temple of Concord at Agrigento, both built by Greeks. In some ancient buildings, he noted, the stone blocks were almost square, as in the Tullianum in Rome, or the tomb of Cecelia Metalla, though there alternating sizes were used, the walls a double skin, with headers running through. In some Roman walls, courses of alternating heights might be used, to good effect. Even earlier, the Greeks had used the arrangement, as in the pylons of the Propylaia at Athens, for instance. Again Rondelet repeated his caution, that ashlar stones should never be more than three times their height; in soft stone never more than twice. Low walls, parapets and stairs were, of course, in a different category.

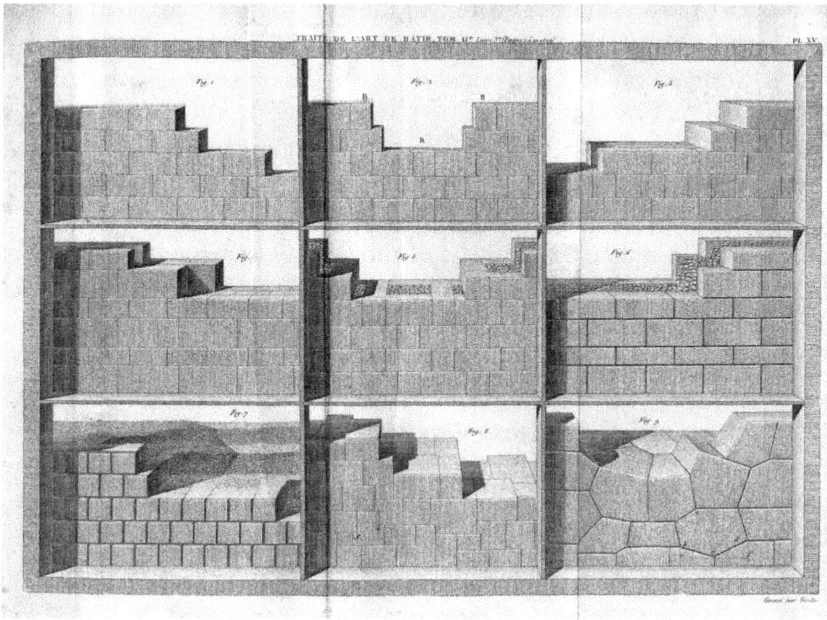

FIG. 7 – Varieties of stone walling illustrated in *Jean Rondelet's Traité…de l'art de bâtir*, v. II, bk.3, pl. XV, 1804.

Vaulting appears to have been introduced into Greek architecture only at the time of Alexander, and used then only for doorways, arcades and semi-circular vaults. The only round building in Athens was the Lantern of Demosthenes, measured up by David Leroy. The roof of this was fashioned from one piece of marble. The building was, in any event, probably built under Hadrian, even Trajan, by which time Roman methods of building had been introduced. Such is evident in the monument of Philopappos – circular, with a finely fashioned niche. The oldest dressed stone vault to be described by Denis of Halicarnassus and Pliny is that of the Cloaca in Rome, built in 580BC by Tarquin, an Etruscan, who introduced their arts to Rome. The Greeks attributed to the Etruscans, whom they called Tyrrhenians, the introduction of the art of building into Italy – Homer, Hesiod, Herodotus and Thucydides all describe the walls and towers they built to fortify their towns. Wherever possible, the masonry of these was laid with surfaces butting, but the irregularity of the stones required an infil, at first, perhaps, with earth, then with mortar of sand and lime, unifying the structure and making it even stronger, on occasion, than dressed stone walling. Such was the effect of Roman mortar.

A dozen pages were to be devoted to mortar and the types of walling devised with its use. There was no knowing, Rondelet held, when it was first discovered (Fig. 8). Vitruvius and Pliny describe its use on the sun-baked brick walls of the palaces of Croesus, Mausolus and Attalus. Tombs and fragments in the Etruscan museum at Cori indicate that mortar was known to them and thereby introduced to the Romans. The excellence of Roman mortar has prompted the belief that it was made by some secret method, now lost. But samples from various parts of Italy and from widely differing periods analysed by Rondelet, prove that the mortar is the same as that in use today. The mortar of the Basilica of Maxentius and the Pantheon is the same as that of Saint Peter's.

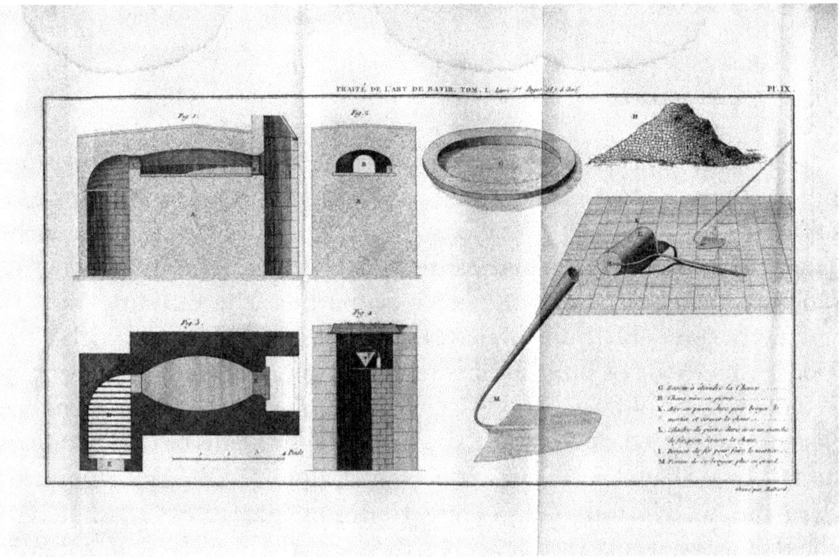

FIG. 8 – The preparation of lime mortars illustrated in *Jean Rondelet's Traité...de l'art de bâtir*, v. I, bk.2, pl. IX, 1802.

Even after the fall of Rome and the collapse of the arts, building continued. The practical knowledge of building techniques may be assumed, Rondelet suggested, to have been transmitted by workmen through to the present. The excellence of Roman mortar resided not in a lost formula, but in the quality of their sand and lime. Rondelet himself had found, by experiment, that the pounding of mortar could make it as good as the Romans'. Antoine-Joseph Loriot and Polycarpe de la Faye, following on from Vitruvius and Pliny, had proposed different methods of compounding mortar – Rondelet described these in detail, but judged neither to be particularly effective.[11] Nor were they anything like Roman mortar. Instead, he offered his own recipe – one part powdered lime, with two parts damp sand, well stirred. The fault of most mixers of cements, he cautioned, was to add too much water. More figures are adduced from Rondelet's own experiments. These he compares with tests on Roman samples taken from the walls and cisterns of Rome, the theatre at Frejus, the Pont du Gard, and the amphitheatre at Lyon. The figures were not only comparable, but demonstrated that Roman composite walling was as strong as that of Conflans stone.

Rondelet was not one to leave well alone. Vitruvius to hand, he then analysed the make-up and the relative strength of walls in Rome of *opus incertum* and *opus reticulatum* (Fig. 9). *Opus incertum*, though less attractive, he judged, was by far the stronger. However, the great wall at Hadrian's villa, of *opus reticulatum*, had survived remarkably well, almost as new. More figures. And more repetition. Back to the Etruscans again and the *opus incertum* of the temple of Volsinii (near Orvieto), to be compared to the temple of Vesta, at Tivoli, the temple of Fortuna at Praeneste, and buildings at Pompei, to prove once again the Roman inheritance from the Etruscans. Perrault, Rondelet noted, had misunderstood the nature of *opus incertum*, equating it with *limosinage* (stone walling). And thus to a further consideration of Vitruvius' recommendations on the

11 A.-J. Loriot, *Mémoire sur une découverte dans l'art de bâtir, fait par le Sr. Loriot*, Paris: Michel Lambert, 1774. A.-J. Loriot, *Instruction sur la nouvelle méthode de préparer le mortier-Loriot*, Paris: Barbou, 1775. P. de la Faye, *Recherches sur la préparation que les Romains donnoient à la chaux dont ils se servoient pour leurs constructions et sur la composition et l'emploi de leurs mortiers*, Paris: Imprimerie Royale, 1777. P. de la Faye, *Mémoire pour servir de suite aux recherches sur la préparation que les Romains donnoient à la chaux. Dont ils se servoient pour leurs constructions et sur la composition et l'emploi de leurs mortiers*, Paris: Imprimerie Royale, 1778.

matter. As also his observation that if such walls were to be faced with dressed stones, they must be secured with cramps of iron. But best of all, Rondelet concluded, were the dressed stone walls of the Greeks – *isodomic*, blocks of uniform height, *pseudo isodomic*, courses of differing height, and *emplecton*, with some blocks as headers – all as described by Vitruvius. Nothing better had been devised. This, one might note, was not to be his final ruling, either in the Essay or in the *Traité*, there the Romans bore the crown.

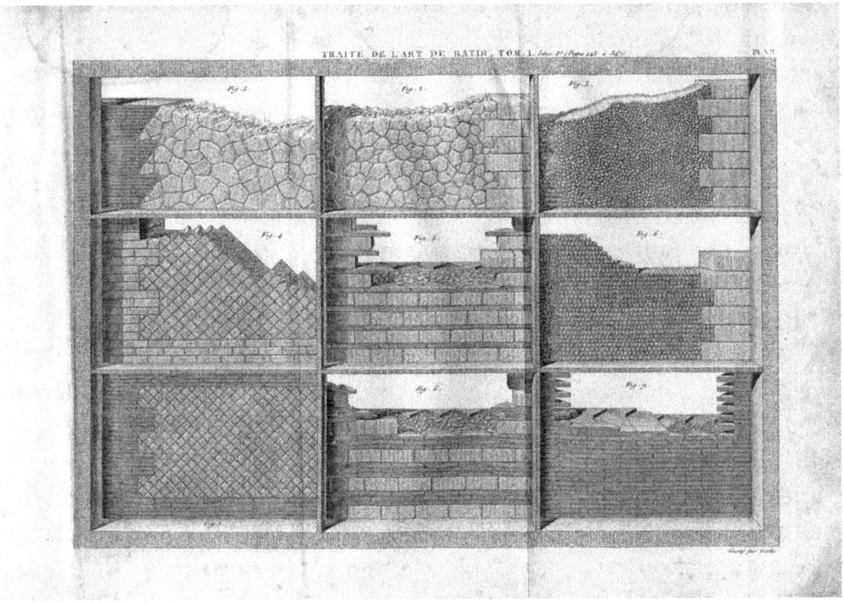

FIG. 9 – Roman walling techniques illustrated in Jean Rondelet's *Traité...de l'art de bâtir*, v.I, bk.2, pl.VII, 1802.

The fourth section of the Mémoire was devoted to bricks, sun-baked and fired. The history of sun-baked bricks starts in Babylon, with the tower of bricks of mud and straw (Fig. 10). There is reference also to a ruin near Baghdad – culled from the writings of La Boulaye le Gouz and Pietro della Valle – and some discussion as to whether their remarks relate to the tower of Babel or a temple to Bel, not to be resolved. Herodotus, Kircher and Thomas Hariot? are also adduced, still without certainty,[12] though Rondelet was able to provide an exact dimension for the bricks involved, 3x3x1 decimetres, set in a mortar of sand and bitumen. At the seventh course a bed of broken reeds set in bitumen was laid, to act as a bind. Bricks of this sort, together with the reeds, had been given by Pargol, French vice-consul at Baghdad and Basra, to the Abbé de Beauchamp.[13]

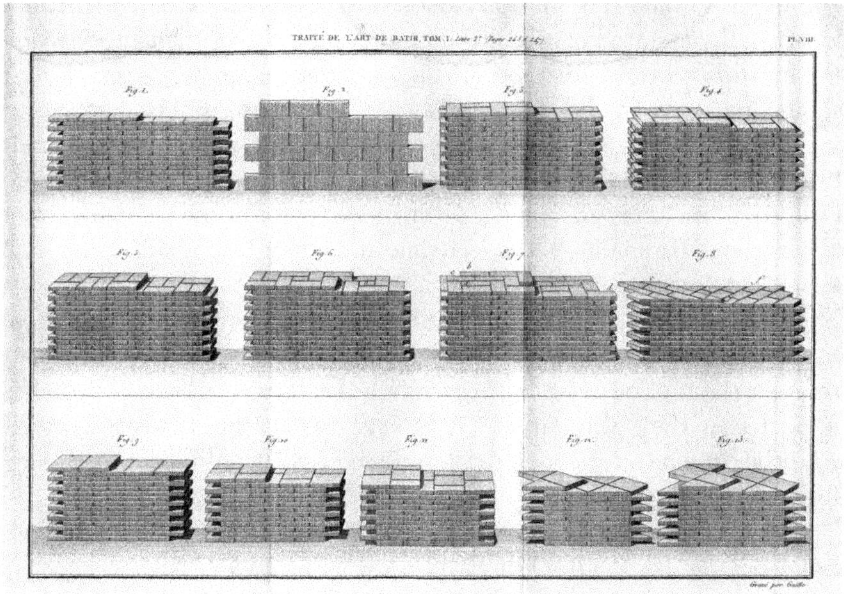

FIG. 10 – Brick walling techniques illustrated in Jean Rondelet's *Traité...de l'art de bâtir*, v.I, bk.2, pl. VIII, 1802.

12 F. de La Boulaye le Gouz, *Les voyages et observations du Sieur de la Boullaye le Gouz*, Paris: François Clousier, 1653. P. della Valle, *Les fameux voyages de Pietro della valle*, Paris: Gervais Clozier, 1663-1664. A. Kircher, *Turris Babel, sive Archontologia*, Amsterdam, J. Jansson van Waesberghe, 1676. Th. Hariot, *Merveilleux et estrange rapport, toutesfois fidéle, des commodities qui se trouvent en Virginia...*, Frankfurt am Main: T. de Bry, 1590.

13 A.Mézin, *Les consuls de France au siècle des lumières (1715-1792)*, Paris: Ministère des Affaires Étrangères, Direction des Archives et de la Documentation, 1998, p. 160 for the abbé Pierre-Joseph de Beauchamp (1752-1801). He travelled to Babylon in 1792, lived for a while thereafter in Baghdad, and was later appointed as French consul at Muscat, which he never reached, becoming embroiled in diplomatic intrigues and being imprisoned by the Turks as a spy. Pargol, or anyone of a similar name is not listed in the Baghdad consulate by Mézin.

Herodotus had noted a pyramid in Egypt built of mud and straw bricks, Richard Pococke another, near Cairo, 64 x 48 m., 36 m. high, of bricks of earth, crushed stone, lime and straw.[14] These bricks came in two sizes, the largest 38 x 18 cms., 12 cms. thick. The Greeks used sun-baked bricks for their houses. Vitruvius listed a number of grander buildings for which such bricks were used – the temple of Jupiter and Hercules, the palace of king Attalus at Tralles, that of Croesus at Sardis and the Mausoleum of Halicarnassos. Such bricks were best made of a light chalky soil, red or white. They should be made in autumn, when the humidity would ensure that that they dried first in the centre, and should be dried in the shade for a year before use. Greek legislation stipulated five years should elapse before the bricks were used. Greek bricks were of two sizes, the *pentadoron*, a 387mm. cube, for public buildings, and the *tetradoron*, a 310mm. cube, for domestic work. Half bricks were also made. Walls were one and a half bricks thick, to allow for headers for bonding.

Unbaked bricks do not, of course, survive at Athens or Rome, so there has been some dispute as to their original size. Barbaro and Rusconi thought them to be cubic, others rectangular, however Vitruvius makes it clear that they were cubic. De la Faye has accepted this as correct. And the time recommended to bake these bricks would seem to provide further confirmation.

The Roman *didaron* appears to have been half the size of he Greek *tetradoron*, 1 x 1ft. x 6in. De la Faye, citing Pliny and Vitruvius, suggests that these were made with some mortar, but if so they would have survived in the ruins; they were probably made of brick and straw alone. Pococke gives the size of bricks in Egypt and the Middle East as 15" x 12" x 7" (40 x 32 x 19 cms.). Chardin gives no sizes, but notes that houses are built of brick rather than stone[15]; the bricks, 8" x 6" x 2½" (216 x 162 x 68 mm), were of earth and chopped straw, moulded in open wooden boxes, the top of the brick sealed with the swish of a wet brush, to be removed from the mould after two or three hours and set to dry. These could be bought very cheaply – 8 or 9 sous a hundred – or made at home – 2 to 3 sous a hundred. When made without straw they cost even less. The soil

14 R. Pococke, *A description of the East and some other countries*, London: W. Bowyer, 1743-1745.

15 J. Chardin, *Voyages de monsieur le chevalier Chardin, en Perse, et autres lieux de l'Orient*, Amsterdam: Jean-Louis de Lorme, 1711.

of Esfahan is a natural clay so that on unbroken ground no foundations are needed. If a foundation is to be built, courses of brick are laid on a bed of mortar. The brick walls above are plastered with a mix of clay and straw. Each bed is allowed to dry out before the next is laid. The walls are built with a slight taper, topped with a row of fired bricks or pitched tiles, to form a ridge. Stronger walls, used especially for gardens, have foundations of fired bricks, continuing about a foot above ground. Houses are plastered with a mortar of gypsum or lime, pounded and puddled, forming a very strong surface, not as white as that in France. The Persian technique is used also in other parts of the East.

In France itself – in the Somme, the Oise, the Aisne and the Marne, in particular – wooden boxes are often filled with a similar mix of clay and straw to form bricks.

Rondelet digressed then on the use of *pisé* in France – in the Aisne, the Rhône and Isère (Fig. 11). This was a method of building he recommended strongly for country work. Coated with plaster *pisé* walls could last centuries. If well made, they could be broken open for later openings and additions. François Cointereaux, he noted, had already explained the technique of building in *pisé*, including the making of columns and arches.[16] Little more need be added – other than some observations resulting from Rondelet's own experience, in 1764, which involved openings and additions to the Château de Pure, near Trevoux, built a hundred and fifty years earlier of *pisé.* Here Rondelet had introduced a milk of lime to the mix, giving a smoother consistency, resulting in a very smooth surface. The mix might be suitably used in the making of sun-baked bricks – 40-48 x 30-36 cms. – dried in the shade, not to be used for a year.

The history of fired bricks begins much like that of sun-baked bricks, in Babylon, with reference once again to Diodorus Siculus and Herodotus, and mention of the Abbé de Beauchamp's bricks, now noted as being in the collection of M. de Tersan.[17]

16 F. Cointereaux, *L'école d'architecture rurale ou leçons par lesquelles on apprendra soi-même à bâtir solidement les maisons de plusiers étages avec la terre seule*, Paris: chez l'auteur, 1790-1791. F. Cointereaux, *De la distribution des bâtimens de pisé*, Paris: Vezard et le Normand, 1793.

17 Charles-Phillipe Campion de Tersan (1736-1819) was a famous antiquarian. His collection was kept at Abbaye-aux-Bois. This was sold when he died, the catalogue prefaced with a life by Girvaud de Vincelle.

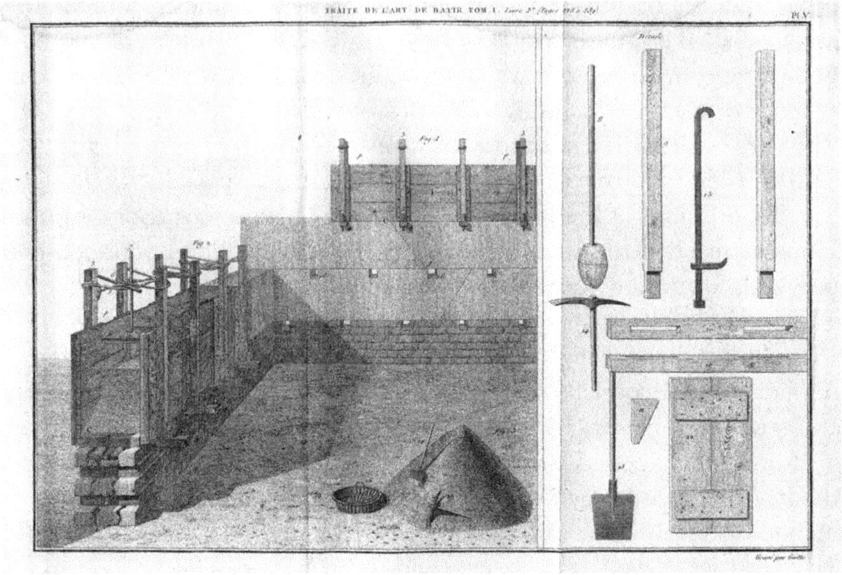

FIG. 11 – The preparation of pisé illustrated
in Jean Rondelet's *Traité...de l'art de bâtir*, v.I, bk.2, pl. V, 1802.

Vitruvius is quoted direct on Roman domestic architecture, where, Rondelet notes, bricks and tiles were often re-used. However, not for the Pantheon. The three sizes of rectangular bricks used for that building and others of the sort in Rome are described at length, as are triangular bricks and their placement. Rondelet deals then, at similar length, with the placing of headers in walls, to provide strength. He compares the contemporary French practice with that of the Romans. But it is the Roman method of packing rubble and mortar between facing skins of bricks that, he thought, resulted in the most solid of constructions. The method, moreover, could be used for all kinds of structures, including vaults and domes, and could be carried out by virtually unskilled labourers. The endurance of such structures was extraordinary. The technique was used not only for the palaces of emperors – Nero's Golden house, for example – but for temples, theatres, circuses, etc. no less than the thermal baths and the Pantheon itself. Rondelet, as might be expected, gives a lot of dimensions. He was quite in awe of Roman vaults. He described various methods of construction, not only with rubble and light-weight tufa in mortar, set on centering, but with ribs and chain reinforcements of bricks. The dimensions of the vaults of the Baths of Caracalla, of Titus and Diocletian are all reeled off, but the only vault to be described in detail was that of the Gallucio, the tomb of Cecilia Metella, which, Rondelet sharply noted, was composed of segments, not unlike those of the dome of Florence cathedral. At Catania, he noted, he had even seen a dome on pendentives, clearly of Roman origin.

He turned then to the dome of Sancta Sophia, in Constantinople, the history of which he was able to give with reference to Procopius. Procopius is quoted at length as to the difficulties that arose during construction and the manner of their resolution. Essentially, decorative props had to be removed until the mortar was dry and the mass had settled. The same problem, Rondelet observed, had occured on the west front of Orléans cathedral, where the colonettes started to crack because the weight of the towers was not yet settled. Nonetheless, however grand, Sancta Sophia, he judged, gave evidence of the decline of building that followed the fall of the Roman Empire.

Old columns were to be used, without any sense of the distinction of the orders, to carry small arches of brick, with sheer walls over. The roofs above had exposed timber trusses, as in S. Paolo fuori le mure and Sta. Sabina in Rome. Architecture of this ilk, assembled from debris, plaques of marble here and there and crude mosaics with backgrounds of gold, was, he declared "sans goût et sans art."[18]

"*Le vrai goût dans les arts n'existait plus*,"[19] he reiterated.

The Goths, having ravaged Italy, adopted this way of building, which survived in Italy up to the eleventh century, in Constantinople up to the end of the Greek empire. Nonetheless, Rondelet found something to admire – the 52-foot diameter dome of S. Vitale, in Ravenna, made up of two interlocking skins of spiraling triangular tiles, the whole covered in mortar (Fig. 12).

The ribs of the arches below were of interlocking clay pots, 22" x 8"diameter. Rondelet's description is long. He discusses other such buildings in Ravenna, Sta. Maria in Cosmedin and the apse of the cathedral. He referred to remnants of similar vaults in Rome, notably S. Stefano Rotondo, thought to have been built by Claudius, with the tiles of the

18 "Mémoire", AA3101 R665 F, p. 79. (Note 3)

19 *ibid.*, p. 80.

vaults set vertically rather than horizontally. Ribs made of interlocking pots, he noted, were to be seen in the corners of the vaults of the circus of Caracalla and the supposed tomb of Saint Helena. But it was to the domes of Saint Mark's in Venice that he turned for a final example of the brick dome –"*mal rendue et pleine d'irrégularité choquante*"[20]– the plethora of small columns and gold-backed mosaics notably contributing to the feebleness of the taste. In 1729, repairs to one of the domes revealed that it had been set on a circular beam of timber, totally decayed, which had to be replaced, section by section, by a brick beam, encircled with an iron chain. More evidence, yet, of the loss of skill in post-Roman times.

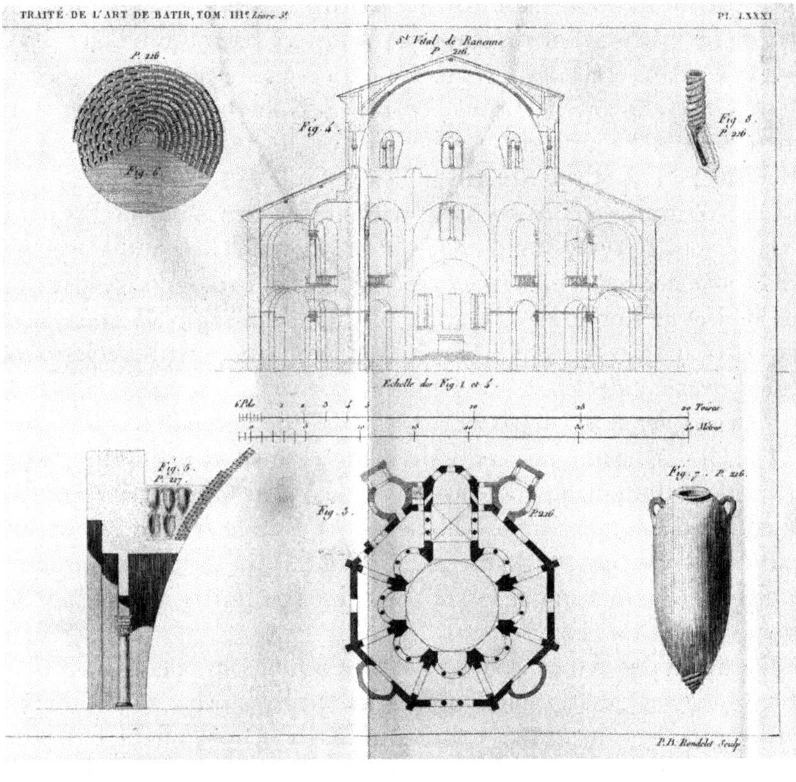

FIG. 12 – Section and details of S. Vitale, Ravenna, illustrated in Jean Rondelet's *Traité…de l'art de bâtir*, v. III, bk.5, pl. LXXXI, 1805.

20 *ibid.*, p. 81.

The next three and a half pages are devoted to Gothic architecture – his knowledge of this surprisingly haphazard – brought from the far north to England, France, Italy and Spain (Fig. 13).

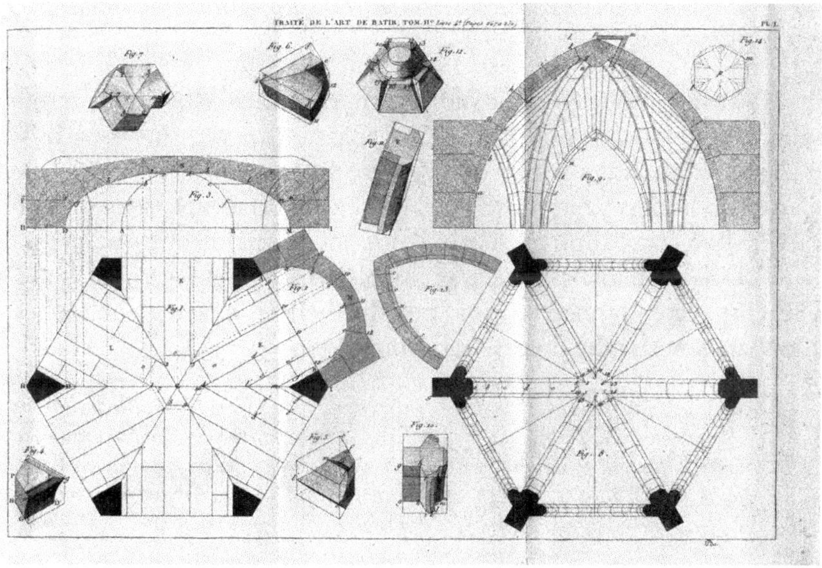

FIG. 13 – Gothic vaulting, illustrated in Jean Rondelet's *Traité...de l'art de bâtir*, v. II, bk.4. pl. L, 1804.

Absolutely, it was not attributable to the Moors. When the Lombards arrived in Italy the repository of Roman columns was all used up, they had to devise an architecture of their own. The buildings they erected in Pavia, Padova and Milan marked the beginnings of Gothic in Italy. Something of this sort happened also in Spain, England and Normandy. Charlemagne, who had traveled so widely, created an amalgam at Aix la Chapelle. But not until the thirteenth century was the style perfected, to emerge as the "gothique moderne".

Rondelet listed the best-known examples – the cathedrals of Paris, Amiens, Chartres, Strasbourg, Westminster, Antwerp, Mechelin, Trier, Milan, Bologna, Seville, Leon and Salamanca. This was his order. A motley selection. He analysed none of them, but his assessment of Gothic architecture was positive enough.

> *Cette architecture considérée par rapport à l'art de bâtir, présente un système de construction qui a un mérite particulier relativement à la combinaison ingénieuse qu'ils ont sçu faire des ouvrages en pierre de taille qui forme, pour ainsi dire, l'ossature de leurs édifices, et les maçonneries en petites pierres servant à les maintenir et à élégir leur construction. Ils sont parvenus par ce moyen à réunir dans leurs édifices, la solidité et l'économie. Dans ceux qu'on admire on ne trouve rien de trop, rien d'inutile et qui ne fasse partie essentielle du tout.*[21]

However, although their vaults were extremely efficient in terms of structure, they were not pleasing to look at. Nor was the forest of buttresses surrounding their churches, mere props, proving that their much vaunted boldness ("hardiesse") was achieved as the expense of revealing, rather than concealing their art – thus an expression of timidity rather than skill. Nonetheless, he was unable to withhold admiration. The churches were planned to most beautiful effect, effacing the oddity of the shapes with which they were composed.

> *Les constructions légères et la proportion svelte qu'ils donnaient aux petites colonnes dont ils formaient des portiques et des galleries, ornées des frontons découpés, pour décorer leurs édifices, et qu'ils savaient placer à propos, formaient un contraste heureux avec les belles dispositions et les grandes masses, et leur donnait un air imposant, surtout à l'intérieur ou il règne une unité d'ensemble qui excite l'imagination.*[22]

The skill, the intelligence and precision with which it had all been made, was quite remarkable. Though he was at pains to argue that the geometry of the construction itself was relatively straightforward, allowing the stones to be cut on site before being manoeuvred into position – "*on conviendra*", he insisted, "*que cet appareil est beaucoup moins compliqué que la science de la coupe des pierres.*"[23]

The only really difficult element to determine was the keystone to the crossing, invariably commanding attention. The most spectacular example was that at Saint Etienne du Mont, hanging twelve feet below the vault. Vaults themselves were made of small stones, cemented together. The columns were of dressed stone facings, the interiors and joints of mortar. Windows and slender stone columns were sometimes reinforced with iron.

---

21 *ibid.*, p. 83.
22 *ibid.*, p. 84.
23 *ibid.*, p. 84.

When, at the end of the fifteenth century, the Gothic style was abandoned, to revert once again to that of the Romans, architects forsook structure for decoration. Buildings became vast masses, adorned with pilasters and pediments, quite unrelated to planning and structure. A heavy and wasteful architecture emerged. Builders and workmen turned their attention then to "*la coupe des pierres*" – stereotomy – which became more complex and ingenious than ever before. The sheer cunning required to determine the planes and curves of the stones made it seem like an occult science, known only to the Compagnons du devoir (Fig. 14). Thus Mathurin Jousse's book on construction, published in 1642, was aptly entitled *Le secret d'architecture*[24].

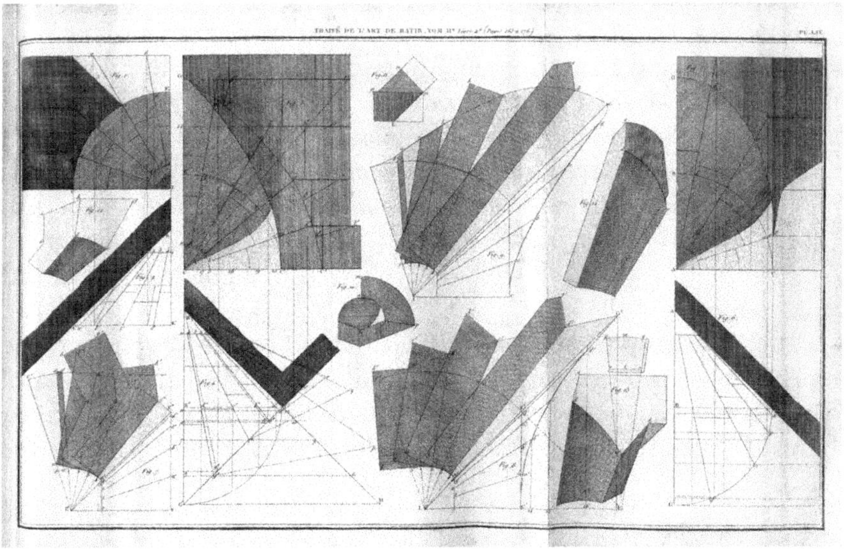

FIG. 14 – Complex stone cutting, illustrated in Jean Rondelet's *Traité...de l'art de bâtir*, v. II, bk.4, pl. LIV, 1804.

The first publication to include such work, was Philibert de L'Orme's, of 1567. The third and fourth sections of that book deal with a whole range of complex structures – listed by Rondelet – including the *trompe* of the Château d'Anet. De L'Orme also dealt with the Gothic vault,

24 M. Jousse, *Le secret d'architecture*, La Flêche: G. Girveau, 1642.

as also domes, whether on square, rectangular or triangular plans. However, his explanations were not always sufficient, and he made mistakes, later corrected by Jousse, Derand and La Rue. Père Derand's book, published in 1728, was the clearest and most methodical, that most sought after by masons. Abraham Bosse and Desargues, who tried to break from the norm, are not read: they are barely even known to masons. Frézier's *La théorie et la pratique de la coupe des pierres*, of 1739, is the most knowledgeable and the longest of such works. The first of the three volumes deals with stereotomy, the second with simple vaults, the third with complex vaults. The work would have been more useful if the author had affected less erudition and used fewer terms made up from the Greek, thus rendering the book incomprehensible. Clarity should have been the aim[25].

Rondelet thought to offer some rules of his own. The joints of a cut stone arch should be at right angles to the curved surface, those of a flat arch, a lintel, should fan out radially, from a single point, to form a voussoir. There were more recommendations of this sort, all intended to discourage any display of virtuosity. Frézier had cited several examples of that kind. "*La simplicité et la vraisemblance*", Rondelet declared, "*doivent toujours être préférées dans les arts qui ne doivent avoir pour objet que la régularité et la solidité.*"[26] Architects today, he thought, had abandoned vain endeavors of the kind.

Then, nearing the end, Rondelet turned to the advance in the mechanics of architecture. But his comments were brief. Physics and mathematics had been brought to bear on the art of construction. La Hire, Couplet, Bernoulli, Pitot, Belidor and Bossut[27] and others – this

25 Ph. De l'Orme, *Premier Tome*, (Note 10). M. Jousse, *ibid.*, F. Derand, *L'architecture des voûtes, ou l'art des traits et coupe des voûtes*, Paris: Sebastien Cramoisy, 1643. J.-B. Delarue, *Traité de la coupe des pierres*, Paris: Imprimerie Royale, 1728. G. Desargues, *Brouillon projet d'exemple d'une manière universelle de S.G.D.L. touchant la pratique du trait à preuves pour la coupe des pierres en architecture*, Paris: 1640. A. Bosse, *La pratique du trait à preuves de Mr. Desargues, lyonnais, pour la coupe des pierres en l'architecture*, Paris: Pierre Des-Hayes, 1643. A.-F. Frezier, *La théorie et la pratique de la coupe des pierres et des bois, pour la construction des voûtes… ou Traité de steréotomie à l'usage de l'architecture*, Strasbourg: Jean-Daniel Doulsseker and Paris: L.H. Guerin ainé and Charles-François Jombert, 1737-1739.

26 "Mémoire", AA3101 R665 F, p. 89. (Note 3).

27 Ph. de La Hire, *Traité mécanique*, Paris: Imprimerie Royale, 1695. P. Couplet, "De la poussée des voûtes", *Histoire de l'Académie Royale des Sciences*, Paris, 1729 and 1730, p. 79 and 117. J. Bernoulli, "Véritable hypothèse de la résistance des solides, avec la demonstration de la courbure des corps qui font resort", *Histoire de L'Académie Royale des Sciences*,

is Rondelet's ordering – had developed the means to assess the forces in a retaining wall, the thrust of vaults on supporting piers, and the strength of timbers for trusses and bridges. Up to this time the science of construction had been based on experience and something of geometry.

But, much as he had read – relying on historians who might not even have seen the buildings they described – and much as he had observed, Rondelet acknowledged, he had managed to outline the principles of construction in only the most general of terms. However, the science of construction, unlike planning and decoration in architecture, was the same, whether a building be Chinese, Egyptian or Gothic.

He then summarised each of the sections of his Mémoire – unable to resist the insertion of a few more brick sizes – to conclude with another thought on the science of construction:

> *cette science n'est pas encore arrivée au degré de perfection dont elle est susceptible, quoiqu'elle ait fait beaucoup de progrès, mais que le goût dominant des connaissances physiques et mathématiques qui font la base de l'éducation des jeunes artistes de la génération actuelle font penser, qu'ils auront la gloire de porter cette science à sa perfection.*[28]

A note in the margin indicates that it was the students of the École Polytechnique that he had in mind.

Rondelet's Mémoire was awarded the prize, announced on 2 July 1802, and read to the members of the Institut by their secretary, Antoine Mongez, in July, August and September that year[29]. The judges are not named, though Mongez, a mathematician of some distinction, might well have master-minded the competition.

One contemplates the Mémoire with something of amazement. One remarks at once the difference from the French architectural histories that had preceded it – the histories of Jean-François Félibien (1687), Charles Rollin (1737), Julien-David Leroy (1758, 1764 and 1770) and Jacques-François Blondel (1771). These are, of course partial and haphazard.

Paris: 1706, p. 176-186. H. Pitot, "Examen de la force qu'il faut donner aux cintres dont on se sert dans la construction des grandes voûtes des arches des ponts…", *Mémoires de l'Académie Royale des Sciences*, Paris, 1726, p. 216. B. F. de Bélidor, *La science des ingénieurs*, (Note 9). Ch. Bossut "Recherches sur l'équilibre des voûtes" *Histoire de l'Académie Royale des Sciences*, Paris, 1778, p. 534-566 and 1779, p. 587-596.

28 "Mémoire", AA3101 R665 F, p. 93. (Note 3)

29 M. Bonnaire, *Procès-verbeaux de l'Académie des beaux-arts*, Paris: Armand Colin, 1940, v. II, p. 105, 106, 108-110.

Rollin's, being no more than a history of antique civilizations, ends with the Greeks. But all manage to track the development of architecture firmly through time. Leroy and Blondel continue through to include Sainte Geneviève. Rondelet's history, in contrast, reads more like a sequence of the uses of building materials. And he was more interested in the survival of techniques than their evolution.

There is nothing in his Mémoire of the building of roads and canals, aqueducts and bridges, fortresses and castles. The great domes of Florence and Rome are barely remarked. Poleni's resolution of the problems at Saint Peter's is ignored. Indeed, the stirring history of the development of a theory of structures is set aside, reduced to no more than a string of names, with Coulomb's missing. That particularly French enterprise, from Perrault onwards, to make the expression of structure a vital part of architecture once again –and with which Rondelet himself was so deeply implicated– is not even hinted at. Not one of the experiments in iron reinforcement at the Louvre, at the royal chapel at Versailles, or at the Place Louis XV (de la Concorde) is mentioned, least of all Rondelet's own at Sainte Geneviève (Fig. 15). The iron dome over the court of the Halle au blé was to begin only in 1803, but Rondelet was privy to the design. Already though J. G. Legrand and J. Molinos spectacular timber dome, 39 metres in diameter, imaginatively reinterpreting Philibert de L'Orme, had been erected between 1782 and 1783. This goes unremarked. As are other audacious Parisian structures of the period, such as Angot's iron trusses over Victor Louis' Théâtre Français at the Palais Royal, of 1784, or the Pont des Arts, under construction by the time Rondelet submitted his essay.

And what of the iron bridges of England, or the timber bridges of Switzerland? All known well to Rondelet. One wonders as to the reinforcement of the lintels running the length of Jacques Gondoin's École de chirurgie, of 1769 to 1775, the building Quatremère de Quincy was to acclaim as "*le monument classique du dix-huitième siècle*", the triumphal expression of the classical movement[30]. Rondelet knew so much, now lost to us, that he might have included in his history. Why did he discount it all? It is difficult to fathom his mindset.

30 A.-C. Quatremère de Quincy "Notice sur...M. Gondoin",1821, in *Recueil des notices historiques*, Paris, 1834, p. 201.

The Mémoire is none too satisfactory as a founding history of construction. But despite the lapses, despite the tediums, Rondelet did believe passionately that construction mattered in architecture, and that building technique was of its essence.

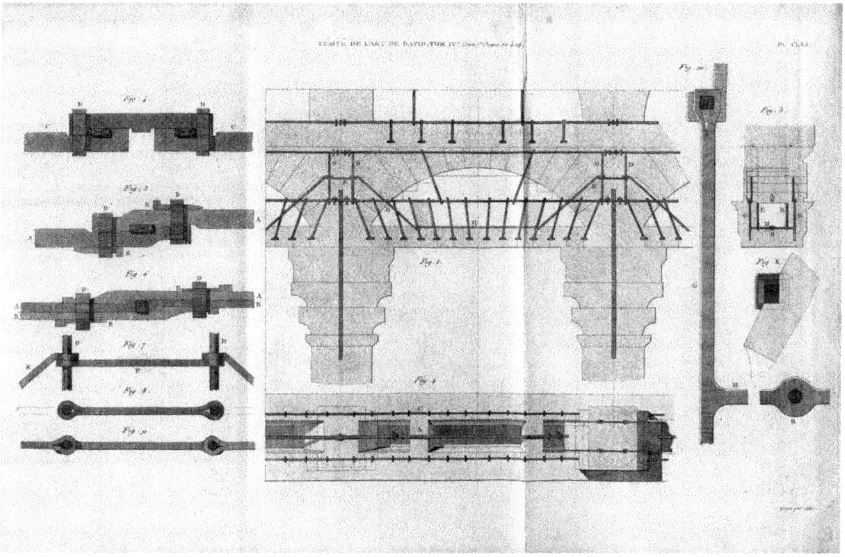

FIG. 15 – Details of the iron-reinforcement of the portico of Sainte Geneviève, Paris, illustrated in Jean Rondelet's *Traité...de l'art de bâtir*, v.IV, bk.7, pl. CLXX, 1814.

Robin MIDDLETON

AN EXCITING INVESTIGATION[1]

The SIXXI (Twentieth Century Structural Engineering: the Italian Contribution) research is designed to trace and tell the tale of structural engineering in Italy. It has been an enthralling, sometimes stunning and undeniably unique, tale of progress. Italy had always lagged behind other industrialized nations; yet, in the early Twentieth century it was able to start a new trend that would be up to the most advanced European standards: Italian structural engineering. Under the autarchic regime, Italian structural engineering created its own unique identity, and then in the enthusiastic second post-war reconstruction period and the economic booming years it produced high-quality works, and made a name for itself as one of the most prominent schools in the world. In the following years, it faded into oblivion as quickly as it had risen on the international scene.

The fact that the era of the Italian school of engineering was soon forgotten, even from a historic point of view, as soon as the downward trend came to an end, is the reason why the need for tracing its history is so strong. And that is what makes the SIXXI research so exciting: the past we are unveiling day by day is virtually unknown to the general public and unbelievably also to architects and engineers. if, on the one hand, some personalities are very famous (Nervi, for instance, became a real trendsetter), on the other hand, structural works have actually been studied, but they are random surveys, analytical reviews, papers aimed at classifying the different structural categories.

On the contrary, the SIXXI research is designed to collect historical data on the Italian school of engineering in order to establish its origin, development and decline on historical perspective: against the background

1 This text was previously published as Tullia Iori and Sergio Poretti, "An exciting investigation". In *SIXXI 1. Storia dell'ingegneria strutturale in Italia*. Edited by Tullia Iori and Sergio Poretti, 156-157. Roma: Gangemi, 2014. It is republished here with the permission of the authors and of Gangemi.

of modern engineering internationally, on the relevant interactions with the history of Italy, in relation to the better known history of Italian 20th-century architecture.

The fact that this history has not been traced, yet, is not without reason. Even the world history of structural engineering seems to be quite scanty as compared to the history of architecture. The reason for such a fragmented development is to be seen in the little sympathy engineers have for history. An engineer, conventionally meant as the professional who designs the future, cannot be expected to care for history, even if it is his own history. On the other hand, the more accepted architecture historiography has always been intrigued by modern structures (think about the attention Giedion gives Eiffel and Maillart), but it is not prepared to push for investigation into scientific implications, which play a key role in structural design.

In other words, there is an objective difficulty to see the history of structural engineering against a specific disciplinary context. However, a structure requires a radically trans-disciplinary approach. To promote the development of the Italian school, the theoretical contribution made by scientists like Menabrea, Castigliano, Danusso, Colonnetti is no less important than the work of designers like Nervi, Morandi, Zorzi and Musmeci. If we wanted to get the secret of the originality of the great post-War achievements – from the viaducts to the Autostrada del Sole, the Olympic stadiums, the works made for the Centenary of Italian unity – we should reconstruct accurately the close collaboration between scientists and designers on which the whole activity of the relevant building sites was based. An operator or a theoretician, the protagonist of the Italian school is a multi-faceted figure that is at the same time a scientist, an entrepreneur and a craftsman, a reincarnation of the 19th-century engineer that in a pioneer's spirit prefers the use of concrete instead of steel in the construction of major public works. Based on that strange combination, he finds the conditions for a short, anachronistic survival in the unique setting of Italian (belated and constantly proto-industrial) modernization.

His heterogeneous innate characteristics cannot be decoded by conventional interdisciplinary instruments, but require a different strategy that is not based on a specialists' team. The challenge faced by the SIXXI research is to discover the history of structural engineering by applying the approach that is used by the history of construction. Being this a 'material history', it is prepared to recreate the design and construction phases as practices: definite moments of a material culture. Since any practice is heterogeneous, but essentially unitary, a historian wishing to bring it back to life cannot use an interdisciplinary approach but has to get ready to take transversal paths on his own. The creator of a major structural work passes easily through the great epistemological areas, from sciences to techniques and arts. The investigator wishing to trace his works has to go the same way.

In order to carry out the research, a SIXXI team has been set up, whose membership includes some young and very young researchers. This has been a first step toward the ambitious, primary goal of the project: to start a new, independent course in research in Italy, that be dedicated to history of engineering, and be borderline between history of science, history of technique (just a belated) and history of architecture.

To this end, the study has begun from previous works and continues in different directions. The most challenging task is to follow new clues to find the various events that have not been investigated, yet. This is the most exciting part of the research: to investigate vast and unexplored territories, be the first to lay our hands on never-consulted documents, recover whole buried bibliographies and discover every day a long-forgotten personality, an unknown work, an issue that has never been dealt with, perceive a whole neglected historical phase. At the same time, the new data that are acquired and collected into an ad-hoc database are used to create a 'puzzle', to which new tiles are added every day. That is the time when, in a continuous final interpretation, facilitated by close cooperation and monthly SIXXI seminars, transversal links between heterogeneous factors are established: scientific contributions, designers' works, stories of building sites and firms.

However, history tracing is only one area of the research: in the investigators' opinion, disseminating the results is just as essential. In order to achieve the strategic objectives of the project, knowledge of the events that contributed to Italian engineering has to be disclosed extensively. This means getting into universities to fill the gap in architects and engineers' curricula, a true example of specialist illiteracy; being spread among non-insiders in order to make the general public aware that paradoxically "cementification", marked as a negative, speculative and anti-environmentalist phenomenon, has produced also some masterpieces that are among the most striking examples of the made-in-Italy style. It means also to draw the institutions' attention to the need to protect and bring up the value of the numerous works that are part of the Italian school's heritage, which is still unknown to many, even though it unfolds before everyone's eyes and can be used by everyone.

For this reason, we are going to tell the story step by step as we disclose it, through a series of SIXXI lectures and also a final SIXXI exhibition. Furthermore, we are going to publish a small collection of SIXXI books. We will cover the results of on-going investigations, episodes of a different nature, that have had an impact on the overall development of the Italian school of engineering: the scientific contribution that at a certain time facilitated structure calculations, the invention of equipment that is peculiar to the Italian building site, the activity of a specialist laboratory, the creation and development of a journal (so different from architecture journals), an author's production, the micro-story of a single work.

The fragments reconstructed by the team's individual members are preceded by a serial overview of the whole history as we trace it step by step. it is a photostory (it was no coincidence that this literary genre was invented in Italy more or less at the same time as the engineering prosperous years). We expect that the progression of images showing events and major works flows smoothly, figure after figure, over the pages to bring back to life lost images of modern engineering: non-existing structures, faces of unknown personalities, disused graphics, epic atmospheres like the one reigning in the artisanal construction site of a major public work, which was the photographers' preferred subject, leading figures of a parallel, artisanal alike, specialist alike, typically Italian history.

However, telling the tale of Italian engineering as it is unveiled is not sufficient, either: we have to make it listened. The result of our intention is not to be taken for granted. The events leading to the construction of major works are most often exciting, but they are so even for their complex scientific implications. To limit their understanding to those who, for example, are familiar with the theory of elasticity would mean to miss the research objective to disseminate knowledge.

This is one of the most challenging daily tasks the SIXXI team has to face: improving readability of the story. Borges reminds us that in Shakespeare's time the role of history was not considered to bring the past back to life but to turn it into comic legends. The assumption that history means knowledge has long prevailed, strengthened by the more and more extensive use of scientific evaluations. However, keeping in mind that reconstructing is closely related also to the imagination and that a certain amount of drama is consubstantial to historical tale can help us preserve its charm, especially when the subject is as complex and specialist as structural engineering.

FIG. 1 – Italia '61, Palavela.
Archivio Fotografico Farabola di Vaiano Cremasco (Italia).

Tullia IORI and Sergio PORETTI

INTRODUCTION AUX INDEX

La réalisation des trois index a été préparée avec l'aide de la plupart des auteurs que nous tenons à remercier ici vivement. Il a été confectionné sur l'ensemble du texte, notes et références comprises. Étant donné le caractère multilingue de l'ouvrage, nous avons dû opérer certains choix.

En ce qui concerne l'*Index nominum*, les noms sont donnés avec les prénoms développés le plus précisément et souvent possible. Néanmoins, ceux qui sont présentés avec les abréviations de leurs prénoms proviennent la plupart du temps de publications anciennes dont les normes éditoriales originelles ne réclamaient pas l'usage des prénoms dans leur intégralité et résultent des textes publiés dans l'anthologie de l'ouvrage. Aux noms des personnes nous avons joints en italique les noms des entreprises cités dans les textes.

L'*Index rerum et notionum* contient les occurrences désignant les objets matériels cités par les auteurs, de même que les concepts ou idées débattus. Partant de textes écrits dans plusieurs langues, nous avons opté pour présenter ces vocables dans la langue écrite par les auteurs. Majoritairement en anglais, vous trouverez des occurrences en français, en italien, en allemand et en espagnol. Nous n'avons pas envisagé de traduire les mots de cet index – à l'exception de quelques-uns fréquemment usités dans toutes les langues. Précisons que cet index contient également les titres d'ouvrages réputés, les titres de certains programmes de recherche important dans notre champ ainsi que des adages ou expressions culturelles spécifiques que nous avons placés en italique afin de les distinguer.

Enfin, l'*Index locorum et institutionum* présente les noms de lieux cités, du petit village où est localisé un bâtiment particulier, voire le nom de sa situation exacte dans sa rue le cas échéant, au région, pays ou ensemble de pays invoqués dans les textes, à une échelle beaucoup plus large. Dans cet index sont également mentionnés en italique le nom, et la localisation si nécessaire, des institutions privées ou publiques, savantes, administratives, patrimoniales ou culturelles chargés d'organiser et de transmettre les savoirs historiques de la construction.

INDEX NOMINUM

INDEX RERUM ET NOTIONUM

INDEX LOCORUM ET INSTITUTIONUM

RÉSUMÉS ET PRÉSENTATIONS DES AUTEURS

Antonio BECCHI et Robert CARVAIS, « L'Histoire de la construction. Un chantier européen »

Antonio Becchi est chercheur au *Max Planck Institute for the History of Science* (Berlin). Il est cofondateur de l'Association E. Benvenuto et membre correspondant de l'*International Academy of the History of Science.* Il a récemment publié *Naufragi di terra e di mare* (Rome, 2017) et codirigé les ouvrages *Guidobaldo del Monte* (Berlin, 2013) et *Philippe de La Hire* (Paris, 2013).

Robert Carvais est directeur de recherches au CNRS (CTAD – université Paris – Nanterre). Historien du droit, il confronte sa discipline avec l'histoire des sciences et des techniques. Il a publié en ligne les *Cours* d'Antoine Desgodets. Récemment il a coédité *Penser la technique autrement* (Paris, 2017). Il dirige un projet ANR sur « les experts et les expertises parisiennes du bâtiment (1690-1790) ».

Ce texte introductif explique le contexte, les motifs et la méthode qui ont initié et produit cette commande auprès de nos collègues européens. Si ce travail continue celui publié en 2004, il innove et introduit l'intervention de beaucoup d'autres. Malgré une volonté d'harmoniser la présentation des résultats de ces états nationaux de l'art, des incohérences formelles – parfois structurelles – apparaissent en raison de la disparité des savoirs mobilisés et des traditions culturelles de chaque pays. Cependant la dynamique scientifique productive reste un facteur d'espoir.

This introductory text explains the context, the motives, and the method that initiated and produced this request of our European colleagues. As a continuation of the work published in 2004, the current work brings new insight and introduces several new voices. Despite the desire to harmonize the presentation of the results of these national states of the art, some formal discrepancies – at times structural – may appear due to the disparity in the disciplines employed and the cultural traditions of each country. Nevertheless, the productive scientific dynamic brought to bear here remains a cause for hope.

Klaus Tragbar, « Construction History in Austria »

Klaus Tragbar est professeur d'histoire de l'architecture et de conservation des monuments à l'université d'Innsbruck et directeur des archives d'architecture. Il a auparavant enseigné à Darmstadt, Mayence, Francfort-sur-le-Main et Augsburg et a travaillé pour la *Deutsche Burgenvereinigung.* Il est membre du comité de direction de la *Gesellschaft für Bautechnikgeschichte* et coéditeur d'*Architectura.*

Bien que toujours non constituée en discipline l'histoire de la construction en Autriche se développe à travers certains projets plus ou moins importants repérés lors des conférences internationales. Ils portent principalement sur des recherches pratiques à l'occasion de la protection des monuments historiques ou de leurs restaurations.

Although it has yet to be established as a discipline, the history of construction in Austria is developing through projects of varying scope observed during international conferences. These projects focus mainly on practical research when historical monuments are being protected or restored.

Inge Bertels, « Construction History in Belgium (2004-2014). From Attas to Zastavni »

Inge Bertels est historienne de la conservation (KU Leuven). Elle enseignait depuis 2008 l'histoire de l'architecture et de la construction ainsi que l'histoire et la théorie de la conservation à l'université libre de Bruxelles, et est professeur depuis 2018 d'histoire de la construction à l'université d'Anvers. Elle est l'une des initiatrices à Bruxelles du groupe de recherche *Construction Histories Brussels* (CHsB).

Depuis 2004, la Belgique agrège des recherches provenant de plusieurs disciplines « ingénieuriales », architecturales et d'histoire de l'art contribuant à enrichir « le savoir sur la technique de l'art de bâtir ». Le champ commence à pénétrer l'enseignement académique et le nombre de chercheurs dédiés s'accroît comme le nombre de thèses soutenues. L'article se compose d'une réflexion générale sur le champ et sur deux axes prioritaires, l'histoire de la conception structurelle et celle des pratiques constructives.

Since 2004, Belgium has collected research from several "engineering," architectural, and art history disciplines that contributes to furthering "knowledge on the techniques of the art of building." The field has started to enter academic classrooms and the number of dedicated researchers is growing along with the number of theses defended. This article consists of an overall reflection on the field and on two priorities: the history of structural design and the history of construction practices.

Robert CARVAIS, Hélène DESSALES, Guy LAMBERT, Valérie NÈGRE, Philippe BERNARDI, « Une histoire de la construction à la française, 2004-2014 »

Hélène Dessales est maître de conférences à l'ENS, Paris. Elle est spécialiste de l'archéologie des techniques dans le monde romain, plus particulièrement des ouvrages hydrauliques et des chantiers de construction. Ancien membre de l'École française de Rome, membre junior de l'Institut universitaire de France depuis 2013, elle coordonne plusieurs projets collectifs sur le site de Pompéi.

Guy Lambert, historien de l'art et de l'architecture, est maître-assistant à l'École nationale supérieure d'architecture de Paris-Belleville et chercheur à l'IPRAUS. Ses recherches portent sur les rapports entre architecture, techniques et société (XIXe-XXe siècles). Il a notamment publié, avec Estelle Thibault, *L'Atelier et l'amphithéâtre. Les écoles de l'architecture, entre théorie et pratique* (Bruxelles, 2011).

Valérie Nègre, architecte et historienne, est professeur d'histoire des techniques à l'université Paris 1 Panthéon-Sorbonne. Ses recherches portent sur les interactions entre architecture, technique et société (XVIIIe-XXe siècles) et en particulier sur la littérature technique et les savoirs artisanaux. Elle a récemment publié : *L'Art et la matière. Les artisans, les architectes et la technique (1770-1830)* (Paris, 2017).

Philippe Bernardi, directeur de recherche au CNRS (Lamop-université Paris 1 Panthéon-Sorbonne), est médiéviste et spécialiste du monde de la construction. Ses travaux portent principalement sur l'histoire économique et sociale des techniques. Il a notamment publié *Bâtir au Moyen Âge* (Paris, 2011) et, avec Patrice Beck et Lauerent Feller, *Rémunérer le travail au Moyen Âge. Pour une histoire sociale du salariat* (Paris, 2014).

N'étant ni une discipline, ni une histoire sectorielle, l'histoire de la construction serait une histoire matériel et humaine. Afin d'en dresser un état des lieux, cet article part de la constitution de trois fichiers concernant les ouvrages parus sur la période, les thèses et habilitations soutenues et la participation française aux congrès nationaux et internationaux de la période. L'état des lieux est complété par la contribution de l'archéologie de la construction et par une mise au point des enseignements dispensés, sans oublier les programmes développés par le CNRS et l'université.

Being neither a discipline nor a sectoral history, the history of construction is a material and human history. To establish a current state of affairs, this article starts by constituting three dossiers consisting of work that has appeared on the period, the theses and professional theses defended, and French participation in national and international congresses of the period. The inventory is supplemented by the contributions of the archeology of construction and by an explanation of the lessons learned, not forgetting the programmes developed by the CNRS and the university.

Karl-Eugen KURRER and Werner LORENZ, « Construction History in Germany »

Karl-Eugen Kurrer a étudié l'ingénierie civile à Stuttgart et à Berlin. De 1989 à 1995 il a travaillé pour *Telefunken Sendertechnik GmbH* (Berlin). Il dirige depuis 1996 le groupe de travail sur l'histoire de la technologie de VDI à Berlin. Il est rédacteur en chef de *Stahlbau* et *Steel Construction-Design and Research*. Il a publié plus de 170 articles et monographies, par exemple *Geschichte der Baustatik* (Berlin, 2002).

Werner Lorenz travaille entre l'ingénierie structurelle, principalement dans le domaine des bâtiments historiques, et l'histoire de la construction. En 1993, il a été nommé à la chaire nouvellement créée d'histoire de la construction de la BTU de Cottbus. Ses recherches portent principalement sur l'histoire de la construction du XVIIIe au XXe siècle et sur l'histoire de la profession d'ingénieur civil.

La constitution récente (2013) d'une association germanique dédiée à l'histoire de la construction constitue une étape importante. Même si les contours du champ sont définis assez, deux différences leur confèrent une singularité. Les Allemands se positionnent par rapport au vieux débat théorie/pratique et quatre axes dominent : le génie des structures, l'architecture, la préservation patrimoniale et l'archéologie. L'histoire de la construction s'est imposée auprès de la communauté scientifique.

The recent establishment (2013) of a German association dedicated to the history of construction represents an important step. Even if the contours of the field are relatively well-defined, two differences make them unique. Germans position themselves in relation to the old theory/practice debate and four themes are dominant: structural engineering, architecture, cultural heritage preservation, and archeology. The history of construction is now established among the scientific community.

Riccardo GULLI, « Construction History in Italy »

Riccardo Gulli est professeur à l'université de Bologne. Ses recherches portent principalement sur les techniques de construction historiques, la restauration architecturale et le projet. Il est membre du comité scientifique du magazine *Progetto Sostenibile* et directeur de *TeMa, Tempo, Materia, Architettura. Studies on Architectural Engineering.*

En Italie, la présence des disciplines académiques a fortement conditionné le développement de l'histoire de la construction. Malgré une forte présence des chercheurs italiens aux congrès internationaux d'histoire de la construction, des divisions culturelles et académiques expliquent l'absence, au niveau national, d'un réseau reconnu dédié. Il n'existe pas encore une Association nationale spécifique bien que d'autres associations montrent un intérêt vif à ce champ de recherche.

In Italy, the presence of academic disciplines has strongly shaped the development of the history of construction. Despite the strong presence of Italian researchers in international conferences on the history of construction, cultural and academic divisions are the reason for the absence of a recognized, dedicated network at the national level. There is not yet a specific national association, although other associations have shown a clear interest in this field of research.

Dirk VAN DE VIJVER, « Construction History in the Netherlands »

Dirk Van de Vijver est professeur associé en histoire de l'architecture à l'université d'Utrecht. Il a notamment publié *Les Relations franco-belges dans l'architecture des Pays-Bas méridionaux (1750-1830)* (Louvain, 2000) et *Ingenieurs en architecten op de drempel van een nieuwe tijd (1750-1830)* (Louvain, 2003). Il prépare actuellement un ouvrage sur Victor Horta.

Réalisée pour la première fois dans ce pays, une analyse de l'histoire de la construction est opérée autour de trois axes : les publications générales portant sur les savoirs constitués en ingénierie, architecture et urbanisme ; les institutions pourvoyeuses de recherches dans le champ ; les questions remarquées ou approfondies en matière d'histoire de l'ingénierie, d'établissement des sources, à propos du dessin d'architecte, en économie et en droit de la construction.

For the first time in this country, an analysis of the history of construction has been carried out along three axes: general publications on established knowledge in engineering, architecture, and urban planning; the institutions providing research in the field; and the questions noted or explored in terms of the history of engineering, establishing sources, architectural designs, economics, and construction law.

João Mascarenhas-Mateus, « The study of the history of construction in Portugal. Between the singular and the universal »

João Mascarenhas-Mateus est chercheur au *Research Centre for Architecture, Urbanism and Design* (CIAUD), Faculté d'architecture de l'université de Lisbonne, et est titulaire d'un master en architecture (Katholieke Universiteit Leuven, Belgique). Il a organisé les premier et second congrès d'histoire de la construction portugaise et est le président de la Société portugaise d'études en histoire de la construction.

Malgré quelques études pionnières, le champ n'apparaît que très récemment au Portugal. Le bilan s'organise en deux temps : institutionnel d'abord, et surtout sur le contenu des recherches opérées en histoire de la construction dans ce pays. En dehors de quelques enseignements épars, ce sont surtout les rencontres nationales (Lisbonne) et internationales (Braga et Porto) depuis 2010 qui ont fédéré les chercheurs sur le champ, s'ouvrant aux pays lusophones. Une société savante nationale vient d'être constituée (2015).

Despite some pioneering studies, the field has only appeared very recently in Portugal. This overview has two stages, which examine first the institutional aspect and, first and foremost, the content of the research carried out in the history of construction in the country. Besides a few classes, national (Lisbon) and international (Braga and Porto) meetings have been the main source of grouping together researchers in the field since 2010, opening them up to Portuguese-speaking countries. A national academic society has just been created (2015).

Sergej Fedorov, « Outline of the current state of construction history in Russia since 1990 »

Sergej Fedorov (Ph.D. 1997) a étudié à Leningrad, Stuttgart et Karlsruhe. Il a travaillé à l'université de Stuttgart (IL) et à l'*Osteuropa-Institut* (Munich). Il est désormais directeur de projet à l'Institut de technologie de Karlsruhe. Il a publié plusieurs travaux et réalisé des projets importants consacrés à l'histoire de la construction en Europe (XIXe et XXe siècles).

L'effondrement de l'Union soviétique a fait disparaître les institutions et autorités en charge de l'histoire de la construction. Subsistent quelques travaux isolés sur l'utilisation du béton armé par Robert Maillard en Russie ou les travaux des chercheurs, émigrés en France, sur l'influence européenne à l'égard des ingénieurs russes. La protection du patrimoine de l'ancienne Russie a provoqué des recherches nouvelles et prometteuses.

The collapse of the Soviet Union eliminated the institutions and authorities in charge of the history of construction. Some isolated work on the use of reinforced concrete by Robert Maillard in Russia remains, as well as the work of researchers who emigrated to France on the European influence on Russian engineers. Protecting the heritage of the old Russia has led to new and promising research.

Claes CALDENBY, « Construction History in Scandinavia »

Claes Caldenby est architecte et professeur émérite à la Chalmers University of Technology de Gothenburg. Il a été l'éditeur d'*Arkitektur*, revue suédoise d'architecture. Ses recherches ont porté principalement sur l'architecture du XXe siècle, et particulièrement sur ses développements suédois d'après-guerre. Il a écrit plus de 50 livres et plus de 500 articles, tant dans des revues scientifiques ou professionnelles, que dans des quotidiens d'information.

Cette première synthèse sur l'histoire de la construction dans les pays scandinaves permet de constater que si des recherches sont menées isolément en sciences humaines et sociales, ni les ingénieurs, ni les architectes n'en auraient pris connaissance. Les travaux abordent des sujets contemporains, axés sur la question d'ingénierie constructive. Le faible intérêt scandinave pour l'histoire de la construction s'explique sans doute par le maigre taux d'échange avec leurs collègues européens, ce qui semblerait changer.

This first work of synthesis on the history of construction in Scandinavian countries demonstrates that if research is performed in isolation in the humanities and social sciences, engineers and architects cannot learn about it. The works examine contemporary subjects with a focus on the question of constructive engineering. The lack of interest in Scandinavia for the history of construction can probably be explained by the lack of exchanges with their European colleagues, a situation that seems to be changing.

Santiago HUERTA and Ignacio Javier GIL-CRESPO, « Construction History in Spain. The Discipline's Foundation »

Santiago Huerta est professeur de *Structural design* à l'université polytechnique de Madrid depuis 1992, était secrétaire de la Société espagnole d'histoire de la construction de 1997 à 2003, et en est le président depuis 2003. Il est l'auteur d'*Arcos, bóvedas y cúpulas. Geometría y equilibrio en el cálculo tradicional de estructuras de fábrica* (Madrid, 2004).

Ignacio Javier Gil Crespo, docteur et architecte, est directeur du *Research Center José Joaquín de Mora/Cárdenas Foundation*, professeur invité et chercheur dans plusieurs universités internationales, membre d'organisations scientifiques et académiques, architecte au *Grupo AZOHC Architects* (Madrid). Il a écrit sur l'architecture traditionnelle et vernaculaire, la fortification et l'histoire de la construction.

En Espagne, l'histoire de la construction constitue une discipline à part entière, consolidée durant ces vingt dernières années en raison des nombreuses manifestations dédiées. Mais des obstacles pourraient la menacer : l'absence d'enseignement, l'amateurisme et la fragmentation. L'enseignement est envisagé dès la formation initiale. Trois objectifs visent à assurer la pérennité de la discipline : asseoir son statut à l'université, garantir une vision critique des sources et travaux et poursuivre de nouvelles recherches.

In Spain, the history of construction represents a separate discipline altogether, one that has been consolidated over the past twenty years through several dedicated events. It may, however, be threatened by some obstacles: the lack of teaching, amateurism, and fragmentation. Teaching is considered from the first years of study. There are three objectives to help ensure the discipline's longevity: solidifying its status at universities, guaranteeing a critical view of sources and work, and engaging in new research.

Franz GRAF, Yvan DELEMONTEY et Giulia MARINO, « L'histoire de la construction en Suisse / Construction History in Switzerland »

Franz Graf, architecte, est professeur associé à l'École polytechnique fédérale de Lausanne (EPFL) où il dirige le Laboratoire des techniques et de la sauvegarde de l'architecture moderne (TSAM). Il est professeur de technologie à l'*Accademia di architettura* de Mendrisio. Il est par ailleurs président de Docomomo Suisse et membre du Comité des experts pour la restauration de l'œuvre à la Fondation Le Corbusier.

Yvan Delemontey, architecte et docteur en architecture, est enseignant et chercheur à l'École polytechnique fédérale de Lausanne (EPFL) au sein du Laboratoire des techniques et de la sauvegarde de l'architecture moderne (TSAM). Ses travaux portent sur les systèmes constructifs industrialisés après 1945 et la sauvegarde du patrimoine architectural du XXe siècle.

Giulia Marino, architecte et docteur ès sciences de l'École polytechnique fédérale de Lausanne (EPFL), est enseignante et chercheur à l'EPFL au sein du Laboratoire des techniques et de la sauvegarde de l'architecture moderne (TSAM). Ses recherches portent sur la connaissance des techniques de construction et des équipements du confort au XXe siècle ainsi que sur les stratégies de restauration du patrimoine moderne.

À l'image du pays, l'enseignement, la recherche ou la diffusion en histoire de la construction en Suisse font preuve d'une grande diversité en raison de la pluralité d'acteurs dans les trois principales aires linguistiques et culturelles du pays. L'histoire de la construction en Suisse est présente dans des institutions d'enseignement supérieur de très haut niveau. Cet article dresse le portrait des différents laboratoires au sein desquels l'histoire de la construction constitue une part essentielle de leur activité.

Like the country itself, teaching, research, and publication in the history of construction in Switzerland display great diversity due to the plurality of actors in the three linguistic and cultural areas of the country. The history of construction in Switzerland is present in the leading advanced institutions of higher learning. This article describes the different laboratories where the history of construction is an essential part of their activity.

Bill ADDIS and James W.P. CAMPBELL, « Construction History in the United Kingdom »

Bill Addis a consacré près de 40 ans à l'histoire de la construction des bâtiments et à l'étude de l'histoire des matériaux de construction et d'ingénierie. Il est l'auteur de plus de 100 publications dans ces domaines. De 2012 et 2016 il était corédacteur de *Construction History* et il est actuellement président du Groupe consultatif de la rédaction de la revue *Engineering History and Heritage*.

James W.P. Campbell (Ph.D. 1999) est *Reader* en histoire de l'architecture et de la construction au Queens' College (université de Cambridge). Il préside la Société d'histoire de la construction depuis 2003. Architecte et historien de l'architecture, il a consacré sa thèse au développement de la charpenterie au XVIIe siècle. Il a aussi travaillé sur la brique, les modèles architecturaux, les escaliers, les librairies et l'économie de la construction.

En Grande-Bretagne existe une profonde et ancienne tradition dans le champ de l'histoire de la construction, ancrée dans deux mondes : celui de l'amateurisme et celui professionnel du bâtiment. Mais l'enseignement universitaire, voire professionnel, comme la recherche institutionnelle, sont assez pauvres dans ce domaine. Seules les sciences humaines et sociales sont prometteuses dans le champ et l'histoire de la construction n'est enseignée qu'en 3e cycle dans le champ particulier de la restauration du patrimoine.

In Great Britain, there is a deep and long-standing tradition in the history of construction that has ties to two worlds: amateurism and professional builders.

However, university and professional teaching as well as institutional research are poorly developed in this field. Only the human and social sciences show promise in the field and the history of construction is only taught at doctorate level in the specific field of cultural heritage restoration.

Antonio BECCHI et Robert CARVAIS, « Anthologie, une introduction »

Sans aucune prétention à vouloir présenter tous les aspects d'un champ, les éditeurs de ce florilège d'une quarantaine de textes en provenance de très nombreux pays entendent d'une part cerner le plus possible ce qu'il faut comprendre par « histoire de la construction », mais aussi d'autre part mobiliser les différentes disciplines susceptibles d'alimenter ce nouveau questionnement sous l'angle de ses fondements épistémologiques tout en s'en imprégnant d'études de cas particulièrement éloquents et exemplaires.

Without any claim to presenting all the aspects of a field, the editors of this anthology of more than forty texts from a large number of countries aim on the one hand to define what is meant by "history of construction" as closely as possible, but also, on the other hand, to mobilize the various disciplines that can contribute to this new inquiry from the perspective of its epistemological foundations while steeping itself in particularly eloquent and exemplary case studies.

John SUMMERSON, « What is the History of Construction ? »

Sir John Newenham Summerson (1904-1992) fut l'un des principaux historiens de l'architecture britanniques du XXe siècle. Il a été conservateur du Sir John Soane's Museum de 1945 à 1984 et Slade Professor of Fine Art à l'université d'Oxford (1958-1959). Son *Architecture in Britain, 1530 to 1830* (Minneapolis, 1953) est une référence sur le sujet. Il fut l'un des fondateurs du *National Buildings Record* en 1941.

Ce texte constitue l'éditorial du premier numéro de *Construction History*. Cet article pose ici une définition bicéphale : histoire de la conception structurelle et histoire de la pratique constructive. L'intérêt de l'histoire de la construction tiendrait au fait qu'elle intéresse une population très vaste : celle du monde du bâtiment, qui s'étend des producteurs de matériaux aux bâtisseurs en passant par les transporteurs, les experts, les compagnies d'assurance, ou les organismes de protection des inventions.

This text is the editorial of the first issue of Construction History. The article suggests a two-part definition: the history of structural design and the history of constructive practices. The interest of the history of construction relates to the fact that it involves a large variety of people: those in the world of construction, which stretches from producers of materials to builders, including transporters, experts, insurance companies, and organizations for the protection of inventions.

Jane MORLEY, « Review of the First issue of *Construction History* »

Jane Morley (1955-2013) était titulaire d'un *Bachelor of Arts* en histoire de l'université de Duke (1976) et d'un Ph.D. en histoire et sociologie des sciences de l'université de Pennsylvanie (1996). Doctorante à l'université de Pennsylvanie, elle fut assistante éditoriale de la revue *ISIS*. Elle a enseigné à l'université Tongki de Shangai et a été administratrice exécutive du colloque international sur Lewis Mumford.

Cet article présente une recension par *Technology and Culture* du premier numéro de *Construction History*, son éditorial, ses premiers articles sur les sources et sur l'information précieuse que la revue peut diffuser.

This article presents a comparative analysis by Technology and Culture of the first issue of Construction History, its editorial, and its first articles on sources and on the valuable information that the review can publish.

Jane MORLEY, « Building Themes in Construction History. Recent work by the Delaware Valley Group »

Cet article vise d'abord à présenter le travail du Delaware Valley Group, consortium informel d'historiens, ingénieurs, architectes, archéologues et conservateurs, afin d'esquisser les principaux thèmes qui en ressortent. Il vise aussi à introduire des perspectives nouvelles sur l'histoire de la construction, développées par les historiens des techniques qui reconnaissent la complexité des relations sociales en jeu dans le monde du bâtiment lié au « processus global de l'élévation d'un édifice sur le chantier ».

The first aim of this article is to present the work of the Delaware Valley Group, an informal consortium of historians, engineers, architects, archeologists, and curators in order to trace the main themes that have emerged from it. It also aims to introduce new perspectives on the history of construction developed by the historians of techniques who recognize the complexity of social relations at play in the world of construction connected to the "overall process of raising an edifice on a construction site."

Tom F. Peters, « An American Culture of Construction »

Tom F. Peters est professeur émérite d'architecture et d'histoire. Ses écrits couvrent la théorie de la pensée technologique en ingénierie civile et en conception architecturale, la théorie culturelle en ingénierie structurelle, l'enseignement de la construction et des matériaux, et les traités sur l'histoire de la construction, champ qu'il a contribué à développer dès le milieu des années 1970.

Les différences culturelles se manifestent dans la manière dont on pense, dans le développement et l'usage de nos langues, ainsi que dans notre environnement construit. Elles influencent aussi clairement la manière dont on construit. Cet article examine, à partir d'un point de vue américain, les différences entre certaines formes de pensée dans les cultures européennes et la façon dont elles se sont transformées aux États-Unis pour marquer le départ du développement d'une nouvelle culture constructive.

Cultural differences manifest themselves in how we think, in the development and use of our languages, and in our built environment. They also clearly influence how we build. This article, written from an American standpoint, examines the differences between some forms of thought in European cultures and how they mutated in the United States to begin the development of a new culture of construction.

Edoardo Benvenuto, « Introduction for *An Introduction to the History of Structural Mechanics* »

Edoardo Benvenuto (1940-1998) était ingénieur, historien des sciences et théologien. Doyen de la faculté d'architecture de Gênes de 1979 à 1997, il devient membre du Comité pour les sciences exactes de l'UNESCO en 1996, et président de l'Académie ligurienne de Science et de Littérature en 1997-1998. Il est l'auteur de *An Introduction to the History of Structural Mechanics* (Berlin, 1991).

Cet article introduit l'histoire de la mécanique structurelle de son auteur par des considérations philosophiques à propos de l'explication des lois physiques des forces et de leur corollaire sur la rigidité des matériaux. Il appréhende les exemples constructifs complexes à partir des lois classiques de la statique et de la mécanique. Quatre thèmes sont abordés : la résistance des solides, la statique des arches, dômes et voûtes, la mécanique structurelle et les principes de la statique.

This article introduces the history of the structural mechanics of its author by means of philosophical considerations concerning the explanation of physical laws of force and their corollary in material rigidity. It approaches complex, constructive examples using the classic laws of statics and mechanics. Four themes are discussed: the resistance of solids; the statics of arches, domes, and vaults; structural mechanics; and the principles of statics.

Linda CLARKE, « Introduction for *Building Capitalism* »

Linda Clarke est professeur à l'université de Westminster, codirectrice du *Centre for the Study of the Production of the Built Environment* (ProBE), et fait partie du comité de direction du *European Institute for Construction Labour Research* (CLR). Elle est spécialisée en histoire du travail et de la formation dans le domaine de la construction en Europe.

Cette introduction à une histoire économique de la construction pose d'emblée le fait d'édifier comme une action économique basée sur trois piliers : la terre comme condition de production, la matière première comme élément de production et les outils comme moyens de production ; et place la construction au centre du concept de travail. Quels liens existent entre le besoin de construire et le processus d'édification ? Cette étude s'interroge sur les transformations du processus du travail constructif et sur les relations sociales qui s'en sont trouvées bouleversées.

This introduction to an economic history of construction starts by positing the fact of building as an economic action based on three pillars: land as condition of production; raw materials as elements of production; and tools as means of production, situating construction at the centre of the concept of labour. What connections exist between the need to build and the building process? This study examines the transformations of the processes of construction work and the social relations that have been disrupted by them.

Edoardo BENVENUTO, « Inroduction pour *Entre Mécanique et Architecture* »

Cet article explique les liens existant entre la science mécanique et la technique architecturale en histoire à partir de l'œuvre du mathématicien Francesco Maria Franceschinis (1756-1840), du point de vue historiographique et épistémologique : à savoir, la relation entre le savoir-faire et la théorie. Partant de la thèse de la subordination de la technique à la science, l'étude démontre du moins la thèse opposée, faisant dépendre la science de la pratique, si ce n'est un aller-retour entre la technique et la science.

This article explains the connections that have existed between mechanical science and architectural technique through history using the work of mathematician Francesco Maria Franceschinis (1756-1840) from the historiographical and epistemological perspectives: in other words, the relationship between skill and theory. Starting with the thesis of the subordination of technique to science, the study demonstrates the opposite thesis, making science rely on practice, which may result in a mutually supportive relationship between technique and science.

Yves ESQUIEU, « L'archéologie du bâti en France »

Yves Esquieu est archéologue, professeur émérite d'histoire de l'art et d'archéologie médiévale à l'université de Provence. Il est spécialiste des quartiers canoniaux, de l'habitat et de la ville au Moyen Âge et de l'archéologie du bâti. Il a notamment conduit des fouilles à Viviers (Ardèche) qui ont permis de découvrir les restes d'une place et de base de colonne d'une villa romaine.

L'article retrace la naissance en France d'une branche de l'archéologie, celle du bâti, qui contribue au renouveau de l'histoire de la construction. À l'aide d'exemples de fouilles, il différencie l'archéologie du sous-sol de ce qui consiste à analyser le bâti dans toutes ses dimensions. Les méthodes archéologiques sont renouvelées et les problématiques enrichies. Ce n'est plus le monument qui est analysé mais chacune de ses unités constructives, d'où l'analyse possible de l'homme au travail et de ses gestes techniques.

This article retraces the birth of a branch of archeology in France, building archeology, which is contributing to a renewal of the history of construction. Using examples from digs, it differentiates archeology underground from archeology that consists of analyzing buildings in all their dimensions. Archeological methods are renewed and inquiries enhanced. The monument is no longer analyzed but each of its constructive units are, leading to the possible analysis of humans at work and their technological behavior.

Karl-Eugen KURRER, « Präambel zum '1st International Congress on Construction History' in Madrid »

Cet article annonce le *First International Congress on Construction History* qui s'est tenu à Madrid en 2003 et dresse l'état des lieux de l'histoire de la construction immédiatement antérieure, état jugé assez désastreux : celle-ci est inexistante malgré les transformations importantes des techniques de construction et des matériaux depuis un siècle ; elle ne dispose ni de bibliographie, ni de bases de données, ni de reconnaissance académique.

This article announces the First International Congress on Construction History which was held in Madrid in 2003. It also describes the state of the history of construction at the time immediately prior to the congress, a state which is judged to be disastrous: it was non-existent despite significant changes in construction techniques and materials over the course of a century; it had no bibliography, database, or academic recognition.

Tiziano Mannoni e Anna Boato, « Archeologia e storia del cantiere di costruzione »

Tiziano Mannoni (1928-2010), diplômé en Sciences naturelles (*Laurea*), a travaillé à l'*Istituto Internazionale di Studi Liguri* et fut professeur à l'université de Gênes (à partir de 1982 à la faculté d'architecture). Il est considéré comme l'un des fondateurs de l'archéologie médiévale en Italie. L'université de Gênes lui attribua en 2001 un *Laurea Honoris Causa* en architecture.

Anna Boato (Ph.D. 1995) est professeur à l'université de Gênes, où elle enseigne au *Monument Restoration Laboratory* et à la *School of Specialization in Architectural Heritage and Landscape*. Ses principales publications sont *Costruire "alla moderna". Materiali e tecniche a Genova tra XV e XVI secolo* (Florence, 2005) et *L'archeologia in architettura. Misurazioni, stratigrafie, datazioni, restauro* (Padoue, 2008).

L'histoire de l'architecture tente depuis plus de deux siècles de comprendre les constructions en utilisant des sources écrites. L'archéologie du bâti la plus récente fait parler le patrimoine bâti lui-même sur son histoire, y compris celle de son chantier. Les données archéologiques, mises en relation avec les données archéométriques et selon les règles de la culture matérielle, permettent d'entamer l'étude des choix des bâtisseurs, de leurs possibilités et de leurs motivations. À ce stade de la recherche se produit un réel saut.

The history of architecture, for more than two centuries, has tried to understand buildings using written sources. The most recent building archaeology is trying to make built heritage itself speak about its history, even that of the construction site. Archaeological data, put in dialogue with archaeometric data and following the rules of material culture, allow us to begin the study of the builders' choices, their possibilities and their motivations. At this point, the research makes a real jump.

Lori AUMENT, « Construction History in Architectural Conservation. The exposed aggregate, reinforced concrete of Meridian Hill Park »

Lori Aument est conservatrice chez John Milner Associates Inc. à Philadelphie (Pennsylvanie). Elle a auparavant travaillé avec le *National Park Service* à Washington, D.C., et pour le *Building Conservation and Research Team* de l'*English Heritage* à London. Elle est titulaire d'un master en Conservation historique de l'université de Pennsylvanie.

Afin de restaurer des œuvres en béton datant de 1915-1936, situées dans le parc Meridian Hill à Washington, D.C., il a fallu documenter l'histoire du béton armé et des revêtements à granulats apparents. À cette occasion, les premières expérimentations réalisées par John J. Earley ont fait l'objet d'une mise en perspective historique : la phase préliminaire, les essais et leurs améliorations et leurs réalisations. En fonction des essais, des recommandations sont délivrées pour les restaurations futures.

To restore works in concrete from 1915-1936 located in the Meridian Hill Park in Washington, D.C., the history of reinforced concrete and exposed aggregate surfacing had to be documented. On that occasion, the first experiments performed by John J. Earley were put into historical perspective: the preliminary phase, trials, and implementations. Based on these trials, recommendations were provided for future restoration.

James W.P. CAMPBELL, « The Finances of the Carpenter in England 1660-1710. A Case Study on the implications of the Change from Craft to Designer-Based Construction »

Cet article examine en détail l'organisation des contrats dans l'Angleterre du XVIIe siècle. Des manuscrits originaux de comptes de bâtiments ont survécu et jettent la lumière sur les méthodes de contractualisation et l'étendue des horaires de travail sur les chantiers à cette époque. Il montre que les montants payés aux travailleurs sur le chantier ne correspondent pas à ce que ces derniers rapportaient chez eux, mais à ce qui était donné aux contremaîtres qui en déduisaient alors une partie, rendant les niveaux de salaires trompeurs.

This paper looks in detail at the organisation of contracting in England in the 17th century. Many original manuscript building accounts survive and they shed light on the contracting methods and length of working hours in building sites in this period. The paper shows that day rates paid for workmen on site do not represent the amount these individuals took home, but the amount paid to the overseers who would then deduct a portion from each, making wage rates deceptive.

Linda CLARKE, « From Craft to Qualified Building Labour in Britain. A comparative approach »

Cet article entend définir et expliquer la position actuelle du travail dans le secteur du bâtiment en Grande-Bretagne à travers une approche historique et comparative. Il montre comment, depuis les années 1970, le développement progressif de l'emploi dans le bâtiment s'est calqué sur les divisions traditionnelles du commerce, la réaffirmation de la prérogative managériale et le déclin de l'emploi direct, des négociations collectives et de la formation.

The paper sets out to pinpoint and explain the position of building labour in Britain today through a historical and comparative approach. It shows how, since the 1970s, the progressive development of building labour has been stalled with the continued adherence to traditional trade divisions, the reassertion of the managerial prerogative and the decline in direct employment, collective bargaining and training.

Werner LORENZ, « From Stories to History, from History to Histories. What Can Construction History Do? »

Où va l'histoire de la construction et dans quelle direction devrait-elle se diriger ? Une définition plus précise est essentielle, qui requiert une réflexion approfondie sur ses principaux objectifs et sur son efficacité. L'histoire de la construction pourrait apparaître comme un medium épistémologique, grâce à ses développements sur plusieurs milliers d'années, pour le monde hautement technologique dans lequel nous vivons et vivrons. L'histoire de la construction se transforme en rien moins qu'une anthropologie technique.

It is opportune to ask where the history of construction could and should be heading. In doing this a more precise definition of construction history is essential. What is required is a serious reflection about its essential aims, and its efficacy. Construction history could open up as an epistemological medium for the highly technological world with its development over thousands of years, the world in which we live today and tomorrow. Construction history turns into nothing less than a technical anthropology.

Antoine PICON, « Construction History. Between Technological and Cultural History »

Antoine Picon, ancien élève de l'École polytechnique, est ingénieur des Ponts et Chaussées, architecte et docteur en histoire. Chercheur associé à l'École nationale des Ponts et Chaussées et professeur d'histoire de l'architecture et des techniques à l'université d'Harvard, il a notamment pubié *Architectes et ingénieurs au siècle des Lumières* (Marseille, 1988) et dirigé le dictionnaire *L'Art de l'ingénieur* (Paris, 1997).

L'histoire de la construction est un domaine florissant, et ce succès spectaculaire offre une bonne opportunité pour envisager le type de relation qu'elle a ou devrait avoir avec les autres domaines de la recherche historique. Cet article examine en particulier les rapports de l'histoire de la construction avec l'histoire des techniques d'une part, et avec l'histoire culturelle d'autre part. L'histoire de la construction a dépassé le premier stade de l'émergence, ou celui de consolidation. Il est temps d'ouvrir le débat avec l'Histoire.

Construction history is a thriving domain, and its spectacular success provides a good opportunity to envisage the type of relation it has or should have with other domains of historical research. This paper examines in particular construction history vis-à-vis the history of technology on the one hand, and cultural history on the other. The history of construction has passed the first moment of emergence or the phase of consolidation. It is time to open up the debate with History.

Chris POWELL and Robert THORNE, « Foreward – Coming of Age »

Chris Powell (1937-2007) fut coéditeur de *Construction History* de 1990 à 2011. Enseignant d'architecture à l'université de Cardiff, il était une personnalité reconnue de l'histoire de la construction. Sa principale publication est *An Economic History of the British Building Industry 1815-1979* (Londres, 1980).

Robert Thorne a été coéditeur de *Construction History* de 1990 à 2011. Il a consacré sa carrière à la conservation des bâtiments et a été responsable de projets majeurs à la Liverpool Street Station, à la National Gallery et à la cathédrale de Salisbury. Il a dirigé l'ouvrage *Structural Iron and Steel 1850-1900* (Londres, 2000) et coécrit *St. Pancras Station* (Bognor Regis, 2012).

Cet éditorial, rédigé au moment du 2ICCH, donne l'occasion aux Britanniques d'énoncer que l'histoire de la construction est désormais arrivée à maturité, en raison de l'espace géographique couvert par les participants au congrès. La revue rend compte des moments forts de cet événement en publiant deux conférences plénières et quelques communications enrichies. Si l'histoire du processus constructif et des matériaux progresse, certains domaines sont encore trop peu représentés, comme l'histoire économique, juridique et sociale.

This editorial, written at the time of the 2ICCH, offers an opportunity for the British to assert that the history of construction has reached maturity, due to the geographical space covered by the participants in the congress. The review describes the major moments of this event by publishing two plenary conferences and some enriched presentations. While the history of the construction process and materials is progressing, some domains are still underrepresented, such as economic, juridical, and social history.

Dirk VAN DE VIJVER, « *Tentare Licet.* The Theresian Academy's Question on the Theory of Beams of 1783 »

Les quatre réponses formulées par le vicomte de Nieuport à la question posée par l'Académie Thérésienne de Bruxelles en 1783 sur le développement d'une théorie des poutres révèlent que la modélisation de la poutre de bois constituait pour la culture existante de l'artisan, intuitive et basée sur la pratique, un défi aussi important que celui des mathématiques.

The four answers to the prize question of the Brussels' Theresian Academy of 1783 on the development of a theory of beams, formulated by Viscount de Nieuport, reveal that the modeling of the wooden beam constituted a challenge to the existing, intuitive, practice-based artisan's culture, equally important to that of mathematics.

Bill ADDIS, « Notes on compiling my book. *Building: 3000 years of Engineering design and construction* »

Ce texte présente un ouvrage sous une forme inédite. Celui-ci couvre trois siècles d'histoire de la construction de la plus haute Antiquité à nos jours. L'ouvrage précise la conception du champ étudié à partir de la propre expérience d'ingénieur de son auteur et tend à rechercher l'origine des savoirs et des compétences des concepteurs de bâtiments, plutôt que celle des bâtisseurs.

This text presents a work in an unprecedented form. It covers three centuries in the history of construction from high Antiquity to today. The work indicates the concept of the field studied from the author's own engineering experience and focuses on the search for the origins of the knowledge and skills of building designers instead of those of builders.

Hélène Dessales, « L'archéologie de la construction. Essai de définition »

Cet article définit les principes de l'archéologie de la construction, dans le cadre d'une étude plus globale consacrée au château d'eau de la Porta Romana, dans l'Ostie antique. Il en propose l'application pour l'étude des monuments hydrauliques d'époque romaine, après avoir dressé un état des études consacrées aux techniques de construction romaines.

This article defines the principles of the archeology of construction, in the context of a larger study dedicated to the water tower of the Porta Romana in the Ostia Antica. It proposes applying it to the study of hydraulic monuments of the Roman era, after presenting the current state of studies dedicated to Roman building techniques.

Karl-Eugen Kurrer, « The tasks and aims of a historical study of theory of structures »

L'ouvrage de Kurrer retrace l'évolution de la théorie des structures et de la physique des matériaux. Débutant par les expériences de Léonard de Vinci et de Galilée, l'auteur examine l'émergence de méthodes individuelles d'analyse structurelle et leur transformation en théorie des structures au XIXe siècle. De brèves incursions dans les méthodes d'analyse habituelles aident le lecteur à acquérir une compréhension de l'histoire de la mécanique structurelle du point de vue de la pratique de l'ingénieur moderne.

Kurrer's book traces the evolution of the theory of structures and the strength of materials. Starting with the experiments by Leonardo da Vinci and Galileo, the author examines the emergence of individual structural analysis methods and their transformation into the theory of structures in the 19th century. Brief insights into common methods of analysis help the reader gain an understanding of the history of structural mechanics from the standpoint of modern engineering practice.

Inge Bertels and Bart Tritsmans, « Building the city. Recent evolutions in historical research focussing on the architecture of nineteenth-century Belgian cities »

Bart Tritsmans est docteur en Histoire (université d'Anvers) et ingénieur en architecture (université libre de Bruxelles). Ses recherches portent sur l'espace public urbain du XIXe siècle à nos jours. Il dirige depuis 2015 les expositions de l'Institut d'architecture des Flandres d'Anvers.

Cet article fait le point sur l'évolution de l'histoire de l'architecture en Belgique. Il constate l'impact des sciences humaines et sociales sur cette discipline qui préfère l'hybride, le quotidien, la périphérie et la réception. Trois axes de réflexion sont examinés : la fin de l'histoire des styles, le renouvellement des objectifs par l'étude des commanditaires, des institutions et des acteurs urbains, et l'introduction d'une histoire technique et culturelle de la construction.

This article takes stock of the evolution in the history of architecture in Belgium. It observes the impact of the human and social sciences on this discipline that prefers the hybrid, everyday, peripheral, and reception. Three themes of reflection are examined: the end of the history of styles; the renewal of objectives by studying sponsors, institutions, and urban actors; and the introduction of a technical and cultural history of construction.

James W. P. Campbell, « Building a Fortune. The Finances of the Stonemasons Working on the Rebuilding of St Paul's Cathedral 1675-1720 »

Un certain nombre d'auteurs ont postulé que la reconstruction de Londres après le grand incendie avait donné naissance à l'entreprise de construction moderne. Cet article examine les problèmes que le calcul des sommes engrangées par les entrepreneurs implique, en se concentrant sur certains individus pour lesquels davantage d'informations ont été conservées, tels les maîtres maçons de la cathédrale Saint-Paul. Il apparaît que, tandis que la plupart des artisans étaient maigrement payés, un petit nombre d'entre eux pouvaient devenir réellement riches.

A number of writers have postulated that the rebuilding of London after the Great Fire saw the birth the modern building firm. This paper looks at the problems involved in calculating the amounts collected by contractors. It concentrates on a number of individuals for whom more information survives than for others: the stonemasons at St Paul's Cathedral. It shows that, while most craftsmen were poorly paid, a few could get very rich indeed.

Uta Hassler and Torsten Meyer, « Construction History and the History of Science. An Approach to the Scientification of Building Knowledge »

Uta Hassler est professeur émérite à l'ETH Zurich, où elle fut directrice de l'*Institute of Historic Building Research and Conservation* de 2005 à 2015. Elle fut professeur en architecture et conservation des monuments historiques à l'université technologique de Dortmund. Ses recherches portent sur l'histoire de l'architecture (XVIIIe-XXe s.), la méthodologie des sciences du patrimoine et l'économie de la construction.

Torsten Meyer est chercheur au German Mining Museum de Bochum. Il a été chercheur à l'Institut d'histoire économique et sociale de l'université d'Hambourg, et à l'université de technologie de Cottbus, puis directeur de recherche à l'ETH de Zurich. Ses recherches portent sur l'histoire de la technologie, l'histoire des savoirs constructifs, et la scientifisation du savoir constructif.

Balançant entre différentes approches, l'histoire de la construction reflète son ouverture par rapport aux disciplines académiques. Malgré cela, certaines barrières persistent. Une telle limitation n'est ni convenable pour la compréhension scientifique de l'histoire de la construction, ni sensible en un sens épistémologique ; l'histoire de la construction pourrait au contraire bénéficier de l'intégration de certains concepts actuels de l'histoire et de la sociologie des sciences.

Oscillating between different approaches, construction history displays an openness with respect to academic disciplines. Despite this, certain barriers remain. Such restraint is neither appropriate to the scientific self-understanding of construction history nor sensible in an epistemic sense. Construction history can benefit from the integration of current concepts from the History of Science and the Sociology of Science.

Antonio PIZZO, « La Arqueología de la Construcción. Un laboratorio para el análisis de la arquitectura de época romana »

Antonio Pizzo est enseignant à l'*Instituto Arqueología Mérida*-CSIC et spécialiste d'archéologie de l'architecture. Parmi ses principales publications : *Las técnicas constructivas de la arquitectura pública de* Augusta Emerita (Madrid, 2010) et *I tracciati di cantiere di epoca romana* (Rome, 2014). Il est l'un des éditeurs de la série Archéologie de la construction publiée dans les *Anejos de Archivo Español de Arqueología*.

Cet article relate les résultats obtenus par l'étude de l'architecture romaine, et principalement l'analyse de l'organisation des processus de construction. Un résumé du contenu et des premiers résultats présentés au séminaire d'archéologie de la construction organisé à Mérida, Sienne et Paris est présenté. Différentes problématiques et un certain nombre d'objectifs sont ressortis de ces séminaires : les éléments matériels, les différentes phases et les techniques de construction.

This paper deals with the results obtained by the study of Roman architecture and, mainly, by the analysis of building, management and organization processes. A summary of the contents and primary results presented to the Seminary of Archaeology of Construction organized in Mérida, Siena and Paris is presented here. Various issues and aims came out of these seminars: the material elements; the different stages; and the construction techniques.

Susan Verdi Webster, « Masters of the Trade. Native Artisans, Guilds, and the Construction of Colonial Quito »

Susan Verdi Webster est Jane W. Mahoney Professor of Art History and American Studies au *College of William & Mary* (Williamsburg, Virginia, USA). Elle est l'auteur de nombreux articles et livres sur l'art et l'architecture d'Amérique latine. Ses travaux récents portent sur les identités et les rôles des artistes et bâtisseurs indigènes de la Quito coloniale.

Cet article interroge un certain nombre d'affirmations générales à propos de la nature de la participation indigène dans la construction et la décoration de l'architecture coloniale d'Amérique latine, à partir du cas de Quito. L'étude systématique des sources d'archives démontre pour la première fois que de nombreux maîtres et professionnels natifs étaient actifs dans le commerce de la construction au cours de la période la plus fertile d'édification de la ville (v. 1580-1720).

This article questions a number of general assumptions about the nature of indigenous participation in the construction and adornment of colonial Latin American architecture by examining the city of Quito. A systematic study of archival records demonstrates for the first time that numerous native masters and professionals were active in the building trades during the busiest period of the city's construction (circa 1580–1720).

Antonio Becchi, « Histoire de la construction. Un regard italien »

L'article présente quelques aspects des recherches italiennes consacrées à l'histoire de la construction. À toutes les disciplines d'illustre tradition, l'histoire de la construction pose de nouvelles questions, en remettant au centre du débat l'architecture construite dans son inextricable complexité. Il est demandé aux historiens de la construction une profonde originalité épistémologique : pour penser (et repenser) les disciplines et les savoirs.

This article presents a few aspects of Italian research dedicated to the history of construction. The history of construction asks new questions of all the disciplines of illustrious tradition, returning built architecture to the center of the debate in all its inextricable complexity. Historians of construction are asked to display profound epistemological originality: to think (or rethink) disciplines and knowledge.

Stefano CAMPOREALE, « Archeologia dei cantieri di età romana »

Stefano Camporeale est professeur associé en archéologie classique à l'université de Sienne. Ses recherches en Italie, en Espagne, en Grèce, au Maroc et en Égypte se concentrent sur les techniques et les chantiers romains. Il est l'un des éditeurs d'*Arqueología de la contrucción* I-V (2008-2016) et travaille sur un atlas des techniques de construction romaines, dans le cadre du projet ACoR (École normale supérieure, Paris).

Cet article expose les résultats des trois premiers ateliers de la série *Arqueología de la contrucción*, qui se sont tenus à Mérida, Sienne et Paris. Les thèmes et résultats des 66 textes réunis dans les actes sont présentés selon les étapes du processus de construction identifiées par Janet DeLaine dans les conclusions du premier atelier : conception initiale, préparation du site, travaux d'infrastructure, acquisition et mise en œuvre des matériaux de construction, construction, finalisation et décoration.

The paper discusses the results of the first three workshops of the Arqueología de la contrucción series, held in Mérida, Siena and Paris. The themes and results of the 66 papers collected in the proceedings are organised following the steps of the construction process identified by Janet DeLaine in the conclusions of the first workshop: initial concept, site preparation, infrastructure works, acquisition and processing of building materials, construction, finishing and decoration.

Robert CARVAIS, « Plaidoyer pour une histoire humaine et sociale de la construction »

Face à une vision technologique, quel rôle jouent les sciences humaines et sociales en histoire de la construction ? Sont examinés trois champs : d'abord celui du droit qui a largement contribué à organiser l'art de bâtir par le biais d'institutions dédiées et par la normalisation des processus et des matériaux. Le champ économique devient ensuite incontournable pour financer et mesurer la bâtisse. Enfin, le champ social mérite que l'on s'attarde sur l'étude de groupes spécifiques des maîtres d'œuvre aux manœuvres.

Confronted with a technological vision, what role do the human and social sciences play in the history of construction? Three fields are examined: first, the legal field that largely contributed to organizing the art of building through dedicated institutions and through the standardization of processes and materials. The economic field then becomes unavoidable for financing and valuing the building. Finally, the social field asks for attention to be focused on the study of specific groups, from general contractors to workers.

Santiago HUERTA, « L'Histoire de la construction en Espagne. Origines et état des recherches »

L'auteur décrit le développement de l'histoire de la construction en Espagne et la manière dont elle commence à être considérée comme une discipline indépendante dans les années 1990. Un résumé du développement de l'intérêt pour l'histoire de la construction soutient l'explication de la situation actuelle. L'objectif principal de l'article est d'enregistrer ce qui s'est passé dans ce domaine au cours des deux dernières décennies.

The author describes the development of Construction History in Spain and how it began to be considered as an independent discipline in the 1990s. The works that helped establish Construction History as a discipline are described. A summary of the development of the interest in Construction History helps to explain the actual situation. The main objective is to register what has happened in the last two decades.

Santiago HUERTA, « Historia de la Construcción. La fundación de una disciplina »

Au cours des deux dernières décennies, l'histoire de la construction a commencé à se constituer en discipline autonome. Le nombre d'articles, de thèses, de livres, de projets et de congrès qui peuvent être liés à ce champ a crû de manière exponentielle. Toutefois, elle est encore loin d'être considérée comme une discipline reconnue. Il n'existe ni chaire universitaire ni département dédiés et l'expression « Histoire de la construction » n'est pas listée comme descripteur dans les bases de données de références. Cela reflète-t-il l'inertie de l'Académie ?

In the past two decades, Construction History has started to become an independent discipline. The number of articles, theses, books, projects, and congresses that could be assigned to this field has grown exponentially. However, it is far from being a recognized discipline. There are no university chairs or departments and, in the reference databases, "Construction History" is not listed as a common descriptor. Does this reflect an inertia on the part of the Academy?

Antoine Picon, « L'Histoire de la construction. Entre cadre culturels nationaux et problématiques internationales »

À partir de l'exemple du premier congrès francophone d'histoire de la construction qui s'est révélé entièrement international tant par ses participants que par les sujets traités, l'article présente quelques réflexions concernant les relations complexes qui unissent cadres culturels nationaux et problématiques internationales. Alors que la dimension nationale des matériaux et des processus a toujous été affirmée, on a alors vu poindre un mouvement internationaliste provoqué dès le XIXe siècle par la circulation des modèles, des matériaux et des techniques constructives.

Starting with the example of the first French congress on the history of construction, which became entirely international through both its participants and the subjects it discussed, this article presents a few reflections concerning the complex relationships that unify national cultural frameworks and international concerns. While the national dimension of the materials and processes has always been affirmed, an internationalist movement appeared at the time, originating as early as the nineteenth century through the circulation of models, materials, and construction techniques.

Joël Sakarovitch, « L'histoire de la construction et l'histoire des sciences »

Joël Sakarovitch (1949-2014), mathématicien, architecte et docteur en histoire des sciences, était professeur à l'université Paris-Descartes et à l'École d'architecture Paris-Malaquais. Il fut le premier président de l'Association francophone d'histoire de la construction (2010-2014). Ses travaux de recherche ont porté sur l'histoire de la construction et l'origine de la géométrie descriptive. Il est notamment l'auteur de *Épures d'architecture* (Bâle, 1998).

Branche spécifique de l'histoire des techniques, l'histoire de la construction entretient avec l'histoire des sciences des rapports complexes dont l'analyse permet à la fois de situer l'histoire de la construction et de lui ouvrir des pistes possibles de recherche. Si l'histoire de la construction est quasiment ignorée de l'histoire des sciences, certaines questions apparaissent comme des croisements féconds : la statique, la résistance des matériaux, l'analyse du comportement des structures et leur modélisation. La méthode expérimentale n'apparaît-elle pas comme un terrain commun ?

A specific branch of the history of techniques, the history of construction maintains complex relationships with the history of science; an analysis of these relationships allows us both to situate the history of construction and to open up possible paths of research. While the history of construction is almost unknown in the history of science, some questions appear to be productive connections: statics, material resistance, the behavioral analysis of structures, and their modelling. Does the experimental method not appear to be a common ground?

Inge Bertels, « Building Contractors in late Nineteenth-century Belgium. From Craftsmen to Contractors »

La recherche du meilleur entrepreneur, d'un point de vue qualitatif et économique, est devenue une quête pour nombre de clients et concepteurs au cours du XIXe siècle. Cet article examine comment une partie de ce groupe spécifique de constructeurs, actifs dans les travaux publics, a évolué en termes quantitatifs et qualitatifs. En partant du cas des travaux publics réalisés à Anvers, l'article situe l'évolution des entrepreneurs du bâtiment anversois du XIXe siècle dans le contexte belge et européen.

The search for the best contractor, from a qualitative and economical perspective, became a quest for several clients and designers in the course of the 19th century. This article examines how part of this specific group of builders, active in public works, evolved in quantitative and qualitative terms. Starting with the case of public works carried out in Antwerp, the article positions the evolution of 19th-century Antwerp building contractors in its Belgian and European context.

Annie Fourcaut et Loïc Vadelorge, « Où en est l'histoire urbaine du contemporain ? »

Annie Fourcaut est professeur émérite d'histoire contemporaine à l'université Paris 1 Panthéon-Sorbonne. Elle a été l'une des premières à appliquer les méthodes de l'histoire à l'analyse de la ville contemporaine, notamment à partir du cas de la banlieue parisienne. Elle travaille depuis sur le rôle des politiques publiques comme sur celui des acteurs privés dans la fabrication de la ville ordinaire.

Loïc Vadelorge est professeur d'histoire contemporaine à l'université de Paris-Est – Marne-la-Vallée et membre du laboratoire Analyse comparée des pouvoirs (EA 3350). Ses recherches portent sur l'histoire urbaine du XXe siècle (villes nouvelles, aménagement du territoire et planification, relations villes et universités, cultures urbaines).

L'arrivée d'une nouvelle génération d'historiens désireux de travailler sur la ville française du temps présent a modifié les perspectives de la recherche urbaine. Réfléchissant sur les temporalités et inscrivant les phénomènes urbains dans leur contexte administratif et politique, leurs travaux ont pris d'abord les politiques publiques comme grille de lecture de l'urbanisation du pays : Reconstruction, grands ensembles et villes nouvelles. L'accent porte dorénavant sur les effets sociaux de l'urbanisation généralisée.

The arrival of a new generation of historians eager to work on the contemporary French city has modified the perspectives of urban research. Reflecting on temporalities and describing urban phenomena in their administrative and political context, their work first took public policy as an interpretive structure for the urban development of the country: Reconstruction, housing projects, and new cities. The focus is now on the social effects of generalized urbanization.

Robert CARVAIS, André GUILLERME, Valérie NÈGRE and Joël SAKAROVITCH, « On Construction History »

André Guillerme est professeur émérite d'histoire des techniques au Conservatoire national des arts et métiers (Paris). Ses recherches portent sur l'histoire urbaine en France, l'histoire des techniques, et l'histoire de l'environnement industriel. Il a notamment publié *Bâtir la ville* (Seyssel, 1995) et *La Naissance de l'industrie à Paris* (Seyssel, 2007) et codirigé *Nuts & Bolts of Construction History* (Paris, 2012).

Cette introduction des actes du 4e Congrès international d'histoire de la construction présente l'évolution du champ entre discipline et « objet-frontière », mettant toujours en avant ses pratiques techniques et développant des finalités multiples. Les thèmes abordés s'organisent selon deux axes, théorique et pratique. Les auteurs définissent l'histoire de la construction selon trois thèmes fédérateurs : les matériaux et les techniques ; les savoirs et leur théorisation ainsi que les acteurs et leur organisation.

This introduction of the acts of the Fourth International Congress of the history of construction presents the evolution of the field between discipline and "boundary-object," with the focus always placed on technical practices and developing multiple goals. The themes dealt with are organized around two axes: theory and practice. The authors define the history of construction according to three unifying themes: materials and techniques, knowledge and its theorization, and the actors and their organization.

Bill ADDIS and Nick BULLOCK, « Editorial »

Nick Bullock est professeur d'histoire de l'architecture et de l'aménagement au XXe siècle (Cambridge University), et enseigne également à l'Architectural Association

(Londres). Ses recherches explorent la manière dont l'architecture et l'urbanisme témoignent de la modernisation de la France dans les trente années qui ont suivi la Seconde Guerre mondiale.

Cet éditorial définit l'histoire de la construction, trente ans après la parution du premier numéro de *Construction History*, alors que de nombreuses manifestations sont déjà revenues sur celle-ci et ses limites. Ils étendent leur réflexion aux aspects d'une histoire susceptible d'intéresser de nouveaux lecteurs par le développement de nouvelles thématiques qu'il convient d'encourager.

This editorial defines the history of construction thirty years after the publication of the first issue of Construction History, *after several events have already discussed it and its limits. Their reflection extends to aspects of a history capable of interesting new readers through the development of new themes that should be encouraged.*

Riccardo GULLI, « Materiali per un cantiere di ricerca sulla Storia della Costruzione »

Cet article reconstitue la naissance de l'histoire de la construction en Italie, en soulignant les rapports ou leur absence avec les autres champs disciplinaires. Il relate la leçon d'Edoardo Benvenuto, ses écrits, les activités de l'association éponyme, les congrès internationaux. Il souligne la spécificité de cette histoire aux XIXe et XXe siècles avec l'introduction du béton armé, le rôle des ingénieurs, bref, les composantes d'une histoire « matérielle » de l'architecture bâtie.

This article retraces the birth of the history of construction in Italy, emphasizing the relationships, or lack thereof, with other disciplinary fields. It recounts the lesson of Edoardo Benvenuto, his writings, the activities of the association that bears his name, and the international congresses. It highlights the specificity of this history in the nineteenth and twentieth centuries with the introduction of reinforced concrete, the role of engineers, and in short, the elements of a "material" history of building architecture.

Valérie NÈGRE et Guy LAMBERT, « L'histoire des techniques. Une perspective pour la recherche architecturale ? »

L'objet de cet article est de présenter les perspectives qu'offrent à la recherche architecturale les travaux récents en « histoire de la construction », et plus largement en histoire des sciences et des techniques. Après une présentation de ce que recouvre, depuis les années 1990, le terme d'« histoire de la construction », l'article développe quelques réflexions autour de thèmes communs à la recherche architecturale et à l'histoire et à la sociologie des sciences et des techniques.

The aim of this article is to present the perspectives offered to architectural research by recent work in the "history of construction," and more broadly in the history of science and technology. After a presentation of what the "history of construction" has encompassed since the 1990s, the article develops some thoughts on themes shared by architectural research and by the history and sociology of science and technology.

Bill ADDIS and Hermann SCHLIMME, « Editorial »

Hermann Schlimme est professeur à l'université technique de Berlin. Il a étudié l'histoire de l'art et de l'architecture et a travaillé à la Bibliotheca Hertziana de Rome de 1998 à 2016, où il fut également directeur scientifique du programme de recherche *Epistemic History of Architecture* (2002-2007, en coopération avec le *Max Planck Institute for the History of Science*). Il est coéditeur de *Construction History*.

Cet éditorial de *Construction History* propose de développer l'analyse des processus de création d'une œuvre, à travers le dessin ou la matérialisation d'idées. Cette thématique ouvre de nouvelles perspectives quant à la priorité des pratiques collectives de conception, comme de chantier, sur la théorie et pourrait être développée *via* la littérature, mais aussi les innovations. À ce propos, l'analyse du contexte local de la construction demeure à privilégier.

This Construction History *editorial proposes developing an analysis of the processes of creation of a work through design or materializing ideas. This theme offers new perspectives on the priority of collective practices of design, like those on worksites, over theory and could be developed through the literature but also through innovations. In this light, the analysis of the local context of construction remains to be prioritized.*

Antonio BECCHI, « Looking for an Equilibrium Point. Wilson, Machiavelli and the King of Siam »

Qu'est-ce que l'architecture ? Qu'est-ce que la construction ? L'architecte décrit par Vitruve dans le *De architectura* est censé connaître la géométrie, l'optique, la gnomonique, etc. Mais afin de transformer les idées en bâtiments, il doit aussi être capable de guider et de juger les artisans, les techniciens et les scientifiques, qui connaissent chacun davantage que lui leur propre domaine.

Cet article donne un aperçu des discours sur la *fabrica* et la *ratiocinatio*, jusqu'au tournant analytique de la mécanique.

What is architectura? What is construction? The architect described by Vitruvius in De architectura must know geometry, optics, gnomonic, etc. but, in order to transform ideas into buildings, he also must be able to guide and judge craftsmen, technicians and scientists, who know more than he does in their own fields of knowledge. This paper gives some glimpses of the disquisitions on fabrica and ratiocinatio, up to the analytical turn of mechanics.

Donald FRIEDMAN, « A History of Building Technology and Preservation Engineering »

Donald Friedman est ingénieur civil et historien d'art, professeur associé adjoint à la *Graduate School of Architecture, Planning and Preservation* de Columbia University (New York). Il dirige le bureau d'études *Old Structures Engineering*. Il est notamment l'auteur de *Historical Building Construction* (New York, 1995), *The Investigation of Buildings* (New York, 2000), et de *After 9-11* (Bloomington, 2002).

L'article montre ce que représente l'ingénierie de la conservation par rapport à l'histoire des techniques constructives. L'article dresse un état des savoirs de l'ingénierie préservatrice à partir de l'histoire des techniques, de la philosophie des techniques, de l'histoire architecturale déjà transformée par l'histoire sociale. Il souligne le rôle de la pratique dans l'évolution de ce savoir protecteur du patrimoine bâti, et propose la mise en place d'un diplôme susceptible d'asseoir la transmission du savoir.

The article demonstrates what conservation engineering represents in relation to construction techniques. It presents the current state of knowledge of preservation engineering through the history of technology, the philosophy of technology, and architectural history already transformed by social history. It highlights the role of practices in the evolution of this knowledge that protects the constructed heritage and proposes the establishment of a degree that would make it possible to transmit this knowledge.

Robin MIDDLETON, « The first history of construction? A Mémoire by Jean Rondelet »

Robin Middleton a étudié à l'université du Witwatersrand (Afrique du Sud) et à celle de Cambridge (Royaume-Uni). Il fut l'éditeur d'*Architectural Design* de 1965 à 1972 et directeur des études à l'*Architectural Association* (Londres). Il fut bibliothécaire et enseignant à la faculté d'architecture et d'histoire de l'art de l'université de Cambridge de 1972 à 1987. Il fut professeur à Columbia University (New York) de 1987 à 2003.

En 1799, l'Institut de France lança un concours d'essai sur l'histoire de la construction. Jean Rondelet gagna le prix, en juillet 1808, avec un essai de 90 pages, resté inédit, qui semble être la première tentative d'écriture d'une histoire de la construction. Il avait enquêté sur la construction en bois, les techniques de construction en pierre, puis sur les constructions en briques, séchées au soleil et séchées au four, depuis Babylone en passant par les églises de Constantinople et Ravenne.

In 1799 the Institute of France set the history of construction from the earliest times as an essay subject. Jean Rondelet won the prize, in July 1808, with a 90-page essay, as yet unpublished, which would seem to be the first attempt to write a history of construction. He investigated timber construction, stone building techniques, then building with bricks, sun-dried and kiln-dried, from Babylon onwards, through to the churches of Constantinople and Ravenna.

Tullia IORI and Sergio PORETTI, « An Exciting Investigation »

Tullia Iori est professeur à l'université Tor Vergata (Rome). Ses recherches portent notamment sur l'histoire de la construction et la conservation de l'architecture moderne et se concentrent actuellement sur *SIXXI – XX Century Structural Engineering : the Italian Contribution* (ERC Advanced Grant). Ses principales publications sont *Il cemento armato in Italia* (Rome, 2001) et *Pier Luigi Nervi* (2009).

Sergio Poretti (1944-2017) était professeur à l'université Tor Vergata (Rome) et porteur du projet *SIXXI - XX Century Structural Engineering : the Italian Contribution* (ERC Advanced Grant). Sa principale publication est *Italian Modernism. Architecture and construction in the twentieth century* (Rome, 2013). Il a codirigé avec Tullia Iori les trois premiers livres de la série *SIXXI* (2014-2017).

L'histoire italienne de la construction possède des caractéristiques spécifiques quant à l'usage du béton armé et de la mécanique structurelle. Le projet SIXXI veut « faire l'histoire » de cette école et étudier son contexte de développement. Une des raisons du retard de cette lecture historiographique réside dans le fait que l'ingénieur accorde peu de considération à l'histoire. Pourtant, cette histoire matérielle est fondamentale. Le projet SIXXI utilise la photographie comme moyen original pour raconter et transmettre efficacement cette histoire.

The Italian history of construction has particular characteristics in terms of the use of reinforced concrete and structural mechanics. The SIXXI project aims to "do the history" of this school and study the context of its development. One of the reasons for the delay in this historiographical reading comes from the fact that engineers attribute less importance to history. However, this material history is essential. The SIXXI project uses photography as an original means to efficiently tell and transmit this history.

TABLE DES MATIÈRES

DEUXIÈME PARTIE

UNE ANTHOLOGIE DE RÉFLEXION (1985-2014) / CONSTRUCTION HISTORY: AN ANTHOLOGY (1985-2014)